南山顶植被景观（刘镜法　摄）

南山东南坡植被景观

三踏顶植被景观（黄瑞斌　摄）

望州顶草地植被景观

宽叶苏铁 *Cycas balansae*

广西火桐 *Firmiana kwangsiensis*（覃　毅　梁士楚　摄）

狭叶坡垒 *Hopea chinensis*

粗齿梭罗树 *Reevesia rotundifolia*（潘韦虎　摄）

石仙桃 *Pholidota chinensis*（覃　毅　摄）

金花茶 *Camellia nitidissima*

显脉金花茶 *Camellia euphlebia*

东兴金花茶 *Camellia indochinensis* var. *Tunghinensis*
（保护区　摄）

土沉香 *Aquilaria sinensis*

宽翅棱果花 *Barthea barthei* var. *valdealata*

买麻藤 *Gnetum montanum*

铁冬青 *Ilex rotunda*

黑桫椤 *Gymnosphaera podophylla*

假苹婆 *Sterculia lanceolata*

岭南山竹子 *Garcinia oblongifolia*

锈毛梭子果 *Eberhardtia aurata*

翻白叶树 *Pterospermum heterophyllum*

坛腺棋子豆 *Archidendron chevalieri*

双花鞘花 *Macrosolen bibracteolatus*

大果榕 *Ficus auriculata*

广东绣球 *Hydrangea kwangtungensis*（覃　毅　摄）

风吹楠 *Horsfieldia amygdalina*（覃　毅　摄）

金钟藤 *Merremia boisiana*

水团花 *Adina pilulifera*

粗毛野桐 *Hancea hookeriana*

白颜树 *Gironniera subaequalis*

楝 *Melia azedarach*

罗浮柿 *Diospyros morrisiana*

罗伞树 *Ardisia quinquegona*

米碎花 *Eurya chinensis*

裂果金花 *Schizomussaenda henryi*

草珊瑚 *Sarcandra glabra*

九节 *Psychotria asiatica*

注：上述照片除专门署名外，其余均为梁士楚摄。

广西防城金花茶国家级自然保护区维管植物多样性及其保护研究

李武峥　廖南燕　姜勇　等编著

广西科学技术出版社
·南宁·

图书在版编目（CIP）数据

广西防城金花茶国家级自然保护区维管植物多样性及其保护研究 / 李武峥等编著. -- 南宁：广西科学技术出版社，2025. 1. -- ISBN 978-7-5551-2363-7

Ⅰ. Q949.758.4

中国国家版本馆 CIP 数据核字第 20246Q7B55 号

Guangxi Fangcheng Jinhuacha Guojiaji Ziran Baohuqu Weiguanzhiwu Duoyangxing Ji Qi Baohu Yanjiu

广西防城金花茶国家级自然保护区维管植物多样性及其保护研究

李武峥　廖南燕　姜勇　等编著

策　　划：黎志海　　　封面设计：梁　良

责任编辑：覃　艳　　　责任校对：夏晓雯

责任印制：陆　弟

出 版 人：岑　刚　　　地　　址：广西南宁市东葛路 66 号

出版发行：广西科学技术出版社　　　网　　址：http://www.gxkjs.com

邮政编码：530023

经　　销：全国各地新华书店

印　　刷：广西民族印刷包装集团有限公司

开　　本：889 mm × 1194 mm　1/16

印　　张：42.75　　　字　　数：1069 千字

版　　次：2025 年 1 月第 1 版　　　印　　次：2025 年 1 月第 1 次印刷

书　　号：ISBN 978-7-5551-2363-7　　　定　　价：298.00 元

编委会

内容简介

本书对广西防城金花茶国家级自然保护区维管植物多样性以及主要珍稀濒危植物的保护管理进行了较为系统的研究。概述了石松类植物、蕨类植物、裸子植物和被子植物的生态环境、种类组成、区系特点和资源类型。分析了植被的分类原则和分类系统、主要类型的群落学特征以及优势乔木种群的高度结构、径级结构、分布格局、竞争关系、生态位和数量动态。探讨了主要珍稀濒危植物的现状、濒危机制和保护措施。

本书可供生物学、生态学、植物资源学、地理科学等学科的研究人员，林业、环境保护、生态旅游等领域的工作者，以及自然保护区管理人员和高等学校师生阅读和参考。

前　言

广西防城金花茶国家级自然保护区（以下简称“金花茶保护区”）始于1984年，由防城各族自治县城乡建设环境保护局批准，在那梭镇那梭村上岳建立金花茶保护点；1986年4月，经广西壮族自治区人民政府批准，将上岳金花茶保护点建为广西防城上岳金花茶自治区级自然保护区；1994年，经国务院批准，晋升为国家级自然保护区。金花茶保护区是全国唯一以金花茶命名的自然保护区，主要保护对象为金花茶组植物及其赖以生存的北热带季节性雨林森林生态系统。金花茶保护区地处十万大山南麓蓝山支脉，属于桂西南山地生物多样性保护优先区域，也是世界金花茶组植物的分布中心。

1933年，我国植物学家左景烈首次在大菉乡（现为大菉镇）采集到金花茶植物标本（左景烈23483号），1948年，植物学家戚经文将其定名为“*Camellia nitidissima*”。1960年，植物学家胡先骕先生在邕宁县（现为南宁市邕宁区）再次发现这种金黄色的山茶花，并将其中文名定为“金花茶”。从此，金花茶一举成名，受到国内外植物学家和园艺学家关注，被誉为“植物界的大熊猫”和“茶族皇后”，在国外被称为“东方魔茶”。近年来，为了系统地掌握金花茶保护区金花茶组植物及其所在区域的森林生态系统特征，金花茶保护区协同中国科学院植物研究所、广西壮族自治区林业勘测设计院、广西壮族自治区中国科学院广西植物研究所、南宁师范大学、广西师范大学、广西大学、广西壮族自治区中医药研究院、生态环境部南京环境科学研究所等开展多项考察和研究。例如，金花茶保护区资源考察（2006—2007年）、金花茶保护区总体规划（2010—2020年）、濒危植物东兴金花茶繁殖技术研究及种苗开发（2015—2016年）、金花茶保护区动植物连续定位观测（2018—2021年）、上岳保护站金花茶物种基因库金花茶种类鉴定报告（2019年）、金花茶保护区资源本底调查（2019—2020年）、金花茶保护区固定样地修缮（2020—2021年）、狭叶坡垒和粗齿桫罗树种群调查及繁育修复（2021—2022年）、金花茶保护区综合科学考察（2020—2022年）等，取得了不少的重要成果。其他相关的研究还有金花茶保护区植物多样性研究（庞洁，2008）、金花茶保护区野生观赏植物资源调查与评价（徐竟甯，2014）、广西防城季节性雨林物种及其分布格局（向悟生等，2021）等。本书编写获得广西壮族自治区防城金花茶国家级自然保护区管理中心设立的“防城金花茶国家级自然保护区维管植物多样性及其保护研究”项目资助，是在收集、整理已有研究成果的基础上，结合最近开展的野外专项调查资料编写而成的，旨在为金花茶保护区的保护管理提供基础数据和科学依据。

本书由李武峥、梁士楚组织策划，分为自然地理概况、石松类植物、蕨类植物、裸子植物、被子植物、植被类型及其群落学特征、植被组成的数量特征、种群结构与动态、珍稀濒危植物和特有植物、珍稀濒危植物濒危机制及其保护共 10 章。其中，李武峥编写 13.4 万字，廖南燕编写 11 万字，姜勇编写 7.2 万字，梁士楚编写 4.3 万字，苏宏新编写 4.3 万字，朱文旭编写 6.9 万字，黄瑞斌编写 4.0 万字，杨婷编写 4.3 万字，左静编写 4.1 万字，张洪编写 3.5 万字，覃毅编写 3.1 万字，许艺昌编写 2.8 万字，潘韦虎编写 4.0 万字，唐业杰编写 3.1 万字，陈银熙编写 2.8 万字，陈斌编写 2.7 万字，李军伟编写 3.3 万字，李丽香编写 4.3 万字，黄慧敏编写 4.0 万字，蔡中伦编写 1.5 万字，陈善栋编写 1.6 万字，邓慧莲编写 1.3 万字，李晨编写 1.3 万字，龙江慧编写 1.6 万字，杨凤琴编写 1.6 万字，孔诗雨编写 1.3 万字，李叶琦编写 1.3 万字，梁素编写 1.3 万字，林佳琳编写 1.5 万字，罗桑迪编写 1.3 万字，牟倩漫编写 1.3 万字，吴宜莲编写 1.3 万字，周雪英编写 1.5 万字，李浩楠编写 1.3 万字，张恒编写 1.3 万字，董苗编写 1.7 万字。全书由梁士楚统稿。

限于编著者水平，书中有不妥之处在所难免，恳请各位专家和同仁予以指正。

编著者

2023 年 12 月

目　录

第一章　自然地理概况

一、地理位置…………1
二、行政区域…………1
三、地质…………2
四、地貌…………2
五、水文…………3
六、土壤…………4
七、气候…………5
八、生物多样性…………5

第二章　石松类植物

一、研究方法…………7
二、种类组成…………8
三、区系组成…………9
四、资源特征…………9

第三章　蕨类植物

一、研究方法…………11
二、种类组成…………12
三、区系组成…………16
四、资源特征…………19

第四章　裸子植物

一、研究方法…………24
二、种类组成…………25
三、区系组成…………26
四、资源特征…………28

第五章　被子植物

一、研究方法……31
二、被子植物种类组成……32
三、被子植物区系特征……57
四、被子植物资源类型……64

第六章　植被类型及其群落学特征

一、植被分类原则和依据……88
二、植被分类单位……88
三、植被分类系统……88
四、主要植被类型的群落学特征……90

第七章　植被组成的数量特征

一、研究地点与取样……104
二、种类组成……104
三、重要值……108
四、生活型谱……112
五、区系组成……113
六、物种多度分布格局……120
七、物种多样性……140
八、种间联结……145
九、植物功能性状及功能多样性……155
十、群落系统发育……173

第八章　种群结构与动态

一、研究地点与取样……178
二、高度结构……178
三、径级结构……188
四、测树因子回归和通径分析……195
五、点格局……219
六、种内种间竞争……223
七、生态位……234
八、数量动态……240

第九章　珍稀濒危植物和特有植物

一、国家重点保护野生植物……248
二、广西重点保护野生植物……250
三、广西特有野生植物……251

第十章　珍稀濒危植物濒危机制及其保护

一、金花茶组植物及其濒危机制……254
二、宽叶苏铁及其濒危机制……258
三、广西火桐及其濒危机制……259
四、狭叶坡垒及其濒危机制……260
五、粗齿梭罗树及其濒危机制……262
六、保护措施……263

参考文献……265

附　录……273

附录 1　防城金花茶国家级自然保护区石松类植物名录……273
附录 2　防城金花茶国家级自然保护区蕨类植物名录……276
附录 3　防城金花茶国家级自然保护区裸子植物名录……297
附录 4　防城金花茶国家级自然保护区被子植物名录……300

附　表……529

附表 1　防城金花茶国家级自然保护区药用蕨类植物名录……529
附表 2　防城金花茶国家级自然保护区观赏蕨类植物名录……534
附表 3　广西防城金花茶国家级自然保护区被子植物野菜种类……539
附表 4　广西防城金花茶国家级自然保护区被子植物野果种类……549
附表 5　广西防城金花茶国家级自然保护区被子植物油脂种类……557
附表 6　广西防城金花茶国家级自然保护区被子植物淀粉种类……561
附表 7　广西防城金花茶国家级自然保护区被子植物芳香种类……563
附表 8　广西防城金花茶国家级自然保护区被子植物色素种类……571
附表 9　广西防城金花茶国家级自然保护区被子植物饮料种类……573
附表 10　广西防城金花茶国家级自然保护区被子植物饲用种类……575
附表 11　广西防城金花茶国家级自然保护区被子植物蜜源种类……578

第一章　自然地理概况

一、地理位置

金花茶保护区位于广西壮族自治区防城港市防城区内，地理坐标为东经 108° 01′ 57″ ~108° 12′ 42″，北纬 21° 43′ 55″ ~21° 49′ 36″。地处十万大山南麓蓝山支脉，东起深坜岭下的防城江，西至大平顶边海拔 532 m 的高地，北起松柏屯旁的防城江，南至那梭村的那他屯；东西长 18.6 km，南北宽 10.8 km，总面积 9 098.6 hm^2，其中核心区面积 1 479.1 hm^2，缓冲区面积 3 459.2 hm^2，实验区面积 4 160.3 hm^2。

二、行政区域

金花茶保护区跨越的行政区域包括那梭、华石、大菉和扶隆 4 个镇，涵盖 14 个行政村和 1 个经济作物场，85 个村民小组（表 1–1）以及广西国营那梭农场、华石林场。

表 1–1　金花茶保护区社区情况一览表

乡镇	行政村	村民小组数	村民小组名称
那梭镇	那富村	8	新屋、平耀、那林、三叉、垌心、老屋场、新开坡、横岭
	那夏村	5	新屋、那中、八一、那依、老屋
	那梭村	6	牛栏、龙屋、打铁坪、冲浪口、缪屋、杨屋
	平木村	4	那卜、田心、冲吉、山口
	那钦村	2	黄屋、卢屋
华石镇	那湾村	6	细村、大村、米纳、六犁、那交、苏西
	八百村	1	滩锡
大菉镇	米中村	6	米淡、长福、滩令、冲竜、周元坪、山塘
	横路村	2	长歧、下松柏
	米丰村	15	上松柏、冲德、蓝厂、米研、那棍、朝顶、角委、屯卜、塘面、那党、马鞍岭、上高山、思茅坪、山塘、米丰组
	山中村	12	大坪、南扭、牛栏窝、上那阳、下那阳、冲粟、那天、社窝、茅坪、田尾、米艻、水圳口
	那排村	11	朝阳、上里、私盐、下田中、大岐、山心、禾塘岭、驾马、龙眼根、米帛、田辽
扶隆镇	那农村	4	竹围、苦竹、哨岗、那雪
	桂坝村	2	米迓一、米迓二
	小峰经济作物场	1	隘脚队

三、地质

金花茶保护区地层出露较少，主要为中生界上三叠统，其次是下侏罗统，局部出露上古生界二叠系乐平统。其岩性以陆相碎屑岩为主，早期夹少量海相碎屑岩及碳酸盐岩。中三叠世末期的印支运动奠定了广西境内构造格架的基础，形成盖层褶皱地壳全面上升，十万大山地区和全广西一样大部隆起，基本结束了海相沉积的历史，完成了海向陆的转变，华南大陆由此形成，并成为欧亚大陆板块的组成部分。早三叠世初期十万大山南部急剧下陷，在板八火山岩组的不整合面上，初期沉积平垌组海陆交互相或淡化潟湖相的砂砾岩及黑色泥岩，局部富含半咸水的双壳类、叶肢介，少量腕足类及植物化石，尔后海水往西南方向退出，逐渐过渡到陆相红色碎屑岩沉积，且绝大部分属河湖相，只在汪门一带局部形成短暂的沼泽环境，但因堆积速度过快，成煤沼泽往往被碎屑物所填充，使煤层变薄或成鸡窝状。早三叠世末期由于十万大山边缘断裂活动，盆地南部翘起，海水完全退出全区，持续的断裂活动，导致沉积中心北移，造成上侏罗统超覆于中三叠统、下三叠统及其他老地层之上。

燕山期以来，广西受太平洋板块、印度板块的联合作用，构成北东向和北西向的构造——岩浆岩带，陆内断陷盆地发育，十万大山盆地便是典型代表，块断隆升剧烈，板内挤压破碎和地壳深部重熔强烈，以桂东南尤甚，形成醒目的北东向构造——岩浆带，成为滨太平洋大陆边缘活动带的一部分。燕山运动期间，保护区以剥蚀为主，在其北东部及外围由于地质应力作用，形成一系列北北东向、北东向压扭性断裂，伴随着运动，在保护区南东缘沿着北东向断裂带有酸性岩浆侵入。喜马拉雅造山运动时期，十万大山盆地在南北向主压应力挤压下进一步隆起，形成现代地貌轮廓，在南西—北东向的山脉保护区地带，雨量充沛，植被茂密，继续遭受外力作用。

金花茶保护区在一级构造属华南板块，二级构造属南华活动带，三级构造属钦州残余地槽，四级构造属十万大山断陷盆地。十万大山断陷盆地位于十万大山及其以北的宁明至邕宁一带，呈南西—北东向展布的大型中生代断陷盆地，构造线方向以北东向为主，局部东西向，或北西向，分布的地层以下三叠统至新近系和古近系为主，是厚达 12 000 m 的类磨拉石和红色复陆屑建造为主的陆相地层，下三叠统底部局部仍保留海陆过渡相沉积。该区基底深埋，未见出露。盖层零星可见，由下古生界到中三叠统的碳酸盐岩、碎屑岩夹酸性火山岩组成。印支期构造运动使盖层发生褶皱隆起，其后迅速沉积，在燕山和喜马拉雅强烈的块断运动影响下，大面积发育中生界、新生界断陷盆地和大量的酸性岩浆喷发，形成的褶皱为开阔的向斜构造，两翼不对称，北西翼 10° ~30°、南东翼 30° ~70°，因受断裂影响，局部地层发生倒转。保护区地层构造为印支期褶皱——那梭向斜，呈北东 60°方向延伸，属地堑式向斜构造。

四、地貌

金花茶保护区地貌可划分为四级。第一级地貌类型为低山，低山是保护区最大的一级地貌类型，由中生界红色岩层被沿着垌中—小董深大断裂侵入的花岗斑岩掀升而成，山体单斜，形态不明显，连续而不破碎，坡度相对缓和，山间谷地已十分开阔，有较为宽阔的河漫滩和一到二级河流阶地。第二级地貌类型为单面山等，单面山是以地壳的掀斜运动为主，形成了南坡切断地层，即坡面逆着岩层发育，故坡面很陡，一般为 45° ~50°；北坡则沿着岩层面发育，坡度基本与岩层倾角一致，多为

25° ~30°，形成了典型的单面山，单面山分布很广。第三级地貌类型为V形谷、U形谷、隘谷、坡积裙、洪积扇等，山地中地表水流沿断裂或岩层软弱地方侵蚀扩大，受发育时间、岩性软硬程度及构造等因素的影响，会形成各种不同形态的沟谷；在沟谷发育初期以及岩层坚硬的地方易形成横剖面狭窄的障谷或隘谷，但是大多数沟谷均已发育到V形谷阶段；在山脉北侧，沟谷沿岩层发育，形成横剖面形态宽浅的V形谷甚至成U形谷，山脉南侧坡面倾向与岩层倾向相反，岩层断裂发育，断层崖形成后，沟谷水流继续侵蚀，形成V形谷，残余的断层崖呈三角形，称之断层三角面；山脉南侧许多沟谷谷口都堆积有大小不一的洪积扇，由于这些沟谷较短，纵坡降较大，谷口外有防城河或北仑河宽阔平坦的河谷，故容易堆积洪积扇。金花茶保护区岩层坚硬，风化残积层厚度不大，不易形成滑坡与泥石流。第四级地貌类型为石柱、岩槛、跌水、瀑布、深潭等，石柱与岩槛等都是由于岩层坚硬，抗风化抗流水侵蚀能力强，石柱残留在坡面或峰顶上，岩槛横卧在溪沟之上，如果岩槛较高，则容易形成跌水；如果溪流被断层拦腰截断，则会形成瀑布，瀑布下方或较软岩层处往往会有深潭。这些微地貌是山地常见的地貌类型，具有很高的观赏价值，往往是珍贵的旅游资源，在金花茶保护区也有分布。

金花茶保护区地质构造主要是印支期褶皱——那梭向斜，主峰线南侧抬升幅度大，北侧抬升幅度向北逐渐减少，因此，地貌总体格局表现为南陡北缓的单斜地形。当然，各块段地壳抬升幅度并不一样，总的来说，从东到西，抬升幅度逐渐加大，山体高度也是从东往西增高，最高峰三踏顶海拔940 m。可见，地质构造决定了金花茶保护区地貌的基本格局。

五、水文

金花茶保护区内地形地貌以山地、丘陵为主，地势起伏明显，沟壑纵横交错。受历年雨水汇集冲刷，形成众多中小河流。河流曲折延绵，其主要特征：河流长度短，集雨面积小，坡降大，汇流时间短。主要河流有西南面的东山江和东北面的防城江，保护区内小河流主要汇入这两条江，构成两江支流的源头。

（一）防城江

防城江位于防城港市防城区内，金花茶保护区东北面，属桂南沿海诸河之一，独流入海。河流发源于防城港市防城区扶隆镇十万大山南麓的岽兰顶，流经该区扶隆镇、大菉镇、华石镇，进入港口区沙潭江街道，最终注入北部湾。干流全长 90 km，控制集雨面积 750 km^2，最阔水面 400~500 m，最深处水深 20 m，河流落差 167.4 m，河床坡降为 1.86‰。其主要支流有老屋江、西江河、电六江、华石江、龙头石江、大王江等，金花茶保护区北坡及东北面常流水的小河流全部汇入此江，构成防城江支流的主要源头。河流自源头至大菉镇段，河道狭窄，水流湍急，两岸高山耸立，地势险峻，植被良好，地下水补充丰富；自大菉镇至入海口段，属沿海丘陵地带，水流相对平缓，滩地比较开阔，是防城区主要的粮食耕作区。该河流域多年平均降水量 2 935 mm，多年平均径流量 10.3 亿 m^3。

（二）东山江

东山江为江平江一级支流。位于金花茶保护区西南面，源于防城区天稔村，流经那马、那堪、山口等处，至那梭镇内那梭街，再流至那境渡（镇内渡口），与大坡江汇合，折向南流，至江平镇横隘村与大桥江汇合流入江平江，流经江平镇思勤、同皮各村至江平街，然后向东南流，经横江、贵明、班埃注入白龙海。金花茶保护区西面及西南面的小河流全部汇入东山江，构成东山江支流的主要源头，其中发源于保护区核心区域的主要支流上岳江，全长 12 km，至那梭汇流入东山江，江水清澈透明，水质甘甜，是上岳保护站及沿江群众的主要饮用水和工农业用水水源。江平江主河道全长 57.5 km，流域控制集雨面积 337 km^2，河床坡降 1.77‰，流域地貌以丘陵为主，海拔一般在 200 m 以下，地势较为平坦，年平均气温 22.25 ℃，多年平均降水量 2 890 mm，气候条件适宜各种农作物的生长，是防城港市主要产粮区之一。江平江缺乏实测径流资料，根据实测降水量资料按理论公式推算平均径流量为 4.90 亿 m^3。

六、土壤

金花茶保护区内海拔跨度大，土壤类型主要有砖红壤、山地红壤、山地黄壤等，具有垂直分异性，呈有规律的垂直带谱：海拔 300 m 以下为砖红壤，300~800 m 为山地红壤，800 m 以上为山地黄壤。土壤特点主要是脱硅富铝化，矿物强烈分解；阳离子交换量和盐基饱和度低，保肥和供肥能力差。

（一）砖红壤

砖红壤主要分布在低海拔区，热量较高海拔区的山地红壤和山地黄壤高，矿物分解更为强烈。表 1–2 是金花茶保护区砖红壤的理化性质（黄瑞斌，2015）。由表 1–2 可知，亚土层的黏粒含量为 22.15%，是表土层黏粒含量的 1.44 倍，黏粒明显下移且淀积作用强烈。由于盐基下移作用，表土层的 pH 仅为 4.8，而亚土层 pH 为 5.0，比表土层高一些；有机质、全氮、速效磷和速效钾的含量不高。

表 1–2　金花茶保护区砖红壤理化性质

层次	厚度 /cm	黏粒 /%	容重 /(g·cm^{-3})	总孔隙度 /%	pH	有机质 /%	全氮 /%	速效磷 /(mg·kg^{-1})	速效钾 /(mg·kg^{-1})
表土层	12.0	15.43	1.17	54.86	4.8	3.71	1.16	0.27	22.7
亚土层	71.0	22.15	1.21	53.60	5.0	2.79	0.43	0.74	15.74

（二）山地红壤

山地红壤主要分布在海拔 300~800 m。土壤的热量比砖红壤低，但高于山地黄壤；湿度比山地黄壤低。表 1–3 是金花茶保护区山地红壤的土壤理化性质（黄瑞斌，2015）。由表 1–3 可知，表土层的黏粒为 17.26%，而亚土层的黏粒为 20.53%，说明其黏粒也有下移和淀积。土壤的总孔隙度稍低，有机质、全氮、速效磷和速效钾的含量不高，土壤呈较强的酸性反应。

表 1–3　金花茶保护区山地红壤理化性质

层次	厚度 /cm	黏粒 /%	容重 /(g·cm^{-3})	总孔隙度 /%	pH	有机质 /%	全氮 /%	速效磷 /(mg·kg^{-1})	速效钾 /(mg·kg^{-1})
表土层	21.0	17.26	1.16	56.48	4.5	3.12	1.25	0.75	13.61
亚土层	56.0	20.53	1.30	46.38	4.9	0.34	0.34	2.60	5.21

（三）山地黄壤

山地黄壤主要分布在海拔 800 m 以上的区域，土壤温度较砖红壤和山地红壤低，且湿度较大。表 1–4 是金花茶保护区山地黄壤的土壤理化性质（黄瑞斌，2015）。由表 1–4 可知，表土层的黏粒为 22.92%，而亚土层的黏粒为 24.01%，说明其黏粒也有下移和淀积现象。山地黄壤呈较强的酸性反应，亚土层酸性比表土层的略强，这与砖红壤和山地红壤不同。通常，土壤 pH 受土壤孔隙度、有机质含量等因素的影响。山地黄壤表土层的总孔隙度为 71.59%，而亚土层的为 45.30%，孔隙度的增加有助于氧气进入土壤，促进好氧微生物的活动，从而影响土壤的 pH。此外，土壤中的有机质含量也会影响土壤的 pH，因为有机质的分解会产生酸性或碱性物质。山地黄壤分布的海拔较高，温度相对较低，有机质分解较为缓慢而累积较多，表土层的有机质含量为 5.59%，明显高于砖红壤和山地红壤。

表 1–4　金花茶保护区山地黄壤理化性质

层次	厚度 /cm	黏粒 /%	容重 /（$g \cdot cm^{-3}$）	总孔隙度 /%	pH	有机质 /%	全氮 /%	速效磷 /（$mg \cdot kg^{-1}$）	速效钾 /（$mg \cdot kg^{-1}$）
表土层	22.0	22.92	0.89	71.59	4.4	5.59	1.72	2.19	29.97
亚土层	53.0	24.01	1.47	45.30	4.3	0.53	0.18	0.60	6.34

七、气候

金花茶保护区地处广西南部沿海，北回归线以南，太阳辐射强，气温高，属北热带季风气候。多年平均日照时数为 1 565~1 904 h，年平均气温 21.8 ℃；最冷月为 1 月，平均气温为 12.6 ℃，极端最低气温 –0.9 ℃；最热月为 7 月，平均气温为 28.2 ℃，极端最高气温 39.1 ℃。年积温为 8 100 ℃，最高达 8 163.5 ℃。无气象学意义上的冬天，绝大多数地区无霜期 360 d 以上，偶有轻霜。平均年降水量为 2 900 mm，金花茶保护区北坡比南坡湿度稍低，但差值最大的月份也只有 6%。

八、生物多样性

金花茶保护区现已知的野生维管植物有 197 科 786 属 1 718 种（含亚种和变种，下同）。其中，石松类植物 2 科 4 属 17 种，蕨类植物 24 科 53 属 133 种，裸子植物 6 科 7 属 11 种，被子植物 165 科 722 属 1 557 种（表 1–5）。国家一级重点保护野生植物有宽叶苏铁、小叶红豆和广西火桐 3 种，国家二级重点保护野生植物有金毛狗、黑桫椤、罗汉松、福建柏、穗花杉、花榈木、华南锥、防城茶、土沉香、南宁红豆、粗齿梭罗树、狭叶坡垒、格木、紫荆木、金花茶、东兴金花茶、显脉金花茶等 41 种。

保护区现已知的陆生脊椎动物有 230 种，隶属 4 纲 23 目 79 科，包括两栖类 11 种，爬行类 28 种，鸟类 154 种，兽类 37 种。国家重点保护野生动物有 30 多种，其中国家一级重点保护野生动物有黄胸鹀、大灵猫、小灵猫等；国家二级重点保护野生动物有虎纹蛙、三索蛇、蟒蛇、黑翅鸢、黑鸢、黑冠鹃隼、凤头鹰、赤腹鹰、雀鹰、松雀鹰、红隼、红脚隼、燕隼、白鹇、红原鸡、小鸦鹃、褐翅鸦鹃、草鸮、领角鸮、领鸺鹠、斑头鸺鹠、灰林鸮、仙八色鸫、画眉、斑林狸、豹猫等。

根据《中国植被》的分类法和分类系统，金花茶保护区内的植被可分成以下10个植被型40个群系。植被类型包括以狭叶坡垒、鹅掌柴、罗浮柿、假苹婆、粗齿桉罗树、香港四照花、锈毛梭子果、双齿山茉莉、猴欢喜、肉实树、蕈树等为建群种的季雨性雨林，以枫香树为建群种的次生季雨林，以黄杞、华润楠、黄樟、毛折柄茶等为建群种的常绿阔叶林，以大节竹等为建群种的竹林，以印度野牡丹、桃金娘、米碎花、广东绣球、岗松等为建群种的常绿阔叶灌丛，以臭根子草、知风草、斑茅、五节芒等为建群种的禾草型草丛，以铁芒萁等为建群种的杂草型草丛，以水翁蒲桃、水柳、石榕树等为建群种的湿生林，以狗牙根、竹节草、萹蓄、铺地黍、刚莠竹、柳叶箬等为建群种的湿生草丛，以野芋、浮萍、大薸等为建群种的水生草丛。

表1–5　金花茶保护区的维管植物*

植物类群	科数	占总科数/%	属数	占总属数/%	种数	占总种数/%
石松类植物	2	1.02	4	0.51	17	0.99
蕨类植物	24	12.18	53	6.74	133	7.74
裸子植物	6	3.05	7	0.89	11	0.64
被子植物	165	83.76	722	91.86	1 557	90.63
合计	197	100.00	786	100.00	1 718	100.00

* 表格中百分数合计不等于100%为数值按四舍五入修约的缘故。书中其余表格同。

第二章　石松类植物

石松类植物（Lycophytes）既是高等的孢子植物，又是原始的维管植物，是一类介于苔藓植物和种子植物之间的植物类群。Pryer 等（2001）首次从分子角度阐明了石松类植物为最早演化的维管植物类群，与其他蕨类植物互为姐妹群。根据化石资料，原始石松类可溯源至早泥盆世，距今约 4 亿年。石松类植物包括石松科、卷柏科和水韭科 3 科，它们多分布在热带和亚热带地区，是重要的环境指示物种，许多种类具有较高的药用价值，而有些种类因其形态独特、优美，具有较高的观赏价值。

一、研究方法

（一）物种组成分析

金花茶保护区石松类植物名录（附录 1）是在野外调查的基础上，主要依据《广西防城金花茶国家级自然保护区植物多样性研究》《广西防城金花茶国家级自然保护区总体规划》《广西防城金花茶国家级自然保护区综合科学考察报告》《广西防城季节性雨林物种及其分布格局》等记载的保护区分布种类进行整理的。石松类分类采用 PPG I（Pteridophyte Phylogeny Group I）系统；名录中的科属种均按照拉丁名字母顺序排列。分类学处理、中文名、拉丁名及命名人主要参考《中国生物物种名录（2024 版）》《广西植物名录》《广西野生维管植物名录》《中国石松类和蕨类植物》等。通过物种数据整理后，进一步分析金花茶保护区石松类植物科、属、种的基本信息及其组成特征。

（二）区系成分分析

科、属的区系成分主要依据《中国蕨类植物区系概论》（陆树刚，2004）、《蕨类植物学》（陆树刚，2007）和《中国维管植物科属志》（李德铢等，2020）中的有关方法进行划分。采用热带性属与温带性属的 R/T 比值来反映植物区系的性质；$R/T>1$ 时，表示该植物区系的热带成分多于温带成分；$R/T<1$ 时，表示该植物区系的热带成分少于温带成分。

（三）区系分化强度分析

根据石松植物科数、属数和种数，计算科、属的区系分化强度，计算方式如下（姬红利等，2019）：

$$科的区系分化强度 = 属数 / 科数$$

$$属的区系分化强度 = 种数 / 属数$$

（四）生活型分析

生活型是植物长期对生长环境适应的结果，并反映在形态、习性和结构上的类型。根据生物生态学习性及其生态环境特征，苔藓植物生活型划分为土生、石生、附生等类型。

（五）资源利用分析

根据《中国经济植物志》《中国经济植物》《中国资源植物》《中国药用植物志》《广西中药资源名录》《粤东农药植物资源》等进行统计分析整理。

二、种类组成

金花茶保护区石松类植物现已知的野生种类有 2 科 4 属 17 种，分别占保护区维管植物科属种总数的 1.02%、0.51% 和 0.99%。其中，石松科有 3 属 3 种，卷柏科有 1 属 14 种；卷柏科和卷柏属分别为保护区石松类植物的优势科和属（表 2–1）。就生活型而言，藤石松的地上主茎为木质藤状，可伸长攀缘达数米；石松的主茎直立，高可达 60 cm；攀缘卷柏为攀缘状，长 0.5~2 m 或更长；藤卷柏为攀缘状，长 1~2 m 或更长；而其他种类为中小型直立、近直立或匍匐的石松类植物。就生态型而言，按照不同的生态条件可将保护区的石松类植物划分为土生、石生两种类型。其中，二形卷柏、疏松卷柏和卷柏等为土生或石生，兖州卷柏为石生，其余种均为土生。

表 2–1　金花茶保护区石松类植物名录

科	属	种	生态型
石松科 Lycopodiaceae	藤石松属 *Lycopodiastrum*	藤石松 *Lycopodiastrum casuarinoides*	土生
	石松属 *Lycopodium*	石松 *Lycopodium japonicum*	土生
	垂穗石松属 *Palhinhaea*	垂穗石松 *Palhinhaea cernua*	土生
卷柏科 Selaginellaceae	卷柏属 *Selaginella*	二形卷柏 *Selaginella biformis*	土生或石生
		长芒卷柏 *Selaginella commutata*	土生
		薄叶卷柏 *Selaginella delicatula*	土生
		深绿卷柏 *Selaginella doederleinii*	土生
		疏松卷柏 *Selaginella effusa*	土生或石生
		桂海卷柏 *Selaginella guihaia*	土生
		攀缘卷柏 *Selaginella helferi*	土生
		兖州卷柏 *Selaginella involvens*	石生
		单子卷柏 *Selaginella monospora*	土生
		疏叶卷柏 *Selaginella remotifolia*	土生
		海南卷柏 *Selaginella rolandi-principis*	土生
		卷柏 *Selaginella tamariscina*	土生或石生
		瓦氏卷柏 *Selaginella wallichii*	土生
		藤卷柏 *Selaginella willdenowii*	土生

三、区系组成

从科级水平来看，金花茶保护区仅有石松科和卷柏科 2 科，占保护区维管植物总科数的 1.02%，它们都是世界分布科。其中，石松科是在古生代就出现的类群。从属级水平来看，保护区的石松类植物有藤石松属、石松属、垂穗石松属和卷柏属 4 属。其中，石松属和卷柏属为世界分布属，垂穗石松属为泛热带分布属，藤石松属为热带亚洲分布属。石松是世界分布种，深绿卷柏、卷柏是热带东南亚至印度—马来西亚、太平洋诸岛分布种。科属均未见有温带分布的成分，科的区系分化强度为 2.0，属的区系分化强度为 4.25。

四、资源特征

目前，金花茶保护区石松类植物资源利用主要具有药用、食用观赏、指示作用等功能（表 2–2）。

（一）药用植物

藤石松全草药用，具有祛风除湿、舒筋活络、明目、解毒、活血等功效，主治风湿痹痛、腰肌劳损、跌打损伤、月经不调、盗汗、结膜炎、夜盲症、水火烫伤、疮疡肿毒等。垂穗石松全草药用，具有祛风除湿、舒筋活络、消肿解毒、收敛止血等功效，主治风湿骨痛、四肢麻木、跌打损伤、小儿麻痹症后遗症、小儿疳积、吐血、血崩、瘰疬、痈肿疮毒等。石松全草药用，具有祛风活络、镇痛消肿、调经等功效，主治风寒湿痹、四肢麻木、跌打损伤、月经不调、外伤出血等。二形卷柏全草可用于治疗烧伤、烫伤。卷柏全草药用，具有破血止血、祛痰等功效，主治吐血、便血、尿血、外伤出血、月经过多、痛经、胃肠出血、闭经等。薄叶卷柏全草药用，具有清热解毒、祛风退热、活血调经等功效，主治小儿惊风、麻疹、跌打损伤、月经不调、烧伤、烫伤等。深绿卷柏全草药用，具有消炎解毒、祛风消肿、止血生肌等功效，主治风湿疼痛、风热咳喘、肝炎、乳蛾、痈肿溃疡、烧伤、烫伤等。疏松卷柏全草药用，具有清热利湿、解毒等功效，主治肝炎、痢疾、痈疖等。兖州卷柏全草药用，具有清热利湿、止咳、止血、解毒等功效，主治湿热、黄疸、痢疾、水肿、腹水、淋证、痰湿咳嗽、咯血、吐血、便血、崩漏、外伤出血、乳痈、瘰疬、痔疮、烫伤等。疏叶卷柏全草药用，具有清热解毒、消炎止血、祛湿利尿等功效，主治疮毒、烧伤、犬咬伤等。以上都是民间常用的药用植物。

（二）观赏植物

垂穗石松株形优美，常被用作插花、花篮等衬材；深绿卷柏叶色鲜绿、株形秀丽，常被种植于公园林下或路边，以及水景湿地；它们都是观赏价值较高的石松类植物。

（三）指示植物

卷柏可作为钙质土及石灰岩土的指示植物，适宜的土壤 pH 为 7.0~8.0。藤石松、石松、垂穗石松等喜酸性土，可作为酸性土指示植物。

（四）其他用途

保护区内石松类植物还具有许多其他用途。例如，石松的孢子含油量约 40%，为不干性油，孢子粉可代替砂皮摩擦木器和金属器械，是很好的磨光剂；作为闪光剂，能用于火箭、信号弹、照明弹等；还可作药丸的包衣（肖宜安等，2004；吴棣飞，2012）。石松含有多种生物碱、三萜醇、阿魏酸、芽孢素、糖类和石松碱等，可作为蓝色染料（肖宜安等，2004）；茎、叶对毛毡黑皮蠹、澳洲皮蠹、负袋皮蠹有拒食或杀灭作用；春季取石松嫩枝叶及孢子囊穗，置于沸水焯熟，换清水洗净，可煲汤菜（吴棣飞，2012）。藤石松的茎可作材用，用于编织藤椅、藤床、藤帽、提篮等用具（许定发等，2015）。

表2-2　金花茶保护区石松类主要资源植物

种名	药用	食用	观赏				指示作用
			园林绿化	盆栽	假山或盆景配置	切花配叶	
藤石松 *Lycopodiastrum casuarinoides*	√		√		√	√	√
垂穗石松 *Palhinhaea cernua*	√		√	√	√	√	√
石松 *Lycopodium japonicum*	√						√
二形卷柏 *Selaginella biformi*	√		√		√		
长芒卷柏 *Selaginella commutata*			√		√		
薄叶卷柏 *Selaginella delicatula*	√	√	√	√	√		
深绿卷柏 *Selaginella doederleinii*	√		√	√	√		
疏松卷柏 *Selaginella effusa*	√			√	√		
桂海卷柏 *Selaginella guihaia*			√		√		
攀缘卷柏 *Selaginella helferi*		√			√		
兖州卷柏 *Selaginella involvens*	√	√	√	√	√		
单子卷柏 *Selaginella monospora*		√		√	√		
疏叶卷柏 *Selaginella remotifolia*	√	√		√	√		
海南卷柏 *Selaginella rolandi-principis*		√		√			
卷柏 *Selaginella tamariscina*	√	√	√	√	√		
瓦氏卷柏 *Selaginella wallichii*			√	√	√		
藤卷柏 *Selaginella willdenowii*		√	√				

第三章　蕨类植物

蕨类（Fern），又称羊齿植物，是进化水平最高的孢子植物，其孢子体发达，有真正的根、茎、叶的分化，大多数的蕨类植物为多年生草本，仅少数为一年生草本。蕨类植物不开花结果，形态从微小草本到乔木状，多种多样。蕨类植物门全世界约有 12 000 种，广泛分布于世界各地，除沙漠、极干旱寒冷地区外，各地均有分布，尤以热带、亚热带地区最为丰富。根据蕨类植物学家秦仁昌院士的分类，中国共有蕨类植物 63 科、228 属，约 2 500 种，它们大都喜生于温暖阴湿的森林环境，成为森林植被中草本层的重要组成部分，以华南地区、西南地区最为丰富。在生态习性上，有水生、土生、石生、附生或缠绕树干。

一、研究方法

（一）物种组成分析

金花茶保护区蕨类植物名录（附录 2）是在野外调查的基础上，主要依据《广西防城金花茶国家级自然保护区植物多样性研究》《广西防城金花茶国家级自然保护区总体规划》《广西防城金花茶国家级自然保护区综合科学考察报告》《广西防城季节性雨林物种及其分布格局》等记载的保护区分布种类进行整理的。蕨类植物分类采用 PPG I 系统，名录中科内属种均按照拉丁名字母顺序排列。分类学处理、中文名、拉丁名及命名人主要参考《中国生物物种名录（2024 版）》《广西植物名录》《广西野生维管植物名录》《中国石松类和蕨类植物》等。通过物种数据整理后，进一步分析保护区蕨类植物科、属、种的基本信息及其组成特征。

（二）区系成分分析

科、属的区系成分主要依据《中国蕨类植物区系概论》（陆树刚，2004）、《蕨类植物学》（陆树刚，2017）和《中国维管植物科属志》（李德铢等，2020）中的有关方法进行划分。采用热带性属与温带性属的 R/T 比值来反映植物区系的性质；$R/T>1$ 时，表示该植物区系的热带成分多于温带成分；$R/T<1$ 时，表示该植物区系的热带成分少于温带成分。

（三）区系分化强度分析

根据蕨类植物科数、属数和种数，计算科、属的区系分化强度，计算方式如下（姬红利等，2019）：

科的区系分化强度 = 属数 / 科数

属的区系分化强度 = 种数 / 属数

（四）生活型分析

植物生活型是植物长期对生长环境适应的结果，并反映在外貌、习性和结构上的类型。根据种类的生态习性，将蕨类植物可划分为土生、岩生、附生和水生 4 种生活型。

（五）资源利用分析

根据《中国经济植物志》《中国经济植物》《中国资源植物》《中国药用植物志》《广西中药资源名录》《粤东农药植物资源》《中国野菜野果的识别与利用》《福建饲用植物名录》等进行统计分析整理。

二、种类组成

（一）科的组成

金花茶保护区蕨类植物的各个科及其所含属数、种数的情况如表 3–1 所示。在科水平上，共有 24 科，占保护区维管植物总科数 12.18%。其中，仅分布 1 属的科有观音座莲科、金毛狗科、桫椤科、骨碎补科、木贼科、里白科、禾叶蕨科、海金沙科、蘋科、肾蕨科、紫萁科、瘤足蕨科、槐叶蘋科共 13 个科，占蕨类植物总科数的 54.17%；分布 2~5 属的科有铁角蕨科、蹄盖蕨科、乌毛蕨科、碗蕨科、鳞毛蕨科、膜蕨科、鳞始蕨科、凤尾蕨科、三叉蕨科、金星蕨科共 10 个科，占蕨类植物总科数的 41.67%，分布 6~10 属的科仅水龙骨科 1 个科，占蕨类植物总科数的 4.17%（表 3–2）。

根据各科所含种数的多少，将保护区蕨类植物 24 科划分为 4 个等级（表 3–3）。其中，含 1 种有 6 科，占蕨类植物总科数的 25.00%，所含种数有 6 种，仅占蕨类植物总种数的 4.51%；含 2~9 种有 13 科，占蕨类植物总科数的 54.17%，所含种数有 49 种，占蕨类植物总种数的 36.84%；含 10~19 种有 4 科，占蕨类植物总科数的 16.67%，所含种数有 55 种，占蕨类植物总种数的 41.35%；含 20 种及以上仅有 1 科，即水龙骨科，占蕨类植物总科数的 4.17%，所含种数有 23 种，占蕨类植物总种数的 17.29%。

金花茶保护区蕨类植物中，既有如观音座莲科、海金沙科等处于系统发育位置中较为原始的科，也有如水龙骨科等系统发育和进化较高的科。优势科较少，大部分科内属、种贫乏。由表 3–1 可知，科内属数平均为 2.21，科内种数平均为 5.54。由表 3–1 可知，鳞始蕨科有 3 属 7 种，碗蕨科有 5 属 7 种，金星蕨科有 5 属 13 种，凤尾蕨科有 4 属 14 种，鳞毛蕨科有 5 属 16 种，水龙骨科有 7 属 23 种等，因此这些科是金花茶保护区蕨类植物的优势科。

表 3–1　金花茶保护区蕨类植物科的组成

序号	科名	科内种数	占总种数 /%	科内属数	占总属数 /%
1	观音座莲科 Angiopteridaceae	1	0.75	1	1.89
2	铁角蕨科 Aspleniaceae	8	6.02	2	3.77
3	蹄盖蕨科 Athyriaceae	12	9.02	2	3.77
4	乌毛蕨科 Blechnaceae	2	1.50	2	3.77
5	金毛狗科 Cibotiaceae	1	0.75	1	1.89
6	桫椤科 Cyatheaceae	2	1.50	1	1.89
7	骨碎补科 Davalliaceae	3	2.26	1	1.89

续表

序号	科名	科内种数	占总种数 /%	科内属数	占总属数 /%
8	碗蕨科 Dennstaedtiaceae	7	5.26	5	9.43
9	鳞毛蕨科 Dryopteridaceae	16	12.03	5	9.43
10	木贼科 Equisetaceae	2	1.50	1	1.89
11	里白科 Gleicheniaceae	3	2.26	1	1.89
12	禾叶蕨科 Grammitidaceae	1	0.75	1	1.89
13	膜蕨科 Hymenophyllaceae	3	2.26	3	5.66
14	鳞始蕨科 Lindsaeaceae	7	5.26	3	5.66
15	海金沙科 Lygodiaceae	4	3.01	1	1.89
16	蘋科 Marsileaceae	1	0.75	1	1.89
17	肾蕨科 Nephrolepidaceae	2	1.50	1	1.89
18	紫萁科 Osmundaceae	2	1.50	1	1.89
19	瘤足蕨科 Plagiogyriaceae	1	0.75	1	1.89
20	水龙骨科 Polypodiaceae	23	17.29	7	13.21
21	凤尾蕨科 Pteridaceae	14	10.53	4	7.55
22	槐叶蘋科 Salviniaceae	1	0.75	1	1.89
23	三叉蕨科 Tectariaceae	4	3.01	2	3.77
24	金星蕨科 Thelypteridaceae	13	9.77	5	9.43
合计		133	100.00	53	100.00

表 3-2　金花茶保护区蕨类植物科内属组成的数量级统计

科内含属数	科		种	
	科数	占总科数 /%	种数	占总种数 /%
1	13	54.17	24	18.05
2~5	10	41.67	86	64.66
6~10	1	4.17	23	17.29
合计	24	100.00	133	100.00

表 3-3　金花茶保护区蕨类植物科内种组成的数量级统计

科内含种数	科		属		种	
	科数	占总科数 /%	属数	占总属数 /%	种数	占总种数 /%
1	6	25.00	6	11.32	6	4.51
2~9	13	54.17	24	45.28	49	36.84
10~19	4	16.67	16	30.19	55	41.35
≥ 20	1	4.17	7	13.21	23	17.29
合计	24	100.00	53	100.00	133	100.00

（二）属的组成

保护区蕨类植物属及其所含种数的情况如表 3–4 所示。在属水平上，共有 53 属，占保护区维管植物总属数 6.74%。其中，仅分布 1 种的属有观音座莲属、膜叶铁角蕨属、乌毛蕨属、狗脊属、金毛狗属、碗蕨属、栗蕨属、姬蕨属、蕨属、黄腺羽蕨属、禾叶蕨属、长片蕨属、假脉蕨属、膜蕨属、乌蕨属、香鳞始蕨属、蘋属、瘤足蕨属、修蕨属、金粉蕨属、满江红属、牙蕨属、凸轴蕨属、假毛蕨属和溪边蕨属 25 属，占蕨类植物总属数的 47.17%；分布 2~5 种的属有耳蕨属、木贼属、肾蕨属、羽节紫萁属、槲蕨属、石韦属、书带蕨属、对囊蕨属、骨碎补属、鳞盖蕨属、复叶耳蕨属、芒萁属、伏石蕨属、星蕨属、铁线蕨属、三叉蕨属、海金沙属、鳞始蕨属、瓦韦属、毛蕨属、新月蕨属、黑桫椤属和实蕨属 23 属，占蕨类植物总属数的 43.40%；分布 6~10 种的属有铁角蕨属、薄唇蕨属、鳞毛蕨属、凤尾蕨属和双盖蕨属 5 属，占蕨类植物总属数的 9.43%（表 3–5）。属内种数的平均值为 2.51，对囊蕨属、骨碎补属、鳞盖蕨属、复叶耳蕨属、芒萁属、伏石蕨属、星蕨属、铁线蕨属和三叉蕨属有 3 种，海金沙属有 4 种，鳞始蕨属、瓦韦属、毛蕨属和新月蕨属有 5 种，铁角蕨属和薄唇蕨属有 7 种，鳞毛蕨属和凤尾蕨属有 8 种，双盖蕨属有 9 种，它们是保护区蕨类植物的优势属。

表 3–4　金花茶保护区蕨类植物属及其所含种数

属名	属内种数	占总种数 /%	属名	属内种数	占总种数 /%
观音座莲属 *Angiopteris*	1	0.75	耳蕨属 *Polystichum*	2	1.5
膜叶铁角蕨属 *Hymenasplenium*	1	0.75	木贼属 *Equisetum*	2	1.5
乌毛蕨属 *Blechnopsis*	1	0.75	肾蕨属 *Nephrolepis*	2	1.5
狗脊属 *Woodwardia*	1	0.75	羽节紫萁属 *Plenasium*	2	1.5
金毛狗属 *Cibotium*	1	0.75	槲蕨属 *Drynaria*	2	1.5
碗蕨属 *Dennstaedtia*	1	0.75	石韦属 *Pyrrosia*	2	1.5
栗蕨属 *Histiopteris*	1	0.75	书带蕨属 *Haplopteris*	2	1.5
姬蕨属 *Hypolepis*	1	0.75	对囊蕨属 *Deparia*	3	2.26
蕨属 *Pteridium*	1	0.75	骨碎补属 *Davallia*	3	2.26
黄腺羽蕨属 *Pleocnemia*	1	0.75	鳞盖蕨属 *Microlepia*	3	2.26
禾叶蕨属 *Oreogrammitis*	1	0.75	复叶耳蕨属 *Arachniodes*	3	2.26
长片蕨属 *Abrodictyum*	1	0.75	芒萁属 *Dicranopteris*	3	2.26
假脉蕨属 *Crepidomanes*	1	0.75	伏石蕨属 *Lemmaphyllum*	3	2.26
膜蕨属 *Hymenophyllum*	1	0.75	星蕨属 *Microsorum*	3	2.26
乌蕨属 *Odontosoria*	1	0.75	铁线蕨属 *Adiantum*	3	2.26
香鳞始蕨属 *Osmolindsaea*	1	0.75	三叉蕨属 *Tectaria*	3	2.26
蘋属 *Marsilea*	1	0.75	海金沙属 *Lygodium*	4	3.01
瘤足蕨属 *Plagiogyria*	1	0.75	鳞始蕨属 *Lindsaea*	5	3.76
修蕨属 *Selliguea*	1	0.75	瓦韦属 *Lepisorus*	5	3.76
金粉蕨属 *Onychium*	1	0.75	毛蕨属 *Cyclosorus*	5	3.76
满江红属 *Azolla*	1	0.75	新月蕨属 *Pronephrium*	5	3.76

续表

属名	属内种数	占总种数 /%	属名	属内种数	占总种数 /%
牙蕨属 *Pteridrys*	1	0.75	铁角蕨属 *Asplenium*	7	5.26
凸轴蕨属 *Metathelypteris*	1	0.75	薄唇蕨属 *Leptochilus*	7	5.26
假毛蕨属 *Pseudocyclosorus*	1	0.75	鳞毛蕨属 *Dryopteris*	8	6.02
溪边蕨属 *Stegnogramm*	1	0.75	凤尾蕨属 *Pteris*	8	6.02
黑桫椤属 *Gymnosphaera*	2	1.5	双盖蕨属 *Diplazium*	9	6.77
实蕨属 *Bolbitis*	2	1.5	—	—	—

表 3–5　金花茶保护区蕨类植物属的数量级统计

属内含种数	属数	占总属数 /%	种数	占总种数 /%
1	25	47.17	25	18.80
2~5	23	43.40	69	51.88
6~10	5	9.43	39	29.32
合计	53	100.00	133	100.00

（三）种的组成

金花茶保护区蕨类植物现已知的种类有 133 种，占保护区维管植物总种数的 7.74%。这些蕨类植物中，根据生长特点又可分攀缘型、丛生型、散生型、树型等。攀缘型的蕨类主要有海南海金沙、曲轴海金沙、小叶海金沙、海金沙等；丛生型的蕨类主要有福建观音座莲、金毛狗、乌毛蕨、蜈蚣草、肾蕨等；散生型的蕨类主要有新月蕨、单叶双盖蕨、槲蕨等；树型的蕨类植物有小黑桫椤、黑桫椤等。

根据种类的生态习性，保护区的蕨类植物可划分为土生、岩生、附生和水生 4 种生态型；一些种类有多种生态型。

（1）土生蕨类植物：指生长于土壤环境中的蕨类植物。它们是福建观音座莲、假蹄盖蕨、毛轴假蹄盖蕨、毛柄短肠蕨、双盖蕨、薄盖短肠蕨、疏裂短肠蕨、阔片短肠蕨、江南短肠蕨、假镰羽短肠蕨、假江南短肠蕨、乌毛蕨、狗脊、金毛狗、小黑桫椤、黑桫椤、碗蕨、姬蕨、华南鳞盖蕨、虎克鳞盖蕨、边缘鳞盖蕨、蕨、中华复叶耳蕨、华南复叶耳蕨、粗裂复叶耳蕨、黑足鳞毛蕨、羽裂鳞毛蕨、京鹤鳞毛蕨、鱼鳞蕨、圆头红腺蕨、稀羽鳞毛蕨、三角鳞毛蕨、华南鳞毛蕨、黄腺羽蕨、镰羽耳蕨、灰绿耳蕨、披散木贼、大芒萁、铁芒萁、芒萁、碎叶鳞始蕨、华南鳞始蕨、乌蕨、香鳞始蕨、海南海金沙、曲轴海金沙、小叶海金沙、宽叶羽节紫萁、华南羽节紫萁、华东瘤足蕨、扇叶铁线蕨、栗蕨、半边旗、毛轴牙蕨、条裂三叉蕨、干旱毛蕨、光羽毛蕨、华南毛蕨、截裂毛蕨、林下凸轴蕨、新月蕨、红色新月蕨、微红新月蕨、单叶新月蕨、三羽新月蕨、圣蕨、单叶双盖蕨、厚叶双盖蕨、刺头复叶耳蕨、爪哇鳞始蕨、团叶鳞始蕨、宽羽线蕨、线蕨、断线蕨、矩圆线蕨、绿叶线蕨、褐叶线蕨、羽裂星蕨、野雉尾金粉蕨、条纹凤尾蕨、剑叶凤尾蕨、傅氏凤尾蕨、百越凤尾蕨、林下凤尾蕨、井栏边草、三叉蕨、溪边假毛蕨等，共有 87 种，占蕨类植物总种数的 65.41%。

（2）石生蕨类植物：指生长于岩石表面和岩石石缝中的蕨类植物。它们是狭翅铁角蕨、假大羽铁角蕨、石生铁角蕨、铁角蕨、绿秆膜叶铁角蕨、刺蕨、长叶实蕨、短柄滨禾蕨、广西长筒蕨、翅柄假脉蕨、华东膜蕨、钱氏鳞始蕨、具柄线蕨、光亮瘤蕨、团羽铁线蕨、铁线蕨、蜈蚣凤尾蕨、毛叶轴脉蕨、宽羽毛蕨、单叶双盖蕨、厚叶双盖蕨、刺头复叶耳蕨、爪哇鳞始蕨、团叶鳞始蕨、宽羽线蕨、线蕨、断线蕨、矩圆线蕨、绿叶线蕨、褐叶线蕨、羽裂星蕨、野雉尾金粉蕨、条纹凤尾蕨、剑叶凤尾蕨、傅氏凤尾蕨、百越凤尾蕨、林下凤尾蕨、井栏边草、三叉蕨、溪边假毛蕨、大叶骨碎补、阴石蕨、中国骨碎补、团叶槲蕨、崖姜、披针骨牌蕨、抱石莲、伏石蕨、扭瓦韦、江南星蕨、粤瓦韦、骨牌蕨、表面星蕨、星蕨、贴生石韦、石韦、节肢蕨、唇边书带蕨、书带蕨、狭翅巢蕨、巢蕨、长叶铁角蕨、毛叶肾蕨、肾蕨等，共有 64 种，占蕨类植物总种数的 48.12%。

（3）附生蕨类植物：指生长于其他植物或非生命体上的蕨类植物。它们是大叶骨碎补、阴石蕨、中国骨碎补、团叶槲蕨、崖姜、披针骨牌蕨、抱石莲、伏石蕨、扭瓦韦、江南星蕨、粤瓦韦、骨牌蕨、表面星蕨、星蕨、贴生石韦、石韦、节肢蕨、唇边书带蕨、书带蕨、狭翅巢蕨、巢蕨、长叶铁角蕨、毛叶肾蕨、肾蕨等，共有 24 种，占蕨类植物总种数的 18.05%。

（4）水生蕨类植物：是指仅能在水生环境中正常生长的蕨类植物。共有 2 种，占蕨类植物总种数的 1.50%，它们是蘋和满江红。

需要指出的是，一些种类具有多种生态型，例如单叶双盖蕨、厚叶双盖蕨、刺头复叶耳蕨、爪哇鳞始蕨、团叶鳞始蕨、宽羽线蕨、线蕨、断线蕨、矩圆线蕨、绿叶线蕨、褐叶线蕨、羽裂星蕨、野雉尾金粉蕨、条纹凤尾蕨、剑叶凤尾蕨、傅氏凤尾蕨、百越凤尾蕨、林下凤尾蕨、井栏边草、三叉蕨、溪边假毛蕨等是既能土生，又能石生的种类；大叶骨碎补、阴石蕨、中国骨碎补、团叶槲蕨、崖姜、披针骨牌蕨、抱石莲、伏石蕨、扭瓦韦、江南星蕨、粤瓦韦、骨牌蕨、表面星蕨、星蕨、贴生石韦、石韦、节肢蕨、唇边书带蕨、书带蕨、狭翅巢蕨、巢蕨、长叶铁角蕨等是既能附生，又能石生的种类。

三、区系组成

（一）科的区系成分

金花茶保护区现已知的蕨类植物共有 24 科，可划分为世界分布、泛热带分布、旧世界热带分布、热带亚洲和热带美洲间断分布、北温带分布 5 个区系类型（表 3-6）。其中，世界分布有乌毛蕨科、金毛狗科、骨碎补科、蘋科、紫萁科、水龙骨科、凤尾蕨科和槐叶蘋科 8 个科；泛热带分布有铁角蕨科、蹄盖蕨科、桫椤科、碗蕨科、鳞毛蕨科、里白科、禾叶蕨科、膜蕨科、鳞始蕨科、海金沙科、肾蕨科、三叉蕨科和金星蕨科 13 个科，占蕨类植物总科数的 81.25%（不含世界分布，下同）；旧世界热带分布仅有瘤足蕨科 1 个科，占蕨类植物总科数的 6.25%；热带亚洲和热带美洲间断分布仅有观音座莲科 1 个科，占蕨类植物总科数的 6.25%；北温带分布木贼科仅有 1 个科，占科总数的 6.25%。这些科中，从系统发育上看，木贼科、观音座莲科、紫萁科等是比较原始的科，如观音座莲科是在古生代就有的蕨类植物；槐叶蘋科等是较进化的科，是典型的水生蕨类植物。

从科级水平来看，保护区蕨类植物区系成分是以泛热带分布科占优势，其次是世界分布科。科的 *R/T* 值为 15.0，区系分化强度为 2.21。

表3-6　金花茶保护区蕨类植物科的分布区类型

分布区类型	科数	占总科数/%	属数	占总属数/%	种数	占总种数/%
世界分布	8	—	18	—	47	—
泛热带分布	13	81.25	32	91.43	82	95.35
旧世界热带分布	1	6.25	1	2.86	1	1.16
热带亚洲和热带美洲间断分布	1	6.25	1	2.86	1	1.16
北温带分布	1	6.25	1	2.86	2	2.33
合计	24	100.00	53	100.00	133	100.00

注：百分比不含世界分布；属、种数量为科分布区类型所含的属、种数量；下表同。

（二）属的区系成分

根据陆树刚（2004）关于中国蕨类植物区系成分的划分，保护区蕨类植物属的区系成分可以分为世界分布，泛热带分布，热带亚洲和热带南美间断分布，旧世界热带分布，热带亚洲和热带大洋洲分布，热带亚洲至热带非洲分布，热带亚洲（印度、马来西亚）分布，温带亚洲分布和地中海、西亚至中亚分布 9 个分布型以及地中海至中亚和南部非洲、大洋洲间断分布 1 个亚型（表 3-7）。

世界分布有耳蕨属、狗脊属、骨碎补属、蕨属、鳞毛蕨属、满江红属、膜蕨属、木贼属、蘋属、石韦属、铁角蕨属、铁线蕨属 12 属；泛热带分布有乌毛蕨属、碗蕨属、姬蕨属、复叶耳蕨属、实蕨属、禾叶蕨属、鳞始蕨属、乌蕨属、香鳞始蕨属、海金沙属、肾蕨属、瘤足蕨属、书带蕨属、栗蕨属、金粉蕨属、凤尾蕨属、三叉蕨属、毛蕨属、假毛蕨属、溪边蕨属 20 属，占总属数的 48.78%（不含世界分布，下同）；热带亚洲和热带南美间断分布有观音座莲属、双盖蕨属、鳞盖蕨属、芒萁属、假脉蕨属 5 属，占总属数的 12.20%；旧世界热带分布仅有金毛狗属 1 属，占总属数的 2.44%；热带亚洲和热带大洋洲分布仅有槲蕨属 1 属，占总属数的 2.44%；热带亚洲至热带非洲分布有膜叶铁角蕨属、瓦韦属和星蕨属 3 属，占总属数的 7.32%；热带亚洲（印度、马来西亚）分布有黑桫椤属、黄腺羽蕨属、长片蕨属、羽节紫萁属、薄唇蕨属、牙蕨属、新月蕨属 7 属，占总属数的 17.07%；温带亚洲分布仅有对囊蕨属 1 属，占总属数的 2.44%；地中海、西亚至中亚分布有伏石蕨属和凸轴蕨属 2 属，占总属数的 4.88%；地中海至中亚和南部非洲，大洋洲间断分布有修蕨属 1 属，占总属数的 2.44%。其中，一些属起源古老，如木贼属是早期陆地维管束植物楔叶类唯一的现存代表，目前仅澳大利亚、南极洲和新西兰尚无记载；观音座莲属是古生代的植物类群，羽节紫萁属是中生代三叠纪的植物类群；蘋属遍布世界各地，以大洋洲及非洲南部最多。

从属级水平来看，保护区蕨类植物是以泛热带分布属占优势，其次是世界分布属。*R*/*T* 值为 9.25，属的区系分化强度为 2.51。

表3-7　金花茶保护区蕨类植物属的分布区类型

分布区类型	属数	占总属数/%	含种数	占总种数/%
世界分布	12	—	32	—
泛热带分布	20	48.78	45	44.55
热带亚洲和热带南美间断分布	5	12.20	17	16.83
旧世界热带分布	1	2.44	1	0.99

续表

分布区类型	属数	占总属数 /%	含种数	占总种数 /%
热带亚洲和热带大洋洲分布	1	2.44	2	1.98
热带亚洲至热带非洲分布	3	7.32	9	8.91
热带亚洲（印度、马来西亚）分布	7	17.07	19	18.81
温带亚洲分布	1	2.44	3	2.97
地中海、西亚至中亚分布	2	4.88	4	3.96
地中海至中亚和南部非洲、大洋洲间断分布	1	2.44	1	0.99
合计	53	100.00	133	100.00

（三）种的区系成分

保护区蕨类植物种的分布区可划分为 9 个分布区类型。其中，世界分布有铁线蕨、蘋、蕨、铁角蕨等；泛热带分布有铁芒萁、三角鳞毛蕨、截裂毛蕨、姬蕨、曲轴海金沙、肾蕨、林下凤尾蕨、栗蕨、黄腺羽蕨等；旧世界热带分布有虎克鳞盖蕨、假大羽铁角蕨、唇边书带蕨、伏石蕨、乌蕨、蜈蚣凤尾蕨、巢蕨等；热带亚洲分布有单叶双盖蕨、团叶槲蕨、崖姜、羽裂鳞毛蕨、扭瓦韦、骨牌蕨、断线蕨、团叶鳞始蕨、小叶海金沙、单叶新月蕨、溪边假毛蕨、条裂三叉蕨、长叶铁角蕨、姬蕨、稀羽鳞毛蕨、线蕨等；热带亚洲和热带美洲间断分布有扇叶铁线蕨、金毛狗、大叶骨碎补、书带蕨、井栏边草、半边旗、满江红、香鳞始蕨等；热带亚洲至热带大洋洲分布有笔管草、乌毛蕨、海南海金沙、华南毛蕨、鱼鳞蕨、宽叶羽节紫萁、三羽新月蕨、剑叶凤尾蕨、阴石蕨、三叉蕨等；热带亚洲至热带非洲分布有福建观音座莲、绿秆膜叶铁角蕨、星蕨、红色新月蕨等；温带亚洲分布有双盖蕨、镰羽耳蕨、毛轴假蹄盖蕨、假蹄盖蕨、狭翅铁角蕨、江南短肠蕨、华东膜蕨、刺蕨、黑足鳞毛蕨、粤瓦韦等；中国特有分布有百越凤尾蕨、刺头复叶耳蕨、中华复叶耳蕨、华南复叶耳蕨、中国骨碎补、华南鳞毛蕨、披针骨牌蕨、抱石莲、矩圆线蕨、绿叶线蕨等。

（四）区系特征

综合以上蕨类植物区系的统计分析，得出保护区蕨类植物组成的区系特征如下：

1. 以热带成分占优势

从科的水平来看，热带性质的科占除世界分布科的 93.75%，温带成分仅占 6.25%；若包含世界分布科，热带性质的科占 62.50%。*R/T* 值在一定程度上反映了植物区系的性质；当 *R/T* 数值越大，则说明该区域植物区系热带性质越显著。保护区蕨类植物科区系成分的 *R/T* 值为 15，科的区系分化强度为 2.25。从属的水平来看，热带性质的属占除世界分布科的 90.24%，温带成分仅占 9.76%；若包含世界分布属，热带性质的属占 69.81%。保护区蕨类植物属区系成分的 *R/T* 值为 9.25。由此表明，保护区蕨类植物区系具有较强的热带性质，并以泛热带分布为主，温带成分影响较小。

2. 具有一定古老性和较为广泛的联系性

保护区的蕨类植物区系保存了一定数量的古老物种或在系统进化上具有重要地位的科属，如里白科、桫椤科、海金沙科等，这些科均起源于白垩纪晚期至古近纪。同时，侏罗系的海金沙、金毛狗、乌毛蕨，古生代的观音座莲属等，中生代前期的宽叶羽节紫萁、芒萁等，这些类群都反映了保护区蕨类植物区系成分的古老性特点。保护区现有分布的蕨类植物中，科的区系成分有世界分布、泛热带分布、旧世界热带分布、热带亚洲和热带美洲间断分布、北温带分布 5 个区系类型，属的区系成分有世界分布，泛热带分布，热带亚洲和热带南美间断分布，旧世界热带分布，热带亚洲和热带大洋洲分布，热带亚洲至热带非洲分布，热带亚洲（印度、马来西亚）分布，温带亚洲分布和地中海，西亚至中亚分布 9 个分布型以及地中海至中亚和南部非洲、大洋洲间断分布 1 个亚型。这些都说明了保护区蕨类植物区系与世界各地区系联系较为广泛的特点。

3. **特有种相对较多**

保护区蕨类植物既有较原始科，也有进化的科，在系统发育上具有较为连续的关系。虽然缺乏中国特有分布的科属，但是有中国特有种分布，如百越凤尾蕨、刺头复叶耳蕨、中华复叶耳蕨、华南复叶耳蕨、中国骨碎补、华南鳞毛蕨、披针骨牌蕨、抱石莲、矩圆线蕨、绿叶线蕨等。

四、资源特征

蕨类植物资源在植物资源中占有重要位置，具有药用、食用、观赏、指示等多种用途（崔桂友，1998；陈自然等，2010）。根据种类的主要用途，金花茶保护区蕨类植物资源主要划分为药用蕨类、观赏蕨类、食用蕨类、指示环境蕨类、工业原料蕨类、饲用和绿肥蕨类、农药蕨类 7 种类型。

（一）药用蕨类

蕨类植物的药用历史悠久。在我国现存最早的本草专著《神农本草经》中，有石韦“主劳热邪气，五癃闭不通，利小便水道”，卷柏“主五脏邪气，女子阴中寒热、痛、癥瘕、血闭、绝子”等有关蕨类植物药用价值的记载。明代李时珍《本草纲目》中所记载的药用植物，就有不少是蕨类植物。我国现已知的药用蕨类植物有 53 科 139 属 480 多种，其中收载于《中药大辞典》的有 122 种。许多蕨类植物自古以来就被广泛地用于医药上，为人们治疗各种疾病。例如，用海金沙治疗尿道感染、尿道结石；用卷柏外敷，治刀伤出血。目前，对于药用蕨类植物资源开发利用的研究已经涉及到资源的种类组成及分布、药用功效、栽培技术、药用成分、药理作用等方面。

金花茶保护区现已知的药用蕨类植物有 23 科 46 属 99 种（附表 1）。其中，水龙骨科、凤尾蕨科、金星蕨科、铁角蕨科、蹄盖蕨科、鳞毛蕨科、碗蕨科等药用种类较多，分别有 23 种、13 种、8 种、7 种、6 种、6 种和 5 种，占药用蕨类植物总种数的 23.23%、13.13%、8.08%、7.07%、6.06%、6.06% 和 5.05%，这 7 个科所含的药用蕨类植物共有 68 种，占药用蕨类植物总数的 68.69%。保护区药用蕨类植物的用药部位有全草、叶、根状茎、块茎、茸毛、孢子等，以全草最多，其次是根状茎，最后是叶（图 3–1）。

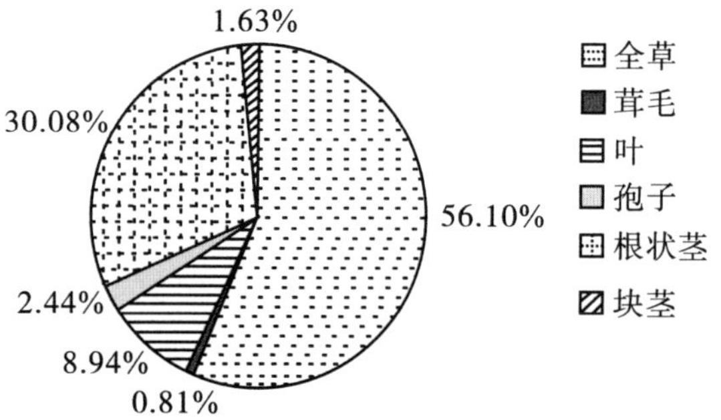

图 3–1　金花茶保护区药用蕨类植物用药部位统计图

（二）观赏蕨类

蕨类植物是一类可观株形、叶形、叶色、孢子囊群、根状茎、拳芽等的观赏植物，素有“无花之美”“花园中的羽毛”的美誉，是观赏植物的一大类群（蒋能等，2013）。蕨类植物具有耐阴、耐旱、抗污染、适应性广、易繁殖、易管理等特点，被广泛运用于地栽绿化、垂直绿化、盆景配置、假山配置、水景配置、蕨类植物专类园建园、插花等方面。蕨类植物通过孤植、丛植、群植等园林处理方法，可形成独特的生态景观效果。例如，将水生蕨类植物布置于河流、池塘、沟渠等水体，与其他植物相互搭配，可形成野趣横生的水体植物景观。一些耐阴性强的大中型蕨类植物，如福建观音座莲、小黑桫椤、新月蕨、金毛狗、乌毛蕨等属种类适合栽培于林下，丰富园林绿地景观的层次感。乌蕨、狗脊、铁芒萁等喜阳的种类则可以作为生态护坡植物，栽植于道路边坡或林缘。崖姜、巢蕨、星蕨、肾蕨、阴石蕨、石韦、粤瓦韦等石生或附生蕨类可种植于园林景观的假山或观赏石周围，增添野趣。铁线蕨、抱石莲、伏石蕨、骨牌蕨等是山水盆景优良配置的种类。一些藤本状蕨类植物，如小叶海金沙，可以用于垂直绿化。

保护区观赏价值比较高的蕨类植物有 22 科 47 属 118 种（附表 2）。这些种类可以用于园林绿化、盆栽观赏、盆景配置、切花配叶、假山配置等，其中可用于园林绿化的种类最多，其次是可用于盆栽观赏的种类（图 3–2）。

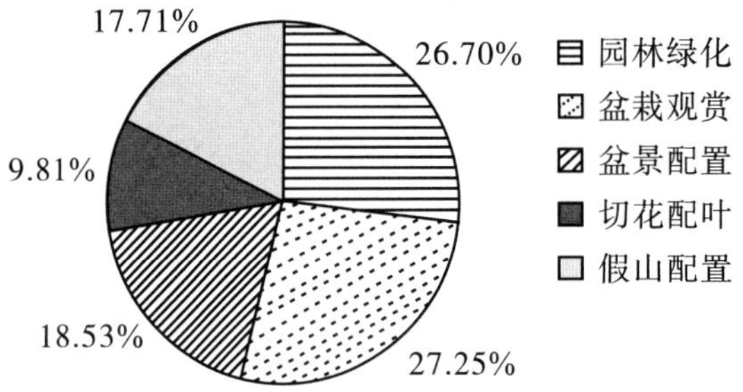

图 3–2　金花茶保护区蕨类植物观赏组成统计图

（三）食用蕨类

食用蕨类植物统称为“蕨菜”，其作为天然食材历史悠久。我国食用蕨类植物已有三千多年，最早的记载见于《诗经》，“山有蕨薇”“于以采蘋”等诗句中的“蕨”就是现今普遍食用的蕨，“蘋”就是俗称为田字草的蕨类植物蘋。到唐代，食用蕨类得以推广和发展，至宋、元时期进一步深入，明清时期达到高峰。作为食材的蕨类植物不仅滋味鲜美，而且绿色天然，富含维生素、胡萝卜素、蛋白质、脂肪、粗纤维及多种营养成分，还含有如黄酮、酚类、多糖、氨基酸、生物碱、甾体等多种生物活性成分，因而具有一定的保健功效。蕨类植物的食用部位有嫩芽、嫩叶、嫩茎、孢子叶、根状茎、球茎等，幼嫩部位可炒食、油炸、炖汤、晒干、蒸、煮、凉拌、腌制，部分蕨类植物的根状茎可提取淀粉，用于酿酒或者制作成蕨根粉、蕨粑等各种食品（蒋丽娟等，1997；李朝婵等，2009）。我国蕨类植物有 2 600 多种，其中能够食用的约 70 种（戴锡玲等，2003）。保护区蕨类植物可供食用的种类有 21 种，隶属 14 科 18 属（表 3–8）。其中，以食用嫩叶的种类最多，占总种数 44.12%；其次是食用嫩茎的种类，占总种数 26.47%；再次是食用根状茎的种类，占总种数 11.76%（图 3–3）。

表 3-8　金花茶保护区食用蕨类植物

科中文名	种名	食用部位	食用方法
合囊蕨科	福建观音座莲 *Angiopteris fokiensis*	嫩叶柄、嫩芽、根状茎	嫩叶柄、嫩芽炒食或凉拌，根状茎提取淀粉或酿酒
铁角蕨科	巢蕨 *Asplenium nidus*	嫩叶	炒食、凉拌
蹄盖蕨科	假蹄盖蕨 *Deparia japonica*	嫩叶	炒食、凉拌、晒干
	毛柄短肠蕨 *Diplazium dilatatum*	嫩叶	炒食、凉拌
乌毛蕨科	乌毛蕨 *Blechnopsis orientali*	嫩芽、嫩叶、嫩茎	炒食、晒干、凉拌、腌制
	狗脊 *Woodwardia japonica*	嫩叶、根状茎	嫩叶炒食；根状茎提取淀粉或酿酒
金毛狗科	金毛狗 *Cibotium barometz*	根状茎	提取淀粉食用或酿酒
碗蕨科	蕨 *Pteridium aquilinum* var. *latiusculum*	嫩茎、嫩叶柄、根状茎	嫩叶柄和嫩茎炒食、凉拌、晒干、腌制；根状茎提取淀粉，制作蕨粑等
木贼科	披散木贼 *Equisetum diffusum*	嫩茎	炒食
	笔管草 *Equisetum ramosissimum* subsp. *debile*	嫩茎	炒食
里白科	铁芒萁 *Dicranopteris linearis*	嫩茎、嫩叶	炒食
	芒萁 *Dicranopteris pedata*	嫩茎、嫩叶	炒食
海金沙科	曲轴海金沙 *Lygodium flexuosum*	嫩茎、嫩叶	炒食
蘋科	蘋 *Marsilea quadrifolia*	嫩叶、嫩茎	炒食、凉拌、做汤
肾蕨科	肾蕨 *Nephrolepis cordifolia*	嫩叶、块茎	嫩叶炒食、凉拌、晒干；块茎生吃
紫萁科	宽叶羽节紫萁 *Plenasium javanicum*	嫩叶	炒食、凉拌、晒干
	华南羽节紫萁 *Plenasium vachellii*	嫩叶	炒食、凉拌、晒干
水龙骨科	江南星蕨 *Lepisorus fortunei*	嫩叶、嫩茎	炒食、凉拌、腌制
	羽裂星蕨 *Microsorum insigne*	嫩叶	炒食
凤尾蕨科	栗蕨 *Histiopteris incisa*	嫩叶	炒食、凉拌
	傅氏凤尾蕨 *Pteris fauriei*	嫩叶、老叶	嫩叶水煮凉拌或炒食，老叶晒干泡茶

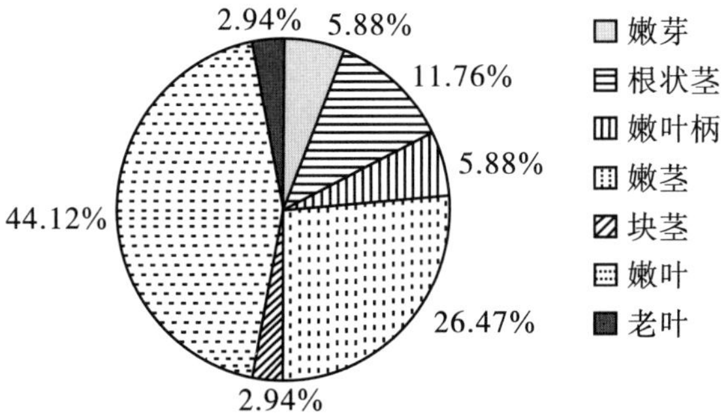

图 3-3　金花茶保护区蕨类植物食用部位统计图

（四）指示环境蕨类

蕨类植物起源古老，在距今 4 亿年前的晚志留纪就已出现，历经数亿年的适应与演化，既形成有与其他植物类群相同的生态类型，也有蕨类植物特有的生态类型（陆树刚和陈风，2013）。不同种类的蕨类植物对不同生态环境的适应有所不同，一些蕨类植物需要在特定的环境条件下才能生长良好，而且对环境条件的变化反应灵敏，因此对环境或其中某一因子具有指示作用。根据生长的蕨类植物种类，可以在某种程度上判断所在地的气候、地质、土壤等特征，并可指导造林或多种林地的发展。例如，一个地区是否生长有小黑桫椤、福建观音座莲、金毛狗等属蕨类，可作为判断热带或亚热带潮湿气候的依据；生长有芒萁、狗脊等蕨类植物的地方，可选择作为发展适宜酸性土壤的茶树、油茶等经济林木林地；生长有剑叶凤尾蕨、铁线蕨等蕨类植物的地方，可选择作为喜钙植物林地。保护区的蕨类植物中，一些种类对环境条件具有较为明显的指示作用。例如，指示酸性土壤的种类有铁角蕨、华南羽节紫萁、金毛狗、乌毛蕨、狗脊、大芒萁、芒萁、铁芒萁、半边旗、扇叶铁线蕨、剑叶凤尾蕨等；指示钙质土壤的种类有矩圆线蕨、铁线蕨、蜈蚣凤尾蕨等。

（五）工业原料蕨类

蕨类植物因可提取鞣料、植物胶、油脂、染料、酒精等化工原料，而成为植物性工业原料的一种重要资源（臧敏等，2022）。保护区的蕨类植物中，一些种类具有较高的工业原料潜在开发利用价值。在染料方面，芒萁可以提取色素作天然染料，乌蕨可作红色染料，蕨的叶片可作绿色染料，根茎可作黄色染料。在鞣料方面，蕨、镰羽耳蕨、狗脊等植物体内富含鞣料，可提制单宁（刘鹏和吴国芳，1994）。在纤维方面，大芒萁、铁芒萁、芒萁、海南海金沙、曲轴海金沙、小叶海金沙、金毛狗、小黑桫椤、黑桫椤、粤瓦韦等种类的根、茎、叶柄纤维发达，柔韧性好，可以编织席子、草帽、篮子，做包装材料等各种生活用品和工艺品的原料。在酒精方面，福建观音座莲、蕨等种类的根状茎富含淀粉，提取后可用于酒精生产。在植物胶方面，凤尾蕨全株可提取栲胶，作为皮革业、石油化工、纺织印染、医药等多个领域的生产原料，蘋属植物中含有明胶，亦可提取利用。在其他方面，蜈蚣凤尾蕨可吸收土壤中的砷元素，可利用其回收提纯砷。披散木贼、笔管草等种类的茎表面粗糙，富含硅质，是金工、木工良好的磨光材料，可代替砂皮磨擦木器和金属器械。

（六）饲用和绿肥蕨类

蕨类植物中含有数种有效养分，不仅可作为绿肥改善土壤结构，增强土壤肥力，还可作为牲畜的饲料。保护区的蕨类植物中，饲料和绿肥蕨类植物有蕨、满江红、蘋、芒萁、栗蕨等种类。满江红是一种水生蕨类植物，它通过与蓝藻的共生作用，能从空气中吸取和积累大量的氮，其干重含氮量达 4.65%，高于苜蓿，在稻田养殖中可做绿肥，也是牲畜和家禽的青饲料之一，是一种良好的绿肥植物与家畜家禽的饲料植物。

（七）农药蕨类

生物农药有易分解、无残毒等特点，已逐渐在农林生产中推广应用。农药蕨类植物包括杀虫蕨类和抑菌蕨类，其中杀虫蕨类植物对害虫具有拒食、毒杀、抑制生长、驱避等作用，其杀虫有效成分是蕨类植物体内的次生代谢产物，如生物碱、三萜类、黄酮类、挥发油类、酚类、甾体、毒性蛋白等。抑菌蕨类植物的多糖提取物或醇（水）提取物具有较为广谱的抗动植物病原菌生理活性的作用，从而达到抑菌的目的。保护区的蕨类植物中，已知可作为农药使用的有 11 科 15 属 16 种，以凤尾蕨科种类相对较多，有扇叶铁线蕨、野雉尾金粉蕨、半边旗和蜈蚣凤尾蕨 4 种（表 3–9）。根据蕨类植物对病虫害的作用大小，农药蕨类植物可分为杀虫、驱虫、抑菌、抗菌等类型。例如，华南羽节紫萁含少量间苯三酚衍生物，全株具杀虫作用；芒萁叶含原地茶酸、莽草酸、阿福豆苷、槲皮苷，全株含中性与酸性多糖，叶、嫩芽具较好的抑菌、抗菌作用；蜈蚣凤尾蕨全株富含多酚及多糖等生物活性成分，具较好的杀虫、抗菌作用。

表 3–9　金花茶保护区农药蕨类植物

科名	属名	种名	功能类型
乌毛蕨科 Blechnaceae	乌毛蕨属 *Blechnopsis*	乌毛蕨 *Blechnopsis orientalis*	杀虫、驱虫
	狗脊属 *Woodwardia*	狗脊 *Woodwardia japonica*	杀虫、抗菌
金毛狗科 Cibotiaceae	金毛狗属 *Cibotium*	金毛狗 *Cibotium barometz*	抑菌
碗蕨科 Dennstaedtiaceae	蕨属 *Pteridium*	蕨 *Pteridium aquilinum* var. *latiusculum*	抑菌、驱虫
鳞毛蕨科 Dryopteridaceae	耳蕨属 *Polystichum*	镰羽耳蕨 *Polystichum balansae*	驱虫
里白科 Gleicheniaceae	芒萁属 *DicranoPteris*	芒萁 *DicranoPteris pedata*	抑菌、抗菌
鳞始蕨科 Lindsaeaceae	乌蕨属 *Odontosoria*	乌蕨 *Odontosoria chinensis*	抑菌
肾蕨科 Nephrolepidaceae	肾蕨属 *Nephrolepis*	肾蕨 *Nephrolepis cordifolia*	抑菌、抗菌
紫萁科 Osmundaceae	羽节紫萁属 *Plenasium*	华南羽节紫萁 *Plenasium vachellii*	杀虫
水龙骨科 Polypodiaceae	瓦韦属 *Lepisorus*	江南星蕨 *Lepisorus fortunei*	抑菌
	石韦属 *Pyrrosia*	石韦 *Pyrrosia lingua*	抑菌
凤尾蕨科 Pteridaceae	铁线蕨属 *Adiantum*	扇叶铁线蕨 *Adiantum flabellulatum*	抗菌、抑菌
	金粉蕨属 *Onychium*	野雉尾金粉蕨 *Onychium japonicum*	抑菌
	凤尾蕨属 *Pteris*	半边旗 *Pteris semipinnata*	杀虫、驱虫、抑菌
		蜈蚣凤尾蕨 *Pteris vittata*	杀虫、抗菌
金星蕨科 Thelypteridaceae	毛蕨属 *Cyclosorus*	华南毛蕨 *Cyclosorus parasiticus*	驱虫、抗菌、抑菌

第四章　裸子植物

裸子植物（Gymnosperm）是原始的种子植物，其胚珠着生在一开放的孢子叶上边缘或叶面，胚珠外面没有子房壁包被，不形成果皮，种子是裸露的，以此与种子植物相区别，故称为裸子植物。裸子植物的孢子叶通常会排列成圆锥的形状。在分类上，裸子植物是介于蕨类植物和被子植物之间的维管植物，是种子植物中较低级的一类，具有颈卵器，因此既是颈卵器植物，又是能产生种子的种子植物。裸子植物起源于距今 3.85 亿年前的中泥盆世，繁盛于晚古生代和早中生代，在白垩纪随着被子植物的兴起后逐渐衰落。全世界裸子植物现存 4 亚纲 8 目 12 科 84 属 1 000 多种（Christenhusz et al.，2011），均为多年生木本植物，常为组成森林的主要树种。中国是裸子植物的现代分布中心之一，拥有 10 科 45 属 313 种（杨永，2015）。

一、研究方法

（一）物种组成分析

金花茶保护区裸子植物名录（附表 3）是在野外调查的基础上，主要依据《广西防城金花茶国家级自然保护区植物多样性研究》《广西防城金花茶国家级自然保护区总体规划》《广西防城金花茶国家级自然保护区综合科学考察报告》《广西防城季节性雨林物种及其分布格局》等记载的保护区分布种类进行整理的。裸子植物采用最新的杨氏裸子植物分类系统（Yang Y et al.，2022）。名录中科内属种学名按照字母顺序排列。分类学处理、中文名、拉丁名及命名人主要参考《中国生物物种名录（2024 版）》《广西植物名录》《广西野生维管植物名录》等。珍稀濒危植物的判断参照《国家重点保护野生植物名录》（2021 年第 15 号）、《广西壮族自治区重点保护野生植物名录》（桂政发〔2023〕10 号）。通过物种数据整理，分析保护区裸子植物科、属、种的基本信息及其组成特征。

（二）区系成分分析

1．科的区系成分

依据吴征镒（2003）的《世界种子植物科的分布区类型系统的修订》和李德铢等（2020）的《中国维管植物科属志》来划分。

2．属的区系成分

依据吴征镒等（2006）《种子植物分布区类型及其起源和分化》和李德铢等（2020）的《中国维管植物科属志》来划分。

3．*R/T* 值

采用 R/T 值，即热带性属与温带性属的比值，来反映植物区系的性质；$R/T > 1$ 时，表示该植物区系的热带成分多于温带成分；$R/T < 1$ 时，表示该植物区系的热带成分少于温带成分。

（三）区系分化强度分析

根据裸子植物科数、属数和种数，计算科、属的区系分化强度，计算方式（冯建孟等，2010）如下：

科的区系分化强度 = 属数 / 科数

属的区系分化强度 = 种数 / 属数

（四）生活型分析

植物生活型是植物长期对生长环境适应的结果，并反映在形态、习性和结构上的类型。根据种的生物生态学特征，裸子植物分为乔木、灌木和藤本 3 种类型。

（五）资源利用分析

根据《中国经济植物志》《中国经济植物》《中国野菜图鉴》《中国野生果树》《中国蜜源植物》《中国饲用植物》《中国药用植物志》《广西中药资源名录》《中国油脂植物》《观赏乔木》《观赏灌木》《中国绿肥》《福建省野生果树图志》《福建饲用植物名录》等进行统计分析整理。

二、种类组成

保护区野生的裸子植物有 6 科 7 属 11 种（附录 3，表 4–1），分别占保护区维管植物科属种总数的 3.05%、0.89% 和 0.64%。其中，柏科、苏铁科、红豆杉科各有 1 属 1 种，松科有 1 属 2 种，罗汉松科有 2 属 3 种，买麻藤科有 1 属 3 种。在各属中，福建柏属为单种属。在各种中，细柄买麻藤为中国特有种，与买麻藤、小叶买麻藤均为常绿的木质大藤本；宽叶苏铁为国家一级重点保护野生植物；罗汉松、福建柏、百日青和穗花杉为国家二级重点保护野生植物；福建柏、百日青、穗花杉等是古生孑遗珍稀树种。

表 4–1　金花茶保护区的裸子植物

科名	属名	种名	生活型
柏科 Cupressaceae	福建柏属 *Fokienia*	福建柏 *Fokienia hodginsii*	乔木
苏铁科 Cycadaceae	苏铁属 *Cycas*	宽叶苏铁 *Cycas balansae*	灌木
买麻藤科 Gnetaceae	买麻藤属 *Gnetum*	细柄买麻藤 *Gnetum gracilipes*	藤本
		买麻藤 *Gnetum montanum*	藤本
		小叶买麻藤 *Gnetum parvifolium*	藤本
松科 Pinaceae	松属 *Pinus*	马尾松 *Pinus massoniana*	乔木
		油松 *Pinus tabuliformis*	乔木
罗汉松科 Podocarpaceae	竹柏属 *Nageia*	竹柏 *Nageia nagi*	乔木
	罗汉松属 *Podocarpus*	罗汉松 *Podocarpus macrophyllus*	乔木
		百日青 *Podocarpus neriifolius*	乔木
红豆杉科 Taxaceae	穗花杉属 *Amentotaxus*	穗花杉 *Amentotaxus argotaenia*	乔木

三、区系组成

（一）科的区系成分

保护区的裸子植物可划分热带亚洲至热带澳洲洲际连续或间断分布和北温带分布 2 个分布型以及热带亚洲—热带非洲—热带美洲分布、以南半球为主的泛热带分布以及北温带和南温带间断分布 3 个分布亚型（表 4–2）。其中，热带亚洲至热带澳洲洲际连续或间断分布有苏铁科 1 科，占保护区裸子植物总科数的 16.67%；热带亚洲—热带非洲—热带美洲分布有买麻藤科 1 科，占 16.67%；以南半球为主的泛热带分布有罗汉松科 1 科，占 16.67%；北温带分布有松科 1 科，占 16.67%；北温带和南温带间断分布有柏科和红豆杉科 2 科，占 33.33%。

从科的水平来看，*R*/*T*=1，说明热带成分和温带成分作用类似。

表 4–2　金花茶保护区裸子植物科的分布区类型

分布区类型	科数	占总科数 /%	属数	占总属数 /%	种数	占总种数 /%
热带亚洲—热带非洲—热带美洲分布	1	16.67	1	14.29	3	27.27
以南半球为主的泛热带分布	1	16.67	2	28.57	3	27.27
热带亚洲至热带澳洲洲际连续或间断分布	1	16.67	1	14.29	1	9.09
北温带分布	1	16.67	1	14.29	2	18.18
北温带和南温带间断分布	2	33.33	2	28.57	2	18.18
合计	6	100.00	7	100.00	11	100.00

（二）属的区系成分

保护区裸子植物属的区系成分可分为旧世界热带分布，热带亚洲（印度、马来西亚）分布，北温带分布 3 个分布型以及热带亚洲、大洋洲（至新西兰）和中至南美洲（或墨西哥）间断分布，热带亚洲、非洲和中至南美洲间断分布，越南（或中南半岛）至华南（或西南）分布，中国—喜马拉雅分布 4 个分布亚型，所有的分布型和亚型均仅含有 1 属（表 4–3）。

在属的水平上，区系分化强度 1.57，即分化强度比较低。*R*/*T* 为 2.5，即以热带成分占据优势。

表 4–3　金花茶保护区裸子植物属的分布区类型

分布区类型	属数	占总属数 /%	种数	占总种数 /%
热带亚洲、大洋洲（至新西兰）和中至南美洲（或墨西哥）间断分布	1	14.29	2	18.18
热带亚洲、非洲和中至南美洲间断分布	1	14.29	3	27.27
旧世界热带分布	1	14.29	1	9.09
热带亚洲（印度、马来西亚）分布	1	14.29	1	9.09
越南（或中南半岛）至华南（或西南）分布	1	14.29	1	9.09
北温带分布	1	14.29	2	18.18
中国—喜马拉雅分布	1	14.29	1	9.09
合计	7	100.00	11	100.00

（三）种的区系成分

根据周云龙等（1995）的分类，金花茶保护区裸子植物种可划分为 9 个分布区亚型（表 4–4）。其中，福建柏、宽叶苏铁、细柄买麻藤、买麻藤、小叶买麻藤、百日青分布在热带或亚热带地区，马尾松、油松、竹柏、罗汉松、穗花杉可分布至温带（或以北）地区。福建柏产于浙江、福建、广东、江西、湖南、贵州、广西、四川和云南，多见于山地森林，数量不多；越南北部亦有分布。苏铁属植物起源于古生代，侏罗纪达到鼎盛时期。目前，宽叶苏铁分布于广西、云南，常生于季节性雨林林下；缅甸、泰国、越南也有分布。买麻藤科植物是裸子植物中唯一的藤本植物，其中细柄买麻藤产于广西南部、云南东南部，是中国特有的种类；买麻藤产于云南、广西、广东、海南等地，多见于山地森林中，印度、缅甸、泰国、老挝及越南也有分布；小叶买麻藤产于福建、广东、广西及湖南等省区，以福建和广东最为常见，北界约在北纬 26.6 度，也是现知买麻藤属分布的最北界线，通常见于海拔较低的干燥平地或湿润谷地的森林中。马尾松产于江苏、安徽、河南、陕西汉水流域以南，长江中下游各地，南达福建、广东、台湾北部低山及西海岸，西至四川中部大相岭东坡，西南至贵州贵阳、毕节及云南富宁，在长江下游其垂直分布于海拔 700 m 以下，长江中游分布于海拔 1 100 ~ 1 200 m 以下，在西部分布于海拔 1 500 m 以下。油松为我国特有树种，产于吉林、辽宁、河北、河南、山东、山西、内蒙古、陕西、甘肃、宁夏、青海、四川等地，多见于海拔 100~2 600 m 地带，其垂直分布由东到西、由北到南逐渐增高。竹柏产于浙江、福建、台湾、江西、湖南、广东、海南、广西、贵州西南部及四川，多见于海拔 1 600 m 以下丘陵或山地林中，日本亦有分布。罗汉松产于浙江、福建、台湾、江西、湖北、湖南、广西、云南、贵州等地，日本亦有分布。百日青产于浙江、福建、台湾、江西、湖南、贵州、四川、西藏、云南、广西、广东等地，常在海拔 400~1 000 m 山地森林中，尼泊尔、不丹、缅甸、越南、老挝、印度尼西亚、马来西亚也有分布。穗花杉产于江西、湖北、湖南、四川、西藏、甘肃、广西、广东等地，多见于海拔 300~1 100 m 地带的阴湿溪谷两旁或林内（孔祥海，2004）。

表 4–4　金花茶保护区裸子植物的分布区亚型

种名	分布区
福建柏 *Fokienia hodginsii*	华南—西南—华东分布
宽叶苏铁 *Cycas balansae*	华南—西南分布
细柄买麻藤 *Gnetum gracilipes*	华南—西南分布
买麻藤 *Gnetum montanum*	华南—西南—大陆东南亚
小叶买麻藤 *Gnetum parvifolium*	华南—西南分布
马尾松 *Pinus massoniana*	西北—西南—南岭—华中—华东—台湾分布
油松 *Pinus tabuliformis*	华南—西南—华中—华东—华北—东北分布
竹柏 *Nageia nagi*	东南亚—华南—西南—华中—华东—华北—日本分布
罗汉松 *Podocarpus macrophyllus*	大陆东南亚—华南—西南—华东—日本分布
百日青 *Podocarpus neriifolius*	东亚—东南亚分布
穗花杉 *Amentotaxus argotaenia*	华南—西南—华东—华中—西北分布

（四）区系特点

裸子植物起源于古生代泥盆系，在中生代三叠世、侏罗纪形成茂盛的森林，在白垩纪开始衰退，特别是受第三、第四纪冰川期的影响，大多数种类已经灭绝。中国是裸子植物现代分布中心和多样性中心之一。裸子植物是较为古老的植物类群，能在一定程度上反映某个特定区域植物区系的起源和变化，目前裸子植物的物种组成、区系性质和分布格局是该生物类群所经历的区系进化历史的综合反映。

1. 热带性质明显

从表 4–2 到表 4–4，保护区裸子植物在科、属、种三级分布区类型和亚型的统计中，其所含数量最多的分布区类型和亚型均具有热带性质，但温带成分占据一定比例。保护区裸子植物热带性质的科有买麻藤科、苏铁科和罗汉松科 3 个科，含买麻藤属、苏铁属、竹柏属、罗汉松属 4 个热带性质的属，含有细柄买麻藤、买麻藤、小叶买麻藤、宽叶苏铁、竹柏、罗汉松和百日青 7 种。温带性质的科有松科、柏科和红豆杉科 3 个科，含松属、福建柏属和穗花杉属 3 个温带性质的属，有马尾松、油松、福建柏和穗花杉 4 种。

2. 科、属分布区组分极少

科的 2 个分布型和 3 个分布亚型中，除了北温带和南温带间断分布有 2 属外，其他的均仅有 1 属。属的 3 个分布型和 4 个分布亚型均仅含有 1 属。

3. 起源古老，联系较为广泛

较古老成分有苏铁、松、竹柏、福建柏等属植物。苏铁至少自晚古生代中晚期（或二叠世早期）就已存在，到晚三叠世已广布世界各大古陆，并在侏罗纪和早白垩纪达到极盛期，甚至分布达南、北极。松属植物有 80 多种，遍布于北半球，北美和东亚是该属的分布中心；该属最早的可靠化石出自欧洲比利时的早白垩纪地层，它是松科中最早出现、分化和唯一具有较强向南分布属性的类群，对热带环境，尤其是干热环境表现出广泛的适应能力。竹柏起源于白垩纪的古老种类，分布于亚热带阴湿的山地。区系的交汇及过渡性从分布类型上来看，保护区裸子植物区系科的分布型和亚型有 5 个，属分布型和分布亚型有 7 个。

四、资源特征

裸子植物是森林植被的主要组成成分，在森林生态系统中占据重要地位。根据种类的主要用途，保护区裸子植物资源主要有材用植物、观赏植物、药用植物、食用植物、粉源植物、纤维植物、油脂植物、饲用植物、鞣料植物、芳香油植物 10 种类型（表 4–5）。

表 4–5　金花茶保护区裸子植物的主要资源类型

种名	材用	观赏	药用	食用	粉源	纤维	油脂	饲用	鞣料	芳香油
福建柏 *Fokienia hodginsii*	√	√	√							√
宽叶苏铁 *Cycas balansae*		√	√	√			√			
细柄买麻藤 *Gnetum gracilipes*			√	√		√	√			
买麻藤 *Gnetum montanum*			√	√		√	√			
小叶买麻藤 *Gnetum parvifolium*			√	√		√	√			

续表

种名	材用	观赏	药用	食用	粉源	纤维	油脂	饲用	鞣料	芳香油
马尾松 *Pinus massoniana*	√	√	√	√	√		√	√	√	√
油松 *Pinus tabuliformis*	√		√		√		√	√	√	√
竹柏 *Nageia nagi*	√	√	√	√			√			
罗汉松 *Podocarpus macrophyllus*	√	√	√	√					√	√
百日青 *Podocarpus neriifolius*	√	√	√				√			
穗花杉 *Amentotaxus argotaenia*	√	√	√				√			

（一）材用植物

松柏纲植物是世界上木材生产的主要树种，具有木材纹理细致、硬度适中、有弹性、有香气、干后不裂不翘、坚韧耐用等特点，因此成为优良的建筑、造船、家具、器具及工艺用材。保护区的裸子植物中，材用植物有福建柏、马尾松、油松、竹柏、罗汉松、百日青和穗花杉 7 种。

（二）观赏植物

裸子植物是园林绿化的主要树种。例如，松科植物是山区造林的先锋树种，具有耐瘠薄、抗干旱能力强等适应特点。苏铁、竹柏、罗汉松等，或因其种类稀少，或因其树形优美、叶形奇特而成为名贵的观赏植物。保护区的裸子植物中，观赏价值比较高的有福建柏、宽叶苏铁、马尾松、油松、竹柏、罗汉松、百日青和穗花杉 8 种。

（三）药用植物

保护区中的裸子植物均具有较高的药用价值。

（1）福建柏：心材入药，具有行气止痛，降逆止呕等功效，可用于脘腹疼痛、恶心呕吐等病症。

（2）宽叶苏铁：根可用于黄疸型肝炎；茎叶可用于慢性肝炎、难产、癌症；叶可用于高血压；种子具有化湿降逆、健脾和胃、祛痰止咳功效，可用于肠炎、痢疾、消化不良、支气管炎、咳嗽痰喘等病症。

（3）细柄买麻藤：根状茎可用于跌打损伤。

（4）买麻藤：茎藤、种子入药，具有祛风行血、消肿止痛、接骨等功效。

（5）小叶买麻藤：种子、藤茎、根和叶均可入药，具有祛风除湿、散毒消肿、化痰止咳等功效，可用于急性呼吸道感染、慢性气管炎、急性胰腺炎等病症。

（6）马尾松：根具有祛风、除湿、舒筋、通络等功效，可用于风湿骨痛、风痹、跌打损伤、外伤出血、痔疮等病症；茎具有祛风除湿、活络止痛等功效，可用于风湿关节痛、腰腿痛、骨痛、跌打肿痛等病症。叶具有祛风活血、安神、解毒止痒等功效，可用于感冒、风湿关节痛、跌打肿痛、高血压等病症，外用于冻疮、湿疹、疥癣；树皮具有收敛止血等功效，可用于筋骨损伤等病症，外用于疮疽初起、头癣、瘾疹烦痒、金疮出血；花粉具有收敛止血、燥湿敛疮等功效，可用于外伤出血、湿疹、黄水疮、皮肤糜烂、脓水淋漓等病症；果实可用于风痹、肠燥便难、痔疮；种子具有润肺、滑肠等功效，可用于肺燥咳嗽，慢性便秘等病症。

（7）油松：根、叶、花粉、节、果等入药，功效同马尾松。

（8）竹柏：叶入药，具有止血，接骨等功效；主治外伤出血，骨折。

（9）罗汉松：叶、根皮、种子入药。其中，叶具有止血功效，主治咯血，吐血等病症；根皮具有活血祛瘀，祛风除湿，杀虫止痒等功效，主治跌打损伤，风湿痹痛等病症；种子具有行气止痛，温中补血等功效；主治胃脘疼痛，血虚面色萎黄等病症。

（10）百日青：根可治疗水肿；树皮可用于癣疥，痢疾；枝叶可用于骨质增生、关节肿痛等病症。

（11）穗花杉：根、树皮具有止痛，生肌等功效，可用于跌打损伤，骨折；种子可用于虫积腹痛、小儿疳积等病症；叶可用于治疗毒蛇咬伤、湿疹等病症。

（四）食用植物

保护区的裸子植物中，具有食用价值的有宽叶苏铁、细柄买麻藤、买麻藤、小叶买麻藤、马尾松、油松、竹柏和罗汉松8种。其中，宽叶苏铁的髓含淀粉，提取的淀粉经加工可食用或用于酿酒。马尾松的松花粉可做汤菜，味道鲜美，也是做糕点的好配料。竹柏的种仁油可食用，也可作工业用途。罗汉松成熟的肉质假种皮味甜可食。细柄买麻藤、买麻藤和小叶买麻藤的成熟种子可炒食、酿酒或榨油（林云等，2016），树液还可制成清凉饮料。

（五）粉源植物

马尾松、油松等春季产粉量大，是保护区的主要粉源植物。

（六）纤维植物

保护区的裸子植物中，细柄买麻藤、买麻藤和小叶买麻藤的茎皮含韧性纤维，其质地坚韧，性能良好，可织麻袋、渔网、绳索等，又作为制人造棉的原料（应朝阳等，2018）。

（七）油脂植物

保护区的裸子植物中，宽叶苏铁、细柄买麻藤、买麻藤、小叶买麻藤、马尾松、油松、竹柏、百日青、穗花杉等的种子的含油量较高，可供食用或工业用。例如，马尾松种子含油30%，既可食用，也可药用；油松种子含油32.4%，可食用或用于制作肥皂、润滑油；百日青种子含油量30%，可用于制作肥皂。

（八）饲用植物

马尾松和油松的针叶中含丰富的营养物质及生物活性物质，如维生素、激素、酶，制成粉末后是家畜和禽类很好的添加饲料（应朝阳等，2018）。

（九）鞣料植物

马尾松、油松、罗汉松等可提取鞣料物质。例如，马尾松的松针蒸馏后可提制栲胶，作为制作塑料及墨水原料，也可作收敛剂和止血剂；树皮也可提制栲胶。

（十）芳香植物

福建柏、马尾松、油松、罗汉松等的叶可提取芳香油，用作医药、化工原料。

第五章　被子植物

被子植物（Angiosperm），又名显花植物、有花植物或绿色开花植物，是植物界最高级的一类，是新生代以来在地球上占着绝对优势的植物类群。现已知被子植物共 1 万多属，有 20 多万种，占植物界的一半，中国有 2 700 多属，约 3 万种。被子植物适应性强，习性、形态和大小差别较大；大多数种类直立生长，但也有缠绕、匍匐或靠其他植物的机械支持而生长的。

一、研究方法

（一）物种组成分析

1. 组成种类

金花茶保护区被子植物名录是在野外调查的基础上，主要依据《广西防城金花茶国家级自然保护区植物多样性研究》《广西防城金花茶国家级自然保护区总体规划》《广西防城金花茶国家级自然保护区综合科学考察报告》《广西防城季节性雨林物种及其分布格局》等记载的保护区分布种类进行整理。被子植物分类采用 APG IV 系统（APG IV，2016）。名录中，为了便于查阅，科属种均按照拉丁名字母顺序排列。分类学处理、中文名、拉丁名及命名人主要参考《中国生物物种名录（2024 版）》《广西植物名录》《广西野生维管植物名录》等。通过物种数据整理，分析保护区被子植物科、属、种的基本信息及其组成特征。

2. 优势科、属

优势科、属是指种类较多、在植被或植物群落中占优势或常见的科、属。优势科是指保护区被子植物区系中那些含属、种总数大于平均值的科；优势属是指那些含 5 种及以上的属。

3. 珍稀濒危植物

珍稀濒危植物的判断参照《国家重点保护野生植物名录（2021 年第 15 号）》《广西壮族自治区重点保护野生植物名录（桂政发〔2023〕10 号）》。

4. 外来入侵种

主要参照林秦文等（2022）《中国外来植物名录》来统计分析。

（二）区系成分分析

1. 科的区系成分

依据吴征镒（2003）的《世界种子植物科的分布区类型系统的修订》和李德铢等（2020）的《中国维管植物科属志》来划分。

2. 属的区系成分

依据吴征镒等（2006）《种子植物分布区类型及其起源和分化》和李德铢等（2020）的《中国维管植物科属志》来划分。

3. ***R*/*T* 值**

采用 R/T 值，即热带性属与温带性属的比值，来反映植物区系的性质；$R/T > 1$ 时，表示该植物区系的热带成分多于温带成分；$R/T < 1$ 时，表示该植物区系的热带成分少于温带成分。

（三）区系分化强度分析

根据被子植物科数、属数和物种数，计算科、属的区系分化强度，计算方式（冯建孟等，2010）如下：

科的区系分化强度 = 属数 / 科数

属的区系分化强度 = 种数 / 属数

（四）生活型分析

植物生活型是植物长期对生长环境适应的结果，并反映在形态、习性和结构上的类型。根据种的生物生态学特征，保护区被子植物的生活型划分为草本、草本或亚灌木、亚灌木、灌木、攀缘灌木、灌木或乔木、乔木、草本藤本、木质藤本、竹类、棕榈类等类型。

（五）资源利用分析

根据《中国资源植物》《中国经济植物志》《中国经济植物》《中国野菜图鉴》《中国野生果树》《中国野菜野果的识别与利用·野菜卷》《中国野菜野果的识别与利用·野果卷》《中国蜜源植物》《中国饲用植物》《中国药用植物志》《广西中药资源名录》《中国油脂植物》《中国木本淀粉植物》《中国有毒植物》《观赏乔木》《观赏灌木》《中国绿肥》《北方天然香料色素植物资源开发》《福建省野生果树图志》《中国芳香植物》《湖北重要能源植物》等进行统计分析整理。

二、被子植物种类组成

金花茶保护区的野生被子植物现已知有 165 科 722 属 1 557 种（附录 4 和表 5–1），各占维管植物总数的 83.76%、91.86% 和 90.63%。

（一）科的组成

保护区被子植物的各个科及其所含属数、种数的情况如表 5–1 所示。其中，仅分布 1 属的科有冬青科、马兜铃科、凤仙花科、秋海棠科、紫草科、橄榄科、黄杨科、红厚壳科、山柑科、石竹科、桤叶树科、藤黄科、牛栓藤科、虎皮楠科、毒鼠子科、龙脑香科、柿科、胡颓子科、赤苍藤科、古柯科、丝缨花科、钩吻科、小二仙草科、莲叶桐科、黏木科、狸藻科、亚麻科、千屈菜科、金虎尾科、水蓑花科、粟米草科、杨梅科、肉豆蔻科、金莲木科、柳叶菜科、小盘木科、西番莲科、泡桐科、五膜草科、商陆科、胡椒科、海桐科、白花丹科、马齿苋科、核果木科、红树科、青皮木科、玄参科、苦木科、茄科、楔瓣花科、粗丝木科、土人参科、榆科、堇菜科、菖蒲科、石蒜科、阿福花科、水玉簪科、秋水仙科、谷精草科、须叶藤科、鸢尾科、灯芯草科、竹芋科、芭蕉科、露兜树科、田葱科、雨久花科、菝葜科和百部科 71 个科，占被子植物总科数的 43.03%（表 5–2）。分布 2~5 属的科有猕猴桃科、荚蒾科、蛇菰科、小檗科、紫葳科、十字花科、忍冬科、卫矛科、山茱萸科、景天科、五桠果科、杜英科、金丝桃科、茶茱萸科、胡桃科、母草科、马钱科、蓝果树科、列当科、酢浆草科、山龙眼科、清风藤科、檀香科、三白草科、虎耳草科、五味子科、省沽油科、山矾科、瑞香科、马鞭草科、闭鞘姜科、薯蓣科、仙茅科、藜芦科、蕈树科、桔梗科、大麻科、金粟兰科、壳斗科、绣球科、木通科、木兰科、毛茛科、安息香科、漆树科、伞形科、龙胆科、桑寄生科、车前科、远志科、蓼科、姜科、杜鹃花科、金缕梅科、桃金娘科、木樨科、杨柳科、山榄科和山茶科 59 个科，占被子植物总科数的 35.76%。分布 6~9 属的科有番荔枝科、五列木科、报春花科、无患子科、葡萄科、天门冬科、鸭跖草科、苋科、旋花科、葫芦科、防己科、鼠李科、棕榈科、楝科、桑科和五加科 16 个科，占被子植物总科数的 9.70%。分布 10~19 属的科有荨麻科、爵床科、苦苣苔科、野牡丹科、叶下珠科、蔷薇科、芸香科、莎草科、樟科、唇形科、天南星科、大戟科和锦葵科 13 个科，占被子植物总科数的 7.88%。分布 20~29 属的科有兰科和夹竹桃科 2 个科，占被子植物总科数的 1.21%。分布超过 30 属以上的科有菊科、茜草科、禾本科和豆科 4 个科，占被子植物总科数的 2.42%。

根据各科所含种数的多少，将保护区被子植物 165 科划分为 7 个等级（表 5–3）。其中，含 1 种有 40 科，占被子植物总科数的 24.24%；所含属数有 40 属，占被子植物总属数的 5.54%；所含种数有 40 种，占被子植物总种数的 2.57%。含 2~5 种有 62 科，占被子植物总科数的 37.58%；所含属数有 113 属，占被子植物总属数的 15.65%；所含种数有 186 种，占被子植物总种数的 11.95%。含 6~9 种有 16 科，占被子植物总科数的 9.70%，所含属数有 53 属，占被子植物总属数的 7.34%；所含种数有 118 种，占被子植物总种数的 7.58%。含 10~19 种有 25 科，占被子植物总科数的 15.15%，所含属数有 152 属，占被子植物总属数的 21.05%；所含种数有 329 种，占被子植物总种数的 21.13%。含 20~29 种有 6 科，占被子植物总科数的 3.64%，所含属数有 35 属，占被子植物总属数的 4.85%；所含种数有 142 种，占被子植物总种数的 9.12%。含 30~49 种有 11 科，占被子植物总科数的 6.67%，所含属数有 151 属，占被子植物总属数的 20.91%；所含种数有 385 种，占被子植物总种数的 24.73%。含 50 种以上有 5 科，占被子植物总科数的 3.03%；所含属数有 178 种，占被子植物总属数的 24.65%；所含种数有 357 种，占被子植物总种数的 22.93%。

保护区被子植物中，科内平均属数为 4.38，科内平均种数为 9.44。所含属、种总数均大于其平均值的科有 37 科，含 492 属 1064 种，各占总数 22.42%、68.14% 和 68.34%。其中，杜鹃花科 5 属 12 种，木樨科 5 属 13 种，山茶科 5 属 21 种，桃金娘科 5 属 23 种，无患子科 6 属 11 种，葡萄科 6 属 13 种，天门冬科 6 属 13 种，番荔枝科 6 属 14 种，鸭跖草科 6 属 15 种，报春花科 6 属 32 种，五列木科 6 属 33 种，苋科 7 属 10 种，葫芦科 7 属 11 种，棕榈科 7 属 12 种，旋花科 7 属 15 种，楝科 8 属 11 种，桑科 8 属 44 种，五加科 9 属 15 种，荨麻科 10 属 25 种，爵床科 11 属 15 种，苦苣苔科 11 属 15 种，野牡丹科 11 属 19 种，芸香科 11 属 22 种，叶下珠科 11 属 31 种，蔷薇科 11 属 33 种，莎草科 11 属 33 种，天南星科 14 属 17 种，樟科 12 属 69 种，唇形科 14 属 34 种，大戟科 16 属 34 种，锦葵科 18 属 30 种，夹竹桃科 22 属 39 种，兰科 28 属 42 种，菊科 39 属 56 种，茜草科 38 属 86 种，禾本科 43 属 59 种，豆科 46 属 87 种，这些科是保护区被子植物的优势科。

表 5-1 金花茶保护区被子植物科的组成

科名	科内属数	占总属数 /%	科内种数	占被子植物总种数 /%
爵床科 Acanthaceae	11	1.52	15	0.96
猕猴桃科 Actinidiaceae	2	0.28	4	0.26
蕈树科 Altingiaceae	3	0.42	3	0.19
苋科 Amaranthaceae	7	0.97	10	0.64
漆树科 Anacardiaceae	4	0.55	5	0.32
番荔枝科 Annonaceae	6	0.83	14	0.90
伞形科 Apiaceae	4	0.55	4	0.26
夹竹桃科 Apocynaceae	22	3.05	39	2.50
冬青科 Aquifoliaceae	1	0.14	22	1.41
五加科 Araliaceae	9	1.25	15	0.96
马兜铃科 Aristolochiaceae	1	0.14	1	0.06
菊科 Asteraceae	39	5.40	56	3.60
蛇菰科 Balanophoraceae	2	0.28	3	0.19
凤仙花科 Balsaminaceae	1	0.14	3	0.19
秋海棠科 Begoniaceae	1	0.14	9	0.58
小檗科 Berberidaceae	2	0.28	2	0.13
紫葳科 Bignoniaceae	2	0.28	2	0.13
紫草科 Boraginaceae	1	0.14	2	0.13
十字花科 Brassicaceae	2	0.28	3	0.19
橄榄科 Burseraceae	1	0.14	3	0.19
黄杨科 Buxaceae	1	0.14	2	0.13
红厚壳科 Calophyllaceae	1	0.14	1	0.06
桔梗科 Campanulaceae	3	0.42	4	0.26
大麻科 Cannabaceae	3	0.42	7	0.45
山柑科 Capparaceae	1	0.14	5	0.32
忍冬科 Caprifoliaceae	2	0.28	3	0.19
石竹科 Caryophyllaceae	1	0.14	3	0.19
卫矛科 Celastraceae	2	0.28	6	0.39
金粟兰科 Chloranthaceae	3	0.42	3	0.19
桤叶树科 Clethraceae	1	0.14	3	0.19
藤黄科 Clusiaceae	1	0.14	3	0.19
牛栓藤科 Connaraceae	1	0.14	1	0.06
旋花科 Convolvulaceae	7	0.97	15	0.96
山茱萸科 Cornaceae	2	0.28	6	0.39

续表

科名	科内属数	占总属数 /%	科内种数	占被子植物总种数 /%
景天科 Crassulaceae	2	0.28	2	0.13
葫芦科 Cucurbitaceae	7	0.97	11	0.71
虎皮楠科 Daphniphyllaceae	1	0.14	3	0.19
毒鼠子科 Dichapetalaceae	1	0.14	1	0.06
五桠果科 Dilleniaceae	2	0.28	2	0.13
龙脑香科 Dipterocarpaceae	1	0.14	1	0.06
柿科 Ebenaceae	1	0.14	6	0.39
胡颓子科 Elaeagnaceae	1	0.14	3	0.19
杜英科 Elaeocarpaceae	2	0.28	11	0.71
杜鹃花科 Ericaceae	5	0.69	12	0.77
赤苍藤科 Erythropalaceae	1	0.14	1	0.06
古柯科 Erythroxylaceae	1	0.14	1	0.06
大戟科 Euphorbiaceae	16	2.22	34	2.18
豆科 Fabaceae	46	6.37	87	5.59
壳斗科 Fagaceae	3	0.42	29	1.86
丝缨花科 Garryaceae	1	0.14	1	0.06
钩吻科 Gelsemiaceae	1	0.14	1	0.06
龙胆科 Gentianaceae	4	0.55	4	0.26
苦苣苔科 Gesneriaceae	11	1.52	15	0.96
小二仙草科 Haloragaceae	1	0.14	1	0.06
金缕梅科 Hamamelidaceae	5	0.69	6	0.39
莲叶桐科 Hernandiaceae	1	0.14	4	0.26
绣球科 Hydrangeaceae	3	0.42	4	0.26
金丝桃科 Hypericaceae	2	0.28	2	0.13
茶茱萸科 Icacinaceae	2	0.28	2	0.13
黏木科 Ixonanthaceae	1	0.14	1	0.06
胡桃科 Juglandaceae	2	0.28	2	0.13
唇形科 Lamiaceae	14	1.94	34	2.18
木通科 Lardizabalaceae	3	0.42	3	0.19
樟科 Lauraceae	12	1.66	69	4.43
狸藻科 Lentibulariaceae	1	0.14	2	0.13
亚麻科 Linaceae	1	0.14	1	0.06
母草科 Linderniaceae	2	0.28	5	0.32

续表

科名	科内属数	占总属数 /%	科内种数	占被子植物总种数 /%
马钱科 Loganiaceae	2	0.28	3	0.19
桑寄生科 Loranthaceae	4	0.55	8	0.51
千屈菜科 Lythraceae	1	0.14	1	0.06
木兰科 Magnoliaceae	3	0.42	11	0.71
金虎尾科 Malpighiaceae	1	0.14	1	0.06
锦葵科 Malvaceae	18	2.49	30	1.93
野牡丹科 Melastomataceae	11	1.52	19	1.22
楝科 Meliaceae	8	1.11	11	0.71
防己科 Menispermaceae	7	0.97	9	0.58
水螅花科 Metteniusaceae	1	0.14	1	0.06
粟米草科 Molluginaceae	1	0.14	1	0.06
桑科 Moraceae	8	1.11	44	2.83
杨梅科 Myricaceae	1	0.14	3	0.19
肉豆蔻科 Myristicaceae	1	0.14	1	0.06
桃金娘科 Myrtaceae	5	0.69	23	1.48
蓝果树科 Nyssaceae	2	0.28	2	0.13
金莲木科 Ochnaceae	1	0.14	1	0.06
木樨科 Oleaceae	5	0.69	13	0.83
柳叶菜科 Onagraceae	1	0.14	2	0.13
列当科 Orobanchaceae	2	0.28	2	0.13
酢浆草科 Oxalidaceae	2	0.28	3	0.19
小盘木科 Pandaceae	1	0.14	1	0.06
西番莲科 Passifloraceae	1	0.14	1	0.06
泡桐科 Paulowniaceae	1	0.14	1	0.06
五膜草科 Pentaphragmataceae	1	0.14	1	0.06
五列木科 Pentaphylacaceae	6	0.83	33	2.12
叶下珠科 Phyllanthaceae	11	1.52	31	1.99
商陆科 Phytolaccaceae	1	0.14	1	0.06
胡椒科 Piperaceae	1	0.14	9	0.58
海桐科 Pittosporaceae	1	0.14	5	0.32
车前科 Plantaginaceae	4	0.55	5	0.32
白花丹科 Plumbaginaceae	1	0.14	1	0.06
远志科 Polygalaceae	4	0.55	5	0.32

续表

科名	科内属数	占总属数 /%	科内种数	占被子植物总种数 /%
蓼科 Polygonaceae	4	0.55	10	0.64
马齿苋科 Portulacaceae	1	0.14	1	0.06
报春花科 Primulaceae	6	0.83	32	2.06
山龙眼科 Proteaceae	2	0.28	10	0.64
核果木科 Putranjivaceae	1	0.14	3	0.19
毛茛科 Ranunculaceae	3	0.42	7	0.45
鼠李科 Rhamnaceae	7	0.97	9	0.58
红树科 Rhizophoraceae	1	0.14	3	0.19
蔷薇科 Rosaceae	11	1.52	33	2.12
茜草科 Rubiaceae	38	5.26	86	5.52
芸香科 Rutaceae	11	1.52	22	1.41
清风藤科 Sabiaceae	2	0.28	11	0.71
杨柳科 Salicaceae	5	0.69	8	0.51
檀香科 Santalaceae	2	0.28	2	0.13
无患子科 Sapindaceae	6	0.83	11	0.71
山榄科 Sapotaceae	5	0.69	6	0.39
三白草科 Saururaceae	2	0.28	2	0.13
虎耳草科 Saxifragaceae	2	0.28	4	0.26
五味子科 Schisandraceae	2	0.28	4	0.26
青皮木科 Schoepfiaceae	1	0.14	2	0.13
玄参科 Scrophulariaceae	1	0.14	1	0.06
苦木科 Simaroubaceae	1	0.14	1	0.06
茄科 Solanaceae	1	0.14	5	0.32
楔瓣花科 Sphenocleaceae	1	0.14	1	0.06
省沽油科 Staphyleaceae	2	0.28	4	0.26
粗丝木科 Stemonuraceae	1	0.14	1	0.06
安息香科 Styracaceae	3	0.42	7	0.45
山矾科 Symplocaceae	2	0.28	15	0.96
土人参科 Talinaceae	1	0.14	1	0.06
山茶科 Theaceae	5	0.69	21	1.35
瑞香科 Thymelaeaceae	2	0.28	3	0.19
榆科 Ulmaceae	1	0.14	1	0.06

续表

科名	科内属数	占总属数 /%	科内种数	占被子植物总种数 /%
荨麻科 Urticaceae	10	1.39	25	1.61
马鞭草科 Verbenaceae	2	0.28	2	0.13
荚蒾科 Viburnaceae	2	0.28	8	0.5
堇菜科 Violaceae	1	0.14	3	0.19
葡萄科 Vitaceae	6	0.83	13	0.83
菖蒲科 Acoraceae	1	0.14	2	0.13
石蒜科 Amaryllidaceae	1	0.14	1	0.06
天南星科 Araceae	14	1.94	17	1.09
棕榈科 Arecaceae	7	0.97	12	0.77
天门冬科 Asparagaceae	6	0.83	13	0.83
阿福花科 Asphodelaceae	1	0.14	1	0.06
水玉簪科 Burmanniaceae	1	0.14	1	0.06
秋水仙科 Colchicaceae	1	0.14	2	0.13
鸭跖草科 Commelinaceae	6	0.83	15	0.96
闭鞘姜科 Costaceae	2	0.28	2	0.13
莎草科 Cyperaceae	11	1.52	33	2.12
薯蓣科 Dioscoreaceae	2	0.28	7	0.45
谷精草科 Eriocaulaceae	1	0.14	3	0.19
须叶藤科 Flagellariaceae	1	0.14	1	0.06
仙茅科 Hypoxidaceae	2	0.28	3	0.19
鸢尾科 Iridaceae	1	0.14	1	0.06
灯芯草科 Juncaceae	1	0.14	2	0.13
竹芋科 Marantaceae	1	0.14	3	0.19
藜芦科 Melanthiaceae	2	0.28	2	0.13
芭蕉科 Musaceae	1	0.14	1	0.06
兰科 Orchidaceae	28	3.88	42	2.70
露兜树科 Pandanaceae	1	0.14	2	0.13
田葱科 Philydraceae	1	0.14	1	0.06
禾本科 Poaceae	43	5.96	59	3.79
雨久花科 Pontederiaceae	1	0.14	1	0.06
菝葜科 Smilacaceae	1	0.14	12	0.77
百部科 Stemonaceae	1	0.14	1	0.06
姜科 Zingiberaceae	4	0.55	18	1.16

表 5-2　金花茶保护区被子植物科内属组成的数量级统计

科内含属数	科名		种名	
	科数	占总科数 /%	种数	占总种数 /%
1	71	43.03	174	11.18
2~5	59	35.76	370	23.76
6~9	16	9.70	267	17.15
10~19	13	7.88	377	24.21
20~29	2	1.21	81	5.20
≥ 30	4	2.42	288	18.50
合计	165	100.00	1557	100.00

表 5-3　金花茶保护区被子植物科内种组成的数量级统计

科内含种数	科名		属名		种名	
	科数	占总科数 /%	属数	占总属数 /%	种数	占总种数 /%
1	40	24.24	40	5.54	40	2.57
2~5	62	37.58	113	15.65	186	11.95
6~9	16	9.70	53	7.34	118	7.58
10~19	25	15.15	152	21.05	329	21.13
20~29	6	3.64	35	4.85	142	9.12
30~49	11	6.67	151	20.91	385	24.73
≥ 50	5	3.03	178	24.65	357	22.93
合计	165	100.00	722	100.00	1557	100.00

（二）属的组成

保护区被子植物的各属及其所含种数的情况如表 5–4 所示。在属水平上，共有 722 属，占保护区维管植物总属数 91.86%。其中，仅分布 1 种的属有十万错属、钟花草属、秋英爵床属、狗肝菜属、叉序草属、纤穗爵床属、观音草属、山壳骨属、叉柱花属、水东哥属、接骨木属、蕈树属、枫香树属、半枫荷属、青葙属、杯苋属、浆果苋属、腺毛藜属、南酸枣属、辛果漆属、漆属、皂帽花属、假鹰爪属、紫玉盘属、积雪草属、胡萝卜属、刺芹属、水芹属、鳝藤属、鹿角藤属、白叶藤属、鹅绒藤属、匙羹藤属、黑鳗藤属、牛奶菜属、帘子藤属、马莲鞍属、羊角拗属、狗牙花属、络石属、白前属、罗伞属、五加属、常春藤属、幌伞枫属、大参属、细辛属、刺苞果属、下田菊属、藿香蓟属、石胡荽属、飞机草属、蓟属、藤菊属、野茼蒿属、夜香牛属、鱼眼草属、羊耳菊属、鳢肠属、菊芹属、泽兰属、苦荬菜属、银胶菊属、千里光属、豨莶属、蟛蜞菊属、金腰箭属、合耳菊属、肿柄菊属、苍耳属、黄鹌菜属、盾片蛇菰属、鬼臼属、十大功劳属、梓属、木蝴蝶属、蔊菜属、红厚壳属、党参属、轮钟草属、白颜树属、败酱属、南蛇藤属、金粟兰属、雪香兰属、草珊瑚属、红叶藤属、飞蛾藤属、盒果藤属、地旋花属、山茱萸属、落地生根属、景天属、盒子草属、绞股蓝属、油渣果属、苦瓜属、赤爬属、毒鼠子属、五桠果属、锡叶藤属、坡垒属、金叶子属、吊钟花属、珍珠花属、赤苍藤属、古柯属、铁苋菜属、蝴蝶果属、棒柄花属、黄桐属、粗毛野桐属、水柳属、蓖麻属、海漆属、海红豆属、双束鱼藤属、链荚豆属、云实属、藤槐属、木豆属、舞草属、假木豆属、榼藤属、格木属、鹰叶刺属、长柄山蚂蟥属、木蓝属、鸡眼草属、胡枝子属、崖豆藤属、南海藤属、草葛属、小槐花属、蝉豆属、老虎刺属、鹿藿属、无忧花属、儿茶属、密花豆属、狸尾豆属、夏藤属、桃叶珊瑚属、钩吻属、穿心草属、藻百年属、獐牙菜属、双蝴蝶属、芒毛苣苔属、横蒴苣苔属、短筒苣苔属、半蒴苣苔属、汉克苣苔属、盾叶苣苔属、漏斗苣苔属、小二仙草属、蜡瓣花属、秀柱花属、檵木属、壳菜果属、常山属、冠盖藤属、黄牛木属、金丝桃属、微花藤属、定心藤属、黏木属、黄杞属、化香树属、广防风属、风轮菜属、石梓属、益母草属、薄荷属、豆腐柴属、木通属、大血藤属、野木瓜属、无根藤属、油果樟属、青篱柴属、蓬莱葛属、离瓣寄生属、节节菜属、风筝果属、秋葵属、昂天莲属、木棉属、刺果藤属、山麻树属、黄麻属、梧桐属、扁担杆属、黄槿属、赛葵属、破布叶属、翅子树属、异形木属、野海棠属、酸脚杆属、鸭脚茶属、山楝属、浆果楝属、楝属、地黄连属、香椿属、崖藤属、木防己属、轮环藤属、秤钩风属、天仙藤属、细圆藤属、肖榄属、粟米草属、葎草属、牛筋藤属、假鹊肾树属、刺桑属、风吹楠属、岗松属、子楝树属、番石榴属、桃金娘属、马蹄参属、蓝果树属、金莲木属、流苏树属、女贞属、来江藤属、黑草属、感应草属、小盘木属、蒴莲属、泡桐属、五膜草属、茶梨属、五列木属、木奶果属、白饭树属、红叶下珠属、商陆属、石龙尾属、车前属、野甘草属、白花丹属、远志属、齿果草属、黄叶树属、何首乌属、萹蓄属、虎杖属、马齿苋属、珍珠菜属、假婆婆纳属、锡兰莲属、唐松草属、枳椇属、马甲子属、雀梅滕属、翼核果属、枣属、龙牙草属、蛇莓属、花楸属、雪花属、鸡爪簕属、穴果木属、山石榴属、流苏子属、虎刺属、狗骨柴属、长柱山丹属、弯管花属、黄棉木属、牡丽草属、腺萼木属、密脉木属、团花属、水线草属、鸡屎藤属、大沙叶属、南山花属、鱼骨木属、裂果金花属、蛇舌草属、纽扣草属、尖叶木属、岩黄树属、山油柑属、蜜茱萸属、九里香属、茵芋属、飞龙掌血属、山桂花属、箣柊属、柞木属、寄生藤属、槲寄生属、异木患属、韶子属、无患子属、紫荆木属、桃榄属、肉实树属、铁榄属、蕺菜属、三白草属、多香木属、醉鱼草属、鸦胆子属、楔瓣花属、野鸦椿属、粗丝木属、赤杨叶属、山茉莉属、革瓣山矾属、土人参属、大头茶属、核果茶属、沉香属、榉属、舌柱麻属、水麻属、糯米团属、藤麻属、马缨丹属、马鞭草属、蛇葡萄属、大麻藤属、田基黄属、裸柱菊属、香面叶属、文殊兰属、广东万年青属、魔芋属、天南星属、芋属、麒麟叶属、千年健属、刺芋属、半夏属、石柑属、犁头尖属、桄榔属、黄藤属、轴榈属、山槟榔属、竹根七属、球子草属、山菅兰属、水玉簪属、穿鞘花属、聚花草属、闭鞘姜属、地茵笋花属、荸荠属、割鸡芒属、湖瓜草属、扁莎属、蒟蒻薯属、须叶藤属、小金梅草属、射干属、仙杖花属、重楼属、芭蕉属、安兰属、金线兰属、牛齿兰属、竹叶兰属、睫唇兰属、虾脊兰属、黄兰属、高宝兰属、贝母兰属、吻兰属、蛤兰属、蛇舌兰属、厚唇兰属、斑叶兰属、石仙桃属、毛鞘兰属、竹茎兰属、香荚兰属、线柱兰属、田葱属、水蔗草属、荩草属、芦竹属、地毯草属、簕竹属、孔颖草属、细柄草属、金须茅属、薏苡属、香茅属、狗牙根属、弓果黍属、马唐属、穇属、鹧鸪草属、黄金茅属、黄茅属、距花黍属、白茅属、大节竹属、柳叶箬属、淡竹叶属、类芦属、求米草属、狼尾草属、囊颖草属、裂稃草属、鼠尾粟属、菅草属、粽叶芦属、凤眼莲属、百部属、姜黄属、姜花属、浮萍属、大薸属和假稻属 423 个属，占被子植物总属数 58.59%；所含种数有 423 种，占被子植物总种数 27.17%。分布 2~5 种的属有厚壳树属、孩儿草属、牛膝属、莲子草属、苋属、盐麸木属、鹰爪花属、野独活属、腰骨藤属、山橙属、弓果藤属、楤木属、树参属、兔儿风属、紫菀属、蔓斑鸠菊属、地胆草属、一点红属、飞蓬属、菊三七属、鼠曲草属、苦苣菜属、斑鸠菊属、蛇菰属、碎米荠属、黄杨属、半边莲属、朴属、忍冬属、银背藤属、丁公藤属、鱼黄草属、马瓟儿属、越橘属、巴豆属、大戟属、乌桕属、油桐属、相思子属、鸡血藤属、野扁豆属、含羞草属、火索藤属、葛属、决明属、葫芦茶属、吊石苣苔属、马铃苣苔属、报春苣苔属、线柱苣苔属、马蹄荷属、绣球属、锥花属、香茶菜属、石荠苎属、刺蕊草属、黄肉楠属、狸藻属、蝴蝶草属、马钱属、鞘花属、梨果寄生属、长喙木兰属、山芝麻属、黄花棯属、梵天花属、梭果花属、柏拉木属、谷木属、金锦香属、锦香草属、蜂斗草属、米仔兰属、樫木属、鹧鸪花属、波罗蜜属、构属、橙桑属、万钧木属、丁香蓼属、酢浆草属、银柴属、秋枫属、闭花木属、毛麝香属、蝉翼藤属、铁仔属、勾儿茶属、裸芽鼠李属、臀果木属、梨属、蔷薇属、水团花属、猪肚木属、黄皮属、山小橘属、小芸木属、清风藤属、天料木属、鳞花木属、柄果木属、桉子果属、八角属、南五味子属、青皮木属、荛花属、冷水花属、雾水葛属、乌蔹莓属、白粉藤属、樟属、菖蒲属、海芋属、鱼尾葵属、棕竹属、蜘蛛抱蛋属、龙血树属、山麦冬属、万寿竹属、蓝耳草属、黑莎草属、水蜈蚣属、仙茅属、灯芯草属、隔距兰属、石斛属、毛兰属、玉凤花属、柄唇兰属、带唇兰属、露兜树属、野古草属、稗属、蜈蚣草属、鸭嘴草属、芒属、雀稗属、金发草属、甘蔗属、狗尾草属、豆蔻属、橄榄属、母草属、猕猴桃属、链珠藤属、眼树莲属、娃儿藤属、倒吊笔属、鹅掌柴属、天胡荽属、鬼针草属、艾纳香属、凤仙花属、繁缕属、桤叶树属、藤黄属、虎皮楠属、胡颓子属、猴欢喜属、山麻秆属、三宝木属、合欢属、小凤花属、黄檀属、千斤拔属、油麻藤属、排钱树属、黄芩属、钝果寄生属、木莲属、刺蒴麻属、野牡丹属、千金藤属、杨梅属、木榧榄属、红淡比属、厚皮香属、黑面神属、土蜜树属、假山龙眼属、核果木属、竹节树属、枇杷属、李属、石斑木属、茜树属、栀子属、玉叶金花属、蛇根草属、酒饼簕属、吴茱萸属、脚骨脆属、鼠刺属、山香圆属、木荷属、苎麻属、堇菜属、牛果藤属、崖角藤属、杜若属、刺子莞属、珍珠茅属、谷精草属、柊叶属、石豆兰属、莠竹属、黍属、马蓝属、球兰属、水壶藤属、蒿属、山黄麻属、栝楼属、猪屎豆属、鱼藤属、假地豆属、青藤属、牡荆属、厚壳桂属、苹婆属、叶下珠属、龙船花属、巴戟天属、九节属、槭属、紫茎属、楼梯草属、紫麻属、崖爬藤属、桂属、省藤属、鸭跖草属、水竹叶属、莎草属、兰属、画眉草属、羊耳蒜属、大青属、山柑属、卫矛属、八角枫属、杨桐属、五月茶属、海桐属、铁线莲属、钩藤属、水锦树属、花椒属、茄属、安息香属、桉罗树属、沿阶草属和飘拂草属 253 个属，占被子植物总属数 35.04%；所含种数有 680 种，占被子植物总种数 43.67%。分布 6~9 种的属有番薯属、柿属、血桐属、野桐属、猴耳环属、含笑属、素馨属、酸藤子属、杜茎山属、石楠属、乌口树属、赤车属、薯蓣属、荚蒾属、瓜馥木属、栎属、算盘子属、蓼属、山龙眼属、耳草属、杜鹃花属、新木姜子属、杜英属、红豆属、紫珠属、琼楠属、山胡椒属、秋海棠属、胡椒属、悬钩子属和泡花树属 31 个属，占被子植物总属数 4.29%；所含种数有 217 种，占被子植物总种数 13.94%。分布 10~19 种的属有锥属、薹草属、粗叶木属、山茶属、菝葜属、柯属、山矾属、山姜属、木姜子属、润楠属、紫金牛属和蒲桃属 12 个属，占被子植物总属数 1.66%；所含种数有 161 种，占被子植物总种数 10.34%。分布 20~29 种的属有柃属和冬青属 2 个属，占被子植物总属数 0.28%；所含种数有 42 种，占被子植物总种数 2.70%。分布 30 种以上的属仅有榕属 1 个属，占被子植物总属数 0.14%；所含种数有 34 种，占被子植物总种数 2.18%（表 5–5）。

被子植物中，属内种数的平均值为 2.16。种数 5 种及以上的属有榕属、冬青属、柃属、蒲桃属、木姜子属、紫金牛属、润楠属、山矾属、山姜属、山茶属、柯属、菝葜属、粗叶木属、锥属、薹草属、秋海棠属、胡椒属、悬钩子属、泡花树属、杜英属、红豆属、紫珠属、琼楠属、山胡椒属、荚蒾属、瓜馥木属、栎属、算盘子属、蓼属、山龙眼属、耳草属、杜鹃花属、新木姜子属、番薯属、柿属、血桐属、野桐属、猴耳环属、含笑属、素馨属、酸藤子属、杜茎山属、石楠属、乌口树属、赤车属、薯蓣属、大青属、山柑属、卫矛属、八角枫属、杨桐属、五月茶属、海桐属、铁线莲属、钩藤属、水锦树属、花椒属、茄属、安息香属、桫椤树属、沿阶草属和飘拂草属 62 个属，占被子植物总属数 8.59%，含有 534 种，占被子植物总种数 34.30%，这些属是保护区被子植物的优势属。

表 5-4　金花茶保护区被子植物属的组成

属名	属内种数	占总种数 /%	属名	属内种数	占总种数 /%
十万错属 *Asystasia*	1	0.06	小金梅草属 *Hypoxis*	1	0.06
钟花草属 *Codonacanthus*	1	0.06	射干属 *Belamcanda*	1	0.06
秋英爵床属 *Cosmianthemum*	1	0.06	仙杖花属 *Chamaelirium*	1	0.06
狗肝菜属 *Dicliptera*	1	0.06	重楼属 *Paris*	1	0.06
叉序草属 *Isoglossa*	1	0.06	芭蕉属 *Musa*	1	0.06
纤穗爵床属 *Leptostachya*	1	0.06	安兰属 *Ania*	1	0.06
观音草属 *Peristrophe*	1	0.06	金线兰属 *Anoectochilus*	1	0.06
山壳骨属 *Pseuderanthemum*	1	0.06	牛齿兰属 *Appendicula*	1	0.06
叉柱花属 *Staurogyne*	1	0.06	竹叶兰属 *Arundina*	1	0.06
水东哥属 *Saurauia*	1	0.06	睫唇兰属 *Blepharoglossum*	1	0.06
接骨木属 *Sambucus*	1	0.06	虾脊兰属 *Calanthe*	1	0.06
蕈树属 *Altingia*	1	0.06	黄兰属 *Cephalantheropsis*	1	0.06
枫香树属 *Liquidambar*	1	0.06	高宝兰属 *Cionisaccus*	1	0.06
半枫荷属 *Semiliquidambar*	1	0.06	贝母兰属 *Coelogyne*	1	0.06
青葙属 *Celosia*	1	0.06	吻兰属 *Collabium*	1	0.06
杯苋属 *Cyathula*	1	0.06	蛤兰属 *Conchidium*	1	0.06
浆果苋属 *Deeringia*	1	0.06	蛇舌兰属 *Diploprora*	1	0.06
腺毛藜属 *Dysphania*	1	0.06	厚唇兰属 *Epigeneium*	1	0.06
南酸枣属 *Choerospondias*	1	0.06	斑叶兰属 *Goodyera*	1	0.06
辛果漆属 *Drimycarpus*	1	0.06	石仙桃属 *Pholidota*	1	0.06
漆树属 *Toxicodendron*	1	0.06	毛鞘兰属 *Trichotosia*	1	0.06
皂帽花属 *Dasymaschalon*	1	0.06	竹茎兰属 *Tropidia*	1	0.06
假鹰爪属 *Desmos*	1	0.06	香荚兰属 *Vanilla*	1	0.06
紫玉盘属 *Uvaria*	1	0.06	线柱兰属 *Zeuxine*	1	0.06

续表

属名	属内种数	占总种数 /%	属名	属内种数	占总种数 /%
积雪草属 *Centella*	1	0.06	田葱属 *Philydrum*	1	0.06
胡萝卜属 *Daucus*	1	0.06	水蔗草属 *Apluda*	1	0.06
刺芹属 *Eryngium*	1	0.06	荩草属 *Arthraxon*	1	0.06
水芹属 *Oenanthe*	1	0.06	芦竹属 *Arundo*	1	0.06
鳝藤属 *Anodendron*	1	0.06	地毯草属 *Axonopus*	1	0.06
鹿角藤属 *Chonemorpha*	1	0.06	簕竹属 *Bambusa*	1	0.06
白叶藤属 *Cryptolepis*	1	0.06	孔颖草属 *Bothriochloa*	1	0.06
鹅绒藤属 *Cynanchum*	1	0.06	细柄草属 *Capillipedium*	1	0.06
匙羹藤属 *Gymnema*	1	0.06	金须茅属 *Chrysopogon*	1	0.06
黑鳗藤属 *Jasminanthes*	1	0.06	薏苡属 *Coix*	1	0.06
牛奶菜属 *Marsdenia*	1	0.06	香茅属 *Cymbopogon*	1	0.06
帘子藤属 *Pottsia*	1	0.06	狗牙根属 *Cynodon*	1	0.06
马莲鞍属 *Streptocaulon*	1	0.06	弓果黍属 *Cyrtococcum*	1	0.06
羊角拗属 *Strophanthus*	1	0.06	马唐属 *Digitaria*	1	0.06
狗牙花属 *Tabernaemontana*	1	0.06	穇属 *Eleusine*	1	0.06
络石属 *Trachelospermum*	1	0.06	鹧鸪草属 *Eriachne*	1	0.06
白前属 *Vincetoxicum*	1	0.06	黄金茅属 *Eulalia*	1	0.06
罗伞属 *Brassaiopsis*	1	0.06	黄茅属 *Heteropogon*	1	0.06
五加属 *Eleutherococcus*	1	0.06	距花黍属 *Ichnanthus*	1	0.06
常春藤属 *Hedera*	1	0.06	白茅属 *Imperata*	1	0.06
幌伞枫属 *Heteropanax*	1	0.06	大节竹属 *Indosasa*	1	0.06
大参属 *Macropanax*	1	0.06	柳叶箬属 *Isachne*	1	0.06
细辛属 *Asarum*	1	0.06	淡竹叶属 *Lophatherum*	1	0.06
刺苞果属 *Acanthospermum*	1	0.06	类芦属 *Neyraudia*	1	0.06
下田菊属 *Adenostemma*	1	0.06	求米草属 *Oplismenus*	1	0.06
藿香蓟属 *Ageratum*	1	0.06	狼尾草属 *Pennisetum*	1	0.06
石胡荽属 *Centipeda*	1	0.06	囊颖草属 *Sacciolepis*	1	0.06
飞机草属 *Chromolaena*	1	0.06	裂稃草属 *Schizachyrium*	1	0.06
蓟属 *Cirsium*	1	0.06	鼠尾粟属 *Sporobolus*	1	0.06
藤菊属 *Cissampelopsis*	1	0.06	菅草属 *Themeda*	1	0.06
野茼蒿属 *Crassocephalum*	1	0.06	粽叶芦属 *Thysanolaena*	1	0.06
夜香牛属 *Cyanthillium*	1	0.06	凤眼莲属 *Eichhornia*	1	0.06

续表

属名	属内种数	占总种数 /%	属名	属内种数	占总种数 /%
鱼眼草属 *Dichrocephala*	1	0.06	百部属 *Stemona*	1	0.06
羊耳菊属 *Duhaldea*	1	0.06	姜黄属 *Curcuma*	1	0.06
鳢肠属 *Eclipta*	1	0.06	姜花属 *Hedychium*	1	0.06
菊芹属 *Erechtites*	1	0.06	浮萍属 *Lemna*	1	0.06
泽兰属 *Eupatorium*	1	0.06	大薸属 *Pistia*	1	0.06
苦荬菜属 *Ixeris*	1	0.06	假稻属 *Leersia*	1	0.06
银胶菊属 *Parthenium*	1	0.06	厚壳树属 *Ehretia*	2	0.13
千里光属 *Senecio*	1	0.06	孩儿草属 *Rungia*	2	0.13
豨莶属 *Sigesbeckia*	1	0.06	牛膝属 *Achyranthes*	2	0.13
蟛蜞菊属 *Sphagneticola*	1	0.06	莲子草属 *Alternanthera*	2	0.13
金腰箭属 *Synedrella*	1	0.06	苋属 *Amaranthus*	2	0.13
合耳菊属 *Synotis*	1	0.06	盐麸木属 *Rhus*	2	0.13
肿柄菊属 *Tithonia*	1	0.06	鹰爪花属 *Artabotrys*	2	0.13
苍耳属 *Xanthium*	1	0.06	野独活属 *Miliusa*	2	0.13
黄鹌菜属 *Youngia*	1	0.06	腰骨藤属 *Ichnocarpus*	2	0.13
盾片蛇菰属 *Rhopalocnemis*	1	0.06	山橙属 *Melodinus*	2	0.13
鬼臼属 *Dysosma*	1	0.06	弓果藤属 *Toxocarpus*	2	0.13
十大功劳属 *mahonia*	1	0.06	楤木属 *Aralia*	2	0.13
梓属 *Catalpa*	1	0.06	树参属 *Dendropanax*	2	0.13
木蝴蝶属 *Oroxylum*	1	0.06	兔儿风属 *Ainsliaea*	2	0.13
蔊菜属 *Rorippa*	1	0.06	紫菀属 *Aster*	2	0.13
红厚壳属 *Calophyllum*	1	0.06	蔓斑鸠菊属 *Decaneuropsis*	2	0.13
党参属 *Codonopsis*	1	0.06	地胆草属 *Elephantopus*	2	0.13
轮钟草属 *Cyclocodon*	1	0.06	一点红属 *Emilia*	2	0.13
白颜树属 *Gironniera*	1	0.06	飞蓬属 *Erigeron*	2	0.13
败酱属 *Patrinia*	1	0.06	菊三七属 *Gynura*	2	0.13
南蛇藤属 *Celastrus*	1	0.06	鼠曲草属 *Pseudognaphalium*	2	0.13
金粟兰属 *Chloranthus*	1	0.06	苦苣菜属 *Sonchus*	2	0.13
雪香兰属 *Hedyosmum*	1	0.06	斑鸠菊属 *Strobocalyx*	2	0.13
草珊瑚属 *Sarcandra*	1	0.06	蛇菰属 *Balanophora*	2	0.13
红叶藤属 *Rourea*	1	0.06	碎米荠属 *Cardamine*	2	0.13

续表

属名	属内种数	占总种数 /%	属名	属内种数	占总种数 /%
飞蛾藤属 *Dinetus*	1	0.06	黄杨属 *Buxus*	2	0.13
盒果藤属 *Operculina*	1	0.06	半边莲属 *Lobelia*	2	0.13
地旋花属 *Xenostegia*	1	0.06	朴属 *Celtis*	2	0.13
山茱萸属 *Cornus*	1	0.06	忍冬属 *Lonicera*	2	0.13
落地生根属 *Bryophyllum*	1	0.06	银背藤属 *Argyreia*	2	0.13
景天属 *Sedum*	1	0.06	丁公藤属 *Erycibe*	2	0.13
盒子草属 *Actinostemma*	1	0.06	鱼黄草属 *Merremia*	2	0.13
绞股蓝属 *Gynostemma*	1	0.06	马㼎儿属 *Zehneria*	2	0.13
油渣果属 *Hodgsonia*	1	0.06	越橘属 *Vaccinium*	2	0.13
苦瓜属 *Momordica*	1	0.06	巴豆属 *Croton*	2	0.13
赤瓟属 *Thladiantha*	1	0.06	大戟属 *Euphorbia*	2	0.13
毒鼠子属 *Dichapetalum*	1	0.06	乌桕属 *Triadica*	2	0.13
五桠果属 *Dillenia*	1	0.06	油桐属 *Vernicia*	2	0.13
锡叶藤属 *Tetracera*	1	0.06	相思子属 *Abrus*	2	0.13
坡垒属 *Hopea*	1	0.06	鸡血藤属 *Callerya*	2	0.13
金叶子属 *Craibiodendron*	1	0.06	野扁豆属 *Dunbaria*	2	0.13
吊钟花属 *Enkianthus*	1	0.06	含羞草属 *Mimosa*	2	0.13
珍珠花属 *Lyonia*	1	0.06	火索藤属 *Phanera*	2	0.13
赤苍藤属 *Erythropalum*	1	0.06	葛属 *Pueraria*	2	0.13
古柯属 *Erythroxylum*	1	0.06	决明属 *Senna*	2	0.13
铁苋菜属 *Acalypha*	1	0.06	葫芦茶属 *Tadehagi*	2	0.13
蝴蝶果属 *Cleidiocarpon*	1	0.06	吊石苣苔属 *Lysionotus*	2	0.13
棒柄花属 *Cleidion*	1	0.06	马铃苣苔属 *Oreocharis*	2	0.13
黄桐属 *Endospermum*	1	0.06	报春苣苔属 *Primulina*	2	0.13
粗毛野桐属 *Hancea*	1	0.06	线柱苣苔属 *Rhynchotechum*	2	0.13
水柳属 *Homonoia*	1	0.06	马蹄荷属 *Exbucklandia*	2	0.13
蓖麻属 *Ricinus*	1	0.06	绣球属 *Hydrangea*	2	0.13
海漆属 *Excoecaria*	1	0.06	锥花属 *Gomphostemma*	2	0.13
海红豆属 *Adenanthera*	1	0.06	香茶菜属 *Isodon*	2	0.13
双束鱼藤属 *Aganope*	1	0.06	石荠苎属 *Mosla*	2	0.13
链荚豆属 *Alysicarpus*	1	0.06	刺蕊草属 *Pogostemon*	2	0.13

续表

属名	属内种数	占总种数 /%	属名	属内种数	占总种数 /%
云实属 *Biancaea*	1	0.06	黄肉楠属 *Actinodaphne*	2	0.13
藤槐属 *Bowringia*	1	0.06	狸藻属 *Utricularia*	2	0.13
木豆属 *Cajanus*	1	0.06	蝴蝶草属 *Torenia*	2	0.13
舞草属 *Codariocalyx*	1	0.06	马钱属 *Strychnos*	2	0.13
假木豆属 *Dendrolobium*	1	0.06	鞘花属 *Macrosolen*	2	0.13
榼藤属 *Entada*	1	0.06	梨果寄生属 *Scurrula*	2	0.13
格木属 *Erythrophleum*	1	0.06	长喙木兰属 *Lirianthe*	2	0.13
鹰叶刺属 *Guilandina*	1	0.06	山芝麻属 *Helicteres*	2	0.13
长柄山蚂蟥属 *Hylodesmum*	1	0.06	黄花棯属 *Sida*	2	0.13
木蓝属 *Indigofera*	1	0.06	梵天花属 *Urena*	2	0.13
鸡眼草属 *Kummerowia*	1	0.06	棱果花属 *Barthea*	2	0.13
胡枝子属 *Lespedeza*	1	0.06	柏拉木属 *Blastus*	2	0.13
崖豆藤属 *Millettia*	1	0.06	谷木属 *Memecylon*	2	0.13
南海藤属 *Nanhaia*	1	0.06	金锦香属 *Osbeckia*	2	0.13
草葛属 *Neustanthus*	1	0.06	锦香草属 *Phyllagathis*	2	0.13
小槐花属 *Ohwia*	1	0.06	蜂斗草属 *Sonerila*	2	0.13
蝉豆属 *Pleurolobus*	1	0.06	米仔兰属 *Aglaia*	2	0.13
老虎刺属 *Pterolobium*	1	0.06	樫木属 *Dysoxylum*	2	0.13
鹿藿属 *Rhynchosia*	1	0.06	鹧鸪花属 *Heynea*	2	0.13
无忧花属 *Saraca*	1	0.06	波罗蜜属 *Artocarpus*	2	0.13
儿茶属 *Senegalia*	1	0.06	构属 *Broussonetia*	2	0.13
密花豆属 *Spatholobus*	1	0.06	橙桑属 *Maclura*	2	0.13
狸尾豆属 *Uraria*	1	0.06	万钧木属 *Chengiodendron*	2	0.13
夏藤属 *Wisteriopsis*	1	0.06	丁香蓼属 *Ludwigia*	2	0.13
桃叶珊瑚属 *Aucuba*	1	0.06	酢浆草属 *Oxalis*	2	0.13
钩吻属 *Gelsemium*	1	0.06	银柴属 *Aporosa*	2	0.13
穿心草属 *Canscora*	1	0.06	秋枫属 *Bischofia*	2	0.13
藻百年属 *Exacum*	1	0.06	闭花木属 *Cleistanthus*	2	0.13
獐牙菜属 *Swertia*	1	0.06	毛麝香属 *Adenosma*	2	0.13
双蝴蝶属 *Tripterospermum*	1	0.06	蝉翼藤属 *Securidaca*	2	0.13
芒毛苣苔属 *Aeschynanthus*	1	0.06	铁仔属 *Myrsine*	2	0.13

续表

属名	属内种数	占总种数 /%	属名	属内种数	占总种数 /%
横蒴苣苔属 *Beccarinda*	1	0.06	勾儿茶属 *Berchemia*	2	0.13
短筒苣苔属 *Boeica*	1	0.06	裸芽鼠李属 *Frangula*	2	0.13
半蒴苣苔属 *Hemiboea*	1	0.06	臀果木属 *Pygeum*	2	0.13
汉克苣苔属 *Henckelia*	1	0.06	梨属 *Pyrus*	2	0.13
盾叶苣苔属 *Metapetrocosmea*	1	0.06	蔷薇属 *Rosa*	2	0.13
漏斗苣苔属 *Raphiocarpus*	1	0.06	水团花属 *Adina*	2	0.13
小二仙草属 *Gonocarpus*	1	0.06	猪肚木属 *Canthium*	2	0.13
蜡瓣花属 *Corylopsis*	1	0.06	黄皮属 *Clausena*	2	0.13
秀柱花属 *Eustigma*	1	0.06	山小橘属 *Glycosmis*	2	0.13
檵木属 *Loropetalum*	1	0.06	小芸木属 *Micromelum*	2	0.13
壳菜果属 *Mytilaria*	1	0.06	清风藤属 *Sabia*	2	0.13
常山属 *Dichroa*	1	0.06	天料木属 *Homalium*	2	0.13
冠盖藤属 *Pileostegia*	1	0.06	鳞花木属 *Lepisanthes*	2	0.13
黄牛木属 *Cratoxylum*	1	0.06	柄果木属 *Mischocarpus*	2	0.13
金丝桃属 *Hypericum*	1	0.06	梭子果属 *Eberhardtia*	2	0.13
微花藤属 *Iodes*	1	0.06	八角属 *Illicium*	2	0.13
定心藤属 *Mappianthus*	1	0.06	南五味子属 *Kadsura*	2	0.13
黏木属 *Ixonanthes*	1	0.06	青皮木属 *Schoepfia*	2	0.13
黄杞属 *Engelhardia*	1	0.06	荛花属 *Wikstroemia*	2	0.13
化香树属 *Platycarya*	1	0.06	冷水花属 *Pilea*	2	0.13
广防风属 *Anisomeles*	1	0.06	雾水葛属 *Pouzolzia*	2	0.13
风轮菜属 *Clinopodium*	1	0.06	乌蔹莓属 *Causonis*	2	0.13
石梓属 *Gmelina*	1	0.06	白粉藤属 *Cissus*	2	0.13
益母草属 *Leonurus*	1	0.06	樟属 *Camphora*	2	0.13
薄荷属 *Mentha*	1	0.06	菖蒲属 *Acorus*	2	0.13
豆腐柴属 *Premna*	1	0.06	海芋属 *Alocasia*	2	0.13
木通属 *Akebia*	1	0.06	鱼尾葵属 *Caryota*	2	0.13
大血藤属 *Sargentodoxa*	1	0.06	棕竹属 *Rhapis*	2	0.13
野木瓜属 *Stauntonia*	1	0.06	蜘蛛抱蛋属 *Aspidistra*	2	0.13
无根藤属 *Cassytha*	1	0.06	龙血树属 *Dracaena*	2	0.13
油果樟属 *Syndiclis*	1	0.06	山麦冬属 *Liriope*	2	0.13

续表

属名	属内种数	占总种数 /%	属名	属内种数	占总种数 /%
青篱柴属 *Tirpitzia*	1	0.06	万寿竹属 *Disporum*	2	0.13
蓬莱葛属 *Gardneria*	1	0.06	蓝耳草属 *Cyanotis*	2	0.13
离瓣寄生属 *Helixanthera*	1	0.06	黑莎草属 *Gahnia*	2	0.13
节节菜属 *Rotala*	1	0.06	水蜈蚣属 *Kyllinga*	2	0.13
风筝果属 *Hiptage*	1	0.06	仙茅属 *Curculigo*	2	0.13
秋葵属 *Abelmoschus*	1	0.06	灯芯草属 *Juncus*	2	0.13
昂天莲属 *Abroma*	1	0.06	隔距兰属 *Cleisostoma*	2	0.13
木棉属 *Bombax*	1	0.06	石斛属 *Dendrobium*	2	0.13
刺果藤属 *Byttneria*	1	0.06	毛兰属 *Eria*	2	0.13
山麻树属 *Commersonia*	1	0.06	玉凤花属 *Habenaria*	2	0.13
黄麻属 *Corchorus*	1	0.06	柄唇兰属 *Podochilus*	2	0.13
梧桐属 *Firmiana*	1	0.06	带唇兰属 *Tainia*	2	0.13
扁担杆属 *Grewia*	1	0.06	露兜树属 *Pandanus*	2	0.13
黄槿属 *Hibiscus*	1	0.06	野古草属 *Arundinella*	2	0.13
赛葵属 *Malvastrum*	1	0.06	稗属 *Echinochloa*	2	0.13
破布叶属 *Microcos*	1	0.06	蜈蚣草属 *Eremochloa*	2	0.13
翅子树属 *Pterospermum*	1	0.06	鸭嘴草属 *Ischaemum*	2	0.13
异形木属 *Allomorphia*	1	0.06	芒属 *Miscanthus*	2	0.13
野海棠属 *Bredia*	1	0.06	雀稗属 *Paspalum*	2	0.13
酸脚杆属 *Pseudodissochaeta*	1	0.06	金发草属 *Pogonatherum*	2	0.13
鸭脚茶属 *Tashiroea*	1	0.06	甘蔗属 *Saccharum*	2	0.13
山楝属 *Aphanamixis*	1	0.06	狗尾草属 *Setaria*	2	0.13
浆果楝属 *Cipadessa*	1	0.06	豆蔻属 *Amomum*	2	0.13
楝属 *Melia*	1	0.06	橄榄属 *Canarium*	3	0.19
地黄连属 *Munronia*	1	0.06	母草属 *Lindernia*	3	0.19
香椿属 *Toona*	1	0.06	猕猴桃属 *Actinidia*	3	0.19
崖藤属 *Albertisia*	1	0.06	链珠藤属 *Alyxia*	3	0.19
木防己属 *Cocculus*	1	0.06	眼树莲属 *Dischidia*	3	0.19
轮环藤属 *Cyclea*	1	0.06	娃儿藤属 *Tylophora*	3	0.19
秤钩风属 *Diploclisia*	1	0.06	倒吊笔属 *Wrightia*	3	0.19
天仙藤属 *Fibraurea*	1	0.06	鹅掌柴属 *Heptapleurum*	3	0.19

续表

属名	属内种数	占总种数 /%	属名	属内种数	占总种数 /%
细圆藤属 *Pericampylus*	1	0.06	天胡荽属 *Hydrocotyle*	3	0.19
肖榄属 *Platea*	1	0.06	鬼针草属 *Bidens*	3	0.19
粟米草属 *Trigastrotheca*	1	0.06	艾纳香属 *Blumea*	3	0.19
葎草属 *Humulus*	1	0.06	凤仙花属 *Impatiens*	3	0.19
牛筋藤属 *Malaisia*	1	0.06	繁缕属 *Stellaria*	3	0.19
假鹊肾树属 *Pseudostreblus*	1	0.06	桤叶树属 *Clethra*	3	0.19
刺桑属 *Taxotrophis*	1	0.06	藤黄属 *Garcinia*	3	0.19
风吹楠属 *Horsfieldia*	1	0.06	虎皮楠属 *Daphniphyllum*	3	0.19
岗松属 *Baeckea*	1	0.06	胡颓子属 *Elaeagnus*	3	0.19
子楝树属 *Decaspermum*	1	0.06	猴欢喜属 *Sloanea*	3	0.19
番石榴属 *Psidium*	1	0.06	山麻秆属 *Alchornea*	3	0.19
桃金娘属 *Rhodomyrtus*	1	0.06	三宝木属 *Trigonostemon*	3	0.19
马蹄参属 *Diplopanax*	1	0.06	合欢属 *Albizia*	3	0.19
蓝果树属 *Nyssa*	1	0.06	小凤花属 *Caesalpinia*	3	0.19
金莲木属 *Ochna*	1	0.06	黄檀属 *Dalbergia*	3	0.19
流苏树属 *Chionanthus*	1	0.06	千斤拔属 *Flemingia*	3	0.19
女贞属 *Ligustrum*	1	0.06	油麻藤属 *Mucuna*	3	0.19
来江藤属 *Brandisia*	1	0.06	排钱树属 *Phyllodium*	3	0.19
黑草属 *Buchnera*	1	0.06	黄芩属 *Scutellaria*	3	0.19
感应草属 *Biophytum*	1	0.06	钝果寄生属 *Taxillus*	3	0.19
小盘木属 *Microdesmis*	1	0.06	木莲属 *Manglietia*	3	0.19
蒴莲属 *Adenia*	1	0.06	刺蒴麻属 *Triumfetta*	3	0.19
泡桐属 *Paulownia*	1	0.06	野牡丹属 *Melastoma*	3	0.19
五膜草属 *Pentaphragma*	1	0.06	千金藤属 *Stephania*	3	0.19
茶梨属 *Anneslea*	1	0.06	杨梅属 *Morella*	3	0.19
五列木属 *Pentaphylax*	1	0.06	木樨榄属 *Olea*	3	0.19
木奶果属 *Baccaurea*	1	0.06	红淡比属 *Cleyera*	3	0.19
白饭树属 *Flueggea*	1	0.06	厚皮香属 *Ternstroemia*	3	0.19
红叶下珠属 *Nymphanthus*	1	0.06	黑面神属 *Breynia*	3	0.19
商陆属 *Phytolacca*	1	0.06	土蜜树属 *Bridelia*	3	0.19
石龙尾属 *Limnophila*	1	0.06	假山龙眼属 *Heliciopsis*	3	0.19

续表

属名	属内种数	占总种数 /%	属名	属内种数	占总种数 /%
车前属 *Plantago*	1	0.06	核果木属 *Drypetes*	3	0.19
野甘草属 *Scoparia*	1	0.06	竹节树属 *Carallia*	3	0.19
白花丹属 *Plumbago*	1	0.06	枇杷属 *Eriobotrya*	3	0.19
远志属 *Polygala*	1	0.06	李属 *Prunus*	3	0.19
齿果草属 *Salomonia*	1	0.06	石斑木属 *Rhaphiolepis*	3	0.19
黄叶树属 *Xanthophyllum*	1	0.06	茜树属 *Aidia*	3	0.19
何首乌属 *Pleuropterus*	1	0.06	栀子属 *Gardenia*	3	0.19
萹蓄属 *Polygonum*	1	0.06	玉叶金花属 *Mussaenda*	3	0.19
虎杖属 *Reynoutria*	1	0.06	蛇根草属 *Ophiorrhiza*	3	0.19
马齿苋属 *Portulaca*	1	0.06	酒饼簕属 *Atalantia*	3	0.19
珍珠菜属 *Lysimachia*	1	0.06	吴茱萸属 *Tetradium*	3	0.19
假婆婆纳属 *Stimpsonia*	1	0.06	脚骨脆属 *Casearia*	3	0.19
锡兰莲属 *Naravelia*	1	0.06	鼠刺属 *Itea*	3	0.19
唐松草属 *Thalictrum*	1	0.06	山香圆属 *Turpinia*	3	0.19
枳椇属 *Hovenia*	1	0.06	木荷属 *Schima*	3	0.19
马甲子属 *Paliurus*	1	0.06	苎麻属 *Boehmeria*	3	0.19
雀梅滕属 *Sageretia*	1	0.06	堇菜属 *Viola*	3	0.19
翼核果属 *Ventilago*	1	0.06	牛果藤属 *Nekemias*	3	0.19
枣属 *Ziziphus*	1	0.06	崖角藤属 *Rhaphidophora*	3	0.19
龙牙草属 *Agrimonia*	1	0.06	杜若属 *Pollia*	3	0.19
蛇莓属 *Duchesnea*	1	0.06	刺子莞属 *Rhynchospora*	3	0.19
花楸属 *Sorbus*	1	0.06	珍珠茅属 *Scleria*	3	0.19
雪花属 *Argostemma*	1	0.06	谷精草属 *Eriocaulon*	3	0.19
鸡爪簕属 *Benkara*	1	0.06	柊叶属 *Phrynium*	3	0.19
穴果木属 *Caelospermum*	1	0.06	石豆兰属 *Bulbophyllum*	3	0.19
山石榴属 *Catunaregam*	1	0.06	莠竹属 *Microstegium*	3	0.19
流苏子属 *Coptosapelta*	1	0.06	黍属 *Panicum*	3	0.19
虎刺属 *Damnacanthus*	1	0.06	马蓝属 *Strobilanthes*	4	0.26
狗骨柴属 *Diplospora*	1	0.06	球兰属 *Hoya*	4	0.26
长柱山丹属 *Duperrea*	1	0.06	水壶藤属 *Urceola*	4	0.26
弯管花属 *Chassalia*	1	0.06	蒿属 *Artemisia*	4	0.26

续表

属名	属内种数	占总种数 /%	属名	属内种数	占总种数 /%
黄棉木属 *Metadina*	1	0.06	山黄麻属 *Trema*	4	0.26
牡丽草属 *Mouretia*	1	0.06	栝楼属 *Trichosanthes*	4	0.26
腺萼木属 *Mycetia*	1	0.06	猪屎豆属 *Crotalaria*	4	0.26
密脉木属 *Myrioneuron*	1	0.06	鱼藤属 *Derris*	4	0.26
团花属 *Neolamarckia*	1	0.06	假地豆属 *Grona*	4	0.26
水线草属 *Oldenlandia*	1	0.06	青藤属 *Illigera*	4	0.26
鸡屎藤属 *Paederia*	1	0.06	牡荆属 *Vitex*	4	0.26
大沙叶属 *Pavetta*	1	0.06	厚壳桂属 *Cryptocarya*	4	0.26
南山花属 *Prismatomeris*	1	0.06	苹婆属 *Sterculia*	4	0.26
鱼骨木属 *Psydrax*	1	0.06	叶下珠属 *Phyllanthus*	4	0.26
裂果金花属 *Schizomussaenda*	1	0.06	龙船花属 *Ixora*	4	0.26
蛇舌草属 *Scleromitrion*	1	0.06	巴戟天属 *Morinda*	4	0.26
纽扣草属 *Spermacoce*	1	0.06	九节属 *Psychotria*	4	0.26
尖叶木属 *Urophyllum*	1	0.06	槭属 *Acer*	4	0.26
岩黄树属 *Xanthophytum*	1	0.06	紫茎属 *Stewartia*	4	0.26
山油柑属 *Acronychia*	1	0.06	楼梯草属 *Elatostema*	4	0.26
蜜茱萸属 *Melicope*	1	0.06	紫麻属 *Oreocnide*	4	0.26
九里香属 *Murraya*	1	0.06	崖爬藤属 *Tetrastigma*	4	0.26
茵芋属 *Skimmia*	1	0.06	桂属 *Cinnamomum*	4	0.26
飞龙掌血属 *Toddalia*	1	0.06	省藤属 *Calamus*	4	0.26
山桂花属 *Bennettiodendron*	1	0.06	鸭跖草属 *Commelina*	4	0.26
箣柊属 *Scolopia*	1	0.06	水竹叶属 *Murdannia*	4	0.26
柞木属 *Xylosma*	1	0.06	莎草属 *Cyperus*	4	0.26
寄生藤属 *Dendrotrophe*	1	0.06	兰属 *Cymbidium*	4	0.26
槲寄生属 *Viscum*	1	0.06	画眉草属 *Eragrostis*	4	0.26
异木患属 *Allophylus*	1	0.06	羊耳蒜属 *Liparis*	4	0.26
韶子属 *Nephelium*	1	0.06	大青属 *Clerodendrum*	5	0.32
无患子属 *Sapindus*	1	0.06	山柑属 *Capparis*	5	0.32
紫荆木属 *Madhuca*	1	0.06	卫矛属 *Euonymus*	5	0.32
桃榄属 *Pouteria*	1	0.06	八角枫属 *Alangium*	5	0.32
肉实树属 *Sarcosperma*	1	0.06	杨桐属 *Adinandra*	5	0.32

续表

属名	属内种数	占总种数 /%	属名	属内种数	占总种数 /%
铁榄属 *Sinosideroxylon*	1	0.06	五月茶属 *Antidesma*	5	0.32
蕺菜属 *Houttuynia*	1	0.06	海桐属 *Pittosporum*	5	0.32
三白草属 *Saururus*	1	0.06	铁线莲属 *Clematis*	5	0.32
多香木属 *Polyosma*	1	0.06	钩藤属 *Uncaria*	5	0.32
醉鱼草属 *Buddleja*	1	0.06	水锦树属 *Wendlandia*	5	0.32
鸦胆子属 *Brucea*	1	0.06	花椒属 *Zanthoxylum*	5	0.32
楔瓣花属 *Sphenoclea*	1	0.06	茄属 *Solanum*	5	0.32
野鸦椿属 *Euscaphis*	1	0.06	安息香属 *Styrax*	5	0.32
粗丝木属 *Gomphandra*	1	0.06	梭罗树属 *Reevesia*	5	0.32
赤杨叶属 *Alniphyllum*	1	0.06	沿阶草属 *Ophiopogon*	5	0.32
山茉莉属 *Huodendron*	1	0.06	飘拂草属 *Fimbristylis*	5	0.32
革瓣山矾属 *Cordyloblaste*	1	0.06	番薯属 *Ipomoea*	6	0.39
土人参属 *Talinum*	1	0.06	柿属 *Diospyros*	6	0.39
大头茶属 *Polyspora*	1	0.06	血桐属 *Macaranga*	6	0.39
核果茶属 *Pyrenaria*	1	0.06	野桐属 *Mallotus*	6	0.39
沉香属 *Aquilaria*	1	0.06	猴耳环属 *Archidendron*	6	0.39
榉属 *Zelkova*	1	0.06	含笑属 *Michelia*	6	0.39
舌柱麻属 *Archiboehmeria*	1	0.06	素馨属 *Jasminum*	6	0.39
水麻属 *Debregeasia*	1	0.06	酸藤子属 *Embelia*	6	0.39
糯米团属 *Gonostegia*	1	0.06	杜茎山属 *Maesa*	6	0.39
藤麻属 *Procris*	1	0.06	石楠属 *Photinia*	6	0.39
马缨丹属 *Lantana*	1	0.06	乌口树属 *Tarenna*	6	0.39
马鞭草属 *Verbena*	1	0.06	赤车属 *Pellionia*	6	0.39
蛇葡萄属 *Ampelopsis*	1	0.06	薯蓣属 *Dioscorea*	6	0.39
大麻藤属 *Cayratia*	1	0.06	荚蒾属 *Viburnum*	7	0.45
田基黄属 *Grangea*	1	0.06	瓜馥木属 *Fissistigma*	7	0.45
裸柱菊属 *Soiiva*	1	0.06	栎属 *Quercus*	7	0.45
香面叶属 *Iteadaphne*	1	0.06	算盘子属 *Glochidion*	7	0.45
文殊兰属 *Crinum*	1	0.06	蓼属 *Persicaria*	7	0.45
广东万年青属 *Aglaonema*	1	0.06	山龙眼属 *Helicia*	7	0.45
魔芋属 *Amorphophallus*	1	0.06	耳草属 *Hedyotis*	7	0.45

续表

属名	属内种数	占总种数 / %	属名	属内种数	占总种数 / %
天南星属 *Arisaema*	1	0.06	杜鹃花属 *Rhododendron*	7	0.45
芋属 *Colocasia*	1	0.06	新木姜子属 *Neolitsea*	7	0.45
麒麟叶属 *Epipremnum*	1	0.06	杜英属 *Elaeocarpus*	8	0.51
千年健属 *Homalomena*	1	0.06	红豆属 *Ormosia*	8	0.51
刺芋属 *Lasia*	1	0.06	紫珠属 *Callicarpa*	8	0.51
半夏属 *Pinellia*	1	0.06	琼楠属 *Beilschmiedia*	8	0.51
石柑属 *Pothos*	1	0.06	山胡椒属 *Lindera*	8	0.51
犁头尖属 *Typhonium*	1	0.06	秋海棠属 *Begonia*	9	0.58
桄榔属 *Arenga*	1	0.06	胡椒属 *Piper*	9	0.58
黄藤属 *Daemonorops*	1	0.06	悬钩子属 *Rubus*	9	0.58
轴榈属 *Licuala*	1	0.06	泡花树属 *Meliosma*	9	0.58
山槟榔属 *Pinanga*	1	0.06	锥属 *Castanopsis*	10	0.64
竹根七属 *Disporopsis*	1	0.06	薹草属 *Carex*	10	0.64
球子草属 *Peliosanthes*	1	0.06	粗叶木属 *Lasianthus*	11	0.71
山菅兰属 *Dianella*	1	0.06	山茶属 *Camellia*	12	0.77
水玉簪属 *Burmannia*	1	0.06	柯属 *Lithocarpus*	12	0.77
穿鞘花属 *Amischotolype*	1	0.06	菝葜属 *Smilax*	12	0.77
聚花草属 *Floscopa*	1	0.06	山矾属 *Symplocos*	14	0.90
闭鞘姜属 *Costus*	1	0.06	山姜属 *Alpinia*	14	0.90
地莴笋花属 *Parahellenia*	1	0.06	润楠属 *Machilus*	15	0.96
荸荠属 *Eleocharis*	1	0.06	木姜子属 *Litsea*	16	1.03
割鸡芒属 *Hypolytrum*	1	0.06	紫金牛属 *Ardisia*	16	1.03
湖瓜草属 *Lipocarpha*	1	0.06	蒲桃属 *Syzygium*	19	1.22
扁莎属 *Pycreus*	1	0.06	柃属 *Eurya*	20	1.28
蒟蒻薯属 *Tacca*	1	0.06	冬青属 *Ilex*	22	1.41
须叶藤属 *Flagellaria*	1	0.06	榕属 *Ficus*	34	2.18

表 5-5　金花茶保护区被子植物属内种组成的数量级统计

属内含种数	属数	占总属数 / %	种数	占总种数 / %
1	423	58.59	423	27.17
2~5	253	35.04	680	43.67
6~9	31	4.29	217	13.94

续表

属内含种数	属数	占总属数 /%	种数	占总种数 /%
10~19	12	1.66	161	10.34
20~29	2	0.28	42	2.70
≥ 30	1	0.14	34	2.18
合计	722	100.00	1557	100.00

（三）种的组成

1. 生活型

根据种类生物生态学习性及其在生态系统中的作用，将保护区被子植物生活型划分为草本、草本或亚灌木、亚灌木、灌木、攀缘灌木、灌木或乔木、乔木、草本藤本、木质藤本、竹类和棕榈类 11 种类型，每种类型分别有 464 种、3 种、36 种、205 种、111 种、227 种、355 种、42 种、100 种、2 种和 12 种，各占被子植物总种数的 29.80%、0.19%、2.31%、13.17%、7.13%、14.58%、22.80%、2.70%、6.42%、0.13% 和 0.77%（表 5–6），说明保护区被子植物以各类木本植物为主。

表 5–6　金花茶保护区被子植物的生活型统计

生活型	草本	草本或亚灌木	亚灌木	灌木	攀缘灌木	灌木或乔木	乔木	草本藤本	木质藤本	竹类	棕榈类	小计
双子叶植物	247	3	36	203	100	226	355	30	100	0	0	1300
单子叶植物	217	0	0	2	11	1	0	12	0	2	12	257
合计	464	3	36	205	111	227	355	42	100	2	12	1557
占总种数 /%	29.80	0.19	2.31	13.17	7.13	14.58	22.80	2.70	6.42	0.13	0.77	100.00

2. 种下分类单位

金花茶保护区被子植物中，种下分类单位有 55 种，占总种数的 3.53%。其中，亚种有山猪菜、毛相思子、斜叶榕、黄毛粗叶木、羊角藤、短花水金京和粗毛水锦树 7 种；变种有大果鳞斑荚蒾、滨盐麸木、常春藤、破铜钱、微糙三脉紫菀、阔叶八角枫、云山八角枫、野柿、红脉珍珠花、广东金叶子、糙毛假地豆、葛、石上莲、密毛蚂蟥七、三脉钝叶黄芩、牡荆、微毛布惊、小叶乌药、近轮叶木姜子、豺皮樟、绿背桂花、宽翅棱果花、桐叶千金藤、尖叶川杨桐、珍珠莲、爬藤榕、窄基红褐柃、毛窄叶柃、窄叶聚花海桐、厚叶白花酸藤果、枇杷叶山龙眼、沙叶铁线莲、柳叶闽粤石楠、楔叶豆梨、深裂锈毛莓、细叶亚婆潮、东兴金花茶、广东毛折柄茶、齿叶毛折柄茶、青叶苎麻、多花丝梗楼梯草、多枝雾水葛、文殊兰、细叶日本薯蓣、大距花黍、圆果雀稗、毛红豆蔻和光叶球穗山姜 48 种。

3. 外来种

金花茶保护区外来被子植物有 21 科 46 属 56 种（表 5–7），分别占保护区被子植物总数的 12.73%、6.37% 和 3.60%，以草本植物最多。其中，喜旱莲子草、土荆芥、白花鬼针草、飞机草、肿柄菊、藿香蓟、小蓬草、银胶菊、南美蟛蜞菊、金腰箭、五爪金龙、牵牛、圆叶牵牛、光荚含羞草、喀西茄、假烟叶树、马缨丹等具有较强的生态入侵能力。

表 5-7　金花茶保护区的外来被子植物

科名	属名	种名	生活型	原产地
苋科 Amaranthaceae	莲子草属 *Alternanthera*	喜旱莲子草 *Alternanthera philoxeroides*	草本	巴西
	苋属 *Amaranthus*	刺苋 *Amaranthus spinosus*	草本	热带美洲
		皱果苋 *Amaranthus viridis*	草本	南美洲
	青葙属 *Celosia*	青葙 *Celosia argentea*	草本	印度
	腺毛藜属 *Dysphania*	土荆芥 *Dysphania ambrosioides*	草本	热带美洲
伞形科 Apiaceae	胡萝卜属 *Daucus*	野胡萝卜 *Daucus carota*	草本	欧洲
	刺芹属 *Eryngium*	刺芹 *Eryngium foetidum*	草本	中美洲
菊科 Asteraceae	刺苞果属 *Acanthospermum*	刺苞果 *Acanthospermum hispidum*	草本	南美洲
	藿香蓟属 *Ageratum*	藿香蓟 *Ageratum conyzoides*	草本	热带美洲
	鬼针草属 *Bidens*	大狼耙草 *Bidens frondosa*	草本	北美洲
		鬼针草 *Bidens pilosa*	草本	美洲
		白花鬼针草 *Bidens alba*	草本	热带美洲
	飞机草属 *Chromolaena*	飞机草 *Chromolaena odorata*	草本	墨西哥
	野茼蒿属 *Crassocephalum*	野茼蒿 *Crassocephalum crepidioides*	草本	非洲
	地胆草属 *Elephantopus*	白花地胆草 *Elephantopus tomentosus*	草本	北美洲
	菊芹属 *Erechtites*	败酱叶菊芹 *Erechtites valerianifolius*	草本	热带美洲
	飞蓬属 *Erigeron*	香丝草 *Erigeron bonariensis*	草本	南美洲
		小蓬草 *Erigeron canadensis*	草本	北美洲
	银胶菊属 *Parthenium*	银胶菊 *Parthenium hysterophorus*	草本	热带美洲
	裸柱菊属 *Soliva*	裸柱菊 *Soliva anthemifolia*	草本	南美洲
	苦苣菜属 *Sonchus*	续断菊 *Sonchus asper*	草本	欧洲和地中海
	蟛蜞菊属 *Sphagneticola*	南美蟛蜞菊 *Sphagneticola trilobata*	草本	热带美洲
	金腰箭属 *Synedrella*	金腰箭 *Synedrella nodiflora*	草本	南美洲
	肿柄菊属 *Tithonia*	肿柄菊 *Tithonia diversifolia*	草本	墨西哥
	苍耳属 *Xanthium*	北美苍耳 *Xanthium chinense*	草本	北美洲
石竹科 Caryophyllaceae	繁缕属 *Stellaria*	鹅肠菜 *Stellaria aquatica*	草本	欧洲
旋花科 Convolvulaceae	番薯属 *Ipomoea*	五爪金龙 *Ipomoea cairica*	草本	美洲
		七爪龙 *Ipomoea mauritiana*	草本	非洲
		牵牛 *Ipomoea nil*	草本	南美洲
		圆叶牵牛 *Ipomoea purpurea*	草本	美洲

续表

科名	属名	种名	生活型	原产地
景天科 Crassulaceae	落地生根属 *Bryophyllum*	落地生根 *Bryophyllum pinnatum*	草本	马达加斯加
大戟科 Euphorbiaceae	大戟属 *Euphorbia*	飞扬草 *Euphorbia hirta*	草本	热带美洲
	大薸属 *Pistia*	大薸 *Pistia stratiotes*	草本	美洲
	蓖麻属 *Ricinus*	蓖麻 *Ricinus communis*	草本	东非
豆科 Fabaceae	猪屎豆属 *Crotalaria*	猪屎豆 *Crotalaria pallida*	草本	非洲
	含羞草属 *Mimosa*	光荚含羞草 *Mimosa bimucronata*	灌木	热带美洲
		含羞草 *Mimosa pudica*	草本	热带美洲
	决明属 *Senna*	望江南 *Senna occidentalis*	草本	热带美洲
锦葵科 Malvaceae	赛葵属 *Malvastrum*	赛葵 *Malvastrum coromandelianum*	草本	美洲
	黄花棯属 *Sida*	黄花棯 *Sida acuta*	亚灌木	热带美洲
桃金娘科 Myrtaceae	番石榴属 *Psidium*	番石榴 *Psidium guajava*	灌木或乔木	热带美洲
酢浆草科 Oxalidaceae	酢浆草属 *Oxalis*	红花酢浆草 *Oxalis corymbosa*	草本	热带美洲
商陆科 Phytolaccaceae	商陆属 *Phytolacca*	垂序商陆 *Phytolacca americana*	草本	南美洲
车前科 Plantaginaceae	野甘草属 *Scoparia*	野甘草 *Scoparia dulcis*	亚灌木	热带美洲
茜草科 Rubiaceae	纽扣草属 *Spermacoce*	阔叶丰花草 *Spermacoce alata*	草本	热带美洲
茄科 Solanaceae	茄属 *Solanum*	喀西茄 *Solanum aculeatissimum*	草本	巴西
		假烟叶树 *Solanum erianthum*	灌木或乔木	南美洲
		水茄 *Solanum torvum*	灌木	加勒比海
土人参科 Talinaceae	土人参属 *Talinum*	土人参 *Talinum paniculatum*	草本	热带美洲
荨麻科 Urticaceae	冷水花属 *Pilea*	小叶冷水花 *Pilea microphylla*	草本	热带美洲
马鞭草科 Verbenaceae	马缨丹属 *Lantana*	马缨丹 *Lantana camara*	灌木	热带美洲
莎草科 Cyperaceae	莎草属 *Cyperus*	香附子 *Cyperus rotundus*	草本	印度
禾本科 Poaceae	地毯草属 *Axonopus*	地毯草 *Axonopus compressus*	草本	热带美洲
	黍属 *Panicum*	铺地黍 *Panicum repens*	草本	欧洲南部
	雀稗属 *Paspalum*	双穗雀稗 *Paspalum distichum*	草本	北美洲
雨久花科 Pontederiaceae	凤眼莲属 *Eichhornia*	凤眼莲 *Eichhornia crassipes*	草本	巴西

三、被子植物区系特征

植物区系研究能揭示植物物种的分布格局、物种形成过程的反应空间，也指某一特定地区生长的全部植物种类的综合，是植物科、属、种在历史演化和发展过程中形成的自然综合体。通过对保护区被子植物资源进行实地调查和区系分析，可为保护区进行植物资源保护、管理提供参考和依据。

（一）科的区系成分

金花茶保护区被子植物中，除去仅含外来种的科，共有162科，这些科的区系成分可划分为10个分布型12个亚型（表5-8）。

（1）世界分布：本类型有39科，它们是苋科、伞形科、菊科、紫草科、十字花科、桔梗科、石竹科、旋花科、景天科、豆科、龙胆科、小二仙草科、唇形科、狸藻科、千屈菜科、桑科、杨梅科、木樨科、柳叶菜科、酢浆草科、车前科、白花丹科、远志科、蓼科、马齿苋科、报春花科、毛茛科、鼠李科、蔷薇科、茜草科、虎耳草科、玄参科、茄科、瑞香科、榆科、堇菜科、莎草科、兰科和禾本科。

（2）泛热带分布：本类型的正型有55科，占总科数（不含世界分布科，下同）44.72%，它们是爵床科、漆树科、番荔枝科、夹竹桃科、马兜铃科、蛇菰科、凤仙花科、秋海棠科、紫葳科、橄榄科、红厚壳科、山柑科、卫矛科、金粟兰科、藤黄科、牛栓藤科、葫芦科、毒鼠子科、柿科、古柯科、大戟科、莲叶桐科、茶茱萸科、樟科、母草科、金虎尾科、锦葵科、野牡丹科、楝科、防己科、肉豆蔻科、西番莲科、胡椒科、核果木科、红树科、芸香科、檀香科、无患子科、山榄科、苦木科、楔瓣花科、粗丝木科、山茶科、荨麻科、葡萄科、天南星科、棕榈科、水玉簪科、鸭跖草科、闭鞘姜科、薯蓣科、谷精草科、仙茅科、竹芋科和菝葜科。此外，本类型有热带亚洲、大洋洲和南美洲（墨西哥）间断，热带亚洲、非洲和南美洲间断以及以南半球为主的泛热带分布3个亚型。热带亚洲、大洋洲和南美洲（墨西哥）间断有山矾科、叶下珠科和五桠果科3科，占2.44%；热带亚洲、非洲和南美洲间断有黏木科、金莲木科和鸢尾科3科，占2.44%；以南半球为主的泛热带有桑寄生科、粟米草科、桃金娘科、山龙眼科和石蒜科5科，占4.07%。

（3）热带亚洲和热带美洲间断分布：本类型正型有10科，占8.13%，它们是冬青科、五加科、桤叶树科、杜英科、苦苣苔科、木通科、青皮木科、省沽油科、安息香科和马鞭草科。此外，还有热带、亚热带中美至南美（含墨西哥中部及西印度群岛）1个亚型，有水蓑花科1科，占0.81%。

（4）旧世界热带分布：本类型仅有正型6科，占4.88%，它们是海桐科、天门冬科、秋水仙科、须叶藤科、芭蕉科和露兜树科。

（5）热带亚洲至热带大洋洲分布：本类型仅有正型5科，占4.07%，它们是虎皮楠科、马钱科、田葱科、百部科和姜科。

（6）热带亚洲至热带非洲分布：本类型正型仅有小盘木科1科，占0.81%。此外，还有南非（主要是好望角）1个亚型，有杜鹃花科1科，占0.81%。

（7）热带亚洲分布：本类型正型仅有蕈树科1科，占0.81%。此外，还有西马来、东马来、全分布区东达新几内亚3个亚型。西马来有五列木科1科，占0.81%；东马来有赤苍藤科1科，占0.81%；全分布区东达新几内亚有龙脑香科、五膜草科和清风藤科3科，占2.44%。

（8）北温带分布：本类型正型有5科，占4.07%，它们是荚蒾科、大麻科、忍冬科、金丝桃科和列当科。此外，还有北温带和南温带间断、欧亚和南美洲温带间断 2 个亚型。北温带和南温带间断有 11 科，占 8.94%，它们是黄杨科、山茱萸科、胡颓子科、壳斗科、金缕梅科、绣球科、胡桃科、亚麻科、杨柳科、灯芯草科和藜芦科；欧亚和南美洲温带间断仅有小檗科 1 科，占 0.81%。

（9）东亚和北美洲间断分布：本类型仅有正型 7 科，占 5.69%，它们是丝缨花科、钩吻科、木兰科、蓝果树科、三白草科、五味子科和菖蒲科。

（10）地中海区、西亚至中亚分布：本类型无正型，仅有地中海区至中亚和南非洲和或大洋洲间断 1 个亚型，有阿福花科 1 科，占 0.81%。

（11）东亚分布：本类型正型有猕猴桃科 1 科，占 0.81%。此外，还有中国—日本 1 个亚型，有泡桐科 1 科，占 0.81%。

表 5–8 金花茶保护区被子植物科分布区类型

科分布区类型	科数	占总科数 /%	含属数	占总属数 /%	含种数	占总种数 /%
1. 世界分布	39	—	319	—	633	—
2. 泛热带分布	55	44.72	238	59.50	511	55.48
2–1. 热带亚洲、大洋洲和南美洲（墨西哥）间断	3	2.44	15	3.75	48	5.21
2–2. 热带亚洲、非洲和南美洲间断	3	2.44	3	0.75	3	0.33
2S. 以南半球为主的泛热带	5	4.07	13	3.25	43	4.67
3. 热带亚洲和热带美洲间断分布	10	8.13	35	8.75	84	9.12
3b. 热带、亚热带中美至南美（含墨西哥中部及西印度群岛）	1	0.81	1	0.25	1	0.11
4. 旧世界热带分布	6	4.88	11	2.75	24	2.61
5. 热带亚洲至热带大洋洲分布	5	4.07	9	2.25	26	2.82
6. 热带亚洲至热带非洲分布	1	0.81	1	0.25	1	0.11
6d. 南非（主要是好望角）	1	0.81	5	1.25	12	1.30
7. 热带亚洲分布	1	0.81	3	0.75	3	0.33
7a. 西马来	1	0.81	6	1.50	33	3.58
7c. 东马来	1	0.81	1	0.25	1	0.11
7d. 全分布区东达新几内亚	3	2.44	4	1.00	13	1.41
8. 北温带分布	5	4.07	11	2.75	22	2.39
8–4. 北温带和南温带间断	11	8.94	26	6.50	65	7.06
8–5. 欧亚和南美洲温带间断	1	0.81	2	0.50	2	0.22
9. 东亚和北美洲间断分布	7	5.69	12	3.00	23	2.50
12–1. 地中海区至中亚和南非洲和或大洋洲间断	1	0.81	1	0.25	1	0.11
14. 东亚分布	1	0.81	2	0.50	4	0.43
14（SJ）. 中国—日本	1	0.81	1	0.25	1	0.11
合计	162	100.00	719	100.00	1554	100.00

注：百分比不含世界分布。表 5–9 同。

（二）属的区系成分

金花茶保护区被子植物中，除去仅含外来种的属，共有 691 属，它们的区系成分可划分为 13 个分布型 27 个亚型（表 5-9）。

（1）世界分布属：本类型共有 28 属，它们是积雪草属、蒿属、鼠曲草属、千里光属、碎米荠属、焯菜属、繁缕属、卫矛属、大戟属、金丝桃属、黄芩属、狸藻属、酢浆草属、车前属、远志属、珍珠菜属、铁线莲属、悬钩子属、茄属、堇菜属、薹草属、莎草属、荸荠属、刺子莞属、灯芯草属、浮萍属、睫唇兰属和羊耳蒜属。

（2）泛热带分布：本类型正型有 140 属，占 21.12%，它们是狗肝菜属、山壳骨属、莲子草属、杯苋属、狗牙花属、鹅掌柴属、天胡荽属、下田菊属、夜香牛属、蔓斑鸠菊属、鳢肠属、地胆草属、豨莶属、斑鸠菊属、秋海棠属、厚壳树属、半边莲属、朴属、山黄麻属、山柑属、南蛇藤属、红叶藤属、番薯属、鱼黄草属、盒果藤属、毒鼠子属、锡叶藤属、柿属、古柯属、铁苋菜属、山麻秆属、棒柄花属、巴豆属、相思子属、合欢属、云实属、小凤花属、猪屎豆属、黄檀属、鱼藤属、榼藤属、鹰叶刺属、木蓝属、崖豆藤属、油麻藤属、火索藤属、鹿藿属、儿茶属、决明属、夏藤属、紫珠属、大青属、牡荆属、无根藤属、厚壳桂属、母草属、马钱属、节节菜属、刺果藤属、黄麻属、黄槿属、黄花棯属、苹婆属、刺蒴麻属、梵天花属、木防己属、榕属、素馨属、丁香蓼属、黑草属、感应草属、算盘子属、红叶下珠属、叶下珠属、胡椒属、白花丹属、马齿苋属、紫金牛属、核果木属、枣属、耳草属、龙船花属、粗叶木属、巴戟天属、水线草属、九节属、蛇舌草属、钩藤属、花椒属、脚骨脆属、桃榄属、醉鱼草属、楔瓣花属、苎麻属、马鞭草属、白粉藤属、文殊兰属、山菅兰属、水玉簪属、鸭跖草属、聚花草属、杜若属、闭鞘姜属、地茑笋花属、飘拂草属、割鸡芒属、水蜈蚣属、湖瓜草属、扁莎属、珍珠茅属、薯蓣属、蒟蒻薯属、谷精草属、仙茅属、小金梅草属、石豆兰属、虾脊兰属、野古草属、孔颖草属、狗牙根属、马唐属、稗属、穇属、画眉草属、黄茅属、距花黍属、白茅属、柳叶箬属、假稻属、鸭嘴草属、求米草属、黍属、雀稗属、狼尾草属、甘蔗属、囊颖草属、裂稃草属、狗尾草属、鼠尾粟属和菝葜属。此外，本类型还有热带亚洲、大洋洲（至新西兰）和中至南美洲（或墨西哥）间断以及热带亚洲、非洲和中至南美洲间断 2 个亚型。其中，热带亚洲、大洋洲（至新西兰）和中至南美洲（或墨西哥）间断有 11 属，占 1.66%，它们是叉柱花属、牛奶菜属、冬青属、石胡荽属、红厚壳属、琼楠属、山芝麻属、柞木属、山矾属、龙血树属和金须茅属。热带亚洲、非洲和中至南美洲间断有 7 属，占 1.06%，它们是凤仙花属、厚皮香属、蝉翼藤属、天料木属、冷水花属、雾水葛属和香荚兰属。

（3）热带亚洲和热带美洲间断分布：本类型有 21 属，占 3.17%，它们是水东哥属、树参属、雪香兰属、桤叶树属、猴欢喜属、假地豆属、红豆属、蝉豆属、樟属、桂属、木姜子属、柃属、雀梅滕属、泡花树属、无患子属、青皮木属、山香圆属、安息香属、大头茶属、千年健属和竹茎兰属。

（4）旧世界热带分布：本类型正型有 71 属，占 10.71%，它们是十万错属、牛膝属、鹰爪花属、紫玉盘属、白叶藤属、弓果藤属、娃儿藤属、倒吊笔属、鱼眼草属、一点红属、菊三七属、橄榄属、地旋花属、八角枫属、苦瓜属、马瓟儿属、血桐属、野桐属、链荚豆属、格木属、千斤拔属、狸尾豆属、穿心草属、藻百年属、石梓属、刺蕊草属、豆腐柴属、蝴蝶草属、秋葵属、扁担杆属、谷木属、金锦香属、楝属、千金藤属、蒲桃属、蒴莲属、五月茶属、土蜜树属、闭花木属、白饭树属、海桐属、石龙尾属、酸藤子属、杜茎山属、翼核果属、猪肚木属、栀子属、大沙叶属、鱼骨木属、乌口树属、簕柊属、槲寄生属、异木患属、鳞花木属、鸦胆子属、楼梯草属、乌蔹莓属、大麻藤属、蓝耳草属、水竹叶属、须叶藤属、线柱兰属、露兜树属、荩草属、簕竹属、细柄草属、香茅属、弓果黍属、黄金茅属、类芦属和菅草属。此外，本类型还有热带亚洲、非洲（或东非，马达加斯加）和大洋洲间断 1 个亚型，有 4 属，占 0.60%，它们是匙羹藤属、艾纳香属、茜树属和黄皮属。

（5）热带亚洲和热带大洋洲分布：本类型有 84 属，占 12.67%，它们是浆果苋属、假鹰爪属、瓜馥木属、野独活属、链珠藤属、眼树莲属、腰骨藤属、山橙属、蛇菰属、银背藤属、丁公藤属、栝楼属、五桠果属、杜英属、黄桐属、猴耳环属、鸡血藤属、舞草属、假木豆属、野扁豆属、南海藤属、排钱树属、葫芦茶属、小二仙草属、广防风属、新木姜子属、昂天莲属、山麻树属、野牡丹属、米仔兰属、樫木属、香椿属、粟米草属、波罗蜜属、牛筋藤属、风吹楠属、岗松属、桃金娘属、银柴属、黑面神属、毛麝香属、齿果草属、山龙眼属、竹节树属、穴果木属、团花属、水锦树属、山油柑属、酒饼簕属、山小橘属、蜜茱萸属、小芸木属、寄生藤属、柄果木属、紫荆木属、多香木属、粗丝木属、荛花属、糯米团属、崖爬藤属、海芋属、麒麟叶属、石柑属、犁头尖属、桄榔属、鱼尾葵属、轴榈属、黑莎草属、芭蕉属、金线兰属、隔距兰属、兰属、石斛属、毛兰属、石仙桃属、带唇兰属、田葱属、蜈蚣草属、鹧鸪草属、淡竹叶属、百部属、山姜属、豆蔻属和姜黄属。

（6）热带亚洲至热带非洲连续或间断分布：本类型正型有 31 属，占 4.68%，它们是叉序草属、观音草属、孩儿草属、羊角拗属、藤黄属、粗毛野桐属、海漆属、双束鱼藤属、藤槐属、木豆属、老虎刺属、青藤属、微花藤属、香茶菜属、离瓣寄生属、木棉属、崖藤属、金莲木属、小盘木属、铁仔属、雪花属、玉叶金花属、弯管花属、尖叶木属、飞龙掌血属、水麻属、藤麻属、田基黄属、穿鞘花属、莠竹属和芒属。此外，本类型还有华南、西南至印度和热带非洲间断以及热带亚洲和东非或马达加斯加间断 2 个亚型。华南、西南至印度和热带非洲间断仅有崖角藤属 1 属，占 0.15%；热带亚洲和东非或马达加斯加间断有马蓝属、盾片蛇菰属、杨桐属、山石榴属和姜花属 5 属，占 0.75%。

（7）热带亚洲（印度、马来西亚）分布：本类型正型有 14 属，占 2.11%，它们是虎皮楠属、乌桕属、长喙木兰属、假鹊肾树属、刺桑属、子楝树属、臀果木属、韶子属、革瓣山矾属、球子草属、安兰属、蛤兰属、毛鞘兰属和金发草属。此外，本类型还有 16 个亚型，爪哇（或苏门答腊），喜马拉雅至华南、西南间断或星散分布有 10 属，占 1.51%，它们是汉克苣苔属、钟花草属、纤穗爵床属、蕈树属、草珊瑚属、马蹄荷属、梭罗树属、秋枫属、木荷属和蛇舌兰属；热带印度至华南（特别滇南）有酸脚杆属、幌伞枫属、短筒苣苔属、油果樟属和长柱山丹属 5 属，占 0.75%；缅甸、泰国至华西南有秋英爵床属、黑鳗藤属、金叶子属、蝴蝶果属、横蒴苣苔属、来江藤属和山茉莉属 7 属，占 1.06%；越南（或中南半岛）至华南（或西南）有 15 属，占 2.26%，它们是马铃苣苔属、秀柱花属、壳菜果属、大血藤属、青篱柴属、马蹄参属、鸡爪簕属、牡丽草属、裂果金花属、梭子果属、铁榄属、赤杨叶属、舌柱麻属、竹根七属和大节竹属；西马来有 31 属，占 4.68%，它们是香面叶属、辛果漆属、皂帽花属、鹿角藤属、帘子藤属、马莲鞍属、水壶藤属、大参属、藤菊属、轮钟草属、赤瓟属、定心藤属、黄肉楠属、含笑属、翅子树属、异形木属、柏拉木属、锦香草属、浆果楝属、鹧鸪花属、地黄连属、五列木属、锡兰莲属、枇杷属、腺萼木属、密脉木属、鸡屎藤属、山桂花属、山茶属、芋属和棕竹属；西马来中马来间断分布仅有钝果寄生属 1 属，占 0.15%；西马来东马来间断有黄藤属、肉实树属和南五味子属 3 属，占 0.45%；西马来、新几内亚间断仅有清风藤属 1 属，占 0.15%；西马来和西太平洋诸岛弧的间断仅有三宝木属 1 属，占 0.15%；西马来及中马来分布有 19 属，占 2.87%，它们是飞蛾藤属、绞股蓝属、油渣果属、密花豆属、常山属、黄牛木属、黄杞属、锥花属、石荠苎属、蓬莱葛属、梨果寄生属、轮环藤属、天仙藤属、细圆藤属、假山龙眼属、黄棉木属、南山花属、竹叶兰属和黄兰属；印度—中马来分布有 18 属，占 2.71%，它们是沉香属、省藤属、木蝴蝶属、坡垒属、赤苍藤属、水柳属、无忧花属、黏木属、润楠属、木莲属、蜂斗草属、肖榄属、茶梨属、蛇莓属、狗骨柴属、岩黄树属、核果茶属和粽叶芦属；全经印度—马来（狭义）而达新几内亚仅有水蔗草属 1 属，占 0.15%；中马来仅有石斑木属 1 属，占 0.15%；东马来有罗伞属、秤钩风属、广东万年青属和柊叶属 4 属，占 0.60%；全分布区东达新几内亚有 13 属，占 1.96%，它们是苦荬菜属、金粟兰属、芒毛苣苔属、线柱苣苔属、鞘花属、五膜草属、流苏子属、紫麻属、刺芋属、山槟榔属、吻兰属、厚唇兰属和柄唇兰属；全分布区东南达西太平洋诸岛弧有 17 属，占 2.56%，它们是鳝藤属、球兰属、白颜树属、海红豆属、草葛属、葛属、风筝果属、破布叶属、山楝属、构属、木奶果属、蛇根草属、九里香属、赤车属、牛齿兰属、薏苡属和贝母兰属。

（8）北温带分布：本类型正型有 16 属，占 2.41%，它们是荚蒾属、盐麸木属、细辛属、蓟属、泽兰属、忍冬属、山茱萸属、风轮菜属、葎草属、何首乌属、裸芽鼠李属、龙牙草属、蔷薇属、花楸属、菖蒲属和天南星属。此外，本类型还有北温带和南温带间断（泛温带）1 个亚型，有 21 属，占 3.17%，它们是杨梅属、黄叶树属、蓼属、萹蓄属、高宝兰属、接骨木属、水芹属、紫菀属、黄杨属、景天属、胡颓子属、杜鹃花属、越橘属、栎属、獐牙菜属、薄荷属、唐松草属、李属、槭属、斑叶兰属和玉凤花属。

（9）东亚和北美洲间断分布：本类型仅有正型 28 属，占 4.22%，它们是枫香树属、漆树属、络石属、楤木属、十大功劳属、梓属、珍珠花属、长柄山蚂蟥属、鸡眼草属、胡枝子属、锥属、柯属、钩吻属、绣球属、山胡椒属、橙桑属、蓝果树属、万钧木属、流苏树属、红淡比属、勾儿茶属、石楠属、三白草属、鼠刺属、八角属、紫茎属、蛇葡萄属和牛果藤属。

（10）旧世界温带分布：本类型正型有白前属、苦苣菜属、败酱属、益母草属、梨属和重楼属 6 属，占 0.90%；此外，本类型还有地中海区、西亚（中亚）和东亚间断以及地中海区和喜马拉雅间断 2 个亚型。其中，地中海区、西亚（中亚）和东亚间断有女贞属、马甲子属、榉属和芦竹属 4 属，占 0.60%；地中海区和喜马拉雅间断仅有鹅绒藤属 1 属，占 0.15%。

（11）温带亚洲分布：本类型仅有黄鹌菜属和虎杖属 2 属，占 0.30%。

（12）地中海、西至中亚分布：本类型无正型，仅有地中海区至温带—热带亚洲、大洋洲和南美洲间断 1 个亚型，有常春藤属和木樨榄属 2 属，占 0.30%。

（13）东亚分布：本类型正型有 25 属，占 3.77%，它们是猕猴桃属、南酸枣属、五加属、兔儿风属、党参属、盒子草属、吊钟花属、油桐属、小槐花属、桃叶珊瑚属、双蝴蝶属、吊石苣苔属、蜡瓣花属、檵木属、野海棠属、枳椇属、水团花属、虎刺属、茵芋属、吴茱萸属、蕺菜属、蜘蛛抱蛋属、沿阶草属、万寿竹属和射干属。此外，本类型还有中国—喜马拉雅和中国—日本 2 个亚型。其中，中国—喜马拉雅有 5 属，占 0.75%，它们是羊耳菊属、合耳菊属、鬼臼属、冠盖藤属和魔芋属；中国—日本有 12 属，占 1.81%，它们是半蒴苣苔属、化香树属、木通属、野木瓜属、梧桐属、鸭脚茶属、泡桐属、假婆婆纳属、野鸦椿属、半夏属、山麦冬属和仙杖花属。

（14）中国特有分布：本类型有 5 属，占 0.75%，它们是半枫荷属、盾叶苣苔属、报春苣苔属、漏斗苣苔属和棱果花属。

表5-9 金花茶保护区被子植物属分布区类型

属分布区类型	属数	占总属数/%	含种数	占总种数/%
1. 世界分布	28	—	80	—
2. 泛热带分布	140	21.12	379	26.30
2–1. 热带亚洲、大洋洲（至新西兰）和中至南美洲（或墨西哥）间断	11	1.66	54	3.75
2–2. 热带亚洲、非洲和中至南美洲间断	7	1.06	15	1.04
3. 热带亚洲和热带美洲间断分布	21	3.17	89	6.18
4. 旧世界热带分布	71	10.71	162	11.24
4–1. 热带亚洲、非洲（或东非，马达加斯加）和大洋洲间断	4	0.60	9	0.62
5. 热带亚洲和热带大洋洲分布	84	12.67	181	12.56
6. 热带亚洲至热带非洲连续或间断分布	31	4.68	44	3.05
6–1. 华南、西南至印度和热带非洲间断	1	0.15	3	0.21
6–2. 热带亚洲和东非或马达加斯加间断	5	0.75	12	0.83
7. 热带亚洲（印度、马来西亚）分布	14	2.11	20	1.39
7–1. 爪哇（或苏门答腊），喜马拉雅至华南、西南间断或星散分布	10	1.51	18	1.25
7–2. 热带印度至华南（特别滇南）	5	0.75	5	0.35
7–3. 缅甸、泰国至华西南	7	1.06	7	0.49
7–4. 越南（或中南半岛）至华南（或西南）	15	2.26	17	1.18
7a. 西马来	31	4.68	57	3.96
7a/b. 西马来中马来间断分布	1	0.15	3	0.21
7a/c. 西马来东马来间断分布	3	0.45	4	0.28
7a/d. 西马来、新几内亚间断	1	0.15	2	0.14
7a/e. 西马来和西太平洋诸岛弧的间断	1	0.15	3	0.21
7ab. 西马来及中马来分布	19	2.87	24	1.67
7a–c. 印度—中马来分布	18	2.71	38	2.64
7a–d. 全经印度—马来（狭义）而达新几内亚	1	0.15	1	0.07
7b. 中马来	1	0.15	3	0.21
7c. 东马来	4	0.60	6	0.42
7d. 全分布区东达新几内亚	13	1.96	19	1.32
7e. 全分布区东南达西太平洋诸岛弧	17	2.56	29	2.01
8. 北温带分布	16	2.41	27	1.87
8–4. 北温带和南温带间断（泛温带）	21	3.17	52	3.61

续表

属分布区类型	属数	占总属数 /%	含种数	占总种数 /%
9. 东亚和北美洲间断分布	28	4.22	75	5.20
10. 旧世界温带分布	6	0.90	8	0.56
10–1. 地中海区、西亚（中亚）和东亚间断	4	0.60	4	0.28
10–2. 地中海区和喜马拉雅间断	1	0.15	1	0.07
11. 温带亚洲分布	2	0.30	2	0.14
12–3. 地中海区至温带—热带亚洲、大洋洲和南美洲间断	2	0.30	4	0.28
14. 东亚分布	25	3.77	39	2.71
14（SH）. 中国—喜马拉雅	5	0.75	5	0.35
14（SJ）. 中国—日本	12	1.81	13	0.90
15. 中国特有分布	5	0.75	7	0.49
合计	691	100.00	1521	100.00

（三）区系特点

1. 木本植物丰富

金花茶保护区地形地貌复杂多样，植被类型丰富，因此植物物种多样性程度也较高。保护区现已知的野生被子植物有 165 科 722 属 1 557 种；其中，双子叶植物 137 科 579 属 1 299 种，占总数 83.03%、80.19% 和 83.43%；单子叶植物 28 科 143 属 258 种，占总数 16.97%、19.81% 和 16.57%（表 5–10）。保护区被子植物中，生活型为乔木、灌木、攀缘灌木、灌木或乔木、木质藤本等各类木本植物共有 998 种，占 64.10%（表 5–6），即木本植物丰富。

表 5–10　金花茶保护区被子植物科属种组成

分类群	科	占总科数 /%	属	占总属数 /%	种	占总种数 /%
双子叶植物	137	83.03	579	80.19	1 299	83.43
单子叶植物	28	16.97	143	19.81	258	16.57
合计	165	100.00	722	100.00	1 557	100.00

2. 热带性质较为明显

通过对组成保护区植物区系分析可知，本区系科的区系成分可划分为 10 个分布型 12 个亚型，属的区系成分可划分为 13 个分布型 27 个亚型。可见，保护区植物区系类型复杂多样，各种区系成分之间联系广泛，世界分布、洲际间断分布等世界性和大区域分布的属占有一定比例，地理成分较为复杂。科的 *R/T* 为 3.56，属的 *R/T* 为 4.39，即保护区被子植物区系成分是以热带成分的科属占的比例最高，是本区系的主体，说明保护区植物区系的热带性质表现十分明显。热带性质科中，泛热带分布的科所占比例最高，为 44.72%；其次是热带亚洲和热带美洲间断分布的科，占 8.13%。热带性质属中，泛热带分布的属所占比例最高，为 21.12%；其次是热带亚洲和热带大洋洲分布的属，占 12.67%。虽然有一些科属是较严格的热带科属，但其种类少且远离分布区中心，由此表明保护区植物区系虽具有明显的热带色彩，但也是热带边缘性质，并具有明显的向亚热带过渡的特点。

3. **稀有濒危植物较多**

保护区的珍稀濒危植物相对较多。被子植物中，国家一级重点保护野生植物有小叶红豆和广西火桐2种。国家二级重点保护野生植物有条叶猕猴桃、六角莲、狭叶坡垒、棋子豆、格木、肥荚红豆、花榈木、南宁红豆、柔毛红豆、软荚红豆、亮毛红豆、木荚红豆、华南锥、苦梓、海南假韶子、香子含笑、粗齿梭罗树、风吹楠、巴戟天、紫荆木、显脉金花茶、防城茶、金花茶、东兴金花茶、土沉香、海南重楼、金线兰、纹瓣兰、建兰、寒兰、硬叶兰、流苏石斛和剑叶石斛33种。广西重点保护野生植物有宽叶线柱兰、南方香荚兰、短穗竹茎兰、高茎毛鞘兰、云叶兰、带唇兰、云南柄唇兰、柄唇兰、石仙桃、长茎羊耳蒜、扇唇羊耳蒜、见血青、丛叶玉凤花、橙黄玉凤花、斑叶兰、香港毛兰、半柱毛兰、单叶厚唇兰、蛇舌兰、蛤兰、吻兰、流苏贝母兰、红花隔距兰、尖喙隔距兰、高宝兰、黄兰、二列叶虾脊兰、斑唇卷瓣兰、密花石豆兰、赤唇石豆兰、睫唇兰、竹叶兰、牛齿兰、香港安兰、走马胎、马蹄参、桐叶千金藤、金线吊乌龟、天仙藤、观光木、十万大山润楠、黏木、密花豆、南海藤、辛果漆和半枫荷46种。

4. **具有一定数量的特有成分**

保护区的被子植物中，中国特有分布的属有棱果花属、异形木属、漏斗苣苔属、半枫荷属和报春苣苔属5属，占被子植物总属数0.75%。广西特有植物种类有广西孩儿草、卵苞金足草、坚纸楼梯草、上思瓜馥木、多核冬青、长茎金耳环、广西蔓斑鸠菊、观光秋海棠、尖叶藤黄、防城杜鹃、铁仔叶杜鹃、长萼半蒴苣苔、多痕盾叶苣苔、密毛蚂蟥七、上思琼楠、红楠刨、少脉木姜子、赛短花润楠、十万大山润楠、东兴润楠、广西油果樟、上思梭罗树、双腺鸭脚茶、方枝木樨榄、披针叶柃、尖叶下珠、东兴山龙眼、耳叶悬钩子、岩雪花、广西蛇根草、大叶木莲红、少花山小橘、茎花赤才、短梗八角、防城茶、硬叶糙果茶、东兴金花茶、齿叶毛折柄茶、多花丝梗楼梯草、桂南省藤、橙花水竹叶、十万大山白丝草、凭祥羊耳蒜、狭叶山姜、桂南山姜、矮山姜、细砂仁、腐花豆蔻等（黄继红等，2014）。

四、被子植物资源类型

植物资源是在社会经济技术条件下人类可以利用与可能利用的植物，包括陆地、水域中的一般植物和一些珍稀濒危植物。一种植物对人是否有用、有何用途，是由它的形态结构、功能和所含的化学物质所决定的。例如，花、叶、树形美丽的植物可做观赏植物；含油脂多的植物可以做油料作物；含淀粉多的植物可以做淀粉植物；含单宁多的可做鞣料植物等。根据植物资源的主要价值及其用途，可将保护区的被子植物划分为野菜植物、野果植物、油脂植物、淀粉植物、芳香植物、色素植物、调味植物、甜味植物、饮料植物、饲用植物、蜜源植物、药用植物、农药植物、有毒植物、纤维植物、鞣料植物、材用植物、观赏植物、树胶植物、树脂植物、能源植物21种类型。

（一）野菜植物

野菜是野生蔬菜的简称，是指可用作蔬菜的野生植物。早在2000多年前，《诗经》《尔雅》等中就记载民间采食野菜，其后《救荒本草》《农政全书》《野菜博录》《野菜谱》等也总结了民间采集、食用野菜的经验。随着社会的发展，人们越来越重视开发和食用野菜蔬菜。保护区被子植物中，野菜植物有 80 科 153 属 199 种（附表 3），各占被子植物总数的 48.48%、21.19% 和 12.78%。其中，双子叶植物有 67 科 129 属 167 种，各占 40.61%、17.87% 和 10.73%，单子叶植物有 13 科 24 属 32 种，各占 7.88%、3.32% 和 2.06%。根据食用部位和类别的不同（李明燕等，2019；崔明昆，2004），保护区的野菜植物可划分为茎菜类、叶菜类、花菜类、果菜类、根菜类和笋菜类 6 种类型。

1. 茎菜类

茎菜类是指以食用嫩茎、幼芽及嫩枝为主的种类，保护区有 8 种，隶属 5 科 7 属，食用的部位为嫩茎、茎髓心和假茎（表 5-11）。其中，棕榈科桄榔、鱼尾葵、单穗鱼尾葵和黄藤 4 个种的茎髓心主要用于提取淀粉。芭蕉科小果野蕉的食用部位主要是假茎中央的幼嫩部分。

表 5-11 金花茶保护区被子植物茎菜种类

科名	属名	种名	食用部位
伞形科 Apiaceae	水芹属 *Oenanthe*	水芹 *Oenanthe javanica*	嫩茎
蓼科 Polygonaceae	虎杖属 *Reynoutria*	虎杖 *Reynoutria japonica*	嫩茎
茜草科 Rubiaceae	鸡屎藤属 *Paederia*	鸡屎藤 *Paederia foetida*	嫩茎
棕榈科 Arecaceae	桄榔属 *Arenga*	桄榔 *Arenga westerhoutii*	茎髓心
	鱼尾葵属 *Caryota*	鱼尾葵 *Caryota maxima*	茎髓心
		单穗鱼尾葵 *Caryota monostachya*	茎髓心
	黄藤属 *Daemonorops*	黄藤 *Daemonorops jenkinsiana*	茎髓心
芭蕉科 Musaceae	芭蕉属 *Musa*	小果野蕉 *Musa acuminata*	假茎

2. 叶菜类

叶菜类是指以食用嫩叶为主，兼含嫩茎叶或嫩枝的种类，保护区有 152 种，隶属 64 科 117 属（表 5-12）。其中，一些种类，如狗肝菜、土牛膝、牛膝、莲子草、刺苋、皱果苋、青葙、豨莶、北美苍耳、黄鹌菜、刺芹、黄金凤、弯曲碎米荠、粗毛碎米荠、蔊菜、铁苋菜、粟米草、水蓼、野茼蒿、蕺菜、少花龙葵、龙葵、蛇莓等的幼苗也可供食用。

表 5-12 金花茶保护区被子植物叶菜种类

科名	属名	种名	食用部位
爵床科 Acanthaceae	狗肝菜属 *Dicliptera*	狗肝菜 *Dicliptera chinensis*	嫩茎叶、幼苗
蕈树科 Altingiaceae	枫香树属 *Liquidambar*	枫香树 *Liquidambar formosana*	叶
苋科 Amaranthaceae	牛膝属 *Achyranthes*	土牛膝 *Achyranthes aspera*	嫩茎叶、幼苗
		牛膝 *Achyranthes bidentata*	嫩茎叶、幼苗
	莲子草属 *Alternanthera*	喜旱莲子草 *Alternanthera philoxeroides*	嫩茎叶
		莲子草 *Alternanthera sessilis*	嫩茎叶、幼苗
	苋属 *Amaranthus*	刺苋 *Amaranthus spinosus*	嫩茎叶、幼苗

续表

科名	属名	种名	食用部位
苋科 Amaranthaceae	苋属 *Amaranthus*	皱果苋 *Amaranthus viridis*	嫩茎叶、幼苗
	青葙属 *Celosia*	青葙 *Celosia argentea*	嫩茎叶、幼苗
漆树科 Anacardiaceae	盐麸木属 *Rhus*	盐麸木 *Rhus chinensis*	嫩叶
伞形科 Apiaceae	积雪草属 *Centella*	积雪草 *Centella asiatica*	嫩茎叶
	胡萝卜属 *Daucus*	野胡萝卜 *Daucus carota*	嫩茎叶
	刺芹属 *Eryngium*	刺芹 *Eryngium foetidum*	嫩茎叶、幼苗
夹竹桃科 Apocynaceae	球兰属 *Hoya*	球兰 *Hoya carnosa*	嫩茎叶
	水壶藤属 *Urceola*	酸叶胶藤 *Urceola rosea*	嫩茎叶
	白前属 *Vincetoxicum*	柳叶白前 *Vincetoxicum stauntonii*	嫩茎叶
冬青科 Aquifoliaceae	冬青属 *Ilex*	冬青 *Ilex chinensis*	嫩茎叶
五加科 Araliaceae	楤木属 *Aralia*	虎刺楤木 *Aralia finlaysoniana*	嫩茎叶
	五加属 *Eleutherococcus*	白簕 *Eleutherococcus trifoliatus*	嫩茎叶
	天胡荽属 *Hydrocotyle*	红马蹄草 *Hydrocotyle nepalensis*	嫩茎叶
		破铜钱 *Hydrocotyle sibthorpioides* var. *batrachium*	嫩茎叶
菊科 Asteraceae	下田菊 *Adenostemma*	下田菊 *Adenostemma lavenia*	嫩茎叶
	蒿属 *Artemisia*	黄花蒿 *Artemisia annua*	嫩茎叶
		茵陈蒿 *Artemisia capillaris*	嫩茎叶
		五月艾 *Artemisia indica*	嫩叶
		白苞蒿 *Artemisia lactiflora*	嫩茎叶
	紫菀属 *Aster*	微糙三脉紫菀 *Aster ageratoides* var. *scaberulus*	嫩叶
		三脉紫菀 *Aster ageratoides*	嫩叶
	鬼针草属 *Bidens*	鬼针草 *Bidens pilosa*	嫩茎叶
		白花鬼针草 *Bidens alba*	嫩茎叶
	石胡荽属 *Centipeda*	石胡荽 *Centipeda minima*	嫩茎叶
	蓟属 *Cirsium*	蓟 *Cirsium japonicum*	嫩叶
	野茼蒿属 *Crassocephalum*	野茼蒿 *Crassocephalum crepidioides*	嫩茎叶、幼苗
	鳢肠属 *Eclipta*	鳢肠 *Eclipta prostrata*	嫩茎叶
	地胆草属 *Elephantopus*	地胆草 *Elephantopus scaber*	嫩茎叶
	一点红属 *Emilia*	小一点红 *Emilia prenanthoidea*	嫩茎叶
		一点红 *Emilia sonchifolia*	嫩茎叶

续表

科名	属名	种名	食用部位
菊科 Asteraceae	飞蓬属 *Erigeron*	小蓬草 *Erigeron canadensis*	嫩茎叶
	苦荬菜属 *Ixeris*	苦荬菜 *Ixeris polycephala*	嫩茎叶
	鼠曲草属 *Pseudognaphalium*	鼠曲草 *Pseudognaphalium affine*	嫩茎叶
		秋鼠曲草 *Pseudognaphalium hypoleucum*	嫩茎叶
	千里光属 *Senecio*	千里光 *Senecio scandens*	嫩茎叶
	豨莶属 *Siegesbeckia*	豨莶 *Sigesbeckia orientalis*	嫩茎叶、幼苗
	苦苣菜属 *Sonchus*	苣荬菜 *Sonchus wightianus*	嫩茎叶
	苍耳属 *Xanthium*	北美苍耳 *Xanthium chinense*	嫩茎叶、幼苗
	黄鹌菜 *Youngia*	黄鹌菜 *Youngia japonica*	嫩茎叶、幼苗
凤仙花科 Balsaminaceae	凤仙花属 *Impatiens*	黄金凤 *Impatiens siculifer*	嫩茎叶、幼苗
紫葳科 Bignoniaceae	梓属 *Catalpa*	灰楸 *Catalpa fargesii*	嫩茎叶
	木蝴蝶属 *Oroxylum*	木蝴蝶 *Oroxylum indicum*	嫩叶
紫草科 Boraginaceae	厚壳树属 *Ehretia*	厚壳树 *Ehretia acuminata*	嫩茎叶
		长花厚壳树 *Ehretia longiflora*	嫩茎叶
十字花科 Brassicaceae	碎米荠属 *Cardamine*	弯曲碎米荠 *Cardamine flexuosa*	嫩茎叶、幼苗
		粗毛碎米荠 *Cardamine hirsuta*	嫩茎叶、幼苗
	蔊菜属 *Rorippa*	蔊菜 *Rorippa indica*	嫩茎叶、幼苗
桔梗科 Campanulaceae	党参属 *Codonopsis*	金钱豹 *Codonopsis javanica*	嫩茎叶
	轮钟草属 *Cyclocodon*	轮钟草 *Cyclocodon lancifolius*	嫩茎叶
	半边莲属 *Lobelia*	铜锤玉带草 *Lobelia nummularia*	嫩茎叶
忍冬科 Caprifoliaceae	败酱属 *Patrinia*	白花败酱 *Patrinia villosa*	嫩茎叶
石竹科 Caryophyllaceae	繁缕属 *Stellaria*	雀舌草 *Stellaria alsine*	嫩茎叶
		鹅肠菜 *Stellaria aquatica*	嫩茎叶
		繁缕 *Stellaria media*	嫩茎叶
金粟兰科 Chloranthaceae	草珊瑚属 *Sarcandra*	草珊瑚 *Sarcandra glabra*	嫩茎叶
景天科 Crassulaceae	景天属 *Sedum*	凹叶景天 *Sedum emarginatum*	嫩茎叶
葫芦科 Cucurbitaceae	绞股蓝属 *Gynostemma*	绞股蓝 *Gynostemma pentaphyllum*	嫩茎叶
	苦瓜属 *Momordica*	木鳖子 *Momordica cochinchinensis*	嫩茎叶
胡颓子科 Elaeagnaceae	胡颓子属 *Elaeagnus*	蔓胡颓子 *Elaeagnus glabra*	嫩叶
		宜昌胡颓子 *Elaeagnus henryi*	嫩叶
杜鹃花科 Ericaceae	越橘属 *Vaccinium*	南烛 *Vaccinium bracteatum*	嫩叶

续表

科名	属名	种名	食用部位
赤苍藤科 Erythropalaceae	赤苍藤属 *Erythropalum*	赤苍藤 *Erythropalum scandens*	嫩叶
大戟科 Euphorbiaceae	铁苋菜属 *Acalypha*	铁苋菜 *Acalypha australis*	嫩茎叶、幼苗
豆科 Fabaceae	鸡眼草属 *Kummerowia*	鸡眼草 *Kummerowia striata*	嫩茎叶
	胡枝子属 *Lespedeza*	截叶铁扫帚 *Lespedeza cuneata*	嫩叶
	草葛属 *Neustanthus*	草葛 *Neustanthus phaseoloides*	嫩叶
	葛属 *Pueraria*	葛 *Pueraria montana* var.*lobata*	嫩叶
	决明属 *Senna*	望江南 *Senna occidentalis*	嫩茎叶
		决明 *Senna tora*	嫩茎叶
绣球科 Hydrangeaceae	常山属 *Dichroa*	常山 *Dichroa febrifuga*	嫩茎叶
金丝桃科 Hypericaceae	金丝桃属 *Hypericum*	地耳草 *Hypericum*	嫩茎叶
唇形科 Lamiaceae	紫珠属 *Callicarpa*	紫珠 *Callicarpa bodinieri*	嫩茎叶
		白棠子树 *Callicarpa dichotoma*	嫩茎叶
	大青属 *Clerodendrum*	臭牡丹 *Clerodendrum bungei*	嫩茎叶
		大青 *Clerodendrum cyrtophyllum*	嫩茎叶
	风轮菜属 *Clinopodium*	风轮菜 *Clinopodium chinense*	嫩叶
	益母草属 *Leonurus*	益母草 *Leonurus japonicus*	嫩茎叶
	薄荷属 *Mentha*	薄荷 *Mentha canadensis*	嫩茎叶
	牡荆属 *Vitex*	牡荆 *Vitex Negundo* var.*cannabifolia*	嫩叶
木通科 Lardizabalaceae	木通属 *Akebia*	三叶木通 *Akebia trifoliata*	嫩叶
	大血藤属 *Sargentodoxa*	大血藤 *Sargentodoxa cuneata*	嫩茎叶
母草科 Linderniaceae	母草属 *Lindernia*	母草 *Lindernia crustacea*	嫩茎叶
		旱田草 *Lindernia ruellioides*	嫩茎叶
千屈菜科 Lythraceae	节节菜属 *Rotala*	圆叶节节菜 *Rotala rotundifolia*	嫩茎叶
锦葵科 Malvaceae	黄槿属 *Talipariti*	黄槿 *Talipariti tiliaceum*	嫩茎叶
	黄麻属 *Corchorus*	甜麻 *Corchorus aestuans*	嫩茎叶
楝科 Meliaceae	香椿属 *Toona*	香椿 *Toona sinensis*	嫩茎叶
防己科 Menispermaceae	千金藤属 *Stephania*	金线吊乌龟 *Stephania cephalantha*	嫩茎叶
粟米草科 Molluginaceae	粟米草属 *Trigastrotheca*	粟米草 *Trigastrotheca stricta*	嫩茎叶、幼苗
大麻科 Cannabaceae	葎草属 *Humulus*	葎草 *Humulus scandens*	嫩茎叶
桑科 Moraceae	构属 *Broussonetia*	构树 *Broussonetia papyrifera*	嫩叶
	榕属 *Ficus*	大果榕 *Ficus auriculata*	嫩茎叶

续表

科名	属名	种名	食用部位
桑科 Moraceae	榕属	天仙果 *Ficus erecta*	嫩叶
	橙桑属 *Maclura*	柘 *Maclura tricuspidata*	嫩叶
桃金娘科 Myrtaceae	番石榴属 *Psidium*	番石榴 *Psidium guajava*	嫩叶
酢浆草科 Oxalidaceae	酢浆草属 *Oxalis*	酢浆草 *Oxalis corniculata*	嫩叶
		红花酢浆草 *Oxalis corymbosa*	嫩叶
叶下珠科 Phyllanthaceae	秋枫属 *Bischofia*	重阳木 *Bischofia polycarpa*	嫩茎叶
	叶下珠属 *Phyllanthus*	叶下珠 *Phyllanthus urinaria*	嫩叶
商陆科 Phytolaccaceae	商陆属 *Phytolacca*	垂序商陆 *Phytolacca americana*	嫩茎叶
胡椒科 Piperaceae	胡椒属 *Piper*	山蒟 *Piper hancei*	嫩叶
		假蒟 *Piper sarmentosum*	嫩叶
车前科 Plantaginaceae	车前属 *Plantago*	车前 *Plantago asiatica*	嫩叶
蓼科 Polygonaceae	蓼属 *Persicaria*	火炭母 *Persicaria chinensis*	嫩茎叶
		金线草 *Persicaria filiformis*	嫩茎叶
		水蓼 *Persicaria hydropiper*	嫩茎叶、幼苗
	何首乌属 *Pleuropterus*	何首乌 *Pleuropterus multiflorus*	嫩茎叶
	萹蓄属 *Polygonum*	萹蓄 *Polygonum aviculare*	嫩茎叶
	虎杖属 *Reynoutria*	虎杖 *Reynoutria japonica*	嫩茎
马齿苋科 Portulacaceae	马齿苋属 *Portulaca*	马齿苋 *Portulaca oleracea*	嫩茎叶
报春花科 Primulaceae	酸藤子属 *Embelia*	酸藤子 *Embelia laeta*	嫩茎叶
		白花酸藤果 *Embelia ribes*	嫩茎叶
		厚叶白花酸藤果 *Embelia Ribes* var. *pachyphylla*	嫩茎叶
蔷薇科 Rosaceae	龙牙草属 *Agrimonia*	龙牙草 *Agrimonia pilosa*	嫩茎叶
	蛇莓属 *Duchesnea*	蛇莓 *Duchesnea indica*	幼苗
	石斑木属 *Rhaphiolepis*	石斑木 *Rhaphiolepis indica*	嫩茎叶
	蔷薇属 *Rosa*	金樱子 *Rosa laevigata*	嫩茎叶
	悬钩子属 *Rubus*	茅莓 *Rubus parvifolius*	嫩茎叶
		空心藨 *Rubus rosifolius*	嫩茎叶
三白草科 Saururaceae	蕺菜属 *Houttuynia*	蕺菜 *Houttuynia cordata*	叶、幼苗
五味子科 Schisandraceae	南五味子属 *Kadsura*	黑老虎 *Kadsura coccinea*	嫩茎叶
		南五味子 *Kadsura longipedunculata*	嫩茎叶
茄科 Solanaceae	茄属 *Solanum*	少花龙葵 *Solanum americanum*	嫩茎叶、幼苗

续表

科名	属名	种名	食用部位
茄科 Solanaceae	茄属 *Solanum*	龙葵 *Solanum nigrum*	嫩茎叶、幼苗
省沽油科 Staphyleaceae	野鸦椿属 *Euscaphis*	野鸦椿 *Euscaphis japonica*	嫩茎叶
土人参科 Talinaceae	土人参属 *Talinum*	土人参 *Talinum paniculatum*	嫩茎叶
荨麻科 Urticaceae	苎麻属 *Boehmeria*	苎麻 *Boehmeria nivea*	嫩茎叶
	糯米团属 *Gonostegia*	糯米团 *Gonostegia hirta*	嫩茎叶
马鞭草科 Verbenaceae	马鞭草属 *Verbena*	马鞭草 *Verbena officinalis*	嫩叶
荚蒾科 Viburnaceae	接骨木属 *Sambucus*	接骨草 *Sambucus javanica*	嫩叶
堇菜科 Violaceae	堇菜属 *Viola*	如意草 *Viola arcuata*	嫩茎叶
葡萄科 Vitaceae	乌蔹莓属 *Causonis*	乌蔹莓 *Causonis japonica*	嫩茎叶
天南星科 Araceae	刺芋属 *Lasia*	刺芋 *Lasia spinosa*	嫩叶
棕榈科 Arecaceae	棕竹属 *Rhapis*	棕竹 *Rhapis excelsa*	嫩芽
鸭跖草科 Commelinaceae	鸭跖草属 *Commelina*	鸭跖草 *Commelina communis*	嫩茎叶
		竹节菜 *Commelina diffusa*	嫩茎叶
闭鞘姜科 Costaceae	闭鞘姜属 *Hellenia*	闭鞘姜 *Hellenia speciosus*	嫩茎叶
兰科 Orchidaceae	斑叶兰属 *Goodyera*	斑叶兰 *Goodyera schlechtendaliana*	嫩茎叶
雨久花科 Pontederiaceae	凤眼莲属 *Eichhornia*	凤眼莲 *Eichhornia crassipes*	叶柄
菝葜科 Smilacaceae	菝葜属 *Smilax*	菝葜 *Smilax china*	嫩茎叶
		土茯苓 *Smilax glabra*	嫩茎叶
		抱茎菝葜 *Smilax ocreata*	嫩茎叶
		牛尾菜 *Smilax riparia*	嫩茎叶
姜科 Zingiberaceae	山姜属 *Alpinia*	山姜 *Alpinia japonica*	嫩芽
		艳山姜 *Alpinia zerumbet*	嫩芽

3. 花菜类

花菜类是指以食用其花、花蕾、花序和花苞为主的种类，保护区有 22 种，隶属 14 科 17 属（表 5-13）。多数种类食用整朵花或花蕾，少数种类食用花序柄、花瓣、花萼或花苞。例如，白茅可食用花序柄，杜鹃和木棉可食用花瓣。

表 5-13　金花茶保护区被子植物花菜种类

科名	属名	种名	食用部位
夹竹桃科 Apocynaceae	球兰属 *Hoya*	球兰 *Hoya carnosa*	花
菊科 Asteraceae	蒿属 *Artemisia*	五月艾 *Artemisia indica*	花蕾
蛇菰科 Balanophoraceae	蛇菰属 *Balanophora*	印度蛇菰 *Balanophora indica*	花
紫草科 Boraginaceae	厚壳树属 *Ehretia*	厚壳树 *Ehretia acuminata*	花

续表

科名	属名	种名	食用部位
紫草科 Boraginaceae	厚壳树属 *Ehretia*	长花厚壳树 *Ehretia longiflora*	花
杜鹃花科 Ericaceae	杜鹃花属 *Rhododendron*	杜鹃 *Rhododendron simsii*	花瓣
豆科 Fabaceae	草葛属 *Neustanthus*	草葛 *Neustanthus phaseoloides*	花
	葛属 *Pueraria*	葛 *Pueraria montana* var. *lobata*	花
唇形科 Lamiaceae	牡荆属 *Vitex*	牡荆 *Vitex negundo* var. *cannabifolia*	花
锦葵科 Malvaceae	木棉属 *Bombax*	木棉 *Bombax ceiba*	花瓣
桑科 Moraceae	构属 *Broussonetia*	构树 *Broussonetia papyrifera*	花
	榕属 *Ficus*	异叶榕 *Ficus heteromorpha*	花
		薜荔 *Ficus pumila*	花
		竹叶榕 *Ficus stenophylla*	花
		变叶榕 *Ficus variolosa*	花
毛茛科 Ranunculaceae	铁线莲属 *Clematis*	小木通 *Clematis armandii*	花
蔷薇科 Rosaceae	梨属 *Pyrus*	豆梨 *Pyrus calleryana*	花
		楔叶豆梨 *Pyrus calleryana* var. *koehnei*	花
茜草科 Rubiaceae	栀子属 *Gardenia*	栀子 *Gardenia jasminoides*	花
芭蕉科 Musaceae	芭蕉属 *Musa*	小果野蕉 *Musa acuminata*	花蕾
	白茅属 *Imperata*	白茅 *Imperata cylindrica*	花序柄
雨久花科 Pontederiaceae	凤眼莲属 *Eichhornia*	凤眼莲 *Eichhornia crassipes*	花

4. 果菜类

果菜类是指以食用果实、种子及幼嫩荚果为主的种类，保护区有 10 种，隶属 9 科 9 属（表 5–14）。其中，青葙、甜槠和薏苡食用种子，枳椇食用果柄。

表 5–14　金花茶保护区被子植物果菜种类

科名	属名	种名	食用部位
苋科 Amaranthaceae	青葙属 *Celosia*	青葙 *Celosia argentea*	种子
漆树科 Anacardiaceae	南酸枣属 *Choerospondias*	南酸枣 *Choerospondias axillaris*	果实
壳斗科 Fagaceae	锥属 *Castanopsis*	甜槠 *Castanopsis eyrei*	种子
樟科 Lauraceae	木姜子属 *Litsea*	山鸡椒 *Litsea cubeba*	嫩果
杨梅科 Myricaceae	杨梅属 *Morella*	杨梅 *Morella rubra*	果实
鼠李科 Rhamnaceae	枳椇属 *Hovenia*	枳椇 *Hovenia acerba*	果柄
芸香科 Rutaceae	山小橘属 *Glycosmis*	少花山小橘 *Glycosmis oligantha*	果实
		华山小橘 *Glycosmis pseudoracemosa*	果实
茄科 Solanaceae	茄属 *Solanum*	水茄 *Solanum torvum*	果实
禾本科 Poaceae	薏苡属 *Coix*	薏苡 *Coix lacryma-jobi*	种子

5. 根菜类

根菜类是指食用根、块根、根茎、鳞茎等为主的种类，保护区有 25 种，隶属 15 科 22 属（表 5–15），食用部位为主根、肉质根、根状茎、块根、块茎等。

表 5–15　金花茶保护区被子植物根菜种类

科名	属名	种名	食用部位
伞形科 Apiaceae	胡萝卜属 *Daucus*	野胡萝卜 *Daucus carota*	肉质根
蛇菰科 Balanophoraceae	蛇菰属 *Balanophora*	印度蛇菰 *Balanophora indica*	根状茎
桔梗科 Campanulaceae	党参属 *Codonopsis*	金钱豹 *Codonopsis javanica*	根状茎
旋花科 Convolvulaceae	番薯属 *Ipomoea*	七爪龙 *Ipomoea mauritiana*	块根
豆科 Fabaceae	草葛属 *Neustanthus*	草葛 *Neustanthus phaseoloides*	块根
	葛属 *Pueraria*	葛 *Pueraria montana* var. *lobata*	块根
龙胆科 Gentianaceae	獐牙菜属 *Swertia*	獐牙菜 *Swertia bimaculata*	肉质根
远志科 Polygalaceae	远志属 *Polygala*	黄花倒水莲 *Polygala fallax*	主根
蓼科 Polygonaceae	何首乌属 *Pleuropterus*	何首乌 *Pleuropterus multiflorus*	块茎
三白草科 Saururaceae	蕺菜属 *Houttuynia*	蕺菜 *Houttuynia cordata*	根状茎
	三白草属 *Saururus*	三白草 *Saururus chinensis*	根状茎
土人参科 Talinaceae	土人参属 *Talinum*	土人参 *Talinum paniculatum*	肉质根
天南星科 Araceae	魔芋属 *Amorphophallus*	魔芋 *Amorphophallus konjac*	块茎
	竹根七属 *Disporopsis*	长叶竹根七 *Disporopsis longifolia*	根状茎
	山麦冬属 *Liriope*	山麦冬 *Liriope spicata*	块根
薯蓣科 Dioscoreaceae	薯蓣属 *Dioscorea*	黄独 *Dioscorea bulbifera*	块茎
		褐苞薯蓣 *Dioscorea persimilis*	块茎
		薯蓣 *Dioscorea polystachya*	块茎
禾本科 Poaceae	芦竹属 *Arundo*	芦竹 *Arundo donax*	根状茎
	白茅属 *Imperata*	白茅 *Imperata cylindrica*	根状茎
	淡竹叶属 *Lophatherum*	淡竹叶 *Lophatherum gracile*	块根
	甘蔗属 *Saccharum*	甜根子草 *Saccharum spontaneum*	根状茎
百部科 Stemonaceae	百部属 *Stemona*	大百部 *Stemona tuberosa*	块茎
姜科 Zingiberaceae	山姜属 *Alpinia*	山姜 *Alpinia japonica*	根状茎
		艳山姜 *Alpinia zerumbet*	根状茎

6. 笋菜类

笋菜类是指以食用笋或植物的茎尖为主的种类，保护区野生种类有 2 种，隶属 1 科 2 属，均为禾本科竹亚科的种，它们是大眼竹和大节竹。

（二）野果植物

野果是指其果实或种子可供食用的植物。保护区被子植物中，野果植物有 58 科 112 属 193 种（附表 4），各占被子植物总数的 35.76%、15.37% 和 12.40%。其中，双子叶植物有 56 科 108 属 187 种，各占被子植物总数的 33.94%、14.96% 和 12.01%；单子叶植物有 3 科 3 属 6 种，各占被子植物总数的 1.82%、0.42% 和 0.39%。根据组成果实的雌蕊数目的差异，保护区的野果可划分为聚合果、聚花果和单果 3 种类型。其中，单果依据果实在成熟时的果皮形态再划分为蓇葖果、荚果、蒴果、瘦果、坚果、浆果、瓠果、梨果和核果 9 种类型。

1. 聚合果

聚合果是指由 1 朵花的若干离生心皮共同发育成的果实。每一个雌蕊都形成一个独立的小果，集生在膨大的花托上。聚合果根据小果的不同可再划分为聚合蓇葖果、聚合坚果、聚合瘦果、聚合核果。保护区的食用聚合果有 4 科 6 属 17 种，以攀缘灌木为主（表 5–16）。

表 5–16 金花茶保护区被子植物聚合果种类

科名	属名	种名	生活型
番荔枝科 Annonaceae	瓜馥木属 *Fissistigma*	白叶瓜馥木 *Fissistigma glaucescens*	攀缘灌木
		瓜馥木 *Fissistigma oldhamii*	攀缘灌木
		香港瓜馥木 *Fissistigma uonicum*	攀缘灌木
木通科 Lardizabalaceae	大血藤属 *Sargentodoxa*	大血藤 *Sargentodoxa cuneata*	木质藤本
蔷薇科 Rosaceae	蛇莓属 *Duchesnea*	蛇莓 *Duchesnea indica*	草本
	蔷薇属 *Rosa*	小果蔷薇 *Rosa cymosa*	攀缘灌木
		金樱子 *Rosa laevigata*	攀缘灌木
	悬钩子属 *Rubus*	粗叶悬钩子 *Rubus alceifolius*	攀缘灌木
		蛇藨筋 *Rubus cochinchinensis*	攀缘灌木
		耳叶悬钩子 *Rubus latoauriculatus*	攀缘灌木
		白花悬钩子 *Rubus leucanthus*	攀缘灌木
		茅莓 *Rubus parvifolius*	攀缘灌木
		少齿悬钩子 *Rubus paucidentatus*	攀缘灌木
		深裂锈毛莓 *Rubus reflexus* var. *lanceolobus*	攀缘灌木
		空心藨 *Rubus rosifolius*	攀缘灌木
五味子科 Schisandraceae	南五味子属 *Kadsura*	黑老虎 *Kadsura coccinea*	木质藤本
		南五味子 *Kadsura longipedunculata*	木质藤本

2. 聚花果

聚花果是指由 1 个花序的多朵花连同花序轴共同发育成的果实。保护区的食用聚花果有 2 科 5 属 19 种，主要是桑科榕属的乔木或灌木（表 5–17）。

表 5-17　金花茶保护区被子植物聚花果种类

科名	属名	种名	生活型
桑科 Moraceae	波罗蜜属 *Artocarpus*	二色波罗蜜 *Artocarpus styracifolius*	乔木
		胭脂 *Artocarpus tonkinensis*	乔木
	构属 *Broussonetia*	藤构 *Broussonetia kaempferi*	灌木
		构树 *Broussonetia papyrifera*	灌木或乔木
	榕属 *Ficus*	大果榕 *Ficus auriculata*	乔木
		天仙果 *Ficus erecta*	灌木或乔木
		水同木 *Ficus fistulosa*	乔木
		台湾榕 *Ficus formosana*	灌木
		异叶榕 *Ficus heteromorpha*	灌木或乔木
		琴叶榕 *Ficus pandurata*	灌木
		褐叶榕 *Ficus pubigera*	攀缘灌木
		薜荔 *Ficus pumila*	攀缘灌木
		珍珠莲 *Ficus sarmentosa* var. *henryi*	攀缘灌木
		竹叶榕 *Ficus stenophylla*	灌木
		地果 *Ficus tikoua*	木质藤本
		杂色榕 *Ficus variegata*	乔木
	橙桑属 *Maclura*	构棘 *Maclura cochinchinensis*	攀缘灌木
		柘 *Maclura tricuspidata*	灌木或乔木
露兜树科 Pandanaceae	露兜树属 *Pandanus*	露兜树 *Pandanus tectorius*	灌木或乔木

3. 蓇葖果

蓇葖果是指由单心皮或离生心皮上位子房发育，成熟时仅沿一条缝线（背缝线或腹缝线）开裂的果实。保护区的食用蓇葖果有 3 科 3 属 4 种，它们是三叶木通、假苹婆、苹婆和野鸦椿。

4. 荚果

荚果是指由单心皮上位子房发育，成熟时 2 条缝线均开裂的果实。保护区的食用荚果有 1 科 5 属 5 种，它们是喙果鸡血藤、猪屎豆、花榈木、老虎刺和决明。

5. 蒴果

蒴果是指由 2 个或 2 个以上合生心皮上位或下位子房发育，成熟时果皮干燥而以各种方式开裂的果实。保护区的食用蒴果有 9 科 14 属 17 种，以乔木最多，有 6 种；其次是灌木，有 5 种（表 5-18）。

表 5-18　金花茶保护区被子植物蒴果种类

科名	属名	种名	生活型
紫葳科 Bignoniaceae	木蝴蝶属 *Oroxylum*	木蝴蝶 *Oroxylum indicum*	乔木
桔梗科 Campanulaceae	党参属 *Codonopsis*	金钱豹 *Codonopsis javanica*	草质藤本

续表

科名	属名	种名	生活型
卫矛科 Celastraceae	卫矛属 *Euonymus*	扶芳藤 *Euonymus fortunei*	攀缘灌木
杜英科 Elaeocarpaceae	猴欢喜属 *Sloanea*	薄果猴欢喜 *Sloanea leptocarpa*	乔木
		猴欢喜 *Sloanea sinensis*	乔木
大戟科 Euphorbiaceae	蝴蝶果属 *Cleidiocarpon*	蝴蝶果 *Cleidiocarpon cavaleriei*	乔木
	野桐属 *Mallotus*	粗糠柴 *Mallotus philippensis*	灌木或乔木
野牡丹科 Melastomataceae	野牡丹属 *Melastoma*	地棯 *Melastoma dodecandrum*	灌木
		印度野牡丹 *Melastoma malabathricum*	灌木
		毛棯 *Melastoma sanguineum*	灌木
	鸭脚茶属 *Tashiroea*	双腺鸭脚茶 *Tashiroea biglandularis*	灌木
粟米草科 Molluginaceae	粟米草属 *Trigastrotheca*	粟米草 *Trigastrotheca stricta*	草本
西番莲科 Passifloraceae	蒴莲属 *Adenia*	异叶蒴莲 *Adenia heterophylla*	草质藤本
叶下珠科 Phyllanthaceae	银柴属 *Aporosa*	银柴 *Aporosa dioica*	灌木或乔木
	木奶果属 *Baccaurea*	木奶果 *Baccaurea ramiflora*	乔木
	白饭树属 *Flueggea*	白饭树 *Flueggea virosa*	灌木
	叶下珠属 *Phyllanthus*	余甘子 *Phyllanthus emblica*	乔木

6. **瘦果**

瘦果是指由离生心皮或合生心皮的上位或下位子房发育，内含 1 枚种子，果皮干燥，紧包种子而不开裂，果皮与种皮较难分离的果实。保护区的食用瘦果有 1 科 2 属 2 种，它们是长叶水麻和紫麻。

7. **坚果**

坚果是指由单心皮或合生心皮上位或下位子房发育，通常含 1 枚种子，果皮干燥、坚韧而不开裂，常有总苞或苞片包围的果实。保护区的食用坚果有 4 科 6 属 17 种，以壳斗科的乔木最多，其次是山龙眼科的灌木或乔木（表 5-19）。

表 5-19 金花茶保护区被子植物坚果种类

科名	属名	种名	生活型
胡颓子科 Elaeagnaceae	胡颓子属 *Elaeagnus*	蔓胡颓子 *Elaeagnus glabra*	攀缘灌木
		角花胡颓子 *Elaeagnus gonyanthes*	攀缘灌木
		宜昌胡颓子 *Elaeagnus henryi*	灌木
壳斗科 Fagaceae	锥属 *Castanopsis*	米槠 *Castanopsis carlesii*	乔木
		甜槠 *Castanopsis eyrei*	乔木
		栲 *Castanopsis fargesii*	乔木
		黧蒴锥 *Castanopsis fissa*	乔木

续表

科名	属名	种名	生活型
壳斗科 Fagaceae	锥属 *Castanopsis*	红锥 *Castanopsis hystrix*	乔木
		印度锥 *Castanopsis indica*	乔木
	柯属 *Lithocarpus*	烟斗柯 *Lithocarpus corneus*	乔木
	栎属 *Quercus*	饭甑青冈 *Quercus fleuryi*	乔木
山龙眼科 Proteaceae	山龙眼属 *Helicia*	小果山龙眼 *Helicia cochinchinensis*	灌木或乔木
		山龙眼 *Helicia formosana*	乔木
		海南山龙眼 *Helicia hainanensis*	灌木或乔木
		长柄山龙眼 *Helicia longipetiolata*	乔木
		网脉山龙眼 *Helicia reticulata*	灌木或乔木
青皮木科 Schoepfiaceae	青皮木属 *Schoepfia*	青皮木 *Schoepfia jasminodora*	灌木或乔木

8. **浆果**

浆果是指由合生心皮上位或下位子房发育，中、内果皮均肉质，具多枚或 1 枚种子的果实。保护区的食用浆果有 19 科 27 属 51 种，以乔木或灌木为主（表 5-20）。

表 5-20　金花茶保护区被子植物浆果种类

科名	属名	种名	生活型
猕猴桃科 Actinidiaceae	猕猴桃属 *Actinidia*	条叶猕猴桃 *Actinidia fortunatii*	木质藤本
		中越猕猴桃 *Actinidia indochinensis*	木质藤本
		阔叶猕猴桃 *Actinidia latifolia*	木质藤本
夹竹桃科 Apocynaceae	山橙属 *Melodinus*	尖山橙 *Melodinus fusiformis*	木质藤本
山柑科 Capparaceae	山柑属 *Capparis*	屈头鸡 *Capparis versicolor*	攀缘灌木
藤黄科 Clusiaceae	藤黄属 *Garcinia*	木竹子 *Garcinia multiflora*	乔木
		岭南山竹子 *Garcinia oblongifolia*	乔木
		尖叶藤黄 *Garcinia subfalcata*	乔木
五桠果科 Dilleniaceae	五桠果属 *Dillenia*	大花五桠果 *Dillenia turbinata*	乔木
柿科 Ebenaceae	柿属 *Diospyros*	乌材 *Diospyros eriantha*	乔木
		罗浮柿 *Diospyros morrisiana*	乔木
		岭南柿 *Diospyros tutcheri*	灌木或乔木
杜鹃花科 Ericaceae	越橘属 *Vaccinium*	南烛 *Vaccinium bracteatum*	灌木
绣球科 Hydrangeaceae	常山属 *Dichroa*	常山 *Dichroa febrifuga*	灌木
桃金娘科 Myrtaceae	番石榴属 *Psidium*	番石榴 *Psidium guajava*	灌木或乔木

续表

科名	属名	种名	生活型
桃金娘科 Myrtaceae	桃金娘属 *Rhodomyrtus*	桃金娘 *Rhodomyrtus tomentosa*	灌木
	蒲桃属 *Syzygium*	肖蒲桃 *Syzygium acuminatissimum*	乔木
		华南蒲桃 *Syzygium austrosinense*	灌木或乔木
		卫矛叶蒲桃 *Syzygium euonymifolium*	乔木
		水竹蒲桃 *Syzygium fluviatile*	灌木
		红鳞蒲桃 *Syzygium hancei*	乔木
		蒲桃 *Syzygium jambos*	乔木
		水翁蒲桃 *Syzygium nervosum*	乔木
		香蒲桃 *Syzygium odoratum*	乔木
		红枝蒲桃 *Syzygium rehderianum*	灌木或乔木
五列木科 Pentaphylacaceae	杨桐属 *Adinandra*	杨桐 *Adinandra millettii*	灌木或乔木
	红淡比属 *Cleyera*	倒卵叶红淡比 *Cleyera obovata*	灌木或乔木
	厚皮香属 *Ternstroemia*	厚皮香 *Ternstroemia gymnanthera*	灌木或乔木
叶下珠科 Phyllanthaceae	秋枫属 *Bischofia*	秋枫 *Bischofia javanica*	乔木
		重阳木 *Bischofia polycarpa*	乔木
商陆科 Phytolaccaceae	商陆属 *Phytolacca*	垂序商陆 *Phytolacca americana*	草本
胡椒科 Piperaceae	胡椒属 *Piper*	山蒟 *Piper hancei*	木质藤本
报春花科 Primulaceae	紫金牛属 *Ardisia*	莲座紫金牛 *Ardisia primulifolia*	灌木
		越南紫金牛 *Ardisia waitakii*	灌木或乔木
		朱砂根 *Ardisia crenata*	灌木
	酸藤子属 *Embelia*	酸藤子 *Embelia laeta*	攀缘灌木
		白花酸藤果 *Embelia ribes*	攀缘灌木
		厚叶白花酸藤果 *Embelia ribes* var. *pachyphylla*	攀缘灌木
	杜茎山属 *Maesa*	杜茎山 *Maesa japonica*	灌木
茜草科 Rubiaceae	栀子属 *Gardenia*	栀子 *Gardenia jasminoides*	灌木
芸香科 Rutaceae	酒饼簕属 *Atalantia*	广东酒饼簕 *Atalantia kwangtungensis*	灌木
	黄皮属 *Clausena*	假黄皮 *Clausena excavata*	灌木
	山小橘属 *Glycosmis*	少花山小橘 *Glycosmis oligantha*	灌木或乔木
		华山小橘 *Glycosmis pseudoracemosa*	灌木或乔木
山榄科 Sapotaceae	紫荆木属 *Madhuca*	紫荆木 *Madhuca pasquieri*	乔木
茄科 Solanaceae	茄属 *Solanum*	少花龙葵 *Solanum americanum*	草本
		龙葵 *Solanum nigrum*	草本

续表

科名	属名	种名	生活型
菝葜科 Smilacaceae	菝葜属 *Smilax*	菝葜 *Smilax china*	攀缘灌木
		小果菝葜 *Smilax davidiana*	攀缘灌木
		土茯苓 *Smilax glabra*	攀缘灌木
		粉背菝葜 *Smilax hypoglauca*	攀缘灌木

9. **瓠果**

瓠果其实是一种特殊的浆果，由合生心皮下位子房并有花托参与发育而成，花托与外果皮愈合在一起形成厚实的假外果皮，中、内果皮肉质化，侧膜胎座发达，通常具有多数种子。保护区的食用瓠果有 1 科 3 属 3 种，它们是油渣果、中华栝楼和钮子瓜。

10. **梨果**

梨果由合生心皮下位子房并有花托参与发育而成，果肉的大部分为花托的皮层和髓部，外、中果皮肉质，通常只占小部分，内果皮软骨质或皮纸质，中轴胎座，每室含数种子。保护区的食用瓠果有 1 科 5 属 8 种，它们是大花枇杷、台湾枇杷、香花枇杷、贵州石楠、豆梨、楔叶豆梨、石斑木和美脉花楸。

11. **核果**

核果是由单心皮或合生心皮上位或下位子房发育而成，外果皮通常薄，中果皮肉质或纤维质，内果皮骨质，坚硬，内含 1 室 1 种子或数室数种子。保护区的食用核果有 24 科 35 属 49 种（表 5–21）。

表 5–21 金花茶保护区被子植物核果种类

科名	属名	种名	生活型
漆树科 Anacardiaceae	南酸枣属 *Choerospondias*	南酸枣 *Choerospondias axillaris*	乔木
	盐麸木属 *Rhus*	盐麸木 *Rhus chinensis*	灌木或乔木
冬青科 Aquifoliaceae	冬青属 *Ilex*	冬青 *Ilex chinensis*	灌木或乔木
		小果冬青 *Ilex micrococca*	乔木
		毛冬青 *Ilex pubescens*	灌木或乔木
		铁冬青 *Ilex rotunda*	灌木或乔木
橄榄科 Burseraceae	橄榄属 *Canarium*	橄榄 *Canarium album*	乔木
		乌榄 *Canarium pimela*	乔木
大麻科 Cannabaceae	朴属 *Celtis*	朴树 *Celtis sinensis*	乔木
金粟兰科 Chloranthaceae	草珊瑚属 *Sarcandra*	草珊瑚 *Sarcandra glabra*	亚灌木
山茱萸科 Cornaceae	山茱萸属 *Cornus*	香港四照花 *Cornus hongkongensis*	灌木或乔木
杜英科 Elaeocarpaceae	杜英属 *Elaeocarpus*	中华杜英 *Elaeocarpus chinensis*	乔木
		日本杜英 *Elaeocarpus japonicus*	乔木
		山杜英 *Elaeocarpus sylvestris*	乔木
古柯科 Erythroxylaceae	古柯属 *Erythroxylum*	东方古柯 *Erythroxylum sinense*	灌木或乔木

续表

科名	属名	种名	生活型
茶茱萸科 Icacinaceae	定心藤属 *Mappianthus*	定心藤 *Mappianthus iodoides*	木质藤本
唇形科 Lamiaceae	紫珠属 *Callicarpa*	白棠子树 *Callicarpa dichotoma*	灌木
		全缘叶紫珠 *Callicarpa integerrima*	灌木
樟科 Lauraceae	山胡椒属 *Lindera*	香叶树 *Lindera communis*	灌木或乔木
	木姜子属 *Litsea*	山鸡椒 *Litsea cubeba*	灌木或乔木
锦葵科 Malvaceae	扁担杆属 *Grewia*	扁担杆 *Grewia biloba*	灌木或乔木
	破布叶属 *Microcos*	破布叶 *Microcos paniculata*	灌木或乔木
杨梅科 Myricaceae	杨梅属 *Morella*	青杨梅 *Morella adenophora*	灌木
		毛杨梅 *Morella esculenta*	乔木
		杨梅 *Morella rubra*	乔木
蓝果树科 Nyssaceae	蓝果树属 *Nyssa*	蓝果树 *Nyssa sinensis*	乔木
木樨科 Oleaceae	女贞属 *Ligustrum*	小蜡 *Ligustrum sinense*	灌木或乔木
叶下珠科 Phyllanthaceae	五月茶属 *Antidesma*	日本五月茶 *Antidesma japonicum*	灌木或乔木
	土蜜树属 *Bridelia*	禾串树 *Bridelia balansae*	乔木
山龙眼科 Proteaceae	假山龙眼属 *Heliciopsis*	假山龙眼 *Heliciopsis henryi*	乔木
		调羹树 *Heliciopsis lobata*	乔木
		痄腮树 *Heliciopsis terminalis*	乔木
鼠李科 Rhamnaceae	枳椇属 *Hovenia*	枳椇 *Hovenia acerba*	乔木
	翼核果属 *Ventilago*	翼核果 *Ventilago leiocarpa*	灌木
	枣属 *Ziziphus*	滇刺枣 *Ziziphus mauritiana*	乔木
蔷薇科 Rosaceae	臀果木属 *Pygeum*	臀果木 *Pygeum topengii*	乔木
茜草科 Rubiaceae	狗骨柴属 *Diplospora*	狗骨柴 *Diplospora dubia*	灌木或乔木
	粗叶木属 *Lasianthus*	日本粗叶木 *Lasianthus japonicus*	灌木
	九节属 *Psychotria*	蔓九节 *Psychotria serpens*	草质藤本
芸香科 Rutaceae	山油柑属 *Acronychia*	山油柑 *Acronychia pedunculata*	乔木
无患子科 Sapindaceae	异木患属 *Allophylus*	波叶异木患 *Allophylus caudatus*	乔木
	鳞花木属 *Lepisanthes*	茎花赤才 *Lepisanthes cauliflora*	灌木或乔木
		赤才 *Lepisanthes rubiginosa*	灌木或乔木
	韶子属 *Nephelium*	韶子 *Nephelium chryseum*	乔木
荚蒾科 Viburnaceae	接骨木属 *Sambucus*	接骨草 *Sambucus javanica*	草本或亚灌木
	荚蒾属 *Viburnum*	荚蒾 *Viburnum dilatatum*	灌木
		南方荚蒾 *Viburnum fordiae*	灌木或乔木
		珊瑚树 *Viburnum odoratissimum*	灌木或乔木
棕榈科 Arecaceae	桄榔属 *Arenga*	桄榔 *Arenga westerhoutii*	棕榈类

（三）油脂植物

油脂植物是指能贮藏植物油脂的植物统称。植物油脂多集中于植物的种子中，以种仁含量最多。植物油脂是高级脂肪酸甘油酯的复杂化合物，不溶于水，很难溶于醇（除蓖麻油外），而溶于脂、乙醚、石油醚、苯等溶剂。植物油脂是人们生活中不可缺少的油料及工业原料，除食用外，也是化学、医药、轻纺等工业的重要原料，可广泛用于制作肥皂，配制油漆、润滑油等方面，有的在国防工业上还有特殊用途。保护区的油脂植物有 56 科 110 属 159 种（附表 5），各占被子植物总数的 33.94%、15.24% 和 10.21%。其中，双子叶植物有 53 科 106 属 155 种，各占被子植物总数 32.12%、14.68% 和 9.96%；单子叶植物有 3 科 4 属 4 种，各占被子植物总数 1.82%、0.55% 和 0.26%。根据种类生物生态学习性的差异，保护区油脂植物的生活型可划分为乔木、灌木或乔木、灌木、攀缘灌木、亚灌木、木质藤本、草质藤本和草本 8 种类型，种类分别有 64 种、32 种、18 种、9 种、3 种、6 种、1 种和 26 种，各占被子植物总种数的 4.11%、2.06%、1.16%、0.58%、0.19%、0.39%、0.06% 和 1.67%，以乔木最多（表 5-22）。

表 5-22　金花茶保护区油脂植物的生活型统计

生活型	乔木	灌木或乔木	灌木	攀缘灌木	亚灌木	木质藤本	草质藤本	草本	合计
双子叶植物	64	32	18	9	3	6	1	22	155
单子叶植物	0	0	0	0	0	0	0	4	4
合计	64	32	18	9	3	6	1	26	159
占总种数 /%	4.11	2.06	1.16	0.58	0.19	0.39	0.06	1.67	10.21

（四）淀粉植物

淀粉植物是指能食用或工业用的富含淀粉及其他糖类的植物。淀粉是植物体内贮藏的高分子碳水化合物，它可以分解成葡萄糖、麦芽糖等成分。植物通过利用太阳光能合成淀粉，将淀粉贮藏在果实、种子、根、茎等植物器官内。保护区的淀粉植物有 21 科 37 属 78 种（附表 6），各占总数的 12.73%、5.12% 和 5.01%。其中，双子叶植物有 15 科 25 属 57 种，各占 9.09%、3.46% 和 3.66%；单子叶植物有 6 科 12 属 21 种，各占 3.64%、1.66% 和 1.35%。壳斗科的锥属、柯属和栎属，薯蓣科的薯蓣属，菝葜科的菝葜属的种类最多。根据种类生物生态学习性的差异，保护区淀粉植物的生活型可划分为乔木、灌木或乔木、灌木、攀缘灌木、棕榈类、木质藤本、草质藤本和草本 8 种类型，分别有 39 种、6 种、2 种、6 种、4 种、2 种、9 种和 10 种，各占被子植物总种数的 2.50%、0.39%、0.13%、0.39%、0.26%、0.13%、0.58% 和 0.64%，以各类木本植物占绝对优势（表 5-23）。

表 5-23　金花茶保护区淀粉植物的生活型统计

生活型	乔木	灌木或乔木	灌木	攀缘灌木	棕榈类	木质藤本	草质藤本	草本	合计
双子叶植物	39	6	2	3	0	2	3	2	57
单子叶植物	0	0	0	3	4	0	6	8	21
合计	39	6	2	6	4	2	9	10	78
占总种数 /%	2.50	0.39	0.13	0.39	0.26	0.13	0.58	0.64	5.01

（五）芳香植物

芳香植物是指具有香气和可供提取芳香油的植物，是兼有药用植物和香料植物属性的植物类群。提炼出的芳香油是香料工业和食品工业的重要原料和配料，在医药、烟草制造，以及油漆、油墨、皮革、塑料、纸张等工业生产中，亦有广泛利用。保护区的芳香植物有 92 科 227 属 326 种（附表 7），各占被子植物总数的 55.76%、31.44% 和 20.94%。其中，双子叶植物有 77 科 195 属 278 种，各占被子植物总数 46.67%、27.01% 和 17.85%；单子叶植物有 15 科 32 属 48 种，各占被子植物总数 9.09%、4.43% 和 3.08%。樟科、唇形科、菊科、芸香科、豆科、蔷薇科、胡椒科、桃金娘科、木兰科、大戟科、姜科等种类最多。根据种类生物生态学习性的差异，保护区芳香植物的生活型可划分为乔木、灌木或乔木、灌木、攀缘灌木、亚灌木、木质藤本、草质藤本、草本、草本或亚灌木 9 种类型，种类分别有 67 种、34 种、30 种、28 种、6 种、21 种、9 种、129 种、2 种，各占总种数的 4.30%、2.18%、1.93%、1.80%、0.39%、1.35%、0.58%、8.29%、0.13%，即以各类木本植物占绝对优势（表 5–24）。

表 5–24　金花茶保护区芳香植物的生活型统计

生活型	乔木	灌木或乔木	灌木	攀缘灌木	亚灌木	木质藤本	草质藤本	草本	草本或亚灌木	合计
双子叶植物	67	33	30	26	6	21	5	88	2	278
单子叶植物	0	1	0	2	0	0	4	41	0	48
合计	67	34	30	28	6	21	9	129	2	326
占总种数 /%	4.30	2.18	1.93	1.80	0.39	1.35	0.58	8.29	0.13	20.94

（六）色素植物

色素植物是指体内含有丰富的天然色素的植物。从植物中提取的色素，无毒害、无副作用，已广泛应用于食品、化妆品、医药、染料生产等。色素植物按照生物学性状可分为草本色素植物和木本色素植物；按照用途可分为食用色素植物、药用色素植物、染料色素植物和多用色素植物。色素植物可提取色素的部位有全株、根、茎、叶、花、果实、种子等。保护区的色素植物有 35 科 52 属 58 种（附表 8），各占被子植物总数的 21.21%、7.20% 和 3.73%。其中，双子叶植物有 31 科 47 属 53 种，各占 18.79%、6.51% 和 3.40%；单子叶植物有 4 科 5 属 5 种，各占被子植物总数 2.42%、0.69% 和 0.32%。菊科、唇形科、桑科等种类最多。根据种类生物生态学习性的差异，保护区色素植物的生活型可划分为乔木、灌木或乔木、灌木、攀缘灌木、木质藤本、草质藤本和草本 7 种类型，分别有 10 种、9 种、8 种、5 种、1 种、1 种和 24 种，各占被子植物总种数的 0.64%、0.58%、0.51%、0.32%、0.06%、0.06% 和 1.54%，以各类木本植物居多（表 5–25）。

表 5–25　金花茶保护区色素植物的生活型统计

生活型	乔木	灌木或乔木	灌木	攀缘灌木	木质藤本	草质藤本	草本	合计
双子叶植物	10	9	8	5	1	0	20	53
单子叶植物	0	0	0	0	0	1	4	5
合计	10	9	8	5	1	1	24	58
占总种数 /%	0.64	0.58	0.51	0.32	0.06	0.06	1.54	3.73

（七）调味植物

调味植物是指植物的某一器官可作烹饪佐料的植物。保护区有香叶树、山鸡椒、少花山小橘、余甘子、水蓼、刺芹、薄荷、青葙、金钱蒲等。

（八）甜味植物

甜味植物是指可从其分离出糖与非糖甜味剂的植物。保护区的甜味植物有木姜叶柯、阴香、马槟榔、黄独等。

（九）饮料植物

饮料植物是指对人体具有一定保健作用，可长期饮用，无毒害、无副作用，可单方或者复方加工成冲剂、散剂、液体等形式饮品的植物（许春霞等，1997），它们是饮品原料的重要来源。保护区的饮料植物有 39 科 65 属 76 种（附表 9），各占被子植物总数的 23.64%、9.00% 和 4.88%。其中，双子叶植物有 35 科 56 属 67 种，各占被子植物总数的 21.21%、7.76% 和 4.30%；单子叶植物有 4 科 9 属 9 种，各占被子植物总数的 2.42%、1.25% 和 0.58%。以豆科、唇形科、菊科、桑科、蔷薇科、茜草科、禾本科等种类最多。根据种类生物生态学习性的差异，保护区饮料植物的生活型可划分为乔木、灌木或乔木、灌木、攀缘灌木、亚灌木、木质藤本、草质藤本和草本 8 种类型，分别有 14 种、11 种、12 种、4 种、3 种、8 种、2 种和 22 种，各占被子植物总种数的 0.90%、0.71%、0.77%、0.26%、0.19%、0.51%、0.13%、1.41%，其中以木本植物居多（表 5–26）。

表 5–26 金花茶保护区饮料植物的生活型统计

生活型	乔木	灌木或乔木	灌木	攀缘灌木	亚灌木	木质藤本	草质藤本	草本	合计
双子叶植物	14	11	12	3	3	8	2	14	67
单子叶植物	0	0	0	1	0	0	0	8	9
合计	14	11	12	4	3	8	2	22	76
占总种数 /%	0.90	0.71	0.77	0.26	0.19	0.51	0.13	1.41	4.88

（十）饲用植物

饲用植物是指能够被家畜、家禽或其他野生动物食用，并可被消化吸收，供动物正常生长、繁殖，从而生产各种畜、禽产品的植物（王慷林和李莲芳，2019）。饲用植物是草食动物，特别是家畜的植物性食物，无论野生的或栽培的，以茎叶或以籽粒、块根、块茎等为主饲喂家畜的植物，都属饲用植物范畴，包括乔木、灌木、亚灌木、竹类、草本植物等。保护区的饲用植物有 26 科 93 属 118 种（附表 10），各占被子植物总数的 15.76%、12.88% 和 7.58%。其中，双子叶植物有 18 科 49 属 57 种，各占被子植物总数 10.91%、6.79% 和 3.66%；单子叶植物有 8 科 44 属 61 种，各占被子植物总数 4.85%、6.09% 和 3.92%。禾本科、菊科、豆科、唇形科、莎草科等种类居多。根据种类生物生态学习性的差异，保护区饲用植物的生活型可划分为乔木、灌木或乔木、攀缘灌木、灌木、亚灌木、草质藤本和草本 7 种类型，分别有 1 种、2 种、1 种、5 种、3 种、5 种和 101 种，各占总种数的 0.06%、0.13%、0.06%、0.32%、0.19%、0.32% 和 6.49%，以草本植物占绝对优势（表 5–27）。

表 5-27　金花茶保护区饲用植物的生活型统计

生活型	乔木	灌木或乔木	攀缘灌木	灌木	亚灌木	草质藤本	草本	合计
双子叶植物	1	2	1	5	3	4	41	57
单子叶植物	0	0	0	0	0	1	60	61
合计	1	2	1	5	3	5	101	118
占总种数 /%	0.06	0.13	0.06	0.32	0.19	0.32	6.49	7.58

（十一）蜜源植物

蜜源植物是指凡具有蜜腺且能分泌甜液或产生花粉，为蜜蜂提供花蜜、花露、花粉等食料酿造蜂蜜的植物。能产生较多的花粉，并为蜜蜂采集利用的植物，称为粉源植物。一些植物既有花蜜又有花粉供蜜蜂采集利用，称为蜜粉源植物。广义上，把蜜源植物和蜜粉源植物甚至粉源植物，统称为蜜源植物。保护区的蜜源植物有 85 科 267 属 515 种（附表 11），各占被子植物总数的 51.52%、36.98% 和 33.08%。其中，双子叶植物有 79 科 257 属 503 种，各占被子植物总数的 47.88%、35.60% 和 32.31%；单子叶植物有 6 科 10 属 12 种，各占被子植物总数的 3.64%、1.39% 和 0.77%。豆科、壳斗科、菊科、唇形科、大戟科、蔷薇科、桃金娘科、五列木科、苦苣苔科、芸香科、山矾科、山茶科、夹竹桃科、冬青科、锦葵科、五加科、杜英科等种类比较多。根据种类生物生态学习性的差异，保护区蜜源植物的生活型可划分为乔木、灌木或乔木、灌木、攀缘灌木、亚灌木、木质藤本、草质藤本、草本或亚灌木和草本 9 种类型，分别有 159 种、94 种、65 种、32 种、8 种、39 种、18 种、2 种和 98 种，各占被子植物总种数的 10.21%、6.04%、4.17%、2.06%、0.51%、2.50%、1.16%、0.13% 和 6.29%，以各类木本植物居多（表 5-28）。

表 5-28　金花茶保护区蜜源植物的生活型统计

生活型	乔木	灌木或乔木	灌木	攀缘灌木	亚灌木	木质藤本	草质藤本	草本或亚灌木	草本	合计
双子叶植物	159	94	65	30	8	39	18	2	88	503
单子叶植物	0	0	0	2	0	0	0	0	10	12
合计	159	94	65	32	8	39	18	2	98	515
占总种数 /%	10.21	6.04	4.17	2.06	0.51	2.50	1.16	0.13	6.29	33.08

（十二）药用植物

药用植物是指对人类有直接或间接医疗和保健护理功能的植物。保护区的药用植物有 148 科 578 属 1 055 种（附表 12），各占总数的 89.70%、80.06% 和 67.76%。其中，双子叶植物有 126 科 475 属 886 种，各占被子植物总数的 76.36%、65.79% 和 56.90%；单子叶植物有 22 科 103 属 169 种，各占被子植物总数的 13.33%、14.27% 和 10.85%。以豆科、夹竹桃科、菊科、唇形科、樟科、大戟科、蔷薇科、桑科、叶下珠科、报春花科、茜草科、芸香科、锦葵科、莎草科、禾本科等种类比较多。根据种类生物生态学习性的差异，保护区药用植物的生活型可划分为乔木、灌木或乔木、攀缘灌木、灌木、亚灌木、木质藤本、草质藤本、竹类、棕榈类、草本或亚灌木和草本 11 种类型，分别有 183 种、149 种、95 种、

149 种、21 种、77 种、37 种、1 种、5 种、2 种和 336 种，各占总种数的 11.75%、9.57%、6.10%、9.57%、1.35%、4.95%、2.38%、0.06%、0.32%、0.13% 和 21.58%，以各类木本植物为主（表 5–29）。

表 5–29　金花茶保护区药用植物的生活型统计

生活型	乔木	灌木或乔木	攀缘灌木	灌木	亚灌木	木质藤本	草质藤本	竹类	棕榈类	草本或亚灌木	草本	合计
双子叶植物	183	148	84	149	21	77	27	0	0	2	195	886
单子叶植物	0	1	11	0	0	0	10	1	5	0	141	169
合计	183	149	95	149	21	77	37	1	5	2	336	1055
占总种数 /%	11.75	9.57	6.10	9.57	1.35	4.95	2.38	0.06	0.32	0.13	21.58	67.76

（十三）农药植物

农药植物是指植物体内含有驱拒、干扰或毒杀害虫，抑制病菌和除草等物质的一类植物。农药植物有效成分多为生物碱、苷类、挥发油、鞣质、树脂、鱼藤酮、蜕皮激素等。保护区的农药植物有 49 科 88 属 97 种（附表 13），各占被子植物总数的 29.70%、12.19% 和 6.23%。其中，双子叶植物有 39 科 77 属 84 种，各占被子植物总数的 23.64%、10.66% 和 5.39%；单子叶植物有 10 科 11 属 13 种，各占被子植物总数的 6.06%、1.52% 和 0.83%；豆科、菊科、唇形科、樟科、大戟科、苋科、蓼科等种类比较多。根据种类生物生态学习性的差异，保护区农药植物的生活型可划分为乔木、灌木或乔木、灌木、攀缘灌木、亚灌木、木质藤本、草质藤本和草本 8 种类型，种类分别有 11 种、9 种、8 种、7 种、3 种、6 种、6 种和 47 种，各占被子植物总种数的 0.71%、0.58%、0.51%、0.45%、0.19%、0.39%、0.39% 和 3.02%，其中草本植物较多，其次是各类木本植物（表 5–30）。

表 5–30　金花茶保护区农药植物的生活型统计

生活型	乔木	灌木或乔木	灌木	攀缘灌木	亚灌木	木质藤本	草质藤本	草本	合计
双子叶植物	11	9	8	6	3	6	3	38	84
单子叶植物	0	0	0	1	0	0	3	9	13
合计	11	9	8	7	3	6	6	47	97
占总种数 /%	0.71	0.58	0.51	0.45	0.19	0.39	0.39	3.02	6.23

（十四）有毒植物

有毒植物是指对人和家畜等能产生有害作用的植物。大部分有毒植物是因为体内富含生物碱、苷类、萜类等有毒成分，这些有毒成分往往是在植物体内代谢生成的；而一些有毒植物是因为富集某些特殊的化学成分而产生毒害作用。许多有毒植物是重要的经济植物，其兼具食用、药用、观赏等作用，经过加工处理和配制，成为重要的食物、药物、杀虫剂、灭菌剂等。保护区的有毒植物有 71 科 145 属 171 种（附表 14），各占被子植物总数的 43.03%、20.08% 和 10.98%。其中，双子叶植物有 60 科 124 属 147 种，各占被子植物总数的 36.36%、17.17% 和 9.44%；单子叶植物有 11 科 21 属 24 种，各占被子植物总数的 6.67%、2.91% 和 1.54%；以豆科、夹竹桃科、大戟科、旋花科、唇形科、芸香科、防己科、蓼科、菊科、天南星科等种类比较多。根据种类生物生态学习性的差异，保护区有毒植物的生活型可划分为乔木、灌木或乔木、灌木、攀缘灌木、亚灌木、木质藤本、草质藤本、棕榈类、草本或亚灌木和草本 9 种类型，分别有 26 种、12 种、25 种、9 种、4 种、14 种、8 种、3 种、1 种和 69 种，各占被子植物总种数的 1.67%、0.77%、1.61%、0.58%、0.26%、0.90%、0.51%、0.19%、0.06% 和 4.43%，其中草本植物占最多，其次是乔木（表 5–31）。

表 5–31　金花茶保护区有毒植物的生活型统计

生活型	乔木	灌木或乔木	灌木	攀缘灌木	亚灌木	木质藤本	草质藤本	棕榈类	草本或亚灌木	草本	合计
双子叶植物	26	12	25	9	4	14	4	0	1	52	147
单子叶植物	0	0	0	0	0	0	4	3	0	17	24
合计	26	12	25	9	4	14	8	3	1	69	171
占总种数 /%	1.67	0.77	1.61	0.58	0.26	0.90	0.51	0.19	0.06	4.43	10.98

（十五）纤维植物

纤维植物是指可为人类提供纤维的植物，这类植物因某一部分的纤维细胞特别发达，能够产生植物纤维而被利用。纤维植物广泛地用作编织、造纸、纺织等方面的原材料。保护区的纤维植物有 44 科 128 属 195 种（附表 15），各占被子植物总数的 26.67%、17.73% 和 12.52%。其中，双子叶植物有 37 科 98 属 156 种，各占被子植物总数的 22.42%、13.57% 和 10.02%；单子叶植物有 7 科 30 属 39 种，各占被子植物总数的 4.24%、4.16% 和 2.50%。锦葵科、桑科、豆科、大戟科、番荔枝科、荨麻科、棕榈科、禾本科等种类比较多。根据种类生物生态学习性的差异，保护区纤维植物的生活型可划分为乔木、灌木或乔木、灌木、攀缘灌木、亚灌木、木质藤本、草质藤本、竹类、棕榈类和草本 10 种类型，种类分别有 47 种、24 种、21 种、21 种、7 种、17 种、6 种、2 种、11 种和 39 种，各占总种数的 3.02%、1.54%、1.35%、1.35%、0.45%、1.09%、0.39%、0.13%、0.71% 和 2.50%（表 5–32）。

表 5–32　金花茶保护区纤维植物的生活型统计

生活型	乔木	灌木或乔木	灌木	攀缘灌木	亚灌木	木质藤本	草质藤本	竹类	棕榈类	草本	合计
双子叶植物	47	23	21	21	7	17	6	0	0	14	156
单子叶植物	0	1	0	0	0	0	0	2	11	25	39
合计	47	24	21	21	7	17	6	2	11	39	195
占总种数 /%	3.02	1.54	1.35	1.35	0.45	1.09	0.39	0.13	0.71	2.50	12.52

（十六）鞣料植物

鞣料植物是指体内含有丰富的鞣质物质的植物。鞣质又称单宁，是存在于植物体内的结构比较复杂的多元类化合物，可存在于植物的皮、干、根、叶、果实。依所含鞣质的化学结构的不同而分为缩合类鞣料和水解类鞣料。保护区的鞣料植物有 34 科 62 属 88 种（附表 16），各占总数的 20.61%、8.59% 和 5.65%。其中，双子叶植物有 33 科 61 属 85 种，各占被子植物总数的 20.00%、8.45% 和 5.46%；单子叶植物有 1 科 1 属 3 种，各占 0.61%、0.14% 和 0.19%。叶下珠科、壳斗科、豆科、大戟科、桃金娘科等种类比较多。根据种类生物生态学习性的差异，保护区鞣料植物的生活型可划分为乔木、灌木或乔木、灌木、攀缘灌木、草质藤本和草本 6 种类型，分别有 43 种、18 种、7 种、9 种、1 种和 10 种，各占被子植物总种数的 2.76%、1.16%、0.45%、0.58%、0.06% 和 0.64%，即以木本植物占绝对优势（表 5–33）。

表 5–33　金花茶保护区鞣料植物的生活型统计

生活型	乔木	灌木或乔木	灌木	攀缘灌木	草质藤本	草本	合计
双子叶植物	43	18	7	7	0	10	86
单子叶植物	0	0	0	2	1	0	3
合计	43	18	7	9	1	10	89
占总种数 /%	2.76	1.16	0.45	0.58	0.06	0.64	5.72

（十七）材用植物

材用植物通常是指能向人们提供木材的植物，其树干、树枝等能用于建筑或者可制作家具、工具等。保护区的主要材用植物有 68 科 197 属 454 种（附表 17），分别占被子植物总数的 41.21%、27.29% 和 29.16%；其中，双子叶植物有 66 科 192 属 445 种，各占被子植物总数的 40.00%、26.59% 和 28.58%；单子叶植物有 2 科 5 属 9 种，各占被子植物总数的 1.21%、0.69% 和 0.58%。樟科、壳斗科、豆科、大戟科、冬青科、锦葵科、木兰科等种类为主。生活型包括乔木、灌木或乔木、灌木、攀缘灌木、竹类和棕榈类 6 大类，分别有 354 种、75 种、14 种、2 种、2 种和 7 种，各占被子植物总数的 22.74%、4.82%、0.90%、0.13%、0.13% 和 0.45%（表 5–34）。

表 5–34　金花茶保护区材用植物的生活型统计

生活型	乔木	灌木或乔木	灌木	攀缘灌木	竹类	棕榈类	合计
双子叶植物	354	75	14	2	0	0	445
单子叶植物	0	0	0	0	2	7	9
合计	354	75	14	2	2	7	454
占总种数 /%	22.74	4.82	0.90	0.13	0.13	0.45	29.16

（十八）观赏植物

观赏植物是指具有观赏价值的植物，是可观叶、观茎、观花、观果、观芽等植物的统称，它们可应用于城市园林、绿地、风景名胜区、森林公园、旅游区、室内绿化等。保护区被子植物中，观赏价值比较高的种类有 95 科 219 属 314 种（附表 18），各占被子植物总数的 57.58%、30.33% 和 20.17%。其中，双子叶植物有 76 科 158 属 225 种，各占被子植物总数的 46.06%、21.88% 和 14.45%；单子叶植物有 19 科 61 属 89 种，各占被子植物总数的 11.52%、8.45% 和 5.72%；以叶下珠科、壳斗科、豆科、大戟科、桃金娘科等种类比较多。根据种类生物生态学习性的差异，保护区观赏植物的生活型可划分为乔木、灌木或乔木、灌木、攀缘灌木、亚灌木、木质藤本、草质藤本、棕榈类、草本或亚灌木和草本 10 种类型，分别有 72 种、39 种、35 种、21 种、3 种、23 种、10 种、7 种、1 种和 103 种，各占被子植物总种数的 4.62%、2.50%、2.25%、1.35%、0.19%、1.48%、0.64%、0.45%、0.06% 和 6.62%，其中各类木本植物较多（表 5–35）。

表 5-35　金花茶保护区观赏植物的生活型统计

生活型	乔木	灌木或乔木	灌木	攀缘灌木	亚灌木	木质藤本	草质藤本	棕榈类	草本或亚灌木	草本	合计
双子叶植物	72	38	33	18	3	23	5	0	1	32	225
单子叶植物	0	1	2	3	0	0	5	7	0	71	89
合计	72	39	35	21	3	23	10	7	1	103	314
占总种数 /%	4.62	2.50	2.25	1.35	0.19	1.48	0.64	0.45	0.06	6.62	20.17

（十九）树胶植物

树胶植物是指可采集树胶的植物。树胶是重要的工业原料，它是由分泌细胞产生的，积储于树胶管内是多糖类组成的胶质类物质，或是由于细胞壁受损伤而浆化成的多糖类衍生物树胶的特点是黏性强，极易与水混合。保护区的树胶植物有铁冬青、蔓胡颓子、榅树、猪屎豆、格木、葛、山鸡椒、潺槁木姜子、毛叶木姜子、黄蜀葵、木棉、苹婆、红雾水葛、魔芋等。

（二十）树脂植物

树脂植物是指可采集树脂的植物。树脂是植物体分泌的碳氢化合物，常存在于某些植物的根、茎、叶、果实和种子的树脂细胞、树脂道、乳管、瘤及其他储藏器官中，其特点是韧性强、防水和耐腐蚀。保护区的树脂植物有枫香树、狭叶坡垒、土沉香、越南安息香、络石、长花龙血树、细枝龙血树等。

（二十一）能源植物

能源植物，又称石油植物、柴油植物或生物燃料油植物，是指那些利用光能效率高，具有合成较高还原性烃的能力，可产生类似石油成分、替代石油使用或作为石油补充产品的植物，这类植物同时富含油脂、糖类、淀粉类、纤维素等。保护区能源植物有 76 科 199 属 310 种（附表 19），各占被子植物总数的 46.06%、27.56% 和 19.91%。其中，双子叶植物有 68 科 189 属 298 种，各占被子植物总数的 41.21%、26.18% 和 19.14%；单子叶植物有 8 科 10 属 12 种，各占被子植物总数的 4.85%、1.39% 和 0.77%。叶下珠科、壳斗科、豆科、大戟科、桃金娘科等种类比较多。根据种类生物生态学习性的差异，保护区能源植物的生活型可划分为乔木、灌木或乔木、灌木、攀缘灌木、亚灌木、木质藤本、草质藤本、棕榈类、草本或亚灌木和草本 10 种类型，分别有 111 种、76 种、32 种、20 种、3 种、20 种、11 种、2 种、1 种和 34 种，各占总种数的 7.13%、4.88%、2.06%、1.28%、0.19%、1.28%、0.71%、0.13%、0.06% 和 2.18%，以各类木本植物较多（表 5-36）。

表 5-36　金花茶保护区能源植物的生活型统计

生活型	乔木	灌木或乔木	灌木	攀缘灌木	亚灌木	木质藤本	草质藤本	棕榈类	草本或亚灌木	草本	合计
双子叶植物	111	76	32	18	3	20	9	0	1	28	298
单子叶植物	0	0	0	2	0	0	2	2	0	6	12
合计	111	76	32	20	3	20	11	2	1	34	310
占总种数 /%	7.13	4.88	2.06	1.28	0.19	1.28	0.71	0.13	0.06	2.18	19.91

第六章　植被类型及其群落学特征

一、植被分类原则和依据

植被分类是根据一定的原则和依据来进行的，生境条件、种类组成、外貌、结构、演替动态等均是植被分类的基本特征。本书在参考《中国植被》(中国植被编辑委员会，1980)植被分类系统的基础上，采用植物群落学—生态学原则对金花茶保护区湿地植被进行分类，并编制相应的湿地植被分类系统。

二、植被分类单位

(一)植被型组

植被型组(Vegetation formation group)是植被分类系统的最高级单位，主要依据植被外貌特征和综合生态条件进行划分，即凡建群种生活型相近且群落的外貌形态相似的植物群落联合为植被型组。植被型组根据建群种生活型所呈现的外貌形态差异而命名。

(二)植被型

植被型(Vegetation formation)是植被分类系统的高级单位。在同一个植被型组内，建群种或优势层植物生活型组成相同或相近，结构相对一致的植物群落联合即为植被型。植被型根据建群种生活型而命名。

(三)群系

群系(Alliance)是植被分类系统的中级单位。在植被型内，凡建群种或共建种相同的湿地植物群落联合为群系。群系根据建群种或共建种的种名而命名。

三、植被分类系统

基于《中国植被分类系统修订方案》(郭柯等，2020)、《广西植被志要》(王献溥等，2014)《广西植被(第一卷)》(苏宗明等，2014)、《广西湿地植被》(梁士楚，2022)，按照“植被型组—植被型—群系”等级分类系统，金花茶保护区植被的主要类型可划分为 4 个植被型组 10 个植被型 40 个群系。其中，森林植被型组有 4 个植被型 17 个群系，灌丛植被型组有 1 个植被型 6 个群系，草丛植被型组有 2 个植被型 5 个群系，湿地植被型组有 3 个植被型 12 个群系(表 6–1)。

表 6-1　金花茶保护区植被分类系统

植被型组	植被型	群系
森林	季节性雨林	狭叶坡垒群系（*Hopea chinensis* Alliance）
		鹅掌柴群系（*Heptapleurum heptaphyllum* Alliance）
		鹅掌柴 + 罗浮柿群系（*Heptapleurum heptaphyllum* + *Diospyros morrisiana* Alliance）
		鹅掌柴 + 假苹婆群系（*Heptapleurum heptaphyllum* + *Sterculia lanceolata* Alliance）
		粗齿梭罗树群系（*Reevesia rotundifolia* Alliance）
		香港四照花群系（*Cornus hongkongensis* Alliance）
		锈毛梭子果 + 双齿山茉莉群系（*Eberhardtia aurata* + *Huodendron biaristatum* Alliance）
		假苹婆群系（*Sterculia lanceolata* Alliance）
		猴欢喜群系（*Sloanea sinensis* Alliance）
		肉实树群系（*Sarcosperma laurinum* Alliance）
		蕈树群系（*Altingia chinensis* Alliance）
	次生季雨林	枫香树群系（*Liquidambar formosana* Alliance）
	常绿阔叶林	黄杞群系（*Engelhardia roxburghiana* Alliance）
		华润楠群系（*Machilus chinensis* Alliance）
		黄樟群系（*Camphora parthenoxylon* Alliance）
		毛折柄茶群系（*Stewartia villosa* Alliance）
	竹林	大节竹群系（*Indosasa crassiflora* Alliance）
灌丛	常绿阔叶灌丛	印度野牡丹群系（*Melastoma candidum* Alliance）
		桃金娘群系（*Rhodomyrtus tomentosa* Alliance）
		米碎花群系（*Eurya chinensis* Alliance）
		米碎花 + 桃金娘群系（*Eurya chinensis* + *Rhodomyrtus tomentosa* Alliance）
		广东绣球群系（*Hydrangea kwangtungensis* Alliance）
		岗松群系（*Baeckea frutescens* Alliance）
草丛	禾草型草丛	臭根子草群系（*Bothriochloa bladhii* Alliance）
		知风草群系（*Eragrostis ferruginea* Alliance）
		斑茅群系（*Saccharum arundinaceum* Alliance）
		五节芒群系（*Miscanthus floridulus* Alliance）
	杂草型草丛	铁芒萁群系（*Dicranopteris linearis* Alliance）

续表

植被型组	植被型	群系
湿地植被	湿生林	水翁蒲桃群系（*Syzygium nervosum* Alliance）
		水柳群系（*Homonoia riparia* Alliance）
		石榕树群系（*Ficus abelii* Alliance）
	湿生草丛	狗牙根群系（*Cynodon dactylon* Alliance）
		竹节草群系（*Chrysopogon aciculatus* Alliance）
		萹蓄群系（*Polygonum aviculare* Alliance）
		铺地黍群系（*Panicum repens* Alliance）
		刚莠竹群系（*Microstegium ciliatum* Alliance）
		柳叶箬群系（*Isachne globosa* Alliance）
	水生草丛	野芋群系（*Colocasia antiquorum* Alliance）
		浮萍群系（*Lemna minor* Alliance）
		大薸群系（*Pistia stratiotes* Alliance）

四、主要植被类型的群落学特征

（一）狭叶坡垒群系

本群系是指以狭叶坡垒为标志种的群落类型，仅分布于广西十万大山，通常见于海拔 600 m 以下的沟谷、溪边，呈狭带状或小块状分布。金花茶保护区的狭叶坡垒林见于聪皇沟、妹仔田、大石坪等地。群落高在 20 m 以下，乔木层盖度 80% 以上，狭叶坡垒通常处于乔木层第Ⅱ或第Ⅲ亚层，其他乔木树种主要有香面叶、隐脉红淡比、鹅掌柴、海南苹婆、海南冬青、猴耳环、革叶铁榄、披针叶乌口树、红鳞蒲桃、黄果厚壳桂、锯叶竹节树、黧蒴锥、密花树等（表 6–2）；灌木层高 1~3 m，盖度 15%~30%，除了上层乔木树种的幼树外，还有九节、白花龙船花、柏拉木、印度野牡丹等。草本层植物种类较少，盖度在 20% 以下，多为一些喜阴湿的种类，如华南毛蕨、新月蕨、乌毛蕨、扇叶铁线蕨、深绿卷柏等蕨类植物，其他植物有淡竹叶、沿阶草、蜘蛛抱蛋、露兜草等。层间植物有瓜馥木、崖爬藤、买麻藤、海南崖豆藤、石柑子、抱石莲等。

表 6–2　金花茶保护区狭叶坡垒群系乔木层主要种类的数量特征

种名	株数	平均株高 /m	平均胸径 /cm	相对密度	相对优势度	相对频度	重要值
香面叶 *Iteadaphne caudata*	12	9.78	13.75	9.23	21.09	2.59	32.91
狭叶坡垒 *Hopea chinensis*	24	7.32	13.06	18.46	14.44	5.76	38.66
隐脉红淡比 *Cleyera obscurinervia*	8	5.91	16.00	6.15	14.34	5.43	25.92
鹅掌柴 *Heptapleurum heptaphyllum*	4	6.54	21.4	3.08	9.98	5.43	18.49

续表

种名	株数	平均株高/m	平均胸径/cm	相对密度	相对优势度	相对频度	重要值
海南苹婆 *Sterculia hainanensis*	8	4.29	4.12	6.15	5.04	5.43	16.62
海南冬青 *Ilex hainanensis*	5	6.35	8.50	3.85	4.51	5.43	13.79
猴耳环 *Archidendron clypearia*	4	6.27	6.38	3.08	3.88	4.65	11.61
革叶铁榄 *Sinosideroxylon wightianum*	3	4.71	10.63	2.31	4.21	3.82	10.34
披针叶乌口树 *Tarenna lancilimba*	4	3.83	9.75	3.08	3.61	3.41	10.10
红鳞蒲桃 *Syzygium hancei*	2	4.30	8.33	1.54	4.29	3.41	9.24
黄果厚壳桂 *Cryptocarya concinna*	3	3.89	6.12	2.31	3.65	3.10	9.06
锯叶竹节树 *Carallia diphopetala*	2	3.32	5.40	1.54	2.92	3.42	7.88
黧蒴锥 *Castanopsis fissa*	3	2.76	3.27	2.31	1.43	2.90	6.64
密花树 *Myrsine seguinii*	2	2.43	3.35	1.54	2.13	1.34	5.01

注：资料来源于陈泓，2006；取样地点为上岳；样方面积为 400 m^2。

（二）鹅掌柴群系

本群系见于那山子、妹仔田、大石坪等地。群落高 12~18 m，盖度 85% 以上。乔木层可以分为 3 个亚层：第Ⅰ亚层高 12 m 以上，组成种主要有鹅掌柴、枫香树、肉实树、罗浮柿、琼桂润楠、黄樟、假玉桂、秋枫、华润楠、中华杜英、禾串树、假苹婆、山杜英、白肉榕、白楸、鼎湖血桐、翻白叶树、密脉蒲桃、小果山龙眼、赤杨叶等，该亚层的主要特点是树冠不连续，含有一定比例的落叶树种；第Ⅱ亚层高 8~12 m，组成种除了第Ⅰ亚层优势种之外，其他种主要有银柴、枝花李榄、黄牛木、笔管榕、疏花臀果木、破布叶、水同木、黄椿木姜子、山油柑、黄果厚壳桂、红鳞蒲桃、木竹子、黄杞、胭脂、少脉木姜子、棋子豆、大花五桠果、乌榄、香港四照花、长柄山龙眼、小果冬青、爪哇脚骨脆等，该亚层的主要特点是树冠相对连续，组成种较多；第Ⅲ亚层高在 8 m 以下，组成种除上层种类的小树外，主要是小乔木，如桂南蒲桃、假杨桐、大果毛柃、毛冬青、簕柊、大叶猪肚木、岗柃、打铁树、密花树、显脉新木姜子、大果冬青、水东哥、香花枇杷、尖叶藤黄、黄毛五月茶、罗伞树、九里香等（表 6–3）。灌木层由灌木和上层乔木的幼树共同组成，主要有九节、杜茎山、大管、毛果算盘子、栀子、印度野牡丹、柏拉木等。草本层组成种主要有半边旗、露兜草、三羽新月蕨、微红新月蕨、长囊薹草、长柱头薹草等。层间植物有瓜馥木、买麻藤、海南崖豆藤、石柑子、海南海金沙等。

表 6–3　金花茶保护区鹅掌柴群系乔木层主要种类的数量特征

取样地点	种名	株数	平均株高/m	相对密度	相对优势度	相对频度	重要值
大石坪	鹅掌柴 *Heptapleurum heptaphyllum*	366	8.3	13.31	25.22	6.32	44.85
	华润楠 *Machilus chinensis*	111	9.4	4.04	11.66	4.58	20.28

续表

取样地点	种名	株数	平均株高 / m	相对密度	相对优势度	相对频度	重要值
大石坪	银柴 *Aporosa dioica*	238	6.9	8.66	5.19	5.97	19.82
	九节 *Psychotria asiatica*	316	3.9	11.50	1.23	5.62	18.35
	假苹婆 *Sterculia lanceolata*	200	6.2	7.28	3.95	5.76	16.99
	枫香树 *Liquidambar formosana*	47	11.9	1.71	12.82	2.36	16.89
	水同木 *Ficus fistulosa*	159	5.9	5.78	1.89	4.23	11.90
	黄椿木姜子 *Litsea variabilis*	116	5.7	4.22	0.99	4.58	9.79
	肉实树 *Sarcosperma laurinum*	81	7.1	2.95	3.30	3.26	9.51
	毛冬青 *Ilex pubescens*	86	5.9	3.13	0.72	3.82	7.67
	水锦树 *Wendlandia uvariifolia*	68	7.1	2.47	1.98	3.12	7.57
	桂南蒲桃 *Syzygium imitans*	58	6.0	2.11	1.23	2.91	6.25
	琼桂润楠 *Machilus foonchewii*	26	10.5	0.95	3.18	1.53	5.66
	子楝树 *Decaspermum gracilentum*	47	7.8	1.71	1.64	2.22	5.57
	锯叶竹节树 *Carallia diphopetala*	60	4.6	2.18	0.34	2.91	5.43
	假玉桂 *Celtis timorensis*	25	9.6	0.91	2.97	1.39	5.27
	黄毛五月茶 *Antidesma fordii*	54	4.6	1.96	0.29	2.64	4.89
	南山花 *Prismatomeris tetrandra*	58	4.3	2.11	0.18	2.15	4.44
	黄樟 *Camphora parthenoxylon*	19	10.2	0.69	2.68	1.04	4.41
	中华杜英 *Elaeocarpus chinensis*	30	7.7	1.09	1.30	1.73	4.12
	黄牛木 *Cratoxylum cochinchinense*	35	6.5	1.27	0.59	2.01	3.87
	山杜英 *Elaeocarpus sylvestris*	33	7.6	1.20	0.90	1.60	3.70
	禾串树 *Bridelia balansae*	20	9.6	0.73	1.37	1.18	3.28
妹仔田	鹅掌柴 *Heptapleurum heptaphyllum*	431	7.8	10.13	18.31	4.86	33.30
	肉实树 *Sarcosperma laurinum*	277	7.0	6.51	7.48	3.94	17.93
	九节 *Psychotria asiatica*	334	4.1	7.85	1.41	4.48	13.74
	银柴 *Aporosa dioica*	239	6.7	5.62	3.77	4.27	13.66
	黄椿木姜子 *Litsea variabilis*	265	5.7	6.23	2.48	3.56	12.27
	罗伞树 *Ardisia quinquegona*	199	4.5	4.68	1.07	3.89	9.64
	黄樟 *Camphora parthenoxylon*	51	10.3	1.20	6.56	1.84	9.60
	罗浮柿 *Diospyros morrisiana*	98	8.6	2.30	3.32	3.08	8.70

续表

取样地点	种名	株数	平均株高 / m	相对密度	相对优势度	相对频度	重要值
妹仔田	打铁树 *Myrsine linearis*	105	7.7	2.47	3.13	2.75	8.35
	黄毛五月茶 *Antidesma fordii*	143	4.7	3.36	0.55	3.40	7.31
	疏花臀果木 *Pygeum laxiflorum*	67	7.4	1.57	3.28	2.21	7.06
	假苹婆 *Sterculia lanceolata*	99	6.6	2.33	2.50	2.05	6.88
	白肉榕 *Ficus vasculosa*	69	8.4	1.62	3.25	2.00	6.87
	水锦树 *Wendlandia uvariifolia*	97	5.7	2.28	1.62	2.43	6.33
	大果毛柃 *Eurya megatrichocarpa*	61	8.5	1.43	2.78	1.73	5.94
	短花水金京 *Wendlandia formosana* subsp. *breviflora*	97	6.0	2.28	1.27	2.32	5.87
	华润楠 *Machilus chinensis*	46	9.3	1.08	2.99	1.67	5.74
	香楠 *Aidia canthioides*	88	5.1	2.07	0.55	2.65	5.27
	假杨桐 *Eurya subintegra*	99	5.3	2.33	0.72	1.94	4.99
	琼桂润楠 *Machilus foonchewii*	34	10.9	0.80	2.55	1.35	4.70
	水同木 *Ficus fistulosa*	68	5.7	1.60	0.71	2.32	4.63
	枫香树 *Liquidambar formosana*	10	14.8	0.24	3.84	0.49	4.57
	毛折柄茶 *Stewartia villosa*	70	8.4	1.65	2.10	0.81	4.56
	毛冬青 *Ilex pubescens*	80	5.4	1.88	0.48	2.11	4.47
	白楸 *Mallotus paniculatus*	54	8.2	1.27	1.22	1.57	4.06
	鼠刺 *Itea chinensis*	75	7.0	1.76	1.40	0.70	3.86
	子楝树 *Decaspermum gracilentum*	46	7.2	1.08	1.04	1.62	3.74
	山蒲桃 *Syzygium levinei*	52	6.4	1.22	0.64	1.78	3.64
	光叶山矾 *Symplocos lancifolia*	59	5.7	1.39	0.64	1.13	3.16

注：样方面积为 1 hm^2。

（三）鹅掌柴 + 罗浮柿群系

本群系见于那山子等地。群落高 12~16 m，盖度 85% 以上。乔木层可以分为 3 个亚层：第Ⅰ亚层高 12 m 以上，组成种主要有鹅掌柴、罗浮柿、两广梭罗树、黄樟、琼桂润楠、肉实树、小果山龙眼、粗齿梭罗树、黄椿木姜子、白肉榕、鼎湖血桐、疏花臀果木、华润楠、枫香树等，该亚层的主要特点是树冠不连续，含有一定比例的落叶树种；第Ⅱ亚层高 8~12 m，组成种除第Ⅰ亚层优势种之外，其他种主要有假苹婆、白楸、打铁树、大果榕、翻白叶树、红鳞蒲桃、黄牛木、棋子豆、狭叶泡花树等；第Ⅲ亚层高在 8 m 以下，组成种除上层种的小树外，主要是小乔木，如银柴、少脉木姜子、长柄山龙眼、鼠刺、变叶榕、光叶山矾、黄毛五月茶、假杨桐、九节、锯叶竹节树、罗伞树、毛冬青、白背算盘子、白花苦灯笼、香花枇杷、小果山龙眼、密脉蒲桃、香楠等（表 6-4）。灌木层由灌木和上层乔木的幼树共同组成，灌木种类主要有大管、栀子、柏拉木等。草本层稀疏，组成种主要有刺头复叶耳蕨、山姜、芒萁、粗裂复叶耳蕨、长柱头薹草、露兜草等。层间植物有瓜馥木、买麻藤、海南崖豆藤、白粉藤、牛果藤、抱石莲等。

表 6-4　金花茶保护区鹅掌柴 + 罗浮柿群系乔木层主要种类的数量特征

种名	株数	平均株高 / m	相对密度	相对优势度	相对频度	重要值
鹅掌柴 *Heptapleurum heptaphyllum*	329	7.0	8.58	13.37	3.88	25.83
罗浮柿 *Diospyros morrisiana*	351	8.2	9.15	11.80	3.68	24.63
两广梭罗树 *Reevesia thyrsoidea*	218	6.8	5.68	4.69	2.40	12.77
肉实树 *Sarcosperma laurinum*	164	6.9	4.28	4.45	3.16	11.89
银柴 *Aporosa dioica*	151	6.7	3.94	3.06	3.47	10.47
毛冬青 *Ilex pubescens*	163	5.5	4.25	1.40	3.73	9.38
华润楠 *Machilus chinensis*	67	7.6	1.75	4.67	1.68	8.10
黄樟 *Camphora parthenoxylon*	50	9.2	1.30	4.27	1.94	7.51
变叶榕 *Ficus variolosa*	120	5.9	3.13	1.76	2.45	7.34
小果山龙眼 *Helicia cochinchinensis*	60	8.0	1.57	3.60	1.74	6.91
黄椿木姜子 *Litsea variabilis*	97	6.3	2.53	1.20	2.86	6.59
假苹婆 *Sterculia lanceolata*	67	7.1	1.75	2.51	2.30	6.56
假杨桐 *Eurya subintegra*	119	5.0	3.10	0.90	2.35	6.35
琼桂润楠 *Machilus foonchewii*	52	9.0	1.36	3.17	1.79	6.32
罗伞树 *Ardisia quinquegona*	120	5.0	3.13	0.68	2.14	5.95
香花枇杷 *Eriobotrya fragrans*	74	6.3	1.93	1.59	1.74	5.26
棋子豆 *Archidendron robinsonii*	71	5.5	1.85	0.98	2.14	4.97
狭叶泡花树 *Meliosma angustifolia*	54	6.9	1.41	1.22	2.09	4.72
打铁树 *Myrsine linearis*	55	7.0	1.43	1.40	1.84	4.67
疏花臀果木 *Pygeum laxiflorum*	55	6.3	1.43	1.26	1.84	4.53
黄毛五月茶 *Antidesma fordii*	66	5.3	1.72	0.42	2.30	4.44
九节 *Psychotria asiatica*	60	4.4	1.57	0.82	1.89	4.28
锯叶竹节树 *Carallia diphopetala*	62	4.5	1.62	0.28	2.14	4.04
鼠刺 *Itea chinensis*	52	6.3	1.36	0.87	1.28	3.51
白肉榕 *Ficus vasculosa*	30	8.4	0.78	1.65	0.92	3.35
红鳞蒲桃 *Syzygium hancei*	41	6.8	1.07	0.90	1.33	3.30
香楠 *Aidia canthioides*	39	6.1	1.02	0.61	1.58	3.21

注：样方面积为 1 hm^2。

（四）鹅掌柴＋假苹婆群系

根据杨泉光等（2020）调查，本群系分布于沟谷和山坡。群落高达 20 m，盖度约 80%；乔木层组成种有 43 种，主要有鹅掌柴、假苹婆、长尾毛蕊茶、罗伞、白颜树、香楠、黄毛五月茶等。灌木层和草本层的盖度分别约 40% 和 20%。灌木层由上层乔木的幼树和灌木共同组成，主要有东兴金花茶、九节、柏拉木等。草本层组成种有曲枝假蓝、三叉蕨、鳞毛蕨等。层间植物有刺果藤、乌蔹莓等。

（五）粗齿梭罗树群系

本群系见于那梭、上岳、那中、那富、东山等地。根据刘梅香（2006）的调查，粗齿梭罗树所在群落内维管植物有 78 科 142 属 190 种。其中，蕨类植物 12 种，裸子植物 2 种，被子植物 176 种。群落内乔木以樟科、五加科、番荔枝科、山茶科等种类较常见，灌木主要是一些热带科、属种类，如桃金娘属、野牡丹属、九节属、紫金牛属等植物；草本和藤本植物种类相对较少。群落内缺乏高大乔木，最高为 15 m，大型藤本及绞杀现象、茎花现象较少见。根据群落层次结构及组成种的差异，可以再划分为 3 个群落类型。①粗齿梭罗树—华南毛柃—五节芒群落：主要分布在那梭的马尾隘、四方山一带，海拔 500~600 m；群落高度约 10 m，可划分为乔木层、灌木层和草本层 3 层；乔木层树冠不连续，盖度 40%~60%，组成种主要有粗齿梭罗树、厚皮香、赤杨叶等；灌木层的冠层也不连续，盖度为 25%~30%，组成种主要有华南毛柃、桃金娘、伞花冬青、粗叶悬钩子等；草本层主要有五节芒、芒萁、芪草等。②粗齿梭罗树＋子凌蒲桃—九节群落：主要分布在那梭的灰堂山等海拔较低区域；群落高度在 8 m 以下；乔木层种类多，郁闭度达 90%，主要种有粗齿梭罗树、子凌蒲桃、下龙新木姜子、罗伞、水东哥、罗浮柿、枫香树、盐麸木等；灌木层主要是九节，其他种有华南毛柃、南方紫金牛等；草本层植物稀少，盖度约 1%。③油茶＋大果榕＋中华杜英—伞花冬青群落：主要分布在那梭的保鸭顶，海拔约 600 m；乔木层组成种主要有油茶、大果榕、中华杜英、黄樟、粗齿梭罗树、罗伞、水东哥、赤杨叶等；灌木层以伞花冬青为主，其他种有九节等；草本层植物极少。

（六）香港四照花群系

本群系见于海拔 300 m 以下的区域。由于本群系受人为干扰比较大，与其他群系相比，其群落层次结构、种类组成等差别较大。例如，在那梭、大菉等地，群落高 4~8 m，乔木层均仅有 1 层，组成种以香港四照花、山桂花、鹅掌柴为主，其他种有黄椿木姜子、肉实树、水东哥、大果榕、黄樟、假苹婆等；灌木层高 4 m 以下，组成种以金花茶占优势，其他种有腺毛泡花树、香港木兰、肉实树、单穗鱼尾葵、长柄山龙眼、锯叶竹节树等；草本层高在 1.5 m 以下，以广州蛇根草占优势，其他种有露兜草、狗脊、沿阶草等（黄付平，2001）。而在大龙沟，香港四照花林盖度达 80%，乔木层可以划分 2 个亚层：第Ⅰ亚层组成种较少，以香港四照花为主，其他种有黄樟、秋枫和华润楠；第Ⅱ亚层组成种相对较多，常见有鹅掌柴、黄樟、水东哥、肉实树、假苹婆、香港大沙叶、山石榴、大果榕、朴树等（表 6-5）；灌木层较为发达，盖度约 50%，组成种较多，常见有金花茶、粗叶榕、杜茎山、黑面神、南方荚蒾、九节、毛果算盘子、华山小橘、三椏苦、牛耳枫、油茶、龙船花、山桂花、水东哥、柘等；草本层盖度约 30%，主要有艳山姜、石韦、狭叶楼梯草、箭根薯等；层间植物有扭肚藤、定心藤、刺果藤等。

表 6-5　金花茶保护区香港四照花群系乔木层主要种类的重要值

种名	Ⅰ亚层		Ⅱ亚层		乔木层	
	株数	重要值	株数	重要值	株数	重要值
香港四照花 *Cornus hongkongensis*	6	161.96	6	21.93	12	58.91
鹅掌柴 *Heptapleurum heptaphyllum*	—	—	13	41.26	13	28.52
黄樟 *Camphora parthenoxylon*	1	38.68	3	18.57	4	18.87
水东哥 *Saurauia tristyla*	—	—	8	21.36	8	15.21
肉实树 *Sarcosperma laurinum*	—	—	8	18.81	8	14.98
假苹婆 *Sterculia lanceolata*	—	—	6	17.49	6	13.53
香港大沙叶 *Pavetta hongkongensis*	—	—	6	14.65	6	12.05
山石榴 *Catunaregam spinosa*	—	—	6	10.15	6	8.64
大果榕 *Ficus auriculata*	—	—	4	14.03	4	10.97
秋枫 *Bischofia javanica*	2	59.47	—	—	2	7.34
华润楠 *Machilus chinensis*	1	39.89	—	—	1	4.34
朴树 *Celtis sinensis* 等 20 种	—	—	51	121.75	51	106.64
合计	10	300	111	300	121	300

注：资料来源于庞洁，2008；广西林业勘测设计院，2010。

（七）锈毛梭子果 + 双齿山茉莉群系

根据庞洁（2008）调查，本群系见于三踏脚海拔约 470 m 的山坡。乔木层盖度达 80%，可划分为 3 个亚层，组成种有 53 种，以热带分布成分为主，其中，第Ⅰ亚层由锈毛梭子果、双齿山茉莉、胭脂等组成；第Ⅱ、Ⅲ亚层组成种较多，有 47 种。灌木层盖度 50%~60%，组成种有锯叶竹节树、岭南山竹子、海南山龙眼、密花树、棋子豆、山楝、狭叶泡花树、广东山胡椒等上层乔木的幼树，以及显脉金花茶、九节、舶梨榕、露兜树、单穗鱼尾葵等。草本层组成种丰富，有肾蕨、短穗竹茎兰、长茎羊耳蒜、金线兰、柄唇兰、小花蜘蛛抱蛋、皱叶狗尾草、粽叶芦、歪叶秋海棠等。层间植物较多，有娃儿藤、粪箕笃、络石、尖山橙、抱茎菝葜、买麻藤、大血藤、海南崖豆藤、麒麟叶等。

（八）假苹婆群系

本群系见于海拔 160~400 m 的区域。群落高达 15 m，盖度 80%~95%。乔木层可划分为 3 个亚层：第Ⅰ亚层树冠不连续，并含有如中平树、猴耳环、笔管榕、天仙果、水东哥、广西火桐等少量落叶植物，其他种有白颜树、鹅掌柴等；第Ⅱ亚层以假苹婆占优势，其他种有水锦树、子凌蒲桃、香港大沙叶、假玉桂、肉实树、杜英、臀果木等；第Ⅲ亚层仍以假苹婆占优势，其他种有子凌蒲桃、天仙果、锯叶竹节树、罗浮柿、鹅掌柴等（表 6-6）。灌木层较为明显，盖度约 30%，由灌木和上层乔木的幼树共同组成，主要有九节、朱砂根、厚叶算盘子、小芸木、细叶水团花、显脉金花茶、单穗鱼尾葵、柳叶润楠、锯叶竹节树、肉实树、臀果木、假玉桂、黄樟、黄花倒水莲等。草本层稀疏，盖度 2%~8%，组成种有山姜、淡竹叶、半边旗、华南毛蕨、条裂三叉蕨等。层间植物有锡叶藤、蔓胡颓子、刺果藤、大血藤、络石、菝葜、酸藤子、粪箕笃、瓜馥木、团叶槲蕨等。

表 6–6 金花茶保护区假苹婆群系乔木层主要种类的重要值

种名	Ⅰ亚层（≥15 m）		Ⅱ亚层（8~15 m）		Ⅲ亚层（≤8 m）		乔木层	
	株数	重要值	株数	重要值	株数	重要值	株数	重要值
假苹婆 *Sterculia lanceolata*	—	—	11	100.9	6	59.79	17	74.64
水锦树 *Wendlandia uvariifolia*	1	52.89	6	38.48	1	5.94	8	26.95
香港大沙叶 *Pavetta hongkongensis*	1	45.66	3	22.18	3	20.66	7	21.63
子凌蒲桃 *Syzygium championii*	1	29.49	2	14.42	4	28.11	7	20.43
锯叶竹节树 *Carallia diphopetala*	—	—	—	—	8	33.28	8	14.25
假玉桂 *Celtis timorensis*	—	—	2	20.51	2	6.97	4	13.61
鹅掌柴 *Heptapleurum heptaphyllum*	1	66.73	1	6.72	2	7.48	4	12.15
白颜树 *Gironniera subaequalis*	1	47.93	1	6.85	1	4.65	3	9.42
肉实树 *Sarcosperma laurinum*	—	—	2	13.36	2	6.89	4	9.66
蒲桃属某种 *Syzygium* sp.	—	—	1	6.44	2	9.50	3	8.19
天仙果 *Ficus erecta* 等 24 种	1	57.30	10	70.13	23	116.73	34	89.07
合计	6	300	39	300	54	300	99	300

注：资料来源于庞洁，2008。

（九）猴欢喜群系

本群系见于灰堂山、妹仔田等地，海拔 150~290 m。群落高达 20 m，盖度约 80%。乔木层组成种有 50 多种，以常绿树种为主，也见一些落叶树种，如野漆、山石榴、无患子等。乔木层可分为 2 个亚层：第Ⅰ亚层盖度约 50%，高 8~15 m，以臀果木为层优势种，其他种有猴欢喜、肉实树、香港大沙叶、鹅掌柴等；第Ⅱ亚层则以猴欢喜占绝对优势，其他种有臀果木、香港大沙叶、鹅掌柴、肉实树、棱枝冬青、竹节树等（表 6–7）。灌木层盖度 25%~30%，由灌木和上层乔木的幼树共同组成，主要有钝叶折柄茶、红枝蒲桃、锯叶竹节树、假黄皮、肉实树、鼠刺、香楠、朱砂根、栀子、少花山小橘、草珊瑚、九节、黑面神、方叶五月茶、华南蒲桃、金花茶、粗齿梭罗树、紫荆木等。草本层稀疏，盖度不足 5%，高 0.6~1 m，组成种主要有狗脊、刺头复叶耳蕨、华南鳞毛蕨、建兰、半边旗、沿阶草、二形卷柏等。层间植物有粉背菝葜、华马钱、赤苍藤、橄榄果链珠藤、锡叶藤、复毛胡椒、刺果藤、小叶红叶藤、藤黄檀等。

表 6–7 金花茶保护区猴欢喜群系乔木层主要种类的重要值

种名	Ⅰ亚层（8~15 m）		Ⅱ亚层（≤8 m）		乔木层	
	株数	重要值	株数	重要值	株数	重要值
猴欢喜 *Sloanea sinensis*	5	23.83	112	112.11	117	91.92

续表

种名	Ⅰ亚层（8~15 m）		Ⅱ亚层（≤ 8 m）		乔木层	
	株数	重要值	株数	重要值	株数	重要值
臀果木 *Pygeum topengii*	9	80.76	9	6.30	18	19.86
香港大沙叶 *Pavetta hongkongensis*	5	21.46	17	14.68	22	17.36
鹅掌柴 *Heptapleurum heptaphyllum*	4	23.35	9	7.16	13	10.50
肉实树 *Sarcosperma laurinum*	2	10.15	13	9.93	15	10.15
棱枝冬青 *Ilex angulata*			16	13.19	16	10.30
竹节树 *Carallia brachiata* 等 51 种	25	140.45	168	136.63	193	139.91
合计	50	300	344	300	394	300

注：资料来源于庞洁，2008。

（十）肉实树群系

根据杨泉光等（2020）调查，本群系分布于沟谷。群落高约 16 m，盖度约 95%，组成种有 79 种，主要有肉实树、鹅掌柴、广西澄广花、假苹婆、茜树、白花苦灯笼、假山龙眼等。灌木层盖度约 40%，由上层乔木的幼树和灌木共同组成，主要种类有东兴金花茶、罗伞、九节、聚花海桐等。草本层盖度约 10%，组成种有割鸡芒、毛果珍珠茅、华南鳞毛蕨、长囊薹草等。层间植物有刺果藤、假鹰爪、香港瓜馥木、飞龙掌血、菝葜等。

（十一）蕈树群系

根据黄付平（2001）调查，本群系分布于那梭镇的那梭村和平木村附近，海拔 300~650 m。群落结构较完整，乔木层可分 3 个亚层：第Ⅰ亚层高约 15 m，组成种主要有蕈树、香港四照花等；第Ⅱ亚层高 8~11 m，以罗浮柿占优势，其他有香楠、密花树、鹅掌柴、肉实树等；第Ⅲ亚层高 4~7 m，除了上层树种外，其他有南山花、长柄山龙眼、单穗鱼尾葵、罗伞树等。灌木层高 2 m 以下，组成种以东兴金花茶占优势，其他有朱砂根、假九节等。草本层高 1.2 m 以下，以灰绿耳蕨占优势，其他常见的有山姜、露兜草、长蕊万寿竹、柊叶等。

（十二）枫香树群系

本群系是在天然林被砍伐后与热带树种一起共同构成的季雨林，见于那湾、上岳、南山等地，枫香树常与鹅掌柴、华润楠、肉实树等常绿阔叶树共同组成乔木层。根据庞洁（2008）调查，枫香树林乔木层可分 3 个亚层：第Ⅰ亚层树冠不连续，由枫香树组成；第Ⅱ亚层盖度约 60%，以枫香树占优势，其他有黄樟、罗浮柿、鹅掌柴、黄椿木姜子等；第Ⅲ亚层盖度约 60%，组成种有 16 种。灌木层盖度 15%~20%，灌木主要有桃金娘、印度野牡丹、朱砂根、广西蛇根草，此外，还有鹅掌柴、小芸木、香花枇杷、肉实树、猴耳环等乔木幼树。草本层组成种主要有铁芒萁、五节芒、圆秆珍珠茅、扇叶铁线蕨等。

（十三）黄杞群系

本群系见于南山等地。群落高约 10 m，盖度 70%~90%。乔木层可划分为 3 个亚层，组成种以黄杞为主，且在各亚层均有分布；其他种见有毛折柄茶、罗浮柿、万钧木、香花枇杷、黑柃、鼠刺、华润楠、红淡比、三花冬青、海南杨桐、棋子豆、长柄山龙眼、黄牛奶树、罗浮锥、珊瑚树等。灌木层盖度可达 30%，由灌木和上层乔木的幼树共同组成，主要种有鼠刺、菝葜、毛折柄茶、绿冬青、蒲桃、栀子、东方古柯、岗柃、光亮山矾、九节、罗浮锥、密花山矾、少脉木姜子、朱砂根、腺叶桂樱等。草本层盖度 15%，高约 0.25 m，主要有二形卷柏、黑足鳞毛蕨、淡竹叶、弓果黍、薄叶卷柏、短叶黍、食用秋海棠、露兜草等。层间植物有菝葜、锡叶藤、清香藤、乌蔹莓、络石、假鹰爪、龙须藤等。

（十四）华润楠群系

根据庞洁（2008）调查，在南山 248 台三塔顶南坡，本群系乔木层可划分为 3 个亚层，其中第Ⅰ亚层以华润楠占优势，罗浮锥次之，第Ⅱ、Ⅲ亚层组成种较多，以大节竹为主；灌木层组成种为具有一定数量的罗浮锥、纸叶琼楠、木莲等乔木的幼树。在 248 台北面山坡，华润楠不仅占据第Ⅰ亚层，而且高达 20~25 m，最大植株的胸径达 48 cm；灌木层盖度 30%，组成种主要有单穗鱼尾葵、九节、舶梨榕、露兜树、斜基粗叶木等。草本层盖度为 40%~50%，组成种有深绿卷柏、华南鳞毛蕨、镰羽耳蕨、毛叶轴脉蕨、双盖蕨、石韦、骨牌蕨、狭叶楼梯草、裂叶秋海棠等。层间植物薯莨、络石、鸡屎藤、藤构、菝葜、桂南省藤、香花鸡血藤、买麻藤、崖爬藤、柠檬清风藤等。

（十五）黄樟群系

本群系见于那梭镇平木村等地，海拔 250~600 m。根据黄付平（2001）调查，黄樟林乔木层可分为 2 个亚层：第Ⅰ亚层高 8~11 m，组成种以黄樟为主，其他种有鹅掌柴、大果榕、山鸡椒、肉实树、华南桤叶树、假柿木姜子、南岭柞木等；第Ⅱ亚层高 4~7 m，以鹅掌柴占优势，其次是水锦树、棱枝冬青、水东哥等。灌木层高 2.5 m 以下，在不同区域分别以东兴金花茶、显脉金花茶、罗伞、九节等占优势，其他种有黄毛五月茶、草珊瑚、打铁树、岩黄树、柏拉木等。草本层高 1.4 m 以下，组成种有山姜、隐穗薹草、乌毛蕨、露兜草、红色新月蕨、淡竹叶等。

（十六）毛折柄茶群系

本群系见于南山坡上区域。群落高 5~7 m，盖度 80% 以上。乔木层仅 1 层，由毛折柄茶单一种组成或以毛折柄茶占绝对优势，胸径在 15 cm 以下。灌木层盖度约 30%，高在 1.5 m 以下，组成种除毛折柄茶幼树外，还有细轴荛花、鸭公树、狭叶紫金牛、柏拉木等。草本层盖度约 70%，高度约 0.6 m，组成种以禾草类占优势，其他有深绿卷柏、华南鳞毛蕨、地棯、蜂斗草、金线兰等。层间植物有石仙桃、石南藤、牛白藤、乌蔹莓等。

（十七）大节竹群系

本群系见于米吉口、南山、上岳沟等地。群落高达 6~10 m，盖度 80% 以上。群落组成种因其生长环境的差异，差别较大。通常，位于坡上的大节竹林组成种较少，而位于沟谷两侧的，特别是因原生森林被砍伐后发展起来的大节竹林组成种较多。例如，上岳沟的大节竹林中，还残留有黄樟、华润楠、罗浮锥、黄杞、鹅掌柴、马尾松等树种；灌木层组成种主要有九节、柏拉木、朱砂根、黄椿木姜子等。草本层组成种主要有深绿卷柏、乌毛蕨、金毛狗、华南鳞毛蕨、曲枝假蓝、草珊瑚、浆果薹草等。

（十八）印度野牡丹群系

本群系见于聪皇沟、平水顶、望洲顶等地，从山间沼泽至坡顶都有生长，但群落高度、组成种等不同。例如，生长在沼泽边缘的印度野牡丹灌丛，群落高 1 m 以上，湿生草本种类较多，如李氏禾、柳叶箬、短叶黍等；而生长在坡上和靠近坡顶的印度野牡丹灌丛，群落高度多在 0.7 m 以下。通常，印度野牡丹灌丛高 0.8~1.5 m，盖度 60%~95%，群落上层组成种以印度野牡丹占优势，其他种有黑面神、米碎花、毛棯、杜茎山、地桃花、大青等。草本层组成种有画眉草、荩草、弓果黍、狗牙根、铁芒萁、垂穗石松、乌蕨、扇叶铁线蕨、乌毛蕨、肾蕨等。此外，攀缘或藤本植物常见有粗叶悬钩子、海金沙、粪箕笃、长花忍冬等。

（十九）桃金娘群系

本群系见于望洲顶、平水顶等地。在平水顶，桃金娘灌丛高 1.0~1.5 m，群落盖度在 90% 以上；群落上层组成种以桃金娘占优势，其他种有米碎花、印度野牡丹、毛果算盘子、黄樟、黑面神、白背叶、山矾等；草本层组成种以禾草占优势，其他种有铁芒萁、垂穗石松、地胆草、地棯等；攀缘或藤本植物常见有粗叶悬钩子、海金沙、粪箕笃、长花忍冬等。在望洲顶的坡中区域，桃金娘灌丛高 1.0~1.6 m，群落盖度在 85% 以上；群落上层组成种以桃金娘占优势，其他有印度野牡丹、黑面神、米碎花、细轴荛花、毛棯、簕欓花椒、野漆、密花山矾等；草本层盖度约为 90%，组成种以禾草类占优势，其他有铁芒萁、垂穗石松、地胆草、地棯、乌毛蕨、水蔗草等。

（二十）米碎花群系

本群系见于望洲顶、南山等地。群落高 1.2~1.7 m，盖度 80%~95%。群落上层组成种以米碎花占优势，其他有印度野牡丹、桃金娘、毛棯、黑面神、细轴荛花等；草本层盖度 40%~60%，组成种以禾草类为主，其他有地棯、积雪草、地胆草等。攀缘或藤本植物常见有粗叶悬钩子、长花忍冬等。

（二十一）米碎花 + 桃金娘群系

本群系见于山中等地的山脊上。群落高 1.2~1.5 m，盖度 60%~90%。群落上层组成种以米碎花和桃金娘为主，其他有光叶山矾、印度野牡丹、黑面神等。草本层盖度 70%~90%，组成种有垂穗石松、有芒鸭嘴草、两歧飘拂草、囊颖草、竹节草、地棯等。

（二十二）广东绣球群系

本群系见于南山山顶。群落高 1.2~1.5 m，盖度 40%~85%。群落上层组成种以广东绣球为主，其他种有印度野牡丹、山矾、吊钟花、桃金娘、毛折柄茶等。草本层盖度 60%~90%，组成种以禾草类为主，其他常见有垂穗石松、肾蕨、乌毛蕨、半边旗、铁芒萁、蚂蝗七、裂叶秋海棠、积雪草、长茎金耳环、破铜钱等。攀缘或藤本植物常见有空心藨、粗叶悬钩子、牛白藤、长花忍冬等。

（二十三）岗松群系

本群系见于平水顶水库等地。群落高 0.8~1.2 m，盖度 50%~80%，最大植株高达 1.97 m，胸径 3.2 cm。群落上层组成种以岗松占绝对优势，其他有桃金娘、印度野牡丹、黑面神、毛棯等。草本层盖度 20%~50%，组成种以禾草类为主，其他有铁芒萁、垂穗石松、乌毛蕨、地棯、浆果薹草等。攀缘或藤本植物常见有海金沙、牛白藤等。

（二十四）臭根子草群系

本群系见于大沟垄等地。群落高 0.5~1.0 m，盖度约 50%。组成种以臭根子草为主，其他草本有乌蕨、乌毛蕨、扇叶铁线蕨、肾蕨、金色狗尾草、地毯草、知风草、白茅、链荚豆等。此外，混生有少量的印度野牡丹、桃金娘等灌木。

（二十五）知风草群系

本群系多见于山脊至阔叶林之间的区域。群落高 0.5~0.8 m，盖度 70%~90%。组成种以画眉草为主，其他草本有垂穗石松、乌毛蕨、华南鳞毛蕨、扇叶铁线蕨、金茅、粗毛鸭嘴草、耳草等。此外，还混生有少量的地棯、粗叶悬钩子、钝叶折柄茶等灌木。

（二十六）斑茅群系

本群系见于山中、米中等地，主要见于溪流或库塘滩涂湿地。群落高 1.5~3 m，盖度 80%~95%。群落上层组成种以斑茅占绝对优势，同时混生有印度野牡丹、水柳、杜茎山、毛棯、山麻秆、白饭树、对叶榕等灌木。其他草本常见有类芦、白花鬼针草、水蔗草等。此外，还有葛、鹿藿等攀缘或藤本植物。

（二十七）五节芒群系

本群系见于南山等地，通常是在原生植被遭受破坏之后形成的。群落高 1.5~2 m，盖度 90%~100%。群落上层组成种以五节芒占绝对优势，同时混生有山矾、米碎花、印度野牡丹、杜茎山、毛棯、山麻秆、地棯、破布叶等灌木；其他草本常见有粽叶芦、类芦、铁芒萁、乌毛蕨、肾蕨、有芒鸭嘴草、积雪草、石韦、垂穗石松等。此外，还有粗叶悬钩子、长花忍冬、海金沙等攀缘或藤本植物。

（二十八）铁芒萁群系

本群系见于山中、米中、平水顶等地。群落高 0.5~0.8 m，盖度 60%~100%。组成种以铁芒萁占绝对优势，其他常见有乌毛蕨、蜈蚣凤尾蕨、东风草等。局部区域有印度野牡丹、桃金娘、山矾、黑面神、粽叶芦、粗叶悬钩子等零星生长。

（二十九）水翁蒲桃群系

本群系见于闸门水库入库河口，沿溪流岸边呈狭带状分布。群落高 8~10 m，盖度 70%~90%，植株最大胸径为 21 cm。乔木层组成种以水翁蒲桃为主，其他有杂色榕等。灌木层不明显，见有上层乔木的幼树，灌木有破布叶等。草本层高 0.6~1.0 m，盖度 40%~60%，组成种以莠竹为主，其他有华南毛蕨、华南鳞毛蕨、半边旗、火炭母等。层间植物有乌蔹莓、葛、海金沙、薯莨等。

（三十）水柳群系

本群系见于聪皇沟，沿溪流岸边呈狭带状分布。群落高 1.5~2.0 m，盖度 60%~90%。群落上层组成种以水柳为主，其他有石榕树、柳叶润楠、水翁蒲桃、光荚含羞草等。草本层不明显，有斑茅、火炭母、莠竹等。

（三十一）石榕树群系

本群系见于山中等地，沿溪流岸边呈狭带状分布。群落高 1.5~2.2 m，盖度 50%~80%。群落上层组成种以石榕树为主，其他种有柳叶润楠、光荚含羞草、水柳、对叶榕等。草本层不明显，有斑茅、火炭母、莠竹、芦竹、李氏禾、铺地黍等。藤本或攀缘植物常见有葛、海金沙等。

（三十二）狗牙根群系

本群系见于天堂水库滩涂，呈连片块状分布。群落高 0.2~0.4 m，盖度 90%~100%。组成种以狗牙根占绝对优势，其他有藿香蓟、地桃花、苍耳、田基黄等。

（三十三）竹节草群系

本群系见于山中、那林等地的山间洼地或库塘滩涂。群落高 0.3 m 以下，盖度 90%~100%。组成种以竹节草占绝对优势，零星生长旱田草、母草、卵叶半边莲、地耳草、破铜钱、藿香蓟、地桃花、小鱼仙草等其他种。

（三十四）铺地黍群系

本群系见于那湾水库滩涂。群落高 0.2~0.5 m，盖度 90%~100%。组成种以铺地黍占绝对优势，其他有大画眉草、圆果雀稗、地耳草、田基黄等。

（三十五）刚莠竹群系

本群系见于八一水库附近山间洼地或溪流湿地。群落高 0.8~1.3 m，盖度 90%~100%。组成种以刚莠竹占绝对优势，其他有野芋、聚花草、闭鞘姜、鸭跖草等。

（三十六）萹蓄群系

本群系见于天堂水库滩涂。群落高 0.1~0.2 m，盖度 80%~95%。组成种以萹蓄占绝对优势，其他有地耳草、田基黄、长蒴母草、鼠曲草、地锦草、裸柱菊、华南谷精草等。

（三十七）柳叶箬群系

本群系见于平水顶水库滩涂。群落高 0.2~0.4 m，盖度 90%~100%。组成种以柳叶箬占绝对优势，其他种有地耳草、华南谷精草、长蒴母草、鼠曲草、积雪草、畦畔莎草、水虱草等。此外，还有印度野牡丹零星分布。

（三十八）野芋群系

本群系见于八一水库、天堂水库、那他水库等地附近的池塘、溪流和沼泽中。群落高 0.7~1.2 m，盖度 60%~95%。组成种以野芋占绝对优势，其他种有草龙、聚花草、鸭跖草、李氏禾、三白草、薄荷、柳叶箬、水芹等。

（三十九）浮萍群系

本群系见于闸门水库及其附近池塘。在水库，浮萍仅在局部库湾有分布；在池塘，由于水体富营养化，浮萍几乎覆盖整个水面。

（四十）大薸群系

本群系在米中、山中、南山等地池塘和河流水面均有分布。在河流，受水流的影响，大薸沿近岸水面呈非连续的、面积大小不一的斑块状分布；在池塘，由于水体富营养化，大薸几乎覆盖整个水面。

第七章　植被组成的数量特征

一、研究地点与取样

选择金花茶保护区的大石坪、妹仔田和那山子的森林群落作为研究对象。在每一个研究地点选择有代表性的地段，各设置一个南北长 100 m、东西宽 100 m 的正方形样地。野外调查时，采用相邻格子调查方法将整个样地划分为 25 个 20 m × 20 m 的样方，再将每个 20 m × 20 m 的样方划分为 4 个 10 m × 10 m 的小样方，共计 100 个小样方。以小样方作为调查的基本单元，对每个小样方内胸径或基径 ≥ 1 cm 物种的种名、胸径、株高、冠幅等进行记录，同时测量每个植株空间位置坐标，并记录每个小样方经纬度、海拔、坡位等环境特征。草本植物组成情况采用 1 m × 1 m 样方进行调查。

二、种类组成

（一）大石坪群落种类组成

大石坪样地内维管植物有 57 科 109 属 153 种（表 7–1）。其中，石松类植物有 1 科 1 属 1 种，各占样地内维管植物总数的 1.75%、0.92% 和 0.65%；蕨类植物有 3 科 3 属 4 种，各占样地内维管植物总数的 5.26%、2.75% 和 2.61%；裸子植物有 1 科 1 属 1 种，各占样地内维管植物总数的 1.75%、0.92% 和 0.65%；被子植物有 52 科 104 属 147 种，各占样地内维管植物总数的 91.23%、95.41% 和 96.08%，即以被子植物占绝对优势。大石坪群落样地中，物种数最多的是茜草科（18 种），其次为桑科（12 种）和樟科（11 种），分别占样地内维管植物总种数的 11.76%、7.84% 和 7.19%。只分布 1 种的科有 30 科，包括 30 属 30 种，分别占样地内维管植物总数的 52.63%、27.52% 和 19.61%；分布 2~5 种的科有 20 科，包括 36 属 53 种，分别占总数的 35.09%、33.03% 和 34.64%；分布 6~9 种的科有 4 科，包括 18 属 29 种，分别占样地内维管植物总数的 7.02%、16.51% 和 18.95%；分布 10 种及以上的科有 3 科，包括 25 属 41 种，分别占样地内维管植物总数的 5.26%、22.94% 和 26.80%。

表 7–1　金花茶保护区大石坪样地维管植物的科属种组成

科名	属数	种数	科名	属数	种数
卷柏科 Selaginellaceae	1	1	楝科 Meliaceae	2	3
凤尾蕨科 Pteridaceae	1	1	桑科 Moraceae	4	12
水龙骨科 Polypodiaceae	1	1	桃金娘科 Myrtaceae	2	8
金星蕨科 Thelypteridaceae	1	2	木樨科 Oleaceae	2	2
松科 Pinaceae	1	1	小盘木科 Pandaceae	1	1
猕猴桃科 Actinidiaceae	1	1	五列木科 Pentaphylacaceae	1	2

续表

科名	属数	种数	科名	属数	种数
蕈树科 Altingiaceae	1	1	胡椒科 Piperaceae	1	1
漆树科 Anacardiaceae	1	1	海桐科 Pittosporaceae	1	1
番荔枝科 Annonaceae	3	4	报春花科 Primulaceae	3	6
夹竹桃科 Apocynaceae	1	1	山龙眼科 Proteaceae	2	3
冬青科 Aquifoliaceae	1	4	红树科 Rhizophoraceae	1	2
五加科 Araliaceae	1	1	蔷薇科 Rosaceae	3	3
橄榄科 Burseraceae	1	1	茜草科 Rubiaceae	15	18
大麻科 Cannabaceae	1	1	芸香科 Rutaceae	7	7
卫矛科 Celastraceae	1	1	清风藤科 Sabiaceae	1	1
藤黄科 Clusiaceae	1	1	杨柳科 Salicaceae	4	4
山茱萸科 Cornaceae	1	1	无患子科 Sapindaceae	1	1
虎皮楠科 Daphniphyllaceae	1	1	山榄科 Sapotaceae	1	1
龙脑香科 Dipterocarpaceae	1	1	省沽油科 Staphyleaceae	1	2
柿科 Ebenaceae	1	2	粗丝木科 Stemonuraceae	1	1
杜英科 Elaeocarpaceae	1	2	安息香科 Styracaceae	2	2
大戟科 Euphorbiaceae	1	1	山矾科 Symplocaceae	1	2
豆科 Fabaceae	2	4	山茶科 Theaceae	1	2
金丝桃科 Hypericaceae	1	1	荚蒾科 Viburnaceae	1	1
唇形科 Lamiaceae	2	2	天南星科 Araceae	1	1
樟科 Lauraceae	6	11	天门冬科 Asparagaceae	1	1
锦葵科 Malvaceae	4	4	莎草科 Cyperaceae	1	2
野牡丹科 Melastomataceae	1	1	露兜树科 Pandanaceae	1	1
叶下珠科 Phyllanthaceae	6	8	—	—	—

（二）妹仔田群落种类组成

妹仔田样地内维管植物有 65 科 127 属 178 种（表 7-2）。其中，石松类植物有 1 科 1 属 1 种，各占样地内维管植物总数的 1.54%、0.79% 和 0.56%；蕨类植物有 7 科 7 属 7 种，各占样地内维管植物总数的 10.77%、5.51% 和 3.93%；被子植物有 57 科 119 属 170 种，各占样地内维管植物总数的 87.69%、93.70% 和 95.51%，即以被子植物占绝对优势。妹仔田群落样地中，物种数最多的是茜草科（22 种），其次为樟科（12 种）、叶下珠科（9 种）和桑科（9 种），分别占样地内维管植物总种数的 12.36%、6.74%、5.06% 和 5.06%。只分布 1 种的科有 34 科，包括 34 属 34 种，分别占样地内维管植物总数的 52.31%、26.77% 和 19.10%；分布 2~5 种的科有 23 科，包括 45 属 63 种，分别占样地内维管植物总数的 35.38%、35.43% 和 35.39%；分布 6~9 种的科有 6 科，包括 25 属 47 种，分别占样地内维管植物总数的 9.23%、19.69% 和 26.40%；分布 10 种及以上的科有 2 科，包括 23 属 34 种，分别占样地内维管植物总数的 3.08%、18.11% 和 19.10%。

表 7-2 金花茶保护区妹仔田样地维管植物的科属种组成

科名	属数	种数	科名	属数	种数
卷柏科 Selaginellaceae	1	1	樟科 Lauraceae	7	12
乌毛蕨科 Blechnaceae	1	1	木兰科 Magnoliaceae	2	2
金毛狗科 Cibotiaceae	1	1	锦葵科 Malvaceae	3	3
碗蕨科 Dennstaedtiaceae	1	1	野牡丹科 Melastomataceae	3	4
鳞毛蕨科 Dryopteridaceae	1	1	楝科 Meliaceae	1	2
水龙骨科 Polypodiaceae	1	1	桑科 Moraceae	2	9
凤尾蕨科 Pteridaceae	1	1	桃金娘科 Myrtaceae	3	8
三叉蕨科 Tectariaceae	1	1	木樨科 Oleaceae	3	3
爵床科 Acanthaceae	1	1	五列木科 Pentaphylacaceae	1	3
蕈树科 Altingiaceae	1	1	叶下珠科 Phyllanthaceae	7	9
漆树科 Anacardiaceae	1	1	胡椒科 Piperaceae	1	1
番荔枝科 Annonaceae	4	4	海桐科 Pittosporaceae	1	1
冬青科 Aquifoliaceae	1	4	报春花科 Primulaceae	3	7
五加科 Araliaceae	1	1	山龙眼科 Proteaceae	1	3
紫草科 Boraginaceae	1	1	红树科 Rhizophoraceae	1	2
黄杨科 Buxaceae	1	1	蔷薇科 Rosaceae	3	4
红厚壳科 Calophyllaceae	1	1	茜草科 Rubiaceae	16	22
大麻科 Cannabaceae	2	2	芸香科 Rutaceae	3	3
卫矛科 Celastraceae	1	2	清风藤科 Sabiaceae	1	1
桤叶树科 Clethraceae	1	1	杨柳科 Salicaceae	3	3
藤黄科 Clusiaceae	1	2	山榄科 Sapotaceae	4	4
牛栓藤科 Connaraceae	1	1	虎耳草科 Saxifragaceae	1	1
山茱萸科 Cornaceae	2	2	省沽油科 Staphyleaceae	1	1
虎皮楠科 Daphniphyllaceae	1	1	五味子科 Schisandraceae	1	1
龙脑香科 Dipterocarpaceae	1	1	粗丝木科 Stemonuraceae	1	1
柿科 Ebenaceae	1	1	安息香科 Styracaceae	1	1
杜英科 Elaeocarpaceae	1	3	山矾科 Symplocaceae	1	2
大戟科 Euphorbiaceae	8	8	山茶科 Theaceae	2	6
豆科 Fabaceae	1	2	荚蒾科 Viburnaceae	1	1
唇形科 Lamiaceae	2	2	鸭跖草科 Commelinaceae	1	1

续表

科名	属数	种数	科名	属数	种数
壳斗科 Fagaceae	1	1	莎草科 Cyperaceae	1	2
金丝桃科 Hypericaceae	1	1	姜科 Zingiberaceae	1	1
胡桃科 Juglandaceae	1	1	—	—	—

（三）那山子群落种类组成

那山子样地内维管植物有 62 科 130 属 186 种（表 7–3）。其中，蕨类植物有 2 科 2 属 3 种，各占样地内维管植物总数的 3.23%、1.54% 和 1.61%；裸子植物有 2 科 2 属 2 种，各占样地内维管植物总数的 3.23%、1.54% 和 1.08%；被子植物有 58 科 126 属 181 种，各占样地内维管植物总数的 93.55%、96.92% 和 97.31%，即以被子植物占绝对优势。那山子群落样地中，物种数最多的是茜草科（18 种），其次是樟科（14 种）、叶下珠科（11 种）和桑科（11 种），分别占样地内维管植物总种数的 9.68%、7.53%、5.91% 和 5.91%。只分布 1 种的科有 26 科，包括 26 属 26 种，分别占样地内维管植物总数的 41.94%、20.00% 和 13.98%；分布 2~5 种的科有 29 科，包括 63 属 88 种，分别占样地内维管植物总数的 46.77%、48.46% 和 47.31%；分布 6~9 种的科有 3 科，包括 7 属 18 种，分别占样地内维管植物总数的 4.84%、5.38% 和 9.68%；分布 10 种及以上的科有 4 科，包括 34 属 54 种，分别占样地内维管植物总数的 6.45%、26.15% 和 29.03%。

表 7–3　金花茶保护区那山子样地维管植物的科属种组成

科名	属数	种数	科名	属数	种数
鳞毛蕨科 Dryopteridaceae	1	2	野牡丹科 Melastomataceae	2	3
里白科 Gleicheniaceae	1	1	楝科 Meliaceae	3	4
松科 Pinaceae	1	1	桑科 Moraceae	2	11
柏科 Cupressaceae	1	1	桃金娘科 Myrtaceae	1	5
猕猴桃科 Actinidiaceae	1	1	木樨科 Oleaceae	3	3
蕈树科 Altingiaceae	1	1	小盘木科 Pandaceae	1	1
漆树科 Anacardiaceae	2	2	五列木科 Pentaphylacaceae	2	5
番荔枝科 Annonaceae	3	3	叶下珠科 Phyllanthaceae	8	11
夹竹桃科 Apocynaceae	1	1	胡椒科 Piperaceae	1	1
冬青科 Aquifoliaceae	1	6	海桐科 Pittosporaceae	1	1
五加科 Araliaceae	1	1	远志科 Polygalaceae	1	1
紫草科 Boraginaceae	1	1	报春花科 Primulaceae	3	6
橄榄科 Burseraceae	1	1	山龙眼科 Proteaceae	2	4
大麻科 Cannabaceae	3	3	核果木科 Putranjivaceae	1	1

续表

科名	属数	种数	科名	属数	种数
红树科 Rhizophoraceae	1	2	蔷薇科 Rosaceae	4	4
卫矛科 Celastraceae	1	1	茜草科 Rubiaceae	15	18
藤黄科 Clusiaceae	1	2	芸香科 Rutaceae	5	5
山茱萸科 Cornaceae	2	2	清风藤科 Sabiaceae	1	1
虎皮楠科 Daphniphyllaceae	1	2	杨柳科 Salicaceae	4	4
五桠果科 Dilleniaceae	1	1	无患子科 Sapindaceae	3	3
柿科 Ebenaceae	1	2	山榄科 Sapotaceae	1	1
杜英科 Elaeocarpaceae	1	2	虎耳草科 Saxifragaceae	1	1
大戟科 Euphorbiaceae	4	5	五味子科 Schisandraceae	1	1
豆科 Fabaceae	2	4	省沽油科 Staphyleaceae	1	1
壳斗科 Fagaceae	2	2	粗丝木科 Stemonuraceae	1	1
金丝桃科 Hypericaceae	1	1	安息香科 Styracaceae	2	2
胡桃科 Juglandaceae	1	1	山矾科 Symplocaceae	1	3
唇形科 Lamiaceae	3	3	山茶科 Theaceae	1	3
樟科 Lauraceae	9	14	荚蒾科 Viburnaceae	1	2
木兰科 Magnoliaceae	2	2	莎草科 Cyperaceae	1	1
锦葵科 Malvaceae	3	6	姜科 Zingiberaceae	1	1

三、重要值

（一）重要值的计算方法

通过重要值计算排名，分别确定乔木层与灌木层各物种优势度，并反映物种在群落中的地位与作用，计算公式如下：

$$IV_{乔木}=（相对多度+相对显著度+相对频度）/3$$

$$IV_{灌木}=（相对多度+相对频度）/2$$

式中：

$$相对多度（\%）=\frac{某一物种的总株数}{样地内全部植物总数}\times 100$$

$$相对频度（\%）=\frac{某物种出现在样方中的频度}{样地中所有物种的频度之和}\times 100$$

$$相对显著度（\%）=\frac{某物种胸高段面积之和}{样地内所有植物胸高断面积之和}\times 100$$

频度为某个物种在调查范围内出现的频率，即该物种出现的样方数占所调查的样方总数的百分比，频度越大，其所表示种群的个体在群落中的分布越均匀。对样地内的植物群落进行鉴定与计数，统计其频度。

$$频度（\%）=\frac{某物种出现的样方数}{全部样方数}\times 100$$

（二）大石坪群落重要值

大石坪群落中乔木层、灌木层和草本层的优势种明显（表 7-4），乔木层重要值排名前三的优势种依次为鹅掌柴、华润楠、银柴，三者重要值之和为 33.23，占乔木层重要值总和的 66.37%；灌木层重要值排名前三的优势种依次是九节、假苹婆、南山花，三者的重要值之和为 37.34，占灌木层重要值总和的 73.66%；草本层重要值排名前三的优势种依次是微红新月蕨、团叶槲蕨、长柱头薹草，三者的重要值之和为 53.00，占草本层重要值总和的 74.51%。调查群落的草本层不发达，对该群落的结构和生态功能发挥的贡献有限。

表 7-4 金花茶保护区大石坪群落的优势及各物种的重要值

层次	物种	重要值
乔木层	鹅掌柴 *Heptapleurum heptaphyllum*	17.22
	华润楠 *Machilus chinensis*	8.33
	银柴 *Aporosa dioica*	7.68
	枫香树 *Liquidambar formosana*	6.54
	假苹婆 *Sterculia lanceolata*	5.65
	水同木 *Ficus fistulosa*	4.65
灌木层	九节 *Psychotria asiatica*	23.68
	假苹婆 *Sterculia lanceolata*	6.89
	南山花 *Prismatomeris tetrandra*	6.77
	黄椿木姜子 *Litsea variabilis*	4.93
	银柴 *Aporosa dioica*	4.44
	鹅掌柴 *Heptapleurum heptaphyllum*	3.98
草本层	微红新月蕨 *Pronephrium megacuspe*	34.80
	团叶槲蕨 *Drynaria bonii*	10.71
	长柱头薹草 *Carex teinogyna*	7.49
	半边旗 *Pteris semipinnata*	7.35
	三羽新月蕨 *Pronephrium triphyllum*	5.72
	长囊薹草 *Carex harlandii*	5.06

（三）妹仔田群落重要值

妹仔田群落各层次优势种明显（表 7–5），乔木层中重要值排名前三的依次为鹅掌柴、肉实树、银柴，三者重要值之和为 23.00，占乔木层重要值之和的 51.64%；灌木层中重要值排名前三的依次为东兴金花茶、大管、柏拉木，三者的重要值之和为 21.06，占灌木层重要值之和的 82.27%；草本层中重要值排名前三的依次为乌毛蕨、刺头复叶耳蕨、二形卷柏，三者的重要值之和为 60.00，占草本层重要值之和的 68.97%。妹仔田群落上层的郁闭度较高，林下光照强度较弱，因此草本层组成种较少，草本植物对群落结构的形成和群落生态功能的作用有限。

表 7–5　金花茶保护区妹仔田群落的优势种及各物种的重要值

层次	物种	重要值
乔木层	鹅掌柴 *Heptapleurum heptaphyllum*	10.83
	肉实树 *Sarcosperma laurinum*	7.03
	银柴 *Aporosa dioica*	5.14
	黄椿木姜子 *Litsea variabilis*	4.41
	黄樟 *Camphora parthenoxylon*	4.16
	罗浮柿 *Diospyros morrisiana*	3.39
	打铁树 *Myrsine linearis*	3.37
	疏花臀果木 *Pygeum laxiflorum*	3.15
	假苹婆 *Sterculia lanceolata*	3.06
灌木层	东兴金花茶 *Camellia indochinensis* var. *tunghinensis*	13.85
	大管 *Micromelum falcatum*	3.86
	柏拉木 *Blastus cochinchinensis*	3.35
	粗丝木 *Gomphandra tetrandra*	1.28
	白花龙船花 *Ixora henryi*	1.08
	粗叶木 *Lasianthus chinensis*	0.89
	刺果卫矛 *Euonymus acanthocarpus*	0.69
	海南山龙眼 *Helicia hainanensis*	0.30
	粗叶榕 *Ficus hirta*	0.30
草本层	乌毛蕨 *Blechnopsis orientalis*	34.00
	刺头复叶耳蕨 *Arachniodes aristata*	16.00
	二形卷柏 *Selaginella biformis*	10.00

续表

层次	物种	重要值
草本层	长柱头薹草 *Carex teinogyna*	6.00
	山姜 *Alpinia japonica*	5.00
	金毛狗 *Cibotium barometz*	5.00
	杜若 *Pollia japonica*	4.00
	叉序草 *Isoglossa collina*	4.00
	团叶槲蕨 *Drynaria bonii*	3.00

（四）那山子群落重要值

那山子群落各层次优势种明显（表 7–6），乔木层中重要值排名前三的依次为鹅掌柴、罗浮柿、两广梭罗树，三者的重要值之和为 17.87，占乔木层重要值总和的 50.27%；灌木层中重要值排名前三的依次为疏花卫矛、黑面神、尖连蕊茶，三者的重要值之和为 75.03，占灌木层重要值之和的 75.03%；草本层中重要值排名前三的依次为粗裂复叶耳蕨、芒萁、山姜，三者的重要值之和为 75.60，占草本层重要值之和的 75.75%。那山子群落的草本层组成种较少，可见群落的郁闭度较高。

表 7–6　金花茶保护区那山子群落的优势种及各物种的重要值

层次	物种	重要值
乔木层	鹅掌柴 *Heptapleurum heptaphyllum*	8.01
	罗浮柿 *Diospyros morrisiana*	6.33
	两广梭罗树 *Reevesia thyrsoidea*	3.53
	肉实树 *Sarcosperma laurinum*	3.26
	毛冬青 *Ilex pubescens*	3.25
	银柴 *Aporosa dioica*	3.13
	罗伞树 *Ardisia quinquegona*	2.91
	九节 *Psychotria asiatica*	2.80
	华润楠 *Machilus chinensis*	2.33
灌木层	疏花卫矛 *Euonymus laxiflorus*	32.06
	黑面神 *Breynia fruticosa*	24.97
	尖连蕊茶 *Camellia cuspidata*	18.00
	白花龙 *Styrax faberi*	9.67
	毛棯 *Melastoma sanguineum*	8.10
	毛果算盘子 *Glochidion eriocarpum*	3.60
	爪哇脚骨脆 *Casearia velutina*	3.60
草本层	粗裂复叶耳蕨 *Arachniodes grossa*	32.50
	芒萁 *Dicranopteris pedata*	22.60

续表

层次	物种	重要值
草本层	山姜 *Alpinia japonica*	20.50
	长柱头薹草 *Carex teinogyna*	12.60
	刺头复叶耳蕨 *Arachniodes aristata*	11.60

四、生活型谱

（一）生活型谱的编制方法

植物的生活型是有机体对环境及其节律变化长期适应的一种形态表现，不同地区，不同植物群落中植物的生活型也有所不同。生活型谱是某一地区或某一群落内不同生活型物种构成及比例关系，能够反映植物与环境间的相互关系，可作为群落结构和外貌的表征。参考 Raunkiaer 的生活型分类系统，编制群落组成种类的生活型谱。

（二）大石坪群落生活型谱

由图 7-1 可知，大石坪样地群落植物生活型主要以小高位芽植物为主，各生活型所占百分比表现为小高位芽植物（82.96%）＞中高位芽植物（14.43%）＞草本高位芽植物（1.74%）＞矮高位芽植物（0.86%），说明该地区的气候温暖湿润，植物生长周期较长。

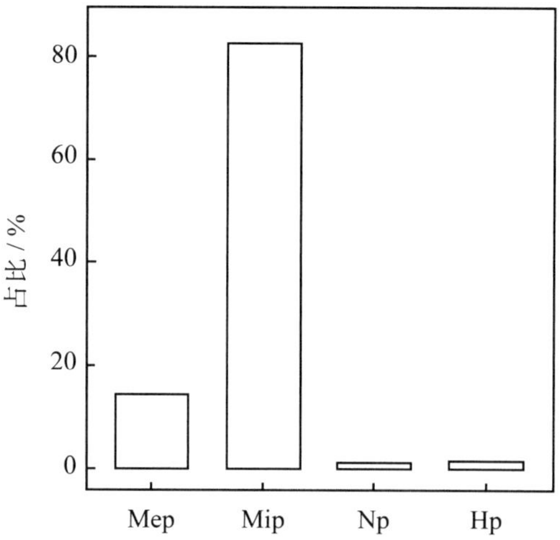

Mep 为中高位芽植物，Mip 为小高位芽植物，Np 为矮高位芽植物，Hp 为草本高位芽植物；下同。

图 7-1 金花茶保护区大石坪群落维管植物生活型谱

（三）妹仔田群落生活型谱

由图 7-2 可知，妹仔田样地群落中高位芽植物占 13.20%，小高位芽植物占 85.51%，矮高位芽植物占 1.05%，草本高位芽植物占 0.23%；小高位芽植物所占百分比最高，其次是中高位芽植物，草本高位芽植物最低。说明该地区的气候温暖，群落植物以小高位芽植物生活型为主，不以种子的形式度过冬季。

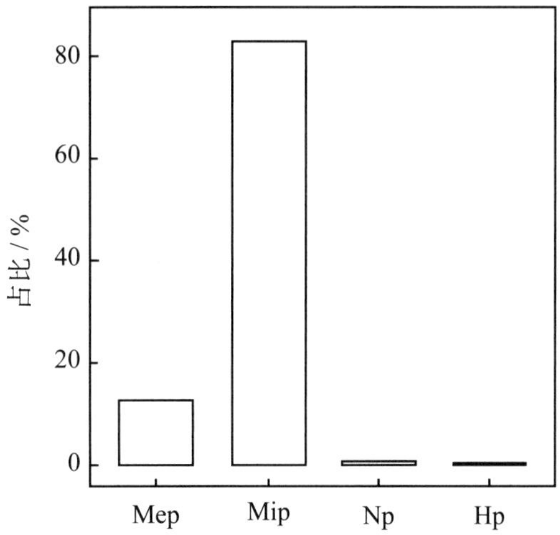

图 7–2 金花茶保护区妹仔田群落维管植物生活型谱

（四）那山子群落生活型谱

由图 7–3 可知，那山子样地群落中高位芽植物占 11.00%，小高位芽占 77.15%，矮高位芽植物占 12.00%，草本高位芽植物占 0.41%。群落植物中以小高位芽植物所占的百分比最高，其次是矮高位芽植物，草本高位芽植物最少。可见该地区的气候温暖，植物不以种子的形式度过冬季。

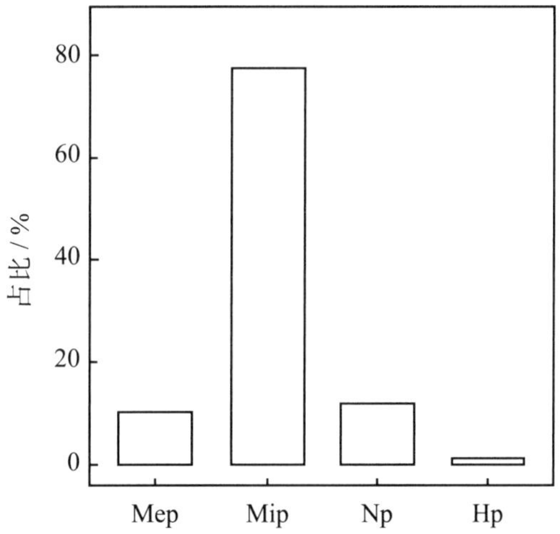

图 7–3 金花茶保护区那山子群落维管植物生活型谱

五、区系组成

（一）区系成分的确定方法

对金花茶保护区的大石坪、妹仔田和那山子的森林群落区系成分仅进行属的区系成分分析。其中，蕨类植物的区系成分依据陆树刚《蕨类植物学概论》（2017）的方法来划分；种子植物的区系成分依据吴征镒等《种子植物分布区类型及其起源和分化》（2006）、李德铢《中国维管植物科属志》（2020）来划分。

（二）大石坪群落植物区系特征

大石坪群落维管植物科的区系成分可划分为 8 个分布型和 5 个亚型（表 7–7）。其中，世界分布科有卷柏科、凤尾蕨科、水龙骨科、松科、报春花科、唇形科、大麻科、豆科、木樨科、茜草科、蔷薇科、桑科和莎草科共 13 科。热带分布科有 4 个分布型和 4 个亚型，包括金星蕨科、粗丝木科、大戟科、番荔枝科、橄榄科、红树科、胡椒科、夹竹桃科、锦葵科、楝科、漆树科、山茶科、山榄科、柿科、藤黄科、天南星科、卫矛科、无患子科、小盘木科、野牡丹科、叶下珠科、芸香科、樟科、杨柳科、安息香科、冬青科、杜英科、省沽油科、五加科、海桐科、露兜树科、虎皮楠科、山矾科、山龙眼科、桃金娘科、五列木科、龙脑香科和清风藤科共 38 科，占 86.36%。温带分布科有 2 个分布型和 1 个亚型，包括金丝桃科、天门冬科、荚蒾科、猕猴桃科、山茱萸科和蕈树科共 6 科，占 13.64%。

表 7–7　金花茶保护区大石坪群落维管植物科的分布区类型

科分布区类型	科数	占总科数 /%
1. 世界分布	13	—
2. 泛热带分布	24	54.55
2–1. 热带亚洲、大洋洲和南美洲（墨西哥）间断	1	2.27
2S. 以南半球为主的泛热带	2	4.55
3. 热带亚洲和热带美洲间断分布	5	11.36
4. 旧世界热带分布	2	4.55
5. 热带亚洲至热带大洋洲分布	1	2.27
7a. 西马来	1	2.27
7d. 全分布区东达新几内亚	2	4.55
8. 北温带分布	3	6.82
8–4. 北温带和南温带间断	2	4.55
14. 东亚分布	1	2.27
合计	57	100.00

注：表中百分比不含世界分布，表 7–8 至表 7–12 同。

大石坪群落维管植物属的区系成分可划分为 9 个分布型和 14 个亚型（表 7–8）。其中，世界分布属有卷柏属、黄牛木属、卫矛属、蜜茱萸属、薹草属和吴茱萸属共 6 属。热带分布属有 6 个分布型和 12 个亚型，包括凤尾蕨属、槲蕨属、新月蕨属、冬青属、龙血树属、琼楠属、山矾属、李属、天料木属、黄皮属、茜树属、水团花属、鱼骨木属、翅子树属、秋枫属、桫罗树属、狗骨柴属、裂果金花属、肉实树属、樫木属、山茶属、山桂花属、大沙叶属、假山龙眼属、坡垒属、润楠属、山石榴属、石斑木属、九里香属、破布叶属、巴豆属、粗叶木属、大青属、海红豆属、胡椒属、黄棉木属、九节属、南山花属、万钧木属、油果樟属、紫金牛属、鹅掌柴属、厚壳桂属、花椒属、脚骨脆属、牡荆属、苹婆属、朴属、榕属、柿属、算盘子属、栀子属、安息香属、赤杨叶属、柃属、木姜子属、泡花树属、山香圆属、水东哥属、樟属、八角枫属、海桐属、露兜树属、土蜜树属、五月茶属、箣柊属、倒吊笔属、杜茎山属、橄榄属、谷木属、蒲桃属、猪肚木属、紫玉盘属、波罗蜜属、杜英属、瓜馥木属、猴耳环属、米仔兰属、山龙眼属、山油柑属、水锦树属、小芸木属、银柴属、竹节树属、子楝树属、黑面神属、假鹰爪属、石柑属、玉叶金花属、粗丝木属、藤黄属、铁仔属、小盘木属、虎皮楠属和臀果木属共 95 属，占 93.14%。温带分布属有 2 个分布型和 2 个亚型，包括荚蒾属、橙桑属、枫香树属、漆树属、流苏树属、刺桑属和槭属共 7 属，占 6.86%。

综上所述，大石坪群落维管植物科、属的区系成分均是以热带成分为主。

表 7-8　金花茶保护区大石坪群落维管植物属的分布区类型

属分布区类型	属数	占总属数 /%
1. 世界分布	6	—
2. 泛热带分布	23	22.55
2-1. 热带亚洲、大洋洲（至新西兰）和中至南美洲（或墨西哥）间断	4	3.92
2-2. 热带亚洲、非洲和中至南美洲间断	2	1.96
3. 热带亚洲和热带美洲间断分布	8	7.84
4. 旧世界热带分布	13	12.75
4-1. 热带亚洲、非洲（或东非，马达加斯加）和大洋洲间断	3	2.94
5. 热带亚洲和热带大洋洲分布	16	15.69
6. 热带亚洲至热带非洲连续或间断分布	5	4.90
6-2. 热带亚洲和东非或马达加斯加间断	1	0.98
7. 热带亚洲（印度、马来西亚）分布	3	2.94
7-1. 爪哇（或苏门答腊），喜马拉雅至华南、西南间断或星散分布	3	2.94
7-2. 热带印度至华南（特别滇南）	1	0.98
7-4. 越南（或中南半岛）至华南（或西南）	2	1.96
7a. 西马来	3	2.94
7ab. 西马来及中马来分布	2	1.96
7a-c. 印度—中马来分布	2	1.96
7b. 中马来	2	1.96
7e. 全分布区东南达西太平洋诸岛弧	2	1.96
8. 北温带分布	1	0.98
8-4. 北温带和南温带间断（泛温带）	2	1.96
9. 东亚和北美洲间断分布	3	2.94
12-3. 地中海区至温带—热带亚洲、大洋洲和南美洲间断	1	0.98
合计	108	99.99

（三）妹仔田群落植物区系特征

妹仔田群落维管植物科的区系成分可划分为7个分布型和5个亚型（表7-9）。其中，世界分布科有卷柏科、乌毛蕨科、金毛狗科、水龙骨科、凤尾蕨科、报春花科、唇形科、大麻科、豆科、木樨科、茜草科、蔷薇科、桑科、莎草科、虎耳草科和紫草科共16科。热带分布科有4个分布型和4个亚型，包括碗蕨科、鳞毛蕨科、三叉蕨科、粗丝木科、大戟科、番荔枝科、红树科、胡椒科、锦葵科、楝科、漆树科、山茶科、山榄科、柿科、藤黄科、卫矛科、野牡丹科、叶下珠科、芸香科、樟科、杨柳科、红厚壳科、爵床科、牛栓藤科、鸭跖草科、安息香科、冬青科、杜英科、省沽油科、五加科、桤叶树科、海桐科、虎皮楠科、姜科、山矾科、山龙眼科、桃金娘科、五列木科、龙脑香科和清风藤科共40科，占83.33%。温带分布科有2个分布型和1个亚型，包括金丝桃科、荚蒾科、木兰科、山茱萸科、蕈树科、胡桃科、黄杨科和壳斗科共8科，占16.67%。

表7-9　金花茶保护区妹仔田群落维管植物科的分布区类型

科分布区类型	科数	占总科数/%
1. 世界分布	16	—
2. 泛热带分布	25	52.08
2-1. 热带亚洲、大洋洲和南美洲（墨西哥）间断	1	2.08
2S. 以南半球为主的泛热带	2	4.17
3. 热带亚洲和热带美洲间断分布	6	12.50
4. 旧世界热带分布	1	2.08
5. 热带亚洲至热带大洋洲分布	2	4.17
7a. 西马来	1	2.08
7d. 全分布区东达新几内亚	2	4.17
8. 北温带分布	2	4.17
8-4. 北温带和南温带间断	5	10.42
9. 东亚和北美洲间断分布	1	2.08
合计	64	100.00

妹仔田群落维管植物属的区系成分可划分为11个分布型和15个亚型（表7-10）。其中，世界分布属有卷柏属、蕨属、铁线蕨属、黄牛木属、卫矛属、蜜茱萸属和薹草属共7属。热带分布属有6个分布型和12个亚型，包括粗叶木属、大青属、胡椒属、黄棉木属、九节属、南山花属、万钧木属、紫金牛属、鹅掌柴属、厚壳桂属、花椒属、牡荆属、苹婆属、朴属、榕属、柿属、算盘子属、栀子属、杜若属、红叶藤属、厚壳树属、龙船花属、山麻秆属、叶下珠属、紫荆木属、乌毛蕨属、复叶耳蕨属、叉蕨属、赤杨叶属、柃属、木姜子属、泡花树属、山香圆属、樟属、桤叶树属、八角枫属、海桐属、土蜜树属、五月茶属、簕柊属、杜茎山属、蒲桃属、猪肚木属、紫玉盘属、粗毛野桐属、血桐属、野桐属、鹰爪花属、桃金娘属、乌口树属、金毛狗属、杜英属、瓜馥木属、猴耳环属、米仔兰属、山龙眼属、水锦树属、小芸木属、银柴属、竹节树属、子楝树属、黑面神属、假鹰爪属、山姜属、野牡丹

属、槲蕨属、粗丝木属、藤黄属、铁仔属、弯管花属、叉序草属、海漆属、虎皮楠属、臀果木属、乌桕属、冬青属、琼楠属、山矾属、红厚壳属、天料木属、茜树属、水团花属、鱼骨木属、翅子树属、秋枫属、裂果金花属、肉实树属、梭子果属、山茶属、山桂花属、柏拉木属、黄肉楠属、枇杷属、三宝木属、大沙叶属、坡垒属、润楠属、木莲属、山石榴属、石斑木属、破布叶属和白颜树属共102属，占85.71%。温带分布属有3个分布型和3个亚型，包括荚蒾属、山茱萸属、枫香树属、漆树属、锥属、山胡椒属、鼠刺属、长喙木兰属、紫茎属、油桐属、铁榄属、流苏树属、木樨榄属、黄杞属、刺桑属、黄杨属共16属，占13.45%。中国特有分布仅有棱果花属1属，占0.84%。

综上所述，妹仔田群落维管植物科、属的区系成分均是以热带成分为主。

表7–10　金花茶保护区妹仔田群落维管植物属的分布区类型

属分布区类型	属数	占总属数/%
1. 世界分布	7	—
2. 泛热带分布	28	23.53
2–1. 热带亚洲、大洋洲（至新西兰）和中至南美洲（或墨西哥）间断	4	3.36
2–2. 热带亚洲、非洲和中至南美洲间断	1	0.84
3. 热带亚洲和热带美洲间断分布	7	5.88
4. 旧世界热带分布	16	13.45
4–1. 热带亚洲、非洲（或东非，马达加斯加）和大洋洲间断	2	1.68
5. 热带亚洲和热带大洋洲分布	15	12.61
6. 热带亚洲至热带非洲连续或间断分布	6	5.04
6–2. 热带亚洲和东非或马达加斯加间断	1	0.84
7. 热带亚洲（印度、马来西亚）分布	3	2.52
7–1. 爪哇（或苏门答腊），喜马拉雅至华南、西南间断或星散分布	2	1.68
7–4. 越南（或中南半岛）至华南（或西南）	3	2.52
7a. 西马来	5	4.20
7a/e. 西马来和西太平洋诸岛弧的间断	1	0.84
7ab. 西马来及中马来分布	1	0.84
7a–c. 印度—中马来分布	3	2.52
7b. 中马来	2	1.68
7e. 全分布区东南达西太平洋诸岛弧	2	1.68
8. 北温带分布	2	1.68
8–4. 北温带和南温带间断（泛温带）	2	1.68
9. 东亚和北美洲间断分布	7	5.88
12–3. 地中海区至温带—热带亚洲、大洋洲和南美洲间断	2	1.68

续表

属分布区类型	属数	占总属数 /%
14. 东亚分布	2	1.68
14（SJ）. 中国—日本	1	0.84
15. 中国特有分布	1	0.84
合计	126	100.00

（四）那山子群落植物区系特征

那山子群落维管植物科的区系成分可划分为 8 个分布型和 5 个亚型（表 7-11）。其中，世界分布科有报春花科、唇形科、大麻科、豆科、木樨科、茜草科、蔷薇科、桑科、莎草科、虎耳草科、紫草科和远志科共 12 科。热带分布科有 4 个分布型和 4 个亚型，包括鳞毛蕨科、里白科、粗丝木科、大戟科、番荔枝科、红树科、胡椒科、锦葵科、楝科、漆树科、山茶科、山榄科、柿科、藤黄科、卫矛科、野牡丹科、叶下珠科、芸香科、樟科、杨柳科、橄榄科、夹竹桃科、无患子科、小盘木科、核果木科、安息香科、冬青科、杜英科、省沽油科、五加科、海桐科、虎皮楠科、姜科、山矾科、五桠果科、山龙眼科、桃金娘科、五列木科和清风藤科共 39 科，占 82.98%。温带分布科有 3 个分布型和 1 个亚型，包括金丝桃科、荚蒾科、木兰科、猕猴桃科、山茱萸科、蕈树科、胡桃科和壳斗科共 8 科，占 17.02%。

表 7-11　金花茶保护区那山子群落维管植物科的分布区类型

科分布区类型	科数	占总科数 /%
1. 世界分布	12	—
2. 泛热带分布	25	53.19
2-1. 热带亚洲、大洋洲和南美洲（墨西哥）间断	2	4.26
2S. 以南半球为主的泛热带	2	4.26
3. 热带亚洲和热带美洲间断分布	5	10.64
4. 旧世界热带分布	1	2.13
5. 热带亚洲至热带大洋洲分布	2	4.26
7a. 西马来	1	2.13
7d. 全分布区东达新几内亚	1	2.13
8. 北温带分布	2	4.26
8-4. 北温带和南温带间断	4	8.51
9. 东亚和北美洲间断分布	1	2.13
14. 东亚分布	1	2.13
合计	59	100.00

那山子群落维管植物属的区系成分可划分为 10 个分布型和 16 个亚型（表 7-12）。其中，世界分布属有黄牛木属、卫矛属、蜜茱萸属、薹草属和吴茱萸属共 5 属。热带分布属有 6 个分布型和 13 个亚型，包括复叶耳蕨属、芒萁属、粗叶木属、大青属、胡椒属、黄棉木属、九节属、南山花属、万钧木属、紫金牛属、鹅掌柴属、厚壳桂属、花椒属、牡荆属、苹婆属、朴属、榕属、柿属、算盘子属、栀子属、厚壳树属、龙船花属、叶下珠属、油果樟属、脚骨脆属、钩藤属、核果木属、紫珠属、鸡爪簕属、山黄麻属、赤杨叶属、柃属、木姜子属、泡花树属、山香圆属、樟属、安息香属、水东哥属、红豆属、八角枫属、海桐属、土蜜树属、五月茶属、箣柊属、杜茎山属、蒲桃属、猪肚木属、紫玉盘属、血桐属、野桐属、乌口树属、倒吊笔属、橄榄属、谷木属、杜英属、瓜馥木属、猴耳环属、米仔兰属、山龙眼属、水锦树属、小芸木属、银柴属、竹节树属、黑面神属、假鹰爪属、山姜属、野牡丹属、波罗蜜属、山油柑属、柄果木属、新木姜子属、粗丝木属、藤黄属、铁仔属、小盘木属、虎皮楠属、臀果木属、冬青属、琼楠属、山矾属、五桠果属、天料木属、李属、茜树属、鱼骨木属、杨桐属、翅子树属、秋枫属、梭罗树属、木奶果属、狗骨柴属、肉实树属、无患子属、山茶属、山桂花属、枇杷属、鹧鸪花属、三宝木属、大沙叶属、假山龙眼属、润楠属、木莲属、石斑木属、白颜树属和山楝属共 105 属，占 86.78%。温带分布属有 3 个分布型和 3 个亚型，包括荚蒾属、山茱萸属、枫香树属、漆树属、山胡椒属、鼠刺属、长喙木兰属、柯属、油桐属、南酸枣属、流苏树属、木槲榄属、黄杞属、槭属、黄叶树属和栎属共 16 属，占 13.22%。

综上所述，那山子群落维管植物科、属的区系成分均是以热带成分为主。

表 7-12　金花茶保护区那山子群落维管植物属的分布区类型

属分布区类型	属数	占总属数 /%
1. 世界分布	5	—
2. 泛热带分布	29	23.97
2-1. 热带亚洲、大洋洲（至新西兰）和中至南美洲（或墨西哥）间断	4	3.31
2-2. 热带亚洲、非洲和中至南美洲间断	2	1.65
3. 热带亚洲和热带美洲间断分布	10	8.26
4. 旧世界热带分布	15	12.40
4-1. 热带亚洲、非洲（或东非，马达加斯加）和大洋洲间断	1	0.83
5. 热带亚洲和热带大洋洲分布	17	14.05
6. 热带亚洲至热带非洲连续或间断分布	4	3.31
6-2. 热带亚洲和东非或马达加斯加间断	2	1.65
7. 热带亚洲（印度、马来西亚）分布	2	1.65
7-1. 爪哇（或苏门答腊），喜马拉雅至华南、西南间断或星散分布	4	3.31
7-2. 热带印度至华南（特别滇南）	1	0.83
7-4. 越南（或中南半岛）至华南（或西南）	2	1.65

续表

属分布区类型	属数	占总属数 /%
7a. 西马来	4	3.31
7a/e. 西马来和西太平洋诸岛弧的间断	1	0.83
7ab. 西马来及中马来分布	2	1.65
7a–c. 印度—中马来分布	2	1.65
7b. 中马来	1	0.83
7e. 全分布区东南达西太平洋诸岛弧	2	1.65
8. 北温带分布	2	1.65
8–4. 北温带和南温带间断（泛温带）	3	2.48
9. 东亚和北美洲间断分布	6	4.96
12–3. 地中海区至温带—热带亚洲、大洋洲和南美洲间断	2	1.65
14. 东亚分布	2	1.65
14（SJ）. 中国—日本	1	0.83
合计	126	100.00

六、物种多度分布格局

（一）物种多度分布格局分析方法

1. 物种多度分布图的编制

根据群落样地上层组成种类个体数量的分布情况，首先采用倍程方法（octave method）进行分组统计，然后以倍程为横坐标，物种数为纵坐标，绘制物种多度分布图。

2. 物种频度分布图的编制

频度（frequency, F）为某个物种所出现的样方数（S）占全部样方数（N）的比率，即：

$$F\text{（频度）（\%）}=\frac{S\text{（某物种出现的样方数）}}{N\text{（全部样方数）}}\times 100$$

根据 Raunkiaer 的频度理论，将频度划分为 A（1%~20%）、B（21%~40%）、C（40%~60%）、D（61%~80%）和 E（81%~100%）共 5 个等级，把群落内的全部物种都归类到相应的等级中，由此绘制物种的频度分布图。Raunkiaer 标准频度图解如图 7–4 所示，5 个频度等级呈现 A > B > C ≥ D < E 的规律。在一个种类分布比较均匀一致的群落中，频度 A 级的种类占大多数，B、C 和 D 级的种类较少，E 级的种类多为群落的优势种和建群种而占有较高的比例。群落的均匀性与 A 级和 E 级的大小成正比，特别是 E 级的比例越高，群落的均匀性越大。若 B、C、D 级的比例增高，则表明群落中物种分布不均匀，预示着植被分化和演替的趋势。

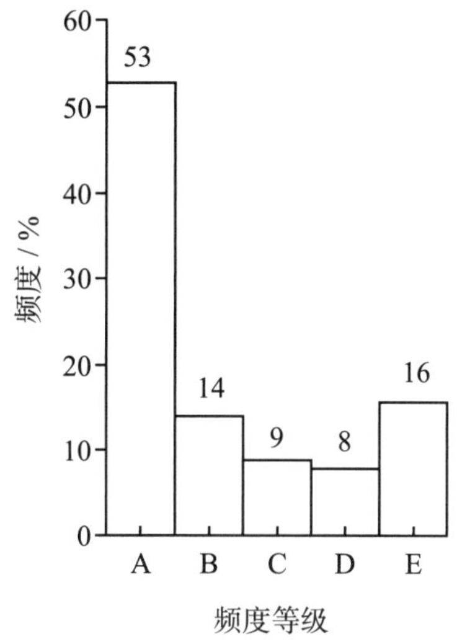

图 7-4　Raunkiaer 标准频度图解

3. 物种多度分布格局模型的确定

由于自然群落复杂以及多种生物和环境因素的影响，单一模型无法对群落进行准确估计，故本研究选取 8 个被世界广泛接受和普遍使用的多度模型进行物种多度格局的研究，其中有 2 个统计模型（对数级数模型、对数正态模型）、4 个生态位模型（生态位优先占领模型、断棍模型、Zipf 模型、Zipf-Mand 模型）以及 2 个中性理论模型（复合群落零和多项式模型、Volkov 模型）。

（1）统计模型（statistic model）

①对数级数模型（log-series model, LSM）：该模型通过数学的方法描述群落中物种数与个体数之间的关系，不考虑个体数为 0 的物种。该模型可以反映物种以无规则的时间间隔侵入生境，并可以反映出一个物种或几个物种在群落中占优劣。对数级数模型假设群落中物种的多度分布服从以下公式：

$$S(n)=\alpha\frac{X^n}{n}$$

式中，$S(n)$ 表示群落中多度为 n 的物种数，α 为多样性指数；X 为常数（$0<X\leqslant 1$），并与群落大小有关。

②对数正态模型（log-normal model, LNM）：Preston 最早用其进行多度分布研究，该模型认为群落内物种个体数的对数符合正态分布，对于物种多度分布来说，变量为每个物种所具有的个体数，因子即影响群落组成的各个过程。其模型公式为：

$$A_i=e^{\log(\mu)+\log(\delta)\Phi},\ (i=1,\ 2,\ 3,\ \ldots,\ S)$$

式中，A_i 为第 i 个物种的多度，μ 和 δ 分别表示正态分布的均值和方差，Φ 为正态偏差。

（2）生态位理论模型（niche model）

①生态位优先占领模型（niche preemption model, NPM），模型公式为：

$$A_i=A_1(1-k)^{i-1},\ (i=1,\ 2,\ 3,\ \ldots,\ S)$$

式中，模型假定物种 1 先占用群落总生态位的 k 份，物种 2 占用剩下的 $k(1-k)$ 份，物种 3 再继续占据余下的 $k(1-k)^2$ 份，依次类推，直至剩余资源无法继续维持下一个物种的生存。

②断棍模型（broken-stick model, BSM）：该模型是一种资源分配模型，又称为随机生态位假说，该模型在多度上主要反映整个生态位资源在几个竞争种之间将会在一维梯度上进行随机分配。其模型

公式为：

$$A_i = \frac{J}{S}\sum_{x=i}^{S}\frac{1}{x}, \quad (i=1, 2, 3, \cdots, S)$$

式中，该模型假设某一群落内的总生态位是长度为 1 的一条短棍，若将其分割为 S 段，则代表生态位被 S 个物种所占有，模型假定 S 个物种的分类地位和竞争能力均相似，且在群落中同时出现。J 表示群落内物种的个体总数，A_i 表示第 i 个物种的多度。

③ Zipf 模型（zipd model, ZM）：该模型假定一个群落中物种的定植是依赖于以前的环境和已存的物种，先锋种定植的代价则比演替种的低。

$$A_i = JP_1 i^{-\gamma}, \quad (i=1, 2, 3, \cdots, S)$$

式中，A_i 表示第 i 个物种的多度，J 表示群落内物种的个体总数，P_1 表示模型中丰度最高物种的多度所占的比例，γ 表示常数。

④ Zipf-Mand 模型（zipf-mandelbrot model, ZMM）：该模型由 Zipf 模型改进而来，增加了参数 β，生态学上可理解为提高物种在多种生境的可选择性。

$$A_i = Jc\,(i+\beta)^{-\gamma}, \quad (i=1, 2, 3, \cdots, S)$$

式中，J 为群落个体总数，c 表示 Zipf 模型中预测的 P_1。

（3）中性理论模型（neutral model）

①复合群落零和多项式模型（metacommunity zero-sum multinomial distribution model, MZM）的模型公式为：

$$S(n) = \frac{\theta}{n}\int_0^J f_{n,1}(y)\left(1 - \frac{y}{J}\right)^{\theta - 1} \mathrm{d}y$$

$$f_{n,\delta}(y) = \frac{1}{\Gamma(n)\delta^n}\exp\left(-\frac{y}{\delta}\right)y^{n-1}$$

式中，$S(n)$ 为群落中多度为 n 的物种数，θ 代表群落内物种多样性；J 为取样点内个体数。该模型假定某一群落的物种多度分布由自中性复合群落的随机漂变过程主导。

② Volkov 模型（volkov model, VM）：

$$S(n) = \theta\frac{J!}{n!(J-n)!}\frac{\Gamma(\gamma)}{\Gamma(J+\gamma)}\int_0^{\gamma}\frac{\Gamma(n+y)}{\Gamma(1+y)}\frac{\Gamma(J-n+\gamma-y)}{\Gamma(\gamma-y)}\exp\left(-\frac{y\theta}{\gamma}\right)\mathrm{d}y$$

$$\Gamma(z) = \int_0^{\infty} t^{z-1}e^{-t}\mathrm{d}t$$

$$\gamma = \frac{m(J-1)}{1-m}$$

式中，相较于复合群落零和多项式模型增加了迁移系数 m，$S(n)$ 为群落中多度为 n 的物种数，γ 表示迁移到局域群落内的个体数。

4. 模型拟合效果分析

为了检验模型的拟合效果，采用 kolmogorov-smirnov（*K-S*）检验和赤池信息量准则（akaike information criterion, *AIC*）来检验模型拟合效果。*K-S* 检验是一种非参数检验的方法，它通过计算两个样本经验分布函数之间的距离来判断二者是否存在显著差异，若 $P < 0.05$，则表示该模型被拒绝。在 *AIC* 检验中，计算的 *AIC* 数值越小，表明模型的拟合效果越好。

（二）大石坪群落物种多度分布格局

1. 大石坪群落的物种多度分布

由表 7-13 和图 7-5 可知，大石坪群落 1 hm^2 样地中，群落上层生长正常的个体共有 139 种 5 930 株。其中，仅有 1 个个体的种最多，共有 33 种，占群落上层总种数的 23.74%。这些种分别是粗叶木、调羹树、二色波罗蜜、翻白叶树、个溥、构棘、广西油果樟、华南蒲桃、黄棉木、金花茶、阔叶瓜馥木、楝叶吴萸、裂果金花、马尾松、密花山矾、南方荚蒾、牛耳枫、牛屎果、蒲桃、琼楠、榕树、山桂花、台湾冬青、铁冬青、土蜜树、乌榄、西南粗叶木、狭叶坡垒、腺叶桂樱、长柄山龙眼、长花龙血树、纸叶琼楠和朱砂根。个体数量最多的种是九节，有 1 710 株，占群落上层个体总数的 28.84%；其他种个体数在 200 株以上的有水同木、黄椿木姜子、南山花、银柴、假苹婆和鹅掌柴共 6 种，分别有 233 株、258 株、325 株、344 株、419 株和 482 株，分别占群落上层个体总数的 3.93%、4.35%、5.48%、5.80%、7.07% 和 8.13%。

表 7-13　金花茶保护区大石坪群落上层组成种及其个体数

种名	个体数	种名	个体数
八角枫 *Alangium chinense*	2	毛冬青 *Ilex pubescens*	133
巴豆 *Croton tiglium*	7	毛果算盘子 *Glochidion eriocarpum*	4
白背算盘子 *Glochidion wrightii*	3	米仔兰 *Aglaia odorata*	6
白花龙 *Styrax faberi*	6	密花山矾 *Symplocos congesta*	1
白肉榕 *Ficus vasculosa*	13	密花树 *Myrsine seguinii*	38
笔管榕 *Ficus subpisocarpa*	18	南方荚蒾 *Viburnum fordiae*	1
箣柊 *Scolopia chinensis*	33	南山花 *Prismatomeris tetrandra*	325
豺皮樟 *Litsea rotundifolia* var. *oblongifolia*	5	牛耳枫 *Daphniphyllum calycinum*	1
赤杨叶 *Alniphyllum fortunei*	4	牛屎果 *Chengiodendron matsumuranum*	1
刺桑 *Taxotrophis ilicifolia*	78	破布叶 *Microcos paniculata*	7
粗丝木 *Gomphandra tetrandra*	24	蒲桃 *Syzygium jambos*	1
粗叶木 *Lasianthus chinensis*	1	棋子豆 *Archidendron robinsonii*	30
粗叶榕 *Ficus hirta*	2	青藤公 *Ficus langkokensis*	4
打铁树 *Myrsine linearis*	7	琼桂润楠 *Machilus foonchewii*	26
大管 *Micromelum falcatum*	13	琼楠 *Beilschmiedia intermedia*	1
大果毛柃 *Eurya megatrichocarpa*	7	秋枫 *Bischofia javanica*	3
大果榕 *Ficus auriculata*	8	榕树 *Ficus microcarpa*	1
大青 *Clerodendrum cyrtophyllum*	5	榕叶冬青 *Ilex ficoidea*	7
大叶猪肚木 *Canthium simile*	5	肉实树 *Sarcosperma laurinum*	116
调羹树 *Heliciopsis lobata*	1	三桠苦 *Melicope pteleifolia*	6

续表

种名	个体数	种名	个体数
短花水金京 *Wendlandia formosana* subsp. *breviflora*	5	山杜英 *Elaeocarpus sylvestris*	44
短穗天料木 *Homalium breviracemosum*	2	山桂花 *Bennettiodendron leprosipes*	1
鹅掌柴 *Heptapleurum heptaphyllum*	482	山椤 *Aglaia elaeagnoidea*	13
二色波罗蜜 *Artocarpus styracifolius*	1	山牡荆 *Vitex quinata*	18
翻白叶树 *Pterospermum heterophyllum*	1	山蒲桃 *Syzygium levinei*	18
枫香树 *Liquidambar formosana*	47	山石榴 *Catunaregam spinosa*	2
个溥 *Wrightia sikkimensis*	1	山香圆 *Turpinia montana*	5
构棘 *Maclura cochinchinensis*	1	山油柑 *Acronychia pedunculata*	2
谷木 *Memecylon ligustrifolium*	16	少花海桐 *Pittosporum pauciflorum*	16
瓜馥木 *Fissistigma oldhamii*	3	少脉木姜子 *Litsea oligophlebia*	18
广西油果樟 *Syndiclis kwangsiensis*	1	十万大山润楠 *Machilus shiwandashanica*	13
桂南蒲桃 *Syzygium imitans*	104	石斑木 *Rhaphiolepis indica*	3
海红豆 *Adenanthera microsperma*	6	疏花臀果木 *Pygeum laxiflorum*	49
海南山龙眼 *Helicia hainanensis*	21	疏花卫矛 *Euonymus laxiflorus*	4
禾串树 *Bridelia balansae*	33	疏脉山香圆 *Turpinia indochinensis*	2
黑面神 *Breynia fruticosa*	4	水东哥 *Saurauia tristyla*	21
红果樫木 *Dysoxylum gotadhora*	4	水锦树 *Wendlandia uvariifolia*	71
红鳞蒲桃 *Syzygium hancei*	28	水同木 *Ficus fistulosa*	233
猴耳环 *Archidendron clypearia*	34	水团花 *Adina pilulifera*	10
华南蒲桃 *Syzygium austrosinense*	1	台湾冬青 *Ilex formosana*	1
华润楠 *Machilus chinensis*	116	铁冬青 *Ilex rotunda*	1
黄椿木姜子 *Litsea variabilis*	258	土蜜树 *Bridelia tomentosa*	1
黄果厚壳桂 *Cryptocarya concinna*	3	乌榄 *Canarium pimela*	1
黄毛榕 *Ficus esquiroliana*	2	西南粗叶木 *Lasianthus henryi*	1
黄毛五月茶 *Antidesma fordii*	116	狭叶泡花树 *Meliosma angustifolia*	16
黄棉木 *Metadina trichotoma*	1	狭叶坡垒 *Hopea chinensis*	1
黄牛木 *Cratoxylum cochinchinense*	51	狭叶蒲桃 *Syzygium tsoongii*	2
黄樟 *Camphora parthenoxylon*	21	显脉金花茶 *Camellia euphlebia*	13
鲫鱼胆 *Maesa perlarius*	51	腺叶桂樱 *Prunus phaeosticta*	1

续表

种名	个体数	种名	个体数
假黄皮 *Clausena excavata*	22	香港大沙叶 *Pavetta hongkongensis*	9
假苹婆 *Sterculia lanceolata*	419	香楠 *Aidia canthioides*	32
假杨桐 *Eurya subintegra*	2	小盘木 *Microdesmis caseariifolia*	8
假鹰爪 *Desmos chinensis*	13	肖蒲桃 *Syzygium acuminatissimum*	19
假玉桂 *Celtis timorensis*	33	斜叶榕 *Ficus tinctoria* subsp. *gibbosa*	2
尖叶藤黄 *Garcinia subfalcata*	3	野漆 *Toxicodendron succedaneum*	2
金花茶 *Camellia nitidissima*	1	银柴 *Aporosa dioica*	344
九节 *Psychotria asiatica*	1 710	鱼骨木 *Psydrax dicocca*	2
九里香 *Murraya exotica*	2	越南紫金牛 *Ardisia waitakii*	22
锯叶竹节树 *Carallia diphopetala*	145	长柄山龙眼 *Helicia longipetiolata*	1
阔叶瓜馥木 *Fissistigma chloroneurum*	1	长花龙血树 *Dracaena angustifolia*	1
簕欓花椒 *Zanthoxylum avicennae*	3	爪哇脚骨脆 *Casearia velutina*	2
楝叶吴萸 *Tetradium glabrifolium*	1	枝花李榄 *Chionanthus ramiflorus*	2
两广梭罗树 *Reevesia thyrsoidea*	3	栀子 *Gardenia jasminoides*	2
亮叶猴耳环 *Archidendron lucidum*	3	纸叶琼楠 *Beilschmiedia pergamentacea*	1
裂果金花 *Schizomussaenda henryi*	1	中华杜英 *Elaeocarpus chinensis*	41
岭南柿 *Diospyros tutcheri*	2	朱砂根 *Ardisia crenata*	1
罗浮槭 *Acer fabri*	5	猪肚木 *Canthium horridum*	42
罗浮柿 *Diospyros morrisiana*	17	子楝树 *Decaspermum gracilentum*	53
罗伞树 *Ardisia quinquegona*	5	紫玉盘 *Uvaria macrophylla*	3
马尾松 *Pinus massoniana*	1	—	—

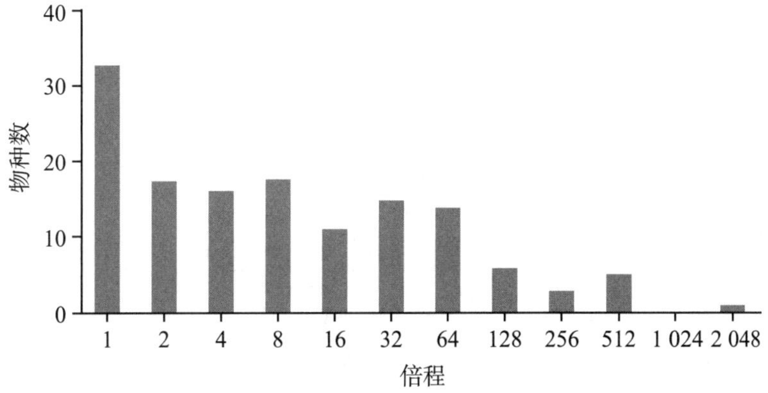

图 7-5　金花茶保护区大石坪群落的物种多度分布

2. 大石坪群落的物种频度分布

由图 7–6 可知，大石坪群落物种频度分布的 5 个频度级之间的关系呈现：A ＞ B ＞ D ＞ E ＞ C。与标准的 Raunkiaer 频度定律（图 7–4）相比较，大石坪群落物种在频度分布规律上具有以下几个特点：① A 级种类数量占大多数，说明群落生境复杂，散生的种类较多；② E 级种类数量较少，说明群落物种分布不均匀，优势种不明显；③ B、C、D 级频度的物种数量明显低于 A 级，说明群落成熟度较高。大石坪群落中，频度属 A 级的植物有八角枫、巴豆、白背算盘子、白花龙、白肉榕、笔管榕、豺皮樟、赤杨叶、刺桑、粗丝木、粗叶木、粗叶榕、打铁树、大管、大果毛柃、大果榕、大青、大叶猪肚木、调羹树、短花水金京、短穗天料木、二色波罗蜜、翻白叶树、个溥、构棘、谷木、瓜馥木、广西油果樟、海红豆、海南山龙眼、黑面神、红果樫木、红鳞蒲桃、猴耳环、华南蒲桃、黄果厚壳桂、黄毛榕、黄棉木、黄樟、假黄皮、假杨桐、假鹰爪、尖叶藤黄、金花茶、九里香、阔叶瓜馥木、簕欓花椒、楝叶吴萸、两广梭罗树、亮叶猴耳环、裂果金花、岭南柿、罗浮槭、罗浮柿、罗伞树、马尾松、毛果算盘子、米仔兰、密花山矾、南方荚蒾、牛耳枫、牛屎果、破布叶、蒲桃、棋子豆、青藤公、琼楠、秋枫、榕树、榕叶冬青、三桠苦、山桂花、山椤、山牡荆、山蒲桃、山石榴、山香圆、山油柑、少花海桐、少脉木姜子、十万大山润楠、石斑木、疏花卫矛、疏脉山香圆、水东哥、水团花、台湾冬青、铁冬青、土蜜树、乌榄、西南粗叶木、狭叶泡花树、狭叶坡垒、狭叶蒲桃、显脉金花茶、腺叶桂樱、香港大沙叶、小盘木、肖蒲桃、斜叶榕、野漆、鱼骨木、越南紫金牛、长柄山龙眼、长花龙血树、爪哇脚骨脆、枝花李榄、栀子、纸叶琼楠、朱砂根和紫玉盘共 111 种，占群落上层总种数的 79.86%；属于 B 级的有琼桂润楠、假玉桂、簕柊、禾串树、密花树、香楠、山杜英、中华杜英、鲫鱼胆、猪肚木、疏花臀果木、枫香树、子楝树和黄牛木共 14 种，占群落上层总种数的 10.07%；属于 C 级的有水锦树、黄毛五月茶和肉实树共 3 种，占群落上层总种数的 2.16%；属于 D 级的有桂南蒲桃、锯叶竹节树、华润楠、毛冬青、南山花和水同木共 6 种，占群落上层总种数的 4.32%；属于 E 级的有黄椿木姜子、鹅掌柴、银柴、假苹婆和九节共 5 种，占群落上层总种数的 3.60%。

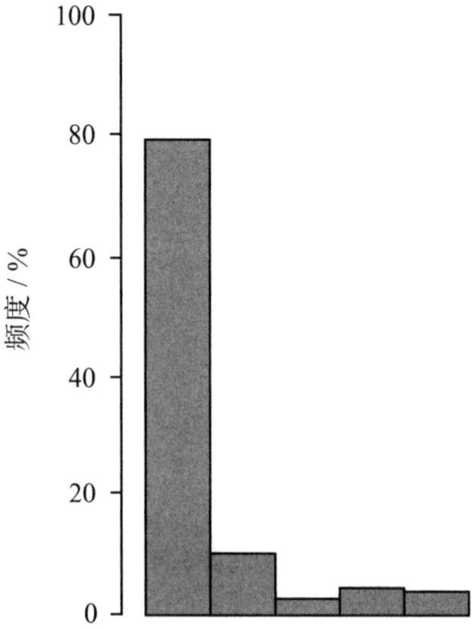

图 7–6　金花茶保护区大石坪群落的物种频度分布

3. 大石坪群落物种多度分布格局的拟合模型

采用前述的 8 个群落物种多度分布模型对大石坪样地的物种多度进行拟合，其结果如图 7–7 和表 7–14 所示。其中，断棍模型、生态位优先占领模型、Zipf 模型、Zipf-Mand 模型没有通过 *K-S* 检验（$P < 0.001$），其余 4 个模型均在可接受范围内。*AIC* 检验结果显示，大石坪群落物种多度模型拟合效果排序为：对数级数模型＞复合群落零和多项式模型＞ Volkov 模型＞对数正态模型，*AIC* 值越小，模型拟合效果越好，因此，统计模型中的对数级数模型的拟合效果最优，其次为中性理论模型中的复合群落零和多项式模型。对数级数模型与复合群落零和多项式模型、Volkov 模型 *AIC* 值的差值大于 2，可以认为这些模型间有显著差异；复合群落零和多项式模型与 Volkov 模型 *AIC* 值的差值小于 2，两模型间无显著差异，可较好地拟合物种多度分布。大石坪群落物种多度拟合结果（图 7–7）也证实，统计模型与中性理论模型的拟合结果与实际观测数据比较吻合，且中性理论模型的拟合效果优于统计模型，而生态位理论模型的拟合结果则一般。

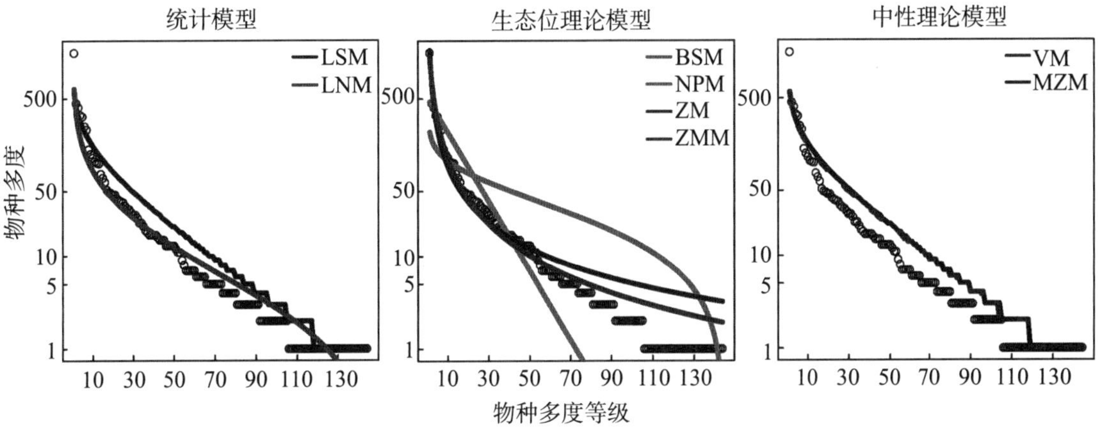

图 7–7　金花茶保护区大石坪群落物种多度分布的拟合模型

表 7–14　金花茶保护区大石坪群落物种多度分布拟合优度检验

模型	*AIC* 值	*D* 值	*P* 值
对数级数模型（LSM）	1 070.460	0.138 9	0.124 3
对数正态模型（LNM）	1 098.397	0.138 9	0.124 3
断棍模型（BSM）	43 114.176	0.458 3	＜ 0.001
生态位优先占领模型（NPM）	38 937.171	0.500 0	＜ 0.001
Zipf 模型（ZM）	36 530.517	0.444 4	＜ 0.001
Zipf-Mand 模型（ZMM）	36 361.251	0.333 3	＜ 0.001
Volkov 模型（VM）	1 072.617	0.138 9	0.124 3
复合群落零和多项式模型（MZM）	1 072.522	0.145 8	0.093 5

注：*AIC*，赤池信息量准则；*D* 值、*P* 值均为 *K-S* 检验统计量。

4. 大石坪群落物种多度分布格局的拟合优度比较

由图 7–7 和表 7–14 可知，统计模型中的对数级数模型拟合度优于对数正态模型；生态位理论模型中的生态位优先占领模型、断棍模型、Zipf 模型和 Zipf-Mand 模型这 4 个模型均被拒绝；中性理论模型中的复合群落零和多项式模型和 Volkov 模型的拟合效果基本一致，且 *AIC* 检验值和 *K-S* 检验值完全一致。复合群落零和多项式模型包含的参数为基本多样性指数（θ）和采样点的个体数量，而 Volkov 模型中多引入了迁移系数（m）。m 表示区域群落内的个体被外来个体代替后的比例，m 值越小，则群落中物种扩散受限制程度越大。从表 7–15 可以看出，中性理论模型中的复合群落零和多项式模型和 Volkov 模型的基本多样性指数相差不大，差值为 1.439 4。

表 7–15　金花茶保护区大石坪群落物种多度分布中性理论模型拟合参数

模型	基本多样性指数（θ）	迁移系数（m）
复合群落零和多项式模型	25.496 0	—
Volkov 模型	26.935 4	0.999 9

（三）妹仔田群落物种多度分布格局

1. 妹仔田群落的物种多度分布

由表 7–16 和图 7–8 可知，妹仔田群落 1 hm^2 样地中，群落上层生长正常的个体共 150 种 8 739 株。其中，仅有 1 个个体的种最多，共有 23 种，占群落上层总种数的 15.33%。这些种分别是粗叶榕、鼎湖钓樟、公孙锥、广西木樨榄、假柿木姜子、金花茶、锯叶竹节树、绢毛杜英、阔叶瓜馥木、裂果金花、绿背桂花、木油桐、牛耳枫、赛短花润楠、土蜜树、狭叶坡垒、小叶红叶藤、斜基粗叶木、余甘子、越南油茶、长花厚壳树、栀子和朱砂根。个体数量最多的种是九节，有 1 524 株，占群落上层个体总数的 17.44%；其他种个体数在 200 株以上的有香楠、黄毛五月茶、南山花、银柴、肉实树、鹅掌柴、黄椿木姜子和罗伞树 8 种，分别有 210 株、337 株、347 株、364 株、389 株、484 株、545 株和 738 株，分别占群落上层个体总数的 2.40%、3.86%、3.97%、4.17%、4.45%、5.54%、6.24% 和 8.44%。

表 7–16　金花茶保护区妹仔田群落上层组成种及其个体数

种名	个体数	种名	个体数
八角 *Illicium verum*	24	米珍果 *Maesa acuminatissima*	4
八角枫 *Alangium chinense*	4	密花山矾 *Symplocos congesta*	3
白背算盘子 *Glochidion wrightii*	48	密花树 *Myrsine seguinii*	53
白花苦灯笼 *Tarenna mollissima*	65	密脉蒲桃 *Syzygium chunianum*	2
白花龙船花 *Ixora henryi*	6	木莲 *Manglietia fordiana*	3
白楸 *Mallotus paniculatus*	54	木油桐 *Vernicia montana*	1
白肉榕 *Ficus vasculosa*	85	木竹子 *Garcinia multiflora*	5
白颜树 *Gironniera subaequalis*	10	南方荚蒾 *Viburnum fordiae*	5

续表

种名	个体数	种名	个体数
柏拉木 *Blastus cochinchinensis*	107	南山花 *Prismatomeris tetrandra*	347
变叶榕 *Ficus variolosa*	35	牛耳枫 *Daphniphyllum calycinum*	1
箣柊 *Scolopia chinensis*	5	牛屎果 *Chengiodendron matsumuranum*	4
赤杨叶 *Alniphyllum fortunei*	12	竻杞木 *Carallia pectinifolia*	71
刺果卫矛 *Euonymus acanthocarpus*	5	破布叶 *Microcos paniculata*	6
粗丝木 *Gomphandra tetrandra*	5	棋子豆 *Archidendron robinsonii*	80
粗叶木 *Lasianthus chinensis*	3	茜树 *Aidia cochinchinensis*	3
粗叶榕 *Ficus hirta*	1	青藤公 *Ficus langkokensis*	21
打铁树 *Myrsine linearis*	123	琼桂润楠 *Machilus fooncheweii*	35
大管 *Micromelum falcatum*	14	秋枫 *Bischofia javanica*	12
大果冬青 *Ilex macrocarpa*	3	毛折柄茶 *Stewartia villosa*	81
大果毛柃 *Eurya megatrichocarpa*	73	肉实树 *Sarcosperma laurinum*	389
大果榕 *Ficus auriculata*	6	赛短花润楠 *Machilus parabreviflora*	1
大青 *Clerodendrum cyrtophyllum*	24	三桠苦 *Melicope pteleifolia*	8
大叶猪肚木 *Canthium simile*	17	山杜英 *Elaeocarpus sylvestris*	2
鼎湖钓樟 *Lindera chunii*	1	山桂花 *Bennettiodendron leprosipes*	3
鼎湖血桐 *Macaranga sampsonii*	28	山椤 *Aglaia elaeagnoidea*	12
东兴金花茶 *Camellia indochinensis* var. *tunghinensis*	140	山牡荆 *Vitex quinata*	13
短花水金京 *Wendlandia formosana* subsp. *breviflora*	131	山蒲桃 *Syzygium levinei*	89
短穗天料木 *Homalium breviracemosum*	3	山石榴 *Catunaregam spinosa*	16
对叶榕 *Ficus hispida*	2	山乌桕 *Triadica cochinchinensis*	3
鹅掌柴 *Heptapleurum heptaphyllum*	484	山香圆 *Turpinia montana*	2
翻白叶树 *Pterospermum heterophyllum*	3	少花海桐 *Pittosporum pauciflorum*	21
枫香树 *Liquidambar formosana*	10	石斑木 *Rhaphiolepis indica*	14
公孙锥 *Castanopsis tonkinensis*	1	疏花臀果木 *Pygeum laxiflorum*	154
光叶山矾 *Symplocos lancifolia*	76	疏花卫矛 *Euonymus laxiflorus*	37
广东山胡椒 *Lindera kwangtungensis*	3	鼠刺 *Itea chinensis*	86

续表

种名	个体数	种名	个体数
广西木樨榄 *Olea guangxiensis*	1	水锦树 *Wendlandia uvariifolia*	107
桂南蒲桃 *Syzygium imitans*	30	水同木 *Ficus fistulosa*	117
海南山龙眼 *Helicia hainanensis*	2	水团花 *Adina pilulifera*	51
禾串树 *Bridelia balansae*	17	桃金娘 *Rhodomyrtus tomentosa*	10
黑面神 *Breynia fruticosa*	40	铁冬青 *Ilex rotunda*	3
红鳞蒲桃 *Syzygium hancei*	26	土蜜树 *Bridelia tomentosa*	1
猴耳环 *Archidendron clypearia*	12	弯管花 *Chassalia curviflora*	10
华润楠 *Machilus chinensis*	49	西南粗叶木 *Lasianthus henryi*	2
黄椿木姜子 *Litsea variabilis*	545	细枝柃 *Eurya loquaiana*	2
黄果厚壳桂 *Cryptocarya concinna*	5	狭叶泡花树 *Meliosma angustifolia*	26
黄毛五月茶 *Antidesma fordii*	337	狭叶坡垒 *Hopea chinensis*	1
黄棉木 *Metadina trichotoma*	2	显脉金花茶 *Camellia euphlebia*	5
黄牛木 *Cratoxylum cochinchinense*	32	香港大沙叶 *Pavetta hongkongensis*	27
黄杞 *Engelhardia roxburghiana*	2	香港木兰 *Lirianthe championii*	2
黄樟 *Camphora parthenoxylon*	52	香港四照花 *Cornus hongkongensis*	3
鲫鱼胆 *Maesa perlarius*	13	香花枇杷 *Eriobotrya fragrans*	11
假九节 *Psychotria tutcheri*	23	香楠 *Aidia canthioides*	210
假苹婆 *Sterculia lanceolata*	126	肖蒲桃 *Syzygium acuminatissimum*	6
假柿木姜子 *Litsea monopetala*	1	小果冬青 *Ilex micrococca*	3
假杨桐 *Eurya subintegra*	156	小果山龙眼 *Helicia cochinchinensis*	6
假鹰爪 *Desmos chinensis*	12	小叶红叶藤 *Rourea microphylla*	1
假玉桂 *Celtis timorensis*	32	斜基粗叶木 *Lasianthus attenuatus*	1
尖连蕊茶 *Camellia cuspidata*	160	锈毛梭子果 *Eberhardtia aurata*	31
尖脉木姜子 *Litsea acutivena*	47	野漆 *Toxicodendron succedaneum*	21
尖叶藤黄 *Garcinia subfalcata*	43	银柴 *Aporosa dioica*	364
金花茶 *Camellia nitidissima*	1	余甘子 *Phyllanthus emblica*	1
九节 *Psychotria asiatica*	1 524	越南油茶 *Camellia drupifera*	1
锯叶竹节树 *Carallia diphopetala*	1	云南桤叶树 *Clethra delavayi*	21
绢毛杜英 *Elaeocarpus nitentifolius*	1	长柄山龙眼 *Helicia longipetiolata*	27

续表

种名	个体数	种名	个体数
阔叶瓜馥木 *Fissistigma chloroneurum*	1	长梗三宝木 *Trigonostemon thyrsoideus*	14
簕欓花椒 *Zanthoxylum avicennae*	8	长花厚壳树 *Ehretia longiflora*	1
裂果金花 *Schizomussaenda henryi*	1	枝花李榄 *Chionanthus ramiflorus*	5
罗浮柿 *Diospyros morrisiana*	109	栀子 *Gardenia jasminoides*	1
罗伞树 *Ardisia quinquegona*	738	纸叶琼楠 *Beilschmiedia pergamentacea*	11
绿背桂花 *Excoecaria cochinchinensis* var. *formosana*	1	中华杜英 *Elaeocarpus chinensis*	9
毛冬青 *Ilex pubescens*	165	朱砂根 *Ardisia crenata*	1
毛果算盘子 *Glochidion eriocarpum*	3	猪肚木 *Canthium horridum*	21
毛黄肉楠 *Actinodaphne pilosa*	6	子楝树 *Decaspermum gracilentum*	50
毛棯 *Melastoma sanguineum*	16	紫荆木 *Madhuca pasquieri*	13
米仔兰 *Aglaia odorata*	2	紫玉盘 *Uvaria macrophylla*	2

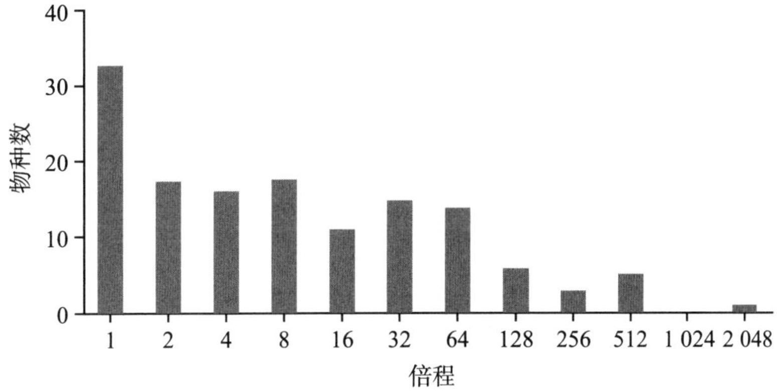

图 7-8 金花茶保护区妹仔田群落的物种多度分布

2. 妹仔田群落的物种频度分布

由图 7-9 可知，妹仔田群落物种频度分布的 5 个频度级之间的关系呈现：A > B > C > D = E。与标准的 Raunkiaer 频度定律（图 7-4）相比较，妹仔田群落物种在频度分布规律上与大石坪群落具有一定程度的相似性，即 A 级种类数量占大多数，物种分布不均匀，散生的种类较多，优势种不明显，群落成熟度较高等。妹仔田群落频度 B 级大小比例与 Raunkiaer 频度定律的相同，但 C、D、E 的比例都较小。妹仔田群落中，频度属 A 级的植物有粗叶榕、鼎湖钓樟、公孙锥、广西木樨榄、黄杞、假柿木姜子、金花茶、锯叶竹节树、绢毛杜英、阔叶瓜馥木、裂果金花、绿背桂花、木油桐、牛耳枫、破布叶、茜树、赛短花润楠、山桂花、土蜜树、细枝柃、狭叶坡垒、小叶红叶藤、斜基粗叶木、余甘子、越南油茶、长花厚壳树、栀子、朱砂根、白花龙船花、短穗天料木、对叶榕、翻白叶树、广东山胡椒、海南山龙眼、黄棉木、米仔兰、密花山矾、密脉蒲桃、木莲、山杜英、山香圆、铁冬青、弯管花、西南粗叶木、香港木兰、香港四照花、小果冬青、紫玉盘、刺果卫矛、粗叶木、大果冬青、大果榕、毛果算盘子、毛黄肉楠、米珍果、南方荚蒾、山乌桕、八角枫、粗丝木、牛屎果、香花枇杷、小果山龙眼、簕柊、黄果厚壳桂、木竹子、桃金娘、显脉金花茶、枝花李榄、肖蒲桃、云南桤叶树、白颜树、簕欓花椒、三桠苦、纸叶琼楠、中华杜英、赤杨叶、枫香树、鲫鱼胆、假鹰爪、毛棯、山椤、山石榴、石斑木、长梗三宝木、紫荆木、猴耳环、秋枫、山牡荆、鼎湖血桐、青藤公、水团花、大叶猪肚木、禾串树、鼠刺、大管、锈毛梭子果、猪肚木、柏拉木、大青、毛折柄茶、假九节、香港大沙叶、长柄山龙眼、八角、少花海桐、桂南蒲桃、红鳞蒲桃、狭叶泡花树和野漆共 109 种，占群落上层总种数的 72.67%；属于 B 级的有光叶山矾、假玉桂、疏花卫矛、东兴金花茶、密花树、黑面神、黄牛木、尖叶藤黄、尖连蕊茶、琼桂润楠、变叶榕、白楸、棋子豆、尖脉木姜子、子楝树、华润楠、黄樟、白花苦灯笼、白背算盘子、大果毛柃和旁杞木共 21 种，占群落上层总种数的 14.00%；属于 C 级的有假苹婆、白肉榕、山蒲桃、水锦树、短花水金京、假杨桐、南山花、疏花臀果木、水同木和打铁树共 10 种，占群落上层总种数的 6.67%；属于 D 级的有罗浮柿、毛冬青、香楠、黄椿木姜子和肉实树共 5 种，占群落上层总种数的 3.33%；属于 E 级的有黄毛五月茶、罗伞树、银柴、鹅掌柴和九节共 5 种，占群落上层总种数的 3.33%。

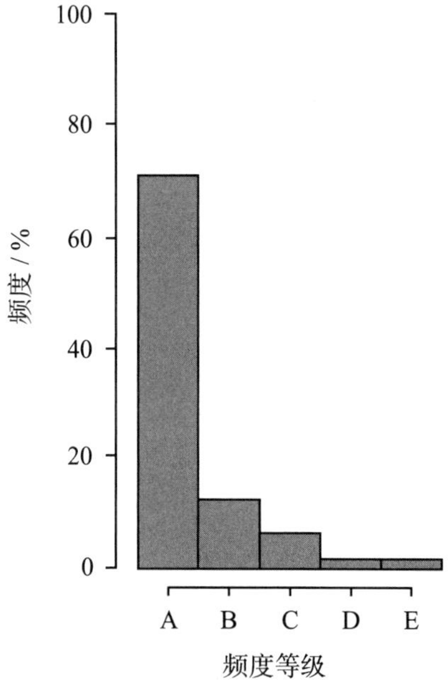

图 7-9　金花茶保护区妹仔田群落的物种频度分布

3. 妹仔田群落物种多度分布格局的拟合模型

采用 8 个群落物种多度分布模型对妹仔田样地的物种多度进行拟合，其结果如图 7-10 所示。根据表 7-17 的 *K-S* 检验结果得出，4 个生态位理论模型（断棍模型、生态位优先占领模型、Zipf 模型和 Zipf-Mand 模型）均未通过检验（$P < 0.001$），其余 4 个模型（对数级数模型、对数正态模型、复合群落零和多项式模型和 Volkov 模型均被接受）。另外，*AIC* 值越小，模型的拟合效果越好。经 *AIC* 值判断，通过 *K-S* 检验的 4 个模型的拟合优度排序为：对数级数模型＞复合群落零和多项式模型＞Volkov 模型＞对数正态模型，表明中性理论模型和统计模型的拟合效果较好。中性理论模型中的复合群落零和多项式模型以及 Volkov 模型的 *AIC* 值差异小，差值为 0.201，统计模型中的对数级数模型和对数正态模型的 *AIC* 值差值为 28.748，两者的差异较大。因此，统计模型和中性理论模型的拟合结果

与实际调查群落的物种多度分布更加吻合。

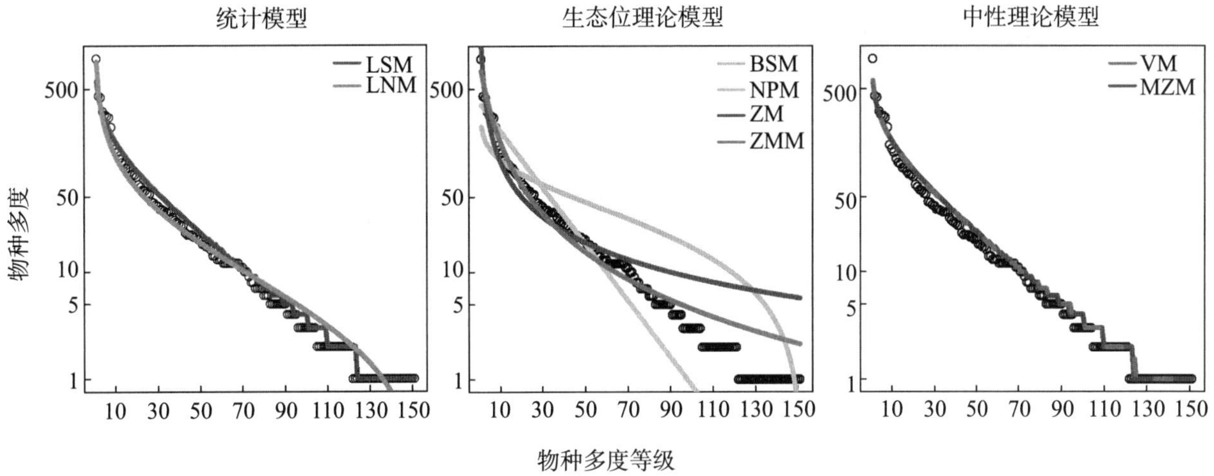

图 7–10　金花茶保护区妹仔田群落物种多度分布的拟合模型

表 7–17　金花茶保护区妹仔田群落物种多度分布拟合优度检验

模型	*AIC* 值	*D* 值	*P* 值
对数级数模型（LSM）	1 217.254	0.046 4	0.996 9
对数正态模型（LNM）	1 246.002	0.112 6	0.294 1
断棍模型（BSM）	48 678.096	0.344 4	＜ 0.001
生态位优先占领模型（NPM）	45 931.549	0.357 6	＜ 0.001
Zipf 模型（ZM）	45 376.272	0.457 0	＜ 0.001
Zipf-Mand 模型（ZMM）	44 711.707	0.311 3	＜ 0.001
Volkov 模型（VM）	1 217.738	0.053 0	0.983 9
复合群落零和多项式模型（MZM）	1 217.537	0.046 4	0.996 9

注：*AIC*，赤池信息量准则；*D* 值、*P* 值均为 *K-S* 检验统计量。

4. 妹仔田群落物种多度分布格局的拟合优度比较

由图 7–10 和表 7–17 可知，统计模型中的对数级数模型的拟合度优于对数正态模型，而生态位理论模型中的 4 个模型均被拒绝，中性理论模型中的复合群落零和多项式模型和 Volkov 模型的拟合效果基本一致，且 *AIC* 检验值和 *K-S* 检验值完全一致。从表 7–18 可以看出，中性理论模型中的复合群落零和多项式模型和 Volkov 模型的基本多样性指数相差不大，差值为 0.526。

表 7–18　金花茶保护区妹仔田群落物种多度分布中性理论模型拟合参数

模型	基本多样性指数（θ）	迁移系数（m）
复合群落零和多项式模型	27.605 9	—
Volkov 模型	28.131 9	0.999 9

（四）那山子群落物种多度分布格局

1. 那山子群落的物种多度分布

由表 7–19 和图 7–11 可知，那山子群落 1 hm^2 样地中，群落上层生长正常的个体共 178 种 7 879 株。其中，仅有 1 个个体的种最多，共有 29 种，占群落上层总种数的 16.29%。这些种分别是八角枫、白花龙船花、丛花厚壳桂、粗叶榕、碟斗青冈、鼎湖钓樟、短花水金京、个溥、拱网核果木、海南木樨榄、侯钩藤、尖尾枫、米仔兰、木奶果、南酸枣、牛屎果、琼楠、日本五月茶、上思梭罗树、梭罗树、铁冬青、土蜜树、无患子、西南粗叶木、腺柄山矾、异色山黄麻、鱼骨木、长梗三宝木和紫玉盘。个体数量最多的种是九节，有 700 株，占群落上层个体总数的 8.88%；其他种个体数在 200 株以上的有黄椿木姜子、肉实树、假杨桐、银柴、南山花、两广梭罗树、罗浮柿、毛冬青、罗伞树和鹅掌柴 10 种，分别有 207 株、218 株、252 株、276 株、292 株、323 株、385 株、401 株、414 株和 602 株，分别占群落上层个体总数的 2.63%、2.77%、3.20%、3.50%、3.71%、4.10%、4.89%、5.09%、5.25% 和 7.64%。

表 7–19　金花茶保护区那山子群落上层组成种及其个体数

种名	个体数	种名	个体数
八角 *Illicium verum*	7	马尾松 *Pinus massoniana*	5
八角枫 *Alangium chinense*	1	毛冬青 *Ilex pubescens*	401
白背算盘子 *Glochidion wrightii*	17	毛果算盘子 *Glochidion eriocarpum*	4
白花苦灯笼 *Tarenna mollissima*	111	毛棯 *Melastoma sanguineum*	9
白花龙 *Styrax faberi*	12	米仔兰 *Aglaia odorata*	1
白花龙船花 *Ixora henryi*	1	密花山矾 *Symplocos congesta*	27
白楸 *Mallotus paniculatus*	98	密花树 *Myrsine seguinii*	10
白肉榕 *Ficus vasculosa*	34	密脉蒲桃 *Syzygium chunianum*	36
白颜树 *Gironniera subaequalis*	2	木莲 *Manglietia fordiana*	2
笔管榕 *Ficus subpisocarpa*	2	木奶果 *Baccaurea ramiflora*	1
变叶榕 *Ficus variolosa*	156	木油桐 *Vernicia montana*	3
箣柊 *Scolopia chinensis*	41	木竹子 *Garcinia multiflora*	2
赤杨叶 *Alniphyllum fortunei*	2	南方荚蒾 *Viburnum fordiae*	2
丛花厚壳桂 *Cryptocarya densiflora*	1	南山花 *Prismatomeris tetrandra*	292
粗齿梭罗树 *Reevesia rotundifolia*	31	南酸枣 *Choerospondias axillaris*	1
粗丝木 *Gomphandra tetrandra*	34	牛耳枫 *Daphniphyllum calycinum*	2
粗叶榕 *Ficus hirta*	1	牛屎果 *Chengiodendron matsumuranum*	1
打铁树 *Myrsine linearis*	99	浓子茉莉 *Benkara scandens*	6
大管 *Micromelum falcatum*	62	棋子豆 *Archidendron robinsonii*	138
大果冬青 *Ilex macrocarpa*	4	青藤公 *Ficus langkokensis*	22

续表

种名	个体数	种名	个体数
大果鳞斑荚蒾 *Viburnum punctatum* var. *lepidotulum*	7	琼桂润楠 *Machilus foonchewii*	58
大果榕 *Ficus auriculata*	67	琼楠 *Beilschmiedia intermedia*	1
大花五桠果 *Dillenia turbinata*	3	秋枫 *Bischofia javanica*	2
大青 *Clerodendrum cyrtophyllum*	8	日本五月茶 *Antidesma japonicum*	1
大叶猪肚木 *Canthium simile*	15	榕叶冬青 *Ilex ficoidea*	11
碟斗青冈 *Quercus disciformis*	1	肉桂 *Cinnamomum cassia*	51
鼎湖钓樟 *Lindera chunii*	1	肉实树 *Sarcosperma laurinum*	218
鼎湖血桐 *Macaranga sampsonii*	38	三桠苦 *Melicope pteleifolia*	42
杜茎山 *Maesa japonica*	2	山桂花 *Bennettiodendron leprosipes*	10
短花水金京 *Wendlandia formosana* subsp. *breviflora*	1	山鸡椒 *Litsea cubeba*	12
短穗天料木 *Homalium breviracemosum*	8	山楝 *Aphanamixis polystachya*	5
鹅掌柴 *Heptapleurum heptaphyllum*	602	山椤 *Aglaia elaeagnoidea*	7
翻白叶树 *Pterospermum heterophyllum*	41	山牡荆 *Vitex quinata*	6
肥荚红豆 *Ormosia fordiana*	3	山香圆 *Turpinia montana*	9
枫香树 *Liquidambar formosana*	8	山油柑 *Acronychia pedunculata*	37
岗柃 *Eurya groffii*	18	杉木 *Cunninghamia lanceolata*	2
个溥 *Wrightia sikkimensis*	1	上思梭罗树 *Reevesia shangszeensis*	1
拱网核果木 *Drypetes arcuatinervia*	1	少花海桐 *Pittosporum pauciflorum*	12
狗骨柴 *Diplospora dubia*	2	少脉木姜子 *Litsea oligophlebia*	74
谷木 *Memecylon ligustrifolium*	2	石斑木 *Rhaphiolepis indica*	10
瓜馥木 *Fissistigma oldhamii*	4	疏花臀果木 *Pygeum laxiflorum*	124
光叶山矾 *Symplocos lancifolia*	50	疏花卫矛 *Euonymus laxiflorus*	61
广西油果樟 *Syndiclis kwangsiensis*	3	鼠刺 *Itea chinensis*	67
桂南蒲桃 *Syzygium imitans*	17	水东哥 *Saurauia tristyla*	10
海南木樨榄 *Olea hainanensis*	1	水锦树 *Wendlandia uvariifolia*	39
海南山龙眼 *Helicia hainanensis*	4	水同木 *Ficus fistulosa*	101
海南栀子 *Gardenia hainanensis*	30	梭罗树 *Reevesia pubescens*	1
禾串树 *Bridelia balansae*	5	台湾冬青 *Ilex formosana*	2
褐叶柄果木 *Mischocarpus pentapetalus*	9	调羹树 *Heliciopsis lobata*	8

续表

种名	个体数	种名	个体数
黑面神 *Breynia fruticosa*	39	铁冬青 *Ilex rotunda*	1
红鳞蒲桃 *Syzygium hancei*	58	土蜜树 *Bridelia tomentosa*	1
侯钩藤 *Uncaria rhynchophylloides*	1	乌榄 *Canarium pimela*	3
猴耳环 *Archidendron clypearia*	3	无患子 *Sapindus saponaria*	1
虎皮楠 *Daphniphyllum oldhamii*	15	西南粗叶木 *Lasianthus henryi*	1
华南毛柃 *Eurya ciliata*	4	细叶谷木 *Memecylon scutellatum*	35
华南蒲桃 *Syzygium austrosinense*	7	细枝柃 *Eurya loquaiana*	6
华润楠 *Machilus chinensis*	85	狭叶泡花树 *Meliosma angustifolia*	86
黄椿木姜子 *Litsea variabilis*	207	显脉新木姜子 *Neolitsea phanerophlebia*	9
黄果厚壳桂 *Cryptocarya concinna*	22	腺柄山矾 *Symplocos adenopus*	1
黄毛榕 *Ficus esquiroliana*	7	腺叶桂樱 *Prunus phaeosticta*	12
黄毛五月茶 *Antidesma fordii*	196	香港大沙叶 *Pavetta hongkongensis*	2
黄棉木 *Metadina trichotoma*	17	香港木兰 *Lirianthe championii*	12
黄牛木 *Cratoxylum cochinchinense*	45	香港四照花 *Cornus hongkongensis*	8
黄杞 *Engelhardia roxburghiana*	4	香花枇杷 *Eriobotrya fragrans*	97
黄叶树 *Xanthophyllum hainanense*	5	香楠 *Aidia canthioides*	98
黄樟 *Camphora parthenoxylon*	53	肖蒲桃 *Syzygium acuminatissimum*	2
鲫鱼胆 *Maesa perlarius*	16	小果冬青 *Ilex micrococca*	7
假苹婆 *Sterculia lanceolata*	101	小果山龙眼 *Helicia cochinchinensis*	90
假杨桐 *Eurya subintegra*	252	小盘木 *Microdesmis caseariifolia*	9
假鹰爪 *Desmos chinensis*	24	胭脂 *Artocarpus tonkinensis*	14
假玉桂 *Celtis timorensis*	21	野漆 *Toxicodendron succedaneum*	19
尖连蕊茶 *Camellia cuspidata*	34	异色山黄麻 *Trema orientalis*	1
尖脉木姜子 *Litsea acutivena*	12	银柴 *Aporosa dioica*	276
尖尾枫 *Callicarpa dolichophylla*	1	硬壳柯 *Lithocarpus hancei*	9
尖叶藤黄 *Garcinia subfalcata*	9	余甘子 *Phyllanthus emblica*	2
九丁榕 *Ficus nervosa*	3	鱼骨木 *Psydrax dicocca*	1
九节 *Psychotria asiatica*	700	越南油茶 *Camellia drupifera*	14
锯叶竹节树 *Carallia diphopetala*	186	杂色榕 *Ficus variegata*	8
绢毛杜英 *Elaeocarpus nitentifolius*	3	长柄山龙眼 *Helicia longipetiolata*	64

续表

种名	个体数	种名	个体数
簕欓花椒 *Zanthoxylum avicennae*	5	长梗三宝木 *Trigonostemon thyrsoideus*	1
楝叶吴萸 *Tetradium glabrifolium*	2	长花厚壳树 *Ehretia longiflora*	7
两广梭罗树 *Reevesia thyrsoidea*	323	爪哇脚骨脆 *Casearia velutina*	4
两广杨桐 *Adinandra glischroloma*	2	鹧鸪花 *Heynea trijuga*	2
亮叶猴耳环 *Archidendron lucidum*	13	枝花李榄 *Chionanthus ramiflorus*	14
岭南柿 *Diospyros tutcheri*	2	栀子 *Gardenia jasminoides*	11
轮苞血桐 *Macaranga andamanica*	24	中华杜英 *Elaeocarpus chinensis*	6
罗浮槭 *Acer fabri*	15	朱砂根 *Ardisia crenata*	5
罗浮柿 *Diospyros morrisiana*	385	猪肚木 *Canthium horridum*	9
罗伞树 *Ardisia quinquegona*	414	紫玉盘 *Uvaria macrophylla*	1

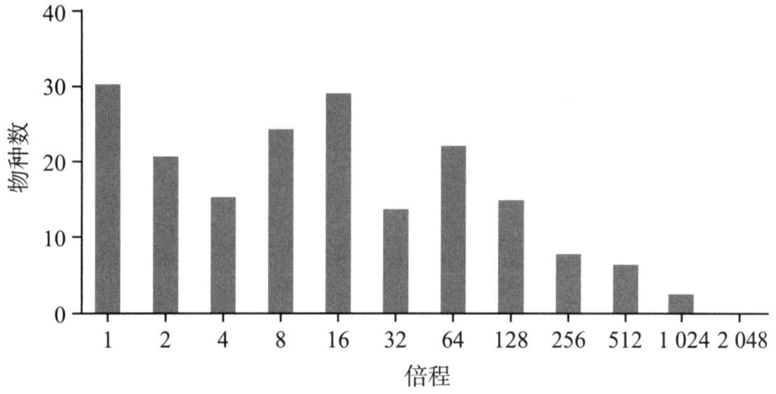

图 7–11　金花茶保护区那山子群落的物种多度分布

2. 那山子群落的物种频度分布

由图 7–12 可知，那山子群落物种频度分布的 5 个频度级之间的关系呈现：A > B > C > D > E。与大石坪群落、妹仔田群落物种频度明显不同的是，那山子群落 E 级种类所占的比例较小。那山子群落中，频度属 A 级的植物有八角枫、白花龙船花、白颜树、笔管榕、丛花厚壳桂、粗叶榕、碟斗青冈、鼎湖钓樟、短花水金京、个溥、拱网核果木、海南木樨榄、侯钩藤、尖尾枫、两广杨桐、米仔兰、木奶果、南酸枣、牛屎果、琼楠、日本五月茶、上思梭罗树、梭罗树、铁冬青、土蜜树、无患子、西南粗叶木、腺柄山矾、异色山黄麻、鱼骨木、长梗三宝木、紫玉盘、赤杨叶、大果冬青、大花五桠果、杜茎山、肥荚红豆、狗骨柴、谷木、广西油果樟、海南山龙眼、绢毛杜英、楝叶吴萸、岭南柿、木莲、木油桐、木竹子、南方荚蒾、牛耳枫、秋枫、杉木、台湾冬青、香港大沙叶、肖蒲桃、小果冬青、余甘子、鹧鸪花、猴耳环、黄杞、黄叶树、九丁榕、马尾松、乌榄、杂色榕、瓜馥木、华南毛柃、毛果算盘子、浓子茉莉、山楝、山牡荆、细枝柃、爪哇脚骨脆、大果鳞斑荚蒾、短穗天料木、禾串树、簕欓花椒、罗浮槭、山樱、石斑木、长花厚壳树、朱砂根、八角、大青、华南蒲桃、小盘木、硬壳柯、中华杜英、黄毛榕、密花树、山桂花、山鸡椒、水东哥、调羹树、显脉新木姜子、腺叶桂樱、香港四照花、枫香树、褐叶柄果木、亮叶猴耳环、山香圆、黄棉木、鲫鱼胆、尖叶藤黄、轮苞血桐、毛棯、猪肚木、白花龙、粗齿梭罗树、尖脉木姜子、榕叶冬青、少花海桐、香港木兰、鼎湖血桐、尖连蕊茶、越南油茶、枝花李榄、栀子、大叶猪肚木、虎皮楠、胭脂、野漆、白背算盘子、桂南蒲桃、假玉桂、青藤公、岗柃、假鹰爪、黄果厚壳桂、光叶山矾和粗丝木 130 种，占群落上层总种数的 73.03%；属于 B 级的有白肉榕、翻白叶树、黑面神、山油柑、三椏苦、黄牛木、密花山矾、肉桂、海南栀子、密脉蒲桃、大果榕、水锦树、鼠刺、细叶谷木、长柄山龙眼、簕柊、红鳞蒲桃、大管、白楸、华润楠、琼桂润楠、香花枇杷、黄樟、少脉木姜子、疏花卫矛和水同木 26 种，占群落上层总种数的 14.61%；属于 C 级的有小果山龙眼、白花苦灯笼、疏花臀果木、打铁树、香楠、变叶榕、两广梭罗树、假杨桐、狭叶泡花树、棋子豆和假苹婆 11 种，占群落上层总种数的 6.18%；属于 D 级的有南山花、黄毛五月茶、罗伞树、锯叶竹节树、罗浮柿、肉实树、黄椿木姜子、银柴和九节 9 种，占群落上层总种树的 5.06%；属于 E 级的有毛冬青和鹅掌柴 2 种，占群落上层总种数的 1.12%。

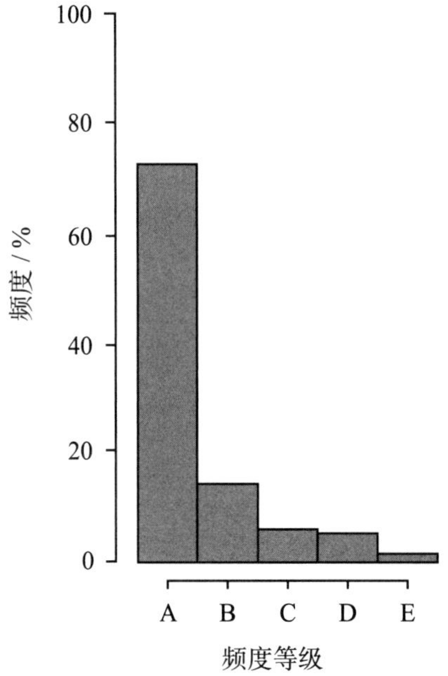

图 7-12　金花茶保护区那山子群落的物种频度分布

3. 那山子群落物种多度分布格局的拟合模型

采用 8 个群落物种多度分布模型对那山子样地的物种多度进行拟合，其结果如图 7-13 和表 7-20 所示。从 *AIC* 值来看，对数级数模型、对数正态模型、Volkov 模型、复合群落零和多项式模型 4 个模型的 *AIC* 值相近，介于 1 530~1 570。拟合优度对数级数模型＞ Volkov 模型 = 复合群落零和多项式模型；断棍模型、生态位优先占领模型、Zipf 模型、Zipf-Mand 模型 4 个生态位模型的 *AIC* 值均在 62 700 以上，极显著地被拒绝。从 *K-S* 检验结果来看，对数级数模型、Volkov 模型、复合群落零和多项式模型的 *P* 值和 *D* 值均相同，分别为 0.901 0 和 0.059 1，拟合效果最好，其次是对数正态模型，*P* 值为 0.286 3，*D* 值为 0.102 2，4 个生态位理论模型即断棍模型、生态位优先占领模型、Zipf 模型、Zipf-Mand 模型的 *P* 值均小于 0.05 而被拒绝。因此，拟合效果最好的模型为对数级数模型，但 Volkov 模型和复合群落零和多项式模型 2 个中性理论模型与其极为接近，拟合效果好。

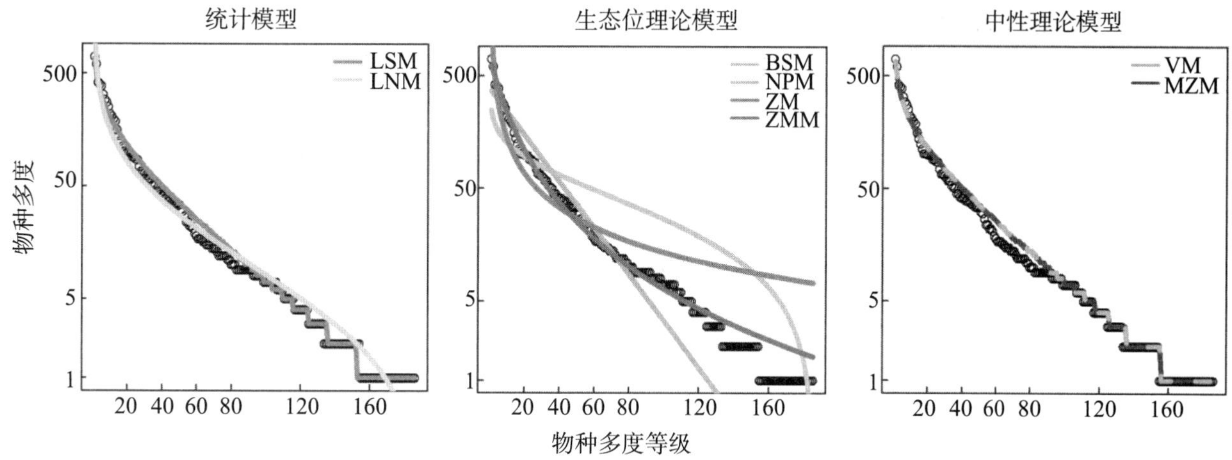

图 7-13　金花茶保护区那山子群落物种多度分布的拟合模型

表 7-20　金花茶保护区那山子群落物种多度分布拟合优度检验

模型	*AIC* 值	*D* 值	*P* 值
对数级数模型（LSM）	1 536.327	0.059 1	0.901 0
对数正态模型（LNM）	1 567.318	0.102 2	0.286 3
断棍模型（BSM）	67 381.588	0.371 0	＜ 0.001
生态位优先占领模型（NPM）	63 812.309	0.328 0	＜ 0.001
Zipf 模型（ZM）	64 601.565	0.473 1	＜ 0.001
Zipf-Mand 模型（ZMM）	62 799.593	0.193 6	0.001 9
Volkov 模型（VM）	1 536.886	0.059 1	0.901 0
复合群落零和多项式模型（MZM）	1 536.886	0.059 1	0.901 0

注：*AIC*，赤池信息量准则；*D* 值、*P* 值均为 *K-S* 检验统计量。

4. 那山子群落物种多度分布格局的拟合优度比较

由图 7-13 和表 7-20 可知，对数级数模型的拟合度优于对数正态模型；生态位理论模型均被拒绝，但其中以 Zipf-Mand 模型的拟合度最好，这种情况可能是因为该模型中代表环境潜在多样性的 β 参数在起作用。2 个中性理论模型的 *AIC* 检验值和 *K-S* 检验值完全一致。根据表 7-21 可知，那山子群落的迁移系数为 0.883 6，说明群落中物种的扩散受限制较小。

表 7-21　金花茶保护区那山子群落物种多度分布中性理论模型拟合参数

模型	基本多样性指数（θ）	迁移系数（m）
复合群落零和多项式模型	33.879 9	—
Volkov 模型	34.713 7	0.883 6

七、物种多样性

（一）研究方法

1. 物种多样性指数计算

物种多样性指数采用Margalef指数（R）、Shannon-Wiener指数（H）、Simpson指数（D）和Pielou均匀度指数（J）进行分析，各指数计算公式如下：

$$R = \frac{S-1}{\ln N}$$

$$H = -\sum_{i=1}^{S} p_i \log\left(p_i\right)$$

$$D = 1 - \sum_{i=1}^{S} p_i^2$$

$$J = \frac{H}{\ln S}$$

式中，S为物种总数；$p_i=N_i/N$，N_i为第i个物种的个体数，N为所有物种的个体总数。

2. NMDS分析和ANOSIM检验

通过含多度信息的Bray-Curtis距离表现各样地群落内及样地群落间β多样性差异，进行非度量多维尺度（NMDS）排序将结果可视化，以胁强系数（stress）衡量结果拟合度，进行非参数相似性分析检验结果显著性。

3. 统计分析

使用软件Microsoft Excel 2019和R 4.2.1对原始数据进行预处理、统计分析与制图。

（二）大石坪群落物种多样性

由表7–22可知，大石坪群落Margalef指数呈现乔木层＞草本层＞灌木层，Simpson指数和Shannon-Wiener指数均呈现乔木层＞灌木层＞草本层，而Pielou均匀度指数呈现灌木层＞草本层＞乔木层；这种现象与群落中乔木种类数量最多，个体分布相对均匀，而灌木种类数量最小，个体分布不均匀有关。根据图7–14，大石坪群落中，群落与灌木层之间、乔木层与灌木层之间在Pielou均匀度指数、Shannon-Wiener指数、Simpson指数方面均存在极显著差异（$P < 0.01$）。

表7–22　金花茶保护区大石坪群落物种多样性

层次	R	D	H	J
乔木层	15.881 9	0.891 8	3.155 3	0.639 4
灌木层	1.938 4	0.776 3	1.800 8	0.819 6
草本层	2.423 0	0.729 5	1.797 0	0.749 4
群落	18.127 1	0.897 5	3.097 4	0.611 1

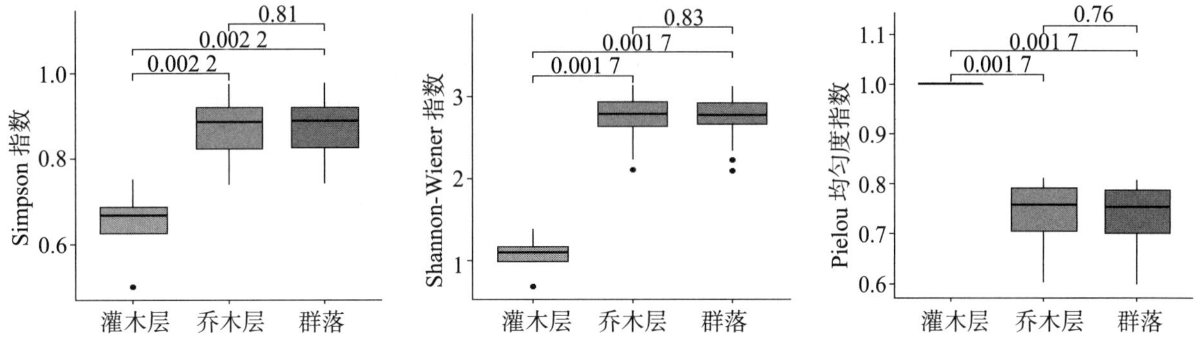

图 7–14　金花茶保护区大石坪群落物种多样性相关分析

（三）妹仔田群落物种多样性

由表 7–23 可知，妹仔田群落中，Margalef 指数、Simpson 指数和 Shannon-Wiener 指数均呈现乔木层>灌木层>草本层；而 Pielou 均匀度指数呈现灌木层>草本层>乔木层。根据图 7–15，妹仔田群落的乔木层和灌木层之间的 Shannon-Wiener 指数存在极显著差异（$P < 0.01$），而 Pielou 均匀度指数在 3 个层次之间的差异不显著。

表 7–23　金花茶保护区妹仔田群落物种多样性

层次	*R*	*D*	*H*	*J*
乔木层	16.417 7	0.944 0	3.629 4	0.724 3
灌木层	8.198 6	0.909 2	2.987 3	0.756 0
草本层	2.864 2	0.771 3	1.929 8	0.752 4
群落	23.417 1	0.950 4	3.834 6	0.714 0

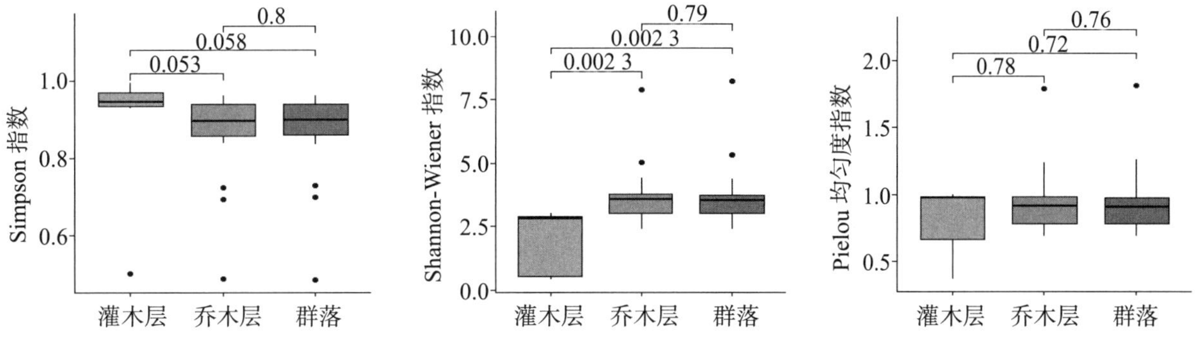

图 7–15　金花茶保护区妹仔田群落物种多样性相关分析

（四）那山子群落物种多样性

由表 7–24 可知，那山子群落中，Margalef 指数、Simpson 指数和 Shannon-Wiener 指数均呈现乔木层>灌木层>草本层，而 Pielou 均匀度指数呈现灌木层>草本层>乔木层。根据图 7–16，那山子群落的乔木层和灌木层之间的 Shannon-Wiener 指数存在极显著差异（$P < 0.01$）。

表 7–24　金花茶保护区那山子群落物种多样性

层次	*R*	*D*	*H*	*J*
乔木层	19.728 1	0.967 0	3.961 8	0.764 6
灌木层	3.934 7	0.855 6	2.430 0	0.825 3
草本层	1.311 4	0.690 5	1.311 4	0.814 8
群落	22.362 4	0.968 0	4.024 5	0.758 2

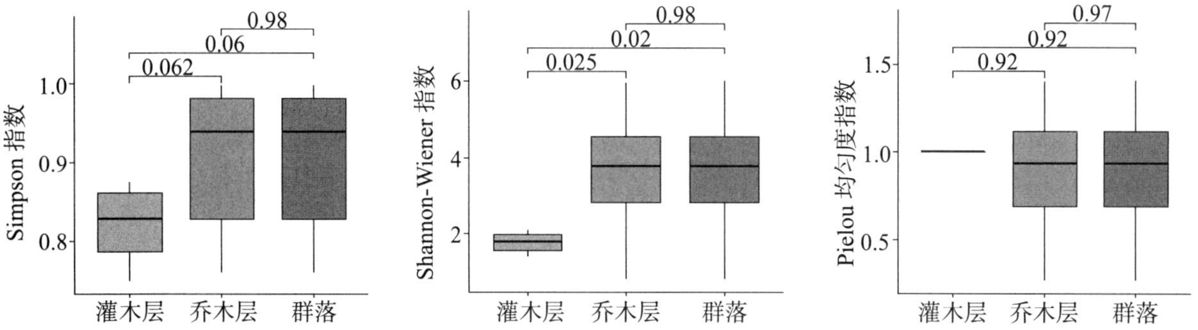

图 7–16　金花茶保护区那山子物种多样性相关分析

（五）不同群落物种多样性相关分析

物种丰富度能够反映一个群落或生境内物种数目的情况。由图 7–17 可知，在群落和乔木层水平上，大石坪样地、妹仔田样地和那山子样地的 Margalef 指数均存在极显著差异（$P < 0.01$），而在灌木层水平上，大石坪样地与那山子样地、妹仔田样地与那山子样地的 Margalef 指数存在极显著差异。Shannon-Wiener 指数是基于 Shannon 信息理论，将物种数量和种类相对丰度两个因素融合在一起，综合反映生物群落的多样性程度。由图 7–18 可知，在群落和乔木层水平上，大石坪样地、妹仔田样地和那山子样地 3 个样地的 Shannon-Wiener 指数均存在极显著差异（$P < 0.01$），而在灌木层水平上，大石坪样地与那山子样地、妹仔田样地与那山子样地的 Shannon-Wiener 指数存在极显著差异。Simpson 指数是对物种多样性的反面即集中性的度量。Simpson 指数越大，表明群落内物种数量分布越不均匀，优势种的地位越突出。由图 7–19 可知，在群落和乔木层水平上，大石坪样地、妹仔田样地和那山子样地 3 个样地的 Simpson 指数均存在极显著差异（$P < 0.01$），而在灌木层水平上，大石坪样地与那山子样地、妹仔田样地与那山子样地的 Simpson 指数存在极显著差异。

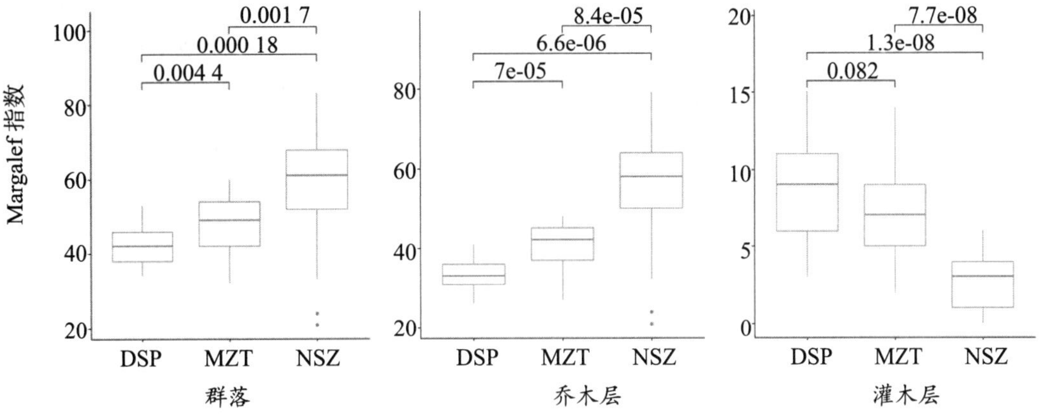

注：DSP、MZT、NSZ 分别代表大石坪样地、妹仔田样地和那山子样地，下同。

图 7-17　金花茶保护区物种 Margalef 指数相关性分析

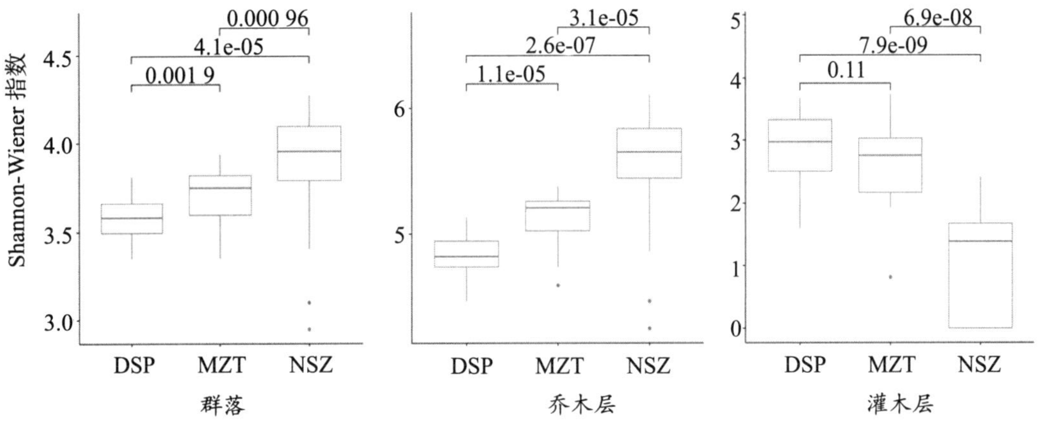

图 7-18　金花茶保护区 Shannon-Wiener 指数相关性分析

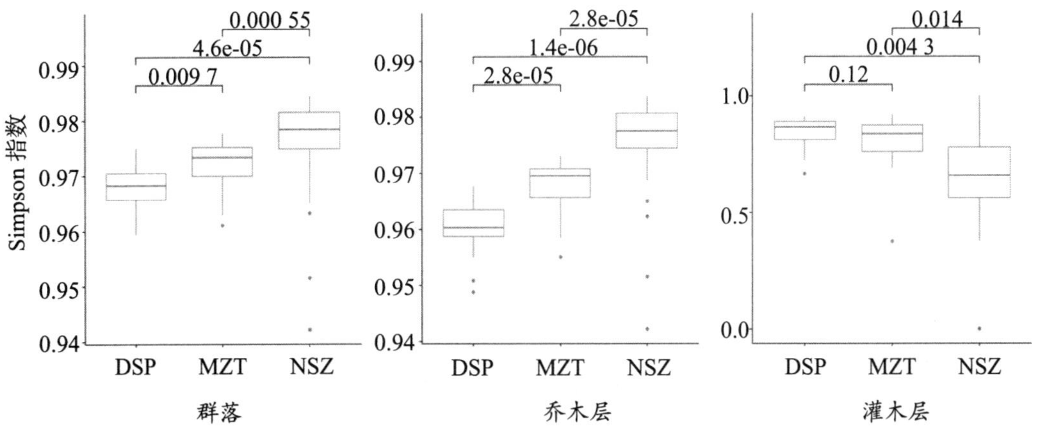

图 7-19　金花茶保护区 Simpson 指数相关性分析

在大石坪样地、妹仔田样地和那山子样地群落中，Margalef 指数在群落和灌木层水平上表现为妹仔田样地>那山子样地>大石坪样地；在乔木层水平上表现为那山子样地>妹仔田样地>大石坪样地。Shannon-Wiener 指数和 Simpson 指数在群落和乔木层水平上表现为那山子样地>妹仔田样地>大石坪样地；在灌木层水平上表现为妹仔田样地>那山子样地>大石坪样地。根据表 7–23、表 7–24 和表 7–25，大石坪样地、妹仔田样地和那山子样地群落的 Margalef 指数、Shannon-Wiener 指数和 Simpson 指数均表现为乔木层>灌木层，说明乔木层植物对资源利用能力强，对林下植物的生长具有明显的限制作用。在大石坪样地、妹仔田样地和那山子样地群落中，乔木层株高 5 m 以上的种类分别有 107 种、114 种和 146 种，共有种有 50 种，它们是白背算盘子、白肉榕、簕杸、赤杨叶、打铁树、大果榕、大青、短花水金京、鹅掌柴、翻白叶树、枫香树、桂南蒲桃、禾串树、黑面神、红鳞蒲桃、猴耳环、华润楠、黄毛五月茶、黄棉木、黄牛木、黄樟、假苹婆、假杨桐、假玉桂、尖叶藤黄、九节、簕欓花椒、罗浮柿、密花树、棋子豆、青藤公、琼桂润楠、秋枫、肉实树、三椏苦、山牡荆、石斑木、疏花臀果木、水锦树、水同木、铁冬青、土蜜树、狭叶泡花树、香楠、肖蒲桃、野漆、银柴、枝花李榄、中华杜英和猪肚木。β 多样性能够反映不同群落间物种组成差异情况，对大石坪样地与妹仔田样地、大石坪样地与那山子样地、妹仔田样地与那山子样地进行 Bray-Curtis 距离的 NMDS 进行排序分析，其胁强系数分别为 0.104、0.098 和 0.100，它们均小于 0.200，说明 NMDS 排序图能在一定程度上反映群落间的相似程度。在 NMDS 排序图中，群落间距离越近，彼此相似性越强。根据图 7–20，大石坪样地与妹仔田样地、大石坪样地与那山子样地、妹仔田样地与那山子样地之间的距离较大。对 NMDS 结果进行 ANOSIM 相似分析，得出 3 个样地群落间均存在极显著差异（表 7–25）；其中，在群落与乔木层水平上，相异性呈现大石坪样地与那山子样地>妹仔田样地与那山子样地>大石坪样地与妹仔田样地；而在灌木层水平上，相异性呈现大石坪样地与那山子样地>大石坪样地与妹仔田样地>妹仔田样地与那山子样地。

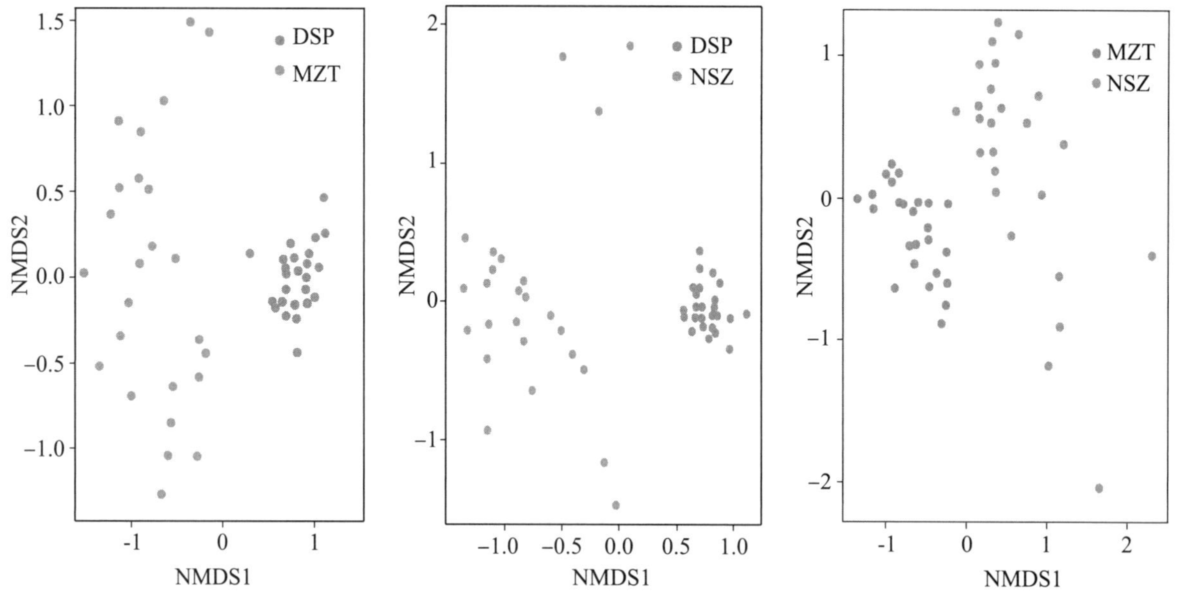

大石坪样地与妹仔田样地　　大石坪样地与那山子样地　　妹仔田样地与那山子样地

图 7–20　金花茶保护区植物群落 β 多样性的 NMDS 排序

表 7-25　金花茶保护区植物群落 Bray-Curtis 相异距离与差异显著性

项目	大石坪样地与妹仔田样地	大石坪样地与那山子样地	妹仔田样地与那山子样地
群落	0.584（*P*=0.001）	0.609（*P*=0.001）	0.604（*P*=0.001）
乔木层	0.566（*P*=0.001）	0.607（*P*=0.001）	0.603（*P*=0.001）
灌木层	0.885（*P*=0.001）	0.942（*P*=0.001）	0.835（*P*=0.001）

八、种间联结

（一）种间联结的检验方法

对大石坪样地、妹仔田样地和那山子样地群落上层所有组成种进行总体联结分析，根据物种的重要值及其在群落组成结构中的地位和作用，分别选取 16 种乔木进行种间联结分析，具体的种类如表 7-26、表 7-27 和表 7-28 所示。

表 7-26　金花茶保护区大石坪群落上层主要种及种代码

种代码	物种	种代码	物种
Ad	银柴 *Aporosa dioica*	*Lf*	枫香树 *Liquidambar formosana*
Bb	禾串树 *Bridelia balansae*	*Mc*	华润楠 *Machilus chinensis*
Cp	黄樟 *Camphora parthenoxylon*	*Mf*	琼桂润楠 *Machilus fooncheweii*
Ct	假玉桂 *Celtis timorensis*	*Si*	桂南蒲桃 *Syzygium imitans*
Dg	子楝树 *Decaspermum gracilentum*	*Sl*	假苹婆 *Sterculia lanceolata*
Ec	中华杜英 *Elaeocarpus chinensis*	*Sa*	肉实树 *Sarcosperma laurinum*
Es	山杜英 *Elaeocarpus sylvestris*	*Hh*	鹅掌柴 *Heptapleurum heptaphyllum*
Fs	笔管榕 *Ficus subpisocarpa*	*Wu*	水锦树 *Wendlandia uvariifolia*

表 7-27　金花茶保护区妹仔田群落上层主要种及种代码

种代码	物种	种代码	物种
Hh	鹅掌柴 *Heptapleurum heptaphyllum*	*Sl*	假苹婆 *Sterculia lanceolata*
Sa	肉实树 *Sarcosperma laurinum*	*Fv*	白肉榕 *Ficus vasculosa*
Ad	银柴 *Aporosa dioica*	*Mc*	华润楠 *Machilus chinensis*
Lv	黄椿木姜子 *Litsea variabilis*	*Wf*	短花水金京 *Wendlandia formosana* subsp. *breviflora*
Cp	黄樟 *Camphora parthenoxylon*	*Em*	大果毛柃 *Eurya megatrichocarpa*
Dm	罗浮柿 *Diospyros morrisiana*	*Mp*	白楸 *Mallotus paniculatus*
Ml	打铁树 *Myrsine linearis*	*Wu*	水锦树 *Wendlandia uvariifolia*
Pl	疏花臀果木 *Pygeum laxiflorum*	*Mf*	琼桂润楠 *Machilus fooncheweii*

表 7-28　金花茶保护区那山子群落上层主要种及种代码

种代码	物种	代码	物种
Hh	鹅掌柴 *Heptapleurum heptaphyllum*	*Mc*	华润楠 *Machilus chinensis*
Dm	罗浮柿 *Diospyros morrisiana*	*Lv*	黄椿木姜子 *Litsea variabilis*
Pa	九节 *Psychotria asiatica*	*Pt*	南山花 *Prismatomeris tetrandra*
Rt	两广梭罗树 *Reevesia thyrsoidea*	*Es*	假杨桐 *Eurya subintegra*
Sa	肉实树 *Sarcosperma laurinum*	*Cp*	黄樟 *Camphora parthenoxylon*
Ip	毛冬青 *Ilex pubescens*	*Hc*	小果山龙眼 *Helicia cochinchinensis*
Ad	银柴 *Aporosa dioica*	*Sl*	假苹婆 *Sterculia lanceolata*
Aq	罗伞树 *Ardisia quinquegona*	*Fi*	变叶榕 *Ficus variolosa*

1. 总体联结显著性检验

总体联结可以从全局水平上反映群落中所有物种的关联程度，能够体现出群落的稳定情况。采用方差比率法（variance ratio test，*VR*）来检验群落的总体联结性，有关的计算公式如下：

$$\delta_T^2 = \sum_{i=1} P_i\left(1 - P_i\right)$$

$$S_T^2 = (1/N)\sum_{j=1}^{N}\left(T_j - t\right)^2$$

$$P_i = n_i/N$$

$$VR = S_T^2/\delta_T^2$$

式中，δ_T^2代表总物种数出现频度方差；S_T^2代表总种数方差；N为总样方数；P_i为物种i在调查样地内出现的频度；n_i为物种i出现的样方数；T_j为物种j在样方内出现的总数；t表示样方内物种的平均数。

在独立性及零假设条件下，VR的期望值为 1。若$VR=1$，表明群落中物种间无联结；若$VR > 1$，表示群落中物种间呈正联结；若$VR < 1$，表示群落中物种负联结。VR值对 1 偏离的显著程度采用统计量W（$W=N\times VR$）来检验。若W值落入X^2分布的 95% 置信区间$X_{0.95}^2(N) < W < X_{0.05}^2(N)$内，则群落中物种总体联结性不显著（$P > 0.05$）；否则，群落中物种间总体联结性显著（$P < 0.05$）。

2. 种间联结性检验

采用χ^2检验来确定种对间的实测值与预期值间的联结偏差程度。首先，将乔木层中 16 个优势种在 100 个样方内的多度数据转化成二元（0/1）数据矩阵，分别计算出下式中a、b、c、d的值，制成2×2联列表。其次，基于本研究中出现的非连续性样方数据特点，采用 Yates 校正法对χ^2统计量进行交叉检验，有关计算公式如下：

$$\chi^2 = \frac{N\left[|ad - bc| - 0.5N\right]^2}{(a + b)(b + d)(c + d)(a + c)}$$

式中，N为取样总数；a为物种一和物种二共同出现样方的数量；b为物种一不出现而物种二出现样方的数量；c为物种二不出现而物种一出现样方的数量；d为物种一和物种二都不出现样方的数量。当$\chi^2 < 3.841$时，$P > 0.05$，表示群落中物种间联结不显著；当$3.841 \leqslant \chi^2 \leqslant 6.635$时，$0.01 \leqslant P \leqslant 0.05$，表示群落中物种间联结性显著；当 $\chi^2 > 6.635$ 时，$P < 0.01$，表示群落中物种间联结性极显著。关联性分为正联结和负联结，若设：

$$V = \frac{(a + b) - (b + c)}{a + b + c + d}$$

则 $V > 0$ 为正联结，群落中物种间互利共赢；$V < 0$ 为负联结，群落中物种间相互竞争或相对独立。

3. **联结系数**

联结系数（AC）能够进一步检验 χ^2 统计量的计算结果及说明群落中物种间的联结程度。

若 $ad \geqslant bc$，则

$$AC = \frac{ad - bc}{(a + b)(b + d)}$$

若 $bc > ad$ 且 $d \geqslant a$，则

$$AC = \frac{ad - bc}{(a + d)(a + c)}$$

若 $bc > ad$ 且 $d < a$，则

$$AC = \frac{ad - bc}{(c + d)(b + d)}$$

AC 的值域为［-1，1］。当 $AC=0$ 时，表明群落中物种对间完全独立；AC 值越趋向于 1，则表明群落中物种对间的正联结性越强；AC 值越趋向于 -1，则表明群落中物种对间的负联结性越强。

4. **种间相关性检验**

为了进一步定量分析群落中物种对间的联结性特征，根据树种的多度数据进行 Pearson 相关检验。其中，Pearson 相关系数计算公式如下：

$$r_p(i,k) = \frac{\sum_{j=1}^{N}\left(x_{ij} - \bar{x}_i\right)\left(x_{kj} - \bar{x}_k\right)}{\sqrt{\sum_{j=1}^{N}\left(x_{ij} - x_i\right)^2 \sum_{j=1}^{N}\left(x_{kj} - x_k\right)^2}}$$

式中，x_{ij} 为物种 i 在样方 j 中的多度；x_{kj} 为物种 k 在样方 j 中的多度；x_i 和 x_k 分别是物种 i 和物种 k 在所有样方中多度的平均值。$r_p(i,k)$ 值域为［-1，1］，正值表示正相关，越趋近于 1，表明物种间的相关性越强，负值则反之。

（二）大石坪群落种间联结

1. **总体联结性**

总体联结性反映了群落内各树种间相关性的总体趋势。由表 7-29 可知，大石坪群落上层组成种间总体上表现为显著正联结，表明群落中大多数树种之间存在着相互促进关系，一些种的存在对另一些种的存在有利。通常，随着群落的演替进程，群落结构及其种类组成将逐渐趋于完善和稳定，种间关系相应地趋于正联结，由此促使物种间稳定共存。大石坪群落属于季节性雨林，群落中胸径 5 cm 以上的个体密度为每公顷 1 627 株，其中胸径 20 cm 以上的个体密度为每公顷 219 株，可见该群落目前尚未达到最成熟、最稳定的发育阶段。

表 7-29　金花茶保护区大石坪群落上层组成种间的总体联结性

研究对象	方差比率（VR）	统计量检验（W）	X^2 临界值（$X^2_{0.95}$，$X^2_{0.05}$）	检验结果
群落上层组成种	1.483 5	148.35	（77.93，124.34）	显著正联结

2. 种对间联结性

（1）χ^2 检验

大石坪群落上层 16 种乔木 χ^2 检验的结果如图 7-21 所示。在 120 个种对中，呈正联结关系的有 103 对，占总种对数的 85.83%；其中，仅有桂南蒲桃—肉实树呈极显著正联结，占总种对数的 0.83%；显著正联结的也仅有 1 对，为桂南蒲桃—黄樟；其余 101 对均为不显著正联结，占总种对数的 84.17%。呈负联结的种对共有 15 对，占总种对数的 12.5%，均呈不显著负联结。无关联种对数为 2。χ^2 检验结果可知，不显著关联或无关联的种对有 118 对，占总种对数的 98.33%，显著率仅为 1.67%，表明大石坪群落上层各物种间的关联性较弱，趋向于相对独立存在。

	Ad	Bb	Cp	Ct	Dg	Ec	Es	Fs	Lf	Mc	Mf	Si	Sl	Sa	Hh
Bb	+														
Cp	+	+													
Ct	+	+	+												
Dg	+	+	+	+											
Ec	+	+	+	+	+										
Es	+	+	+	+	+	+									
Fs	+	+	+	+	+	+	+								
Lf	+	+	+	+	+	+	+	+							
Mc	+	+	+	+	+	+	+	+	+						
Mf	+	+	+	+	+	+	+	+	+	○					
Si	+	+	▲	+	+	+	+	+	+	+	+				
Sl	+	+	+	+	+	+	+	+	+	○	+	+			
Sa	+	+	+	+	+	+	+	+	+	+	+	★	+		
Hh	−	−	−	−	−	−	−	−	−	−	−	−	−	−	
Wu	+	+	+	+	+	+	+	+	+	+	+	+	+	+	−

★极显著正联结
▲显著正联结
+不显著正联结
☆极显著负联结
△显著负联结
−不显著负联结
○无关联

图 7-21　金花茶保护区大石坪群落上层主要种 χ^2 检验半矩阵图

（2）联结系数

大石坪群落上层 16 种乔木联结系数半矩阵图如图 7-22 所示。其中，$0.6 \leqslant AC \leqslant 1.0$ 的种对有 2 对，占总种对数的 1.67%，即桂南蒲桃—黄樟与华润楠—水锦树为显著正联结；$0.2 \leqslant AC < 0.6$ 的有 7 对，占总种对数的 5.83%，表现为不显著正联结；$-0.2 \leqslant AC < 0.2$ 的有 38 对，占总种对数的 31.67%，这些种对的联结性较弱；$-0.6 \leqslant AC < -0.2$ 的有 13 对，占总种对数的 10.83%，表明这些种对呈现不显著负联结；$-1.0 \leqslant AC < -0.6$ 的有 60 对，占总种对数的 50.00%，表现为显著负联结。AC 检验中呈显著负联结的种对占半数，而 χ^2 检验却没有显著负联结的种对，这是由于 $a=0$ 时 AC 检验结果夸大了两个物种均不出现的关联性而导致的。

	Ad	Bb	Cp	Ct	Dg	Ec	Es	Fs	Lf	Mc	Mf	Si	Sl	Sa	Hh
Bb	☆														
Cp	☆	○													
Ct	○	☆	☆												
Dg	☆	○	☆	☆											
Ec	☆	☆	☆	☆	☆										
Es	☆	☆	☆	☆	○	☆									
Fs	☆	☆	☆	○	☆	▲	☆								
Lf	○	○	○	○	△	△	☆	☆							
Mc	△	○	○	△	○	☆	○	△	○						
Mf	○	○	○	○	☆	☆	☆	☆	▲	△					
Si	☆	☆	★	☆	☆	▲	☆	☆	▲	☆	▲				
Sl	☆	☆	○	○	☆	☆	☆	○	△	☆	☆	△			
Sa	☆	☆	▲	☆	☆	☆	☆	☆	○	○	○	▲	○		
Hh	△	△	○	○	○	△	△	○	△	○	○	○	○	○	
Wu	☆	○	☆	○	☆	☆	☆	☆	○	★	☆	☆	☆	☆	○

★ $0.6 \leqslant AC \leqslant 1.0$
▲ $0.2 \leqslant AC < 0.6$
○ $-0.2 \leqslant AC < 0.2$
△ $-0.6 \leqslant AC < -0.2$
☆ $-1.0 \leqslant AC < -0.6$

图 7-22　金花茶保护区大石坪群落上层主要种联结系数半矩阵图

（3）种对相关性

大石坪群落上层 16 种乔木 Pearson 相关系数的检验结果如图 7-23 所示。其中，正相关的种对有 85 对，占总种对数的 70.83%，包括极显著正相关的种对 6 对，即桂南蒲桃—鹅掌柴、假苹婆—鹅掌柴、银柴—鹅掌柴、假苹婆—华润楠、银柴—假苹婆和华润楠—枫香树；显著正相关的种对 22 对；其余 57 对均为不显著正相关。负相关的种对有 35 对，占总种对数的 29.17%，包括极显著负相关 1 对，即中华杜英—山杜英；显著负相关的种对 5 对，即黄樟—桂南蒲桃、中华杜英—黄樟、笔管榕—华润楠、笔管榕—假苹婆和笔管榕—肉实树；其余 29 对为不显著负相关。

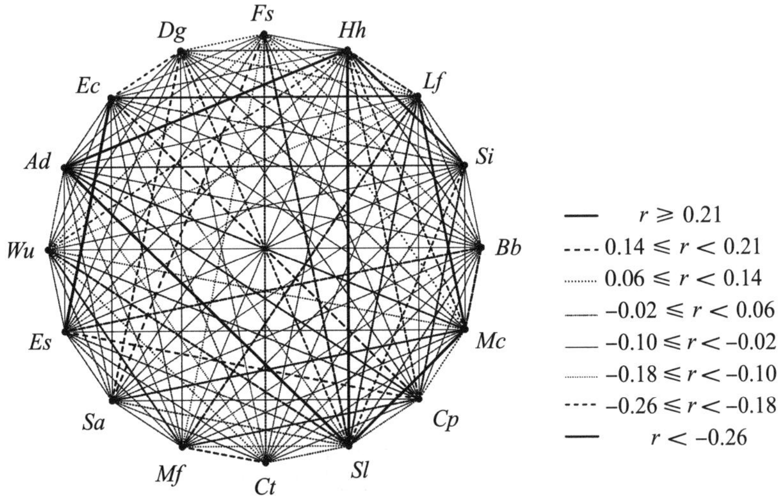

图 7-23　金花茶保护区大石坪群落上层主要种 Pearson 相关系数星座图

（三）妹仔田群落种间联结

1. 总体联结性

由表 7–30 可知，妹仔田群落上层组成种间的总体联结性呈显著正联结，表明群落上层的稳定性较强，有利于物种共存。妹仔田群落属于季节性雨林，群落中胸径 5 cm 以上的个体密度为每公顷 2 695 株，其中胸径 20 cm 以上的个体密度为每公顷 167 株，与大石坪群落类似，该群落目前也尚未达到最成熟、最稳定的发育阶段。

表 7–30　金花茶保护区妹仔田群落上层组成种间的总体联结性

研究对象	方差比率（*VR*）	统计量检验（*W*）	X^2 临界值（$X^2_{0.95}$，$X^2_{0.05}$）	检验结果
群落上层组成种	4.481 8	448.18	（77.93，124.34）	显著正联结

2. 种对间联结性

（1）χ^2 检验

妹仔田群落上层 16 种乔木 χ^2 检验的结果如图 7–24 所示。在 120 个种对中，呈现正联结关系的种对共 77 对，占总种对数的 64.17%；其中，极显著正联结的有肉实树—黄椿木姜子、疏花臀果木—黄樟和短花水金京—黄樟 3 对，占总种对数的 2.50%；显著正联结的有假苹婆—黄樟、大果毛柃—银柴、大果毛柃—黄樟、大果毛柃—短花水金京、白楸—黄樟和大果毛柃—白楸 6 对，占总种对数的 5.00%；其余 68 对为不显著正联结，占总种对数的 56.67%。呈现负联结关系的种对共 40 对，占总种对数的 33.33%；其中，极显著负相关的有打铁树—黄椿木姜子、白楸—肉实树和大果毛柃—假苹婆 3 对，占总种对数的 2.50%；显著负相关的有黄椿木姜子—鹅掌柴、黄椿木姜子—银柴、假苹婆—鹅掌柴、假苹婆—罗浮柿、假苹婆—白肉榕和大果毛柃—水锦树 6 对，占总种对数的 5.00%；其余 31 对为不显著负相关，占总种对数的 25.83%。无相关的有短花水金京—华润楠、水锦树—银柴、琼桂润楠—罗浮柿 3 对，占总种对数的 2.50%。

★极显著正联结
▲显著正联结
+不显著正联结
☆极显著负联结
△显著负联结
−不显著负联结
○无关联

	Hh	*Sa*	*Ad*	*Lv*	*Cp*	*Dm*	*Ml*	*Pl*	*Sl*	*Fv*	*Mc*	*Wf*	*Em*	*Mp*	*Wu*
Sa	+														
Ad	+	+													
Lv	△	★	△												
Cp	+	−	+	−											
Dm	−	+	+	−	+										
Ml	+	−	+	☆	+	+									
Pl	−	+	+	+	★	−	+								
Sl	△	+	−	+	▲	△	−	+							
Fv	−	−	−	−	+	+	+	+	△						
Mc	−	−	−	+	+	+	+	+	+	+					
Wf	+	−	+	−	★	+	+	+	−	+	○				
Em	−	−	▲	−	▲	+	+	+	☆	+	+	▲			
Mp	−	☆	+	−	▲	+	+	+	−	+	+	+	▲		
Wu	−	−	○	+	+	+	+	+	+	+	+	−	△	+	
Mf	−	−	−	+	+	○	+	+	+	+	+	+	+	+	+

图 7–24　金花茶保护区妹仔田群落上层主要种 χ^2 检验半矩阵图

（2）联结系数

妹仔田群落上层 16 种乔木联结系数半矩阵图如图 7–25 所示。其中，$0.6 \leqslant AC \leqslant 1.0$ 的种对有 6 对，占总种对数的 5.00%，分别是鹅掌柴—黄樟、鹅掌柴—打铁树、鹅掌柴—白楸、鹅掌柴—琼桂润楠、假苹婆—黄椿木姜子、黄樟—银柴，为显著正联结；$0.2 \leqslant AC < 0.6$ 的有 40 对，占总种对数的 33.33%，表现为不显著正联结；$-0.2 \leqslant AC < 0.2$ 的有 53 对，占总种对数的 44.17%，这些种对的联结性较弱；$-0.6 \leqslant AC < -0.2$ 的有 19 对，占总种对数的 15.83%，表明这些种对呈现不显著负联结；$-1.0 \leqslant AC < -0.6$ 的有假苹婆—大果毛柃、假苹婆—白楸 2 对，占总种对数的 1.67%，表现为显著负联结。

	Hh	*Sa*	*Ad*	*Lv*	*Cp*	*Dm*	*Ml*	*Pl*	*Sl*	*Fv*	*Mc*	*Wf*	*Em*	*Mp*	*Wu*
Sa	○														
Ad	▲	○													
Lv	△	▲	△												
Cp	★	○	★	△											
Dm	▲	▲	▲	○	○										
Ml	★	○	▲	△	▲	○									
Pl	○	▲	▲	▲	○	○	○								
Sl	△	▲	○	★	△	△	△	○							
Fv	▲	○	○	○	○	○	○	▲	△						
Mc	▲	▲	○	▲	○	○	○	▲	○	○					
Wf	▲	○	▲	△	▲	○	▲	○	△	○	○				
Em	▲	○	▲	△	▲	○	▲	○	☆	○	○	▲			
Mp	★	△	▲	△	▲	▲	▲	○	☆	▲	△	▲	▲		
Wu	○	○	▲	▲	○	○	○	▲	○	○	○	△	△	○	
Mf	★	○	○	▲	○	○	▲	○	○	○	▲	△	○	△	▲

★ $0.6 \leqslant AC \leqslant 1.0$
▲ $0.2 \leqslant AC < 0.6$
○ $-0.2 \leqslant AC < 0.2$
△ $-0.6 \leqslant AC < -0.2$
☆ $-1.0 \leqslant AC < -0.6$

图 7–25　金花茶保护区妹仔田群落上层主要种联结系数半矩阵图

（3）种对相关性

妹仔田群落上层 16 种乔木 Pearson 相关系数的检验结果如图 7–26 所示。其中，正联结的种对有 66 对，占总种对数的 55.00%，包括极显著正相关的种对 13 对，即琼桂润楠—白楸、琼桂润楠—华润楠、琼桂润楠—大果毛柃、黄樟—大果毛柃、疏花臀果木—水锦树、打铁树—白楸、鹅掌柴—银柴、鹅掌柴—黄樟、鹅掌柴—打铁树、银柴—黄樟、银柴—琼桂润楠、黄樟—琼桂润楠和黄樟—打铁树；显著正相关的种对 11 对，占总种对数的 9.17%；其余 42 对均为不显著正相关，占 35.00%。负相关的种对有 54 对，占 45.00%，包括极显著负相关 11 对，占总种对数的 9.17%，即黄椿木姜子—白楸、假苹婆—白楸、肉实树—琼桂润楠、假苹婆—打铁树、黄椿木姜子—大果毛柃、假苹婆—大果毛柃、琼桂润楠—黄椿木姜子、琼桂润楠—假苹婆、假苹婆—白肉榕、黄椿木姜子—打铁树和黄樟—黄椿木姜子；显著负相关的种对 7 对，占总种对数的 5.83%；其余 36 对为不显著负相关，占总种对数的 30.00%。

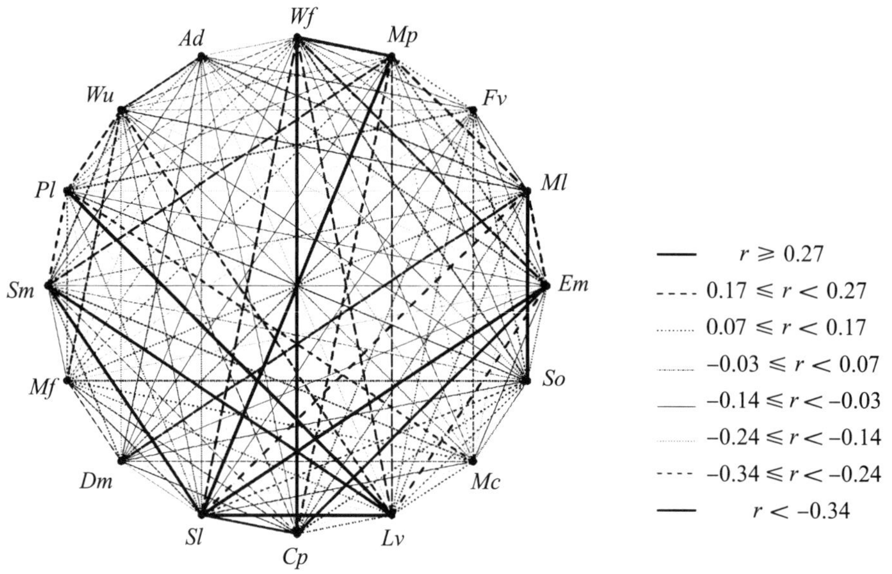

图 7-26　金花茶保护区妹仔田群落上层主要种 Pearson 相关系数星座图

（四）那山子群落种间联结

1. 总体联结性

由表 7-31 可知，那山子群落上层组成种间的总体联结性呈显著正联结，表明群落上层的稳定性较强，有利于物种共存。那山子群落属于季节性雨林，群落中胸径 5 cm 以上的个体密度为每公顷 2 431 株，其中胸径 20 cm 以上的个体密度为每公顷 118 株，与大石坪群落和妹仔田群落类似，该群落目前也尚未达到最成熟、最稳定的发育阶段。

表 7-31　金花茶保护区那山子群落上层组成种间的总体联结性

研究对象	方差比率（*VR*）	统计量检验（*W*）	X^2 临界值（$X^2_{0.95}$，$X^2_{0.05}$）	检验结果
群落上层组成种	7.971 7	797.17	（77.93，124.34）	显著正联结

2. 种对间联结性

（1）χ^2 检验

那山子群落上层 16 种乔木 χ^2 检验的结果如图 7-27 所示。在 120 个种对中，呈现正联结关系的种对共 102 对，占总种对数的 85.00%；其中，极显著正联结的有 18 对，占总种对数的 15.00%，它们是鹅掌柴—黄椿木姜子、罗浮柿—两广梭罗树、罗浮柿—毛冬青、罗浮柿—变叶榕、九节—黄椿木姜子、两广梭罗树—南山花、两广梭罗树—假杨桐、两广梭罗树—小果山龙眼、毛冬青—银柴、银柴—假杨桐、银柴—小果山龙眼、银柴—变叶榕、罗伞树—南山花、罗伞树—假杨桐、罗伞树—黄樟、罗伞树—假苹婆、黄椿木姜子—小果山龙眼和黄樟—变叶榕；显著正联结的有 21 对，占总种对数的 17.50%，它们是鹅掌柴—罗浮柿、鹅掌柴—九节、鹅掌柴—肉实树、鹅掌柴—假杨桐、罗浮柿—肉实树、罗浮柿—银柴、罗浮柿—黄樟、罗浮柿—小果山龙眼、九节—肉实树、九节—假杨桐、九节—变叶榕、两广梭罗树—变叶榕、肉实树—银柴、肉实树—罗伞树、毛冬青—罗伞树、毛冬青—小果山龙眼、银柴—黄椿木姜子、银柴—南山花、罗伞树—小果山龙眼、南山花—假杨桐和假杨桐—变叶榕；其余63对为不显著正联结，占52.50%。负联结的有17对，占总种对数的14.17%；其中，显著负联结的仅有假苹婆—假杨桐1对，占总种对数的0.83%，其余16对为不显著负相关，占总种对数的13.33%。不联结的仅有鹅掌柴—华润楠1对，占总种对数的0.83%。

	Hh	*Dm*	*Pa*	*Rt*	*Sa*	*Ip*	*Ad*	*Aq*	*Mc*	*Lv*	*Pt*	*Es*	*Cp*	*Hc*	*Sl*
Dm	▲														
Pa	▲	+													
Rt	+	★	+												
Sa	▲	▲	▲	+											
Ip	+	★	+	+	+										
Ad	+	▲	+	+	▲	★									
Aq	+	+	+	+	▲	▲	+								
Mc	○	−	−	−	−	−	+	−							
Lv	★	+	★	+	+	+	▲	+	−						
Pt	+	+	+	★	+	+	▲	★	−	+					
Es	▲	+	▲	★	+	+	★	★	+	+	▲				
Cp	+	▲	+	+	−	−	+	★	+	−	+	+			
Hc	+	▲	+	★	+	▲	★	▲	+	★	+	+	+		
Sl	+	+	−	+	+	+	+	★	−	+	+	△	−	−	
Fi	+	★	▲	▲	+	+	★	+	+	+	+	▲	★	+	−

★极显著正联结
▲显著正联结
+不显著正联结
☆极显著负联结
△显著负联结
−不显著负联结
○无关联

图 7–27　金花茶保护区那山子群落上层主要种 χ^2 检验半矩阵图

（2）联结系数

由那山子群落上层16种乔木联结系数半矩阵图（图7–28）可知，0.6 ≤ *AC* ≤ 1.0的种对有27对，占总种对数的22.50%，它们是鹅掌柴—九节、鹅掌柴—两广梭罗树、鹅掌柴—假杨桐、鹅掌柴—黄樟、鹅掌柴—小果山龙眼、鹅掌柴—变叶榕、罗浮柿—九节、罗浮柿—两广梭罗树、罗浮柿—南山花、罗浮柿—假杨桐、罗浮柿—黄樟、罗浮柿—小果山龙眼、罗浮柿—变叶榕、九节—两广梭罗树、九节—假杨桐、九节—黄樟、九节—小果山龙眼、九节—变叶榕、毛冬青—假杨桐、毛冬青—小果山龙眼、毛冬青—变叶榕、银柴—小果山龙眼、银柴—变叶榕、黄椿木姜子—小果山龙眼、假杨桐—黄樟、假杨桐—小果山龙眼和假杨桐—变叶榕，这些种对的正联结强度较高；0.2 ≤ *AC* < 0.6的种对有58对，占总种对数的48.33%，表现为不显著正联结；-0.2 ≤ *AC* < 0.2的有33对，占总种对数的27.50%，这些种对的联结性较弱；-0.6 ≤ *AC* < -0.2的有2对，占总种对数的1.67%，这些种对呈不显著负联结。

	Hh	*Dm*	*Pa*	*Rt*	*Sa*	*Ip*	*Ad*	*Aq*	*Mc*	*Lv*	*Pt*	*Es*	*Cp*	*Hc*	*Sl*
Dm	▲														
Pa	★	★													
Rt	★	★	★												
Sa	▲	▲	▲	○											
Ip	▲	▲	▲	▲	▲										
Ad	▲	▲	▲	○	▲	▲									
Aq	▲	▲	▲	○	▲	▲	▲								
Mc	▲	▲	○	○	○	▲	▲	○							
Lv	▲	○	▲	○	○	▲	▲	○	○						
Pt	▲	★	▲	▲	▲	▲	▲	▲	○	▲					
Es	★	★	★	▲	○	★	▲	▲	○	▲	▲				
Cp	★	★	★	▲	○	▲	▲	▲	○	▲	▲	★			
Hc	★	★	★	▲	▲	★	★	▲	▲	★	○	★	▲		
Sl	○	○	△	○	○	○	○	○	○	○	○	△	○	○	
Fi	★	★	★	▲	○	★	★	▲	○	▲	▲	★	▲	▲	○

★ $0.6 \leqslant AC \leqslant 1.0$

▲ $0.2 \leqslant AC < 0.6$

○ $-0.2 \leqslant AC < 0.2$

△ $-0.6 \leqslant AC < -0.2$

☆ $-1.0 \leqslant AC < -0.6$

图 7–28　金花茶保护区那山子群落上层主要种联结系数半矩阵图

（3）种对相关性

那山子群落上层 16 种乔木 Pearson 相关系数的检验结果如图 7–29 所示。其中，正相关的种对有 95 对，占总种对数的 79.17%，其中极显著正相关的种对有 49 对，即变叶榕—鹅掌柴、变叶榕—假杨桐、变叶榕—九节、变叶榕—罗浮柿、变叶榕—毛冬青、变叶榕—小果山龙眼、变叶榕—银柴、变叶榕—黄樟、鹅掌柴—黄樟、鹅掌柴—假杨桐、鹅掌柴—九节、鹅掌柴—两广梭罗树、鹅掌柴—罗浮柿、鹅掌柴—毛冬青、鹅掌柴—银柴、鹅掌柴—华润楠、鹅掌柴—小果山龙眼、黄樟—罗浮柿、黄樟—九节、黄樟—假杨桐、黄樟—小果山龙眼、假杨桐—毛冬青、假杨桐—小果山龙眼、假杨桐—银柴、九节—两广梭罗树、九节—假杨桐、九节—毛冬青、九节—南山花、九节—小果山龙眼、九节—银柴、两广梭罗树—肉实树、两广梭罗树—毛冬青、两广梭罗树—南山花、两广梭罗树—小果山龙眼、罗浮柿—九节、罗浮柿—华润楠、罗浮柿—假杨桐、罗浮柿—毛冬青、罗浮柿—小果山龙眼、罗浮柿—银柴、罗伞树—南山花、毛冬青—小果山龙眼、肉实树—银柴、南山花—肉实树、黄樟—银柴、毛冬青—银柴、毛冬青—黄樟、银柴—小果山龙眼和银柴—华润楠，占总种对数的 40.83%；显著正相关的种对有 11 对，即鹅掌柴—黄椿木姜子、鹅掌柴—南山花、肉实树—黄椿木姜子、黄椿木姜子—毛冬青、黄椿木姜子—假苹婆、华润楠—黄椿木姜子、华润楠—黄樟、华润楠—小果山龙眼、毛冬青—南山花、变叶榕—南山花和假苹婆—银柴，占总种对数的 9.17%；其余 35 对为不显著正相关，占总种对数的 29.17%。负相关的种对有 25 对，占总种对数的 20.83%，包括显著负相关 2 对，即华润楠—银柴和华润楠—南山花，占总种对数的 1.67%；其余 23 对为不显著负相关，占总种对数的 19.17%。

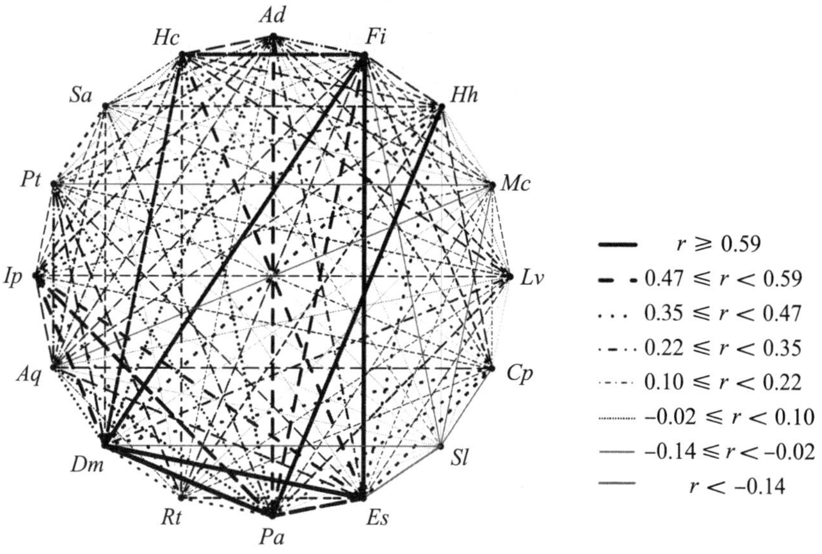

图 7-29　金花茶保护区那山子群落上层主要种 Pearson 相关系数星座图

九、植物功能性状及功能多样性

（一）研究方法

1. 功能性状指标与数据获取

通过查阅《中国植物志》《中国高等植物》《广西植物志》《广西树木志》等，结合网络植物功能性状数据库以及野外实地调查的植物功能性状数据，以大石坪、妹仔田、那山子的群落上层被子植物作为研究对象，选取生活型、果实类型、种子传播、抗热抗旱性状 4 个指标进行统计分析。

2. 功能多样性计算

功能多样性指数通过多种指标来评价植物功能多样性的丰富程度、均匀程度、离散程度等，由此揭示不同植物群落的功能多样性水平，从而有助于深入了解植物群落的生态功能和生态系统服务。

（1）功能丰富度（functional richness, FR_{ic}）：指在功能性状空间中的种类丰富度，是在考虑到的所有功能性状上可能存在的生态策略的多样性。如果竞争强烈，预计功能丰富度会降低，因为一些生态策略会优于其他策略。计算公式如下：

$$FR_{ic} = \frac{SF_{ci}}{R_c}$$

式中，SF_{ci} 为群落 i 中物种所占的生态位空间；R_c 为特征 c 的绝对值范围。

（2）功能离散度（functional dispersion, FD_{is}）：指群落中物种在功能性状空间中的平均距离，可以表示群落的功能性状的多样性。如果竞争强烈，物种可能会在功能性状空间中更分散，以减少对资源的竞争。计算公式如下：

$$FD_{is} = \frac{\sum a_j z_j}{\sum a_j}$$

式中，a_j 为物种 j 的多度；z_j 为物种 j 到加权质心的距离。

（3）功能分离度（functional divergence, FD_{iv}）：指群落中的物种在功能性状空间中距离重心的距离，即物种是否偏向于在功能性状空间中的边缘分布。如果存在促进效应，物种可能在功能性状空间中更发散，因为相似的物种可能通过促进作用而聚集在一起。计算公式如下：

$$FD_{iv} = \frac{2}{\pi}\arctan\left\{5 \times \sum_{i=1}^{N}\left[\left(\ln C_i - \ln x\right)^2 \times A_i\right]\right\}$$

式中，C_i 为第 i 项功能特征的数值；A_i 为第 i 项功能特征的相对丰富度；$\ln x$ 为物种特征值自然对数的加权平均。

（4）功能均匀度（functional evenness, FE_{ve}）：指群落中的物种在功能性状空间中的分布均匀程度。如果由随机过程控制，预期物种在功能性状空间中的分布将是均匀的。计算公式如下：

$$FE_{ve} = \frac{\sum_{i-1}^{S-1}\min\left(PEW_i\frac{1}{S-1}\right) - \frac{1}{S-1}}{1 - \frac{1}{S-1}}$$

式中，S 为物种丰富度；PEW_i 为物种 i 的局部加权均匀度。

（5）功能熵指数（$RaoQ$）：功能多样性指数 Rao 二次熵指数，该功能熵指数整合了物种丰富度及物种对之间的功能性状差异的信息，是对功能多样性的综合测定指数。计算公式如下：

$$RaoQ = \sum_{i,j}^{S} d_{ij}P_iP_j$$

式中，P_i 和 P_j 分别代表物种 i 和物种 j 的相对丰度，S 为物种数，d_{ij} 为物种 i 和物种 j 之间相异矩阵的距离。

采用方差分析进行物种与功能多样性显著性检测。如果差异显著，再进行多重比较。使用 *R* 软件对物种与功能多样性指数之间进行相关性分析。所有数据处理及作图均在 R 4.3.0 程序中进行。

（二）大石坪群落植物功能性状

1. 植物功能性状

（1）生活型

由图 7–30 可知，大石坪群落木本植物有 142 种，生活型可划分为乔木、灌木或乔木、灌木、攀缘灌木 4 类，其中以乔木最多，有 62 种，占 43.66%；其次是灌木或乔木，有 54 种，占 38.03%。

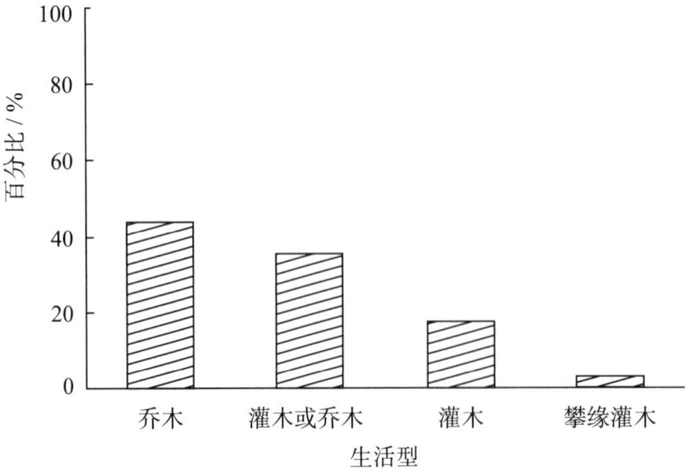

图 7–30　金花茶保护区大石坪群落木本植物生活型组成

（2）果实类型

由图 7–31 可知，大石坪群落木本植物果实类型可划分为单果、聚花果和聚合果 3 类，分别有 125 种、13 种和 4 种，各占 88.03%、9.15% 和 2.82%。单果可划分为核果、浆果、蒴果、蓇葖果、荚果、坚果和梨果 7 类，分别有 51 种、35 种、25 种、5 种、4 种、4 种和 1 种，各占大石坪群落木本植物单果种数的 40.80%、28.00%、20.00%、4.00%、3.20%、3.20% 和 0.80%。

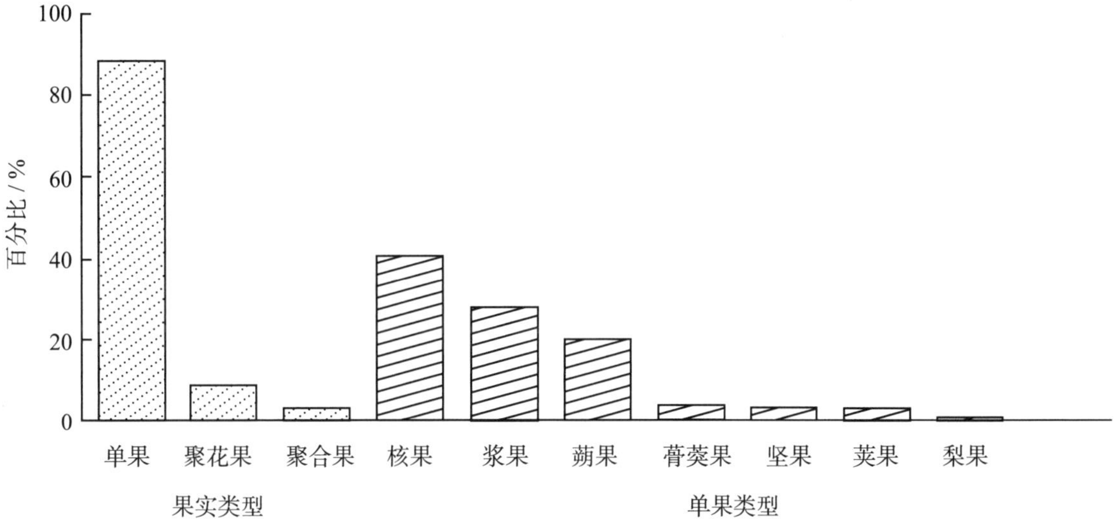

图 7–31　金花茶保护区大石坪群落木本植物果实类型

（3）种子传播

由图 7–32 可知，大石坪群落木本植物种子传播可划分为被动传播和主动传播两大类，动物传播、自体传播和风传播 3 种方式。其中，被动传播的有 107 种，占 75.35%；主动传播的有 35 种，占 24.65%。动物传播的有 102 种，占 71.83%；自体传播的有 35 种，占 24.65%；风传播的有 5 种，占 3.52%。

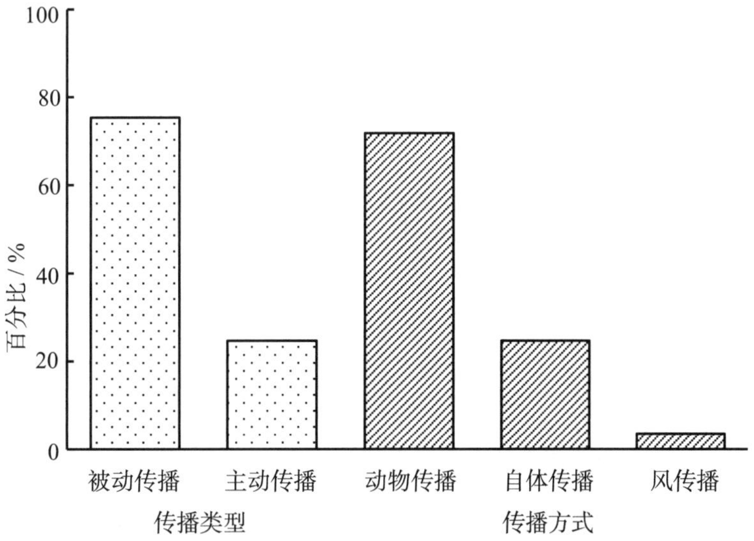

图 7–32　金花茶保护区大石坪群落木本植物种子传播类型及方式

（4）抗热抗旱性状

由图 7–33 可知，大石坪群落木本植物中无刺植物的种数显著多于有刺的，无刺植物和有刺植物的种数分别为 135 种和 7 种，分别占 95.07% 和 4.93%。有刺植物为簕欓花椒、刺桑、构棘、猪肚木、簕柊、山石榴和黄牛木。

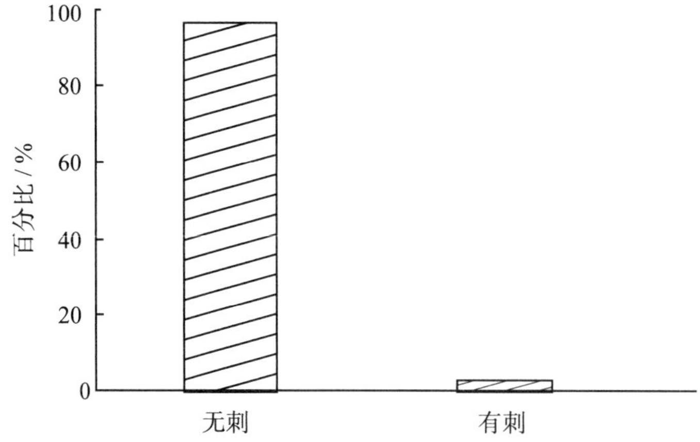

图 7-33　金花茶保护区大石坪群落木本植物抗热抗旱性状

2. 植物功能多样性

对大石坪样地的100个小样方中的所有植株进行功能性状测定并计算后，得到以下数据（平均值 ± 标准误）：大石坪群落植物功能丰富度指数为 1.41 ± 0.76，功能离散度指数为 0.66 ± 0.12，功能分离度指数为 0.74 ± 0.05，功能均匀度指数为 0.54 ± 0.09，功能熵指数为 0.74 ± 0.29。功能丰富度指数最大，其他依次为功能熵指数、功能分离度指数、功能离散度指数、功能均匀度指数。功能离散度指数与功能均匀度指数数值相差不大，二者无显著性差异（$P > 0.05$）。根据图 7-34，功能丰富度指数的箱体较高，各数值相差较大，最不稳定，与功能离散度指数、功能分离度指数、功能均匀度指数和功能熵指数均存在显著性差异；功能分离度指数的箱体最为扁平，各数值相差不大，最为稳定，与功能离散度指数、功能均匀度指数存在显著性差异；功能熵指数的箱体较扁平，与功能丰富度指数相比则较为稳定，与功能离散度指数、功能分离度指数、功能均匀度指数均有显著性差异。

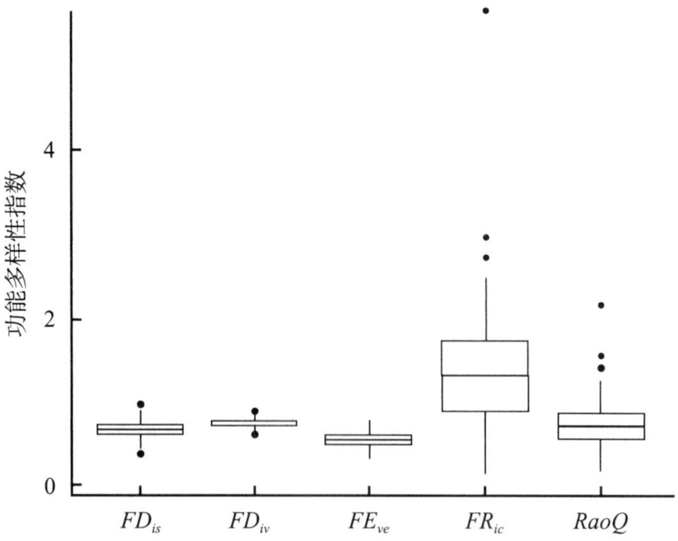

图 7-34　金花茶保护区大石坪群落植物功能多样性指数

3. 植物功能多样性与物种多样性的相关性

由表 7-32 可知，功能均匀度指数与物种多样性的各项指数没有显著相关性，功能熵指数与物种多样性的各项指数也没有显著相关性。功能丰富度指数与物种多样性中的 Margalef 指数呈显著正相关性，与物种多样性中的 Shannon-Wiener 指数、Simpson 指数和 Pielou 均匀度指数均无显著相关性。功能分离度指数与物种多样性中的 Shannon-Wiener 指数、Simpson 指数和 Pielou 均匀度指数呈显著的负相关，与功能丰富度指数无显著相关性。功能离散度与物种多样性中的 Margalef 指数呈正相关，与 Pielou 均匀度指数呈显著负相关，与 Simpson 指数和 Shannon-Wiener 指数均无显著相关性。

将这 5 个功能多样性指数与 4 个物种多样性指数进行线性拟合，得出 20 个拟合方程（图 7–35）结果表明，在正相关关系中，功能丰富度指数与 Margalef 指数的 R^2 值最大，拟合程度最高；在负相关关系中，功能分离度指数与 Pielou 均匀度指数的 R^2 值最大，拟合程度最高。

表 7–32　金花茶保护区大石坪植物功能多样性与物种多样性相关性分析

指数	Margalef 指数	Shannon-Wiener 指数	Simpson 指数	Pielou 均匀度指数
FR_{ic}	0.311**	0.169	0.053	0.053
FE_{ve}	−0.063	0.082	0.108	0.183
FD_{iv}	0.044	−0.232*	−0.373***	−0.396***
FD_{is}	0.278**	0.050	−0.106	−0.225*
RaoQ	0.192	0.012	−0.098	−0.186

注：*** 表示 $P < 0.001$，** 表示 $P < 0.01$，* 表示 $P < 0.05$。

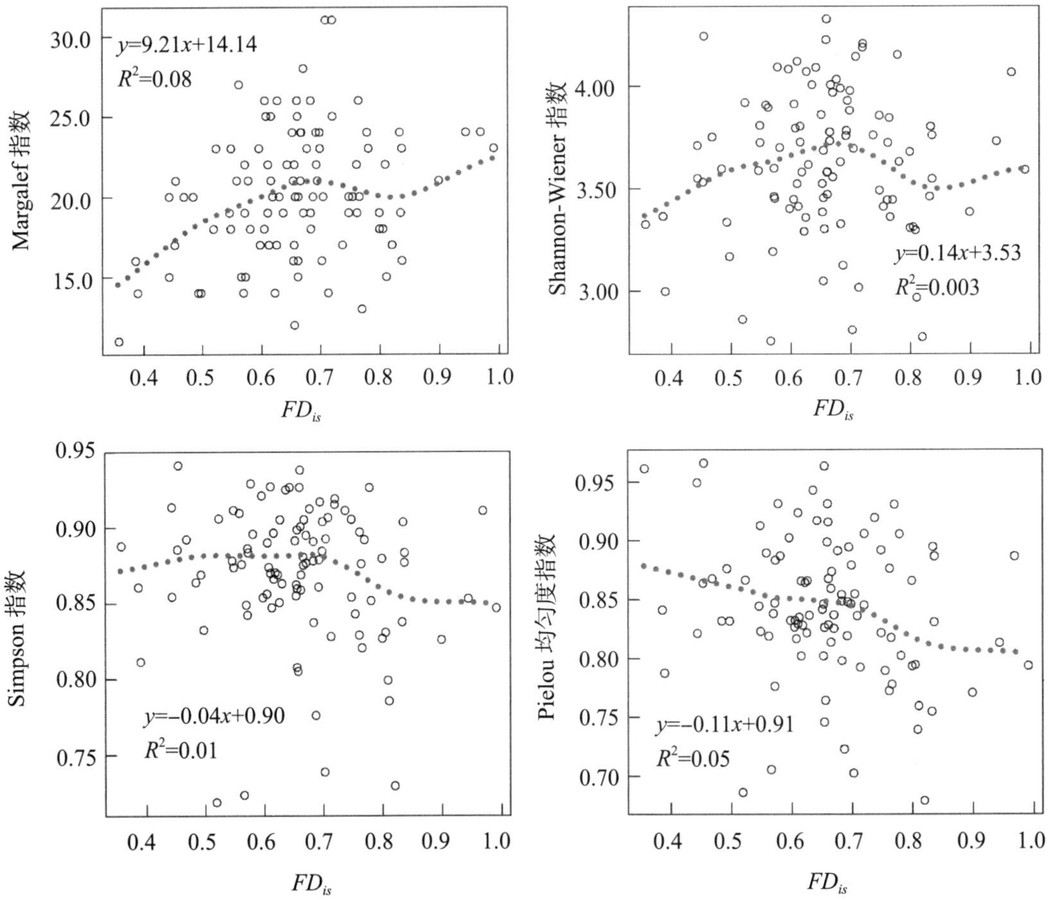

图 7–35　金花茶保护区大石坪植物功能多样性与物种多样性拟合方程

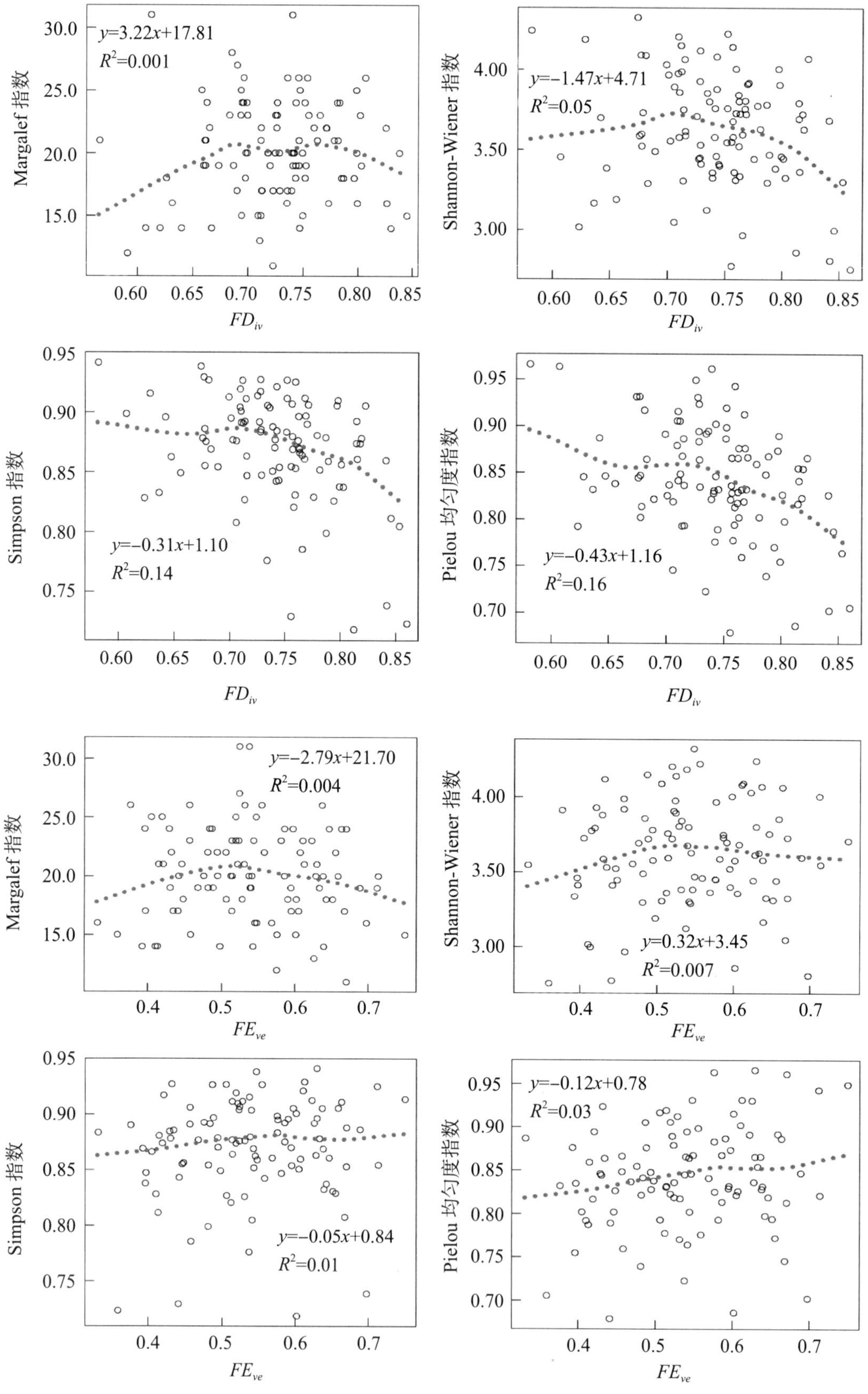
y=3.22x+17.81
R2=0.001
Margalef 指数
FDiv
y=−1.47x+4.71
R2=0.05
Shannon-Wiener 指数
FDiv
y=−0.31x+1.10
R2=0.14
Simpson 指数
FDiv
y=−0.43x+1.16
R2=0.16
Pielou 均匀度指数
FDiv
y=−2.79x+21.70
R2=0.004
Margalef 指数
FEve
y=0.32x+3.45
R2=0.007
Shannon-Wiener 指数
FEve
y=−0.05x+0.84
R2=0.01
Simpson 指数
FEve
y=−0.12x+0.78
R2=0.03
Pielou 均匀度指数
FEve

图 7-35（续图）

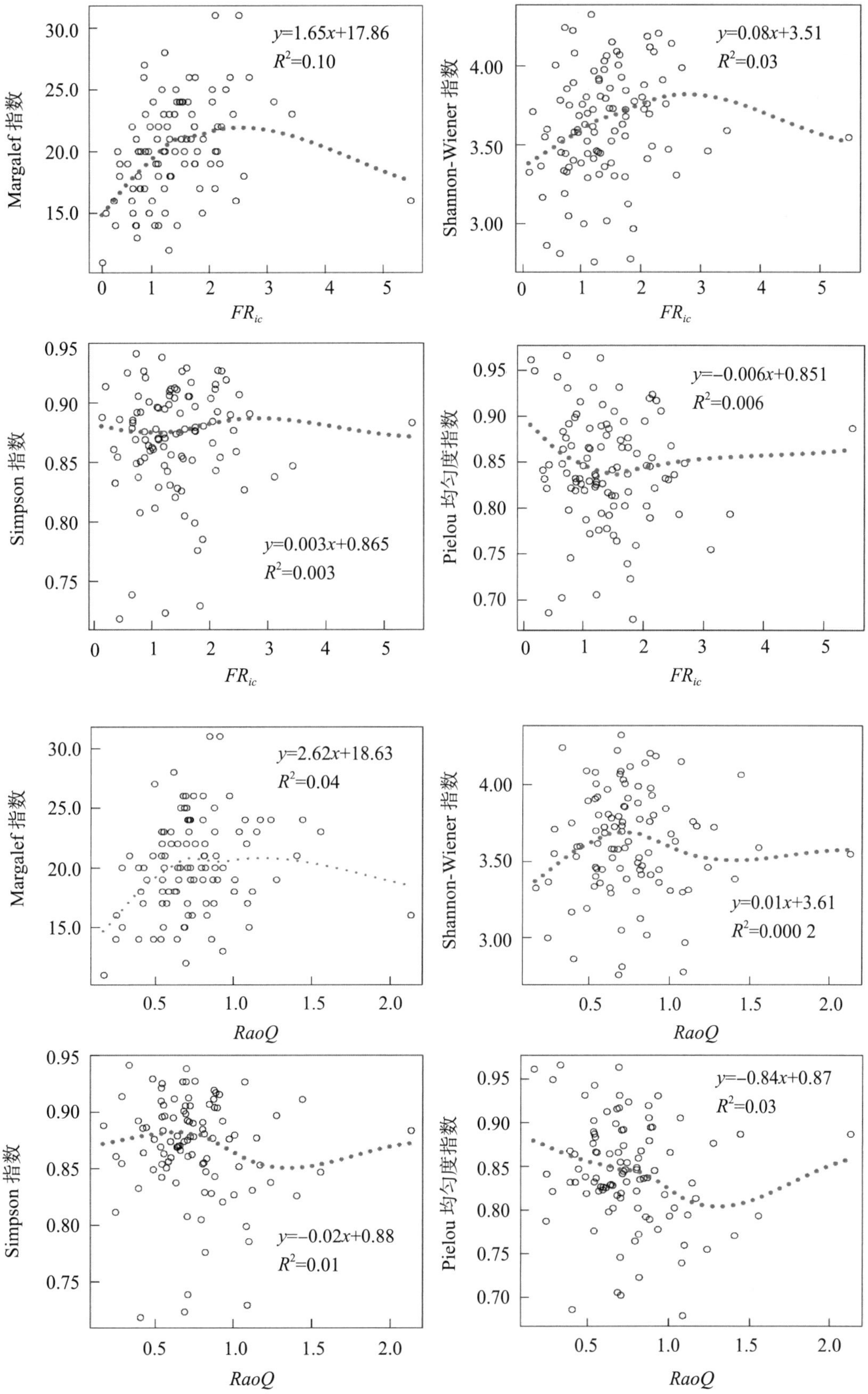
Margalef 指数
y=1.65x+17.86
R^2=0.10
FR_{ic}
Shannon-Wiener 指数
y=0.08x+3.51
R^2=0.03
FR_{ic}
Simpson 指数
y=0.003x+0.865
R^2=0.003
FR_{ic}
Pielou 均匀度指数
y=−0.006x+0.851
R^2=0.006
FR_{ic}
Margalef 指数
y=2.62x+18.63
R^2=0.04
RaoQ
Shannon-Wiener 指数
y=0.01x+3.61
R^2=0.000 2
RaoQ
Simpson 指数
y=−0.02x+0.88
R^2=0.01
RaoQ
Pielou 均匀度指数
y=−0.84x+0.87
R^2=0.03
RaoQ

图 7-35（续图）

（三）妹仔田群落植物功能性状

1. 植物功能性状

（1）生活型

由图 7–36 可知，妹仔田群落木本植物有 164 种，生活型可划分为乔木、灌木或乔木、灌木 3 类，分别有 67 种、65 种和 32 种，各占 40.85%、39.63% 和 19.51%。

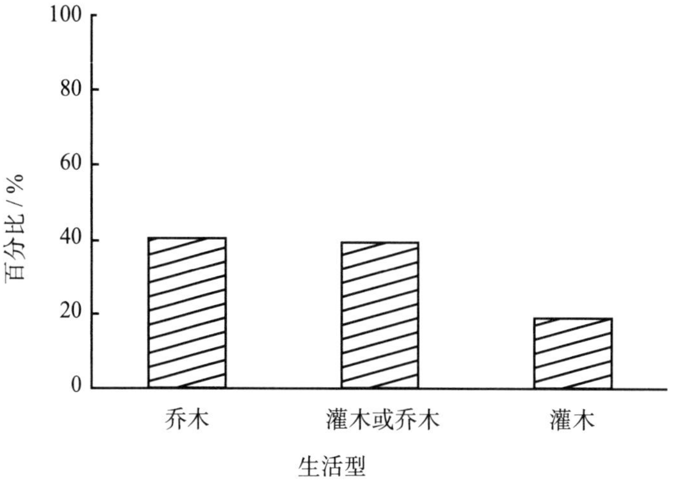

图 7–36　金花茶保护区妹仔田群落木本植物生活型组成

（2）果实类型

由图 7–37 可知，妹仔田群落木本植物果实类型可划分为单果、聚花果和聚合果 3 大类，分别有 148 种、9 种和 7 种，各占 90.24%、5.49% 和 4.27%。单果类型可划分为核果、浆果、蒴果、瘦果、蓇葖果、坚果、荚果和梨果 8 类，分别有 59 种、38 种、36 种、1 种、4 种、6 种、2 种和 2 种，各占妹仔田群落木本植物单果种数的 39.86%、25.68%、24.32%、0.68%、2.70%、4.05%、1.35% 和 1.35%。

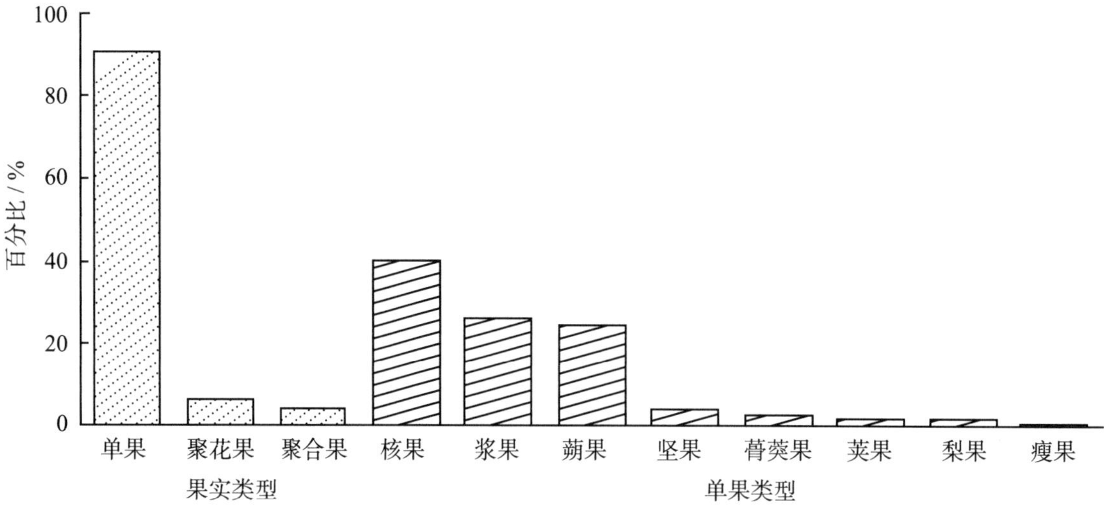

图 7–37　金花茶保护区妹仔田群落木本植物果实类型

（3）种子传播

由图 7-38 可知，妹仔田群落木本植物种子传播可划分为被动传播和主动传播两大类，动物传播、自体传播和风传播 3 种方式。其中，被动传播的有 108 种，占 65.85%；主动传播的有 56 种，占 34.15%。在传播方式上，动物传播的有 104 种，占 63.41%；自体传播的有 56 种，占 34.15%；风传播的有 4 种，占 2.44%。

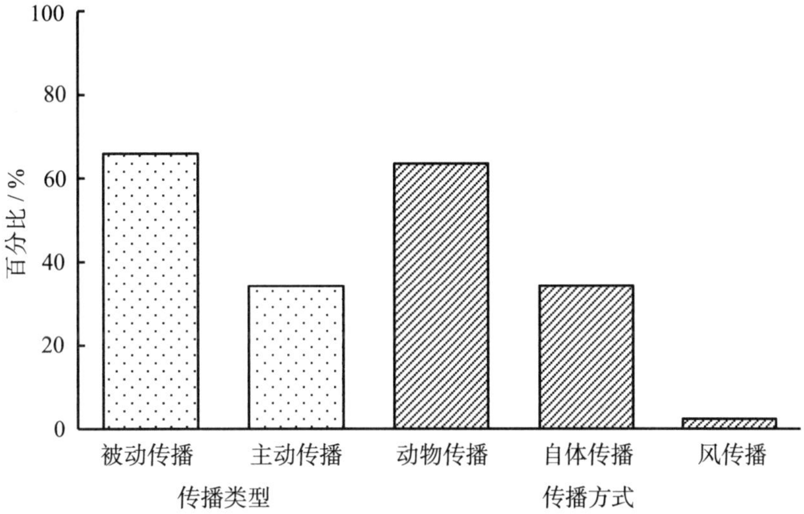

图 7-38　金花茶保护区妹仔田群落木本植物种子传播类型及方式

（4）抗热抗旱性状

由图 7-39 可知，妹仔田群落木本植物中无刺植物的种数显著多于有刺的，无刺植物和有刺植物的种数分别为 158 种和 6 种，各占 96.34% 和 3.66%。有刺植物为猪肚木、山石榴、刺桑、黄牛木、簕柊和簕欓花椒。

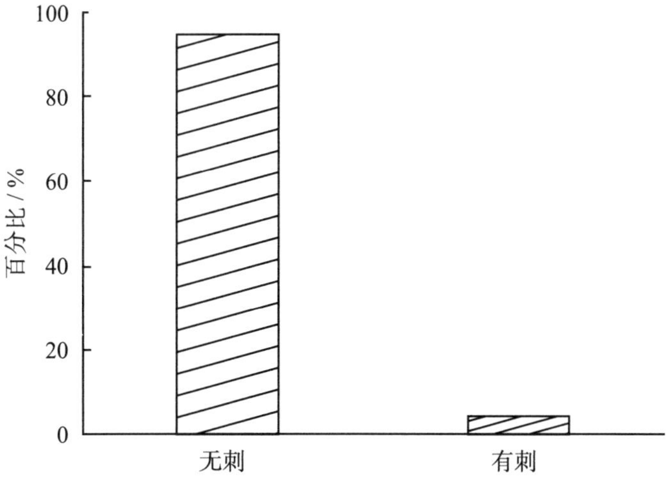

图 7-39　金花茶保护区妹仔田群落木本植物抗热抗旱性状

2. 植物功能多样性

对妹仔田样地的 100 个小样方的所有植株进行功能性状的测定并计算后，得到以下数据（平均值 ± 标准误差）：功能丰富度指数为 1.22 ± 0.77、功能均匀度指数为 0.56 ± 0.12、功能分离度指数为 0.73 ± 0.10、功能离散度指数为 0.58 ± 0.11、功能熵指数为 0.57 ± 0.24。功能丰富度指数在这 5 个功能多样性指数中数值最大，其余数值由大到小依此为功能分离度指数、功能离散度指数、功能熵指数和功能均匀度指数。其中，功能离散度指数、功能熵指数、功能均匀度指数三者的数值相差不大，单因素方差分析显示 $P>0.05$，表明三者无显著差异。由功能多样性指数作箱型图（图 7–40），可见功能分离度的箱体较扁，各植株的功能分离度数值最稳定，相差不大；而功能丰富度指数的箱体较高，各数值相差较大，最不稳定。

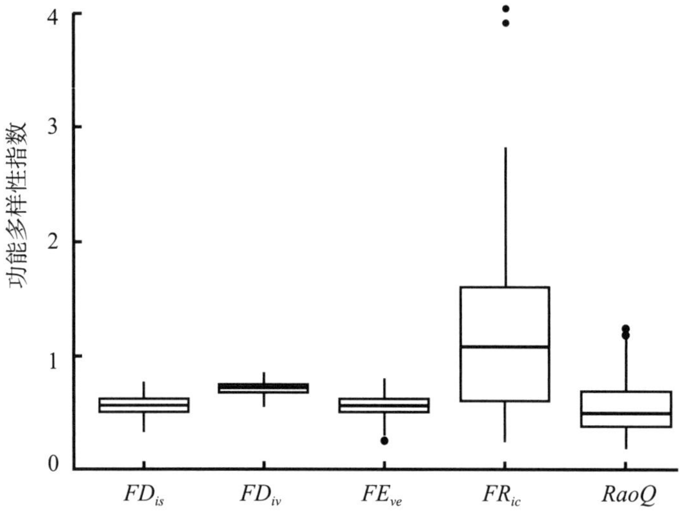

图 7–40　金花茶保护区妹仔田群落植物功能多样性指数

3. 植物功能多样性与物种多样性的相关性

将妹仔田样地 5 个功能多样性指数与 4 个物种多样性指数利用 R 软件进行相关性分析，结果如表 7–33 所示。功能丰富度指数与 Margalef 指数和 Shannon-Wiener 指数呈极显著正相关，与 Simpson 指数和 Pielou 均匀度指数均无显著相关性。功能均匀度指数与 Margalef 指数、Shannon-Wiener 指数呈负相关，与 Simpson 指数呈正相关，但与三者的相关性均不显著，但与 Pielou 均匀度指数呈极显著正相关。功能分散度指数与 Shannon-Wiener 指数、Simpson 指数、Pielou 均匀度指数均呈极显著负相关，相关性为 Simpson 指数＞ Pielou 均匀度指数＞ Shannon-Wiener 指数；与 Margalef 指数呈无显著相关性。功能离散度指数与 Margalef 指数、Shannon-Wiener 指数、Simpson 指数、Pielou 均匀度指数均呈正相关，且与 Pielou 均匀度指数、Shannon-Wiener 指数相关性显著，与 Margalef 指数、Simpson 指数相关性不显著，相关性大小为 Shannon-Wiener 指数＞ Pielou 均匀度指数＞ Simpson 指数＞ Margalef 指数。功能熵指数与 Margalef 指数、Shannon-Wiener 指数呈显著正相关，与 Simpson 指数、Pielou 均匀度指数无显著相关性。

将 5 个功能多样性与 4 个物种多样性指数进行线性拟合，得出两者的拟合方程（图 7–41）。拟合线性回归结果表明，除 Pielou 均匀度指数外，功能丰富度指数随物种多样性指数的增加而增加。在正相关关系中，功能丰富度指数与 Shannon-Wiener 指数的 R^2 值最大，拟合程度最高；在负相关关系中，功能分离度指数与 Simpson 指数拟合程度最高，R^2 值最大。功能均匀度指数与 Margalef 指数、Shannon-Wiener 指数呈负相关，与 Simpson 指数、Pielou 均匀度指数呈正相关。功能离散度指数、功能熵指数随物种多样性指数的增加而增加。

表 7-33　金花茶保护区妹仔田植物功能多样性与物种多样性相关性分析

指数	Margalef 指数	Shannon-Wiener 指数	Simpson 指数	Pielou 均匀度指数
FR_{ic}	0.418***	0.287**	0.030	−0.178
FE_{ve}	−0.189	−0.018	0.109	0.319**
FD_{iv}	0.017	−0.331***	−0.523***	−0.515***
FD_{is}	0.111	0.221*	0.148	0.198*
$RaoQ$	0.217*	0.245*	0.110	0.047

注：*** 表示 $P<0.001$，** 表示 $P<0.01$，* 表示 $P<0.05$。

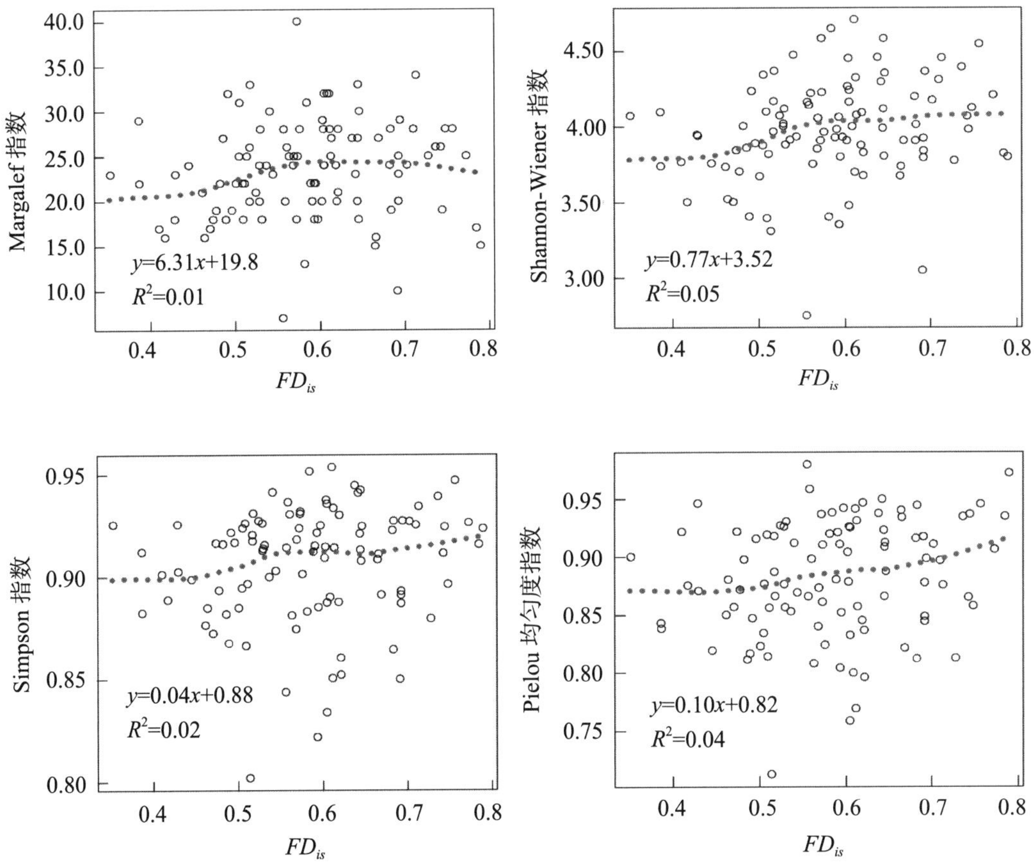

图 7-41　金花茶保护区妹仔田植物功能多样性与物种多样性拟合方程

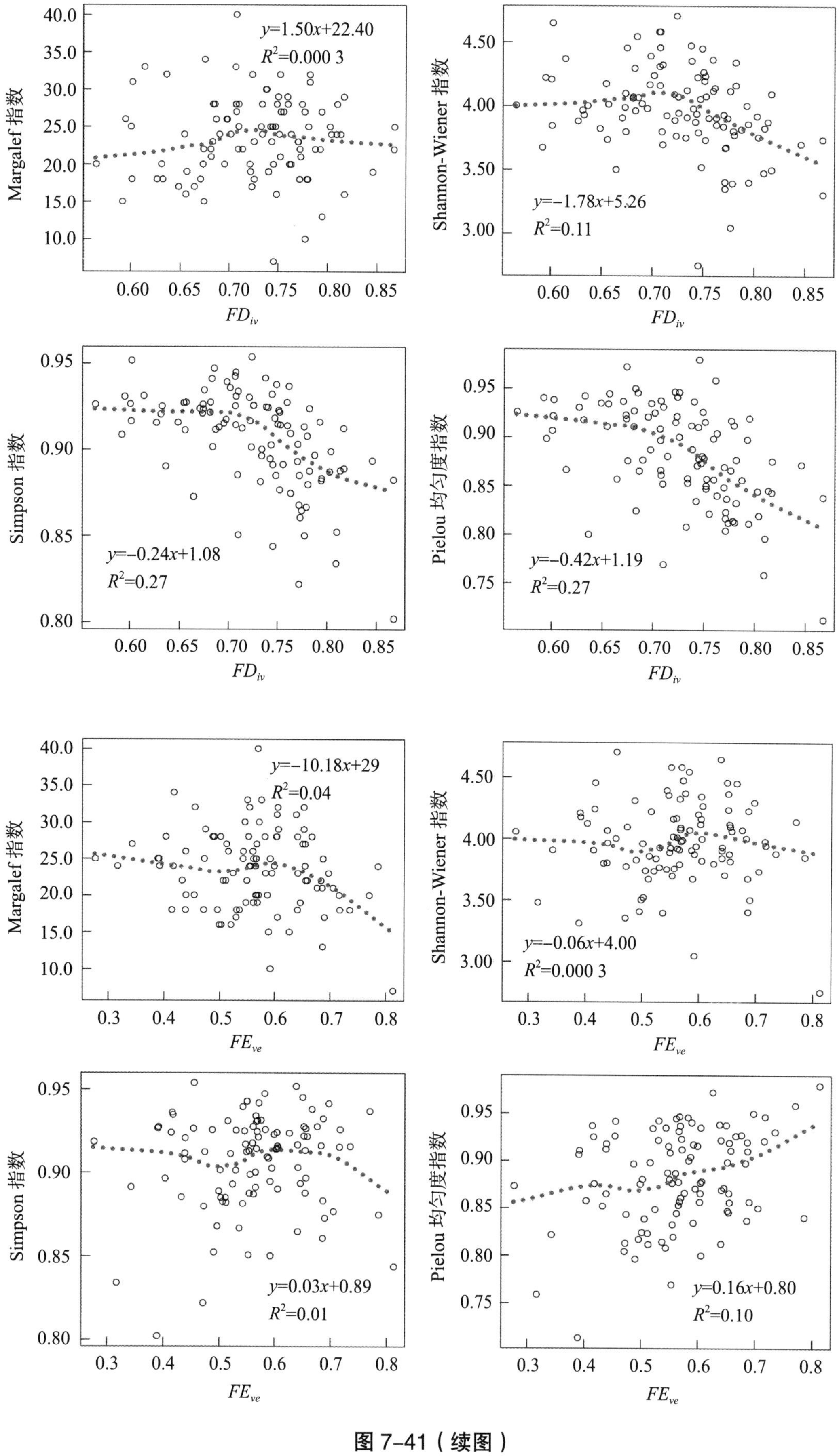

y=1.50x+22.40
R²=0.000 3
Margalef 指数
FDiv
y=−1.78x+5.26
R²=0.11
Shannon-Wiener 指数
FDiv
y=−0.24x+1.08
R²=0.27
Simpson 指数
FDiv
y=−0.42x+1.19
R²=0.27
Pielou 均匀度指数
FDiv
y=−10.18x+29
R²=0.04
Margalef 指数
FEve
y=−0.06x+4.00
R²=0.000 3
Shannon-Wiener 指数
FEve
y=0.03x+0.89
R²=0.01
Simpson 指数
FEve
y=0.16x+0.80
R²=0.10
Pielou 均匀度指数
FEve

图 7-41（续图）

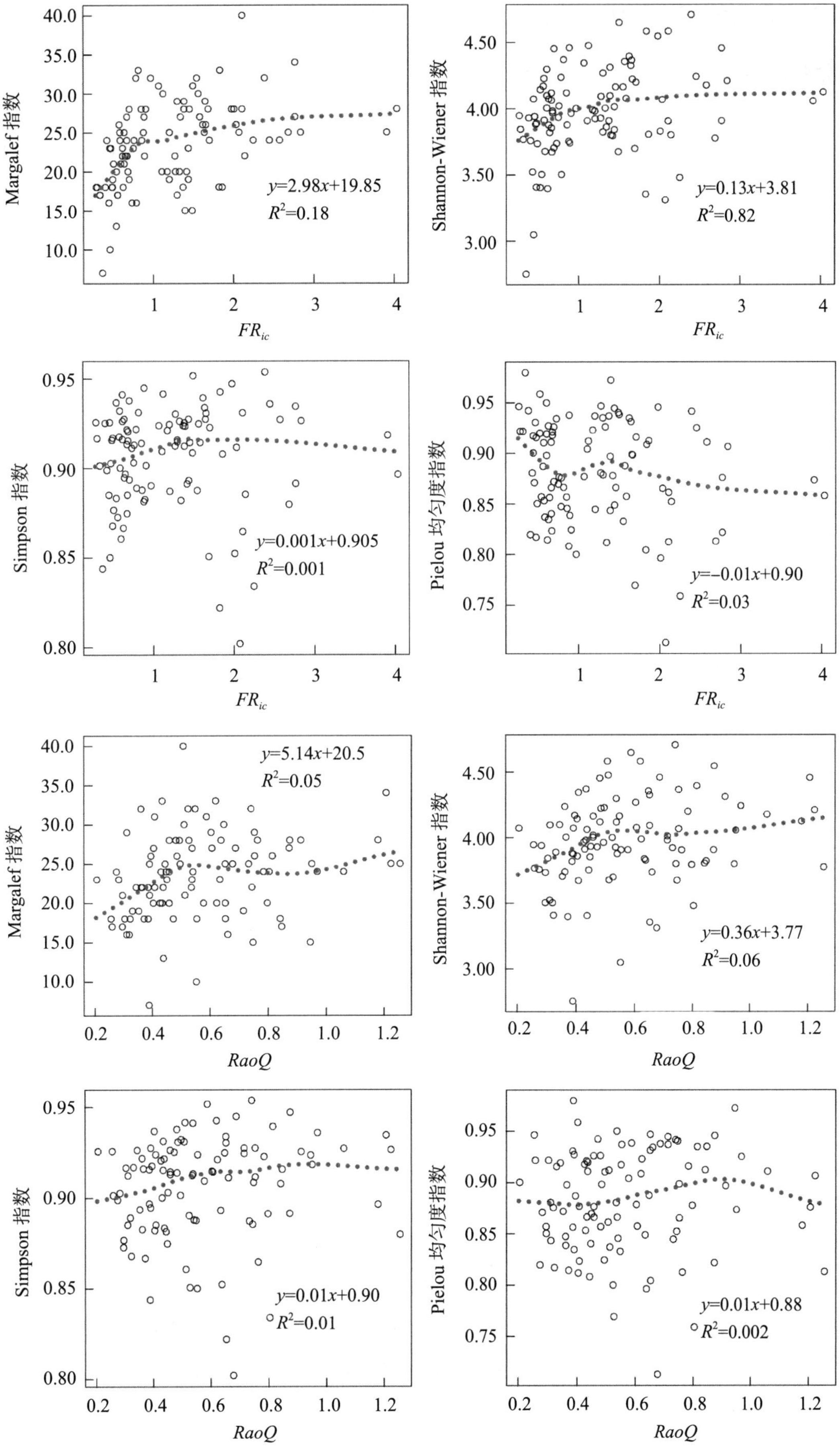
Margalef 指数
FR_ic
y=2.98x+19.85
R²=0.18
Shannon-Wiener 指数
FR_ic
y=0.13x+3.81
R²=0.82
Simpson 指数
FR_ic
y=0.001x+0.905
R²=0.001
Pielou 均匀度指数
FR_ic
y=−0.01x+0.90
R²=0.03
Margalef 指数
RaoQ
y=5.14x+20.5
R²=0.05
Shannon-Wiener 指数
RaoQ
y=0.36x+3.77
R²=0.06
Simpson 指数
RaoQ
y=0.01x+0.90
R²=0.01
Pielou 均匀度指数
RaoQ
y=0.01x+0.88
R²=0.002

图 7-41（续图）

（四）那山子群落植物功能性状

1. 植物功能性状

（1）生活型

由图 7–42 可知，那山子群落木本植物有 153 种，生活型可划分为乔木、灌木或乔木、灌木、攀缘灌木 4 大类，其中以乔木最多，有 67 种，占 43.79%；其次是灌木或乔木，有 54 种，占 35.29%。

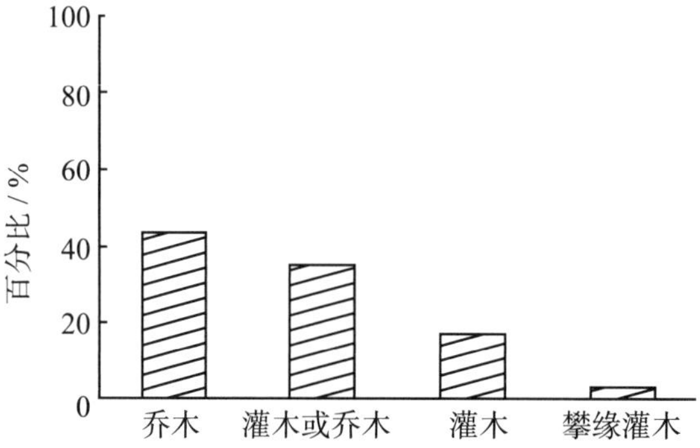

图 7–42　金花茶保护区那山子群落木本植物生活型组成

（2）果实类型

由图 7–43 可知，那山子群落木本植物果实类型可划分为单果、聚花果和聚合果 3 大类，分别有 139 种、8 种和 6 种，各占 90.85%、5.23% 和 3.92%。单果类型可划分为核果、浆果、蒴果、瘦果、蓇葖果、坚果、荚果和梨果 8 类，分别有 57 种、32 种、33 种、3 种、4 种、6 种、2 种和 2 种，各占那山子群落木本植物单果种数的 41.01%、23.02%、23.74%、2.16%、2.88%、4.32%、1.44% 和 1.44%。

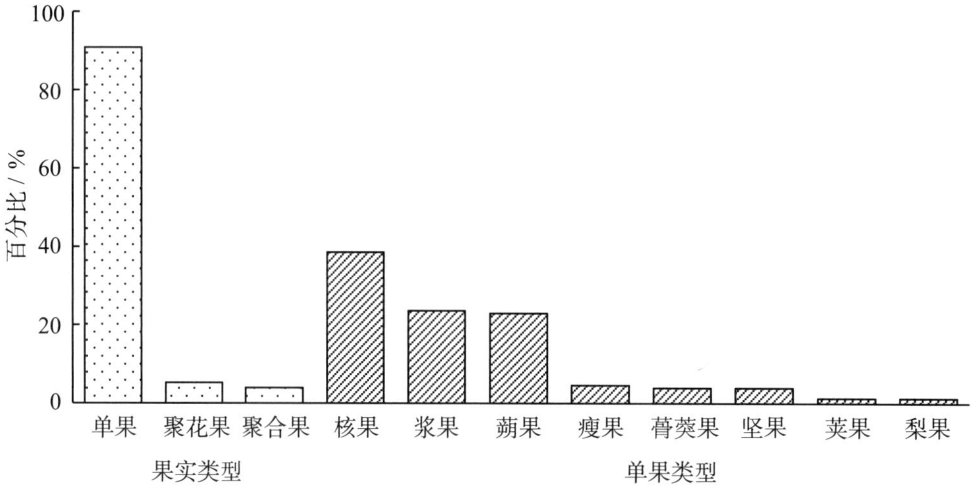

图 7–43　金花茶保护区那山子群落木本植物果实类型

（3）种子传播

由图 7–44 可知，那山子群落木本植物种子传播可划分为被动传播和主动传播两大类，动物传播、自体传播和风传播 3 种方式。其中，被动传播的有 103 种，占 67.32%；主动传播的有 50 种，占 32.68%。各种传播方式中，动物传播的有 99 种，占 64.71%，自体传播的有 50 种，占 32.68%，风传播的有 4 种，占 2.61%。

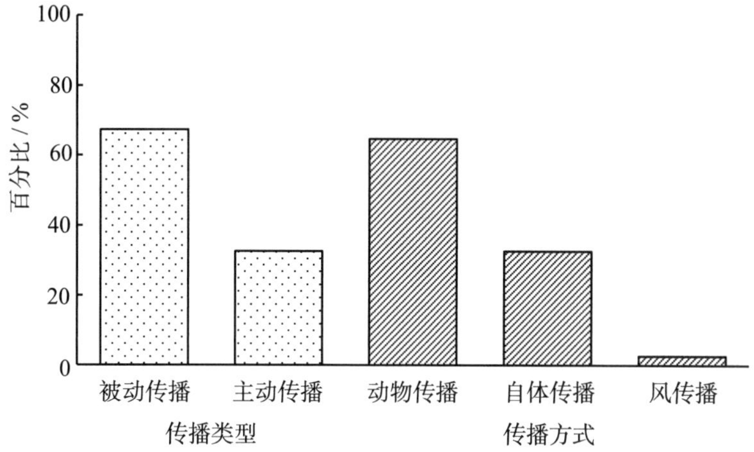

图 7–44　金花茶保护区那山子群落木本植物种子传播类型与方式

（4）抗热抗旱性状

由图 7–45 可知，那山子群落中无刺植物的种数显著多于有刺的，无刺植物和有刺植物的种数分别为 148 种和 5 种，各占 96.73% 和 3.27%。有刺的植物为簕欓花椒、猪肚木、簕柊、山石榴和黄牛木。

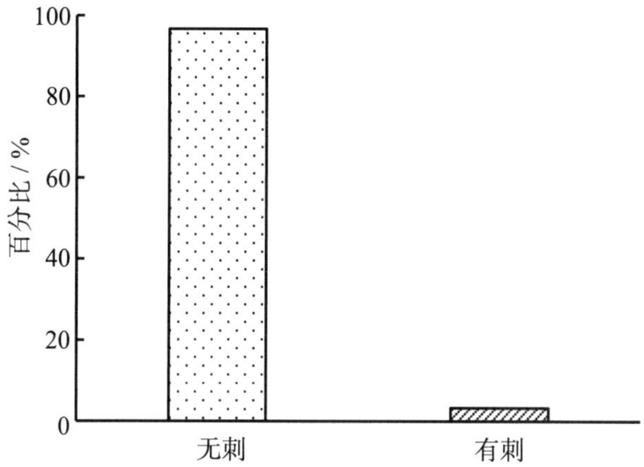

图 7–45　金花茶保护区那山子群落木本植物抗热抗旱性状

2. 植物功能多样性

对那山子样地的 100 个小样方中的所有植株进行功能性状的测定并计算后得到以下数据（平均值 ± 标准误差）：功能丰富度指数为 2.07 ± 1.36，功能离散度指数为 0.73 ± 0.12，功能分离度指数为 0.67 ± 0.10，功能均匀度指数为 0.60 ± 0.11，功能熵指数为 0.83 ± 0.25。功能丰富度指数在这 5 个功能多样性指数中数值最大，其次是功能熵指数、功能离散度指数、功能分离度指数、功能均匀度指数。功能离散度指数、功能均匀度指数和功能分离度指数数值相差不大，表明三者无显著性差异（$P > 0.05$）。由功能多样性指数箱型图（图 7–46）可见功能丰富度指数的箱体较高，各数值相差较大，最不稳定且与功能离散度指数、功能分离度指数、功能均匀度指数、功能熵指数均有显著性差异；功能熵指数的箱体较扁，与功能丰富度指数相比较来说较为稳定且与功能离散度指数、功能分离度指数、功能均匀度指数均有显著性差异；功能分离度指数的箱体最扁，各数值相差不大，最为稳定。

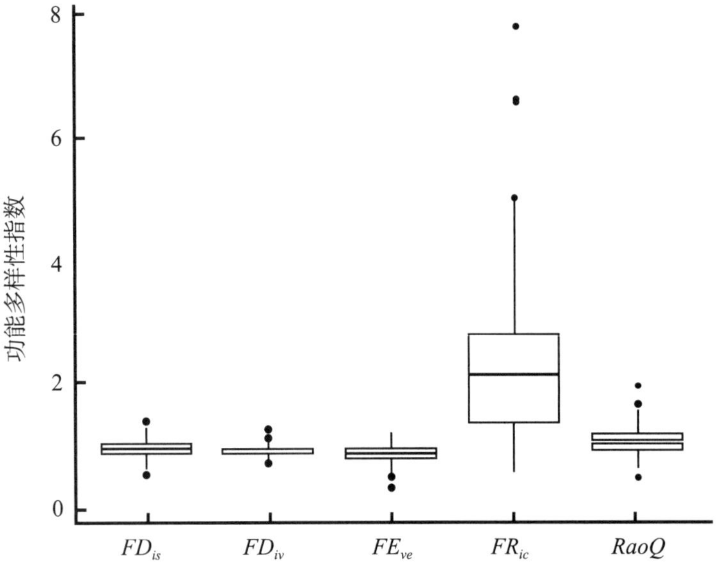

图 7–46 金花茶保护区那山子群落植物功能多样性指数

3. 植物功能多样性与物种多样性的相关性

对那山子样地物种多样性与功能多样性进行相关性分析（表 7–34），结果表明，功能多样性指数中的功能丰富度指数与物种多样性指数中的 Margalef 指数、Shannon-Wiener 指数和 Simpson 指数均呈显著正相关，与 Pielou 均匀度指数呈显著负相关。功能均匀度指数与 Margalef 指数、Shannon-Wiener 指数均呈显著负相关，与 Pielou 均匀度指数呈显著正相关，与 Simpson 指数无显著相关关系。功能分离度指数与 Shannon-Wiener 指数、Simpson 指数、Pielou 均匀度指数均呈显著负相关，与 Margalef 指数无显著相关关系。功能离散度指数与 Shannon-Wiener 指数呈显著正相关，与物种多样性中的其他 3 个指数均无显著相关关系。功能熵指数与 Margalef 指数、Shannon-Wiener 指数、Simpson 指数均呈显著正相关，与 Pielou 均匀度指数无显著相关关系。

将这 5 个功能多样性指数与 4 个物种多样性指数进行线性拟合，得出 20 个拟合方程（图 7–47）。结果表明，在正相关关系中，功能丰富度指数与 Margalef 指数的 R^2 值最大，拟合程度最高；在负相关关系中，功能分离度指数与 Simpson 指数的 R^2 值最大，拟合程度最高。

表 7–34 金花茶保护区那山子植物功能多样性与物种多样性相关性分析

	Margalef 指数	Shannon-Wiener 指数	Simpson 指数	Pielou 均匀度指数
FR_{ic}	0.563***	0.500***	0.352***	–0.238*
FE_{ve}	–0.316**	–0.223*	–0.039	0.268**
FD_{iv}	–0.088	–0.243*	–0.410***	–0.303**
FD_{is}	0.173	0.205*	–0.170	–0.970
RaoQ	0.250*	0.284**	0.231*	–0.103

注：*** 表示 $P < 0.001$，** 表示 $P < 0.01$，* 表示 $P < 0.05$。

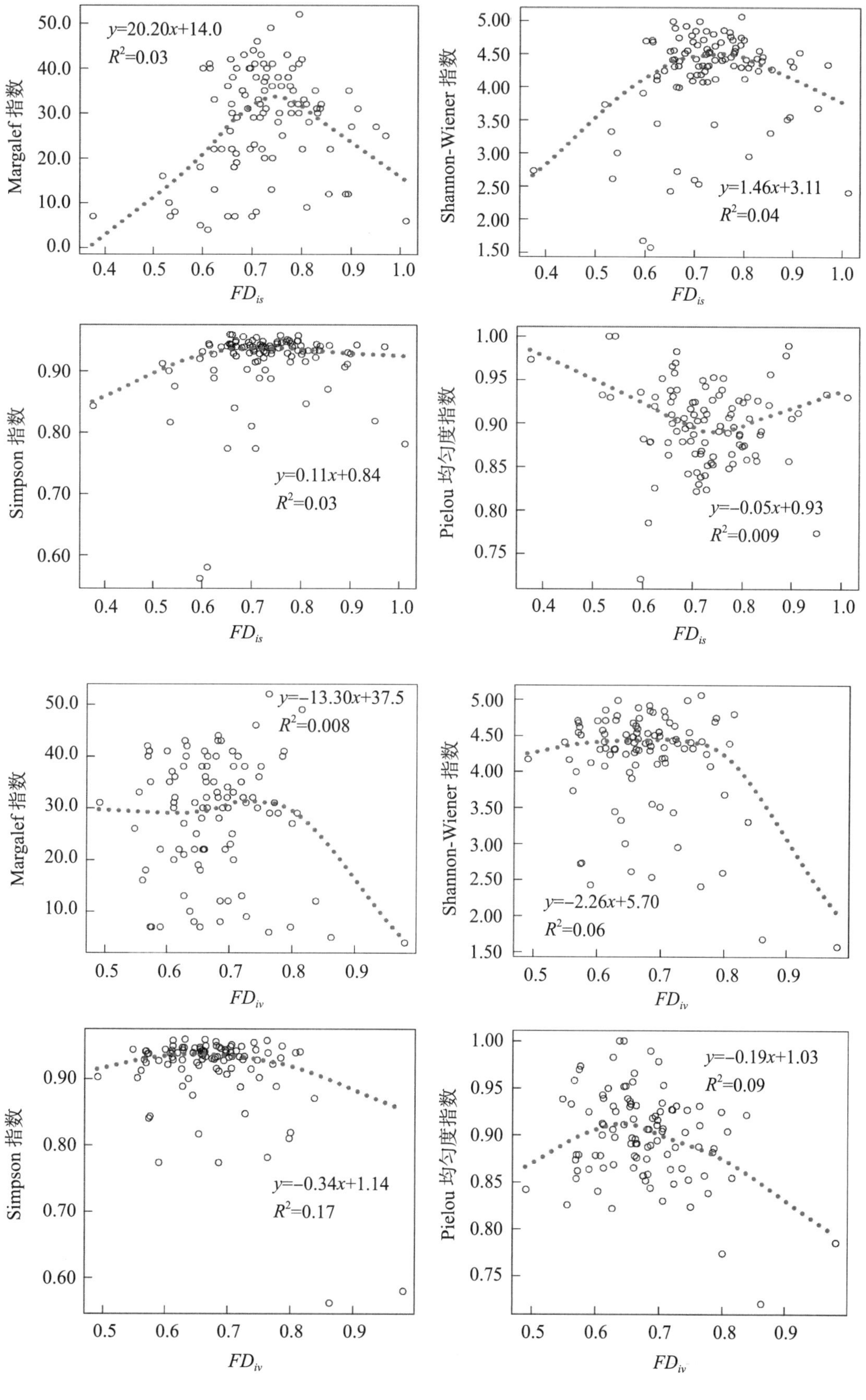

图 7-47　金花茶保护区那山子群落植物功能多样性与物种多样性拟合方程

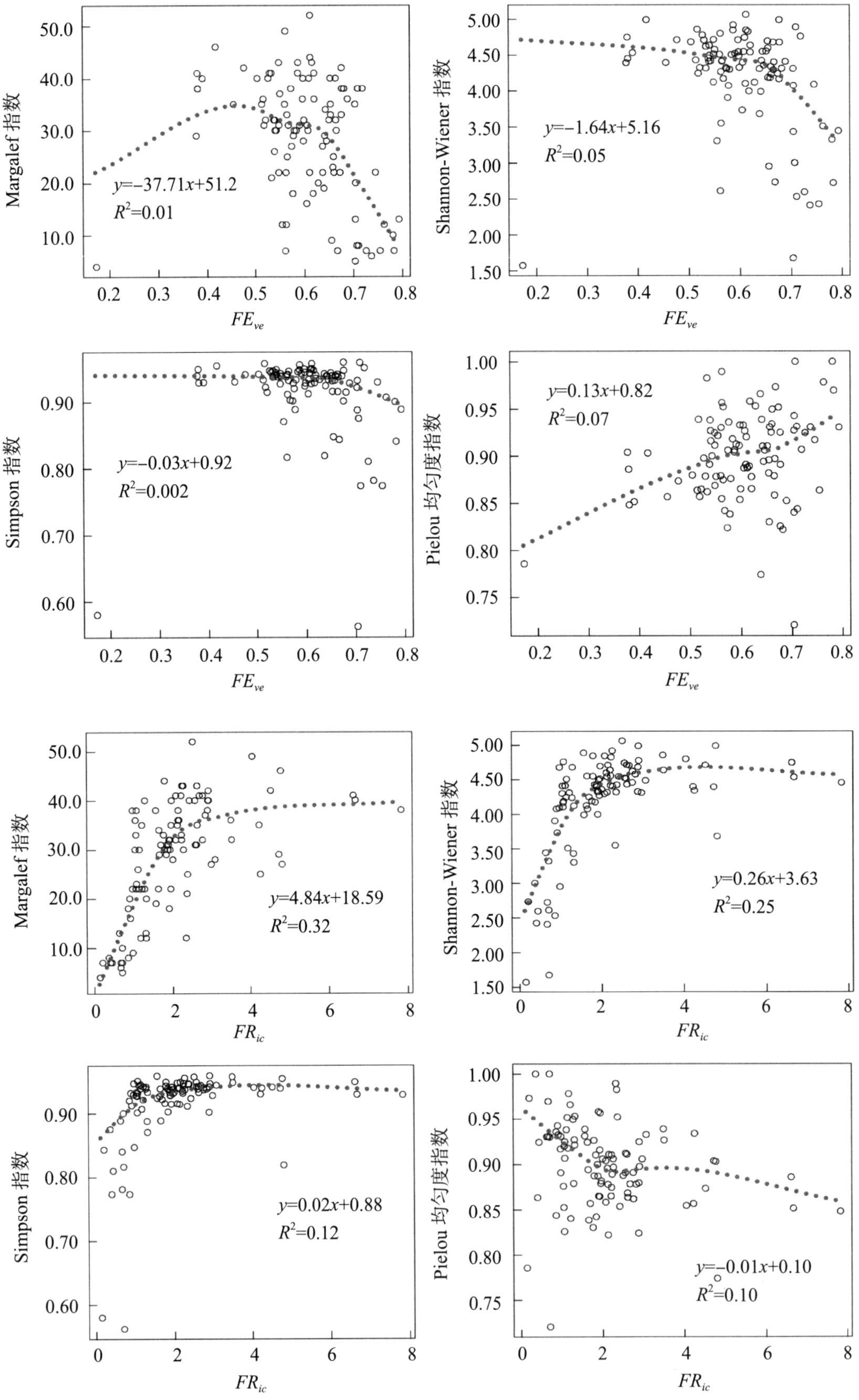
Margalef 指数
y=−37.71x+51.2
R²=0.01
FEve
Shannon-Wiener 指数
y=−1.64x+5.16
R²=0.05
FEve
Simpson 指数
y=−0.03x+0.92
R²=0.002
FEve
Pielou 均匀度指数
y=0.13x+0.82
R²=0.07
FEve
Margalef 指数
y=4.84x+18.59
R²=0.32
FRic
Shannon-Wiener 指数
y=0.26x+3.63
R²=0.25
FRic
Simpson 指数
y=0.02x+0.88
R²=0.12
FRic
Pielou 均匀度指数
y=−0.01x+0.10
R²=0.10
FRic

图 7-47（续图）

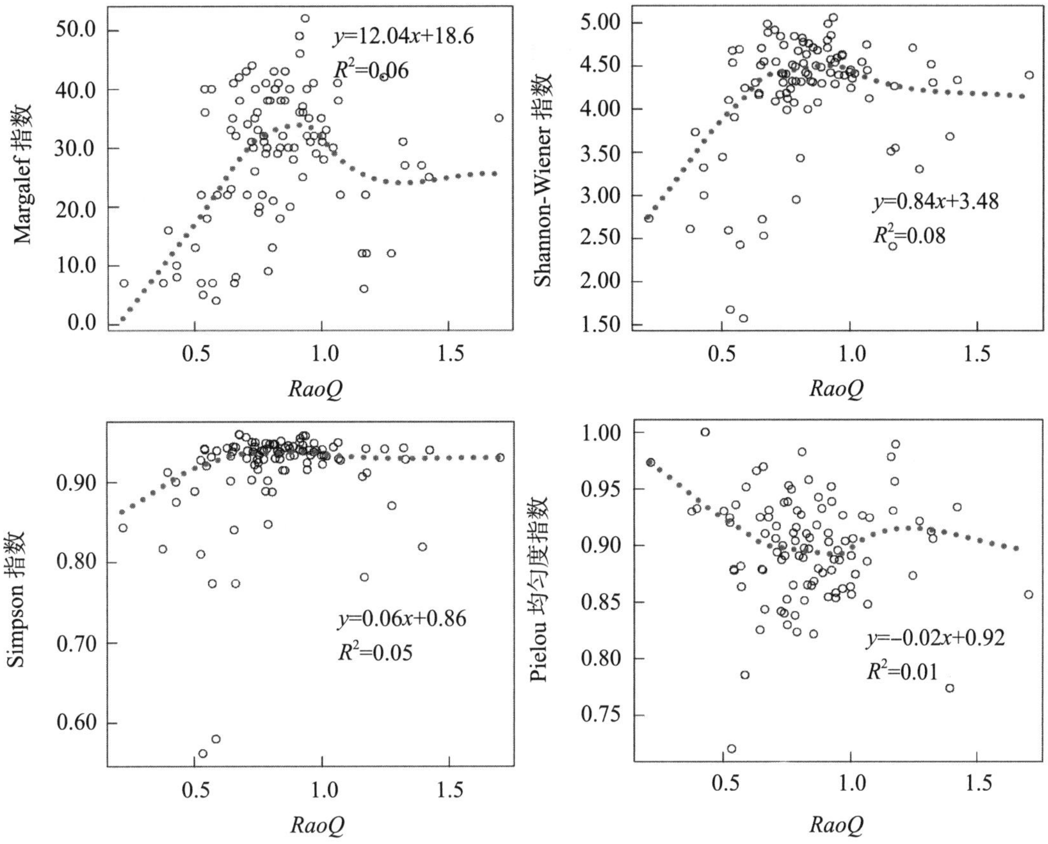

图 7-47（续图）

十、群落系统发育

（一）研究方法

1. 功能性状的测定

选取株高与胸径 2 个能够较好反映植物获取资源、生长速率的功能性状进行研究，计算各物种株高与胸径的平均值。

2. 系统发育树的构建

根据 The Plant List 网站提供的信息对本次群落调查到的 143 个物种的科属种名进行规范，利用 V.PhyloMaker 函数建立本研究的系统发育树，将获取的系统发育树文件导入在线软件 iTOL 获取环形系统发育树。

3. 系统发育指数的选择

系统发育指数是评价生物群落系统发育关系的重要参数，它可揭示物种间的演化关系，从而为理解生物群落的构建提供线索。系统发育多样性指数（phylogenetic diversity, *PD*）、净亲缘关系指数（net relatedness index, *NRI*）、最近亲缘关系指数（nearest taxon index, *NTI*）是常用的群落系统发育指标，它们可以各自提供群落系统发育结构的不同视角。其中，*PD* 衡量的是群落中所有物种间的系统发育距离之和。*PD* 指数高的群落通常含有更广泛的功能多样性，因为系统发育远缘的物种更可能有不同的生态位。*NRI* 反映的是群落物种的整体系统发育关联度，是群落中所有物种的平均系统发育关系。$NRI > 0$ 表示群落中的物种比随机期望更加近缘（过度聚集），可能暗示存在强烈的环境过滤作用；$NRI < 0$ 则表示群落中的物种比随机期望更加远缘（过度分散），可能暗示存在竞争排斥作用。*NTI* 主要反映群落物种间的最近亲缘关系，是群落中每个物种与其最近相关物种的系统发育关系。$NTI > 0$ 表示群落中的物种比随机期望更加近缘（过度聚集），可能说明物种间的相似性较高，对环境的适应性较为一致；$NTI < 0$ 则表示群落物种比随机期望更加远缘（过度分散），可能暗示存在种间竞争。

各相关指数的计算公式如下：

$$PD = \sum T$$

式中，*T* 表示系统发育树上所有分支的长度。

$$MPD = \sum \sum D_{ij} / [n \times (n - 1)]$$

式中，*MPD*（mean pairwise distance）表示群落中两两物种在系统发育树上的平均距离，D_{ij} 是物种 *i* 和物种 *j* 在系统发育树上的距离，*n* 是群落中的物种数量。

$$MNTD = \sum D_i / n$$

式中，*MNTD*（mean nearest taxon distance）表示群落内任意一个物种与群落中与其亲缘关系最近的一个物种在系统发育树上的平均距离，D_i 是物种 *i* 到其最近邻物种的距离，*n* 是群落中的物种数量。

$$NRI = -1 \times \frac{MPD_{observed} - MPD_{randomized}}{sdMPD_{randomized}}$$

$$NTI = -1 \times \frac{MNTD_{observed} - MNTD_{randomized}}{sdMNTD_{randomized}}$$

式中，$MNTD_{observed}$ 和 $MPD_{observed}$ 分别是观察到的 *MNTD* 值和 *MPD* 值，$MNTD_{randomized}$ 和 $MPD_{randomized}$ 分别是随机模拟的 *MNTD* 值和 *MPD* 值（$n=999$），$sdMNTD_{randomized}$、$sdMPD_{randomized}$ 分别是随机模拟下 *MNTD*、*MPD* 的标准差。

通过分析这些指标，可以揭示竞争作用、促进作用和随机过程等生态因素在金花茶保护区大石坪群落、妹仔田群落和那山子群落构建中的作用。

4. 功能性状的系统发育信号检验

结合系统发育树，利用 Blomberg 等提出的布朗运动（Brownian motion）进化模型的 *K* 值检验系统发育信号。在该模型中，若 $K=1$，表明功能性状的演化遵循布朗运动进化模型，即功能性状的变化随着时间以恒定的速率进行；若 $K > 1$，表明功能性状具有比按布朗运动进化模型更强的系统发育信号，可能表示功能性状的变化速率随着演化时间的推移而加快，或者近亲种群的功能性状更相似；若 $K < 1$，表明功能性状具有比按布朗运动进化模型更弱的系统发育信号，可能表示功能性状的变化速率随着演化时间的推移而放缓，或者近亲种群的功能性状差异更大。为了评估功能性状系统发育信号的显著性，将系统发育树分支末端的物种随机置换 999 次生成零模型，然后比较实际值与零模型的 *K* 值，如果实际值大于 95% 的零模型的系统发育信号（$P < 0.05$），表示功能性状具有显著的系统发育信号，否则功能性状没有显著的系统发育信号。

（二）大石坪群落系统发育

用于大石坪群落系统发育检测的物种有 56 科 107 属 140 种，优势种为鹅掌柴、华润楠、银柴、枫香树、九节、南山花、刺桑等，群落系统发育树如图 7-48 所示。表 7-35 为大石坪群落植物功能性状的系统发育信号检验结果。由表 7-35 可知，胸径、株高这 2 个功能性状的 *K* 值均小于 1，表明功能性状表现出的系统发育信号强度弱，且不存在较强的系统发育保守性。通过零模型检验发现这 2 个功能性状检测到显著的系统发育信号（$P < 0.05$），说明物种的演化历史对这 2 个功能性状的影响不大，性状采取趋同进化方式。

表 7-35　金花茶保护区大石坪群落植物功能性状的系统发育信号

功能性状	*K* 值	*P*
胸径	0.187	0.023
株高	0.153	0.002

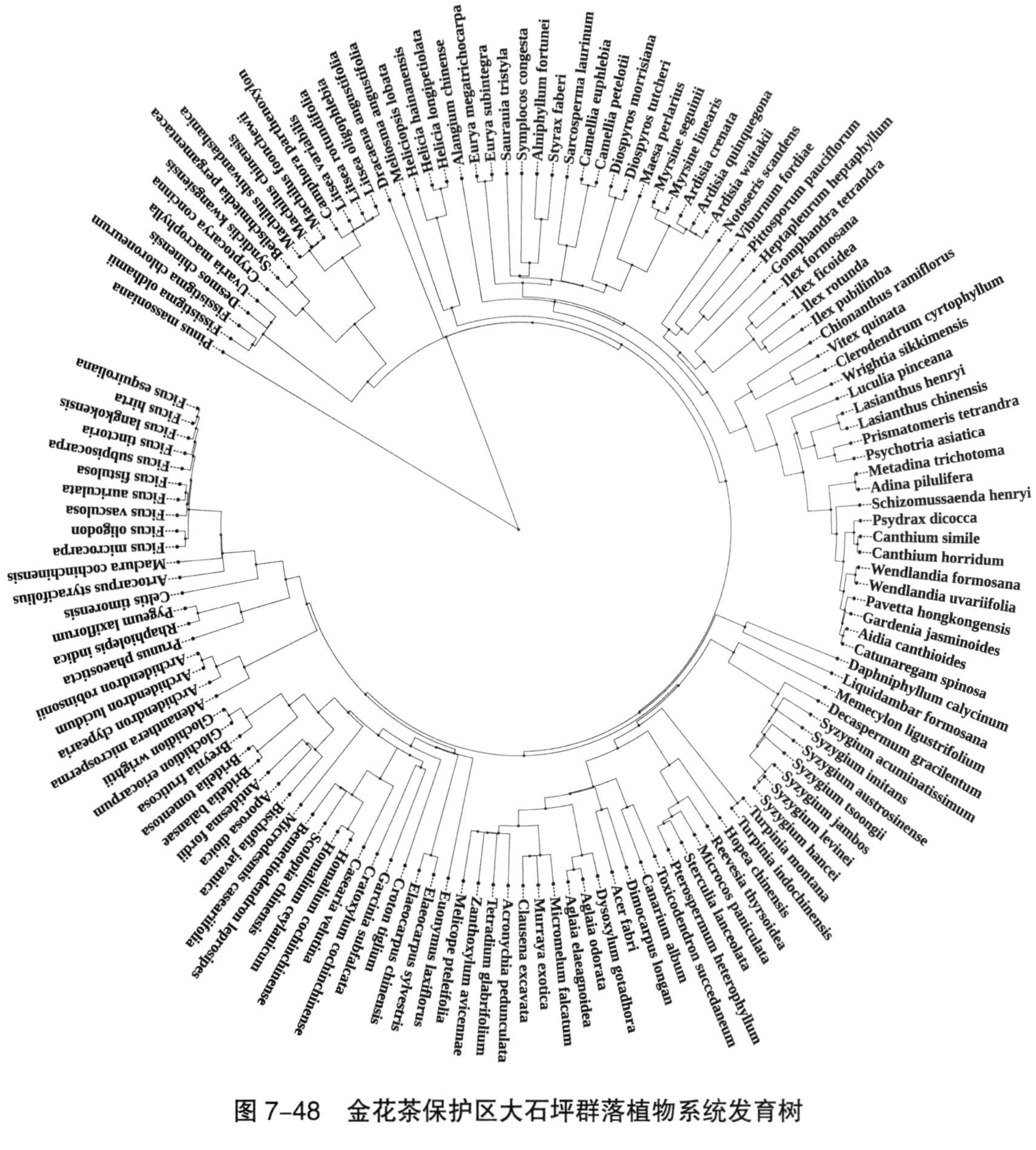

图 7-48　金花茶保护区大石坪群落植物系统发育树

（三）妹仔田群落系统发育

用于妹仔田群落系统发育检测的物种有 48 科 109 属 145 种，优势种为鹅掌柴、肉实树、银柴、黄椿木姜子、东兴金花茶、大管、柏拉木等，群落系统发育树如图 7-49 所示。表 7-36 为妹仔田群落植物功能性状的系统发育信号检验结果。由表 7-36 可知，胸径、株高这 2 个功能性状的 K 值均小于 1，表明功能性状表现出的系统发育信号强度弱，且不存在较强的系统发育保守性。通过零模型检验发现这 2 个功能性状检测到显著的系统发育信号（$P < 0.05$），说明物种的演化历史对这 2 个功能性状的影响不大，性状采取趋同进化方式。

表 7-36　金花茶保护区妹仔田群落植物功能性状的系统发育信号

功能性状	K 值	P
胸径	0.187	0.014
株高	0.143	0.006

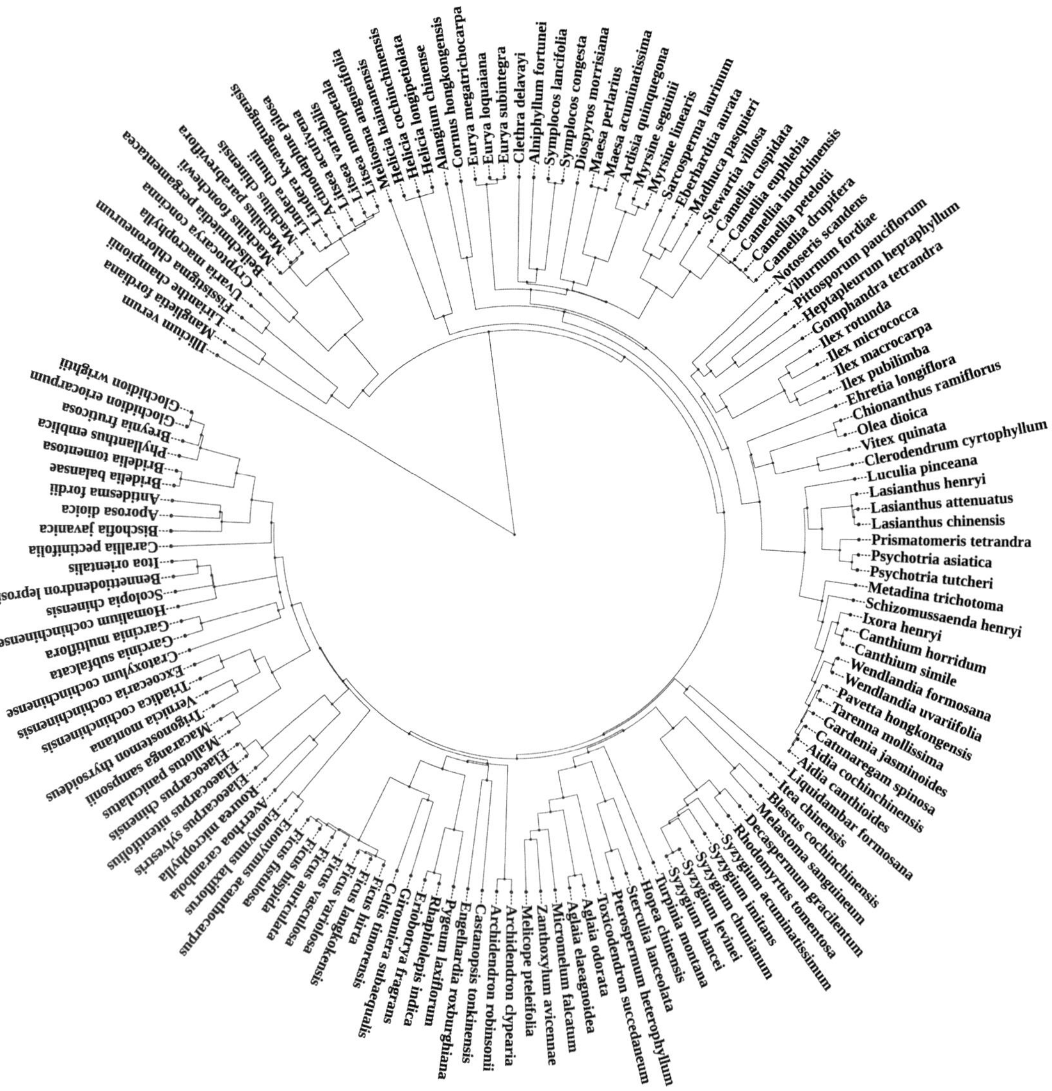

图 7-49　金花茶保护区妹仔田群落植物系统发育树

（四）那山子群落系统发育

用于那山子群落系统发育检测的物种有 62 科 130 属 186 种，优势种为鹅掌柴、罗浮柿、两广梭罗树、肉实树、疏花卫矛、黑面神、尖连蕊茶等，群落系统发育树如图 7–50 所示。表 7–37 为那山子群落植物功能性状的系统发育信号检验结果。由表 7–37 可知，胸径、株高这 2 个功能性状的 *K* 值均小于 1，表明功能性状表现出的系统发育信号强度弱，且不存在较强的系统发育保守性。通过零模型检验发现这 2 个功能性状检测到显著的系统发育信号（$P < 0.05$），说明物种的演化历史对这 2 个功能性状的影响不大，性状采取趋同进化方式。

表 7–37　金花茶保护区那山子群落植物功能性状的系统发育信号

功能性状	*K* 值	*P*
胸径	0.142	0.003
株高	0.110	0.019

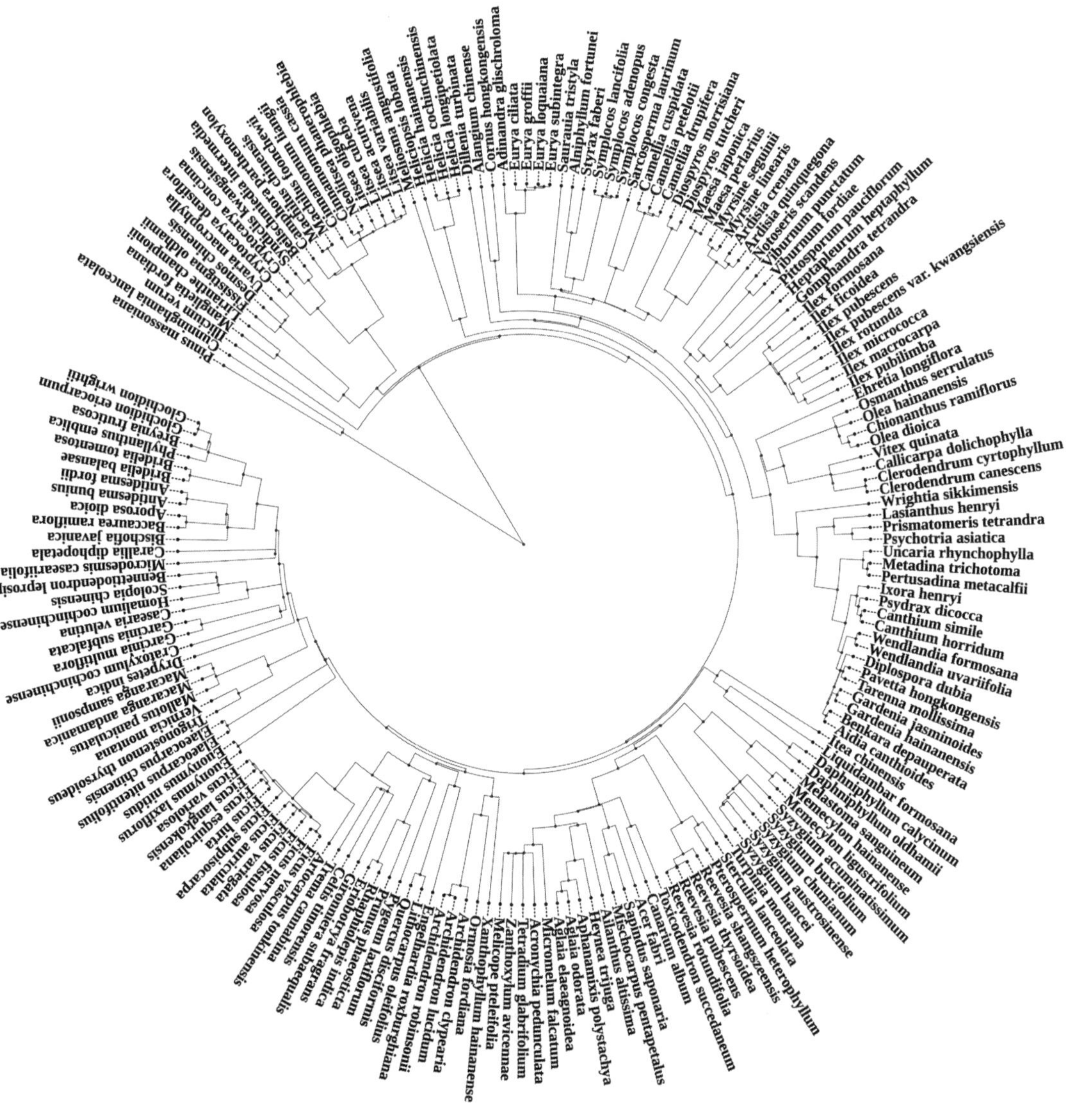

图 7–50　金花茶保护区那山子群落植物系统发育树

第八章　种群结构与动态

一、研究地点与取样

研究地点和取样方法与“第七章　植被组成的数量特征”的相同。

二、高度结构

（一）高度级划分方法

根据物种的生物生态学特征，每隔 2 m 作为一个高度级进行个体高度的划分和统计，并统计高 15 m 以上的个体数量，其中对主干已折断的个体不作统计。

（二）大石坪群落高度结构

1. 所有种群高度结构

大石坪群落所有木本植物个体高度范围为 0.9~18 m，高度平均值为 4.54 m，种群高度结构如图 8-1 所示，其结构连续，可划分为 10 个高度等级。其中以 2 m ≤高＜ 4 m 的个体最多，有 3 194 株，占群落木本植物总个体数的 53.84%；其次是 4 m ≤高＜ 6 m 的个体，有 1 233 株，占 20.79%；高 10 m 以上的个体有 341 株，占 5.75%。高 15 m 以上的个体仅有 33 株，占 0.56%，分别为假玉桂、枫香树、秋枫、鹅掌柴、琼桂润楠、赤杨叶、银柴、中华杜英、肉实树、假苹婆、黄樟、华润楠和禾串树共 13 种，其中假玉桂和枫香树个体最高，达 18 m。由此可以推测，大石坪群落发育尚未达到成熟阶段，处于生机勃勃的增长状态。

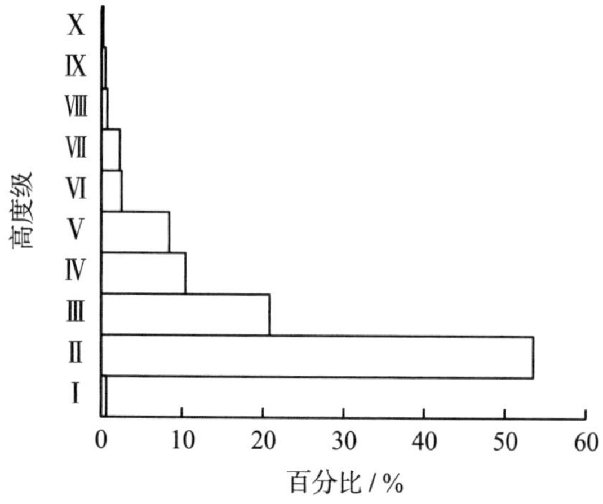

Ⅰ表示高＜ 2 m；Ⅱ表示 2 m ≤高＜ 4 m；Ⅲ表示 4 m ≤高＜ 6 m；Ⅳ表示 6 m ≤高＜ 8 m；Ⅴ表示 8 m ≤高＜ 10 m；Ⅵ表示 10 m ≤高＜ 12 m；Ⅶ表示 12 m ≤高＜ 14 m；Ⅷ表示 14 m ≤高＜ 16 m；Ⅸ表示 16 m ≤高＜ 18 m；Ⅹ表示高 ≥ 18 m。图 8-2 至图 8-21 同。

图 8-1　金花茶保护区大石坪群落的种群高度结构

2. 优势种群高度结构

（1）鹅掌柴种群高度结构

大石坪群落鹅掌柴种群个体高度范围为 2~17 m，高度平均值为 7.09 m，种群高度结构如图 8-2 所示，可划分为Ⅱ～Ⅸ共 8 个高度等级。其中，8 m ≤高＜ 10 m 的个体数量最多，占总个体数的 22.01%；其次是 2 m ≤高＜ 4 m 的个体，占 20.75%。高 15 m 以上的个体仅占 0.21%，无高 2.0 m 以下的个体。

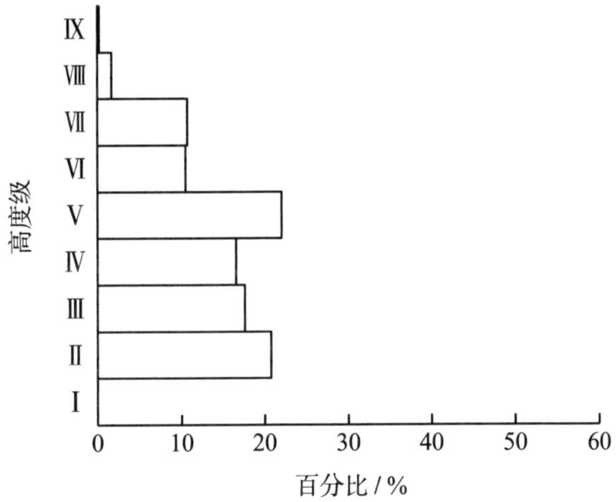

图 8-2　金花茶保护区大石坪群落鹅掌柴种群高度结构

（2）华润楠种群高度结构

大石坪群落华润楠种群个体高度范围为 2~15 m，高度平均值为 9.13 m，种群高度结构如图 8-3 所示，可划分为Ⅱ～Ⅷ共 7 个高度等级。其中，以 8 m ≤高＜ 10 m 的个体数量最多，占总个体数的 33.91%；其次是 10 m ≤高＜ 12 m 的个体，占 16.52%。高 15 m 以上的个体占 2.61%，无高 2.0 m 以下的个体。

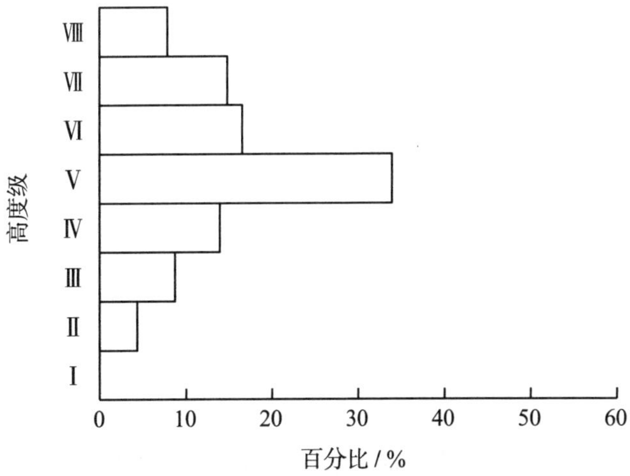

图 8-3　金花茶保护区大石坪群落华润楠种群高度结构

（3）银柴种群高度结构

大石坪群落银柴种群个体高度范围为 2~15.5 m，高度平均值为 5.65 m，种群高度结构如图 8-4 所示，可划分为Ⅱ～Ⅷ共 7 个高度等级。其中，2 m ≤高＜ 4 m 的个体数量最多，占总个体数的

30.29%；4 m ≤高< 6 m、6 m ≤高< 8 m 和 8 m ≤高< 10 m 这 3 个高度级的个体数量相差不大，分别占 22.35%、22.94% 和 19.12%。高 15 m 以上的个体仅占 0.29%，无高 2.0 m 以下的个体。

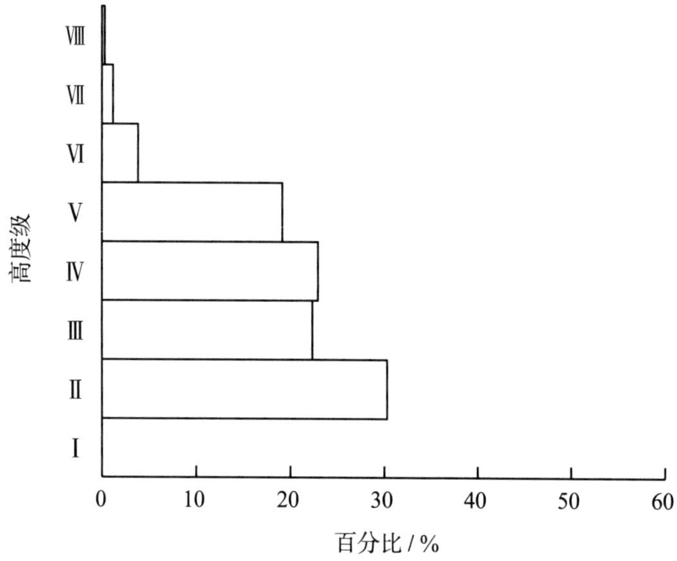

图 8–4　金花茶保护区大石坪银柴种群高度结构

（4）枫香树种群高度结构

大石坪群落枫香树种群个体高度范围为 4.5~18 m，高度平均值为 11.88 m，是群落中个体株高普遍较高的种群之一。种群高度结构如图 8–5 所示，可划分为Ⅲ ~ Ⅹ共 8 个高度等级。8 m ≤高< 10 m、12 m ≤高< 14 m 和 14 m ≤高< 16 m 这 3 个高度级的个体数量相差不大，分别占 23.40%、23.40% 和 21.28 %。高 15 m 以上的个体占 25.53%，无高 4.0 m 以下的个体。

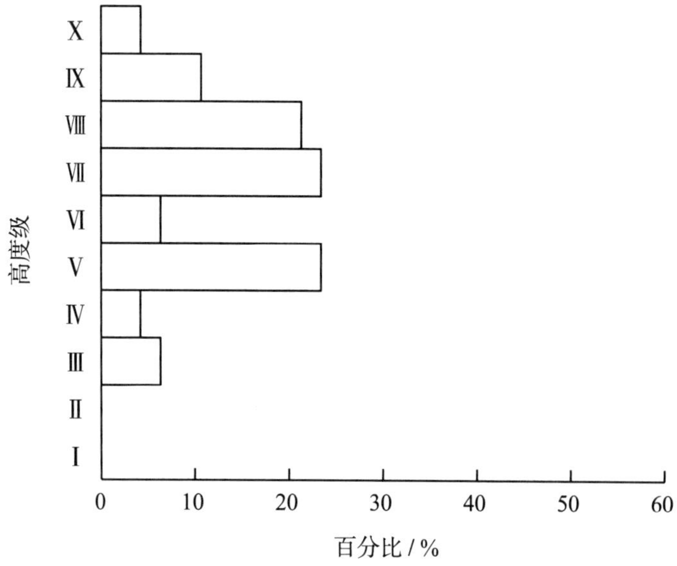

图 8–5　金花茶保护区大石坪群落枫香树种群高度结构

（5）假苹婆种群高度结构

大石坪群落假苹婆种群个体高度范围为 2~15 m，高度平均值为 4.44 m，种群高度结构如图 8–6 所示，可划分为Ⅱ级 ~ Ⅷ级共 7 个高度等级。其中，2 m ≤高< 4 m 的个体数量最多，占总个体数的 52.30%；其次是 4 m ≤高< 6 m 的个体，占 22.28%。高 15 m 以上的个体仅占 0.24%，无高 2.0 m 以

下的个体。

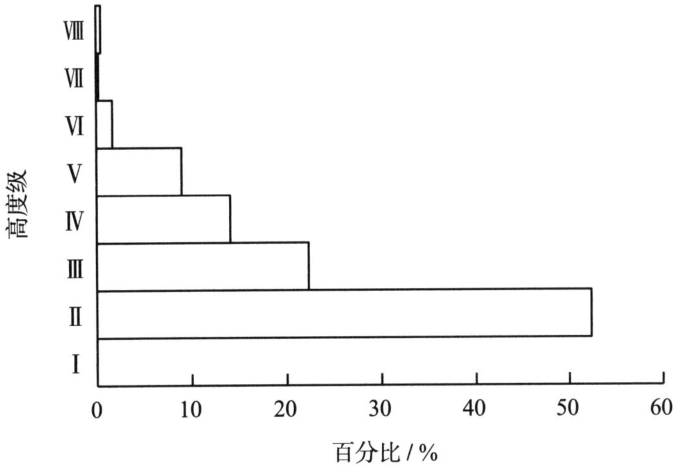

图 8–6　金花茶保护区大石坪群落假苹婆种群高度结构

（6）水同木种群高度结构

大石坪群落水同木种群个体高度范围为 2~10 m，高度平均值为 4.91 m，种群高度结构如图 8–7 所示，可划分为Ⅱ ~ Ⅵ共 5 个高度等级。其中，以 4 m ≤高＜ 6 m 的个体数量最多，占总个体数的 36.91%；其次是 2 m ≤高＜ 4 m 的个体，占 31.33%。无高 2.0 m 以下的个体。

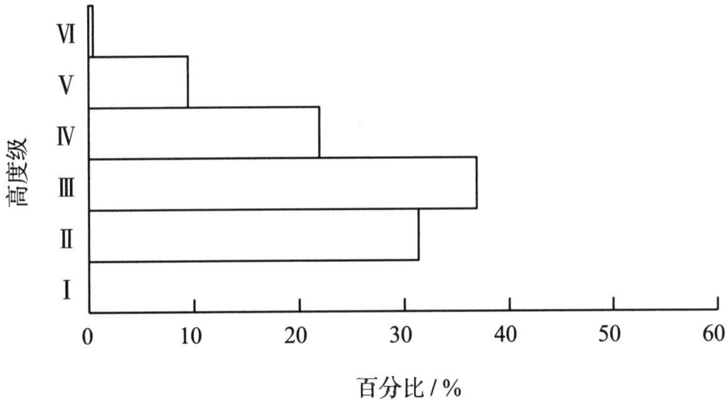

图 8–7　金花茶保护区大石坪群落水同木种群高度结构

（三）妹仔田群落高度结构

1. 所有种群高度结构

妹仔田群落所有木本植物个体高度范围为 0.7~19 m，高度平均值为 4.55 m，种群高度结构如图 8–8 所示，其结构连续，可划分为 10 个高度等级。其中，以 2 m ≤高＜ 4 m 的个体最多，有 4 516 株，占总个体数的 52.12%；其次是 4 m ≤高＜ 6 m 的个体，有 1 832 株，占 21.14%；高 10 m 以上的个体有 487 株，占 5.62%。高 15 m 以上的个体仅有 37 株，占 0.43%，分别为秋枫、枫香树、大果毛柃、黄杞、黄樟、木莲、疏花臀果木、琼桂润楠、白肉榕、肉实树、八角枫、紫荆木、公孙锥、鹅掌柴、小果山龙眼和翻白叶树共 16 种。其中，秋枫个体最高，达 19 m；其次是枫香树、黄杞、黄樟等种，高达 18 m。由此可以推测，妹仔田群落发育程度与大石坪群落的类似，尚未达到成熟阶段，处于生机勃勃的增长状态。

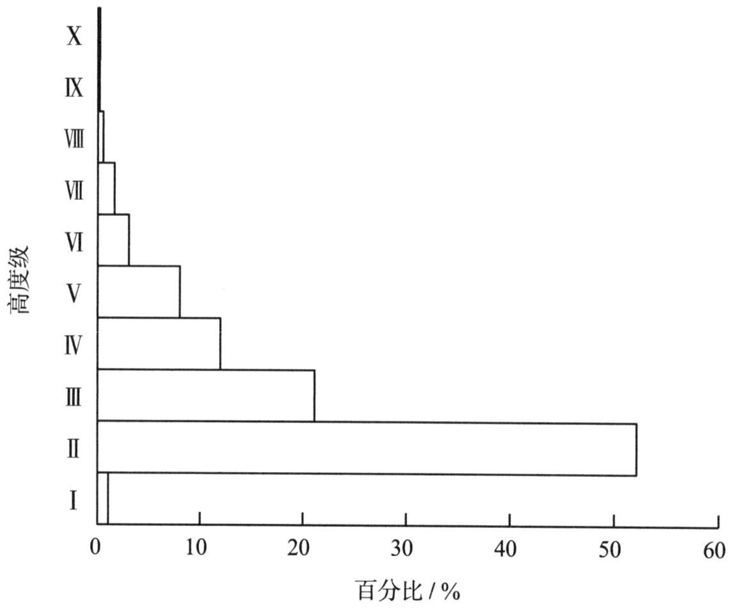

图 8-8　金花茶保护区妹仔田群落的种群高度结构

2. **优势种群高度结构**

（1）鹅掌柴种群高度结构

妹仔田群落鹅掌柴种群个体高度范围为 2~15 m，高度平均值为 7.18 m，种群高度结构如图 8-9 所示，可划分为Ⅱ~Ⅷ共 7 个高度等级。其中，6 m ≤高＜ 8 m 和 8 m ≤高＜ 10 m 这两个高度级的个体数量相对较多，各占总个体数的 25.89% 和 27.14%。高 15 m 以上的个体仅占 0.42%，无高 2.0 m 以下的个体。

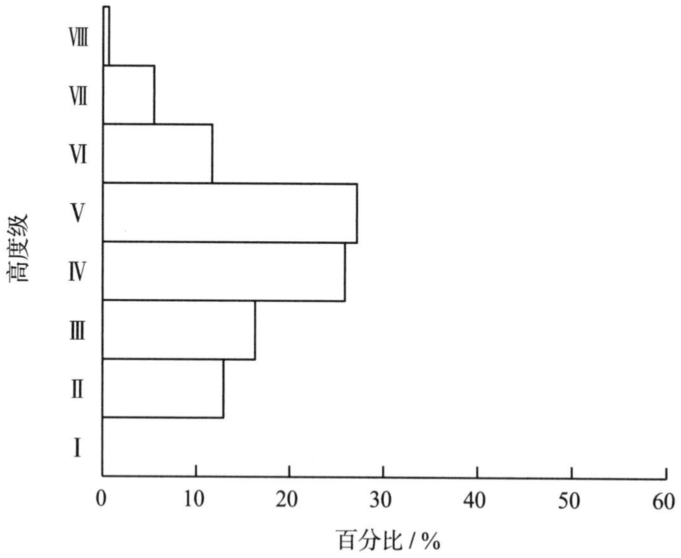

图 8-9　金花茶保护区妹仔田群落鹅掌柴种群高度结构

（2）肉实树种群高度结构

妹仔田群落肉实树种群个体高度范围为 2~16 m，高度平均值为 5.71 m，种群高度结构如图 8-10 所示，可划分为Ⅱ~Ⅸ共 8 个高度等级。其中，2 m ≤高＜ 4 m 的个体数量最多，占总个体数的 32.30%；其次是 4 m ≤高＜ 6 m 的个体，占 23.77%。高 15 m 以上的个体占 0.52%，无高 2.0 m 以下的个体。

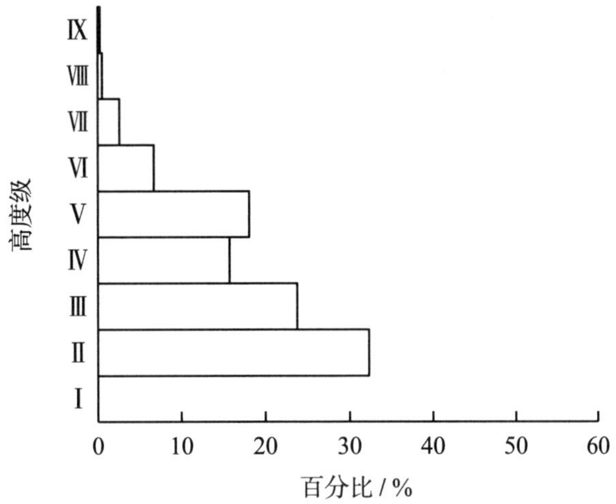

图 8–10　金花茶保护区妹仔田群落肉实树种群高度结构

（3）银柴种群高度结构

妹仔田群落银柴种群个体高度范围为 1.8~13 m，高度平均值为 5.41 m，种群高度结构如图 8–11 所示，可划分为Ⅰ ~ Ⅶ共 7 个高度等级。其中，2 m ≤高＜ 4 m 的个体数量最多，占总个体数的 33.52%；其次是 4 m ≤高＜ 6 m 的个体，占 25.48%；6 m ≤高＜ 8 m 的个体数量也较多，占 22.44%；高 10 m 以上的个体有 27 株，占 7.48%。

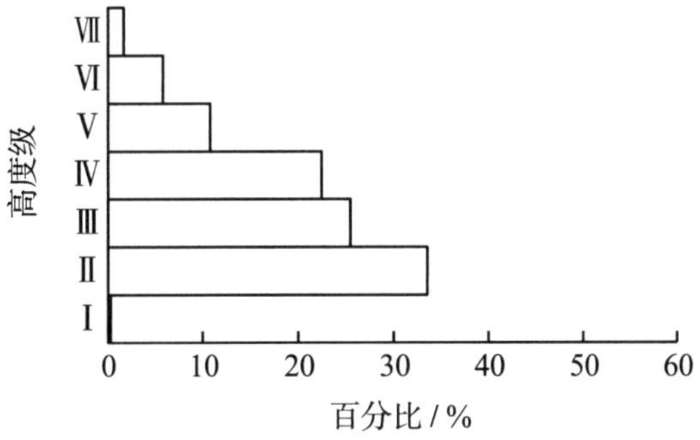

图 8–11　金花茶保护区妹仔田群落银柴种群高度结构

（4）黄椿木姜子种群高度结构

妹仔田群落黄椿木姜子种群个体高度范围为 1.6~11 m，高度平均值为 4.24 m，种群高度结构如图 8–12 所示，可划分为Ⅰ ~ Ⅵ共 6 个高度等级。其中，2 m ≤高＜ 4 m 的个体数量最多，占总个体数的 51.20%；其次是 4 m ≤高＜ 6 m 的个体，占 26.15%；高 10 m 以上的个体仅占 0.55%。

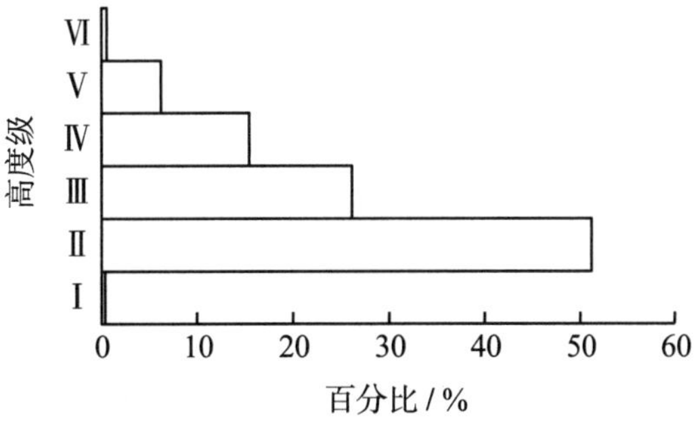

图 8–12　金花茶保护区妹仔田群落黄椿木姜子种群高度结构

（5）黄樟种群高度结构

妹仔田群落黄樟种群个体高度范围为 3~18 m，高度平均值为 10.11 m，种群高度结构如图 8–13 所示，可划分为Ⅱ ~ Ⅹ共 9 个高度等级。其中，8 m ≤高< 10 m 的个体数量最多，占总个体数的 27.45%；其次是 12 m ≤高< 14 m 的个体，占 23.53%。高 15 m 以上的个体占 5.88%，无高 2.0 m 以下的个体。

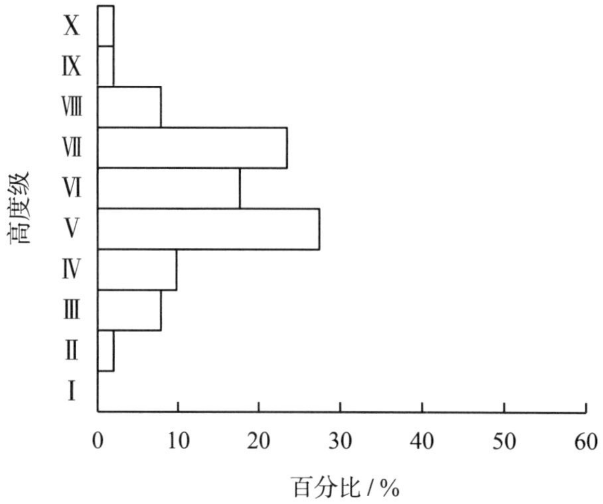

图 8–13　金花茶保护区妹仔田群落黄樟种群高度结构

（6）罗浮柿种群高度结构

妹仔田群落罗浮柿种群个体高度范围为 2~14 m，高度平均值为 8.16 m，种群高度结构如图 8–14 所示，可划分为Ⅱ ~ Ⅷ共 7 个高度级。其中，8 m ≤高< 10 m 的个体数量最多，占总个体数的 27.78%；其次是 6 m ≤高< 8 m 的个体，占 21.30%。高 10 m 以上的个体占 28.70%，无高 2.0 m 以下的个体。

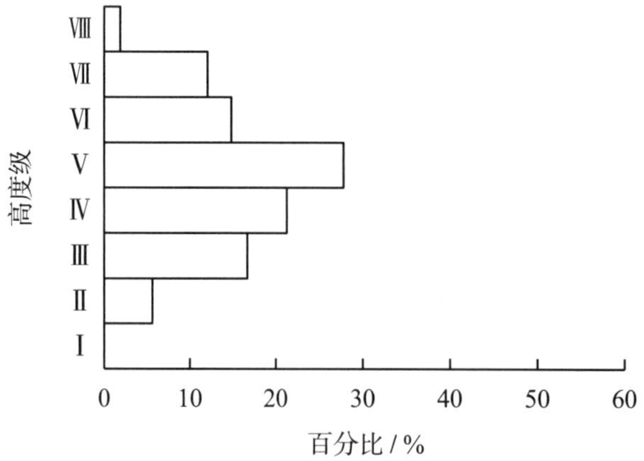

图 8–14　金花茶保护区妹仔田群落罗浮柿种群高度结构

（四）那山子群落高度结构

1. 所有种群高度结构

那山子群落所有木本植物个体高度范围为 2~25 m，高度平均值为 4.70 m，种群高度结构如图 8–15 所示，可划分为Ⅱ ~ Ⅸ和Ⅺ共 9 个高度等级，无高 2 m 以下和 18 m ≤高< 20 m 的个体。其中，以

2 m ≤高＜ 4 m 的个体最多，有 3 841 株，占总个体数的 48.75%；其次是 4 m ≤高＜ 6 m 的个体，有 1 802 株，占 22.87%；6 m ≤高＜ 8 m 的个体也较多，有 1 097 株，占 13.92%；高 10 m 以上的个体有 387 株，占 4.91%。高 15 m 以上的个体仅有 13 株，占 0.16%，分别为黄椿木姜子、白花苦灯笼、白楸、琼桂润楠、华南毛柃、罗浮柿、小果山龙眼、鹅掌柴、黄毛榕和山楝共 10 种，其中黄椿木姜子个体最高，达 25 m。由此可以推测，那山子群落发育程度与大石坪群落均和妹仔田群落均类似，尚未达到成熟阶段，处于生机勃勃的增长状态。

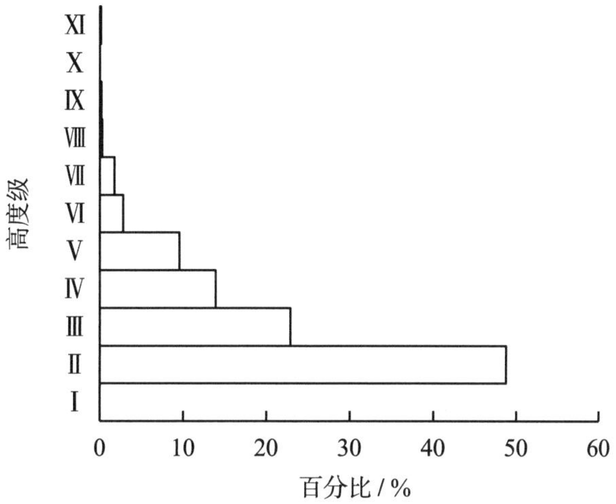

图 8–15　金花茶保护区那山子群落的种群高度结构

2. 优势种群高度结构

（1）鹅掌柴种群高度结构

那山子群落鹅掌柴种群个体高度范围为 2~15 m，高度平均值为 5.16 m，种群高度结构如图 8–16 所示，可划分为Ⅱ ~ Ⅷ共 7 个高度等级。其中，2 m ≤高＜ 4 m 的个体数量最多，占总个体数的 40.53%；其次是 4 m ≤高＜ 6 m 的个体，占 21.76%；6 m ≤高＜ 8 m 的个体也较多，占 18.44%。高 15 m 以上的个体仅占 0.17%，无高 2.0 m 以下的个体。

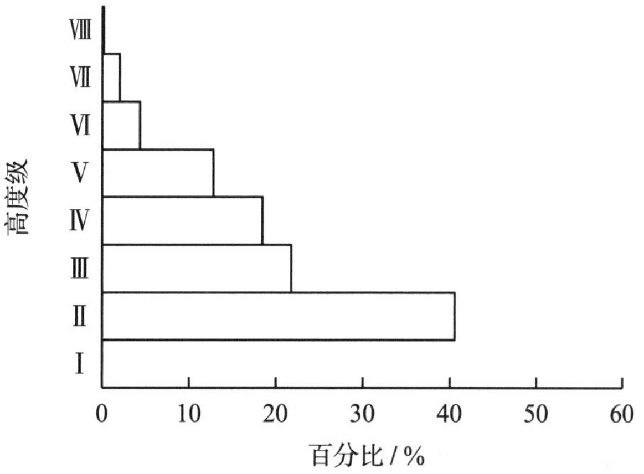

图 8–16　金花茶保护区那山子群落鹅掌柴种群高度结构

（2）罗浮柿种群高度结构

那山子群落罗浮柿种群个体高度范围为 2~16 m，高度平均值为 7.76 m，种群高度结构如图 8–17

所示，可划分为Ⅱ～Ⅸ共 8 个高度等级。其中，以 8 m ≤高＜ 10 m 的个体数量最多，占总个体数的 33.25%；其次是 6 m ≤高＜ 8 m 的个体，占 28.83%。高 15 m 以上的个体仅占 0.26%，无高 2.0 m 以下的个体。

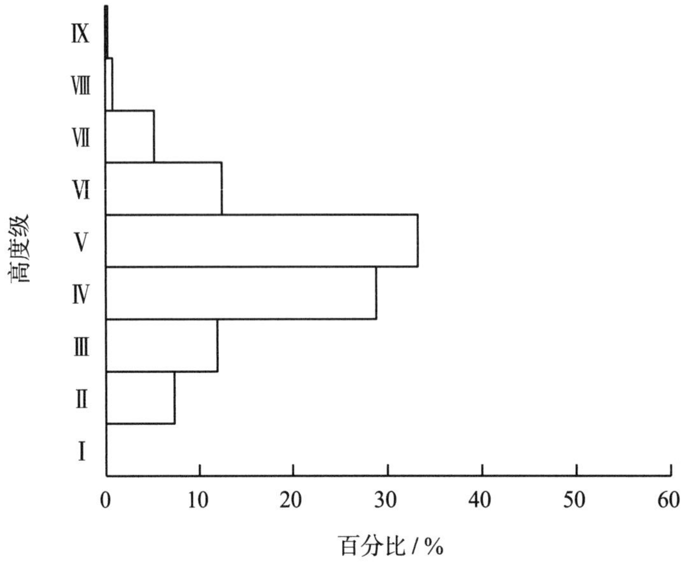

图 8–17　金花茶保护区那山子群落罗浮柿种群高度结构

（3）银柴种群高度结构

那山子群落银柴种群个体高度范围为 2~13 m，高度平均值为 4.93 m，种群高度结构如图 8–18 所示，可划分为Ⅱ级～Ⅶ级共 6 个高度等级。其中，2 m ≤高＜ 4 m 的个体数量最多，占总个体数的 42.39%；其次是 4 m ≤高＜ 6 m 的个体，占 23.55%；6 m ≤高＜ 8 m 的个体也较多，占 19.20%。高 10 m 以上的个体仅 4.71%；无高 2.0 m 以下的个体。

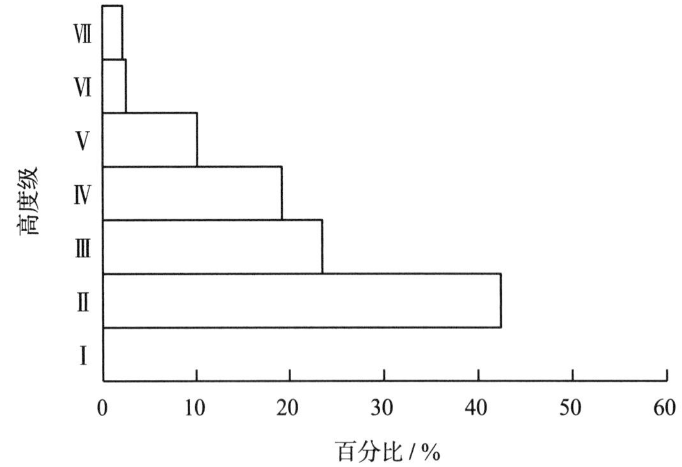

图 8–18　金花茶保护区那山子群落银柴种群高度结构

（4）两广梭罗树种群高度结构

那山子群落两广梭罗树种群个体高度范围为 2~13.5 m，高度平均值为 5.49 m，种群高度结构如图 8–19 所示，可划分为Ⅱ级～Ⅶ级共 6 个高度等级。其中，2 m ≤高＜ 4 m 的个体数量最多，占总个体数的 33.44%；其次是 4 m ≤高＜ 6 m 的个体，占 23.53%；6 m ≤高＜ 8 m 的个体也较多，占 20.12%。高 10 m 以上的个体仅占 6.81%；无高 2.0 m 以下的个体。

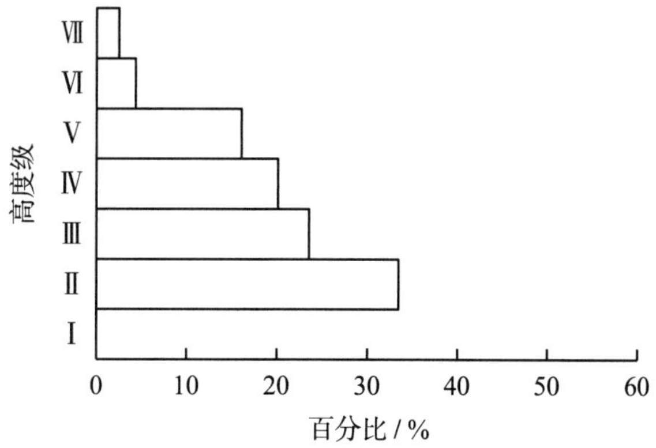

图 8-19　金花茶保护区那山子群落两广梭罗树种群高度结构

（5）肉实树种群高度结构

那山子群落肉实树种群个体高度范围为 2~14 m，高度平均值为 5.92 m，种群高度结构如图 8-20 所示，可划分为Ⅱ ~ Ⅷ共 7 个高度等级。其中，2 m ≤高＜ 4 m 的个体数量最多，占总个体数的 27.52%；其次是 4 m ≤高＜ 6 m 的个体，占 24.31%；6 m ≤高＜ 8 m 的个体也较多，占 21.56%。高 10 m 以上的个体仅占 8.26%；无高 2.0 m 以下的个体。

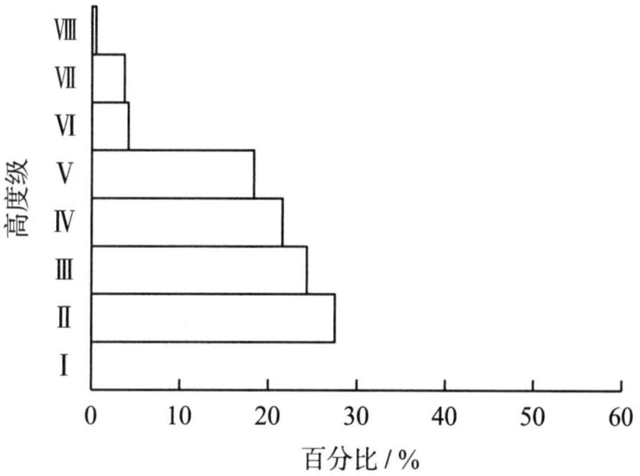

图 8-20　金花茶保护区那山子群落肉实树种群高度结构

（6）毛冬青种群高度结构

那山子群落毛冬青种群个体高度范围为 2~13 m，高度平均值为 4.19 m，种群高度结构如图 8-21 所示，可划分为Ⅱ ~ Ⅴ和Ⅶ共 5 个高度等级。其中，2 m ≤高＜ 4 m 的个体数量最多，占总个体数的 48.88%；其次是 4 m ≤高＜ 6 m 的个体，占 35.91%；无 10 m ≤高 12 m 和高 2.0 m 以下的个体。

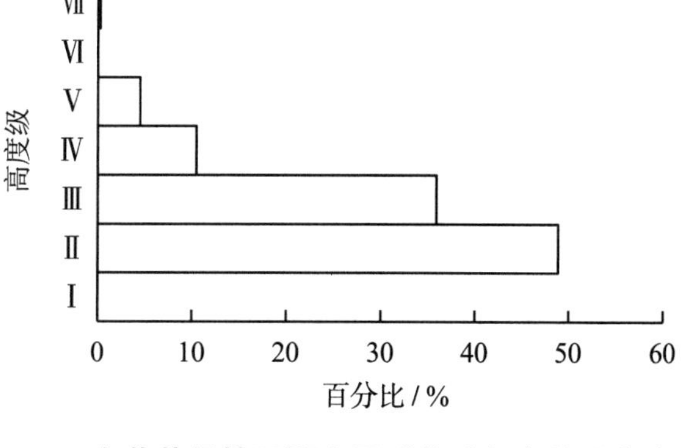

图 8-21　金花茶保护区那山子群落毛冬青种群高度结构

三、径级结构

（一）径级的划分方法

采用曲仲湘等（1952）的方法对群落组成种类进行径级划分，具体的方法如下：

Ⅰ级苗木：高度≤ 33 cm；

Ⅱ级苗木：高度> 33 cm，胸径< 2.5 cm；

Ⅲ级幼树：2.5 cm ≤胸径< 7.5 cm；

Ⅳ级成树：7.5 cm ≤胸径< 22.5 cm；

Ⅴ级大树和老树：胸径≥ 22.5 cm。

鉴于本研究起测的胸径或基径大小为≥ 1 cm，因此大石坪群落、妹仔田群落和那山子群落组成种类的径级实际上划分为Ⅱ级、Ⅲ级、Ⅳ级、Ⅴ级共 4 个等级。

（二）大石坪群落径级结构

1. 所有种群径级结构

由图 8–22 可知，大石坪群落Ⅱ级苗木、Ⅲ级幼树、Ⅳ级成树、Ⅴ级大树和老树分别占 49.14%、34.52%、13.88%、2.46%，即群落中小径级的个体数多，大径级的个体数少，说明该群落整体更新状况良好，处于增长状态。胸径≥ 22.5 cm 的大树和老树有 146 株，胸径平均值为 28.07 cm，这些树种分别为枫香树、榕树、鹅掌柴、假玉桂、秋枫、肉实树、黄樟、华润楠、琼桂润楠、十万大山润楠、赤杨叶、马尾松、中华杜英、土蜜树、巴豆、笔管榕、二色波罗蜜、桂南蒲桃、楝叶吴萸、簕梣、假苹婆、腺叶桂樱、禾串树、子楝树、银柴、海南山龙眼等。个体胸径最大的前 5 个树种为枫香树（98.5 cm）、榕树（58.1 cm）、鹅掌柴（56.2 cm）、假玉桂（49.3 cm）和秋枫（44.2 cm）。

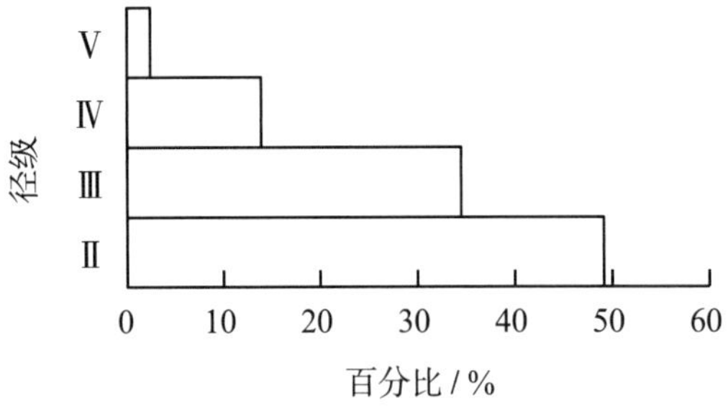

图 8–22 金花茶保护区大石坪群落所有种群径级结构

2. 优势种群径级结构

（1）鹅掌柴种群径级结构

大石坪群落鹅掌柴种群个体胸径范围为 1~56.2 cm，胸径平均值为 9.81 cm，种群径级结构如图 8–23 所示，可划分为Ⅱ级苗木、Ⅲ级幼树、Ⅳ级成树、Ⅴ级大树和老树 4 个等级。其中，以Ⅳ级成树的个体数量最多，占该种群总个体数的 39.41%；其次是Ⅲ级幼树的个体，占 29.98%；而Ⅱ级苗木以及Ⅴ级大树和老树的个体数量相对较少，各占 21.38% 和 9.22%。若以径级结构代替年龄结构进行种群动态预测，大石坪群落鹅掌柴种群呈现衰退的趋势，但衰退过程较长。

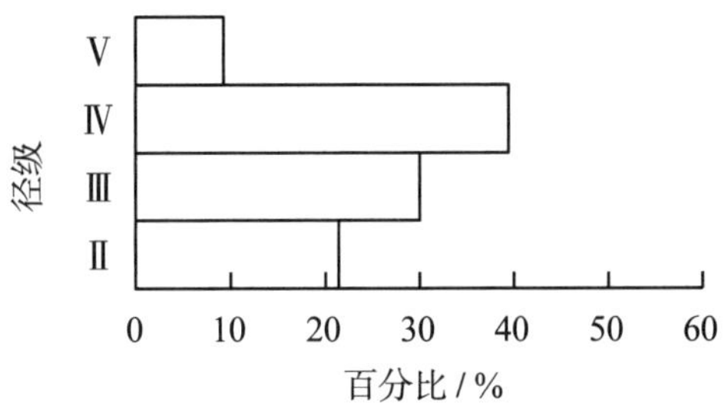

图 8–23　金花茶保护区大石坪鹅掌柴种群径级结构

（2）华润楠种群径级结构

大石坪群落华润楠种群个体胸径范围为 1~33.7 cm，胸径平均值为 15.84 cm，种群径级结构如图 8–24 所示，可划分为Ⅱ级苗木、Ⅲ级幼树、Ⅳ级成树、V级大树和老树共 4 个等级。其中，以Ⅳ级成树的个体数量最多，占该种群总个体数的 60.00%；其次是V级大树和老树的个体，占 23.48%；Ⅱ级苗木和Ⅲ级幼树的个体数量均较少，各占 3.48% 和 13.04%。若以径级结构代替年龄结构进行种群动态预测，大石坪群落华润楠种群呈现衰退的趋势。

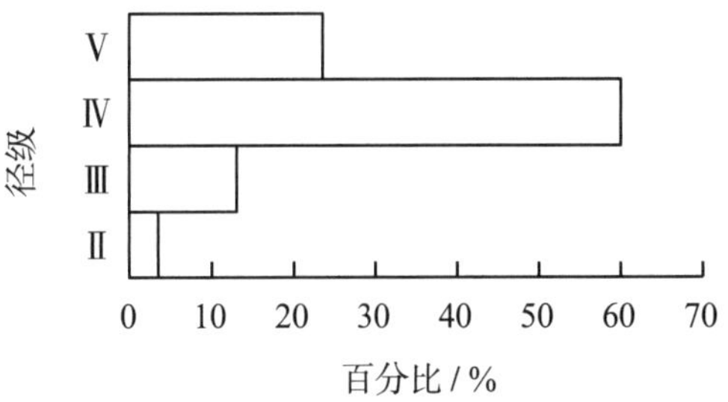

图 8–24　金花茶保护区大石坪群落华润楠种群径级结构

（3）银柴种群径级结构

大石坪群落银柴种群个体胸径范围为 1.1~22.8 cm，胸径平均值为 5.68 cm，种群径级结构如图 8–25 所示，可划分为Ⅱ级苗木、Ⅲ级幼树、Ⅳ级成树、V级大树和老树共 4 个等级。其中，以Ⅲ级幼树的个体数量最多，占该种群总个体数的 44.71%；Ⅱ级苗木和Ⅳ级成树的个体数量相差不大，各占 27.94% 和 26.76%；而V级大树和老树的个体数量极少，仅占 0.59%。若以径级结构代替年龄结构进行种群动态预测，大石坪群落银柴种群处于增长的状态。

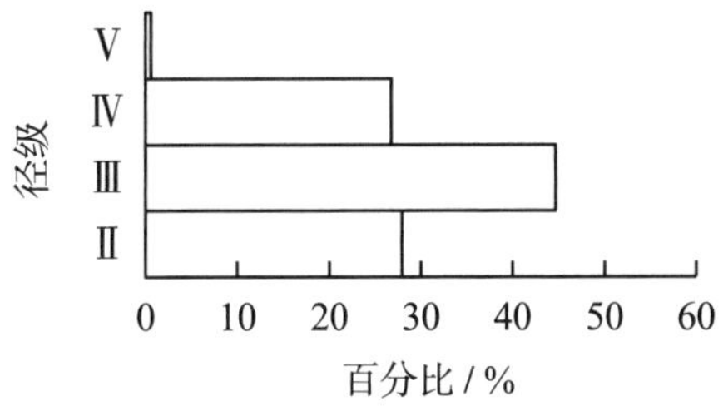

图 8–25　金花茶保护区大石坪群落银柴种群径级结构

（4）枫香树种群径级结构

大石坪群落枫香树种群个体胸径范围为 7.2~98.5 cm，胸径平均值为 25.31 cm，种群径级结构如图 8–26 所示，可划分为Ⅲ级幼树、Ⅳ级成树、V级大树和老树共 3 个等级。其中，V级大树和老树的个体数量最多，占该种群总个体数的 55.32%；其次是Ⅳ级成树的个体，占 42.55%；Ⅲ级幼树的个体数量较少，占 2.13%；无Ⅱ级苗木。若以径级结构代替年龄结构进行种群动态预测，大石坪群落枫香树种群呈现衰退的趋势。

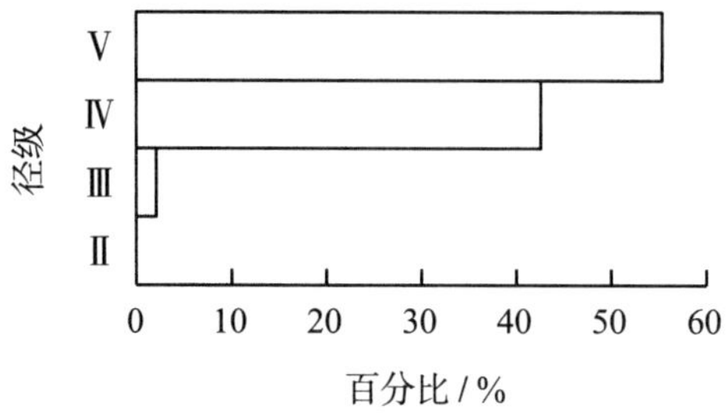

图 8-26　金花茶保护区大石坪群落枫香树种群径级结构

（5）假苹婆种群径级结构

大石坪群落假苹婆种群个体胸径范围为 1~23.9 cm，胸径平均值为 4.11 cm，种群径级结构如图 8-27 所示，可划分为Ⅱ级苗木、Ⅲ级幼树、Ⅳ级成树、Ⅴ级大树和老树共 4 个等级。其中，以Ⅱ级苗木的个体数量最多，占该种群总个体数的 48.67%；其次是Ⅲ级幼树的个体，占 35.11%；Ⅳ级成树的个体相对较少，占 15.98%；而Ⅴ级大树和老树的个体数量极少，仅占 0.24%。若以径级结构代替年龄结构进行种群动态预测，大石坪群落假苹婆种群处于增长的状态。

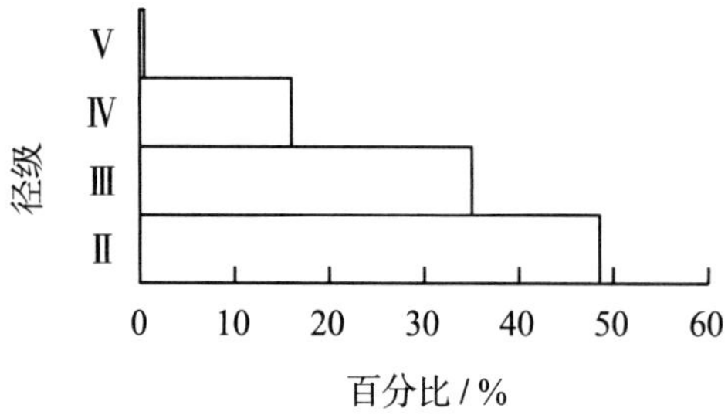

图 8-27　金花茶保护区大石坪群落假苹婆种群径级结构

（6）水同木种群径级结构

大石坪群落水同木种群个体胸径范围为 1~15.2 cm，胸径平均值为 4.37 cm，种群径级结构如图 8-28 所示，可划分为Ⅱ级苗木、Ⅲ级幼树、Ⅳ级成树共 3 个等级。其中，以Ⅲ级幼树的个体数量最多，占该种群总个体数的 57.94%；其次是Ⅱ级苗木的个体，占 29.61%；Ⅳ级成树的个体相对较少，占 12.45%；无Ⅴ级大树和老树。若以径级结构代替年龄结构进行种群动态预测，大石坪群落水同木种群处于增长的状态。

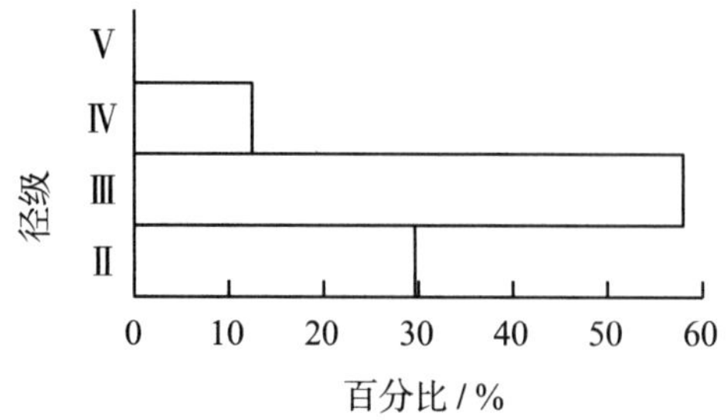

图 8-28　金花茶保护区大石坪群落水同木种群径级结构

（三）妹仔田群落径级结构

1. 所有种群径级结构

由图 8-29 可知，妹仔田群落Ⅱ级苗木、Ⅲ级幼树、Ⅳ级成树、Ⅴ级大树和老树分别占 47.13%、

34.65%、17.21%、1.01%，即群落中小径级的个体数多，大径级的个体数少，说明该群落整体更新状况良好，处于增长状态。胸径≥ 22.5 cm 的大树和老树有 88 株，胸径平均值为 29.34 cm，这些树种分别为枫香树、秋枫、翻白叶树、黄樟、狭叶坡垒、鹅掌柴、疏花臀果木、白肉榕、黄杞、八角枫、肉实树、小果山龙眼、大果毛柃、华润楠、毛折柄茶、中华杜英、琼桂润楠、白颜树、大叶猪肚木、公孙锥、八角、假玉桂、假柿木姜子、铁冬青等。个体胸径最大的前 5 个树种为枫香树（63.1 cm）、秋枫（59.8 cm）、翻白叶树（42.2 cm）、黄樟（41.1 cm）、狭叶坡垒（39.6 cm）。

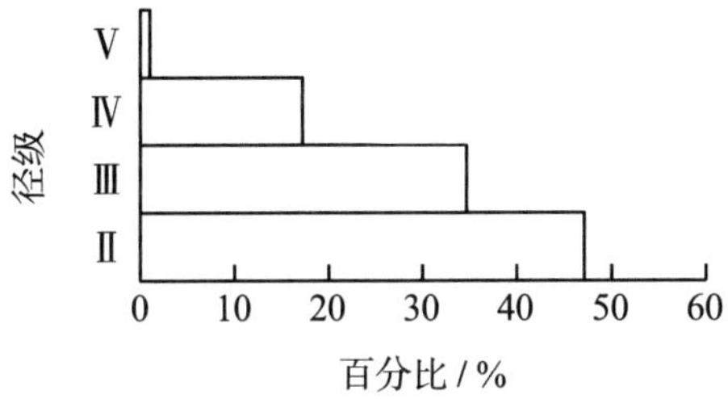

图 8–29　金花茶保护区妹仔田群落所有种群径级结构

2. 优势种群径级结构

（1）鹅掌柴种群径级结构

妹仔田群落鹅掌柴种群个体胸径范围为 1~38.6 cm，胸径平均值为 10.41 cm，种群径级结构如图 8–30 所示，可划分为Ⅱ级苗木、Ⅲ级幼树、Ⅳ级成树、Ⅴ级大树和老树共 4 个等级。其中，以Ⅳ级成树的个体数量最多，占该种群总个体数的 62.60%；其次是Ⅲ级幼树的个体，占 28.10%；而Ⅱ级苗木以及Ⅴ级大树和老树的个体数量相对较少，各占 6.40% 和 2.89%。若以径级结构代替年龄结构进行种群动态预测，妹仔田群落鹅掌柴种群呈现衰退的趋势，但衰退过程较长。

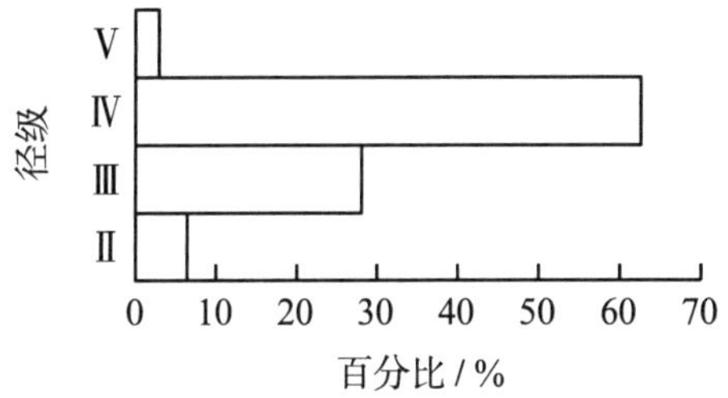

图 8–30　金花茶保护区妹仔田群落鹅掌柴种群径级结构

（2）肉实树种群径级结构

妹仔田群落肉实树种群个体胸径范围为 1~32.2 cm，胸径平均值为 6.78 cm，种群径级结构如图 8–31 所示，可划分为Ⅱ级苗木、Ⅲ级幼树、Ⅳ级成树、Ⅴ级大树和老树共 4 个等级。其中，Ⅲ级幼树和Ⅳ级成树的个体数量差别不显著，分别占该种群总个体数的 36.50% 和 37.53%；Ⅱ级苗木的个体数量也较多，占 25.19%；Ⅴ级大树和老树的个体数量极少，仅占 0.77%。若以径级结构代替年龄结构进行种群动态预测，妹仔田群落肉实树种群处于相对稳定的状态。

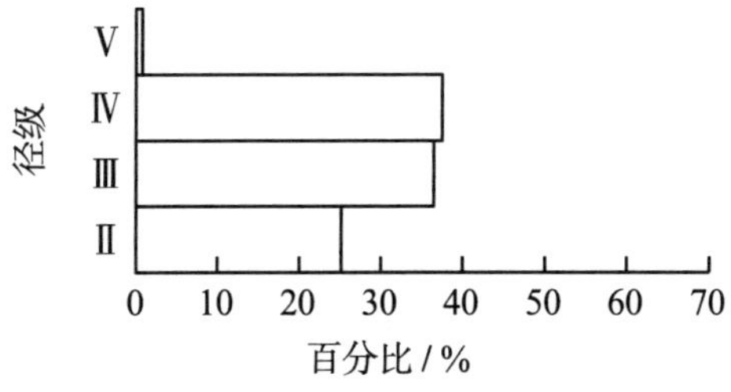

图 8–31　金花茶保护区妹仔田群落肉实树种群径级结构

（3）银柴种群径级结构

妹仔田群落银柴种群个体胸径范围为 1~19.9 cm，胸径平均值为 5.16 cm，种群径级结构如图 8–32 所示，可划分为Ⅱ级苗木、Ⅲ级幼树、Ⅳ级成树共 3 个等级。其中，以Ⅲ级幼树的个体数量最多，占该种群总个体数的 42.58%；其次是Ⅱ级苗木的个体，占 32.42%；Ⅳ级成树的个体数量也较多，占 25.00%；无Ⅴ级大树和老树。若以径级结构代替年龄结构进行种群动态预测，妹仔田群落银柴种群处于增长的状态。

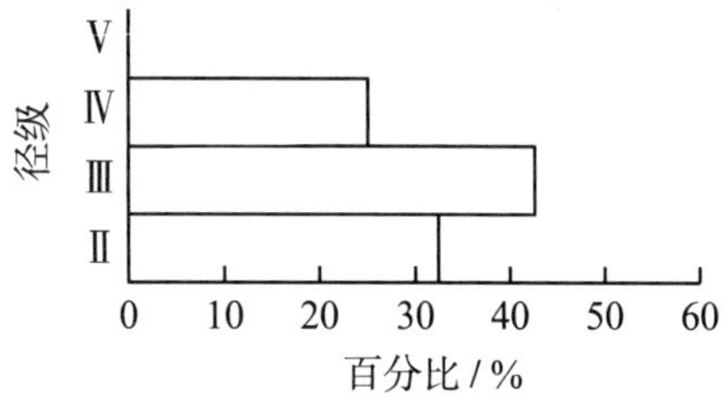

图 8–32　金花茶保护区妹仔田群落银柴种群径级结构

（4）黄椿木姜子种群径级结构

妹仔田群落黄椿木姜子种群个体胸径范围为 1~15.5 cm，胸径平均值为 3.49 cm，种群径级结构如图 8–33 所示，可划分为Ⅱ级苗木、Ⅲ级幼树、Ⅳ级成树共 3 个等级。其中，以Ⅱ级苗木的个体数量最多，占该种群总个体数的 48.62%；其次是Ⅲ级幼树的个体，占 42.20%；Ⅳ级成树的个体数量较少，占 9.17%；无Ⅴ级大树和老树。若以径级结构代替年龄结构进行种群动态预测，妹仔田群落黄椿木姜子种群处于增长的状态。

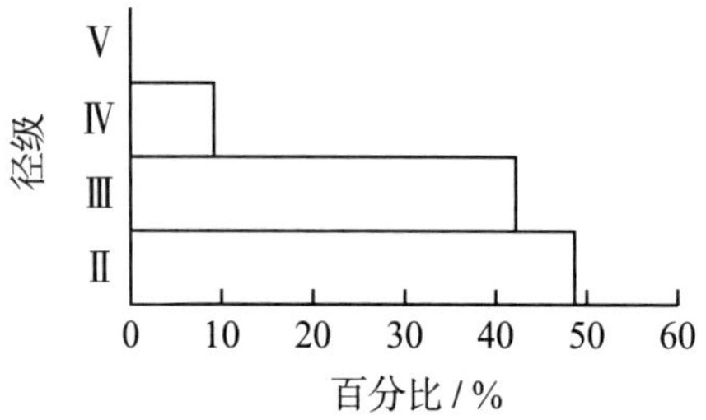

图 8–33　金花茶保护区妹仔田群落黄椿木姜子种群径级结构

（5）黄樟种群径级结构

妹仔田群落黄樟种群个体胸径范围为 1~41.1 cm，胸径平均值为 20.29 cm，种群径级结构如图 8–34 所示，可划分为Ⅲ级幼树、Ⅳ级成树、Ⅴ级大树和老树共 3 个等级。其中，以Ⅳ级成树的个体数量最多，占该种群总个体数的 55.77%；其次是Ⅴ级大树和老树的个体，占 38.46%；而Ⅲ级幼树的个体数量较少，占 5.77%；无Ⅱ级苗木。若以径级结构代替年龄结构进行种群动态预测，妹仔田群落黄樟种群呈现衰退的趋势。

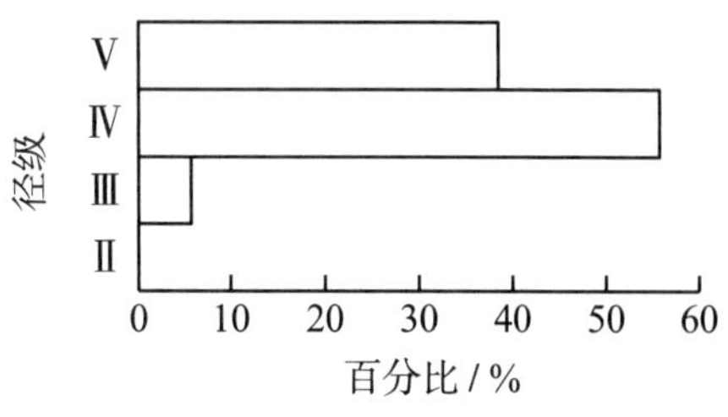

图 8–34　金花茶保护区妹仔田群落黄樟种群径级结构

（6）罗浮柿种群径级结构

妹仔田群落罗浮柿种群个体胸径范围为 1.3~20.2 cm，胸径平均值为 9.44 cm，种群径级结构如图 8–35 所示，可划分为Ⅱ级苗木、Ⅲ级幼树、Ⅳ级成树共 3 个等级。其中，以Ⅳ级成树的个体数量最多，占该种群总个体数的 65.14%；其次是Ⅲ级幼树的个体，占 25.69%；Ⅱ级苗木的个体数量较少，占 9.17%；无Ⅴ级大树和老树。若以径级结构代替年龄结构进行种群动态预测，妹仔田群落罗浮柿种群呈现衰退的趋势。

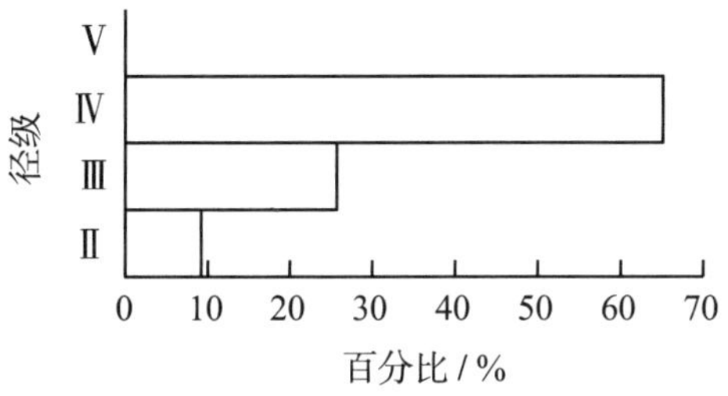

图 8–35　金花茶保护区妹仔田罗浮柿种群径级结构

（四）那山子群落径级结构

1. 所有种群径级结构

由图 8–36 可知，那山子群落Ⅱ级苗木、Ⅲ级幼树、Ⅳ级成树、Ⅴ级大树和老树分别占 48.89%、33.15%、17.30%、0.66%，即群落中小径级的个体数多，大径级的个体数少，说明该群落整体更新状况良好，处于增长状态。胸径≥ 22.5 cm 的大树和老树有 52 株，胸径平均值为 27.38 cm，这些树种分别为大花五桠果、华润楠、鹅掌柴、琼桂润楠、九节、小果山龙眼、马尾松、黄毛榕、枫香树、假玉桂、木莲、海南栀子、九丁榕、香花枇杷、黄樟、黄果厚壳桂、大果榕、山楝、肖蒲桃、假苹婆、榕叶冬青、白楸、罗浮柿、两广梭罗树、肉实树、梭罗树、白肉榕等。个体胸径最大的前 5 个树种为大花五桠果（38.8 cm）、华润楠（36.2 cm）、琼桂润楠（35.3 cm）、鹅掌柴（35.3 cm）和九节（33.2 cm）。

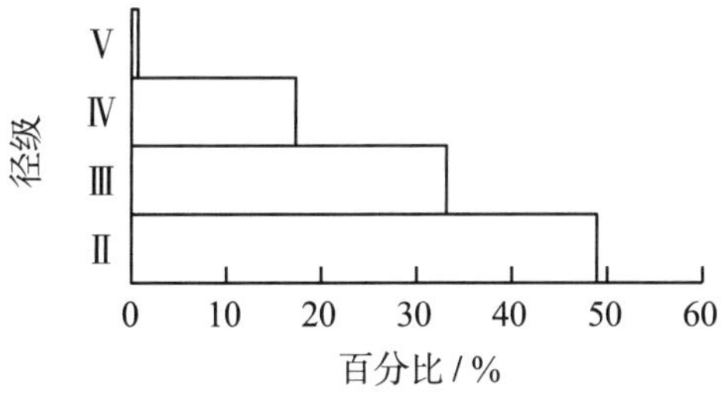

图 8–36　金花茶保护区那山子群落所有种群径级结构

2. 优势种群径级结构

（1）鹅掌柴种群径级结构

那山子群落鹅掌柴种群个体胸径范围为 1~35.3 cm，胸径平均值为 5.80 cm，种群径级结构如图 8–37 所示，可划分为Ⅱ级苗木、Ⅲ级幼树、Ⅳ级成树、Ⅴ级大树和老树共 4 个等级。其中，以Ⅱ级苗木的个体数量最多，占该种群总个体数的 43.19%；其次是Ⅲ级幼树的个体，占 29.73%；Ⅳ级成树的个体也较多，占 25.58%；Ⅴ级大树和老树的个体数量很少，仅占 1.50%。若以径级结构代替年龄结构进行种群动态预测，那山子群落鹅掌柴种群处于增长的状态。

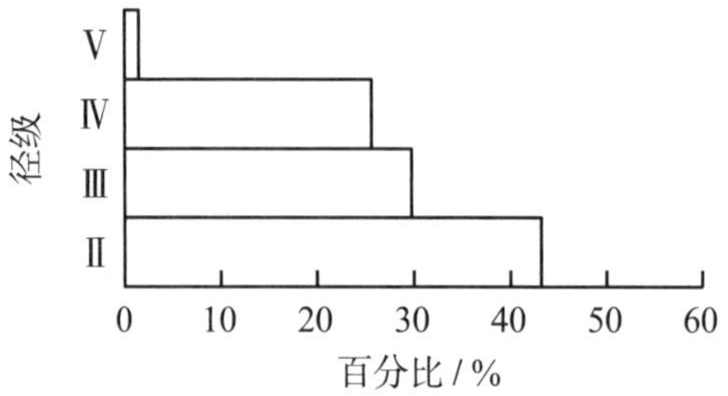

图 8–37　金花茶保护区那山子群落鹅掌柴种群径级结构

（2）罗浮柿种群径级结构

那山子群落罗浮柿种群个体胸径范围为 1.1~24 cm，胸径平均值为 8.47 cm，种群径级结构如图 8–38 所示，可划分为Ⅱ级苗木、Ⅲ级幼树、Ⅳ级成树、Ⅴ级大树和老树共 4 个等级。其中，以Ⅳ级成树的个体数量最多，占该种群总个体数的 58.44%；其次是Ⅲ级幼树的个体，占 33.25%；Ⅱ级苗木的个体数量较少，占 8.05%；Ⅴ级大树和老树的个体数量极少，仅占 0.26%。若以径级结构代替年龄结构进行种群动态预测，那山子群落罗浮柿种群呈现衰退的趋势，但衰退过程较长。

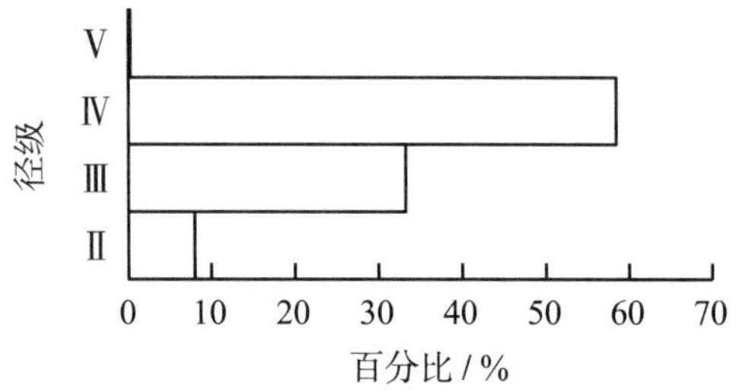

图 8–38　金花茶保护区那山子群落罗浮柿种群径级结构

（3）银柴种群径级结构

那山子群落银柴种群个体胸径范围为 1~21.5 cm，胸径平均值为 4.58 cm，种群径级结构如图 8–39 所示，可划分为Ⅱ级苗木、Ⅲ级幼树、Ⅳ级成树共 3 个等级。其中，以Ⅱ级苗木的个体数量最多，占该种群总个体数的 42.75%；其次是Ⅲ级幼树个体，占 34.06%；Ⅳ级成树的个体数量也较多，占 23.19%；无Ⅴ级大树和老树。若以径级结构代替年龄结构进行种群动态预测，那山子群落银柴种群处于增长的状态。

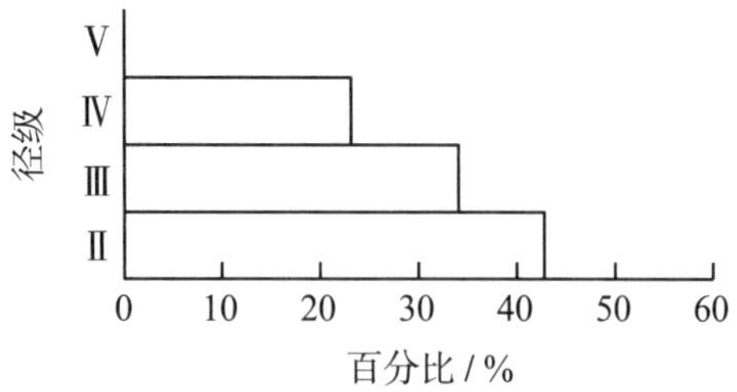

图 8–39　金花茶保护区那山子群落银柴种群径级结构

（4）两广梭罗树种群径级结构

那山子群落两广梭罗树种群个体胸径范围为 1~23.3 cm，胸径平均值为 5.35 cm，种群径级结构如图 8–40 所示，可划分为Ⅱ级苗木、Ⅲ级幼树、Ⅳ级成树、Ⅴ级大树和老树共 4 个等级。其中，以Ⅲ级幼树的个体数量最多，占该种群总个体数的 44.58%；其次是Ⅱ级苗木的个体，占 30.03%；Ⅳ级成树的个体也较多，占 25.08%；Ⅴ级大树和老树的个体数量极少，仅占 0.31%。若以径级结构代替年龄结构进行种群动态预测，那山子群落两广梭罗树种群处于增长的状态。

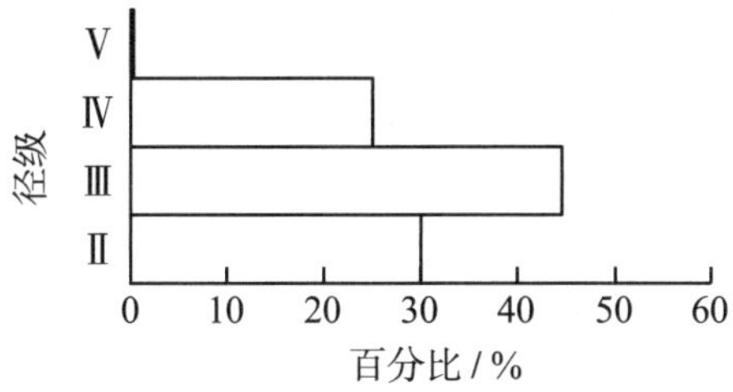

图 8-40　金花茶保护区那山子群落两广梭罗树种群径级结构

（5）肉实树种群径级结构

那山子群落肉实树种群个体胸径范围为 1~22.9 cm，胸径平均值为 6.35 cm，种群径级结构如图 8-41 所示，可划分为Ⅱ级苗木、Ⅲ级幼树、Ⅳ级成树、Ⅴ级大树和老树共 4 个等级。其中，以Ⅲ级幼树的个体数量最多，占该种群总个体数的 43.58%；其次是Ⅳ级成树的个体，占 33.94%；Ⅱ级苗木的个体也较多，占 22.02%；Ⅴ级大树和老树的个体数量极少，仅占 0.46%。若以径级结构代替年龄结构进行种群动态预测，那山子群落肉实树种群处于增长的状态。

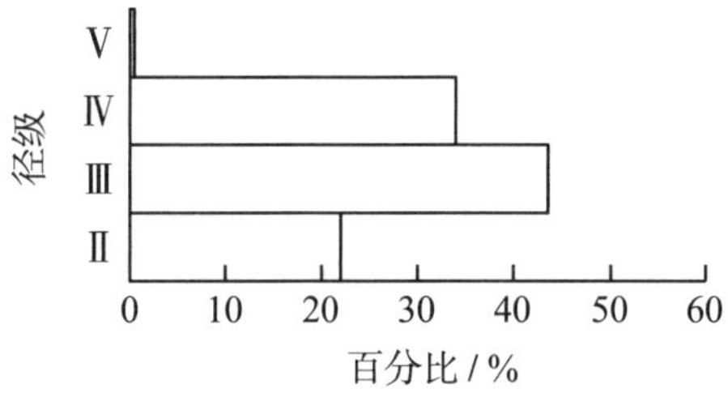

图 8-41　金花茶保护区那山子群落肉实树种群径级结构

（6）毛冬青种群径级结构

那山子群落毛冬青种群个体胸径范围为 1~11.9 cm，胸径平均值为 2.86 cm，种群径级结构如图 8-42 所示，可划分为Ⅱ级苗木、Ⅲ级幼树、Ⅳ级成树共 3 个等级。其中，以Ⅱ级苗木的个体数量最多，占该种群总个体数的 57.36%；其次是Ⅲ级幼树个体，占 36.66%；Ⅳ级成树的个体数量较少，占 5.99%；无Ⅴ级大树和老树。若以径级结构代替年龄结构进行种群动态预测，那山子群落毛冬青种群处于增长的状态。

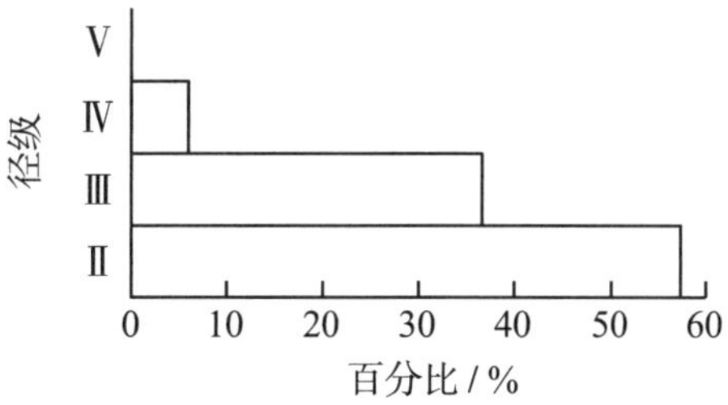

图 8-42　金花茶保护区那山子群落毛冬青种群径级结构

四、测树因子回归和通径分析

（一）研究对象和统计分析方法

1. 研究对象及其测定

在大石坪群落、妹仔田群落、那山子群落分别选取株高 4 m 以上的鹅掌柴和株高 3 m 以上的银柴个体作为研究对象，对其株高（H）、胸径（D）、冠幅（W）、材积（V）等测树因子进行调查和统计分析。其中，冠幅用东西向冠幅长度（W_1）和南北向冠幅长度（W_2）的平均值来表示，其计算公式为：

$$W = \frac{W_1 + W_2}{2}$$

材积采用我国南方地区通用的二元材积模型来计测（程文生等，2017），其计算公式如下：

$$V = 3.299\,4 \times 10^{-5} D^{1.782\,1} H^{1.295\,8}$$

2. **变量间相关性检验**

采用 Pearson 相关系数来衡量两个变量之间的线性相关程度和相关方向。相关系数的值域为［-1，1］，正值表示正相关，越趋近于 1，表示变量间的正相关性越强；负值表示负相关，越趋近于 -1，表示变量间的负相关性越强；等于 0 则表示无相关。其计算公式如下：

$$r = \frac{\sum_{i=1}^{N}(x_{1i} - \bar{x}_1)(x_{2i} - \bar{x}_2)}{\sqrt{\sum_{i=1}^{N}(x_{1i} - \bar{x}_1)^2 \sum_{i=1}^{N}(x_{2i} - \bar{x}_2)^2}}$$

式中，$\bar{x}_1$ 和 $\bar{x}_2$ 分别是两个变量的平均值。

3. **回归模型及其评价**

以冠幅为因变量，以胸径、株高、材积为自变量（x），采用线性模型（线性）、对数曲线模型（对数）、逆曲线模型（逆模型）、二次曲线模型（二次项）、三次曲线模型（立方）、幂函数曲线模型（幂）、S 形曲线模型（S）、指数曲线模型（指数分布）进行回归分析。具体的计算公式如下：

线性模型（线性）：$y = a + bx$

对数曲线模型（对数）：$y = a + b\ln x$

逆曲线模型（逆模型）：$y = a + b/x$

二次曲线模型（二次项）：$y = a + bx + cx^2$

三次曲线模型（立方）：$y = a + bx + cx^2 + dx^3$

幂函数曲线模型（幂）：$y = ax^b$

S 形曲线模型（S）：$y = e^{a + b/x}$

指数曲线模型（指数分布）：$y = ae^{bx}$

采用决定系数（determination coefficient, R^2）对各模型进行评价，具体计算公式如下：

$$R^2 = 1 - \frac{\sum_{i=1}^{n}\left(\hat{y}_i - y_i\right)^2}{\sum_{i=1}^{n}\left(y_i - \bar{y}\right)^2}$$

式中，n 表示样本数量；y_i 和 $\hat{y}_i$ 分别为样本 i 实测值和估算值；$\bar{y}$ 为样本实测值的平均值。通常 R^2 值越接近 1 则拟合效果越优。

4. **通径分析**

以胸径、株高、材积作为自变量，冠幅作为因变量，运用 SPSS 22.0 软件进行通径分析（杜家菊等，2010；宋小园等，2016）。剖析胸径、株高、材积 3 个生长因子对冠幅的直接作用和间接作用。

（二）大石坪群落鹅掌柴测树因子回归和通径分析

1. 鹅掌柴测树因子统计学特征

选取 356 株鹅掌柴作为样本，对其测树因子进行调查和统计分析，结果如表 8-1 所示。

表 8-1　金花茶保护区大石坪群落鹅掌柴测树因子统计学特征

测树因子	样本数 / 株	最小值	最大值	平均值	标准偏差
株高 / m	356	4.0	17.0	8.21	2.756 5
胸径 / cm	356	1.4	56.2	11.76	8.137 7
冠幅 / m	356	0.4	5.5	2.13	1.161 1
材积 / m^3	356	0.003 6	1.202 5	0.075 2	0.110 5

2. 鹅掌柴胸径—冠幅回归分析

由图 8-43 鹅掌柴胸径—冠幅关系散点图可知，鹅掌柴胸径与冠幅之间呈正相关。通过 Pearson 相关性分析得出，P=0.000 < 0.01，r=0.840 9，即胸径与冠幅之间存在极显著相关性。由表 8-2 可知，采用 8 类模型对鹅掌柴胸径—冠幅的关系进行拟合，所有模型的 R^2 值为 0.50~0.74，达到极显著水平。其中，以幂函数曲线模型的拟合效果最优，其表达式为：$W=0.431\ 0D^{0.654\ 6}$。

表 8-2　金花茶保护区大石坪群落鹅掌柴胸径—冠幅曲线拟合结果

模型类型	回归方程	R^2	F	P
线性模型	$W=0.717\ 7+0.120\ 0D$	0.707 1	854.484	0.000
对数曲线模型	$W=-0.491\ 4+1.188\ 5\ln D$	0.683 7	765.069	0.000
逆曲线模型	$W=-3.094\ 2-6.190\ 0/D$	0.505 4	361.660	0.000
二次曲线模型	$W=0.505\ 2+0.161\ 1D-0.001\ 3D^2$	0.722 0	458.348	0.000
三次曲线模型	$W=0.444\ 2+0.178\ 3D-0.002\ 3D^2+0.000\ 01D^3$	0.722 5	305.446	0.000
幂函数曲线模型	$W=0.431\ 0D^{0.654\ 6}$	0.738 5	999.831	0.000
S 形曲线模型	$W=e^{1.154\ 3-3.629\ 9/D}$	0.630 4	603.750	0.000
指数曲线模型	$W=0.884\ 7e^{0.060\ 4D}$	0.650 5	658.900	0.000

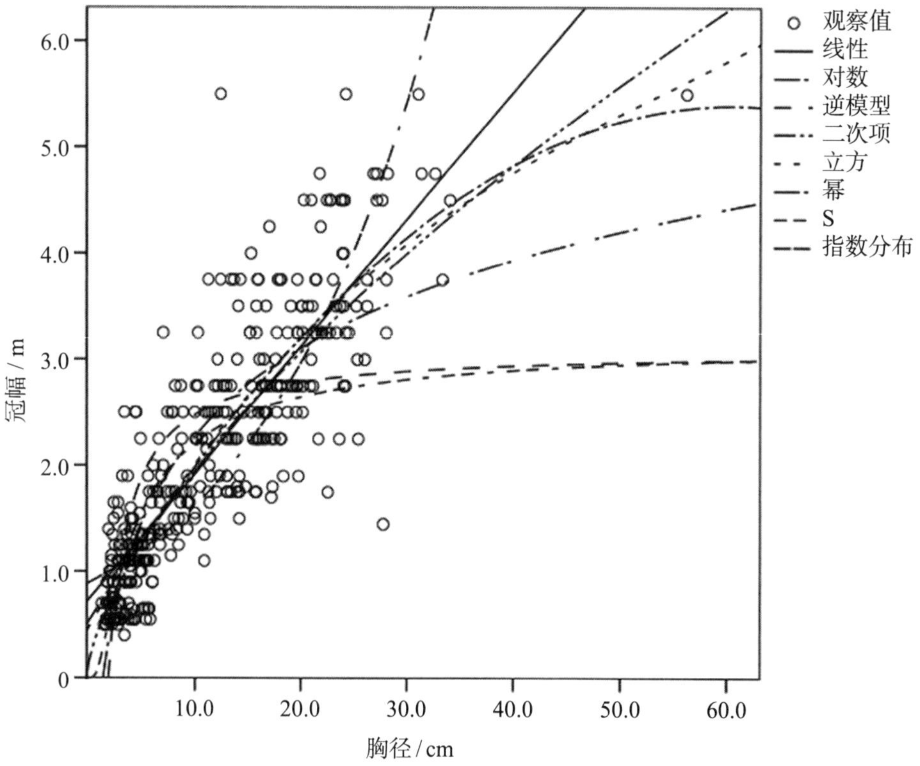

图 8-43　金花茶保护区大石坪群落鹅掌柴胸径—冠幅拟合曲线

3. 鹅掌柴株高—冠幅回归分析

由图 8-44 鹅掌柴株高—冠幅关系散点图可知，鹅掌柴株高与冠幅之间呈正相关。通过 Pearson 相关性分析得出，P=0.000 < 0.01，r=0.771 9，即株高与冠幅之间存在极显著相关性。由表 8-3 可知，采用 8 类模型对鹅掌柴株高—冠幅的关系进行拟合，所有模型的 R^2 值为 0.52~0.62，达到极显著水平。其中，以幂函数曲线模型的拟合效果最优，其表达式为：$W=0.111\,9H^{1.357\,6}$。

表 8-3　金花茶保护区大石坪群落鹅掌柴株高—冠幅曲线拟合结果

模型类型	回归方程	R^2	F	P
线性模型	$W=-0.542\,5+0.325\,1H$	0.595 8	521.796	0.000
对数曲线模型	$W=-2.979\,8+2.496\,4\ln H$	0.577 7	484.282	0.000
逆曲线模型	$W=4.387\,2-16.398\,3/H$	0.520 4	384.137	0.000
二次曲线模型	$W=-0.832\,0+0.400\,1H-0.004\,3H^2$	0.596 8	261.266	0.000
三次曲线模型	$W=1.439\,8-0.489\,4H+0.101\,5H^2-0.003\,9H^3$	0.606 5	180.882	0.000
幂函数曲线模型	$W=0.111\,9H^{1.357\,6}$	0.619 7	576.961	0.000
S 形曲线模型	$W=e^{1.855\,7-9.203\,7/H}$	0.594 7	519.386	0.000
指数曲线模型	$W=0.440\,7e^{0.171\,3H}$	0.600 0	530.976	0.000

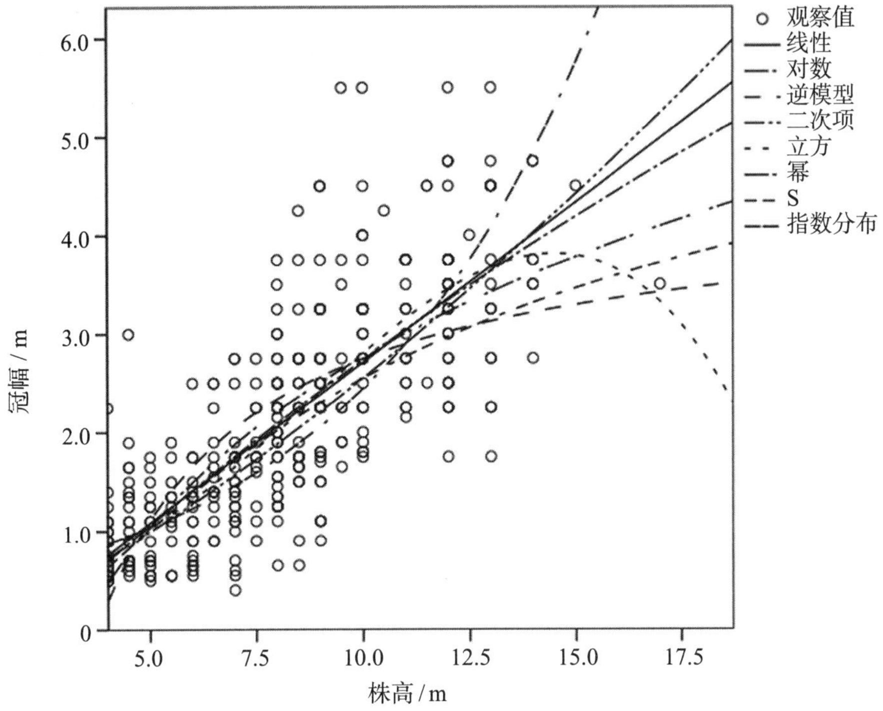

图 8-44　金花茶保护区大石坪群落鹅掌柴株高—冠幅拟合曲线

4. 鹅掌柴材积—冠幅回归分析

由图 8-45 鹅掌柴材积—冠幅关系散点图可知，鹅掌柴材积与冠幅之间呈正相关。通过 Pearson 相关性分析得出，P=0.000 < 0.01，r=0.722 2，即材积与冠幅之间存在极显著相关性。由表 8-4 可知，采用 8 类模型对鹅掌柴材积—冠幅的关系进行拟合，所有模型的 R^2 值为 0.28~0.75，达到极显著水平。其中，以幂函数曲线模型的拟合效果最优，其表达式为：$W=5.298\,9V^{0.286\,0}$。

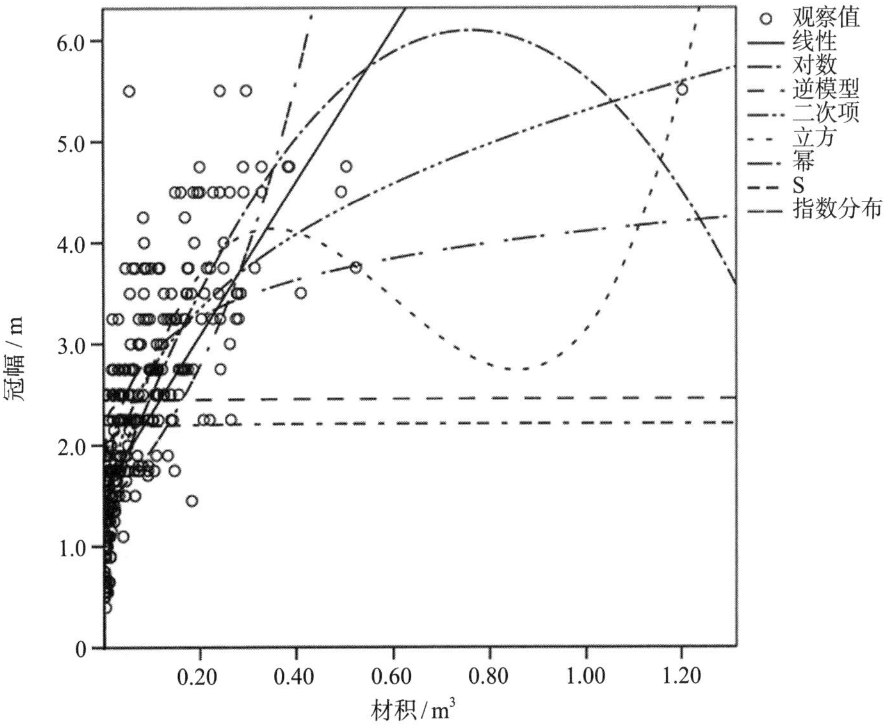

图 8-45　金花茶保护区大石坪群落鹅掌柴材积—冠幅拟合曲线

表 8-4 金花茶保护区大石坪群落鹅掌柴材积—冠幅曲线拟合结果

模型类型	回归方程	R^2	F	P
线性模型	W=1.557 9+7.585 4V	0.521 5	385.835	0.000
对数曲线模型	W=4.108 3+0.524 4ln$V$	0.689 9	787.519	0.000
逆曲线模型	W=2.455 7−0.001 6/V	0.282 0	139.068	0.000
二次曲线模型	W=1.334 6+12.502 4V−8.211 3V^2	0.644 6	320.061	0.000
三次曲线模型	W=1.171 5+19.539 9V−39.208 4V^2+21.632 6V^3	0.691 4	262.897	0.000
幂函数曲线模型	W=5.298 9$V^{0.286\,0}$	0.744 0	1 028.900	0.000
S 形曲线模型	W=$e^{0.793\,6-0.001\,0/V}$	0.404 0	239.937	0.000
指数曲线模型	W=1.386 6$e^{3.472\,0V}$	0.396 3	232.420	0.000

5. **鹅掌柴胸径、株高、材积与冠幅的通径分析**

由表 8-5 可知，鹅掌柴的株高→胸径、株高→冠幅、胸径→冠幅、胸径→材积的 P=0.000 < 0.01，即相关性极显著，冠幅→材积的 P=0.027 < 0.05，即相关性显著，因此这些路径都是有效的，影响系数分别为 0.817、0.256、0.632、0.974、−0.097。根据图 8-46，株高直接影响胸径和冠幅，胸径直接影响材积和冠幅，这些影响都是明显的正向促进作用；冠幅对材积产生直接的显著负向影响；株高虽然对材积起正向的促进作用，但作用不显著，而是通过影响胸径和冠幅对材积产生间接影响。

表 8-5 金花茶保护区大石坪群落鹅掌柴测树因子回归系数表

X→Y	非标准化系数	标准化系数	$S. E.$	$C. R.$	P
株高→胸径	2.412	0.817	0.090	26.739	0.000
株高→冠幅	0.108	0.256	0.020	5.338	0.000
胸径→冠幅	0.090	0.632	0.007	13.202	0.000
胸径→材积	0.013	0.974	0.001	22.215	0.000
冠幅→材积	−0.009	−0.097	0.004	−2.211	0.027

注：$S. E.$ 为 standard error 的简写，意为标准误；$C. R.$ 为 composite reliability 的简写，意为组合信度；下同。

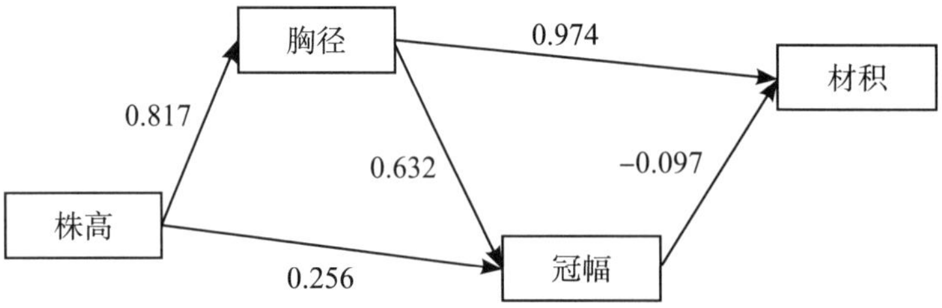

图 8-46 金花茶保护区大石坪群落鹅掌柴测树因子路径分析

（三）大石坪银柴测树因子回归和通径分析

1. **银柴测树因子统计学特征**

选取 287 株银柴作为样本，对其测树因子进行调查和统计分析，结果如表 8-6 所示。

表 8-6　金花茶保护区大石坪银柴测树因子统计学特征

测树因子	样本数 / 株	最小值	最大值	平均值	标准偏差
胸径 / cm	287	1.3	22.8	6.282 6	3.974 1
株高 / m	287	3.0	15.5	6.169 0	2.296 7
冠幅 / m	287	0.5	5.0	1.599 9	0.777 9
材积 / m^3	287	0.000 2	0.217 2	0.016 8	0.026 1

2. 银柴胸径—冠幅回归分析

由图 8-47 银柴胸径—冠幅关系散点图可知，银柴胸径与冠幅之间呈正相关。通过 Pearson 相关性分析得出，P=0.000 < 0.01，r=0.740 4，即胸径与冠幅之间存在极显著相关性。由表 8-7 可知，采用 8 类模型对银柴胸径—冠幅的关系进行拟合，所有模型的 R^2 值为 0.41~0.57，达到极显著水平。其中，以三次曲线模型的拟合效果最优，其表达式为：W=0.538 6+0.176 8D+0.001 2D^2–0.000 2D^3。

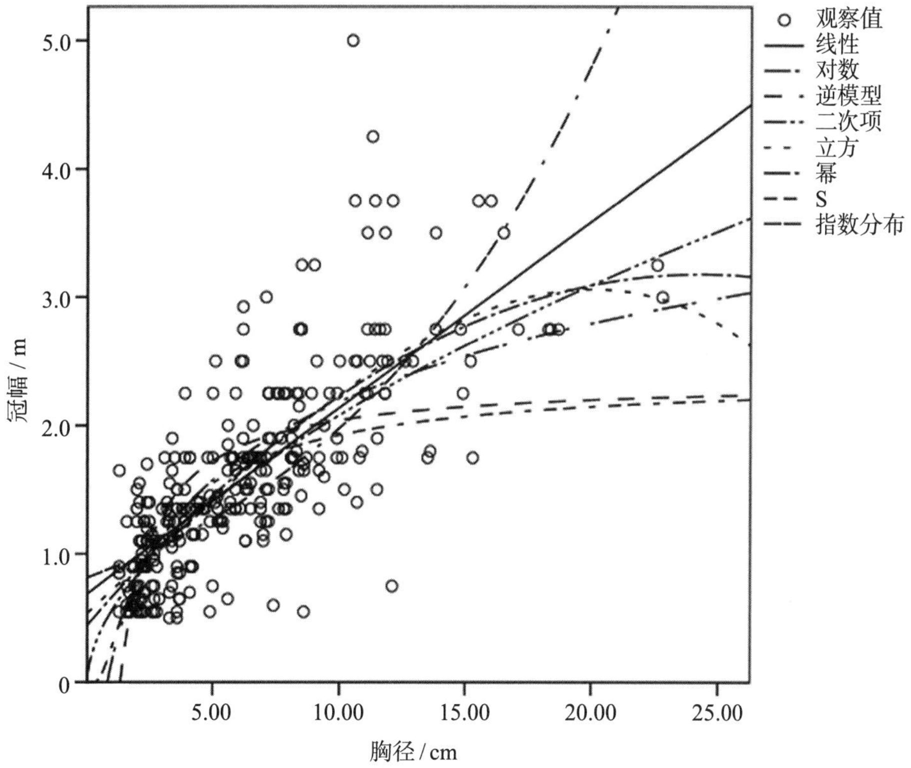

图 8-47　金花茶保护区大石坪群落银柴胸径—冠幅拟合曲线

表 8-7　金花茶保护区大石坪群落银柴胸径—冠幅曲线拟合结果

模型类型	回归方程	R^2	F	P
线性模型	W=0.689 4+0.144 9D	0.548 2	345.759	0.000
对数曲线模型	W=0.155 6+0.881 3ln$D$	0.538 6	332.671	0.000
逆曲线模型	W=2.358 1–3.173 0/D	0.416 7	203.629	0.000
二次曲线模型	W=0.442 6+0.224 8D–0.004 6D^2	0.568 2	186.840	0.000

续表

模型类型	回归方程	R^2	F	P
三次曲线模型	$W=0.538\ 6+0.176\ 8D+0.001\ 2D^2-0.000\ 2D^3$	0.569 3	124.694	0.000
幂函数曲线模型	$W=0.558\ 2D^{0.571\ 5}$	0.565 5	370.914	0.000
S 形曲线模型	$W=e^{0.872\ 4-2.171\ 1/D}$	0.487 1	270.622	0.000
指数曲线模型	$W=0.815\ 8e^{0.088\ 7D}$	0.512 5	299.648	0.000

3. 银柴株高—冠幅回归分析

由图 8–48 银柴株高—冠幅关系散点图可知，银柴株高与冠幅之间呈正相关。通过 Pearson 相关性分析得出，$P=0.000<0.01$，$r=0.678\ 3$，即株高与冠幅之间存在极显著相关性。由表 8–8 可知，采用 8 类模型对银柴株高—冠幅的关系进行拟合，所有模型的 R^2 值为 0.44~0.55，达到极显著水平。其中，以幂函数曲线模型的拟合效果最优，其表达式为：$W=0.272\ 8H^{0.945\ 5}$。

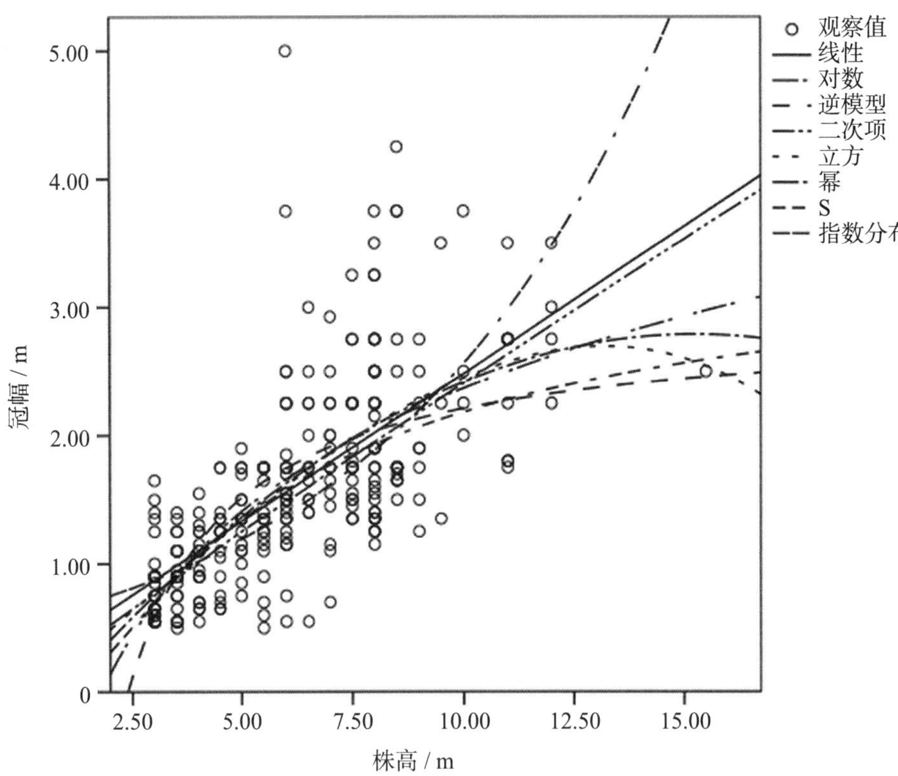

图 8–48　金花茶保护区大石坪群落银柴株高—冠幅拟合曲线

表 8–8　金花茶保护区大石坪群落银柴株高—冠幅曲线拟合结果

模型类型	回归方程	R^2	F	P
线性模型	$W=0.182\ 5+0.229\ 8H$	0.460 1	242.875	0.000
对数曲线模型	$W=-0.819\ 3+1.384\ln H$	0.470 8	253.559	0.000
逆曲线模型	$W=2.905\ 5-6.956\ 1/H$	0.442 6	226.258	0.000
二次曲线模型	$W=-0.365\ 5+0.414\ 0H-0.013\ 6H^2$	0.475 7	128.835	0.000

续表

模型类型	回归方程	R^2	F	P
三次曲线模型	W=−0.074 4+0.273 4H+0.006 3H^2−0.000 8H^3	0.476 5	85.866	0.000
幂函数曲线模型	W=0.272 8$H^{0.945\ 5}$	0.548 5	346.243	0.000
S 形曲线模型	W=$e^{1.265\ 9-4.860\ 8/H}$	0.539 5	333.849	0.000
指数曲线模型	W=0.553 4$e^{0.153\ 2H}$	0.510 9	297.713	0.000

4. 银柴材积—冠幅回归分析

由图 8–49 银柴材积—冠幅关系散点图可知，银柴材积与冠幅之间呈正相关。通过 Pearson 相关性分析得出，P=0.000 < 0.01，r=0.624 4，即材积与冠幅之间存在极显著相关性。由表 8–9 可知，采用 8 类模型对银柴材积—冠幅的关系进行拟合，所有模型的 R^2 值为 0.24~0.60，达到极显著水平。其中，以幂函数曲线模型的拟合效果最优，其表达式为：W=4.759 1$V^{0.235\ 0}$。

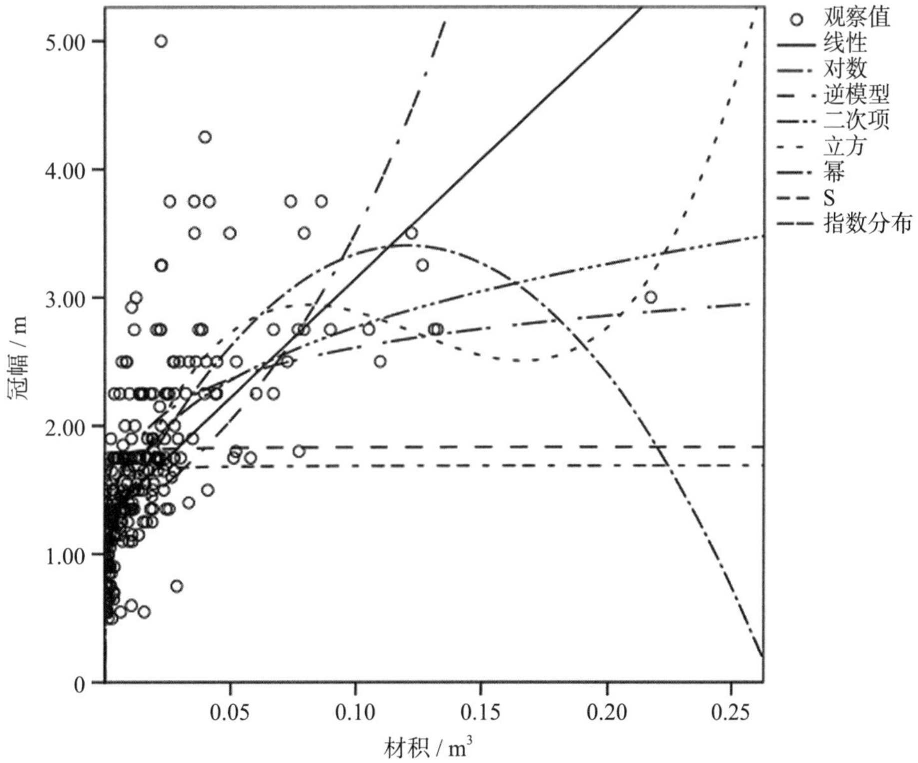

图 8–49　金花茶保护区大石坪群落银柴材积—冠幅拟合曲线

表 8–9　金花茶保护区大石坪群落银柴材积—冠幅曲线拟合结果

模型类型	回归方程	R^2	F	P
线性模型	W=1.288+18.613 6V	0.389 9	182.099	0.000
对数曲线模型	W=3.431 8+0.356 9ln$V$	0.545 9	342.608	0.000
逆曲线模型	W=1.836 7−0.000 4/V	0.241 0	90.469	0.000
二次曲线模型	W=1.113 8+38.061 2V−158.234 7V^2	0.512 0	148.998	0.000
三次曲线模型	W=1.005 0+57.125 2V−524.602 6V^2+1 415.594 3V^3	0.553 4	116.895	0.000

续表

模型类型	回归方程	R^2	F	P
幂函数曲线模型	$W=4.759\ 1V^{0.235\ 0}$	0.591 1	411.941	0.000
S 形曲线模型	$W=e^{0.526\ 2-0.000\ 3/V}$	0.319 7	133.916	0.000
指数曲线模型	$W=1.187\ 4e^{10.849\ 2V}$	0.330 6	140.774	0.000

5. 银柴胸径、株高、材积与冠幅的通径分析

由表 8–10 可知，银柴的株高→胸径、株高→冠幅、胸径→冠幅、胸径→材积的 P 值均小于 0.01，达到相关性极显著水平，因此这些路径都是有效的，它们的影响系数分别为 0.810、0.229、0.555、0.908。根据图 8–50，株高直接影响胸径和冠幅，胸径直接影响材积和冠幅，这些影响都是明显的正向促进作用；株高虽然对材积起正向的促进作用，但作用不显著，而是通过影响胸径对材积产生间接影响。

表 8–10 金花茶保护区大石坪群落银柴测树因子回归系数表

$X\rightarrow Y$	非标准化系数	标准化系数	$S.E.$	$C.R.$	P
株高→胸径	1.401	0.810	0.060	23.382	0.000
株高→冠幅	0.077	0.229	0.022	3.452	0.001
胸径→冠幅	0.109	0.555	0.013	8.378	0.000
胸径→材积	0.006	0.908	0.000	33.946	0.000

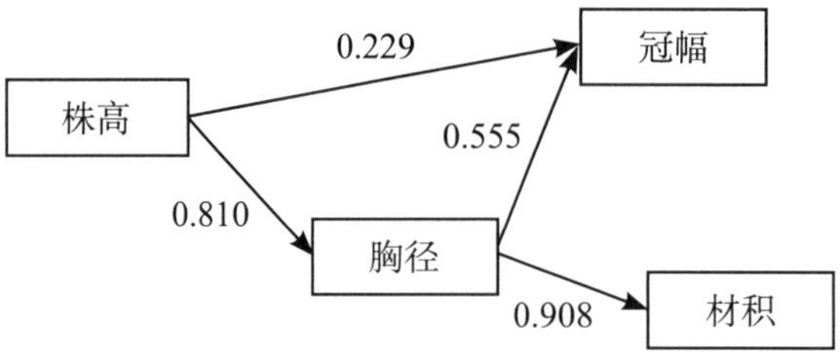

图 8–50 金花茶保护区大石坪群落银柴测树因子路径分析

（四）妹仔田群落鹅掌柴测树因子回归和通径分析

1. 鹅掌柴测树因子统计学特征

选取 310 株鹅掌柴作为样本，对其测树因子进行调查和统计分析，结果如表 8–11 所示。

表 8–11 金花茶保护区妹仔田群落鹅掌柴测树因子统计学特征

测树因子	样本数 / 株	最小值	最大值	平均值	标准偏差
株高 / m	310	4.0	15.0	8.22	2.136 2
胸径 / cm	310	2.7	38.6	12.51	5.565 0
冠幅 / m	310	0.5	5.0	2.45	0.877 2
材积 / m^3	310	0.001 2	0.741 1	0.061 9	0.072 8

2. 鹅掌柴胸径—冠幅回归分析

由图 8-51 鹅掌柴胸径—冠幅关系散点图可知，鹅掌柴胸径与冠幅之间呈正相关。通过 Pearson 相关性分析得出，P=0.000 < 0.01，r=0.713 5，即胸径与冠幅之间存在极显著相关性。由表 8-12 可知，采用 8 种曲线模型对鹅掌柴胸径—冠幅的关系进行拟合，所有模型的 R^2 值为 0.45~0.59，达到极显著水平。其中，以幂函数曲线模型的拟合效果最优，其表达式为：$W=0.515\ 7D^{0.615\ 9}$。

表 8-12　金花茶保护区妹仔田群落鹅掌柴胸径—冠幅曲线拟合结果

模型类型	回归方程	R^2	F	P
线性模型	W=1.046 2+0.112 5D	0.509 1	319.458	0.000
对数曲线模型	W=−0.821 8+1.352 3ln$D$	0.537 9	358.572	0.000
逆曲线模型	W=3.522 6−10.676 7/D	0.453 5	255.559	0.000
二次曲线模型	W=0.462 3+0.207 3D−0.003 2D^2	0.542 2	181.796	0.000
三次曲线模型	W=0.140 3+0.285 6D−0.008 4D^2+0.000 1D^3	0.545 8	122.567	0.000
幂函数曲线模型	$W=0.515\ 7D^{0.615\ 9}$	0.587 9	439.395	0.000
S 形曲线模型	$W=e^{1.339\ 9-5.098\ 3/D}$	0.544 9	368.748	0.000
指数曲线模型	$W=1.243\ 4e^{0.048\ 9D}$	0.506 7	316.314	0.000

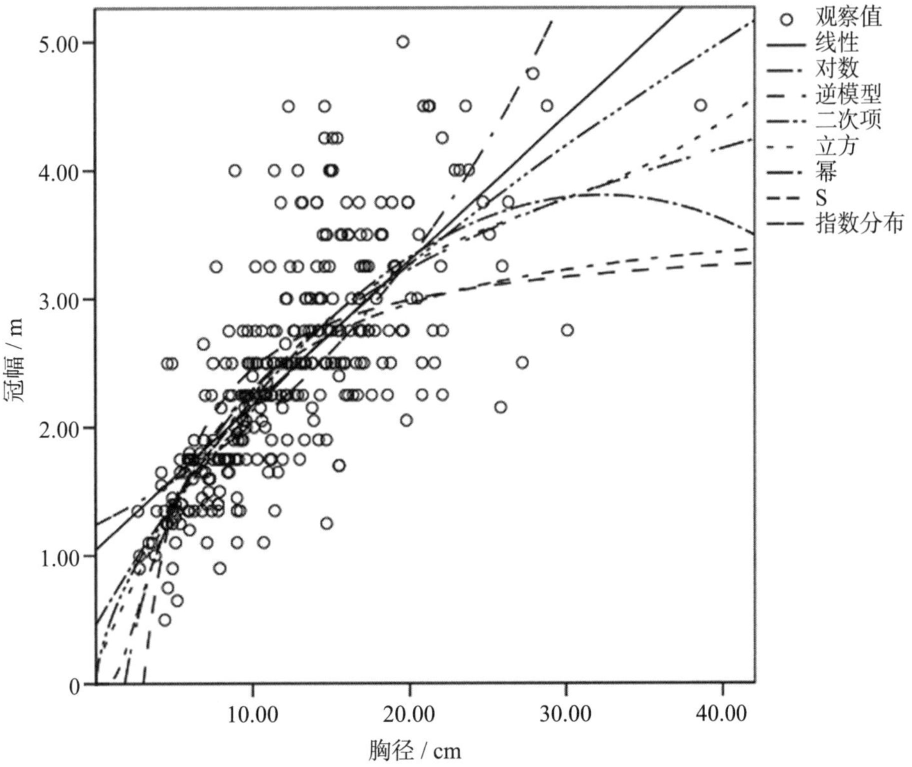

图 8-51　金花茶保护区妹仔田群落鹅掌柴胸径—冠幅拟合曲线

3. 鹅掌柴株高—冠幅回归分析

由图 8-52 鹅掌柴株高—冠幅关系散点图可知，鹅掌柴株高与冠幅之间呈正相关。通过 Pearson 相关性分析得出，P=0.000 < 0.01，r=632 5，即株高与冠幅之间存在极显著相关性。由表 8-13 可知，

采用 8 类模型对鹅掌柴株高—冠幅的关系进行拟合，所有模型的 R^2 值为 0.39~0.45，达到极显著水平。其中，以 S 形曲线模型的拟合效果最优，其表达式为：$W=e^{1.720\,6-6.818\,0/H}$。

表 8-13　金花茶保护区妹仔田群落鹅掌柴株高—冠幅曲线拟合结果

模型类型	回归方程	R^2	F	P
线性模型	$W=0.318\,0+0.259\,7H$	0.400 1	205.406	0.000
对数曲线模型	$W=-1.870\,8+2.087\,1\ln H$	0.409 3	213.375	0.000
逆曲线模型	$W=4.367\,8-14.644\,1/H$	0.390 1	197.019	0.000
二次曲线模型	$W=-0.664\,1+0.503\,3H-0.014\,1H^2$	0.410 5	106.906	0.000
三次曲线模型	$W=-0.997\,8+0.630\,9H-0.029\,4H^2+0.000\,6H^3$	0.410 7	71.083	0.000
幂函数曲线模型	$W=0.321\,6H^{0.947\,9}$	0.444 8	246.755	0.000
S 形曲线模型	$W=e^{1.720\,6-6.818\,0/H}$	0.445 6	247.559	0.000
指数曲线模型	$W=0.890\,6e^{0.115\,0H}$	0.413 1	216.759	0.000

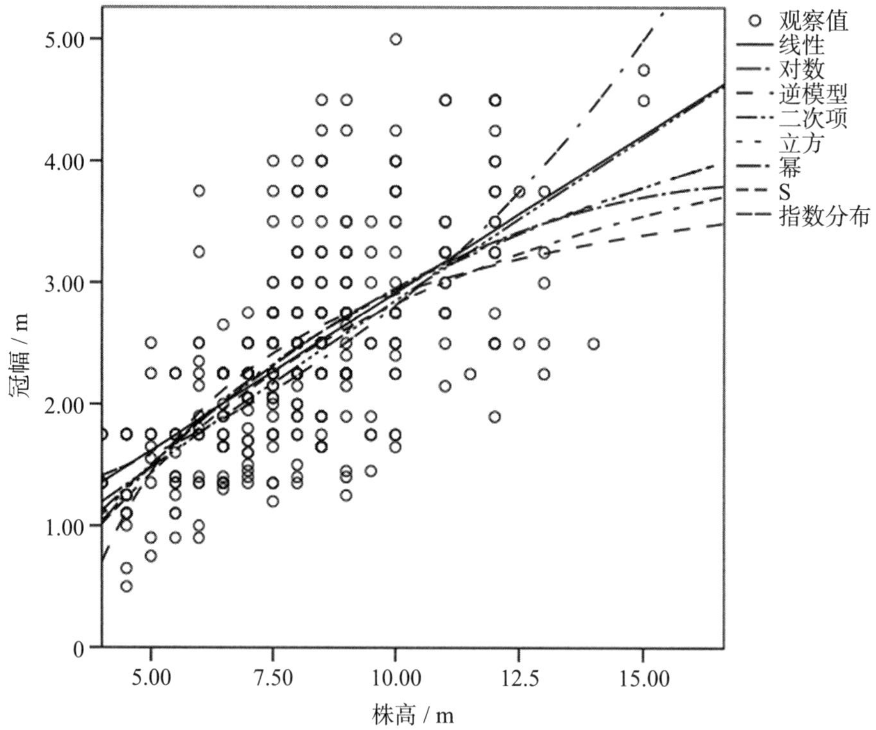

图 8-52　金花茶保护区妹仔田群落鹅掌柴株高—冠幅拟合曲线

4. 鹅掌柴材积—冠幅回归分析

由图 8-53 鹅掌柴材积—冠幅关系散点图可知，鹅掌柴材积与冠幅之间呈正相关。通过 Pearson 相关性分析得出，$P=0.000<0.01$，$r=0.595\,4$，即材积与冠幅之间存在极显著相关性。由表 8-14 可知，采用 8 类模型对鹅掌柴材积—冠幅的关系进行拟合，所有模型的 R^2 值为 0.26~0.63，达到极显著水平。其中，以幂函数曲线模型的拟合效果最优，其表达式为：$W=5.590\,3V^{0.268\,7}$。

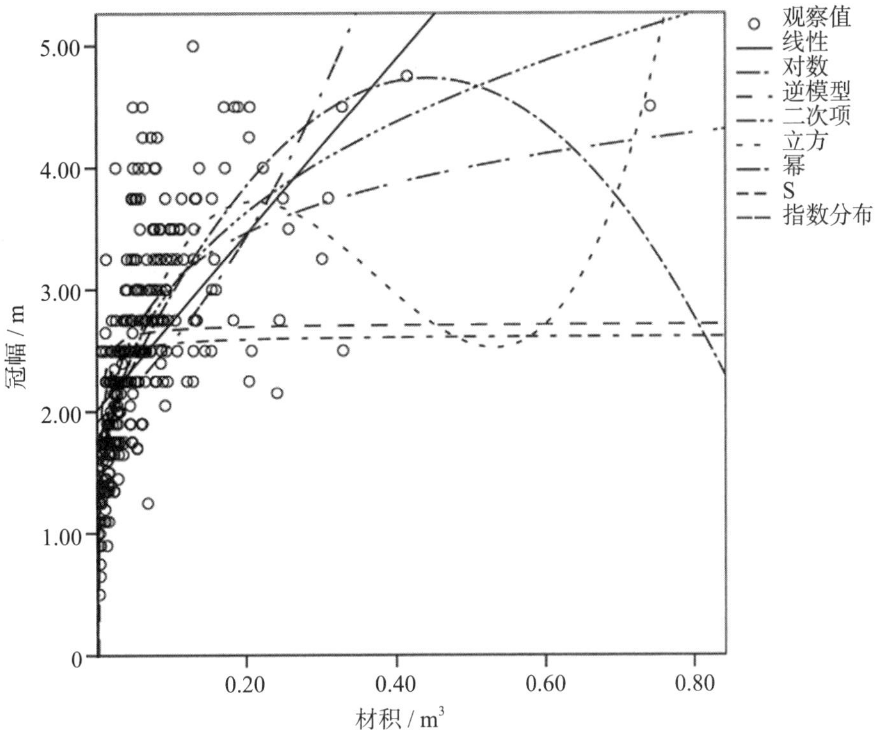

图 8–53　金花茶保护区妹仔田群落鹅掌柴材积—冠幅拟合曲线

表 8–14　金花茶保护区妹仔田群落鹅掌柴材积—冠幅曲线拟合结果

模型类型	回归方程	R^2	F	P
线性模型	$W=2.009\ 3+7.179\ 6V$	0.354 5	169.170	0.000
对数曲线模型	$W=4.412\ 8+0.590\ 5\ln V$	0.568 7	406.038	0.000
逆曲线模型	$W=2.718\ 3-0.004\ 7/V$	0.266 1	111.649	0.000
二次曲线模型	$W=1.758\ 9+13.471\ 2V-15.249\ 5V^2$	0.462 9	132.283	0.000
三次曲线模型	$W=1.475\ 8+24.517\ 0V-81.140\ 0V^2+72.848\ 1V^3$	0.542 2	120.824	0.000
幂函数曲线模型	$W=5.590\ 3V^{0.268\ 7}$	0.620 6	503.734	0.000
S 形曲线模型	$W=e^{0.964\ 1-0.002\ 4/V}$	0.362 8	175.331	0.000
指数曲线模型	$W=1.914\ 8e^{2.905\ 4V}$	0.305 9	135.755	0.000

5. 鹅掌柴胸径、株高、材积与冠幅的通径分析

由表 8–15 可知，鹅掌柴的株高→胸径、株高→冠幅、胸径→冠幅、株高→材积、胸径→材积、冠幅→材积的 $P=0.000 < 0.01$，呈现极显著相关性，因此这些路径有效，它们的影响系数分别为 0.691、0.268、0.528、0.264、0.794、–0.139。根据图 8–54，株高直接影响胸径、材积和冠幅，还可通过影响胸径和冠幅间接影响材积；胸径直接影响冠幅和材积。除冠幅对材积起负向影响外，其他因素之间都是起正向的促进作用。

表 8–15 金花茶保护区妹仔田群落鹅掌柴测树因子回归系数表

X→Y	非标准化系数	标准化系数	S.E.	C.R.	P
株高→胸径	1.795	0.691	0.107	16.839	0.000
株高→冠幅	0.110	0.268	0.022	5.070	0.000
胸径→冠幅	0.083	0.528	0.008	9.966	0.000
株高→材积	0.009	0.264	0.001	7.329	0.000
胸径→材积	0.010	0.794	0.001	19.953	0.000
冠幅→材积	–0.012	–0.139	0.003	–3.736	0.000

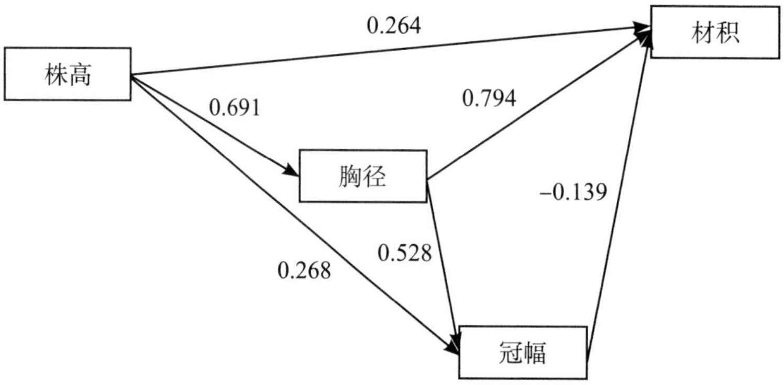

图 8–54 金花茶保护区妹仔田群落鹅掌柴测树因子路径分析

（五）妹仔田群落银柴测树因子回归和通径分析

1. 银柴测树因子统计学特征

选取 279 株银柴作为样本，对其测树因子进行调查和统计分析，结果如表 8–16 所示。

表 8–16 金花茶保护区妹仔田群落银柴测树因子统计学特征

测树因子	样本数 / 株	最小值	最大值	平均值	标准偏差
胸径 / cm	279	1.3	19.9	5.84	3.691 1
株高 / m	279	3.0	13.0	5.97	2.349 1
冠幅 / m	279	0.0	3.8	1.59	0.642 0
材积 / m^3	279	0.000 2	0.110 2	0.014 2	0.020 5

2. 银柴胸径—冠幅回归分析

由图 8–55 银柴胸径—冠幅关系散点图可知，银柴胸径与冠幅之间呈正相关。通过 Pearson 相关性分析得出，P=0.000 < 0.01，r=0.762 9，即胸径与冠幅之间存在极显著相关性。由表 8–17 可知，采用 8 类模型对银柴胸径—冠幅的关系进行拟合，所有模型的 R^2 值为 0.47~0.61，达到极显著水平。其中，以三次曲线模型的拟合效果最优，其表达式为：$W=0.786\ 8+0.107\ 9D+0.009\ 3D^2-0.000\ 6D^3$。

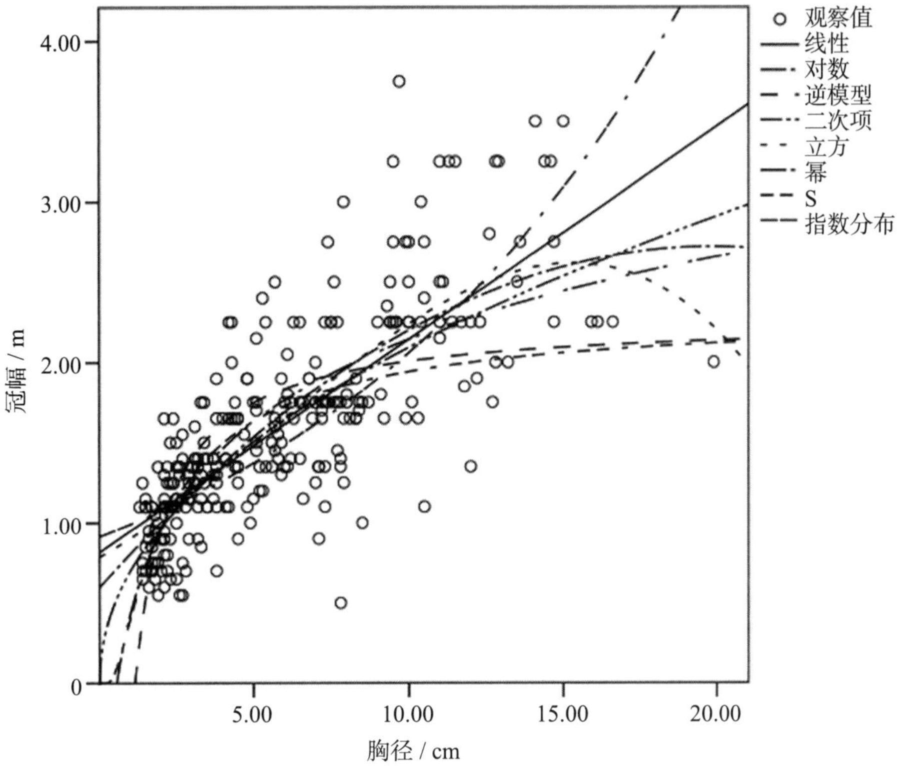

图 8–55　金花茶保护区妹仔田群落银柴胸径—冠幅拟合曲线

表 8–17　金花茶保护区妹仔田群落银柴胸径—冠幅曲线拟合结果

模型类型	回归方程	R^2	F	P
线性模型	W=0.816 3+0.132 7D	0.582 0	385.695	0.000
对数曲线模型	W=0.434 6+0.741 9ln$D$	0.580 5	383.357	0.000
逆曲线模型	W=2.266 7–2.598 5/D	0.477 4	253.075	0.000
二次曲线模型	W=0.597 8+0.214 3D–0.005 4D^2	0.601 4	208.183	0.000
三次曲线模型	W=0.786 8+0.107 9D+0.009 3D^2–0.000 6D^3	0.606 8	141.489	0.000
幂函数曲线模型	W=0.699 6$D^{0.475\,7}$	0.596 3	409.132	0.000
S 形曲线模型	W=$e^{0.838\,3-1.746\,0/D}$	0.538 5	323.280	0.000
指数曲线模型	W=0.914 1$e^{0.081\,2D}$	0.544 6	331.231	0.000

3. 银柴株高—冠幅回归分析

由图 8–56 银柴株高—冠幅关系散点图可知，银柴株高与冠幅之间呈正相关。通过 Pearson 相关性分析得出，P=0.000 < 0.01，r=0.688 5，即株高与冠幅之间存在极显著相关性。由表 8–18 可知，采用 8 类模型对银柴株高—冠幅的关系进行拟合，所有模型的 R^2 值为 0.42~0.50，达到极显著水平。其中，以幂函数曲线模型的拟合效果最优，其表达式为：W=0.420 4$H^{0.730\,6}$。

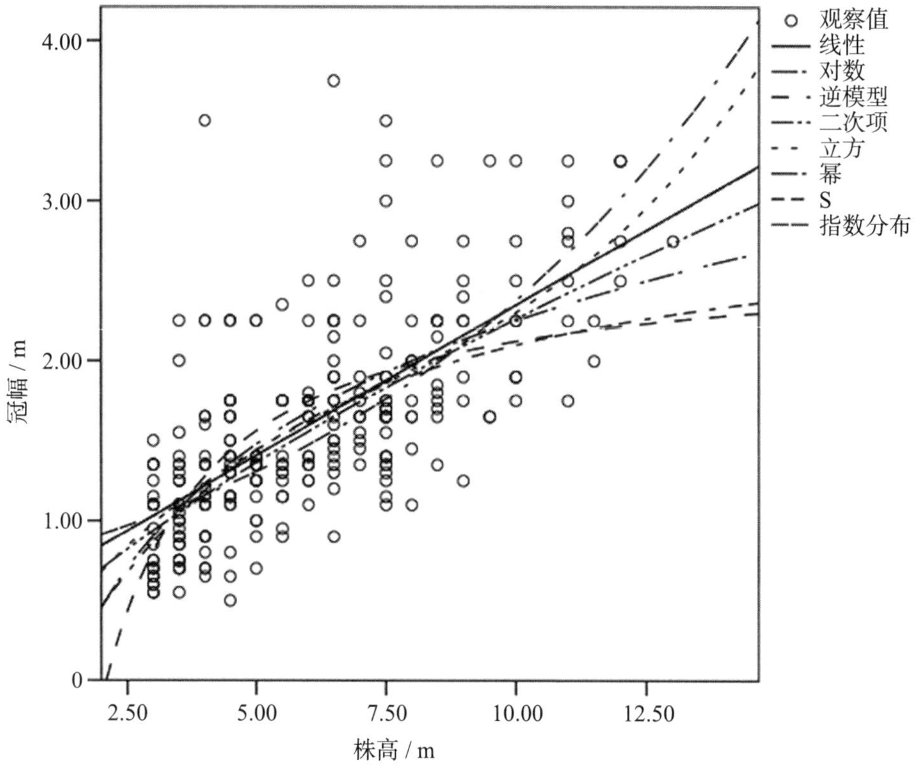

图 8–56　金花茶保护区妹仔田群落银柴株高—冠幅拟合曲线

表 8–18　金花茶保护区妹仔田群落银柴株高—冠幅曲线拟合结果

模型类型	回归方程	R^2	F	P
线性模型	W=0.466 8+0.188 1H	0.474 0	249.628	0.000
对数曲线模型	W=–0.320 2+1.116 3ln$H$	0.460 1	236.088	0.000
逆曲线模型	W=2.683 4-5.619 6/H	0.421 2	201.617	0.000
二次曲线模型	W=0.464 2+0.189H–0.000 07H^2	0.474 0	124.364	0.000
三次曲线模型	W=–0.143 4+0.496 4H–0.046 5H^2+0.002 1H^3	0.476 7	83.503	0.000
幂函数曲线模型	$W=0.420\,4H^{0.730\,6}$	0.492 5	268.764	0.000
S 形曲线模型	$W=e^{1.119\,1-3.779\,7/H}$	0.476 1	251.739	0.000
指数曲线模型	$W=0.719\,1e^{0.119\,5H}$	0.477 7	253.380	0.000

4. 银柴材积—冠幅回归分析

由图 8–57 银柴材积—冠幅关系散点图可知，银柴材积与冠幅之间呈正相关。通过 Pearson 相关性分析得出，P=0.000 < 0.01，r=0.685 3，即材积与冠幅之间存在极显著相关性。由表 8–19 可知，采用 8 类模型对银柴材积—冠幅的关系进行拟合，所有模型的 R^2 值为 0.29~0.62，达到极显著水平。其中，以幂函数曲线模型的拟合效果最优，其表达式为：$W=4.185\,0V^{0.196\,7}$。

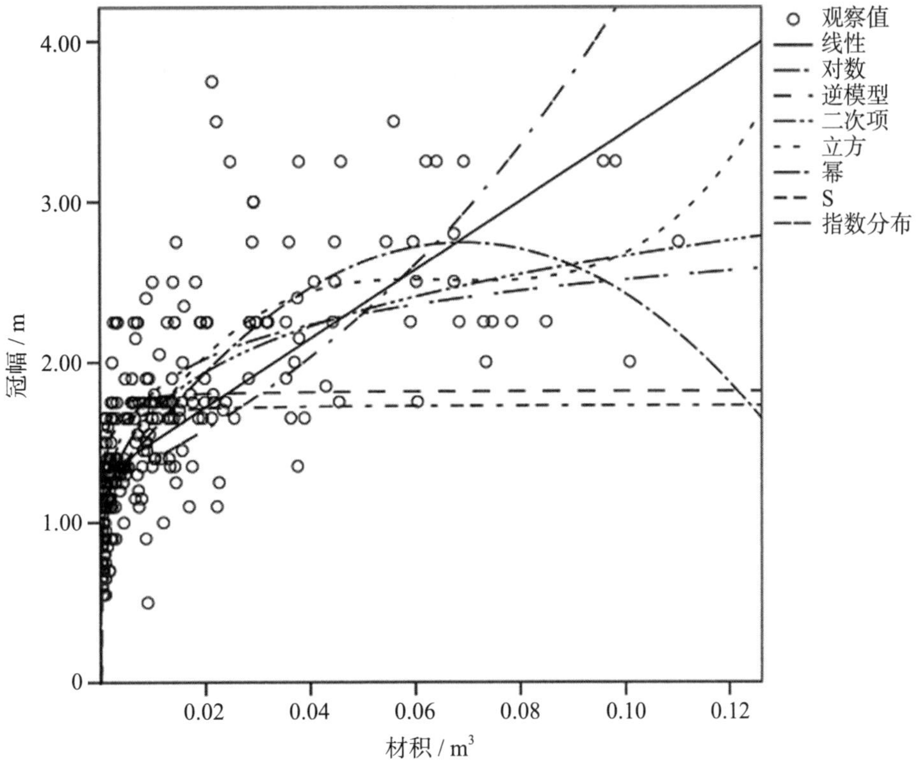

图 8-57　金花茶保护区妹仔田群落银柴材积—冠幅拟合曲线

表 8-19　金花茶保护区妹仔田群落银柴材积—冠幅曲线拟合结果

模型类型	回归方程	R^2	F	P
线性模型	W=1.286 5+21.458 8V	0.469 7	245.300	0.000
对数曲线模型	W=3.213 9+0.304 9ln$V$	0.588 7	396.543	0.000
逆曲线模型	W=1.821 9−0.000 4/V	0.297 5	117.311	0.000
二次曲线模型	W=1.140 5+46.451 6V−336.159 4V^2	0.568 8	182.036	0.000
三次曲线模型	W=1.073 1+66.433 1V−1 012.074 4V^2+5 084.540 0V^3	0.589 3	131.535	0.000
幂函数曲线模型	W=4.185 0$V^{0.196\ 7}$	0.612 5	437.818	0.000
S 形曲线模型	W=$e^{0.548\ 6-0.000\ 3/V}$	0.376 6	167.331	0.000
指数曲线模型	W=1.229 0$e^{12.524\ 0V}$	0.399 7	184.428	0.000

5. 银柴树高、冠幅、胸径与材积的通径分析

由表 8-20 可知，银柴的株高→胸径、株高→冠幅、胸径→冠幅、胸径→材积的 P 值均小于 0.01，达到相关性极显著水平，因此这些路径都是有效的，它们的影响系数分别为 0.777、0.242、0.575、0.898。根据图 8-58，株高直接影响胸径和冠幅，胸径直接影响材积和冠幅，这些影响都是明显的正向促进作用；株高虽然对材积起正向的促进作用，但作用不显著，而是通过影响胸径间接影响材积。

表 8–20　金花茶保护区妹仔田群落银柴测树因子回归系数表

$X \rightarrow Y$	非标准化系数	标准化系数	*S. E.*	*C. R.*	*P*
株高→胸径	1.221	0.777	0.059	20.618	0.000
株高→冠幅	0.066	0.242	0.016	4.040	0.001
胸径→冠幅	0.100	0.575	0.010	9.628	0.000
胸径→材积	0.005	0.898	0.000	34.173	0.000

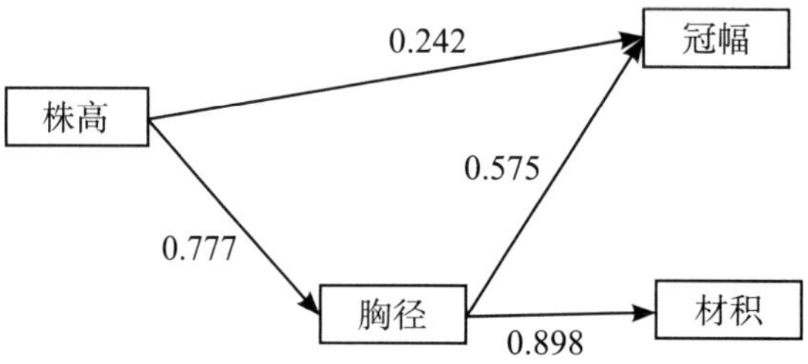

图 8–58　金花茶保护区妹仔田群落银柴测树因子路径分析

（六）那山子群落鹅掌柴测树因子回归和通径分析

1. 鹅掌柴测树因子统计学特征

选取 358 株鹅掌柴作为样本，对其测树因子进行调查和统计分析，结果如表 8–21 所示。

表 8–21　金花茶保护区那山子群落鹅掌柴测树因子统计学特征

测树因子	样本数 / 株	最小值	最大值	平均值	标准偏差
株高 / m	358	4.0	15.0	6.850 6	2.144 1
胸径 / cm	358	1.3	35.3	8.538 0	6.118 5
冠幅 / m	358	0.6	8.5	1.827 1	0.979 2
材积 / m^3	358	0.000 4	0.422 8	0.034 3	0.055 9

2. 鹅掌柴胸径—冠幅回归分析

由图 8–59 鹅掌柴胸径—冠幅关系散点图可知，鹅掌柴胸径与冠幅之间呈正相关。通过 Pearson 相关性分析得出，$P=0.000 < 0.01$，$r=0.814\ 8$，即胸径与冠幅之间存在极显著相关性。由表 8–22 可知，采用 8 类模型对鹅掌柴胸径—冠幅的关系进行拟合，所有模型的 R^2 值为 0.49~0.75，达到极显著水平。其中，以幂函数曲线模型的拟合效果最优，其表达式为：$W=0.496\ 9D^{0.618\ 0}$。

表 8–22　金花茶保护区那山子群落鹅掌柴胸径—冠幅曲线拟合结果

模型类型	回归方程	R^2	*F*	*P*
线性模型	$W=0.713\ 8+0.130\ 4D$	0.663 8	702.953	0.000
对数曲线模型	$W=-0.224\ 5+1.085\ 8\ln D$	0.659 2	688.639	0.000
逆曲线模型	$W=2.778\ 3-4.862\ 4/D$	0.494 3	347.931	0.000
二次曲线模型	$W=0.401\ 0+0.207\ 5D-0.003\ 1D^2$	0.693 9	402.408	0.000
三次曲线模型	$W=0.460\ 0+0.185\ 7D-0.001\ 3D^2+0.000\ 04D^3$	0.694 3	268.007	0.000

续表

模型类型	回归方程	R^2	F	P
幂函数曲线模型	W=0.496 9$D^{0.618\,0}$	0.741 8	102 3.026	0.000
S 形曲线模型	$W=e^{1.046\,8-2.957\,9/D}$	0.635 5	620.552	0.000
指数曲线模型	W=0.884 1$e^{0.069\,3D}$	0.650 9	663.700	0.000

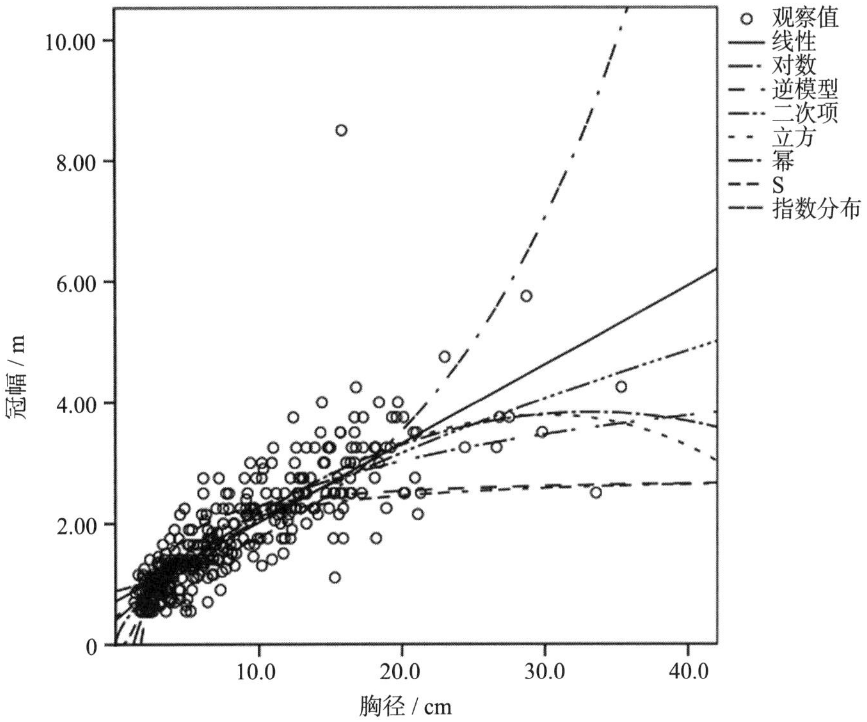

图 8-59 金花茶保护区那山子群落鹅掌柴胸径—冠幅拟合曲线

3. 鹅掌柴株高—冠幅回归分析

由图 8-60 鹅掌柴株高—冠幅关系散点图可知，鹅掌柴株高与冠幅之间呈正相关。通过 Pearson 相关性分析得出，P=0.000 < 0.01，r=0.748 6，即株高与冠幅之间存在极显著相关性。由表 8-23 可知，采用 8 类模型对鹅掌柴株高—冠幅的关系进行拟合，所有模型的 R^2 值为 0.49~0.60，达到极显著水平。其中，以幂函数曲线模型的拟合效果最优，其表达式为：W=0.135 3$H^{1.315\,5}$。

表 8-23 金花茶保护区那山子群落鹅掌柴株高—冠幅曲线拟合结果

模型类型	回归方程	R^2	F	P
线性模型	W=−0.515 0+0.341 9H	0.560 4	453.865	0.000
对数曲线模型	W=−2.563 3+2.339 5ln$H$	0.545 7	427.638	0.000
逆曲线模型	W=4.087 7−14.086 6/H	0.499 6	355.450	0.000
二次曲线模型	W=−0.834 2+0.434 3H−0.006 1H^2	0.561 8	227.558	0.000
三次曲线模型	W=2.319 9−0.906 8H+0.169 6H^2−0.007 1H^3	0.577 8	161.471	0.000
幂函数曲线模型	W=0.135 3$H^{1.315\,5}$	0.599 5	532.914	0.000
S 形曲线模型	$W=e^{1.776\,7-8.153\,4/H}$	0.581 5	494.711	0.000
指数曲线模型	W=0.445 2$e^{0.186\,5H}$	0.579 2	489.927	0.000

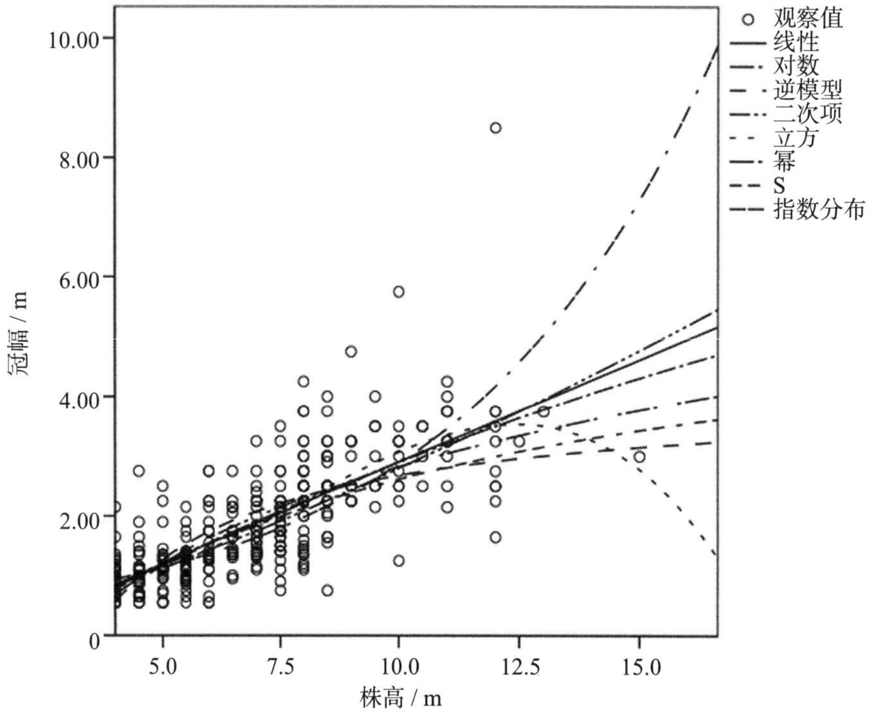

图 8–60　金花茶保护区那山子群落鹅掌柴株高—冠幅拟合曲线

4. 鹅掌柴材积—冠幅回归分析

由图 8–61 鹅掌柴材积—冠幅关系散点图可知，鹅掌柴材积与冠幅之间呈正相关。通过 Pearson 相关性分析得出，P=0.000 < 0.01，r=0.696 5，即材积与冠幅之间存在极显著相关性。由表 8–24 可知，采用 8 类模型对鹅掌柴材积—冠幅的关系进行拟合，所有模型的 R^2 值为 0.29~0.75，达到极显著水平。其中，以幂函数曲线模型的拟合效果最优，其表达式为：W=5.502 0$V^{0.273\,6}$。

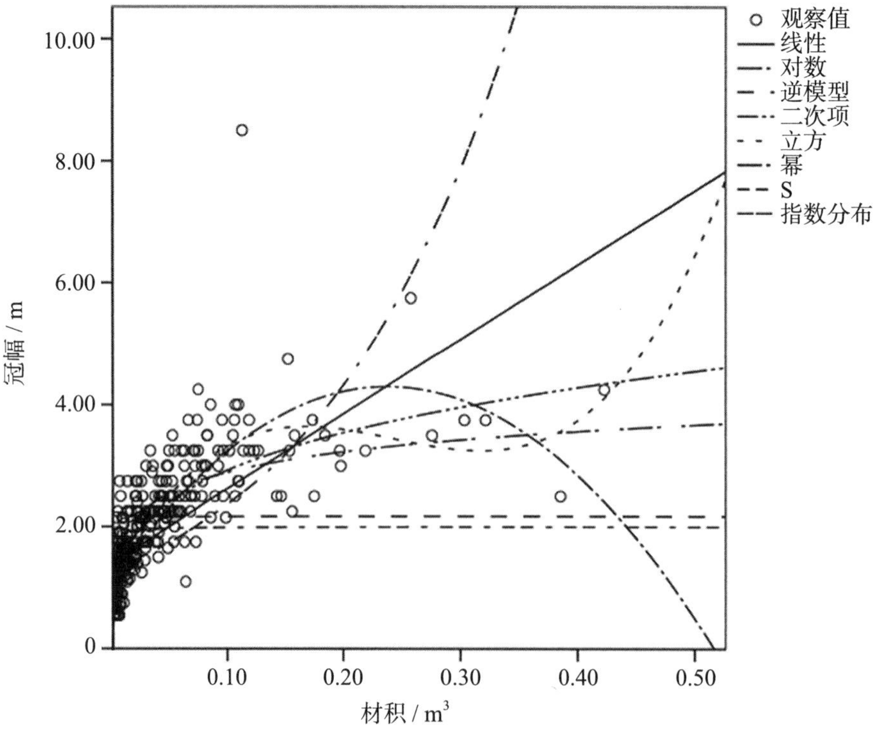

图 8–61　金花茶保护区那山子群落鹅掌柴材积—冠幅拟合曲线

表 8–24　金花茶保护区那山子群落鹅掌柴材积—冠幅曲线拟合结果

模型类型	回归方程	R^2	F	P
线性模型	W=1.407 7+12.209 7V	0.485 1	335.374	0.000
对数曲线模型	W=4.006 1+0.482 1ln$V$	0.667 3	713.972	0.000
逆曲线模型	W=2.176 5–0.001 2/V	0.295 0	148.982	0.000
二次曲线模型	W=1.159 1+26.365 4V–55.378 3V^2	0.658 5	342.207	0.000
三次曲线模型	W=1.049 8+37.552 8V–171.114 3V^2+235.174 2V^3	0.693 5	266.958	0.000
幂函数曲线模型	$W=5.502\,0V^{0.273\,6}$	0.747 0	1 051.165	0.000
S 形曲线模型	$W=e^{0.694\,6-0.000\,8/V}$	0.430 0	268.599	0.000
指数曲线模型	$W=1.299\,6e^{6.002\,4V}$	0.407 3	244.649	0.000

5. **鹅掌柴胸径、株高、材积与冠幅的通径分析**

由表 8–25 可知，鹅掌柴的株高→胸径、株高→冠幅、胸径→冠幅、胸径→材积的 P=0.000 < 0.01，即呈极显著相关关系，冠幅→材积的 P < 0.01，即亦呈现极显著相关性，因此这些路径有效，它们的影响系数依次为 0.798、0.409、0.451、0.960、–0.125。根据图 8–62，株高直接影响胸径和冠幅，胸径直接影响冠幅和材积，株高还通过对胸径的作用间接影响冠幅和材积，这些影响都是起正向的促进作用；而冠幅对材积产生负向的直接影响。

表 8–25　金花茶保护区那山子群落鹅掌柴测树因子回归系数表

$X\rightarrow Y$	非标准化系数	标准化系数	$S.E.$	$C.R.$	P
株高→胸径	2.291	0.798	0.092	25.034	0.000
株高→冠幅	0.195	0.409	0.024	8.049	0.000
胸径→冠幅	0.075	0.451	0.008	8.876	0.000
胸径→材积	0.009	0.960	0.000	22.865	0.000
冠幅→材积	–0.007	–0.125	0.002	–2.988	0.003

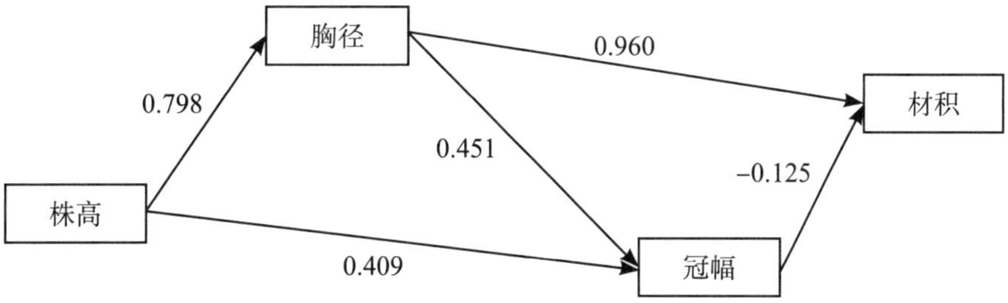

图 8–62　金花茶保护区那山子群落鹅掌柴测树因子路径分析

（七）那山子群落银柴测树因子回归和通径分析

1. **银柴测树因子统计学特征**

选取 159 株银柴作为样本，对其测树因子进行调查和统计分析，结果如表 8–26 所示。

表 8-26　金花茶保护区那山子银柴测树因子统计学特征

测树因子	样本数 / 株	最小值	最大值	平均值	标准偏差
胸径 / cm	159	1.5	21.5	6.711 3	3.448 3
株高 / m	159	4.0	13.0	6.606 9	2.126 1
冠幅 / m	159	0.6	3.5	1.773 0	0.674 6
材积 / m^3	159	0.000 4	0.206 2	0.017 0	0.022 8

2. 银柴胸径—冠幅回归分析

由图 8-63 银柴胸径—冠幅关系散点图可知，银柴胸径与冠幅之间呈正相关。通过 Pearson 相关性分析得出，P=0.000 < 0.01，r=0.709 2，即胸径与冠幅之间存在极显著相关性。由表 8-27 可知，采用 8 类模型对银柴胸径—冠幅的关系进行拟合，所有模型的 R^2 值为 0.43~0.55，达到极显著水平。其中，以幂函数曲线模型的拟合效果最优，其表达式为：$W=0.653\ 5D^{0.524\ 3}$。

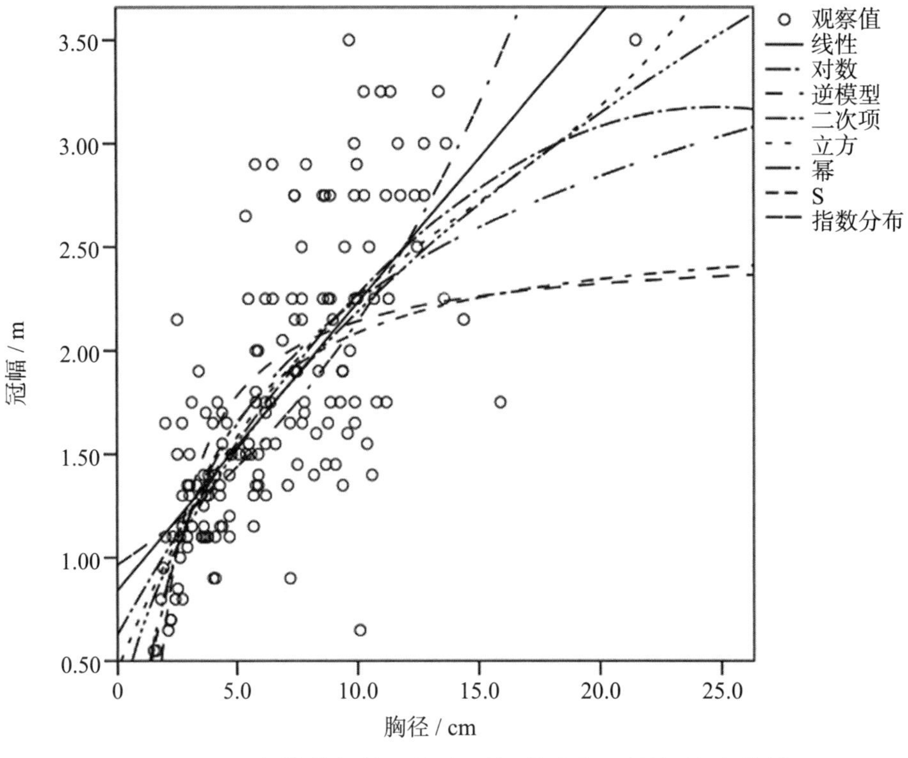

图 8-63　金花茶保护区那山子银柴胸径—冠幅拟合曲线

表 8-27　金花茶保护区那山子群落银柴胸径—冠幅曲线拟合结果

模型类型	回归方程	R^2	F	P
线性模型	W=0.841 8+0.138 7D	0.502 9	158.862	0.000
对数曲线模型	W=0.246 6+0.866 2ln$D$	0.508 7	162.529	0.000
逆曲线模型	W=2.504 0−3.630 1/D	0.434 3	120.510	0.000
二次曲线模型	$W=0.629\ 0+0.205\ 6D-0.004\ 2D^2$	0.515 5	82.986	0.000
三次曲线模型	$W=0.462\ 7+0.282\ 1D-0.013\ 2D^2+0.000\ 3D^3$	0.517 7	55.468	0.000

续表

模型类型	回归方程	R^2	F	P
幂函数曲线模型	$W=0.653\ 5D^{0.524\ 3}$	0.543 7	187.086	0.000
S 形曲线模型	$W=e^{0.968\ 7-2.335\ 3/D}$	0.524 3	173.061	0.000
指数曲线模型	$W=0.965\ 2e^{0.079\ 5D}$	0.482 3	146.264	0.000

3. 银柴株高—冠幅回归分析

由图 8-64 银柴株高—冠幅关系散点图可知，银柴株高与冠幅之间呈正相关。通过 Pearson 相关性分析得出，$P=0.000 < 0.01$，$r=0.543\ 4$，即株高与冠幅之间存在极显著相关性。由表 8-28 可知，采用 8 类模型对银柴株高—冠幅的关系进行拟合，所有模型的 R^2 值为 0.29~0.38，达到极显著水平。其中，以 S 形曲线模型的拟合效果最优，其表达式为：$W=e^{1.297\ 0-4.795\ 5/H}$。

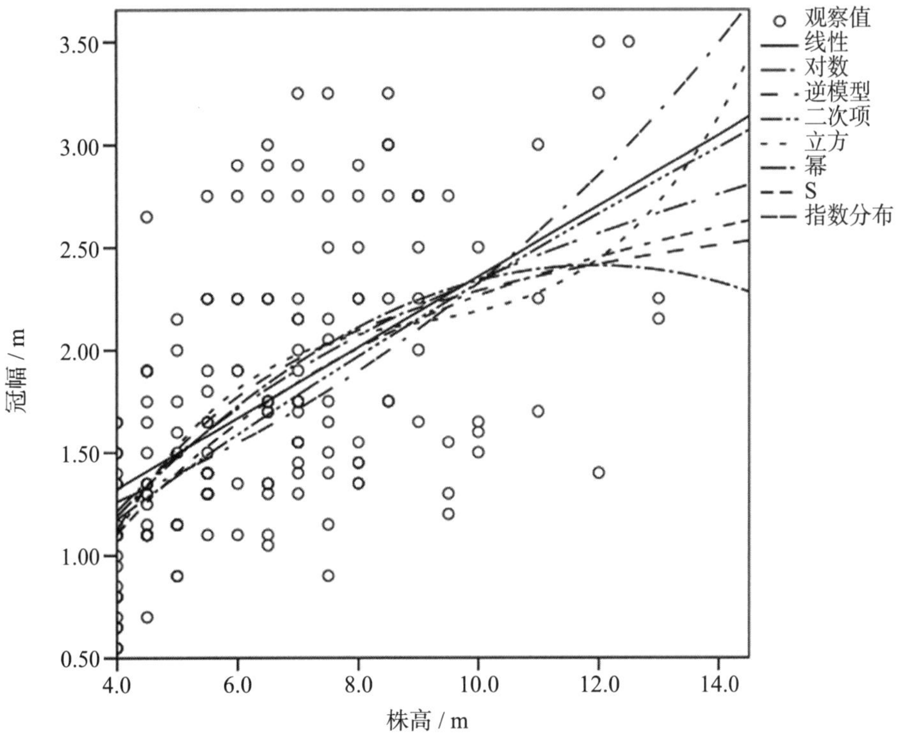

图 8-64　金花茶保护区那山子群落银柴株高—冠幅拟合曲线

表 8-28　金花茶保护区那山子群落银柴株高—冠幅曲线拟合结果

模型类型	回归方程	R^2	F	P
线性模型	$W=0.633\ 8+0.172\ 4H$	0.295 2	65.770	0.000
对数曲线模型	$W=-0.494\ 1+1.232\ 5\ln H$	0.322 8	74.843	0.000
逆曲线模型	$W=3.065\ 5-7.761\ 4/H$	0.334 0	78.723	0.000
二次曲线模型	$W=-0.350\ 3+0.462\ 4H-0.019\ 4H^2$	0.323 4	37.274	0.000
三次曲线模型	$W=-2.820\ 8+1.545\ 0H-0.165\ 5H^2+0.006\ 1H^3$	0.337 8	26.356	0.000
幂函数曲线模型	$W=0.417\ 6H^{0.745\ 7}$	0.344 8	82.614	0.000
S 形曲线模型	$W=e^{1.297\ 0-4.795\ 5/H}$	0.372 0	92.991	0.000
指数曲线模型	$W=0.839\ 5e^{0.101\ 9H}$	0.301 0	67.599	0.000

4. 银柴材积—冠幅回归分析

由图 8-65 银柴材积—冠幅关系散点图可知，银柴材积与冠幅之间呈正相关。通过 Pearson 相关性分析得出，$P=0.000 < 0.01$，$r=0.580\,1$，即材积与冠幅之间存在极显著相关性。由表 8-29 可知，采用 8 类模型对银柴材积—冠幅的关系进行拟合，所有模型的 R^2 值为 0.28~0.55，达到极显著水平。其中，以幂函数曲线模型的拟合效果最优，其表达式为：$W=4.753\,5V^{0.221\,1}$。

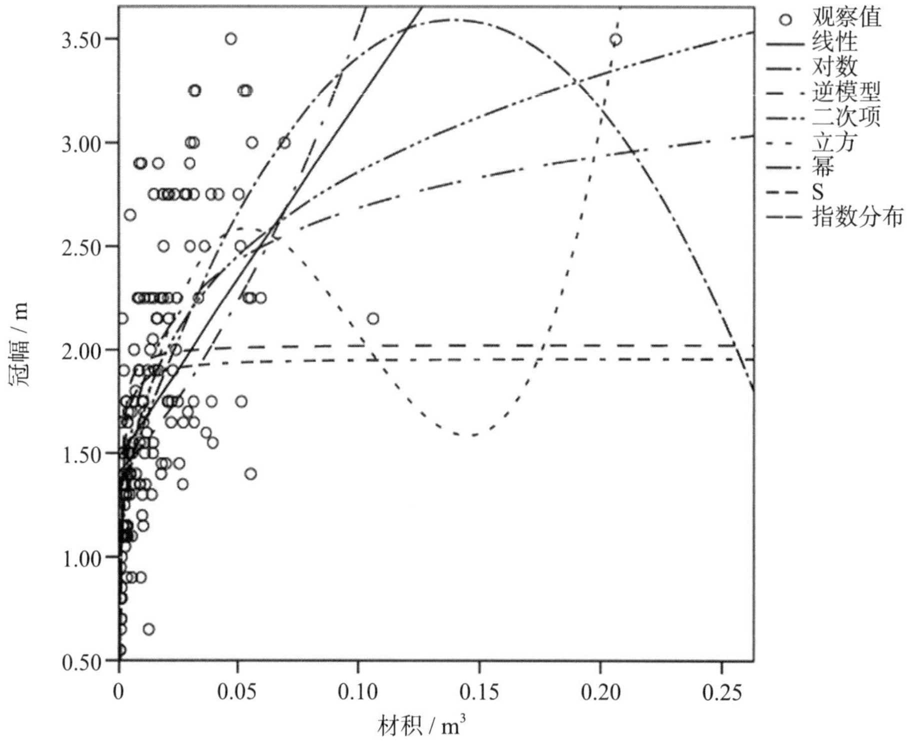

图 8-65 金花茶保护区那山子群落银柴材积—冠幅拟合曲线

表 8-29 金花茶保护区那山子群落银柴材积—冠幅曲线拟合结果

模型类型	回归方程	R^2	F	P
线性模型	$W=1.481\,7+17.177\,3V$	0.336 5	79.635	0.000
对数曲线模型	$W=3.525\,1+0.365\,4\ln V$	0.506 4	161.039	0.000
逆曲线模型	$W=2.027\,2-0.000\,9/V$	0.310 0	70.540	0.000
二次曲线模型	$W=1.312\,8+32.691\,3V-117.156\,0V^2$	0.439 9	61.261	0.000
三次曲线模型	$W=1.150\,0+61.014\,7V-778.484\,5V^2+2\,610.543\,1V^3$	0.507 3	53.198	0.000
幂函数曲线模型	$W=4.753\,5V^{0.221\,1}$	0.541 1	185.157	0.000
S 形曲线模型	$W=e^{0.673\,9-0.000\,6/V}$	0.431 2	119.039	0.000
指数曲线模型	$W=1.407\,5e^{9.235\,1V}$	0.283 8	62.216	0.000

5. 银柴胸径、株高、材积与冠幅的通径分析

由表 8-30 可知，银柴的株高→胸径、胸径→冠幅的 $P=0.000 < 0.01$，即相关性极显著，胸径→材积的 $P=0.024 < 0.01$，即相关性亦极显著，因此这些路径都是有效的，它们的影响系数依次为 0.722、0.646、0.177。根据图 8-66，株高直接影响胸径，胸径直接影响材积和冠幅，这些影响都是明显的正

向促进作用；株高通过影响胸径而间接影响材积和冠幅。

表 8-30　金花茶保护区那山子群落银柴测树因子回归系数表

X→*Y*	非标准化系数	标准化系数	*S. E.*	*C. R.*	*P*
株高→胸径	1.115	0.722	0.085	13.149	0.000
胸径→冠幅	0.134	0.646	0.013	10.683	0.000
胸径→材积	0.006	0.177	0.003	2.262	0.024

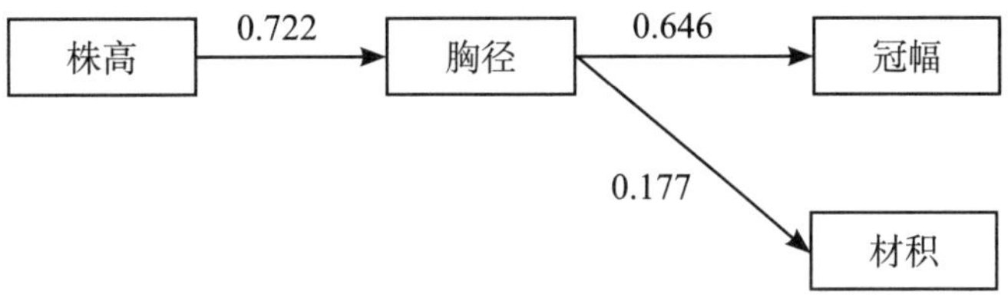

图 8-66　金花茶保护区那山子群落银柴测树因子路径分析

五、点格局

（一）研究对象与方法

1. 研究对象

基于野外样地群落学调查数据，在大石坪群落选取鹅掌柴、华润楠、银柴、枫香树、假苹婆、水同木、黄椿木姜子、肉实树、水锦树和毛冬青种群，在妹仔田群落选取鹅掌柴、肉实树、银柴、黄椿木姜子、黄樟、罗浮柿、打铁树、疏花臀果木、假苹婆和白肉榕种群，在那山子群落选取鹅掌柴、罗浮柿、九节、两广梭罗树、肉实树、毛冬青、银柴、罗伞树、华润楠和黄椿木姜子种群作为研究对象。

2. 点格局分析

采用单变量 $g(r)$ 函数来分析种群的空间格局。$g(r)$ 函数由 *Ripley K* 函数 $K(r)=\pi r^2$ 推演而来，利用单变量 $g(r)$ 函数分析物种的空间聚集程度，其计算公式为：

$$g(r)=\frac{1}{2\pi r}\times\frac{dK(r)}{d(r)}$$

式中，r 为空间尺度距离。当 $g(r)$ 高于置信区间的上限时，表明种群呈聚集分布；当 $g(r)$ 值处在置信区间内时，表明种群呈随机分布；当 $g(r)$ 值低于置信区间的下限时，表明种群呈均匀分布。

3. 分析软件

采用软件 R 3.4.1 中的 spatstat 程序包进行数据分析。用蒙特卡罗（Monte Carlo）随机模拟 199 次，产生置信度为 99% 的包迹线，以检验种群分布格局类型。

（二）大石坪种群点格局

由图 8-67 可知，在大石坪群落中，鹅掌柴种群在 10 m 以下的尺度范围内呈集群分布，其余尺度多为随机分布；银柴种群在约 12 m 以下的尺度范围内呈集群分布，其余尺度为随机分布；水同木种群在约 15 m 以下的尺度范围内呈集群分布，其余尺度为随机分布；华润楠、枫香树、假苹婆、黄椿木姜子、肉实树、水锦树、毛冬青种群在多数尺度上为随机分布。

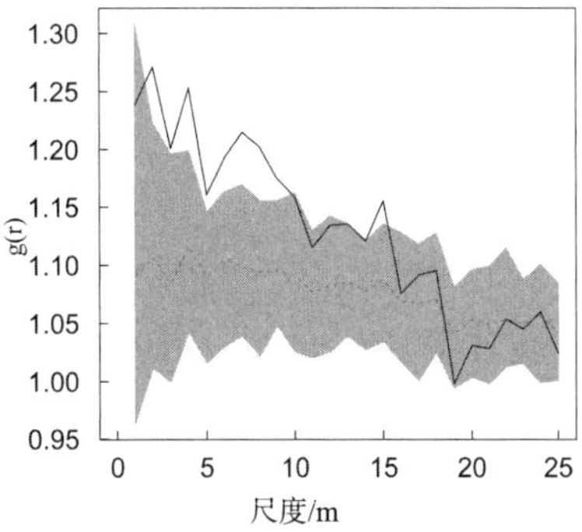

（1）鹅掌柴种群

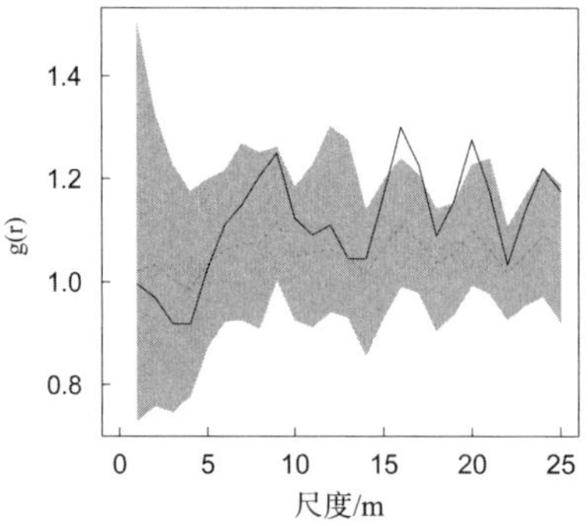

（2）华润楠种群

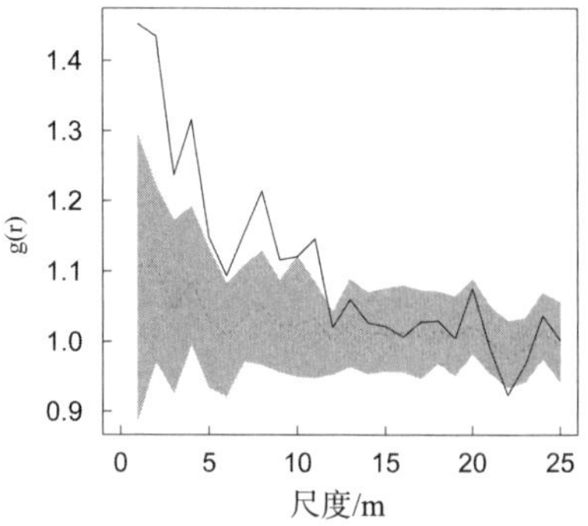

（3）银柴种群

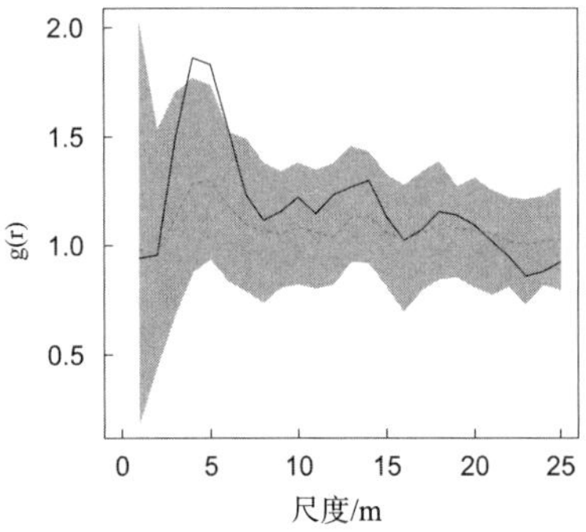

（4）枫香树种群

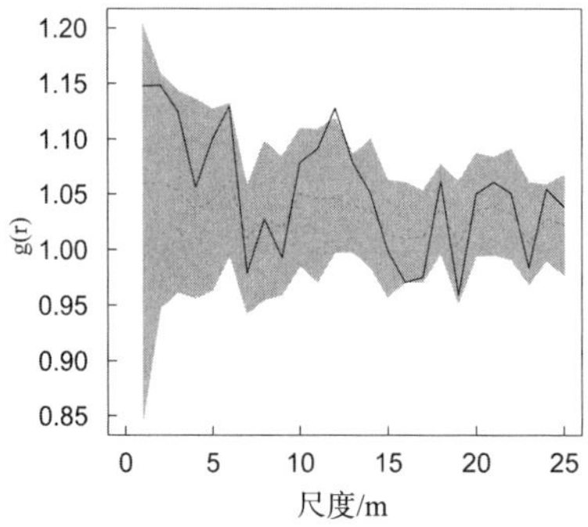

（5）假苹婆种群

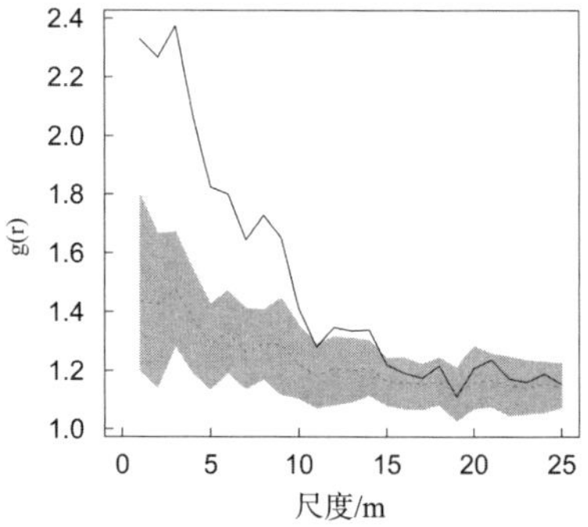

（6）水同木种群

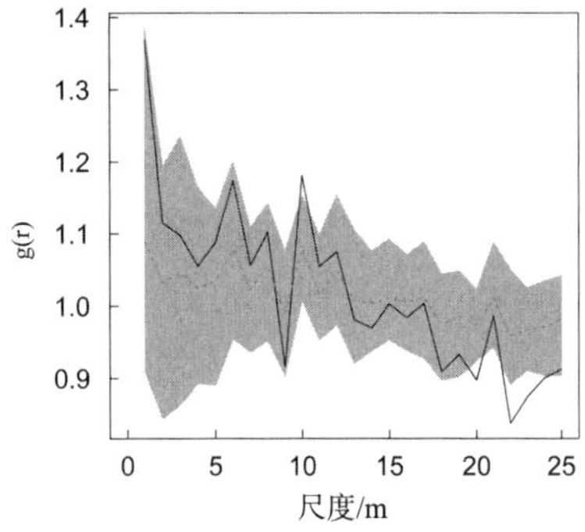

（7）黄椿木姜子种群

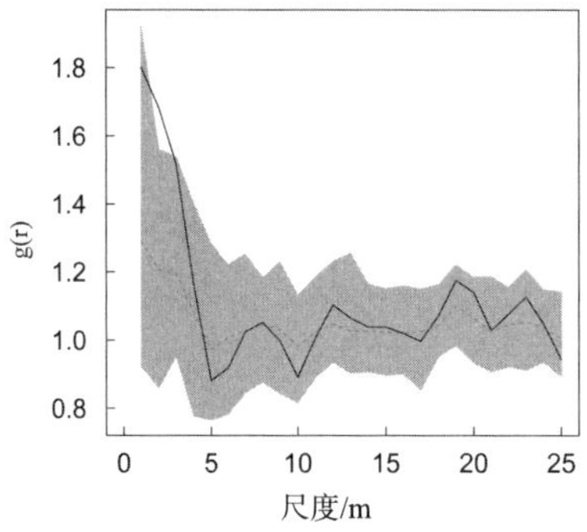

（8）肉实树种群

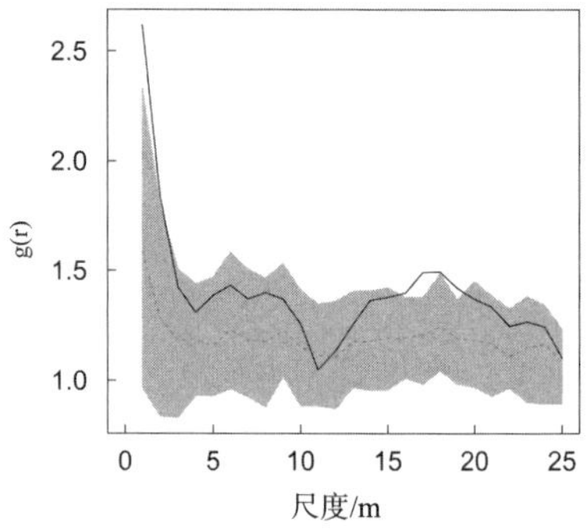

（9）水锦树种群

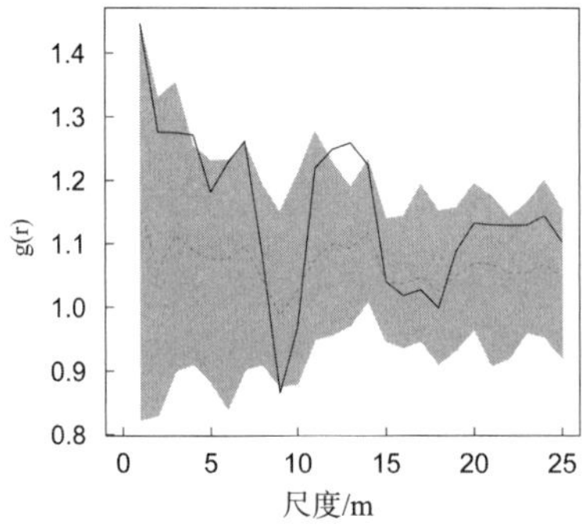

（10）毛冬青种群

图 8-67　金花茶保护区大石坪种群点格局分析

（三）妹仔田种群点格局

由图 8-68 可知，在妹仔田群落中，鹅掌柴种群在 3~12 m 尺度范围内呈集群分布，其余尺度多为随机分布；肉实树种群在 12 m 以下的尺度范围内呈集群分布，其余尺度为随机分布；银柴种群在 12 m 以下的尺度范围内呈集群分布，其余尺度为随机分布；黄椿木姜子种群在 20 m 以下的尺度范围内呈集群分布，其余尺度为随机分布；黄樟、罗浮柿、白肉榕种群在多数尺度上呈随机分布；打铁树种群在 5~12 m 尺度范围内呈集群分布，其余尺度多为随机分布；疏花臀果木、假苹婆种群在多数尺度上呈集群分布。

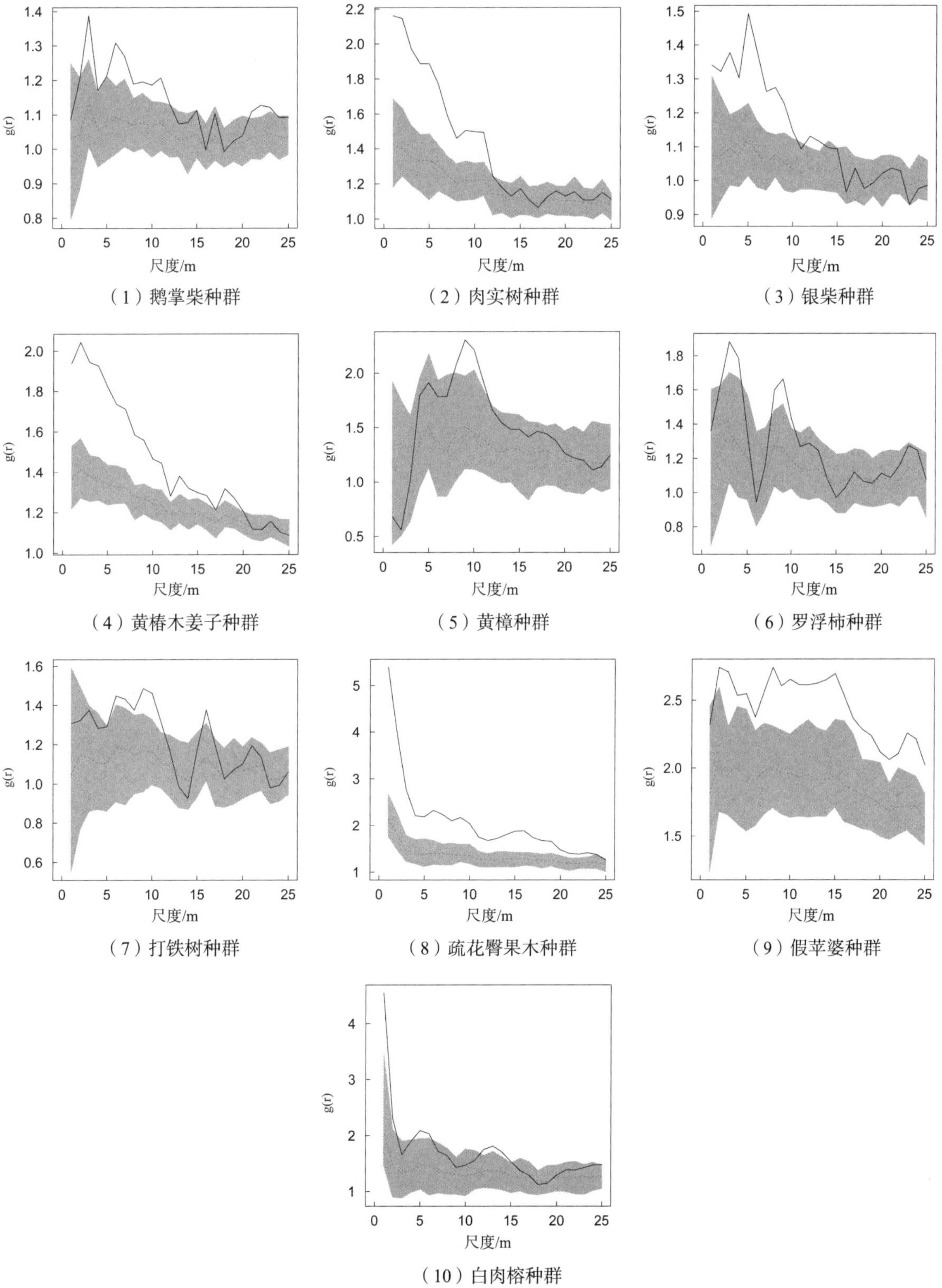

（1）鹅掌柴种群 （2）肉实树种群 （3）银柴种群

（4）黄椿木姜子种群 （5）黄樟种群 （6）罗浮柿种群

（7）打铁树种群 （8）疏花臀果木种群 （9）假苹婆种群

（10）白肉榕种群

图 8–68 金花茶保护区妹仔田种群点格局分析

（四）那山子种群点格局

由图 8-69 可知，在那山子群落中，鹅掌柴、罗浮柿、九节、罗伞树种群在所测定的尺度范围内均呈集群分布；两广梭罗树、毛冬青、华润楠种群在多数尺度上呈集群分布；肉实树种群在 14 m 以下的尺度范围内呈集群分布，其余尺度为随机分布；银柴种群在 18 m 以下的尺度范围内呈集群分布，其余尺度为随机分布；黄椿木姜子种群在 5 m 以下的尺度范围内呈集群分布，其余尺度为随机分布。

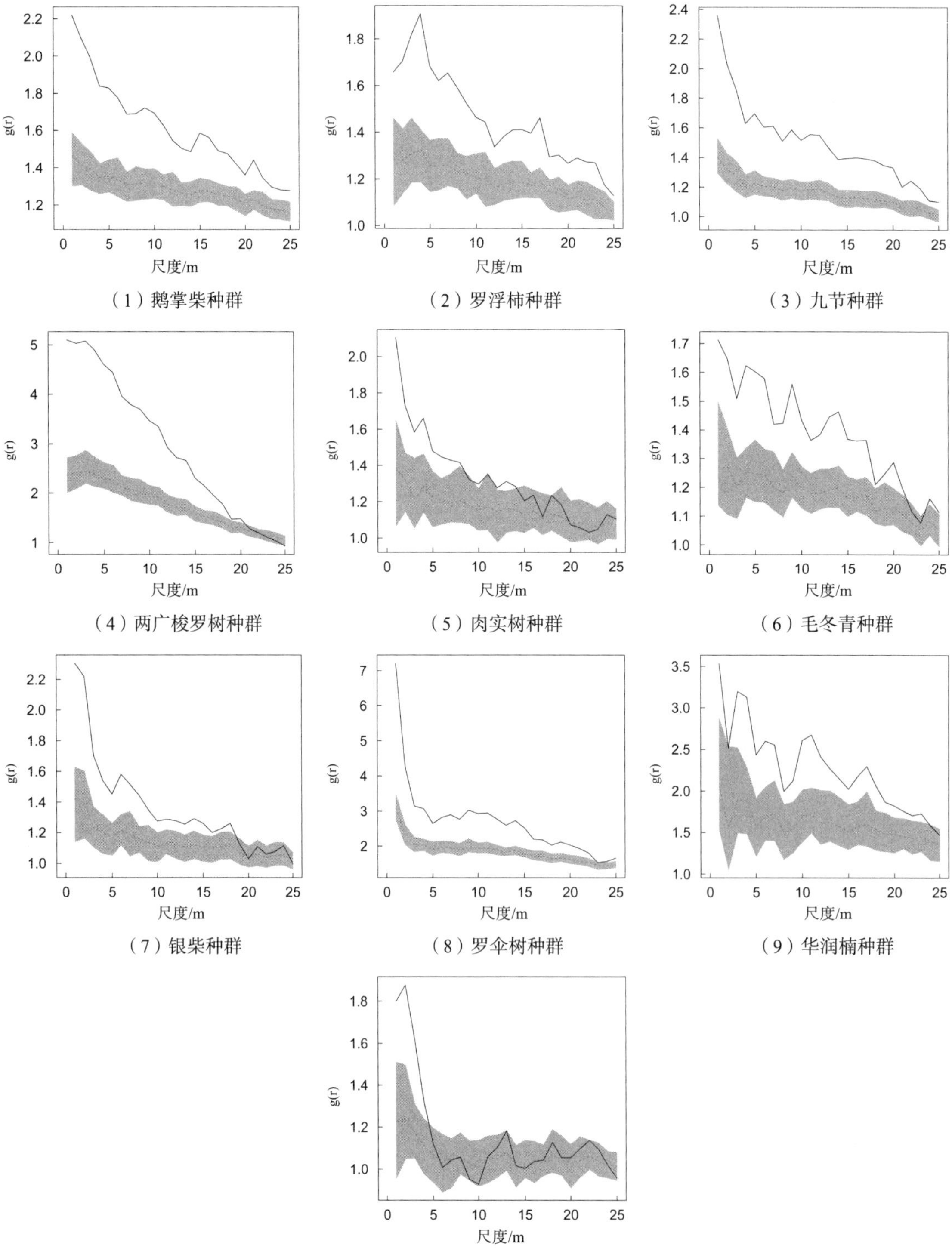

（1）鹅掌柴种群　（2）罗浮柿种群　（3）九节种群

（4）两广梭罗树种群　（5）肉实树种群　（6）毛冬青种群

（7）银柴种群　（8）罗伞树种群　（9）华润楠种群

（10）黄椿木姜子种群

图 8-69　金花茶保护区那山子种群点格局分析

植物种群分布格局受到物种自身的生物学特性、生态位宽度、密度、种内种间关系以及环境因素的综合影响，也与分布格局密切相关。因此，植物种群分布格局并不是一成不变的，同一物种的分布格局即使在同一地区的不同群落中也会有所差异。例如，在大石坪群落、妹仔田群落和那山子群落中，鹅掌柴种群的分布格局具有明显的差异；在大石坪群落和妹仔田群落中，鹅掌柴种群分别仅在 10 m、12 m 以下的尺度范围内呈集群分布，在其他尺度上为随机分布，而在那山子群落中，鹅掌柴种群在所测定的尺度范围内都呈集群分布，主要原因可能是种间关系和生境的差异。一些研究表明，在森林群落发育的早期阶段，呈现集群分布的植物种群较多，随着群落发育的进程，种群密度及个体聚集程度逐渐降低，种群分布格局由集群分布变化为随机分布或均匀分布。种群呈集群分布，表明其个体群在水平空间上呈斑块状分布，即在局部区域较为密集地生长，不同个体群斑块拥有各自的生长空间，这样可以把其余的空间留给其他种群，减少不同物种间对生境资源的竞争，从而有助于群落中维持较高的物种多样性。

六、种内种间竞争

（一）数据统计分析

1. 研究对象的选取

基于野外群落学实地调查，在大石坪群落、妹仔田群落和那山子群落分别选取鹅掌柴、肉实树和罗浮柿作为对象木。

2. 竞争指数的确定

选择基于 Voronoi 图确定竞争单元的 V_Hegyi 竞争指数模型进行种内种间竞争分析，其计算公式如下：

$$CI_i = \sum_{i=1}^{n}\left(D_j D_i^{-1} L_{ij}^{-1}\right)$$

式中，i 表示对象木，j 表示竞争木，CI_i 为对象木 i 的竞争指数；D_i、D_j 分别为对象木 i 和竞争木 j 的胸径；L_{ij} 表示对象木与竞争木之间的距离；n 为竞争木数量。当对象木与竞争木是同一物种时，该指数代表种内竞争强度；当对象木与竞争木是不同物种时，该指数代表种间竞争强度。竞争指数大小代表着竞争的激烈程度，竞争指数越大，竞争越激烈。

群落内所有对象木种间与种内竞争指数的总和，即总竞争指数：

$$CI = \sum_{i=1}^{n} CI_i$$

式中，CI 为样地内所有对象木竞争指数的总和；n 为对象木数量。

3. 边缘效应和竞争单元的确定

处在样地边缘的树木，其竞争木可能被排除在样地之外，导致计算得出的竞争指数结果偏小。为了消除这种边缘效应，在每个大样地的每条边设置向内宽 2 m 的缓冲区，规定缓冲区内的树木只能作为竞争木，不能作为对象木。通过野外调查获取的空间二维坐标，利用 ArcGIS 软件作 Voronoi 图以确定其竞争单元，再利用软件的面邻域功能，统计竞争木和对象木的基本情况用于分析和计算。如图 8-70 和图 8-71 所示，消除边缘效应的影响后，位于多边形中心的树木为对象木，与该多边形相邻的多边形内的树木均为竞争木。

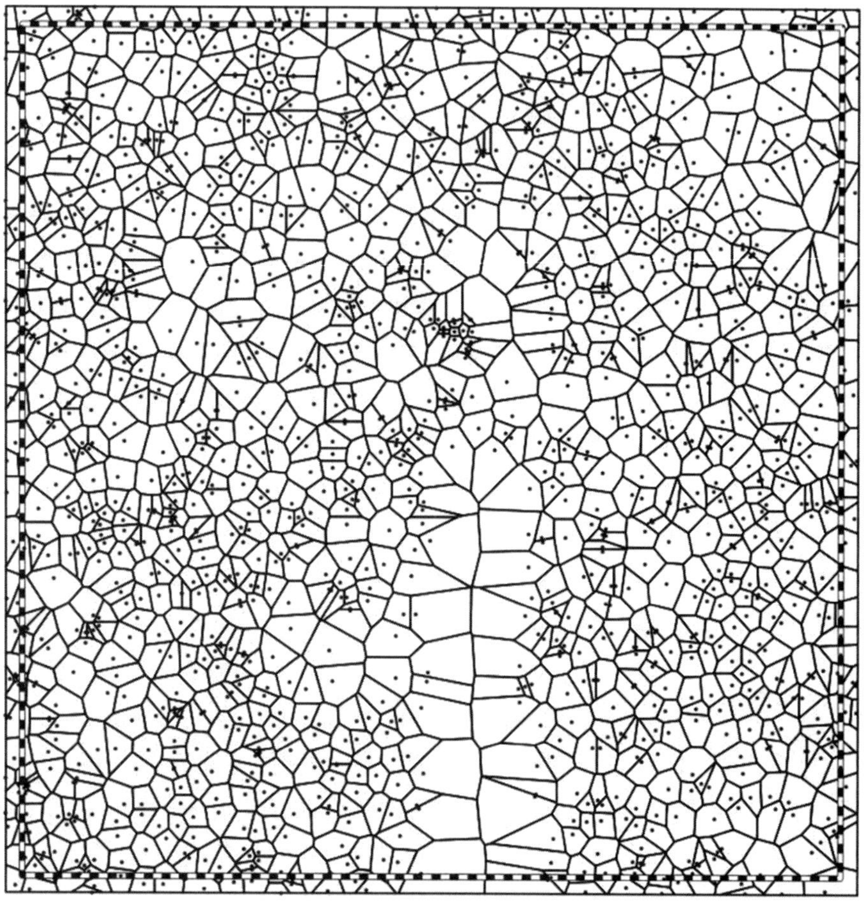

·对象木和竞争木　　边缘效应边界　　样地边界

图 8-70　样地树木竞争 Voronoi 图

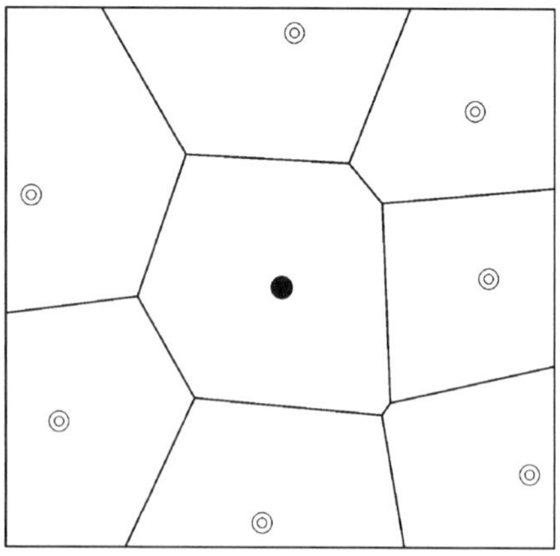

● 对象木　　◎ 竞争木

图 8-71　竞争单元示意图

4. 径级划分

以 5 cm 作为径阶距，将对象木胸径大小划分为如下的 7 个径级：Ⅰ级，$5\ cm \leq D < 10\ cm$；Ⅱ级，$10\ cm \leq D < 15\ cm$；Ⅲ级，$15\ cm \leq D < 20\ cm$；Ⅳ级，$20\ cm \leq D < 25\ cm$；Ⅴ级，$25\ cm \leq D$

< 30 cm；Ⅵ级，30 cm ≤ D < 35 cm；Ⅶ级，D ≥ 35 cm。由于林木的胸径与年龄存在一定的正相关关系，可用径级代替龄级来反映林木的生活史阶段，由此将群落样地内植物的生活史分为 3 个阶段：幼树，1 cm ≤ D < 5 cm；中龄树，5 cm ≤ D < 20 cm，即径级Ⅰ～Ⅲ；成年树，D ≥ 20 cm，即径级Ⅳ～Ⅶ。

5. **回归分析**

为探讨竞争强度与个体大小之间的关系，以胸径为自变量，竞争指数为因变量，采用软件 R 3.4.1 中的 stats 程序包进行线性函数、指数函数、幂函数、对数函数、多项式等多类模型拟合。

（二）大石坪群落种内种间竞争

1. 鹅掌柴及其竞争木

在大石坪群落中，作为对象木的鹅掌柴有 228 株，胸径最大为 56.2 cm，最小为 5 cm，平均为 14.93 cm；株高最大为 14 m，最小为 4 m，平均为 9.23 m。竞争木有银柴、假苹婆等 74 种，共 836 株；胸径最大为 98.5 cm，最小为 5 cm，平均为 11.89 cm；株高最高为 18 m，最矮为 2.5 m，平均为 8.26 m。随着径级增大，鹅掌柴及其竞争木的数量均逐渐减少，平均胸径和平均株高呈现逐渐增大的趋势（表 8–31）。

表 8–31　金花茶保护区大石坪群落鹅掌柴及其竞争木情况

径级 / cm	鹅掌柴				竞争木			
	株数	百分比 / %	平均胸径 / cm	平均株高 / m	株数	百分比 / %	平均胸径 / cm	平均株高 / m
5 ≤ D < 10	63	27.63	6.84	7.06	436	52.15	6.93	6.82
10 ≤ D < 15	59	25.88	12.32	8.98	181	21.65	11.90	8.48
15 ≤ D < 20	52	22.81	17.38	9.98	107	12.80	17.15	10.16
20 ≤ D < 25	36	15.79	22.40	11.22	62	7.42	22.34	10.96
25 ≤ D < 30	13	5.70	26.86	11.50	30	3.59	26.73	11.58
30 ≤ D < 35	4	1.75	32.90	13.25	14	1.67	32.38	13.64
D ≥ 35	1	0.44	56.20	13.00	6	0.72	48.33	15.33
总计	228	100.00	—	—	836	100.00	—	—

2. 鹅掌柴种内和种间竞争

由表 8–32 可知，在大石坪群落中，鹅掌柴受到的总竞争强度为 710.98。其中，种内竞争强度为 123.11，占总竞争强度的 17.32%；种间竞争强度为 587.87，占总竞争强度的 82.68%，说明鹅掌柴的竞争压力主要来自于种间，同时种间竞争主要发生在径级Ⅰ～Ⅲ（5 cm ≤ D < 20 cm），占种间竞争总强度的 89.81%，径级Ⅰ，即 5 cm ≤ D < 10 cm 范围内种间竞争压力最大。种内竞争同样主要集中在径级Ⅰ～Ⅲ，占种内竞争总强度的 87.71%，但种内竞争强度最大分布在径级Ⅱ，即 10 cm ≤ D < 15 cm 范围内。鹅掌柴受到的竞争压力来自于包括鹅掌柴自身在内的 74 种植物，各植物对鹅掌柴造成的竞争强度有明显差异（表 8–33）。其中，竞争力最大的是鹅掌柴自身，竞争指数为 123.11，其次是枫香树，竞争指数为 102.14。琼桂润楠竞争指数为 46.56，尽管其数量不多，但个体生长良好，体型较大（平

均胸径 20.44 cm），对鹅掌柴也造成了一定的影响。鹅掌柴种内及其主要伴生种间的竞争力大小顺序为鹅掌柴＞枫香树＞华润楠＞银柴＞琼桂润楠＞假苹婆＞肉实树＞水同木＞桂南蒲桃＞水锦树。

表 8-32　金花茶保护区大石坪群落鹅掌柴种内和种间竞争强度

径级 / cm	株数	百分比 / %	种内竞争		种间竞争		总竞争指数
			竞争指数	平均竞争指数	竞争指数	平均竞争指数	
5 ≤ *D* < 10	63	27.63	41.89	0.66	278.63	4.42	320.52
10 ≤ *D* < 15	59	25.88	43.77	0.74	157.80	2.67	201.57
15 ≤ *D* < 20	52	22.81	22.32	0.43	91.53	1.76	113.85
20 ≤ *D* < 25	36	15.79	11.58	0.32	45.50	1.26	57.08
25 ≤ *D* < 30	13	5.70	2.93	0.23	12.00	0.92	14.93
30 ≤ *D* < 35	4	1.75	0.62	0.15	2.15	0.54	2.77
D ≥ 35	1	0.44	0.00	0.00	0.26	0.26	0.26
总计	228	100.00	123.11	—	587.87	—	710.98

表 8-33　金花茶保护区大石坪群落鹅掌柴竞争木的组成及其竞争强度

种名	株数	百分比 / %	平均胸径 / cm	平均株高 / m	竞争指数	平均竞争指数	排名
鹅掌柴 *Heptapleurum heptaphyllum*	150	17.94	15.63	9.47	123.11	0.82	1
枫香树 *Liquidambar formosana*	30	3.59	25.84	12.17	102.14	3.40	2
华润楠 *Machilus chinensis*	61	7.30	16.35	9.16	78.92	1.29	3
银柴 *Aporosa dioica*	98	11.72	8.73	7.40	61.24	0.62	4
琼桂润楠 *Machilus foonchewii*	15	1.79	20.44	11.43	46.56	3.10	5
假苹婆 *Sterculia lanceolata*	62	7.42	8.40	7.15	30.46	0.49	6
肉实树 *Sarcosperma laurinum*	35	4.19	11.20	7.74	29.92	0.85	7
水同木 *Ficus fistulosa*	49	5.86	7.32	6.76	27.64	0.56	8
桂南蒲桃 *Syzygium imitans*	14	1.67	10.23	7.82	23.08	1.65	9
水锦树 *Wendlandia uvariifolia*	38	4.55	9.78	7.43	18.55	0.49	10
黄椿木姜子 *Litsea variabilis*	29	3.47	6.20	6.79	13.64	0.47	11
子楝树 *Decaspermum gracilentum*	20	2.39	10.52	8.43	13.31	0.67	12
禾串树 *Bridelia balansae*	13	1.56	14.06	9.77	11.42	0.88	13
中华杜英 *Elaeocarpus chinensis*	13	1.56	13.72	9.77	9.32	0.72	14
白肉榕 *Ficus vasculosa*	7	0.84	13.17	9.21	9.18	1.31	15
黄樟 *Camphora parthenoxylon*	10	1.20	18.40	9.10	7.16	0.72	16

续表

种名	株数	百分比 / %	平均胸径 / cm	平均株高 / m	竞争指数	平均竞争指数	排名
山杜英 *Elaeocarpus sylvestris*	10	1.20	8.14	8.00	7.00	0.70	17
假玉桂 *Celtis timorensis*	8	0.96	15.24	9.69	6.72	0.84	18
黄牛木 *Cratoxylum cochinchinense*	12	1.44	8.81	7.79	6.18	0.51	19
罗浮柿 *Diospyros morrisiana*	9	1.08	11.51	8.94	6.05	0.67	20
假黄皮 *Clausena excavata*	11	1.32	8.72	8.23	5.29	0.48	21
猴耳环 *Archidendron clypearia*	10	1.20	9.46	7.20	5.21	0.52	22
密花树 *Myrsine seguinii*	12	1.44	7.62	7.04	4.45	0.37	23
箣柊 *Scolopia chinensis*	4	0.48	13.38	8.38	4.28	1.07	24
九节 *Psychotria asiatica*	9	1.08	5.60	4.83	4.04	0.45	25
巴豆 *Croton tiglium*	2	0.24	12.70	10.00	3.02	1.51	26
大叶猪肚木 *Canthium simile*	2	0.24	9.45	9.00	2.34	1.17	27
疏花臀果木 *Pygeum laxiflorum*	6	0.72	9.48	7.75	2.33	0.39	28
狭叶泡花树 *Meliosma angustifolia*	4	0.48	9.38	7.75	2.23	0.56	29
其他 45 种	93	11.07	10.50	7.47	46.19	0.50	—
总计	836	100.00	—	—	710.98	—	—

3. 鹅掌柴胸径与竞争强度的关系

通过回归分析得出，大石坪样地鹅掌柴胸径与整个林分的竞争强度关系以指数曲线模型的拟合效果最好（图 8–72，表 8–34，$P < 0.01$）。鹅掌柴胸径与竞争指数之间呈负相关。随着鹅掌柴胸径的逐渐增大，竞争指数越来越小，说明其受到的竞争压力越来越小。模型检测均达到显著水平，可以用于预测。当鹅掌柴胸径大于 30 cm 时，竞争指数变化不大，个体所受到的竞争压力最小。

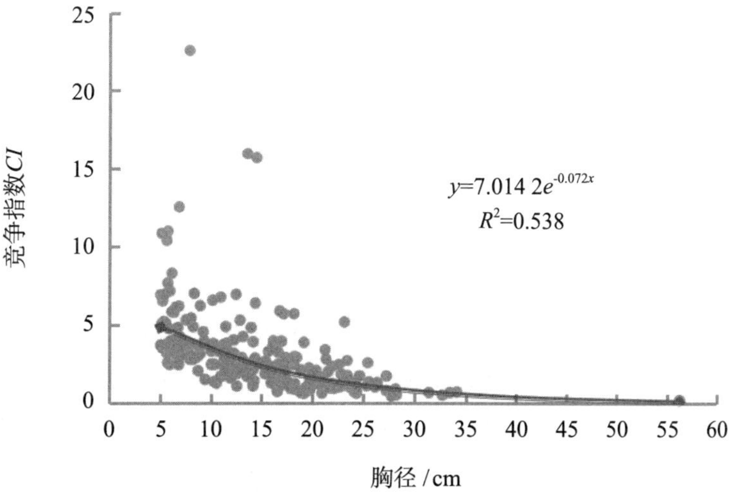

图 8–72　金花茶保护区大石坪样地鹅掌柴胸径与整个林分的竞争指数关系

表 8-34　金花茶保护区大石坪群落鹅掌柴胸径与竞争强度的模型参数

项目	模型	A	B	R^2	显著性
鹅掌柴与整个林分	$CI=Ae^{-BD}$	7.014 2	0.072	0.538 0	$P<0.01$

注：A 和 B 为模型参数，表 8-38、表 8-42 同。

（三）妹仔田群落种内种间竞争

1. 肉实树及其竞争木

在妹仔田群落中，共选取肉实树 148 株作为对象木，其中胸径最小为 5.1 cm，最大为 27.5 cm，平均为 10.83 cm；竞争木有 72 种共 599 株，其中最小胸径为 5 cm，最大胸径为 63.1 cm，平均胸径为 11.57 cm。肉实树及其竞争木的基本情况如表 8-35 所示。由表 8-35 可知，肉实树主要分布在胸径 5 cm ≤ D < 20 cm，占总对象木的 96.62%，以胸径 5 cm ≤ D < 10 cm 的肉实树数量最多，占总对象木的 50.00%。随着胸径不断增加，肉实树数量逐渐减少，且没有 D ≥ 30 cm 的个体，表明肉实树种群主要由幼龄树组成。竞争木在各径级间均有分布，但主要分布在 5 cm ≤ D < 20 cm，占总竞争木的 90.99%，以 5 cm ≤ D < 10 cm 的竞争木数量最多，占总竞争木的 53.09%。随胸径的逐渐增加，竞争木数量也逐渐减少。

表 8-35　金花茶保护区妹仔田群落肉实树及其竞争木情况

径级 / cm	肉实树				竞争木			
	株数	百分比 / %	平均胸径 / cm	平均株高 / m	株数	百分比 / %	平均胸径 / cm	平均株高 / m
5 ≤ D < 10	74	50.00	7.42	6.55	318	53.09	7.27	6.54
10 ≤ D < 15	49	33.11	12.11	8.96	158	26.38	12.17	8.73
15 ≤ D < 20	20	13.51	17.33	9.88	69	11.52	16.98	9.72
20 ≤ D < 25	4	2.70	21.63	8.50	26	4.34	22.32	10.77
25 ≤ D < 30	1	0.68	27.50	12.00	13	2.17	27.47	13.62
30 ≤ D < 35	—	—	—	—	5	0.83	31.70	12.40
D ≥ 35	—	—	—	—	10	1.67	43.18	14.70
总计	148	100.00	—	—	599	100.00	—	—

2. 肉实树种内和种间竞争

由表 8-36 可知，在妹仔田群落中，肉实树种群受到的总竞争强度为 575.18。其中，种内竞争强度为 117.17，占总竞争强度的 20.37%；种间竞争强度为 458.01，占总竞争强度的 79.63%，种间竞争强度高于种内竞争强度。种内竞争主要发生在 5 cm ≤ D < 15 cm 径级，占种内竞争总强度的 93.47%；种间竞争主要发生在 5 cm ≤ D < 20 cm 径级，占种间竞争总强度的 99.09%；5 cm ≤ D < 10 cm 径级的肉实树受到的种内和种间竞争强度最大，表明肉实树幼龄个体获取环境资源的难度比较大。根据表 8-37，肉实树种群受到的竞争压力主要来自于种内和种间的 72 种植物。竞争力最大的为肉实树自身，竞争指数为 117.17，其次为鹅掌柴（99.12）、假苹婆（37.56）、罗浮柿（32.93）、华润楠（25.55）

和黄椿木姜子（22.29）；竞争力最小的为旁杞木（0.084）。肉实树种内及与主要伴生种间的竞争力表现为：肉实树>鹅掌柴>假苹婆>罗浮柿>华润楠>黄椿木姜子>疏花臀果木>银柴>秋枫>水锦树。

表 8–36　金花茶保护区妹仔田群落肉实树种内和种间竞争强度

径级 / cm	株数	百分比 / %	种内竞争		种间竞争		总竞争指数
			竞争指数	平均竞争指数	竞争指数	平均竞争指数	
5 ≤ *D* < 10	74	50.00	84.67	1.14	273.61	3.70	358.28
10 ≤ *D* < 15	49	33.11	24.85	0.51	143.67	2.93	168.52
15 ≤ *D* < 20	20	13.51	4.36	0.22	36.56	1.83	40.92
20 ≤ *D* < 25	4	2.70	2.05	0.52	3.35	0.84	5.40
25 ≤≤ *D* < 30	1	0.68	1.24	1.24	0.82	0.82	2.06
30 ≤ *D* < 35	—	—	—	—	—	—	—
D ≥ 35	—	—	—	—	—	—	—
总计	148	100.00	117.17	—	458.01	—	575.18

表 8–37　金花茶保护区妹仔田群落肉实树竞争木的组成及其竞争强度

种名	株数	比例 / %	平均胸径 / cm	平均株高 / m	竞争指数	平均竞争指数	排名
肉实树 *Sarcosperma laurinum*	91	15.19	10.24	7.87	117.17	1.29	1
鹅掌柴 *Heptapleurum heptaphyllum*	80	13.36	14.13	8.36	99.12	1.24	2
假苹婆 *Sterculia lanceolata*	34	5.68	10.12	7.24	37.56	1.10	3
罗浮柿 *Diospyros morrisiana*	26	4.34	10.99	8.94	32.93	1.27	4
华润楠 *Machilus chinensis*	17	2.84	15.82	9.50	25.55	1.50	5
黄椿木姜子 *Litsea variabilis*	43	7.18	7.50	6.55	22.29	0.52	6
疏花臀果木 *Pygeum laxiflorum*	16	2.67	21.25	10.93	16.09	1.01	7
银柴 *Aporosa dioica*	29	4.84	9.33	6.98	15.67	0.54	8
秋枫 *Bischofia javanica*	4	0.67	27.80	11.63	12.24	3.06	9
水锦树 *Wendlandia uvariifolia*	18	3.01	10.05	6.61	11.33	0.63	10
黄樟 *Camphora parthenoxylon*	9	1.50	25.67	10.94	11.32	1.26	11
琼桂润楠 *Machilus foonchewii*	8	1.34	13.53	11.31	11.28	1.41	12
长柄山龙眼 *Helicia longipetiolata*	5	0.83	9.32	8.10	11.16	2.23	13
白肉榕 *Ficus vasculosa*	17	2.84	15.64	9.09	10.81	0.64	14
打铁树 *Myrsine linearis*	13	2.17	9.85	8.58	9.13	0.70	15
野漆 *Toxicodendron succedaneum*	4	0.67	11.93	6.38	8.84	2.21	16
大果毛柃 *Eurya megatrichocarpa*	4	0.67	17.68	10.50	8.09	2.02	17

续表

种名	株数	比例 / %	平均胸径 / cm	平均株高 / m	竞争指数	平均竞争指数	排名
水同木 *Ficus fistulosa*	10	1.67	7.37	6.35	6.80	0.68	18
山蒲桃 *Syzygium levinei*	13	2.17	7.02	7.19	6.35	0.49	19
青藤公 *Ficus langkokensis*	5	0.83	12.88	8.40	6.04	1.21	20
短花水金京 *Wendlandia formosana* subsp. *breviflora*	9	1.50	9.08	6.44	5.94	0.66	21
子楝树 *Decaspermum gracilentum*	7	1.17	10.77	8.07	5.60	0.80	22
枫香树 *Liquidambar formosana*	2	0.33	46.50	17.00	5.51	2.76	23
鼎湖血桐 *Macaranga sampsonii*	6	1.00	12.48	8.42	5.12	0.85	24
棋子豆 *Archidendron robinsonii*	4	0.67	7.83	5.25	4.72	1.18	25
青篱柴 *Tirpitzia sinensis*	3	0.50	23.77	12.33	4.63	1.54	26
假玉桂 *Celtis timorensis*	7	1.17	9.81	8.93	4.42	0.63	27
九节 *Psychotria asiatica*	8	1.34	5.84	4.69	3.86	0.48	28
肖蒲桃 *Syzygium acuminatissimum*	3	0.50	10.03	8.17	3.19	1.06	29
白楸 *Mallotus paniculatus*	5	0.83	9.14	9.50	2.93	0.59	30
其他 42 种	99	16.53	10.11	7.63	49.48	0.50	—
总计	599	100.00	—	—	575.17	—	—

3. 肉实树胸径与竞争强度的关系

通过回归分析得出，妹仔田样地肉实树胸径与整个林分的竞争强度关系以幂函数曲线模型的拟合效果最好（图 8–73，表 8–38，$P < 0.05$）。肉实树胸径与竞争指数呈显著负相关，即随胸径增大，肉实树受到的竞争强度逐渐减小；肉实树胸径大于 20 cm 后，其所受到的竞争强度趋于相对稳定，说明肉实树种群幼龄个体竞争激烈，生存压力大。因此，为了促进肉实树小径级个体向大径级平稳过渡，应加强对胸径小于 20 cm 肉实树的保护。

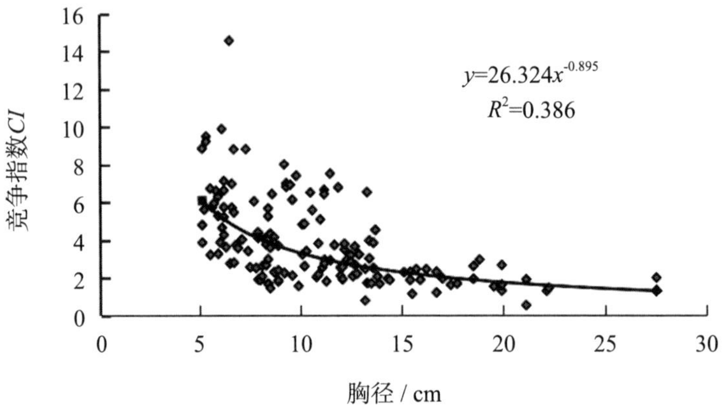

图 8–73 金花茶保护区妹仔田样地肉实树胸径与整个林分的竞争指数关系

表 8-38　金花茶保护区妹仔田群落肉实树胸径与竞争强度的模型参数

项目	模型	A	B	R^2	显著性
肉实树与整个林分	$CI=AD^{-B}$	26.324	0.895	0.386	$P < 0.05$

（四）那山子群落种内种间竞争

1. 罗浮柿及其竞争木

在那山子群落中，共选取 216 株罗浮柿个体作为对象木，其中胸径最小为 5.1 cm，最大为 24 cm，平均为 10.53 cm；竞争木有 870 株，胸径最小为 5 cm，最大为 35.3 cm，平均为 9.98 cm。罗浮柿及其竞争木的基本情况如表 8-39 所示。由表 8-39 可知，罗浮柿的径级范围为 5 cm ≤ D < 25 cm，以径级 5 cm ≤ D < 10 cm 的个体数量最多，占总对象木的 50.93%；其次是 10 cm ≤ D < 15 cm 的个体，占总对象木的 35.19%。随着径级不断增大，罗浮柿数量逐渐减少。竞争木在各个径级都有分布，以径级 5 cm ≤ D < 10 cm 的个体数量最多，占总竞争木的 60.00%；其次是径级 10 cm ≤ D < 15 cm 的个体，占总竞争木的 26.55%。随着竞争木径级的不断增大，其数量也逐渐减少。此外，无论是罗浮柿还是其竞争木，其胸径与株高之间均呈现正相关关系。

表 8-39　金花茶保护区那山子群落罗浮柿及其竞争木情况

径级 /cm	对象木				竞争木			
	株数	百分比 / %	平均胸径 / cm	平均株高 / m	株数	百分比 / %	平均胸径 / cm	平均株高 / m
5 ≤ D < 10	110	50.93	7.73	7.85	522	60.00	7.11	6.99
10 ≤ D < 15	76	35.19	11.97	9.34	231	26.55	11.93	8.68
15 ≤ D < 20	26	12.04	16.52	10.29	81	9.31	16.88	9.97
20 ≤ D < 25	4	1.85	21.35	11.38	28	3.22	21.58	11.04
25 ≤ D < 30	—	—	—	—	3	0.34	27.60	11.33
30 ≤ D < 35	—	—	—	—	4	0.46	30.95	11.25
D ≥ 35	—	—	—	—	1	0.11	35.30	11.00
总计	216	100.00	—	—	870	100.00	—	—

2. 罗浮柿种内和种间竞争

由表 8-40 可知，在那山子群落中，罗浮柿受到的总竞争强度为 1 059.52。其中，种内竞争强度为 155.57，占总竞争强度的 14.68%；种间竞争强度为 903.95，占总竞争强度的 85.32%，种间竞争强度远大于种内竞争强度。种内竞争主要发生在径级 5 cm ≤ D < 15 cm 内，占种内竞争总强度的 95.81%，以径级 5 cm ≤ D < 10 cm 内的种内竞争最为激烈；种间竞争也主要发生在径级 5 cm ≤ D < 15 cm 内，占种间竞争总强度的 92.13%，种间竞争最激烈的径级是 5 cm ≤ D < 10 cm。表 8-41 是罗浮柿受到的竞争压力的分布情况。除去罗浮柿的种内竞争，罗浮柿的竞争木共有 93 种，各竞争木种对罗浮柿造成的种间竞争压力有显著差异。其中，竞争力最大的是鹅掌柴，竞争指数为 164.74；其次是罗浮柿自身，竞争指数为 155.57。其他竞争力较大的树种还有小果山龙眼（74.94）、两广梭罗树（67.73）和变叶榕（54.21）等。罗浮柿种内及主要伴生种间的竞争力大小顺序为鹅掌柴＞罗浮柿＞小果山龙眼＞两广梭罗树＞变叶榕＞黄樟＞鼠刺＞肉实树＞银柴＞香花枇杷。

表 8-40 金花茶保护区那山子群落罗浮柿种内和种间竞争强度

径级 / cm	株数	百分比 / %	种内竞争		种间竞争		总竞争指数
			竞争指数	平均竞争指数	竞争指数	平均竞争指数	
5 ≤ *D* < 10	110	50.93	105.42	0.96	616.43	5.60	721.85
10 ≤ *D* < 15	76	35.19	43.63	0.57	216.36	2.85	259.99
15 ≤ *D* < 20	26	12.04	6.03	0.23	59.16	2.28	65.19
20 ≤ *D* < 25	4	1.85	0.49	0.12	12.00	3.00	12.49
25 ≤≤ *D* < 30	—	—	—	—	—	—	—
30 ≤ *D* < 35	—	—	—	—	—	—	—
D ≥ 35	—	—	—	—	—	—	—
总计	216	100.00	155.57	—	903.95	—	1 059.52

表 8-41 金花茶保护区那山子群落罗浮柿竞争木组成及其竞争强度

种名	株数	百分比 / %	平均胸径 / cm	平均株高 / m	竞争指数	平均竞争指数	排名
鹅掌柴 *Heptapleurum heptaphyllum*	119	13.68	10.96	7.65	164.74	1.38	1
罗浮柿 *Diospyros morrisiana*	140	16.09	10.16	8.72	155.57	1.11	2
小果山龙眼 *Helicia cochinchinensis*	26	2.99	12.30	8.58	74.94	2.88	3
两广梭罗树 *Reevesia thyrsoidea*	69	7.93	9.12	7.84	67.73	0.98	4
变叶榕 *Ficus variolosa*	41	4.71	7.38	6.26	54.21	1.32	5
黄樟 *Camphora parthenoxylon*	20	2.30	15.96	9.57	45.83	2.29	6
鼠刺 *Itea chinensis*	13	1.49	9.15	7.23	38.26	2.94	7
肉实树 *Sarcosperma laurinum*	28	3.22	9.96	7.84	31.21	1.11	8
银柴 *Aporosa dioica*	35	4.02	8.17	7.20	29.34	0.84	9
香花枇杷 *Eriobotrya fragrans*	18	2.07	10.41	7.61	26.46	1.47	10
华润楠 *Machilus chinensis*	20	2.30	13.14	7.95	24.36	1.22	11
打铁树 *Myrsine linearis*	19	2.18	9.33	7.74	19.79	1.04	12
假杨桐 *Eurya subintegra*	21	2.41	6.24	6.17	19.71	0.94	13
山油柑 *Acronychia pedunculata*	8	0.92	6.80	6.81	19.11	2.39	14
枫香树 *Liquidambar formosana*	5	0.57	20.60	11.00	18.98	3.80	15
琼桂润楠 *Machilus foonchewii*	21	2.41	11.66	9.07	18.32	0.87	16
黄牛木 *Cratoxylum cochinchinense*	12	1.38	10.01	7.67	11.87	0.99	17

续表

种名	株数	百分比 / %	平均胸径 / cm	平均株高 / m	竞争指数	平均竞争指数	排名
光叶山矾 *Symplocos lancifolia*	7	0.80	7.66	6.14	11.59	1.66	18
香楠 *Aidia canthioides*	5	0.57	6.90	7.10	10.17	2.03	19
白肉榕 *Ficus vasculosa*	8	0.92	11.70	9.81	10.10	1.26	20
长柄山龙眼 *Helicia longipetiolata*	11	1.26	8.58	8.00	9.86	0.90	21
黄果厚壳桂 *Cryptocarya concinna*	3	0.34	7.03	7.50	9.68	3.23	22
疏花臀果木 *Pygeum laxiflorum*	10	1.15	11.18	8.85	8.31	0.83	23
黄椿木姜子 *Litsea variabilis*	15	1.72	7.51	7.33	8.14	0.54	24
野漆 *Toxicodendron succedaneum*	6	0.69	8.15	8.50	7.97	1.33	25
马尾松 *Pinus massoniana*	4	0.46	25.88	11.25	7.18	1.79	26
大果鳞斑荚蒾 *Viburnum punctatum* var. *lepidotulum*	2	0.23	10.65	7.75	7.06	3.53	27
密脉蒲桃 *Syzygium chunianum*	9	1.03	8.98	7.78	6.85	0.76	28
狭叶泡花树 *Meliosma angustifolia*	7	0.80	9.66	7.57	5.93	0.85	29
虎皮楠 *Daphniphyllum oldhamii*	4	0.46	11.63	7.38	5.61	1.40	30
其他 63 种	164	18.85	9.32	7.69	130.64	0.80	—
总计	870	100.00	—	—	1 059.52	—	—

3. **罗浮柿胸径与竞争强度的关系**

通过回归分析得出，那山子样地罗浮柿胸径与整个林分的竞争强度关系以幂函数曲线模型的拟合效果最好（图 8–74，表 8–42，$P < 0.01$）。罗浮柿胸径与竞争指数呈显著负相关，即随胸径增大，罗浮柿受到的竞争强度逐渐减小；当对象木胸径大于 20 cm 时，竞争指数逐渐趋近相对平稳。

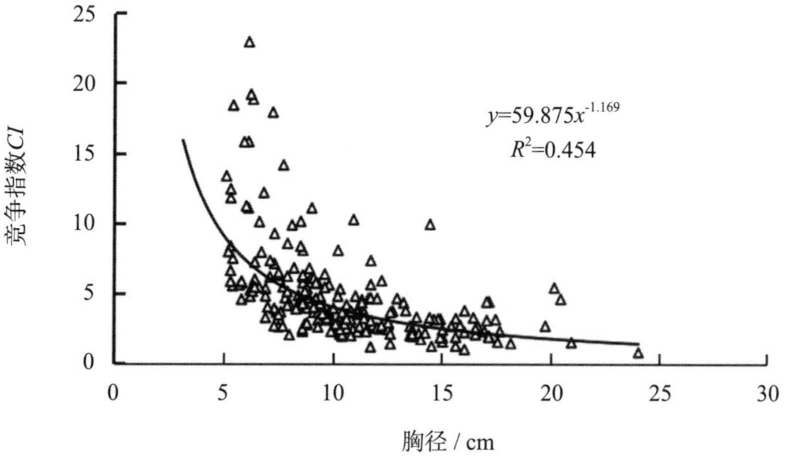

图 8–74　金花茶保护区那山子样地罗浮柿胸径与整个林分的竞争指数关系

表 8-42　金花茶保护区那山子群落罗浮柿胸径与竞争强度的模型参数

项目	模型	A	B	R^2	显著性
罗浮柿与整个林分	$CI=AD^{-B}$	59.875	−1.169	0.454	$P < 0.01$

七、生态位

（一）数据处理与分析

1. 研究对象的选取

根据野外群落样地调查数据，以群落上层优势种作为研究对象，其中大石坪群落选取鹅掌柴、华润楠、银柴、枫香树、假苹婆、水同木、黄椿木姜子、肉实树、水锦树和毛冬青，妹仔田群落选取鹅掌柴、肉实树、银柴、黄椿木姜子、黄樟、罗浮柿、打铁树、疏花臀果木、假苹婆和白肉榕，那山子群落选取鹅掌柴、罗浮柿、九节、两广梭罗树、肉实树、毛冬青、银柴、罗伞树、华润楠和黄椿木姜子。

2. 生态位宽度计算

生态位宽度采用 Levins 指数（B_L）和 Shannon 指数（B_S）来计测，计算公式如下：

$$B_L = \frac{1}{\sum_{j=1}^{r}(P_{ij})^2}$$

$$B_S = -\sum_{j=1}^{r} P_{ij}\ln(P_{ij})$$

式中，$P_{ij}=n_{ij}/N_i$，n_{ij} 为物种 i 在资源位 j 上的重要值，N_i 为物种 i 在所有资源位上的重要值总和。P_{ij} 代表物种 i 在资源位 j 上的重要值占该物种在所有资源位上重要值总和的比例，r 为样方总数。

3. 生态位重叠计算

生态位重叠采用 Pianka 生态位重叠指数（O_{ik}）来计测，计算公式如下：

$$O_{ik} = \sum_{j=1}^{r} P_{ij}P_{kj}\sqrt{\left(\sum_{j=1}^{r} P_{ij}\right)^2\left(\sum_{j=1}^{r} P_{ij}\right)^2}$$

式中，O_{ik} 为物种 i 和物种 k 的生态位重叠指数，值域为［0，1］，其值越大表示生态位重叠程度越高；P_{ij} 和 P_{kj} 分别是物种 i 和物种 k 在资源位 j 上的重要值。

4. 生态位相似性计算

生态位相似性采用 Schoener 生态位相似性指数（C_{ik}）来计测，计算公式如下：

$$C_{ik} = 1 - \frac{1}{2}\sum_{j=1}^{r}\left|P_{ij} - P_{kj}\right| = \sum_{j=1}^{r}\min(P_{ij}, P_{kj})$$

式中，C_{ik} 为物种 i 和物种 k 的生态位相似性系数，$C_{ik}=C_{ki}$，值域为［0，−1］，其值越大，表示生态位相似程度越高；P_{ij} 和 P_{ki} 分别是物种 i 和物种 k 在资源位 j 上的重要值。

5. 分析软件

数据处理和分析主要在 Microsoft Excel 2019 和 R 语言 spaa 程序包中完成。其中，利用 Microsoft Excel 2023 计算物种的重要值，用 R 语言 spaa 程序包中的"（*niche.width*）""（*niche.overlap*）"函数计算生态位宽度、生态位重叠和生态位相似性。

（二）大石坪优势种群生态位

1. 生态位宽度

通常物种利用资源能力和环境适应能力强，则表现为较高的生态位宽度。由表 8–43 可知，大石坪群落上层优势种生态位宽度变化趋势基本相似，大小排序依次为：鹅掌柴、假苹婆、银柴、黄椿木姜子、华润楠、毛冬青、肉实树、水锦树、水同木和枫香树。表明这些物种适应环境能力和利用资源能力较强。

表 8–43　金花茶保护区大石坪群落上层优势种的生态位宽度

种名	种代码	重要值	生态位宽度	
			Levins 指数	Shannon 指数
鹅掌柴 *Heptapleurum heptaphyllum*	*Hh*	17.18	22.13	3.14
华润楠 *Machilus chinensis*	*Mc*	8.21	18.47	3.03
银柴 *Aporosa dioica*	*Ad*	7.94	20.09	3.09
枫香树 *Liquidambar formosana*	*Lf*	6.54	12.90	2.74
假苹婆 *Sterculia lanceolata*	*Sl*	5.94	20.22	3.08
水同木 *Ficus fistulosa*	*Ff*	4.53	14.15	2.80
黄椿木姜子 *Litsea variabilis*	*Lv*	3.65	19.17	3.03
肉实树 *Sarcosperma laurinum*	*Sa*	3.60	16.07	2.92
水锦树 *Wendlandia uvariifolia*	*Wu*	3.24	15.21	2.90
毛冬青 *Ilex pubescens*	*Ip*	2.97	18.00	2.99

2. 生态位重叠

由表 8–44 可知，大石坪群落上层优势种生态位普遍存在重叠现象，O_{ik} 介于 0.479~0.886，平均值为 0.710。其中，$O_{ik} > 0.5$ 的种对有 44 对，占总种对数的 97.78%；$O_{ik} > 0.8$ 的种对有 11 对，占总种对数的 24.44%，它们是鹅掌柴—华润楠、鹅掌柴—银柴、鹅掌柴—枫香树、鹅掌柴—假苹婆、鹅掌柴—黄椿木姜子、鹅掌柴—毛冬青、华润楠—银柴、华润楠—毛冬青、银柴—假苹婆、银柴—黄椿木姜子和水同木—水锦树。总体上，大石坪群落上层优势种生态位重叠程度较高，说明这些优势种对环境资源利用方式相似，物种间竞争较为激烈。

表 8–44　金花茶保护区大石坪群落上层优势种的生态位重叠指数

种代码	*Hh*	*Mc*	*Ad*	*Lf*	*Sl*	*Ff*	*Lv*	*Sa*	*Wu*	*Ip*
Hh	1.000									
Mc	0.876	1.000								
Ad	0.886	0.822	1.000							
Lf	0.816	0.662	0.704	1.000						

续表

种代码	*Hh*	*Mc*	*Ad*	*Lf*	*Sl*	*Ff*	*Lv*	*Sa*	*Wu*	*Ip*
Sl	0.807	0.713	0.841	0.636	1.000					
Ff	0.731	0.615	0.702	0.504	0.719	1.000				
Lv	0.807	0.798	0.814	0.585	0.721	0.606	1.000			
Sa	0.754	0.747	0.670	0.543	0.705	0.479	0.665	1.000		
Wu	0.756	0.651	0.701	0.511	0.698	0.805	0.687	0.532	1.000	
Ip	0.837	0.831	0.777	0.710	0.708	0.674	0.784	0.695	0.664	1.000

3. 生态位相似性

根据表 8–45，大石坪群落上层优势种的 C_{ik} 介于 0.483~0.777，C_{ik} 最大的是鹅掌柴—银柴（0.777）。$C_{ik} \geqslant 0.6$ 的种对有 30 对，占总种对数的 66.67%；$0.5 \leqslant C_{ik} < 0.6$ 的有 14 个种对，占总种对数的 31.11%；C_{ik} 低于 0.5 的仅有水同木—肉实树 1 对，占总种对数的 2.22%。生态位宽度较大的鹅掌柴和银柴的生态位相似性达 0.777，而生态位宽度较窄的枫香树和水同木的生态位相似性为 0.513，水同木和肉实树的生态位相似性为 0.483，说明生态位相似性和生态位宽度有一定的关联性。生态位相似性高，表明群落上层优势种对环境资源需求的相似度高。

表 8–45　金花茶保护区大石坪群落上层优势种的生态位相似性

种代码	*Hh*	*Mc*	*Ad*	*Lf*	*Sl*	*Ff*	*Lv*	*Sa*	*Wu*	*Ip*
Hh	1.000									
Mc	0.775	1.000								
Ad	0.777	0.720	1.000							
Lf	0.697	0.602	0.589	1.000						
Sl	0.729	0.653	0.744	0.563	1.000					
Ff	0.627	0.530	0.593	0.513	0.624	1.000				
Lv	0.728	0.720	0.735	0.552	0.638	0.520	1.000			
Sa	0.671	0.660	0.626	0.513	0.640	0.483	0.584	1.000		
Wu	0.657	0.568	0.600	0.517	0.603	0.662	0.584	0.556	1.000	
Ip	0.725	0.703	0.677	0.658	0.616	0.599	0.659	0.676	0.608	1.000

（三）妹仔田优势种群生态位

1. 生态位宽度

由表 8–46 可知，妹仔田群落上层优势种的生态位宽度指数变化趋势相同，各物种的生态位宽度指数存在一定差异。妹仔田群落上层生态位宽度最大的物种是鹅掌柴，其次为银柴，说明这两个物种在群落中具有较强的环境适应能力，分布范围广，数量多。生态位宽度较小的物种是假苹婆和黄樟，说明它们利用环境资源能力较其他物种的弱。

表 8–46　金花茶保护区妹仔田群落上层优势种的生态位宽度

种名	种代码	重要值	生态位宽度	
			Levins 指数	Shannon 指数
鹅掌柴 *Heptapleurum heptaphyllum*	*Hh*	10.83	19.63	3.06
肉实树 *Sarcosperma laurinum*	*Sa*	7.03	15.19	2.90
银柴 *Aporosa dioica*	*Ad*	5.14	17.00	2.94
黄椿木姜子 *Litsea variabilis*	*Lv*	4.41	13.07	2.75
黄樟 *Camphora parthenoxylon*	*Cp*	4.16	10.69	2.51
罗浮柿 *Diospyros morrisiana*	*Dm*	3.39	14.00	2.81
打铁树 *Myrsine linearis*	*Ml*	3.37	13.64	2.77
疏花臀果木 *Pygeum laxiflorum*	*Pl*	3.15	12.63	2.72
假苹婆 *Sterculia lanceolata*	*Sl*	3.06	7.11	2.14
白肉榕 *Ficus vasculosa*	*Fv*	2.72	11.98	2.63

2. 生态位重叠

妹仔田群落上层优势种生态位重叠较为普遍，生态位宽度较大的物种之间生态位重叠程度较大。根据表 8–47，群落上层优势种 O_{ik} 的变化范围为 0.086~0.888，平均值是 0.525。其中，物种间 O_{ik} 在 0.5 以上的种对有 26 对，占总种对数的 57.78%；$0.4 \leqslant O_{ik} < 0.5$ 的种对有 8 对，占总种对数的 17.78%；O_{ik} 在 0.4 以下的种对有 11 对，占总种对数的 24.44%。O_{ik} 最大的是银柴—黄樟，O_{ik} 最小的是假苹婆—白肉榕，生态位宽度最大的鹅掌柴与其他优势种之间的生态位重叠程度大部分在 0.6 以上，说明生态位宽度较大的种群对环境资源利用能力强，与其他优势种的生态位重叠程度一般较大。

表 8–47　金花茶保护区妹仔田群落上层优势种的生态位重叠指数

种代码	*Hh*	*Sa*	*Ad*	*Lv*	*Cp*	*Dm*	*Ml*	*Pl*	*Sl*	*Fv*
Hh	1.000									
Sa	0.679	1.000								
Ad	0.877	0.457	1.000							
Lv	0.535	0.754	0.349	1.000						
Cp	0.794	0.276	0.888	0.182	1.000					
Dm	0.782	0.557	0.676	0.427	0.524	1.000				
Ml	0.828	0.421	0.849	0.282	0.733	0.670	1.000			

续表

种代码	Hh	Sa	Ad	Lv	Cp	Dm	Ml	Pl	Sl	Fv
Pl	0.638	0.657	0.612	0.450	0.475	0.380	0.563	1.000		
Sl	0.329	0.519	0.348	0.542	0.109	0.229	0.163	0.421	1.000	
Fv	0.701	0.443	0.634	0.418	0.614	0.633	0.614	0.525	0.086	1.000

3. 生态位相似性

由表 8–48 可知，群落上层优势种 C_{ik} 平均值为 0.475，$C_{ik} \geq 0.5$ 的种对有 22 对，占 48.89%；$0.4 \leq C_{ik} < 0.5$ 的种对有 9 对，占 20%；$C_{ik} < 0.4$ 的种对有 14 对，占 31.11%。C_{ik} 最大的种对是鹅掌柴—银柴（0.784），其次是银柴—打铁树（0.726），第三为银柴—黄樟（0.721），黄樟—假苹婆的 C_{ik} 最小（0.139）。O_{ik} 在 0.8 以上的种对，如鹅掌柴—银柴、鹅掌柴—打铁树、银柴—黄樟、银柴—打铁树等的 C_{ik} 都在 0.7 以上，说明物种之间生态位重叠程度越大，利用资源方式相似程度越大，生态位相似性指数越大。

表 8–48　金花茶保护区妹仔田群落上层优势种的生态位相似性

种代码	Hh	Sa	Ad	Lv	Cp	Dm	Ml	Pl	Sl	Fv
Hh	1.000									
Sa	0.578	1.000								
Ad	0.784	0.460	1.000							
Lv	0.499	0.688	0.404	1.000						
Cp	0.636	0.308	0.721	0.236	1.000					
Dm	0.687	0.504	0.610	0.446	0.520	1.000				
Ml	0.706	0.412	0.726	0.338	0.618	0.560	1.000			
Pl	0.532	0.630	0.552	0.493	0.389	0.340	0.504	1.000		
Sl	0.283	0.402	0.278	0.464	0.139	0.234	0.216	0.339	1.000	
Fv	0.584	0.390	0.542	0.380	0.521	0.529	0.549	0.444	0.141	1.000

（四）那山子优势种群生态位

1. 生态位宽度

由表 8–49 可知，在那山子群落上层中，生态位宽度最大的物种是黄椿木姜子；其次是肉实树、毛冬青和银柴，说明这些物种利用资源和适应环境的能力较强；生态位宽度较小的物种为九节、罗伞树、两广梭罗树等，这些物种在群落中的普适性能力相对较差，但可在局部区域生长良好并成为优势种，这也与它们在群落中呈现集群分布的现象相吻合。

表 8-49　金花茶保护区那山子群落上层优势种的生态位宽度

种名	种代码	重要值	生态位宽度	
			Levins 指数	Shannon 指数
鹅掌柴 *Heptapleurum heptaphyllum*	*Hh*	8.01	12.38	2.72
罗浮柿 *Diospyros morrisiana*	*Dm*	6.33	13.57	2.76
九节 *Psychotria asiatica*	*Pa*	4.43	4.50	1.56
两广梭罗树 *Reevesia thyrsoidea*	*Rt*	3.53	5.90	2.16
肉实树 *Sarcosperma laurinum*	*Sa*	3.26	14.94	2.82
毛冬青 *Ilex pubescens*	*Ip*	3.25	14.77	2.83
银柴 *Aporosa dioica*	*Ad*	3.13	14.47	2.76
罗伞树 *Ardisia quinquegona*	*Aq*	2.91	5.73	1.97
华润楠 *Machilus chinensis*	*Mc*	2.33	7.42	2.33
黄椿木姜子 *Litsea variabilis*	*Lv*	2.21	15.75	2.87

2. 生态位重叠

由表 8-50 可知，那山子群落上层优势种 O_{ik} 介于 0~0.834。其中，$O_{ik} \geqslant 0.5$ 的种对有 22 对，占总种对数的 48.89%，$O_{ik} \geqslant 0.7$ 的种对有 8 对，占 17.78%。通常，生态位宽度较大的种群对环境资源利用能力强，与其他物种的生态位重叠程度较大。例如，群落中生态位宽度较大的罗浮柿、毛冬青、肉实树、银柴等，其种对罗浮柿—毛冬青、肉实树—银柴的 O_{ik} 最大，均为 0.834，这也说明这些物种对资源需求相似。而生态位宽度较窄的物种间生态位重叠程度均较低，说明这些物种由于资源利用和环境适应能力较其他物种弱，分布范围窄，与其他物种产生生态位重叠的概率低、程度小，甚至几乎没有发生重叠。

表 8-50　金花茶保护区那山子群落上层优势种的生态位重叠指数

种代码	*Hh*	*Dm*	*Pa*	*Rt*	*Sa*	*Ip*	*Ad*	*Aq*	*Mc*	*Lv*
Hh	1.000									
Dm	0.797	1.000								
Pa	0.552	0.625	1.000							
Rt	0.372	0.652	0.581	1.000						
Sa	0.447	0.591	0.191	0.458	1.000					
Ip	0.668	0.834	0.467	0.665	0.804	1.000				
Ad	0.641	0.671	0.320	0.446	0.834	0.734	1.000			
Aq	0.238	0.436	0.000	0.398	0.608	0.558	0.439	1.000		
Mc	0.742	0.444	0.257	0.120	0.267	0.390	0.419	0.059	1.000	
Lv	0.662	0.610	0.381	0.460	0.744	0.794	0.613	0.421	0.432	1.000

3. 生态位相似性

由表 8-51 可知，那山子群落上层优势种的 Schoener 生态位相似性指数 $C_{ik} \geqslant 0.5$ 的种对有 17 对，占 37.78%；$0.3 \leqslant C_{ik} < 0.5$ 的种对有 18 对，占 40.00%；$C_{ik} < 0.3$ 的种对有 10 对，占 22.22%。生态位宽度较大的罗浮柿和毛冬青的生态位相似性达 0.722，说明生态位宽度与生态位相似性有一定关联性。$C_{ik} \geqslant 0.6$ 的种对有鹅掌柴—罗浮柿、鹅掌柴—毛冬青、罗浮柿—毛冬青、罗浮柿—银柴、肉实树—毛冬青、肉实树—银柴、肉实树—黄椿木姜子、毛冬青—银柴、毛冬青—黄椿木姜子，说明这些物种对环境资源的需求比较相似。由表 8-50、表 8-51 可知，生态位重叠程度较高的种对，它们的生态位相似性一般较大，例如罗浮柿—毛冬青、肉实树—银柴的 O_{ik} 分别为 0.834 和 0.834，它们的 C_{ik} 分别为 0.722 和 0.706，说明具有生境偏好相似性的物种，对资源利用的相似性程度高，生态位重叠程度大。

表 8-51 金花茶保护区那山子群落上层优势种的生态位相似性

种代码	*Hh*	*Dm*	*Pa*	*Rt*	*Sa*	*Ip*	*Ad*	*Aq*	*Mc*	*Lv*
Hh	1.000									
Dm	0.698	1.000								
Pa	0.390	0.399	1.000							
Rt	0.360	0.521	0.414	1.000						
Sa	0.484	0.543	0.129	0.420	1.000					
Ip	0.616	0.722	0.281	0.537	0.680	1.000				
Ad	0.584	0.645	0.188	0.362	0.706	0.651	1.000			
Aq	0.212	0.319	0.000	0.352	0.434	0.416	0.276	1.000		
Mc	0.594	0.426	0.267	0.192	0.327	0.455	0.418	0.102	1.000	
Lv	0.544	0.527	0.237	0.400	0.626	0.668	0.506	0.370	0.449	1.000

八、数量动态

（一）研究方法

基于野外样地调查，以径级代替龄级，采用编制静态生命表、建立存活曲线等方法，对种群动态进行量化分析。通过计算动态量化指数（V_n、V_{pi} 和 V_{pi}'），应用生存函数、累积死亡率函数、死亡密度函数、危险率函数等对静态生命表进一步分析，并利用时间序列预测模型对种群的未来发展趋势进行预测，总结种群动态变化。

1. 研究对象

基于野外群落学调查，选取大石坪群落和那山子群落的鹅掌柴作为研究对象。

2. 种群结构划分

已有的研究表明，林木的年龄结构可用于研究种群动态，进而研究森林的演替。为了保护林木资源，采用以径级代替龄级来分析种群的数量动态变化。

3. **种群数量动态指数分析**

为了弥补径级代替龄级划分的不足，采用陈晓德（1998）的方法定量描述种群动态，综合分析种群生存规律。有关计算公式如下：

$$V_n = \frac{S_n - S_{n+1}}{\max(S_n, S_{n+1})}$$

$$V_{pi} = \frac{\sum_{n=1}^{k-1}(S_n V_n)}{\sum_{n=1}^{k-1} S_n}$$

式中，n 代表龄级；k 代表年龄级数量；S_n 代表第 n 龄级种群现存个体数；S_{n+1} 是第 $n+1$ 龄级种群现存个体数；V_n 表示种群从 n 龄级到 $n+1$ 龄级的个体数量的动态变化；V_{pi} 代表整个种群结构的数量动态变化。

当考虑外部随机干扰时，上式修正为：

$$V_{pi}' = \frac{\sum_{n=1}^{k-1}(S_n \cdot V_n)}{k \cdot \min(S_1, S_2, S_3, \cdots, S_n) \sum_{n=1}^{k-1} S_n}$$

$$P_{\max} = \frac{1}{k \cdot \min(S_1, S_2, S_3, \cdots, S_k)}$$

式中，$P_{\max}$ 为种群年龄结构对非完全随机干扰敏感性指标，V_{pi}' 代表修正后的动态指数。对 min（S_1，S_2，S_3，…，S_n）内的值需要除去零，因为当 S_n=0 时，该龄级再无被干扰排除个体的概率。V_n、V_{pi} 为正值时，表示年龄级或种群个体数量增长；V_n、V_{pi} 为负值时，代表年龄级或种群个体数量衰退；V_n、V_{pi} 为零时，代表年龄级或种群个体数量稳定。

4. **生命表编制及生存分析**

以径级结构代替龄级结构编写出静态生命表。由于静态生命表用同一时期收集到的种群中所有个体的径阶编制而成，它反映多个世代重叠的年龄动态历程中的一个特定时间，而不是对同生群的全部生活史追踪。因此，在生命表的编制中，可能会出现死亡率为负的情况，对此采取匀滑技术进行处理。静态生命表包括年龄等级（x）、x 龄级内的个体存活数（a_x）、x 龄级开始时的标准化个体存活数（l_x）、x 龄级到 $x+1$ 龄级间隔期内的死亡个体数（d_x）及标准化死亡率（q_x）、x 龄级到 $x+1$ 龄级间隔期内的标准化平均存活数（L_x）、进入 x 龄级至超过 x 龄级的标准化存活个体总数（T_x）、进入 x 龄级后的个体平均余年或生命期望寿命（e_x）、x 龄级到 $x+1$ 龄级间隔期内的个体消失率（K_x）。有关计算公式如下：

$$l_x = \frac{a_x}{a_1} \times 1\,000$$

$$d_x = l_x - l_{x+1}$$

$$q_x = \frac{d_x}{l_x}$$

$$L_x = \frac{l_x - l_{x+1}}{2}$$

$$T_x = \sum_x^{\infty} L_x$$

$$e_x = \frac{T_x}{l_x}$$

$$K_x = \ln l_x - \ln l_{x+1}$$

根据静态生命表，绘制存活曲线。由于静态生命表是在种群所处环境不变的假设中进行的，为了更准确地显示出某一时刻的种群动态变化，引入生存函数 $S_{(i)}$、累积死亡率函数 $F_{(i)}$、死亡密度函数 $f_{(ti)}$、危险率函数 $\lambda_{(ti)}$ 这 4 个函数来对静态生命表做出进一步研究分析，并绘制相关曲线。有关计算公式如下：

$$S_{(i)} = S_1 S_2 S_3 \cdots S_i$$

$$F_{(i)} = 1 - S_{(i)}$$

$$F_{(t_i)} = \frac{S_{i-1} - S_i}{h_i}$$

$$\lambda_{(t_i)} = \frac{2(1 - S_i)}{h_i(1 + S_i)}$$

式中，S_i 为存活率，h_i 为龄级区间，t_i 为第 i 龄级。

5. **时间序列预测模型**

采用时间序列分析中的一次平均移动法来预测种群动态，有关计算公式为：

$$M_i = \frac{1}{n} \cdot \sum_{k=i-n+1}^{i} X_k$$

式中，n 为所预测的未来时间年限；i 为龄级；M_i 为未来 n 年 i 龄级的种群存活数；X_k 为 k 龄级的种群存活数。

（二）大石坪群落鹅掌柴种群数量动态

1. **种群动态指数**

大石坪群落鹅掌柴种群数量变化动态指数如表 8–52 所示。根据表 8–52，鹅掌柴种群除了在 V_3 数值为负增长，其余均表现为正增长，动态指数的大小说明邻近龄级间的转化阻力大小，其中 V_5 动态指数最大，为 0.87，其次是 V_6，可达 0.80，在第Ⅲ至第Ⅳ龄级呈现衰退趋势，其他龄级均表现为增长趋势，整体表现为“增长—衰退—增长—衰退”的波形变化趋势，若不考虑受干扰，鹅掌柴种群大小级结构动态指数 V_{pi}= 0.31 > 0，可知鹅掌柴种群整体表现为增长型。若考虑受随机干扰，种群龄级结构指数 V_{pi}' = 0.04 > 0，但趋于 0，对外界干扰承担风险概率最大值 P_{max}= 0.14，说明鹅掌柴种群对外界随机干扰有一定的敏感性。

表 8–52　金花茶保护区大石坪群落鹅掌柴种群数量变化动态指数

V_1	V_2	V_3	V_4	V_5	V_6	V_{pi}	V_{pi}'	P_{max}
0.10	0.44	−0.09	0.50	0.87	0.80	0.31	0.04	0.14

2. **种群静态生命表**

大石坪群落鹅掌柴种群静态生命表如表 8–53 所示。根据表 8–53，鹅掌柴种群幼龄个体数量较为丰富，老龄个体数量较少。鹅掌柴种群个体存活数随着龄级的增大逐级减少。其中，第Ⅴ龄级出现了较高的死亡率（q_x），达到 0.94。期望寿命（e_x）在第Ⅰ龄级达到最大，为 2.79，尽管在第Ⅵ龄级 e_x 值较第Ⅴ龄级有所回升，但鹅掌柴种群 e_x 值随着龄级的增长总体呈下降趋势，随着个体生长的过熟，数量明显减少。

表 8-53　金花茶保护区大石坪群落鹅掌柴种群的静态生命表

x	A_x	a_x	l_x	$\ln l_x$	d_x	q_x	L_x	T_x	e_x	K_x
Ⅰ	136	136	1 000	6.91	103	0.10	948.5	2 786.0	2.79	0.11
Ⅱ	123	122	897	6.80	221	0.25	786.5	1 837.5	2.05	0.28
Ⅲ	69	92	676	6.52	220	0.33	566.0	1 051.0	1.55	0.39
Ⅳ	76	62	456	6.12	221	0.48	345.5	485.0	1.06	0.66
Ⅴ	38	32	235	5.46	220	0.94	125.0	139.5	0.59	2.75
Ⅵ	5	2	15	2.71	8	0.53	11.0	14.5	0.97	0.76
Ⅶ	1	1	7	1.95	7	1.00	3.5	3.5	0.50	1.95

注：A_x 为 x 龄级个体存活数；a_x 为 x 龄级个体存活数在匀滑技术下的修正值。

3. 存活曲线

大石坪群落鹅掌柴种群存活曲线如图 8-75 所示，其存活曲线属于 *Deevey*- Ⅰ型，早期死亡率小，其死亡率在生长季末期达到最大。

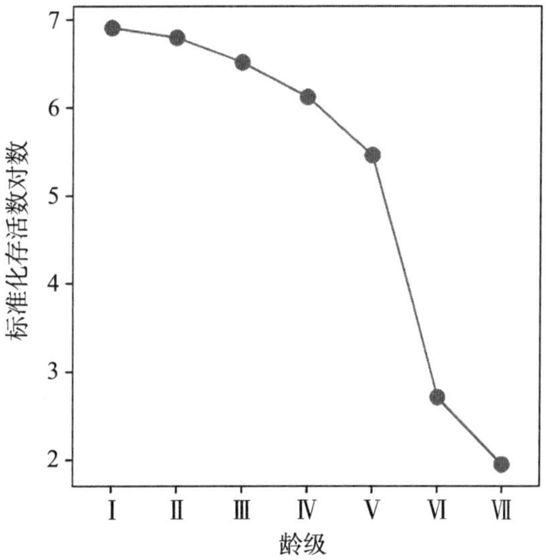

图 8-75　金花茶保护区大石坪群落鹅掌柴种群的存活曲线

4. 死亡率和消失率曲线

大石坪群落鹅掌柴种群死亡率和消失率曲线如图 8-76 所示。鹅掌柴种群的死亡率和消失率曲线的动态变化类似，随着龄级的增加出现了先增后降的趋势。结合表 8-53 来分析，第Ⅰ龄级的死亡率和消失率最低，第Ⅱ至第Ⅳ龄级的死亡率和消失率略有波动，但逐渐升高。到第Ⅴ龄级达到峰值，说明鹅掌柴种群在该龄级数量发生锐减，第Ⅴ至Ⅵ龄级的死亡率和消失率下降，第Ⅵ至第Ⅶ龄级的死亡率和消失率曲线逐渐上升。

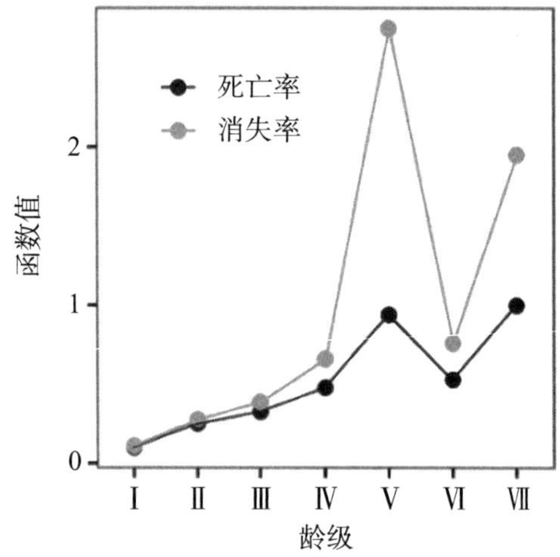

图 8-76 金花茶保护区大石坪群落鹅掌柴种群死亡率和消失率曲线

5. 生存分析

大石坪群落鹅掌柴种群的生存分析曲线如图 8-77 所示。其中，鹅掌柴种群的龄级与存活率呈负相关，龄级越大存活率越低，累积死亡率则相反，龄级越大累计死亡率越高。第Ⅰ至第Ⅴ龄级生存率急剧下降，死亡率急剧上升，在接近第Ⅲ龄级时，交点处表明生存率和死亡率达到平衡；第Ⅴ至第Ⅶ龄级存活率较平缓；在第Ⅴ龄级时，鹅掌柴种群的累积死亡率超过了 99%，而生存率下降到不足 1%。种群死亡密度曲线在第Ⅰ至第Ⅴ龄级整体变化的波动较小，不超过 0.01，鹅掌柴种群的危险率随龄级增大而增高，第Ⅰ至第Ⅴ龄级增长较快，第Ⅴ至第Ⅶ龄级缓慢上升。

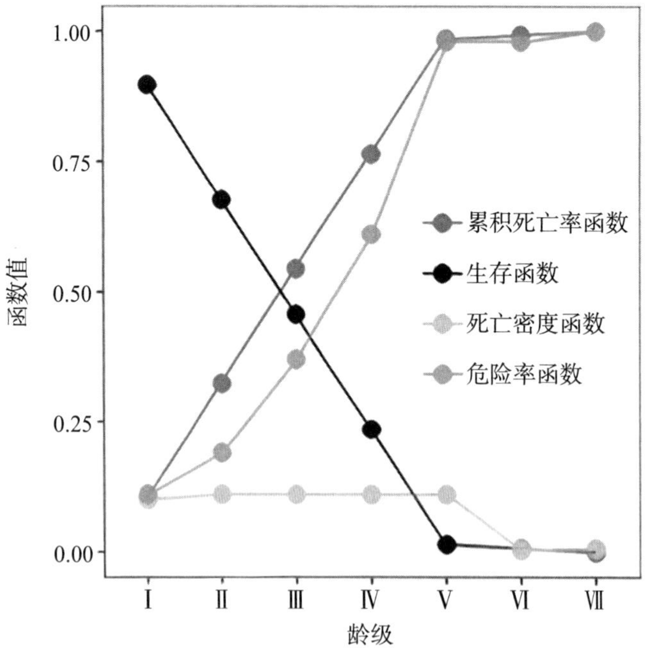

图 8-77 金花茶保护区大石坪群落鹅掌柴种群
生存函数、累积死亡率函数、死亡密度函数和危险率函数曲线

6. 种群数量动态预测

对大石坪群落鹅掌柴种群第Ⅱ和第Ⅴ龄级的动态进行预测，结果如图 8-78 所示。根据时间序列预测模型预测的鹅掌柴种群数量呈增长趋势，在经历龄级Ⅱ后，第Ⅳ龄级数量稍有减少，其他各龄级个体数均有不同程度的增长；经历龄级Ⅴ后，鹅掌柴种群各龄级个体数有明显的增长，具有较好的更新能力，在环境因子良好条件下，大石坪群落鹅掌柴种群总体在未来一定时间内表现一定数量的增长，短期内无急剧衰退趋势。

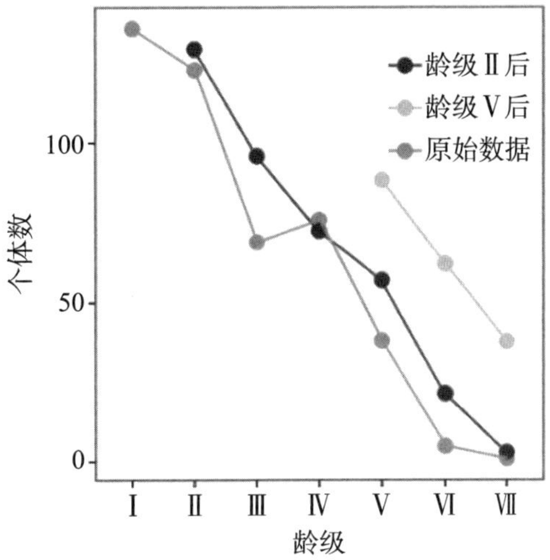

图 8–78　金花茶保护区大石坪群落鹅掌柴种群数量动态的时间序列预测

（三）那山子群落鹅掌柴种群数量动态

1. 种群动态指数

那山子群落鹅掌柴种群数量变化动态指数见表 8–54，V_n 均大于 0；若不考虑受干扰，鹅掌柴种群大小级结构动态指数 V_{pi}= 0.48 > 0；若考虑受随机干扰，种群龄级结构指数 V_{pi}'=0.07 > 0，但趋于 0，P_{max}= 0.14，说明鹅掌柴种群为增长型且相对稳定，但极易受外界干扰影响。

表 8–54　金花茶保护区那山子群落鹅掌柴种群数量变化动态指数

V_1	V_2	V_3	V_4	V_5	V_6	V_{pi}	V_{pi}'	P_{max}
0.37	0.55	0.48	0.88	0.40	0.67	0.48	0.07	0.14

2. 种群静态生命表

那山子群落鹅掌柴种群静态生命表如表 8–55 所示。根据表 8–55，随着龄级的增长，鹅掌柴种群的个体存活数是单调递减趋势，且前期的下降速度较快，直到第Ⅴ至第Ⅶ龄级，鹅掌柴种群个体数量很少，这可能是由于环境的筛选及鹅掌柴幼苗抗性较弱导致的。第Ⅰ至第Ⅲ龄级的鹅掌柴种群生命期望（e_x）较高，说明此阶段鹅掌柴种群的生理活动处于旺盛期，而后期随着年龄的增长，鹅掌柴种群生命期望虽有波动，但总体呈现逐渐下降的趋势。

表 8–55　金花茶保护区那山子群落鹅掌柴种群的静态生命表

x	a_x	l_x	$\ln l_x$	d_x	q_x	L_x	T_x	e_x	K_x
Ⅰ	288	1 000.00	6.91	368.06	0.37	815.97	1 597.22	1.60	0.46
Ⅱ	182	631.94	6.45	347.22	0.55	458.33	781.25	1.24	0.80
Ⅲ	82	284.72	5.65	135.42	0.48	217.01	322.92	1.13	0.65
Ⅳ	43	149.31	5.01	131.94	0.88	83.33	105.90	0.71	2.15

续表

x	a_x	l_x	$\ln l_x$	d_x	q_x	L_x	T_x	e_x	K_x
Ⅴ	5	17.36	2.85	6.94	0.40	13.89	22.57	1.30	0.51
Ⅵ	3	10.42	2.34	6.94	0.67	6.94	8.68	0.83	1.10
Ⅶ	1	3.47	1.24	3.47	1.00	1.74	1.74	0.50	1.24

3. **存活曲线**

那山子群落鹅掌柴种群存活曲线如图 8–79 所示。根据图 8–79，鹅掌柴种群存活曲线属于 *Deevey*–Ⅱ型，但并不为标准的对角线型，而是有所波动，各龄级间的成活数量差异较大，属于 *Deevey*–Ⅱ型中的 *B*1 亚型。

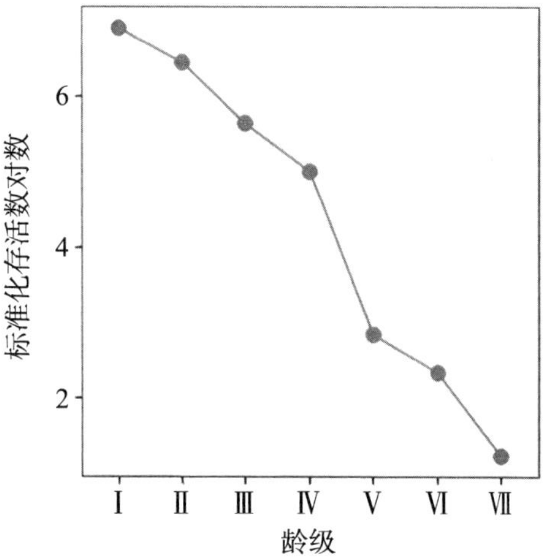

图 8–79　金花茶保护区那山子群落鹅掌柴种群存活曲线

4. **死亡率和消失率曲线**

那山子群落鹅掌柴种群死亡率和消失率曲线见图 8–80 所示。根据图 8–80，鹅掌柴种群的死亡率和消失率的曲线趋势一致，呈双峰型曲线。结合表 8–55 来看，第Ⅰ龄级的死亡率和消失率最低，第Ⅱ至第Ⅲ级，死亡率和消失率略有波动但逐渐升高，在第Ⅳ龄级达到峰值，第Ⅴ龄级的死亡率和消失率下降，第Ⅵ至第Ⅶ级的死亡率和消失率的曲线又逐渐上升。

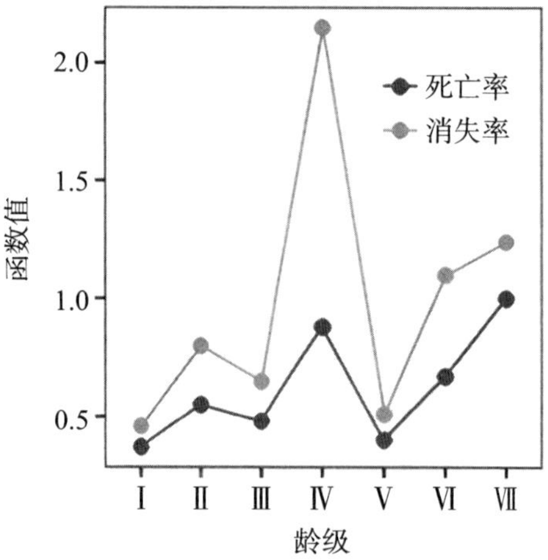

图 8–80　金花茶保护区那山子群落鹅掌柴种群死亡率和消失率曲线

5. **生存分析**

那山子群落鹅掌柴种群的生存分析曲线如图 8-81 所示。根据图 8-81，鹅掌柴种群生存率和死亡密度总体呈下降趋势，而累积死亡率和危险率呈总体上升的趋势。而且 4 个函数曲线都具有前期变化较大、中期稳定、后期平缓的特点，说明鹅掌柴种群幼苗幼树种内竞争剧烈，导致前期个体数量锐减，但竞争后保留下来的个体具有一定生存能力，所以呈现中期稳定，到了生理寿命而后期衰退的变化趋势。

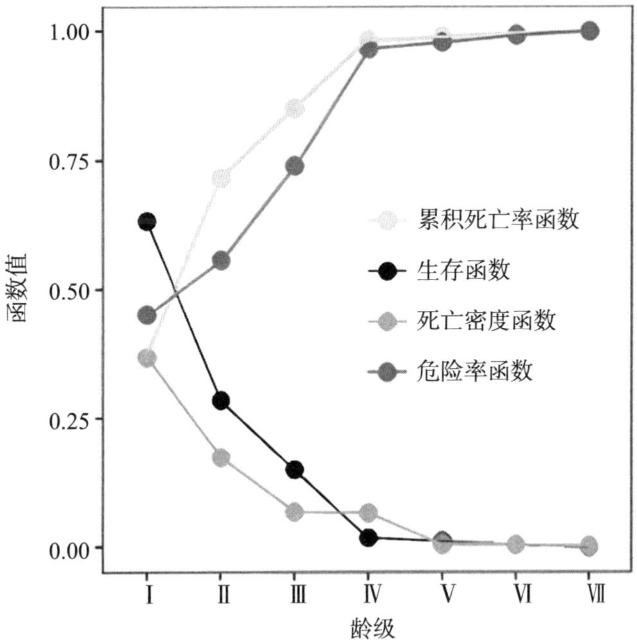

图 8-81　金花茶保护区那山子群落鹅掌柴种群
生存函数、累积死亡率函数、死亡密度函数和危险率函数曲线

6. **种群数量动态预测**

对那山子群落鹅掌柴种群第Ⅱ和第Ⅴ龄级的动态进行预测，结果如图 8-82 所示。根据图 8-82，二者均有不同程度的增长，这是由于鹅掌柴种群幼龄个体较多，能够为种群提供充足的后备力量，该种群具有良好的自我更新能力，未来将稳定增长。

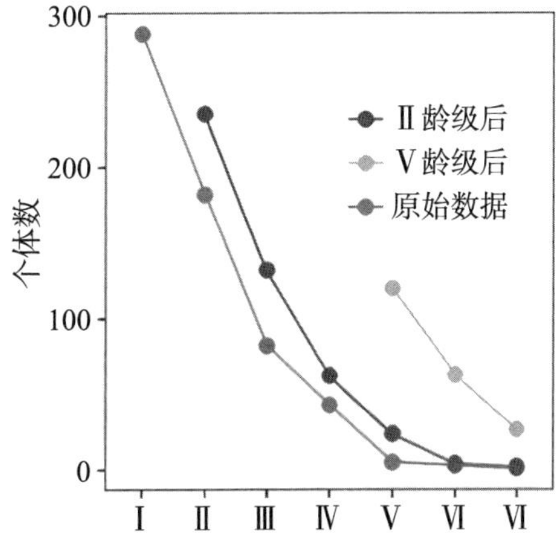

图 8-82　金花茶保护区那山子群落鹅掌柴种群数量动态的时间序列预测

第九章　珍稀濒危植物和特有植物

一、国家重点保护野生植物

根据 2021 年修订的《国家重点保护野生植物名录》[国家林业和草原局 农业农村部公告（2021 年 第 15 号）] 进行统计，金花茶保护区现已知的国家重点保护野生植物有 44 种，隶属 23 科 28 属（表 9-1）。其中，蕨类植物 3 科 3 属 4 种，裸子植物 4 科 4 属 5 种，被子植物（双子叶植物和单子叶植物）16 科 21 属 35 种；草本 11 种，灌木 2 种，灌木或乔木 4 种，木质藤本 2 种，乔木 25 种。国家一级重点保护野生植物仅有宽叶苏铁、小叶红豆和广西火桐 3 种，其他种为国家二级重点保护野生植物，以红豆属、山茶属、兰属的种较多。

表 9-1　金花茶保护区的国家重点保护野生植物

植物类群	科名	属名	种名	生活型	保护等级
蕨类植物	合囊蕨科 Marattiaceae	观音座莲属 *Angiopteris*	福建观音座莲 *Angiopteris fokiensis*	草本	二级
	金毛狗科 Cibotiaceae	金毛狗属 *Cibotium*	金毛狗 *Cibotium barometz*	草本	二级
	桫椤科 Cyatheaceae	黑桫椤属 *Gymnosphaera*	小黑桫椤 *Gymnosphaera metteniana*	乔木状	二级
			黑桫椤 *Gymnosphaera podophylla*	灌木状或乔木状	二级
裸子植物	苏铁科 Cycadaceae	苏铁属 *Cycas*	宽叶苏铁 *Cycas balansae*	灌木	一级
	柏科 Cupressaceae	福建柏属 *Fokienia*	福建柏 *Fokienia hodginsii*	乔木	二级
	罗汉松科 Podocarpaceae	罗汉松属 *Podocarpus*	罗汉松 *Podocarpus macrophyllus*	乔木	二级
			百日青 *Podocarpus neriifolius*	乔木	二级
	红豆杉科 Taxaceae	穗花杉属 *Amentotaxus*	穗花杉 *Amentotaxus argotaenia*	乔木	二级
双子叶植物	猕猴桃科 Actinidiaceae	猕猴桃属 *Actinidia*	条叶猕猴桃 *Actinidia fortunatii*	木质藤本	二级
	小檗科 Berberidaceae	鬼臼属 *Dysosma*	六角莲 *Dysosma pleiantha*	草本	二级
	龙脑香科 Dipterocarpaceae	坡垒属 *Hopea*	狭叶坡垒 *Hopea chinensis*	乔木	二级
	豆科 Fabaceae	猴耳环属 *Archidendron*	棋子豆 *Archidendron robinsonii*	乔木	二级
		格木属 *Erythrophleum*	格木 *Erythrophleum fordii*	乔木	二级
		红豆属 *Ormosia*	肥荚红豆 *Ormosia fordiana*	乔木	二级
			花榈木 *Ormosia henryi*	乔木	二级

续表

植物类群	科名	属名	种名	生活型	保护等级
双子叶植物	豆科 Fabaceae	红豆属 *Ormosia*	小叶红豆 *Ormosia microphylla*	灌木或乔木	一级
			南宁红豆 *Ormosia nanningensis*	乔木	二级
			柔毛红豆 *Ormosia pubescens*	乔木	二级
			软荚红豆 *Ormosia semicastrata*	乔木	二级
			亮毛红豆 *Ormosia sericeolucida*	乔木	二级
			木荚红豆 *Ormosia xylocarpa*	乔木	二级
	壳斗科 Fagaceae	锥属 *Castanopsis*	华南锥 *Castanopsis concinna*	乔木	二级
	唇形科 Lamiaceae	石梓属 *Gmelina*	苦梓 *Gmelina hainanensis*	乔木	二级
	木兰科 Magnoliaceae	含笑属 *Michelia*	香子含笑 *Michelia gioii*	乔木	二级
	锦葵科 Malvaceae	梧桐属 *Firmiana*	广西火桐 *Firmiana kwangsiensis*	乔木	一级
		梭罗树属 *Reevesia*	粗齿梭罗树 *Reevesia rotundifolia*	乔木	二级
	肉豆蔻科 Myristicaceae	风吹楠属 *Horsfieldia*	风吹楠 *Horsfieldia amygdalina*	乔木	二级
	茜草科 Rubiaceae	巴戟天属 *Morinda*	巴戟天 *Morinda officinalis*	木质藤本	二级
	无患子科 Sapindaceae	韶子属 *Nephelium*	韶子 *Nephelium chryseum*	乔木	二级
	山榄科 Sapotaceae	紫荆木属 *Madhuca*	紫荆木 *Madhuca pasquieri*	乔木	二级
	山茶科 Theaceae	山茶属 *Camellia*	显脉金花茶 *Camellia euphlebia*	灌木或乔木	二级
			防城茶 *Camellia fangchengensis*	乔木	二级
			东兴金花茶 *Camellia indochinensis* var. *tunghinensis*	灌木	二级
			金花茶 *Camellia nitidissima*	灌木或乔木	二级
	瑞香科 Thymelaeaceae	沉香属 *Aquilaria*	土沉香 *Aquilaria sinensis*	乔木	二级
单子叶植物	藜芦科 Melanthiaceae	重楼属 *Paris*	海南重楼 *Paris dunniana*	草本	二级
	兰科 Orchidaceae	金线兰属 *Anoectochilus*	金线兰 *Anoectochilus roxburghii*	草本	二级
		兰属 *Cymbidium*	纹瓣兰 *Cymbidium aloifolium*	草本	二级
			建兰 *Cymbidium ensifolium*	草本	二级
			寒兰 *Cymbidium kanran*	草本	二级
			硬叶兰 *Cymbidium mannii*	草本	二级
		石斛属 *Dendrobium*	流苏石斛 *Dendrobium fimbriatum*	草本	二级
			剑叶石斛 *Dendrobium spatella*	草本	二级

二、广西重点保护野生植物

根据2023年修订的《广西壮族自治区重点保护野生植物名录》（桂政发〔2023〕10号）进行统计，金花茶保护区现已知的广西重点保护野生植物有46种，隶属10科36属，均为被子植物（表9-2）。其中，双子叶植物9科11属12种，单子叶植物1科25属34种，即以兰科植物为主；草本34种，草质藤本1种，木质藤本3种，灌木2种，攀缘灌木1种，乔木5种。

表9-2　金花茶保护区的广西重点保护野生植物

植物类群	科名	属名	种名	生活型
双子叶植物	蕈树科 Altingiaceae	半枫荷属 *Semiliquidambar*	半枫荷 *Semiliquidambar cathayensis*	乔木
	漆树科 Anacardiaceae	辛果漆属 *Drimycarpus*	辛果漆 *Drimycarpus racemosus*	乔木
	豆科 Fabaceae	南海藤属 *Nanhaia*	南海藤 *Nanhaia speciosa*	木质藤本
		密花豆属 *Spatholobus*	密花豆 *Spatholobus suberectus*	攀缘灌木
	黏木科 Ixonanthaceae	黏木属 *Ixonanthes*	黏木 *Ixonanthes reticulata*	乔木
	樟科 Lauraceae	润楠属 *Machilus*	十万大山润楠 *Machilus shiwandashanica*	灌木
	木兰科 Magnoliaceae	含笑属 *Michelia*	观光木 *Michelia odora*	乔木
	防己科 Menispermaceae	天仙藤属 *Fibraurea*	天仙藤 *Fibraurea recisa*	木质藤本
		千金藤属 *Stephania*	金线吊乌龟 *Stephania cephalantha*	草质藤本
			桐叶千金藤 *Stephania japonica* var. *discolor*	木质藤本
	蓝果树科 Nyssaceae	马蹄参属 *Diplopanax*	马蹄参 *Diplopanax stachyanthus*	乔木
	报春花科 Primulaceae	紫金牛属 *Ardisia*	走马胎 *Ardisia gigantifolia*	灌木
单子叶植物	兰科 Orchidaceae	安兰属 *Ania*	香港安兰 *Ania hongkongensis*	草本
		牛齿兰属 *Appendicula*	牛齿兰 *Appendicula cornuta*	草本
		竹叶兰属 *Arundina*	竹叶兰 *Arundina graminifolia*	草本
		睫唇兰属 *Blepharoglossum*	睫唇兰 *Blepharoglossum latifolium*	草本
		石豆兰属 *Bulbophyllum*	赤唇石豆兰 *Bulbophyllum affine*	草本
			密花石豆兰 *Bulbophyllum odoratissimum*	草本
			斑唇卷瓣兰 *Bulbophyllum pecten-veneris*	草本
		虾脊兰属 *Calanthe*	二列叶虾脊兰 *Calanthe speciosa*	草本
		黄兰属 *Cephalantheropsis*	黄兰 *Cephalantheropsis obcordata*	草本
		高宝兰属 *Cionisaccus*	高宝兰 *Cionisaccus procera*	草本

续表

植物类群	科名	属名	种名	生活型
单子叶植物	兰科 Orchidaceae	隔距兰属 *Cleisostoma*	尖喙隔距兰 *Cleisostoma rostratum*	草本
			红花隔距兰 *Cleisostoma williamsonii*	草本
		贝母兰属 *Coelogyne*	流苏贝母兰 *Coelogyne fimbriata*	草本
		吻兰属 *Collabium*	吻兰 *Collabium chinense*	草本
		蛤兰属 *Conchidium*	蛤兰 *Conchidium pusillum*	草本
		蛇舌兰属 *Diploprora*	蛇舌兰 *Diploprora championii*	草本
		厚唇兰属 *Epigeneium*	单叶厚唇兰 *Epigeneium fargesii*	草本
		毛兰属 *Eria*	半柱毛兰 *Eria corneri*	草本
			香港毛兰 *Eria gagnepainii*	草本
		斑叶兰属 *Goodyera*	斑叶兰 *Goodyera schlechtendaliana*	草本
		玉凤花属 *Habenaria*	橙黄玉凤花 *Habenaria rhodocheila*	草本
			丛叶玉凤花 *Habenaria tonkinensis*	草本
		羊耳蒜属 *Liparis*	见血青 *Liparis nervosa*	草本
			扇唇羊耳蒜 *Liparis stricklandiana*	草本
			长茎羊耳蒜 *Liparis viridiflora*	草本
		石仙桃属 *Pholidota*	石仙桃 *Pholidota chinensis*	草本
		柄唇兰属 *Podochilus*	柄唇兰 *Podochilus khasianus*	草本
			云南柄唇兰 *Podochilus oxystophylloides*	草本
		带唇兰属 *Tainia*	带唇兰 *Tainia dunnii*	草本
			云叶兰 *Tainia tenuiflora*	草本
		毛鞘兰属 *Trichotosia*	高茎毛鞘兰 *Trichotosia pulvinata*	草本
		竹茎兰属 *Tropidia*	短穗竹茎兰 *Tropidia curculigoides*	草本
		香荚兰属 *Vanilla*	南方香荚兰 *Vanilla annamica*	草本
		线柱兰属 *Zeuxine*	宽叶线柱兰 *Zeuxine affinis*	草本

三、广西特有野生植物

根据韦毅刚等（2023）的《广西野生维管植物名录》进行统计，金花茶保护区现已知的广西特有植物有 48 种，隶属 29 科 38 属，均为被子植物（表 9–3）。其中，双子叶植物 24 科 32 属 39 种，单子叶植物 5 科 6 属 9 种；草本 18 种，木质藤本 1 种，亚灌木 1 种，攀缘灌木 2 种，灌木 8 种，灌木或乔木 3 种，乔木 14 种，棕榈类 1 种。

表9–3　金花茶保护区的广西特有植物

植物类群	科名	属名	种名	生活型
双子叶植物	爵床科 Acanthaceae	孩儿草属 *Rungia*	广西孩儿草 *Rungia guangxiensis*	草本
		马蓝属 *Strobilanthes*	卵苞金足草 *Strobilanthes ovatibracteata*	草本
	番荔枝科 Annonaceae	瓜馥木属 *Fissistigma*	上思瓜馥木 *Fissistigma shangtzeense*	木质藤本
	冬青科 Aquifoliaceae	冬青属 *Ilex*	多核冬青 *Ilex polypyrena*	乔木
	马兜铃科 Aristolochiaceae	细辛属 *Asarum*	长茎金耳环 *Asarum longerhizomatosum*	草本
	菊科 Asteraceae	蔓斑鸠菊属 *Decaneuropsis*	广西蔓斑鸠菊 *Decaneuropsis chingiana*	攀缘灌木
	秋海棠科 Begoniaceae	秋海棠属 *Begonia*	观光秋海棠 *Begonia tsoongii*	草本
	藤黄科 Clusiaceae	藤黄属 *Garcinia*	尖叶藤黄 *Garcinia subfalcata*	乔木
	杜鹃花科 Ericaceae	杜鹃花属 *Rhododendron*	防城杜鹃 *Rhododendron fangchengense*	灌木
			铁仔叶杜鹃 *Rhododendron myrsinifolium*	灌木
	苦苣苔科 Gesneriaceae	半蒴苣苔属 *Hemiboea*	长萼半蒴苣苔 *Hemiboea longisepala*	草本
		盾叶苣苔属 *Metapetrocosmea*	多痕盾叶苣苔 *Metapetrocosmea cicatricosa*	草本
		报春苣苔属 *Primulina*	密毛蚂蟥七 *Primulina fimbrisepala* var. *mollis*	草本
	樟科 Lauraceae	琼楠属 *Beilschmiedia*	上思琼楠 *Beilschmiedia shangsiensis*	乔木
		木姜子属 *Litsea*	红楠刨 *Litsea kwangsiensis*	乔木
			少脉木姜子 *Litsea oligophlebia*	乔木
		润楠属 *Machilus*	赛短花润楠 *Machilus parabreviflora*	灌木
			十万大山润楠 *Machilus shiwandashanica*	灌木
			东兴润楠 *Machilus velutinoides*	灌木
		油果樟属 *Syndiclis*	广西油果樟 *Syndiclis kwangsiensis*	乔木
	锦葵科 Malvaceae	梭罗树属 *Reevesia*	上思梭罗树 *Reevesia shangszeensis*	乔木
	野牡丹科 Melastomataceae	鸭脚茶属 *Tashiroea*	双腺鸭脚茶 *Tashiroea biglandularis*	灌木
	木樨科 Oleaceae	木樨榄属 *Olea*	方枝木樨榄 *Olea tetragonoclada*	灌木或乔木
	五列木科 Pentaphylacaceae	柃属 *Eurya*	披针叶柃 *Eurya lanciformis*	乔木
	叶下珠科 Phyllanthaceae	红叶下珠属 *Nymphanthus*	尖叶下珠 *Nymphanthus fangchengensis*	灌木

续表

植物类群	科名	属名	种名	生活型
双子叶植物	山龙眼科 Proteaceae	山龙眼属 *Helicia*	东兴山龙眼 *Helicia dongxingensis*	乔木
	蔷薇科 Rosaceae	悬钩子属 *Rubus*	耳叶悬钩子 *Rubus latoauriculatus*	攀缘灌木
	茜草科 Rubiaceae	雪花属 *Argostemma*	岩雪花 *Argostemma saxatile*	草本
		蛇根草属 *Ophiorrhiza*	广西蛇根草 *Ophiorrhiza kwangsiensis*	亚灌木
		水锦树属 *Wendlandia*	大叶木莲红 *Wendlandia pubigera*	乔木
	芸香科 Rutaceae	山小橘属 *Glycosmis*	少花山小橘 *Glycosmis oligantha*	灌木或乔木
	无患子科 Sapindaceae	鳞花木属 *Lepisanthes*	茎花赤才 *Lepisanthes cauliflora*	灌木或乔木
	五味子科 Schisandraceae	八角属 *Illicium*	短梗八角 *Illicium pachyphyllum*	乔木
	山茶科 Theaceae	山茶属 *Camellia*	防城茶 *Camellia fangchengensis*	乔木
			硬叶糙果茶 *Camellia gaudichaudii*	乔木
			东兴金花茶 *Camellia indochinensis* var. *tunghinensis*	灌木
		紫茎属 *Stewartia*	齿叶毛折柄茶 *Stewartia villosa* var. *serrata*	乔木
	荨麻科 Urticaceae	楼梯草属 *Elatostema*	多花丝梗楼梯草 *Elatostema filipes* var. *floribundum*	草本
			坚纸楼梯草 *Elatostema pergameneum*	草本
单子叶植物	棕榈科 Arecaceae	省藤属 *Calamus*	桂南省藤 *Calamus austroguangxiensis*	棕榈类
	鸭跖草科 Commelinaceae	水竹叶属 *Murdannia*	橙花水竹叶 *Murdannia citrina*	草本
	藜芦科 Melanthiaceae	仙杖花属 *Chamaelirium*	十万大山白丝草 *Chamaelirium shiwandashanense*	草本
	兰科 Orchidaceae	羊耳蒜属 *Liparis*	凭祥羊耳蒜 *Liparis pingxiangensis*	草本
	姜科 Zingiberaceae	山姜属 *Alpinia*	狭叶山姜 *Alpinia graminifolia*	草本
			桂南山姜 *Alpinia guinanensis*	草本
			矮山姜 *Alpinia psilogyna*	草本
		豆蔻属 *Amomum*	细砂仁 *Amomum microcarpum*	草本
			腐花豆蔻 *Amomum putrescens*	草本

第十章 珍稀濒危植物濒危机制及其保护

一、金花茶组植物及其濒危机制

（一）金花茶组植物

金花茶通常是山茶科山茶属金花茶组植物的统称，该类植物花朵呈金黄色，极具观赏性。1979 年，张宏达教授创建了金花茶组（Sect. *Chrysantha* Chang），其特征是：花腋生，有柄，苞片 5~7 枚，宿存，萼片 5~7 枚，宿存；花瓣 8~12 枚，金黄色；雄蕊 4 轮，花丝稍连生；子房 3~5 室，花柱 3~5 枚，离生，胚珠每室 2~4 颗。中国现已知的金花茶组植物有 20 种和 2 变种（表 10–1），自然分布于广西、贵州和云南，其中中国特有的金花茶有 13 种和 1 个变种（梁盛业，1993）。金花茶保护区野生的金花茶有金花茶、显脉金花茶和东兴金花茶 3 种。此外，保护区在那梭镇上岳的金花茶物种基因库还引种有淡黄金花茶、平果金花茶、小花金花茶、凹脉金花茶、中东金花茶、顶生金花茶、柠檬金花茶、薄叶金花茶、小果金花茶、毛瓣金花茶等。

1. **金花茶**

灌木或小乔木。植株高 2~5 m。嫩枝无毛。叶片革质，长圆形、披针形或倒披针形，长 11~16 cm，宽 2.5~4.5 cm；先端尾状渐尖，基部楔形，边缘具细锯齿，齿刻相隔 1~2 mm；腹面深绿色，有光泽，无毛；背面浅绿色，无毛，被黑腺点；中脉及 7 对侧脉在腹面陷下，在背面突起；叶柄长 7~11 mm，无毛。花腋生，单生；花柄长 7~10 mm；苞片 5 枚，散生，阔卵形，长 2~3 mm，宽 3~5 mm，宿存；萼片 5 枚，卵圆形至圆形，长 4~8 mm，宽 7~8 mm，基部略连生，先端圆，外面略有微毛；花瓣 8~12 枚，黄色，近圆形，长 1.5~3 cm，宽 1.2~2 cm，基部略相连生，边缘有睫毛；雄蕊排成 4 轮，外轮的花丝与花瓣略相连生，花丝近离生或稍连合，无毛，长平均 1.2 cm；子房无毛，3~4 室，花柱 3~4 枚，无毛，长平均 1.8 cm。蒴果扁三角锥状球形，长平均 3.5 cm，宽平均 4.5 cm，成熟时 3 瓣裂开，果瓣厚 4~7 mm，中轴三棱柱形或四棱柱形，顶端 3~4 裂；果柄长平均 1 cm；有宿存苞片及萼片；每果有种子 6~8 粒。种子长平均 2 cm。花期 11 月至翌年 3 月，果期 10—12 月。

2. **显脉金花茶**

灌木或小乔木。嫩枝无毛。叶片革质，椭圆形，长 12~20 cm，先端急短尖，基部钝或近于圆，边缘密生细锯齿，腹面干后稍发亮，背面无腺点；侧脉 10~12 对，在腹面稍下陷，在背面显著突起；叶柄长约 1 cm。花单生于叶腋，花柄长 4~5 mm；苞片 8 枚，半圆形至圆形，长 2~5 mm；萼片 5 枚，近圆形，长 5~6 mm；花瓣 8~9 枚，金黄色，倒卵形，长 3~4 cm，基部连生 5~8 mm；雄蕊长 3~3.5 cm，外轮的花丝基部连生约 1 cm，花药长平均 2 mm；子房无毛，3 室，花柱 3 枚，离生，长 2~2.5 cm。花期 11 月至翌年 2 月，果期 11—12 月。

3. **东兴金花茶**

灌木。植株高约 2 m。嫩枝纤细，无毛。叶片薄革质，椭圆形，长 5~9 cm，宽 3~4 cm，先端急尖，基部阔楔形，边缘上半部具钝齿，腹面淡绿色，干后无光泽，背面无毛，被黑腺点；侧脉 4~5 对，侧脉与网脉在腹面明显，在背面突起；叶柄长 8~15 mm。花直径约 4 cm；花柄长 9~13 mm；苞片 6~7 枚，细小，分散于花柄上；萼片 5 枚，近圆形，长 2~5 mm，外面有毛或边有睫毛；花瓣 8~9 枚，基部连合 2~4 mm，金黄色，倒卵形，长 1~2 cm，无毛；雄蕊多数，4~5 轮，外轮的花丝基部连生 2~5 mm，无毛；子房无毛，3 室，花柱 3 条，离生，长 1.5~1.8 cm。蒴果球形，直径约 2 cm，1 室；果瓣极薄。花期 4—5 月，果期 10—12 月。

表 10-1　中国野生金花茶组植物种类及其地理分布

中文名	拉丁名	分类等级	分布地点	中国特有
中东金花茶	*Camellia achrysantha*	种	广西：扶绥	√
薄叶金花茶	*Camellia chrysanthoides*	种	广西：龙州、凭祥、弄岗	
德保金花茶	*Camellia debaoensis*	种	广西：德保、靖西	√
显脉金花茶	*Camellia euphlebia*	种	广西：防城、东兴、大新	
簇蕊金花茶	*Camellia fascicularis*	种	云南：河口、个旧、马关	√
淡黄金花茶	*Camellia flavida*	种	广西：龙州、宁明、凭祥	
多变淡黄金花茶	*Camellia flavida* var. *patens*	种下	广西：扶绥、武鸣	
贵州金花茶	*Camellia huana*	种	广西：天峨；贵州：册亨、罗甸	√
凹脉金花茶	*Camellia impressinervis*	种	广西：龙州、大新、凭祥	
柠檬金花茶	*Camellia limonia*	种	广西：龙州、宁明	
小花金花茶	*Camellia micrantha*	种	广西：宁明、凭祥、凭祥	√
富宁金花茶	*Camellia mingii*	种	云南：富宁	√
金花茶	*Camellia nitidissima*	种	广西：邕宁、扶绥、宁明、防城、隆安	
小果金花茶	*Camellia nitidissima* var. *microcarpa*	种下	广西：邕宁	√
四季花金花茶	*Camellia perpetua*	种	广西：崇左、龙州	√
平果金花茶	*Camellia pingguoensis*	种	广西：平果、田东	√
毛瓣金花茶	*Camellia pubipetala*	种	广西：隆安、大新	√
喙果金花茶	*Camellia rostrata*	种	广西：隆安	√
武鸣金花茶	*Camellia wumingensis*	种	广西：武鸣	√
毛花金花茶	*Camellia piloflora*	种	广西：德保	
东兴金花茶	*Camellia tunghinensis*	种	广西：防城、东兴	√
顶生金花茶	*Camellia terminalis*	种	广西：天等	√

（二）生境及其群落

在金花茶保护区区域生态环境背景下，金花茶组植物通常生长在沟谷、溪边、沟边等小气候环境中，对气温与湿度都要求比较高，适宜在冬暖夏凉的环境中生长（黄瑞斌等，2007）。适应的土壤类型为由砂页岩、花岗岩和砾岩发育而成的酸性赤红壤，土层深厚，呈酸性反应，土壤有机质含量较高。

金花茶保护区的金花茶组植物所在群落主要是季节性雨林，这种群落组成种类较为复杂，且极富热带性质。群落层次结构可划分为乔木层、灌木层和草本层。乔木层主要由樟科、五加科、大戟科、山榄科、桑科、豆科、蕈树科、山龙眼科、龙脑香科等科的植物组成，如黄樟、鹅掌柴、轮苞血桐、银柴、秋枫、梭子果、肉实树、水同木、大果榕、棋子豆、蕈树、假苹婆、海南山龙眼、狭叶坡垒等；灌木层组成种除了金花茶、显脉金花茶、东兴金花茶等优势种，其他种常见有九节、假九节、罗伞树、狗骨柴、香港大沙叶、白花龙船花、旁杞木、单穗鱼尾葵、紫金牛以及上层乔木树种的幼树；草本层常见的组成种有露兜草、山姜、长囊薹草、新月蕨、刺头复叶耳蕨、条裂三叉蕨、截裂毛蕨、乌毛蕨等；层间植物有买麻藤、崖爬藤、海南崖豆藤、侯钩藤、假鹰爪、牛果藤、白粉藤、锡叶藤、金钟藤、菝葜、团叶槲蕨、石柑子、粗茎崖角藤等。主要的群落类型有橄榄—梭子果 + 金花茶群落、香港四照花 + 金花茶群落、团花—秋枫 + 金花茶群落、黄樟—鹅掌柴 + 东兴金花茶群落、蕈树—肉实树 + 东兴金花茶群落、黄樟—鹅掌柴 + 显脉金花茶群落、狭叶坡垒—秋枫 + 金花茶群落等（黄付平，2001）。

（三）濒危机制

1. 生境条件需求特殊

金花茶保护区的 3 种金花茶组植物长期在高温、高湿、低海拔的北热带赤红壤季节性雨林生态系统中生长、分化和发展，形成了喜暖热、好阴湿、忌强光直射等遗传特性（韦霄等，2016）。

（1）温度需求：金花茶、显脉金花茶和东兴金花茶都是嗜热性植物，喜温暖气候，所需热量条件较高，金花茶保护区地处北热带气候区，温暖的气候条件能满足金花茶组植物的正常生长发育。例如，显脉金花茶每年常有两次枝叶迅速生长期，第一次在 3—4 月，第二次在 10 月左右，11 月至翌年 1 月开花结实（黎桦等，1996）；金花茶 4—5 月枝芽开始萌发，11 月开始开花（吴儒华等，2012）。这些资料说明显脉金花茶和金花茶的生长要求气温较高，营养生长多集中在夏秋季，而它们的花期要求的气温偏低，多在冬春季，故显示出明显的热带性质。

（2）光照需求：金花茶组植物通常不能忍受直射光照射，对荫蔽条件要求较严，一般要求光照度仅 320~600 lx（9—10 月），属典型的林下植物（苏宗明等，1988），在直射光之下生长不良。例如，显脉金花茶扦插苗在 20% 光照强度下生长较佳（薛克娜等，2018）。

（3）水分需求：金花茶组植物对水分条件要求较高，喜生于湿度大的乔木林下。金花茶保护区所在地 2009—2020 年的降水量平均为 3 030 mm，平均相对湿度为 80%~83%，适于金花茶组植物的生长。

（4）土壤需求：金花茶组植物喜腐殖质多的酸性土壤，集中分布地的表层土壤 pH 为 4.3~5.3，氮、磷、钾等主要养分元素含量较高（黄付平，2000；韦霄等，2007），有机质含量为 24.1%~58.4%。例如，分布灰堂山的金花茶所在群落表层土的有机质含量为 40.8 $g \cdot kg^{-1}$（韦霄等，2007），分布那山子的群落表层土有机质含量为 38.8 $g \cdot kg^{-1}$（韦霄等，2007），分布那湾的群落表层土有机质含量为 36.7%~58.4%（蓝福生等，1989）；东兴金花茶所在群落的土壤有机质为 24.1~51.5 $g \cdot kg^{-1}$（杨泉光等，

2017）。

（5）其他生物需求：金花茶组植物是虫媒花植物，需要某些昆虫和蜂鸟传粉。

2. 种子扩散范围与种群规模小

金花茶果实纵径 3.5~4.5 cm，横径 4.5~6.5 cm，种子重量 2.3~3.5 g（韦霄等，2016）。显脉金花茶果实平均直径 4.19 cm，平均厚度 2.54 cm，平均重量 25.79 g，种子平均重量 2.62 g（杨泉光等，2017）。东兴金花茶种子横径 2.54~3.14 cm，纵径 2.11~2.87 cm，厚度 1.89~2.78 cm，重量 5.45~11.24 g（秦惠珍等，2022）。上述3种金花茶的果实及种子均较大，不易以风力或鸟兽传播，多数靠自重力传播，种子成熟脱落后的散落范围小，传播能力有限，种群难以扩张，因此它们的空间分布范围受到一定的制约。另一方面，由于果实及种子大，很难被土壤自然覆盖，从而不利于发芽，使得自然条件下种子发芽率及成苗率低，最终造成种群规模小，种群内个体数量变化随机性大，且容易受到环境波动、灾害及遗传漂变等随机因素的影响，导致其灭绝率高。同时，小种群容易产生自交和退化，其遗传漂变几率的增加将导致种群遗传多样性的降低，从而增大了其遗传的不稳定性，使种群逐渐失去适应能力。

3. 自然繁殖力低

在自然条件下，避免物种濒危的关键环节是种子向幼苗的转化过程，这个过程涉及果实成熟、种子萌发等，没有足够数量的幼苗，种群就难以更新。根据统计，金花茶花芽期败育率为 16.33%，花期败育率为 63.05%，果期败育率为 44.09%，败育率在不同径级个体和不同冠层之间有一定差异，败育率高、结实率低、种子产量少是金花茶濒危的一个主要原因（柴胜丰等，2009）。野生金花茶开花的平均年龄为 8 年，由于金花茶生长发育缓慢，光合作用积累的产物绝大部分用于营养生长，没有足够的物质来进行生殖生长，成年植株虽然可每年开花，但是结实率很低，野外金花茶的结实率只有 10%~15%（吴儒华等，2010）。东兴金花茶也存在结实率低、种子数量少、自然繁殖能力较弱等问题。虽然东兴金花茶现蕾数和开花数较多，但落蕾和落花现象也较普遍，自然结实率较低，所以在自然条件下东兴金花茶的繁殖能力不强，成苗率低，更新能力差（韦霄等，2015）。

4. 种群年龄级缺失

根据吴儒华等（2010）的研究，金花茶的增长型种群占 37.5%，衰退型种群占 56.2%，稳定型种群占 6.3%；开花植株比例较小，常有龄级缺失现象，甚至仅存 1 个龄级；总体上以中树最多，幼苗和大树少，金花茶在第Ⅳ龄级（大树）后死亡率较高。显脉金花茶种群年龄结构也不完整，通常有 1~2 个龄级缺失，也存在只有 1 个龄级的种群；一些区域的显脉金花茶幼苗、幼树较多，大树和老树较少；成年树的缺少导致种群繁殖受限，当遇外来干扰时，显脉金花茶容易从群落中消失。东兴金花茶种群从第Ⅰ龄级的幼苗到第Ⅳ龄级的中树都有，但缺乏大树；第Ⅰ至第Ⅱ龄级幼苗、幼树个体少，以处于花龄前一阶段的第Ⅲ龄级小树比例最大，第Ⅳ龄级植株虽已到花龄，但比例不大，开花较少；第Ⅰ龄级幼苗和第Ⅲ龄级小树死亡率高，种群衰退趋势明显。

5. 种间竞争能力差

金花茶组植物通常生长在群落的下层，上层郁闭度较高，如东兴金花茶所在群落郁闭度 0.80~0.95（杨泉光等，2020）。在这种环境下，金花茶组植物幼苗生长极缓慢，从幼苗到小树通常要 5 年以上。群落中，有许多竞争能力较强的植物，它们与金花茶组植物之间存在着对空间、光照、养分等资源的竞争。由于金花茶发育速度缓慢，在与其他物种竞争中很难取得优势地位，导致其种群更新困难，种群数量难以得到有效补充，从而使种群密度下降（吴儒华等，2012）。

6. **适宜生境片断化和丧失**

在经济利益的驱动下，金花茶组植物除在金花茶保护区被保护较好外，其他分布点均遭受到严重的毁林开荒、乱砍滥挖、放牧等人为干扰，特别是因种植八角、肉桂而大面积砍伐森林，使适宜金花茶组植物的生境面积减少和退化。例如，阴湿的森林群落环境变为干燥且杂草丛生的次生群落环境后，金花茶组植物种群个体减少、密度下降，且植株老化、矮小（吴儒华等，2010）；当群落上层林木都被砍伐后，金花茶组植物直接暴晒于阳光下，叶色变黄，枝叶逐渐枯萎，开花结果数量减少；在开垦地中，金花茶组植物生长状况极差，不能开花结实（韦霄等，2016）。同时，森林被砍伐以及耕地、经济林地的蚕食分割，原来连片的森林群落被分割成小块状，即片断化或岛屿化，使金花茶、显脉金花茶、东兴金花茶种群遭受小生境隔离，从而阻碍种群间的基因流动，并在随机遗传漂变的作用下，使种群遗传结构单一，适应能力降低。此外，林内小气候条件变化会直接影响金花茶、显脉金花茶、东兴金花茶的光合作用及生长，会使那些为它们传粉的昆虫和鸟类也随之减少，导致传粉媒介缺失，最终使金花茶、显脉金花茶、东兴金花茶等繁殖力下降，物种繁殖和更新受限，从而使种群趋于衰退，甚至走向灭绝。

7. **动物取食与虫害**

金花茶组植物种子被啃食是阻碍种群更新的重要因素。例如，金花茶因其种子油脂含量较高，而被松鼠、山鼠等动物取食，被取食量占种子总量约 50%；果实被虫害现象也较为严重，主要受茶果象鼻虫侵害，虫害率在 30% 以上，而受害果的种子饱满率只有 20% 左右（吴儒华等，2012）。

8. **人为盗挖**

金花茶组植物具有较高的观赏价值和经济价值，遭受人为盗挖的现象比较严重，直接导致种群个体数量急剧减少。这不仅影响种群结构，而且导致种群自然更新能力下降。因此，人为盗挖是野生金花茶组植物种群数量急剧减少的最主要因素。

二、宽叶苏铁及其濒危机制

（一）形态特征

宽叶苏铁为苏铁科苏铁属植物。植株高 0.3~1.8 m 或更高。茎基部膨大成盘状，上部逐渐变窄成圆柱形或卵状圆柱形，直径 10~60 cm，下部间或分枝。羽状叶长 1.2~2.5 m 或更长，幼嫩时被柔毛，叶轴横切面呈半圆形、近圆形或三角状圆形；叶柄长 0.4~1 m，两侧具刺，刺略向下斜展，圆锥状，长约 3 mm，直或微弯，刺间距离 2.5~5 cm；羽状裂片 40~120 对或更多，在叶轴上较稀疏地排成两列，中部的羽状裂片间距约 2 cm，披针状条形，直或微弯曲，长 25~33 cm，宽 1.5~2.2 cm，裂片薄革质，边缘稍厚，微向下反卷，基部圆，两侧几对称，常不下延生长，两面平滑有光泽，腹面深绿色，背面颜色较浅，中脉在两面均隆起。雄球花卵球状、圆柱状或矩圆球状，长达 30 cm，径 6~8 cm；小孢子叶楔形，长 2~3 cm，有光泽，上部顶片近菱形，密生黄色茸毛，后渐脱落；大孢子叶密被红褐色茸毛，成熟后茸毛渐脱落，上部顶片卵状菱形，长 4~6 cm，宽 3~5 cm，边缘篦齿状深裂，裂片约 10 对，条状钻形，长 1.5~3.5 cm，粗约 2 mm，大孢子叶下部柄状，长 5~7 cm，在其中部或中上部两侧着生 2~4 颗胚珠，胚珠无毛。种子卵球形或宽倒卵球形，长 2~3 cm，直径 1.8~2.5 cm，顶端急尖，成熟时黄褐色或浅褐色；种皮硬质，外表平滑，有光泽。花期 2—3 月，果期 8—9 月。

（二）生境及其群落

宽叶苏铁分布于广西和云南。广西仅见于十万大山南坡低山或丘陵的季节性雨林下，海拔100~800 m。1988 年，广西林业勘测设计院钟业聪在十万大山海拔 125 m 区域采集到宽叶苏铁的标本；1994 年，张宏达和钟业聪共同将其命名为十万大山苏铁 *Cycas shiwandashanica*（钟业聪，1994；张宏达等，1997）。2014 年，在防城区大垌水库库区发现 1 株宽叶苏铁；2016 年，在那良镇北仑村发现 1 个宽叶苏铁种群，群内有植株 34 株；2018 年 8 月 24—26 日，在十万大山保护区南坡新发现宽叶苏铁群落，其中有野生宽叶苏铁 100 余株（刘博等，2018）。在金花茶保护区，宽叶苏铁不仅分布范围小，而且个体数量很少，仅在上岳金花茶自然保护区至三塔岭之间的核心区沟谷内少量分布，在南山和妹仔田分布的数量相对较多，在其他区域为零星偶见。其中，在南山见于以变叶榕、厚壳桂、红枝蒲桃、香花枇杷、密花树、榕叶冬青、鸭公树等为优势种的群落中；妹仔田见于以鼠刺、鹅掌柴、变叶榕、细叶水团花、黄樟、密花树、臀果木为优势种的群落中。

（三）濒危机制

1. 自然繁殖力低

通过走访宽叶苏铁分布区周边村寨的村民，他们均表示很少见到宽叶苏铁开花结籽，究其原因，可能有二：一是在自然状态下宽叶苏铁靠虫媒授粉，而宽叶苏铁为雌雄异株植物，现存个体数量很少，雌雄株远距离相隔对其传粉影响较大，因此自然结籽的机率不高，结籽率低；二是雌株大量结籽后要间隔一定年限才能第 2 次开花。同时，因宽叶苏铁种子较大，远距离传播较为困难，发芽率又低，种群向外扩展速度一般较为缓慢，使其在与其他植物的竞争中处于劣势，从而制约了种群的快速壮大和发展。野生宽叶苏铁的自然更新完全依赖于种子，因其开花结籽少，繁殖率低下，使宽叶苏铁种群发展缺乏幼苗后备资源，其种群规模逐渐减小而趋于濒危。

2. 生境破坏

由于八角林、肉桂林等人工经济林的发展，毁坏自然林开垦的现象时有发生，生态环境遭受严重破坏，从而导致野生宽叶苏铁赖以生存的空间萎缩，并因宽叶苏铁难以适应外部环境的急剧变化，使得本来就数量少、生存能力脆弱的宽叶苏铁种群趋向濒危，面临灭绝的危险。

3. 人为盗挖

宽叶苏铁具有较高的观赏价值和药用价值，受经济利益的驱使，野生宽叶苏铁被人为非法盗挖的现象比较严重，一些当地的群众也盲目地私自采挖野生宽叶苏铁，并将其移植于自家的庭院中。这些现象不仅直接导致野生宽叶苏铁种群及个体数量急剧减少，而且影响种群结构，导致种群自然更新能力下降。因此，人为盗挖是野生宽叶苏铁种群及其个体数量急剧减少的最主要因素。

三、广西火桐及其濒危机制

（一）形态特征

广西火桐为锦葵科梧桐属落叶乔木。植株高达 20 m；树皮灰白色，不裂。小枝初被毛，后毛被渐脱落至近无毛，干时灰黑色；嫩芽密被淡黄褐色星状短柔毛。单叶互生；叶片纸质，阔卵形或近圆形，长 10~17 cm，宽 9~17 cm，边缘全缘或在先端 3 浅裂，裂片短尖至渐尖，长 2~3 cm，基部截形或浅心形，两面均被稀疏的短柔毛；掌状网脉具 5~7 条基出脉，脉腋间密被淡黄褐色星状柔毛，网脉在背腹两面均突出；叶柄长达 20 cm，被稀疏淡黄褐色星状短柔毛。花单性，雌雄同株；聚伞状总状花序，长 5~18 cm，花梗长 4~8 mm，均密被金黄色且带红褐色的星状绒毛；花萼圆筒状，长 3~4.5 cm，宽 0.8~1.2 cm，外面密被金黄色且带红褐色的星状绒毛，内面鲜红色，被星状短柔毛，近基部有一圈白色柔毛，顶部 5 浅裂，萼裂片三角状卵形，长约 4 mm；花瓣缺；雄花的雌雄蕊柄长 2.8~4.8 cm，雄蕊 15 枚，集生在雌雄蕊柄的顶端成头状，包围着退化雌蕊，在花开放时伸出萼筒外；雌花子房 5 室，每室有 2 颗或多颗胚珠。蓇葖果，膜质，无毛，在成熟前甚早就开裂成叶状舌形，有明显的脉纹，长 7~13 cm，宽 2.5~4.5 cm，先端钝或急尖；果柄长 0.7~1.1 cm；每个蓇葖果有种子 1~2 粒。种子着生在叶状果皮近基部的边缘，卵球形或椭球形，长 0.7~1.4 cm，宽 0.5~0.8 cm，黄褐色，表面微皱。花期 5—6 月，果期 7—8 月。

（二）生境及其现状

广西火桐自然生长于沟谷、溪边、山坡下部或残存于农耕地旁，呈零星分布，野生资源量极少，目前处于极度濒危状态（骆文华等，2010；黄雪芬等，2016）。

（三）濒危机制

1. **生境破坏**

广西火桐分布区域极为狭窄，遭受人为干扰较为严重。人类的生产经营活动和过度开发利用，已导致许多广西火桐生境丧失和破碎化且野生种群和个体数量不断萎缩而处于极度濒危状态。

2. **种子发芽率和幼苗成活率低**

广西火桐主要通过种子繁殖（黄汉精等，2008；骆文华等，2011）。由于自身生物学特性以及自然、人为因素的影响，目前广西火桐在其分布区呈零星分布，个体数量稀少。广西火桐的种子无后熟休眠特性，种子成熟后即能萌发，但由于种皮较薄，种子容易失去水分而降低或丧失发芽能力。广西火桐是强阳性落叶树种，其幼苗生长需要较充足的光照，弱光会明显抑制幼苗生长，因此光照是影响广西火桐野生幼苗更新的重要环境因子（何日明等，2006）。当广西火桐幼苗处于光照不足的环境时，表现出相应受胁迫状态，即幼苗耐阴能力较差，环境中的光照越弱，其生长受到的抑制就越严重（陆奇丰等，2023）。处于郁闭程度较高林下的广西火桐，即使种子能大量萌发，幼苗存活率也极低，这与处于下层的幼苗获得光能较少密切相关。同时，由于成熟的广西火桐个体数量及其结实量少，而且相互间距离较远，从而限制了个体间的基因交流，增加了它们的遗传分化的概率。

四、狭叶坡垒及其濒危机制

（一）形态特征

狭叶坡垒属第三纪的残留种，是我国热带季节性雨林的特有珍贵树种，因其树干表面存在形似“龙袍”的纹路，而被当地人称为龙袍树，素有“万年木”之称。狭叶坡垒为龙脑香科坡垒属乔木。植株高 15~25 m，具白色芳香树脂；树皮灰黑色，平滑。枝条红褐色，具白色皮孔，被灰色星状毛或短茸毛。

叶互生；叶片革质，长圆状披针形或披针形，长 7~13 cm，宽 2~4 cm，先端渐尖或尾状渐尖，基部圆形或楔形，两侧略不等，边缘全缘，腹面无毛，背面被疏毛或无毛；侧脉 7~12 对，在背面明显突起；叶柄长约 1 cm，黑褐色，具环状裂纹，无毛或被疏毛。圆锥花序腋生，纤细，少花，长 4~18 cm，被疏毛；萼裂片 5 枚，覆瓦状排列，无毛；花瓣 5 枚，淡红色，扭曲，椭圆形，长约 2 cm，被黄色长茸毛；雄蕊 15 枚，花药卵球形，近相等，药隔附属体丝状，长约 2 mm；子房 3 室，每室具胚珠 2 颗。果卵形，具尖头，成熟时黑褐色；增大的 2 枚萼裂片为长圆状披针形或长圆形，长 8~9 cm，宽平均 1.5 cm，先端圆形，具纵脉 12 条，无毛。花期 6—7 月，果期 10—12 月。

（二）生境及其群落

狭叶坡垒主要分布于聪皇沟、上岳沟等海拔 350 m 以下的区域，多见于沟谷和溪边。狭叶坡垒所在群落是郁闭度 0.8 以上的季节性雨林，组成种丰富，热带性质明显。其中，在聪皇沟的狭叶坡垒沿溪边分布较多，群落上层组成种有狭叶坡垒、假苹婆、大果榕、肉实树、白颜树、粗毛野桐、红枝蒲桃、柳叶润楠、岭南山竹子、青藤公、锈毛梭子果、碟腺棋子豆、翻白叶树等；林下多为乔木层树种的幼苗幼树，其他种有舶梨榕、罗伞树、少花海桐等；草本层植物分布稀少，组成种也不多，大多是一些喜阴湿的蕨类植物，如华南毛蕨、假蹄盖蕨、伏石蕨等。分布上岳沟的狭叶坡垒所在群落上层组成种有狭叶坡垒、黄叶树、密花树、肉实树、石斑木、疏花臀果木、粗毛野桐、鹅掌柴、红枝蒲桃、黄杞、假苹婆、两广梭罗树、银柴、广东琼楠、黄樟、黧蒴锥、香楠等；林下除了上层树种的幼苗幼树，其他种有九节、罗伞树、狗骨柴、香港大沙叶、白花龙船花、单穗鱼尾葵等；草本层植物有露兜草、长囊薹草、刺头复叶耳蕨等。此外，林内层间植物较为丰富，有买麻藤、喙果鸡血藤、瓜馥木、金钟藤、小花青藤等。

（三）濒危机制

1. 生境破坏

不合理的能源利用方式、落后的耕作制度、大规模营造人工林等已经造成狭叶坡垒及其所在的森林生态系统遭受严重的破坏。以前，由于经济条件较差，交通不便，当地居民的薪柴消耗和毁林开荒导致了大量的原生林（包括狭叶坡垒林）被砍伐；金花茶保护区周边的十万大山林场、华侨林场、平广林场等一些以木材生产经营为主的事业单位，通过砍伐自然林后营造了大量的马尾松等人工林；八角、肉桂是十万大山地区的主要经济支柱之一，相关经济林的营造也导致大面积自然林被砍伐。例如，在十万大山南坡的防城方向，海拔 800 m 以下的原生林几乎都被砍伐过而变成次生林或经济林，其中海拔 600 m 以下正是狭叶坡垒的分布区域（谭伟福，2005；黄仕训等，2008b）。

2. 自然繁殖率低

有关野外调查发现，狭叶坡垒种子雨中有活力的种子仅占总数的 51.3%，因各种原因坏死的占 35.65%，被昆虫幼虫蛀食的占 9.91%，未成熟的占 3.13%（唐文秀等，2009）。狭叶坡垒种子属于顽拗性种子，不存在休眠期，种子掉落在湿润处会很快萌发（卢清彪，2020）。生长在溪流岸边的狭叶坡垒，其成熟的果实在重力的作用下多掉入水中，并会随水流而漂走。在水中长时间浸泡的果实，若没遇到适合的发芽条件，会最终死亡。而一些狭叶坡垒所在群落，林下岩石出露较多，在乱石之间常形成一些大小不一的凹坑，凹坑极易积水，且积水长时间不能消退，狭叶种子成熟散落时会有相当一部分掉落在林下积水凹坑中而被水淹泡，种子被水淹后，其萌发力和成苗率均降低40%左右，且幼苗生活力下降（唐文秀等，2009）。雨季时，受地表径流的冲刷和河流水位上升的影响，狭叶坡垒的一些种子或幼苗还会被冲毁或淹死（陆林香，2019）。此外，光照弱、土层较薄的林下环境，也是造成林下狭叶坡垒幼苗数量少的重要因素，可影响其种群的自然更新和维持。

3. **人为砍伐**

狭叶坡垒木材纹理交错、结构细致、材质坚硬、耐腐，是建筑、造船、家具等优良用材，所产的树脂类似达玛树脂，可应用于喷漆制造等，具有很高的商业价值。过度的开发利用，已经致使狭叶坡垒种群遭受严重破坏。狭叶坡垒也曾分布于凭祥大青山，但由于人类生产活动及乱砍滥伐已在该地消亡（黄仕训等，2008a）。目前，广西的狭叶坡垒仅在十万大山地区有少量分布，据调查测算有5 162株，处于濒危的状态（刘演等，2002）。

五、粗齿梭罗树及其濒危机制

（一）形态特征

粗齿梭罗树又名圆叶梭罗树，为锦葵科梭罗树属乔木。植株高达16 m；树皮灰白色至棕绿色。幼枝密被淡黄褐色星状短柔毛。叶片薄革质，圆形或倒卵状圆形，直径6~11.5 cm，或宽略过于长，先端圆形或截形并有凸尖，基部截形或圆形，在近先端的两侧边缘有粗齿2~3个，腹面沿主脉和侧脉被淡黄褐色短柔毛，背面密被淡黄褐色短柔毛；侧脉5~6对；叶柄长4~4.5 cm，被毛。聚伞状伞房花序，长5~8 cm，直径达15 cm；花梗长平均6 mm，被短柔毛；花萼漏斗状，长平均1 cm，顶端3浅裂，萼裂片阔三角形，长平均1.5 mm，外面密被淡黄褐色短茸毛；花瓣5枚，白色，匙形，长平均3 mm，先端圆形，基部渐狭成瓣柄；雌雄蕊柄长平均2.5 cm，伸出于花瓣之外；雄蕊群聚合成头状，直径平均2 mm，包围着雌蕊；子房卵形，长平均1.5 mm，被毛，花柱短，不明显，柱头较小，圆球形。蒴果倒卵状椭球形，长3~4 cm，直径2.3 cm，顶端圆形，凹陷，基部渐变狭，被淡黄色短柔毛和灰色或黄褐色软鳞屑，外面有5棱，熟时室背开裂成5果瓣，每果瓣有2粒种子；果梗长3~5cm，被毛。种子卵状长圆柱形，带翅长约2.5 cm，顶端斜钝，棕色；翅膜质。

（二）生境及其群落

粗齿梭罗树在防城区那梭、那良、那垌和扶隆4个乡镇呈小片断状或零星分布，海拔240~810 m，集中分布在海拔400~700 m的区域，在金花茶保护区见于那梭、上岳、那中、那富、东山等地，分布面积小，生境破碎化严重。粗齿梭罗树分布区域，日照相对较强，且常年大风，土壤为赤红壤或山地黄壤。所在群落的种类组成丰富，物种多样性较高，热带性质明显。群落结构可划分为乔木层、灌木层和草本层。其中，乔木层的组成种主要有粗齿梭罗树、香港四照花、大果榕、子凌蒲桃、秃瓣杜英、黄樟、下龙新木姜子、假玉桂、臀果木、罗伞、假山龙眼、水东哥、罗浮柿、盐麸木、枫香树、赤杨叶、华南毛柃、厚皮香、台湾枇杷、苦梓含笑等；灌木层的组成种除上层乔木树种的幼树外，其他种有九节、南方紫金牛、桃金娘、大叶五室柃、印度野牡丹、石斑木、华润楠等；草本层的组成种有五节芒、芒萁、荩草等。群落类型主要有粗齿梭罗树—华南毛柃—五节芒群落、粗齿梭罗树＋子凌蒲桃—九节群落、大果榕＋秃瓣杜英＋油茶—冬青群落等（刘梅香，2006）。

（三）濒危机制

根据刘梅香（2006）的相关调查研究，粗齿梭罗树的濒危原因主要体现在如下的 3 个方面。

1. **干扰严重**

粗齿梭罗树种群分布面积和个体数量的减少主要是由于大面积种植八角、肉桂、马尾松等经济林木而造成自然林遭受严重的破坏。例如，1994 年在那梭镇东山村发现的粗齿梭罗树林已被人为砍伐殆尽。滥砍乱伐、毁林开荒的行为不仅直接使得其种群及个体数量急剧减少，而且导致生境破碎化，环境异质性降低，退化为不利于种群发展的状态，尤其是影响幼苗的生长，从而加剧物种的濒危程度。由于粗齿梭罗树多生长在坡顶或近坡顶处，容易遭受到大风和雷电的干扰，如群落内常见到被风吹倒或雷电击倒的大树。

2. **自然繁殖率低**

粗齿梭罗树结实大小年间隔时间长，结实率低且虫害严重，种子品质较差，种子萌发率低，幼苗存活率低等也是其濒危的主要因素。调查发现，粗齿梭罗树的结实率约为 6.5%，果实成熟时被虫咬食的比例超过 46%，籽实比为 0.1，有效果实内的种子饱满率只有 49.6%，饱满种子的平均千粒重为 76.58 g，而同属植物绒果梭罗树 *Reevesia tomentosa* 种子的平均千粒重为 122.0 g。粗齿梭罗树结实率低其原因可能是粗齿梭罗树盛花期恰逢多雨时期，影响有效授粉。同时，还可能与传粉者少有关，虽然粗齿梭罗树花序比较大，但其花冠为白色，气味清淡，不易吸引传粉昆虫。粗齿梭罗树种子具有较长时间的休眠期，种子成熟落地后不会在短时间内萌发，且由于其种子体积小，所储存的营养物质通常难以长时间维持，因此导致自然状态下种子萌发率非常低。在生长习性方面，粗齿梭罗树生长缓慢，幼苗对生境的光照和湿度要求较高，强高照和弱光照、干旱和水分过多都不利于幼苗的生长。

3. **种群年龄级缺失**

在防城区，粗齿梭罗树共计有 36 个分布点，但多数为小种群。其中，种群个体数在 10 以下的占 36.1%，仅在位于那梭镇上岳的金花茶保护区内和那良镇白赖村有 6 个超过 50 个个体的种群分布。种群分布面积 5.67 hm^2，种群个体总数为 387 株，濒危系数为 0.93，已经处于濒临绝灭的状态。粗齿梭罗树种群龄级缺失较为严重，多为衰退型类群。因此，必须尽快采取有效措施加以保护。

六、保护措施

（一）就地保护

金花茶保护区中的金花茶组植物以及宽叶苏铁、狭叶坡垒、广西火桐、粗齿梭罗树等珍稀濒危植物的共同特点是种群数量少，地理分布区狭窄，遗传多样性水平低，抗干扰能力弱。因此，就地保护珍稀濒危植物原生境，防止其生存的生态系统的退化，避免遭受人类活动的持续破坏，使珍稀濒危植物正常生长，壮大原生地的珍稀濒危植物种群数量并扩大分布区域尤为重要。就地保护就是在原生境中对珍稀濒危植物及其赖以生存的森林生态系统进行保护，这是一种最直接和有效的管理措施。野生金花茶组植物生长在林下，有时为灌木层的优势种，因此应注重保护和恢复其原生生境。粗齿梭罗树幼苗呈集群分布，生长过程需要散射光，随着个体年龄增长及种群密度的下降而呈随机分布，此时需光性也增强，特别是进入生殖期，光照条件影响结实质量和数量，应采取相应的群落抚育措施，如在幼龄期注意保持林内郁闭条件，中、老龄期可通过适当间伐等形式，增加林内光照条件（刘梅香，2006）。

（二）异地保护

异地保护是将濒危植物迁移到人工环境中或异地实施保护，其目的是为了增加濒危物种的种群数量，并在异地种群数量增加时，通过回归种植方式，壮大野生种群数量。野生金花茶组植物种质资源异地保护已经成为其有效保护的重要途径，除进一步完善金花茶物种基因库外，还应加大苗圃基地建设，有机地结合金花茶组植物资源的就地保护和异地保护。

（三）回归种植

在系统掌握金花茶保护区珍稀濒危植物的繁育技术和异地种植技术的基础上，将人工培养的苗木再移植到其原有的生境或者其他适生的自然生态环境中，让其归化自然生长繁衍，恢复野生植物状态。同时，及时总结并摸索适合珍稀濒危植物的回归技术，为其野生种群的壮大、保护和恢复珍稀濒危植物种质资源探索新途径。

（四）加强研究

从分子、个体、种群、群落等多个层面系统地开展珍稀濒危植物特征、保护原理、致濒机制及脱濒技术等创新研究，具体包括：①物种生物生态学特性研究；②繁育技术研究；③回归种植技术研究；④野生种群及群落构建技术研究；⑤种质资源合理开发利用研究等。

（五）提高保护管理成效

首先，确实加强金花茶保护区的建设和管理，针对保护区的具体情况，根据国家有关森林、自然保护区、野生动植物保护与管理的有关法律、法规及规章制度，提出珍稀濒危植物保护管理的有效措施，使保护工作有法可依、有制度可循。其次，加强对附近村民及进入保护区外来人员的宣传教育，提高社会公众的保护意识。再者，探索社区共管科学合理的机制，建立自然保护区与周边居民的和谐社区关系，营造良好而有利于保护的社会环境。在此基础上，加大执法力度，确保金花茶保护区乃至周边地区珍稀濒危植物种质资源及其生境的安全。

参考文献

艾铁民，2013. 中国药用植物志：第十二卷［M］. 北京：北京大学医学出版社.

艾铁民，2014a. 中国药用植物志：第十卷［M］. 北京：北京大学医学出版社.

艾铁民，2014b. 中国药用植物志：第十一卷［M］. 北京：北京大学医学出版社.

艾铁民，2015. 中国药用植物志：第四卷［M］. 北京：北京大学医学出版社.

艾铁民，2016a. 中国药用植物志：第三卷［M］. 北京：北京大学医学出版社.

艾铁民，2016b. 中国药用植物志：第五卷·上下册［M］. 北京：北京大学医学出版社.

艾铁民，2017. 中国药用植物志：第九卷［M］. 北京：北京大学医学出版社.

艾铁民，2018. 中国药用植物志：第七卷［M］. 北京：北京大学医学出版社.

艾铁民，2020. 中国药用植物志：第六卷［M］. 北京：北京大学医学出版社.

艾铁民，2021a. 中国药用植物志：第一卷［M］. 北京：北京大学医学出版社.

艾铁民，2021b. 中国药用植物志：第二卷［M］. 北京：北京大学医学出版社.

艾铁民，2021c. 中国药用植物志：第八卷［M］. 北京：北京大学医学出版社.

艾铁民，2021d. 中国药用植物志：第十三卷·上下册［M］. 北京：北京大学医学出版社.

柴胜丰，等，2009. 濒危植物金花茶开花物候和生殖构件特征［J］. 热带亚热带植物学报，17（1）：5-11.

陈功锡，等，2019. 湘西地区非粮柴油能源植物资源研究［M］. 北京：科学技术文献出版社.

陈泓，2006. 狭叶坡垒的种群生态学研究［D］. 桂林：广西师范大学.

陈冀胜，等，1987. 中国有毒植物［M］. 北京：科学出版社.

陈默君，等，2002. 中国饲用植物［M］. 北京：中国农业出版社.

陈涛，等，1994. 南岭植物区系地理学研究——I. 植物区系的组成和特点［J］. 热带亚热带植物学报，2（1）：10-23.

陈晓德，1998. 植物种群与群落结构动态量化分析方法研究［J］. 生态学报，18（2）：214-217.

陈自然，等，2010. 云南石林县的蕨类植物资源及其保护利用［J］. 国土与自然资源研究，32（4）：86-88.

程必强，等，1995. 云南热带亚热带香料植物［M］. 昆明：云南大学出版社.

程必强，等，2001. 云南香料植物资源及其利用［M］. 昆明：云南科技出版社.

程文生，等，2017. 中国主要树种通用二元材积模型与推导形数模型研究［J］. 农业机械学报，48（3）：245-252.

崔桂友，1998. 中国的食用蕨类资源与开发利用［J］. 中国烹饪研究，15（1）：21-28.

崔明昆，2004. 云南新平花腰傣野菜采集的生态人类学研究［J］. 吉首大学学报（社会科学版），25（4）：7-15.

戴锡玲，等，2003. 中国食用蕨类植物名录［J］. 中国林副特产，18（4）：5-6.

杜家菊，等，2010．使用 SPSS 线性回归实现通径分析的方法［J］．生物学通报，45（2）：4-6．

冯建孟，等，2010．云南地区种子植物多样性分布格局和多样性分化特点研究［J］．热带亚热带植物学报，18（6）：593-598．

广西林业勘测设计院，2010．广西防城金花茶国家级自然保护区总体规划（2010—2020 年）［R］．南宁：广西林业勘测设计院．

广西中药资源普查办公室，1993．广西中药资源名录［M］．南宁：广西民族出版社．

广西壮族自治区人民政府，2023．广西壮族自治区人民政府关于公布广西壮族自治区重点保护野生植物名录的通知（桂政发〔2023〕10 号）［EB/OL］.（2023-04-13）［2023-12-7］. http://www.gxzf.gov.cn/zfgb/2023nzfgb/d11q_187651/zzqrmzfwj20220520/t16787548.shtml.

郭柯，等，2020．中国植被分类系统修订方案［J］．植物生态学报，44（2）：111-127．

国家林业和草原局，等，2021．国家林业和草原局 农业农村部公告（2021 年第 15 号）：国家重点保护野生植物名录［EB/OL］.（2021-09-08）［2023-12-7］. https://www.forestry.gov.cn/c/www/lcac/10746.jhtml.

韩恩俊，等，1991．北方天然香料色素植物资源开发［M］．北京：农村读物出版社．

何日明，等，2006．珍稀濒危城市优良绿化树种——广西火桐［J］．中国城市林业，4（4）：64．

黄付平，2000．防城金花茶林地土壤生化特性的研究［J］．广西林业科学，29（4）：178-181．

黄付平，2001．防城金花茶植物群落类型的研究［J］．广西林业科学，30（1）：35-38．

黄汉精，等，2008．广西火桐采种与育苗技术［J］．广西林业，（1）：39-40．

黄继红，等，2014．中国特有种子植物的多样性及其地理分布［M］．北京：高等教育出版社．

黄瑞斌，等，2007．广西防城港市金花茶组植物资源及其保育对策［J］．广西农业生物科学，26（S1）：32-37．

黄瑞斌，2015．防城金花茶国家级自然保护区土壤研究［J］．绿色科技，6（4）：3-6．

黄仕训，等，2008a．狭叶坡垒生物生态学特征及致濒原因研究［J］．生物多样性，16（1）：15-23．

黄仕训，等，2008b．广西特有濒危植物狭叶坡垒群落特征研究［J］．西北植物学报，28（1）：164-170．

黄秀珍，等，2013．泉州区域菊科药用野菜种类的调查与研究［J］．安徽农业科学，41（32）：12580-12584．

黄雪芬，等，2016．珍稀植物广西火桐的研究进展［J］．林业科技通讯，（6）：20-23．

姬红利，等，2019．幕阜山脉石松类和蕨类植物多样性及生物地理学特征［J］．生物多样性，27（11）：1251-1259．

贾良智，等，1987．中国油脂植物［M］．北京：科学出版社．

蒋丽娟，等，1997．武陵山区食用蕨类植物的开发利用［J］．林业科技开发，（1）：26-27．

蒋能，等，2013．广西原生观赏蕨类植物资源及园林应用［J］．中国园林，29（3）：99-104．

焦彬，1986．中国绿肥［M］．北京：农业出版社．

孔祥海，2004．福建裸子植物区系研究［J］．植物科学学报，22（6）：514-522．

蓝福生，等，1989．金花茶分布区土壤成因及其特性［J］．广西农业科学，2：30-34．

蓝木香，等，2022．粤东农药植物资源［M］．广州：暨南大学出版社．

黎桦，等，1996．人工林中显脉金花茶的生态特性［J］．广西农业大学学报，15（3）：253-257．

李朝婵，等，2009．贵州省食用蕨类植物种类与地理分布研究［J］．贵州科学，27（3）：84-87，91．

李德铢，2020a．中国维管植物科属志：上卷［M］．北京：科学出版社．

李德铢，2020b．中国维管植物科属志：中卷［M］．北京：科学出版社．

李德铢，2020c．中国维管植物科属志：下卷［M］．北京：科学出版社．

李明燕，等，2019．广西桂东南特色野菜种质资源的调查研究［J］．现代园艺，42（19）：48-49．

李瑞军，等，2018a．黔东南州茎叶类野菜资源名录：一［J］．中国林副特产，33（5）：65-70．

李瑞军，等，2018b．黔东南州茎叶类野菜资源名录：二［J］．中国林副特产，33（6）：74-79．

李树荣，2022．新平县森林野菜资源调查及开发利用［J］．林业调查规划，47（4）：149-154．

李晓东，2019，等．湖北重要能源植物［M］．武汉：华中科技大学出版社．

李秀，2008．云南普洱市森林野菜植物资源研究［J］．思茅师范高等专科学校学报，24（6）：1-3．

李学梅，等，2015．云南蕨类植物的物种多样性和区系组成［J］．广西植物，35（2）：273-281．

李燕，2013．华东地区食用蕨类植物的资源分布及开发利用建议［J］．上海农业科技，43（4）：17-18．

梁盛业，1993．金花茶［M］．北京：中国林业出版社．

梁士楚，2020．广西湿地植被［M］．北京：科学出版社．

林祁，等，2017．中国野菜野果的识别与利用：野果卷［M］．郑州：河南科学技术出版社．

林秦文，等，2022．中国外来植物名录［M］．北京：中国林业出版社．

林云，等，2016．国产14种裸子植物可食用种子及其资源［J］．中国野生植物资源，35（2）：61-65．

林云，等，2019．中国野菜野果的识别与利用：野菜卷［M］．郑州：河南科学技术出版社．

刘博，等，2018．十万大山保护区发现国家Ⅰ级保护苏铁新群落［J］．广西林业，（9）：5．

刘梅香，2006．濒危树种粗齿梭罗的生态学及其保育研究［D］．桂林：广西师范大学．

刘孟军，1998．中国野生果树［M］．北京：中国农业出版社．

刘鹏，等，1994．大别山马鬃岭蕨类植物资源的开发利用［J］．山地研究，12（3）：174-180．

刘鹏，等，1999．浙江北山蕨类植物资源及其开发利用［J］．武汉植物学研究，17（1）：53-57．

刘全儒，2015．中国野菜图鉴［M］．太原：山西科学技术出版社．

刘演，等，2002．广西重点保护野生植物资源的现状与评价［J］．广西科学，9（2）：124-132．

刘媛，等，2006．蕨类植物的综合利用价值［J］．西南园艺，34（6）：39-41，61．

卢清彪，等，2020．狭叶坡垒传粉生物学初探［J］．广西植物，40（11）：1628-1637．

卢清彪，2020．狭叶坡垒繁殖生物学研究［D］．桂林：广西师范大学．

陆林香，2019．十万大山特有植物狭叶坡垒群落生态学研究［D］．南宁：广西大学．

陆奇丰，等，2023．不同遮阴环境对广西火桐幼苗生长及生理生化的影响［J］．西部林业科学，

52（4）：70-76，82.

陆树刚，2004. 中国蕨类植物区系概论 // 李承森. 植物科学进展（第6卷）[M]. 北京：高等教育出版社：29-42.

陆树刚，2007. 蕨类植物学 [M]. 北京：高等教育出版社.

陆树刚，等，2013. 论蕨类植物生态类型的划分问题 [J]. 云南大学学报（自然科学版），35（3）：407-415.

陆树刚，2017. 蕨类植物学概论 [M]. 北京：科学出版社.

骆文华，等，2015. 广西火桐自然种群和迁地保护种群的遗传多样性比较 [J]. 中南林业科技大学学报，35（2）：66-71.

骆文华，等，2010. 濒危植物广西火桐群落特征研究 [J]. 福建林业科技，37（4）：6-10.

骆文华，等，2011. 濒危植物广西火桐种子繁殖技术及幼苗生长节律 [J]. 福建林学院学报，31（1）：48-51.

潘玉梅，等，2006. 西双版纳傣族传统饮料植物利用的研究 [J]. 云南植物研究，28（6）：653-664.

庞洁，2008. 广西防城金花茶国家级自然保护区植物多样性研究 [D]. 南宁：广西大学.

乔星，等，2013. 中国食用蕨类植物研究进展 [J]. 食品工业科技，34（10）：375-380.

秦惠珍，等，2022. 濒危植物东兴金花茶种子萌发及幼苗光合特性研究 [J]. 种子，41（8）：27-34.

曲仲湘，等，1952. 南京灵谷寺森林现况的分析 [J]. Journal of Integrative Plant Biology，1(1)：18-49.

史胜青，等，2011. 买麻藤科植物研究进展 [J]. 植物遗传资源学报，12（5）：694-699.

宋小园，等，2016. 通径分析在 SPSS 逐步线性回归中的实现 [J]. 干旱区研究，33（1）：108-113.

苏仕林，2012. 大石围天坑群区药用蕨类植物资源调查 [J]. 湖北农业科学，51（23）：5376-5380.

苏宗明，等，1988. 我国金花茶组植物的地理分布 [J]. 广西植物，8（1）：75-81.

苏宗明，1994. 金花茶组植物种群生态的初步研究 [J]. 广西科学，1（1）：31-36.

苏宗明，等，2014. 广西植被：第一卷 [M]. 北京：中国林业出版社.

孙秀云，2005. 黑龙江省食用药用蕨类植物资源 [J]. 中国林副特产，20（4）：51-52.

覃海宁，等，2010. 广西植物名录 [M]. 北京：科学出版社.

谭伟福，2005. 广西十万大山自然保护区生物多样性及其保护体系 [M]. 北京：中国环境科学出版社.

唐春艳，等，2021. 食用蕨类植物研究现状及展望 [J]. 现代园艺，44（23）：45-46，48.

唐文秀，等，2009. 狭叶坡垒种子雨的空间格局及种子萌发特性 [J]. 福建林学院学报，29（2）：97-102.

王冰，等，1996. 食用蕨类植物的开发利用 [J]. 食品研究与开发，17（4）：39-41.

王磊，等，2011．广西下雷自然保护区种子植物区系研究［J］．广西植物，31（1）：64-69，133．

王立中，2004．三种蕨类野菜资源［J］．特种经济动植物，7（4）：37．

王献溥，等，2014a．广西植被志要：上册［M］．北京：高等教育出版社．

王献溥，等，2014b．广西植被志要：下册［M］．北京：高等教育出版社．

王羽梅，2008a．中国芳香植物：上册［M］．北京：科学出版社．

王羽梅，2008b．中国芳香植物：下册［M］．北京：科学出版社．

韦霄，等，2007．珍稀濒危植物金花茶地理分布与生境调查研究［J］．生态环境学报，16（3）：895-899．

韦霄，等，2015．珍稀濒危植物金花茶保育生物学研究［M］．南宁：广西科学技术出版社．

韦霄，等，2016．金花茶的濒危机制及保育对策［J］．广西科学院学报，32（1）：1-5．

韦晓霞，等，2019．福建省野生果树图志［M］．北京：中国农业科学技术出版社．

韦毅刚，等，2023．广西野生维管植物名录［J］．生物多样性，31（6）：28-34．

魏开炬，等，2009．九阜山食用蕨类植物资源［J］．中国林副特产，24（4）：71-73．

吴德邻，1964．兰花蕉科（Lowiaceae）植物之研究［J］．中国科学院大学学报，9（4）：335-343．

吴棣飞，2012．野菜野果经典图鉴［M］．长春：吉林科学技术出版社．

吴儒华，等，2010．3种金花茶组植物种群动态分析［J］．安徽农业科学，38（1）：137-140．

吴儒华，等，2012．防城港市金花茶组植物濒危原因及其保护对策［J］．绿色科技，（10）：73-74，77．

吴征镒，2003．《世界种子植物科的分布区类型系统》的修订［J］．云南植物研究，25（5）：535-538．

吴征镒，等，2006．种子植物分布区类型及其起源和分化［M］．昆明：云南科技出版社．

向悟生，等，2021．广西防城季节性雨林物种及其分布格局［M］．北京：中国林业出版社．

肖宜安，等，2004．井冈山自然保护区蕨类植物资源［J］．植物研究，24（1）：35-40．

谢碧霞，等，2008．中国木本淀粉植物［M］．北京：科学出版社．

徐川焱，等，2020．贵州苗族常用药食两用的蕨类植物［J］．中国民族医药杂志，26（1）：39-40．

徐竟甯，2014．广西防城金花茶国家级自然保护区野生观赏植物资源调查与评价［D］．南宁：广西大学．

徐颂军，等，2000．中国梧桐科二新种和粗齿梭罗树的补充记载［J］．植物分类学报，38（6）：566-569．

徐万林，1983．中国蜜源植物［M］．哈尔滨：黑龙江科学技术出版社．

徐晔春，等，2010a．观赏灌木［M］．北京：中国电力出版社．

徐晔春，等，2010b．观赏乔木［M］．北京：中国电力出版社．

许春霞，等，1997．秦巴山区饮料植物资源研究与利用现状［J］．西北植物学报，17（5）：140-145．

许定发，等，2015. 中国经济植物（上册）[M]. 南京：江苏凤凰科学技术出版社.

许定发，等，2017. 中国经济植物（下册）[M]. 南京：江苏凤凰科学技术出版社.

薛克娜，等，2018. 显脉金花茶对不同光照强度的适应性研究 [J]. 亚热带植物科学，47（1）：13-17.

杨传东，等，2019. 佛顶山保护区森林山野菜资源植物现状及保护利用对策 [J]. 贵州师范大学学报（自然科学版），37（2）：70-82.

杨纯瑜，1988. 中国马尾杉属的药用植物 [J]. 中草药，19（3）：36-38.

杨泉光，等，2017. 两种金花茶组植物的果实、种子形态特征 [J]. 亚热带植物科学，46（4）：351-354.

杨泉光，等，2020. 濒危植物东兴金花茶伴生群落及其种群结构特征 [J]. 广西林业科学，49（4）：492-497.

杨永，2015. 中国裸子植物的多样性和地理分布 [J]. 生物多样性，23（2）：243-246.

叶心芬，2014. 中国非粮生物柴油能源植物的资源调查化学成分分析及评价筛选 [D]. 广州：仲恺农业工程学院.

应朝阳，等，2018. 福建饲用植物名录 [M]. 北京：科学出版社.

袁昌齐，1988. 中国裸子药用植物概论 [J]. 中药通报，13（1）：3-6，61.

云雪林，等，2009a. 贵州食用蕨类植物资源分布及开发利用（Ⅰ）[J]. 安徽农业科学，37（32）：15911-15912，15921.

云雪林，等，2009b. 贵州食用蕨类植物资源分布及开发利用（Ⅱ）[J]. 安徽农业科学，37（33）：16317-16319.

臧得奎，1998. 中国蕨类植物区系的初步研究 [J]. 西北植物学报，18（3）：459-465.

臧敏，等，2022. 江西上饶灵山蕨类植物资源分析 [J]. 福建林业科技，49（2）：111-115.

张高，等，2013. 巴音布鲁克大尤尔都斯盆地野生种子植物区系研究 [J]. 西北植物学报，33（3）：599-606.

张宏达，等，1997. 广西苏铁植物新种 [J]. 中山大学学报（自然科学版），36（3）：67-71.

张静，等，2017. 蕨类植物在生态修复中的应用研究进展 [J]. 安徽农业科学，45（4）：69-71，109.

张军，等，2013. 贵州药食两用蕨类植物资源调查 [J]. 贵州农业科学，41（3）：7-10.

张丽兵，等，2000. 中国的石松科植物 [J]. 植物分类学报，38（3）：266-275.

张卫明，等，2007. 中国辛香料植物资源开发与利用 [M]. 南京：东南大学出版社.

张宪春，2012. 中国石松类和蕨类植物 [M]. 北京：北京大学出版社.

张宪春，等，2013. 中国现代石松类和蕨类的系统发育与分类系统 [J]. 植物学报，48（2）：119-120，122-137.

张秀华，等，2023. 龙岩东肖杪椤谷石松类和蕨类植物多样性 [J]. 福建林业科技，50（1）：71-76.

张志焱，等，1995. 我国主要食用蕨类及其栽培与加工技术 [J]. 中国野生植物资源，14（3）：

65-66，68.

郑云翔，等，2007a. 太行山蕨菜资源及栽培技术要点［J］. 北方园艺，(6)：99-100.

郑云翔，等，2007b. 河北太行山食用蕨类植物及栽培技术［J］. 安徽农业科学，35(10)：2893-2894.

中国科学院，2024. 中国生物物种名录(2024版)［EB/OL］.(2024-05-22)［2024-8-30］. http://www.sp2000.org.cn/.

中国科学院植物研究所，2022. 广西防城金花茶国家级自然保护区综合科学考察报告［R］. 北京：中国科学院植物研究所.

中国科学院植物研究所植物化学研究室油脂组，1973. 中国油脂植物手册［M］. 北京：科学出版社.

中国油脂植物编写委员会，1987. 中国油脂植物［M］. 北京：科学出版社.

中国植被编辑委员会，1980. 中国植被［M］. 北京：科学出版社.

中华人民共和国商业部土产废品局，等，2012. 中国经济植物志：全2册［M］. 北京：科学出版社.

钟业聪，1994. 广西的苏铁植物资源［J］. 广西林业，2：40.

周芳，2004. 汉中山区山野菜资源调查及特色品种的营养成分分析与评价［D］. 西安：陕西师范大学.

周喜乐，等，2016. 中国石松类和蕨类植物的多样性与地理分布［J］. 生物多样性，24(1)：102-107.

周云龙，等，1995. 广东裸子植物区系的特点［J］. 广西植物，15(4)：319-324.

朱昌叁，等，2010. 桂北山区几种食用蕨类植物的识别及加工方法［J］. 南方园艺，21(1)：43-45.

朱亮锋，等，1993. 芳香植物及其化学成分［M］. 海口：海南出版社.

朱亮锋，等，2009. 自然珍藏图鉴丛书：芳香植物［M］. 广州：广东南方日报出版社.

朱太平，等，2007. 中国资源植物［M］. 北京：科学出版社：101-144.

朱晓凤，2016. 中国几种食用蕨类植物的孢子繁殖与蛋白质营养价值评价［D］. 合肥：安徽农业大学.

CHRISTENHUSZ et al, 2011. A new classification and linear sequence of extant gymnosperms［J］. Phytotaxa, 19：55-70.

HOLTTUM, 1970. The genus Orchidantha (Lowiaceae)［J］. The Gardens' Bulletin Singapore, 25：239-247.

PHYLOGENYGROUP, 2016. An update of the angiosperm phylogeny group classification for the orders and families of flowering plants：APG Ⅳ［J］. Botanical Journal of the Linnean Society, 181(1)：1-20.

PPG I, 2016. A community-derived classification for extant lycophytes and ferns［J］. Journal of Systematics and Evolution, 54(6)：563-603.

PRYER et al, 2001. Horsetails and ferns are a monophyletic group and the closest living relatives to seed plants [J]. Nature, 409 (6820): 618-622.

TAKHTAJIAN, 1997. Diversity and classification of flowering plants [M]. New York: Columbia University Press.

YANG et al, 2022. Recent advances on phylogenomics of gymnosperms and a new classification [J]. Plant Diversity, 44 (4): 340-350.

附　录

附录1　防城金花茶国家级自然保护区石松类植物名录

1. 石松科 Lycopodiaceae

藤石松属 *Lycopodiastrum* Holub ex R. D. Dixit

藤石松 *Lycopodiastrum casuarinoides*（Spring）Holub ex R. D. Dixit
习性：木质藤状，可攀缘达数米；土生植物。
生境：林下、林缘、沟边等。
分布：广西、福建、西藏、海南、贵州、江西、重庆、湖南、湖北、广东、云南、四川、浙江、香港、台湾。

石松属 *Lycopodium* L.

石松 *Lycopodium japonicum* Thunb.
习性：多年生草本，匍匐生长，侧枝直立，高约 40 cm；土生植物。
生境：林下、灌丛、草坡、路边、岩石上等。
分布：广西、福建、西藏、海南、贵州、江西、重庆、上海、湖北、湖南、广东、云南、安徽、四川、甘肃、陕西、浙江、江苏、青海、河南、澳门、香港、台湾。

垂穗石松属 *Palhinhaea* Franco et Vasc.

垂穗石松 *Palhinhaea cernua*（L.）Vasc. et Franco
习性：多年生草本，高 30~40 cm；土生植物。
生境：林下、林缘、灌丛、溪边、沟边、路边等。
分布：广西、福建、西藏、海南、贵州、江西、重庆、湖南、湖北、广东、云南、澳门、香港、四川、浙江、台湾。

2. 卷柏科 Selaginellaceae

卷柏属 *Selaginella* P. Beauv.

二形卷柏 *Selaginella biformis* A. Braun ex Kuhn
习性：草本，直立或匍匐，高 15~50 cm；土生或石生植物。
生境：林下、岩石上等。
分布：广西、福建、海南、贵州、湖南、广东、云南、香港。
长芒卷柏 *Selaginella commutata* Alderw.
习性：草本，直立或基部横走，高 20~40 cm；土生植物。

生境：林下等。

分布：广西。

薄叶卷柏 *Selaginella delicatula*（Desv.）Alston

习性：草本，直立或基部横走，高 30~50 cm；土生植物。

生境：林下等。

分布：广西、福建、海南、贵州、江西、重庆、湖南、湖北、广东、云南、澳门、香港、安徽、四川、浙江、台湾。

深绿卷柏 *Selaginella doederleinii* Hieron.

习性：草本，近直立或基部横走，高 20~50 cm；土生植物。

生境：林下、林缘、路边等。

分布：广西、福建、海南、贵州、江西、重庆、湖南、湖北、广东、云南、安徽、四川、浙江、澳门、香港、台湾。

疏松卷柏 *Selaginella effusa* Alston

习性：多年生草本，高 20~50 cm；土生或石生植物。

生境：林下、林缘、草坡等。

分布：广西、西藏、贵州、广东、云南。

桂海卷柏 *Selaginella guihaia* X. C. Zhang

习性：草本，近直立或斜升，高 0.2~0.5 m；土生植物。

生境：林下、林缘、路边等。

分布：广西、海南。

攀缘卷柏 *Selaginella helferi* Warb.

习性：攀缘草本，茎长 0.5~2 m 或更长；土生植物。

生境：林下、林缘、林窗等。

分布：广西、贵州、湖南、云南。

兖州卷柏 *Selaginella involvens*（Sw.）Spring

习性：多年生草本，高 20~70 cm；石生植物。

生境：岩石上，或偶见附生在树上等。

分布：广西、福建、西藏、海南、贵州、江西、重庆、湖南、湖北、广东、云南、安徽、四川、甘肃、陕西、浙江、河南、香港、台湾。

单子卷柏 *Selaginella monospora* Spring

习性：匍匐草本，茎长 30~90 cm；土生植物。

生境：林下阴湿处等。

分布：广西、西藏、海南、贵州、广东、云南。

疏叶卷柏 *Selaginella remotifolia* Spring

习性：匍匐草本，茎长 20~50 cm；土生植物。

生境：林下、林缘等。

分布：广西、福建、贵州、江西、重庆、湖南、湖北、广东、云南、四川、浙江、江苏、香港、台湾。

海南卷柏 *Selaginella rolandi-principis* Alston

习性：直立草本，高 20~50 cm；土生植物。

生境：林下荫处或溪边等。

分布：广西、海南、云南。

卷柏 *Selaginella tamariscina*（P. Beauv.）Spring

习性：垫状植物；土生或石生植物。

生境：常见于石灰岩上等。

分布：福建、贵州、湖南、湖北、广东、安徽、四川、江苏、吉林、河北、河南、广西、海南、江西、重庆、云南、北京、山东、陕西、浙江、内蒙古、青海、辽宁、台湾、山西、香港。

瓦氏卷柏 *Selaginella wallichii*（Hook. et Grev.）Spring

习性：直立草本，高 40~70 cm；土生植物。

生境：林下或林缘荫处，海拔 100~1 500 m。

分布：广西、广东、云南。

藤卷柏 *Selaginella willdenowii*（Desv.）Baker

习性：攀缘草本，茎长 1~2 m 或更长；土生植物。

生境：林中、灌丛等。

分布：广西、贵州、云南。

附录 2　防城金花茶国家级自然保护区蕨类植物名录

1. 合囊蕨科 Angiopteridaceae

观音座莲属 *Angiopteris* Adans.

福建观音座莲 *Angiopteris fokiensis* Hieron.
习性：多年生草本，高可达 1.5 m；土生植物。
生境：林下、溪边、沟边等。
分布：广西、福建、海南、贵州、江西、重庆、湖南、湖北、广东、云南、香港、四川、浙江。

2. 铁角蕨科 Aspleniaceae

铁角蕨属 *Asplenium* L.

狭翅铁角蕨 *Asplenium wrightii* Eaton ex Hook.
习性：多年生草本，高可达 1 m；石生或附生植物。
生境：林下、溪边、沟边等。
分布：广西、福建、海南、贵州、江西、重庆、湖南、湖北、广东、云南、香港、四川、浙江。
狭翅巢蕨 *Asplenium antrophyoides* Christ
习性：多年生草本，高 30~60 cm；石生或附生植物。
生境：林中树上、林下岩石上等。
分布：广西、福建、海南、贵州、江西、重庆、湖南、湖北、广东、云南、香港、安徽、四川、浙江、江苏、台湾。
巢蕨 *Asplenium nidus* L.
习性：多年生草本，高 1~1.2 m；石生或附生植物。
生境：林中树上、林下岩石上等。
分布：广西、福建、西藏、海南、贵州、广东、云南、台湾、澳门、香港。
长叶铁角蕨 *Asplenium prolongatum* Hook.
习性：多年生草本，高 20~40 cm；石生或附生植物。
生境：林中树上、林下岩石上等。
分布：广西、福建、西藏、海南、贵州、江西、重庆、湖南、湖北、广东、云南、安徽、四川、甘肃、浙江、河南、香港、台湾。
假大羽铁角蕨 *Asplenium pseudolaserpitiifolium* Ching
习性：多年生草本，高约 1 m；石生植物。
生境：林中树上、林下或溪边岩石上等。
分布：广西、福建、西藏、海南、江西、湖南、广东、云南、台湾、香港。
石生铁角蕨 *Asplenium saxicola* Rosenst.
习性：多年生草本，高 20~50 cm；石生植物。

生境：林下或溪边岩石上等。

分布：广西、海南、贵州、重庆、湖南、广东、云南、四川。

铁角蕨 *Asplenium trichomanes* L.

习性：多年生草本，高 10~30 cm；石生植物。

生境：林下或溪边岩石上等。

分布：广西、福建、西藏、贵州、江西、湖北、湖南、广东、云南、安徽、四川、甘肃、陕西、新疆、浙江、江苏、吉林、山西、河南、台湾。

膜叶铁角蕨属 *Hymenasplenium* Hayata.

绿秆膜叶铁角蕨 *Hymenasplenium obscurum*（Blume）Tagawa

习性：多年生草本，高 20~40 cm；石生植物。

生境：林下、溪边或沟边岩石上等。

分布：广西、福建、海南、贵州、广东、云南、台湾、香港。

3. 蹄盖蕨科 Athyriaceae

对囊蕨属 *Deparia* Hook. et Grev.

假蹄盖蕨 *Deparia japonica*（Thunberg）M. Kato

习性：多年生草本，高 30~70 cm；土生植物。

生境：林下、溪边、沟边等。

分布：广西、福建、海南、贵州、江西、重庆、上海、湖南、湖北、广东、云南、澳门、香港、安徽、四川、甘肃、山东、浙江、江苏、台湾、河南。

单叶双盖蕨 *Deparia lancea*（Thunberg）Fraser-Jenk.

习性：多年生草本，高 20~40 cm；土生或石生植物。

生境：林下酸性土或岩石上等。

分布：广西、福建、海南、贵州、江西、重庆、湖南、广东、云南、安徽、四川、浙江、江苏、河南、香港、台湾。

毛轴假蹄盖蕨 *Deparia petersenii*（Kunze.）M. Kato

习性：多年生草本，高 30~80 cm；土生植物。

生境：林下、溪边等。

分布：广西、福建、西藏、海南、贵州、江西、重庆、湖南、湖北、广东、云南、安徽、四川、甘肃、山东、陕西、浙江、江苏、河南、澳门、香港、台湾。

双盖蕨属 *Diplazium* Sw.

厚叶双盖蕨 *Diplazium crassiusculum* Ching

习性：多年生草本，高可达 1.6 m；土生或石生植物。

生境：林下、灌丛、沟谷等。

分布：广西、福建、浙江、贵州、江西、湖南、广东、台湾。

毛柄短肠蕨 *Diplazium dilatatum* Blume

习性：多年生植物，高可达 1.5 m；土生植物。

生境：河谷、林下、林缘等。

分布：广西、福建、海南、贵州、重庆、湖南、广东、云南、澳门、香港、四川、浙江、台湾。

双盖蕨 *Diplazium donianum*（Mett.）Tard.-Blot

习性：多年生草本，高 40~60 cm；土生植物。

生境：林下、溪边等。

分布：广西、福建、海南、贵州、重庆、湖南、广东、云南、安徽、台湾、香港。

薄盖短肠蕨 *Diplazium hachijoense* Nakai

习性：多年生草本，高可达 1 m；土生植物。

生境：林下、林缘、沟边等。

分布：广西、福建、浙江、贵州、江西、重庆、湖南、广东、安徽、四川。

疏裂短肠蕨 *Diplazium incomptum* Tagawa

习性：多年生草本，高 30~60 cm；土生植物。

生境：林下、林缘、沟边等。

分布：广西、广东、云南、台湾。

阔片短肠蕨 *Diplazium matthewii*（Copel.）C. Chr.

习性：多年生草本，高 50~70 cm 或更高；土生植物。

生境：林下、林缘、沟边等。

分布：广西、福建、湖南、广东、香港。

江南短肠蕨 *Diplazium mettenianum*（Miq.）C. Chr.

习性：多年生草本，高 40~70 cm；土生植物。

生境：林下、林缘、沟边等。

分布：广西、福建、海南、贵州、江西、重庆、湖南、广东、云南、香港、安徽、四川、浙江、台湾。

假镰羽短肠蕨 *Diplazium petrii* Tardieu

习性：多年生草本，高 40~60 cm；土生植物。

生境：林下、林缘、沟边等。

分布：广西、浙江、海南、贵州、湖南、广东、云南、台湾。

假江南短肠蕨 *Diplazium yaoshanense*（Y. C. Wu）Tardieu

习性：多年生草本，高 40~60 cm；土生植物。

生境：林下、林缘、沟边等。

分布：广西、广东。

4. 乌毛蕨科 Blechnaceae

乌毛蕨属 *Blechnopsis* C. Presl

乌毛蕨 *Blechnopsis orientalis*（L.）C. Presl
习性：多年生草本，高 0.5~2 m；土生植物。
生境：林下、灌丛、溪边、沟边等。
分布：广西、福建、西藏、海南、贵州、江西、重庆、湖南、广东、云南、澳门、香港、四川、浙江、台湾。

狗脊属 *Woodwardia* Sm.

狗脊 *Woodwardia japonica*（L. F.）Sm.
习性：多年生草本，高 0.5~1.2 m；土生植物。
生境：林下、林缘、草坡、路边等。
分布：广西、福建、西藏、海南、贵州、江西、重庆、上海、湖北、湖南、广东、云南、澳门、香港、安徽、四川、甘肃、陕西、浙江、江苏、台湾、河南。

5. 金毛狗科 Cibotiaceae

金毛狗属 *Cibotium* Kaulf.

金毛狗 *Cibotium barometz*（L.）J. Sm.
习性：多年生草本，高可达 3 m；土生植物。
生境：林下、林缘、溪边、沟边等。
分布：广西、福建、西藏、海南、贵州、江西、重庆、湖南、湖北、广东、云南、澳门、香港、四川、浙江、台湾、河南。

6. 桫椤科 Cyatheaceae

黑桫椤属 *Gymnosphaera* Blume.

小黑桫椤 *Gymnosphaera metteniana*（Hance）Tagawa
习性：木质茎，高 0.8~2 m；土生植物。
生境：林下、溪边、沟边等。
分布：广西、福建、浙江、贵州、江西、重庆、湖南、广东、云南、台湾、四川。

黑桫椤 *Gymnosphaera podophylla*（Hook.）Copel.
习性：乔木或灌木状，高 1~3 m；土生植物。
生境：林中、灌丛、溪边等。
分布：广西、福建、海南、贵州、广东、云南、台湾、香港。

7. 骨碎补科 Davalliaceae

骨碎补属 *Davallia* Sm.

大叶骨碎补 *Davallia divaricata* Blume

习性：多年生草本，高可达 1 m；石生或附生植物。

生境：林中等。

分布：广西、福建、海南、湖南、广东、云南、台湾、香港。

阴石蕨 *Davallia repens*（L. f.）Kuhn

习性：多年生草本，高 10~20 cm；石生或附生植物。

生境：溪边、岩石上等。

分布：广西、福建、浙江、海南、贵州、江西、湖南、广东、云南、台湾、香港、四川。

中国骨碎补 *Davallia sinensis*（Christ）Ching

习性：多年生草本，高 20~40 cm；石生或附生植物。

生境：林中、溪边、岩石上等。

分布：广西、云南。

8. 碗蕨科 Dennstaedtiaceae

碗蕨属 *Dennstaedtia* Bernh.

碗蕨 *Dennstaedtia scabra*（Wall.）Moore

习性：多年生草本，高可达 0.7 m；土生植物。

生境：林下、溪边等。

分布：广西、福建、浙江、西藏、贵州、江西、重庆、湖南、广东、云南、台湾、四川。

栗蕨属 *HistioPteris*（J. Agardh）J. Sm.

栗蕨 *Histiopteris incisa*（Thunb.）J. Sm.

习性：多年生草本，高 1~2 m；土生植物。

生境：林下、灌丛等。

分布：广西、福建、浙江、西藏、海南、贵州、江西、湖南、广东、云南、台湾、香港。

姬蕨属 *Hypolepis* P. Beauv. ex T. Lestib.

姬蕨 *Hypolepis punctata*（Thunb.）Mett.

习性：多年生草本，高可达 1 m；土生植物。

生境：溪边、灌丛等。

分布：广西、福建、西藏、海南、贵州、江西、重庆、上海、湖南、湖北、广东、云南、香港、安徽、四川、浙江、江苏、台湾。

鳞盖蕨属 *Microlepia* C. Presl.

华南鳞盖蕨 *Microlepia hancei* Prantl

习性：多年生草本，高可达 1.2 m；土生植物。

生境：林下、溪边、路边、灌丛等。

分布：广西、福建、浙江、海南、贵州、江西、湖南、广东、云南、台湾、澳门、香港。

虎克鳞盖蕨 *Microlepia hookeriana*（Wall.）Presl

习性：多年生草本，高 55~80 cm；土生植物。

生境：林中、溪边等。

分布：广西、福建、浙江、海南、贵州、江西、湖南、广东、云南、台湾、香港。

边缘鳞盖蕨 *Microlepia marginata*（Houtt.）C. Chr.

习性：多年生草本，高 0.6~1.2 m；土生植物。

生境：林下、溪边、灌丛等。

分布：广西、福建、海南、贵州、江西、重庆、上海、湖南、湖北、广东、云南、香港、安徽、四川、甘肃、浙江、江苏、台湾、河南。

蕨属 *Pteridium* Gled. ex Scop.

蕨 *Pteridium aquilinum* var. *latiusculum*（Desv.）Underw. ex A. Heller

习性：多年生草本，高可达 1 m；土生植物。

生境：林下、林缘、沟边等。

分布：广西、福建、西藏、贵州、上海、湖北、湖南、广东、澳门、香港、安徽、四川、新疆、江苏、吉林、宁夏、河北、河南、海南、江西、重庆、云南、北京、甘肃、山东、陕西、浙江、内蒙古、青海、天津、辽宁、台湾、黑龙江、山西。

9. 鳞毛蕨科 Dryopteridaceae

复叶耳蕨属 *Arachniodes* Blume.

刺头复叶耳蕨 *Arachniodes aristata*（Forst.）Tindale

习性：多年生草本，高 50~80 cm；石生或土生植物。

生境：林下、林缘、山坡等。

分布：广西、福建、贵州、江西、湖南、广东、云南、安徽、山东、浙江、江苏、台湾、河南。

中华复叶耳蕨 *Arachniodes chinensis*（Rosenst.）Ching

习性：多年生草本，高 40~65 cm；土生植物。

生境：林下、林缘、山坡等。

分布：广西、福建、海南、贵州、江西、重庆、湖南、广东、云南、澳门、安徽、四川、浙江、台湾。

华南复叶耳蕨 *Arachniodes festina*（Hance）Ching

习性：多年生草本，高 65~90 cm；土生植物。

生境：林下、沟谷、溪流、路边、灌丛等。

分布：广西、福建、浙江、贵州、江西、湖南、广东、云南、台湾、四川、河南。

实蕨属 *Bolbitis* Schott.

刺蕨 *Bolbitis appendiculata*（Willd.）K. Iwats.

习性：多年生草本，高约 50 cm；土生或石生植物。

生境：林下、岩石上等。

分布：广西、海南、广东、云南、台湾、香港。

长叶实蕨 *Bolbitis heteroclita*（C. Presl）Ching

习性：多年生草本，高 35~85 cm；石生植物。

生境：林下、岩石上等。

分布：广西、福建、海南、贵州、重庆、广东、云南、台湾、四川。

鳞毛蕨属 *Dryopteris* Adans.

黑足鳞毛蕨 *Dryopteris fuscipes* C. Chr.

习性：多年生草本，高 50~90 cm；土生植物。

生境：林下、灌丛、溪边、路边等。

分布：广西、福建、海南、贵州、江西、重庆、上海、湖南、湖北、广东、云南、香港、安徽、四川、浙江、江苏、台湾。

羽裂鳞毛蕨 *Dryopteris integriloba* C. Chr.

习性：多年生草本，高 50~70 cm；土生植物。

生境：林下、林缘、山坡等。

分布：广西、海南、广东、云南、台湾。

京鹤鳞毛蕨 *Dryopteris kinkiensis* Koidz. ex Tagawa

习性：多年生草本，高 40~70 cm；土生植物。

生境：林下、林缘、山坡等。

分布：福建、浙江、贵州、江西、重庆、上海、湖南、广东、四川。

鱼鳞蕨 *Dryopteris paleolata*（Pic.Serm.）Li Bing Zhang

习性：多年生草本，高约 80 cm；土生植物。

生境：林下、林缘、山坡等。

分布：广西、福建、西藏、海南、贵州、江西、重庆、湖南、广东、云南、四川、浙江、台湾。

圆头红腺蕨 *Dryopteris annamensis*（Tagawa）Li Bing Zhang

习性：多年生草本，高 50~70 cm；土生植物。

生境：林下、林缘、山坡等。

分布：西藏、海南、云南、台湾。

稀羽鳞毛蕨 *Dryopteris sparsa*（Buch.-Ham. ex D. Don）O. Ktze.

习性：多年生草本，高 50~70 cm；土生植物。

生境：林下、溪边等。

分布：广西、福建、西藏、海南、贵州、江西、重庆、上海、湖南、湖北、广东、云南、香港、安徽、四川、陕西、浙江、台湾、河南。

三角鳞毛蕨 *Dryopteris subtriangularis*（Hope）C. Chr.

习性：多年生草本，高 40~50 cm；土生植物。

生境：林下、林缘、山坡等。

分布：广西、西藏、海南、贵州、重庆、湖南、云南、台湾、四川。

华南鳞毛蕨 *Dryopteris tenuicula* Matthew et Christ

习性：多年生草本，高 40~50 cm；土生植物。

生境：林下、沟边、岩石上等。

分布：广西、浙江、贵州、重庆、湖南、湖北、广东、台湾、香港、四川。

黄腺羽蕨属 *Pleocnemia* C. Presl.

黄腺羽蕨 *Pleocnemia winitii* Holttum

习性：多年生草本，高 2~3 m；土生植物。

生境：林下等。

分布：广西、福建、海南、广东、云南、台湾、香港。

耳蕨属 *Polystichum* Roth.

镰羽耳蕨 *Polystichum balansae* Christ

习性：多年生草本，高 25~60 cm；土生植物。

生境：林下等。

分布：广西、山东、福建、浙江、海南、贵州、江西、重庆、湖南、广东、香港、安徽。

灰绿耳蕨 *Polystichum scariosum* C. V. Morton

习性：多年生草本，高 0.7~2 m；土生植物。

生境：林下、溪边、沟边等。

分布：广西、浙江、海南、贵州、江西、湖南、广东、云南、台湾、香港、四川。

10. 木贼科 Equisetaceae

木贼属 *Equisetum* L.

披散木贼 *Equisetum diffusum* D. Don

习性：多年生草本，高 10~70 cm；土生植物。

生境：灌丛、溪边、沟边、路边等。

分布：广西、甘肃、西藏、贵州、江苏、重庆、上海、湖南、湖北、云南、四川。

笔管草 *Equisetum ramosissimum* subsp. *debile*（Roxb. ex Vaucher）Á. Löve et D.Löve
习性：多年生草本，高 30~80 cm 或更高；土生植物。
生境：林下、林缘、灌丛、草地、溪边、沟边等。
分布：广西、福建、西藏、海南、贵州、江西、重庆、上海、湖南、湖北、广东、云南、澳门、香港、安徽、四川、甘肃、山东、陕西、浙江、江苏、台湾、河南。

11. 里白科 Gleicheniaceae

芒萁属 *Dicranopteris* Bernh.

大芒萁 *Dicranopteris ampla* Ching et P. S. Chiu
习性：多年生草本，高 1~1.5 m；土生植物。
生境：林下、林缘、路边等。
分布：广西、西藏、海南、贵州、江西、广东、云南、香港。

铁芒萁 *Dicranopteris linearis*（Burm. f.）Underw.
习性：多年生草本，高 45~90 cm；土生植物。
生境：林下、林缘、灌丛、山坡、路边等。
分布：广西、广东、海南。

芒萁 *Dicranopteris pedata*（Houtt.）Nakaike
习性：多年生草本，高 0.5~1.2 m；土生植物。
生境：林下、林缘、灌丛、山坡、路边等。
分布：广西、福建、贵州、江西、重庆、湖南、湖北、广东、云南、澳门、香港、安徽、四川、甘肃、浙江、江苏、台湾、山西、河南。

12. 禾叶蕨科 Grammitidaceae

禾叶蕨属 *Oreogrammitis* Copel.

短柄滨禾蕨 *Oreogrammitis dorsipila* Parris
习性：多年生草本，高 5~10 cm；石生植物。
生境：林下或溪边岩石上等。
分布：广西、福建、浙江、海南、贵州、江西、湖南、广东、云南、台湾、香港。

13. 膜蕨科 Hymenophyllaceae

长片蕨属 *Abrodictyum* C. Presl.

广西长筒蕨 *Abrodictyum obscurum* var. *siamense*（Christ）K. Iwats.
习性：多年生草本，高 10~12 cm；石生植物。

生境：林下或溪边岩石上等。
分布：广西、海南、湖南、广东、澳门、香港。

假脉蕨属 *Crepidomanes* C. Presl.

翅柄假脉蕨 *Crepidomanes atealatum*（Bosch）Copel.
习性：多年生草本，高 2~14 cm；石生植物。
生境：林中树上、林下岩石上等。
分布：广西、福建、西藏、海南、贵州、江西、重庆、湖南、广东、云南、香港、安徽、四川、甘肃、浙江、台湾。

膜蕨属 *Hymenophyllum* Sm.

华东膜蕨 *Hymenophyllum barbatum*（Bosch）Baker
习性：多年生草本，高 1~15 cm；石生植物。
生境：林中树上、林下或溪边岩石上等。
分布：广西、福建、海南、贵州、江西、重庆、湖南、湖北、广东、安徽、四川、陕西、浙江、台湾、河南。

14. 鳞始蕨科 Lindsaeaceae

鳞始蕨属 *Lindsaea* Dryand. ex Sm.

钱氏鳞始蕨 *Lindsaea chienii* Ching
习性：多年生草本，高约 40 cm；石生植物。
生境：林下、林缘、灌丛等。
分布：广西、福建、浙江、海南、贵州、江西、广东、云南、台湾。
碎叶鳞始蕨 *Lindsaea chingii* C. Chr.
习性：多年生草本，高 14~26 cm；土生植物。
生境：林下、林缘、灌丛等。
分布：广西、海南。
爪哇鳞始蕨 *Lindsaea javanensis* Blume
习性：多年生草本，高可达 30 cm；石生或土生植物。
生境：林下、林缘、灌丛等。
分布：广西、福建、海南、贵州、江西、湖南、广东、云南、台湾。
团叶鳞始蕨 *Lindsaea orbiculata*（Lam.）Mett. ex Kuhn
习性：多年生草本，高可达 30 cm；石生或土生植物。
生境：林下、林缘、灌丛等。
分布：广西、福建、海南、贵州、江西、湖南、广东、云南、澳门、香港、四川、浙江、台湾。

华南鳞始蕨 *Lindsaea austrosinica* Ching
习性：多年生草本，高约 50 cm；土生植物。
生境：林下、林缘、灌丛、山坡、路边等。
分布：广西、海南。

乌蕨属 *Odontosoria*（C. Presl）Fée.

乌蕨 *Odontosoria chinensis* J. Sm.
习性：多年生草本，高约 65 cm；土生植物。
生境：林下、林缘、灌丛、草丛、路边等。
分布：广西、福建、西藏、海南、贵州、江西、重庆、上海、湖南、湖北、广东、云南、澳门、香港、安徽、四川、甘肃、浙江、江苏、台湾、河南。

香鳞始蕨属 *Osmolindsaea*（K.U.Kramer）Lehtonen et Christenh.

香鳞始蕨 *Osmolindsaea odorata*（Roxb.）Lehtonen et Chn' stenh.
习性：多年生草本，高约 20 cm；土生植物。
生境：林下、林缘、灌丛、草丛、路边等。
分布：广西、台湾。

15. 海金沙科 Lygodiaceae

海金沙属 *Lygodium* Sw.

海南海金沙 *Lygodium circinnatum*（Burm. f.）Sw.
习性：多年生草本，攀缘生长可达 5~6 m；土生植物。
生境：林下、林缘等。
分布：广西、海南、贵州、广东、云南、香港。

曲轴海金沙 *Lygodium flexuosum*（L.）Sw.
习性：多年生草本，高可达 7 m；土生植物。
生境：林下、林缘、灌丛、溪边、沟边、草丛、路边等。
分布：广西、福建、海南、贵州、湖南、广东、云南、澳门、香港。

海金沙 *Lygodium japonicum*（Thunb.）Sw.
习性：多年生草本，高 1~4 m；土生植物。
生境：林下、林缘、灌丛、溪边、沟边、草丛、路边等。
分布：广西、福建、西藏、海南、贵州、江西、重庆、上海、湖南、湖北、广东、云南、澳门、香港、安徽、四川、甘肃、陕西、浙江、江苏、台湾、河南。

小叶海金沙 *Lygodium microphyllum*（Cav.）R. Br.
习性：多年生草本，高 5~7 m；土生植物。

生境：林下、林缘、灌丛、溪边、沟边、草丛、路边等。

分布：广西、福建、海南、江西、广东、云南、台湾、香港。

16. 蘋科 Marsileaceae

蘋属 *Marsilea* L.

蘋 *Marsilea quadrifolia* L.

习性：多年生草本，高 5~20 cm；水生植物。

生境：沟塘、水沟等。

分布：广西、福建、贵州、上海、湖北、湖南、广东、澳门、香港、安徽、四川、新疆、江苏、吉林、宁夏、河北、河南、海南、江西、重庆、云南、北京、甘肃、山东、陕西、浙江、内蒙古、青海、天津、辽宁、台湾、黑龙江、山西。

17. 肾蕨科 Nephrolepidaceae

肾蕨属 *Nephrolepis* Schott

毛叶肾蕨 *Nephrolepis brownii*（Desvaux）Hovenkamp et Miyamoto

习性：多年生草本，高 0.45~1.1 m；附生或石生植物。

生境：林下、灌丛等。

分布：广西、福建、海南、广东、云南、台湾。

肾蕨 *Nephrolepis cordifolia*（L.）C. Presl

习性：多年生草本，高 30~60 cm；附生或石生植物。

生境：林下、灌丛、草丛、溪边等。

分布：广西、福建、西藏、海南、贵州、江西、重庆、湖南、广东、云南、北京、澳门、香港、四川、山东、浙江、江苏、台湾、河北、河南。

18. 紫萁科 Osmundaceae

羽节紫萁属 *Plenasium* C. Presl

宽叶羽节紫萁 *Plenasium javanicum*（Blume）C. Presl

习性：多年生草本，高可达 2 m；土生植物。

生境：林下、路边等。

分布：广西、海南、贵州、云南。

华南羽节紫萁 *Plenasium vachellii*（Hook.）C. Presl

习性：多年生草本，高 0.8~1 m；土生植物。

生境：溪边、沟边等。

分布：广西、福建、海南、贵州、江西、重庆、湖南、广东、云南、澳门、香港、四川、浙江。

19. 瘤足蕨科 Plagiogyriaceae

瘤足蕨属 *Plagiogyria*（Kunze）Mett.

华东瘤足蕨 *Plagiogyria japonica* Nakai
习性：多年生草本，高 4~85 cm；土生植物。
生境：林下、沟谷等。
分布：广西、福建、海南、贵州、江西、重庆、湖南、湖北、广东、云南、安徽、四川、浙江、江苏、台湾。

20. 水龙骨科 Polypodiaceae

槲蕨属 *Drynaria*（Bory）J. Sm.

团叶槲蕨 *Drynaria bonii* Christ
习性：多年生草本，高 0.5~1 m；附生或石生植物。
生境：林中树上、林下岩石上等。
分布：广西、海南、贵州、广东、云南。

崖姜 *Drynaria coronans*（Wallich ex Mettenius）J. Smith ex T. Moore
习性：多年生草本，高 15~40 cm；附生或石生植物。
生境：林中树上、林下岩石上等。
分布：广西、福建、西藏、海南、贵州、广东、云南、台湾、澳门。

伏石蕨属 *Lemmaphyllum* C. Presl

披针骨牌蕨 *Lemmaphyllum diversum*（Rosenst.）De Vol et C. M. Kuo
习性：多年生草本，高约 10 cm；附生或石生植物。
生境：林中树上、林下岩石上等。
分布：广西、福建、西藏、海南、贵州、广东、云南、台湾、澳门。

抱石莲 *Lemmaphyllum drymoglossoides*（Baker）Ching
习性：多年生草本；附生或石生植物。
生境：林中树上、林下岩石上等。
分布：广西、福建、西藏、海南、贵州、江西、重庆、上海、湖北、湖南、广东、云南、澳门、香港、安徽、四川、甘肃、陕西、浙江、江苏、台湾、河南。

伏石蕨 *Lemmaphyllum microphyllum* C. Presl
习性：多年生草本；附生或石生植物。
生境：林中树上、林下岩石上等。
分布：广西、福建、西藏、海南、贵州、江西、湖南、湖北、广东、云南、澳门、香港、安徽、浙江、江苏、台湾、河南。

瓦韦属 *Lepisorus*（J. Sm.）Ching

扭瓦韦 *Lepisorus contortus*（Christ）Ching

习性：多年生草本，高 10~25 cm；附生或石生植物。

生境：林中树上、林下岩石上等。

分布：广西、福建、西藏、贵州、江西、重庆、湖南、湖北、云南、安徽、四川、甘肃、山东、陕西、浙江、河南。

江南星蕨 *Lepisorus fortunei*（T. Moore）C. M. Kuo

习性：多年生草本，高 0.3~1 m；附生或石生植物。

生境：林下、溪边、岩石上等。

分布：广西、福建、西藏、海南、贵州、江西、重庆、湖南、湖北、广东、云南、香港、安徽、四川、甘肃、山东、陕西、浙江、江苏、台湾、河南。

粤瓦韦 *Lepisorus obscurevenulosus*（Hayata）Ching

习性：多年生草本，高 10~25 cm；附生或石生植物。

生境：林中树上、林下岩石上等。

分布：广西、福建、浙江、贵州、江西、重庆、湖南、广东、云南、台湾、安徽、四川。

骨牌蕨 *Lepisorus rostratus*（Bedd.）C. F. Zhao，R. Wei et X. C. Zhang

习性：多年生草本，高 10~14 cm；附生或石生植物。

生境：林中树上、林下岩石上等。

分布：广西、西藏、海南、贵州、湖南、湖北、广东、云南、香港、四川、甘肃、浙江、台湾。

表面星蕨 *Lepisorus superficialis*（*Blume*）C. F. Zhao，R. Wei et X. C. Zhang

习性：多年生草本，高 35~70 cm；附生或石生植物。

生境：林中树上、林下岩石上等。

分布：广西、福建、西藏、贵州、江西、湖南、湖北、广东、云南、安徽、四川、浙江、台湾。

薄唇蕨属 *Leptochilus* Kaulf.

宽羽线蕨 *Leptochilus ellipticus* var. *pothifolius*（Buch.-Ham. ex D. Don）X. C. Zhang

习性：多年生草本，高 0.36~1.23 m；石生或土生植物。

生境：林下、岩石上等。

分布：广西、福建、海南、贵州、江西、重庆、湖南、湖北、广东、云南、香港、浙江、台湾。

线蕨 *Leptochilus ellipticus*（Thunb.）Noot.

习性：多年生草本，高 20~60 cm；石生或土生植物。

生境：林下、岩石上等。

分布：广西、福建、西藏、海南、贵州、江西、重庆、湖南、广东、云南、澳门、香港、安徽、四川、甘肃、浙江、江苏、台湾。

断线蕨 *Leptochilus hemionitideus*（Wall. ex Mett.）Noot.

习性：多年生草本，高 30~60 cm；石生或土生植物。

生境：林下、溪边、岩石上等。

分布：广西、福建、西藏、海南、贵州、江西、湖南、广东、云南、香港、安徽、四川、台湾。

矩圆线蕨 *Leptochilus henryi*（Baker）X. C. Zhang

习性：多年生草本，高 20~70 cm；石生或土生植物。

生境：林下等。

分布：广西、福建、贵州、江西、重庆、湖南、湖北、云南、四川、陕西、浙江、江苏、台湾。

绿叶线蕨 *Leptochilus leveillei*（Christ）X. C. Zhang et Nooteboom

习性：多年生草本，高 25~40 cm；附生或土生植物。

生境：林下等。

分布：广西、福建、贵州、江西、湖南、广东。

具柄线蕨 *Leptochilus pedunculatus*（Hook. et Grev.）Fraser-Jenkins

习性：多年生草本，高 20~40 cm；附生或土生植物。

生境：林下、溪边、岩石上等。

分布：广西、西藏、海南、广东、云南。

褐叶线蕨 *Leptochilus wrightii*（Hook. et Baker）X. C. Zhang

习性：多年生草本，高 20~50 cm；附生或土生植物。

生境：林下、溪边、岩石上等。

分布：广西、福建、浙江、贵州、江西、湖南、广东、云南、台湾、香港。

星蕨属 *Microsorum* Link.

光亮瘤蕨 *Microsorum cuspidatum*（D. Don）Tagawa

习性：多年生草本，高 0.4~1 m；石生植物。

生境：林缘、岩壁上等。

分布：广西、西藏、海南、贵州、广东、云南、四川。

羽裂星蕨 *Microsorum insigne*（Blume）Copel.

习性：多年生草本，高 0.4~1 m；石生或土生植物。

生境：林下、岩石上等。

分布：广西、福建、西藏、海南、贵州、江西、重庆、湖南、广东、云南、香港、四川、台湾。

星蕨 *Microsorum punctatum*（L.）Copel.

习性：多年生草本，高 40~60 cm；附生或石生植物。

生境：林下、岩石上等。

分布：广西、福建、海南、贵州、重庆、湖南、湖北、广东、云南、香港、四川、甘肃、台湾。

石韦属 *Pyrrosia* Mirb.

贴生石韦 *Pyrrosia adnascens*（Sw.）Ching

习性：多年生草本，高 5~12 cm；附生或石生植物。

生境：林中树上、林下岩石上等。

分布：广西、福建、海南、湖南、广东、云南、台湾、澳门、香港。

石韦 *Pyrrosia lingua*（Thunb.）Farwell

习性：多年生草本，高 10~30 cm；附生或石生植物。

生境：林中树上、林下岩石上等。

分布：广西、福建、西藏、海南、贵州、江西、重庆、湖南、湖北、广东、云南、澳门、香港、安徽、四川、甘肃、浙江、江苏、台湾、河南。

修蕨属 *Selliguea* Bory

节肢蕨 *Selliguea lehmannii*（Mett.）Christenh.

习性：多年生草本；附生或石生植物。

生境：沟谷、林缘、岩石上等。

分布：广西、西藏、海南、贵州、江西、重庆、湖南、湖北、广东、云南、四川、浙江、台湾。

21. 凤尾蕨科 Pteridaceae

铁线蕨属 *Adiantum* L.

团羽铁线蕨 *Adiantum capillus-junonis* Rupr.

习性：多年生草本，高 20~50 cm；石生植物。

生境：林中树上、林下岩石上等。

分布：广西、贵州、重庆、湖南、广东、云南、北京、香港、四川、甘肃、山东、辽宁、天津、台湾、河北、山西、河南。

铁线蕨 *Adiantum capillus-veneris* L.

习性：多年生草本，高 15~40 cm；石生植物。

生境：林下、岩壁上等。

分布：广西、福建、西藏、海南、贵州、江西、重庆、湖北、湖南、广东、云南、澳门、香港、安徽、四川、甘肃、陕西、新疆、浙江、江苏、台湾、河北、山西、河南。

扇叶铁线蕨 *Adiantum flabellulatum* L.

习性：多年生草本，高 20~45 cm；土生植物。

生境：林下、山坡等。

分布：广西、福建、海南、贵州、江西、重庆、湖南、湖北、广东、云南、澳门、香港、安徽、四川、浙江、台湾。

书带蕨属 *Haplopteris* C. Presl

唇边书带蕨 *Haplopteris elongata*（Swartz）E. H. Crane

习性：多年生草本；附生或石生植物。

生境：林中树上、林下岩石上等。

分布：广西、福建、西藏、海南、广东、云南、台湾。

书带蕨 *Haplopteris flexuosa*（Fée）E. H. Crane

习性：多年生草本，高 30~40 cm；附生或石生植物。

生境：林中树上、林下岩石上等。

分布：广西、福建、西藏、海南、贵州、江西、重庆、湖南、湖北、广东、云南、香港、安徽、四川、甘肃、浙江、江苏、台湾。

金粉蕨属 *Onychium* Blume.

野雉尾金粉蕨 *Onychium japonicum*（Thunb.）Kunze

习性：多年生草本，高 50~80 cm；石生或土生植物。

生境：林下、沟边、溪边、灌丛、草丛等。

分布：广西、福建、贵州、江西、重庆、上海、湖南、湖北、广东、云南、香港、安徽、四川、甘肃、山东、陕西、浙江、江苏、台湾、河北、河南。

凤尾蕨属 *Pteris* L.

条纹凤尾蕨 *Pteris cadieri* Christ

习性：多年生草本，高 30~40 cm；石生或土生植物。

生境：林下、溪边、岩石上等。

分布：广西、福建、海南、贵州、江西、湖北、广东、云南、台湾、香港。

剑叶凤尾蕨 *Pteris ensiformis* Burm.

习性：多年生草本，高 30~50 cm；石生或土生植物。

生境：林下、溪边等。

分布：广西、福建、海南、贵州、江西、重庆、湖南、广东、云南、澳门、香港、四川、浙江、台湾。

傅氏凤尾蕨 *Pteris fauriei* Hieron.

习性：多年生草本，高 50~90 cm；石生或土生植物。

生境：林下、沟边等。

分布：广西、福建、西藏、海南、贵州、江西、重庆、湖南、广东、云南、澳门、安徽、四川、浙江、台湾。

百越凤尾蕨 *Pteris fauriei* var. *chinensis* Ching et S. H. Wu

习性：多年生草本；石生或土生植物。

生境：林下、沟谷等。

分布：广西、福建、海南、贵州、广东、台湾。

林下凤尾蕨 *Pteris grevilleana* Wall. ex J. Agardh

习性：多年生草本，高 20~45 cm；石生或土生植物。

生境：林下、岩石上等。

分布：广西、海南、广东、云南、台湾、澳门、香港。

井栏边草 *Pteris multifida* Poir.

习性：多年生草本，高 30~45 cm；石生或土生植物。

生境：沟边、溪边、灌丛、岩石上等。

分布：广西、福建、海南、贵州、江西、重庆、上海、湖南、湖北、广东、澳门、香港、安徽、四川、甘肃、山东、陕西、浙江、江苏、天津、台湾、河北、河南。

半边旗 *Pteris semipinnata* L.

习性：多年生草本，高 30~80 cm；土生植物。

生境：林下、林缘、溪边、沟边、路边等。

分布：广西、福建、海南、贵州、江西、重庆、上海、湖南、湖北、广东、云南、澳门、香港、四川、浙江、台湾、河南。

蜈蚣凤尾蕨 *Pteris vittata* L.

习性：多年生草本，高 0.2~1.5 cm；石生植物。

生境：林缘、灌丛、路边等。

分布：广西、福建、西藏、海南、贵州、江西、重庆、上海、湖南、湖北、广东、云南、澳门、香港、安徽、四川、甘肃、陕西、浙江、江苏、台湾、河南。

22. 槐叶蘋科 Salviniaceae

满江红属 *Azolla* Lam.

满江红 *Azolla pinnata* subsp. *asiatica* R. M. K. Saunders et K. Fowler

习性：草本；漂浮水生植物。

生境：沼泽、溪流、池塘、沟渠等。

分布：广西、福建、贵州、江西、湖北、湖南、广东、云南、北京、安徽、四川、山东、浙江、江苏、天津、辽宁、台湾、河北、山西、河南。

23. 三叉蕨科 Tectariaceae

牙蕨属 *Pteridrys* Christensen et Ching

毛轴牙蕨 *Pteridrys australis* Ching

习性：多年生草本，高可达 1.5 m；土生植物。

生境：林下、沟谷、溪边等。

分布：广西、广东、云南。

三叉蕨属 *Tectaria* Cav.

毛叶轴脉蕨 *Tectaria devexa* Copel.

习性：多年生草本，高 50~70 cm；石生植物。

生境：林下、岩石上等。

分布：广西、浙江、海南、贵州、重庆、广东、云南、台湾、四川。

条裂三叉蕨 *Tectaria phaeocaulis*（Ros.）C. Chr.

习性：多年生草本，高 6~14 m；土生植物。

生境：沟谷、林下等。

分布：广西、福建、海南、江西、湖南、广东、云南、台湾、香港。

三叉蕨 *Tectaria subtriphylla*（Hook. et Arn.）Cop.

习性：多年生草本，高 50~70 cm；石生或土生植物。

生境：山坡、林下、岩石上等。

分布：广西、福建、海南、贵州、湖南、广东、云南、台湾、澳门、香港。

24. 金星蕨科 Thelypteridaceae

毛蕨属 *Cyclosorus* Link

干旱毛蕨 *Cyclosorus aridus*（Don）Tagawa

习性：多年生草本，高约 1.4 m；土生植物。

生境：沟边、林下、溪边等。

分布：广西、福建、西藏、海南、贵州、江西、重庆、湖南、广东、云南、香港、安徽、四川、浙江、台湾。

光羽毛蕨 *Cyclosorus calvescens* Ching

习性：多年生草本，高约 1 m；土生植物。

生境：林下、沟谷等。

分布：广西、贵州、云南。

宽羽毛蕨 *Cyclosorus latipinnus*（Benth.）Tard.-Blot

习性：多年生草本，高 20~25 cm；石生植物。

生境：溪边、沟谷等。

分布：广西、福建、浙江、海南、贵州、湖南、广东、云南、台湾、澳门、香港。

华南毛蕨 *Cyclosorus parasiticus*（L.）Farwell

习性：多年生草本，高约 70 cm；土生植物。

生境：沟谷、林下、溪边等。

分布：广西、福建、海南、贵州、江西、重庆、湖南、广东、云南、澳门、香港、四川、甘肃、浙江、台湾。

截裂毛蕨 *Cyclosorus truncatus*（Poir.）Farwell

习性：多年生草本，高可达 2 m；土生植物。

生境：林下、沟谷、溪边、沟边等。

分布：广西、福建、西藏、海南、贵州、湖南、广东、云南、台湾。

凸轴蕨属 *Metathelypteris*（H. Itô）Ching.

林下凸轴蕨 *Metathelypteris hattorii*（H. Ito）Ching

习性：多年生草本，高 30~60 cm；土生植物。

生境：沟谷、林下等。

分布：福建、浙江、贵州、江西、重庆、湖南、安徽、四川。

新月蕨属 *Pronephrium* C. Presl.

新月蕨 *Pronephrium gymnopteridifrons*（Hay.）Holtt.

习性：多年生草本，高 0.8~1.2 m；土生植物。

生境：沟谷、林下、溪边、沟边等。

分布：广西、海南、贵州、湖南、广东、云南、台湾、香港。

红色新月蕨 *Pronephrium lakhimpurense*（Rosenst.）Holtt.

习性：多年生草本，高 1.5 m 以上；土生植物。

生境：沟谷、林下、溪边、沟边等。

分布：广西、福建、贵州、江西、重庆、湖南、广东、云南、香港、四川。

微红新月蕨 *Pronephrium megacuspe*（Baker）Holttum

习性：多年生草本，高 50~70 cm；土生植物。

生境：沟谷、林下、溪边、沟边等。

分布：广西、江西、广东、云南、台湾。

单叶新月蕨 *Pronephrium simplex*（Hook.）Holtt.

习性：多年生草本，高 30~40 cm；土生植物。

生境：沟谷、林下、溪边、沟边等。

分布：广西、福建、海南、广东、云南、台湾、澳门、香港。

三羽新月蕨 *Pronephrium triphyllum*（Sw.）Holtt.

习性：多年生草本，高 20~50 cm；土生植物。

生境：沟谷、林下、溪边、沟边等。

分布：广西、福建、海南、湖南、广东、云南、台湾、香港。

假毛蕨属 *Pseudocyclosorus* Ching.

溪边假毛蕨 *Pseudocyclosorus ciliatus*（Benth.）Ching

习性：多年生草本，高 20~40 cm；石生或土生植物。

生境：沟谷、林下、溪边、沟边、岩石上等。

分布：广西、海南、广东、云南、香港。

溪边蕨属 *Stegnogramma* Blume

圣蕨 *Stegnogramma griffithii*（T. Moore）K. Iwatsuki

习性：多年生草本，高 40~70 cm；土生植物。

生境：沟谷、林下、溪边、沟边、岩石上等。

分布：广西、福建、浙江、海南、贵州、江西、重庆、云南、台湾、四川。

附录 3　防城金花茶国家级自然保护区裸子植物名录

1. 柏科 Cupressaceae

福建柏属 *Fokienia* A. Henry et H. H. Thomas

福建柏 *Fokienia hodginsii*（Dunn）A. Henry et H. H. Thomas

习性：乔木，高可达 17 m。

生境：林中、溪边等。

分布：广西、福建、浙江、贵州、江西、湖南、广东、云南、四川。

2. 苏铁科 Cycadaceae

苏铁属 *Cycas* L.

宽叶苏铁 *Cycas balansae* Warb.

习性：灌木，树干高 0.3~1.8 m。

生境：林下等。

分布：广西、云南。

3. 买麻藤科 Gnetaceae

买麻藤属 *Gnetum* L.

细柄买麻藤 *Gnetum gracilipes* C. Y. Cheng

习性：木质藤本，茎长可达 20 m。

生境：林中等。

分布：广西、云南。

买麻藤 *Gnetum montanum* Markgr.

习性：木质藤本，茎长可达 10 m 以上。

生境：林中等。

分布：广西、海南、广东、云南。

小叶买麻藤 *Gnetum parvifolium*（Warb.）C. Y. Cheng ex Chun

习性：木质藤本，茎长 4~12 m。

生境：林中等。

分布：广西、福建、贵州、江西、广东、湖南、云南、澳门。

4. 松科 Pinaceae

松属 *Pinus* L.

马尾松 *Pinus massoniana* Lamb.
习性：乔木，高可达 45 m。
生境：丘陵、山坡等。
分布：广西、福建、海南、贵州、江西、湖南、湖北、广东、云南、澳门、安徽、四川、陕西、浙江、江苏、台湾、河南。

油松 *Pinus tabuliformis* Carriere
习性：乔木，高可达 25 m。
生境：丘陵、山坡等。
分布：广西、湖北、湖南、四川、甘肃、山东、陕西、内蒙古、青海、辽宁、吉林、宁夏、河北、山西、河南。

5. 罗汉松科 Podocarpaceae

竹柏属 *Nageia* Gaertn.

竹柏 *Nageia nagi*（Thunburg）Kuntze
习性：乔木，高可达 20 m。
生境：林中等。
分布：广西、福建、浙江、海南、湖南、广东、台湾、四川。

罗汉松属 *Podocarpus* L' Hér. ex Pers.

罗汉松 *Podocarpus macrophyllus*（Thunb.）Sweet
习性：乔木，高可达 20 m。
生境：林中等。
分布：广西、福建、贵州、江西、湖南、湖北、广东、云南、安徽、四川、浙江、江苏、台湾。

百日青 *Podocarpus neriifolius* D. Don
习性：乔木，高可达 25 m。
生境：林中等。
分布：广西、福建、贵州、江西、湖南、广东。

6. 红豆杉科 Taxaceae

穗花杉属 *Amentotaxus* Pilg.

穗花杉 *Amentotaxus argotaenia*（Hance）Pilg.

习性：灌木或乔木，高可达 7 m。

生境：林中等。

分布：广西、福建、西藏、贵州、江西、湖南、湖北、广东、四川、甘肃、浙江、江苏、台湾。

附录 4　防城金花茶国家级自然保护区被子植物名录

1. 爵床科 Acanthaceae

十万错属 *Asystasia* Blume

白接骨 *Asystasia neesiana*（Wall.）Nees

习性：多年生草本，高 0.8~1.5 m。

生境：林下、沟边、溪边等。

分布：广西、福建、贵州、江西、湖南、湖北、广东、云南、安徽、四川、浙江、江苏。

钟花草属 *Codonacanthus* Nees

钟花草 *Codonacanthus pauciflorus*（Nees）Nees

习性：多年生草本，高 20~60 cm。

生境：林下、沟边、溪边等。

分布：广西、福建、海南、贵州、江西、广东、云南、台湾。

秋英爵床属 *Cosmianthemum* Bremek.

秋英爵床 *Cosmianthemum knoxiifolium*（C. B. Clarke）B. Hansen

习性：灌木，高 50 cm 以上。

生境：林下、沟边、溪边等。

分布：广西、海南。

狗肝菜属 *Dicliptera* Juss.

狗肝菜 *Dicliptera chinensis*（L.）Juss.

习性：一年生或多年生草本，高 30~80 cm。

生境：林缘、灌丛、草地、弃耕地、路边等。

分布：广西、福建、海南、贵州、广东、云南、台湾、四川。

叉序草属 *Isoglossa* Oerst.

叉序草 *Isoglossa collina*（T. Anderson）B. Hansen

习性：多年生草本，高 0.4~1 m。

生境：林下、溪边湿地等。

分布：广西、西藏、江西、湖南、广东、云南。

纤穗爵床属 *Leptostachya* Nees

纤穗爵床 *Leptostachya wallichii* Nees
习性：多年生草本，高 0.3~1 m。
生境：林下等。
分布：广西、海南、广东。

观音草属 *Peristrophe* Nees

观音草 *Peristrophe bivalvis*（L.）Merr.
习性：多年生草本，高可达 1 m。
生境：林下、林缘等。
分布：广西、福建、海南、贵州、江西、湖南、广东、云南、台湾。

山壳骨属 *Pseuderanthemum* Radlk.

云南山壳骨 *Pseuderanthemum crenulatum*（Wall. ex Lindl.）Radlk.
习性：半灌木，高可达 3 m。
生境：林下、灌丛等。
分布：广西、海南、广东。

孩儿草属 *Rungia* Nees

广西孩儿草 *Rungia guangxiensis* H. S. Lo et D. Fang
习性：直立草本，高约 70 cm。
生境：林下等。
分布：广西。
孩儿草 *Rungia pectinata*（L.）Nees
习性：一年生草本，高 20~50 cm。
生境：草地、路边湿地等。
分布：广西、海南、广东、云南。

叉柱花属 *Staurogyne* Wall.

大花叉柱花 *Staurogynesesamoides*（Hand.-Mazz.）B. L. Burtt
习性：一年生或多年生草本，高 35~40 cm。
生境：沟谷、林下等。
分布：广西、海南、广东、云南。

马蓝属 *Strobilanthes* Blume

曲枝假蓝 *Strobilanthes dalzielii*（W. W. Sm.）Benoist

习性：亚灌木或多年生草本，高 0.4~1 m。

生境：溪边、沟边、林下等。

分布：广西、福建、海南、贵州、江西、湖南、湖北、广东、云南、台湾。

球花马蓝 *Strobilanthes dimorphotricha* Hance

习性：多年生草本，高 0.4~1.5 m。

生境：林下、溪边、灌丛等。

分布：广西、福建、海南、贵州、江西、重庆、湖南、湖北、广东、云南、四川、浙江、台湾。

长苞蓝 *Strobilanthes echinata* Nees

习性：多年生草本，高 0.3~2 m。

生境：林下等。

分布：广西、广东、云南。

卵苞金足草 *Strobilanthes ovatibracteata* H. S. Lo et D. Fang

习性：多年生草本或灌木，高 0.5~2 m。

生境：林下等。

分布：广西。

2. 猕猴桃科 Actinidiaceae

猕猴桃属 *Actinidia* Lindl.

条叶猕猴桃 *Actinidia fortunatii* Finet et Gagnep.

习性：木质藤本。

生境：路边、林中、灌丛等。

分布：广西、贵州、湖南、广东。

中越猕猴桃 *Actinidia indochinensis* Merr.

习性：木质藤本。

生境：林下等。

分布：广西、福建、广东、云南。

阔叶猕猴桃 *Actinidia latifolia*（Gardner et Champ.）Merr.

习性：木质藤本。

生境：林中、灌丛、沟谷等。

分布：广西、福建、广东、云南。

水东哥属 *Saurauia* Willd.

水东哥 *Saurauia tristyla* DC.

习性：灌木或小乔木，高 3~6 m。

生境：林下、灌丛、沟谷等。

分布：广西、福建、海南、贵州、广东、云南、台湾、四川。

3. 蕈树科 Altingiaceae

蕈树属 *Altingia* Noronha

蕈树 *Altingia chinensis*（Champ. ex Benth.）Oliv. ex Hance

习性：乔木，高可达 20 m。

生境：林中等。

分布：广西、福建、浙江、海南、贵州、江西、湖南、广东、云南。

枫香树属 *Liquidambar* L.

枫香树 *Liquidambar formosana* Hance

习性：乔木，高可达 30 m。

生境：林中、林缘、路边等。

分布：福建、浙江、海南、贵州、江苏、江西、湖北、广东、台湾、安徽、四川。

半枫荷属 *Semiliquidambar* H. T. Chang

半枫荷 *Semiliquidambar cathayensis* H. T. Chang

习性：乔木，高 15~20 m。

生境：林中等。

分布：广西、福建、海南、贵州、江西、广东。

4. 苋科 Amaranthaceae

牛膝属 *Achyranthes* L.

土牛膝 *Achyranthes aspera* L.

习性：多年生草本，高 0.2~1.2 m。

生境：林下、山坡、路边、河岸等。

分布：广西、福建、浙江、海南、贵州、江西、湖南、湖北、广东、云南、台湾、四川。

牛膝 *Achyranthes bidentata* Blume

习性：多年生草本，高 0.7~1.2 m。

生境：林下、山坡、路边等。

分布：广西、福建、西藏、贵州、湖南、湖北、安徽、四川、陕西、浙江、江苏、台湾、河北、山西。

莲子草属 *Alternanthera* Forssk.

*** 喜旱莲子草** *Alternanthera philoxeroides*（Mart.）Griseb.
习性：多年生草本，高 0.5~1.2 m。
生境：沼泽、溪流、池塘、水库、滩涂、水沟、弃耕地、路边等。
分布：广西、福建、浙江、江苏、江西、湖南、湖北、台湾、北京、四川、河北。

莲子草 *Alternanthera sessilis*（L.）R. Br. ex DC.
习性：多年生草本，高 10~45 cm。
生境：沼泽、溪流、池塘、水沟、滩涂、路边等。
分布：广西、福建、贵州、江西、湖南、湖北、广东、云南、安徽、四川、浙江、江苏、台湾。

苋属 *Amaranthus* L.

*** 刺苋** *Amaranthus spinosus* L.
习性：一年生草本，高 0.3~1 m。
生境：滩涂、沟边、弃耕地、路边等。
分布：广西、福建、海南、贵州、江西、重庆、上海、湖南、湖北、广东、云南、北京、香港、安徽、四川、山东、陕西、浙江、江苏、辽宁、台湾、河北、山西、河南。

*** 皱果苋** *Amaranthus viridis* L.
习性：一年生草本，高 40~80 cm。
生境：滩涂、沟边、弃耕地、路边等。
分布：广西、福建、贵州、上海、湖北、湖南、广东、澳门、香港、安徽、四川、新疆、江苏、吉林、宁夏、河北、河南、海南、江西、重庆、云南、北京、甘肃、山东、陕西、浙江、内蒙古、青海、天津、辽宁、台湾、黑龙江、山西。

青葙属 *Celosia* L.

*** 青葙** *Celosia argentea* L.
习性：一年生草本，高 0.3~1 m。
生境：沟谷、溪边、滩涂、塘基、沟边、耕地、路边等。
分布：广西、福建、西藏、贵州、湖南、湖北、广东、安徽、四川、新疆、江苏、吉林、宁夏、河南、海南、江西、云南、甘肃、山东、陕西、浙江、内蒙古、青海、辽宁、台湾、黑龙江、山西。

杯苋属 *Cyathula* Blume

杯苋 *Cyathula prostrata*（L.）Blume
习性：多年生草本，高 30~50 cm。

本附录中，“*”表示外来种。

生境：山坡、灌丛、溪边等。
分布：广西、海南、广东、云南、台湾。

浆果苋属 *Deeringia* R. Br.

浆果苋 *Deeringia amaranthoides*（Lam.）Merr.
习性：攀缘灌木，高 2~6 m。
生境：林下、灌丛等。
分布：广西、西藏、海南、贵州、广东、云南、台湾、四川。

腺毛藜属 *Dysphania* R. Br.

*** 土荆芥** *Dysphania ambrosioides*（L.）Mosyakin et Clemants
习性：一年生或多年生草本，高 50~80 cm。
生境：村旁、路边、河岸等。
分布：广西、福建、浙江、江苏、江西、湖南、广东、云南、台湾、四川。

5. 漆树科 Anacardiaceae

南酸枣属 *Choerospondias* B. L. Burtt et A. W. Hill

南酸枣 *Choerospondias axillaris*（Roxb.）B. L. Burtt et A. W. Hill
习性：落叶乔木，高 8~20 m。
生境：林下、山坡、丘陵、沟谷等。
分布：广西、福建、西藏、贵州、江西、湖南、湖北、广东、云南、安徽、四川、甘肃、浙江、台湾。

辛果漆属 *Drimycarpus* Hook. f.

辛果漆 *Drimycarpus racemosus*（Roxb.）Hook. f.
习性：乔木，高 8~18 m。
生境：林下、沟谷等。
分布：广西、云南。

盐麸木属 *Rhus* L.

盐麸木 *Rhus chinensis* Mill.
习性：小乔木或灌木，高 2~10 m。
生境：沟谷、山坡、林下、溪边、灌丛等。
分布：广西、福建、西藏、贵州、上海、湖南、湖北、广东、澳门、香港、安徽、四川、新疆、江苏、宁夏、河南、河北、海南、江西、重庆、云南、北京、甘肃、山东、陕西、浙江、内蒙古、青海、天津、台湾、山西。

滨盐麸木 *Rhus chinensis* var. *roxburghii*（DC.）Rehder
习性：灌木或乔木。
生境：林下、山坡、沟谷、灌丛等。
分布：广西、海南、贵州、江西、湖南、广东、云南、台湾、四川。

漆树属 *Toxicodendron* Mill.

野漆 *Toxicodendron succedaneum*（L.）Kuntze
习性：乔木，高可达 10 m。
生境：林下等。
分布：广西、福建、西藏、海南、贵州、江西、重庆、湖南、湖北、广东、云南、安徽、四川、甘肃、山东、陕西、浙江、江苏、青海、台湾、宁夏、河北、山西、河南。

6. 番荔枝科 Annonaceae

鹰爪花属 *Artabotrys* R. Br.

鹰爪花 *Artabotrys hexapetalus*（L. f.）Bhandari
习性：攀缘灌木，茎长可达 4 m。
生境：林中等。
分布：广西、福建、浙江、海南、贵州、江西、广东、云南、台湾。
香港鹰爪花 *Artabotrys hongkongensis* Hance
习性：攀缘灌木，茎长可达 6 m。
生境：林下、沟谷等。
分布：广西、海南、贵州、湖南、广东、云南。

皂帽花属 *Dasymaschalon*（Hook. f. et Thomson）Dallatorre et Harms

皂帽花 *Dasymaschalon trichophorum* Merr.
习性：灌木，高 1~3 m。
生境：林下、灌丛等。
分布：广西、海南、广东。

假鹰爪属 *Desmos* Lour.

假鹰爪 *Desmos chinensis* Lour.
习性：攀缘灌木，茎长可达 4 m。
生境：林缘、灌丛、沟谷等。
分布：广西、贵州、广东、云南。

瓜馥木属 *Fissistigma* Griff.

阔叶瓜馥木 *Fissistigma chloroneurum*（Hand.-Mazz.）Tsiang

习性：攀缘灌木，茎长可达 12 m。

生境：林地、灌丛等。

分布：广西、贵州、湖南、云南。

金果瓜馥木 *Fissistigma cupreonitens* Merr. et Chun

习性：攀缘灌木，茎长可达 13 m。

生境：林下等。

分布：广西。

白叶瓜馥木 *Fissistigma glaucescens*（Hance）Merr.

习性：攀缘灌木，茎长可达 6 m。

生境：山坡、林中等。

分布：广西、福建、海南、广东、台湾。

瓜馥木 *Fissistigma oldhamii*（Hemsl.）Merr.

习性：攀缘灌木，茎长可达 8 m。

生境：沟谷、灌丛等。

分布：广西、福建、浙江、海南、江西、湖南、广东、云南、台湾。

黑风藤 *Fissistigma polyanthum*（Hook. f. et Thomson）Merr.

习性：攀缘灌木，茎长可达 8 m。

生境：林下、沟谷、路边等。

分布：广西、西藏、贵州、广东、云南。

上思瓜馥木 *Fissistigma shangtzeense* Tsiang et P. T. Li

习性：攀缘灌木，茎长可达 8 m。

生境：林下、山坡等。

分布：广西。

香港瓜馥木 *Fissistigma uonicum*（Dunn）Merr.

习性：攀缘灌木，茎长约 5 m。

生境：林下、丘陵、山坡等。

分布：广西、福建、海南、贵州、湖南、广东。

野独活属 *Miliusa* Lesch. ex A. DC.

野独活 *Miliusa balansae* Finet et Gagnep.

习性：灌木，高 2~5 m。

生境：林下、灌丛等。

分布：广西、海南、贵州、广东、云南。

中华野独活 *Miliusa sinensis* Finet et Gagnep.
习性：乔木，高可达 6 m。
生境：林下、灌丛等。
分布：广西、贵州、广东、云南。

紫玉盘属 *Uvaria* L.

紫玉盘 *Uvaria macrophylla* Roxb.
习性：攀缘灌木，茎长约 15 m。
生境：林下、灌丛等。
分布：广西、福建、广东、云南、台湾。

7. 伞形科 Apiaceae

积雪草属 *Centella* L.

积雪草 *Centellaasiatica*（L.）Urb.
习性：多年生草本。
生境：林缘、灌丛、草地、溪边、沟边、滩涂等。
分布：广西、福建、江西、湖南、湖北、广东、云南、安徽、四川、陕西、浙江、江苏、台湾。

胡萝卜属 *Daucus* L.

*** 野胡萝卜** *Daucus carota* L.
习性：二年生草本，高 0.5~1.2 m。
生境：山坡、路边、草地、滩涂等。
分布：浙江、贵州、江苏、江西、湖北、安徽、四川。

刺芹属 *Eryngium* Tourn. ex L.

*** 刺芹** *Eryngium foetidum* L.
习性：多年生草本，高 10~60 cm。
生境：林下、路边、沟边等。
分布：广西、贵州、广东、云南。

水芹属 *Oenanthe* L.

水芹 *Oenanthe javanica*（Blume）DC.
习性：多年生草本，高 15~80 cm。
生境：林缘、池沼、溪边、沟边等。
分布：广西、福建、西藏、贵州、上海、湖北、湖南、广东、澳门、香港、安徽、四川、新疆、江苏、吉林、宁夏、河北、河南、海南、江西、重庆、云南、北京、甘肃、山东、陕西、浙江、内蒙古、青海、天津、辽宁、台湾、黑龙江、山西。

8. 夹竹桃科 Apocynaceae

链珠藤属 *Alyxia* R. Br.

橄榄果链珠藤 *Alyxia balansae* Pit.

习性：灌木。

生境：林下、沟谷等。

分布：广西、广东、云南。

海南链珠藤 *Alyxia hainanensis* Merr. et Chun

习性：攀缘灌木，茎长约 3 m。

生境：林下、灌丛等。

分布：广西、广东、海南。

狭叶链珠藤 *Alyxia schlechteri* H. Lév.

习性：攀缘灌木。

生境：林下、灌丛等。

分布：广西、贵州、云南。

鳝藤属 *Anodendron* A. DC.

鳝藤 *Anodendron affine*（Hook. et Arn.）Druce

习性：攀缘灌木，茎长约 10 m。

生境：林下、灌丛等。

分布：广西、福建、海南、贵州、湖南、湖北、广东、云南、澳门、香港、四川、浙江、台湾。

鹿角藤属 *Chonemorpha* G. Don

鹿角藤 *Chonemorpha eriostylis* Pit.

习性：木质藤本，茎长可达 30 m。

生境：林下、山坡、沟谷等。

分布：广西、广东、云南、香港。

白叶藤属 *Cryptolepis* R. Br.

白叶藤 *Cryptolepis sinensis*（Lour.）Merr.

习性：草质藤本，茎长约 3 m。

生境：林下、灌丛等。

分布：广西、海南、贵州、广东、云南、台湾、香港。

鹅绒藤属 *Cynanchum* L.

天星藤 *Cynanchum graphistemmatoides* Liede et Khanum

习性：木质藤本。

生境：林中、林缘、灌丛等。

分布：广西、海南、广东、香港。

眼树莲属 *Dischidia* R. Br.

尖叶眼树莲 *Dischidia australis* Tsiang et P. T. Li

习性：草质藤本。

生境：林下等。

分布：广西、云南。

眼树莲 *Dischidia chinensis* Champ. ex Benth.

习性：草质藤本，茎长约 2 m。

生境：林下、沟谷、溪边等。

分布：广西、海南、广东、澳门、香港。

滴锡眼树莲 *Dischidia tonkinensis* Costantin

习性：草质藤本，茎长约 2 m。

生境：山坡、密林等。

分布：广西、贵州、云南。

匙羹藤属 *Gymnema* R. Br.

广东匙羹藤 *Gymnema inodorum*（Lour.）Decne.

习性：木质藤本。

生境：山坡、溪边、灌丛等。

分布：广西、海南、贵州、广东、云南、香港。

球兰属 *Hoya* R. Br.

球兰 *Hoya carnosa*（L. f.）R. Br.

习性：攀缘灌木，茎长约 6 m。

生境：林下、山坡等。

分布：广西、福建、海南、广东、云南、台湾、澳门、香港。

黄花球兰 *Hoya fusca* Wall.

习性：攀缘灌木。

生境：沟谷、林下等。

分布：广西、西藏、海南、贵州、云南。

荷秋藤 *Hoya griffithii* Hook. f.
习性：攀缘灌木，茎长约 1.5 m。
生境：林下、山坡等。
分布：广西、海南、贵州、广东、云南。

毛球兰 *Hoya villosa* Costantin
习性：木质藤本，茎长约 3 m。
生境：林下、沟谷等。
分布：广西、海南、贵州、云南。

腰骨藤属 *Ichnocarpus* R. Br.

腰骨藤 *Ichnocarpus frutescens*（L.）W. T. Aiton
习性：木质藤本，茎长可达 8 m。
生境：林下、灌丛、路边等。
分布：广西、福建、澳门。

小花藤 *Ichnocarpus polyanthus*（Blume）P. I. Forster
习性：木质藤本，茎长可达 30 m。
生境：林下、灌丛、沟边等。
分布：广西、福建、澳门。

黑鳗藤属 *Jasminanthes* Blume

茶药藤 *Jasminanthespilosa*（Kerr）W. D. Stevens et P. T. Li
习性：藤状灌木，茎长可达 7 m。
生境：林下、山坡、沟谷、溪边等。
分布：广西、云南。

牛奶菜属 *Marsdenia* R. Br.

蓝叶藤 *Marsdenia tinctoria* R. Br.
习性：攀缘灌木，茎长可达 5 m。
生境：林下等。
分布：广西、西藏、海南、贵州、湖南、湖北、广东、台湾、香港、四川。

山橙属 *Melodinus* J. R. Forst. et G. Forst.

思茅山橙 *Melodinus cochinchinensis*（Lour.）Merr.
习性：木质藤本。
生境：林下等。
分布：广西、海南、贵州、广东、云南、澳门、香港。

尖山橙 *Melodinus fusiformis* Champ. ex Benth.
习性：木质藤本，茎长约 10 m。
生境：林下、山坡、路边、沟边等。
分布：广西、贵州、广东、云南、香港、四川。

帘子藤属 *Pottsia* Hook. et Arn.

帘子藤 *Pottsia laxiflora*（Blume）Kuntze
习性：攀缘灌木，茎长可达 9 m。
生境：林中、沟谷、路边、沟边等。
分布：广西、福建、浙江、海南、贵州、湖南、广东、云南、香港。

马莲鞍属 *Streptocaulon* Wight et Arn.

马莲鞍 *Streptocaulon juventas*（Lour.）Merr.
习性：木质藤本。
生境：林下、沟谷、灌丛等。
分布：广西、贵州、云南。

羊角拗属 *Strophanthus* DC.

羊角拗 *Strophanthus divaricatus*（Lour.）Hook. et Arn.
习性：灌木，高可达 2 m。
生境：林下、路边、山坡、灌丛等。
分布：广西、福建、海南、贵州、广东、云南、澳门、香港。

狗牙花属 *Tabernaemontana* L.

伞房狗牙花 *Tabernaemontana corymbosa* Roxb. ex Wall.
习性：灌木或小乔木，高 0.8~8 m。
生境：林下、山坡等。
分布：广西、贵州、云南。

弓果藤属 *Toxocarpus* Wight et Arn.

西藏弓果藤 *Toxocarpus himalensis* Falc. ex Hook. f.
习性：攀缘灌木。
生境：林下、灌丛等。
分布：广西、西藏、贵州、云南。
弓果藤 *Toxocarpus wightianus* Hook. et Arn.
习性：攀缘灌木。

生境：山坡、灌丛等。
分布：广西、海南、贵州、广东、云南、澳门、香港。

络石属 *Trachelospermum* Lem.

络石 *Trachelospermum jasminoides*（Lindl.）Lem.
习性：木质藤本，茎长可达 10 m。
生境：林下、溪边、林缘等。
分布：广西、福建、西藏、海南、贵州、江西、湖南、湖北、广东、云南、香港、安徽、四川、山东、浙江、江苏、天津、台湾、山西、河南。

娃儿藤属 *Tylophora* R. Br.

人参娃儿藤 *Tylophora kerrii* Craib
习性：攀缘灌木。
生境：沟谷、溪边、灌丛、草地等。
分布：广西、福建、贵州、广东、云南、四川。
通天连 *Tylophora koi* Merr.
习性：攀缘灌木，茎长约 3 m。
生境：林中、灌丛等。
分布：广西、海南、湖南、广东、云南、台湾。
娃儿藤 *Tylophora ovata*（Lindl.）Hook. ex Steud.
习性：攀缘灌木，茎长约 5 m。
生境：林中、沟谷、灌丛等。
分布：广西、福建、海南、贵州、湖南、广东、云南、台湾、澳门、香港、四川。

水壶藤属 *Urceola* Roxb.

毛杜仲藤 *Urceola huaitingii*（Chun et Tsiang）D. J. Middleton
习性：攀缘灌木，茎长可达 13 m。
生境：林下等。
分布：广西、贵州、广东。
杜仲藤 *Urceola micrantha*（Wall. ex G. Don）D. J. Middleton
习性：木质藤本，茎长可达 35 m。
生境：林下、灌丛等。
分布：广西、福建、西藏、海南、广东、云南、台湾、香港、四川。
华南杜仲藤 *Urceola quintaretii*（Pierre）D. J. Middleton
习性：攀缘灌木。
生境：林下、沟谷等。

分布：广西、海南、广东。

酸叶胶藤 *Urceola rosea*（Hook. et Arn.）D. J. Middleton

习性：木质藤本，茎长可达 10 m。

生境：林中、沟谷、沟边等。

分布：广西、福建、海南、贵州、湖南、广东、云南、台湾、澳门、香港、四川。

白前属 *Vincetoxicum* Walter

柳叶白前 *Vincetoxicum stauntonii*（Decne.）C. Y. Wu et D. Z. Li

习性：多年生草本，高 30~70 cm；水湿生植物。

生境：沟谷、溪流、水沟等。

分布：广西、甘肃、福建、浙江、贵州、江苏、江西、湖南、广东、云南、安徽、河南。

倒吊笔属 *Wrightia* R. Br.

蓝树 *Wrightia laevis* Hook. f.

习性：乔木，高 8~20 m。

生境：林下、沟谷等。

分布：广西、福建、海南、贵州、湖南、广东、云南、台湾、澳门、香港、四川。

倒吊笔 *Wrightia pubescens* R. Br.

习性：乔木，高 8~20 m。

生境：林下等。

分布：广西、海南、贵州、广东、云南。

个溥 *Wrightia sikkimensis* Gamble

习性：乔木，高可达 10 m。

生境：林下、沟谷、路边等。

分布：广西、海南、贵州、云南。

9. 冬青科 Aquifoliaceae

冬青属 *Ilex* L.

棱枝冬青 *Ilex angulata* Merr. et Chun

习性：乔木，高 4~10 m。

生境：林下、山坡等。

分布：广西、海南。

黄杨冬青 *Ilex buxoides* S. Y. Hu

习性：乔木，高可达 9 m。

生境：林中等。

分布：广西、福建、广东。

沙坝冬青 *Ilex chapaensis* Merr.

习性：落叶乔木，高 9~12 m。

生境：林中等。

分布：广西、福建、海南、贵州、广东、云南。

冬青 *Ilex chinensis* Sims

习性：乔木，高可达 13 m。

生境：林中、林缘等。

分布：广西、福建、浙江、江苏、江西、湖南、湖北、广东、云南、台湾、安徽、河南。

密花冬青 *Ilex confertiflora* Marr.

习性：灌木或小乔木，高 3~8 m。

生境：林中、林缘等。

分布：广西、海南、广东。

厚叶冬青 *Ilex elmerrilliana* Marr.

习性：落叶灌木或小乔木，高 3~8 m。

生境：林中、林缘等。

分布：广西、海南、广东。

榕叶冬青 *Ilex ficoidea* Hemsl.

习性：乔木，高 8~12 m。

生境：林中、林缘等。

分布：广西、福建、海南、贵州、江西、湖南、湖北、广东、云南、安徽、四川、浙江、台湾。

台湾冬青 *Ilex formosana* Maxim.

习性：灌木或乔木，高 8~15 m。

生境：林中、林缘、灌丛、溪边等。

分布：广西、福建、浙江、贵州、江西、湖南、湖北、广东、云南、台湾、安徽、四川。

团花冬青 *Ilex glomerata* King

习性：乔木，高约 13 m。

生境：林中、林缘或灌丛等。

分布：广西、湖南、广东。

伞花冬青 *Ilex godajam*（Colebr. ex Wall.）Wall.

习性：乔木或灌木，高 5~13 m。

生境：林中、灌丛等。

分布：广西、海南、湖南、云南。

海南冬青 *Ilex hainanensis* Merr.

习性：乔木，高 5~8 m。

生境：林中等。

分布：广西、海南、贵州、湖南、广东、云南。

广东冬青 *Ilex kwangtungensis* Merr.
习性：灌木或乔木，高可达 9 m。
生境：林下、灌丛等。
分布：广西、福建、浙江、海南、贵州、江西、湖南、广东、云南。
大果冬青 *Ilex macrocarpa* Oliv.
习性：落叶乔木，高 5~10 m。
生境：林下、沟谷、路边等。
分布：广西、福建、贵州、江西、湖南、湖北、广东、云南、安徽、四川、陕西、浙江、江苏、河南。
谷木叶冬青 *Ilex memecylifolia* Champ. ex Benth.
习性：乔木，高 15~20 m。
生境：林中、灌丛、路边等。
分布：广西、福建、贵州、江西、广东。
小果冬青 *Ilex micrococca* Maxim.
习性：落叶乔木，高可达 20 m。
生境：林中等。
分布：广西、贵州、重庆、湖南、湖北、广东、云南、四川。
多核冬青 *Ilex polypyrena* C. J. Tseng et B. W. Liu
习性：乔木，高可达 6 m。
生境：林下等。
分布：广西。
毛冬青 *Ilex pubescens* Hook. et Arn.
习性：灌木或小乔木，高 3~4 m。
生境：林中、林缘、灌丛、溪边、路边等。
分布：广西、福建、浙江、海南、贵州、江西、湖南、湖北、广东、云南、台湾、安徽。
铁冬青 *Ilex rotunda* Thunb.
习性：灌木或乔木，高可达 20 m。
生境：林中、林缘、路边等。
分布：广西、福建、海南、贵州、江西、湖南、湖北、广东、云南、安徽、浙江、江苏、台湾。
黔桂冬青 *Ilex stewardii* S. Y. Hu
习性：灌木或小乔木，高可达 8 m。
生境：山坡、林中等。
分布：广西、贵州、湖南、广东。
拟榕叶冬青 *Ilex subficoidea* S. Y. Hu
习性：乔木，高 8~15 m。
生境：林中等。
分布：广西、福建、海南、江西、湖南、广东。

三花冬青 *Ilex triflora* Blume

习性：灌木或乔木，高 2~10 m。

生境：林中、灌丛等。

分布：广西、福建、海南、贵州、江西、湖南、湖北、广东、云南、安徽、四川、浙江、台湾。

绿冬青 *Ilex viridis* Champ. ex Benth.

习性：灌木或乔木，高 1~5 m。

生境：林中、灌丛等。

分布：广西、福建、浙江、海南、贵州、江西、湖南、广东、安徽。

10. 五加科 Araliaceae

楤木属 *Aralia* L.

野楤头 *Aralia armata*（Wall.）Seem.

习性：多刺灌木，高可达 4 m。

生境：林中、林缘等。

分布：广西、云南。

虎刺楤木 *Aralia finlaysoniana*（Wall. ex DC.）Seem.

习性：灌木，高可达 4 m。

生境：林中、林缘、灌丛、溪边、路边等。

分布：广西、海南、贵州、云南。

罗伞属 *Brassaiopsis* Decne. et Planch.

罗伞 *Brassaiopsis glomerulata*（Blume）Regel

习性：灌木或乔木，高 3~20 m。

生境：林中等。

分布：广西、贵州、广东、云南、四川。

树参属 *Dendropanax* Decne. et Planch.

树参 *Dendropanax dentigerus*（Harms）Merr.

习性：灌木或乔木，高约 10 m。

生境：林中、灌丛等。

分布：广西、福建、浙江、贵州、江西、湖南、湖北、广东、云南、安徽、四川。

变叶树参 *Dendropanax proteus*（Champ. ex Benth.）Benth.

习性：灌木，高 2~3 m。

生境：林中、沟谷、溪边、路边等。

分布：广西、福建、海南、江西、湖南、广东、云南。

五加属 *Eleutherococcus* Maxim.

白簕 *Eleutherococcus trifoliatus*（L.）S. Y. Hu
习性：灌木，高 1~7 m。
生境：村落、山坡、路边、林缘和灌丛等。
分布：广西、福建、贵州、江西、湖南、湖北、广东、云南、安徽、四川、浙江、江苏、台湾。

常春藤属 *Hedera* L.

常春藤 *Hedera nepalensis* var. *sinensis*（Tobler）Rehder
习性：攀缘灌木，茎长可达 20 m。
生境：林中、路边、岩壁等。
分布：广西、福建、西藏、贵州、江西、湖南、湖北、广东、云南、安徽、四川、甘肃、山东、陕西、浙江、江苏、河南。

鹅掌柴属 *Heptapleurum* Gaertn.

鹅掌柴 *Heptapleurum heptaphyllum*（L.）Y. F. Deng
习性：灌木或乔木，高 2~15 m。
生境：林中、路边等。
分布：广西、福建、浙江、西藏、贵州、江西、湖南、广东、云南。
白花鹅掌柴 *Heptapleurum leucanthum*（R.Vig.）Y. F. Deng
习性：灌木或乔木，高可达 3 m。
生境：沟谷、湿地等。
分布：广西、广东、云南。
星毛鹅掌柴 *Heptapleurum minutistellatum*（Merr. ex H. L. Li）Y. F. Deng
习性：灌木或乔木，高 2~6 m。
生境：林中、山坡等。
分布：广西、福建、浙江、贵州、江西、湖南、广东、云南。

幌伞枫属 *Heteropanax* Seem.

短梗幌伞枫 *Heteropanax brevipedicellatus* H. L. Li
习性：灌木或乔木，高 3~7 m。
生境：林中、林缘、路边等。
分布：广西、福建、江西、广东。

天胡荽属 *Hydrocotyle* L.

红马蹄草 *Hydrocotyle nepalensis* Hook.
习性：多年生草本，高 5~45 cm。

生境：山坡、路边、荫湿地、水沟、溪边等。

分布：广西、西藏、海南、贵州、江西、湖南、湖北、广东、云南、安徽、四川、陕西、浙江。

破铜钱 *Hydrocotyle sibthorpioides* var. *batrachium*（Hance）Hand.-Mazz. Ex R. H. Shan

习性：多年生草本。

生境：路边、草地、河沟边、溪谷等。

分布：广西、福建、江西、广东、湖北、湖南、台湾、安徽、四川。

肾叶天胡荽 *Hydrocotyle wilfordii* Maxim.

习性：多年生草本，高 5~15 cm。

生境：沟谷、田野、溪边等。

分布：广西、福建、浙江、江西、广东、云南、台湾、四川。

大参属 *Macropanax* Miq.

短梗大参 *Macropanax rosthornii*（Harms）C. Y. Wu ex G. Hoo

习性：灌木或乔木，高可达 8 m。

生境：林下、灌丛、路边等。

分布：广西、甘肃、福建、贵州、江西、湖南、湖北、广东、云南、四川。

11. 马兜铃科 Aristolochiaceae

细辛属 *Asarum* L.

长茎金耳环 *Asarum longerhizomatosum* C. F. Liang et C. S. Yang

习性：多年生草本。

生境：灌丛、山坡等。

分布：广西。

12. 菊科 Asteraceae

刺苞果属 *Acanthospermum* Schrank

* **刺苞果** *Acanthosperm umhispidum* DC.

习性：一年生草本，高 35~55 cm。

生境：林缘、路边等。

分布：广东、云南、四川。

下田菊属 Adenostemma J. R. Forst. et G. Forst.

下田菊 *Adenostemma lavenia*（L.）Kuntze

习性：一年生草本，高 0.3~1 m。

生境：林下、林缘、灌丛、沼泽、溪流、池塘、水沟、路边等。
分布：广西、江苏、安徽、浙江、江西、福建、湖南、广东、海南、贵州、云南、重庆、四川、甘肃、台湾。

藿香蓟属 *Ageratum* L.

*** 藿香蓟** *Ageratum conyzoides* L.
习性：一年生草本，高 0.5~1 m。
生境：沟谷、林下、林缘、草丛、溪边、塘基、沟边、田埂、冬闲田、弃耕田、耕地、滩涂、路边等。
分布：广西、福建、海南、贵州、江西、广东、云南、北京、安徽、四川、陕西、浙江、江苏、台湾、河南、河北。

兔儿风属 *Ainsliaea* DC.

杏香兔儿风 *Ainsliaea fragrans* Champ.
习性：多年生草本，高 25~60 cm。
生境：灌丛、溪边、草地等。
分布：广西、福建、贵州、江西、湖南、湖北、广东、云南、安徽、四川、浙江、江苏、台湾。
华南兔儿风 *Ainsliaea walkeri* Hook. f.
习性：多年生草本，高 20~40 cm。
生境：林下、溪边等。
分布：广西、福建、广东。

蒿属 *Artemisia* L.

黄花蒿 *Artemisia annua* L.
习性：一年生草本，高 0.7~1.6 m。
生境：路边、弃耕地、山坡、林缘等。
分布：广西、广东、海南、福建、西藏、贵州、上海、湖南、湖北、安徽、四川、新疆、江苏、吉林、宁夏、河南、河北、江西、重庆、云南、北京、甘肃、山东、陕西、浙江、内蒙古、青海、辽宁、天津、黑龙江、山西、台湾、香港、澳门。
茵陈蒿 *Artemisia capillaris* Thunb.
习性：多年生草本，高 30~80 cm。
生境：河岸、湿润沙地、路边、山坡等。
分布：广西、福建、江西、湖南、湖北、广东、云南、安徽、四川、山东、陕西、浙江、江苏、辽宁、台湾、河北、河南。
五月艾 *Artemisia indica* Willd.
习性：多年生草本，高 0.8~1.5 m。
生境：路边、林缘、坡地、灌丛等。

分布：广西、福建、西藏、海南、贵州、江西、湖南、湖北、广东、云南、安徽、四川、甘肃、山东、陕西、浙江、江苏、内蒙古、辽宁、吉林、台湾、河北、山西、河南。

白苞蒿 *Artemisia lactiflora* Wall. ex DC.

习性：多年生草本，高 0.5~1.5 m。

生境：林下、林缘、灌丛、沟谷等。

分布：广西、福建、海南、贵州、江西、湖南、湖北、广东、云南、安徽、四川、甘肃、陕西、浙江、江苏、台湾、河南。

紫菀属 *Aster* L.

三脉紫菀 *Aster ageratoides* Turcz.

习性：多年生草本，高 0.4~1 m。

生境：林下、林缘、灌丛、沟谷等。

分布：广西、云南、四川、甘肃、山东、陕西、内蒙、青海、辽宁、吉林、黑龙江、河北、山西、河南。

微糙三脉紫菀 *Aster ageratoides* var. *scaberulus*（Miq.）Y. Ling

习性：多年生草本，高 0.4~1.3 m。

生境：林下、林缘、灌丛、沟谷等。

分布：广西、福建、浙江、贵州、江苏、江西、湖南、湖北、广东、云南、安徽、四川。

鬼针草属 *Bidens* L.

* **白花鬼针草** *Bidens alba*（L.）DC.

习性：一年生或多年生草本，高 0.5~1.5 m。

生境：弃耕地、林缘、灌丛、草丛、沼泽、溪流、池塘、水沟、滩涂、路边等。

分布：广西、福建、贵州、上海、湖北、湖南、广东、澳门、香港、安徽、四川、江苏、吉林、宁夏、河北、河南、海南、江西、重庆、云南、北京、甘肃、山东、陕西、浙江、内蒙古、青海、天津、辽宁、台湾、山西。

* **大狼耙草** *Bidens frondosa* L.

习性：一年生草本，高 0.3~1.8 m。

生境：弃耕地、林缘、灌丛、草丛、沼泽、溪流、池塘、水沟、滩涂、路边等。

分布：广西、黑龙江、吉林、辽宁、河北、北京、山东、江苏、安徽、上海、浙江、江西、福建、河南、湖北、湖南、广东、海南、贵州、云南、重庆、四川、陕西、台湾。

* **鬼针草** *Bidens pilosa* L.

习性：一年生草本，高 0.2~1.2 m。

生境：林缘、草丛、溪边、塘基、沟边、滩涂、弃耕地、路边等。

分布：广西、福建、贵州、上海、湖北、湖南、广东、澳门、香港、安徽、四川、江苏、吉林、宁夏、河北、河南、海南、江西、重庆、云南、北京、甘肃、山东、陕西、浙江、内蒙古、青海、天津、辽宁、台湾、山西。

艾纳香属 *Blumea* DC.

台北艾纳香 *Blumea formosana* Kitam.

习性：草本，高 40~80 cm。

生境：山坡、草丛、溪边、林下等。

分布：广西、福建、江西、湖南、广东、台湾。

毛毡草 *Blumea hieraciifolia*（Spreng.）DC.

习性：多年生草本，高 0.5~1.2 m。

生境：田地、草地等。

分布：广西、福建、浙江、海南、贵州、江西、广东、云南、台湾、四川。

东风草 *Blumea megacephala*（Randeria）C. C. Chang et Y. Q. Tsengin Y. Ling

习性：草本，高 1~3 m。

生境：林缘、灌丛、山坡等。

分布：广西、福建、浙江、贵州、江西、湖南、广东、云南、台湾、四川。

石胡荽属 *Centipeda* Lour.

石胡荽 *Centipeda minima*（L.）A. Braun et Asch.

习性：一年生草本，高 5~20 cm。

生境：路边、溪边等。

分布：广西、福建、海南、贵州、江西、重庆、湖南、湖北、广东、云南、安徽、四川、山东、陕西、浙江、江苏、台湾、河南。

飞机草属 *Chromolaena* DC.

*** 飞机草** *Chromolaena odorata*（L.）R. M. King et H. Rob.

习性：多年生草本，高 1~3 m。

生境：林缘、灌丛、旷地、路边等。

分布：广西、广东、福建、海南、云南。

蓟属 *Cirsium* Mill.

蓟 *Cirsium japonicum* Fisch. ex DC.

习性：多年生草本，高 30~80 cm。

生境：林中、林缘、灌丛、草地、溪边等。

分布：广西、福建、贵州、江西、重庆、湖南、湖北、广东、云南、四川、山东、陕西、浙江、江苏、内蒙古、青海、台湾、河北。

藤菊属 *Cissampelopsis* Miq.

藤菊 *Cissampelopsis volubilis*（Blume）Miq.

习性：草质藤本或亚灌木，茎长 3 m 或更长。

生境：林中等。

分布：广西、海南、贵州、广东、云南。

野茼蒿属 *Crassocephalum* Moench

*** 野茼蒿** *Crassocephalum crepidioides*（Benth.）S. Moore

习性：直立草本，高 0.2~1.2 m。

生境：山坡、路边、水边、灌丛等。

分布：广西、福建、西藏、海南、贵州、江西、湖南、湖北、广东、云南、安徽、四川、陕西、浙江、江苏、台湾。

夜香牛属 *Cyanthillium* Blume

咸虾花 *Cyanthillium patulum*（Aiton）H. Rob.

习性：一年生草本，高 30~90 cm。

生境：荒坡、旷野、田边、路边等。

分布：广西、福建、贵州、广东、云南、台湾。

蔓斑鸠菊属 *Decaneuropsis* H. Rob. et Skvarla

蔓斑鸠菊 *Decaneuropsis cumingiana*（Benth.）H. Rob. et Skvarla

习性：攀缘灌木或藤本，茎长 3~12 m。

生境：林中、林缘、溪边、沟谷、灌丛、路边等。

分布：广西、福建、贵州、广东、云南、台湾、四川。

广西蔓斑鸠菊 *Decaneuropsis chingiana*（Hand.-Mazz.）H. Rob. et Skvarla

习性：攀缘灌木，高 1.5~3 m。

生境：林中、林缘、溪边、沟谷、灌丛、路边等。

分布：广西。

鱼眼草属 *Dichrocephala* L'Hér. ex DC.

鱼眼草 *Dichrocephala integrifolia*（L. f.）Kuntze

习性：一年生草本，高 12~55 cm。

生境：林缘、草地、弃耕地、路边、沟边等。

分布：广西、福建、西藏、海南、贵州、江西、湖南、湖北、广东、云南、四川、陕西、浙江、台湾。

羊耳菊属 *Duhaldea* DC.

羊耳菊 *Duhaldea cappa*（Buch.-Ham. ex DC.）Anderb.
习性：草本，高 0.7~2 m。
生境：弃耕地、灌丛、草地等。
分布：广西、福建、浙江、海南、贵州、广东、云南、四川。

鳢肠属 *Eclipta* L.

鳢肠 *Eclipta prostrata*（L.）L.
习性：一年生草本，高约 60 cm。
生境：田边、路边等。
分布：广西、福建、贵州、江西、湖南、湖北、云南、安徽、四川、甘肃、山东、陕西、浙江、江苏、辽宁、吉林、台湾、河北、山西、河南。

地胆草属 *Elephantopus* L.

地胆草 *Elephantopus scaber* L.
习性：多年生草本，高 20~60 cm。
生境：沟谷、路边、林缘等。
分布：广西、福建、浙江、海南、贵州、江西、湖南、广东、云南、台湾。
*** 白花地胆草** *Elephantopus tomentosus* L.
习性：多年生草本，高 0.8~1 m。
生境：路边、灌丛等。
分布：广西、广东、福建、海南、台湾。

一点红属 *Emilia* Cass.

小一点红 *Emilia prenanthoidea* DC.
习性：一年生草本，高 30~90 cm。
生境：山坡、路边、林中等。
分布：广西、福建、浙江、贵州、广东、云南、四川。
一点红 *Emilia sonchifolia*（L.）DC.
习性：一年生草本，高 25~40 cm。
生境：山坡、田埂、路边等。
分布：广西、福建、海南、贵州、湖南、湖北、广东、云南、安徽、四川、陕西、浙江、江苏、台湾、河北、河南。

菊芹属 *Erechtites* Raf.

*** 败酱叶菊芹** *Erechtites valerianifolius*（Link ex Spreng.）DC.

习性：一年生草本，高 0.5~1 m。

生境：路边、田边等。

分布：海南、广东、台湾。

飞蓬属 *Erigeron* L.

*** 香丝草** *Erigeron bonariensis* L.

习性：一年生或二年生草本，高 20~50 cm。

生境：弃耕地、田边、路边等。

分布：广西、福建、西藏、海南、贵州、江西、湖南、湖北、广东、云南、安徽、四川、甘肃、山东、陕西、浙江、江苏、台湾、河北、河南。

*** 小蓬草** *Erigeron canadensis* L.

习性：一年生草本，高 0.5~1 m。

生境：田边、路边、溪边等。

分布：广西、福建、西藏、贵州、上海、湖南、湖北、广东、澳门、香港、安徽、四川、新疆、江苏、吉林、宁夏、河南、河北、海南、江西、重庆、云南、北京、甘肃、山东、陕西、浙江、内蒙古、青海、辽宁、天津、台湾、黑龙江、山西。

泽兰属 *Eupatorium* L.

佩兰 *Eupatorium fortunei* Turcz.

习性：多年生草本，高 0.4~1 m。

生境：路边、灌丛、山沟等。

分布：广西、福建、海南、贵州、江西、湖南、湖北、广东、云南、安徽、四川、山东、陕西、浙江、江苏、河南。

田基黄属 *Grangea* Adans.

田基黄 *Grangea maderaspatana*（L.）Poir.

习性：一年生草本，高 10~30 cm。

生境：溪边、沟边、滩涂等。

分布：广西、海南、广东、云南、台湾。

菊三七属 *Gynura* Cass.

白子菜 *Gynura divaricata*（L.）DC.

习性：多年生草本，高 30~60 cm。

生境：山坡、草地、荒坡、田边等。

分布：海南、广东、云南、四川。

菊三七 *Gynura japonica*（Thunb.）Juel.

习性：多年生草本，高 0.6~1.5 m。

生境：沟谷、山坡、草地、林下、林缘等。

分布：广西、福建、贵州、江西、湖南、湖北、云南、安徽、四川、陕西、浙江、江苏、台湾、河北、河南。

苦荬菜属 *Ixeris*（Cass.）Cass.

苦荬菜 *Ixeris polycephala* Cass. ex DC.

习性：一年生草本，高 10~80 cm。

生境：沟谷、林缘、灌丛、草地、路边等。

分布：广西、福建、贵州、重庆、江西、广东、湖北、湖南、云南、北京、安徽、四川、陕西、山东、浙江、江苏、台湾、河南。

银胶菊属 *Parthenium* L.

*** 银胶菊** *Parthenium hysterophorus* L.

习性：一年生草本，高 0.6~1 m。

生境：旷地、路边、弃耕地等。

分布：广西、贵州、广东、云南。

鼠曲草属 *Pseudognaphalium* Kirp.

鼠曲草 *Pseudognaphalium affine*（D. Don）Anderb.

习性：一年生草本，高 30~60 cm。

生境：草丛、溪边、塘基、沟边、滩涂、路边等。

分布：广西、福建、西藏、海南、贵州、江西、湖南、湖北、广东、云南、安徽、四川、山东、陕西、浙江、江苏、台湾、河南。

秋鼠曲草 *Pseudognaphalium hypoleucum*（DC.）Hilliard et B. L. Burtt

习性：一年生草本，高 30~60 cm。

生境：草丛、溪边、塘基、沟边、滩涂、路边等。

分布：广西、福建、浙江、江西、湖南、广东、云南、台湾、安徽、四川。

千里光属 *Senecio* L.

千里光 *Senecio scandens* Buch.-Ham. ex D. Don

习性：多年生草本，高 2~5 m。

生境：林下、林缘、灌丛、溪边等。

分布：广西、福建、西藏、海南、贵州、江西、湖南、湖北、广东、云南、安徽、四川、甘肃、陕西、浙江、江苏、青海、台湾、河南。

豨莶属 *Siegesbeckia* L.

豨莶 *Sigesbeckia orientalis* L.
习性：一年生草本，高 0.3~1 m。
生境：林下、林缘、灌丛、沟边、弃耕地、路边等。
分布：广西、福建、西藏、海南、贵州、江西、湖南、湖北、广东、云南、安徽、四川、甘肃、陕西、浙江、江苏、青海、台湾、河南。

裸柱菊属 *Soiiva* Ruiz et Pavon.

*** 裸柱菊** *Soliva anthemifolia*（Juss.）R. Br.
习性：一年生草木，高 5~15 cm。
生境：滩涂、沟边、溪边等。
分布：广西、江苏、安徽、上海、浙江、江西、福建、湖南、广东、海南、贵州、重庆、四川、香港、澳门、台湾。

苦苣菜属 *Sonchus* L.

*** 续断菊** *Sonchus asper*（L.）Hill
习性：一年生草本，高 20~50 cm。
生境：山坡、林缘、沟边等。
分布：广西、山东、新疆、浙江、西藏、江苏、湖北、台湾、四川。

苣荬菜 *Sonchus wightianus* DC.
习性：多年生草本，高 0.3~1.5 m。
生境：山坡、草地、溪边等。
分布：广西、福建、西藏、海南、贵州、重庆、江西、广东、湖北、湖南、云南、四川、甘肃、陕西、新疆、浙江、江苏、青海、台湾、宁夏。

蟛蜞菊属 Sphagneticola O. Hoffm.

*** 南美蟛蜞菊** *Sphagneticola trilobata*（L.）Pruski
习性：多年生匍匐草本。
生境：林缘、溪边、沟边、路边、河边等。
分布：广西、辽宁、浙江、江西、福建、广东、海南、云南、四川、香港、澳门、台湾。

斑鸠菊属 *Strobocalyx*（Blume ex DC.）Spach

树斑鸠菊 *Strobocalyx arborea*（Buch.-Ham.）Sch. Bip.
习性：小乔木或灌木，高 10~20 m。
生境：沟谷、山坡、林中等。
分布：广西、云南。

茄叶斑鸠菊 *Strobocalyx solanifolia* Sch. Bip.
习性：灌木或乔木，高 8~12 m。
生境：沟谷、林中、林缘等。
分布：广西、福建、广东、云南。

金腰箭属 *Synedrella* Gaertn.

*** 金腰箭** *Synedrella nodiflora*（L.）Gaertn.
习性：一年生草本，高 0.5~1 m。
生境：旷野、耕地、路边等。
分布：海南、广东、云南、台湾。

合耳菊属 *Synotis*（C.B.Clarke）C. Jeffrey et Y. L. Chen

锯叶合耳菊 *Synotis nagensium*（C. B. Clarke）C. Jeffrey et Y. L. Chen
习性：多年生草本，高可达 1.5 m。
生境：林中、灌丛、草地等。
分布：广西、甘肃、西藏、贵州、湖南、湖北、广东、云南、四川。

肿柄菊属 *Tithonia* Desf. ex Juss.

*** 肿柄菊** *Tithonia diversifolia*（Hemsl.）A. Gray
习性：一年生草本，高 2~5 m。
生境：林缘、路边等。
分布：广东、云南、台湾。

苍耳属 *Xanthium* L.

*** 北美苍耳** *Xanthium chinense* L.
习性：一年生草本，高 0.2~1.5 m。
生境：林缘、溪边、塘基、沟边、路边、河口、滩涂等。
分布：广西、福建、西藏、贵州、上海、湖南、湖北、广东、澳门、香港、安徽、四川、新疆、江苏、吉林、宁夏、河南、河北、海南、江西、重庆、云南、北京、甘肃、山东、陕西、浙江、内蒙古、青海、辽宁、天津、台湾、黑龙江、山西。

黄鹌菜属 *Youngia* Cass.

黄鹌菜 *Youngia japonica*（L.）DC.
习性：一年生草本，高 0.1~1 m。
生境：林下、林缘、溪边、沟边、弃耕地等。
分布：广西、福建、西藏、海南、贵州、江西、重庆、湖南、湖北、广东、云南、安徽、四川、甘肃、山东、陕西、浙江、江苏、台湾、河北、河南。

13. 蛇菰科 Balanophoraceae

蛇菰属 *Balanophora* J. R. Forst. et G. Forst.

印度蛇菰 *Balanophora indica*（Arn.）Griff.

习性：肉质草本，高 15~25 cm。

生境：林中等。

分布：广西、海南、云南。

疏花蛇菰 *Balanophora laxiflora* Hemsl.

习性：肉质草本，高 10~20 cm。

生境：林中等。

分布：广西、福建、浙江、西藏、贵州、江西、湖南、湖北、广东、云南、台湾、四川。

盾片蛇菰属 *Rhopalocnemis* Jungh.

盾片蛇菰 *Rhopalocnemis phalloides* Jungh.

习性：肉质草本，高 15~30 cm。

生境：林中、灌丛等。

分布：广西、云南。

14. 凤仙花科 Balsaminaceae

凤仙花属 *Impatiens* L.

华凤仙 *Impatiens chinensis* L.

习性：一年生草本，高 30~60 cm。

生境：池塘、沟边、田边、沼泽等。

分布：广西、福建、浙江、海南、江西、湖南、广东、云南、安徽。

棒凤仙花 *Impatiens clavigera* J. D. Hooker

习性：一年生草本，高 50~60 cm。

生境：沟谷、溪边、沟边等。

分布：广西、云南。

黄金凤 *Impatiens siculifer* Hook. f.

习性：一年生草本，高 30~60 cm。

生境：山坡、草地、沟边、沟谷、林中等。

分布：广西、福建、贵州、江西、湖南、湖北、云南。

15. 秋海棠科 Begoniaceae

秋海棠属 *Begonia* L.

歪叶秋海棠 *Begonia augustinei* Hemsl.
习性：多年生草本，高约 30 cm。
生境：灌丛、沟谷等。
分布：广西、云南。

花叶秋海棠 *Begonia cathayana* Hemsl.
习性：多年生草本，高约 60 cm。
生境：林下、山坡、沟谷等。
分布：广西、云南。

食用秋海棠 *Begonia edulis* H. Lév.
习性：多年生草本，高 40~60 cm。
生境：山坡、沟边、林下、溪边等。
分布：广西、广东、云南。

粗喙秋海棠 *Begonia longifolia* Blume
习性：多年生草本，高 50~70 cm。
生境：林下等。
分布：广西、福建、海南、贵州、江西、湖南、广东、云南、台湾。

裂叶秋海棠 *Begonia palmata* D. Don
习性：多年生草本，高 20~90 cm。
生境：林中、沟谷、溪边、岩石上等。
分布：广西、福建、西藏、海南、贵州、江西、湖南、广东、云南、台湾、香港、四川。

掌裂叶秋海棠 *Begonia pedatifida* H. Lév.
习性：多年生草本，高 30~40 cm。
生境：林下、岩壁、林缘等。
分布：广西、贵州、湖南、湖北、四川。

蝎尾裂秋海棠 *Begonia scorpiuroloba* D. K. Tian et Q. Tian
习性：多年生草本，高 40~60 cm。
生境：林下、岩壁等。
分布：广西。

中越秋海棠 *Begonia sinovietnamica* C. Y. Wu
习性：多年生草本，高 10~20 cm。
生境：林下、溪边等。
分布：广西。

观光秋海棠 *Begonia tsoongii* C. Y. Wu
习性：多年生草本，矮小。

生境：林下、岩壁等。
分布：广西。

16. 小檗科 Berberidaceae

鬼臼属 *Dysosma* Woodson

六角莲 *Dysosma pleiantha*（Hance）Woodson
习性：多年生草本，高 20~80 cm。
生境：林下、沟谷、溪边、草丛等。
分布：广西、福建、浙江、江西、湖南、湖北、广东、台湾、安徽、四川、河南。

十大功劳属 *Mahonia* Nutt.

十大功劳 *Mahonia fortunei*（Lindl.）Fedde
习性：灌木，高 0.5~4 m。
生境：林中、灌丛、路边、溪边等。
分布：广西、浙江、贵州、江西、重庆、湖南、湖北、台湾、四川。

17. 紫葳科 Bignoniaceae

梓属 *Catalpa* Scop.

灰楸 *Catalpa fargesii* Bureau
习性：乔木，高可达 25 m。
生境：沟谷、林中等。
分布：广西、甘肃、山东、贵州、湖南、湖北、广东、云南、四川、河北、山西、河南。

木蝴蝶属 *Oroxylum* Vent.

木蝴蝶 *Oroxylum indicum*（L.）Kurz
习性：小乔木，高 6~10 m。
生境：林中、路边、山坡等。
分布：广西、福建、贵州、广东、云南、台湾、四川。

18. 紫草科 Boraginaceae

厚壳树属 *Ehretia* P. Browne

厚壳树 *Ehretia acuminata* R. Br.
习性：落叶乔木，高可达 15 m。

生境：林中、路边、山坡等。

分布：广西、海南、贵州、江西、湖南、广东、云南、澳门、香港、四川、山东、浙江、江苏、台湾、河南。

长花厚壳树 *Ehretia longiflora* Champ. ex Benth.

习性：乔木，高 5~10 m。

生境：林中、路边、山坡等。

分布：广西、福建、广东、台湾、香港。

19. 十字花科 Brassicaceae

碎米荠属 *Cardamine* L.

弯曲碎米荠 *Cardamine flexuosa* With.

习性：一年生或二年生草本，高约 30 cm。

生境：沟谷、林缘、草丛、溪边、水沟、路边等。

分布：广西、福建、西藏、贵州、上海、湖南、湖北、广东、澳门、香港、安徽、四川、新疆、江苏、吉林、宁夏、河南、河北、海南、江西、重庆、云南、北京、甘肃、山东、陕西、浙江、内蒙古、青海、辽宁、天津、台湾、黑龙江、山西。

粗毛碎米荠 *Cardamine hirsuta* L.

习性：一年生草本，高 15~35 cm。

生境：山坡、路边、弃耕地、草丛等。

分布：广西。

蔊菜属 *Rorippa* Scop.

蔊菜 *Rorippa indica*（L.）Hiern

习性：一年生草本，高 20~40 cm。

生境：路边、沟边、溪边、滩涂等。

分布：广西、福建、西藏、贵州、上海、湖北、湖南、广东、澳门、香港、安徽、四川、江苏、吉林、宁夏、河北、河南、海南、江西、重庆、云南、北京、甘肃、山东、陕西、浙江、青海、天津、辽宁、台湾、山西。

20. 橄榄科 Burseraceae

橄榄属 *Canarium* L.

橄榄 *Canarium album*（Lour.）DC.

习性：乔木，高 10~25 m。

生境：林中、林缘、沟谷等。

分布：广西、海南、广东、云南、福建、贵州、四川。

乌榄 *Canarium pimela* K. D. Koenig

习性：乔木，高可达 20 m。

生境：林中、林缘、沟谷等。

分布：广西、海南、广东、云南。

毛叶榄 *Canarium subulatum* Guillaumin

习性：乔木，高 20~35 m。

生境：林中、林缘、沟谷等。

分布：广西、福建、海南、贵州、广东、云南、台湾、四川。

21. 黄杨科 Buxaceae

黄杨属 *Buxus* L.

匙叶黄杨 *Buxus harlandii* Hance

习性：灌木，高 0.5~1 m。

生境：林下、溪边等。

分布：海南、广东。

大叶黄杨 *Buxus megistophylla* H. Lév.

习性：灌木或乔木，高 0.6~2 m。

生境：林下、沟谷、溪边等。

分布：广西、贵州、江西、湖南、广东。

22. 红厚壳科 Calophyllaceae

红厚壳属 *Calophyllum* L.

薄叶红厚壳 *Calophyllum membranaceum* Gardner et Champ.

习性：灌木或乔木，高 1~5 m。

生境：林中等。

分布：广西、海南、广东。

23. 桔梗科 Campanulaceae

党参属 *Codonopsis* Wall.

金钱豹 *Codonopsis javanica*（Blume）Hook. f.

习性：草质藤本。

生境：林中、灌丛等。

分布：广西、福建、海南、贵州、江西、湖南、湖北、广东、云南、安徽、四川、甘肃、浙江、台湾。

轮钟草属 *Cyclocodon* Griff. ex Hook. f. et Thomson

轮钟草 *Cyclocodon lancifolius*（Roxb.）Kurz

习性：多年生草本，高约 1.5 m。

生境：林中、灌丛、草地等。

分布：广西、西藏、云南。

半边莲属 *Lobelia* L.

铜锤玉带草 *Lobelia nummularia* Lam.

习性：多年生匍匐草本。

生境：林缘、草丛、溪边、沟边、路边、岩壁等。

分布：广西、西藏、湖南、湖北、台湾。

卵叶半边莲 *Lobelia zeylanica* L.

习性：一年生草本，高 10~40 cm。

生境：沟谷、林下、溪边、池塘、沟边、滩涂等。

分布：广西、福建、海南、广东、云南、台湾。

24. 大麻科 Cannabaceae

朴属 *Celtis* L.

朴树 *Celtis sinensis* Pers.

习性：乔木，高可达 20 m。

生境：路边、山坡、林缘等。

分布：广西、福建、贵州、江西、湖南、湖北、广东、安徽、四川、山东、浙江、江苏、台湾、河南。

假玉桂 *Celtis timorensis* Span.

习性：乔木，高可达 20 m。

生境：路边、山坡、灌丛、林中等。

分布：广西、福建、西藏、海南、贵州、广东、云南、四川。

白颜树属 *Gironniera* Gaudich.

白颜树 *Gironniera subaequalis* Planch.

习性：乔木，高 10~20 m。

生境：林中、沟谷等。

分布：广西、海南、广东、云南。

山黄麻属 *Trema* Lour.

狭叶山黄麻 *Trema angustifolia*（Planch.）Blume

习性：灌木或乔木，高可达 7 m。

生境：林中、灌丛等。

分布：广西、海南、广东、云南。

银毛叶山黄麻 *Trema nitida* C. J. Chen

习性：乔木，高 5~10 m。

生境：林中等。

分布：广西、贵州、云南、四川。

异色山黄麻 *Trema orientalis*（L.）Bl.

习性：乔木，高可达 20 m。

生境：林中、灌丛等。

分布：广西、福建、西藏、海南、贵州、广东、云南、台湾、四川。

山黄麻 *Trema tomentosa*（Roxb.）H. Hara

习性：小乔木或灌木，高可达 10 m。

生境：林中、山坡等。

分布：广西、福建、西藏、海南、贵州、广东、云南、台湾、四川。

25. 山柑科 Capparaceae

山柑属 *Capparis* L.

广州山柑 *Capparis cantoniensis* Lour.

习性：攀缘灌木，茎长 2 m 或更长。

生境：林中、沟边等。

分布：广西、福建、海南、贵州、广东、云南。

马槟榔 *Capparis masakai* H. Lév.

习性：攀缘灌木，茎长可达 7.5 m。

生境：林中、沟谷等。

分布：广西、贵州、广东、云南。

毛叶山柑 *Capparis pubifolia* B. S. Sun

习性：木质藤本。

生境：丘陵、灌丛等。

分布：广西、云南。

小绿刺 *Capparis urophylla* F. Chun

习性：乔木或灌木，高 2~7 m。

生境：林中、山坡、灌丛、溪边等。

分布：广西、湖南、云南。

屈头鸡 *Capparis versicolor* Griff

习性：攀缘灌木，茎长 2~10 m。

生境：林中、灌丛等。

分布：广西、海南、广东。

26. 忍冬科 Caprifoliaceae

忍冬属 *Lonicera* L.

华南忍冬 *Lonicera confusa*（Sweet）DC.

习性：半常绿木质藤本。

生境：林中、山坡、灌丛、路边、溪边等。

分布：广西、海南、广东、云南。

长花忍冬 *Lonicera longiflora*（Lindl.）DC.

习性：半常绿木质藤本。

生境：林中、山坡等。

分布：广西、海南、广东、云南。

败酱属 *Patrinia* Juss.

白花败酱 *Patrinia villosa*（Thunb.）Juss.

习性：多年生草本，高 0.5~1 m。

生境：草丛、灌丛、林缘、路边等。

分布：广西、福建、贵州、江西、重庆、湖南、湖北、广东、安徽、浙江、江苏、辽宁、台湾、河南。

27. 石竹科 Caryophyllaceae

繁缕属 *Stellaria* L.

雀舌草 *Stellaria alsine* Grimm

习性：二年生草本，高 15~35 cm。

生境：溪边等。

分布：广西、福建、西藏、贵州、江西、湖南、广东、云南、安徽、四川、甘肃、浙江、江苏、内蒙古、台湾、河南。

*** 鹅肠菜** *Stellaria aquatica*（L.）Scop.

习性：多年生草本，高 30~80 cm。

生境：沟谷、溪边、塘基、沟边、滩涂、弃耕地、路边等。

分布：广西、福建、西藏、贵州、上海、湖北、湖南、广东、澳门、香港、安徽、四川、新疆、江苏、吉林、宁夏、河北、河南、海南、江西、重庆、云南、北京、甘肃、山东、陕西、浙江、内蒙古、青海、天津、辽宁、台湾、黑龙江、山西。

繁缕 *Stellaria media*（L.）Vill.

习性：一年生草本，高 10~30 cm。

生境：林下、草丛、溪边、塘基、沟边、滩涂、弃耕地、路边等。

分布：广西、福建、西藏、贵州、江西、湖南、湖北、广东、云南、北京、安徽、甘肃、山东、浙江、江苏、内蒙古、青海、辽宁、吉林、台湾、宁夏、河北、山西、河南。

28. 卫矛科 Celastraceae

南蛇藤属 *Celastrus* L.

独子藤 *Celastrus monospermus* Roxb.

习性：木质藤本，茎长 10 m 以上。

生境：林中、灌丛等。

分布：广西、福建、海南、贵州、广东、云南。

卫矛属 *Euonymus* L.

刺果卫矛 *Euonymus acanthocarpus* Franch.

习性：攀缘灌木，茎长 2~3 m。

生境：林中、沟谷等。

分布：广西、福建、西藏、贵州、江西、湖南、湖北、广东、云南、安徽、四川、陕西、浙江、河南。

裂果卫矛 *Euonymus dielsianus* Loes. et Diels

习性：灌木或乔木，高 2~6 m。

生境：林中、灌丛等。

分布：广西、福建、海南、贵州、江西、湖南、湖北、广东、云南、安徽、四川、甘肃、山东、陕西、新疆、浙江、江苏、青海、辽宁、台湾、河北、山西、河南。

扶芳藤 *Euonymus fortunei*（Turcz.）Hand.-Mazz.

习性：攀缘灌木，茎长 1~5 m。

生境：林中、林缘、岩石缝隙等。

分布：广西、福建、海南、贵州、江西、湖南、湖北、广东、云南、安徽、四川、甘肃、山东、陕西、新疆、浙江、江苏、青海、辽宁、台湾、河北、山西、河南。

疏花卫矛 *Euonymus laxiflorus* Champ. et Benth.

习性：灌木或乔木，高可达 4 m。

生境：林中、山腰、山坡等。

分布：广西、福建、西藏、海南、贵州、江西、湖南、湖北、广东、云南、四川、浙江、江苏、台湾。

海桐卫矛 *Euonymus pittosporoides* C. Y. Cheng ex J. S. Ma

习性：乔木，高 3~7 m。

生境：林中、林缘等。

分布：广西、贵州、广东、云南、四川。

29. 金粟兰科 Chloranthaceae

金粟兰属 *Chloranthus* Sw.

金粟兰 *Chloranthus spicatus*（Thunb.）Makino

习性：亚灌木，高 30~60 cm。

生境：林下、山坡、沟谷等。

分布：福建、贵州、广东、云南、四川。

雪香兰属 *Hedyosmum* Sw.

雪香兰 *Hedyosmum orientale* Merr. et Chun

习性：亚灌木，高 0.8~2 m。

生境：山坡、林下、灌丛等。

分布：广西、广东、海南。

草珊瑚属 *Sarcandra* Gardner

草珊瑚 *Sarcandra glabra*（Thunb.）Nakai

习性：亚灌木，高 0.5~1.2 m。

生境：山坡、沟谷、林下、路边等。

分布：广西、安徽、浙江、江西、福建、台湾、广东、湖南、四川、贵州、云南。

30. 桤叶树科 Clethraceae

桤叶树属 *Clethra* L.

单毛桤叶树 *Clethra bodinieri* Lévl

习性：灌木或乔木，高 2~5 m。

生境：林下、灌丛等。

分布：广西、福建、海南、贵州、湖南、广东、云南。

云南桤叶树 *Clethra delavayi* Franch.

习性：灌木或乔木，高 4~5 m。

生境：山坡、林缘、林中等。

分布：广西、福建、浙江、西藏、贵州、江西、重庆、湖南、湖北、广东、云南、四川。

华南桤叶树 *Clethra fabri* Hance

习性：灌木或乔木，高 2~7 m。

生境：林中、草坡等。

分布：广西、海南、贵州、湖南、广东、云南。

31. 藤黄科 Clusiaceae

藤黄属 *Garcinia* L.

木竹子 *Garcinia multiflora* Champ. ex Benth.

习性：乔木，高 3~15 m。

生境：林中、沟谷、灌丛等。

分布：广西、福建、海南、贵州、江西、湖南、广东、云南、台湾。

岭南山竹子 *Garcinia oblongifolia* Champ. ex Benth.

习性：乔木，高 5~15 m。

生境：林中、沟谷等。

分布：广西、海南、广东。

尖叶藤黄 *Garcinia subfalcata* Y. H. Li et F. N. Wei

习性：乔木，高可达 7 m。

生境：林中、沟谷等。

分布：广西。

32. 牛栓藤科 Connaraceae

红叶藤属 *Rourea* Aubl.

小叶红叶藤 *Rourea microphylla*（Hook. et Arn.）Planch.

习性：攀缘灌木，高 1~4 m。

生境：林中、山坡等。

分布：广西、福建、广东、云南。

33. 旋花科 Convolvulaceae

银背藤属 *Argyreia* Lour.

白鹤藤 *Argyreia acuta* Lour.

习性：攀缘灌木。

生境：林下、灌丛、溪边等。

分布：广西、海南、广东、香港。

头花银背藤 *Argyreia capitiformis*（Poir.）Ooststr.

习性：攀缘灌木，茎长可达 15 m。

生境：林中、灌丛、弃耕地等。

分布：广西、海南、贵州、云南、香港。

飞蛾藤属 *Dinetus* Buch.-Ham. ex D.Don

飞蛾藤 *Dinetus racemosus*（Roxb.）Sweet

习性：攀缘灌木。

生境：灌丛、林中等。

分布：广西、福建、西藏、海南、贵州、江西、湖南、湖北、广东、云南、安徽、四川、甘肃、陕西、浙江、江苏、河南。

丁公藤属 *Erycibe* Roxb.

毛叶丁公藤 *Erycibe hainanensis* Merrill

习性：攀缘灌木，可攀缘高约 10 m。

生境：林中等。

分布：广西、海南、广东。

丁公藤 *Erycibe obtusifolia* Benth.

习性：木质藤本，茎长 4~20 m。

生境：林下、灌丛、陡坡等。

分布：广西、海南、广东、香港。

番薯属 *Ipomoea* L.

毛牵牛 *Ipomoea biflora*（L.）Pers.

习性：一年生草质藤本。

生境：林中、沟谷、路边等。

分布：广西、福建、贵州、江西、湖南、广东、云南、台湾、香港。

* **五爪金龙** *Ipomoea cairica*（L.）Sweet

习性：多年生草本。

生境：平地、山坡、路边、灌丛等。

分布：广西、福建、海南、贵州、江苏、广东、云南、台湾、澳门、香港。

* **七爪龙** *Ipomoea mauritiana* Jacq.

习性：多年生草质藤本。

生境：林中、溪边、灌丛等。

分布：广西、海南、广东、云南、台湾、澳门、香港。

* **牵牛** *Ipomoea nil*（L.）Roth

习性：一年生草质藤本。

生境：山坡、灌丛、路边、宅旁等。

分布：广西、福建、西藏、贵州、上海、湖南、湖北、广东、澳门、香港、安徽、四川、江苏、宁夏、河北、河南、海南、江西、重庆、云南、北京、甘肃、山东、陕西、浙江、内蒙古、天津、台湾、黑龙江、山西。

*** 圆叶牵牛** *Ipomoea purpurea*（L.）Roth

习性：一年生草质藤本。

生境：平地、田边、路边、林缘等。

分布：广西、福建、贵州、上海、湖南、湖北、广东、澳门、香港、安徽、四川、新疆、江苏、河北、河南、海南、江西、重庆、云南、北京、甘肃、山东、陕西、浙江、内蒙古、青海、辽宁、天津、黑龙江、山西。

海南薯 *Ipomoea sumatrana*（Miq.）Ooststr.

习性：草本或亚灌木。

生境：灌丛、路边、林缘等。

分布：广西、海南、云南、台湾。

鱼黄草属 *Merremia* Dennst. ex Endl.

金钟藤 *Merremia boisiana*（Gagnep.）Ooststr.

习性：多年生草本或亚灌木。

生境：林中、沟谷、溪边等。

分布：广西、海南、贵州、广东、云南。

山猪菜 *Merremia umbellata* subsp. *orientalis*（Hallier f.）Ooststr

习性：多年生草本。

生境：路边、林缘、林中、灌丛等。

分布：广西、海南、广东、云南、台湾、香港、四川。

盒果藤属 *Operculina* S. Manso

盒果藤 *Operculina turpethum*（L.）Silva Manso

习性：多年生攀缘草本，茎长约 4 m。

生境：溪边、路边、灌丛等。

分布：广西、海南、广东、云南、台湾、香港、澳门。

旋花属 *Xenostegia* D. F. Austin et Staples

地旋花 *Xenostegia tridentata*（L.）D. F. Austin et Staples

习性：平卧或攀缘草本，茎长约 4 m。

生境：旷野、沙地、路边、林中等。

分布：广西、海南、广东、云南、台湾、澳门、香港。

34. 山茱萸科 Cornaceae

八角枫属 *Alangium* Lam.

髯毛八角枫 *Alangium barbatum*（R. Br.）Baill.

习性：落叶灌木或小乔木，高 1~3 m。

生境：林中等。

分布：广西、广东、云南。

八角枫 *Alangium chinense*（Lour.）Harms

习性：落叶乔木或灌木，高 3~5 m。

生境：山坡、林中等。

分布：广西、福建、西藏、贵州、江西、重庆、湖南、湖北、广东、云南、安徽、四川、甘肃、浙江、江苏、台湾、山西、河南。

小花八角枫 *Alangium faberi* Oliv.

习性：落叶灌木，高 1~4 m。

生境：林中等。

分布：广西、贵州、湖南、湖北、广东、四川。

阔叶八角枫 *Alangium faberi* var. *platyphyllum* Chun et F. C. How

习性：落叶灌木，高 1~4 m。

生境：林中等。

分布：广西、广东。

云山八角枫 *Alangium kurzii* var. *handelii*（Schnarf）W. P. Fang

习性：落叶乔木，高可达 15 m。

生境：山坡、林中等。

分布：广西、福建、浙江、贵州、江西、湖南、湖北、广东、安徽、河南。

山茱萸属 *Cornus* L.

香港四照花 *Cornus hongkongensis* Hemsl.

习性：落叶乔木或灌木，高 5~15 m。

生境：林中等。

分布：广西、福建、浙江、贵州、江西、湖南、广东、云南、四川。

35. 景天科 Crassulaceae

落地生根属 *Bryophyllum* Salisb.

* **落地生根** *Bryophyllum pinnatum*（L. f.）Oken

习性：多年生草本，高 0.4~1.5 m。

生境：林下、路边、灌丛、沟边等。

分布：广西、福建、广东、云南、台湾。

景天属 *Sedum* L.

凹叶景天 *Sedum emarginatum* Migo

习性：多年生草本，高 10~15 cm。

生境：山坡等。

分布：甘肃、陕西、浙江、江苏、江西、湖南、湖北、云南、安徽、四川。

36. 葫芦科 Cucurbitaceae

盒子草属 *Actinostemma* Griff.

盒子草 *Actinostemma tenerum* Griff.

习性：一年生草本，高 15~40 cm。

生境：溪边、沟边、林缘等。

分布：广西、福建、西藏、江西、湖南、云南、北京、安徽、四川、山东、浙江、江苏、辽宁、台湾、河北、河南。

绞股蓝属 *Gynostemma* Bl.

绞股蓝 *Gynostemma pentaphyllum*（Thunb.）Makino

习性：多年生草本。

生境：林中、山坡、灌丛、草丛等。

分布：广西、福建、海南、贵州、江西、湖南、湖北、广东、云南、安徽、四川、山东、陕西、浙江、江苏、台湾、河南。

油渣果属 *Hodgsonia* F. Muell.

油渣果 *Hodgsonia heteroclita*（Roxb.）Hook. f. et Thomson

习性：木质藤本，茎长 20~30 m。

生境：灌丛、山坡、路边等。

分布：广西、西藏、云南。

苦瓜属 *Momordica* L.

木鳖子 *Momordica cochinchinensis*（Lour.）Spreng.

习性：多年生草质藤本，茎长可达 15 m。

生境：山沟、林缘、路边等。

分布：广西、福建、西藏、贵州、江西、湖南、广东、云南、安徽、四川、浙江、江苏、台湾。

赤爬属 *Thladiantha* Bunge

南赤爬 *Thladiantha nudiflora* Hemsl.

习性：草质藤本。

生境：林缘、山坡、灌丛等。

分布：广西、贵州、福建、江西、湖南、湖北、广东、安徽、四川、甘肃、陕西、浙江、江苏、台湾、河南。

栝楼属 *Trichosanthes* L.

短序栝楼 *Trichosanthes baviensis* Gagnep.

习性：草质藤本。

生境：林下、灌丛等。

分布：广西、贵州、云南。

金瓜 *Trichosanthes costata* Blume

习性：草质藤本。

生境：林下、山坡、路边、灌丛等。

分布：广西、海南、云南。

趾叶栝楼 *Trichosanthes pedata* Merr. et Chun

习性：草质藤本。

生境：林中、林缘等。

分布：广西、海南、江西、湖南、广东、云南。

中华栝楼 *Trichosanthes rosthornii* Harms

习性：草质藤本，茎长可达 10 m。

生境：林中、山坡、灌丛、草丛等。

分布：广西、贵州、江西、广东、云南、安徽、四川。

马㼎儿属 *Zehneria* Endl.

纽子瓜 *Zehneria bodinieri*（H. Lév.）W. J. de Wilde et Duyfjes

习性：草质藤本。

生境：林缘、山坡、路边等。

分布：广西、福建、海南、贵州、江西、广东、云南、四川。

马㼎儿 *Zehneria japonica*（Thunb.）H. Y. Liu

习性：草本，攀缘或平卧，茎长 1~2 m。

生境：林中、路边、田边、灌丛等。

分布：广西、福建、浙江、贵州、江苏、江西、湖南、湖北、广东、云南、安徽、四川。

37. 虎皮楠科 Daphniphyllaceae

虎皮楠属 *Daphniphyllum* Blume

牛耳枫 *Daphniphyllum calycinum* Benth.
习性：灌木，高 1.5~4 m。
生境：林中、灌丛等。
分布：广西、福建、江西、湖南、广东。

交让木 *Daphniphyllum macropodum* Miq.
习性：灌木或乔木，高 3~10 m。
生境：林中、路边、山坡等。
分布：广西、福建、浙江、贵州、江西、湖南、湖北、广东、云南、台湾、安徽、四川。

虎皮楠 *Daphniphyllum oldhamii*（Hemsl.）K. Rosenth.
习性：乔木，高 5~10 m。
生境：林中等。
分布：福建、浙江、江西、湖南、湖北、广东、台湾、四川。

38. 毒鼠子科 Dichapetalaceae

毒鼠子属 *Dichapetalum* Thouars

海南毒鼠子 *Dichapetalum longipetalum*（Turcz.）Engl.
习性：攀缘灌木，高 3~4 m。
生境：山坡、沟谷、林中等。
分布：广西、海南、广东。

39. 五桠果科 Dilleniaceae

五桠果属 *Dillenia* L.

大花五桠果 *Dillenia turbinata* Finet et Gagnep.
习性：乔木，高可达 30 m。
生境：林中、沟谷等。
分布：广西、海南、云南。

锡叶藤属 *Tetracera* L.

锡叶藤 *Tetracera sarmentosa*（L.）Vahl
习性：木质藤本，茎长可达 20 m 或更长。
生境：疏林、灌丛、林缘等。

分布：广西、海南、广东、云南。

40. 龙脑香科 Dipterocarpaceae

坡垒属 *Hopea* Roxb.

狭叶坡垒 *Hopea chinensis*（Merr.）Hand.-Mazz.

习性：乔木，高 15~20 m。

生境：沟谷、坡地、溪边等。

分布：广西、云南。

41. 柿科 Ebenaceae

柿属 *Diospyros* L.

乌材 *Diospyros eriantha* Champion ex Bentham

习性：乔木或灌木，高可达 16 m。

生境：林中、山坡、灌丛等。

分布：广西、海南、广东、台湾。

野柿 *Diospyros kaki* var. *silvestris* Makino

习性：落叶乔木，高 10~14 m。

生境：林中、山坡等。

分布：福建、江苏、江西、湖北、云南、四川。

君迁子 *Diospyros lotus* L.

习性：落叶乔木，高可达 30 m。

生境：山坡、灌丛、林缘等。

分布：西藏、贵州、江西、湖南、湖北、云南、安徽、四川、甘肃、山东、陕西、浙江、江苏、辽宁、河北、山西、河南。

罗浮柿 *Diospyros morrisiana* Hance

习性：落叶乔木，高可达 20 m。

生境：山坡、林中、灌丛、溪边等。

分布：广西、福建、浙江、贵州、广东、云南、四川、台湾。

保亭柿 *Diospyros potingensis* Merr. et Chun

习性：乔木，高 5~7 m。

生境：沟谷、林中、灌丛等。

分布：广西、海南。

岭南柿 *Diospyros tutcheri* Dunn

习性：小乔木，高 4~6 m。

生境：沟谷、林中等。

分布：广西、湖南、广东。

42. 胡颓子科 Elaeagnaceae

胡颓子属 *Elaeagnus* L.

蔓胡颓子 *Elaeagnus glabra* Thunb.

习性：攀缘灌木，茎长可达 5 m。

生境：林中、林缘等。

分布：广西、福建、浙江、贵州、江苏、江西、湖南、湖北、广东、台湾、安徽、四川。

角花胡颓子 *Elaeagnus gonyanthes* Benth.

习性：攀缘灌木，茎长可达 4 m。

生境：林中、山坡等。

分布：广西、湖南、广东、云南。

宜昌胡颓子 *Elaeagnus henryi* Warb. ex Diels

习性：灌木，高 3~5 m。

生境：林中、灌丛等。

分布：广西、贵州、湖南、湖北、广东、云南。

43. 杜英科 Elaeocarpaceae

杜英属 *Elaeocarpus* L.

中华杜英 *Elaeocarpus chinensis*（Gardner et Champ.）Hook. f. ex Benth.

习性：乔木，高 3~7 m。

生境：沟谷、林中等。

分布：广西、福建、浙江、贵州、江西、广东。

显脉杜英 *Elaeocarpus dubius* A. DC.

习性：乔木，高可达 25 m。

生境：林中等。

分布：广西、海南、贵州、广东、云南。

秃瓣杜英 *Elaeocarpus glabripetalus* Merr.

习性：乔木，高可达 15 m。

生境：林中等。

分布：广西、福建、浙江、贵州、江西、湖南、湖北、广东、云南、安徽。

水石榕 *Elaeocarpus hainanensis* Oliv.

习性：乔木，高 4~6 m。

生境：沟谷、水边等。

分布：广西、海南、广东、云南。

日本杜英 *Elaeocarpus japonicus* Siebold et Zucc.

习性：乔木，高可达 25 m。

生境：林中等。

分布：广西、福建、海南、贵州、江西、湖南、湖北、广东、云南、安徽、四川、浙江、江苏、台湾。

绢毛杜英 *Elaeocarpus nitentifolius* Merr. et Chun

习性：乔木，高可达 20 m。

生境：林中等。

分布：广西、福建、海南、广东、云南。

山杜英 *Elaeocarpus sylvestris*（Lour.）Poir.

习性：乔木，高可达 10 m。

生境：林中等。

分布：广西、福建、浙江、海南、贵州、江西、湖南、广东、云南、四川。

美脉杜英 *Elaeocarpus varunua* Buch.-Ham.

习性：乔木，高可达 30 m。

生境：林中等。

分布：广西、西藏、广东、云南。

猴欢喜属 *Sloanea* Juss.

全叶猴欢喜 *Sloanea integrifolia* Chun et F. C. How

习性：乔木，高可达 15 m。

生境：林中等。

分布：广西、海南、广东。

薄果猴欢喜 *Sloanea leptocarpa* Diels

习性：乔木，高可达 25 m。

生境：林中等。

分布：广西、福建、贵州、湖南、广东、云南、四川。

猴欢喜 *Sloanea sinensis*（Hance）Hemsl.

习性：乔木，高可达 20 m。

生境：林中等。

分布：广西、福建、浙江、海南、贵州、江西、湖南、广东。

44. 杜鹃花科 Ericaceae

金叶子属 *Craibiodendron* W. W. Sm.

广东金叶子 *Craibiodendron scleranthum* var. *kwangtungense*（S. Y. Hu）Judd

习性：乔木，高 10~12 m。

生境：山坡等。

分布：广西、广东。

吊钟花属 *Enkianthus* Lour.

吊钟花 *Enkianthus quinqueflorus* Lour.

习性：灌木或乔木，高可达 10 m。

生境：林中等。

分布：广西、福建、海南、贵州、江西、湖南、湖北、广东、云南、四川。

珍珠花属 *Lyonia* Elliott

红脉珍珠花 *Lyonia ovalifolia* var. *rubrovenia*（Merrill）Judd

习性：灌木，高 3~5 m。

生境：林中等。

分布：广西、海南、广东。

杜鹃花属 *Rhododendron* L.

多花杜鹃 *Rhododendron cavaleriei* H. Lév.

习性：灌木，高 2~8 m。

生境：林中等。

分布：广西、福建、贵州、江西、湖南、广东、云南。

防城杜鹃 *Rhododendron fangchengense* Tam

习性：灌木，高 4~9 m。

生境：林中、山坡、灌丛等。

分布：广西。

海南杜鹃 *Rhododendron hainanense* Merr.

习性：灌木，高 1~3 m。

生境：山坡、林缘、溪边等。

分布：广西、海南。

弯蒴杜鹃 *Rhododendron henryi* Hance

习性：灌木，高 3~5 m。

生境：林中等。

分布：广西、福建、浙江、江西、广东、台湾。

毛棉杜鹃 *Rhododendron moulmainense* Hook.

习性：灌木或乔木，高 2~8 m。

生境：林中、灌丛等。

分布：广西、云南。

铁仔叶杜鹃 *Rhododendron myrsinifolium* Ching ex Fang et M. Y. He
习性：灌木，高约 1.5 m。
生境：林中等。
分布：广西。

杜鹃 *Rhododendron simsii* Planch.
习性：灌木，高 2~5 m。
生境：林中、山坡、灌丛等。
分布：广西、福建、贵州、江西、湖南、湖北、广东、云南、安徽、四川、浙江、江苏、台湾。

越橘属 *Vaccinium* L.

南烛 *Vaccinium bracteatum* Thunb.
习性：灌木，高 2~9 m。
生境：山坡等。
分布：广西、福建、海南、贵州、江西、上海、湖南、广东、云南、安徽、四川、山东、浙江、江苏、台湾。

镰叶越橘 *Vaccinium subfalcatum* Merr. ex Sleum.
习性：灌木或乔木，高 2~5 m。
生境：林中、灌丛等。
分布：广西、广东。

45. 赤苍藤科 Erythropalaceae

赤苍藤属 *Erythropalum* Blume

赤苍藤 *Erythropalum scandens* Bl.
习性：木质藤本，茎长 5~10 m。
生境：林中、溪边、沟谷、林缘、灌丛等。
分布：广西、西藏、海南、贵州、广东、云南。

46. 古柯科 Erythroxylaceae

古柯属 *Erythroxylum* P. Browne

东方古柯 *Erythroxylum sinense* C. Y. Wu
习性：灌木或乔木，高 1~6 m。
生境：林中、山坡、路边等。
分布：广西、福建、浙江、海南、贵州、江西、湖南、广东、云南。

47. 大戟科 Euphorbiaceae

铁苋菜属 *Acalypha* L.

铁苋菜 *Acalypha australis* L.

习性：一年生草本，高 20~50 cm。

生境：林下、草地等。

分布：广西、福建、西藏、贵州、上海、湖南、湖北、广东、澳门、香港、安徽、四川、江苏、吉林、宁夏、河南、河北、海南、江西、重庆、云南、北京、甘肃、山东、陕西、浙江、青海、辽宁、天津、台湾、黑龙江、山西。

山麻秆属 *Alchornea* Sw.

山麻秆 *Alchornea davidii* Franch.

习性：落叶灌木，高 1~4 m。

生境：沟谷、灌丛、溪边等。

分布：广西、陕西、四川、云南、贵州、河南、湖北、湖南、江西、江苏、福建、浙江。

椴叶山麻秆 *Alchornea tiliifolia*（Benth.）Müll. Arg.

习性：灌木或乔木，高 2~8 m。

生境：林下、山坡、沟谷、灌丛等。

分布：广西、云南、贵州、广东。

红背山麻秆 *Alchornea trewioides*（Benth.）Müll. Arg.

习性：灌木，高 1.2~2 m。

生境：山坡、灌丛等。

分布：广西、福建、江西、湖南、广东、海南。

蝴蝶果属 *Cleidiocarpon* Airy Shaw

蝴蝶果 *Cleidiocarpon cavaleriei*（H. Lév.）Airy Shaw

习性：乔木，高 10~25 m。

生境：林中等。

分布：广西、贵州、云南。

棒柄花属 *Cleidion* Blume

棒柄花 *Cleidion brevipetiolatum* Pax et K. Hoffm.

习性：乔木，高 5~12 m。

生境：林中等。

分布：广西、海南、贵州、广东、云南。

巴豆属 *Croton* L.

厚叶巴豆 *Croton merrillianus* Croizat

习性：灌木，高 1.5~3 m。

生境：林中等。

分布：广西、海南。

巴豆 *Croton tiglium* L.

习性：灌木或乔木，高 3~6 m。

生境：林中、灌丛等。

分布：广西、福建、海南、贵州、江苏、江西、广东。

黄桐属 *Endospermum* Benth.

黄桐 *Endospermum chinense* Benth.

习性：乔木，高 6~20 m。

生境：林中等。

分布：广西、福建、海南、广东、云南。

大戟属 *Euphorbia* L.

* **飞扬草** *Euphorbia hirta* L.

习性：一年生草本，高 30~70 cm。

生境：林下、路边、灌丛、弃耕地等。

分布：广西、福建、海南、贵州、江西、湖南、广东、云南、台湾、四川。

地锦草 *Euphorbia humifusa* Willd. ex Schltdl.

习性：一年生草本，高 10~20 cm。

生境：林缘、灌丛、草丛、弃耕地、滩涂、路边等。

分布：广西、福建、西藏、贵州、上海、湖南、湖北、广东、澳门、香港、安徽、四川、新疆、江苏、吉林、宁夏、河南、河北、海南、江西、重庆、云南、北京、甘肃、山东、陕西、浙江、内蒙古、青海、辽宁、天津、台湾、黑龙江、山西。

粗毛野桐属 Hancea Seem.

粗毛野桐 *Hancea hookeriana* Seem.

习性：灌木或乔木，高 1.5~6 m。

生境：林中、沟谷、溪边等。

分布：广西、海南、广东。

海漆属 *Excoecaria* L.

绿背桂花 *Excoecaria cochinchinensis* var. *formosana*(Hayata) Hurus.

习性：灌木，高约 1 m。

生境：林中、山坡等。

分布：广西、海南、广东、台湾。

水柳属 *Homonoia* Lour.

水柳 *Homonoia riparia* Lour.

习性：灌木，高 1~3 m。

生境：林中、溪边等。

分布：广西、海南、贵州、云南、台湾、四川。

血桐属 *Macaranga* Thouars

轮苞血桐 *Macaranga andamanica* Kurz

习性：乔木，高 4~8 m。

生境：林中等。

分布：广西、海南、贵州、广东、云南。

中平树 *Macaranga denticulata*（Blume）Müll. Arg.

习性：乔木，高 3~15 m。

生境：林中等。

分布：广西、西藏、海南、贵州、云南。

印度血桐 *Macaranga indica* Wight

习性：乔木，高 10~25 m。

生境：林中、沟谷、河岸等。

分布：广西、云南。

尾叶血桐 *Macaranga kurzii*（Kuntze）Pax et K. Hoffm.

习性：灌木或乔木，高 1~7 m。

生境：山坡、沟谷、林中、灌丛等。

分布：广西、西藏、海南、贵州、云南。

刺果血桐 *Macaranga lowii* King ex Hook. f.

习性：乔木，高 5~15 m。

生境：林中等。

分布：广西、福建、海南、广东。

鼎湖血桐 *Macaranga sampsonii* Hance

习性：灌木或乔木，高 2~7 m。

生境：林中、林缘等。

分布：广西、海南、广东、云南。

野桐属 *Mallotus* Lour.

白背叶 *Mallotus apelta*（Lour.）Müll. Arg.

习性：灌木或小乔木，高 1~4 m。

生境：山坡、灌丛等。

分布：广西、福建、海南、江西、湖南、广东、云南。

毛桐 *Mallotus barbatus*（Wall. ex Baill.）Müll. Arg.

习性：乔木，高 3~4 m。

生境：林缘、灌丛等。

分布：广西、贵州、湖南、湖北、广东、云南、四川。

褐毛野桐 *Mallotus metcalfianus* Croizat

习性：乔木，高 5~7 m。

生境：林中等。

分布：广西、云南。

白楸 *Mallotus paniculatus*（Lam.）Müll. Arg.

习性：乔木或灌木，高 3~15 m。

生境：林缘、灌丛等。

分布：广西、福建、海南、贵州、广东、云南、台湾。

粗糠柴 *Mallotus philippensis*（Lamarck）Müll. Arg.

习性：乔木或灌木，高 2~18 m。

生境：林中、林缘等。

分布：广西、福建、西藏、海南、贵州、江西、湖南、湖北、广东、云南、安徽、四川、浙江、江苏、台湾。

野桐 *Mallotus tenuifolius* Pax

习性：乔木或灌木，高 2~4 m。

生境：林中、沟谷、灌丛、路边等。

分布：广西、福建、贵州、江西、湖南、湖北、广东、安徽、四川、甘肃、陕西、浙江、江苏、河南。

蓖麻属 *Ricinus* L.

* **蓖麻** *Ricinus communis* L.

习性：一年生草本，高 2~10 m。

生境：林中、河畔等。

分布：广西、福建、西藏、贵州、上海、湖南、湖北、广东、澳门、香港、安徽、四川、新疆、江苏、吉林、宁夏、河南、河北、海南、江西、重庆、云南、北京、甘肃、山东、陕西、浙江、内蒙古、青海、辽宁、天津、台湾、黑龙江、山西。

乌桕属 *Triadica* Lour.

山乌桕 *Triadica cochinchinensis* Lour.

习性：乔木或灌木，高 3~12 m。

生境：沟谷、林中等。

分布：广西、福建、海南、贵州、江西、湖南、湖北、广东、云南、安徽、四川、浙江、台湾。

乌桕 *Triadica sebifera*（L.）Small

习性：乔木，高 5~10 m。

生境：山坡、林中等。

分布：广西、福建、海南、贵州、江西、湖北、广东、云南、安徽、四川、甘肃、山东、陕西、浙江、江苏、台湾。

三宝木属 *Trigonostemon* Blume

勐仑三宝木 *Trigonostemon bonianus* Gagnep.

习性：灌木或乔木，高 2~4 m。

生境：林中等。

分布：广西、云南。

三宝木 *Trigonostemon chinensis* Merr.

习性：灌木，高 2~4 m。

生境：林中等。

分布：广西、海南、广东。

长梗三宝木 *Trigonostemon thyrsoideus* Stapf

习性：灌木或乔木，高可达 6 m。

生境：林中等。

分布：广西、贵州、云南。

油桐属 *Vernicia* Lour.

油桐 *Vernicia fordii*（Hemsl.）Airy Shaw

习性：落叶乔木，高可达 10 m。

生境：丘陵、山坡等。

分布：广西、福建、海南、贵州、江西、湖南、湖北、广东、云南、安徽、四川、陕西、浙江、江苏、河南。

木油桐 *Vernicia montana* Lour.

习性：落叶乔木，高可达 20 m。

生境：林中等。

分布：广西、福建、浙江、海南、贵州、江西、湖南、湖北、广东、云南、台湾、安徽。

48. 豆科 Fabaceae

相思子属 *Abrus* Juss.

相思子 *Abrus precatorius* L.

习性：木质藤本。

生境：山坡、林中等。

分布：广西、福建、重庆、广东、云南、台湾、澳门、香港。

毛相思子 *Abrus pulchellus* subsp. *mollis*（Hance）Ver DC.

习性：木质藤本。

生境：林中、路边等。

分布：广西、福建、广东、香港。

海红豆属 *Adenanthera* L.

海红豆 *Adenanthera microsperma* Teijsm. et Binn.

习性：乔木，高 5~20 m。

生境：山沟、溪边、林中等。

分布：广西、福建、海南、贵州、广东、云南、台湾、澳门、香港。

双束鱼藤属 *Aganope* Miq.

双束鱼藤 *Aganope thyrsiflora*（Benth.）Polhill

习性：攀缘灌木。

生境：灌丛、溪边等。

分布：广西、海南、广东、云南。

合欢属 *Albizia* Durazz.

楹树 *Albizia chinensis*（Osbeck）Merr.

习性：落叶乔木，高可达 30 m。

生境：林中、谷地、溪边等。

分布：广西、福建、西藏、海南、重庆、湖南、广东、云南、澳门、香港、四川。

天香藤 *Albizia corniculata*（Lour.）Druce

习性：攀缘灌木或藤本，茎长可达 20 m。

生境：林中等。

分布：广西、福建、海南、广东、澳门、香港。

黄豆树 *Albizia procera*（Roxb.）Benth.

习性：落叶乔木，高 10~25 m。

生境：林中、灌丛等。

分布：广西、海南、广东、云南、台湾。

链荚豆属 *Alysicarpus* Desv.

链荚豆 *Alysicarpus vaginalis*（L.）DC.

习性：多年生草本，高 30~90 cm。

生境：田边、路边、海边沙地等。

分布：广西、福建、海南、广东、云南、台湾、澳门、香港。

猴耳环属 *Archidendron* F. Muell.

坛腺棋子豆 *Archidendron chevalieri*（Kosterm.）I. C. Nielsen

习性：乔木，高可达 10 m。

生境：林中、溪边等。

分布：广西、云南。

猴耳环 *Archidendron clypearia*（Jack）I. C. Nielsen

习性：乔木，高可达 10 m。

生境：林中等。

分布：广西、福建、浙江、西藏、海南、贵州、湖南、广东、云南、台湾、澳门、香港。

碟腺棋子豆 *Archidendron kerrii*（Gagnep.）I. C. Nielsen

习性：灌木或乔木，高 3~8 m。

生境：林中等。

分布：广西、云南。

亮叶猴耳环 *Archidendron lucidum*（Benth.）I. C. Nielsen

习性：乔木，高 2~10 m。

生境：林中、林缘、灌丛等。

分布：广西、福建、浙江、海南、重庆、湖南、广东、云南、台湾、澳门、香港、四川。

棋子豆 *Archidendron robinsonii*（Gagnep.）I. C. Nielsen

习性：乔木，高 8~9 m。

生境：林中、沟谷等。

分布：广西、云南。

薄叶猴耳环 *Archidendron utile*（Chun et F. C. How）I. C. Nielsen

习性：灌木，高 1~2 m。

生境：林中等。

分布：广西、福建、海南、广东、云南、香港。

云实属 *Biancaea* Tod.

小叶云实 *Biancaea millettii*（Hook. et Arn.）Gagnon et G. P. Lewis

习性：木质藤本。

生境：山坡、灌丛、丘陵、溪边等。

分布：广西、贵州、江西、湖南、广东。

藤槐属 *Bowringia* Champ. ex Benth.

藤槐 *Bowringia callicarpa* Champ. ex Benth.

习性：攀缘灌木，茎长 15~25 m。

生境：沟谷、林缘、河边、溪边等。

分布：广西、福建、海南、广东、云南、澳门、香港。

小凤花属 *Caesalpinia* L.

粉叶南天藤 *Caesalpinia caesia* Hand.-Mazz.

习性：木质藤本。

生境：林中等。

分布：广西、海南。

南天藤 *Caesalpinia crista* L.

习性：木质藤本，茎长 10 m 以上。

生境：林中、山坡等。

分布：广西、福建、海南、贵州、重庆、湖南、湖北、广东、云南、澳门、香港、四川、台湾。

大叶南天藤 *Caesalpinia magnifoliolata* F. P. Metcalf

习性：木质藤本。

生境：林中、灌丛等。

分布：广西、贵州、广东、云南。

木豆属 *Cajanus* Adans.

蔓草虫豆 *Cajanus scarabaeoides*（L.）Thouars

习性：草质藤本。

生境：田野、路边、草坡、海边等。

分布：广西、福建、海南、贵州、广东、云南、台湾、澳门、香港、四川。

鸡血藤属 *Callerya* Endl.

香花鸡血藤 *Callerya dielsiana*（Harms）P. K. Lôc ex Z. Wei et Pedley

习性：攀缘灌木，茎长 2~5 m。

生境：林中、灌丛、谷地、路边等。

分布：广西、福建、海南、贵州、江西、重庆、湖南、湖北、广东、云南、安徽、四川、甘肃、陕西、浙江。

喙果鸡血藤 *Callerya tsui*（F. P. Metcalf）Z. Wei et Pedley

习性：木质藤本，茎长 3~10 m。

生境：灌丛、林地等。

分布：广西、海南、贵州、广东、湖南、云南。

舞草属 *Codariocalyx* Hassk.

圆叶舞草 *Codariocalyx gyroides*（Roxb. ex Link）X. Y. Zhu

习性：灌木，高 1~3 m。

生境：林中、河岸等。

分布：广西、海南、贵州、广东、云南。

猪屎豆属 *Crotalaria* L.

大猪屎豆 *Crotalaria assamica* Benth.

习性：多年生草本，高 1.2~1.5 m。

生境：山坡、路边、沟谷、草丛等。

分布：广西、海南、贵州、广东、云南、台湾。

假地蓝 *Crotalaria ferruginea* Graham ex Benth.

习性：多年生草本，高 0.6~1.2 m。

生境：林中、山坡、草地等。

分布：广西、福建、西藏、贵州、江西、重庆、湖南、湖北、广东、云南、香港、安徽、四川、浙江、江苏、台湾。

*** 猪屎豆** *Crotalaria pallida* Aiton

习性：多年生草本。

生境：草地、沙地等。

分布：广西、山东、福建、浙江、湖南、广东、云南、台湾、澳门、香港、四川。

农吉利 *Crotalaria sessiliflora* L.

习性：一年生草本，高 0.3~1 m。

生境：沟谷、草地、路边等。

分布：广西、福建、西藏、贵州、江西、重庆、湖南、广东、云南、北京、香港、安徽、四川、山东、浙江、江苏、辽宁、台湾、河北、河南。

黄檀属 *Dalbergia* L. f.

两粤黄檀 *Dalbergia benthamii* Prain

习性：攀缘灌木，茎长可达 15 m。

生境：林中、灌丛等。

分布：广西、海南、广东、台湾、澳门、香港。

藤黄檀 *Dalbergia hancei* Benth.

习性：攀缘灌木。

生境：灌丛、溪边等。

分布：广西、福建、浙江、江西、湖南、广东、澳门、香港、四川。

象鼻藤 *Dalbergia mimosoides* Franch.

习性：攀缘灌木，茎长 4~6 m。

生境：林中、山沟、灌丛等。

分布：广西、西藏、重庆、云南、四川。

假木豆属 *Dendrolobium*（Wight et Arn.）Benth.

假木豆 *Dendrolobium triangulare*（Retz.）Schindl.

习性：灌木，高 1~2 m。

生境：沟边、草地、山坡、灌丛等。

分布：广西、海南、贵州、湖南、广东、云南、台湾、澳门、香港。

鱼藤属 *Derris* Lour.

锈毛鱼藤 *Derris ferruginea*（Roxb.）Benth.

习性：攀缘灌木。

生境：林中、灌丛等。

分布：广西、重庆、广东、云南。

中南鱼藤 *Derris fordii* Oliv.

习性：攀缘灌木。

生境：沟谷、灌丛、林中、山坡等。

分布：广西、福建、浙江、海南、贵州、江西、重庆、湖南、湖北、广东、云南、四川。

粉叶鱼藤 *Derris glauca* Merr. et Chun

习性：攀缘灌木。

生境：林中等。

分布：广西、海南、广东。

厚果鱼藤 *Derris taiwaniana*（Hayata）Z. Q. Song

习性：攀缘灌木，茎长可达 15 m。

生境：林下、溪边、灌丛。

分布：广西、福建、浙江、西藏、贵州、江西、湖南、广东、云南、台湾、香港、四川。

野扁豆属 *Dunbaria* Wight et Arn.

黄毛野扁豆 *Dunbaria fusca*（Wall.）Kurz

习性：草质藤本。

生境：沟谷、山坡、草地等。

分布：广西、海南、广东、云南、香港。

长柄野扁豆 *Dunbaria podocarpa* Kurz

习性：草质藤本，茎长 1~4 m。

生境：山坡、路边、灌丛等。

分布：广西、福建、海南、广东、云南、香港。

榼藤属 *Entada* Adans.

榼藤 *Entada phaseoloides*（L.）Merr.

习性：木质藤本。

生境：林中等。

分布：广西、福建、西藏、广东、云南、台湾、香港。

格木属 *Erythrophleum* R. Br.

格木 *Erythrophleum fordii* Oliv.

习性：乔木，高 10~30 m。

生境：林中等。

分布：广西、福建、浙江、广东、云南、台湾、澳门。

千斤拔属 *Flemingia* Roxb. ex Rottler

宽叶千斤拔 *Flemingia latifolia* Benth.

习性：灌木，高 1~2 m。

生境：林下、草地等。

分布：广西、海南、云南、四川。

大叶千斤拔 *Flemingia macrophylla*（Willd.）Kuntze ex Merr.

习性：灌木，高 0.8~2.5 m。

生境：林下、草地、灌丛等。

分布：广西、福建、海南、贵州、江西、重庆、广东、云南、台湾、香港、四川。

千斤拔 *Flemingia prostrata* Roxb. Junior ex Roxb.

习性：亚灌木，直立或披散，高 1~2 m。

生境：田野、草地等。

分布：广西、福建、海南、贵州、江西、重庆、湖南、湖北、广东、云南、澳门、香港、四川、台湾。

假地豆属 *Grona* Lour.

糙毛假地豆 *Grona heterocarpos* var. *strigosa*（Meeuwen）H. Ohashi et K. Ohashi

习性：灌木或亚灌木；高约 1.5 m。

生境：灌丛、山坡、草地、溪边等。

分布：广西、海南、广东、云南、台湾。

显脉假地豆 *Grona reticulata*（Champ. ex Benth.）H. Ohashi et K. Ohashi

习性：灌木，高 30~60 cm。

生境：山坡、灌丛、草坡等。

分布：广西、海南、广东、云南、澳门、香港。

赤三点金 *Grona rubra*（Lour.）H. Ohashi et K. Ohashi

习性：亚灌木，高 30~50 cm。

生境：弃耕地、沙地等。

分布：广西、海南、广东。

广东金钱草 *Grona styracifolia*（Osbeck）H. Ohashi et K. Ohashi

习性：亚灌木状直立草本，高 0.3~1 m。

生境：山坡、草地、灌丛等。

分布：广西、福建、海南、湖南、广东、云南、香港、四川。

鹰叶刺属 *Guilandina* L.

喙荚鹰叶刺 *Guilandina minax*（Hance）G. P. Lewis

习性：攀缘灌木。

生境：山沟、溪边、灌丛等。

分布：广西、福建、贵州、重庆、广东、云南、台湾、香港、四川。

长柄山蚂蝗属 *Hylodesmum* H. Ohashi et R. R. Mill

细长柄山蚂蟥 *Hylodesmum leptopus*（A. Gray ex Bentham）H. Ohashi et R. R. Mill

习性：亚灌木，高 30~70 cm。

生境：林中、溪边等。

分布：广西、福建、海南、湖南、广东、云南、台湾、香港。

木蓝属 *Indigofera* L.

尖叶木蓝 *Indigofera zollingeriana* Miq.

习性：亚灌木，高 1~2 m。

生境：林下、山坡、路边、塘边等。

分布：广西、广东、云南、台湾。

鸡眼草属 *Kummerowia* Schindl.

鸡眼草 *Kummerowiastriata*（Thunb.）Schindl.

习性：一年生草本，高 10~45 cm。

生境：路边、灌丛、溪边、沟边、草地等。

分布：广西、福建、贵州、江西、重庆、湖南、湖北、广东、云南、北京、香港、四川、甘肃、山东、浙江、江苏、辽宁、吉林、台湾、黑龙江、河北。

胡枝子属 *Lespedeza* Michx.

截叶铁扫帚 *Lespedeza cuneata*（Dum.-Cours.）G. Don

习性：灌木，高 0.6~1.5 m。

生境：山坡、路边、弃耕地等。

分布：西藏、重庆、湖南、湖北、广东、云南、澳门、香港、四川、甘肃、山东、陕西、台湾、河南。

崖豆藤属 *Millettia* Wight et Arn.

海南崖豆藤 *Millettia pachyloba* Drake

习性：木质藤本，茎长可达 20 m。

生境：林中、沟谷等。

分布：广西、海南、贵州、重庆、广东、云南。

含羞草属 *Mimosa* L.

*** 光荚含羞草** *Mimosa bimucronata*（DC.）Kuntze

习性：落叶灌木，高 3~6 m。

生境：林下等。

分布：广东、澳门、香港。

*** 含羞草** *Mimosa pudica* L.

习性：草本，亚灌木披散状，高约 1 m。

生境：弃耕地、灌丛等。

分布：广西、福建、西藏、海南、重庆、广东、云南、台湾、澳门、香港。

油麻藤属 *Mucuna* Adans.

白花油麻藤 *Mucuna birdwoodiana* Tutcher

习性：木质藤本。

生境：林地、岩石区域、山坡、沟谷等。

分布：广西、福建、贵州、江西、广东、云南、澳门、香港、四川。

琼油麻藤 *Mucuna hainanensis* Hayata

习性：攀缘灌木，茎长可达 5 m。

生境：林下、沟谷、灌丛等。

分布：广西、西藏、海南、广东、云南。

大果油麻藤 *Mucuna macrocarpa* Wall.

习性：木质藤本。

生境：林中、山坡、林缘等。

分布：广西、海南、贵州、广东、云南、台湾。

南海藤属 *Nanhaia* J. Compton et Schrire

南海藤 *Nanhaia speciosa*（Champ. ex Benth.）J. Compton et Schrire

习性：木质藤本，茎长 3 m。

生境：林下、灌丛、旷野等。

分布：广西、福建、海南、贵州、湖南、广东、云南、澳门、香港。

草葛属 *Neustanthus* Benth.

草葛 *Neustanthus phaseoloides*（Roxb.）Benth.

习性：草质藤本，茎长 2~4 m。

生境：山坡、灌丛等。

分布：广西、浙江、海南、广东、云南、台湾、澳门、香港。

小槐花属 *Ohwia* H. Ohashi

小槐花 *Ohwia caudata*（Thunb.）Ohashi

习性：直立灌木或亚灌木，高 1~2 m。

生境：林下、山坡、路边、草地、沟边、林缘等。

分布：广西、福建、西藏、贵州、江西、重庆、湖南、湖北、广东、云南、香港、安徽、四川、浙江、台湾。

红豆属 *Ormosia* Jacks.

肥荚红豆 *Ormosia fordiana* Oliv.

习性：乔木，高可达 17 m。

生境：林中、沟谷、山坡、路边、溪边等。

分布：广西、海南、广东、云南。

花榈木 *Ormosia henryi* Prain

习性：乔木，高可达 16 m。

生境：林中、山坡等。

分布：福建、浙江、贵州、重庆、湖南、湖北、广东、云南、安徽、四川。

小叶红豆 *Ormosia microphylla* Merr. et H. Y. Chen

习性：灌木或乔木，高 3~10 m。

生境：林中、沟谷、山坡、路边等。

分布：广西、福建、贵州、广东。

南宁红豆 *Ormosia nanningensis* H. Y. Chen

习性：乔木，高可达 20 m。

生境：林内、山坡等。

分布：广西。

柔毛红豆 *Ormosia pubescens* R. H. Chang

习性：乔木，高可达 20 m。

生境：山坡、沟谷等。

分布：广西。

软荚红豆 *Ormosia semicastrata* Hance

习性：乔木，高可达 12 m。

生境：林中、山坡、路边等。

分布：广西、福建、海南、贵州、江西、湖南、广东、澳门、香港。

亮毛红豆 *Ormosia sericeolucida* H. Y. Chen

习性：乔木，高可达 24 m。

生境：林中、山坡、沟谷等。

分布：广西、广东。

木荚红豆 *Ormosia xylocarpa* Chun ex L. Chen

习性：乔木，高 12~20 m。

生境：林中、山坡、沟谷、路边、溪边等。

分布：广西、福建、海南、贵州、江西、湖南、广东。

火索藤属 *Phanera* Lour.

龙须藤 *Phanera championii* Benth.

习性：木质藤本。

生境：林中、灌丛等。

分布：广西、福建、贵州、江西、重庆、湖南、湖北、广东、云南、澳门、香港、四川、浙江、台湾。

锈荚藤 *Phanera erythropoda*（Hayata）Mackinder et R. Clark

习性：木质藤本。

生境：林中等。

分布：广西、海南、云南。

排钱树属 *Phyllodium* Desv.

毛排钱树 *Phyllodium elegans*（Lour.）Desv.

习性：灌木，高 0.5~1.5 m。

生境：林中、草地、灌丛等。

分布：广西、福建、海南、广东、云南、香港。

长叶排钱树 *Phyllodium longipes*（Craib）Schindl.

习性：灌木，高可达 1 m。

生境：林中等。

分布：广西、海南、广东、云南。

排钱树 *Phyllodium pulchellum*（L.）Desv.
习性：灌木，高 0.5~2 m。
生境：林中、弃耕地、路边等。
分布：广西、福建、江西、广东、云南、台湾、澳门、香港。

蝉豆属 *Pleurolobus* J. St. -Hil.

蝉豆 *Pleurolobusgangeticus*（L.）J. St.-Hil.
习性：亚灌木，高约 1 m。
生境：林中、草丛等。
分布：广西、海南、贵州、广东、云南、台湾、澳门、香港、四川。

老虎刺属 *Pterolobium* Andrz. ex C. A. Mey.

老虎刺 *Pterolobium punctatum* Hemsl.
习性：攀缘灌木，高 3~10 m。
生境：林下、石山、路边等。
分布：广西、福建、贵州、江西、重庆、湖南、湖北、广东、云南、四川。

葛属 *Pueraria* DC.

山葛 *Pueraria montana*（Loureiro）Merrill
习性：草质藤本。
生境：林下、灌丛等。
分布：广西、福建、西藏、贵州、上海、湖北、湖南、广东、澳门、香港、安徽、四川、江苏、吉林、宁夏、河北、河南、海南、江西、重庆、云南、北京、甘肃、山东、陕西、浙江、内蒙古、天津、辽宁、台湾、黑龙江、山西。

葛 *Pueraria montana* var. *lobata*（Willd.）Maesen et S. M. Almeida ex Sanjappa et Predeep
习性：草质藤本，茎长可达 15 m。
生境：林下、林缘、弃耕地、灌丛等。
分布：广西、福建、贵州、上海、湖北、湖南、广东、澳门、香港、安徽、四川、江苏、吉林、宁夏、河北、河南、海南、江西、重庆、云南、北京、甘肃、山东、陕西、浙江、内蒙古、天津、辽宁、台湾、黑龙江、山西。

鹿藿属 *Rhynchosia* Lour.

鹿藿 *Rhynchosia volubilis* Lour.
习性：草质藤本。
生境：山坡、路边、草丛等。
分布：广西、福建、贵州、江西、重庆、湖南、湖北、广东、云南、香港、安徽、四川、江苏、台湾。

无忧花属 *Saraca* L.

中国无忧花 *Saraca dives* Pierre
习性：乔木，高 5~20 m。
生境：林下、沟谷、溪边等。
分布：广西、广东、云南。

儿茶属 *Senegalia* Raf.

皱荚藤儿茶 *Senegalia rugata*（Lam.）Britton et Rose
习性：木质藤本。
生境：林下、灌丛。
分布：广西、海南、贵州、江西、重庆、湖南、广东、云南、澳门、香港。

决明属 *Senna* Mill.

* **望江南** *Senna occidentalis*（L.）Link
习性：亚灌木或灌木，高 0.8~1.5 m。
生境：林中、滩涂、旷野等。
分布：广西、山东、福建、江苏、重庆、广东、云南、台湾、澳门、香港、安徽、河北。
决明 *Senna tora*（L.）Roxb.
习性：一年生草本，高 1~2 m。
生境：山坡、旷野、河滩沙地等。
分布：广西、山东、福建、浙江、江苏、重庆、广东、台湾、澳门、香港、安徽、河北、中国东北。

密花豆属 *Spatholobus* Hassk.

密花豆 *Spatholobus suberectus* Dunn
习性：攀缘灌木。
生境：林中、灌丛等。
分布：广西、福建、广东、云南、香港。

葫芦茶属 *Tadehagi* H. Ohashi

蔓茎葫芦茶 *Tadehagi pseudotriquetrum*（DC.）H. Ohashi
习性：亚灌木，高 30~60 cm。
生境：林下等。
分布：广西、贵州、江西、湖南、广东、云南、台湾、四川。
葫芦茶 *Tadehagi triquetrum*（L.）Ohashi
习性：灌木或亚灌木，高 1~2 m。
生境：弃耕地、林缘、路边等。

分布：广西、福建、海南、贵州、重庆、广东、云南、澳门、香港。

狸尾豆属 *Uraria* Desv.

猫尾草 *Uraria crinita*（L.）Desv. ex DC.

习性：亚灌木，高 1~1.5 m。

生境：坡地、路边、灌丛等。

分布：广西、福建、海南、江西、广东、云南、台湾、澳门、香港。

夏藤属 *Wisteriopsis* J. Compton et Schrire

网络夏藤 *Wisteriopsis reticulata*（Benth.）J. Compton et Schrire

习性：木质藤本。

生境：灌丛等。

分布：广西、福建、海南、贵州、江西、重庆、湖南、湖北、广东、云南、香港、安徽、四川、浙江、台湾。

49. 壳斗科 Fagaceae

锥属 *Castanopsis*（D. Don）Spach

米槠 *Castanopsis carlesii*（Hemsl.）Hayata

习性：灌木或亚灌木，高 1~2 m。

生境：山坡、林中等。

分布：广西、福建、海南、贵州、江西、湖南、湖北、广东、云南、安徽、四川、浙江、江苏、台湾。

华南锥 *Castanopsis concinna*（Champ. ex Benth.）A. DC.

习性：乔木，高 10~15 m。

生境：林中等。

分布：广西、广东。

厚叶锥 *Castanopsis crassifolia* Hickel et A. Camus

习性：乔木，高可达 15 m。

生境：林中等。

分布：广西。

甜槠 *Castanopsis eyrei*（Champ. ex Benth.）Tutcher

习性：乔木，高 8~20 m。

生境：林中等。

分布：广西、福建、西藏、贵州、江西、湖南、湖北、广东、安徽、四川、浙江、江苏、青海、台湾。

罗浮锥 *Castanopsis fabri* Hance

习性：乔木，高可达 25 m。

生境：林中、山坡、路边等。

分布：广西、福建、浙江、贵州、江西、湖南、广东、云南、台湾、安徽。

栲 *Castanopsis fargesii* Franch.

习性：乔木，高 10~30 m。

生境：林中、坡地等。

分布：广西、福建、贵州、江西、湖南、湖北、广东、云南、安徽、四川、浙江、江苏、台湾。

黧蒴锥 *Castanopsis fissa*（Champ. ex Benth.）Rehder et E. H. Wilson

习性：乔木，高 10~20 m。

生境：林中等。

分布：广西、福建、海南、贵州、江西、湖南、广东、云南。

红锥 *Castanopsis hystrix* Hook. f. et Thomson ex A. DC.

习性：乔木，高可达 25 m。

生境：林中等。

分布：广西、福建、西藏、海南、贵州、湖南、广东、云南。

印度锥 *Castanopsis indica*（Roxb. ex Lindl.）A. DC.

习性：乔木，高 8~25 m。

生境：林中等。

分布：广西、西藏、海南、广东、云南、台湾。

公孙锥 *Castanopsis tonkinensis* Seemen

习性：乔木，高 10~20 m。

生境：林中等。

分布：广西、海南、广东、云南。

柯属 *Lithocarpus* Blume

尖叶柯 *Lithocarpus attenuatus*（Skan）Rehder

习性：乔木，高 10~15 m。

生境：林中、山坡等。

分布：广西、广东。

炉灰柯 *Lithocarpus cinereus* Chun et C. C. Huang

习性：乔木，高可达 15 m。

生境：林中、山坡等。

分布：广西、云南。

烟斗柯 *Lithocarpus corneus*（Lour.）Rehd.

习性：乔木，高可达 15 m。

生境：林中等。

分布：广西、福建、海南、贵州、湖南、广东、云南、台湾。

鱼蓝柯 *Lithocarpus cyrtocarpus*（Drake）A. Camus

习性：乔木，高 10~18 m。

生境：林中、山坡等。

分布：广西、广东。

厚斗柯 *Lithocarpus elizabethae*（Tutcher）Rehder

习性：乔木，高 9~15 m。

生境：林中等。

分布：广西、福建、贵州、广东、云南。

硬壳柯 *Lithocarpus hancei*（Bentham）Rehd.

习性：乔木，高可达 15 m。

生境：林中、山坡等。

分布：广西、福建、浙江、海南、贵州、江西、湖南、湖北、广东、云南、台湾、四川。

港柯 *Lithocarpus harlandii*（Hanceex Walp.）Rehder

习性：乔木，高可达 18 m。

生境：林中、山坡等。

分布：广西、福建、浙江、海南、江西、湖南、广东、台湾。

木姜叶柯 *Lithocarpus litseifolius*（Hance）Chun

习性：乔木，高可达 20 m。

生境：林中等。

分布：广西、福建、浙江、海南、贵州、江西、湖南、湖北、广东、云南、四川。

黑柯 *Lithocarpus melanochromus* Chunet Tsiang ex C. C. Huang et Y. T. Chang

习性：乔木，高 8~15 m。

生境：林中、山坡等。

分布：广西、广东。

毛果柯 *Lithocarpus pseudovestitus* A. Camus

习性：乔木，高可达 25 m。

生境：林中、沟谷等。

分布：广西、海南、广东、云南。

犁耙柯 *Lithocarpus silvicolarum*（Hance）Chun

习性：乔木，高可达 20 m。

生境：林中、山坡等。

分布：广西、海南、广东、云南。

滑皮柯 *Lithocarpus skanianus*（Dunn）Rehder

习性：乔木，高可达 20 m。

生境：林中、山坡等。

分布：广西、福建、海南、江西、湖南、广东、云南。

栎属 *Quercus* L.

栎子青冈 *Quercus blakei* Skan

习性：乔木，高可达 35 m。

生境：林中等。

分布：广西、海南、贵州、广东。

上思青冈 *Quercus delicatula* Chun et Tsiang

习性：乔木，高可达 13 m。

生境：林中、山坡等。

分布：广西、湖南、广东。

碟斗青冈 *Quercus disciformis* Chun et Tsiang

习性：乔木，高 10~14 m。

生境：林中、山坡等。

分布：广西、海南、贵州、湖南、广东。

华南青冈 *Quercus edithiae* Skan

习性：乔木，高可达 20 m。

生境：林中等。

分布：广西、海南、广东、香港。

饭甑青冈 *Quercus fleuryi* Hickel et A. Camus

习性：乔木，高可达 25 m。

生境：林中等。

分布：广西、福建、海南、贵州、江西、湖南、广东、云南。

小叶青冈 *Quercus myrsinifolia* Blume

习性：乔木，高可达 20 m。

生境：沟谷、林中等。

分布：广西、福建、贵州、江西、湖南、广东、云南、安徽、四川、陕西、浙江、江苏、台湾、河南。

竹叶青冈 *Quercus neglecta*（Schottky）Koidz.

习性：乔木，高可达 20 m。

生境：林中等。

分布：广西、海南、广东。

50. 丝缨花科 Garryaceae

桃叶珊瑚属 *Aucuba* Thunb.

倒心叶珊瑚 *Aucuba obcordata*（Rehder）Fu ex W. K. Hu et Soong

习性：灌木或乔木，高 1~4 m。

生境：林中等。

分布：广西、陕西、贵州、湖南、湖北、广东、云南、四川。

51. 钩吻科 Gelsemiaceae

钩吻属 *Gelsemium* Juss.

钩吻 *Gelsemium elegans*（Gardn. et Champ.）Benth.
习性：木质藤本，茎长 3~12 m。
生境：林下、山坡、路边、灌丛等。
分布：广西、福建、浙江、海南、贵州、江西、湖南、广东、云南、台湾。

52. 龙胆科 Gentianaceae

穿心草属 *Canscora* Lam.

罗星草 *Canscora andrographioides* Griffith. ex C. B. Clarke
习性：一年生草本，高 20~40 cm。
生境：沟谷、弃耕地、林下等。
分布：广西、广东、云南。

藻百年属 *Exacum* L.

藻百年 *Exacum tetragonum* Roxb.
习性：一年生草本，高 25~60 cm。
生境：草地、山坡、路边等。
分布：广西、贵州、江西、广东、云南。

獐牙菜属 *Swertia* All.

獐牙菜 *Swertia bimaculata*（Siebold et Zucc.）Hook. f. et Thomson ex C. B. Clarke
习性：一年生草本，高 0.3~1.4 m。
生境：河滩、草地、林下、灌丛、沼泽等。
分布：广西、福建、海南、贵州、江西、湖南、湖北、广东、安徽、四川、甘肃、陕西、江苏、河北、山西、河南。

双蝴蝶属 *Tripterospermum* Blume

香港双蝴蝶 *Tripterospermum nienkui*（C. Marquand）C. J. Wu
习性：多年生缠绕草本。
生境：林中等。
分布：广西、福建、浙江、湖南、广东、香港。

53. 苦苣苔科 Gesneriaceae

芒毛苣苔属 *Aeschynanthus* Jack

芒毛苣苔 *Aeschynanthus acuminatus* Wall. ex A. DC.

习性：灌木，高 0.25~1.5 m。

生境：林中、沟谷等。

分布：广西、福建、西藏、广东、云南、台湾、四川。

横蒴苣苔属 *Beccarinda* Kuntze

横蒴苣苔 *Beccarinda tonkinensis*（Pellegr.）Burtt

习性：多年生草本。

生境：林下、山坡、岩石上等。

分布：广西、贵州、云南、四川。

短筒苣苔属 *Boeica* C. B. Clarke

匍茎短筒苣苔 *Boeica stolonifera* K. Y. Pan

习性：多年生草本。

生境：林下等。

分布：广西。

半蒴苣苔属 *Hemiboea* C. B. Clarke

长萼半蒴苣苔 *Hemiboea longisepala* Z. Y. Li

习性：多年生草本，高约 1 m。

生境：林下、沟谷等。

分布：广西。

汉克苣苔属 *Henckelia* Spreng.

光萼汉克苣苔 *Henckelia anachoreta*（Hance）D. J. Middleton et Mich. Möller

习性：一年生草本，高约 60 cm。

生境：林中、沟谷、溪边、岩石上等。

分布：广西、湖南、广东、云南、台湾。

吊石苣苔属 *Lysionotus* D. Don

攀缘吊石苣苔 *Lysionotus chingii* Chun ex W. T. Wang

习性：攀缘灌木，茎长约 9 m。

生境：林中等。

分布：广西、贵州、云南。

吊石苣苔 *Lysionotus pauciflorus* Maxim.

习性：灌木，茎长 7~30 cm。

生境：林中、丘陵、山坡、岩石上等。

分布：广西、福建、海南、贵州、江西、湖南、湖北、广东、云南、安徽、四川、陕西、浙江、江苏、台湾、河南。

盾叶苣苔属 *Metapetrocosmea* W. T. Wang

多痕盾叶苣苔 *Metapetrocosmea cicatricosa*（W. T. Wang）Yin Z. Wang et P. W. Li

习性：多年生草本。

生境：林下、岩石上等。

分布：广西。

马铃苣苔属 *Oreocharis*（Decne.）Lindl.

紫花马铃苣苔 *Oreocharis argyreia* Chun ex K. Y. Pan

习性：多年生草本。

生境：林下、山坡、岩石上等。

分布：广西、广东。

石上莲 *Oreocharis benthamii* var. *reticulata* Dunn

习性：多年生草本。

生境：林下、山坡、岩石上等。

分布：广西、广东。

报春苣苔属 *Primulina* Hance

密毛蚂蟥七 *Primulina fimbrisepala* var. *mollis*（W. T. Wang）Mich. Möller et A. Weber

习性：多年生草本。

生境：林中、沟谷、岩石上等。

分布：广西、广东。

疏花报春苣苔 *Primulina laxiflora*（W. T. Wang）Yin Z.Wang

习性：多年生草本。

生境：岩石上等。

分布：广西。

漏斗苣苔属 *Raphiocarpus* Chun

无毛漏斗苣苔 *Raphiocarpus sinicus* Chun

习性：灌木，高 1~1.5 m。

生境：林下等。
分布：广西。

线柱苣苔属 *Rhynchotechum* Blume

椭圆线柱苣苔 *Rhynchotechum ellipticum*（Wall. ex Dietr.）A. DC.
习性：灌木，高 0.7~2 m。
生境：林中等。
分布：广西、福建、西藏、海南、贵州、广东、云南、四川。

冠萼线柱苣苔 *Rhynchotechum formosanum* Hatus.
习性：亚灌木，高 0.35~1 m。
生境：林中、沟谷、沟边等。
分布：广西、海南、广东、云南、台湾。

54. 小二仙草科 Haloragaceae

小二仙草属 *Gonocarpus* Ham.

黄花小二仙草 *Gonocarpus chinensis*（Loureiro）Orchard
习性：多年生草本，高 10~60 cm。
生境：草丛等。
分布：广西、福建、浙江、贵州、江西、湖南、湖北、广东、云南、台湾、四川。

55. 金缕梅科 Hamamelidaceae

蜡瓣花属 *Corylopsis* Siebold et Zucc.

瑞木 *Corylopsis multiflora* Hance
习性：灌木或乔木。
生境：林中、山坡、路边等。
分布：广西、福建、贵州、湖南、湖北、广东、云南、台湾。

秀柱花属 *Eustigma* Gardner et Champ.

秀柱花 *Eustigma oblongifolium* Gardn. et Champ.
习性：灌木或乔木。
生境：林中等。
分布：广西、福建、海南、贵州、江西、广东、台湾。

马蹄荷属 *Exbucklandia* R. W. Br.

马蹄荷 *Exbucklandia populnea*（R. Br. ex Griff.）R. W. Br.
习性：乔木，高可达 20 m。
生境：林中等。
分布：广西、西藏、贵州、云南。

大果马蹄荷 *Exbucklandiatonkinensis*（Lecomte）H. T. Chang
习性：乔木，高可达 30 m。
生境：林中等。
分布：广西、福建、海南、江西、湖南、广东、云南。

檵木属 *Loropetalum* R. Br. ex Rchb.

大果檵木 *Loropetalum lanceum* Hand.-Mazz.
习性：乔木，高 9~13 m。
生境：林下等。
分布：广西、贵州。

壳菜果属 *Mytilaria* Lecomte

壳菜果 *Mytilaria laosensis* Lecomte
习性：乔木，高可达 30 m。
生境：林下、林缘、空旷地、沟谷等。
分布：广西、广东、云南。

56. 莲叶桐科 Hernandiaceae

青藤属 *Illigera* Blume

宽药青藤 *Illigera celebica* Miq.
习性：木质藤本，茎长可达 10 m。
生境：林中等。
分布：广西、海南、广东、云南。

心叶青藤 *Illigera cordata* Dunn
习性：木质藤本，茎长可达 5 m。
生境：林下、灌丛等。
分布：广西、四川、贵州、云南。

小花青藤 *Illigera parviflora* Dunn
习性：木质藤本，茎长可达 5 m。
生境：林下、灌丛等。

分布：广西、福建、海南、贵州、广东、云南。

红花青藤 *Illigera rhodantha* Hance

习性：藤本。

生境：林下、灌丛等。

分布：广西、贵州、广东、云南。

57. 绣球科 Hydrangeaceae

常山属 *Dichroa* Lour.

常山 *Dichroa febrifuga* Lour.

习性：落叶灌木，高 1~2 m。

生境：林中等。

分布：广西、贵州、广东、云南。

绣球属 *Hydrangea* L.

珠光绣球 *Hydrangea candida* Chun

习性：灌木，高约 1.5 m。

生境：沟谷、林中等。

分布：广西。

广东绣球 *Hydrangea kwangtungensis* Merr.

习性：灌木，高 1~2 m。

生境：林中、坡顶等。

分布：广西、江西、广东。

冠盖藤属 *Pileostegia* Turcz.

冠盖藤 *Pileostegia viburnoides* Hook. f. et Thomson

习性：攀缘灌木，茎长可达 15 m。

生境：沟谷、林中等。

分布：广西、福建、海南、贵州、江西、湖南、湖北、广东、云南、安徽、四川、浙江、台湾。

58. 金丝桃科 Hypericaceae

黄牛木属 *Cratoxylum* Blume

黄牛木 *Cratoxylum cochinchinense*（Lour.）Blume

习性：灌木或乔木，高可达 25 m。

生境：林中、丘陵、灌丛等。

分布：广西、广东、云南。

金丝桃属 *Hypericum* L.

地耳草 *Hypericum japonicum* Thunb. ex Murr.
习性：一年生草本，高 2~45 cm。
生境：滩涂、溪边、沟边、草地、弃耕地等。
分布：广西、福建、海南、贵州、江西、湖南、湖北、广东、云南、安徽、四川、山东、浙江、江苏、辽宁、台湾。

59. 茶茱萸科 Icacinaceae

微花藤属 *Iodes* Blume

大果微花藤 *Iodes balansae* Gagnep.
习性：木质藤本。
生境：沟谷、林中等。
分布：广西、云南。

定心藤属 *Mappianthus* Hand.-Mazz.

定心藤 *Mappianthus iodoides* Hand.-Mazz.
习性：木质藤本。
生境：林中、灌丛、沟谷等。
分布：广西、福建、浙江、海南、贵州、湖南、广东、云南、香港。

60. 黏木科 Ixonanthaceae

黏木属 *Ixonanthes* Jack.

黏木 *Ixonanthes reticulata* Jack.
习性：乔木，高可达 30 m。
生境：林中等。
分布：广西、福建、海南、贵州、湖南、广东、云南。

61. 胡桃科 Juglandaceae

黄杞属 *Engelhardia* Lesch. ex Blume

黄杞 *Engelhardia roxburghiana* Wall.
习性：乔木，高可达 10 m。
生境：林中等。
分布：广西、福建、浙江、海南、贵州、江西、湖南、湖北、广东、云南、台湾、四川。

化香树属 *Platycarya* Siebold et Zucc.

化香树 *Platycarya strobilacea* Siebold et Zucc.

习性：落叶乔木，高 2~6 m。

生境：林中等。

分布：广西、福建、贵州、江西、湖南、湖北、广东、云南、安徽、四川、甘肃、山东、陕西、浙江、江苏、河南。

62. 唇形科 Lamiaceae

广防风属 *Anisomeles* R. Br.

广防风 *Anisomeles indica*（L.）Kuntze

习性：一年生草本，高 1~2 m。

生境：林缘、路边等。

分布：广西、福建、浙江、西藏、贵州、江西、湖南、广东、云南、台湾、四川。

紫珠属 *Callicarpa* L.

紫珠 *Callicarpa bodinieri* H. Lév.

习性：灌木，高 1~3 m。

生境：林中、林缘、灌丛、沟边等。

分布：广西、浙江、贵州、江苏、江西、湖南、湖北、广东、云南、安徽、四川、河南。

华紫珠 *Callicarpa cathayana* Hung T. Chang

习性：灌木，高 1.5~3 m。

生境：林中、山坡、沟边等。

分布：广西、福建、浙江、江苏、江西、湖北、广东、云南、安徽、河南。

白棠子树 *Callicarpa dichotoma*（Lour.）K. Koch

习性：灌木，高 1~3 m。

生境：灌丛、沟边等。

分布：广西、福建、贵州、江西、湖南、湖北、广东、安徽、山东、浙江、江苏、台湾、河北、河南。

尖尾枫 *Callicarpa dolichophylla* Merr.

习性：灌木，高 1~5 m。

生境：林下、山坡、路边等。

分布：广西、福建、海南、江西、广东、台湾、四川。

老鸦糊 *Callicarpa giraldii* Hesse ex Rehder

习性：灌木，高 1~4 m。

生境：林下、灌丛等。

分布：广西、福建、贵州、江西、重庆、湖南、湖北、广东、云南、安徽、四川、甘肃、陕西、浙江、江苏、河南。

全缘叶紫珠 *Callicarpa integerrima* Champ.

习性：灌木，高 1~3 m。

生境：林中、山坡等。

分布：广西、福建、浙江、江西、湖北、广东、四川。

杜虹花 *Callicarpa pedunculata* R. Br.

习性：灌木，高 1~3 m。

生境：平地、山坡、林中、灌丛等。

分布：广西、福建、浙江、海南、江西、广东、云南、台湾。

红紫珠 *Callicarpa rubella* Lindl.

习性：灌木，高 1~3 m。

生境：山坡、林中、灌丛等。

分布：广西、福建、浙江、西藏、贵州、江西、湖南、广东、云南、安徽、四川。

大青属 *Clerodendrum* L.

臭牡丹 *Clerodendrum bungei* Steud.

习性：灌木，高 1~2 m。

生境：山坡、林缘、沟谷、路边、灌丛等。

分布：广西、福建、海南、贵州、江西、湖南、湖北、广东、云南、安徽、四川、甘肃、山东、陕西、浙江、台湾、宁夏、河北、山西、河南。

大青 *Clerodendrum cyrtophyllum* Turcz.

习性：灌木或乔木，高可达 10 m。

生境：丘陵、山坡、林下、溪边等。

分布：广西、福建、海南、贵州、江西、湖南、湖北、广东、云南、安徽、四川、浙江、台湾、河南。

白花灯笼 *Clerodendrum fortunatum* L.

习性：灌木，高可达 2.5 m。

生境：丘陵、山坡、路边、溪边等。

分布：广西、福建、广东。

赪桐 *Clerodendrum japonicum*（Thunb.）Sweet

习性：灌木，高 1~4 m。

生境：沟谷、溪边、林中等。

分布：广西、福建、浙江、西藏、贵州、江苏、江西、湖南、广东、云南、台湾、四川。

垂茉莉 *Clerodendrum wallichii* Merr.

习性：灌木或小乔木，高可达 4 m。

生境：沟谷、山坡、林中等。

分布：广西、西藏、云南。

风轮菜属 *Clinopodium* L.

风轮菜 *Clinopodiumchinense*（Benth.）O. Ktze.

习性：多年生草本，高可达 1 m。

生境：山坡、草丛、路边、沟边、灌丛、林下等。

分布：广西、山东、福建、浙江、江苏、江西、湖南、湖北、广东、云南、台湾、安徽。

石梓属 *Gmelina* L.

苦梓 *Gmelina hainanensis* Oliv.

习性：乔木，高可达 15 m。

生境：山坡、林中等。

分布：广西、海南、江西、广东。

锥花属 *Gomphostemma* Wall. ex Benth.

中华锥花 *Gomphostemma chinense* Oliv.

习性：多年生草本，高 0.25~8 m。

生境：沟谷、林下等。

分布：广西、福建、海南、江西、广东。

细齿锥花 *Gomphostemma leptodon* Dunn

习性：直立灌木，高 1~1.5 m。

生境：沟谷、林下、灌丛等。

分布：广西。

香茶菜属 *Isodon*（Benth.）Schrad. ex Spach.

长叶香茶菜 *Isodon walkeri*（Arn.）H. Hara

习性：多年生草本。

生境：林下、水边等。

分布：海南、广东。

牛尾草 *Isodon ternifolius*（D. Don）Kudô

习性：多年生草本，高 0.5~2 m。

生境：林下、山坡等。

分布：广西、贵州、广东、云南。

益母草属 *Leonurus*（Pers.）R. Br.

益母草 *Leonurus japonicus* Houtt.

习性：一年生或二年生草本，高 0.3~1.2 m。

生境：林下、草地、路边等。

分布：广西、福建、海南、贵州、广东、北京、香港、安徽、甘肃、山东、黑龙江、河北、河南。

薄荷属 *Mentha L.*

薄荷 *Mentha canadensis* L.

习性：多年生草本，高 30~60 cm。

生境：溪边等。

分布：广西、福建、西藏、贵州、上海、湖北、湖南、广东、澳门、香港、安徽、四川、新疆、江苏、吉林、宁夏、河北、河南、海南、江西、重庆、云南、北京、甘肃、山东、陕西、浙江、内蒙古、青海、天津、辽宁、台湾、黑龙江、山西。

石荠苎属 *Mosla*（Benth.）Buch.-Ham.ex Maxim.

小鱼仙草 *Mosla dianthera*（Buch.-Ham.ex Roxb.）Maxim.

习性：一年生草本，高 0.5~1 m。

生境：山坡、路边、水边等。

分布：广西、福建、贵州、江西、湖南、湖北、广东、云南、四川、陕西、浙江、江苏、台湾。

石荠苎 *Mosla scabr*a（Thunb.）C. Y. Wu et H. W. Li

习性：一年生草本，高 0.5~1 m。

生境：山坡、路边、灌丛等。

分布：广西、福建、江西、广东、湖北、湖南、安徽、四川、甘肃、陕西、浙江、江苏、辽宁、台湾、河南。

刺蕊草属 *Pogostemon* Desf.

水珍珠菜 *Pogostemon auricularius*（L.）Hassk.

习性：一年生草本。

生境：林下、溪边等。

分布：广西、福建、海南、江西、广东、云南、台湾。

齿叶水蜡烛 *Pogostemon sampsonii*（Hance）Press

习性：一年生草本，高 20~70 cm。

生境：溪流、池塘、水库、水沟、沼泽等。

分布：广西、海南、江西、湖南、广东。

豆腐柴属 *Premna* L.

黄毛豆腐柴 *Premna fulva* Craib

习性：灌木或乔木，高可达 6 m。

生境：林中等。

分布：广西、贵州、云南。

黄芩属 *Scutellaria* L.

半枝莲 *Scutellaria barbata* D. Don

习性：多年生草本，高 15~50 cm。

生境：沟边、溪边、草地等。

分布：广西、海南、江西、湖南、广东。

粗齿黄芩 *Scutellaria grossecrenata* Merr. et Chun ex H. W. Li

习性：直立草本，高 30~60 cm。

生境：林下等。

分布：广东。

三脉钝叶黄芩 *Scutellaria obtusifolia* var. *trinervata*（Vaniot）C. Y. Wu et H. W. Li

习性：多年生草本，高 20~50 cm。

生境：林下、溪边等。

分布：广西、贵州。

牡荆属 *Vitex* L.

假紫珠 *Vitex axillariflora*（Merr.）Bramley

习性：乔木或灌木，高可达 7 m。

生境：林中等。

分布：广西、海南、广东、云南。

牡荆 *Vitex negundo* var. *cannabifolia*（Sieb. et Zucc.）Hand.-Mazz.

习性：落叶灌木或乔木，高 2~6 m。

生境：灌丛、路边、沟边等。

分布：广西、甘肃、陕西、江西、湖北、云南、四川、山西、河南。

山牡荆 *Vitex quinata*（Lour.）Will.

习性：乔木，高 4~12 m。

生境：山坡、林中等。

分布：广西、福建、浙江、西藏、贵州、江西、湖南、广东、云南、台湾。

微毛布惊 *Vitex quinata* var. *puberula*（Lam.）Moldenke

习性：乔木，高 4~12 m。

生境：林中、沟谷、路边等。

分布：广西、西藏、海南、贵州、云南、台湾。

63. 木通科 Lardizabalaceae

木通属 *Akebia* Decne.

三叶木通 *Akebia trifoliata*（Thunb.）Koidz.

习性：落叶木质藤本。

生境：疏林、灌丛等。

分布：广西、甘肃、山东、陕西、湖北、四川、山西、河南。

大血藤属 *Sargentodoxa* Rehder et E.H.Wilson.

大血藤 *Sargentodoxa cuneata*（Oliv.）Rehd. et E. H. Wilson

习性：落叶木质藤本。

生境：山坡、灌丛、林下、林缘等。

分布：广西、福建、海南、贵州、江西、湖南、湖北、广东、云南、安徽、四川、陕西、浙江、江苏、河南。

野木瓜属 *Stauntonia* DC.

石月 *Stauntonia obovatifoliola* Hayata

习性：木质藤本。

生境：林中、沟谷、溪边等。

分布：广西、台湾。

64. 樟科 Lauraceae

黄肉楠属 *Actinodaphne* Nees

毛黄肉楠 *Actinodaphne pilosa*（Lour.）Merr.

习性：乔木或灌木，高 4~12 m。

生境：林中、山坡等。

分布：广西、海南、广东。

马关黄肉楠 *Actinodaphne tsaii* Hu

习性：乔木，高 8~20 m。

生境：沟边、山坡、林中等。

分布：广西、云南。

琼楠属 *Beilschmiedia* Nees

糠秕琼楠 *Beilschmiedia furfuracea* Chun ex Hung T. Chang

习性：乔木，高 8~15 m。

生境：林中等。

分布：广西、广东。

琼楠 *Beilschmiedia intermedia* C. K. Allen

习性：乔木，高 9~20 m。

生境：山坡、水边、溪边等。

分布：广西、海南。

贵州琼楠 *Beilschmiedia kweichowensis* W. C. Cheng
习性：乔木，高 4~6 m。
生境：林中等。
分布：广西、贵州、重庆、四川。

纸叶琼楠 *Beilschmiedia pergamentacea* C. K. Allen
习性：乔木，高 8~20 m。
生境：林中、沟谷等。
分布：广西、海南、云南。

广东琼楠 *Beilschmiedia fordii* Dunn
习性：乔木，高 6~18 m。
生境：山坡、沟谷、林中等。
分布：广西、江西、湖南、广东、香港、四川。

上思琼楠 *Beilschmiedia shangsiensis* Y. T. Wei
习性：乔木，高可达 24 m。
生境：林中等。
分布：广西。

网脉琼楠 *Beilschmiedia tsangii* Merr.
习性：乔木，高可达 25 m。
生境：林中等。
分布：广西、海南、广东、云南、台湾。

滇琼楠 *Beilschmiedia yunnanensis* Hu
习性：乔木，高可达 18 m。
生境：山坡、溪边、林中等。
分布：广西、海南、广东、云南。

樟属 *Camphora* Fabr.

八角樟 *Camphora illicioides*（A. Chev.）Y. Yang, Bing Liu et Zhi Yang
习性：乔木，高 5~18 m。
生境：林中等。
分布：广西、海南。

黄樟 *Camphora parthenoxylon*（Jack）Nees
习性：乔木，高 10~20 m。
生境：林中、灌丛等。
分布：广西、福建、海南、贵州、江西、广东、湖南、云南、四川。

无根藤属 *Cassytha* Mill.

无根藤 *Cassytha filiformis* L.
习性：寄生缠绕草本。
生境：林中、山坡、灌丛等。
分布：广西、福建、浙江、海南、贵州、江西、湖南、广东、云南、台湾。

桂属 *Cinnamomum* Schaeff.

华南桂 *Cinnamomum austrosinense* H. T. Chang
习性：乔木，高 5~8 m。
生境：林中、山坡、溪边、灌丛等。
分布：广西、福建、浙江、贵州、江西、广东。

阴香 *Cinnamomum burmanni*（Nees et T. Nees）Blume
习性：乔木，高可达 14 m。
生境：林中、灌丛、溪边、路边等。
分布：广西、福建、海南、广东、云南。

香桂 *Cinnamomum subavenium* Miq.
习性：乔木，高可达 20 m。
生境：山坡、沟谷、林中等。
分布：广西、福建、浙江、贵州、江西、湖北、广东、云南、台湾、安徽、四川。

粗脉桂 *Cinnamomum validinerve* Hance
习性：乔木，高 5~10 m。
生境：山坡、林中等。
分布：广西、广东。

厚壳桂属 *Cryptocarya* R. Br.

丛花厚壳桂 *Cryptocarya densiflora* Blume
习性：乔木，高 7~20 m。
生境：沟谷、林中等。
分布：广西、福建、海南、广东、云南。

岩生厚壳桂 *Cryptocarya calcicola* H. W. Li
习性：乔木，高可达 15 m。
生境：林中、石山上、溪边等。
分布：广西、贵州、云南。

硬壳桂 *Cryptocarya Chingii* W. C. Cheng
习性：乔木，高可达 12 m。
生境：林中等。

分布：广西、福建、浙江、海南、江西、广东。

黄果厚壳桂 *Cryptocarya concinna* Hance

习性：乔木，高可达 18 m。

生境：林中、谷地等。

分布：广西、海南、贵州、江西、广东、台湾。

香面叶属 *Iteadaphne* Blume

香面叶 *Iteadaphne caudata*（Nees) H. W. Li

习性：灌木或乔木，高 2~12 m。

生境：灌丛、林中、路边、林缘等。

分布：广西、云南。

山胡椒属 *Lindera* Thunb.

乌药 *Lindera aggregata*（Sims）Kosterm.

习性：灌木或乔木，高可达 5 m。

生境：林中、坡地、沟谷、灌丛等。

分布：广西、福建、浙江、海南、贵州、江西、湖南、广东、台湾、安徽。

小叶乌药 *Lindera aggregata* var. *playfairii*（Hemsl.）H. P. Tsui

习性：灌木或乔木，高可达 5 m。

生境：林中、灌丛等。

分布：广西、海南、广东。

鼎湖钓樟 *Lindera chunii* Merr.

习性：灌木或乔木，高可达 6 m。

生境：林中、沟谷等。

分布：广西、海南、广东。

香叶树 *Lindera communis* Hemsl.

习性：灌木或小乔木，高 2~4 m。

生境：林中、林缘等。

分布：广西、福建、贵州、江西、湖南、湖北、广东、云南、四川、甘肃、陕西、浙江、台湾。

山胡椒 *Lindera glauca*（Sieb. et Zucc.）Blume

习性：落叶灌木或乔木，高可达 8 m。

生境：山坡、林缘、路边等。

分布：广西、福建、贵州、江西、广东、湖北、湖南、安徽、四川、甘肃、陕西、山东、浙江、台湾、河南、山西。

广东山胡椒 *Lindera kwangtungensis*（H. Liu）C. K. Allen

习性：乔木，高 6~30 m。

生境：山坡、林中等。

分布：广西、福建、海南、贵州、江西、广东、四川。

滇粤山胡椒 *Lindera metcalfiana* C. K. Allen

习性：灌木或小乔木，高 3（2~5）~12 m。

生境：林中、山坡、林缘、路边等。

分布：广西、福建、海南、广东、云南。

假桂钓樟 *Lindera tonkinensis* Lecomte

习性：乔木，高 4.5~12 m。

生境：林中、山坡、林缘等。

分布：广西、海南、广东、云南。

木姜子属 *Litsea* Lam.

尖脉木姜子 *Litsea acutivena* Hayata

习性：乔木，高可达 7 m。

生境：林中、山坡等。

分布：广西、福建、海南、贵州、江西、广东、台湾。

山鸡椒 *Litsea cubeba*（Lour.）Pers.

习性：落叶灌木或乔木，高可达 10 m。

生境：林中、山坡、灌丛、路边等。

分布：广西、福建、西藏、海南、贵州、江西、湖南、湖北、广东、云南、安徽、四川、浙江、江苏、台湾。

黄丹木姜子 *Litsea elongata*（Wall. ex Ness）Benth. et Hook. f.

习性：乔木，高可达 12 m。

生境：林中、山坡、路边、溪边等。

分布：广西、福建、西藏、海南、贵州、江西、湖南、湖北、广东、云南、安徽、四川、浙江、江苏。

近轮叶木姜子 *Litsea elongata* var. *subverticillata*（Yen C. Yang）Yen C. Yang et P. H. Huang

习性：乔木，高可达 12 m。

生境：山坡、路边、灌丛等。

分布：广西、贵州、湖南、湖北、云南、四川。

潺槁木姜子 *Litsea glutinosa*（Lour.）C. B. Rob.

习性：乔木，高 3~15 m。

生境：林中、山坡、林缘、溪边、灌丛等。

分布：广西、福建、海南、广东、云南。

红楠刨 *Litsea kwangsiensis* Yen C. Yang et P. H. Huang

习性：乔木，高可达 20 m。

生境：林中、沟谷等。

分布：广西。

大果木姜子 *Litsea lancilimba* Merr.

习性：乔木，高 8~12 m。

生境：林中等。

分布：广西、福建、海南、湖南、广东、云南。

毛叶木姜子 *Litsea mollis* Hemsl.

习性：落叶灌木或小乔木，高可达 4 m。

生境：林中、山坡、灌丛等。

分布：广西、西藏、贵州、湖南、湖北、广东、云南、四川。

假柿木姜子 *Litsea monopetala*（Roxb.）Pers.

习性：乔木，高可达 18 m。

生境：林中、灌丛等。

分布：广西、海南、贵州、广东、云南。

少脉木姜子 *Litsea oligophlebia* H. T. Chang

习性：乔木，高可达 13 m。

生境：沟谷、林中等。

分布：广西。

竹叶木姜子 *Litsea pseudoelongata* H. Liu

习性：乔木，高可达 10 m。

生境：林中、灌丛等。

分布：广西、海南、广东、台湾。

圆叶豹皮樟 *Litsea rotundifolia* Nees

习性：灌木或小乔木，高可达 5 m。

生境：林中等。

分布：广西、福建、浙江、海南、江西、湖南、广东、台湾。

豹皮樟 *Litsea rotundifolia* var. *oblongifolia*（Nees）C. K. Allen

习性：灌木或小乔木，高可达 5 m。

生境：林中、山坡、路边等。

分布：广西、福建、浙江、海南、江西、湖南、广东、台湾。

黑木姜子 *Litsea salicifolia*（Roxb. ex Wall.）Hook. f.

习性：乔木，高可达 10 m。

生境：沟谷、林中等。

分布：广西、海南、贵州、广东、云南。

黄椿木姜子 *Litsea variabilis* Hemsl.

习性：灌木或乔木，高可达 15 m。

生境：林中、溪边等。

分布：广西、海南、广东、云南。

轮叶木姜子 *Litsea verticillata* Hance

习性：灌木或乔木，高 2~5 m。

生境：林中、沟谷、溪边、灌丛等。

分布：广西、海南、广东、云南。

润楠属 *Machilus* Rumph. ex Nees.

短序润楠 *Machilus breviflora*（Benth.）Hemsl.

习性：乔木，高 6~8 m。

生境：林中、山坡、溪边等。

分布：广西、海南、广东。

华润楠 *Machilus chinensis*（Champ. ex Benth.）Hemsl.

习性：乔木，高 10~18 m。

生境：林中、山坡等。

分布：广西、海南、广东。

琼桂润楠 *Machilus foonchewii* S. K. Lee

习性：乔木，高可达 12 m。

生境：沟谷、灌丛等。

分布：广西、海南。

黄心树 *Machilus gamblei* King ex Hook. f.

习性：乔木，高可达 25 m。

生境：林中等。

分布：广西、西藏、海南、贵州、广东、云南。

黄绒润楠 *Machilus grijsii* Hance

习性：乔木，高可达 5 m。

生境：林中、灌丛等。

分布：福建、浙江、海南、江西、广东。

建润楠 *Machilus oreophila* Hance

习性：灌木或乔木，高 5~8 m。

生境：林下、溪边等。

分布：广西、福建、贵州、湖南、广东。

赛短花润楠 *Machilus parabreviflora* H. T. Chang

习性：灌木，高 2~3 m。

生境：林中等。

分布：广西。

刨花润楠 *Machilus pauhoi* Kaneh.

习性：乔木，高 6~20 m。

生境：林中、灌丛等。

分布：广西、福建、浙江、江西、湖南、广东、香港。

扁果润楠 *Machilus platycarpa* Chun

习性：乔木，高可达 24 m。

生境：山坡、林下等。

分布：广西、广东。

狭叶润楠 *Machilus rehderi* C. K. Allen

习性：乔木，高 4~15 m。

生境：林中、山坡、灌丛、沟谷、溪边等。

分布：广西、贵州、湖南。

柳叶润楠 *Machilus salicina* Hance

习性：灌木，高 3~5 m。

生境：溪边、沟边等。

分布：广西、海南、贵州、广东、云南。

十万大山润楠 *Machilus shiwandashanica* Hung T. Chang

习性：灌木，高 3~5 m。

生境：林下、溪边、沟边等。

分布：广西、海南、贵州、广东、云南。

红楠 *Machilus thunbergii* Siebold et Zucc.

习性：乔木，高 10~15 m。

生境：山坡、林中等。

分布：广西、山东、福建、浙江、江苏、江西、湖南、广东、台湾、安徽。

绒毛润楠 *Machilus velutina* Champ. ex Benth.

习性：乔木，高可达 18 m。

生境：林中等。

分布：广西、福建、浙江、海南、贵州、江西、广东。

东兴润楠 *Machilus velutinoides* S. K. Lee et F. N. Wei

习性：灌木，高 1~2 m。

生境：山坡、林中等。

分布：广西。

新木姜子属 *Neolitsea* Merr.

下龙新木姜子 *Neolitsea alongensis* Lecomte

习性：乔木，高 6~10 m。

生境：林中、沟谷、溪边等。

分布：广西、云南。

长圆叶新木姜子 *Neolitsea oblongifolia* Merr. et Chun

习性：乔木，高 8~10 m。

生境：林中、林缘等。

分布：广西、海南。

鸭公树 *Neolitsea chui* Merr.

习性：乔木，高 8~18 m。

生境：沟谷、林中等。

分布：广西、福建、江西、广东、湖南、云南。

海南新木姜子 *Neolitsea hainanensis* Yen C. Yang et P. H. Huang

习性：乔木，高可达 10 m。

生境：林中等。

分布：广西、福建、江西、广东、湖南、云南。

广西新木姜子 *Neolitsea kwangsiensis* H. Liu

习性：灌木或乔木，高可达 5 m。

生境：林中、路边、沟谷等。

分布：广西、福建、广东。

显脉新木姜子 *Neolitsea phanerophlebia* Merr.

习性：乔木，高可达 10 m。

生境：林中、沟谷等。

分布：广西、海南、江西、广东、湖南。

新宁新木姜子 *Neolitsea shingningensis* Yen C. Yang et P. H. Huang

习性：灌木或乔木，高可达 5 m。

生境：山坡、林中等。

分布：贵州、湖南。

油果樟属 *Syndiclis* Hook. f.

广西油果樟 *Syndiclis kwangsiensis*（Kosterm.）H. W. Li

习性：乔木，高 8~23 m。

生境：林中、山坡、沟谷等。

分布：广西。

65. 狸藻科 Lentibulariaceae

狸藻属 *Utricularia* L.

挖耳草 *Utricularia bifida* L.

习性：一年生或多年生草本，高 10~20 cm。

生境：草丛、溪边、塘边、沟边、岩壁等。

分布：广西、福建、海南、贵州、重庆、江西、广东、湖北、湖南、云南、安徽、山东、浙江、江苏、台湾、河南。

圆叶挖耳草 *Utricularia striatula* Sm.

习性：多年生草本，高 5~20 cm。

生境：溪边、沟边、岩壁等。

分布：广西、福建、西藏、海南、贵州、江西、重庆、湖南、湖北、广东、云南、安徽、四川、浙江、台湾。

66. 亚麻科 Linaceae

青篱柴属 *Tirpitzia* Hallierf.

青篱柴 *Tirpitzia sinensis*（Hemsl.）Hallierf.

习性：灌木或乔木，高 1~4 m。

生境：路边、山坡、石灰岩等。

分布：广西、湖北、贵州、云南。

67. 母草科 Linderniaceae

母草属 *Lindernia* All.

长蒴母草 *Lindernia anagallis*（Burm. f.）Pennell

习性：一年生草本，茎长 10~40 cm。

生境：林缘、草地、路边、滩涂等。

分布：广西、福建、贵州、江西、湖南、广东、云南、台湾、澳门、四川。

母草 *Lindernia crustacea*（L.）F. Muell.

习性：一年生草本，高约 30 cm。

生境：林缘、草地、路边、滩涂等。

分布：广西、福建、西藏、海南、贵州、江西、湖南、湖北、广东、云南、澳门、香港、安徽、四川、浙江、江苏、台湾、河南。

旱田草 *Lindernia ruellioides*（Colsm.）Pennell

习性：一年生草本，高 10~20 cm。

生境：沟谷、草地、林下等。

分布：广西、福建、浙江、贵州、江西、湖南、湖北、广东、云南、台湾、香港、四川。

蝴蝶草属 *Torenia* L.

黄花蝴蝶草 *Torenia flava* Buch.-Ham. ex Benth.
习性：草本，高 25~40 cm。
生境：林下、沟谷、草地、溪边、沟边、路边等。
分布：广西、海南、广东、云南、台湾。

小花蝴蝶草 *Torenia parviflora* Ham. ex Benth.
习性：草本，高 7~20 cm。
生境：林下、沟谷、草地、溪边、沟边、路边等。
分布：广西。

蓬莱葛属 *Gardneria* Wall.

蓬莱葛 *Gardneria multiflora* Makino
习性：木质藤本，茎长可达 8 m。
生境：山坡、林下、灌丛等。
分布：广西、福建、贵州、江西、湖南、湖北、广东、云南、安徽、四川、陕西、浙江、江苏、台湾、河北、河南。

68. 马钱科 Loganiaceae

马钱属 *Strychnos* L.

牛眼马钱 *Strychnos angustiflora* Benth.
习性：木质藤本，茎长可达 10 m。
生境：林下、灌丛等。
分布：广西、福建、海南、广东、云南、澳门。

华马钱 *Strychnos cathayensis* Merr.
习性：木质藤本。
生境：林下、山坡、灌丛等。
分布：广西、海南、广东、云南、台湾、香港。

69. 桑寄生科 Loranthaceae

离瓣寄生属 *Helixanthera* Lour.

离瓣寄生 *Helixanthera parasitica* Lour.
习性：灌木，高 1~1.5 m。
生境：林中、林缘等。
分布：广西、福建、西藏、海南、贵州、广东、云南。

鞘花属 *Macrosolen*（Blume）Rchb.

双花鞘花 *Macrosolen bibracteolatus*（Hance）Danser

习性：灌木，高 0.3~1 m。

生境：林中树上等。

分布：广西、海南、贵州、广东、云南。

鞘花 *Macrosolen cochinchinensis*（Lour.）Tiegh.

习性：灌木，高 0.5~1.3 m。

生境：林中或路边树上等。

分布：广西、福建、西藏、海南、贵州、湖南、广东、云南、香港、四川。

梨果寄生属 *Scurrula* L.

卵叶梨果寄生 *Scurrula chingii*（W. C. Cheng）H. S. Kiu

习性：灌木，高约 1 m。

生境：林中或路边树上等。

分布：广西、云南。

红花寄生 *Scurrula parasitica* L.

习性：灌木，高 0.5~1 m。

生境：林中或路边树上等。

分布：广西、福建、西藏、海南、贵州、江西、湖南、广东、云南、台湾、四川。

钝果寄生属 *Taxillus* Tiegh.

栗毛钝果寄生 *Taxillus balansae*（Lecomte）Danser

习性：灌木，高 1~2 m。

生境：林中或路边树上。

分布：广西、云南。

广寄生 *Taxillus chinensis*（DC.）Danser

习性：灌木，高 0.5~1 m。

生境：林中或路边树上。

分布：广西、福建、海南、广东、澳门、香港。

桑寄生 *Taxillus sutchuenensis*（Lecomte）Danser

习性：灌木，高 0.5~1 m。

生境：林中或路边树上。

分布：广西、云南、四川、甘肃、陕西、山西、河南、贵州、湖北、湖南、广东、江西、浙江、福建、台湾。

70. 千屈菜科 Lythraceae

节节菜属 *Rotala* L.

圆叶节节菜 *Rotala rotundifolia*（Buch.-Ham. ex Roxb.）Koehne
习性：一年生草本，高 10~30 cm。
生境：沟边、塘边、溪边、沼泽、滩涂等。
分布：广西、福建、海南、贵州、江西、湖南、湖北、广东、云南、四川、山东、浙江、台湾。

71. 木兰科 Magnoliaceae

长喙木兰属 *Lirianthe* Spach.

香港木兰 *Lirianthe championii*（Benth.）N. H. Xia et C. Y. Wu
习性：小乔木，高可达 11 m。
生境：丘陵、山坡、溪边等。
分布：广西、海南、贵州、广东。
显脉木兰 *Lirianthe fistulosa*（Finet et Gagnep.）N. H. Xia et C . Y. Wu
习性：小乔木，高 3~5 m。
生境：沟谷、山坡等。
分布：广西、云南。

木莲属 *Manglietia* Blume.

桂南木莲 *Manglietia conifera* Dandy
习性：乔木，高可达 20 m。
生境：沟谷、山坡等。
分布：广西、贵州、湖南、广东、云南。
木莲 *Manglietia fordiana* Oliv.
习性：乔木，高可达 20 m。
生境：花岗岩、沙质岩山坡、丘陵等。
分布：广西、福建、浙江、贵州、江西、湖南、广东、云南、香港。
广东木莲 *Manglietia kwangtungensis*（Merr.）Dandy
习性：乔木，高可达 14 m。
生境：酸性山坡黄壤上等。
分布：广西、湖南、广东。

含笑属 *Michelia* T. Durand.

苦梓含笑 *Michelia balansae*（A. DC.）Dandy

习性：乔木，高 7~10 m。

生境：山坡、溪边、沟谷、林中等。

分布：广西、福建、海南、贵州、广东、云南。

金叶含笑 Michelia foveolata Merr. ex Dandy

习性：乔木，高可达 30 m。

生境：林中等。

分布：广西、福建、海南、贵州、江西、湖南、湖北、广东、云南。

香子含笑 Michelia gioii（A.Chev.）Sima et H. Yu

习性：乔木，高可达 21 m。

生境：山坡、沟谷、林中等。

分布：广西、福建、海南、贵州、江西、湖南、湖北、广东、云南。

醉香含笑 Michelia macclurei Dandy

习性：乔木，高可达 30 m。

生境：林中等。

分布：广西、海南、云南。

深山含笑 Michelia maudiae Dunn

习性：乔木，高可达 20 m。

生境：林中等。

分布：广西、福建、浙江、贵州、湖南、广东。

观光木 Michelia odora（Chun）Noot. et B. L. Chen

习性：乔木，高可达 25 m。

生境：林中等。

分布：广西、福建、海南、江西、湖南、广东、云南。

生境：林中树上、林下岩石上等。

分布：广西、海南。

72. 金虎尾科 Malpighiaceae

风筝果属 *Hiptage* Gaertn.

风筝果 *Hiptage benghalensis*（L.）Kurz

习性：木质藤本，茎长 3~10 m。

生境：林中、沟谷、密林、沟边、路边等。

分布：广西、福建、海南、贵州、广东、云南、台湾。

73. 锦葵科 Malvaceae

秋葵属 *Abelmoschus* Medik.

黄蜀葵 *Abelmoschus manihot*（L.）Medik.

习性：一年生或多年生草本，高 1~2 m。

生境：沟谷、草丛、山坡、沟边、灌丛等。

分布：广西、福建、贵州、湖南、湖北、广东、云南、四川、山东、陕西、台湾、河北、河南。

昂天莲属 *Abroma* Jacq.

昂天莲 *Abroma augustum*（L.）L. f.

习性：灌木，高 1~4 m。

生境：沟谷、沟边、林缘等。

分布：广西、贵州、广东、云南。

木棉属 *Bombax* L.

木棉 *Bombax ceiba* L.

习性：落叶乔木，高可达 25 m。

生境：林中、沟谷等。

分布：广西、福建、海南、贵州、江西、广东、云南、台湾、四川。

刺果藤属 *Byttneria* Loefl.

刺果藤 *Byttneria grandifolia* DC.

习性：大型木质藤本。

生境：林中、沟谷、溪边等。

分布：广西、海南、广东、云南。

山麻树属 *Commersonia* J. R. Forst. et G. Forst.

山麻树 *Commersonia bartramia*（L.）Merr.

习性：乔木，高可达 15 m。

生境：林中等。

分布：广西、海南、广东、云南。

黄麻属 *Corchorus* L.

甜麻 *Corchorus aestuans* L.

习性：一年生草本，高 0.2~1 m。

生境：弃耕地、路边、山坡等。

分布：广西、福建、贵州、江西、湖南、湖北、广东、云南、安徽、四川、浙江、江苏、台湾。

梧桐属 *Firmiana* Marsili.

广西火桐 *Firmiana kwangsiensis* H. H. Hsue
习性：落叶乔木，高可达 10 m。
生境：沟谷、灌丛等。
分布：广西、贵州、云南。

扁担杆属 *Grewia* L.

扁担杆 *Grewia biloba* G. Don
习性：灌木或小乔木，高 1~4 m。
生境：沟谷、灌丛等。
分布：广西、贵州、江西、湖南、湖北、广东、云南、安徽、四川、山东、陕西、浙江、江苏、台湾、河北、山西、河南。

山芝麻属 *Helicteres* L.

山芝麻 *Helicteres angustifolia* L.
习性：灌木，高可达 1 m。
生境：草坡等。
分布：广西、福建、海南、江西、湖南、广东、云南、台湾。

剑叶山芝麻 *Helicteres lanceolata* DC.
习性：灌木，高 1~2 m。
生境：山坡、草地、灌丛等。
分布：广西、海南、广东、云南。

赛葵属 *Malvastrum* A. Gray.

* **赛葵** *Malvastrum coromandelianum*（L.）Garcke
习性：草本，高可达 1 m。
生境：山坡、草地、灌丛等。
分布：广西、福建、广东、云南、台湾。

破布叶属 *Microcos* L.

破布叶 *Microcos paniculata* L.
习性：灌木或乔木，高 3~12 m。
生境：林中、沟谷、林缘等。
分布：广西、海南、广东、云南。

翅子树属 *Pterospermum* Schreb.

翻白叶树 *Pterospermum heterophyllum* Hance

习性：乔木，高可达 20 m。

生境：林中、林缘、溪边等。

分布：广西、福建、海南、广东、云南。

梭罗树属 *Reevesia* Lindl.

长柄梭罗树 *Reevesia longipetiolata* Merr. et Chun

习性：乔木，高 8~25 m。

生境：林中等。

分布：广西、海南。

梭罗树 *Reevesia pubescens* Mast.

习性：乔木，高可达 16 m。

生境：林中、山坡、沟谷等。

分布：广西、海南、贵州、湖南、广东、云南、四川。

粗齿梭罗树 *Reevesia rotundifolia* Chun

习性：乔木，高可达 16 m。

生境：山坡等。

分布：广西、广东。

上思梭罗树 *Reevesia shangszeensis* H. H. Hsue

习性：乔木，高约 7 m。

生境：岩石裂隙。

分布：广西。

两广梭罗树 *Reevesia thyrsoidea* Lindl.

习性：乔木，高 4~7 m。

生境：山坡、沟谷、溪边等。

分布：广西、海南、广东。

黄花棯属 *Sida* L.

* **黄花棯** *Sidaacuta* Burm. F.

习性：亚灌木，高 1~2 m。

生境：山坡、林缘、灌丛、路边、沟边等。

分布：广西、福建、海南、广东、云南、台湾。

桤叶黄花棯 *Sida alnifolia* L.

习性：灌木，高 1~2 m。

生境：山坡、林下、林缘、路边等。

分布：广西、福建、海南、江西、广东、云南、台湾。

苹婆属 *Sterculia* L.

海南苹婆 *Sterculia hainanensis* Merr. et Chun

习性：乔木或灌木。

生境：林中等。

分布：广西、海南。

假苹婆 *Sterculia lanceolata* Cav.

习性：乔木。

生境：沟谷、溪边等。

分布：贵州、云南、四川。

苹婆 *Sterculia monosperma* Vent.

习性：乔木，高可达 5 m。

生境：沟谷、林中，溪边等。

分布：广西、福建、海南、广东、云南、台湾。

信宜苹婆 *Sterculia subracemosa* Chun et H. H. Hsue

习性：灌木，高约 3.5 m。

生境：沟谷、山坡、林中等。

分布：广西、广东。

黄槿属 *Talipariti* Fryxell.

黄槿 *Talipariti tiliaceum*（L.）Fryxell.

习性：灌木或小乔木，高可达 10 m。

生境：林中、路边等。

分布：福建、海南、广东、台湾。

刺蒴麻属 *Triumfetta* Planch. ex Mast.

毛刺蒴麻 *Triumfetta cana* Blume

习性：亚灌木，高 1~2 m。

生境：林中、灌丛等。

分布：广西、福建、西藏、海南、贵州、广东、云南、四川。

长勾刺蒴麻 *Triumfetta pilosa* Roth

习性：亚灌木，高 0.8~1.5 m。

生境：灌丛等。

分布：广西、贵州、广东、云南、四川。

刺蒴麻 *Triumfetta rhomboidea* Jacq.

习性：亚灌木，高 0.6~1 m。

生境：林缘、弃耕地、路边等。

分布：广西、福建、广东、云南、台湾。

梵天花属 *Urena* L.

地桃花 *Urena lobata* L.

习性：灌木，高 0.5~1 m。

生境：林下、弃耕地、草坡等。

分布：广西、福建、西藏、海南、贵州、江西、湖南、湖北、广东、云南、安徽、四川、浙江、江苏、台湾。

梵天花 *Urena procumbens* L.

习性：灌木，高 0.6~1.3 m。

生境：山坡、灌丛等。

分布：广西、福建、浙江、海南、江西、湖南、广东、台湾。

74. 野牡丹科 Melastomataceae

异形木属 *Allomorphia* Blume.

异形木 *Allomorphia balansae* Cogn.

习性：灌木，高 1~3 m。

生境：林下、灌丛等。

分布：广西、海南、云南。

棱果花属 *Barthea* Hook. f.

棱果花 *Barthea barthei*（Hance）Krass.

习性：灌木，高 0.7~1.5 m。

生境：山坡、沟谷、林中等。

分布：广西、福建、湖南、广东、台湾。

宽翅棱果花 *Barthea barthei* var. *valdealata* C. Hansen

习性：灌木，高 1~2.5 m。

生境：山坡、林中等。

分布：广西。

柏拉木属 *Blastus* Lour.

柏拉木 *Blastus cochinchinensis* Lour.

习性：灌木，高 0.6~3 m。

生境：林中等。

分布：广西、福建、海南、贵州、湖南、广东、云南、台湾。

少花柏拉木 *Blastus pauciflorus*（Benth.）Guillaumin

习性：灌木，高 0.6~2 m。

生境：山坡、林下等。

分布：广西、福建、海南、贵州、江西、湖南、广东、云南。

野海棠属 *Bredia* Blume.

叶底红 *Bredia fordii*（Hance）Diels

习性：草本，高 20~50 cm。

生境：林下、溪边、路边等。

分布：广西、福建、浙江、贵州、江西、湖南、广东、云南、四川。

野牡丹属 *Melastoma* L.

地棯 *Melastoma dodecandrum* Lour.

习性：灌木，高 10~30 cm。

生境：山坡、草丛等。

分布：广西、福建、浙江、贵州、江西、湖南、广东、安徽。

野牡丹 *Melastoma malabathricum* L.

习性：灌木，高可达 1 m。

生境：林下、山坡、沟谷、草丛、路边、沟边等。

分布：广西、福建、广东。

毛棯 *Melastoma sanguineum* Sims.

习性：灌木，高 1.5~3 m。

生境：坡脚、沟边、草丛、灌丛等。

分布：广西、福建、海南、广东。

谷木属 *Memecylon* L.

谷木 *Memecylon ligustrifolium* Champ.

习性：大灌木或小乔木，高 1.5~5 m。

生境：林下等。

分布：广西、福建、海南、广东、云南。

细叶谷木 *Memecylon scutellatum*（Lour.）Hook. et Arn.
习性：灌木，稀为小乔木，高 1.5~4 m。
生境：沟谷、溪边、林中、灌丛、沟边等。
分布：广西、海南、广东。

金锦香属 *Osbeckia* Juss.

金锦香 *Osbeckia chinensis* L.
习性：草本或亚灌木，高 20~60 cm。
生境：林下、荒山、草坡、路边等。
分布：广西、福建、海南、贵州、江西、湖南、湖北、广东、云南、安徽、四川、浙江、江苏、吉林、台湾。

星毛金锦香 *Osbeckia stellata* Buch.-Ham. ex D. Don
习性：灌木，高 1~1.5 m。
生境：山坡、林缘等。
分布：广西、云南、四川。

锦香草属 *Phyllagathis* Blume

锦香草 *Phyllagathis cavaleriei*（H. Lév. et Vaniot）Guillaumin
习性：草本，高 10~15 cm。
生境：沟谷、山坡、林下、沟边等。
分布：广西、福建、浙江、贵州、江西、湖南、广东、云南、四川。

刺蕊锦香草 *Phyllagathis setotheca* H. L. Li
习性：灌木，高 0.8~1 m。
生境：沟谷、林下、溪边、路边等。
分布：广西、广东。

酸脚杆属 *Pseudodissochaeta* Nayar.

北酸脚杆 *Pseudodissochaeta septentrionalis*（W. W. Sm.）M. P. Nayar
习性：小乔木或灌木，高 5~7 m。
生境：沟谷、山坡、林缘等。
分布：广西、广东、云南。

蜂斗草属 *Sonerila* Roxb.

蜂斗草 *Sonerila cantonensis* Stapf
习性：多年生草本，高 10~50 cm。
生境：沟谷、山坡、林下等。

分布：广西、海南、广东、云南。

溪边蜂斗草 *Sonerila maculata* Roxb.

习性：灌木或亚灌木，高 15~30 cm。

生境：沟谷、林下、沟边等。

分布：广西、福建、西藏、广东、云南。

鸭脚茶属 *Tashiroea* Matsum. ex T. Itô et Matsum.

双腺鸭脚茶 *Tashiroea biglandularis*（C. Chen）R. Zhou et Ying Liu

习性：灌木，高 40~60 cm。

生境：林下、溪边、沟边等。

分布：广西。

75. 楝科 Meliaceae

米仔兰属 *Aglaia* Lour.

山椤 *Aglaia elaeagnoidea*（A. Juss.）Benth.

习性：乔木，高 1.5~15 m。

生境：林中等。

分布：广西、海南、贵州、广东、云南、台湾。

米仔兰 *Aglaia odorata* Lour.

习性：灌木或小乔木，高 4~7 m。

生境：林中等。

分布：广西、海南、广东。

山楝属 *Aphanamixis* Blume.

山楝 *Aphanamixis polystachya*（Wall.）R. Parker

习性：乔木，高 20~30 m。

生境：林中等。

分布：广西、福建、海南、广东、云南、台湾。

浆果楝属 *Cipadessa* Blume.

浆果楝 *Cipadessa baccifera*（Roth）Miq.

习性：灌木或乔木，高 1~10 m。

生境：山坡、林中、路边等。

分布：广西、贵州、云南、四川。

樫木属 *Dysoxylum* Blume ex Raspail.

红果樫木 *Dysoxylum gotadhora*（Buch.-Ham.）Mabb.

习性：乔木，高可达 20 m。

生境：林中、沟谷等。

分布：海南、云南。

香港樫木 *Dysoxylum hongkongense*（Tutch.）Merr.

习性：乔木，高可达 25 m。

生境：林中等。

分布：广西、海南、广东、云南、台湾。

鹧鸪花属 *Heynea* Roxb.

鹧鸪花 *Heynea trijuga* Roxb.

习性：乔木，高 5~10 m。

生境：山坡、林中等。

分布：广西、海南、贵州、广东、云南。

茸果鹧鸪花 *Heynea velutina* F. C. How et T. C. Chen

习性：灌木，高 1~3 m。

生境：林中等。

分布：广西、海南、贵州、广东、云南。

楝属 *Melia* L.

楝 *Melia azedarach* L.

习性：落叶乔木，高可达 30 m。

生境：旷野、路边、林中等。

分布：广西、福建、西藏、海南、贵州、江西、湖南、湖北、广东、云南、安徽、四川、甘肃、山东、陕西、浙江、江苏、台湾、河北、山西、河南。

地黄连属 *Munronia* Wight.

羽状地黄连 *Munronia pinnata*（Wall.）W. Theob.

习性：直立灌木，高 30~50 cm。

生境：林中等。

分布：广西、海南、贵州、重庆、广东。

香椿属 *Toona* M. Roem.

香椿 *Toona sinensis*（A. Juss.）Roem.

习性：乔木，高可达 30 m。

生境：山坡、林中、路边等。

分布：广西、福建、西藏、贵州、江西、湖南、湖北、广东、云南、安徽、四川、甘肃、陕西、浙江、江苏、河北、河南。

76. 防己科 Menispermaceae

崖藤属 *Albertisia* Becc.

崖藤 *Albertisia laurifolia* Yamamoto

习性：木质藤本。

生境：林中、沟谷等。

分布：广西、海南、云南。

木防己属 *Cocculus* DC.

木防己 *Cocculus orbiculatus*（L.）DC.

习性：木质藤本。

生境：灌丛、村边、林缘等。

分布：广西、福建、海南、贵州、江西、湖南、湖北、广东、云南、安徽、四川、山东、陕西、浙江、江苏、台湾、河南。

轮环藤属 *Cyclea* Arn. ex Wight.

粉叶轮环藤 *Cyclea hypoglauca*（Schauer）Diels

习性：木质藤本。

生境：林缘、山坡、灌丛等。

分布：广西、福建、海南、贵州、江西、湖南、广东、云南。

秤钩风属 *Diploclisia* Miers.

苍白秤钩风 *Diploclisia glaucescens*（Blume）Diels

习性：木质藤本，茎长 10~20 m。

生境：林中等。

分布：广西、海南、广东、云南。

天仙藤属 *Fibraurea* Lour.

天仙藤 *Fibraurea recisa* Pierre

习性：木质藤本，茎长可达 10 m。

生境：林中等。

分布：广西、广东、云南。

细圆藤属 *Pericampylus* Miers.

细圆藤 *Pericampylus glaucus*（Lam.）Merr.

习性：木质藤本，茎长可达 10 m。

生境：林中、林缘、灌丛等。

分布：广西、福建、浙江、海南、贵州、江西、湖南、广东、台湾、四川。

千金藤属 *Stephania* Kuntze.

桐叶千金藤 *Stephania japonica* var. *discolor*（Blume）Forman

习性：木质藤本。

生境：疏林、灌丛、石山等。

分布：广西、贵州、云南、四川。

金线吊乌龟 *Stephania cephalantha* Hayata

习性：草质藤本，茎长 1~2 m 或更长。

生境：林缘、路边、沟边等。

分布：广西、福建、贵州、江西、湖南、湖北、广东、安徽、四川、陕西、浙江、江苏、台湾、山西。

粪箕笃 *Stephania longa* Lour.

习性：草质藤本，茎长 1~4 m。

生境：灌丛、林缘等。

分布：广西、福建、海南、广东、云南、台湾。

77. 水螅花科 Metteniusaceae

肖榄属 *Platea* Blume.

阔叶肖榄 *Platea latifolia* Blume

习性：乔木，高 6~25 m。

生境：林中、沟谷等。

分布：广西、海南、广东、云南。

78. 粟米草科 Molluginaceae

粟米草属 *Trigastrotheca* F. Muell.

粟米草 *Trigastrotheca stricta*（L.）Thulin

习性：一年生草本，高约 30 cm。

生境：林缘、弃耕地、路边、滩涂等。

分布：广西、福建、西藏、海南、贵州、江西、湖南、湖北、广东、云南、安徽、四川、山东、陕西、新疆、浙江、江苏、台湾、河南。

79. 桑科 Moraceae

波罗蜜属 *Artocarpus* J. R. Forst. et G. Forst.

二色波罗蜜 *Artocarpus styracifolius* Pierre

习性：乔木，高可达 20 m。

生境：林中等。

分布：广西、海南、湖南、广东、云南。

胭脂 *Artocarpus tonkinensis* A. Chev. ex Gagnep.

习性：乔木，高 14~16 m。

生境：山坡、林中等。

分布：广西、福建、海南、贵州、广东、云南。

构属 *Broussonetia* L' Hér. ex Vent.

藤构 *Broussonetia kaempferi* Siebold

习性：藤状灌木，高 2~6 m。

生境：沟谷、灌丛、沟边、山坡、路边等。

分布：广西、福建、浙江、贵州、重庆、江西、广东、湖北、湖南、云南、台湾、安徽。

构树 *Broussonetia papyrifera*（L.）L' Hér. ex Vent.

习性：灌木或乔木，高 10~20 m。

生境：丘陵、平原等。

分布：广西、福建、西藏、贵州、上海、湖北、湖南、广东、澳门、香港、安徽、四川、新疆、江苏、吉林、宁夏、河北、河南、海南、江西、重庆、云南、北京、甘肃、山东、陕西、浙江、内蒙古、青海、天津、辽宁、台湾、黑龙江、山西。

榕属 *Ficus* Tourn. ex L.

高山榕 *Ficus altissima* Blume

习性：乔木，高 25~30 m。

生境：山坡、平原等。

分布：广西、海南、广东、云南。

大果榕 *Ficus auriculata* Lour.

习性：乔木，高 4~10 m。

生境：林中等。

分布：广西、海南、贵州、云南、四川。

垂叶榕 *Ficus benjamina* L.

习性：乔木，高可达 20 m。

生境：林中等。

分布：广西、海南、贵州、广东、云南。

大明山榕 *Ficus daimingshanensis* S. S. Chang

习性：灌木，高约 2 m。

生境：岩石间等。

分布：广西、湖南。

天仙果 *Ficus erecta* Thunb.

习性：落叶小乔木或灌木，高 2~7 m。

生境：林下、山坡、溪边等。

分布：广西、福建、浙江、贵州、江苏、江西、湖南、湖北、广东、云南、台湾、安徽。

黄毛榕 *Ficus esquiroliana* H. Lév.

习性：小乔木或灌木，高 4~10 m。

生境：林下、山坡、溪边等。

分布：广西、西藏、海南、贵州、广东、云南、台湾、四川。

水同木 *Ficus fistulosa* Reinw. ex Blume

习性：小乔木，高 4~8 m。

生境：溪边、沟边、塘边等。

分布：广西、福建、海南、广东、云南、香港。

台湾榕 *Ficus formosana* Maxim.

习性：灌木，高 1.5~3 m。

生境：溪边、沟边等。

分布：广西、福建、浙江、海南、贵州、江西、广东、湖南、云南、台湾。

大叶水榕 *Ficus glaberrima* Blume

习性：乔木，高可达 15 m。

生境：沟谷、林中等。

分布：广西、西藏、海南、贵州、广东、云南。

藤榕 *Ficus hederacea* Roxb.

习性：藤状灌木。

生境：林中等。

分布：广西、海南、贵州、广东、云南。

尖叶榕 *Ficus henryi* Warb. ex Diels

习性：乔木，高 3~10 m。

生境：沟谷、林中、溪边等。

分布：广西、甘肃、西藏、贵州、湖南、湖北、云南、四川。

异叶榕 *Ficus heteromorpha* Hemsl.

习性：落叶灌木或小乔木，高 2~5 m。

生境：沟谷、坡地、林中等。

分布：广西、福建、贵州、江西、湖南、湖北、广东、云南、安徽、四川、甘肃、陕西、浙江、江苏、山西、河南。

粗叶榕 *Ficus hirta* Vahl

习性：灌木或小乔木，高 1~2 m。

生境：沟谷、林下、林缘等。

分布：广西、福建、海南、贵州、江西、湖南、广东、云南。

对叶榕 *Ficus hispida* L. f.

习性：灌木或小乔木，高 3~5 m。

生境：沟谷、林下、林缘、溪边、沟边等。

分布：广西、海南、贵州、广东、云南。

青藤公 *Ficus langkokensis* Drake

习性：乔木，高 6~15 m。

生境：沟谷、林中、沟边等。

分布：广西、福建、海南、湖南、广东、云南、四川。

榕树 *Ficus microcarpa* L.f.

习性：乔木，高 15~25 m。

生境：沟谷、林中、路边等。

分布：广西、福建、浙江、海南、台湾、香港。

九丁榕 *Ficus nervosa* B. Heyne ex Roth

习性：乔木。

生境：林中、林缘、溪边等。

分布：广西、福建、海南、贵州、广东、云南、台湾、四川。

琴叶榕 *Ficus pandurata* Hance

习性：灌木，高 1~2 m。

生境：林下、山坡、路边、灌丛等。

分布：广西、福建、海南、贵州、江西、湖南、湖北、广东、云南、安徽、四川、浙江、河南。

褐叶榕 *Ficus pubigera*（Wall. ex Miq.）Miq.

习性：攀缘灌木。

生境：林中、山坡等。

分布：广西、西藏、贵州、广东、云南。

薜荔 *Ficus pumila* L.

习性：攀缘或匍匐灌木。

生境：林缘、路边、岩壁等。

分布：广西、福建、贵州、江西、湖南、湖北、广东、云南、安徽、四川、陕西、浙江、江苏、台湾、河南。

舶梨榕 *Ficus pyriformis* Hook. et Arn.

习性：灌木，高 1~2 m。

生境：林下、溪边、沟边等。

分布：广西、福建、广东。

羊乳榕 *Ficus sagittata* Vahl

习性：藤本。

生境：林中、溪边等。

分布：广西、海南、广东、云南。

珍珠莲 *Ficus sarmentosa* var. *henryi*（King ex Oliv.）Corner

习性：攀缘灌木。

生境：林中树上、林下岩石上等。

分布：广西、福建、贵州、江西、湖南、湖北、广东、云南、四川、甘肃、陕西、浙江、台湾。

爬藤榕 *Ficus sarmentosa* var. *impressa*（Champ.）Corner

习性：攀缘灌木。

生境：林中树上、林下岩石上等。

分布：广西、福建、海南、贵州、江西、湖南、湖北、广东、云南、安徽、四川、甘肃、陕西、浙江、江苏、河南。

鸡嗉子榕 *Ficus semicordata* Buch.-Ham. ex J. E. Smith

习性：小乔木，高 3~10 m。

生境：路边，林缘、沟谷等。

分布：广西、西藏、贵州、云南。

竹叶榕 *Ficus stenophylla* Hemsl.

习性：灌木，高 1~3 m。

生境：沟边、溪边等。

分布：广西、福建、浙江、海南、贵州、江西、湖南、湖北、广东、云南、台湾。

笔管榕 *Ficus subpisocarpa* Gagnep.

习性：落叶乔木，高 5~9 m。

生境：林中、路边等。

分布：广西、福建、浙江、海南、广东、云南、台湾。

地果 *Ficus tikoua* Bureau

习性：木质藤本，茎长 1~3 m 或更长。

生境：弃耕地、草坡、岩石上、路边、沟边等。

分布：广西、甘肃、陕西、西藏、贵州、湖南、湖北、云南、四川。

斜叶榕 *Ficus tinctoria* subsp. *gibbosa*（Bl.）Corner

习性：乔木，高 5~20 m。

生境：林中、沟谷、岩石上等。

分布：广西、福建、西藏、海南、贵州、云南、台湾。

楔叶榕 *Ficus trivia* Corner

习性：灌木或乔木，高 3~8 m。

生境：溪边、沟边等。

分布：广西、贵州、广东、云南。

杂色榕 *Ficus variegata* Blume

习性：乔木，高 7~10 m。

生境：林中等。

分布：广西、福建、海南、广东、云南、台湾。

变叶榕 *Ficus variolosa* Lindl. ex Benth.

习性：灌木或乔木，高 3~10 m。

生境：溪边、林下等。

分布：广西、福建、浙江、海南、贵州、江西、湖南、广东、云南。

白肉榕 *Ficus vasculosa* Wall. ex Miq.

习性：乔木，高 10~15 m。

生境：林中等。

分布：广西、海南、贵州、广东、云南。

黄葛树 *Ficus virens* Aiton

习性：乔木，高 15~20 m。

生境：溪边、路边等。

分布：广西、陕西、福建、浙江、海南、广东、云南、台湾。

葎草属 *Humulus* L.

葎草 *Humulus scandens*（Lour.）Merr.

习性：一年生或多年生草本。

生境：沟边、弃耕地、林缘等。

分布：广西、福建、西藏、海南、贵州、江西、重庆、湖南、湖北、广东、云南、安徽、四川、山东、陕西、浙江、江苏、辽宁、吉林、台湾、黑龙江、河北、山西、河南。

橙桑属 *Maclura* Nutt.

构棘 *Maclura cochinchinensis*（Loureiro）Corner

习性：攀缘灌木，高 2~4 m。

生境：山坡、路边等。

分布：广西、福建、海南、贵州、广东、安徽。

柘 *Maclura tricuspidata* Carrière

习性：落叶灌木或乔木，高 1~7 m。

生境：山坡、林缘等。

分布：广西、福建、贵州、江西、湖南、湖北、广东、云南、北京、安徽、四川、甘肃、山东、陕西、浙江、江苏、河北、山西、河南。

牛筋藤属 *Malaisia* Blanco.

牛筋藤 *Malaisia scandens*（Lour.）Planch.
习性：攀缘灌木，高 4~9 m。
生境：丘陵、山坡、灌丛等。
分布：广西、海南、广东、云南、台湾。

假鹊肾树属 *Pseudostreblus* Bureau.

假鹊肾树 *Pseudostreblus indicus* Bureau.
习性：乔木，高可达 15 m。
生境：山坡、林中等。
分布：广西、海南、广东、云南。

刺桑属 *Taxotrophis* Blume.

刺桑 *Taxotrophis ilicifolia* S. Vidal
习性：落叶灌木或小乔木，高 2~4 m。
生境：林缘、路边、溪边等。
分布：广西、海南、云南。

80. 杨梅科 Myricaceae

杨梅属 *Morella* Lour.

青杨梅 *Morella adenophora*（Hance）J. Herb.
习性：灌木，高 1~3 m。
生境：沟谷、林中等。
分布：广西、海南、广东、台湾。
毛杨梅 *Morella esculenta*（Buch.-Ham. ex D. Don）I. M. Turner
习性：乔木，高 4~10 m。
生境：林中、山坡等。
分布：广西、贵州、广东、云南、四川。
杨梅 *Morella rubra* Lour.
习性：乔木，高可达 15 m。
生境：山坡、沟谷、林中等。
分布：广西、福建、浙江、海南、贵州、江苏、江西、湖南、广东、云南、台湾、四川。

81. 肉豆蔻科 Myristicaceae

风吹楠属 *Horsfieldia* Willd.

风吹楠 *Horsfieldia amygdalina*（Wallich）Warburg

习性：乔木，高 10~25 m。

生境：山坡、沟谷、林中等。

分布：广西、海南、广东、云南。

82. 桃金娘科 Myrtaceae

岗松属 *Baeckea* L.

岗松 *Baeckea frutescens* L.

习性：灌木，高 0.6~2 m。

生境：山坡、灌丛等。

分布：广西、福建、浙江、海南、江西、广东。

子楝树属 *Decaspermum* J. R. Forst. et G. Forst.

子楝树 *Decaspermum gracilentum*（Hance）Merr. et Perry

习性：灌木或小乔木，高可达 4 m。

生境：林中等。

分布：广西、贵州、湖南、广东、台湾。

番石榴属 *Psidium* L.

* **番石榴** *Psidium guajava* L.

习性：灌木或小乔木，高可达 10 m。

生境：沟谷、弃耕地、丘陵、路边等。

分布：广西、海南、贵州、广东、云南、台湾、四川。

桃金娘属 *Rhodomyrtus*（DC.）Rchb.

桃金娘 *Rhodomyrtus tomentosa*（Ait.）Hassk.

习性：灌木，高可达 2 m。

生境：丘陵、山坡等。

分布：广西、福建、浙江、贵州、江西、湖南、广东、云南、台湾。

蒲桃属 *Syzygium* Gaertn.

肖蒲桃 *Syzygium acuminatissimum*（Blume）DC.

习性：乔木，高可达 20 m。

生境：林中等。

分布：广西、海南、广东、台湾。

线枝蒲桃 *Syzygium araiocladum* Merr. et Perry

习性：灌木或乔木，高可达 10 m。

生境：林中等。

分布：广西、海南。

华南蒲桃 *Syzygium austrosinense*（Merr. et L. M. Perry）H. T. Chang et R. H. Miao

习性：灌木或小乔木，高可达 10 m。

生境：林中等。

分布：广西、福建、浙江、海南、贵州、江西、湖南、湖北、广东、四川。

黑嘴蒲桃 *Syzygium bullockii*（Hance）Merr. et L. M. Perry

习性：灌木或乔木，高可达 5 m。

生境：林中等。

分布：广西、海南、广东。

子凌蒲桃 *Syzygium championii*（Benth.）Merr. et Perry

习性：乔木或灌木，高可达 6 m。

生境：林中等。

分布：广西、海南、广东。

密脉蒲桃 *Syzygium chunianum* Merr. et Perry

习性：乔木，高可达 22 m。

生境：林中等。

分布：广西、海南。

卫矛叶蒲桃 *Syzygium euonymifolium*（Metcalf）Merr. et Perry

习性：乔木，高可达 12 m。

生境：林中、路边、沟谷、溪边等。

分布：广西、福建、广东。

水竹蒲桃 *Syzygium fluviatile*（Hemsl.）Merr. et Perry

习性：灌木，高 1~3 m。

生境：溪边等。

分布：广西、海南、贵州。

短药蒲桃 *Syzygium globiflorum*（Craib）P. Chantar. et J. Parnell

习性：灌木或乔木，高 3~12 m。

生境：林中等。

分布：广西、海南、云南。

红鳞蒲桃 *Syzygium hancei* Merr. et Perry

习性：乔木，高可达 20 m。

生境：林中等。

分布：广西、福建、海南、广东。

桂南蒲桃 *Syzygium imitans* Merr. et Perry

习性：乔木，高可达 8 m。

生境：沟谷等。

分布：广西。

蒲桃 *Syzygium jambos*（L.）Alston

习性：乔木，高可达 12 m。

生境：林中、山坡、溪边等。

分布：广西、福建、海南、贵州、广东、云南、台湾、四川。

广东蒲桃 *Syzygium kwangtungense*（Merr.）Merr. et Perry

习性：乔木，高可达 5 m。

生境：林中、山坡、溪边等。

分布：广西、广东。

山蒲桃 *Syzygium levinei*（Merr.）Merr. et Perry

习性：乔木，高 14~24 m。

生境：林中、溪边等。

分布：广西、海南、广东。

水翁蒲桃 *Syzygium nervosum* Candolle

习性：乔木，高可达 15 m。

生境：溪边、沟边等。

分布：广西、西藏、海南、广东、云南。

香蒲桃 *Syzygium odoratum*（Lour.）DC.

习性：乔木，高可达 20 m。

生境：林中等。

分布：广西、海南、广东。

红枝蒲桃 *Syzygium rehderianum* Merr. et Perry

习性：灌木或乔木，高可达 13 m。

生境：林中、沟谷、溪边等。

分布：广西、福建、湖南、广东。

硬叶蒲桃 *Syzygium sterrophyllum* Merr. et Perry

习性：灌木或乔木，高 1~5 m。

生境：林中、沟谷、溪边等。

分布：广西、海南、云南。

狭叶蒲桃 *Syzygium tsoongii*（Merr.）Merr. et Perry
习性：灌木或乔木，高 1~5 m。
生境：林中、沟谷、溪边等。
分布：广西、海南、湖南。

83. 蓝果树科 Nyssaceae

马蹄参属 *Diplopanax* Hand.-Mazz.

马蹄参 *Diplopanax stachyanthus* Hand.-Mazz.
习性：乔木，高可达 25 m。
生境：林中、沟谷等。
分布：广西、贵州、湖南、广东、云南。

蓝果树属 *Nyssa* L.

蓝果树 *Nyssa sinensis* Oliv.
习性：落叶乔木，高可达 20 m。
生境：沟谷、林中等。
分布：广西、福建、浙江、贵州、江苏、江西、湖南、湖北、广东、云南、安徽、四川。

84. 金莲木科 Ochnaceae

金莲木属 *Ochna* L.

金莲木 *Ochna integerrima*（Lour.）Merr.
习性：落叶灌木或小乔木，高 2~7 m。
生境：沟谷、溪边等。
分布：广西、海南、广东。

85. 木樨科 Oleaceae

万钧木属 *Chengiodendron* C. B. Shang，X. R. Wang，Yi F. Duan et Yong F. Li

牛屎果 *Chengiodendron matsumuranum*（Hayata）C. B. Shang，X. R. Wang，Yi F. Duan et Yong F. Li
习性：灌木或乔木，高 2.5~10 m。
生境：山坡、沟谷、林中、灌丛等。
分布：广西、浙江、海南、贵州、江西、广东、云南、台湾、香港、安徽。
万钧木 *Chengiodendron marginatum*（Champ. ex Benth.）C. B. Shang，X. R. Wang，Yi F. Duan et Yong F. Li
习性：灌木或乔木，高可达 10 m。

生境：沟谷、山坡、林中等。

分布：广西、福建、海南、贵州、江西、湖南、广东、云南、香港、安徽、四川、浙江、台湾。

流苏树属 *Chionanthus* Royen

枝花李榄 *Chionanthus ramiflorus* Roxburgh

习性：灌木或乔木，高 3~25 m。

生境：林中、灌丛、山坡、谷地等。

分布：广西、海南、贵州、云南、台湾、香港。

素馨属 *Jasminum* L.

扭肚藤 *Jasminum elongatum*（Bergius）Willdenow

习性：攀缘灌木，高 1~7 m。

生境：灌丛、林中、沙地等。

分布：广西、海南、贵州、广东、云南、澳门、香港。

清香藤 *Jasminum lanceolarium* Roxb.

习性：攀缘灌木，高 10~15 m。

生境：山坡、灌丛、沟谷、林中等。

分布：广西、福建、海南、贵州、江西、湖南、湖北、广东、云南、澳门、香港、安徽、四川、甘肃、陕西、浙江、台湾。

栀花素馨 *Jasminum lang* Gagnep.

习性：攀缘灌木，高约 5 m。

生境：灌丛、林中等。

分布：广西、云南。

桂叶素馨 *Jasminum laurifolium* Roxb.

习性：草质藤本，茎长可达 5 m。

生境：沟谷、林中、岩石坡、灌丛等。

分布：广西、西藏、海南、云南。

青藤仔 *Jasminum nervosum* Lour.

习性：攀缘灌木，高 1~5 m。

生境：山坡、灌丛、林中等。

分布：广西、西藏、海南、贵州、广东、云南、台湾、香港。

厚叶素馨 *Jasminum pentaneurum* Hande-Mazzetti

习性：攀缘灌木，高 1~9 m。

生境：沟谷、灌丛、林中等。

分布：广西、海南、广东。

女贞属 *Ligustrum* L.

小蜡 *Ligustrum sinense* Lour.
习性：灌木或乔木，高 2~7 m。
生境：山坡、沟谷、溪边、路边、林中等。
分布：广西、福建、西藏、海南、贵州、江西、湖南、湖北、广东、云南、澳门、香港、安徽、四川、甘肃、陕西、浙江、江苏、台湾、河南。

木樨榄属 *Olea* L.

广西木樨榄 *Olea guangxiensis* B. M. Miao
习性：灌木或乔木，高 2~4 m。
生境：沟谷、林中等。
分布：广西、贵州、广东。

海南木樨榄 *Olea hainanensis* H. L. Li
习性：灌木或小乔木，高 3~30 m。
生境：沟谷、林中、溪边等。
分布：广西、海南、广东。

方枝木樨榄 *Olea tetragonoclada* L. C. Chia
习性：灌木，高 1.2~6 m。
生境：山坡、灌丛、林中等。
分布：广西。

86. 柳叶菜科 Onagraceae

丁香蓼属 *Ludwigia* L.

草龙 *Ludwigia hyssopifolia*（G. Don）Exell
习性：一年生草本，高 0.6~2 m。
生境：沟边、滩涂、池塘、沼泽等。
分布：广西、福建、海南、广东、云南、台湾。

毛草龙 *Ludwigia octovalvis*（Jacq.）Raven
习性：多年生草本，高 0.5~2 m。
生境：沟边、滩涂、池塘、沼泽等。
分布：广西、福建、浙江、西藏、海南、贵州、江西、广东、云南、台湾、香港、四川。

87. 列当科 Orobanchaceae

来江藤属 *Brandisia* Hook. f. et Thomson

岭南来江藤 *Brandisia swinglei* Merr.

习性：灌木，高可达 2 m。

生境：坡地等。

分布：广西、湖南、广东。

黑草属 *Buchnera* L.

黑草 *Buchnera cruciata* Buch.-Ham. ex D. Don.

习性：直立草本，高 8~50 cm。

生境：旷野、山坡、林中等。

分布：广西、福建、贵州、江西、湖南、湖北、广东、云南。

88. 酢浆草科 Oxalidaceae

感应草属 *Biophytum* DC.

感应草 *Biophytum sensitivum*（L.）DC.

习性：一年生草本，高 5~20 cm。

生境：路边、草地、林下、林缘等。

分布：广西、海南、贵州、云南、台湾。

酢浆草属 *Oxalis* L.

酢浆草 *Oxalis corniculata* L.

习性：多年生草本，高 10~35 cm。

生境：山坡、沟谷、路边、溪边、沟边、弃耕地、林下等。

分布：广西、福建、西藏、贵州、湖南、湖北、广东、安徽、四川、江苏、河北、河南、海南、江西、重庆、云南、甘肃、山东、陕西、浙江、内蒙古、青海、辽宁、台湾、山西。

*** 红花酢浆草** *Oxalis corymbosa* DC.

习性：多年生草本，高 10~14 cm。

生境：山坡、沟谷、路边、溪边、沟边、弃耕地、林下等。

分布：广西、福建、海南、贵州、江西、湖南、湖北、广东、云南、安徽、四川、甘肃、山东、新疆、浙江、江苏、台湾、河北、山西、河南。

89. 小盘木科 Pandaceae

小盘木属 *Microdesmis* Planch.

小盘木 *Microdesmis caseariifolia* Planch.
习性：乔木或灌木，高可达 8 m。
生境：沟谷、林下、灌丛等。
分布：广西、海南、广东、云南。

90. 西番莲科 Passifloraceae

蒴莲属 *Adenia* Forssk.

异叶蒴莲 *Adenia heterophylla*（Bl.）Koord.
习性：草质藤本，长约 40 cm。
生境：林缘潮湿地等。
分布：广西、海南、广东、台湾。

91. 泡桐科 Paulowniaceae

泡桐属 *Paulownia* Siebold et Zucc.

白花泡桐 *Paulownia fortunei*（Seem.）Hemsl.
习性：乔木，高可达 30 m。
生境：山坡、林中、沟谷、弃耕地等。
分布：广西、福建、浙江、贵州、江西、湖南、湖北、广东、云南、台湾、安徽、四川。

92. 五膜草科 Pentaphragmataceae

五膜草属 *Pentaphragma* Wall.ex A. DC.

直序五膜草 *Pentaphragma spicatum* Merr.
习性：肉质草本。
生境：林下等。
分布：广西、海南、广东。

93. 五列木科 Pentaphylacaceae

杨桐属 *Adinandra* Jack

尖叶川杨桐 *Adinandra bockiana* var. *acutifolia*（Hand.-Mazz.）Kobuski
习性：乔木，高 2~9 m。

生境：山坡、路边、灌丛、林中等。
分布：广西、福建、江西、湖南、广东。

两广杨桐 *Adinandra glischroloma* Hand.-Mazz.
习性：灌木或乔木，高 3~8 m。
生境：山坡、林中阴湿地等。
分布：广西、江西、湖南、广东。

海南杨桐 *Adinandra hainanensis* Hayata
习性：灌木或乔木，高 5~25 m。
生境：山坡、林中、沟谷、路边、林缘、灌丛等。
分布：广西、海南、广东。

杨桐 *Adinandra millettii*（Hook. et Arn.）Benth. et Hook. f. ex Hance
习性：灌木或乔木，高 2~16 m。
生境：山坡、林中、沟谷、路边、林缘、灌丛等。
分布：广西、福建、浙江、贵州、江西、湖南、湖北、广东、安徽。

亮叶杨桐 *Adinandra nitida* Merr. ex H. L. Li
习性：乔木或灌木，高可达 20 m。
生境：沟谷、溪边、林缘、林中等。
分布：广西、贵州、广东。

茶梨属 *Anneslea* Wall.

茶梨 *Anneslea fragrans* Wall.
习性：灌木或乔木，高 1.5~10 m。
生境：林下、山坡、林缘、路边等。
分布：广西、福建、海南、贵州、江西、湖南、广东、云南、台湾。

红淡比属 *Cleyera* Thunb.

倒卵叶红淡比 *Cleyera obovata* H. T. Chang
习性：灌木或乔木，高可达 4 m。
生境：山坡、林下等。
分布：广西。

隐脉红淡比 *Cleyera obscurinervia*（Merrill et Chun）Hung T. Chang
习性：乔木，高可达 15 m。
生境：沟谷、林中等。
分布：广西、海南。

红淡比 *Cleyera japonica* Thunb.
习性：乔木或灌木，高 2~10 m。
生境：山坡、沟谷、林中、灌丛、路边等。

分布：广西、福建、西藏、贵州、江西、湖南、广东、云南、安徽、四川、浙江、江苏、台湾。

柃属 *Eurya* Thunb.

尖叶毛柃 *Eurya acuminatissima* Merr. et Chun

习性：灌木或小乔木，高 1~7 m。

生境：山坡、溪边、沟谷、林中、林缘等。

分布：广西、贵州、江西、湖南、广东。

尖萼毛柃 *Eurya acutisepala* Hu et L. K. Ling

习性：灌木或乔木，高 2~7 m。

生境：山坡、林中、沟谷、溪边、林下等。

分布：广西、福建、浙江、贵州、江西、湖南、广东、云南。

翅柃 *Eurya alata* Kobuski

习性：灌木，高 1~3 m。

生境：山坡、沟谷、溪边、林中、林下等。

分布：广西、陕西、福建、浙江、贵州、江西、湖南、湖北、广东、安徽、四川、河南。

米碎花 *Eurya chinensis* R. Brownin

习性：灌木，高 1~3 m。

生境：山坡、路边、溪边、沟谷、灌丛等。

分布：广西、陕西、福建、浙江、贵州、江西、湖南、湖北、广东、安徽、四川、河南。

华南毛柃 *Eurya ciliata* Merr.

习性：灌木或乔木，高 3~10 m。

生境：林中、溪边等。

分布：广西、海南、广东、云南。

二列叶柃 *Eurya distichophylla* Hemsl.

习性：灌木或乔木，高 1.5~7 m。

生境：溪边、林中、灌丛等。

分布：广西、福建、贵州、江西、湖南、广东。

岗柃 *Eurya groffii* Merr.

习性：灌木或乔木，高 2~7 m。

生境：山坡、路边、林中、林缘、灌丛等。

分布：广西、福建、西藏、海南、贵州、广东、云南、四川。

微毛柃 *Eurya hebeclados* Y. K. Ling

习性：灌木或乔木，高 1.5~5 m。

生境：山坡、林中、林缘、路边、灌丛等。

分布：广西、福建、浙江、贵州、江苏、江西、湖南、湖北、广东、安徽、四川、河南。

披针叶柃 *Eurya lanciformis* Kobuski

习性：乔木，高可达 10 m。

生境：林中等。
分布：广西。
细枝柃 *Eurya loquaiana* Dunn
习性：灌木或乔木，高 2~10 m。
生境：山坡、沟谷、溪边、林中、林缘、路边等。
分布：广西、福建、海南、贵州、江西、湖南、湖北、广东、云南、安徽、四川、浙江、台湾、河南。
黑柃 *Eurya macartneyi* Champion
习性：灌木或乔木，高 2~7 m。
生境：山坡、沟谷、林中等。
分布：广西、福建、海南、江西、湖南、广东。
大果毛柃 *Eurya megatrichocarpa* Hung T. Chang
习性：灌木或乔木，高 6~8 m。
生境：山坡、林中等。
分布：广西。
细齿叶柃 *Eurya nitida* Korth.
习性：灌木或乔木，高 2~5 m。
生境：山坡、林中、沟谷、溪边、林缘、灌丛等。
分布：广西、福建、海南、贵州、江西、重庆、湖南、湖北、广东、云南、安徽、四川、浙江、台湾、河南。
多脉柃 *Eurya polyneura* Chun
习性：灌木，高约 4 m。
生境：山坡、林中、林缘等。
分布：广西、广东。
大叶五室柃 *Eurya quinquelocularis* Kobuski
习性：灌木或乔木，高 3~10 m。
生境：山坡、林下、沟谷、溪边、空旷地等。
分布：广西、贵州、云南。
红褐柃 *Eurya rubiginosa* Hung T. Chang
习性：灌木，高 2.5~3.5 m。
生境：山坡、林下、林缘、沟谷、路边等。
分布：广西、福建、浙江、江苏、江西、湖南、广东、云南、安徽。
窄基红褐柃 *Eurya rubiginosa* var. *attenuata* Hung T. Chang
习性：灌木。
生境：林中、林缘、山坡、路边、沟谷、灌丛等。
分布：广西、福建、浙江、江苏、江西、湖南、广东、云南、安徽。
毛窄叶柃 *Eurya stenophylla* var. *Pubescens* T. L. Ming
习性：灌木。

生境：山坡、灌丛等。

分布：广西、广东。

假杨桐 *Eurya subintegra* Kobuski

习性：灌木或小乔木，高 2~7 m。

生境：林下、灌丛等。

分布：广西、广东。

毛果柃 *Eurya trichocarpa* Korthals

习性：灌木或乔木，高 2~13 m。

生境：山坡、林中、林缘、灌丛等。

分布：广西、西藏、海南、广东、云南。

五列木属 *Pentaphylax* Gardner et Champ.

五列木 *Pentaphylax euryoides* Gardner et Champ.

习性：乔木或灌木，高 4~10 m。

生境：林中等。

分布：广西、福建、海南、贵州、江西、湖南、广东、云南。

厚皮香属 *Ternstroemia* Mutisex L. f.

厚皮香 *Ternstroemia gymnanthera*（Wight et Arn.）Bedd.

习性：灌木或小乔木，高 1.5~10 m。

生境：山坡、林中、林缘、路边等。

分布：广西、福建、浙江、贵州、江西、湖南、湖北、广东、云南、安徽、四川。

尖萼厚皮香 *Ternstroemia luteoflora* L. K. Ling

习性：乔木或灌木，高可达 14 m。

生境：林中、林缘、路边、灌丛等。

分布：广西、福建、贵州、江西、湖南、湖北、广东、云南。

小叶厚皮香 *Ternstroemia microphylla* Merr.

习性：乔木或灌木，高 6~10 m。

生境：山坡、灌丛、林中、林缘等。

分布：广西、福建、海南、广东。

94. 叶下珠科 Phyllanthaceae

五月茶属 *Antidesma* L.

黄毛五月茶 *Antidesma fordii* Hemsl.

习性：小乔木，高可达 7 m。

生境：山坡、林中等。

分布：广西、福建、海南、广东、云南。

方叶五月茶 *Antidesma ghaesembilla* Gaertn.

习性：乔木，高可达 10 m。

生境：山坡、林中等。

分布：广西、海南、广东、云南。

日本五月茶 *Antidesma japonicum* Siebold et Zucc.

习性：乔木或灌木，高 2~8 m。

生境：山坡、林中、沟谷等。

分布：广西、福建、西藏、海南、贵州、江西、湖南、湖北、广东、云南、安徽、四川、浙江、江苏、青海、台湾。

山地五月茶 *Antidesma montanum* Blume

习性：乔木，高可达 15 m。

生境：山坡、林中等。

分布：广西、西藏、海南、贵州、湖南、广东、云南、台湾、四川。

海南五月茶 *Antidesma hainanense* Merr.

习性：灌木，高可达 4 m。

生境：山坡、林中等。

分布：广西、海南、广东、云南。

银柴属 *Aporosa* Blume

银柴 *Aporosa dioica*（Roxb.）Müll. Arg.

习性：灌木或乔木，高可达 9 m。

生境：林下、林缘、山坡、灌丛等。

分布：广西、海南、广东、云南。

云南银柴 *Aporosa yunnanensis*（Pax et K. Hoffm.）F. P. Metcalf

习性：乔木，高可达 8 m。

生境：山坡、林中、林缘、溪边、灌丛等。

分布：广西、海南、贵州、江西、广东、云南。

木奶果属 *Baccaurea* Lour.

木奶果 *Baccaurea ramiflora* Lour.

习性：乔木，高可达 15 m。

生境：山坡、林中等。

分布：广西、海南、广东、云南。

秋枫属 *Bischofia* Blume

秋枫 *Bischofia javanica* Blume

习性：乔木，高可达 40 m。

生境：山坡、沟谷、林中、林缘等。

分布：福建、安徽。

重阳木 *Bischofia polycarpa*（H. Lév.）Airy Shaw

习性：落叶乔木，高可达 15 m。

生境：山坡、沟谷、林中、林缘等。

分布：广西、陕西、福建、浙江、贵州、江苏、江西、湖南、广东、云南、安徽。

黑面神属 *Breynia* J. R. Forst. et G. Forst.

黑面神 *Breynia fruticosa*（L.）Hook. f.

习性：落叶灌木，高 1~3 m。

生境：山坡、草地、灌丛、林缘等。

分布：广西、福建、浙江、海南、贵州、广东、云南、四川。

喙果黑面神 *Breynia rostrata* Merr.

习性：灌木或乔木，高 4~5 m。

生境：山坡、林中、草地、灌丛等。

分布：广西、福建、浙江、海南、广东、云南。

小叶黑面神 *Breynia vitis-idaea*（Burm. f.) C. E. C. Fisch.

习性：灌木，高可达 3 m。

生境：山坡、灌丛、草地等。

分布：广西、贵州、广东、云南。

土蜜树属 *Bridelia* Willd.

禾串树 *Bridelia balansae* Tutcher

习性：乔木，高可达 17 m。

生境：山坡、林下等。

分布：广西、福建、海南、贵州、广东、云南、台湾、四川。

膜叶土蜜树 *Bridelia glauca* Blume

习性：乔木，高可达 15 m。

生境：山坡、林中等。

分布：广西、广东、云南、台湾。

土蜜树 *Bridelia tomentosa* Blume

习性：灌木或乔木，高 2~5 m。

生境：山坡、林中等。

分布：广西、福建、广东。

闭花木属 *Cleistanthus* Hook. f. ex Planch.

闭花木 *Cleistanthus sumatranus*（Miq.）Müll. Arg.

习性：乔木，高可达 18 m。

生境：山坡、林中等。

分布：广西、海南、广东、云南。

馒头果 *Cleistanthus tonkinensis* Jabl.

习性：乔木或灌木，高可达 3 m。

生境：山坡、林中等。

分布：广西、广东、云南。

白饭树属 *Flueggea* Willd.

白饭树 *Flueggea virosa*（Roxb. ex Willd.）Royle

习性：灌木，高 1~6 m。

生境：山坡、灌丛等。

分布：广西、山东、福建、贵州、湖南、广东、云南、台湾、河北、河南。

算盘子属 *Glochidion* J. R. Forst. et G. Forst.

毛果算盘子 *Glochidion eriocarpum* Champ. ex Benth.

习性：灌木，高可达 5 m。

生境：山坡、沟谷、灌丛、林缘等。

分布：广西、福建、海南、贵州、广东、湖南、云南、台湾。

厚叶算盘子 *Glochidion hirsutum*（Roxb.）Voigt

习性：灌木或乔木，高可达 5 m。

生境：山坡、沟谷、灌丛、林缘等。

分布：广西、福建、海南、贵州、广东、湖南、云南、台湾。

甜叶算盘子 *Glochidion philippicum*（Cav.）C. B. Rob.

习性：落叶乔木，高可达 12 m。

生境：林中等。

分布：广西、福建、海南、广东、云南、台湾、四川。

湖北算盘子 *Glochidion wilsonii* Hutch.

习性：落叶灌木，高 1~4 m。

生境：山坡、灌丛等。

分布：广西、福建、浙江、贵州、江西、湖北、安徽、四川。

白背算盘子 *Glochidion wrightii* Benth.

习性：灌木或乔木，高 1~8 m。

生境：山坡、林中、灌丛等。

分布：广西、福建、海南、贵州、广东、云南。

香港算盘子 *Glochidion zeylanicum*（Gaerthn.）A. Juss.

习性：灌木或乔木，高 1~6 m。

生境：沟谷、溪边、灌丛等。

分布：广西、福建、海南、广东、云南。

里白算盘子 *Glochidion triandrum*（Blanco）C. B. Rob.

习性：灌木或乔木，高 3~7 m。

生境：山坡、林中、沟谷、溪边、灌丛等。

分布：广西、福建、贵州、湖南、广东、云南、台湾、四川。

红叶下珠属 *Nymphanthus* Lour.

尖叶下珠 *Nymphanthus fangchengensis*（P. T. Li）R. W. Bouman

习性：落叶灌木，高约 1 m。

生境：沟谷、溪边、灌丛等。

分布：广西。

叶下珠属 *Phyllanthus* L.

越南叶下珠 *Phyllanthus cochinchinensis*（Lour.）Spreng.

习性：灌木，高可达 3 m。

生境：林下、林缘、灌丛、弃耕地等。

分布：广西、福建、西藏、海南、广东、云南、四川。

余甘子 *Phyllanthus emblica* L.

习性：乔木，高可达 23 m。

生境：林下、灌丛等。

分布：广西、福建、海南、贵州、江西、广东、云南、台湾、四川。

小果叶下珠 *Phyllanthus reticulatus* Poir.

习性：灌木，高可达 4 m。

生境：山坡、林下、灌丛等。

分布：广西、福建、海南、贵州、广东。

叶下珠 *Phyllanthus urinaria* L.

习性：一年生草本，高 10~60 cm。

生境：田野、路边、弃耕地、林缘等。

分布：广西、福建、海南、贵州、湖南、湖北、广东、安徽、河北、河南。

95. 商陆科 Phytolaccaceae

商陆属 *Phytolacca* Tourn. ex L.

*** 垂序商陆** *Phytolacca americana* L.

习性：多年生草本，高 0.5~1.5 m。

生境：沟谷、山坡、林下、林缘、沟边、路边等。

分布：广西、福建、贵州、江西、湖南、湖北、广东、云南、安徽、四川、山东、陕西、浙江、江苏、台湾、河北、河南。

96. 胡椒科 Piperaceae

胡椒属 *Piper* L.

华南胡椒 *Piper austrosinense* Tseng

习性：木质藤本。

生境：林中等。

分布：广西、海南、广东、香港。

苎叶蒟 *Piper boehmeriifolium*（Miquel）C. de Candolle

习性：亚灌木，高 3~5 m。

生境：沟谷、路边、林中等。

分布：广西、贵州、广东、云南。

复毛胡椒 *Piper bonii* C. DC.

习性：攀缘藤本。

生境：山坡、沟谷、林中等。

分布：广西、海南、云南。

海南蒟 *Piper hainanense* Hemsl.

习性：木质藤本。

生境：林中等。

分布：广西、海南、广东。

山蒟 *Piper hancei* Maxim.

习性：攀缘藤本，茎长可达 10 m。

生境：林中、山坡、溪边等。

分布：广西、福建、浙江、贵州、湖南、广东、云南。

变叶胡椒 *Piper mutabile* C. DC.

习性：攀缘藤本。

生境：山坡、沟谷、溪边、林下等。

分布：广西、广东。

假蒟 *Piper sarmentosum* Roxb.

习性：亚灌木，高 0.5~1 m。

生境：林下、村旁湿地处等。

分布：广西、福建、西藏、海南、贵州、广东、云南。

球穗胡椒 *Piper thomsonii*（C. DC.）Hook. f.

习性：草质藤本，茎长 1~2 m。

生境：沟谷、林中等。

分布：广西、福建、西藏、海南、贵州、江西、湖南、湖北、广东、云南、安徽、四川、甘肃、陕西、浙江、江苏、台湾、河南。

石南藤 *Piper wallichii*（Miq.）Hand.-Mazz.

习性：攀缘灌木。

生境：林下等。

分布：广西、甘肃、贵州、湖南、湖北、广东、云南、四川。

97. 海桐花科 Pittosporaceae

海桐属 *Pittosporum* Banks ex Gaertn.

聚花海桐 *Pittosporum balansae* DC.

习性：灌木。

生境：林中、灌丛、河岸、溪边等。

分布：广西、海南、广东、云南。

窄叶聚花海桐 *Pittosporum balansae* var. *angustifolium* Gagnep.

习性：灌木。

生境：林中、灌丛等。

分布：广西、海南、广东。

广西海桐 *Pittosporum kwangsiense* Hung T. Chang et S. Z. Yan

习性：灌木。

生境：林中、灌丛等。

分布：广西、云南。

少花海桐 *Pittosporum pauciflorum* Hook. et Arn.

习性：灌木。

生境：灌丛、沟谷、溪边、路边等。

分布：广西、福建、海南、江西、湖南、广东、台湾。

海桐 *Pittosporum tobira*（Thunb.）W. T. Aiton

习性：灌木或乔木，高 2~6 m。

生境：林中、林缘、山坡、灌丛、路边等。

分布：广西、台湾。

98. 车前科 Plantaginaceae

车前属 *Plantago* L.

车前 *Plantago asiatica* L.

习性：多年生草本，高 20~60 cm。

生境：草地、沟边、河岸、滩涂、路边等。

分布：广西、福建、西藏、贵州、湖南、湖北、广东、安徽、四川、新疆、江苏、吉林、河北、河南、海南、江西、重庆、云南、北京、甘肃、山东、浙江、内蒙古、青海、辽宁、天津、台湾、黑龙江、山西。

毛麝香属 *Adenosma* R. Br.

毛麝香 *Adenosma glutinosa*（L.）Druce

习性：多年生草本，高 0.3~1 m。

生境：山坡、林缘、草地、灌丛等。

分布：广西、福建、海南、江西、云南、澳门、香港。

球花毛麝香 *Adenosma indiana*（Lour.）Merr.

习性：一年生草本，高 19~60 cm。

生境：山坡、溪边、弃耕地、灌丛等。

分布：广西、海南、广东、云南、香港。

石龙尾属 *Limnophila* R. Br.

大叶石龙尾 *Limnophila rugosa*（Roth）Merr.

习性：多年生草本，高 10~50 cm。

生境：沟边、溪边、沟谷等。

分布：广西、福建、湖南、广东、云南、台湾、香港、安徽。

野甘草属 *Scoparia* L.

* **野甘草** *Scoparia dulcis* L.

习性：草本或半灌木状，高可达 1 m。

生境：弃耕地、路边、山坡等。

分布：广西、福建、海南、贵州、江西、上海、广东、云南、北京、澳门、香港、甘肃、台湾。

99. 白花丹科 Plumbaginaceae

白花丹属 *Plumbago* Tourn. ex L.

白花丹 *Plumbago zeylanica* L.

习性：亚灌木，高 1~3 m。

生境：灌丛、草地等。

分布：广西、福建、海南、贵州、广东、云南、台湾、四川。

100. 远志科 Polygalaceae

远志属 *Polygala* Tourn. ex L.

黄花倒水莲 *Polygala fallax* Hemsl.

习性：灌木或乔木，高 1~3 m。

生境：沟谷、林下等。

分布：广西、福建、贵州、江西、湖南、广东、云南。

齿果草属 *Salomonia* Lour.

齿果草 *Salomonia cantoniensis* Lour.

习性：一年生草本，高 5~25 cm。

生境：山坡、林下、灌丛、草地等。

分布：广西、福建、浙江、贵州、广东、云南。

蝉翼藤属 *Securidaca* L.

蝉翼藤 *Securidaca inappendiculata* Hassk.

习性：攀缘灌木，茎长可达 6 m。

生境：沟谷、林中等。

分布：广西、海南、广东、云南。

瑶山蝉翼藤 *Securidaca yaoshanensis* K. S. Hao

习性：攀缘灌木，高 2~3 m。

生境：林中等。

分布：广西、广东、云南。

黄叶树属 *Xanthophyllum* Roxb.

黄叶树 *Xanthophyllum hainanense* Hu

习性：乔木，高可达 20 m。

生境：林中、林缘、溪边等。

分布：广西、海南、广东。

101. 蓼科 Polygonaceae

蓼属 *Persicaria* Mill.

火炭母 *Persicaria chinensis*（L.）H. Gross

习性：多年生草本，高约 1 m。

生境：沟谷、溪边、沟边、草地等。

分布：广西、福建、西藏、海南、贵州、江西、广东、湖北、湖南、云南、安徽、四川、甘肃、陕西、浙江、江苏、台湾。

金线草 *Persicaria filiformis*（Thunb.）Nakai

习性：多年生草本，高 50~80 cm。

生境：山坡、林缘、沟谷、路边等。

分布：广西、福建、海南、贵州、湖南、湖北、广东、云南、安徽、四川、甘肃、山东、陕西、浙江、江苏、台湾。

水蓼 *Persicaria hydropiper*（L.）Spach

习性：一年生草本，高 0.5~1 m。

生境：滩涂、沟边、池塘、溪边、沼泽等。

分布：广西、福建、西藏、贵州、湖北、湖南、广东、安徽、四川、新疆、江苏、吉林、宁夏、河北、河南、海南、江西、重庆、云南、北京、甘肃、山东、陕西、浙江、内蒙古、青海、辽宁、台湾、黑龙江、山西。

长鬃蓼 *Persicaria longiseta*（Bruijn）Moldenke

习性：一年生草本，高 30~50 cm。

生境：沟谷、池塘、溪边、沼泽等。

分布：广西、福建、西藏、贵州、湖南、湖北、广东、安徽、四川、江苏、吉林、河北、河南、江西、云南、北京、甘肃、山东、陕西、浙江、内蒙古、辽宁、台湾、黑龙江、山西。

杠板归 *Persicaria perfoliata*（L.）H. Gross

习性：一年生草本，高 1~2 m。

生境：林缘、灌丛、路边、沟谷等。

分布：广西、福建、西藏、贵州、湖南、湖北、广东、安徽、四川、江苏、吉林、河北、河南、海南、江西、云南、北京、甘肃、山东、陕西、浙江、内蒙古、辽宁、台湾、黑龙江、山西。

丛枝蓼 *Persicaria posumbu*（Buch.-Ham. ex D. Don）H. Gross

习性：一年生草本，高约 30~70 cm。

生境：山坡、林下、沟谷、溪边、沟边等。

分布：广西、福建、西藏、海南、贵州、江西、湖南、湖北、广东、云南、北京、安徽、四川、甘肃、山东、陕西、浙江、江苏、辽宁、吉林、台湾、黑龙江、河北、河南。

戟叶蓼 *Persicaria thunbergii*（Siebold et Zucc.）H. Gross

习性：一年生草本，高约 90 cm。

生境：沟谷、池塘、溪边、沼泽等。

分布：广西、福建、西藏、贵州、湖南、湖北、广东、安徽、四川、江苏、吉林、河北、河南、海南、江西、云南、北京、甘肃、山东、陕西、浙江、内蒙古、辽宁、台湾、黑龙江、山西。

何首乌属 *Pleuropterus* Turcz.

何首乌 *Pleuropterus multiflorus*（Thunb.）Nakai

习性：多年生草本。

生境：沟谷、灌丛、山坡、林下、沟边等。

分布：广西、福建、海南、贵州、江西、湖南、湖北、广东、云南、安徽、四川、甘肃、山东、陕西、浙江、江苏、青海、辽宁、吉林、台湾、黑龙江、河北、河南。

萹蓄属 *Polygonum* L.

萹蓄 *Polygonum aviculare* R. Br.

习性：一年生草本，高 10~40 cm。

生境：沟谷、沟边、溪边、滩涂等。

分布：广西、福建、西藏、贵州、湖南、湖北、广东、安徽、四川、江苏、吉林、宁夏、河北、河南、海南、江西、云南、北京、甘肃、山东、陕西、浙江、内蒙古、青海、辽宁、台湾、黑龙江、山西。

虎杖属 *Reynoutria* Houtt.

虎杖 *Reynoutria japonica* Houtt.

习性：多年生草本，高 1~2 m。

生境：山坡、灌丛、沟谷、路边、沟边、溪边等。

分布：广西、福建、海南、贵州、江西、湖南、湖北、广东、云南、安徽、四川、甘肃、山东、陕西、浙江、江苏、辽宁、台湾、黑龙江、河南。

102. 马齿苋科 Portulacaceae

马齿苋属 *Portulaca* L.

马齿苋 *Portulaca oleracea* L.

习性：一年生草本，高 10~30 cm。

生境：林缘、路边等。

分布：广西、福建、西藏、贵州、上海、湖南、湖北、广东、澳门、香港、安徽、四川、新疆、江苏、吉林、宁夏、河南、河北、海南、江西、重庆、云南、北京、甘肃、山东、陕西、浙江、内蒙古、青海、辽宁、天津、台湾、黑龙江、山西。

103. 报春花科 Primulaceae

金牛属 *Ardisia* Sw.

细罗伞 *Ardisia affinis* Hemsl.

习性：灌木，高约 35 cm。

生境：沟谷、林下、溪边等。

分布：广西、海南、江西、湖南、广东。

小紫金牛 *Ardisia chinensis* Benth.

习性：亚灌木状矮灌木，高 25~45 cm。

生境：沟谷、山坡、林下、溪边等。

分布：广西、福建、浙江、江西、湖南、广东、台湾、四川。

剑叶紫金牛 *Ardisia ensifolia* Walker

习性：灌木。

生境：林下等。

分布：广西、云南。

狭叶紫金牛 *Ardisia filiformis* Walker

习性：灌木，高约 1 m。

生境：林中等。

分布：广西。

灰色紫金牛 *Ardisia fordii* Hemsl.

习性：灌木，高 30~60 cm。

生境：溪边、林下等。

分布：广西、广东。

走马胎 *Ardisia gigantifolia* Stapf

习性：灌木，高 1~3 m。

生境：林下等。

分布：广西、福建、海南、贵州、江西、广东、云南。

大罗伞树 *Ardisia hanceana* Mez

习性：灌木，高 1.5~6 m。

生境：沟谷、山坡、林下等。

分布：广西、福建、浙江、海南、江西、湖南、广东、香港、安徽。

山血丹 *Ardisia lindleyana* D. Dietrich

习性：灌木，高约 45 cm。

生境：沟谷、山坡、林下、溪边等。

分布：广西、福建、浙江、江西、湖南、广东。

虎舌红 *Ardisia mamillata* Hance

习性：灌木，高不超过 15 cm。

生境：沟谷、林下等。

分布：广西、福建、海南、贵州、湖南、广东、云南、四川。

纽子果 *Ardisia polysticta* Migo

习性：灌木，高 1~3 m。

生境：林下等。

分布：广西、海南、贵州、云南、台湾。

莲座紫金牛 *Ardisia primulifolia* Gardner et Champion

习性：灌木或半灌木。

生境：林下等。

分布：广西、福建、海南、贵州、江西、湖南、广东、云南。

罗伞树 *Ardisia quinquegona* Blume

习性：灌木或乔木，高 2~6 m。

生境：沟谷、山坡、林下、溪边等。

分布：广西、福建、海南、广东、云南、台湾、四川。

雪下红 *Ardisia villosa* Roxb.

习性：灌木，高 1~3 m。

生境：林下、路边等。

分布：广西、海南、广东、云南、台湾。

越南紫金牛 *Ardisia waitakii* C. M. Hu

习性：灌木或乔木，高 1~3 m。

生境：林下、路边、水边等。

分布：广西、海南、广东。

朱砂根 *Ardisia crenata* Sims

习性：灌木，高 1~3 m。

生境：林下、灌丛等。

分布：广西、福建、西藏、海南、江西、湖南、湖北、广东、云南、安徽、浙江、江苏、台湾。

块根紫金牛 *Ardisia pseudocrispa* Pit.

习性：灌木。

生境：林下、灌丛、山坡等。

分布：广西。

南方紫金牛 *Ardisia thyrsiflora* D. Don

习性：灌木或乔木，高 1.5~5 m。

生境：林中、林缘等。

分布：广西、贵州、云南、湖北、西藏。

酸藤子属 *Embelia* Burm. f.

酸藤子 *Embelia laeta*（L.）Mez

习性：攀缘灌木或藤本，茎长 1~3 m。

生境：林下、林缘、草坡、灌丛等。

分布：广西、福建、海南、江西、广东、云南、台湾。

白花酸藤果 *Embelia ribes* Burm. F.

习性：攀缘灌木或藤本，茎长 3~6 m。

生境：林中、林缘、灌丛、路边等。

分布：广西、福建、西藏、海南、贵州、广东、云南。

厚叶白花酸藤果 *Embelia ribes* var. *pachyphylla*（Chunex C. Y. Wu et C. Chen）Pipoly et C. Chen

习性：攀缘灌木或藤本，茎长 3~9 m。

生境：林下、灌丛等。

分布：广西、海南、广东、云南。

瘤皮孔酸藤子 *Embelia scandens*（Lour.）Mez

习性：攀缘灌木，茎长 2~8 m。

生境：山坡、沟谷、林中、灌丛等。

分布：广西、海南、广东、云南。

平叶酸藤子 *Embelia undulata*（Wall.）Mez

习性：攀缘灌木，茎长 2~4 m。

生境：林下、山坡、路边、林缘、灌丛等。

分布：广西、福建、海南、贵州、江西、湖南、广东、云南、四川。

密齿酸藤子 *Embelia vestita* Roxb.

习性：攀缘灌木或小乔木，茎长 5 m 以上。

生境：灌丛、林下、林缘等。

分布：广西、福建、浙江、西藏、海南、贵州、湖南、广东、云南、台湾、四川。

珍珠菜属 *Lysimachia* Tourn. ex L.

三叶香草 *Lysimach iainsignis* Hemsl.

习性：多年生草本，高约 20 cm。

生境：沟谷、溪边、林下等。

分布：广西、贵州、云南。

杜茎山属 *Maesa* Forssk.

米珍果 *Maesa acuminatissima* Merr.

习性：灌木，高 1~4 m。

生境：林下、溪边、湿润处等。

分布：广西、海南、云南。

湖北杜茎山 *Maesa hupehensis* Rehd.

习性：灌木，高 1~4 m。

生境：林下等。

分布：广西、湖北、四川。

杜茎山 *Maesa japonica*（Thunb.）Moritzi.

习性：灌木，高 1~5 m。

生境：路边、灌丛、林下等。

分布：广西、福建、浙江、贵州、江西、湖南、湖北、广东、云南、台湾、安徽、四川。

金珠柳 *Maesa montana* A. DC.

习性：灌木或乔木，高 2~10 m。

生境：林下等。

分布：广西、福建、西藏、海南、贵州、广东、云南、台湾、四川。

鲫鱼胆 *Maesa perlarius*（Lour.）Merr.

习性：灌木，高 1~3 m。

生境：山坡、路边、林下、灌丛等。

分布：广西、海南、贵州、广东、云南、台湾、四川。

秤杆树 *Maesa ramentacea*（Roxb.）A. DC.

习性：灌木或乔木，高 1.5~3 m。

生境：林下、林缘、路边、坡边、灌丛等。

分布：广西、云南。

铁仔属 *Myrsine* L.

打铁树 *Myrsine linearis*（Loureiro）Poiret

习性：灌木或乔木，高 1~30 m。

生境：林中、灌丛等。

分布：广西、海南、贵州、广东。

密花树 *Myrsine seguinii* H. Léveillé

习性：灌木或乔木，高 2~12 m。

生境：林缘、路边、灌丛、林中等。

分布：广西、福建、西藏、海南、贵州、江西、湖南、湖北、广东、云南、安徽、四川、浙江、台湾。

假婆婆纳属 *Stimpsonia* C. Wright ex A. Gray

假婆婆纳 *Stimpsonia chamaedryoides* Wright ex A. Gray

习性：一年生草本，高 6~18 cm。

生境：林中、路边、山坡、林缘等。

分布：广西、福建、西藏、海南、贵州、江西、湖南、湖北、广东、云南、安徽、四川、浙江、台湾。

104. 山龙眼科 Proteaceae

山龙眼属 *Helicia* Lour.

小果山龙眼 *Helicia cochinchinensis* Lour.

习性：乔木或灌木，高 3~20 m。

生境：丘陵、林中等。

分布：广西、海南、广东、云南。

东兴山龙眼 *Helicia dongxingensis* H. S. Kiu

习性：乔木，高 5~8 m。

生境：沟谷、林中等。

分布：广西。

山龙眼 *Helicia formosana* Hemsl.

习性：乔木，高 3~10 m。

生境：沟谷、林中等。

分布：广西、海南、台湾。

海南山龙眼 *Helicia hainanensis* Hayata

习性：乔木或灌木，高 2~10 m。

生境：溪边、林中等。

分布：广西、海南、广东、云南。

长柄山龙眼 *Helicia longipetiolata* Merr. et Chun

习性：乔木，高 6~15 m。

生境：山坡、林中等。

分布：广西、海南、广东。

枇杷叶山龙眼 *Helicia obovatifolia* var. *mixta*（Li）Sleum.

习性：乔木。

生境：沟谷、林中等。

分布：广西、海南、广东。

网脉山龙眼 *Helicia reticulata* W. T. Wang

习性：乔木或灌木，高 3~10 m。

生境：山坡、林中等。

分布：广西、福建、贵州、江西、湖南、广东、云南。

假山龙眼属 *Heliciopsis* Sleumer

假山龙眼 *Heliciopsis henryi*（Diels）W. T. Wang

习性：乔木，高 5~15 m。

生境：山坡、林中等。

分布：广西、云南。

调羹树 *Heliciopsis lobata*（Merr.）Sleum.

习性：乔木，高 15~20 m。

生境：山坡、沟谷、林中等。

分布：广西、海南。

痄腮树 *Heliciopsis terminalis*（Kurz）Sleum.

习性：乔木，高 5~10 m。

生境：沟谷、林中等。

分布：广西、海南、广东、云南。

105. 核果木科 Putranjivaceae

核果木属 *Drypetes* Vahl

海南核果木 *Drypetes hainanensis* Merr.

习性：乔木，高可达 20 m。

生境：山坡、林中等。

分布：广西、海南。

拱网核果木 *Drypetes arcuatinervia* Merr. et Chun

习性：灌木，高可达 4 m。

生境：山坡、林中等。

分布：广西、海南、广东、云南。

青枣核果木 *Drypetes cumingii*（Baill.）Pax et K. Hoffm.

习性：乔木，高 9~20 m。

生境：沟谷、林中等。

分布：广西、海南、广东、云南。

106. 毛茛科 Ranunculaceae

铁线莲属 *Clematis* L.

小木通 *Clematis armandii* Franch.

习性：木质藤本，茎长可达 6 m。

生境：山坡、沟谷、路边、灌丛、沟边等。

分布：广西、陕西、福建、浙江、西藏、贵州、江西、湖南、湖北、广东、云南、四川。

丝铁线莲 *Clematis loureiroana* DC.

习性：多年生木质藤本。

生境：林中、沟边、山坡等。

分布：广西、海南、广东。

沙叶铁线莲 *Clematis meyeniana* var. *granulata* Finet et Gagnep.
习性：多年生木质藤本。
生境：山坡、沟谷、路边、沟边、林中、灌丛等。
分布：广西、海南、广东、云南。

毛柱铁线莲 *Clematis meyeniana* Walp.
习性：木质藤本。
生境：林下、路边、灌丛、沟谷、溪边等。
分布：广西、福建、浙江、海南、湖北、湖南、广东、云南、台湾、四川。

柱果铁线莲 *Clematis uncinata* Champ.
习性：多年生木质藤本。
生境：山坡、沟谷、灌丛、林缘等。
分布：广西、福建、贵州、江西、湖南、湖北、广东、云南、安徽、四川、甘肃、陕西、浙江、江苏、台湾。

锡兰莲属 *Naravelia* Adans.

两广锡兰莲 *Naravelia pilulifera* Hance
习性：多年生木质藤本，茎长 2~4 m。
生境：山坡、林中等。
分布：广西、海南、广东、云南。

唐松草属 *Thalictrum* Tourn. ex L.

阴地唐松草 *Thalictrum umbricola* Ulbr.
习性：多年生草本，高 15~50 cm。
生境：山坡、林中、沟边等。
分布：广西、江西、湖南、广东。

107. 鼠李科 Rhamnaceae

勾儿茶属 *Berchemia* Neck. ex DC.

多花勾儿茶 *Berchemia floribunda*（Wall.）Brongn.
习性：攀缘或直立灌木，高可达 6 m。
生境：山坡、沟谷、林缘、林下、灌丛等。
分布：广西、福建、西藏、贵州、江西、湖南、湖北、广东、云南、安徽、四川、陕西、浙江、江苏、台湾、山西、河南。

铁包金 *Berchemia lineata*（L.）DC.
习性：攀缘灌木，高可达 2 m。
生境：山坡、沟谷、林缘、林下、灌丛等。
分布：广西、福建、海南、广东、台湾。

裸芽鼠李属 *Frangula* Mill.

长叶冻绿 *Frangula crenata*（Siebold et Zucc.）Miq.

习性：灌木或乔木，高可达 7 m。

生境：林下、山坡、灌丛等。

分布：广西、福建、贵州、江西、湖南、湖北、广东、云南、安徽、四川、陕西、浙江、江苏、台湾、河南。

长柄鼠李 *Frangula longipes*（Merr. et Chun）Grubov

习性：灌木或乔木，高可达 8 m。

生境：林中、山坡等。

分布：广西、福建、海南、广东、云南。

枳椇属 *Hovenia* Thunb.

枳椇 *Hovenia acerba* Lindl.

习性：落叶乔木，高 10~25 m。

生境：空旷地、山坡、林缘、林中等。

分布：广西、福建、西藏、贵州、江西、湖南、湖北、广东、云南、安徽、四川、甘肃、陕西、浙江、江苏、河南。

马甲子属 *Paliurus* Mill.

马甲子 *Paliurus ramosissimus*（Lour.）Poir.

习性：落叶灌木，高可达 6 m。

生境：山坡、平原等。

分布：广西、福建、贵州、江西、湖南、湖北、广东、云南、安徽、四川、浙江、江苏、台湾。

雀梅藤属 *Sageretia* Brongn.

纤细雀梅藤 *Sageretia gracilis* Drumm. et Sprague

习性：攀缘灌木。

生境：山坡、沟谷、灌丛、林中等。

分布：广西、西藏、云南。

翼核果属 *Ventilago* Gaertn.

翼核果 *Ventilago leiocarpa* Benth.

习性：灌木。

生境：沟谷、林中等。

分布：广西、福建、贵州、湖南、广东、云南、台湾、香港。

枣属 *Ziziphus* Mill.

滇刺枣 *Ziziphus mauritiana* Lam.

习性：乔木或灌木，高可达 15 m。

生境：山坡、丘陵、林中、灌丛等。

分布：广西、福建、广东、云南、台湾、四川。

108. 红树科 Rhizophoraceae

竹节树属 *Carallia* Roxb.

竹节树 *Carallia brachiata*（Lour.）Merr.

习性：乔木，高 7~10 m。

生境：丘陵、灌丛、林中等。

分布：广西、福建、海南、广东、云南。

锯叶竹节树 *Carallia diphopetala* Hand.-Mazz.

习性：乔木，高 2~13 m。

生境：山坡等。

分布：广西、广东、云南。

旁杞木 *Carallia pectinifolia* W. C. Ko

习性：灌木或小乔木。

生境：沟谷、林中等。

分布：广西、广东、云南。

109. 蔷薇科 Rosaceae

龙牙草属 *Agrimonia* L.

龙牙草 *Agrimonia pilosa* Ldb.

习性：多年生草本，高 30~120 cm。

生境：溪边、路边、草地、灌丛、林缘、林下等。

分布：广西、福建、西藏、贵州、上海、湖北、湖南、广东、澳门、香港、安徽、四川、新疆、江苏、吉林、宁夏、河北、河南、海南、江西、重庆、云南、北京、甘肃、山东、陕西、浙江、内蒙古、青海、天津、辽宁、台湾、黑龙江、山西。

蛇莓属 *Duchesnea* Sm.

蛇莓 *Duchesnea indica*（Andr.）Focke

习性：多年生草本。

生境：山坡、溪边、沟边、草地、路边等。

分布：广西、辽宁。

枇杷属 *Eriobotrya* Lindl.

大花枇杷 *Eriobotrya cavaleriei*（Lévl）Rehd.

习性：乔木，高 4~6 m。

生境：山坡、林中等。

分布：广西、福建、贵州、江西、湖南、湖北、广东、四川。

台湾枇杷 *Eriobotrya deflexa*（Hemsl.）Nakai

习性：乔木，高 5~12 m。

生境：山坡、沟谷、林中等。

分布：广西、海南、广东、台湾。

香花枇杷 *Eriobotrya fragrans* Champ. ex Benth.

习性：小乔木或灌木，高可达 10 m。

生境：山坡、林中等。

分布：广西、西藏、广东。

石楠属 *Photinia* Lindl.

闽粤石楠 *Photinia benthamiana* Hance

习性：灌木或乔木，高 3~10 m。

生境：山坡、林中等。

分布：广西、福建、浙江、海南、湖南、湖北、广东、云南。

柳叶闽粤石楠 *Photinia benthamiana* var. *salicifolia* Card.

习性：落叶灌木或小乔木，高可达 10 m。

生境：林中等。

分布：广西、海南、云南。

贵州石楠 *Photinia bodinieri* Lévl

习性：乔木，高 6~15 m。

生境：灌丛等。

分布：广西、陕西、福建、浙江、贵州、江苏、湖南、湖北、广东、云南、安徽、四川。

厚齿石楠 *Photinia callosa* Chun ex Kuan

习性：落叶灌木或小乔木，高可达 12 m。

生境：林中等。

分布：广西、广东。

毛果石楠 *Photinia pilosicalyx* Yü

习性：常绿或落叶灌木，高 4~6 m。

生境：林中等。

分布：广西、贵州。

桃叶石楠 *Photinia prunifolia*（Hook. et Arn.）Lindl.

习性：乔木，高 10~20 m。

生境：林中等。

分布：广西、福建、浙江、贵州、江西、湖南、广东、云南。

李属 *Prunus* L.

腺叶桂樱 *Prunus phaeosticta*（Hance）Maxim.

习性：灌木或乔木，高 4~12 m。

生境：林中等。

分布：广西、福建、西藏、海南、贵州、江西、湖南、广东、云南、香港、安徽、四川、浙江、台湾。

华南桂樱 *Prunus fordiana* Dunn

习性：灌木或乔木，高 5~15 m。

生境：山坡、山麓、林中等。

分布：广西、广东。

刺叶桂樱 *Prunus spinulosa* Sieb. et Zucc.

习性：乔木，高可达 20 m。

生境：林中、沟谷、林缘等。

分布：广西、福建、浙江、贵州、江苏、江西、湖南、湖北、广东、云南、安徽、四川。

臀果木属 *Pygeum* Gaertn.

疏花臀果木 *Pygeum laxiflorum* Merr. ex Li

习性：乔木，高 7~20 m。

生境：山坡、林中等。

分布：广西、广东。

臀果木 *Pygeum topengii* Merr.

习性：乔木，高可达 25 m。

生境：沟谷、路边、溪边、林缘等。

分布：广西、福建、海南、贵州、湖南、广东、云南。

梨属 *Pyrus* L.

豆梨 *Pyrus calleryana* Decne.

习性：落叶乔木，高 5~8 m。

生境：山坡、林中等。

分布：广西、福建、江西、湖南、湖北、广东、安徽、山东、陕西、浙江、江苏、台湾、河南。

楔叶豆梨 *Pyrus calleryana* var. *koehnei*（Schneid.）Yü

习性：落叶乔木，高 5~8 m。

生境：山坡、林中等。

分布：广西、福建、浙江、广东。

石斑木属 *Rhaphiolepis* Lindl.

石斑木 *Rhaphiolepis indica*（L.）Lindley

习性：灌木或乔木，高可达 4 m。

生境：山坡、路边、林中等。

分布：广西、福建、浙江、海南、贵州、江西、湖南、广东、云南、台湾、安徽。

细叶石斑木 *Rhaphiolepis lanceolata* Hu

习性：灌木，高 1~1.5 m；稀为乔木，高可达 10 m。

生境：林下、灌丛等。

分布：广西、海南、广东。

柳叶石斑木 *Rhaphiolepis salicifolia* Lindl.

习性：灌木或乔木，高 2.5~6 m。

生境：山坡、林缘、林下等。

分布：广西、福建、广东。

蔷薇属 *Rosa* L.

小果蔷薇 *Rosa cymosa* Tratt.

习性：攀缘灌木，高 2~5 m。

生境：山坡、路边、溪边、丘陵等。

分布：广西、福建、贵州、江西、湖南、湖北、广东、云南、安徽、四川、陕西、浙江、江苏、台湾。

金樱子 *Rosa laevigata* Michx.

习性：攀缘灌木，高可达 5 m。

生境：山野、田边、溪边、灌丛等。

分布：广西、福建、海南、贵州、江西、湖南、湖北、广东、云南、安徽、四川、陕西、浙江、江苏、台湾。

悬钩子属 *Rubus* L.

粗叶悬钩子 *Rubus alceifolius* Poiret

习性：落叶灌木，高可达 5 m。

生境：林中等。

分布：广西、福建、浙江、海南、贵州、江苏、江西、湖南、广东、云南、台湾。

蛇藨筋 *Rubus cochinchinensis* Tratt.

习性：落叶灌木。

生境：林中等。

分布：广西、海南、广东、云南、四川。

耳叶悬钩子 *Rubus latoauriculatus* Metc.

习性：落叶灌木，高可达 2 m。

生境：沟谷、林中等。

分布：广西。

白花悬钩子 *Rubus leucanthus* Hance

习性：落叶灌木，高 1~3 m。

生境：林中等。

分布：广西、福建、海南、贵州、湖南、广东、云南。

茅莓 *Rubus parvifolius* L.

习性：落叶灌木，高 1~2 m。

生境：山坡、林下、沟谷、路边、林缘等。

分布：广西、福建、贵州、湖南、湖北、广东、安徽、四川、江苏、吉林、宁夏、河北、河南、海南、江西、云南、甘肃、山东、陕西、浙江、青海、辽宁、台湾、黑龙江、山西。

少齿悬钩子 *Rubus paucidentatus* Yü et Lu

习性：落叶灌木。

生境：山坡、沟谷、林下、沟边等。

分布：广西、广东。

深裂锈毛莓 *Rubus reflexus* var. *lanceolobus* Metc.

习性：落叶灌木。

生境：沟谷、林中等。

分布：广西、福建、湖南、广东。

空心蔗 *Rubus rosifolius* Sm.

习性：落叶灌木，高 2~3 m。

生境：林下、灌丛、沟边、溪边、路边等。

分布：广西、福建、贵州、江西、湖南、湖北、广东、云南、安徽、四川、陕西、浙江、台湾。

大乌蔗 *Rubus clinocephalus* Focke

习性：灌木，高可达 3 m。

生境：山坡、沟谷、林中、林缘、路边等。

分布：广西、贵州、广东、云南。

花楸属 *Sorbus* L.

美脉花楸 *Sorbus caloneura*（Stapf）Rehd.

习性：乔木或灌木，高可达 10 m。

生境：林中、沟谷、山坡等。

分布：广西、福建、贵州、江西、湖南、湖北、广东、云南、四川。

110. 茜草科 Rubiaceae

水团花属 *Adina* Salisb.

水团花 *Adina pilulifera*（Lam.）Franch. ex Drake

习性：灌木或乔木，高可达 5 m。

生境：沟谷、林下、沟边、路边、溪边等。

分布：广西、福建、浙江、海南、贵州、江苏、江西、湖南、广东、云南、澳门、香港。

细叶水团花 *Adina rubella* Hance

习性：落叶灌木，高 1~6 m。

生境：溪边、沟边等。

分布：广西、陕西、福建、浙江、江苏、江西、湖南、广东。

茜树属 *Aidia* Lour.

香楠 *Aidia canthioides*（Champ. ex Benth.）Masam.

习性：灌木或乔木，高 1~12 m。

生境：山坡、沟谷、溪边、丘陵、灌丛、林中等。

分布：广西、福建、海南、广东、云南、台湾、香港。

茜树 *Aidia cochinchinensis* Lour.

习性：灌木或乔木，高可达 15 m。

生境：山坡、沟谷、溪边、丘陵、灌丛、林中等。

分布：广西、海南、广东、云南、香港。

尖萼茜树 *Aidia oxyodonta*（Drake）T. Yamaz.

习性：灌木或乔木，高 2~12 m。

生境：丘陵、山坡、林中、灌丛等。

分布：广西、海南、广东。

雪花属 *Argostemma* Wall.

岩雪花 *Argostemma saxatile* Chun et F. C. How ex W. C. Ko

习性：二年生草本，高 5~10 cm。

生境：林下等。

分布：广西、广东。

鸡爪簕属 *Benkara* Adans.

浓子茉莉 *Benkara scandens*（Thunberg）Ridsdale

习性：落叶灌木，有刺，高 1~3 m。

生境：林下、沟谷、灌丛等。

分布：广西、海南、广东、云南、澳门。

穴果木属 *Caelospermum* Blume

穴果木 *Caelospermum truncatum*（Wallich）Baillon ex K. Schumann

习性：木质藤本，茎长可达 15 m。

生境：山坡、林下、灌丛等。

分布：广西、海南。

猪肚木属 *Canthium* Lam.

猪肚木 *Canthium horridum* Bl. Bijdr.

习性：灌木，高 2~3 m。

生境：灌丛等。

分布：广西、海南、广东、云南、澳门、香港。

大叶猪肚木 *Canthium simile* Merr. et Chun

习性：灌木或乔木，高 4~10 m。

生境：林中等。

分布：广西、海南、广东、云南。

山石榴属 *Catunaregam* Wolf

山石榴 *Catunaregam spinosa*（Thunb.）Tirveng.

习性：灌木或小乔木，高 1~10 m。

生境：丘陵、山坡、沟谷、林中、灌丛等。

分布：广西、福建、海南、广东、云南、台湾、澳门、香港。

弯管花属 *Chassalia* Comm. ex Poir

弯管花 *Chassalia curviflora*（Wall.）Thwaites

习性：灌木，高 1~2 m。

生境：沟谷、林下、溪边、沟边等。

分布：广西、海南、广东、云南、西藏。

流苏子属 *Coptosapelta* Korth.

流苏子 *Coptosapelta diffusa*（Champ. ex Benth.）Van Steenis

习性：藤本或攀缘灌木，茎长 2~5 m。

生境：山坡、林中、灌丛等。

分布：广西、福建、贵州、江西、湖南、湖北、广东、云南、香港、安徽、四川、浙江、台湾。

虎刺属 *Damnacanthus* C. F. Gaertn.

柳叶虎刺 *Damnacanthus labordei*（H. Lév.）H. S. Lo
习性：灌木，高 0.4~2 m。
生境：山坡、林下、灌丛等。
分布：广西、贵州、湖南、广东、云南、四川。

狗骨柴属 *Diplospora* DC.

狗骨柴 *Diplospora dubia*（Lindl.）Masam.
习性：落叶灌木或乔木，高 1~12 m。
生境：山坡、沟谷、沟边、林中、灌丛等。
分布：广西、福建、海南、贵州、江西、湖南、广东、云南、澳门、香港、安徽、四川、浙江、江苏、台湾。

长柱山丹属 *Duperrea* Pierre ex Pit.

长柱山丹 *Duperrea pavettifolia*（Kurz）Pitard
习性：灌木或小乔木，高 1.5~6 m。
生境：林中等。
分布：广西、海南、云南。

栀子属 *Gardenia* J. Ellis

海南栀子 *Gardenia hainanensis* Merr.
习性：乔木，高 3~12 m。
生境：山坡、沟谷、溪边、林中等。
分布：广西、海南。
栀子 *Gardenia jasminoides* Ellis
习性：灌木，高可达 3 m。
生境：沟谷、山坡、溪边、灌丛、林下、路边等。
分布：广西、福建、海南、贵州、江西、湖南、湖北、广东、云南、澳门、香港、安徽、四川、甘肃、山东、浙江、江苏、天津、台湾、河北、山西。
狭叶栀子 *Gardenia stenophylla* Merr.
习性：灌木，高 0.5~3 m。
生境：沟谷、溪边、林中、灌丛、路边等。
分布：广西、浙江、海南、广东、香港、安徽。

耳草属 *Hedyotis* L.

耳草 *Hedyotis auricularia* L.

习性：多年生草本，高 0.3~1 m。

生境：林缘、灌丛等。

分布：广西、福建、海南、贵州、江西、湖南、广东、云南、澳门、香港、安徽、四川、浙江。

细叶亚婆潮 *Hedyotis auricularia* var. *mina* Ko

习性：多年生草本。

生境：空旷地、溪边、灌丛等。

分布：广西、海南、广东。

剑叶耳草 *Hedyotis caudatifolia* Merr. et F. P. Metcalf

习性：灌木，高 30~90 cm。

生境：林下、悬崖石壁上、草地等。

分布：广西、福建、浙江、江西、湖南、广东、澳门。

鼎湖耳草 *Hedyotis effusa* Hance

习性：多年生草本，高可达 1 m。

生境：沟谷、林中、溪边等。

分布：广西、广东。

牛白藤 *Hedyotis hedyotidea*（DC.）Merr.

习性：藤状灌木，茎长 3~5 m。

生境：沟谷、灌丛、林缘、路边等。

分布：广西、福建、海南、贵州、广东、云南、台湾、澳门、香港。

阔托叶耳草 *Hedyotis platystipula* Merr.

习性：草本，高约 40 cm。

生境：沟谷、林下、溪边等。

分布：广西、广东、香港。

长节耳草 *Hedyotis uncinella* Hook. et Arn.

习性：多年生草本，高约 70 cm。

生境：沟谷、灌丛、林缘、路边等。

分布：广西、福建、海南、贵州、湖南、广东、云南、台湾、香港。

龙船花属 *Ixora* L.

龙船花 *Ixora chinensis* Lam.

习性：灌木，高 0.8~2 m。

生境：山坡、灌丛、林下、旷野、路边等。

分布：广西、福建、广东、台湾、澳门、香港。

散花龙船花 *Ixora effusa* Chun et F. C. How ex W. C. Ko

习性：灌木，高约 1 m。

生境：沟谷、灌丛、林缘、林下等。

分布：广西、海南。

白花龙船花 *Ixora henryi* H. Lév.

习性：灌木，高 1~3 m。

生境：沟谷、灌丛、林缘、林下等。

分布：广西、海南、贵州、广东、云南、澳门。

泡叶龙船花 *Ixora nienkui* Merr. et Chun

习性：灌木，高 1~3 m。

生境：林下、林缘、溪边等。

分布：广西、海南、广东。

粗叶木属 *Lasianthus* Jack

斜基粗叶木 *Lasianthus attenuatus* Jack

习性：灌木，高 1~2 m。

生境：林中、林缘等。

分布：广西、福建、海南、广东、云南、台湾、香港。

华南粗叶木 *Lasianthus austrosinensis* H. S. Lo

习性：灌木，高 1~2 m。

生境：林下等。

分布：广西、海南、广东。

粗叶木 *Lasianthus chinensis*（Champ. ex Benth.）Benth.

习性：灌木或小乔木，高可达 8 m。

生境：沟谷、林中、林缘等。

分布：广西、福建、海南、贵州、广东、台湾、香港。

广东粗叶木 *Lasianthus curtisii* King et Gamble

习性：灌木或小乔木，高 1~3 m。

生境：沟谷、林中等。

分布：广西、福建、海南、广东、台湾、香港。

长梗粗叶木 *Lasianthus filipes* Chun ex H. S. Lo

习性：灌木，高 1~3 m。

生境：山坡、林中、灌丛等。

分布：广西、福建、海南、广东、云南。

罗浮粗叶木 *Lasianthus fordii* Hance

习性：灌木，高 1~2 m。

生境：林缘、林中等。

分布：广西、福建、海南、广东、云南、台湾、香港。

西南粗叶木 *Lasianthus henryi* Hutch.

习性：灌木，高 1~2 m。

生境：林下、林缘等。

分布：广西、福建、西藏、贵州、广东、云南、台湾、四川。

鸡屎树 *Lasianthus hirsutus*（Roxb.）Merr.

习性：灌木，高 1~2 m。

生境：林下等。

分布：广西、海南、广东、台湾、香港。

日本粗叶木 *Lasianthus japonicus* Miq.

习性：灌木，高 1~2 m。

生境：林下等。

分布：广西、福建、浙江、贵州、江西、湖南、湖北、广东、云南、台湾、安徽、四川。

黄毛粗叶木 *Lasianthus rhinocerotis* subsp. *pedunculatus*（Pit.）H. Zhu

习性：灌木，高 1.5~3 m。

生境：林下等。

分布：广西、海南、云南。

锡金粗叶木 *Lasianthus sikkimensis* Hook.

习性：灌木，高 1~3 m。

生境：林下等。

分布：广西、福建、浙江、广东、云南、台湾。

黄棉木属 *Metadina* Bakh. f.

黄棉木 *Metadina trichotoma*（Zoll. et Moritzi）Bakh. f.

习性：乔木，高 5~10 m。

生境：沟谷、溪边、林中等。

分布：广西、贵州、湖南、广东、云南。

巴戟天属 *Morinda* L.

南岭鸡眼藤 *Morinda nanlingensis* Y. Z. Ruan

习性：木质藤本。

生境：沟谷、溪边、山坡、林下、灌丛等。

分布：广西、浙江、湖南、广东、云南。

巴戟天 *Morinda officinalis* F. C. How

习性：木质藤本。

生境：山坡、林下、灌丛等。

分布：广西、福建、海南、广东。

鸡眼藤 *Morinda parvifolia* Bartl. ex DC.
习性：木质藤本。
生境：路边、沟边、灌丛、林下、林缘等。
分布：广西、福建、海南、江西、广东、台湾、澳门、香港。

羊角藤 *Morinda umbellata* subsp. *obovata* Y. Z. Ruan
习性：木质藤本。
生境：山坡、林下、溪边、路边等。
分布：广西、福建、浙江、海南、江苏、江西、湖南、广东、台湾、香港、安徽。

牡丽草属 *Mouretia* Pit.

广东牡丽草 *Mouretia inaequalis*（H. S. Lo）Tange
习性：草本，高 30~40 cm。
生境：林下、岩石上等。
分布：广西、福建、广东。

玉叶金花属 *Mussaenda* L.

楠藤 *Mussaenda erosa* Champ. ex Benth.
习性：攀缘灌木，高可达 3 m。
生境：林下等。
分布：广西、福建、海南、贵州、广东、云南、台湾、香港、四川。

海南玉叶金花 *Mussaenda hainanensis* Merr.
习性：攀缘灌木。
生境：林下等。
分布：海南。

玉叶金花 *Mussaenda pubescens* W. T. Aiton
习性：攀缘灌木。
生境：灌丛、溪谷、山坡、村旁等。
分布：广西、福建、浙江、海南、江西、湖南、广东、台湾、澳门、香港。

腺萼木属 *Mycetia* Reinw.

华腺萼木 *Mycetia sinensis*（Hemsl.）Craib
习性：亚灌木，高 20~50 cm，少数近 1 m。
生境：沟边、溪边、林中、路边等。
分布：广西、福建、海南、江西、湖南、广东、云南。

密脉木属 *Myrioneuron* R. Br. ex Benth. et Hook. f.

越南密脉木 *Myrioneuron tonkinensis* Pit.

习性：亚灌木，高可达 2 m。

生境：山坡、林中等。

分布：广西、海南、广东、云南。

团花属 *Neolamarckia* Bosser

团花 *Neolamarckia cadamba*（Roxb.）Bosser

习性：落叶大乔木，高可达 30 m。

生境：沟谷、溪边、林下等。

分布：广西、广东、云南。

水线草属 *Oldenlandia* P. Browne

水线草 *Oldenlandia corymbosa* L.

习性：一年生草本，高 10~40 cm。

生境：草地、溪边、沟边等。

分布：广西、福建、海南、贵州、上海、湖南、广东、云南、澳门、香港、四川、浙江、台湾。

蛇根草属 *Ophiorrhiza* L.

广州蛇根草 *Ophiorrhiza cantonensis* Hance

习性：多年生草本，直立，高约 30 cm。

生境：林下、沟边等。

分布：广西、海南、贵州、广东、云南、香港、四川。

广西蛇根草 *Ophiorrhiza kwangsiensis* Merr. ex H. L. Li

习性：多年生草本，茎匍匐。

生境：林下、路边、沟边等。

分布：广西。

柳叶蛇根草 *Ophiorrhiza salicifolia* H. S. Lo

习性：灌木，高约 1 m。

生境：林下、路边、沟边等。

分布：广西。

鸡屎藤属 *Paederia* L.

鸡屎藤 *Paederia foetida* L.

习性：藤状灌木，高可达 5 m。

生境：林下等。

分布：广西、福建、海南、贵州、江西、上海、湖南、湖北、广东、云南、澳门、香港、安徽、四川、甘肃、山东、陕西、浙江、江苏、台湾、山西、河南。

大沙叶属 *Pavetta* L.

香港大沙叶 *Pavetta hongkongensis* Bremek.

习性：灌木或小乔木，高 1~4 m。

生境：沟谷、林下、灌丛等。

分布：广西、海南、广东、云南、澳门、香港。

南山花属 *Prismatomeris* Thwaites

南山花 *Prismatomeris tetrandra*（Roxb.）K. Schum.

习性：灌木或小乔木，高可达 8 m。

生境：林下、灌丛等。

分布：广西、福建、海南、广东、云南。

九节属 *Psychotria* L.

九节 *Psychotria asiatica* L.

习性：灌木或乔木，高 0.5~5 m。

生境：林缘、山坡、灌丛、林下等。

分布：广西、福建、浙江、海南、贵州、湖南、广东、云南、台湾、澳门、香港。

蔓九节 *Psychotria serpens* L.

习性：草质藤本，茎长可达 6 m。

生境：平地、丘陵、山坡、沟谷、水旁、灌丛、林中等。

分布：广西、福建、浙江、海南、湖南、广东、台湾、澳门、香港。

黄脉九节 *Psychotria straminea* Hutch.

习性：灌木，高 0.5~3 m。

生境：山坡、沟谷、溪边、林中等。

分布：广西、海南、广东、云南。

假九节 *Psychotria tutcheri* Dunn

习性：直立灌木，高 0.5~4 m。

生境：山坡、沟谷、溪边、灌丛、林中等。

分布：广西、福建、海南、广东、云南、香港。

鱼骨木属 *Psydrax* Gaertn.

鱼骨木 *Psydrax dicocca* Gaertn.

习性：灌木或乔木，高可达 15 m。

生境：灌丛、林中等。

分布：广西、西藏、海南、广东、云南、香港。

裂果金花属 *Schizomussaenda* H. L. Li

裂果金花 *Schizomussaenda henryi*（Hutch.）X. F. Deng et D. X. Zhang

习性：大灌木，高可达 8 m。

生境：林中、林缘、路边等。

分布：广西、云南。

蛇舌草属 *Scleromitrion*（Wight et Arn.）Meisn.

粗叶耳草 *Scleromitrion verticillatum*（L.）R. J. Wang

习性：一年生草本，高约 30 cm。

生境：山坡、草丛、路边、林下、林缘等。

分布：广西、浙江、海南、贵州、广东、云南、澳门、香港。

纽扣草属 *Spermacoce* L.

*** 阔叶丰花草** *Spermacoce alata* Aubl.

习性：多年生草本，高可达 1 m。

生境：弃耕地、林缘、山坡、路边等。

分布：广西、福建、浙江、海南、江西、湖南、广东、台湾、澳门、香港。

乌口树属 *Tarenna* Gaertn.

假桂乌口树 *Tarenna attenuata*（Hook. f.）Hutch.

习性：灌木或乔木，高 1~8 m。

生境：山坡、沟边、林中、灌丛等。

分布：广西、海南、广东、云南、澳门、香港。

白皮乌口树 *Tarenna depauperata* Hutch.

习性：灌木或小乔木，高 1~6 m。

生境：山坡、溪边、林中、灌丛等。

分布：广西、贵州、江苏、广东、云南。

披针叶乌口树 *Tarenna lancilimba* W. C. Chen

习性：灌木或乔木，高可达 15 m。

生境：山坡、林下、灌丛等。

分布：广西、海南。

白花苦灯笼 *Tarenna mollissima*（Hook. et Arn.）B. L. Rob.

习性：灌木或小乔木，高 1~6 m。

生境：山坡、沟边、林中、灌丛等。

分布：广西、福建、浙江、海南、贵州、江西、湖南、广东、云南、澳门、香港。

多籽乌口树 *Tarenna polysperma* Chun et How ex W. C. Chen

习性：灌木或乔木，高 1.5~14 m。

生境：林中等。

分布：广西、广东。

海南乌口树 *Tarenna tsangii* Merr.

习性：灌木或乔木，高 1~6 m。

生境：山坡、林中等。

分布：广西、海南、广东。

钩藤属 *Uncaria* Burch.

北越钩藤 *Uncaria homomalla* Miq.

习性：藤本，茎长 10~25 m。

生境：山坡、林中等。

分布：广西、云南、香港。

大叶钩藤 *Uncaria macrophylla* Wall.

习性：木质藤本。

生境：山坡、林中等。

分布：广西、海南、广东、云南、香港。

侯钩藤 *Uncaria rhynchophylloides* How

习性：木质藤本，茎长可达 13 m。

生境：林中、林缘等。

分布：广西、广东。

攀茎钩藤 *Uncaria scandens*（Sm.）Hutch.

习性：大藤本。

生境：山坡、林中等。

分布：广西、西藏、海南、广东、云南、四川。

白钩藤 *Uncaria sessilifructus* Roxb.

习性：大藤本。

生境：沟谷、林中、灌丛等。

分布：广西、云南。

尖叶木属 *Urophyllum* Wall.

尖叶木 *Urophyllum chinense* Merr. et Chun

习性：灌木或小乔木，高 1.5~4 m。

生境：山坡、林中等。

分布：广西、广东、云南。

水锦树属 *Wendlandia* Bartl. ex DC.

水金京 *Wendlandia formosana* Cowan

习性：灌木或乔木，高可达 8 m。

生境：林缘、灌丛、林中等。

分布：广西、广东、云南、台湾。

短花水金京 *Wendlandia formosana* subsp. *breviflora* F. C. How

习性：灌木或乔木，高 2~8 m。

生境：林缘、灌丛、林中等。

分布：广西、广东、云南。

大叶木莲红 *Wendlandia pubigera* W. C. Chen

习性：灌木，高约 2 m。

生境：林中等。

分布：广西。

粗毛水锦树 *Wendlandia tinctoria* subsp. *barbata* Cowan

习性：灌木或乔木。

生境：沟谷、林中、灌丛等。

分布：广西、云南。

水锦树 *Wendlandia uvariifolia* Hance

习性：灌木或乔木，高 2~15 m。

生境：山坡、林中、林缘、灌丛、溪边等。

分布：广西、海南、贵州、广东、云南、台湾。

岩黄树属 *Xanthophytum* Reinw. ex Blume

岩黄树 *Xanthophytum kwangtungense*（Chun et F. C. How）H. S. Lo

习性：直立灌木，高约 50 cm 或更高。

生境：林下、溪边、沟边等。

分布：广西、云南。

111. 芸香科 Rutaceae

山油柑属 *Acronychia* J. R. Forst. et G. Forst.

山油柑 *Acronychia pedunculata*（L.）Miq.

习性：乔木，高可达 15 m。

生境：山坡、林中、沟谷、林缘等。

分布：广西、福建、海南、广东、云南、台湾。

酒饼簕属 *Atalantia* Corrêa

酒饼簕 *Atalantia buxifolia*（Poir.）Oliv.
习性：灌木，高可达 2.5 m。
生境：山坡、林中、林缘、灌丛等。
分布：广西、福建、海南、广东、云南、台湾。

厚皮酒饼簕 *Atalantia dasycarpa* C. C. Huang
习性：乔木，高 2~5 m。
生境：沟谷、溪边、林中等。
分布：广西、云南。

广东酒饼簕 *Atalantia kwangtungensis* Merr.
习性：灌木，高 1~2 m。
生境：山坡、林中等。
分布：广西、海南、广东。

黄皮属 *Clausena* Burm. f.

假黄皮 *Clausena excavata* N. L. Burman
习性：灌木，高 1~2 m。
生境：山坡、灌丛、林中等。
分布：广西、福建、海南、广东、云南、台湾。

云南黄皮 *Clausena yunnanensis* C. C. Huang
习性：小乔木，高 3~8 m。
生境：山坡、林中等。
分布：广西、云南。

吴茱萸属 *Evodia* Gaertn.

华南吴萸 *Tetradium austrosinense*（Hand-Mazz.）T. G. Hartley
习性：常绿或落叶乔木，高 6~20 m。
生境：山坡、林中、沟谷等。
分布：广西、广东、云南。

楝叶吴萸 *Tetradium glabrifolium*（Champ. ex Benth.）T. G. Hartley
习性：乔木，高可达 17 m。
生境：山坡、沟谷、林中等。
分布：广西、福建、海南、贵州、江西、湖南、湖北、广东、云南、安徽、四川、陕西、浙江、台湾、河南。

牛斜吴萸 *Tetradium trichotomum* Lour.

习性：灌木或乔木，高可达 8 m。

生境：林中、灌丛等。

分布：广西、陕西、西藏、海南、贵州、湖北、广东、云南、四川。

山小橘属 *Glycosmis* Corrêa

少花山小橘 *Glycosmis oligantha* C. C. Huang

习性：小乔木或灌木，高可达 3 m。

生境：山腰、林中等。

分布：广西。

华山小橘 *Glycosmis pseudoracemosa*（Guillaumin）Swingle

习性：小乔木或灌木，高 1.5~4 m。

生境：丘陵、山坡、灌丛、林中等。

分布：广西、云南。

蜜茱萸属 *Melicope* J. R. Forst. et G. Forst.

三桠苦 *Melicope pteleifolia*（Champ. ex Benth.）Hartley

习性：灌木或乔木，高 1~14 m。

生境：林中、林缘、灌丛、沼泽等，海拔 2 300~2 800 m 处。

分布：广西、福建、浙江、西藏、海南、江西、广东、云南、台湾。

小芸木属 *Micromelum* Blume

大管 *Micromelum falcatum*（Lour.）Tanaka

习性：乔木，高 1~3 m。

生境：山区等。

分布：广西、海南、广东、云南。

小芸木 *Micromelum integerrimum*（Buch.-Ham. ex DC.）Wight et Arn. ex M. Roem.

习性：乔木，高 6~8 m。

生境：沟谷、林中、海边、灌丛等。

分布：广西、西藏、海南、贵州、广东、云南。

九里香属 *Murraya* J. Koenig ex L.

九里香 *Murraya exotica* L.

习性：乔木，高可达 8 m。

生境：山坡、林下、灌丛等。

分布：广西、福建、海南、贵州、广东、台湾。

茵芋属 *Skimmia* Thunb.

乔木茵芋 *Skimmia arborescens* T. Anderson ex Gamble
习性：小乔木，高可达 8 m。
生境：山坡、林下等。
分布：广西、西藏、贵州、广东、云南、四川。

飞龙掌血属 *Toddalia* Juss.

飞龙掌血 *Toddalia asiatica*（L.）Lam.
习性：灌木或攀缘灌木。
生境：山坡、灌丛、林中、林缘等。
分布：广西、福建、西藏、海南、贵州、湖南、湖北、广东、云南、四川、甘肃、陕西、台湾、河南。

花椒属 *Zanthoxylum* L.

簕欓花椒 *Zanthoxylum avicennae*（Lam.）DC.
习性：落叶乔木或灌木，高 12~15 m。
生境：山坡、沟谷、林中等。
分布：广西、福建、海南、广东、云南。
拟蚬壳花椒 *Zanthoxylum laetum* Drake
习性：木质藤本，高可达 4 m。
生境：灌丛、林中等。
分布：广西、海南、广东、云南。
大叶臭花椒 *Zanthoxylum myriacanthum* Dunn et Tutch.
习性：落叶乔木，高可达 15 m。
生境：山腰、林中等。
分布：广西、福建、浙江、海南、贵州、江西、湖南、广东、云南。
两面针 *Zanthoxylum nitidum*（Roxb.）DC.
习性：攀缘灌木。
生境：山野等。
分布：广西、福建、浙江、海南、贵州、湖南、广东、云南、台湾。
花椒簕 *Zanthoxylum scandens* Blume
习性：灌木或木质藤本。
生境：林下、灌丛等。
分布：广西、福建、海南、贵州、江西、重庆、湖南、湖北、广东、云南、安徽、四川、浙江、台湾。

112. 清风藤科 Sabiaceae

泡花树属 *Meliosma* Blume

狭叶泡花树 *Meliosma angustifolia* Merr.

习性：乔木，高可达 20 m。

生境：沟谷、山坡等。

分布：广西、海南、广东、云南。

香皮树 *Meliosma fordii* Hemsl.

习性：乔木，高可达 10 m。

生境：林中等。

分布：广西、福建、海南、贵州、江西、湖南、广东、云南。

腺毛泡花树 *Meliosma glandulosa* Cufod.

习性：乔木，高可达 15 m。

生境：林中等。

分布：广西、贵州、广东。

华南泡花树 *Meliosma laui* Merr.

习性：小乔木，高可达 7 m。

生境：林中等。

分布：广西、海南、广东、云南。

疏枝泡花树 *Meliosma longipes* Merr.

习性：灌木或小乔木，高约 1 m 或更高。

生境：林中等。

分布：广西、广东、云南。

狭序泡花树 *Meliosma paupera* Hand.-Mazz.

习性：乔木，高可达 9 m。

生境：沟谷、溪边、林中等。

分布：广西、贵州、江西、广东、云南。

漆叶泡花树 *Meliosma rhoifolia* Maxim.

习性：乔木。

生境：林中等。

分布：广西、福建、浙江、贵州、江西、湖南、广东、台湾。

笔罗子 *Meliosma rigida* Siebold et Zucc.

习性：乔木，高可达 7 m。

生境：林中、山坡等。

分布：广西、福建、浙江、贵州、江西、湖南、湖北、广东、云南、台湾、河南。

樟叶泡花树 *Meliosma squamulata* Hance

习性：小乔木，高可达 15 m。

生境：林中等。

分布：广西、福建、浙江、海南、贵州、江西、湖南、广东、云南、台湾。

清风藤属 *Sabia* Colebr.

柠檬清风藤 *Sabia limoniacea* Wall. ex Hook. f. et Thomson

习性：攀缘木质藤本，茎长可达 10 m。

生境：林中等。

分布：广西、福建、海南、广东、云南、四川。

尖叶清风藤 *Sabia swinhoei* Hemsl.

习性：木质藤本，茎长可达 8 m。

生境：沟谷、林中、灌丛等。

分布：广西、福建、海南、贵州、江西、湖南、湖北、广东、云南、四川、浙江、江苏、台湾。

113. 杨柳科 Salicaceae

山桂花属 *Bennettiodendron* Merr.

山桂花 *Bennettiodendron leprosipes*（Clos）Merr.

习性：灌木或小乔木，高 2~6 m。

生境：林中等。

分布：广西、海南、贵州、江西、湖南、广东、云南。

脚骨脆属 *Casearia* Jacq.

球花脚骨脆 *Casearia glomerata* Roxb. ex DC.

习性：乔木或灌木，高 4~10 m。

生境：林中等。

分布：广西、福建、西藏、海南、广东、云南、台湾。

膜叶脚骨脆 *Casearia membranacea* Hance

习性：乔木，高可达 18 m。

生境：沟谷、山坡、林中等。

分布：广西、海南、广东、云南、台湾。

爪哇脚骨脆 *Casearia velutina* Blume

习性：乔木或灌木，高可达 10 m。

生境：沟谷、林中等。

分布：广西、福建、海南、贵州、广东、云南。

天料木属 *Homalium* Jacq.

短穗天料木 *Homalium breviracemosum* F. C. How et W. C. Ko

习性：灌木，高可达 3 m。

生境：林中等。

分布：广西、广东。

狭叶天料木 *Homalium stenophyllum* Merr. et Chun

习性：乔木，高 6~15 m。

生境：林中等。

分布：广西、海南。

箣柊属 *Scolopia* Schreb.

箣柊 *Scolopia chinensis*（Lour.）Clos

习性：灌木或小乔木，高 2~6 m。

生境：林中、灌丛等。

分布：广西、福建、海南、广东。

柞木属 *Xylosma* G. Forst.

南岭柞木 *Xylosma controversa* Clos

习性：灌木或小乔木，高 4~10 m。

生境：林中、林缘等。

分布：广西、福建、海南、贵州、江苏、江西、湖南、广东、云南、四川。

114. 檀香科 Santalaceae

寄生藤属 *Dendrotrophe* Miq.

寄生藤 *Dendrotrophe varians*（Blume）Miq.

习性：木质藤本，茎长 1~8 m。

生境：林中、林缘、灌丛等。

分布：广西、福建、海南、广东。

槲寄生属 *Viscum* L.

瘤果槲寄生 *Viscum ovalifolium* DC.

习性：灌木，高约 50 cm。

生境：林中、林缘、灌丛等。

分布：广西、海南、广东、云南。

115. 无患子科 Sapindaceae

槭属 *Acer* L.

青榨槭 *Acer davidii* Franch.

习性：落叶乔木，高 10~15 m。

生境：林中等。

分布：广西、福建、贵州、江西、广东、湖北、湖南、云南、北京、安徽、四川、甘肃、陕西、浙江、江苏、宁夏、河北、河南、山西。

罗浮槭 *Acer fabri* Hance

习性：乔木，高可达 10 m。

生境：林中等。

分布：广西、海南、贵州、江西、湖南、湖北、广东、云南、四川。

十蕊槭 *Acer laurinum* Hassk.

习性：乔木，高可达 25 m。

生境：林中等。

分布：广西、西藏、海南、云南。

中华槭 *Acer sinense* Pax

习性：落叶乔木，高 3~5 m，稀可达 10 m。

生境：林中、沟谷等。

分布：广西、福建、贵州、湖北、广东、四川、河南。

异木患属 *Allophylus* L.

波叶异木患 *Allophylus caudatus* Radlk.

习性：小乔木或大灌木，高可达 5 m。

生境：林中、灌丛等。

分布：广西、云南。

鳞花木属 *Lepisanthes* Blume

茎花赤才 *Lepisanthes cauliflora* C. F. Liang et S. L. Mo

习性：灌木或小乔木，高 2~6 m。

生境：林中等。

分布：广西。

赤才 *Lepisanthes rubiginosa*（Roxb.）Leenh.

习性：灌木或小乔木，高 2~3 m。

生境：林中、灌丛等。

分布：广西、海南、广东、云南。

柄果木属 *Mischocarpus* Blume

褐叶柄果木 *Mischocarpus pentapetalus*（Roxb.）Radlk.

习性：乔木，高 4~10 m 或更高。

生境：林中等。

分布：广西、广东、云南。

柄果木 *Mischocarpus sundaicus* Blume

习性：乔木，高 3~10 m。

生境：林中等。

分布：广西、海南、广东。

韶子属 *Nephelium* L.

韶子 *Nephelium chryseum* Blume

习性：乔木，高 10~20 m。

生境：林中等。

分布：广西、广东、云南。

无患子属 *Sapindus* Tourn. ex L.

无患子 *Sapindus saponaria* L.

习性：落叶大乔木，高可达 20 m。

生境：林中、林缘等。

分布：广西、福建、海南、贵州、江西、湖南、湖北、广东、云南、安徽、四川、陕西、浙江、江苏、台湾、河南。

116. 山榄科 Sapotaceae

梭子果属 *Eberhardtia* Lecomte

锈毛梭子果 *Eberhardtia aurata*（Pierre ex Dubard）Lecomte

习性：乔木，高 7~15 m。

生境：林中等。

分布：广西、广东、云南。

梭子果 *Eberhardtia tonkinensis* Lecomte

习性：乔木，高 8~25 m。

生境：林中等。

分布：广西、云南。

紫荆木属 *Madhuca* Buch.-Ham. ex J. F. Gme L.

紫荆木 *Madhuca pasquieri*（Dubard）H. J. Lam
习性：高大乔木，高可达 30 m。
生境：林中、山坡、林缘等。
分布：广西、广东、云南。

桃榄属 *Pouteria* Aubl.

桃榄 *Pouteria annamensis*（Pierre）Baehni
习性：乔木，高可达 20 m。
生境：林中等。
分布：广西、海南。

肉实树属 *Sarcosperma* Hook. f.

肉实树 *Sarcosperma laurinum*（Benth.）Hook. f.
习性：乔木，高可达 26 m。
生境：沟谷、溪边、林中等。
分布：广西、福建、浙江、海南。

铁榄属 *Sinosideroxylon*（Engl.）Aubrév.

革叶铁榄 *Sinosideroxylon wightianum*（Hook. et Arn.）Aubrév.
习性：乔木，稀灌木，高可达 15 m。
生境：山坡、灌丛、林中等。
分布：广西、贵州、广东、云南。

117. 三白草科 Saururaceae

蕺菜属 *Houttuynia* Thunb.

蕺菜 *Houttuynia cordata* Thunb.
习性：多年生草本，高约 60 cm。
生境：林下、沟边、溪边、路边等。
分布：广西、福建、海南、贵州、江西、湖南、湖北、广东、安徽、四川、甘肃、陕西、台湾、河南。

三白草属 *Saururus* L.

三白草 *Saururus chinensis*（Lour.）Baill.
习性：多年湿生草本，高约 1 m。
生境：沟边、池塘、溪边、沼泽等。

分布：广西、福建、海南、贵州、江西、湖南、湖北、广东、云南、安徽、四川、山东、陕西、浙江、江苏、青海、台湾、河北、河南。

118. 虎耳草科 Saxifragaceae

鼠刺属 *Itea* L.

秀丽鼠刺 *Itea amoena* Chun

习性：灌木，高 1.5~2 m。

生境：山坡、溪边、沟谷等。

分布：广西、广东。

鼠刺 *Itea chinensis* Hook. et Arn.

习性：灌木或小乔木，高 4~10 m。

生境：山坡、沟谷、林中、路边、溪边等。

分布：广西、福建、西藏、湖南、广东、云南。

厚叶鼠刺 *Itea coriacea* Y. C. Wu

习性：灌木或乔木，高可达 10 m。

生境：林中、山坡、灌丛、沟谷、路边等。

分布：广西、海南、贵州、江西、广东。

多香木属 *Polyosma* Blume

多香木 *Polyosma cambodiana* Gagnep.

习性：乔木，高可达 20 m。

生境：山坡、林中等。

分布：广西、海南、广东、云南。

119. 五味子科 Schisandraceae

八角属 *Illicium* L.

红花八角 *Illicium dunnianum* Tutch.

习性：灌木，高 1~2 m。

生境：溪边、沟谷、山坡、林中等。

分布：广西、福建、贵州、湖南、广东。

短梗八角 *Illicium pachyphyllum* A. C. Sm.

习性：灌木，高 2~3 m。

生境：山坡、沟谷、林中等。

分布：广西。

南五味子属 *Kadsura* Kaempf. ex Juss.

黑老虎 *Kadsura coccinea*（Lem.）A. C. Sm.

习性：木质藤本。

生境：林中等。

分布：广西、海南、贵州、江西、湖南、广东、云南、四川。

南五味子 *Kadsura longipedunculata* Finet et Gagnep.

习性：木质藤本。

生境：山坡、林中等。

分布：广西、福建、海南、贵州、江西、湖南、湖北、广东、云南、安徽、四川、浙江、江苏。

120. 青皮木科 Schoepfiaceae

青皮木属 *Schoepfia* Schreb.

华南青皮木 *Schoepfia chinensis* Gardner et Champ.

习性：落叶小乔木，高 2~6 m。

生境：林中、山坡、沟谷等。

分布：广西、福建、贵州、江西、湖南、广东、云南、四川。

青皮木 *Schoepfia jasminodora* Siebold et Zucc.

习性：灌木或乔木，高 3~15 m。

生境：林中、山坡、沟谷等。

分布：广西、福建、海南、贵州、江西、湖南、湖北、广东、云南、安徽、四川、甘肃、陕西、浙江、江苏、台湾。

121. 玄参科 Scrophulariaceae

醉鱼草属 *Buddleja* L.

白背枫 *Buddleja asiatica* Lour.

习性：灌木或小乔木，高 1~8 m。

生境：林中等。

分布：广西、福建、西藏、海南、贵州、江西、湖南、湖北、广东、云南、澳门、香港、四川、台湾、山西。

122. 苦木科 Simaroubaceae

鸦胆子属 *Brucea* J. F. Mill.

鸦胆子 *Brucea javanica*（L.）Merr.

习性：灌木或小乔木。

生境：山坡、灌丛、林中等。

分布：广西、福建、海南、贵州、广东、云南、台湾。

123. 茄科 Solanaceae

茄属 *Solanum* L.

*** 喀西茄** *Solanum aculeatissimum* Jacquem.

习性：草本或亚灌木，高 1~2 m。

生境：沟边、路边、灌丛、弃耕地、草坡、林缘等。

分布：广西、福建、西藏、海南、贵州、江西、重庆、上海、湖南、湖北、广东、云南、香港、四川、山东、浙江、江苏、辽宁、台湾、河南。

少花龙葵 *Solanum americanum* Mill.

习性：一年生草本。

生境：弃耕地、路边、林缘、草地等。

分布：广西、福建、海南、江西、湖南、广东、云南、台湾、澳门、香港、四川。

*** 假烟叶树** *Solanum erianthum* D. Don

习性：小乔木，高 1.5~10 m。

生境：山坡、弃耕地、灌丛等。

分布：广西、福建、西藏、海南、贵州、重庆、湖南、广东、云南、澳门、香港、四川、台湾。

龙葵 *Solanum nigrum* L.

习性：一年生草本，高 0.25~1 m。

生境：弃耕地、路边、林缘、草地等。

分布：广西、福建、西藏、贵州、江西、重庆、上海、湖南、广东、云南、北京、香港、四川、甘肃、陕西、江苏、天津、台湾、河北、河南。

*** 水茄** *Solanum torvum* Sw.

习性：灌木，高 2~3 m。

生境：弃耕地、灌丛、沟谷等。

分布：广西、福建、西藏、海南、贵州、湖南、广东、云南、台湾、澳门、香港。

124. 楔瓣花科 Sphenocleaceae

楔瓣花属 *Sphenoclea* Gaertn.

楔瓣花 *Sphenoclea zeylanica* Gaertn.

习性：一年生草本，高 20~70 cm。

生境：沟边、池塘、沼泽等。

分布：广西、福建、海南、江西、广东、云南、台湾。

125. 省沽油科 Staphyleaceae

野鸦椿属 *Euscaphis* Siebold et Zucc.

野鸦椿 *Euscaphis japonica*（Thunb. ex Roem. et Schult.）Kanitz

习性：落叶小乔木或灌木，高可达 8 m。

生境：沟谷、林中等。

分布：广西、福建、西藏、贵州、上海、湖南、湖北、广东、澳门、香港、安徽、四川、新疆、江苏、吉林、宁夏、河南、河北、海南、江西、重庆、云南、北京、甘肃、山东、陕西、浙江、内蒙古、青海、辽宁、天津、台湾、黑龙江、山西。

山香圆属 *Turpinia* Vent.

疏脉山香圆 *Turpinia indochinensis* Merr.

习性：小乔木或灌木，高 2~8 m。

生境：林中等。

分布：广西、海南、云南、台湾。

山香圆 *Turpinia montana*（Blume）Kurz.

习性：小乔木。

生境：林中等。

分布：广西、贵州、广东、云南。

亮叶山香圆 *Turpinia simplicifolia* Merr.

习性：小乔木或灌木，高 3~7 m。

生境：沟谷、林中等。

分布：广西、广东。

126. 粗丝木科 Stemonuraceae

粗丝木属 *Gomphandra* Wall. ex Lindl.

粗丝木 *Gomphandra tetrandra*（Wall.）Sleumer

习性：灌木或小乔木，高 2~10 m。

生境：林中、路边、灌丛、沟谷等。

分布：广西、海南、贵州、广东、云南。

127. 安息香科 Styracaceae

赤杨叶属 *Alniphyllum* Matsum.

赤杨叶 *Alniphyllum fortunei*（Hemsl.）Makino

习性：乔木，高可达 20 m。

生境：山坡、林中等。

分布：广西、福建、海南、贵州、江西、湖南、湖北、广东、云南、安徽、四川、浙江、江苏。

山茉莉属 *Huodendron* Rehder

双齿山茉莉 *Huodendron biaristatum*（W. W. Sm.）Rehder

习性：乔木或灌木，高可达 12 m。

生境：林中等。

分布：广西、贵州、云南。

安息香属 *Styrax* L.

银叶安息香 *Styrax argentifolius* H. L. Li

习性：乔木，高 5~15 m。

生境：林中等。

分布：广西、云南。

赛山梅 *Styrax confusus* Hemsl.

习性：乔木，高 2~8 m。

生境：丘陵、山坡、林中等。

分布：广西、福建、浙江、贵州、江苏、江西、湖北、湖南、广东、安徽、四川。

白花龙 *Styrax faberi* Perkins

习性：灌木，高 1~2 m。

生境：丘陵、灌丛等。

分布：广西、福建、浙江、贵州、江苏、江西、湖南、湖北、广东、台湾、安徽、四川。

栓叶安息香 *Styrax suberifolius* Hook. et Arn.

习性：乔木，高 4~20 m。

生境：山坡、丘陵、林中等。

分布：广西、福建、海南、贵州、江西、湖南、湖北、广东、云南、安徽、四川、浙江、江苏、台湾。

越南安息香 *Styrax tonkinensis*（Pierre）Craib ex Hartwich

习性：乔木，高 6~30 m。

生境：山坡、沟谷、林中、林缘等。

分布：广西、福建、贵州、江西、湖南、广东、云南。

128. 山矾科 Symplocaceae

革瓣山矾属 *Cordyloblaste* Hensch. ex Moritzi

南岭革瓣山矾 *Cordyloblaste confusa*（Brand）Ridl.

习性：小乔木。

生境：溪边、路边、林中等。

分布：广西、福建、浙江、贵州、江西、湖南、广东、云南、台湾。

山矾属 *Symplocos* Jacq.

腺叶山矾 *Symplocos adenophylla* Wall.

习性：乔木，高 4~10 m。

生境：路边、水旁、沟谷、林中等。

分布：广西、福建、海南、广东、云南。

腺柄山矾 *Symplocos adenopus* Hance

习性：灌木或小乔木。

生境：林中等。

分布：广西、福建、海南、贵州、湖南、广东、云南。

薄叶山矾 *Symplocos anomala* Brand

习性：灌木或小乔木。

生境：山坡、林中等。

分布：广西、福建、西藏、海南、贵州、湖南、湖北、广东、云南、安徽、四川、浙江、江苏、台湾。

越南山矾 *Symplocos cochinchinensis*（Lour.）S. Moore

习性：乔木，高可达 13 m。

生境：溪边、路边、林中等。

分布：广西、福建、浙江、西藏、海南、贵州、江西、广东、云南、台湾、四川。

密花山矾 *Symplocos congesta* Benth.

习性：乔木或灌木。

生境：林中等。

分布：广西、福建、浙江、海南、江西、湖南、广东、云南、台湾。

长毛山矾 *Symplocos dolichotricha* Merr.

习性：乔木，高可达 12 m。

生境：山坡等。

分布：广西、广东。

羊舌树 *Symplocos glauca*（Thunb.）Koidz.

习性：乔木或灌木。

生境：林中等。

分布：广西、福建、浙江、海南、湖南、广东、云南、台湾、四川。

光叶山矾 *Symplocos lancifolia* Siebold et Zucc.

习性：灌木或乔木。

生境：林中等。

分布：广西、福建、浙江、海南、贵州、江西、湖南、湖北、广东、云南、台湾、四川。

光亮山矾 *Symplocos lucida*（Thunb.）Siebold et Zucc.

习性：乔木。

生境：林中等。

分布：广西、福建、西藏、海南、贵州、江西、湖南、湖北、广东、云南、安徽、四川、甘肃、江苏、台湾。

白檀 *Symplocos tanakana* Nakai

习性：落叶灌木或小乔木，高 3~10 m。

生境：山坡、路边、林中等。

分布：广西、福建、西藏、贵州、湖南、湖北、广东、安徽、四川、江苏、吉林、宁夏、河北、河南、海南、江西、云南、山东、陕西、浙江、内蒙、辽宁、台湾、黑龙江、山西。

老鼠屎 *Symplocos stellaris* Brand

习性：灌木或小乔木。

生境：山坡、路边、林中等。

分布：广西、福建、浙江、贵州、江苏、广东、云南、台湾、安徽、四川。

山矾 *Symplocos sumuntia* Buch.-Ham. ex D. Don

习性：乔木。

生境：林中等。

分布：广西、福建、海南、贵州、江西、湖南、湖北、广东、云南、四川、浙江、江苏、台湾。

黄牛奶树 *Symplocos theophrastifolia* Siebold et Zucc.

习性：乔木。

生境：林中等。

分布：广西、福建、西藏、海南、贵州、江西、广东、湖南、云南、四川、浙江、江苏、台湾。

微毛山矾 *Symplocos wikstroemiifolia* Hayata

习性：灌木或乔木。

生境：林中等。

分布：广西、福建、浙江、海南、贵州、湖南、广东、云南、台湾。

129. 土人参科 Talinaceae

土人参属 *Talinum* Adans.

* 土人参 *Talinum paniculatum*（Jacq.）Gaertn.

习性：一年生或多年生草本，高 0.3~1 m。

生境：林缘、路边、溪边、沟边等。

分布：广西、广东、海南。

130. 山茶科 Theaceae

山茶属 *Camellia* L.

长尾毛蕊茶 *Camellia caudata* Wall.

习性：灌木或小乔木，高可达 7 m。

生境：林中、灌丛等。

分布：广西、福建、西藏、湖南、湖北、广东、云南、台湾。

尖连蕊茶 *Camellia cuspidata*（Kochs）H. J. Veitch Gard. Chron.

习性：灌木或乔木，高 1~5 m。

生境：林中、灌丛等。

分布：广西、陕西、福建、浙江、贵州、江西、湖南、湖北、广东、云南、安徽、四川。

越南油茶 *Camellia drupifera* Lour.

习性：灌木或乔木，高 2~8 m。

生境：林中、灌丛等。

分布：广西、海南、广东。

显脉金花茶 *Camellia euphlebia* Merr. ex Sealy

习性：灌木或乔木，高 2~5 m。

生境：林中等。

分布：广西。

防城茶 *Camellia fangchengensis* S. Yun Liang et Y. C. Zhong

习性：灌木或乔木，高 3~5 m。

生境：林中等。

分布：广西。

毛柄连蕊茶 *Camellia fraterna* Hance

习性：灌木或小乔木，高 1~5 m。

生境：林中、灌丛等。

分布：福建、浙江、江苏、江西、安徽、河南。

糙果茶 *Camellia furfuracea*（Merr.）Cohen-Stuart

习性：灌木或乔木，高 2~7 m。

生境：林中等。

分布：广西、福建、江西、湖南、广东、台湾。

硬叶糙果茶 *Camellia gaudichaudii*（Gagnep.）Sealy

习性：灌木或乔木，高 3~5 m。

生境：林中等。

分布：广西、海南。

东兴金花茶 *Camellia indochinensis* var. *tunghinensis*（Hung T. Chang）T. L. Ming et W. J. Zhang

习性：灌木，高 2~3 m。

生境：沟谷、林中等。

分布：广西。

落瓣油茶 *Camellia kissi* Wall.

习性：灌木或小乔木。

生境：林中、灌丛、溪边等。

分布：广西、海南、广东、云南。

金花茶 *Camellia nitidissima*（Merr.）Sealy

习性：灌木或乔木，高 1.5~5 m。

生境：沟谷、林中等。

分布：广西。

油茶 *Camellia oleifera* Abel

习性：灌木或乔木，高 1~8 m。

生境：林中、灌丛等。

分布：广西、福建、海南、贵州、江西、湖南、湖北、广东、云南、安徽、四川、陕西、浙江、江苏、河南。

大头茶属 *Polyspora* Sweet

大头茶 *Polyspora axillaris*（Roxb. ex Ker Gawl.）Sweet

习性：灌木或乔木，高可达 9 m。

生境：林中、灌丛等。

分布：广西、海南、广东、台湾。

核果茶属 *Pyrenaria* Blume

小果核果茶 *Pyrenaria microcarpa*（Dunn）H. Keng

习性：乔木，高 5~6 m。

生境：林中、灌丛等。

分布：广西、福建、浙江、海南、贵州、江西、广东、台湾、安徽。

木荷属 *Schima* Reinw. ex Blume

银木荷 *Schima argentea* E. Pritz.

习性：乔木，高 6~15 m。

生境：林中等。

分布：广西、江西、云南、四川。

木荷 *Schima superba* Gardner et Champ.

习性：乔木，高 5~20 m。

生境：林中等。

分布：广西、福建、浙江、海南、贵州、江西、湖南、湖北、广东、台湾、安徽。

西南木荷 *Schima wallichii*（DC.）Korth.

习性：乔木，高 10~15 m。

生境：林中等。

分布：广西、西藏、贵州、云南。

紫茎属 *Stewartia* L.

钝叶折柄茶 *Stewartia obovata*（Chun ex Hung T. Chang）J. Li et T. L. Ming

习性：乔木，高可达 5 m。

生境：林中等。

分布：广西、广东。

毛折柄茶 *Stewartia villosa* Merr.

习性：乔木，高 8~20 m。

生境：林中等。

分布：广西、广东。

贴毛折柄茶 *Stewartia villosa* var. *kwangtungensis*（Chun）J. Li et T. L. Ming

习性：乔木，高 6~10 m。

生境：林中等。

分布：广西、江西、广东。

齿叶毛折柄茶 *Stewartia villosa* var. *serrata*（Hung T. Chang）T. L. Ming

习性：乔木，高 6~15 m。

生境：林中等。

分布：广西。

131. 瑞香科 Thymelaeaceae

土沉香 *Aquilaria sinensis*（Lour.）Spreng.

习性：乔木，高 5~15 m。

生境：林中、山坡、路边等。
分布：广西、福建、海南、广东。

荛花属 *Wikstroemia* Endl.

了哥王 *Wikstroemia indica*（L.）C. A. Mey.
习性：灌木，高可达 2 m。
生境：林下、林缘、山坡、灌丛等。
分布：广西、福建、浙江、海南、贵州、湖南、广东、云南、台湾、四川。
细轴荛花 *Wikstroemia nutans* Champ. ex Benth.
习性：灌木，高可达 2.5 m。
生境：林中、灌丛等。
分布：广西、福建、海南、江西、湖南、广东、台湾。

132. 榆科 Ulmaceae

榉属 *Zelkova* Spach

大果榉 *Zelkova sinica* C. K. Schneid.
习性：乔木，高可达 20 m。
生境：沟谷、溪边、林中等。
分布：广西、甘肃、陕西、贵州、湖北、四川、河北、山西、河南。

133. 荨麻科 Urticaceae

舌柱麻属 *Archiboehmeria* C. J. Chen

舌柱麻 *Archiboehmeria atrata*（Gagnep.）C. J. Chen
习性：灌木或亚灌木，高可达 4 m。
生境：沟谷、林下、溪边等。
分布：广西、海南、湖南、广东。

苎麻属 *Boehmeria* Jacq.

苎麻 *Boehmeria nivea*（L.）Gaudich.
习性：亚灌木或灌木，高可达 1.5 m。
生境：沟谷、林缘、草坡等。
分布：广西、福建、贵州、江西、湖北、广东、云南、安徽、四川、甘肃、陕西、浙江、台湾、河南。
青叶苎麻 *Boehmeria nivea* var. *tenacissima*（Gaudich.）Miq.
习性：亚灌木或灌木，高可达 1.5 m。

生境：沟谷、林缘、草坡等。

分布：广西、福建、海南、贵州、江西、湖南、湖北、广东、云南、安徽、四川、浙江、台湾。

长叶苎麻 *Boehmeria penduliflora* Wedd. ex D. G. Long

习性：灌木，高 1.5~4.5 m。

生境：林缘、溪边、灌丛、沟谷等。

分布：广西、西藏、贵州、云南、四川。

水麻属 *Debregeasia* Gaudich.

长叶水麻 *Debregeasia longifolia*（Burm. f.）Wedd.

习性：灌木或小乔木，高 3~6 m。

生境：林下、溪边、沟边等。

分布：广西、甘肃、陕西、西藏、贵州、湖北、广东、云南、四川。

楼梯草属 *Elatostema* muluense J. R. Forster et G. Forster

多花丝梗楼梯草 *Elatostema filipes* var. *floribundum* W. T. Wang

习性：多年生草本，高 20~30 cm。

生境：林下、溪边、沟边等。

分布：广西。

疏晶楼梯草 *Elatostema hookerianum* Wedd.

习性：多年生草本。

生境：山坡、林中等。

分布：广西、西藏、云南。

狭叶楼梯草 *Elatostema lineolatum* Wight

习性：亚灌木，高 0.5~2 m。

生境：溪边、林缘、灌丛等。

分布：广西、福建、西藏、广东、云南、台湾。

坚纸楼梯草 *Elatostema pergameneum* W. T. Wang

习性：亚灌木，高 10~16 cm。

生境：溪边、林缘、灌丛等。

分布：广西。

糯米团属 *Gonostegia* Turcz.

糯米团 *Gonostegia hirta*（Blume）Miq.

习性：多年生草本，高 0.5~1 m。

生境：山坡、林中、灌丛、沟边、溪边、草地、路边等。

分布：广西、福建、西藏、海南、江西、广东、云南、安徽、四川、陕西、浙江、江苏、河南。

紫麻属 *Oreocnide* Miq.

紫麻 *Oreocnide frutescens*（Thunb.）Miq.

习性：灌木或小乔木，高 1~3 m。

生境：林中、灌丛、沟谷、路边、林缘等。

分布：广西、福建、西藏、江西、湖南、湖北、广东、云南、安徽、四川、甘肃、陕西、浙江。

全缘叶紫麻 *Oreocnide integrifolia*（Gaudich.）Miq.

习性：乔木，高 5~20 m。

生境：林中等。

分布：广西、西藏、海南、云南。

倒卵叶紫麻 *Oreocnide obovata*（C. H. Wright）Merr.

习性：灌木，高 1.5~3 m。

生境：林中、灌丛、溪边等。

分布：广西、湖南、广东、云南。

细齿紫麻 *Oreocnide serrulata* C. J. Chen

习性：灌木，高 3~5 m。

生境：林下、林缘、灌丛等。

分布：广西、云南。

赤车属 *Pellionia* Gaudich.

华南赤车 *Pellionia grijsii* Hance

习性：多年生草本，高 40~70 cm。

生境：沟谷、林下、溪边、沟边等。

分布：广西、福建、海南、江西、湖南、广东、云南。

异被赤车 *Pellionia heteroloba* Wedd.

习性：多年生草本，高 30~60 cm。

生境：山坡、林下、溪边、沟边等。

分布：广西、福建、贵州、广东、云南、台湾、四川。

长梗赤车 *Pellionia longipedunculata* W. T. Wang

习性：多年生草本，高 20~30 cm。

生境：林下、溪边、沟边等。

分布：广西、福建、贵州、广东、云南、台湾、四川。

滇南赤车 *Pellionia paucidentata*（H. Schroet.）S. S. Chien

习性：多年生草本，高 20~50 cm。

生境：沟谷、溪边、沟边等。

分布：广西、海南、贵州、云南。

赤车 *Pellionia radicans*（Siebold et Zucc.）Wedd.

习性：多年生草本，高 20~60 cm。

生境：沟谷、林下、灌丛等。

分布：广西、福建、海南、贵州、江西、湖南、湖北、广东、云南、安徽、四川、浙江、台湾。

蔓赤车 *Pellionia scabra* Benth.

习性：亚灌木，高 0.5~1 m。

生境：沟谷、林下、溪边、沟边等。

分布：广西、福建、浙江、海南、贵州、江西、湖南、广东、云南、台湾、安徽、四川。

冷水花属 *Pilea* Lindl.

*** 小叶冷水花** *Pilea microphylla*（L.）Liebm.

习性：纤细小草本，高 3~17 cm。

生境：路边、溪边、沟边、岩壁等。

分布：广西、福建、浙江、海南、江西、广东、台湾。

冷水花 *Pilea notata* C. H. Wright

习性：多年生草本，高 20~70 cm。

生境：沟谷、溪边、林下等。

分布：广西、广东、湖南、湖北、贵州、四川、甘肃、陕西、河南、安徽、江西、浙江、福建、台湾。

雾水葛属 *Pouzolzia* Gaudich.

红雾水葛 *Pouzolzia sanguinea*（Blume）Merr.

习性：灌木，高 0.5~3 m。

生境：沟谷、山坡、林中、灌丛、沟边等。

分布：广西、西藏、海南、贵州、云南、台湾、四川。

多枝雾水葛 *Pouzolzia zeylanica* var. *microphylla*（Wedd.）Masam.

习性：多年生草本或亚灌木，高 0.4~1 m。

生境：丘陵、草地、溪边、沟边、草坡等。

分布：广西、福建、江西、广东、云南、台湾。

藤麻属 *Procris* Comm.ex Juss.

藤麻 *Procris crenata* C. B. Rob.

习性：多年生草本，高 30~80 cm。

生境：山坡、林中、沟边等。

分布：广西、福建、西藏、海南、贵州、广东、云南、台湾、四川。

134. 马鞭草科 Verbenaceae

马缨丹属 *Lantana* L.

*** 马缨丹** *Lantana camara* L.
习性：灌木，茎直立或蔓生，高 1~2 m。
生境：海边、沙滩、空旷地等。
分布：广西、福建、海南、广东、台湾。

马鞭草属 *Verbena* L.

马鞭草 *Verbena officinalis* L.
习性：多年生草本，高 0.3~1.2 m。
生境：路边、山坡、溪边、沟边、林缘等。
分布：广西、福建、西藏、海南、贵州、江西、湖南、湖北、广东、云南、安徽、四川、甘肃、陕西、新疆、浙江、江苏、台湾、山西。

135. 荚蒾科 Vibrunaceae

接骨木属 *Sambucus* L.

接骨草 *Sambucus javanica* Reinw. ex Blume
习性：草本或半灌木，高 1~2 m。
生境：山坡、林下、沟边、草丛等。
分布：广西、福建、西藏、海南、贵州、江西、湖南、湖北、广东、云南、安徽、四川、甘肃、陕西、浙江、江苏、台湾、河南。

荚蒾属 *Viburnum* L.

荚蒾 *Viburnum dilatatum* Thunb.
习性：落叶灌木，高 1.5~3 m。
生境：林下、林缘、灌丛等。
分布：广西、福建、贵州、江西、湖南、湖北、广东、云南、安徽、四川、陕西、浙江、江苏、台湾、河北、河南。

南方荚蒾 *Viburnum fordiae* Hance
习性：灌木或小乔木，高约 5 m。
生境：林下、灌丛等。
分布：广西、福建、浙江、贵州、江西、湖南、广东、云南、安徽。

海南荚蒾 *Viburnum hainanense* Merr. et Chun
习性：灌木，高可达 3 m。

生境：灌丛、丛林等。

分布：广西、广东。

淡黄荚蒾 *Viburnum lutescens* Blume

习性：灌木，高可达 8 m。

生境：沟谷、林中、灌丛、溪边等。

分布：广西、福建、海南、广东。

珊瑚树 *Viburnum odoratissimum* Ker.-Gawl.

习性：灌木或小乔木，高可达 10 m。

生境：林下、灌丛等。

分布：广西、福建、浙江、海南、贵州、湖南、广东、云南、台湾、河北、河南。

大果鳞斑荚蒾 *Viburnum punctatum* var. *lepidotulum*（Merr. et Chun）P. S. Hsu

习性：灌木或乔木。

生境：沟谷、灌丛等。

分布：广西、海南、广东。

常绿荚蒾 *Viburnum semperviren*s K. Koch

习性：常绿灌木，高可达 4 m。

生境：林下、沟谷、灌丛等。

分布：广西、福建、浙江、海南、贵州、江西、湖南、广东、云南、安徽、四川。

136. 堇菜科 Violaceae

堇菜属 *Viola* L.

如意草 *Viola arcuata* Blume

习性：多年生草本。

生境：草地、山坡、灌丛、林缘、田野等。

分布：广西、福建、贵州、江西、重庆、湖南、湖北、广东、云南、安徽、四川、甘肃、山东、陕西、浙江、江苏、辽宁、吉林、台湾、黑龙江、河南。

七星莲 *Viola diffusa* Ging.

习性：一年生草本。

生境：山坡、林下、林缘、草坡、溪边、岩石上等。

分布：广西、福建、西藏、海南、贵州、江西、重庆、湖南、湖北、广东、云南、安徽、四川、甘肃、陕西、浙江、江苏、台湾、河南。

深圆齿堇菜 *Viola davidii* Franch.

习性：多年生草本，高 7~10 cm。

生境：山坡、林下、林缘、草坡、沟谷、路边等。

分布：广西、福建、浙江、西藏、贵州、江西、重庆、湖南、湖北、广东、云南、四川。

137. 葡萄科 Vitaceae

蛇葡萄属 *Ampelopsis* A. Rich. ex Michx.

蓝果蛇葡萄 *Ampelopsis bodinieri*（H. Lév. et Vaniot）Rehder

习性：木质藤本。

生境：沟谷、林中、山坡、灌丛等。

分布：广西、陕西、福建、海南、贵州、湖南、湖北、广东、云南、四川、河南。

乌蔹莓属 *Causonis* Raf.

乌蔹莓 *Causonis japonica*（Thunb.）Raf.

习性：草质藤本。

生境：山坡、沟谷、林下等。

分布：广西、福建、海南、贵州、湖南、广东、云南、安徽、四川、山东、陕西、浙江、江苏、台湾、河北、河南。

毛乌蔹莓 *Causonis mollis*（Wall. ex M. A. Lawson）G. Parmar et J. Wen

习性：草质藤本。

生境：沟谷、林中、山坡、灌丛等。

分布：广西、海南、贵州、广东、云南。

大麻藤属 Cayratia Juss.

大麻藤 *Cayratia pedata*（Lamk.）Juss. ex Gagnep.

习性：木质藤本。

生境：山坡、林中、灌木、岩石缝中等。

分布：广西、云南。

白粉藤属 *Cissus* L.

白粉藤 *Cissus repens* Lam.

习性：草质藤本。

生境：沟谷、林中、山坡、灌丛等。

分布：广西、贵州、广东、云南、台湾。

四棱白粉藤 *Cissus subtetragona* Planch.

习性：木质藤本。

生境：林中、灌丛等。

分布：广西、海南、广东、云南。

牛果藤属 *Nekemias* Raf.

牛果藤 *Nekemias cantoniensis*（Hook. et Arn.）J. Wen et Z. L. Nie
习性：木质藤本。
生境：沟谷、林中、山坡、灌丛等。
分布：广西、福建、浙江、西藏、海南、贵州、湖南、湖北、广东、云南、台湾、安徽。

大齿牛果藤 *Nekemias grossedentata*（Hand.-Mazz.）J. Wen et Z. L. Nie
习性：木质藤本。
生境：沟谷、林中、山坡、灌丛等。
分布：广西、福建、贵州、江西、湖南、湖北、广东、云南。

崖爬藤属 *Tetrastigma* K. Schum.

尾叶崖爬藤 *Tetrastigma caudatum* Merr. et Chun
习性：木质藤本。
生境：沟谷、林中、灌丛等。
分布：广西、福建、海南、广东。

三叶崖爬藤 *Tetrastigma hemsleyanum* Diels et Gilg
习性：草质藤本。
生境：山坡、灌丛、沟谷、溪边、林下、岩石缝中等。
分布：广西、福建、西藏、贵州、江西、重庆、湖南、湖北、广东、云南、四川、浙江、江苏、台湾。

海南崖爬藤 *Tetrastigma papillatum*（Hance）C. Y. Wu
习性：木质藤本。
生境：沟谷、林中等。
分布：广西、海南、贵州。

越南崖爬藤 *Tetrastigma tonkinense* Gagnep.
习性：木质藤本。
生境：沟谷、林中等。
分布：广西。

138. 菖蒲科 Acoraceae

菖蒲属 *Acorus* L.

菖蒲 *Acorus calamus* L.
习性：多年生草本。
生境：溪边、沟边等。
分布：全国各地。

金钱蒲 *Acorus gramineus* Soland.
习性：多年生草本，高 20~30 cm。
生境：溪边、沟边等。
分布：广西、浙江、江西、湖北、湖南、广东、陕西、甘肃、四川、贵州、云南、西藏。

139. 石蒜科 Amaryllidaceae

文殊兰属 *Crinum* L.

文殊兰 *Crinum asiaticum* var. *sinicum*（Roxb. ex Herb.）Baker
习性：多年生草本。
生境：溪边、沟边等。
分布：广西、福建、广东、台湾。

140. 天南星科 Araceae

广东万年青属 *Aglaonema* Schott

广东万年青 *Aglaonema modestum* Schott ex Engl.
习性：多年生草本，高 40~70 cm。
生境：林下等。
分布：广西、贵州、广东。

海芋属 *Alocasia*（Schott）G. Don

尖尾芋 Alocasia *cucullata*（Lour.）Schott
习性：草本。
生境：沼泽、池塘、沟边、溪边等。
分布：广西、福建、海南、贵州、广东、云南、台湾、四川。

海芋 *Alocasia odora*（Roxburth）K. Koch
习性：大型草本，高 1.5~2.5 m。
生境：林缘、林下等。
分布：广西、福建、海南、贵州、江西、湖南、广东、云南、台湾、四川。

魔芋属 *Amorphophallus* Blume ex Decne.

魔芋 *Amorphophallus konjac* K. Koch
习性：多年生草本。
生境：林缘、灌丛、林下等。
分布：广西、云南。

天南星属 *Arisaema* Mart.

一把伞南星 *Arisaema erubescens*（Wall.）Schott
习性：多年生草本。
生境：林下、灌丛、草坡、溪边、沟边等。
分布：广西、福建、贵州、江西、湖南、湖北、广东、北京、安徽、四川、甘肃、山东、陕西、台湾、河北、山西、河南。

芋属 *Colocasia* Link

野芋 *Colocasia antiquorum* Schott
习性：湿生草本。
生境：林下、林缘、溪边、灌丛等。
分布：广西、云南。

麒麟叶属 *Epipremnum* Schott

麒麟叶 *Epipremnum pinnatum*（L.）Engl.
习性：藤本。
生境：林下、山坡等。
分布：广西、台湾。

千年健属 *Homalomena* Schott

千年健 *Homalomena occulta*（Lour.）Schott
习性：多年生草本。
生境：沟谷、林下、竹林、山坡、灌丛等。
分布：广西、海南、广东、云南。

刺芋属 *Lasia* Lour.

刺芋 *Lasia spinosa*（L.）Thwaites
习性：多年生草本，有刺，高可达 1 m。
生境：溪边、沟边、草丛、林下等。
分布：广西、西藏、海南、广东、云南、台湾。

浮萍属 *Lemna* L.

浮萍 *Lemna minor* L.
习性：一年生草本；漂浮植物。
生境：沼泽、溪流、池塘、水库、沟渠、蓄水池等。
分布：全国各地。

半夏属 *Pinellia* Ten.

半夏 *Pinellia ternata*（Thunb.）Ten. ex Breitenb.

习性：草本。

生境：沟谷、沟边、溪边、林下等。

分布：广西、福建、贵州、上海、湖北、湖南、广东、澳门、香港、安徽、四川、江苏、吉林、宁夏、河北、河南、海南、江西、重庆、云南、北京、甘肃、山东、陕西、浙江、天津、辽宁、台湾、黑龙江、山西。

大薸属 *Pistia* L.

*** 大薸** *Pistia stratiotes* L.

习性：多年生草本，高 5~20 cm；漂浮植物。

生境：沼泽、溪流、池塘、沟渠、水库等。

分布：广西、天津、山东、江苏、安徽、上海、浙江、江西、福建、河南、湖北、湖南、广东、海南、贵州、云南、重庆、四川、西藏、新疆、香港、澳门、台湾。

石柑属 *Pothos* L.

石柑子 *Pothos chinensis*（Raf.）Merr.

习性：草质藤本。

生境：林中等。

分布：广西、西藏、海南、贵州、湖南、湖北、广东、云南、台湾、四川。

崖角藤属 *Rhaphidophora* Hassk.

粗茎崖角藤 *Rhaphidophora crassicaulis* Engl. et Krause

习性：草质藤本。

生境：林中等。

分布：广西、海南、云南。

狮子尾 *Rhaphidophora hongkongensis* Schott

习性：藤本。

生境：林中树上、林下岩石上等。

分布：广西、福建、海南、贵州、广东、云南、台湾。

毛过山龙 *Rhaphidophora hookeri* Schott

习性：攀缘藤本，茎长可达 15 m。

生境：林中树上、林下岩石上等。

分布：广西、西藏、贵州、广东、云南、四川。

犁头尖属 *Typhonium* Schott

马蹄犁头尖 *Typhonium trilobatum*（L.）Schott

习性：多年生草本，高 5~10 cm。

生境：林下、灌丛、草地、弃耕地、路边等。

分布：广西、海南、广东、云南。

141. 棕榈科 Arecaceae

桄榔属 *Arenga* Labill.

桄榔 *Arenga westerhoutii* Griff.

习性：乔木状，高 5~10 m。

生境：林中等。

分布：广西、海南、云南。

省藤属 *Calamus* L.

桂南省藤 *Calamus austroguangxiensis* S. J. Pei et S. Y. Chen

习性：攀缘藤本。

生境：林中等。

分布：广西。

电白省藤 *Calamus dianbaiensis* C. F. Wei

习性：攀缘藤本或直立灌木，高 3~4 m。

生境：林中等。

分布：广西、广东。

单叶省藤 *Calamus simplicifolius* C. F. Wei

习性：攀缘藤本。

生境：林中等。

分布：广西、海南。

毛鳞省藤 *Calamus thysanolepis* Hance

习性：灌木状，高 2~3 m。

生境：林中等。

分布：广西、福建、浙江、江西、湖南、广东。

鱼尾葵属 *Caryota* L.

鱼尾葵 *Caryota maxima* Blume ex Mart.

习性：乔木状，高 10~15 m。

生境：山坡、沟谷、林中等。

分布：广西、海南、广东、云南。

单穗鱼尾葵 *Caryota monostachya* Becc.

习性：灌木状，高 2~4 m。

生境：山坡、沟谷、林中等。

分布：广西、贵州、云南。

黄藤属 *Daemonorops* Blume

黄藤 *Daemonorops jenkinsiana*（Griff.）Mart.

习性：灌木，高 1~2 m。

生境：林中等。

分布：广西、云南。

轴榈属 *Licuala* Wurmb

毛花轴榈 *Licuala dasyantha* Burret

习性：灌木状，高 1~2 m。

生境：林中等。

分布：广西。

山槟榔属 *Pinanga* Blume

变色山槟榔 *Pinanga baviensis* Becc.

习性：灌木，丛生，高 2~4 m。

生境：林中等。

分布：广西、福建、海南、广东、云南。

棕竹属 *Rhapis* L. f. ex Aiton

棕竹 *Rhapis excelsa*（Thunb.）A. Henry

习性：灌木，丛生，高 2~3 m。

生境：林中、山坡等。

分布：广西、福建、海南、贵州、广东、云南。

细棕竹 *Rhapis gracilis* Burret

习性：灌木，丛生，高 1~1.5 m。

生境：林中等。

分布：广西、海南、广东。

142. 天门冬科 Asparagaceae

蜘蛛抱蛋属 *Aspidistra* Ker Gawl.

蜘蛛抱蛋 *Aspidistra elatior* Blume

习性：多年生草本。

生境：沟谷、林下、沟边等。

分布：广西、福建、西藏、贵州、上海、湖北、湖南、广东、澳门、香港、安徽、四川、新疆、江苏、吉林、宁夏、河北、河南、海南、江西、重庆、云南、北京、甘肃、山东、陕西、浙江、内蒙古、青海、天津、辽宁、台湾、黑龙江、山西。

小花蜘蛛抱蛋 *Aspidistra minutiflora* Stapf

习性：多年生草本。

生境：沟谷、林下、沟边等。

分布：广西、海南、贵州、湖南、广东、香港。

竹根七属 *Disporopsis* Hance

长叶竹根七 *Disporopsis longifolia* Craib

习性：多年生草本。

生境：灌丛、林下、林缘等。

分布：广西、云南。

龙血树属 *Dracaena* Vand. ex L.

长花龙血树 *Dracaena angustifolia* Roxb.

习性：灌木状，高 1~3 m。

生境：林下、灌丛等。

分布：广西、海南、云南、台湾。

细枝龙血树 *Dracaena elliptica* Thunb.

习性：灌木状，高 1~5 m。

生境：林中、灌丛、沙土等。

分布：广西。

山麦冬属 *Liriope* Herb.

山麦冬 *Liriope spicata*（Thunb.）Lour.

习性：多年生草本。

生境：山坡、沟谷、林下、路边、沟边等。

分布：广西、福建、海南、贵州、江西、湖南、湖北、广东、云南、安徽、四川、甘肃、山东、陕西、浙江、江苏、台湾、河北、山西、河南。

禾叶山麦冬 *Liriope graminifolia*（L.）Baker

习性：多年生草本。

生境：山坡、沟谷、林下、灌丛、岩石上、草丛等。

分布：广西、福建、贵州、江西、湖北、广东、北京、安徽、四川、甘肃、陕西、浙江、江苏、台湾、河北、山西、河南。

沿阶草属 *Ophiopogon* Ker Gawl.

沿阶草 *Ophiopogon bodinieri* H. Lév.

习性：多年生草本。

生境：山坡、沟谷、林下、灌丛、草丛等。

分布：广西、甘肃、陕西、西藏、贵州、湖北、云南、台湾、四川、河南。

长茎沿阶草 *Ophiopogon Chingii* F. T. Wang et Tang

习性：多年生草本。

生境：山坡、灌丛、林下、岩石上等。

分布：广西、海南、贵州、广东、云南、四川。

褐鞘沿阶草 *Ophiopogon dracaenoides*（Baker）Hook. f.

习性：多年生草本。

生境：林下等。

分布：广西、贵州、云南。

丽叶沿阶草 *Ophiopogon marmoratus* Pierre ex L. Rodr.

习性：多年生草本。

生境：林下、沟谷等。

分布：广西、云南。

宽叶沿阶草 *Ophiopogon platyphyllus* Merr. et Chun

习性：多年生草本。

生境：林下、溪边、路边等。

分布：广西、海南、广东。

球子草属 *Peliosanthes* Andrews

大盖球子草 *Peliosanthes macrostegia* Hance

习性：多年生草本。

生境：灌丛、林下等。

分布：广西、贵州、湖南、广东、云南、台湾、四川。

143. 阿福花科 Asphodelaceae

山菅兰属 *Dianella* Lam. ex Juss.

山菅兰 *Dianella ensifolia*（L.）DC.

习性：多年生草本，高 1~2 m。

生境：林下、山坡、草丛等。

分布：广西、福建、海南、贵州、江西、广东、云南、台湾、四川。

144. 水玉簪科 Burmanniaceae

水玉簪属 *Burmannia* L.

水玉簪 *Burmannia disticha* L.

习性：一年生草本，高约 60 cm。

生境：林中等。

分布：广西、福建、海南、贵州、湖南、广东、云南。

145. 秋水仙科 Colchicaceae

万寿竹属 *Disporum* Salisb.

横脉万寿竹 *Disporum trabeculatum* Gagnep.

习性：多年生草本。

生境：林下等。

分布：广西、广东、贵州、云南。

长蕊万寿竹 *Disporum longistylum*（H. Lév. et Vaniot.) H. Hara

习性：多年生草本，高 30~70 cm。

生境：林下、灌丛等。

分布：广西、甘肃、陕西、西藏、贵州、湖北、云南、四川。

146. 鸭跖草科 Commelinaceae

穿鞘花属 *Amischotolype* Hassk.

穿鞘花 *Amischotolype hispida*（A. Rich.）D. Y. Hong

习性：多年生草本。

生境：林下、沟谷、溪边、沟边等。

分布：广西、福建、西藏、海南、贵州、广东、云南、台湾。

鸭跖草属 *Commelina* L.

饭包草 *Commelina benghalensis* L.
习性：多年生草本。
生境：林下、沟谷、溪边、沟边等。
分布：广西、福建、海南、贵州、江西、湖南、湖北、广东、云南、安徽、四川、山东、陕西、浙江、江苏、台湾、河北、河南。

鸭跖草 *Commelina communis* L.
习性：一年生草本。
生境：林下、沟谷、溪边、沟边等。
分布：广西、福建、贵州、上海、湖南、湖北、广东、澳门、香港、安徽、四川、江苏、吉林、宁夏、河南、河北、海南、江西、重庆、云南、北京、甘肃、山东、陕西、浙江、内蒙古、辽宁、天津、台湾、黑龙江、山西。

竹节菜 *Commelina diffusa* Burm. f.
习性：一年生草本。
生境：林下、沟谷、溪边、沟边等。
分布：广西、西藏、海南、贵州、广东、云南。

大苞鸭跖草 *Commelina paludosa* Blume
习性：多年生草本。
生境：林下、沟谷、溪边、沟边等。
分布：广西、福建、西藏、贵州、江西、湖南、广东、云南、台湾、四川。

蓝耳草属 *Cyanotis* D. Don

蛛丝毛蓝耳草 *Cyanotis arachnoidea* C. B. Clarke
习性：多年生草本。
生境：林下、沟谷、溪边、沟边等。
分布：广西、福建、海南、贵州、江西、广东、云南、台湾。

四孔草 *Cyanotis cristata*（L.）D. Don
习性：一年生草本。
生境：林下、沟谷、溪边等。
分布：广西、海南、贵州、广东、云南。

聚花草属 *Floscopa* Lour.

聚花草 *Floscopa scandens* Lour.
习性：多年生草本。
生境：水旁、沟谷、草地、林中等。
分布：广西、福建、浙江、西藏、海南、江西、湖南、广东、云南、四川。

水竹叶属 *Murdannia* Royle

大苞水竹叶 *Murdannia bracteata*（C. B. Clarke）J. K. Morton ex D. Y. Hong

习性：多年生草本。

生境：池塘、溪边、沟边、沼泽等。

分布：广西、海南、广东、云南。

橙花水竹叶 *Murdannia citrina* D. Fang

习性：多年生草本，高约 30 cm。

生境：池塘、溪边、沟边、沼泽等。

分布：广西。

牛轭草 *Murdannia loriformis*（Hassk.）Rolla Rao et Kammathy

习性：多年生草本。

生境：沟谷、溪边、林下、沟边、滩涂等。

分布：广西、福建、西藏、海南、贵州、江西、湖南、广东、云南、安徽、四川、浙江、台湾。

裸花水竹叶 *Murdannia nudiflora*（L.）Brenan

习性：多年生草本。

生境：池塘、溪边、沟边、沼泽等。

分布：广西、山东、福建、江苏、江西、湖南、广东、云南、安徽、四川、河南。

杜若属 *Pollia* Thunb.

杜若 *Pollia japonica* Thunb.

习性：多年生草本。

生境：沟谷、林下、溪边、沟边等。

分布：广西、福建、浙江、贵州、江西、湖南、湖北、广东、台湾、安徽、四川。

川杜若 *Pollia miranda*（H. Lév.）H. Hara

习性：多年生草本，高 20~90 cm。

生境：沟谷、林下、溪边、沟边等。

分布：广西、贵州、云南、台湾、四川。

长花枝杜若 *Pollia secundiflora*（Blume）Bakh. f.

习性：多年生草本。

生境：沟谷、林下等。

分布：广西、海南、贵州、湖南、云南、香港。

147. 闭鞘姜科 Costaceae

闭鞘姜属 *Hellenia* Retz.

闭鞘姜 *Costus speciosus*（J. Koenig）S. R. Dutta

习性：多年生草本，高 1~3 m。

生境：沟谷、林下、溪边、沟边等。

分布：广西、广东、云南、台湾。

地莴笋花属 *Parahellenia* N. H. Xia，Juan Chen，L. Y. Zeng et S. Jin Zeng

光叶闭鞘姜 *Parahellenia tonkinensis*（Gagnep.）Juan Chen，N. H. Xia，L. Y. Zeng et S. Jin Zeng

习性：多年生草本，高 1~4 m。

生境：林下等。

分布：广西、广东、云南。

148. 莎草科 Cyperaceae

薹草属 *Carex* L.

浆果薹草 *Carex baccans* Nees.

习性：多年生草本，高 0.8~1.5 m。

生境：林缘、灌丛、草丛等。

分布：广西、福建、海南、贵州、广东、云南、台湾、四川。

褐果薹草 *Carex brunnea* Thunb.

习性：多年生草本，高 40~70 cm。

生境：山坡、林下、灌丛、溪边等。

分布：广西、福建、西藏、贵州、江西、湖南、湖北、广东、云南、安徽、四川、甘肃、陕西、浙江、江苏、台湾。

十字薹草 *Carex cruciata* Wahlenb.

习性：多年生草本，高 40~90 cm。

生境：林缘、沟边、草地、路边等。

分布：广西、福建、浙江、西藏、海南、贵州、江西、湖北、广东、云南、台湾、四川。

隐穗薹草 *Carex cryptostachys* Brongn.

习性：多年生草本，高 12~30 cm。

生境：林下、溪边等。

分布：广西、福建、海南、广东、台湾。

长囊薹草 *Carex harlandii* Boott

习性：多年生草本，高 30~90 cm。

生境：林下、灌丛、溪边、山坡、草地等。

分布：广西、福建、浙江、海南、江西、湖北、广东、安徽。

条穗薹草 *Carex nemostachys* Steud.

习性：多年生草本，高 40~90 cm。

生境：溪边、沼泽、沟边、池塘等。

分布：广西、福建、浙江、贵州、江苏、江西、湖南、湖北、广东、云南、安徽。

霹雳薹草 *Carex perakensis* C. B. Clarke.

习性：多年生草本，高 0.3~1 m。

生境：林下等。

分布：广西、福建、海南、贵州、广东、云南、台湾、四川。

镜子薹草 *Carex phacota* Spreng.

习性：多年生草本，高 20~75 cm。

生境：溪边、草丛、沟边、池塘等。

分布：广西、福建、海南、贵州、江西、湖南、广东、云南、安徽、四川、山东、浙江、江苏、台湾。

花莛薹草 *Carex scaposa* C. B. Clarke

习性：多年生草本，高 20~80 cm。

生境：林下、溪边、沟边、岩壁等。

分布：广西、福建、浙江、贵州、江西、湖南、广东、云南、四川。

长柱头薹草 *Carex teinogyna* Boott

习性：多年生草本，高 20~95 cm。

生境：林下、溪边、沟边、沙地等。

分布：广西、浙江、江西、湖南、广东、云南、安徽。

莎草属 *Cyperus* L.

多脉莎草 *Cyperus diffusus* Vahl

习性：一年生或多年生草本，高 5~75 cm。

生境：林下、溪边、沟边、滩涂等。

分布：广西、西藏、海南、广东、云南、台湾。

畦畔莎草 *Cyperus haspan* L.

习性：多年生草本，高 0.1~1 m。

生境：池塘、溪边、沟边、沼泽等。

分布：广西、福建、西藏、海南、江西、湖南、湖北、广东、云南、安徽、浙江、江苏、台湾、河南。

碎米莎草 *Cyperus iria* L.

习性：一年生草本。

生境：池塘、溪边、沟边、沼泽、滩涂等。

分布：广西、福建、西藏、贵州、湖南、湖北、广东、安徽、四川、新疆、江苏、吉林、河北、河南、海南、江西、重庆、云南、甘肃、山东、陕西、浙江、辽宁、台湾、黑龙江、山西。

*** 香附子** *Cyperus rotundus* L.

习性：一年生或多年生草本，高 15~95 cm。

生境：山坡、弃耕地、草丛、沟边、溪边、滩涂等。

分布：广西、福建、西藏、海南、贵州、江西、重庆、湖南、湖北、广东、云南、安徽、四川、甘肃、山东、陕西、浙江、江苏、辽宁、台湾、河北、山西、河南。

荸荠属 *Eleocharis* R. Br.

牛毛毡 *Eleocharis yokoscensis*（Franch. et Sav.）Tang et F. T. Wang

习性：多年生或一年生草本，高 2~12 cm。

生境：塘边、溪边、沟边、滩涂等。

分布：广西、福建、贵州、江西、湖南、湖北、广东、云南、安徽、四川、山东、陕西、新疆、浙江、江苏、辽宁、吉林、台湾、黑龙江、河北、山西、河南。

飘拂草属 *Fimbristylis* Vahl

夏飘拂草 *Fimbristylis aestivalis*（Retz.）Vahl

习性：一年生或多年生草本。

生境：山坡、弃耕地、草丛、沟边、溪边、滩涂等。

分布：广西、福建、海南、贵州、江西、重庆、湖南、湖北、广东、云南、安徽、四川、陕西、浙江、台湾、黑龙江。

两歧飘拂草 *Fimbristylis dichotoma*（L.）Vahl

习性：一年生或多年生草本，高 15~50 cm。

生境：塘边、溪边、沟边、滩涂等。

分布：广西、福建、西藏、贵州、湖南、湖北、广东、安徽、四川、新疆、江苏、河北、河南、海南、江西、重庆、云南、甘肃、山东、陕西、浙江、内蒙古、辽宁、台湾、山西。

暗褐飘拂草 *Fimbristylis fusca*（Nees）C. B. Clarke

习性：一年生或多年生草本，高 20~40 cm。

生境：林缘、溪边、沟边、滩涂等。

分布：广西、福建、浙江、海南、贵州、湖南、广东、云南、台湾、安徽。

水虱草 *Fimbristylis littoralis* Gaudich.

习性：一年生或多年生草本，高 10~60 cm。

生境：塘边、溪边、沟边、滩涂等。

分布：广西、福建、海南、贵州、江西、重庆、湖南、湖北、广东、云南、安徽、四川、甘肃、山东、陕西、浙江、江苏、青海、台湾、河北、河南。

西南飘拂草 *Fimbristylis thomsonii* Boeckeler

习性：一年生或多年生草本，高 25~70 cm。

生境：林缘、灌丛、草地等。

分布：广西、海南、广东、云南、台湾。

黑莎草属 *Gahnia* J. R. Forst. et G. Forst.

散穗黑莎草 *Gahnia baniensis* Benl

习性：多年生草本，高 0.5~1.5 m。

生境：林缘、灌丛、草地等。

分布：广西、福建、海南、广东。

黑莎草 *Gahnia tristis* Nees

习性：多年生草本，高 0.5~1.5 m。

生境：林缘、灌丛、草地等。

分布：广西、福建、浙江、海南、贵州、江苏、江西、湖南、广东、台湾。

割鸡芒属 *Hypolytrum* Pers.

割鸡芒 *Hypolytrum nemorum*（Vahl）Spreng.

习性：多年生草本，高 30~90 cm。

生境：林缘、灌丛、草地等。

分布：广西、福建、海南、广东、云南、台湾。

水蜈蚣属 *Kyllinga* Rottb.

短叶水蜈蚣 *Kyllinga brevifolia* Rottb.

习性：多年生草本。

生境：弃耕地、路边、草丛、溪边、沟边、滩涂等。

分布：广西、福建、西藏、贵州、湖南、湖北、广东、安徽、四川、江苏、吉林、河北、河南、海南、江西、重庆、云南、甘肃、山东、陕西、浙江、辽宁、台湾、黑龙江、山西。

单穗水蜈蚣 *Kyllinga nemoralis*（J. R. Forst. et G. Forst.）Dandy ex Hatch. et Dalziel

习性：多年生草本。

生境：林缘、溪边、沟边、滩涂、路边等。

分布：广西、海南、湖南、广东、云南、台湾。

湖瓜草属 *Lipocarpha* R. Br.

华湖瓜草 *Lipocarpha chinensis*（Osbeck）Kern

习性：一年生或多年生草本，高 20~60 cm。

生境：林缘、溪边、沟边、滩涂等。

分布：广西、山东、福建、浙江、西藏、海南、贵州、江西、湖南、广东、云南、台湾。

扁莎属 *Pycreus* P. Beauv.

槽果扁莎 *Pycreus sulcinux*（C. B. Clarke）C. B. Clarke.

习性：一年生草本。

生境：林缘、溪边、沟边、滩涂等。

分布：广西、西藏、海南、广东、云南、台湾。

刺子莞属 *Rhynchospora* Vahl

华刺子莞 *Rhynchospora chinensis* Nees et C. A. Mey.

习性：多年生草本。

生境：林缘、溪边、沟边、滩涂等。

分布：广西、山东、福建、海南、江苏、江西、湖北、广东、台湾、安徽。

三俭草 *Rhynchospora corymbosa*（L.）Britton

习性：多年生草本，高 0.6~1 m。

生境：林缘、溪边、沟边、滩涂等。

分布：广西、海南、湖南、广东、云南、台湾。

刺子莞 *Rhynchospora rubra*（Lour.）Makino

习性：多年生草本，高 30~70 cm。

生境：路边、草坡、林缘等。

分布：广西、福建、海南、贵州、江西、湖南、湖北、广东、云南、安徽、浙江、江苏、台湾。

珍珠茅属 *Scleria* P. J. Bergius

圆秆珍珠茅 *Scleria harlandii* Hance

习性：多年生草本，高可达 1 m。

生境：山坡、山沟、林中等。

分布：广西、福建、海南、广东、云南。

毛果珍珠茅 *Scleria levis* Retz

习性：多年生草本。

生境：山坡、草地、林下、灌丛等。

分布：广西、福建、西藏、海南、贵州、江西、湖南、湖北、广东、云南、安徽、四川、浙江、江苏、台湾。

高秆珍珠茅 *Scleria terrestris*（L.）Fassett

习性：多年生草本，高 0.6~1 m。

生境：沟谷、溪边、草地、灌丛等。

分布：广西、福建、西藏、海南、江西、重庆、湖南、广东、云南、四川、浙江、江苏、台湾。

149. 薯蓣科 Dioscoreaceae

薯蓣属 *Dioscorea* L.

黄独 *Dioscorea bulbifera* L.

习性：草质藤本。

生境：林缘、溪边、沟谷等。

分布：广西、福建、西藏、海南、贵州、江西、湖南、湖北、广东、云南、安徽、四川、甘肃、陕西、浙江、江苏、台湾、河南。

薯莨 *Dioscorea cirrhosa* Lour.

习性：草质藤本。

生境：山坡、路边、林中、灌丛、林缘等。

分布：广西、福建、浙江、西藏、海南、贵州、江西、湖南、广东、云南、台湾、四川。

细叶日本薯蓣 *Dioscorea japonica* var. *oldhamii* Uline ex R. Knuth

习性：草质藤本。

生境：沟谷、溪边、灌丛等。

分布：广西、广东、台湾。

五叶薯蓣 *Dioscorea pentaphylla* L.

习性：草质藤本。

生境：林缘、灌丛等。

分布：广西、福建、西藏、江西、湖南、广东、台湾。

褐苞薯蓣 *Dioscorea persimilis* Prain et Burkill

习性：草质藤本。

生境：山坡、路边、林中、灌丛等。

分布：广西、湖南、广东、贵州、云南。

薯蓣 *Dioscorea polystachya* Turcz.

习性：草质藤本。

生境：山坡、沟谷、林下、溪边、灌丛等。

分布：广西、福建、贵州、江西、湖南、湖北、广东、云南、四川、甘肃、山东、陕西、浙江、江苏、辽宁、吉林、台湾、河北、河南。

蒟蒻薯属 *Tacca* J. R. Forst. et G. Forst.

箭根薯 *Tacca chantrieri* André

习性：多年生草本。

生境：溪边、沟边、林下、沟谷等。

分布：广西、西藏、海南、贵州、湖南、广东、云南。

150. 谷精草科 Eriocaulaceae

谷精草属 *Eriocaulon* L.

谷精草 *Eriocaulon buergerianum* Körn.

习性：一年生草本。

生境：沼泽、溪边、沟边、滩涂等。

分布：广西、福建、贵州、江西、湖南、湖北、广东、云南、安徽、四川、浙江、江苏、台湾。

白药谷精草 *Eriocaulon cinereum* R. Br.

习性：一年生草本。

生境：沼泽、溪边、沟边、滩涂等。

分布：广西、福建、贵州、江西、湖南、湖北、广东、云南、安徽、四川、甘肃、陕西、浙江、江苏、台湾、河南。

华南谷精草 *Eriocaulon sexangulare* L.

习性：一年生草本。

生境：沼泽、溪边、沟边、滩涂等。

分布：广西、福建、海南、广东、台湾。

151. 须叶藤科 Flagellariaceae

须叶藤属 *Flagellaria* L.

须叶藤 *Flagellaria indica* L.

习性：多年生攀缘藤本，茎长 2~15 m。

生境：沟边、溪边、林下等。

分布：广西、海南、广东、台湾。

152. 仙茅科 Hypoxidaceae

仙茅属 *Curculigo* Gaertn.

大叶仙茅 *Curculigo capitulata*（Lour.）O. Kuntze

习性：多年生草本，高可达 1 m。

生境：林下等。

分布：广西、福建、西藏、海南、贵州、广东、云南、台湾、四川。

仙茅 *Curculigo orchioides* Gaertn.

习性：多年生草本。

生境：沟边、灌丛、林下等。

分布：广西、福建、浙江、贵州、江西、湖南、广东、台湾、四川。

小金梅草属 *Hypoxis* L.

小金梅草 *Hypoxis aurea* Lour.

习性：多年生草本。

生境：沟边、灌丛、林下等。

分布：广西、福建、贵州、江西、湖南、湖北、广东、云南、安徽、四川、浙江、江苏、台湾。

153. 鸢尾科 Iridaceae

射干属 *Belamcanda* Adans.

射干 *Belamcanda chinensis*（L.）Redouté

习性：多年生草本。

生境：林缘、山坡、草地等。

分布：广西、吉林、辽宁、河北、山西、山东、河南、安徽、江苏、浙江、福建、台湾、湖北、湖南、江西、广东、陕西、甘肃、四川、贵州、云南、西藏。

154. 灯芯草科 Juncaceae

灯芯草属 *Juncus* L.

灯芯草 *Juncus effusus* L.

习性：多年生草本，高 0.3~1 m。

生境：池塘、沟边、沼泽、溪边等。

分布：广西、福建、西藏、贵州、江西、湖南、湖北、广东、云南、安徽、四川、甘肃、山东、浙江、江苏、辽宁、吉林、台湾、黑龙江、河北、河南。

野灯芯草 *Juncus setchuensis* Buchen. ex Diels

习性：多年生草本，高 25~65 cm。

生境：池塘、沟边、沼泽、溪边等。

分布：广西、福建、西藏、贵州、江西、湖南、湖北、广东、云南、安徽、四川、甘肃、山东、浙江、江苏、山西、河南。

155. 竹芋科 Marantaceae

柊叶属 *Phrynium* Willd.

少花柊叶 *Phrynium oliganthum* Merr.

习性：多年生草本，高可达 1.5 m。

生境：林下、沟边等。

分布：广西、福建、海南、广东。

尖苞柊叶 *Phrynium placentarium*（Lour.）Merr.

习性：多年生草本，高 1~2 m。

生境：林下、沟边等。

分布：广西、西藏、海南、贵州、广东、云南。

柊叶 *Phrynium rheedei* Suresh et Nicolson

习性：多年生草本，高 0.7~1 m。

生境：林下、沟边等。

分布：广西、福建、广东、云南。

156. 藜芦科 Melanthiaceae

仙杖花属 *Chamaelirium* Willd.

十万大山白丝草 *Chamaelirium shiwandashanense*（Y. Feng Huang et R. H. Jiang）N. Tanaka
习性：多年生草本。
生境：林中等。
分布：广西。

重楼属 *Paris* L.

海南重楼 *Paris dunniana* H. Lév.
习性：多年生草本，高 1.5~3 m。
生境：林中等。
分布：广西、海南、贵州、云南。

157. 芭蕉科 Musaceae

芭蕉属 *Musa* L.

小果野蕉 *Musa acuminata* Colla
习性：多年生草本，高 2~4 m。
生境：沟谷、沼泽、溪边、沟边等。
分布：广西、云南。

158. 兰科 Orchidaceae

安兰属 *Ania* Lindl.

香港安兰 *Ania hongkongensis*（Rolfe）Tang et F. T. Wang
习性：草本；地生植物。
生境：林下等。
分布：广西、海南、香港。

金线兰属 *Anoectochilus* Blume

金线兰 *Anoectochilus roxburghii*（Wall.）Lindl.
习性：草本，高 8~18 cm。
生境：林下、沟谷等。

分布：广西、福建、浙江、西藏、海南、江西、湖南、广东、云南、四川。

牛齿兰属 *Appendicula* Blume

牛齿兰 *Appendicula cornuta* Blume
习性：草本；附生植物。
生境：林中树上、林下岩石上等。
分布：广西、海南、广东。

竹叶兰属 *Arundina* Blume

竹叶兰 *Arundina graminifolia*（D. Don）Hochr.
习性：草本，高 0.4~1 m；地生植物。
生境：草坡、灌丛、林下等。
分布：广西、福建、浙江、西藏、海南、贵州、江西、湖南、广东、云南、台湾、四川。

睫唇兰属 *Blepharoglossum* (Schltr.) L. Li

睫唇兰 *Blepharoglossum latifolium* (Blume) L. Li
习性：草本；附生植物。
生境：林中树上、林下岩石上等。
分布：广西、海南。

石豆兰属 *Bulbophyllum* Thouars

赤唇石豆兰 *Bulbophyllum affine* Lindl.
习性：草本；附生植物。
生境：林中树上、林下岩石上等。
分布：广西、海南、广东、云南、台湾。
密花石豆兰 *Bulbophyllum odoratissimum*（J. E. Sm.）Lindl.
习性：草本；附生植物。
生境：林中树上、林下岩石上等。
分布：广西、福建、西藏、广东、云南、香港、四川。
斑唇卷瓣兰 *Bulbophyllum pecten-veneris*（Gagnep.）Seidenf.
习性：草本；附生植物。
生境：林中树上、林下岩石上等。
分布：广西、福建、海南、湖北、台湾、香港、安徽。

虾脊兰属 *Calanthe* R. Br.

二列叶虾脊兰 *Calanthe speciosa*（*Blume*）Lindl.

习性：草本，高 50~80 cm；地生植物。

生境：林下等。

分布：广西、海南、台湾、香港。

黄兰属 *Cephalantheropsis* Guillaumin

黄兰 *Cephalantheropsis obcordata*（Lindley）Ormerod

习性：草本，高可达 1 m；地生植物。

生境：林下等。

分布：广西、福建、海南、广东、云南、台湾。

高宝兰属 *Cionisaccus* Breda

高宝兰 *Cionisaccus procera*（Ker Gawl.）M. C. Pace

习性：草本，高 22~80 cm；地生植物。

生境：林下等。

分布：广西、福建、浙江、西藏、海南、贵州、广东、云南、台湾、安徽、四川。

隔距兰属 *Cleisostoma* Blume

尖喙隔距兰 *Cleisostoma rostratum*（Lodd. ex Lind.）Garay

习性：草本；附生植物。

生境：林中树上、林下岩石上等。

分布：广西、海南、贵州、云南、香港。

红花隔距兰 *Cleisostoma williamsonii*（Rchb. f.）Garay

习性：草本；附生植物。

生境：林中树上、林下岩石上等。

分布：广西、海南、贵州、广东、云南。

贝母兰属 *Coelogyne* Lindl.

流苏贝母兰 *Coelogyne fimbriata* Lindl.

习性：草本；附生植物。

生境：林中树上、林下岩石上等。

分布：广西、福建、西藏、海南、江西、广东、云南。

吻兰属 *Collabium* Blume

吻兰 *Collabium chinense*（Rolfe）Tang et F. T. Wang
习性：草本；地生植物。
生境：林下、沟谷、岩石上等。
分布：广西、福建、西藏、海南、广东、云南、台湾。

蛤兰属 *Conchidium* Griff.

蛤兰 *Conchidium pusillum* Griff.
习性：草本，高 2~3 cm；附生植物。
生境：林中树上、林下岩石上等。
分布：广西、福建、西藏、海南、广东、云南。

兰属 *Cymbidium* Sw.

纹瓣兰 *Cymbidium aloifolium*（L.）Sw.
习性：草本；附生植物。
生境：林中树上、林下岩石上等。
分布：广西、贵州、广东、云南。
建兰 *Cymbidium ensifolium*（L.）Sw.
习性：草本；地生植物。
生境：林下、灌丛、草丛等。
分布：广西、福建、西藏、海南、贵州、江西、湖南、湖北、广东、云南、安徽、四川、浙江、台湾。
寒兰 *Cymbidium kanran* Makino
习性：草本；地生植物。
生境：沟谷、林下、溪边等。
分布：广西、福建、西藏、海南、贵州、江西、湖南、广东、云南、安徽、四川、浙江、台湾。
硬叶兰 *Cymbidium mannii* Rchb. f.
习性：草本；附生植物。
生境：林中树上、林下岩石上等。
分布：广西、海南、贵州、广东、云南。

石斛属 *Dendrobium* Sw.

流苏石斛 *Dendrobium fimbriatum* Hook.
习性：草本；附生植物。
生境：林中树上、林下岩石上等。
分布：广西、贵州、云南。

剑叶石斛 *Dendrobium spatella* H. G. Reichenbach

习性：草本；附生植物。

生境：林中树上、林下岩石上等。

分布：广西、福建、海南、云南、香港。

蛇舌兰属 *Diploprora* Hook. f.

蛇舌兰 *Diploprora championii*（Lindl.）Hook. f.

习性：草本；附生植物。

生境：林中树上、林下岩石上等。

分布：广西、福建、海南、云南、台湾、香港。

厚唇兰属 *Epigeneium* Gagnep.

单叶厚唇兰 *Epigeneium fargesii*（Finet）Gagnep.

习性：草本；附生植物。

生境：沟谷岩石上、林中树上等。

分布：广西、福建、浙江、江西、湖南、湖北、广东、台湾、安徽、四川。

毛兰属 *Eria* Lindl.

半柱毛兰 *Eria corneri* Rchb. f.

习性：草本；附生植物。

生境：林中树上、林下岩石上等。

分布：广西、福建、海南、贵州、广东、云南、台湾。

香港毛兰 *Eria gagnepainii* Hawkes et Heller

习性：草本；附生植物。

生境：林中树上、林下岩石上等。

分布：广西、西藏、海南、云南、香港。

斑叶兰属 *Goodyera* R. Br.

斑叶兰 *Goodyera schlechtendaliana* Rchb. f.

习性：草本，高 15~35 cm；地生植物。

生境：山坡、林下等。

分布：广西、甘肃、陕西、福建、浙江、江苏、江西、台湾、安徽、山西、河南。

玉凤花属 *Habenaria* Willd.

橙黄玉凤花 *Habenaria rhodocheila* Hance

习性：草本，高 8~35 cm；地生植物。

生境：山坡、林下等。
分布：广西、福建、海南、贵州、江西、湖南、广东。
丛叶玉凤花 *Habenaria tonkinensis* Seidenf.
习性：草本，高 24~40 cm；地生植物。
生境：林下、沟边等。
分布：广西、云南。

羊耳蒜属 *Liparis* Rich.

见血青 *Liparis nervosa*（Thunb. ex A. Murray）Lindl.
习性：草本；地生植物。
生境：林下、草丛等。
分布：广西、福建、浙江、西藏、贵州、江西、湖南、湖北、广东、云南、台湾、四川。
凭祥羊耳蒜 *Liparis pingxiangensis* L. Lin et H. F. Yan
习性：草本，高约 20 cm；地生植物。
生境：林下等。
分布：广西、云南。
扇唇羊耳蒜 *Liparis stricklandiana* Rchb. F.
习性：草本；附生植物。
生境：林中树上、林下岩石上等。
分布：广西、西藏、海南、贵州、广东、云南。
长茎羊耳蒜 *Liparis viridiflora*（Blume）Lindl.
习性：草本；附生植物。
生境：林中树上、林下岩石上等。
分布：广西、福建、海南、广东、台湾。

石仙桃属 *Pholidota* Lindl.

石仙桃 *Pholidota chinensis* Lindl.
习性：草本；附生植物。
生境：林中树上、林下岩石上等。
分布：广西、福建、浙江、西藏、海南、贵州、广东、云南。

柄唇兰属 *Podochilus* Blume

柄唇兰 *Podochilus khasianus* Hook. f.
习性：草本；附生植物。
生境：林中树上、林下岩石上等。
分布：广西、海南、广东、云南。

云南柄唇兰 *Podochilus oxystophylloides* Ormer.
习性：草本；附生植物。
生境：林中树上、林下岩石上等。
分布：广西。

带唇兰属 *Tainia* Blume

带唇兰 *Tainia dunnii* Rolfe
习性：草本；地生植物。
生境：林下、溪边等。
分布：广西、福建、浙江、海南、贵州、江西、湖南、广东、台湾、四川。
云叶兰 *Tainia tenuiflora*（Blume）Gagnep.
习性：草本；地生植物。
生境：林下等。
分布：广西、海南、香港。

毛鞘兰属 *Trichotosia* Blume

高茎毛鞘兰 *Trichotosia pulvinata*（Lindl.）Kraenzl.
习性：草本；附生植物。
生境：林中树上、林下岩石上等。
分布：广西、云南。

竹茎兰属 *Tropidia* Lindl.

短穗竹茎兰 *Tropidia curculigoides* Lindl.
习性：草本，高 30~70 cm 或更高；地生植物。
生境：林下、沟谷等。
分布：广西、西藏、海南、云南、台湾、香港、四川。

香荚兰属 *Vanilla* Plum. ex Mill.

南方香荚兰 *Vanilla annamica* Gagnep.
习性：攀缘草本。
生境：林中树上等。
分布：广西、福建、贵州、云南、香港。

线柱兰属 *Zeuxine* Lindl.

宽叶线柱兰 *Zeuxine affinis*（Lindl.）Benth. ex Hook. f.
习性：草本，高 13~30 cm；地生植物。

生境：沟谷、林下等。

分布：广西、海南、湖南、广东、云南、台湾。

159. 露兜树科 Pandanaceae

露兜树属 *Pandanus* Parkinson

露兜草 *Pandanus austrosinensis* T. L. Wu

习性：多年生草本，高 0.8~1.2 m。

生境：林下、溪边、路边等。

分布：广西、海南、广东。

露兜树 *Pandanus tectorius* Parkinson

习性：灌木或小乔木，高 3~10 m。

生境：林中、路边等。

分布：广西、福建、海南、贵州、广东、云南、台湾。

160. 田葱科 Philydraceae

田葱属 *Philydrum* Banks et Sol. ex Gaertn.

田葱 *Philydrum lanuginosum* Gaertn.

习性：多年生草本，高 30~80 cm。

生境：池塘、沼泽、沟边等。

分布：广西、福建、浙江、广东、台湾。

161. 禾本科 Poaceae

水蔗草属 *Apluda* L.

水蔗草 *Apluda mutica* L.

习性：多年生草本，高 0.8~3 m。

生境：溪边、沟边、山坡、草丛等。

分布：广西、福建、浙江、西藏、海南、贵州、江西、湖南、广东、云南、台湾、四川。

荩草属 *Arthraxon* P. Beauv.

荩草 *Arthraxon hispidus*（Thunb.）Makino

习性：一年生草本，高 30~60 cm。

生境：路边、溪边、沼泽、草丛等。

分布：广西、海南、贵州、江西、湖北、广东、云南、安徽、四川、山东、新疆、浙江、江苏、台湾、黑龙江、河北、河南。

野古草属 *Arundinella* Raddi

石芒草 *Arundinella nepalensis* Trin.

习性：多年生草本，高 0.9~1.9 m。

生境：山坡、草丛等。

分布：广西、福建、西藏、海南、贵州、湖北、广东、云南。

刺芒野古草 *Arundinella setosa* Trin.

习性：多年生草本，高 0.5~1.9 m。

生境：山坡、草地、灌丛、林下等。

分布：广西、福建、海南、贵州、江西、湖南、湖北、广东、云南、安徽、四川、浙江、江苏、台湾、河南。

芦竹属 *Arundo* L.

芦竹 *Arundo donax* L.

习性：多年生草本，高 3~6 m。

生境：溪边、沟边等。

分布：广西、福建、浙江、西藏、海南、贵州、江苏、湖南、广东、云南、四川。

地毯草属 *Axonopus* P. Beauv.

* **地毯草** *Axonopus compressus*（Sw.）P. Beauv.

习性：多年生草本，高 8~60 cm。

生境：草地、路边、滩涂等。

分布：广西、福建、海南、贵州、广东、云南、台湾。

簕竹属 *Bambusa* Schreb.

大眼竹 *Bambusa eutuldoides* McClure

习性：灌木或乔木状竹类，高 6~12 m。

生境：沟谷、溪边等。

分布：广西、广东。

孔颖草属 *Bothriochloa* Kuntze

臭根子草 *Bothriochloa bladhii*（Retz.）S. T. Blake

习性：多年生草本，高 0.6~1 m。

生境：山坡、草丛等。

分布：广西、陕西、新疆、福建、贵州、湖南、湖北、广东、云南、台湾、安徽、四川。

细柄草属 *Capillipedium* Stapf

硬秆子草 *Capillipedium assimile*（Steud.）A. Camus
习性：多年生草本，高 1~2 m。
生境：林下等。
分布：广西、福建、西藏、海南、贵州、江西、湖南、湖北、广东、云南、四川、山东、浙江、台湾、河南。

金须茅属 *Chrysopogon* Trin.

竹节草 *Chrysopogon aciculatus*（Retz.）Trin.
习性：多年生草本，高 20~50 cm。
生境：山坡、草地、滩涂等。
分布：广西、福建、海南、贵州、广东、云南、台湾。

薏苡属 *Coix* L.

薏苡 *Coix lacryma-jobi* L.
习性：一年生草本，高 1~2 m。
生境：池塘、沟边、沟谷等。
分布：广西、福建、海南、贵州、江西、湖南、湖北、广东、云南、安徽、山东、陕西、新疆、浙江、江苏、内蒙古、辽宁、台湾、黑龙江、宁夏、河北、山西、河南。

香茅属 *Cymbopogon* Spreng.

橘草 *Cymbopogon goeringii*（Steud.）A. Camus
习性：多年生草本，高 0.6~1 m。
生境：丘陵、山坡、草地、荒野、路边等。
分布：广西、福建、贵州、江西、湖南、湖北、云南、香港、安徽、山东、浙江、江苏、台湾、河北、河南。

狗牙根属 *Cynodon* Rich.

狗牙根 *Cynodon dactylon*（L.）Persoon
习性：多年生草本，高 5~30 cm。
生境：滩涂、弃耕地、沟边、溪边等。
分布：广西、甘肃、陕西、福建、浙江、海南、江苏、湖北、广东、云南、台湾、四川、山西。

弓果黍属 *Cyrtococcum* Stapf

弓果黍 *Cyrtococcum patens*（L.）A. Camus
习性：一年生草本，高 0.15~3 m。

生境：丘陵、林下、草地、沟边等。

分布：广西、福建、广东。

马唐属 *Digitaria* Haller

亨利马唐 *Digitaria henryi* Rendle

习性：一年生草本，高 20~50 cm。

生境：山坡、草地、路边等。

分布：广西、福建、海南、上海、广东、台湾、安徽。

稗属 *Echinochloa* P. Beauv.

光头稗 *Echinochloa colona*（L.）Link

习性：一年生草本，高 20~60 cm。

生境：沟边、滩涂、沼泽等。

分布：广西、福建、西藏、海南、贵州、江西、湖南、湖北、广东、云南、北京、安徽、四川、陕西、新疆、浙江、江苏、台湾、河北、河南。

稗 *Echinochloa crus-galli*（L.）P. Beauv.

习性：一年生草本，高 0.5~1.5 m。

生境：沟边、溪边、滩涂、沼泽等。

分布：广西、福建、西藏、贵州、上海、湖北、湖南、广东、澳门、香港、安徽、四川、新疆、江苏、吉林、宁夏、河北、河南、海南、江西、重庆、云南、北京、甘肃、山东、陕西、浙江、内蒙古、青海、天津、辽宁、台湾、黑龙江、山西。

䅟属 *Eleusine* Gaertn.

牛筋草 *Eleusine indica*（L.）Gaertn.

习性：一年生草本，高 10~90 cm。

生境：弃耕地、路边等。

分布：广西、福建、西藏、海南、贵州、江西、上海、湖南、湖北、广东、云南、北京、安徽、四川、山东、陕西、浙江、天津、台湾、黑龙江、河南。

画眉草属 *Eragrostis* Wolf

大画眉草 *Eragrostis cilianensis*（All.）Vignolo-Lutati ex Janch.

习性：多年生或一年生草本，高 30~90 cm。

生境：草地、滩涂、山坡等。

分布：广西、福建、海南、贵州、湖北、云南、北京、安徽、山东、陕西、新疆、浙江、内蒙古、青海、台湾、黑龙江、宁夏、河南。

知风草 *Eragrostis ferruginea*（Thunb.）P. Beauv.

习性：一年生草本，0.3~1.1 m。

生境：路边、山坡、草地等。

分布：广西、山东、陕西、福建、浙江、西藏、贵州、湖北、云南、台湾、北京、安徽、河南。

画眉草 *Eragrostis pilosa*（L.）Beauv.

习性：多年生或一年生草本，高 15~60 cm。

生境：草地、山坡、路边等。

分布：广西、福建、西藏、海南、贵州、湖北、云南、北京、安徽、山东、陕西、浙江、内蒙古、台湾、黑龙江、宁夏、河南。

牛虱草 *Eragrostis unioloides*（Retz.）Nees ex Steud.

习性：多年生或一年生草本，高 20~60 cm。

生境：山坡、草地、路边等。

分布：广西、福建、海南、江西、云南、台湾。

蜈蚣草属 *Eremochloa* Buse

蜈蚣草 *Eremochloa ciliaris*（L.）Merr.

习性：多年生草本，高 40~60 cm。

生境：山坡、路边、草丛等。

分布：广西、福建、海南、贵州、广东、云南、台湾。

假俭草 *Eremochloa ophiuroides*（Munro）Hack.

习性：多年生草本，高 10~20 cm。

生境：草地、河岸、路边、滩涂等。

分布：广西、福建、海南、贵州、江西、湖南、湖北、广东、安徽、四川、浙江、江苏、台湾、河南。

鹧鸪草属 *Eriachne* R. Br.

鹧鸪草 *Eriachne pallescens* R. Br.

习性：多年生草本，高 20~60 cm。

生境：山坡、林下、草地等。

分布：广西、福建、江西、广东。

黄金茅属 *Eulalia* Kunth

金茅 *Eulalia speciosa*（Debeaux）Kuntze

习性：多年生草本，高 0.7~1.2 m。

生境：山坡、草地等。

分布：广西、福建、海南、贵州、江西、湖北、广东、云南、安徽、四川、山东、陕西、台湾、河南。

黄茅属 *Heteropogon* Pers.

黄茅 *Heteropogon contortus*（L.）P. Beauv. ex Roemer et Schult.

习性：多年生草本，高 0.2~1 m。

生境：山坡、草地等。

分布：广西、福建、西藏、海南、贵州、江西、湖南、湖北、广东、云南、四川、甘肃、陕西、浙江、台湾、河南。

距花黍属 *Ichnanthus* P. Beauv.

大距花黍 *Ichnanthus pallens* var. *major*（Nees）Stieber

习性：多年生草本，高 20~50 cm。

生境：沟谷、林下、水旁等。

分布：广西、福建、贵州、广东。

白茅属 *Imperata* Cirillo

白茅 *Imperata cylindrica*（L.）P. Beauv.

习性：多年生草本，高 30~80 cm。

生境：草地、山坡、路边等。

分布：广西、福建、西藏、贵州、湖南、湖北、广东、安徽、四川、新疆、江苏、河北、河南、海南、江西、云南、北京、山东、陕西、浙江、内蒙古、辽宁、台湾、黑龙江、山西。

大节竹属 *Indosasa* McClure

大节竹 *Indosasa crassiflora* McClure

习性：竹类，高 5~8 m。

生境：林中等。

分布：广西。

柳叶箬属 *Isachne* R. Br.

柳叶箬 *Isachne globosa*（Thunb.）Kuntze

习性：多年生草本，高 30~60 cm。

生境：滩涂、沟边、溪边等。

分布：广西、福建、贵州、江西、湖南、湖北、广东、云南、安徽、山东、陕西、浙江、江苏、辽宁、台湾、河北、河南。

鸭嘴草属 *Ischaemum* L.

有芒鸭嘴草 *Ischaemum aristatum* L.

习性：多年生草本，高 60~80 cm。

生境：山坡、路边、灌丛等。

分布：广西、福建、海南、贵州、江西、湖南、湖北、广东、云南、安徽、山东、浙江、江苏、辽宁、台湾、河北、河南。

粗毛鸭嘴草 *Ischaemum barbatum* Retz.

习性：多年生草本，高可达 1 m。

生境：沟边、草丛、灌丛等。

分布：广西、福建、海南、贵州、江西、湖南、湖北、广东、云南、安徽、浙江、江苏、台湾。

假稻属 *Leersia* Soland. ex Swartz.

李氏禾 *Leersia hexandra* Sw.

习性：多年生草本，高 40~60 cm。

生境：沼泽、沟边、溪边、池塘边等。

分布：广西、广东、海南、台湾、福建。

淡竹叶属 *Lophatherum* Brongn.

淡竹叶 *Lophatherum gracile* Brongn.

习性：多年生草本，高 40~80 cm。

生境：山坡、林下、林缘、路边等。

分布：广西、福建、海南、贵州、江西、湖南、湖北、广东、云南、安徽、四川、浙江、江苏、台湾。

莠竹属 *Microstegium* Nees

刚莠竹 *Microstegium ciliatum*（Trin.）A. Camus

习性：多年生草本，蔓生，高 30~80 cm。

生境：沟边、林缘、溪边等。

分布：广西、福建、海南、贵州、江西、湖南、广东、云南、台湾、四川。

蔓生莠竹 *Microstegium fasciculatum*（L.）Henrard

习性：多年生草本，高可达 1 m。

生境：林缘、林下等。

分布：广西、海南、贵州、湖北、广东、云南、四川。

莠竹 *Microstegium vimineum*（Trin.）A.Camus

习性：一年生草本，高可达 1 m。

生境：林缘、草地、溪边、沟边等。

分布：广西、福建、贵州、江西、湖南、湖北、广东、云南、北京、安徽、四川、山东、陕西、浙江、江苏、吉林、台湾、河北、山西、河南。

芒属 *Miscanthus* Andersson

五节芒 *Miscanthus floridulus*（Labill.）Warburg ex K. Schumann

习性：多年生草本，高 2~4 m。

生境：弃耕地、丘陵、沟谷、山坡、草地等。

分布：广西、福建、海南、贵州、湖北、广东、云南、安徽、四川、浙江、江苏、台湾、河南。

芒 *Miscanthus sinensis* Anderss.

习性：多年生草本，高 1~2 m。

生境：山坡、林缘、路边等。

分布：广西、福建、海南、贵州、江西、湖北、广东、云南、安徽、四川、山东、陕西、浙江、江苏、吉林、台湾、河北。

类芦属 *Neyraudia* Hook. f.

类芦 *Neyraudia reynaudiana*（Kunth）Keng ex Hitchc.

习性：多年生草本，高 2~3 m。

生境：山坡、草地等。

分布：广西、福建、西藏、海南、贵州、江西、湖南、湖北、广东、云南、安徽、四川、甘肃、浙江、江苏、台湾。

求米草属 *Oplismenus* P. Beauv.

求米草 *Oplismenus undulatifolius*（Ard.）Roemer et Schuit.

习性：一年生或多年生草本，高 20~50 cm。

生境：林下、沟边等。

分布：广西、福建、贵州、江西、湖南、湖北、广东、云南、安徽、四川、山东、陕西、浙江、江苏、台湾、河北、山西、河南。

黍属 *Panicum* L.

短叶黍 *Panicum brevifolium* L.

习性：一年生草本，高 0.6~1.2 m。

生境：林缘、沟边等。

分布：广西、福建、贵州、江西、广东、云南、台湾。

心叶稷 *Panicum notatum* Retz.

习性：多年生草本，高 0.5~1.5 m。

生境：林缘、沟边等。

分布：广西、福建、西藏、广东、云南、台湾。

*** 铺地黍** *Panicum repens* L.

习性：多年生草本，高 0.5~1 m。

生境：沟边、溪边等。
分布：广西、福建、浙江、海南、江西、广东、云南、台湾、四川。

雀稗属 *Paspalum* L.

*** 双穗雀稗** *Paspalum distichum* L.
习性：多年生草本，高 20~40 cm。
生境：池塘、溪边、沟边等。
分布：广西、福建、海南、贵州、湖南、湖北、云南、香港、安徽、四川、山东、浙江、江苏、台湾、河南。

圆果雀稗 *Paspalum scrobiculatum* var. *orbiculare*（G. Forst.）Hackel
习性：多年生草本，高 30~90 cm。
生境：山坡、草地、路边、沟边等。
分布：广西、福建、浙江、贵州、江苏、江西、湖北、广东、云南、台湾、四川。

狼尾草属 *Pennisetum* Rich.

狼尾草 *Pennisetum alopecuroides*（L.）Spreng.
习性：多年生草本，高 0.3~1.2 m。
生境：沟边、弃耕地、山坡等。
分布：广西、福建、海南、贵州、湖北、广东、黑龙江、北京、安徽。

金发草属 *Pogonatherum* P. Beauv.

金丝草 *Pogonatherum crinitum*（Thunb.）Kunth
习性：多年生草本，高 10~30 cm。
生境：山坡、路边、溪边、灌丛等。
分布：广西、福建、浙江、江西、安徽。

金发草 *Pogonatherum paniceum*（Lam.）Hack.
习性：多年生草本，高 30~60 cm。
生境：山坡、草地、路边等。
分布：广西、福建、浙江、江西、安徽。

甘蔗属 *Saccharum* L.

斑茅 *Saccharum arundinaceum* Retz.
习性：多年生草本，高 2~6 m。
生境：山坡、溪边、草地等。
分布：广西、福建、西藏、海南、贵州、江西、湖北、广东、云南、安徽、四川、甘肃、陕西、浙江、台湾、河北、河南。

甜根子草 *Saccharum spontaneum* L.
习性：多年生草本，高 1~2 m。
生境：溪边、沟边等。
分布：广西、福建、西藏、海南、贵州、江西、广东、湖北、湖南、云南、安徽、四川、陕西、新疆、浙江、江苏、台湾、河南。

囊颖草属 *Sacciolepis* Nash

囊颖草 *Sacciolepis indica*（L.）Chase
习性：一年生草本，高 0.2~1 m。
生境：滩涂、林下、沟边、溪边等。
分布：广西、福建、海南、贵州、江西、湖北、广东、云南、安徽、四川、山东、浙江、台湾、黑龙江、河南。

裂稃草属 *Schizachyrium* Nees

红裂稃草 *Schizachyrium sanguineum*（Retz.）Alston
习性：多年生草本，高 0.5~1.2 m。
生境：山坡、草地等。
分布：广西、福建、西藏、海南、江西、湖南、广东、云南、四川。

狗尾草属 *Setaria* P. Beauv.

皱叶狗尾草 *Setaria plicata*（Lam.）T. Cooke
习性：多年生草本，高 0.45~1.3 m。
生境：林下、沟谷、路边等。
分布：广西、福建、西藏、海南、贵州、江西、湖南、湖北、广东、云南、安徽、四川、浙江、江苏、台湾。
金色狗尾草 *Setaria pumila*（Poir.）Roem. et Schult.
习性：一年生草本，高 20~90 cm。
生境：山坡、路边、林缘等。
分布：广西、福建、西藏、海南、贵州、江西、上海、湖南、湖北、广东、云南、北京、安徽、四川、山东、陕西、新疆、浙江、台湾、黑龙江、宁夏、河南。

鼠尾粟属 *Sporobolus* R. Br.

鼠尾粟 *Sporobolus fertilis*（Steud.）Clayton
习性：多年生草本，高 0.2~1.2 m。
生境：路边、山坡、草地、林缘等。
分布：广西、甘肃、福建、海南、贵州、广东、安徽。

菅草属 *Themeda* Forssk.

毛菅 *Themeda trichiata* S. L. Chen et T. D. Zhuang
习性：多年生草本，高可达 1.5 m。
生境：山坡等。
分布：广西、海南、云南。

粽叶芦属 *Thysanolaena* Nees

粽叶芦 *Thysanolaena latifolia*（Roxburgh ex Hornemann）Honda
习性：多年生草本，高 2~3 m。
生境：山坡、沟谷、林缘、灌丛、路边等。
分布：广西、贵州、广东。

162. 雨久花科 Pontederiaceae

凤眼莲属 *Eichhornia* Kunth

*** 凤眼莲** *Eichhornia crassipes*（Mart.）Solms
习性：浮水草本，高约 60 cm。
生境：池塘、沟渠、河流等。
分布：广西、福建、海南、贵州、江西、湖南、湖北、广东、云南、安徽、四川、山东、陕西、浙江、江苏、台湾、河北、河南。

163. 菝葜科 Smilacaceae

菝菝葜属 *Smilax* L.

弯梗菝葜 *Smilax aberrans* Gagnep.
习性：攀缘灌木或半灌木。
生境：林中、灌丛、沟谷、溪边等。
分布：广西、贵州、广东、云南、四川。
西南菝葜 *Smilax biumbellata* T. Koyama
习性：攀缘灌木。
生境：林下、灌丛等。
分布：广西、甘肃、西藏、贵州、湖南、云南、四川。
菝葜 *Smilax china* L.
习性：攀缘灌木。
生境：林下、灌丛、路边、沟谷、山坡等。
分布：广西、福建、贵州、江西、湖南、湖北、广东、云南、安徽、四川、山东、浙江、江苏、辽宁、台湾、河南。

筐条菝葜 *Smilax corbularia* Kunth

习性：攀缘灌木。

生境：林下、灌丛等。

分布：广西、海南、广东、云南。

小果菝葜 *Smilax davidiana* A. DC.

习性：攀缘灌木。

生境：林下、灌丛、山坡、路边等。

分布：广西、福建、浙江、贵州、江苏、江西、湖南、广东、云南、安徽。

四翅菝葜 *Smilax gagnepainii* T. Koyama

习性：攀缘灌木。

生境：林中等。

分布：广西、广东、云南。

合丝肖菝葜 *Smilax gaudichaudiana* Kunth

习性：攀缘灌木。

生境：路边、沟谷、山坡、林下等。

分布：广西、福建、海南、广东、台湾。

土茯苓 *Smilax glabra* Roxb.

习性：攀缘灌木。

生境：林中、灌丛、河岸、沟谷等。

分布：广西、福建、西藏、海南、贵州、江西、湖南、湖北、广东、云南、安徽、四川、甘肃、陕西、浙江、江苏、台湾。

粉背菝葜 *Smilax hypoglauca* Benth.

习性：攀缘灌木。

生境：林中、灌丛等。

分布：广西、福建、贵州、江西、广东、云南。

马甲菝葜 *Smilax lanceifolia* Roxb.

习性：攀缘灌木。

生境：林下、灌丛、山坡等。

分布：广西、福建、浙江、海南、贵州、江西、湖南、湖北、广东、云南、台湾、四川。

抱茎菝葜 *Smilax ocreata* A. DC.

习性：攀缘灌木。

生境：林中、灌丛、沟谷等。

分布：广西、西藏、海南、贵州、广东、云南。

牛尾菜 *Smilax riparia* A. DC.

习性：多年生草质藤本。

生境：林下、灌丛、沟谷、草丛等。

分布：广西、福建、西藏、贵州、上海、湖南、湖北、广东、澳门、香港、安徽、四川、新疆、江苏、吉林、宁夏、河南、河北、海南、江西、重庆、云南、北京、甘肃、山东、陕西、浙江、内蒙古、青海、辽宁、天津、台湾、黑龙江、山西。

164. 百部科 Stemonaceae

百部属 *Stemona* Lour.

大百部 *Stemona tuberosa* Lour.
习性：攀缘藤本。
生境：山坡、林下、溪边、路边等。
分布：广西、福建、海南、贵州、江西、湖南、湖北、广东、云南、台湾、四川。

165. 姜科 Zingiberaceae

山姜属 *Alpinia* Roxb.

云南草蔻 *Alpinia blepharocalyx* K. Schum.
习性：多年生草本，高可达 3 m。
生境：林下等。
分布：广西、广东、云南。

红豆蔻 *Alpinia galanga*（L.）Willd.
习性：多年生草本，高可达 2 m。
生境：沟谷、林下、灌丛、草丛等。
分布：广西、福建、海南、广东、云南、台湾。

毛红豆蔻 *Alpinia galanga* var. *pyramidata*（Blume）K. Schum.
习性：多年生草本。
生境：林下、灌丛、草地等。
分布：广西、广东、云南。

狭叶山姜 *Alpinia graminifolia* D. Fang et J. Y. Luo
习性：多年生草本。
生境：沟谷、林下等。
分布：广西。

桂南山姜 *Alpinia guinanensis* D. Fang et X. X. Chen
习性：多年生草本。
生境：林下、灌丛等。
分布：广西。

海南山姜 *Alpinia hainanensis* K. Schum.
习性：多年生草本，高可达 3 m。

生境：林下等。

分布：广西、海南、广东。

山姜 *Alpinia japonica*（Thunb.）Miq.

习性：多年生草本，高 35~70 cm。

生境：林下等。

分布：广西、福建、浙江、贵州、江苏、江西、广东、云南、台湾、四川。

长柄山姜 *Alpinia kwangsiensis* T. L. Wu et S. J. Chen

习性：多年生草本，高 1.5~3 m。

生境：沟谷、林下等。

分布：广西、贵州、广东、云南。

假益智 *Alpinia maclurei* Merr.

习性：多年生草本，高 1~2 m。

生境：山坡、林下等。

分布：广西、海南、广东、云南。

华山姜 *Alpinia oblongifolia* Hayata

习性：多年生草本，高可达 1 m。

生境：林下等。

分布：广西、福建、浙江、海南、江西、湖南、广东、云南、台湾、四川。

矮山姜 *Alpinia psilogyna* D. Fang

习性：多年生草本，高 13~24 cm。

生境：林下等。

分布：广西。

光叶球穗山姜 *Alpinia strobiliformis* var. *glabra* T. L. Wu et S. J. Chen

习性：多年生草本。

生境：林下等。

分布：广西。

艳山姜 *Alpinia zerumbet*（Pers.）B. L. Burtt et R. M. Sm.

习性：多年生草本，高可达 3 m。

生境：路边、沟边、草丛等。

分布：广西、海南、广东、云南、台湾。

豆蔻属 *Amomum* Roxb.

细砂仁 *Amomum microcarpum* C. F. Liang et D. Fang

习性：多年生草本，高可达 2.5 m。

生境：山坡、林中等。

分布：广西。

腐花豆蔻 *Amomum putrescens* D. Fang

习性：多年生草本。

生境：山坡、林下等。

分布：广西。

姜黄属 *Curcuma* L.

广西莪术 *Curcuma kwangsiensis* S. K. Lee et C. F. Liang

习性：多年生草本。

生境：山坡、草地、灌丛等。

分布：广西、广东、云南、四川。

姜花属 *Hedychium* J. Koenig

毛姜花 *Hedychium villosum* Wall.

习性：多年生草本，高 1~2 m。

生境：林下等。

分布：广西、海南、广东、云南。

附　表

附表 1　防城金花茶国家级自然保护区药用蕨类植物名录

科名	属名	种名	全草	叶	根状茎	块茎	茸毛	孢子	功效
合囊蕨科 Marattiaceae	观音座莲属 *Angiopteris*	福建观音座莲 *Angiopteris fokiensis*			√				清热祛风、解毒消肿、利湿、止痛、凉血止血
铁角蕨科 Aspleniaceae	铁角蕨属 *Asplenium*	狭翅铁角蕨 *Asplenium wrightii*			√				清热解毒
		狭翅巢蕨 *Asplenium antrophyoides*	√	√					利尿通淋、解毒消肿
		巢蕨 *Asplenium nidus*	√		√				强筋壮骨、活血祛瘀
		长叶铁角蕨 *Asplenium prolongatum*	√	√					清热解毒、利湿、镇咳祛痰、止血、止咳、利尿通淋
		假大羽铁角蕨 *Asplenium pseudolaserpitiifolium*	√		√				祛风除湿
		石生铁角蕨 *Asplenium saxicola*	√						止血、消肿、清热润肺、利尿通淋、消肿解毒
		铁角蕨 *Asplenium trichomanes*	√						清凉解毒、收敛、止血、利尿通淋、利尿
蹄盖蕨科 Athyriaceae	对囊蕨属 *Deparia*	假蹄盖蕨 *Deparia japonica*	√		√				清热消肿
		单叶双盖蕨 *Deparia lancea*	√		√				止血通淋、清热解毒
	双盖蕨属 *Diplazium*	厚叶双盖蕨 *Diplazium crassiusculum*	√						清热凉血、利尿通淋
		毛柄短肠蕨 *Diplazium dilatatum*			√				清热解毒、祛湿、驱虫
		双盖蕨 *Diplazium donianum*	√						清热利湿、凉血解毒
		薄盖短肠蕨 *Diplazium hachijoense*			√				清热解毒、活血散瘀
乌毛蕨科 Blechnaceae	乌毛蕨属 *Blechnopsis*	乌毛蕨 *Blechnopsis orientalis*			√				清热解毒、清肺止咳、杀虫、止血
	狗脊属 *Woodwardia*	狗脊 *Woodwardia japonica*			√				清热解毒、活血散瘀、补肝肾、强腰膝
金毛狗科 Cibotiaceae	金毛狗属 *Cibotium*	金毛狗 *Cibotium barometz*			√		√		清热解毒、除风湿壮筋骨、利尿通淋、止血消炎

续表

科名	属名	种名	全草	叶	根状茎	块茎	茸毛	孢子	功效
桫椤科 Cyatheaceae	黑桫椤属 *Gymnosphaera*	小黑桫椤 *Gymnosphaera metteniana*		√					祛风除湿、活血止痛
		黑桫椤 *Gymnosphaera podophylla*		√					活血化瘀、祛风湿、补肝肾和强筋骨
骨碎补科 Davalliaceae	骨碎补属 *Davallia*	大叶骨碎补 *Davallia divaricata*			√				活血化瘀、补肾壮骨、祛风止痛
		阴石蕨 *Davallia repens*			√				清热凉血、除湿通淋
		中国骨碎补 *Davallia sinensis*			√				补肾疗虚、活血续伤
碗蕨科 Dennstaedtiaceae	碗蕨属 *Dennstaedtia*	碗蕨 *Dennstaedtia scabra*			√				祛风、清热解毒
	姬蕨属 *Hypolepis*	姬蕨 *Hypolepis punctata*	√						清热解毒、收敛止痛、止血
	鳞盖蕨属 *Microlepia*	华南鳞盖蕨 *Microlepia hancei*	√						清热、利湿
		边缘鳞盖蕨 *Microlepia marginata*		√					清热解毒、祛风活络
	蕨属 *Pteridium*	蕨 *Pteridium aquilinum* var. *latiusculum*	√						清热、滑肠、降气、化痰
鳞毛蕨科 Dryopteridaceae	复叶耳蕨属 *Arachniodes*	刺头复叶耳蕨 *Arachniodes aristata*			√				清热利湿、消炎止痛
	实蕨属 *Bolbitis*	长叶实蕨 *Bolbitis heteroclita*	√						清热止咳、凉血止血
		刺蕨 *Bolbitis appendiculata*	√						清热解毒、凉血止血
	鳞毛蕨属 *Dryopteris*	黑足鳞毛蕨 *Dryopteris fuscipes*			√				清热解毒、生肌敛疮
		鱼鳞蕨 *Dryopteris paleolata*	√						清热解毒、止咳化痰
	耳蕨属 *Polystichum*	镰羽耳蕨 *Polystichum balansae*			√				清热解毒、杀虫
木贼科 Equisetaceae	木贼属 *Equisetum*	披散木贼 *Equisetum diffusum*	√						清热利湿、疏肝散结、明目退翳、接骨
		笔管草 *Equisetum ramosissimum* subsp. *debile*	√						疏风散热、退翳、止血
里白科 Gleicheniaceae	芒萁属 *Dicranopteris*	大芒萁 *Dicranopteris ampla*		√					解毒止血、祛瘀、利尿
		铁芒萁 *Dicranopteris linearis*	√	√	√				清热解毒、散瘀消肿、接骨、止痛、止血
		芒萁 *Dicranopteris pedata*			√				清热解毒、止血、止咳
膜蕨科 Hymenophyllaceae	膜蕨属 *Hymenophyllum*	华东膜蕨 *Hymenophyllum barbatum*	√						化瘀止血

续表

科名	属名	种名	全草	叶	根状茎	块茎	茸毛	孢子	功效
鳞始蕨科 Lindsaea ceae	鳞始蕨属 *Lindsaea*	团叶鳞始蕨 *Lindsaea orbiculata*	√						清热解毒、止血
	乌蕨属 *Odontosoria*	乌蕨 *Odontosoria chinensis*	√		√				清热解毒、利湿、止血
	香鳞始蕨属 *Osmolindsaea*	香鳞始蕨 *Osmolindsaea odorata*	√						利尿、止血
海金沙科 Lygodiaceae	海金沙属 *Lygodium*	海南海金沙 *Lygodium circinnatum*	√					√	清热、利尿
		曲轴海金沙 *Lygodium flexuosum*	√					√	舒筋活络、清热利湿、止血
		小叶海金沙 *Lygodium microphyllum*	√					√	利水渗湿、清热、通淋
蘋科 Marsileaceae	蘋属 *Marsilea*	蘋 *Marsilea quadrifolia*	√						利水消肿、清热解毒、止血、除烦安神
肾蕨科 Nephrolepidaceae	肾蕨属 *Nephrolepis*	毛叶肾蕨 *Nephrolepis brownii*	√						消积化痰
		肾蕨 *Nephrolepis cordifolia*	√	√	√	√			清热利湿、宁肺止咳、软坚消积
紫萁科 Osmundaceae	羽节紫萁属 *Plenasium*	宽叶羽节紫萁 *Plenasium javanicum*			√				清热解毒、祛风、杀虫
		华南羽节紫萁 *Plenasium vachellii*			√				清热解毒、祛湿舒筋、驱虫
瘤足蕨科 Plagiogyriaceae	瘤足蕨属 *Plagiogyria*	华东瘤足蕨 *Plagiogyria japonica*			√				清热解毒、消肿止痛
水龙骨科 Polypodiaceae	槲蕨属 *Drynaria*	团叶槲蕨 *Drynaria bonii*			√				益肾气、壮筋骨、散瘀止血
		崖姜 *Drynaria coronans*			√				祛风除湿、舒筋活络
	伏石蕨属 *Lemmaphyllum*	披针骨牌蕨 *Lemmaphyllum diversum*	√						清热止咳、祛风除湿、止血
		抱石莲 *Lemmaphyllum drymoglossoides*	√						清热解毒、利湿去浊、凉血止血
		伏石蕨 *Lemmaphyllum microphyllum*	√						清热解毒、凉血止血
	瓦韦属 *Lepisorus*	表面星蕨 *Lepisorus superficialis*	√						清肺止咳、活血散瘀、清热解毒
		扭瓦韦 *Lepisorus contortus*	√						清热解毒、祛瘀
		江南星蕨 *Lepisorus fortunei*	√						清热利湿、凉血解毒
		粤瓦韦 *Lepisorus obscurevenulosus*	√						清热解毒、利水通淋、止血
		骨牌蕨 *Lepisorus rostratus*	√						清热利水、除烦、清肺气

续表

科名	属名	种名	全草	叶	根状茎	块茎	茸毛	孢子	功效
水龙骨科 Polypodiaceae	薄唇蕨属 *Leptochilus*	宽羽线蕨 *Leptochilus ellipticus* var. *pothifolius*	√		√				祛风通络、散瘀止痛
		线蕨 *Leptochilus ellipticus*	√						活血散瘀、清热、利尿
		断线蕨 *Leptochilus hemionitideus*		√					清热、利尿、解毒
		矩圆线蕨 *Leptochilus henryi*	√						凉血止血、利湿解毒
		绿叶线蕨 *Leptochilus leveillei*	√						活血通络、清热利湿
		具柄线蕨 *Leptochilus pedunculatus*							活血化瘀、清热、利尿
		褐叶线蕨 *Leptochilus wrightii*	√						行气祛瘀、补肺镇咳
	星蕨属 *Microsorum*	光亮瘤蕨 *Microsorum cuspidatum*			√				活血消肿、续骨
		羽裂星蕨 *Microsorum insigne*	√						活血、祛湿、解毒
		星蕨 *Microsorum punctatum*	√						清热利湿、解毒
	石韦属 *Pyrrosia*	贴生石韦 *Pyrrosia adnascens*	√						清热、利尿、散结解毒
		石韦 *Pyrrosia lingua*	√						利水通淋、清肺泄热
	修蕨属 *Selliguea*	节肢蕨 *Selliguea lehmannii*	√						散瘀解毒
凤尾蕨科 Pteridaceae	铁线蕨属 *Adiantum*	团羽铁线蕨 *Adiantum capillus-junonis*	√		√				清热解毒、利尿、止咳、舒筋活络
		铁线蕨 *Adiantum capillus-veneris*	√						清热解毒、利尿通淋
		扇叶铁线蕨 *Adiantum flabellulatum*	√		√	√			清热解毒、舒筋活络、利尿、化痰、消肿、止血、止痛、跌打内伤
	书带蕨属 *Haplopteris*	唇边书带蕨 *Haplopteris elongata*	√						理气、止血、止痛
		书带蕨 *Haplopteris flexuosa*	√						清热息风、舒筋止痛、健脾消疳、止血
	栗蕨属 *Histiopteris*	栗蕨 *Histiopteris incisa*	√		√				清热利湿、活血消肿
	金粉蕨属 *Onychium*	野雉尾金粉蕨 *Onychium japonicum*	√						清热解毒、止血、利湿

续表

科名	属名	种名	全草	叶	根状茎	块茎	茸毛	孢子	功效
凤尾蕨科 Pteridaceae	凤尾蕨属 *Pteris*	条纹凤尾蕨 *Pteris cadieri*	√						清热解毒、消痰、清胃
		剑叶凤尾蕨 *Pteris ensiformis*	√						止痢
		傅氏凤尾蕨 *Pteris fauriei*		√					清热利湿、祛风定惊、敛疮止血
		井栏边草 *Pteris multifida*	√		√				清热解毒
		半边旗 *Pteris semipinnata*	√		√				止血、生肌、解毒、消肿
		蜈蚣凤尾蕨 *Pteris vittata*	√		√				清热、利湿、解毒、凉血、收敛、止血、止痢
槐叶蘋科 Salviniaceae	满江红属 *Azolla*	满江红 *Azolla pinnata* subsp. *asiatica*	√						解表透疹、祛风胜湿、清热解毒
三叉蕨科 Tectariaceae	牙蕨属 *Pteridrys*	毛轴牙蕨 *Pteridrys australis*	√						清热止血
	三叉蕨属 *Tectaria*	毛叶轴脉蕨 *Tectaria devexa*	√						清热解毒、消炎止痛
		三叉蕨 *Tectaria subtriphylla*		√					祛风除湿、收敛止血
金星蕨科 Thelypteridaceae	毛蕨属 *Cyclosorus*	截裂毛蕨 *Cyclosorus truncatus*	√		√				祛风除湿、清热解毒、健脾
		干旱毛蕨 *Cyclosorus aridus*	√						清热解毒、止痢
		华南毛蕨 *Cyclosorus parasiticus*	√						清热除湿
	新月蕨属 *Pronephrium*	新月蕨 *Pronephrium gymnopteridifrons*	√						清热解毒、利湿止泻、消食导滞
		红色新月蕨 *Pronephrium lakhimpurense*			√				清热解毒、祛瘀止血
		单叶新月蕨 *Pronephrium simplex*	√						清热解毒、利湿止泻、消食导滞
		三羽新月蕨 *Pronephrium triphyllum*	√						消炎散瘀、止痒、解毒
	溪边蕨属 *Stegnogramm*	圣蕨 *Stegnogramma griffithii*	√						息风止痉

附表2　防城金花茶国家级自然保护区观赏蕨类植物名录

科名	属名	种名	园林绿化	盆栽观赏	盆景配置	切花配叶	假山配置
合囊蕨科 Marattiaceae	观音座莲属 *Angiopteris*	福建观音座莲 *Angiopteris fokiensis*	√	√		√	
铁角蕨科 Aspleniaceae	铁角蕨属 *Asplenium*	狭翅铁角蕨 *Asplenium wrightii*		√	√	√	√
		狭翅巢蕨 *Asplenium antrophyoides*	√	√	√	√	√
		巢蕨 *Asplenium nidus*	√	√	√	√	√
		长叶铁角蕨 *Asplenium prolongatum*		√	√		√
		假大羽铁角蕨 *Asplenium pseudolaserpitiifolium*	√			√	
		石生铁角蕨 *Asplenium saxicola*		√	√	√	√
		铁角蕨 *Asplenium trichomanes*	√	√	√		√
蹄盖蕨科 Athyriaceae	对囊蕨属 *Deparia*	假蹄盖蕨 *Deparia japonica*	√	√		√	
		单叶双盖蕨 *Deparia lancea*	√	√	√	√	√
		毛轴假蹄盖蕨 *Deparia petersenii*	√				
	双盖蕨属 *Diplazium*	厚叶双盖蕨 *Diplazium crassiusculum*	√	√	√		√
		双盖蕨 *Diplazium donianum*	√	√	√		√
		阔片短肠蕨 *Diplazium matthewii*	√	√			
		假镰羽短肠蕨 *Diplazium petrii*	√	√	√		√
		江南短肠蕨 *Diplazium mettenianum*	√	√		√	
乌毛蕨科 Blechnaceae	乌毛蕨属 *Blechnopsis*	乌毛蕨 *Blechnopsis orientalis*	√				
	狗脊属 *Woodwardia*	狗脊 *Woodwardia japonica*	√	√	√		
金毛狗科 Cibotiaceae	金毛狗属 *Cibotium*	金毛狗 *Cibotium barometz*	√	√	√		
桫椤科 Cyatheaceae	黑桫椤属 *Gymnosphaera*	小黑桫椤 *Gymnosphaera metteniana*	√	√			
		黑桫椤 *Gymnosphaera podophylla*	√	√			
骨碎补科 Davalliaceae	骨碎补属 *Davallia*	大叶骨碎补 *Davallia divaricata*	√	√	√	√	√
		阴石蕨 *Davallia repens*	√	√	√	√	√
		中国骨碎补 *Davallia sinensis*	√	√	√		√

续表

科名	属名	种名	园林绿化	盆栽观赏	盆景配置	切花配叶	假山配置
碗蕨科 Dennstaedtiaceae	碗蕨属 *Dennstaedtia*	碗蕨 *Dennstaedtia scabra*	√				
	姬蕨属 *Hypolepis*	姬蕨 *Hypolepis punctata*	√	√			
	鳞盖蕨属 *Microlepia*	华南鳞盖蕨 *Microlepia hancei*	√	√	√		√
		虎克鳞盖蕨 *Microlepia hookeriana*	√				
		边缘鳞盖蕨 *Microlepia marginata*	√	√	√	√	√
	蕨属 *Pteridium*	蕨 *Pteridium aquilinum* var. *latiusculum*	√	√	√		√
鳞毛蕨科 Dryopteridaceae	复叶耳蕨属 *Arachniodes*	刺头复叶耳蕨 *Arachniodes aristata*		√	√		√
		中华复叶耳蕨 *Arachniodes chinensis*	√	√		√	
		华南复叶耳蕨 *Arachniodes festina*	√				
		粗裂复叶耳蕨 *Arachniodes grossa*	√	√		√	
	实蕨属 *Bolbitis*	长叶实蕨 *Bolbitis heteroclita*		√		√	
		刺蕨 *Bolbitis appendiculata*	√				
	鳞毛蕨属 *Dryopteris*	黑足鳞毛蕨 *Dryopteris fuscipes*	√	√		√	
		京鹤鳞毛蕨 *Dryopteris kinkiensis*	√	√			
		鱼鳞蕨 *Dryopteris paleolata*	√	√			
		圆头红腺蕨 *Dryopteris annamensis*	√				
		稀羽鳞毛蕨 *Dryopteris sparsa*	√	√	√		√
		华南鳞毛蕨 *Dryopteris tenuicula*	√				
	黄腺羽蕨属 *Pleocnemia*	黄腺羽蕨 *Pleocnemia winitii*	√				
	耳蕨属 *Polystichum*	镰羽耳蕨 *Polystichum balansae*	√	√	√	√	√
木贼科 Equisetaceae	木贼属 *Equisetum*	披散木贼 *Equisetum diffusum*	√	√	√		√
		笔管草 *Equisetum ramosissimum* subsp. *debile*	√	√		√	
里白科 Gleicheniaceae	芒萁属 *Dicranopteris*	大芒萁 *Dicranopteris ampla*	√				
		铁芒萁 *Dicranopteris linearis*	√				
		芒萁 *Dicranopteris pedata*	√	√	√		

续表

科名	属名	种名	园林绿化	盆栽观赏	盆景配置	切花配叶	假山配置
鳞始蕨科 Lindsaeaceae	鳞始蕨属 *Lindsaea*	钱氏鳞始蕨 *Lindsaea chienii*	√	√	√	√	√
		团叶鳞始蕨 *Lindsaea orbiculata*	√	√	√		√
		华南鳞始蕨 *Lindsaea austrosinica*	√				
	乌蕨属 *Odontosoria*	乌蕨 *Odontosoria chinensis*	√	√	√		√
	香鳞始蕨属 *Osmolindsaea*	香鳞始蕨 *Osmolindsaea odorata*	√	√	√		√
海金沙科 Lygodiaceae	海金沙属 *Lygodium*	海南海金沙 *Lygodium circinnatum*	√	√	√	√	√
		曲轴海金沙 *Lygodium flexuosum*	√	√	√	√	√
		小叶海金沙 *Lygodium microphyllum*	√	√	√	√	√
蘋科 Marsileaceae	蘋属 *Marsilea*	蘋 *Marsilea quadrifolia*	√	√			
肾蕨科 Nephrolepidaceae	肾蕨属 *Nephrolepis*	毛叶肾蕨 *Nephrolepis brownii*	√				
		肾蕨 *Nephrolepis cordifolia*	√	√	√	√	√
紫萁科 Osmundaceae	羽节紫萁属 *Plenasium*	宽叶羽节紫萁 *Plenasium javanicum*	√	√		√	
		华南羽节紫萁 *Plenasium vachellii*	√	√	√	√	√
瘤足蕨科 Plagiogyriaceae	瘤足蕨属 *Plagiogyria*	华东瘤足蕨 *Plagiogyria japonica*	√	√			
水龙骨科 Polypodiaceae	槲蕨属 *Drynaria*	团叶槲蕨 *Drynaria bonii*	√	√	√		√
		崖姜 *Drynaria coronans*	√	√	√		√
	伏石蕨属 *Lemmaphyllum*	披针骨牌蕨 *Lemmaphyllum diversum*	√	√	√		√
		抱石莲 *Lemmaphyllum drymoglossoides*	√	√	√		√
		伏石蕨 *Lemmaphyllum microphyllum*	√	√	√	√	√
	瓦韦属 *Lepisorus*	扭瓦韦 *Lepisorus contortus*	√	√	√		√
		江南星蕨 *Lepisorus fortunei*	√	√	√		√
		粤瓦韦 *Lepisorus obscurevenulosus*	√	√	√		√
		骨牌蕨 *Lepisorus rostratus*	√	√	√		√
		表面星蕨 *Lepisorus superficialis*	√	√	√		√

续表

科名	属名	种名	园林绿化	盆栽观赏	盆景配置	切花配叶	假山配置
水龙骨科 Polypodiaceae	薄唇蕨属 *Leptochilus*	宽羽线蕨 *Leptochilus ellipticus* var. *pothifolius*	√	√	√		√
		线蕨 *Leptochilus ellipticus*	√		√		√
		断线蕨 *Leptochilus hemionitideus*	√	√	√		√
		矩圆线蕨 *Leptochilus henryi*	√	√	√		√
		绿叶线蕨 *Leptochilus leveillei*	√	√		√	
		具柄线蕨 *Leptochilus pedunculatus*		√	√		
		褐叶线蕨 *Leptochilus wrightii*	√	√	√		√
	星蕨属 *Microsorum*	光亮瘤蕨 *Microsorum cuspidatum*		√	√		√
		羽裂星蕨 *Microsorum insigne*		√	√		√
		星蕨 *Microsorum punctatum*	√	√	√	√	√
	石韦属 *Pyrrosia*	贴生石韦 *Pyrrosia adnascens*		√	√		√
		石韦 *Pyrrosia lingua*	√	√	√	√	√
	修蕨属 *Selliguea*	节肢蕨 *Selliguea lehmannii*		√		√	
凤尾蕨科 Pteridaceae	铁线蕨属 *Adiantum*	团羽铁线蕨 *Adiantum capillus-junonis*	√	√		√	
		铁线蕨 *Adiantum capillus-veneris*	√	√	√	√	√
		扇叶铁线蕨 *Adiantum flabellulatum*	√	√	√	√	√
	书带蕨属 *HaploPteris*	唇边书带蕨 *HaploPteris elongata*		√	√		√
		书带蕨 *HaploPteris flexuosa*		√	√		√
	栗蕨属 *HistioPteris*	栗蕨 *HistioPteris incisa*	√	√			
	金粉蕨属 *Onychium*	野雉尾金粉蕨 *Onychium japonicum*	√	√	√		√
	凤尾蕨属 *Pteris*	条纹凤尾蕨 *Pteris cadieri*	√	√			
		剑叶凤尾蕨 *Pteris ensiformis*	√	√	√		√
		傅氏凤尾蕨 *Pteris fauriei*	√	√	√		√
		百越凤尾蕨 *Pteris fauriei* var. *chinensis*	√				
		林下凤尾蕨 *Pteris grevilleana*	√	√	√		√

续表

科名	属名	种名	园林绿化	盆栽观赏	盆景配置	切花配叶	假山配置
凤尾蕨科 Pteridaceae	凤尾蕨属 *Pteris*	井栏边草 *Pteris multifida*	√	√	√	√	√
		半边旗 *Pteris semipinnata*	√	√	√		√
		蜈蚣凤尾蕨 *Pteris vittata*		√	√		√
槐叶蘋科 Salviniaceae	满江红属 *Azolla*	满江红 *Azolla pinnata* subsp. *asiatica*	√				
三叉蕨科 Tectariaceae	三叉蕨属 *Tectaria*	毛叶轴脉蕨 *Tectaria devexa*			√		√
		条裂三叉蕨 *Tectaria phaeocaulis*	√	√			
		三叉蕨 *Tectaria subtriphylla*	√	√			
金星蕨科 Thelypteridaceae	毛蕨属 *Cyclosorus*	干旱毛蕨 *Cyclosorus aridus*	√	√	√		√
		光羽毛蕨 *Cyclosorus calvescens*		√			
		宽羽毛蕨 *Cyclosorus latipinnus*		√	√		√
		华南毛蕨 *Cyclosorus parasiticus*	√	√		√	
		截裂毛蕨 *Cyclosorus truncatus*		√			
	凸轴蕨属 *Metathelypteris*	林下凸轴蕨 *Metathelypteris hattorii*	√	√			
	新月蕨属 *Pronephrium*	新月蕨 *Pronephrium gymnopteridifrons*	√	√			
		红色新月蕨 *Pronephrium lakhimpurense*	√	√			
		微红新月蕨 *Pronephrium megacuspe*	√	√			
		单叶新月蕨 *Pronephrium simplex*	√	√			
		三羽新月蕨 *Pronephrium triphyllum*	√	√			
	假毛蕨属 *PseudoCyclosorus*	溪边假毛蕨 *PseudoCyclosorus ciliatus*		√	√	√	√
	溪边蕨属 *Stegnogramm*	圣蕨 *Stegnogramma griffithii*	√	√	√		√

附表3 广西防城金花茶国家级自然保护区被子植物野菜种类

科名	属名	种名	茎菜类	叶菜类	花菜类	果菜类	根菜类	笋菜类	食用部位	食用方法
爵床科 Acanthaceae	狗肝菜属 *Dicliptera*	狗肝菜 *Dicliptera chinensis*		√					嫩茎叶	炒食
蕈树科 Altingiaceae	枫香树属 *Liquidambar*	枫香树 *Liquidambar formosana*		√					叶	糯米饭染色
苋科 Amaranthaceae	牛膝属 *Achyranthes*	土牛膝 *Achyranthes aspera*		√					嫩茎叶	凉拌、炒食、干制
		牛膝 *Achyranthes bidentata*		√					嫩茎叶	凉拌、炒食、干制
	莲子草属 *Alternanthera*	喜旱莲子草 *Alternanthera philoxeroides*		√					嫩茎叶	凉拌
		莲子草 *Alternanthera sessilis*		√					嫩茎叶	凉拌
	苋属 *Amaranthus*	刺苋 *Amaranthus spinosus*		√					嫩茎叶	炒食、凉拌、烧汤
		皱果苋 *Amaranthus viridis*		√					嫩茎叶	炒食、凉拌、烧汤
	青葙属 *Celosia*	青葙 *Celosia argentea*		√		√			嫩茎叶、种子	凉拌、炒食
漆树科 Anacardiaceae	南酸枣属 *Choerospondias*	南酸枣 *Choerospondias axillaris*				√			果实	烧汤
	盐麸木属 *Rhus*	盐麸木 *Rhus chinensis*		√					嫩叶	炒食
伞形科 Apiaceae	积雪草属 *Centella*	积雪草 *Centella asiatica*		√					嫩茎叶	炒食、凉拌、烧汤
	胡萝卜属 *Daucus*	野胡萝卜 *Daucus carota*		√			√		嫩茎叶、肉质根	炒食、烧汤
	刺芹属 *Eryngium*	刺芹 *Eryngium foetidum*		√					嫩茎叶	炒食、烧汤
	水芹属 *Oenanthe*	水芹 *Oenanthe javanica*	√						嫩茎	炒食、凉拌
夹竹桃科 Apocynaceae	球兰属 *Hoya*	球兰 *Hoya carnosa*		√	√				嫩茎叶、花	煮汤
	水壶藤属 *Urceola*	酸叶胶藤 *Urceola rosea*		√					嫩茎叶	炒食、凉拌
	白前属 *Vincetoxicum*	柳叶白前 *Vincetoxicum stauntonii*		√					嫩茎叶	炒食
冬青科 Aquifoliaceae	冬青属 *Ilex*	冬青 *Ilex chinensis*		√					嫩茎叶	凉拌、炒食

续表

科名	属名	种名	茎菜类	叶菜类	花菜类	果菜类	根菜类	笋菜类	食用部位	食用方法
五加科 Araliaceae	楤木属 *Aralia*	虎刺楤木 *Aralia finlaysoniana*		√					嫩茎叶	炒食、凉拌、烧汤
	五加属 *Eleutherococcus*	白簕 *Eleutherococcus trifoliatus*		√					嫩茎叶	炒食、凉拌、烧汤
	天胡荽属 *Hydrocotyle*	红马蹄草 *Hydrocotyle nepalensis*		√					嫩茎叶	炒食
		破铜钱 *Hydrocotyle sibthorpioides* var. *batrachium*		√					嫩茎叶	炒食
菊科 Asteraceae	下田菊 *Adenostemma*	下田菊 *Adenostemma lavenia*		√					嫩茎叶	凉拌、炒食
	蒿属 *Artemisia*	黄花蒿 *Artemisia annua*		√					嫩茎叶	凉拌、炒食
		茵陈蒿 *Artemisia capillaris*		√					嫩茎叶	凉拌、炒食
		五月艾 *Artemisia indica*		√	√				嫩茎叶、花蕾	与糯米混合制作糍粑
		白苞蒿 *Artemisia lactiflora*		√					嫩茎叶	炒食
	紫菀属 *Aster*	微糙三脉紫菀 *Aster ageratoides* var. *scaberulus*		√					嫩叶	炒食、烧汤
		三脉紫菀 *Aster ageratoides*		√					嫩叶	炒食、烧汤
	鬼针草属 *Bidens*	鬼针草 *Bidens pilosa*		√					嫩茎叶	凉拌、炒食
		白花鬼针草 *Bidens alba*		√					嫩茎叶	凉拌、炒食
	石胡荽属 *Centipeda*	石胡荽 *Centipeda minima*		√					嫩茎叶	凉拌、炒食
	蓟属 *Cirsium*	蓟 *Cirsium japonicum*		√					嫩叶	炒食
	野茼蒿属 *Crassocephalum*	野茼蒿 *Crassocephalum crepidioides*		√					嫩茎叶	凉拌、炒食、烧汤
	鳢肠属 *Eclipta*	鳢肠 *Eclipta prostrata*		√					嫩茎叶	凉拌、炒食、烧汤

续表

科名	属名	种名	茎菜类	叶菜类	花菜类	果菜类	根菜类	笋菜类	食用部位	食用方法
菊科 Asteraceae	地胆草属 *Elephantopus*	地胆草 *Elephantopus scaber*		√					嫩茎叶	凉拌、炒食
	一点红属 *Emilia*	小一点红 *Emilia prenanthoidea*		√					嫩茎叶	凉拌、炒食、烧汤
		一点红 *Emilia sonchifolia*		√					嫩茎叶	炒食
	飞蓬属 *Erigeron*	小蓬草 *Erigeron canadensis*		√					嫩茎叶	凉拌、炒食
	苦荬菜属 *Ixeris*	苦荬菜 *Ixeris polycephala*		√					嫩茎叶	炒食
	鼠曲草属 *Pseudognaphalium*	鼠曲草 *Pseudognaphalium affine*		√					嫩茎叶	烧汤、与糯米混合制作糍粑
		秋鼠曲草 *Pseudognaphalium hypoleucum*		√					嫩茎叶	烧汤、与糯米混合制作糍粑
	千里光属 *Senecio*	千里光 *Senecio scandens*		√					嫩茎叶	炒食
	豨莶属 *Siegesbeckia*	豨莶 *Sigesbeckia orientalis*		√					嫩茎叶、幼苗	凉拌、炒食
	苦苣菜属 *Sonchus*	苣荬菜 *Sonchus wightianus*		√					嫩茎叶	炒食、烧汤
	苍耳属 *Xanthium*	北美苍耳 *Xanthium chinense*		√					嫩茎叶	凉拌、炒食
	黄鹌菜 *Youngia*	黄鹌菜 *Youngia japonica*		√					嫩茎叶	炒食
蛇菰科 Balanophoraceae	蛇菰属 *Balanophora*	印度蛇菰 *Balanophora indica*			√		√		根状茎、花	烧汤
凤仙花科 Balsaminaceae	凤仙花属 *Impatiens*	黄金凤 *Impatiens siculifer*		√					嫩茎叶	炒食、烧汤
紫葳科 Bignoniaceae	梓属 *Catalpa*	灰楸 *Catalpa fargesii*		√					嫩茎叶	炒食
	木蝴蝶属 *Oroxylum*	木蝴蝶 *Oroxylum indicum*		√					嫩叶	凉拌
紫草科 Boraginaceae	厚壳树属 *Ehretia*	厚壳树 *Ehretia acuminata*		√	√				嫩茎叶、花	凉拌、炒食、烧汤
		长花厚壳树 *Ehretia longiflora*		√	√				嫩茎叶、花	凉拌、炒食、烧汤
十字花科 Brassicaceae	碎米荠属 *Cardamine*	弯曲碎米荠 *Cardamine flexuosa*		√					嫩茎叶	凉拌、炒食、烧汤
		粗毛碎米荠 *Cardamine hirsuta*		√					嫩茎叶	凉拌、炒食、烧汤
	蔊菜属 *Rorippa*	蔊菜 *Rorippa indica*		√					嫩茎叶	凉拌、炒食、烧汤

续表

科名	属名	种名	茎菜类	叶菜类	花菜类	果菜类	根菜类	笋菜类	食用部位	食用方法
桔梗科 Campanulaceae	党参属 *Codonopsis*	金钱豹 *Codonopsis javanica*		√			√		嫩茎叶、根状茎	炒食
	轮钟草属 *Cyclocodon*	轮钟草 *Cyclocodon lancifolius*		√					嫩茎叶	炒食
	半边莲属 *Lobelia*	铜锤玉带草 *Lobelia nummularia*		√					嫩茎叶	炒食
忍冬科 Caprifoliaceae	败酱属 *Patrinia*	白花败酱 *Patrinia villosa*		√					嫩茎叶	凉拌、炒食
石竹科 Caryophyllaceae	繁缕属 *Stellaria*	雀舌草 *Stellaria alsine*		√					嫩茎叶	凉拌、炒食
		鹅肠菜 *Stellaria aquatica*		√					嫩茎叶	凉拌、炒食
		繁缕 *Stellaria media*		√					嫩茎叶	凉拌、炒食
金粟兰科 Chloranthaceae	草珊瑚属 *Sarcandra*	草珊瑚 *Sarcandra glabra*		√					嫩茎叶	炒食
旋花科 Convolvulaceae	番薯属 *Ipomoea*	七爪龙 *Ipomoea mauritiana*					√		块根	提取淀粉
景天科 Crassulaceae	景天属 *Sedum*	凹叶景天 *Sedum emarginatum*		√					嫩茎叶	炒食
葫芦科 Cucurbitaceae	绞股蓝属 *Gynostemma*	绞股蓝 *Gynostemma pentaphyllum*		√					嫩茎叶	炒食、烧汤
	苦瓜属 *Momordica*	木鳖子 *Momordica cochinchinensis*		√					嫩茎叶	凉拌、炒食
胡颓子科 Elaeagnaceae	胡颓子属 *Elaeagnus*	蔓胡颓子 *Elaeagnus glabra*		√					嫩叶	凉拌、炒食
		宜昌胡颓子 *Elaeagnus henryi*		√					嫩叶	凉拌、炒食
杜鹃花科 Ericaceae	杜鹃花属 *Rhododendron*	杜鹃 *Rhododendron simsii*			√				花瓣	凉拌、烧汤
	越橘属 *Vaccinium*	南烛 *Vaccinium bracteatum*		√					嫩叶	炒食
赤苍藤科 Erythropalaceae	赤苍藤属 *Erythropalum*	赤苍藤 *Erythropalum scandens*		√					嫩叶	炒食
大戟科 Euphorbiaceae	铁苋菜属 *Acalypha*	铁苋菜 *Acalypha australis*		√					嫩茎叶	炒食、烧汤

续表

科名	属名	种名	茎菜类	叶菜类	花菜类	果菜类	根菜类	笋菜类	食用部位	食用方法
豆科 Fabaceae	鸡眼草属 *Kummerowia*	鸡眼草 *Kummerowia striata*		√					嫩茎叶	炒食
	胡枝子属 *Lespedeza*	截叶铁扫帚 *Lespedeza cuneata*		√					嫩叶	炒食
	草葛属 *Neustanthus*	草葛 *Neustanthus phaseoloides*		√	√		√		花、嫩叶、块根	炒食、蒸食、烧汤
	葛属 *Pueraria*	葛 *Pueraria montana* var. *lobata*		√	√		√		花、嫩叶、块根	炒食、蒸食、烧汤
	决明属 *Senna*	望江南 *Senna occidentalis*		√					嫩茎叶	凉拌、炒食
		决明 *Senna tora*		√					嫩茎叶	凉拌、炒食
壳斗科 Fagaceae	锥属 *Castanopsis*	甜槠 *Castanopsis eyrei*				√			种子	烧汤
龙胆科 Gentianaceae	獐牙菜属 *Swertia*	獐牙菜 *Swertia bimaculata*					√		肉质根	烧汤
绣球科 Hydrangeaceae	常山属 *Dichroa*	常山 *Dichroa febrifuga*		√					嫩茎叶	凉拌、炒食
金丝桃科 Hypericaceae	金丝桃属 *Hypericum*	地耳草 *Hypericum japonicum*		√					嫩茎叶	凉拌、炒食
唇形科 Lamiaceae	紫珠属 *Callicarpa*	紫珠 *Callicarpa bodinieri*		√					嫩茎叶	凉拌、炒食
		白棠子树 *Callicarpa dichotoma*		√					嫩茎叶	凉拌、炒食
	大青属 *Clerodendrum*	臭牡丹 *Clerodendrum bungei*		√					嫩茎叶	炒食、烧汤
		大青 *Clerodendrum cyrtophyllum*		√					嫩茎叶	炒食、烧汤
	风轮菜属 *Clinopodium*	风轮菜 *Clinopodium chinense*		√					嫩叶	凉拌
	益母草属 *Leonurus*	益母草 *Leonurus japonicus*		√					嫩茎叶	炒食
	薄荷属 *Mentha*	薄荷 *Mentha canadensis*		√					嫩茎叶	凉拌、炒食、煎炸
	牡荆属 *Vitex*	牡荆 *Vitex negundo* var. *cannabifolia*		√	√				嫩叶、花	嫩叶炒食，花可作五色糯米饭等的染色材料

续表

科名	属名	种名	茎菜类	叶菜类	花菜类	果菜类	根菜类	笋菜类	食用部位	食用方法
木通科 Lardizabalaceae	木通属 *Akebia*	三叶木通 *Akebia trifoliata*		√					嫩叶	凉拌、炒食
	大血藤属 *Sargentodoxa*	大血藤 *Sargentodoxa cuneata*		√					嫩茎叶	凉拌、炒食
樟科 Lauraceae	桂属 *Cinnamomum*	阴香 *Cinnamomum burmanni*		√					嫩果	凉拌
	山胡椒属 *Lindera*	香叶树 *Lindera communis*		√					嫩果	凉拌
	木姜子属 *Litsea*	山鸡椒 *Litsea cubeba*				√			嫩果	凉拌
		毛叶木姜子 *Litsea mollis*		√					嫩果	凉拌
母草科 Linderniaceae	母草属 *Lindernia*	母草 *Lindernia crustacea*		√					嫩茎叶	凉拌、炒食
		旱田草 *Lindernia ruellioides*		√					嫩茎叶	凉拌、炒食
千屈菜科 Lythraceae	节节菜属 *Rotala*	圆叶节节菜 *Rotala rotundifolia*		√					嫩茎叶	凉拌、炒食
锦葵科 Malvaceae	黄槿属 *Talipariti*	黄槿 *Talipariti tiliaceum*		√					嫩茎叶	炒食
	木棉属 *Bombax*	木棉 *Bombax ceiba*			√				花瓣	炒食
	黄麻属 *Corchorus*	甜麻 *Corchorus aestuans*		√					嫩茎叶	凉拌、炒食
楝科 Meliaceae	香椿属 *Toona*	香椿 *Toona sinensis*		√					嫩茎叶	凉拌、炒食、煎炸、腌制
防己科 Menispermaceae	千金藤属 *Stephania*	金线吊乌龟 *Stephania cephalantha*		√					嫩茎叶	凉拌、炒食
粟米草科 Molluginaceae	粟米草属 *Trigastrotheca*	粟米草 *Trigastrotheca stricta*		√					嫩茎叶	凉拌、炒食
桑科 Moraceae	构属 *Broussonetia*	构树 *Broussonetia papyrifera*		√	√				嫩叶、雄花	凉拌、炒食、煎炸、清蒸
	榕属 *Ficus*	大果榕 *Ficus auriculata*		√					嫩茎叶	烧汤
		天仙果 *Ficus erecta*		√					嫩芽叶	炒食
		异叶榕 *Ficus heteromorpha*			√				花	炒食
		薜荔 *Ficus pumila*			√				花	炒食
		竹叶榕 *Ficus stenophylla*			√				花	炒食
		变叶榕 *Ficus variolosa*			√				花	炒食
	橙桑属 *Maclura*	柘 *Maclura tricuspidata*		√					嫩叶	炒食、凉拌、煎蛋

续表

科名	属名	种名	茎菜类	叶菜类	花菜类	果菜类	根菜类	笋菜类	食用部位	食用方法
大麻科 Cannabaceae	葎草属 *Humulus*	葎草 *Humulus scandens*		√					嫩茎叶	炒食
杨梅科 Myricaceae	杨梅属 *Morella*	杨梅 *Morella rubra*				√			果实	炒食
桃金娘科 Myrtaceae	番石榴属 *Psidium*	番石榴 *Psidium guajava*		√					嫩叶	凉拌、炒食
酢浆草科 Oxalidaceae	酢浆草属 *Oxalis*	酢浆草 *Oxalis corniculata*		√					嫩茎叶	炒食、凉拌
		红花酢浆草 *Oxalis corymbosa*		√					嫩茎叶	炒食、凉拌
叶下珠科 Phyllanthaceae	秋枫属 *Bischofia*	重阳木 *Bischofia polycarpa*		√					嫩茎叶	凉拌、炒食
	叶下珠属 *Phyllanthus*	叶下珠 *Phyllanthus urinaria*		√					嫩叶	炒食
商陆科 Phytolaccaceae	商陆属 *Phytolacca*	垂序商陆 *Phytolacca americana*		√					嫩茎叶	炒食、烧汤
胡椒科 Piperaceae	胡椒属 *Piper*	山蒟 *Piper hancei*		√					嫩叶	炒食、煎烤
		假蒟 *Piper sarmentosum*		√					嫩叶	炒食、煎烤
车前科 Plantaginaceae	车前属 *Plantago*	车前 *Plantago asiatica*		√					嫩叶	凉拌、炒食、烧汤
远志科 Polygalaceae	远志属 *Polygala*	黄花倒水莲 *Polygala fallax*					√		根系	烧汤
蓼科 Polygonaceae	蓼属 *Persicaria*	火炭母 *Persicaria chinensis*		√					嫩茎叶	凉拌、炒食
		金线草 *Persicaria filiformis*		√					嫩茎叶	凉拌、炒食
		水蓼 *Persicaria hydropiper*		√					嫩茎叶	凉拌、炒食、烧汤
	何首乌属 *Pleuropterus*	何首乌 *Pleuropterus multiflorus*		√			√		嫩茎叶、块茎	叶炒食，根炒食、烧汤、煮粥
	萹蓄属 *Polygonum*	萹蓄 *Polygonum aviculare*		√					嫩茎叶	炒食
	虎杖属 *Reynoutria*	虎杖 *Reynoutria japonica*	√	√					嫩茎	炒食、凉拌
马齿苋科 Portulacaceae	马齿苋属 *Portulaca*	马齿苋 *Portulaca oleracea*		√					嫩茎叶	凉拌、烧汤
报春花科 Primulaceae	酸藤子属 *Embelia*	酸藤子 *Embelia laeta*		√					嫩茎叶	凉拌
		白花酸藤果 *Embelia ribes*		√					嫩茎叶	凉拌
		厚叶白花酸藤果 *Embelia ribes* var. *pachyphylla*		√					嫩茎叶	凉拌

续表

科名	属名	种名	茎菜类	叶菜类	花菜类	果菜类	根菜类	笋菜类	食用部位	食用方法
毛茛科 Ranunculaceae	铁线莲属 *Clematis*	小木通 *Clematis armandii*			√				花	炒食
鼠李科 Rhamnaceae	枳椇属 *Hovenia*	枳椇 *Hovenia acerba*				√			果柄	凉拌
蔷薇科 Rosaceae	龙牙草属 *Agrimonia*	龙牙草 *Agrimonia pilosa*		√					嫩茎叶	凉拌、炒食
	蛇莓属 *Duchesnea*	蛇莓 *Duchesnea indica*		√					嫩苗	凉拌、炒食
	梨属 *Pyrus*	豆梨 *Pyrus calleryana*			√				花	炒食
		楔叶豆梨 *Pyrus calleryana* var. *koehnei*			√				花	炒食
	石斑木属 *Rhaphiolepis*	石斑木 *Rhaphiolepis indica*		√					嫩茎叶	凉拌、炒食
	蔷薇属 *Rosa*	金樱子 *Rosa laevigata*		√					嫩茎叶	凉拌、炒食
	悬钩子属 *Rubus*	茅莓 *Rubus parvifolius*		√					嫩茎叶	凉拌、炒食
		空心藨 *Rubus rosifolius*		√					嫩茎叶	凉拌、炒食
茜草科 Rubiaceae	栀子属 *Gardenia*	栀子 *Gardenia jasminoides*			√				花	凉拌
	鸡屎藤属 *Paederia*	鸡屎藤 *Paederia foetida*	√						嫩茎	与糯米混合制作糍粑
芸香科 Rutaceae	山小橘属 *Glycosmis*	少花山小橘 *Glycosmis oligantha*				√			果实	炒食
		华山小橘 *Glycosmis pseudoracemosa*				√			果实	炒食
三白草科 Saururaceae	蕺菜属 *Houttuynia*	蕺菜 *Houttuynia cordata*		√			√		茎、叶	炒食、凉拌、烧汤
	三白草属 *Saururus*	三白草 *Saururus chinensis*					√		根状茎	炒食、凉拌、烧汤
五味子科 Schisandraceae	南五味子属 *Kadsura*	黑老虎 *Kadsura coccinea*		√					嫩茎叶	凉拌、炒食
		南五味子 *Kadsura longipedunculata*		√					嫩茎叶	凉拌、炒食
茄科 Solanaceae	茄属 *Solanum*	少花龙葵 *Solanum americanum*		√					嫩茎叶	凉拌、炒食、烧汤
		龙葵 *Solanum nigrum*		√					嫩茎叶	凉拌、炒食、烧汤
		水茄 *Solanum torvum*				√			果实	油炸后炒或烧汤

续表

科名	属名	种名	茎菜类	叶菜类	花菜类	果菜类	根菜类	笋菜类	食用部位	食用方法
省沽油科 Staphyleaceae	野鸦椿属 *Euscaphis*	野鸦椿 *Euscaphis japonica*		√					嫩茎叶	凉拌、炒食
土人参科 Talinaceae	土人参属 *Talinum*	土人参 *Talinum paniculatum*		√			√		嫩茎叶、肉质根	炒食、烧汤
荨麻科 Urticaceae	苎麻属 *Boehmeria*	苎麻 *Boehmeria nivea*		√					嫩茎叶	烧汤
	糯米团属 *Gonostegia*	糯米团 *Gonostegia hirta*		√					嫩茎叶	炒食
马鞭草科 Verbenaceae	马鞭草属 *Verbena*	马鞭草 *Verbena officinalis*		√					嫩叶	炒食
荚蒾科 Viburnaceae	接骨木属 *Sambucus*	接骨草 *Sambucus javanica*		√					嫩叶	炒食
堇菜科 Violaceae	堇菜属 *Viola*	如意草 *Viola arcuata*		√					嫩茎叶	凉拌、炒食
葡萄科 Vitaceae	乌蔹莓属 *Causonis*	乌蔹莓 *Causonis japonica*		√					嫩茎叶	凉拌、炒食
天南星科 Araceae	魔芋属 *Amorphophallus*	魔芋 *Amorphophallus variabilis*					√		块茎	凉拌、炒食，制成豆腐
	刺芋属 *Lasia*	刺芋 *Lasia spinosa*		√					嫩叶	凉拌、炒食
棕榈科 Arecaceae	桄榔属 *Arenga*	桄榔 *Arenga westerhoutii*	√						茎髓心	提取淀粉
	鱼尾葵属 *Caryota*	鱼尾葵 *Caryota maxima*	√						茎髓心	提取淀粉
		单穗鱼尾葵 *Caryota monostachya*	√						茎髓心	提取淀粉
	黄藤属 *Daemonorops*	黄藤 *Daemonorops jenkinsiana*	√						茎髓心	提取淀粉
	棕竹属 *Rhapis*	棕竹 *Rhapis excelsa*		√					嫩芽	凉拌
天门冬科 Asparagaceae	竹根七属 *Disporopsis*	长叶竹根七 *Disporopsis longifolia*					√		根状茎	凉拌、炒食
	山麦冬属 *Liriope*	山麦冬 *Liriope spicata*					√		块根	炒食、烧汤，制成糕点或酱菜
鸭跖草科 Commelinaceae	鸭跖草属 *Commelina*	鸭跖草 *Commelina communis*		√					嫩茎叶	凉拌、炒食
		竹节菜 *Commelina diffusa*		√					嫩茎叶	炒食
闭鞘姜科 Costaceae	闭鞘姜属 *Hellenia*	闭鞘姜 *Hellenia speciosus*		√					嫩茎叶	炒食、烧汤、凉拌

续表

科名	属名	种名	茎菜类	叶菜类	花菜类	果菜类	根菜类	笋菜类	食用部位	食用方法
薯蓣科 Dioscoreaceae	薯蓣属 *Dioscorea*	黄独 *Dioscorea bulbifera*					√		块茎	烧汤
		褐苞薯蓣 *Dioscorea persimilis*					√		块茎	烧汤
		薯蓣 *Dioscorea polystachya*					√		块茎	烧汤
芭蕉科 Musaceae	芭蕉属 *Musa*	小果野蕉 *Musa acuminata*	√		√				花蕾、假茎	炒食、烧汤、凉拌
兰科 Orchidaceae	斑叶兰属 *Goodyera*	斑叶兰 *Goodyera schlechtendaliana*		√					嫩茎叶	烧汤
禾本科 Poaceae	芦竹属 *Arundo*	芦竹 *Arundo donax*					√		根状茎	炒食、凉拌
	簕竹属 *Bambusa*	大眼竹 *Bambusa eutuldoides*						√	嫩笋	炒食、烧汤、干制
	薏苡属 *Coix*	薏苡 *Coix lacryma-jobi*				√			种子	烧汤
	白茅属 *Imperata*	白茅 *Imperata cylindrica*			√		√		嫩花柄、根状茎	凉拌、炒食
	大节竹属 *Indosasa*	大节竹 *Indosasa crassiflora*						√	嫩笋	炒食、烧汤、干制
	淡竹叶属 *Lophatherum*	淡竹叶 *Lophatherum gracile*					√		块根	凉拌
	甘蔗属 *Saccharum*	甜根子草 *Saccharum spontaneum*					√		根状茎	炒食
雨久花科 Pontederiaceae	凤眼莲属 *Eichhornia*	凤眼莲 *Eichhornia crassipes*		√	√				叶柄、花	炒食
菝葜科 Smilacaceae	菝葜属 *Smilax*	菝葜 *Smilax china*		√					嫩茎叶	炒食
		土茯苓 *Smilax glabra*		√					嫩茎叶	炒食
		抱茎菝葜 *Smilax ocreata*		√					嫩茎叶	炒食
		牛尾菜 *Smilax riparia*		√					嫩茎叶	炒食
百部科 Stemonaceae	百部属 *Stemona*	大百部 *Stemona tuberosa*					√		块茎	烧汤
姜科 Zingiberaceae	山姜属 *Alpinia*	山姜 *Alpinia japonica*		√			√		嫩芽、根状茎	炒食、凉拌
		艳山姜 *Alpinia zerumbet*		√			√		嫩芽、根状茎	炒食、凉拌

附表 4　广西防城金花茶国家级自然保护区被子植物野果种类

科名	属名	种名	聚合果	聚花果	蓇葖果	荚果	蒴果	瘦果	坚果	浆果	瓠果	梨果	核果	翅果
猕猴桃科 Actinidiaceae	猕猴桃属 *Actinidia*	条叶猕猴桃 *Actinidia fortunatii*								√				
		中越猕猴桃 *Actinidia indochinensis*								√				
		阔叶猕猴桃 *Actinidia latifolia*								√				
漆树科 Anacardiaceae	南酸枣属 *Choerospondias*	南酸枣 *Choerospondias axillaris*											√	
	盐麸木属 *Rhus*	盐麸木 *Rhus chinensis*											√	
番荔枝科 Annonaceae	瓜馥木属 *Fissistigma*	白叶瓜馥木 *Fissistigma glaucescens*	√											
		瓜馥木 *Fissistigma oldhamii*	√											
		香港瓜馥木 *Fissistigma uonicum*	√											
夹竹桃科 Apocynaceae	山橙属 *Melodinus*	尖山橙 *Melodinus fusiformis*								√				
冬青科 Aquifoliaceae	冬青属 *Ilex*	冬青 *Ilex chinensis*											√	
		小果冬青 *Ilex micrococca*											√	
		毛冬青 *Ilex pubescens*											√	
		铁冬青 *Ilex rotunda*											√	
紫葳科 Bignoniaceae	木蝴蝶属 *Oroxylum*	木蝴蝶 *Oroxylum indicum*					√							
橄榄科 Burseraceae	橄榄属 *Canarium*	橄榄 *Canarium album*											√	
		乌榄 *Canarium pimela*											√	
桔梗科 Campanulaceae	党参属 *Codonopsis*	金钱豹 *Codonopsis javanica*					√							
大麻科 Cannabaceae	朴属 *Celtis*	朴树 *Celtis sinensis*											√	
山柑科 Capparaceae	山柑属 *Capparis*	屈头鸡 *Capparis versicolor*								√				
卫矛科 Celastraceae	卫矛属 *Euonymus*	扶芳藤 *Euonymus fortunei*					√							
金粟兰科 Chloranthaceae	草珊瑚属 *Sarcandra*	草珊瑚 *Sarcandra glabra*											√	
藤黄科 Clusiaceae	藤黄属 *Garcinia*	木竹子 *Garcinia multiflora*								√				
		岭南山竹子 *Garcinia oblongifolia*								√				
		尖叶藤黄 *Garcinia subfalcata*								√				
山茱萸科 Cornaceae	山茱萸属 *Cornus*	香港四照花 *Cornus hongkongensis*											√	

续表

科名	属名	种名	聚合果	聚花果	蓇葖果	荚果	蒴果	瘦果	坚果	浆果	瓠果	梨果	核果	翅果
葫芦科 Cucurbitaceae	油渣果属 *Hodgsonia*	油渣果 *Hodgsonia heteroclita*									√			
	栝楼属 *Trichosanthes*	中华栝楼 *Trichosanthes rosthornii*									√			
	马瓟儿属 *Zehneria*	纽子瓜 *Zehneria bodinieri*									√			
五桠果科 Dilleniaceae	五桠果属 *Dillenia*	大花五桠果 *Dillenia turbinata*					√							
柿科 Ebenaceae	柿属 *Diospyros*	乌材 *Diospyros eriantha*								√				
		罗浮柿 *Diospyros morrisiana*								√				
		岭南柿 *Diospyros tutcheri*								√				
胡颓子科 Elaeagnaceae	胡颓子属 *Elaeagnus*	蔓胡颓子 *Elaeagnus glabra*							√					
		角花胡颓子 *Elaeagnus gonyanthes*							√					
		宜昌胡颓子 *Elaeagnus henryi*							√					
杜英科 Elaeocarpaceae	杜英属 *Elaeocarpus*	中华杜英 *Elaeocarpus chinensis*											√	
		日本杜英 *Elaeocarpus japonicus*											√	
		山杜英 *Elaeocarpus sylvestris*											√	
	猴欢喜属 *Sloanea*	薄果猴欢喜 *Sloanea leptocarpa*					√							
		猴欢喜 *Sloanea sinensis*					√							
杜鹃花科 Ericaceae	越橘属 *Vaccinium*	南烛 *Vaccinium bracteatum*								√				
古柯科 Erythroxylaceae	古柯属 *Erythroxylum*	东方古柯 *Erythroxylum sinense*											√	
大戟科 Euphorbiaceae	蝴蝶果属 *Cleidiocarpon*	蝴蝶果 *Cleidiocarpon cavaleriei*					√							
	野桐属 *Mallotus*	粗糠柴 *Mallotus philippensis*					√							
豆科 Fabaceae	鸡血藤属 *Callerya*	喙果鸡血藤 *Callerya tsui*				√								
	猪屎豆属 *Crotalaria*	猪屎豆 *Crotalaria pallida*				√								
	红豆属 *Ormosia*	花榈木 *Ormosia henryi*				√								
	老虎刺属 *Pterolobium*	老虎刺 *Pterolobium punctatum*				√								
	决明属 *Senna*	决明 *Senna tora*				√								

续表

科名	属名	种名	聚合果	聚花果	蓇葖果	荚果	蒴果	瘦果	坚果	浆果	瓠果	梨果	核果	翅果
壳斗科 Fagaceae	锥属 *Castanopsis*	米槠 *Castanopsis carlesii*							√					
		甜槠 *Castanopsis eyrei*							√					
		栲 *Castanopsis fargesii*							√					
		黧蒴锥 *Castanopsis fissa*							√					
		红锥 *Castanopsis hystrix*							√					
		印度锥 *Castanopsis indica*							√					
	柯属 *Lithocarpus*	烟斗柯 *Lithocarpus corneus*							√					
	栎属 *Quercus*	饭甑青冈 *Quercus fleuryi*							√					
绣球科 Hydrangeaceae	常山属 *Dichroa*	常山 *Dichroa febrifuga*								√				
茶茱萸科 Icacinaceae	定心藤属 *Mappianthus*	定心藤 *Mappianthus iodoides*											√	
唇形科 Lamiaceae	紫珠属 *Callicarpa*	白棠子树 *Callicarpa dichotoma*											√	
	紫珠属 *Callicarpa*	全缘叶紫珠 *Callicarpa integerrima*											√	
木通科 Lardizabalaceae	木通属 *Akebia*	三叶木通 *Akebia trifoliata*			√									
	大血藤属 *Sargentodoxa*	大血藤 *Sargentodoxa cuneata*	√											
樟科 Lauraceae	山胡椒属 *Lindera*	香叶树 *Lindera communis*											√	
	木姜子属 *Litsea*	山鸡椒 *Litsea cubeba*								√			√	
锦葵科 Malvaceae	扁担杆属 *Grewia*	扁担杆 *Grewia biloba*											√	
	破布叶属 *Microcos*	破布叶 *Microcos paniculata*											√	
	苹婆属 *Sterculia*	假苹婆 *Sterculia lanceolata*			√									
		苹婆 *Sterculia monosperma*			√									
野牡丹科 Melastomataceae	野牡丹属 *Melastoma*	地棯 *Melastoma dodecandrum*					√							
		印度野牡丹 *Melastoma malabathricum*					√							
	野牡丹属 *Melastoma*	毛棯 *Melastoma sanguineum*					√							
	鸭脚茶属 *Tashiroea*	双腺鸭脚茶 *Tashiroea biglandularis*					√							
粟米草科 Molluginaceae	粟米草属 *Trigastrotheca*	粟米草 *Trigastrotheca stricta*					√							

续表

科名	属名	种名	聚合果	聚花果	蓇葖果	荚果	蒴果	瘦果	坚果	浆果	瓠果	梨果	核果	翅果
桑科 Moraceae	波罗蜜属 *Artocarpus*	二色波罗蜜 *Artocarpus styracifolius*		√										
		胭脂 *Artocarpus tonkinensis*		√										
	构属 *Broussonetia*	藤构 *Broussonetia kaempferi*		√										
		构树 *Broussonetia papyrifera*		√										
	榕属 *Ficus*	大果榕 *Ficus auriculata*		√										
		天仙果 *Ficus erecta*		√										
		水同木 *Ficus fistulosa*		√										
		台湾榕 *Ficus formosana*		√										
		异叶榕 *Ficus heteromorpha*		√										
		琴叶榕 *Ficus pandurata*		√										
		褐叶榕 *Ficus pubigera*		√										
		薜荔 *Ficus pumila*		√										
		珍珠莲 *Ficus sarmentosa* var. *henryi*		√										
		竹叶榕 *Ficus stenophylla*		√										
		地果 *Ficus tikoua*		√										
		杂色榕 *Ficus variegata* var. *chlorocarpa*		√										
		杂色榕 *Ficus variegata*		√										
	橙桑属 *Maclura*	构棘 *Maclura cochinchinensis*		√										
		柘 *Maclura tricuspidata*		√										
杨梅科 Myricaceae	杨梅属 *Morella*	青杨梅 *Morella adenophora*											√	
		毛杨梅 *Morella esculenta*											√	
		杨梅 *Morella rubra*											√	
桃金娘科 Myrtaceae	番石榴属 *Psidium*	番石榴 *Psidium guajava*								√				
	桃金娘属 *Rhodomyrtus*	桃金娘 *Rhodomyrtus tomentosa*								√				

续表

科名	属名	种名	聚合果	聚花果	蓇葖果	荚果	蒴果	瘦果	坚果	浆果	瓠果	梨果	核果	翅果
桃金娘科 Myrtaceae	蒲桃属 *Syzygium*	肖蒲桃 *Syzygium acuminatissimum*								√				
		华南蒲桃 *Syzygium austrosinense*								√				
		卫矛叶蒲桃 *Syzygium euonymifolium*								√				
		水竹蒲桃 *Syzygium fluviatile*								√				
		红鳞蒲桃 *Syzygium hancei*								√				
		蒲桃 *Syzygium jambos*								√				
		水翁蒲桃 *Syzygium nervosum*								√				
		香蒲桃 *Syzygium odoratum*								√				
		红枝蒲桃 *Syzygium rehderianum*								√				
蓝果树科 Nyssaceae	蓝果树属 *Nyssa*	蓝果树 *Nyssa sinensis*											√	
木樨科 Oleaceae	女贞属 *Ligustrum*	小蜡 *Ligustrum sinense*											√	
西番莲科 Passifloraceae	蒴莲属 *Adenia*	异叶蒴莲 *Adenia heterophylla*					√							
五列木科 Pentaphylacaceae	杨桐属 *Adinandra*	杨桐 *Adinandra millettii*								√				
	红淡比属 *Cleyera*	倒卵叶红淡比 *Cleyera obovata*								√				
	厚皮香属 *Ternstroemia*	厚皮香 *Ternstroemia gymnanthera*								√				
叶下珠科 Phyllanthaceae	五月茶属 *Antidesma*	日本五月茶 *Antidesma japonicum*											√	
	银柴属 *Aporosa*	银柴 *Aporosa dioica*					√							
	木奶果属 *Baccaurea*	木奶果 *Baccaurea ramiflora*					√							
	秋枫属 *Bischofia*	秋枫 *Bischofia javanica*					√							
		重阳木 *Bischofia polycarpa*					√							
	土蜜树属 *Bridelia*	禾串树 *Bridelia balansae*											√	
	白饭树属 *Flueggea*	白饭树 *Flueggea virosa*					√							
	叶下珠属 *Phyllanthus*	余甘子 *Phyllanthus emblica*					√							
商陆科 Phytolaccaceae	商陆属 *Phytolacca*	垂序商陆 *Phytolacca americana*								√				
胡椒科 Piperaceae	胡椒属 *Piper*	山蒟 *Piper hancei*								√				

续表

科名	属名	种名	聚合果	聚花果	蓇葖果	荚果	蒴果	瘦果	坚果	浆果	瓠果	梨果	核果	翅果
报春花科 Primulaceae	紫金牛属 *Ardisia*	莲座紫金牛 *Ardisia primulifolia*								√				
		越南紫金牛 *Ardisia waitakii*								√				
		朱砂根 *Ardisia crenata*								√				
	酸藤子属 *Embelia*	酸藤子 *Embelia laeta*								√				
		白花酸藤果 *Embelia ribes*								√				
		厚叶白花酸藤果 *Embelia ribes* var. *pachyphylla*								√				
	杜茎山属 *Maesa*	杜茎山 *Maesa japonica*								√				
山龙眼科 Proteaceae	山龙眼属 *Helicia*	小果山龙眼 *Helicia cochinchinensis*							√					
		山龙眼 *Helicia formosana*							√					
		海南山龙眼 *Helicia hainanensis*							√					
		长柄山龙眼 *Helicia longipetiolata*							√					
		网脉山龙眼 *Helicia reticulata*							√					
	假山龙眼属 *Heliciopsis*	假山龙眼 *Heliciopsis henryi*											√	
		调羹树 *Heliciopsis lobata*											√	
		痄腮树 *Heliciopsis terminalis*											√	
鼠李科 Rhamnaceae	枳椇属 *Hovenia*	枳椇 *Hovenia acerba*											√	
	翼核果属 *Ventilago*	翼核果 *Ventilago leiocarpa*											√	
	枣属 *Ziziphus*	滇刺枣 *Ziziphus mauritiana*											√	
蔷薇科 Rosaceae	蛇莓属 *Duchesnea*	蛇莓 *Duchesnea indica*	√											
	枇杷属 *Eriobotrya*	大花枇杷 *Eriobotrya cavaleriei*										√		
		台湾枇杷 *Eriobotrya deflexa*										√		
		香花枇杷 *Eriobotrya fragrans*										√		
	石楠属 *Photinia*	贵州石楠 *Photinia bodinieri*										√		
	臀果木属 *Pygeum*	臀果木 *Pygeum topengii*											√	

续表

科名	属名	种名	聚合果	聚花果	蓇葖果	荚果	蒴果	瘦果	坚果	浆果	瓠果	梨果	核果	翅果
蔷薇科 Rosaceae	梨属 *Pyrus*	豆梨 *Pyrus calleryana*										√		
		楔叶豆梨 *Pyrus calleryana* var. *koehnei*										√		
	石斑木属 *Rhaphiolepis*	石斑木 *Rhaphiolepis indica*										√		
	蔷薇属 *Rosa*	小果蔷薇 *Rosa cymosa*	√											
		金樱子 *Rosa laevigata*	√											
	悬钩子属 *Rubus*	粗叶悬钩子 *Rubus alceifolius*	√											
		蛇藨筋 *Rubus cochinchinensis*	√											
		耳叶悬钩子 *Rubus latoauriculatus*	√											
		白花悬钩子 *Rubus leucanthus*	√											
		茅莓 *Rubus parvifolius*	√											
		少齿悬钩子 *Rubus paucidentatus*	√											
		深裂锈毛莓 *Rubus reflexus* var. *lanceolobus*	√											
		空心藨 *Rubus rosifolius*	√											
	花楸属 *Sorbus*	美脉花楸 *Sorbus caloneura*										√		
茜草科 Rubiaceae	狗骨柴属 *Diplospora*	狗骨柴 *Diplospora dubia*											√	
	栀子属 *Gardenia*	栀子 *Gardenia jasminoides*								√				
	粗叶木属 *Lasianthus*	日本粗叶木 *Lasianthus japonicus*											√	
	九节属 *Psychotria*	蔓九节 *Psychotria serpens*											√	
芸香科 Rutaceae	山油柑属 *Acronychia*	山油柑 *Acronychia pedunculata*											√	
	酒饼簕属 *Atalantia*	广东酒饼簕 *Atalantia kwangtungensis*								√				
	黄皮属 *Clausena*	假黄皮 *Clausena excavata*								√				
	山小橘属 *Glycosmis*	少花山小橘 *Glycosmis oligantha*								√				
		华山小橘 *Glycosmis pseudoracemosa*								√				

续表

科名	属名	种名	聚合果	聚花果	蓇葖果	荚果	蒴果	瘦果	坚果	浆果	瓠果	梨果	核果	翅果
无患子科 Sapindaceae	异木患属 *Allophylus*	波叶异木患 *Allophylus caudatus*					√							
	鳞花木属 *Lepisanthes*	茎花赤才 *Lepisanthes cauliflora*					√							
		赤才 *Lepisanthes rubiginosa*					√							
	韶子属 *Nephelium*	韶子 *Nephelium chryseum*					√							
山榄科 Sapotaceae	紫荆木属 *Madhuca*	紫荆木 *Madhuca pasquieri*								√				
五味子科 Schisandraceae	南五味子属 *Kadsura*	黑老虎 *Kadsura coccinea*	√											
		南五味子 *Kadsura longipedunculata*	√											
青皮木科 Schoepfiaceae	青皮木属 *Schoepfia*	青皮木 *Schoepfia jasminodora*							√					
茄科 Solanaceae	茄属 *Solanum*	少花龙葵 *Solanum americanum*								√				
		龙葵 *Solanum nigrum*								√				
省沽油科 Staphyleaceae	野鸦椿属 *Euscaphis*	野鸦椿 *Euscaphis japonica*			√									
	水麻属 *Debregeasia*	长叶水麻 *Debregeasia longifolia*						√						
	紫麻属 *Oreocnide*	紫麻 *Oreocnide frutescens*						√						
荚蒾科 Viburnaceae	接骨木属 *Sambucus*	接骨草 *Sambucus javanica*											√	
	荚蒾属 *Viburnum*	荚蒾 *Viburnum dilatatum*											√	
		南方荚蒾 *Viburnum fordiae*											√	
		珊瑚树 *Viburnum odoratissimum*											√	
棕榈科 Arecaceae	桄榔属 *Arenga*	桄榔 *Arenga westerhoutii*								√				
露兜树科 Pandanaceae	露兜树属 *Pandanus*	露兜树 *Pandanus tectorius*		√										
菝葜科 Smilacaceae	菝葜属 *Smilax*	菝葜 *Smilax china*								√				
		小果菝葜 *Smilax davidiana*								√				
		土茯苓 *Smilax glabra*								√				
		粉背菝葜 *Smilax hypoglauca*								√				

附表 5　广西防城金花茶国家级自然保护区被子植物油脂种类

科名	属名	种名	生活型
猕猴桃科 Actinidiaceae	猕猴桃属 *Actinidia*	阔叶猕猴桃 *Actinidia latifolia*	木质藤本
苋科 Amaranthaceae	青葙属 *Celosia*	青葙 *Celosia argentea*	草本
漆树科 Anacardiaceae	南酸枣属 *Choerospondias*	南酸枣 *Choerospondias axillaris*	乔木
	盐麸木属 *Rhus*	盐麸木 *Rhus chinensis*	灌木或乔木
		滨盐麸木 *Rhus chinensis* var. *roxburghii*	灌木或乔木
	漆树属 *Toxicodendron*	野漆 *Toxicodendron succedaneum*	乔木
番荔枝科 Annonaceae	鹰爪花属 *Artabotrys*	鹰爪花 *Artabotrys hexapetalus*	攀缘灌木
	瓜馥木属 *Fissistigma*	白叶瓜馥木 *Fissistigma glaucescens*	攀缘灌木
		瓜馥木 *Fissistigma oldhamii*	攀缘灌木
		黑风藤 *Fissistigma polyanthum*	木质藤本
		香港瓜馥木 *Fissistigma uonicum*	攀缘灌木
夹竹桃科 Apocynaceae	白前属 *Vincetoxicum*	柳叶白前 *Vincetoxicum stauntonii*	亚灌木
冬青科 Aquifoliaceae	冬青属 *Ilex*	小果冬青 *Ilex micrococca*	乔木
		铁冬青 *Ilex rotunda*	灌木或乔木
		三花冬青 *Ilex triflora*	灌木或乔木
五加科 Araliaceae	天胡荽属 *Hydrocotyle*	红马蹄草 *Hydrocotyle nepalensis*	草本
菊科 Asteraceae	蒿属 *Artemisia*	黄花蒿 *Artemisia annua*	草本
	紫菀属 *Aster*	微糙三脉紫菀 *Aster ageratoides* var. *scaberulus*	草本
	鬼针草属 *Bidens*	鬼针草 *Bidens pilosa*	草本
		白花鬼针草 *Bidens alba*	草本
	羊耳菊属 *Duhaldea*	羊耳菊 *Duhaldea cappa*	草本
	苍耳属 *Xanthium*	北美苍耳 *Xanthium chinense*	草本
十字花科 Brassicaceae	碎米荠属 *Cardamine*	粗毛碎米荠 *Cardamine hirsuta*	草本
	蔊菜属 *Rorippa*	蔊菜 *Rorippa indica*	草本
橄榄科 Burseraceae	橄榄属 *Canarium*	橄榄 *Canarium album*	乔木
		乌榄 *Canarium pimela*	乔木
大麻科 Cannabaceae	朴属 *Celtis*	朴树 *Celtis sinensis*	乔木
	山黄麻属 *Trema*	银毛叶山黄麻 *Trema nitida*	乔木
		异色山黄麻 *Trema orientalis*	乔木
		山黄麻 *Trema tomentosa*	灌木或乔木
卫矛科 Celastraceae	卫矛属 *Euonymus*	扶芳藤 *Euonymus fortunei*	攀缘灌木
金粟兰科 Chloranthaceae	草珊瑚属 *Sarcandra*	草珊瑚 *Sarcandra glabra*	亚灌木
藤黄科 Clusiaceae	藤黄属 *Garcinia*	木竹子 *Garcinia multiflora*	乔木
		岭南山竹子 *Garcinia oblongifolia*	乔木
		尖叶藤黄 *Garcinia subfalcata*	乔木
旋花科 Convolvulaceae	番薯属 *Ipomoea*	牵牛 *Ipomoea nil*	草本
		圆叶牵牛 *Ipomoea purpurea*	草本
山茱萸科 Cornaceae	八角枫属 *Alangium*	八角枫 *Alangium chinense*	灌木或乔木
	山茱萸属 *Cornus*	香港四照花 *Cornus hongkongensis*	灌木或乔木
葫芦科 Cucurbitaceae	油渣果属 *Hodgsonia*	油渣果 *Hodgsonia heteroclita*	木质藤本

续表

科名	属名	种名	生活型
虎皮楠科 Daphniphyllaceae	虎皮楠属 *Daphniphyllum*	牛耳枫 *Daphniphyllum calycinum*	灌木
		交让木 *Daphniphyllum macropodum*	灌木或乔木
		虎皮楠 *Daphniphyllum oldhamii*	乔木
杜英科 Elaeocarpaceae	杜英属 *Elaeocarpus*	日本杜英 *Elaeocarpus japonicus*	乔木
	猴欢喜属 *Sloanea*	猴欢喜 *Sloanea sinensis*	乔木
大戟科 Euphorbiaceae	蝴蝶果属 *Cleidiocarpon*	蝴蝶果 *Cleidiocarpon cavaleriei*	乔木
	棒柄花属 *Cleidion*	棒柄花 *Cleidion brevipetiolatum*	乔木
	巴豆属 *Croton*	厚叶巴豆 *Croton merrillianus*	灌木
	血桐属 *Macaranga*	印度血桐 *Macaranga indica*	乔木
	野桐属 *Mallotus*	白背叶 *Mallotus apelta*	灌木或乔木
		毛桐 *Mallotus barbatus*	乔木
		白楸 *Mallotus paniculatus*	乔木
		粗糠柴 *Mallotus philippensis*	灌木或乔木
	蓖麻属 *Ricinus*	蓖麻 *Ricinus communis*	草本
	乌桕属 *Triadica*	山乌桕 *Triadica cochinchinensis*	灌木或乔木
		乌桕 *Triadica sebifera*	乔木
	油桐属 *Vernicia*	油桐 *Vernicia fordii*	乔木
		木油桐 *Vernicia montana*	乔木
豆科 Fabaceae	海红豆属 *Adenanthera*	海红豆 *Adenanthera microsperma*	乔木
	合欢属 *Albizia*	楹树 *Albizia chinensis*	乔木
	链荚豆属 *Alysicarpus*	链荚豆 *Alysicarpus vaginalis*	草本
	小凤花属 *Caesalpinia*	南天藤 *Caesalpinia crista*	木质藤本
	鸡血藤属 *Callerya*	香花鸡血藤 *Callerya dielsiana*	攀缘灌木
	榼藤属 *Entada*	榼藤 *Entada phaseoloides*	木质藤本
	葛属 *Pueraria*	葛 *Pueraria montana* var. *lobata*	草质藤本
	决明属 *Senna*	望江南 *Senna occidentalis*	草本
壳斗科 Fagaceae	柯属 *Lithocarpus*	烟斗柯 *Lithocarpus corneus*	乔木
绣球科 Hydrangeaceae	常山属 *Dichroa*	常山 *Dichroa febrifuga*	灌木
胡桃科 Juglandaceae	黄杞属 *Engelhardia*	黄杞 *Engelhardia roxburghiana*	乔木
	化香树属 *Platycarya*	化香树 *Platycarya strobilacea*	乔木
唇形科 Lamiaceae	大青属 *Clerodendrum*	臭牡丹 *Clerodendrum bungei*	灌木
	益母草属 *Leonurus*	益母草 *Leonurus japonicus*	草本
	薄荷属 *Mentha*	薄荷 *Mentha canadensis*	草本
	石荠苎属 *Mosla*	石荠苎 *Mosla scabra*	草本
	牡荆属 *Vitex*	牡荆 *Vitex negundo* var. *cannabifolia*	灌木或乔木
木通科 Lardizabalaceae	木通属 *Akebia*	三叶木通 *Akebia trifoliata*	木质藤本
樟科 Lauraceae	桂属 *Cinnamomum*	阴香 *Cinnamomum burmanni*	乔木
	厚壳桂属 *Cryptocarya*	硬壳桂 *Cryptocarya Chingii*	乔木
	香面叶属 *Iteadaphne*	香面叶 *Iteadaphne caudata*	灌木或乔木
	山胡椒属 *Lindera*	乌药 *Lindera aggregata*	灌木或乔木
		鼎湖钓樟 *Lindera chunii*	灌木或乔木

续表

科名	属名	种名	生活型
樟科 Lauraceae	山胡椒属 *Lindera*	香叶树 *Lindera communis*	灌木或乔木
		广东山胡椒 *Lindera kwangtungensis*	乔木
		假桂钓樟 *Lindera tonkinensis*	乔木
	木姜子属 *Litsea*	山鸡椒 *Litsea cubeba*	灌木或乔木
		黄丹木姜子 *Litsea elongata*	乔木
		潺槁木姜子 *Litsea glutinosa*	乔木
		红楠刨 *Litsea kwangsiensis*	乔木
		大果木姜子 *Litsea lancilimba*	乔木
		毛叶木姜子 *Litsea mollis*	灌木或乔木
		假柿木姜子 *Litsea monopetala*	乔木
		豺皮樟 *Litsea rotundifolia* var. *oblongifolia*	灌木或乔木
	润楠属 *Machilus*	红楠 *Machilus thunbergii*	乔木
		绒毛润楠 *Machilus velutina*	乔木
	新木姜子属 *Neolitsea*	鸭公树 *Neolitsea chui*	乔木
	油果樟属 *Syndiclis*	广西油果樟 *Syndiclis kwangsiensis*	乔木
木兰科 Magnoliaceae	木莲属 *Manglietia*	桂南木莲 *Manglietia conifera*	乔木
		广东木莲 *Manglietia kwangtungensis*	乔木
	含笑属 *Michelia*	香子含笑 *Michelia gioii*	乔木
		醉香含笑 *Michelia macclurei*	乔木
		观光木 *Michelia odora*	乔木
锦葵科 Malvaceae	秋葵属 *Abelmoschus*	黄蜀葵 *Abelmoschus manihot*	草本
	木棉属 *Bombax*	木棉 *Bombax ceiba*	乔木
	苹婆属 *Sterculia*	假苹婆 *Sterculia lanceolata*	乔木
	梵天花属 *Urena*	地桃花 *Urena lobata*	灌木
		梵天花 *Urena procumbens*	灌木
楝科 Meliaceae	山楝属 *Aphanamixis*	山楝 *Aphanamixis polystachya*	乔木
	楝属 *Melia*	楝 *Melia azedarach*	乔木
	香椿属 *Toona*	香椿 *Toona sinensis*	乔木
桑科 Moraceae	构属 *Broussonetia*	构树 *Broussonetia papyrifera*	灌木或乔木
	榕属 *Ficus*	薜荔 *Ficus pumila*	攀缘灌木
	葎草属 *Humulus*	葎草 *Humulus scandens*	草本
	橙桑属 *Maclura*	柘 *Maclura tricuspidata*	灌木或乔木
蓝果树科 Nyssaceae	蓝果树属 *Nyssa*	蓝果树 *Nyssa sinensis*	乔木
木樨科 Oleaceae	女贞属 *Ligustrum*	小蜡 *Ligustrum sinense*	灌木或乔木
五列木科 Pentaphylacaceae	厚皮香属 *Ternstroemia*	厚皮香 *Ternstroemia gymnanthera*	灌木或乔木
叶下珠科 Phyllanthaceae	五月茶属 *Antidesma*	日本五月茶 *Antidesma japonicum*	灌木或乔木
	秋枫属 *Bischofia*	秋枫 *Bischofia javanica*	乔木
		重阳木 *Bischofia polycarpa*	乔木
	黑面神属 *Breynia*	黑面神 *Breynia fruticosa*	灌木
	闭花木属 *Cleistanthus*	闭花木 *Cleistanthus sumatranus*	乔木
		馒头果 *Cleistanthus tonkinensis*	灌木或乔木

续表

科名	属名	种名	生活型
叶下珠科 Phyllanthaceae	算盘子属 *Glochidion*	厚叶算盘子 *Glochidion hirsutum*	灌木或乔木
		白背算盘子 *Glochidion wrightii*	灌木或乔木
		香港算盘子 *Glochidion zeylanicum*	灌木或乔木
	叶下珠属 *Phyllanthus*	余甘子 *Phyllanthus emblica*	乔木
车前科 Plantaginaceae	车前属 *Plantago*	车前 *Plantago asiatica*	草本
报春花科 Primulaceae	杜茎山属 *Maesa*	湖北杜茎山 *Maesa hupehensis*	灌木
		杜茎山 *Maesa japonica*	灌木
山龙眼科 Proteaceae	山龙眼属 *Helicia*	小果山龙眼 *Helicia cochinchinensis*	灌木或乔木
鼠李科 Rhamnaceae	马甲子属 *Paliurus*	马甲子 *Paliurus ramosissimus*	灌木
蔷薇科 Rosaceae	蛇莓属 *Duchesnea*	蛇莓 *Duchesnea indica*	草本
茜草科 Rubiaceae	栀子属 *Gardenia*	栀子 *Gardenia jasminoides*	灌木
芸香科 Rutaceae	花椒属 *Zanthoxylum*	簕欓花椒 *Zanthoxylum avicennae*	乔木
		两面针 *Zanthoxylum nitidum*	攀缘灌木
		花椒簕 *Zanthoxylum scandens*	攀缘灌木
无患子科 Sapindaceae	槭属 *Acer*	青榨槭 *Acer davidii*	乔木
	无患子属 *Sapindus*	无患子 *Sapindus saponaria*	乔木
山榄科 Sapotaceae	紫荆木属 *Madhuca*	紫荆木 *Madhuca pasquieri*	乔木
青皮木科 Schoepfiaceae	青皮木属 *Schoepfia*	青皮木 *Schoepfia jasminodora*	灌木或乔木
苦木科 Simaroubaceae	鸦胆子属 *Brucea*	鸦胆子 *Brucea javanica*	灌木
省沽油科 Staphyleaceae	野鸦椿属 *Euscaphis*	野鸦椿 *Euscaphis japonica*	灌木或乔木
安息香科 Styracaceae	安息香属 *Styrax*	赛山梅 *Styrax confusus*	乔木
		栓叶安息香 *Styrax suberifolius*	乔木
山矾科 Symplocaceae	山矾属 *Symplocos*	薄叶山矾 *Symplocos anomala*	灌木或乔木
		白檀 *Symplocos paniculata*	灌木
		山矾 *Symplocos sumuntia*	乔木
		黄牛奶树 *Symplocos theophrastifolia*	乔木
山茶科 Theaceae	山茶属 *Camellia*	油茶 *Camellia oleifera*	灌木
瑞香科 Thymelaeaceae	沉香属 *Aquilaria*	土沉香 *Aquilaria sinensis*	乔木
	荛花属 *Wikstroemia*	了哥王 *Wikstroemia indica*	灌木
荨麻科 Urticaceae	苎麻属 *Boehmeria*	苎麻 *Boehmeria nivea*	亚灌木
荚蒾科 Viburnaceae	荚蒾属 *Viburnum*	荚蒾 *Viburnum dilatatum*	灌木
		海南荚蒾 *Viburnum hainanense*	灌木
		淡黄荚蒾 *Viburnum lutescens*	灌木
鸭跖草科 Commelinaceae	鸭跖草属 *Commelina*	鸭跖草 *Commelina communis*	草本
莎草科 Cyperaceae	莎草属 *Cyperus*	香附子 *Cyperus rotundus*	草本
	黑莎草属 *Gahnia*	黑莎草 *Gahnia tristis*	草本
鸢尾科 Iridaceae	射干属 *Belamcanda*	射干 *Belamcanda chinensis*	草本

附表 6　广西防城金花茶国家级自然保护区被子植物淀粉种类

科名	属名	种名	生活型
旋花科 Convolvulaceae	番薯属 *Ipomoea*	七爪龙 *Ipomoea mauritiana*	草本
柿科 Ebenaceae	柿属 *Diospyros*	罗浮柿 *Diospyros morrisiana*	乔木
大戟科 Euphorbiaceae	蝴蝶果属 *Cleidiocarpon*	蝴蝶果 *Cleidiocarpon cavaleriei*	乔木
豆科 Fabaceae	油麻藤属 *Mucuna*	白花油麻藤 *Mucuna birdwoodiana*	木质藤本
	草葛属 *Neustanthus*	草葛 *Neustanthus phaseoloides*	草质藤本
	葛属 *Pueraria*	山葛 *Pueraria montana*	草质藤本
		葛 *Pueraria montana* var. *lobata*	草质藤本
壳斗科 Fagaceae	锥属 *Castanopsis*	米槠 *Castanopsis carlesii*	乔木
		华南锥 *Castanopsis concinna*	乔木
		厚叶锥 *Castanopsis crassifolia*	乔木
		甜槠 *Castanopsis eyrei*	乔木
		罗浮锥 *Castanopsis fabri*	乔木
		栲 *Castanopsis fargesii*	乔木
		黧蒴锥 *Castanopsis fissa*	乔木
		红锥 *Castanopsis hystrix*	乔木
		印度锥 *Castanopsis indica*	乔木
		公孙锥 *Castanopsis tonkinensis*	乔木
	柯属 *Lithocarpus*	尖叶柯 *Lithocarpus attenuatus*	乔木
		烟斗柯 *Lithocarpus corneus*	乔木
		鱼篮柯 *Lithocarpus cyrtocarpus*	乔木
		厚斗柯 *Lithocarpus elizabethae*	乔木
		硬壳柯 *Lithocarpus hancei*	乔木
		港柯 *Lithocarpus harlandii*	乔木
		木姜叶柯 *Lithocarpus litseifolius*	乔木
		黑柯 *Lithocarpus melanochromus*	乔木
		毛果柯 *Lithocarpus pseudovestitus*	乔木
		犁耙柯 *Lithocarpus silvicolarum*	乔木
		滑皮柯 *Lithocarpus skanianus*	乔木
	栎属 *Quercus*	栎子青冈 *Quercus blakei*	乔木
		上思青冈 *Quercus delicatula*	乔木
		碟斗青冈 *Quercus disciformis*	乔木
		饭甑青冈 *Quercus fleuryi*	乔木
		竹叶青冈 *Quercus neglecta*	乔木
木通科 Lardizabalaceae	木通属 *Akebia*	三叶木通 *Akebia trifoliata*	木质藤本
樟科 Lauraceae	山胡椒属 *Lindera*	鼎湖钓樟 *Lindera chunii*	灌木或乔木
锦葵科 Malvaceae	苹婆属 *Sterculia*	海南苹婆 *Sterculia hainanensis*	灌木或乔木
		假苹婆 *Sterculia lanceolata*	乔木
		苹婆 *Sterculia monosperma*	乔木
桑科 Moraceae	波罗蜜属 *Artocarpus*	二色波罗蜜 *Artocarpus styracifolius*	乔木
	榕属 *Ficus*	薜荔 *Ficus pumila*	攀缘灌木
	橙桑属 *Maclura*	柘 *Maclura tricuspidata*	灌木或乔木

续表

科名	属名	种名	生活型
杨梅科 Myricaceae	杨梅属 *Morella*	青杨梅 *Morella adenophora*	灌木
		毛杨梅 *Morella esculenta*	乔木
		杨梅 *Morella rubra*	乔木
桃金娘科 Myrtaceae	桃金娘属 *Rhodomyrtus*	桃金娘 *Rhodomyrtus tomentosa*	灌木
叶下珠科 Phyllanthaceae	叶下珠属 *Phyllanthus*	余甘子 *Phyllanthus emblica*	乔木
蓼科 Polygonaceae	何首乌属 *Pleuropterus*	何首乌 *Pleuropterus multiflorus*	草本
山龙眼科 Proteaceae	山龙眼属 *Helicia*	小果山龙眼 *Helicia cochinchinensis*	灌木或乔木
		枇杷叶山龙眼 *Helicia obovatifolia* var. *mixta*	乔木
		网脉山龙眼 *Helicia reticulata*	灌木或乔木
	假山龙眼属 *Heliciopsis*	假山龙眼 *Heliciopsis henryi*	乔木
		调羹树 *Heliciopsis lobata*	乔木
		痄腮树 *Heliciopsis terminalis*	乔木
蔷薇科 Rosaceae	梨属 *Pyrus*	豆梨 *Pyrus calleryana*	乔木
	石斑木属 *Rhaphiolepis*	石斑木 *Rhaphiolepis indica*	灌木或乔木
	蔷薇属 *Rosa*	金樱子 *Rosa laevigata*	攀缘灌木
	悬钩子属 *Rubus*	茅莓 *Rubus parvifolius*	攀缘灌木
天南星科 Araceae	海芋属 *Alocasia*	海芋 *Alocasia odora*	草本
	魔芋属 *Amorphophallus*	魔芋 *Amorphophallus konjac*	草本
	芋属 *Colocasia*	野芋 *Colocasia antiquorum*	草本
棕榈科 Arecaceae	桄榔属 *Arenga*	桄榔 *Arenga westerhoutii*	棕榈类
	鱼尾葵属 *Caryota*	鱼尾葵 *Caryota maxima*	棕榈类
		单穗鱼尾葵 *Caryota monostachya*	棕榈类
	黄藤属 *Daemonorops*	黄藤 *Daemonorops jenkinsiana*	棕榈类
薯蓣科 Dioscoreaceae	薯蓣属 *Dioscorea*	黄独 *Dioscorea bulbifera*	草质藤本
		细叶日本薯蓣 *Dioscorea japonica* var. *oldhamii*	草质藤本
		五叶薯蓣 *Dioscorea pentaphylla*	草质藤本
		褐苞薯蓣 *Dioscorea persimilis*	草质藤本
		薯蓣 *Dioscorea polystachya*	草质藤本
禾本科 Poaceae	薏苡属 *Coix*	薏苡 *Coix lacryma-jobi*	草本
	稗属 *Echinochloa*	光头稗 *Echinochloa colona*	草本
		稗 *Echinochloa crus-galli*	草本
	白茅属 *Imperata*	白茅 *Imperata cylindrica*	草本
菝葜科 Smilacaceae	菝葜属 *Smilax*	菝葜 *Smilax china*	攀缘灌木
		小果菝葜 *Smilax davidiana*	攀缘灌木
		土茯苓 *Smilax glabra*	攀缘灌木
		牛尾菜 *Smilax riparia*	草本藤本
百部科 Stemonaceae	百部属 *Stemona*	大百部 *Stemona tuberosa*	草本

附表 7　广西防城金花茶国家级自然保护区被子植物芳香种类

科名	属名	种名	生活型
爵床科 Acanthaceae	狗肝菜属 *Dicliptera*	狗肝菜 *Dicliptera chinensis*	草本
	观音草属 *Peristrophe*	观音草 *Peristrophe bivalvis*	草本
蕈树科 Altingiaceae	蕈树属 *Altingia*	蕈树 *Altingia chinensis*	乔木
	枫香树属 *Liquidambar*	枫香树 *Liquidambar formosana*	乔木
苋科 Amaranthaceae	牛膝属 *Achyranthes*	土牛膝 *Achyranthes aspera*	草本
		牛膝 *Achyranthes bidentata*	草本
	莲子草属 *Alternanthera*	莲子草 *Alternanthera sessilis*	草本
	苋属 *Amaranthus*	刺苋 *Amaranthus spinosus*	草本
	腺毛藜属 *Dysphania*	土荆芥 *Dysphania ambrosioides*	草本
漆树科 Anacardiaceae	盐麸木属 *Rhus*	盐麸木 *Rhus chinensis*	灌木或乔木
		滨盐麸木 *Rhus chinensis* var. *roxburghii*	灌木或乔木
番荔枝科 Annonaceae	鹰爪花属 *Artabotrys*	鹰爪花 *Artabotrys hexapetalus*	攀缘灌木
	假鹰爪属 *Desmos*	假鹰爪 *Desmos chinensis*	攀缘灌木
	瓜馥木属 *Fissistigma*	金果瓜馥木 *Fissistigma cupreonitens*	攀缘灌木
		瓜馥木 *Fissistigma oldhamii*	攀缘灌木
		黑风藤 *Fissistigma polyanthum*	木质藤本
		上思瓜馥木 *Fissistigma shangtzeense*	木质藤本
		香港瓜馥木 *Fissistigma uonicum*	攀缘灌木
	紫玉盘属 *Uvaria*	紫玉盘 *Uvaria macrophylla*	攀缘灌木
伞形科 Apiaceae	积雪草属 *Centella*	积雪草 *Centella asiatica*	草本
	胡萝卜属 *Daucus*	野胡萝卜 *Daucus carota*	草本
	水芹属 *Oenanthe*	水芹 *Oenanthe javanica*	草本
夹竹桃科 Apocynaceae	羊角拗属 *Strophanthus*	羊角拗 *Strophanthus divaricatus*	攀缘灌木
	络石属 *Trachelospermum*	络石 *Trachelospermum jasminoides*	木质藤本
	娃儿藤属 *Tylophora*	娃儿藤 *Tylophora ovata*	攀缘灌木
	白前属 *Vincetoxicum*	柳叶白前 *Vincetoxicum stauntonii*	亚灌木
冬青科 Aquifoliaceae	冬青属 *Ilex*	冬青 *Ilex chinensis*	灌木或乔木
		海南冬青 *Ilex hainanensis*	乔木
		毛冬青 *Ilex pubescens*	灌木或乔木
		铁冬青 *Ilex rotunda*	灌木或乔木
五加科 Araliaceae	五加属 *Eleutherococcus*	白簕 *Eleutherococcus trifoliatus*	灌木
	常春藤属 *Hedera*	常春藤 *Hedera nepalensis* var. *sinensis*	攀缘灌木
	鹅掌柴属 *Heptapleurum*	鹅掌柴 *Heptapleurum heptaphyllum*	灌木或乔木
		白花鹅掌柴 *Heptapleurum leucanthum*	灌木或乔木
菊科 Asteraceae	下田菊 *Adenostemma*	下田菊 *Adenostemma lavenia*	草本
	藿香蓟属 *Ageratum*	藿香蓟 *Ageratum conyzoides*	草本
	兔儿风属 *Ainsliaea*	杏香兔儿风 *Ainsliaea fragrans*	草本
	蒿属 *Artemisia*	黄花蒿 *Artemisia annua*	草本
		茵陈蒿 *Artemisia capillaris*	草本
		五月艾 *Artemisia indica*	草本
		白苞蒿 *Artemisia lactiflora*	草本

续表

科名	属名	种名	生活型
菊科 Asteraceae	紫菀属 *Aster*	三脉紫菀 *Aster ageratoides*	草本
	鬼针草属 *Bidens*	鬼针草 *Bidens pilosa*	草本
		白花鬼针草 *Bidens alba*	草本
	石胡荽属 *Centipeda*	石胡荽 *Centipeda minima*	草本
	飞机草属 *Chromolaena*	飞机草 *Chromolaena odorata*	草本
	蓟属 *Cirsium*	蓟 *Cirsium japonicum*	草本
	野茼蒿属 *Crassocephalum*	野茼蒿 *Crassocephalum crepidioides*	草本
	夜香牛属 *Cyanthillium*	咸虾花 *Cyanthillium patulum*	草本
	鱼眼草属 *Dichrocephala*	鱼眼草 *Dichrocephala integrifolia*	草本
	羊耳菊属 *Duhaldea*	羊耳菊 *Duhaldea cappa*	草本
	鳢肠属 *Eclipta*	鳢肠 *Eclipta prostrata*	草本
	一点红属 *Emilia*	小一点红 *Emilia prenanthoidea*	草本
		一点红 *Emilia sonchifolia*	草本
	飞蓬属 *Erigeron*	小蓬草 *Erigeron canadensis*	草本
	泽兰属 *Eupatorium*	佩兰 *Eupatorium fortunei*	草本
	菊三七属 *Gynura*	白子菜 *Gynura divaricata*	草本
		菊三七 *Gynura japonica*	草本
	银胶菊属 *Parthenium*	银胶菊 *Parthenium hysterophorus*	草本
	鼠曲草属 *Pseudognaphalium*	鼠曲草 *Pseudognaphalium affine*	草本
		秋鼠曲草 *Pseudognaphalium hypoleucum*	草本
	千里光属 *Senecio*	千里光 *Senecio scandens*	草本
	肿柄菊属 *Tithonia*	肿柄菊 *Tithonia diversifolia*	草本
	苍耳属 *Xanthium*	北美苍耳 *Xanthium chinense*	草本
	黄鹌菜 *Youngia*	黄鹌菜 *Youngia japonica*	草本
紫葳科 Bignoniaceae	木蝴蝶属 *Oroxylum*	木蝴蝶 *Oroxylum indicum*	乔木
十字花科 Brassicaceae	蔊菜属 *Rorippa*	蔊菜 *Rorippa indica*	草本
忍冬科 Caprifoliaceae	败酱属 *Patrinia*	白花败酱 *Patrinia villosa*	草本
石竹科 Caryophyllaceae	繁缕属 *Stellaria*	鹅肠菜 *Stellaria aquatica*	草本
		繁缕 *Stellaria media*	草本
卫矛科 Celastraceae	卫矛属 *Euonymus*	扶芳藤 *Euonymus fortunei*	攀缘灌木
金粟兰科 Chloranthaceae	金粟兰属 *Chloranthus*	金粟兰 *Chloranthus spicatus*	亚灌木
	草珊瑚属 *Sarcandra*	草珊瑚 *Sarcandra glabra*	亚灌木
桤叶树科 Clethraceae	桤叶树属 *Clethra*	单毛桤叶树 *Clethra bodinieri*	灌木或乔木
藤黄科 Clusiaceae	藤黄属 *Garcinia*	岭南山竹子 *Garcinia oblongifolia*	乔木
旋花科 Convolvulaceae	番薯属 *Ipomoea*	五爪金龙 *Ipomoea cairica*	草本
		牵牛 *Ipomoea nil*	草本
	鱼黄草属 *Merremia*	金钟藤 *Merremia boisiana*	草本或亚灌木
山茱萸科 Cornaceae	八角枫属 *Alangium*	八角枫 *Alangium chinense*	灌木或乔木
景天科 Crassulaceae	景天属 *Sedum*	凹叶景天 *Sedum emarginatum*	草本
葫芦科 Cucurbitaceae	绞股蓝属 *Gynostemma*	绞股蓝 *Gynostemma pentaphyllum*	草质藤本
	油渣果属 *Hodgsonia*	油渣果 *Hodgsonia heteroclita*	木质藤本
胡颓子科 Elaeagnaceae	胡颓子属 *Elaeagnus*	蔓胡颓子 *Elaeagnus glabra*	攀缘灌木
		宜昌胡颓子 *Elaeagnus henryi*	灌木

续表

科名	属名	种名	生活型
杜鹃花科 Ericaceae	杜鹃花属 *Rhododendron*	杜鹃 *Rhododendron simsii*	灌木
	越橘属 *Vaccinium*	南烛 *Vaccinium bracteatum*	灌木
赤苍藤科 Erythropalaceae	赤苍藤属 *Erythropalum*	赤苍藤 *Erythropalum scandens*	木质藤本
大戟科 Euphorbiaceae	铁苋菜属 *Acalypha*	铁苋菜 *Acalypha australis*	草本
	蝴蝶果属 *Cleidiocarpon*	蝴蝶果 *Cleidiocarpon cavaleriei*	乔木
	巴豆属 *Croton*	巴豆 *Croton tiglium*	灌木或乔木
	大戟属 *Euphorbia*	飞扬草 *Euphorbia hirta*	草本
	野桐属 *Mallotus*	白背叶 *Mallotus apelta*	灌木或乔木
	蓖麻属 *Ricinus*	蓖麻 *Ricinus communis*	草本
	乌桕属 *Triadica*	乌桕 *Triadica sebifera*	乔木
	油桐属 *Vernicia*	油桐 *Vernicia fordii*	乔木
		木油桐 *Vernicia montana*	乔木
豆科 Fabaceae	相思子属 *Abrus*	相思子 *Abrus precatorius*	木质藤本
	猪屎豆属 *Crotalaria*	猪屎豆 *Crotalaria pallida*	草本
	千斤拔属 *Flemingia*	大叶千斤拔 *Flemingia macrophylla*	灌木
		千斤拔 *Flemingia prostrata*	亚灌木
	胡枝子属 *Lespedeza*	截叶铁扫帚 *Lespedeza cuneata*	灌木
	含羞草属 *Mimosa*	含羞草 *Mimosa pudica*	草本
	火索藤属 *Phanera*	龙须藤 *Phanera championii*	攀缘灌木
	葛属 *Pueraria*	葛 *Pueraria montana* var. *lobata*	草质藤本
	无忧花属 *Saraca*	中国无忧花 *Saraca dives*	乔木
	决明属 *Senna*	望江南 *Senna occidentalis*	草本
		决明 *Senna tora*	草本
	密花豆属 *Spatholobus*	密花豆 *Spatholobus suberectus*	攀缘灌木
龙胆科 Gentianaceae	獐牙菜属 *Swertia*	獐牙菜 *Swertia bimaculata*	草本
苦苣苔科 Gesneriaceae	吊石苣苔属 *Lysionotus*	吊石苣苔 *Lysionotus pauciflorus*	灌木
莲叶桐科 Hernandiaceae	青藤属 *Illigera*	红花青藤 *Illigera rhodantha*	木质藤本
金丝桃科 Hypericaceae	黄牛木属 *Cratoxylum*	黄牛木 *Cratoxylum cochinchinense*	灌木或乔木
	金丝桃属 *Hypericum*	地耳草 *Hypericum japonicum*	草本
茶茱萸科 Icacinaceae	定心藤属 *Mappianthus*	定心藤 *Mappianthus iodoides*	木质藤本
胡桃科 Juglandaceae	化香树属 *Platycarya*	化香树 *Platycarya strobilacea*	乔木
唇形科 Lamiaceae	广防风属 *Anisomeles*	广防风 *Anisomeles indica*	草本
	紫珠属 *Callicarpa*	紫珠 *Callicarpa bodinieri*	灌木
		白棠子树 *Callicarpa dichotoma*	灌木
		尖尾枫 *Callicarpa dolichophylla*	灌木
		全缘叶紫珠 *Callicarpa integerrima*	灌木
		杜虹花 *Callicarpa pedunculata*	灌木
		红紫珠 *Callicarpa rubella*	灌木
	大青属 *Clerodendrum*	臭牡丹 *Clerodendrum bungei*	灌木
		大青 *Clerodendrum cyrtophyllum*	灌木或乔木
	石梓属 *Gmelina*	苦梓 *Gmelina hainanensis*	乔木
	益母草属 *Leonurus*	益母草 *Leonurus japonicus*	草本

续表

科名	属名	种名	生活型
唇形科 Lamiaceae	薄荷属 *Mentha*	薄荷 *Mentha canadensis*	草本
	石荠苎属 *Mosla*	石荠苎 *Mosla scabra*	草本
	豆腐柴属 *Premna*	黄毛豆腐柴 *Premna fulva*	灌木或乔木
	牡荆属 *Vitex*	牡荆 *Vitex negundo* var. *cannabifolia*	灌木或乔木
		山牡荆 *Vitex quinata*	乔木
木通科 Lardizabalaceae	木通属 *Akebia*	三叶木通 *Akebia trifoliata*	木质藤本
	大血藤属 *Sargentodoxa*	大血藤 *Sargentodoxa cuneata*	木质藤本
樟科 Lauraceae	黄肉楠属 *Actinodaphne*	毛黄肉楠 *Actinodaphne pilosa*	乔木
	琼楠属 *Beilschmiedia*	琼楠 *Beilschmiedia intermedia*	乔木
	樟属 *Camphora*	八角樟 *Camphora illicioides*	乔木
		黄樟 *Camphora parthenoxylon*	乔木
	无根藤属 *Cassytha*	无根藤 *Cassytha filiformis*	草本
	桂属 *Cinnamomum*	阴香 *Cinnamomum burmanni*	乔木
		黄樟 *Camphora parthenoxylon*	乔木
		粗脉桂 *Cinnamomum validinerve*	乔木
	厚壳桂属 *Cryptocarya*	黄果厚壳桂 *Cryptocarya concinna*	乔木
	香面叶属 *Iteadaphne*	香面叶 *Iteadaphne caudata*	灌木或乔木
	山胡椒属 *Lindera*	乌药 *Lindera aggregata*	灌木或乔木
		小叶乌药 *Lindera aggregata* var. *playfairii*	灌木或乔木
		鼎湖钓樟 *Lindera chunii*	灌木或乔木
		香叶树 *Lindera communis*	灌木或乔木
	木姜子属 *Litsea*	尖脉木姜子 *Litsea acutivena*	乔木
		山鸡椒 *Litsea cubeba*	灌木或乔木
		黄丹木姜子 *Litsea elongata*	乔木
		潺槁木姜子 *Litsea glutinosa*	乔木
		大果木姜子 *Litsea lancilimba*	乔木
		毛叶木姜子 *Litsea mollis*	灌木或乔木
		假柿木姜子 *Litsea monopetala*	乔木
		豺皮樟 *Litsea rotundifolia* var. *oblongifolia*	灌木或乔木
	润楠属 *Machilus*	短序润楠 *Machilus breviflora*	乔木
		柳叶润楠 *Machilus salicina*	乔木
		红楠 *Machilus thunbergii*	乔木
		绒毛润楠 *Machilus velutina*	乔木
狸藻科 Lentibulariaceae	狸藻属 *Utricularia*	圆叶挖耳草 *Utricularia striatula*	草本
母草科 Linderniaceae	母草属 *Lindernia*	母草 *Lindernia crustacea*	草本
桑寄生科 Loranthaceae	钝果寄生属 *Taxillus*	广寄生 *Taxillus chinensis*	灌木
木兰科 Magnoliaceae	木莲属 *Manglietia*	桂南木莲 *Manglietia conifera*	乔木
		木莲 *Manglietia fordiana*	乔木
	含笑属 *Michelia*	苦梓含笑 *Michelia balansae*	乔木
		金叶含笑 *Michelia foveolata*	乔木
		香子含笑 *Michelia gioii*	乔木
		醉香含笑 *Michelia macclurei*	乔木
		观光木 *Michelia odora*	乔木

续表

科名	属名	种名	生活型
锦葵科 Malvaceae	山芝麻属 *Helicteres*	山芝麻 *Helicteres angustifolia*	灌木
	梵天花属 *Urena*	地桃花 *Urena lobata*	灌木
楝科 Meliaceae	米仔兰属 *Aglaia*	米仔兰 *Aglaia odorata*	乔木
	楝属 *Melia*	楝 *Melia azedarach*	乔木
	香椿属 *Toona*	香椿 *Toona sinensis*	乔木
桑科 Moraceae	波罗蜜属 *Artocarpus*	二色波罗蜜 *Artocarpus styracifolius*	乔木
	榕属 *Ficus*	天仙果 *Ficus erecta*	灌木或乔木
		粗叶榕 *Ficus hirta*	灌木或乔木
		薜荔 *Ficus pumila*	攀缘灌木
		黄葛树 *Ficus virens*	乔木
	葎草属 *Humulus*	葎草 *Humulus scandens*	草本
	橙桑属 *Maclura*	构棘 *Maclura cochinchinensis*	攀缘灌木
杨梅科 Myricaceae	杨梅属 *Morella*	毛杨梅 *Morella esculenta*	乔木
		杨梅 *Morella rubra*	乔木
桃金娘科 Myrtaceae	岗松属 *Baeckea*	岗松 *Baeckea frutescens*	灌木或乔木
	子楝树属 *Decaspermum*	子楝树 *Decaspermum gracilentum*	灌木或乔木
	番石榴属 *Psidium*	番石榴 *Psidium guajava*	灌木或乔木
	桃金娘属 *Rhodomyrtus*	桃金娘 *Rhodomyrtus tomentosa*	灌木
	蒲桃属 *Syzygium*	蒲桃 *Syzygium jambos*	乔木
		红枝蒲桃 *Syzygium rehderianum*	灌木或乔木
木樨科 Oleaceae	素馨属 *Jasminum*	清香藤 *Jasminum lanceolaria*	攀缘灌木
		青藤仔 *Jasminum nervosum*	攀缘灌木
		厚叶素馨 *Jasminum pentaneurum*	攀缘灌木
	女贞属 *Ligustrum*	小蜡 *Ligustrum sinense*	灌木或乔木
酢浆草科 Oxalidaceae	酢浆草属 *Oxalis*	酢浆草 *Oxalis corniculata*	草本
		红花酢浆草 *Oxalis corymbosa*	草本
泡桐科 Paulowniaceae	泡桐属 *Paulownia*	白花泡桐 *Paulownia fortunei*	乔木
五列木科 Pentaphylacaceae	厚皮香属 *Ternstroemia*	厚皮香 *Ternstroemia gymnanthera*	灌木或乔木
叶下珠科 Phyllanthaceae	五月茶属 *Antidesma*	山地五月茶 *Antidesma montanum*	乔木
	木奶果属 *Baccaurea*	木奶果 *Baccaurea ramiflora*	乔木
	秋枫属 *Bischofia*	重阳木 *Bischofia polycarpa*	乔木
	叶下珠属 *Phyllanthus*	余甘子 *Phyllanthus emblica*	乔木
		叶下珠 *Phyllanthus urinaria*	草本
商陆科 Phytolaccaceae	商陆属 *Phytolacca*	垂序商陆 *Phytolacca americana*	草本
胡椒科 Piperaceae	胡椒属 *Piper*	华南胡椒 *Piper austrosinense*	亚灌木
		苎叶蒟 *Piper boehmeriifolium*	木质藤本
		复毛胡椒 *Piper bonii*	木质藤本
		海南蒟 *Piper hainanense*	木质藤本
		山蒟 *Piper hancei*	木质藤本
		变叶胡椒 *Piper mutabile*	草本
		假蒟 *Piper sarmentosum*	木质藤本
		球穗胡椒 *Piper thomsonii*	草质藤本
		石南藤 *Piper wallichii*	攀缘灌木

续表

科名	属名	种名	生活型
车前科 Plantaginaceae	毛麝香属 *Adenosma*	毛麝香 *Adenosma glutinosa*	草本
	石龙尾属 *Limnophila*	大叶石龙尾 *Limnophila rugosa*	草本
	车前属 *Plantago*	车前 *Plantago asiatica*	草本
	野甘草属 *Scoparia*	野甘草 *Scoparia dulcis*	亚灌木
远志科 Polygalaceae	蝉翼藤属 *Securidaca*	蝉翼藤 *Securidaca inappendiculata*	灌木
	黄叶树属 *Xanthophyllum*	黄叶树 *Xanthophyllum hainanense*	乔木
蓼科 Polygonaceae	蓼属 *Persicaria*	火炭母 *Persicaria chinensis*	草本
		水蓼 *Persicaria hydropiper*	草本
		丛枝蓼 *Persicaria posumbu*	草本
	何首乌属 *Pleuropterus*	何首乌 *Pleuropterus multiflorus*	草本
	萹蓄属 *Polygonum*	萹蓄 *Polygonum aviculare*	草本
	虎杖属 *Reynoutria*	虎杖 *Reynoutria japonica*	草本
马齿苋科 Portulacaceae	马齿苋属 *Portulaca*	马齿苋 *Portulaca oleracea*	草本
报春花科 Primulaceae	紫金牛属 *Ardisia*	小紫金牛 *Ardisia chinensis*	灌木
		虎舌红 *Ardisia mamillata*	灌木
	酸藤子属 *Embelia*	酸藤子 *Embelia laeta*	攀缘灌木
毛茛科 Ranunculaceae	铁线莲属 *Clematis*	柱果铁线莲 *Clematis uncinata*	木质藤本
鼠李科 Rhamnaceae	枳椇属 *Hovenia*	枳椇 *Hovenia acerba*	乔木
蔷薇科 Rosaceae	龙牙草属 *Agrimonia*	龙牙草 *Agrimonia pilosa*	草本
	蛇莓属 *Duchesnea*	蛇莓 *Duchesnea indica*	草本
	蔷薇属 *Rosa*	小果蔷薇 *Rosa cymosa*	攀缘灌木
		金樱子 *Rosa laevigata*	攀缘灌木
	悬钩子属 *Rubus*	茅莓 *Rubus parvifolius*	攀缘灌木
茜草科 Rubiaceae	栀子属 *Gardenia*	海南栀子 *Gardenia hainanensis*	乔木
		栀子 *Gardenia jasminoides*	灌木
		狭叶栀子 *Gardenia stenophylla*	灌木
	巴戟天属 *Morinda*	巴戟天 *Morinda officinalis*	木质藤本
	鸡屎藤属 *Paederia*	鸡屎藤 *Paederia foetida*	木质藤本
芸香科 Rutaceae	山油柑属 *Acronychia*	山油柑 *Acronychia pedunculata*	乔木
	黄皮属 *Clausena*	假黄皮 *Clausena excavata*	灌木
	蜜茱萸属 *Melicope*	三桠苦 *Melicope pteleifolia*	乔木
	小芸木属 *Micromelum*	小芸木 *Micromelum integerrimum*	乔木
	九里香属 *Murraya*	九里香 *Murraya exotica*	乔木
	茵芋属 *Skimmia*	乔木茵芋 *Skimmia arborescens*	乔木
	飞龙掌血属 *Toddalia*	飞龙掌血 *Toddalia asiatica*	木质藤本
	花椒属 *Zanthoxylum*	簕欓花椒 *Zanthoxylum avicennae*	乔木
		拟蚬壳花椒 *Zanthoxylum laetum*	攀缘灌木
		大叶臭花椒 *Zanthoxylum myriacanthum*	乔木
		两面针 *Zanthoxylum nitidum*	攀缘灌木
		花椒簕 *Zanthoxylum scandens*	攀缘灌木
三白草科 Saururaceae	蕺菜属 *Houttuynia*	蕺菜 *Houttuynia cordata*	草本
	三白草属 *Saururus*	三白草 *Saururus chinensis*	草本

续表

科名	属名	种名	生活型
五味子科 Schisandraceae	八角属 *Illicium*	红花八角 *Illicium dunnianum*	灌木
		短梗八角 *Illicium pachyphyllum*	乔木
	南五味子属 *Kadsura*	黑老虎 *Kadsura coccinea*	木质藤本
		南五味子 *Kadsura longipedunculata*	木质藤本
玄参科 Scrophulariaceae	醉鱼草属 *Buddleja*	白背枫 *Buddleja asiatica*	灌木或乔木
苦木科 Simaroubaceae	鸦胆子属 *Brucea*	鸦胆子 *Brucea javanica*	灌木
茄科 Solanaceae	茄属 *Solanum*	龙葵 *Solanum nigrum*	草本
省沽油科 Staphyleaceae	野鸦椿属 *Euscaphis*	野鸦椿 *Euscaphis japonica*	灌木或乔木
安息香科 Styracaceae	安息香属 *Styrax*	白花龙 *Styrax faberi*	灌木
		栓叶安息香 *Styrax suberifolius*	乔木
		越南安息香 *Styrax tonkinensis*	乔木
山矾科 Symplocaceae	山矾属 *Symplocos*	光亮山矾 *Symplocos lucida*	乔木
		山矾 *Symplocos sumuntia*	乔木
土人参科 Talinaceae	土人参属 *Talinum*	土人参 *Talinum paniculatum*	草本
山茶科 Theaceae	山茶属 *Camellia*	油茶 *Camellia oleifera*	灌木
	木荷属 *Schima*	木荷 *Schima superba*	乔木
瑞香科 Thymelaeaceae	沉香属 *Aquilaria*	土沉香 *Aquilaria sinensis*	乔木
马鞭草科 Verbenaceae	马缨丹属 *Lantana*	马缨丹 *Lantana camara*	灌木
	马鞭草属 *Verbena*	马鞭草 *Verbena officinalis*	草本
荚蒾科 Viburnaceae	接骨木属 *Sambucus*	接骨草 *Sambucus javanica*	草本或亚灌木
	荚蒾属 *Viburnum*	荚蒾 *Viburnum dilatatum*	灌木
堇菜科 Violaceae	堇菜属 *Viola*	七星莲 *Viola diffusa*	草本
葡萄科 Vitaceae	乌蔹莓属 *Causonis*	乌蔹莓 *Causonis japonica*	草质藤本
	崖爬藤属 *Tetrastigma*	三叶崖爬藤 *Tetrastigma hemsleyanum*	草质藤本
菖蒲科 Acoraceae	菖蒲属 *Acorus*	金钱蒲 *Acorus gramineus*	草本
石蒜科 Amaryllidaceae	文殊兰属 *Crinum*	文殊兰 *Crinum asiaticum* var. *sinicum*	草本
天南星科 Araceae	海芋属 *Alocasia*	海芋 *Alocasia odora*	草本
	天南星属 *Arisaema*	一把伞南星 *Arisaema erubescens*	草本
	麒麟叶属 *Epipremnum*	麒麟叶 *Epipremnum pinnatum*	草质藤本
	千年健属 *Homalomena*	千年健 *Homalomena occulta*	草本
	半夏属 *Pinellia*	半夏 *Pinellia ternata*	草本
	石柑属 *Pothos*	石柑子 *Pothos chinensis*	草质藤本
天门冬科 Asparagaceae	山麦冬属 *Liriope*	山麦冬 *Liriope spicata*	草本
鸭跖草科 Commelinaceae	鸭跖草属 *Commelina*	鸭跖草 *Commelina communis*	草本
	水竹叶属 *Murdannia*	大苞水竹叶 *Murdannia bracteata*	草本
	杜若属 *Pollia*	杜若 *Pollia japonica*	草本
莎草科 Cyperaceae	莎草属 *Cyperus*	碎米莎草 *Cyperus iria*	草本
		香附子 *Cyperus rotundus*	草本
	水蜈蚣属 *Kyllinga*	短叶水蜈蚣 *Kyllinga brevifolia*	草本
薯蓣科 Dioscoreaceae	薯蓣属 *Dioscorea*	黄独 *Dioscorea bulbifera*	草质藤本
		薯蓣 *Dioscorea polystachya*	草质藤本
鸢尾科 Iridaceae	射干属 *Belamcanda*	射干 *Belamcanda chinensis*	草本
芭蕉科 Musaceae	芭蕉属 *Musa*	小果野蕉 *Musa acuminata*	草本

续表

科名	属名	种名	生活型
兰科 Orchidaceae	金线兰属 *Anoectochilus*	金线兰 *Anoectochilus roxburghii*	草本
	石豆兰属 *Bulbophyllum*	密花石豆兰 *Bulbophyllum odoratissimum*	草本
	黄兰属 *Cephalantheropsis*	黄兰 *Cephalantheropsis obcordata*	草本
	兰属 *Cymbidium*	建兰 *Cymbidium ensifolium*	草本
		寒兰 *Cymbidium kanran*	草本
	香荚兰属 *Vanilla*	南方香荚兰 *Vanilla annamica*	草本
露兜树科 Pandanaceae	露兜树属 *Pandanus*	露兜树 *Pandanus tectorius*	灌木或乔木
禾本科 Poaceae	薏苡属 *Coix*	薏苡 *Coix lacryma-jobi*	草本
	香茅属 *Cymbopogon*	橘草 *Cymbopogon goeringii*	草本
	求米草属 *Oplismenus*	求米草 *Oplismenus undulatifolius*	草本
菝葜科 Smilacaceae	菝葜属 *Smilax*	菝葜 *Smilax china*	攀缘灌木
		土茯苓 *Smilax glabra*	攀缘灌木
百部科 Stemonaceae	百部属 *Stemona*	大百部 *Stemona tuberosa*	草本
姜科 Zingiberaceae	山姜属 *Alpinia*	云南草蔻 *Alpinia blepharocalyx*	草本
		毛红豆蔻 *Alpinia galanga* var. *pyramidata*	草本
		狭叶山姜 *Alpinia graminifolia*	草本
		桂南山姜 *Alpinia guinanensis*	草本
		海南山姜 *Alpinia hainanensis*	草本
		山姜 *Alpinia japonica*	草本
		长柄山姜 *Alpinia kwangsiensis*	草本
		假益智 *Alpinia maclurei*	草本
		华山姜 *Alpinia oblongifolia*	草本
		矮山姜 *Alpinia psilogyna*	草本
		光叶球穗山姜 *Alpinia strobiliformis* var. *glabra*	草本
		艳山姜 *Alpinia zerumbet*	草本
	豆蔻属 *Amomum*	细砂仁 *Amomum microcarpum*	草本
		腐花豆蔻 *Amomum putrescens*	草本
	姜黄属 *Curcuma*	广西莪术 *Curcuma kwangsiensis*	草本
	姜花属 *Hedychium*	毛姜花 *Hedychium villosum*	草本

附表8　广西防城金花茶国家级自然保护区被子植物色素种类

科名	属名	种名	生活型
蕈树科 Altingiaceae	枫香树属 *Liquidambar*	枫香树 *Liquidambar formosana*	乔木
苋科 Amaranthaceae	青葙属 *Celosia*	青葙 *Celosia argentea*	草本
漆树科 Anacardiaceae	盐麸木属 *Rhus*	盐麸木 *Rhus chinensis*	灌木或乔木
伞形科 Apiaceae	胡萝卜属 *Daucus*	野胡萝卜 *Daucus carota*	草本
冬青科 Aquifoliaceae	冬青属 *Ilex*	冬青 *Ilex chinensis*	灌木或乔木
菊科 Asteraceae	蒿属 *Artemisia*	茵陈蒿 *Artemisia capillaris*	草本
	鬼针草属 *Bidens*	鬼针草 *Bidens pilosa*	草本
	鳢肠属 *Eclipta*	鳢肠 *Eclipta prostrata*	草本
	鼠曲草属 *Pseudognaphalium*	鼠曲草 *Pseudognaphalium affine*	草本
		秋鼠曲草 *Pseudognaphalium hypoleucum*	草本
	苍耳属 *Xanthium*	北美苍耳 *Xanthium chinense*	草本
橄榄科 Burseraceae	橄榄属 *Canarium*	乌榄 *Canarium pimela*	乔木
旋花科 Convolvulaceae	银背藤属 *Argyreia*	白鹤藤 *Argyreia acuta*	攀缘灌木
	番薯属 *Ipomoea*	牵牛 *Ipomoea nil*	草本
		圆叶牵牛 *Ipomoea purpurea*	草本
杜英科 Elaeocarpaceae	杜英属 *Elaeocarpus*	山杜英 *Elaeocarpus sylvestris*	乔木
杜鹃花科 Ericaceae	杜鹃花属 Rhododendron	杜鹃 *Rhododendron simsii*	灌木
	越橘属 *Vaccinium*	南烛 *Vaccinium bracteatum*	灌木
大戟科 Euphorbiaceae	乌桕属 *Triadica*	乌桕 *Triadica sebifera*	乔木
豆科 Fabaceae	合欢属 *Albizia*	楹树 *Albizia chinensis*	乔木
	黄檀属 *Dalbergia*	藤黄檀 *Dalbergia hancei*	攀缘灌木
金丝桃科 Hypericaceae	金丝桃属 *Hypericum*	地耳草 *Hypericum japonicum*	草本
唇形科 Lamiaceae	紫珠属 *Callicarpa*	白棠子树 *Callicarpa dichotoma*	灌木
	大青属 *Clerodendrum*	大青 *Clerodendrum cyrtophyllum*	灌木或乔木
	益母草属 *Leonurus*	益母草 *Leonurus japonicus*	草本
	牡荆属 *Vitex*	牡荆 *Vitex negundo* var. *cannabifolia*	灌木或乔木
木通科 Lardizabalaceae	大血藤属 *Sargentodoxa*	大血藤 *Sargentodoxa cuneata*	木质藤本
樟科 Lauraceae	润楠属 *Machilus*	红楠 *Machilus thunbergii*	乔木
锦葵科 Malvaceae	秋葵属 *Abelmoschus*	黄蜀葵 *Abelmoschus manihot*	草本
楝科 Meliaceae	香椿属 *Toona*	香椿 *Toona sinensis*	乔木
桑科 Moraceae	构属 *Broussonetia*	构树 *Broussonetia papyrifera*	灌木或乔木
	榕属 *Ficus*	榕树 *Ficus microcarpa*	乔木
	葎草属 *Humulus*	葎草 *Humulus scandens*	草本
	橙桑属 *Maclura*	构棘 *Maclura cochinchinensis*	攀缘灌木
杨梅科 Myricaceae	杨梅属 *Morella*	杨梅 *Morella rubra*	乔木
桃金娘科 Myrtaceae	桃金娘属 *Rhodomyrtus*	桃金娘 *Rhodomyrtus tomentosa*	灌木
五列木科 Pentaphylacaceae	厚皮香属 *Ternstroemia*	厚皮香 *Ternstroemia gymnanthera*	灌木或乔木
商陆科 Phytolaccaceae	商陆属 *Phytolacca*	垂序商陆 *Phytolacca americana*	草本
蓼科 Polygonaceae	蓼属 *Persicaria*	水蓼 *Persicaria hydropiper*	草本
	何首乌属 *Pleuropterus*	何首乌 *Pleuropterus multiflorus*	草本
	虎杖属 *Reynoutria*	虎杖 *Reynoutria japonica*	草本

续表

科名	属名	种名	生活型
马齿苋科 Portulacaceae	马齿苋属 *Portulaca*	马齿苋 *Portulaca oleracea*	草本
鼠李科 Rhamnaceae	裸芽鼠李属 *Frangula*	长叶冻绿 *Frangula crenata*	灌木或乔木
蔷薇科 Rosaceae	蔷薇属 *Rosa*	金樱子 *Rosa laevigata*	攀缘灌木
	悬钩子属 *Rubus*	茅莓 *Rubus parvifolius*	攀缘灌木
茜草科 Rubiaceae	栀子属 *Gardenia*	海南栀子 *Gardenia hainanensis*	乔木
		栀子 *Gardenia jasminoides*	灌木
		狭叶栀子 *Gardenia stenophylla*	灌木
茄科 Solanaceae	茄属 *Solanum*	龙葵 *Solanum nigrum*	草本
山茶科 Theaceae	山茶属 *Camellia*	显脉金花茶 *Camellia euphlebia*	灌木或乔木
		金花茶 *Camellia nitidissima*	灌木或乔木
荚蒾科 Viburnaceae	荚蒾属 *Viburnum*	荚蒾 *Viburnum dilatatum*	灌木
		南方荚蒾 *Viburnum fordiae*	灌木或乔木
鸭跖草科 Commelinaceae	鸭跖草属 *Commelina*	鸭跖草 *Commelina communis*	草本
薯蓣科 Dioscoreaceae	薯蓣属 *Dioscorea*	薯蓣 *Dioscorea polystachya*	草质藤本
禾本科 Poaceae	荩草属 *Arthraxon*	荩草 *Arthraxon hispidus*	草本
	白茅属 *Imperata*	白茅 *Imperata cylindrica*	草本
姜科 Zingiberaceae	姜黄属 *Curcuma*	广西莪术 *Curcuma kwangsiensis*	草本

附表 9　广西防城金花茶国家级自然保护区被子植物饮料种类

科名	属名	种名	生活型
猕猴桃科 Actinidia ceae	猕猴桃属 *Actinidia*	条叶猕猴桃 *Actinidia fortunatii*	木质藤本
		中越猕猴桃 *Actinidia indochinensis*	木质藤本
		阔叶猕猴桃 *Actinidia latifolia*	木质藤本
菊科 Asteraceae	飞机草属 *Chromolaena*	飞机草 *Chromolaena odorata*	草本
	鳢肠属 *Eclipta*	鳢肠 *Eclipta prostrata*	草本
	地胆草属 *Elephantopus*	地胆草 *Elephantopus scaber*	草本
	一点红属 *Emilia*	一点红 *Emilia sonchifolia*	草本
大麻科 Cannabaceae	朴属 *Celtis*	假玉桂 *Celtis timorensis*	乔木
	山黄麻属 *Trema*	山黄麻 *Trema tomentosa*	灌木或乔木
金粟兰科 Chloranthaceae	草珊瑚属 *Sarcandra*	草珊瑚 *Sarcandra glabra*	亚灌木
山茱萸科 Cornaceae	山茱萸属 *Cornus*	香港四照花 *Cornus hongkongensis*	灌木或乔木
葫芦科 Cucurbitaceae	绞股蓝属 *Gynostemma*	绞股蓝 *Gynostemma pentaphyllum*	草质藤本
胡颓子科 Elaeagnaceae	胡颓子属 *Elaeagnus*	宜昌胡颓子 *Elaeagnus henryi*	灌木
杜鹃花科 Ericaceae	越橘属 *Vaccinium*	南烛 *Vaccinium bracteatum*	灌木
大戟科 Euphorbiaceae	水柳属 *Homonoia*	水柳 *Homonoia riparia*	灌木
豆科 Fabaceae	相思子属 *Abrus*	相思子 *Abrus precatorius*	木质藤本
	猪屎豆属 *Crotalaria*	大猪屎豆 *Crotalaria assamica*	草本
	千斤拔属 *Flemingia*	大叶千斤拔 *Flemingia macrophylla*	灌木
	葛属 *Pueraria*	葛 *Pueraria montana* var. *lobata*	草质藤本
	葫芦茶属 *Tadehagi*	葫芦茶 *Tadehagi triquetrum*	亚灌木
	狸尾豆属 *Uraria*	猫尾草 *Uraria crinita*	亚灌木
壳斗科 Fagaceae	柯属 *Lithocarpus*	木姜叶柯 *Lithocarpus litseifolius*	乔木
唇形科 Lamiaceae	大青属 *Clerodendrum*	臭牡丹 *Clerodendrum bungei*	灌木
	薄荷属 *Mentha*	薄荷 *Mentha canadensis*	草本
木通科 Lardizabalaceae	木通属 *Akebia*	三叶木通 *Akebia trifoliata*	木质藤本
樟科 Lauraceae	樟属 *Camphora*	黄樟 *Camphora parthenoxylon*	乔木
	无根藤属 *Cassytha*	无根藤 *Cassytha filiformis*	草本
锦葵科 Malvaceae	苹婆属 *Sterculia*	假苹婆 *Sterculia lanceolata*	乔木
桑科 Moraceae	构属 *Broussonetia*	构树 *Broussonetia papyrifera*	灌木或乔木
	榕属 *Ficus*	粗叶榕 *Ficus hirta*	灌木或乔木
		青藤公 *Ficus langkokensis*	乔木
		薜荔 *Ficus pumila*	攀缘灌木
		地果 *Ficus tikoua*	木质藤本
杨梅科 Myricaceae	杨梅属 *Morella*	青杨梅 *Morella adenophora*	灌木
		毛杨梅 *Morella esculenta*	乔木
		杨梅 *Morella rubra*	乔木
桃金娘科 Myrtaceae	番石榴属 *Psidium*	番石榴 *Psidium guajava*	灌木或乔木
	桃金娘属 *Rhodomyrtus*	桃金娘 *Rhodomyrtus tomentosa*	灌木
	蒲桃属 *Syzygium*	水竹蒲桃 *Syzygium fluviatile*	灌木
五列木科 Pentaphylacaceae	杨桐属 *Adinandra*	亮叶杨桐 *Adinandra nitida*	灌木或乔木

续表

科名	属名	种名	生活型
叶下珠科 Phyllanthaceae	秋枫属 *Bischofia*	重阳木 *Bischofia polycarpa*	乔木
	土蜜树属 *Bridelia*	禾串树 *Bridelia balansae*	乔木
	算盘子属 *Glochidion*	毛果算盘子 *Glochidion eriocarpum*	灌木
	叶下珠属 *Phyllanthus*	余甘子 *Phyllanthus emblica*	乔木
		叶下珠 *Phyllanthus urinaria*	草本
车前科 Plantaginaceae	车前属 *Plantago*	车前 *Plantago asiatica*	草本
蓼科 Polygonaceae	蓼属 *Persicaria*	火炭母 *Persicaria chinensis*	草本
	何首乌属 *Pleuropterus*	何首乌 *Pleuropterus multiflorus*	草本
报春花科 Primulaceae	紫金牛属 *Ardisia*	朱砂根 *Ardisia crenata*	灌木
鼠李科 Rhamnaceae	枳椇属 *Hovenia*	枳椇 *Hovenia acerba*	乔木
蔷薇科 Rosaceae	梨属 *Pyrus*	豆梨 *Pyrus calleryana*	乔木
		楔叶豆梨 *Pyrus calleryana* var. *koehnei*	乔木
	蔷薇属 *Rosa*	金樱子 *Rosa laevigata*	攀缘灌木
茜草科 Rubiaceae	玉叶金花属 *Mussaenda*	玉叶金花 *Mussaenda pubescens*	攀缘灌木
	大沙叶属 *Pavetta*	香港大沙叶 *Pavetta hongkongensis*	灌木或乔木
	裂果金花属 *Schizomussaenda*	裂果金花 *Schizomussaenda henryi*	灌木
三白草科 Saururaceae	蕺菜属 *Houttuynia*	蕺菜 *Houttuynia cordata*	草本
五味子科 Schisandraceae	南五味子属 *Kadsura*	黑老虎 *Kadsura coccinea*	木质藤本
		南五味子 *Kadsura longipedunculata*	木质藤本
茄科 Solanaceae	茄属 *Solanum*	假烟叶树 *Solanum erianthum*	灌木或乔木
山矾科 Symplocaceae	山矾属 *Symplocos*	光叶山矾 *Symplocos lancifolia*	乔木
土人参科 Talinaceae	土人参属 *Talinum*	土人参 *Talinum paniculatum*	草本
山茶科 Theaceae	山茶属 *Camellia*	显脉金花茶 *Camellia euphlebia*	灌木或乔木
		金花茶 *Camellia nitidissima*	灌木或乔木
荨麻科 Urticaceae	水麻属 *Debregeasia*	长叶水麻 *Debregeasia longifolia*	灌木或乔木
马鞭草科 Verbenaceae	马鞭草属 *Verbena*	马鞭草 *Verbena officinalis*	草本
荚蒾科 Viburnaceae	荚蒾属 *Viburnum*	珊瑚树 *Viburnum odoratissimum*	灌木或乔木
天南星科 Araceae	刺芋属 *Lasia*	刺芋 *Lasia spinosa*	草本
兰科 Orchidaceae	石仙桃属 *Pholidota*	石仙桃 *Pholidota chinensis*	草本
禾本科 Poaceae	野古草属 *Arundinella*	石芒草 *Arundinella nepalensis*	草本
	薏苡属 *Coix*	薏苡 *Coix lacryma-jobi*	草本
	白茅属 *Imperata*	白茅 *Imperata cylindrica*	草本
	淡竹叶属 *Lophatherum*	淡竹叶 *Lophatherum gracile*	草本
	甘蔗属 *Saccharum*	甜根子草 *Saccharum spontaneum*	草本
	粽叶芦属 *Thysanolaena*	粽叶芦 *Thysanolaena latifolia*	草本
菝葜科 Smilacaceae	菝葜属 *Smilax*	土茯苓 *Smilax glabra*	攀缘灌木

附表 10　广西防城金花茶国家级自然保护区被子植物饲用种类

科名	属名	种名	生活型
苋科 Amaranthaceae	牛膝属 *Achyranthes*	牛膝 *Achyranthes bidentata*	草本
	莲子草属 *Alternanthera*	喜旱莲子草 *Alternanthera philoxeroides*	草本
		莲子草 *Alternanthera sessilis*	草本
	苋属 *Amaranthus*	刺苋 *Amaranthus spinosus*	草本
		皱果苋 *Amaranthus viridis*	草本
伞形科 Apiaceae	胡萝卜属 *Daucus*	野胡萝卜 *Daucus carota*	草本
	水芹属 *Oenanthe*	水芹 *Oenanthe javanica*	草本
五加科 Araliaceae	天胡荽属 *Hydrocotyle*	红马蹄草 *Hydrocotyle nepalensis*	草本
菊科 Asteraceae	蒿属 *Artemisia*	黄花蒿 *Artemisia annua*	草本
		茵陈蒿 *Artemisia capillaris*	草本
	鬼针草属 *Bidens*	鬼针草 *Bidens pilosa*	草本
		白花鬼针草 *Bidens alba*	草本
	蓟属 *Cirsium*	蓟 *Cirsium japonicum*	草本
	鱼眼草属 *Dichrocephala*	鱼眼草 *Dichrocephala integrifolia*	草本
	鳢肠属 *Eclipta*	鳢肠 *Eclipta prostrata*	草本
	飞蓬属 *Erigeron*	香丝草 *Erigeron bonariensis*	草本
		小蓬草 *Erigeron canadensis*	草本
	苦荬菜属 *Ixeris*	苦荬菜 *Ixeris polycephala*	草本
	鼠曲草属 *Pseudognaphalium*	鼠曲草 *Pseudognaphalium affine*	草本
	千里光属 *Senecio*	千里光 *Senecio scandens*	草本
	豨莶属 *Sigesbeckia*	豨莶 *Sigesbeckia orientalis*	草本
	苦苣菜属 *Sonchus*	苣荬菜 *Sonchus wightianus*	草本
	黄鹌菜 *Youngia*	黄鹌菜 *Youngia japonica*	草本
石竹科 Caryophyllaceae	繁缕属 *Stellaria*	鹅肠菜 *Stellaria aquatica*	草本
		繁缕 *Stellaria media*	草本
大戟科 Euphorbiaceae	铁苋菜属 *Acalypha*	铁苋菜 *Acalypha australis*	草本
豆科 Fabaceae	链荚豆属 *Alysicarpus*	链荚豆 *Alysicarpus vaginalis*	草本
	木豆属 *Cajanus*	蔓草虫豆 *Cajanus scarabaeoides*	草质藤本
	舞草属 *Codariocalyx*	圆叶舞草 *Codariocalyx gyroides*	灌木
	千斤拔属 *Flemingia*	大叶千斤拔 *Flemingia macrophylla*	灌木
	鸡眼草属 *Kummerowia*	鸡眼草 *Kummerowia striata*	草本
	胡枝子属 *Lespedeza*	截叶铁扫帚 *Lespedeza cuneata*	灌木
	草葛属 *Neustanthus*	草葛 *Neustanthus phaseoloides*	草质藤本
	小槐花属 *Ohwia*	小槐花 *Ohwia caudata*	亚灌木
	葛属 *Pueraria*	葛 *Pueraria montana* var. *lobata*	草质藤本
	鹿藿属 *Rhynchosia*	鹿藿 *Rhynchosia volubilis*	草质藤本
	狸尾豆属 *Uraria*	猫尾草 *Uraria crinita*	亚灌木
龙胆科 Gentianaceae	獐牙菜属 *Swertia*	獐牙菜 *Swertia bimaculata*	草本
唇形科 Lamiaceae	大青属 *Clerodendrum*	臭牡丹 *Clerodendrum bungei*	灌木
		大青 *Clerodendrum cyrtophyllum*	灌木或乔木
		赪桐 *Clerodendrum japonicum*	灌木
	香茶菜属 *Isodon*	牛尾草 *Isodon ternifolius*	草本
	益母草属 *Leonurus*	益母草 *Leonurus japonicus*	草本

续表

科名	属名	种名	生活型
千屈菜科 Lythraceae	节节菜属 *Rotala*	圆叶节节菜 *Rotala rotundifolia*	草本
楝科 Meliaceae	香椿属 *Toona*	香椿 *Toona sinensis*	乔木
桑科 Moraceae	构属 *Broussonetia*	构树 *Broussonetia papyrifera*	灌木或乔木
	葎草属 *Humulus*	葎草 *Humulus scandens*	草本
车前科 Plantaginaceae	车前属 *Plantago*	车前 *Plantago asiatica*	草本
蓼科 Polygonaceae	蓼属 *Persicaria*	水蓼 *Persicaria hydropiper*	草本
马齿苋科 Portulacaceae	马齿苋属 *Portulaca*	马齿苋 *Portulaca oleracea*	草本
蔷薇科 Rosaceae	龙牙草属 *Agrimonia*	龙牙草 *Agrimonia pilosa*	草本
	蛇莓属 *Duchesnea*	蛇莓 *Duchesnea indica*	草本
	蔷薇属 *Rosa*	小果蔷薇 *Rosa cymosa*	攀缘灌木
三白草科 Saururaceae	蕺菜属 *Houttuynia*	蕺菜 *Houttuynia cordata*	草本
	三白草属 *Saururus*	三白草 *Saururus chinensis*	草本
荨麻科 Urticaceae	苎麻属 *Boehmeria*	苎麻 *Boehmeria nivea*	亚灌木
	楼梯草属 *Elatostema*	狭叶楼梯草 *Elatostema lineolatum*	草本
天南星科 Araceae	浮萍属 *Lemna*	浮萍 *Lemna minor*	草本
	大薸属 *Pistia*	大薸 *Pistia stratiotes*	草本
天门冬科 Asparagaceae	山麦冬属 *Liriope*	山麦冬 *Liriope spicata*	草本
	沿阶草属 *Ophiopogon*	沿阶草 *Ophiopogon bodinieri*	草本
鸭跖草科 Commelinaceae	穿鞘花属 *Amischotolype*	穿鞘花 *Amischotolype hispida*	草本
	鸭跖草属 *Commelina*	鸭跖草 *Commelina communis*	草本
	水竹叶属 *Murdannia*	牛轭草 *Murdannia loriformis*	草本
		裸花水竹叶 *Murdannia nudiflora*	草本
莎草科 Cyperaceae	莎草属 *Cyperus*	畦畔莎草 *Cyperus haspan*	草本
		碎米莎草 *Cyperus iria*	草本
		香附子 *Cyperus rotundus*	草本
	荸荠属 *Eleocharis*	牛毛毡 *Eleocharis yokoscensis*	草本
	飘拂草属 *Fimbristylis*	夏飘拂草 *Fimbristylis aestivalis*	草本
		两歧飘拂草 *Fimbristylis dichotoma*	草本
		暗褐飘拂草 *Fimbristylis fusca*	草本
		水虱草 *Fimbristylis littoralis*	草本
	水蜈蚣属 *Kyllinga*	短叶水蜈蚣 *Kyllinga brevifolia*	草本
		单穗水蜈蚣 *Kyllinga nemoralis*	草本
芭蕉科 Musaceae	芭蕉属 *Musa*	小果野蕉 *Musa acuminata*	草本
禾本科 Poaceae	水蔗草属 *Apluda*	水蔗草 *Apluda mutica*	草本
	荩草属 *Arthraxon*	荩草 *Arthraxon hispidus*	草本
	野古草属 *Arundinella*	刺芒野古草 *Arundinella setosa*	草本
	孔颖草属 *Bothriochloa*	臭根子草 *Bothriochloa bladhii*	草本
	细柄草属 *Capillipedium*	硬秆子草 *Capillipedium assimile*	草本
	薏苡属 *Coix*	薏苡 *Coix lacryma-jobi*	草本
	狗牙根属 *Cynodon*	狗牙根 *Cynodon dactylon*	草本
	马唐属 *Digitaria*	亨利马唐 *Digitaria henryi*	草本
	稗属 *Echinochloa*	光头稗 *Echinochloa colona*	草本
		稗 *Echinochloa crus-galli*	草本

续表

科名	属名	种名	生活型
禾本科 Poaceae	䅟属 *Eleusine*	牛筋草 *Eleusine indica*	草本
	画眉草属 *Eragrostis*	大画眉草 *Eragrostis cilianensis*	草本
		知风草 *Eragrostis ferruginea*	草本
		画眉草 *Eragrostis pilosa*	草本
	蜈蚣草属 *Eremochloa*	假俭草 *Eremochloa ophiuroides*	草本
	鹧鸪草属 *Eriachne*	鹧鸪草 *Eriachne pallescens*	草本
	黄茅属 *Heteropogon*	黄茅 *Heteropogon contortus*	草本
	距花黍属 *Ichnanthus*	大距花黍 *Ichnanthus pallens* var. *major*	草本
	白茅属 *Imperata*	白茅 *Imperata cylindrica*	草本
	柳叶箬属 *Isachne*	柳叶箬 *Isachne globosa*	草本
	鸭嘴草属 *Ischaemum*	有芒鸭嘴草 *Ischaemum aristatum*	草本
		粗毛鸭嘴草 *Ischaemum barbatum*	草本
	假稻属 *Leersia*	李氏禾 *Leersia hexandra*	草本
	淡竹叶属 *Lophatherum*	淡竹叶 *Lophatherum gracile*	草本
	莠竹属 *Microstegium*	刚莠竹 *Microstegium ciliatum*	草本
	芒属 *Miscanthus*	五节芒 *Miscanthus floridulus*	草本
		芒 *Miscanthus sinensis*	草本
	求米草属 *Oplismenus*	求米草 *Oplismenus undulatifolius*	草本
	黍属 *Panicum*	短叶黍 *Panicum brevifolium*	草本
		心叶稷 *Panicum notatum*	草本
		铺地黍 *Panicum repens*	草本
	雀稗属 *Paspalum*	双穗雀稗 *Paspalum distichum*	草本
		圆果雀稗 *Paspalum scrobiculatum* var. *orbiculare*	草本
	狼尾草属 *Pennisetum*	狼尾草 *Pennisetum alopecuroides*	草本
	金发草属 *Pogonatherum*	金丝草 *Pogonatherum crinitum*	草本
		金发草 *Pogonatherum paniceum*	草本
	甘蔗属 *Saccharum*	斑茅 *Saccharum arundinaceum*	草本
		甜根子草 *Saccharum spontaneum*	草本
	裂稃草属 *Schizachyrium*	红裂稃草 *Schizachyrium sanguineum*	草本
	鼠尾粟属 *Sporobolus*	鼠尾粟 *Sporobolus fertilis*	草本
雨久花科 Pontederiaceae	凤眼莲属 *Eichhornia*	凤眼莲 *Eichhornia crassipes*	草本
菝葜科 Smilacaceae	菝葜属 *Smilax*	牛尾菜 *Smilax riparia*	草质藤本

附表 11　广西防城金花茶国家级自然保护区被子植物蜜源种类

科名	属名	种名	生活型
爵床科 Acanthaceae	十万错属 *Asystasia*	白接骨 *Asystasia neesiana*	草本
	钟花草属 *Codonacanthus*	钟花草 *Codonacanthus pauciflorus*	草本
	山壳骨属 *Pseuderanthemum*	云南山壳骨 *Pseuderanthemum crenulatum*	亚灌木
	叉柱花属 *Staurogyne*	大花叉柱花 *Staurogyne sesamoides*	草本
	马蓝属 *Strobilanthes*	曲枝假蓝 *Strobilanthes dalzielii*	亚灌木
		球花马蓝 *Strobilanthes dimorphotricha*	草本
		长苞蓝 *Strobilanthes echinata*	草本
		卵苞金足草 *Strobilanthes ovatibracteata*	草本
猕猴桃科 Actinidia ceae	猕猴桃属 *Actinidia*	条叶猕猴桃 *Actinidia fortunatii*	木质藤本
		中越猕猴桃 *Actinidia indochinensis*	木质藤本
		阔叶猕猴桃 *Actinidia latifolia*	木质藤本
	水东哥属 *Saurauia*	水东哥 *Saurauia tristyla*	灌木或乔木
蕈树科 Altingiaceae	枫香树属 *Liquidambar*	枫香树 *Liquidambar formosana*	乔木
	半枫荷属 *Semiliquidambar*	半枫荷 *Semiliquidambar cathayensis*	乔木
苋科 Amaranthaceae	牛膝属 *Achyranthes*	牛膝 *Achyranthes bidentata*	草本
	莲子草属 *Alternanthera*	喜旱莲子草 *Alternanthera philoxeroides*	草本
	苋属 *Amaranthus*	刺苋 *Amaranthus spinosus*	草本
	青葙属 *Celosia*	青葙 *Celosia argentea*	草本
漆树科 Anacardiaceae	南酸枣属 *Choerospondias*	南酸枣 *Choerospondias axillaris*	乔木
	盐麸木属 *Rhus*	盐麸木 *Rhus chinensis*	灌木或乔木
		滨盐麸木 *Rhus chinensis* var. *roxburghii*	灌木或乔木
	漆树属 *Toxicodendron*	野漆 *Toxicodendron succedaneum*	乔木
番荔枝科 Annonaceae	鹰爪花属 *Artabotrys*	鹰爪花 *Artabotrys hexapetalus*	攀缘灌木
伞形科 Apiaceae	胡萝卜属 *Daucus*	野胡萝卜 *Daucus carota*	草本
	水芹属 *Oenanthe*	水芹 *Oenanthe javanica*	草本
夹竹桃科 Apocynaceae	眼树莲属 *Dischidia*	尖叶眼树莲 *Dischidia australis*	草质藤本
		眼树莲 *Dischidia chinensis*	草质藤本
		滴锡眼树莲 *Dischidia tonkinensis*	草质藤本
	匙羹藤属 *Gymnema*	广东匙羹藤 *Gymnema inodorum*	木质藤本
	球兰属 *Hoya*	球兰 *Hoya carnosa*	木质藤本
		黄花球兰 *Hoya fusca*	木质藤本
		荷秋藤 *Hoya griffithii*	木质藤本
		毛球兰 *Hoya villosa*	木质藤本
	络石属 *Trachelospermum*	络石 *Trachelospermum jasminoides*	木质藤本
冬青科 Aquifoliaceae	冬青属 *Ilex*	棱枝冬青 *Ilex angulata*	灌木或乔木
		黄杨冬青 *Ilex buxoides*	灌木或乔木
		沙坝冬青 *Ilex chapaensis*	乔木
		冬青 *Ilex chinensis*	灌木或乔木
		密花冬青 *Ilex confertiflora*	灌木或乔木
		榕叶冬青 *Ilex ficoidea*	乔木
		台湾冬青 *Ilex formosana*	灌木或乔木
		团花冬青 *Ilex glomerata*	乔木

续表

科名	属名	种名	生活型
冬青科 Aquifoliaceae	冬青属 *Ilex*	海南冬青 *Ilex hainanensis*	乔木
		谷木叶冬青 *Ilex memecylifolia*	乔木
		小果冬青 *Ilex micrococca*	乔木
		多核冬青 *Ilex polypyrena*	乔木
		毛冬青 *Ilex pubescens*	灌木或乔木
		铁冬青 *Ilex rotunda*	灌木或乔木
		黔桂冬青 *Ilex stewardii*	灌木或乔木
		拟榕叶冬青 *Ilex subficoidea*	乔木
		三花冬青 *Ilex triflora*	灌木或乔木
		绿冬青 *Ilex viridis*	灌木或乔木
五加科 Araliaceae	楤木属 *Aralia*	野楤头 *Aralia armata*	灌木
		虎刺楤木 *Aralia finlaysoniana*	灌木
	罗伞属 *Brassaiopsis*	罗伞 *Brassaiopsis glomerulata*	灌木或乔木
	五加属 *Eleutherococcus*	白簕 *Eleutherococcus trifoliatus*	灌木
	常春藤属 *Hedera*	常春藤 *Hedera nepalensis* var. *sinensis*	攀缘灌木
	鹅掌柴属 *Heptapleurum*	鹅掌柴 *Heptapleurum heptaphyllum*	灌木或乔木
		白花鹅掌柴 *Heptapleurum leucanthum*	灌木或乔木
菊科 Asteraceae	下田菊 *Adenostemma*	下田菊 *Adenostemma lavenia*	草本
	藿香蓟属 *Ageratum*	藿香蓟 *Ageratum conyzoides*	草本
	蒿属 *Artemisia*	黄花蒿 *Artemisia annua*	草本
		白苞蒿 *Artemisia lactiflora*	草本
	鬼针草属 *Bidens*	鬼针草 *Bidens pilosa*	草本
		白花鬼针草 *Bidens alba*	草本
	飞机草属 *Chromolaena*	飞机草 *Chromolaena odorata*	草本
	蓟属 *Cirsium*	蓟 *Cirsium japonicum*	草本
	夜香牛属 *Cyanthillium*	咸虾花 *Cyanthillium patulum*	草本
	飞蓬属 *Erigeron*	小蓬草 *Erigeron canadensis*	草本
	菊三七属 *Gynura*	菊三七 *Gynura japonica*	草本
	苦荬菜属 *Ixeris*	苦荬菜 *Ixeris polycephala*	草本
	鼠曲草属 *Pseudognaphalium*	鼠曲草 *Pseudognaphalium affine*	草本
		秋鼠曲草 *Pseudognaphalium hypoleucum*	草本
	千里光属 *Senecio*	千里光 *Senecio scandens*	草本
	苦苣菜属 *Sonchus*	苣荬菜 *Sonchus wightianus*	草本
	蟛蜞菊属 *Sphagneticola*	南美蟛蜞菊 *Sphagneticola trilobata*	草本
	黄鹌菜属 *Youngia*	黄鹌菜 *Youngia japonica*	草本
小檗科 Berberidaceae	十大功劳属 *Mahonia*	十大功劳 *Mahonia fortunei*	灌木
十字花科 Brassicaceae	蔊菜属 *Rorippa*	蔊菜 *Rorippa indica*	草本
橄榄科 Burseraceae	橄榄属 *Canarium*	橄榄 *Canarium album*	乔木
		乌榄 *Canarium pimela*	乔木

续表

科名	属名	种名	生活型
黄杨科 Buxaceae	黄杨属 *Buxus*	匙叶黄杨 *Buxus harlandii*	灌木
桔梗科 Campanulaceae	党参属 *Codonopsis*	金钱豹 *Codonopsis javanica*	草质藤本
大麻科 Cannabaceae	朴属 *Celtis*	朴树 *Celtis sinensis*	乔木
石竹科 Caryophyllaceae	繁缕属 *Stellaria*	繁缕 *Stellaria media*	草本
旋花科 Convolvulaceae	鱼黄草属 *Merremia*	金钟藤 *Merremia boisiana*	草本或亚灌木
		山猪菜 *Merremia umbellata* subsp. *orientalis*	草本
景天科 Crassulaceae	景天属 *Sedum*	凹叶景天 *Sedum emarginatum*	草本
葫芦科 Cucurbitaceae	油渣果属 *Hodgsonia*	油渣果 *Hodgsonia heteroclita*	木质藤本
	苦瓜属 *Momordica*	木鳖子 *Momordica cochinchinensis*	草质藤本
	栝楼属 *Trichosanthes*	短序栝楼 *Trichosanthes baviensis*	草质藤本
		金瓜 *Trichosanthes costata*	草质藤本
		趾叶栝楼 *Trichosanthes pedata*	草质藤本
		中华栝楼 *Trichosanthes rosthornii*	草质藤本
	马瓟儿属 *Zehneria*	纽子瓜 *Zehneria bodinieri*	草质藤本
		马瓟儿 *Zehneria japonica*	草本
虎皮楠科 Daphniphyllaceae	虎皮楠属 *Daphniphyllum*	牛耳枫 *Daphniphyllum calycinum*	灌木
		交让木 *Daphniphyllum macropodum*	灌木或乔木
		虎皮楠 *Daphniphyllum oldhamii*	乔木
五桠果科 Dilleniaceae	五桠果属 *Dillenia*	大花五桠果 *Dillenia turbinata*	乔木
	锡叶藤属 *Tetracera*	锡叶藤 *Tetracera sarmentosa*	木质藤本
柿科 Ebenaceae	柿属 *Diospyros*	罗浮柿 *Diospyros morrisiana*	乔木
胡颓子科 Elaeagnaceae	胡颓子属 *Elaeagnus*	蔓胡颓子 *Elaeagnus glabra*	攀缘灌木
		宜昌胡颓子 *Elaeagnus henryi*	灌木
杜英科 Elaeocarpaceae	杜英属 *Elaeocarpus*	中华杜英 *Elaeocarpus chinensis*	乔木
		显脉杜英 *Elaeocarpus dubius*	乔木
		秃瓣杜英 *Elaeocarpus glabripetalus*	乔木
		日本杜英 *Elaeocarpus japonicus*	乔木
		绢毛杜英 *Elaeocarpus nitentifolius*	乔木
		山杜英 *Elaeocarpus sylvestris*	乔木
	猴欢喜属 *Sloanea*	薄果猴欢喜 *Sloanea leptocarpa*	乔木
		猴欢喜 *Sloanea sinensis*	乔木
杜鹃花科 Ericaceae	金叶子属 *Craibiodendron*	广东金叶子 *Craibiodendron scleranthum* var. *kwangtungense*	乔木
	吊钟花属 *Enkianthus*	吊钟花 *Enkianthus quinqueflorus*	灌木或乔木
	珍珠花属 *Lyonia*	红脉珍珠花 *Lyonia ovalifolia* var. *rubrovenia*	灌木
	杜鹃花属 Rhododendron	多花杜鹃 *Rhododendron cavaleriei*	灌木或乔木
		杜鹃 *Rhododendron simsii*	灌木
	越橘属 *Vaccinium*	南烛 *Vaccinium bracteatum*	灌木

续表

科名	属名	种名	生活型
大戟科 Euphorbiaceae	山麻杆属 *Alchornea*	红背山麻杆 *Alchornea trewioides*	灌木
	蝴蝶果属 *Cleidiocarpon*	蝴蝶果 *Cleidiocarpon cavaleriei*	乔木
	巴豆属 *Croton*	巴豆 *Croton tiglium*	灌木或乔木
	血桐属 *Macaranga*	中平树 *Macaranga denticulata*	乔木
		印度血桐 *Macaranga indica*	乔木
		尾叶血桐 *Macaranga kurzii*	灌木或乔木
		刺果血桐 *Macaranga lowii*	乔木
		鼎湖血桐 *Macaranga sampsonii*	灌木或乔木
	野桐属 *Mallotus*	白背叶 *Mallotus apelta*	灌木或乔木
		毛桐 *Mallotus barbatus*	乔木
		褐毛野桐 *Mallotus metcalfianus*	乔木
		白楸 *Mallotus paniculatus*	乔木
		粗糠柴 *Mallotus philippensis*	灌木或乔木
	蓖麻属 *Ricinus*	蓖麻 *Ricinus communis*	草本
	乌桕属 *Triadica*	山乌桕 *Triadica cochinchinensis*	灌木或乔木
		乌桕 *Triadica sebifera*	乔木
	三宝木属 *Trigonostemon*	勐仑三宝木 *Trigonostemon bonianus*	灌木或乔木
		三宝木 *Trigonostemon chinensis*	灌木
		长梗三宝木 *Trigonostemon thyrsoideus*	灌木或乔木
	油桐属 *Vernicia*	油桐 *Vernicia fordii*	乔木
		木油桐 *Vernicia montana*	乔木
豆科 Fabaceae	相思子属 *Abrus*	相思子 *Abrus precatorius*	木质藤本
		毛相思子 *Abrus pulchellus* subsp. *mollis*	木质藤本
	海红豆属 *Adenanthera*	海红豆 *Adenanthera microsperma*	乔木
	双束鱼藤属 *Aganope*	双束鱼藤 *Aganope thyrsiflora*	攀缘灌木
	合欢属 *Albizia*	楹树 *Albizia chinensis*	乔木
		天香藤 *Albizia corniculata*	攀缘灌木
		黄豆树 *Albizia procera*	乔木
	链荚豆属 *Alysicarpus*	链荚豆 *Alysicarpus vaginalis*	草本
	猴耳环属 *Archidendron*	坛腺棋子豆 *Archidendron chevalieri*	乔木
		猴耳环 *Archidendron clypearia*	乔木
		碟腺棋子豆 *Archidendron kerrii*	乔木
		亮叶猴耳环 *Archidendron lucidum*	乔木
		棋子豆 *Archidendron robinsonii*	乔木
	云实属 *Biancaea*	小叶云实 *Biancaea millettii*	攀缘灌木
	藤槐属 *Bowringia*	藤槐 *Bowringia callicarpa*	攀缘灌木
	小凤花属 *Caesalpinia*	粉叶南天藤 *Caesalpinia caesia*	木质藤本
		南天藤 *Caesalpinia crista*	木质藤本
		大叶南天藤 *Caesalpinia magnifoliolata*	木质藤本
	鸡血藤属 *Callerya*	香花鸡血藤 *Callerya dielsiana*	攀缘灌木
		喙果鸡血藤 *Callerya tsui*	木质藤本
	舞草属 *Codariocalyx*	圆叶舞草 *Codariocalyx gyroides*	灌木

续表

科名	属名	种名	生活型
豆科 Fabaceae	猪屎豆属 *Crotalaria*	大猪屎豆 *Crotalaria assamica*	草本
		假地蓝 *Crotalaria ferruginea*	草本
		猪屎豆 *Crotalaria pallida*	草本
	黄檀属 *Dalbergia*	两粤黄檀 *Dalbergia benthamii*	攀缘灌木
		藤黄檀 *Dalbergia hancei*	攀缘灌木
		象鼻藤 *Dalbergia mimosoides*	攀缘灌木
	假木豆属 *Dendrolobium*	假木豆 *Dendrolobium triangulare*	灌木
	鱼藤属 *Derris*	锈毛鱼藤 *Derris ferruginea*	攀缘灌木
		中南鱼藤 *Derris fordii*	攀缘灌木
		粉叶鱼藤 *Derris glauca*	攀缘灌木
		厚果鱼藤 *Derris taiwaniana*	木质藤本
	野扁豆属 *Dunbaria*	黄毛野扁豆 *Dunbaria fusca*	草质藤本
		长柄野扁豆 *Dunbaria podocarpa*	草质藤本
	榼藤属 *Entada*	榼藤 *Entada phaseoloides*	木质藤本
	格木属 *Erythrophleum*	格木 *Erythrophleum fordii*	乔木
	千斤拔属 *Flemingia*	宽叶千斤拔 *Flemingia latifolia*	灌木
		大叶千斤拔 *Flemingia macrophylla*	灌木
		千斤拔 *Flemingia prostrata*	亚灌木
	假地豆属 *Grona*	显脉假地豆 *Grona reticulata*	灌木
		广东金钱草 *Grona styracifolia*	草本
	鹰叶刺属 *Guilandina*	喙荚鹰叶刺 *Guilandina minax*	攀缘灌木
	长柄山蚂蟥属 *Hylodesmum*	细长柄山蚂蟥 *Hylodesmum leptopus*	亚灌木
	木蓝属 *Indigofera*	尖叶木蓝 *Indigofera zollingeriana*	亚灌木
	鸡眼草属 *Kummerowia*	鸡眼草 *Kummerowia striata*	草本
	胡枝子属 *Lespedeza*	截叶铁扫帚 *Lespedeza cuneata*	灌木
	崖豆藤属 *Millettia*	海南崖豆藤 *Millettia pachyloba*	木质藤本
	含羞草属 *Mimosa*	光荚含羞草 *Mimosa bimucronata*	灌木
		含羞草 *Mimosa pudica*	草本
	油麻藤属 *Mucuna*	白花油麻藤 *Mucuna birdwoodiana*	木质藤本
		大果油麻藤 *Mucuna macrocarpa*	木质藤本
	南海藤属 *Nanhaia*	南海藤 *Nanhaia speciosa*	木质藤本
	草葛属 *Neustanthus*	草葛 *Neustanthus phaseoloides*	草质藤本
	红豆属 *Ormosia*	肥荚红豆 *Ormosia fordiana*	乔木
		花榈木 *Ormosia henryi*	乔木
		小叶红豆 *Ormosia microphylla*	灌木或乔木
		南宁红豆 *Ormosia nanningensis*	乔木
		柔毛红豆 *Ormosia pubescens*	乔木
		软荚红豆 *Ormosia semicastrata*	乔木
		木荚红豆 *Ormosia xylocarpa*	乔木
	火索藤属 *Phanera*	龙须藤 *Phanera championii*	攀缘灌木
		锈荚藤 *Phanera erythropoda*	木质藤本
	老虎刺属 *Pterolobium*	老虎刺 *Pterolobium punctatum*	攀缘灌木

续表

科名	属名	种名	生活型
豆科 Fabaceae	葛属 *Pueraria*	山葛 *Pueraria montana*	草质藤本
		葛 *Pueraria montana* var. *lobata*	草质藤本
	鹿藿属 *Rhynchosia*	鹿藿 *Rhynchosia volubilis*	草质藤本
	无忧花属 *Saraca*	中国无忧花 *Saraca dives*	乔木
	儿茶属 *Senegalia*	皱荚藤儿茶 *Senegalia rugata*	木质藤本
	决明属 *Senna*	望江南 *Senna occidentalis*	草本
		决明 *Senna tora*	草本
	密花豆属 *Spatholobus*	密花豆 *Spatholobus suberectus*	攀缘灌木
	葫芦茶属 *Tadehagi*	葫芦茶 *Tadehagi triquetrum*	亚灌木
	狸尾豆属 *Uraria*	猫尾草 *Uraria crinita*	亚灌木
	夏藤属 *Wisteriopsis*	网络夏藤 *Wisteriopsis reticulata*	木质藤本
壳斗科 Fagaceae	锥属 *Castanopsis*	米槠 *Castanopsis carlesii*	乔木
		华南锥 *Castanopsis concinna*	乔木
		厚叶锥 *Castanopsis crassifolia*	乔木
		甜槠 *Castanopsis eyrei*	乔木
		罗浮锥 *Castanopsis fabri*	乔木
		栲 *Castanopsis fargesii*	乔木
		黧蒴锥 *Castanopsis fissa*	乔木
		红锥 *Castanopsis hystrix*	乔木
		印度锥 *Castanopsis indica*	乔木
		公孙锥 *Castanopsis tonkinensis*	乔木
	柯属 *Lithocarpus*	尖叶柯 *Lithocarpus attenuatus*	乔木
		烟斗柯 *Lithocarpus corneus*	乔木
		鱼蓝柯 *Lithocarpus cyrtocarpus*	乔木
		厚斗柯 *Lithocarpus elizabethae*	乔木
		硬壳柯 *Lithocarpus hancei*	乔木
		港柯 *Lithocarpus harlandii*	乔木
		木姜叶柯 *Lithocarpus litseifolius*	乔木
		黑柯 *Lithocarpus melanochromus*	乔木
		毛果柯 *Lithocarpus pseudovestitus*	乔木
		犁耙柯 *Lithocarpus silvicolarum*	乔木
		滑皮柯 *Lithocarpus skanianus*	乔木
	栎属 *Quercus*	栎子青冈 *Quercus blakei*	乔木
		上思青冈 *Quercus delicatula*	乔木
		碟斗青冈 *Quercus disciformis*	乔木
		饭甑青冈 *Quercus fleuryi*	乔木
		竹叶青冈 *Quercus neglecta*	乔木
钩吻科 Gelsemiaceae	钩吻属 *Gelsemium*	钩吻 *Gelsemium elegans*	木质藤本
龙胆科 Gentianaceae	獐牙菜属 *Swertia*	獐牙菜 *Swertia bimaculata*	草本
	双蝴蝶属 *Tripterospermum*	香港双蝴蝶 *Tripterospermum nienkui*	草本
苦苣苔科 Gesneriaceae	芒毛苣苔属 *Aeschynanthus*	芒毛苣苔 *Aeschynanthus acuminatus*	灌木
	横蒴苣苔属 *Beccarinda*	横蒴苣苔 *Beccarinda tonkinensis*	草本

续表

科名	属名	种名	生活型
苦苣苔科 Gesneriaceae	短筒苣苔属 *Boeica*	匍茎短筒苣苔 *Boeica stolonifera*	草本
	半蒴苣苔属 *Hemiboea*	长萼半蒴苣苔 *Hemiboea longisepala*	草本
	汉克苣苔属 *Henckelia*	光萼汉克苣苔 *Henckelia anachoreta*	草本
	吊石苣苔属 *Lysionotus*	攀缘吊石苣苔 *Lysionotus Chingii*	灌木
		吊石苣苔 *Lysionotus pauciflorus*	灌木
	马铃苣苔属 *Oreocharis*	紫花马铃苣苔 *Oreocharis argyreia*	草本
		石上莲 *Oreocharis benthamii* var. *reticulata*	草本
	报春苣苔属 *Primulina*	密毛蚂蟥七 *Primulina fimbrisepala* var. *mollis*	草本
		疏花报春苣苔 *Primulina laxiflora*	草本
	漏斗苣苔属 *Raphiocarpus*	无毛漏斗苣苔 *Raphiocarpus sinicus*	灌木
	线柱苣苔属 *Rhynchotechum*	椭圆线柱苣苔 *Rhynchotechum ellipticum*	灌木
		冠萼线柱苣苔 *Rhynchotechum formosanum*	亚灌木
金缕梅科 Hamamelidaceae	秀柱花属 *Eustigma*	秀柱花 *Eustigma oblongifolium*	灌木或乔木
	壳菜果属 *Mytilaria*	壳菜果 *Mytilaria laosensis*	乔木
莲叶桐科 Hernandiaceae	青藤属 *Illigera*	宽药青藤 *Illigera celebica*	木质藤本
		心叶青藤 *Illigera cordata*	木质藤本
		小花青藤 *Illigera parviflora*	木质藤本
		红花青藤 *Illigera rhodantha*	木质藤本
绣球科 Hydrangeaceae	常山属 *Dichroa*	常山 *Dichroa febrifuga*	灌木
	绣球属 *Hydrangea*	珠光绣球 *Hydrangea candida*	灌木
		广东绣球 *Hydrangea kwangtungensis*	灌木
	冠盖藤属 *Pileostegia*	冠盖藤 *Pileostegia viburnoides*	攀缘灌木
金丝桃科 Hypericaceae	黄牛木属 *Cratoxylum*	黄牛木 *Cratoxylum cochinchinense*	灌木或乔木
	金丝桃属 *Hypericum*	地耳草 *Hypericum japonicum*	草本
茶茱萸科 Icacinaceae	定心藤属 *Mappianthus*	定心藤 *Mappianthus iodoides*	木质藤本
胡桃科 Juglandaceae	化香树属 *Platycarya*	化香树 *Platycarya strobilacea*	乔木
唇形科 Lamiaceae	广防风属 *Anisomeles*	广防风 *Anisomeles indica*	草本
	紫珠属 *Callicarpa*	紫珠 *Callicarpa bodinieri*	灌木
		白棠子树 *Callicarpa dichotoma*	灌木
		尖尾枫 *Callicarpa dolichophylla*	灌木
		全缘叶紫珠 *Callicarpa integerrima*	灌木
		杜虹花 *Callicarpa pedunculata*	灌木
		红紫珠 *Callicarpa rubella*	灌木
	大青属 *Clerodendrum*	臭牡丹 *Clerodendrum bungei*	灌木
		大青 *Clerodendrum cyrtophyllum*	灌木或乔木
		白花灯笼 *Clerodendrum fortunatum*	灌木
		赪桐 *Clerodendrum japonicum*	灌木
	风轮菜属 *Clinopodium*	风轮菜 *Clinopodium chinense*	草本
	石梓属 *Gmelina*	苦梓 *Gmelina hainanensis*	乔木
	香茶菜属 *Isodon*	牛尾草 *Isodon ternifolius*	草本
		长叶香茶菜 *Isodon walkeri*	草本
	益母草属 *Leonurus*	益母草 *Leonurus japonicus*	草本

续表

科名	属名	种名	生活型
唇形科 Lamiaceae	薄荷属 *Mentha*	薄荷 *Mentha canadensis*	草本
	石荠苎属 *Mosla*	石荠苎 *Mosla scabra*	草本
	刺蕊草属 *Pogostemon*	水珍珠菜 *Pogostemon auricularius*	草本
		齿叶水蜡烛 *Pogostemon sampsonii*	草本
	豆腐柴属 *Premna*	黄毛豆腐柴 *Premna fulva*	灌木或乔木
	黄芩属 *Scutellaria*	粗齿黄芩 *Scutellaria grossecrenata*	草本
	牡荆属 *Vitex*	假紫珠 *Vitex axillariflora*	灌木或乔木
		牡荆 *Vitex negundo* var. *cannabifolia*	灌木或乔木
		山牡荆 *Vitex quinata*	乔木
		微毛布惊 *Vitex quinata* var. *puberula*	乔木
木通科 Lardizabalaceae	木通属 *Akebia*	三叶木通 *Akebia trifoliata*	木质藤本
	大血藤属 *Sargentodoxa*	大血藤 *Sargentodoxa cuneata*	木质藤本
	野木瓜属 *Stauntonia*	石月 *Stauntonia obovatifoliola*	木质藤本
樟科 Lauraceae	黄肉楠属 *Actinodaphne*	毛黄肉楠 *Actinodaphne pilosa*	乔木
		马关黄肉楠 *Actinodaphne tsaii*	乔木
	琼楠属 *Beilschmiedia*	糠秕琼楠 *Beilschmiedia furfuracea*	乔木
		琼楠 *Beilschmiedia intermedia*	乔木
		贵州琼楠 *Beilschmiedia kweichowensis*	乔木
	樟属 *Camphora*	黄樟 *Camphora parthenoxylon*	乔木
	桂属 *Cinnamomum*	阴香 *Cinnamomum burmanni*	乔木
	山胡椒属 *Lindera*	乌药 *Lindera aggregata*	灌木或乔木
		小叶乌药 *Lindera aggregata* var. *playfairii*	灌木或乔木
		鼎湖钓樟 *Lindera chunii*	灌木或乔木
		香叶树 *Lindera communis*	灌木或乔木
		广东山胡椒 *Lindera kwangtungensis*	乔木
		滇粤山胡椒 *Lindera metcalfiana*	灌木或乔木
		假桂钓樟 *Lindera tonkinensis*	乔木
	木姜子属 *Litsea*	尖脉木姜子 *Litsea acutivena*	乔木
		山鸡椒 *Litsea cubeba*	灌木或乔木
		毛叶木姜子 *Litsea mollis*	灌木或乔木
		假柿木姜子 *Litsea monopetala*	乔木
	润楠属 *Machilus*	红楠 *Machilus thunbergii*	乔木
母草科 Linderniaceae	母草属 *Lindernia*	长蒴母草 *Lindernia anagallis*	草本
		母草 *Lindernia crustacea*	草本
千屈菜科 Lythraceae	节节菜属 *Rotala*	圆叶节节菜 *Rotala rotundifolia*	草本
锦葵科 Malvaceae	秋葵属 *Abelmoschus*	黄蜀葵 *Abelmoschus manihot*	草本
	木棉属 *Bombax*	木棉 *Bombax ceiba*	乔木
	山芝麻属 *Helicteres*	山芝麻 *Helicteres angustifolia*	灌木
	破布叶属 *Microcos*	破布叶 *Microcos paniculata*	灌木或乔木
	翅子树属 *Pterospermum*	翻白叶树 *Pterospermum heterophyllum*	乔木
	苹婆属 *Sterculia*	假苹婆 *Sterculia lanceolata*	乔木
		苹婆 *Sterculia monosperma*	乔木

续表

科名	属名	种名	生活型
锦葵科 Malvaceae	梵天花属 *Urena*	地桃花 *Urena lobata*	灌木
		梵天花 *Urena procumbens*	灌木
野牡丹科 Melastomataceae	野牡丹属 *Melastoma*	地菍 *Melastoma dodecandrum*	灌木
		印度野牡丹 *Melastoma malabathricum*	灌木
		毛菍 *Melastoma sanguineum*	灌木
楝科 Meliaceae	楝属 *Melia*	楝 *Melia azedarach*	乔木
	香椿属 *Toona*	香椿 *Toona sinensis*	乔木
桑科 Moraceae	构属 *Broussonetia*	构树 *Broussonetia papyrifera*	灌木或乔木
	葎草属 *Humulus*	葎草 *Humulus scandens*	草本
杨梅科 Myricaceae	杨梅属 *Morella*	青杨梅 *Morella adenophora*	灌木
		毛杨梅 *Morella esculenta*	乔木
		杨梅 *Morella rubra*	乔木
桃金娘科 Myrtaceae	岗松属 *Baeckea*	岗松 *Baeckea frutescens*	灌木或乔木
	子楝树属 *Decaspermum*	子楝树 *Decaspermum gracilentum*	灌木或乔木
	番石榴属 *Psidium*	番石榴 *Psidium guajava*	灌木或乔木
	桃金娘属 *Rhodomyrtus*	桃金娘 *Rhodomyrtus tomentosa*	灌木
	蒲桃属 *Syzygium*	肖蒲桃 *Syzygium acuminatissimum*	乔木
		线枝蒲桃 *Syzygium araiocladum*	灌木或乔木
		华南蒲桃 *Syzygium austrosinense*	灌木或乔木
		黑嘴蒲桃 *Syzygium bullockii*	灌木或乔木
		子凌蒲桃 *Syzygium championii*	灌木或乔木
		密脉蒲桃 *Syzygium chunianum*	乔木
		卫矛叶蒲桃 *Syzygium euonymifolium*	乔木
		水竹蒲桃 *Syzygium fluviatile*	灌木
		短药蒲桃 *Syzygium globiflorum*	灌木或乔木
		红鳞蒲桃 *Syzygium hancei*	乔木
		桂南蒲桃 *Syzygium imitans*	乔木
		蒲桃 *Syzygium jambos*	乔木
		广东蒲桃 *Syzygium kwangtungense*	乔木
		山蒲桃 *Syzygium levinei*	乔木
		水翁蒲桃 *Syzygium nervosum*	乔木
		香蒲桃 *Syzygium odoratum*	乔木
		红枝蒲桃 *Syzygium rehderianum*	灌木或乔木
		硬叶蒲桃 *Syzygium sterrophyllum*	灌木或乔木
		狭叶蒲桃 *Syzygium tsoongii*	灌木或乔木
木樨科 Oleaceae	女贞属 *Ligustrum*	小蜡 *Ligustrum sinense*	灌木或乔木
酢浆草科 Oxalidaceae	酢浆草属 *Oxalis*	酢浆草 *Oxalis corniculata*	草本
		红花酢浆草 *Oxalis corymbosa*	草本
泡桐科 Paulowniaceae	泡桐属 *Paulownia*	白花泡桐 *Paulownia fortunei*	乔木
五列木科 Pentaphylacaceae	杨桐属 *Adinandra*	杨桐 *Adinandra millettii*	灌木或乔木
	柃属 *Eurya*	翅柃 *Eurya alata*	灌木
		米碎花 *Eurya chinensis*	灌木

续表

科名	属名	种名	生活型
五列木科 Pentaphylacaceae	柃属 *Eurya*	华南毛柃 *Eurya ciliata*	灌木或乔木
		二列叶柃 *Eurya distichophylla*	灌木或乔木
		细枝柃 *Eurya loquaiana*	灌木或乔木
		黑柃 *Eurya macartneyi*	灌木或乔木
		大果毛柃 *Eurya megatrichocarpa*	灌木或乔木
		细齿叶柃 *Eurya nitida*	灌木或乔木
		大叶五室柃 *Eurya quinquelocularis*	灌木或乔木
		毛果柃 *Eurya trichocarpa*	灌木或乔木
	厚皮香属 *Ternstroemia*	厚皮香 *Ternstroemia gymnanthera*	灌木或乔木
叶下珠科 Phyllanthaceae	五月茶属 *Antidesma*	方叶五月茶 *Antidesma ghaesembilla*	乔木
	秋枫属 *Bischofia*	秋枫 *Bischofia javanica*	乔木
		重阳木 *Bischofia polycarpa*	乔木
	叶下珠属 *Phyllanthus*	余甘子 *Phyllanthus emblica*	乔木
车前科 Plantaginaceae	车前属 *Plantago*	车前 *Plantago asiatica*	草本
远志科 Polygalaceae	远志属 *Polygala*	黄花倒水莲 *Polygala fallax*	灌木或乔木
蓼科 Polygonaceae	蓼属 *Persicaria*	火炭母 *Persicaria chinensis*	草本
		水蓼 *Persicaria hydropiper*	草本
		丛枝蓼 *Persicaria posumbu*	草本
	何首乌属 *Pleuropterus*	何首乌 *Pleuropterus multiflorus*	草本
	萹蓄属 *Polygonum*	萹蓄 *Polygonum aviculare*	草本
	虎杖属 *Reynoutria*	虎杖 *Reynoutria japonica*	草本
马齿苋科 Portulacaceae	马齿苋属 *Portulaca*	马齿苋 *Portulaca oleracea*	草本
报春花科 Primulaceae	紫金牛属 *Ardisia*	南方紫金牛 *Ardisia thyrsiflora*	灌木或乔木
	酸藤子属 *Embelia*	酸藤子 *Embelia laeta*	攀缘灌木
山龙眼科 Proteaceae	山龙眼属 *Helicia*	小果山龙眼 *Helicia cochinchinensis*	灌木或乔木
		东兴山龙眼 *Helicia dongxingensis*	乔木
		山龙眼 *Helicia formosana*	乔木
		海南山龙眼 *Helicia hainanensis*	灌木或乔木
		长柄山龙眼 *Helicia longipetiolata*	乔木
		枇杷叶山龙眼 *Helicia obovatifolia* var. *mixta*	乔木
		网脉山龙眼 *Helicia reticulata*	灌木或乔木
	假山龙眼属 *Heliciopsis*	假山龙眼 *Heliciopsis henryi*	乔木
		调羹树 *Heliciopsis lobata*	乔木
		痄腮树 *Heliciopsis terminalis*	乔木
鼠李科 Rhamnaceae	裸芽鼠李属 *Frangula*	长叶冻绿 *Frangula crenata*	灌木或乔木
	枳椇属 *Hovenia*	枳椇 *Hovenia acerba*	乔木
	马甲子属 *Paliurus*	马甲子 *Paliurus ramosissimus*	灌木
蔷薇科 Rosaceae	龙牙草属 *Agrimonia*	龙牙草 *Agrimonia pilosa*	草本
	蛇莓属 *Duchesnea*	蛇莓 *Duchesnea indica*	草本
	枇杷属 *Eriobotrya*	大花枇杷 *Eriobotrya cavaleriei*	乔木
		台湾枇杷 *Eriobotrya deflexa*	乔木
		香花枇杷 *Eriobotrya fragrans*	灌木或乔木

续表

科名	属名	种名	生活型
蔷薇科 Rosaceae	石楠属 *Photinia*	闽粤石楠 *Photinia benthamiana*	灌木或乔木
		柳叶闽粤石楠 *Photinia benthamiana* var. *salicifolia*	灌木或乔木
		贵州石楠 *Photinia bodinieri*	乔木
		厚齿石楠 *Photinia callosa*	灌木或乔木
		毛果石楠 *Photinia pilosicalyx*	灌木
	李属 *Prunus*	华南桂樱 *Prunus fordiana*	灌木或乔木
		腺叶桂樱 *Prunus phaeosticta*	灌木或乔木
	臀果木属 *Pygeum*	疏花臀果木 *Pygeum laxiflorum*	乔木
		臀果木 *Pygeum topengii*	乔木
	梨属 *Pyrus*	豆梨 *Pyrus calleryana*	乔木
		楔叶豆梨 *Pyrus calleryana* var. *koehnei*	乔木
	石斑木属 *Rhaphiolepis*	石斑木 *Rhaphiolepis indica*	灌木或乔木
		细叶石斑木 *Rhaphiolepis lanceolata*	灌木
	蔷薇属 *Rosa*	小果蔷薇 *Rosa cymosa*	攀缘灌木
		金樱子 *Rosa laevigata*	攀缘灌木
	悬钩子属 *Rubus*	粗叶悬钩子 *Rubus alceifolius*	攀缘灌木
		白花悬钩子 *Rubus leucanthus*	攀缘灌木
		茅莓 *Rubus parvifolius*	攀缘灌木
茜草科 Rubiaceae	流苏子属 *Coptosapelta*	流苏子 *Coptosapelta diffusa*	攀缘灌木
	龙船花属 *Ixora*	龙船花 *Ixora chinensis*	灌木
	玉叶金花属 *Mussaenda*	海南玉叶金花 *Mussaenda hainanensis*	攀缘灌木
		玉叶金花 *Mussaenda pubescens*	攀缘灌木
	鸡屎藤属 *Paederia*	鸡屎藤 *Paederia foetida*	木质藤本
	水锦树属 *Wendlandia*	水锦树 *Wendlandia uvariifolia*	灌木或乔木
芸香科 Rutaceae	酒饼簕属 *Atalantia*	酒饼簕 *Atalantia buxifolia*	灌木
		厚皮酒饼簕 *Atalantia dasycarpa*	灌木
		广东酒饼簕 *Atalantia kwangtungensis*	灌木
	山小橘属 *Glycosmis*	少花山小橘 *Glycosmis oligantha*	灌木或乔木
		华山小橘 *Glycosmis pseudoracemosa*	灌木或乔木
	蜜茱萸属 *Melicope*	三桠苦 *Melicope pteleifolia*	乔木
	九里香属 *Murraya*	九里香 *Murraya exotica*	乔木
	飞龙掌血属 *Toddalia*	飞龙掌血 *Toddalia asiatica*	木质藤本
	花椒属 *Zanthoxylum*	两面针 *Zanthoxylum nitidum*	攀缘灌木
		花椒簕 *Zanthoxylum scandens*	攀缘灌木
无患子科 Sapindaceae	鳞花木属 *Lepisanthes*	茎花赤才 *Lepisanthes cauliflora*	灌木或乔木
	无患子属 *Sapindus*	无患子 *Sapindus saponaria*	乔木
三白草科 Saururaceae	蕺菜属 *Houttuynia*	蕺菜 *Houttuynia cordata*	草本
	三白草属 *Saururus*	三白草 *Saururus chinensis*	草本
五味子科 Schisandraceae	南五味子属 *Kadsura*	南五味子 *Kadsura longipedunculata*	木质藤本
玄参科 Scrophulariaceae	醉鱼草属 *Buddleja*	白背枫 *Buddleja asiatica*	灌木或乔木
苦木科 Simaroubaceae	鸦胆子属 *Brucea*	鸦胆子 *Brucea javanica*	灌木

续表

科名	属名	种名	生活型
茄科 Solanaceae	茄属 *Solanum*	少花龙葵 *Solanum americanum*	草本
		龙葵 *Solanum nigrum*	草本
省沽油科 Staphyleaceae	野鸦椿属 *Euscaphis*	野鸦椿 *Euscaphis japonica*	灌木或乔木
安息香科 Styracaceae	赤杨叶属 *Alniphyllum*	赤杨叶 *Alniphyllum fortunei*	乔木
	安息香属 *Styrax*	银叶安息香 *Styrax argentifolius*	乔木
		赛山梅 *Styrax confusus*	乔木
		白花龙 *Styrax faberi*	灌木
		栓叶安息香 *Styrax suberifolius*	乔木
		越南安息香 *Styrax tonkinensis*	乔木
山矾科 Symplocaceae	革瓣山矾属 *Cordyloblaste*	南岭革瓣山矾 *Cordyloblaste confusa*	乔木
	山矾属 *Symplocos*	腺叶山矾 *Symplocos adenophylla*	乔木
		腺柄山矾 *Symplocos adenopus*	灌木或乔木
		薄叶山矾 *Symplocos anomala*	灌木或乔木
		越南山矾 *Symplocos cochinchinensis*	乔木
		密花山矾 *Symplocos congesta*	灌木或乔木
		长毛山矾 *Symplocos dolichotricha*	乔木
		羊舌树 *Symplocos glauca*	乔木
		光叶山矾 *Symplocos lancifolia*	乔木
		光亮山矾 *Symplocos lucida*	乔木
		老鼠屎 *Symplocos stellaris*	乔木
		山矾 *Symplocos sumuntia*	乔木
山茶科 Theaceae	山茶属 *Camellia*	长尾毛蕊茶 *Camellia caudata*	乔木
		尖连蕊茶 *Camellia cuspidata*	灌木
		越南油茶 *Camellia drupifera*	灌木或乔木
		显脉金花茶 *Camellia euphlebia*	灌木或乔木
		防城茶 *Camellia fangchengensis*	乔木
		糙果茶 *Camellia furfuracea*	灌木或乔木
		硬叶糙果茶 *Camellia gaudichaudii*	乔木
		东兴金花茶 *Camellia indochinensis* var. *tunghinensis*	灌木
		金花茶 *Camellia nitidissima*	灌木或乔木
		油茶 *Camellia oleifera*	灌木
	大头茶属 *Polyspora*	大头茶 *Polyspora axillaris*	乔木
	木荷属 *Schima*	银木荷 *Schima argentea*	乔木
		木荷 *Schima superba*	乔木
		西南木荷 *Schima wallichii*	乔木
瑞香科 Thymelaeaceae	沉香属 *Aquilaria*	土沉香 *Aquilaria sinensis*	乔木
	荛花属 *Wikstroemia*	了哥王 *Wikstroemia indica*	灌木
马鞭草科 Verbenaceae	马缨丹属 *Lantana*	马缨丹 *Lantana camara*	灌木
	马鞭草属 *Verbena*	马鞭草 *Verbena officinalis*	草本

续表

科名	属名	种名	生活型
荚蒾科 Viburnaceae	接骨木属 *Sambucus*	接骨草 *Sambucus javanica*	草本或亚灌木
	荚蒾属 *Viburnum*	荚蒾 *Viburnum dilatatum*	灌木
		南方荚蒾 *Viburnum fordiae*	灌木或乔木
		海南荚蒾 *Viburnum hainanense*	灌木
		淡黄荚蒾 *Viburnum lutescens*	灌木
		珊瑚树 *Viburnum odoratissimum*	灌木或乔木
		大果鳞斑荚蒾 *Viburnum punctatum* var. *lepidotulum*	灌木或乔木
		常绿荚蒾 *Viburnum sempervirens*	灌木
葡萄科 Vitaceae	蛇葡萄属 *Ampelopsis*	蓝果蛇葡萄 *Ampelopsis bodinieri*	木质藤本
	乌蔹莓属 *Causonis*	乌蔹莓 *Causonis japonica*	草质藤本
		毛乌蔹莓 *Causonis mollis*	草质藤本
鸭跖草科 Commelinaceae	鸭跖草属 *Commelina*	鸭跖草 *Commelina communis*	草本
鸢尾科 Iridaceae	射干属 *Belamcanda*	射干 *Belamcanda chinensis*	草本
禾本科 Poaceae	香茅属 *Cymbopogon*	橘草 *Cymbopogon goeringii*	草本
	莠竹属 *Microstegium*	刚莠竹 *Microstegium ciliatum*	草本
	芒属 *Miscanthus*	芒 *Miscanthus sinensis*	草本
	雀稗属 *Paspalum*	双穗雀稗 *Paspalum distichum*	草本
		圆果雀稗 *Paspalum scrobiculatum* var. *orbiculare*	草本
	甘蔗属 *Saccharum*	甜根子草 *Saccharum spontaneum*	草本
雨久花科 Pontederiaceae	凤眼莲属 *Eichhornia*	凤眼莲 *Eichhornia crassipes*	草本
菝葜科 Smilacaceae	菝葜属 *Smilax*	菝葜 *Smilax china*	攀缘灌木
		土茯苓 *Smilax glabra*	攀缘灌木
姜科 Zingiberaceae	山姜属 *Alpinia*	艳山姜 *Alpinia zerumbet*	草本

附表 12 广西防城金花茶国家级自然保护区被子植物药用种类

科名	属名	种名	生活型
爵床科 Acanthaceae	十万错属 *Asystasia*	白接骨 *Asystasia neesiana*	草本
	钟花草属 *Codonacanthus*	钟花草 *Codonacanthus pauciflorus*	草本
	狗肝菜属 *Dicliptera*	狗肝菜 *Dicliptera chinensis*	草本
	观音草属 *Peristrophe*	观音草 *Peristrophe bivalvis*	草本
	孩儿草属 *Rungia*	孩儿草 *Rungia pectinata*	草本
	马蓝属 *Strobilanthes*	曲枝假蓝 *Strobilanthes dalzielii*	亚灌木
		球花马蓝 *Strobilanthes dimorphotricha*	草本
猕猴桃科 Actinidia ceae	猕猴桃属 *Actinidia*	条叶猕猴桃 *Actinidia fortunatii*	木质藤本
		中越猕猴桃 *Actinidia indochinensis*	木质藤本
		阔叶猕猴桃 *Actinidia latifolia*	木质藤本
	水东哥属 *Saurauia*	水东哥 *Saurauia tristyla*	灌木或乔木
蕈树科 Altingiaceae	蕈树属 *Altingia*	蕈树 *Altingia chinensis*	乔木
	枫香树属 *Liquidambar*	枫香树 *Liquidambar formosana*	乔木
苋科 Amaranthaceae	牛膝属 *Achyranthes*	土牛膝 *Achyranthes aspera*	草本
		牛膝 *Achyranthes bidentata*	草本
	莲子草属 *Alternanthera*	喜旱莲子草 *Alternanthera philoxeroides*	草本
		莲子草 *Alternanthera sessilis*	草本
	苋属 *Amaranthus*	刺苋 *Amaranthus spinosus*	草本
		皱果苋 *Amaranthus viridis*	草本
	青葙属 *Celosia*	青葙 *Celosia argentea*	草本
	杯苋属 *Cyathula*	杯苋 *Cyathula prostrata*	草本
	浆果苋属 *Deeringia*	浆果苋 *Deeringia amaranthoides*	攀缘灌木
	腺毛藜属 *Dysphania*	土荆芥 *Dysphania ambrosioides*	草本
漆树科 Anacardiaceae	南酸枣属 *Choerospondias*	南酸枣 *Choerospondias axillaris*	乔木
	盐麸木属 *Rhus*	盐麸木 *Rhus chinensis*	灌木或乔木
		滨盐麸木 *Rhus chinensis* var. *roxburghii*	灌木或乔木
	漆树属 *Toxicodendron*	野漆 *Toxicodendron succedaneum*	乔木
番荔枝科 Annonaceae	鹰爪花属 *Artabotrys*	鹰爪花 *Artabotrys hexapetalus*	攀缘灌木
		香港鹰爪花 *Artabotrys hongkongensis*	攀缘灌木
	假鹰爪属 *Desmos*	假鹰爪 *Desmos chinensis*	攀缘灌木
	瓜馥木属 *Fissistigma*	阔叶瓜馥木 *Fissistigma chloroneurum*	攀缘灌木
		白叶瓜馥木 *Fissistigma glaucescens*	攀缘灌木
		瓜馥木 *Fissistigma oldhamii*	攀缘灌木
		黑风藤 *Fissistigma polyanthum*	木质藤本
		香港瓜馥木 *Fissistigma uonicum*	攀缘灌木
	野独活属 *Miliusa*	野独活 *Miliusa balansae*	灌木
	野独活属 *Miliusa*	中华野独活 *Miliusa sinensis*	乔木
	紫玉盘属 *Uvaria*	紫玉盘 *Uvaria macrophylla*	攀缘灌木
伞形科 Apiaceae	积雪草属 *Centella*	积雪草 *Centella asiatica*	草本
	胡萝卜属 *Daucus*	野胡萝卜 *Daucus carota*	草本
	刺芹属 *Eryngium*	刺芹 *Eryngium foetidum*	草本
	水芹属 *Oenanthe*	水芹 *Oenanthe javanica*	草本

续表

科名	属名	种名	生活型
夹竹桃科 Apocynaceae	链珠藤属 *Alyxia*	海南链珠藤 *Alyxia hainanensis*	攀缘灌木
		狭叶链珠藤 *Alyxia schlechteri*	攀缘灌木
	鳝藤属 *Anodendron*	鳝藤 *Anodendron affine*	攀缘灌木
	鹿角藤属 *Chonemorpha*	鹿角藤 *Chonemorpha eriostylis*	木质藤本
	白叶藤属 *Cryptolepis*	白叶藤 *Cryptolepis sinensis*	草质藤本
	鹅绒藤属 *Cynanchum*	天星藤 *Cynanchum graphistemmatoides*	木质藤本
	眼树莲属 *Dischidia*	尖叶眼树莲 *Dischidia australis*	草质藤本
		眼树莲 *Dischidia chinensis*	草质藤本
		滴锡眼树莲 *Dischidia tonkinensis*	草质藤本
	匙羹藤属 *Gymnema*	广东匙羹藤 *Gymnema inodorum*	木质藤本
	球兰属 *Hoya*	球兰 *Hoya carnosa*	木质藤本
		黄花球兰 *Hoya fusca*	木质藤本
		荷秋藤 *Hoya griffithii*	木质藤本
		毛球兰 *Hoya villosa*	木质藤本
	腰骨藤属 *Ichnocarpus*	腰骨藤 *Ichnocarpus frutescens*	木质藤本
		小花藤 *Ichnocarpus polyanthus*	攀缘灌木
	牛奶菜属 *Marsdenia*	蓝叶藤 *Marsdenia tinctoria*	攀缘灌木
	山橙属 *Melodinus*	思茅山橙 *Melodinus cochinchinensis*	木质藤本
		尖山橙 *Melodinus fusiformis*	木质藤本
	帘子藤属 *Pottsia*	帘子藤 *Pottsia laxiflora*	攀缘灌木
	马莲鞍属 *Streptocaulon*	马莲鞍 *Streptocaulon juventas*	攀缘灌木
	羊角拗属 *Strophanthus*	羊角拗 *Strophanthus divaricatus*	攀缘灌木
	狗牙花属 *Tabernaemontana*	伞房狗牙花 *Tabernaemontana corymbosa*	攀缘灌木
	弓果藤属 *Toxocarpus*	西藏弓果藤 *Toxocarpus himalensis*	木质藤本
		弓果藤 *Toxocarpus wightianus*	攀缘灌木
	络石属 *Trachelospermum*	络石 *Trachelospermum jasminoides*	木质藤本
	娃儿藤属 *Tylophora*	人参娃儿藤 *Tylophora kerrii*	攀缘灌木
		通天连 *Tylophora koi*	攀缘灌木
		娃儿藤 *Tylophora ovata*	攀缘灌木
	水壶藤属 *Urceola*	毛杜仲藤 *Urceola huaitingii*	攀缘灌木
		杜仲藤 *Urceola micrantha*	攀缘灌木
		华南杜仲藤 *Urceola quintaretii*	攀缘灌木
		酸叶胶藤 *Urceola rosea*	攀缘灌木
	白前属 *Vincetoxicum*	柳叶白前 *Vincetoxicum stauntonii*	亚灌木
	倒吊笔属 *Wrightia*	蓝树 *Wrightia laevis*	乔木
		倒吊笔 *Wrightia pubescens*	乔木
	倒吊笔属 *Wrightia*	个溥 *Wrightia sikkimensis*	乔木
冬青科 Aquifoliaceae	冬青属 *Ilex*	棱枝冬青 *Ilex angulata*	灌木或乔木
		冬青 *Ilex chinensis*	乔木
		密花冬青 *Ilex confertiflora*	灌木或乔木
		厚叶冬青 *Ilex elmerrilliana*	灌木或乔木
		榕叶冬青 *Ilex ficoidea*	乔木

续表

科名	属名	种名	生活型
冬青科 Aquifoliaceae	冬青属 *Ilex*	台湾冬青 *Ilex formosana*	灌木或乔木
		伞花冬青 *Ilex godajam*	灌木或乔木
		海南冬青 *Ilex hainanensis*	乔木
		广东冬青 *Ilex kwangtungensis*	灌木或乔木
		大果冬青 *Ilex macrocarpa*	乔木
		小果冬青 *Ilex micrococca*	乔木
		毛冬青 *Ilex pubescens*	灌木或乔木
		铁冬青 *Ilex rotunda*	灌木或乔木
		三花冬青 *Ilex triflora*	灌木或乔木
		绿冬青 *Ilex viridis*	灌木或乔木
五加科 Araliaceae	楤木属 *Aralia*	虎刺楤木 *Aralia finlaysoniana*	灌木
	罗伞属 *Brassaiopsis*	罗伞 *Brassaiopsis glomerulata*	灌木或乔木
	树参属 *Dendropanax*	树参 *Dendropanax dentigerus*	灌木或乔木
		变叶树参 *Dendropanax proteus*	灌木
	五加属 *Eleutherococcus*	白簕 *Eleutherococcus trifoliatus*	灌木
	常春藤属 *Hedera*	常春藤 *Hedera nepalensis* var. *sinensis*	攀缘灌木
	鹅掌柴属 *Heptapleurum*	鹅掌柴 *Heptapleurum heptaphyllum*	灌木或乔木
		星毛鹅掌柴 *Heptapleurum minutistellatum*	灌木或乔木
	幌伞枫属 *Heteropanax*	短梗幌伞枫 *Heteropanax brevipedicellatus*	灌木或乔木
	天胡荽属 *Hydrocotyle*	红马蹄草 *Hydrocotyle nepalensis*	草本
		破铜钱 *Hydrocotyle sibthorpioides* var. *batrachium*	草本
		肾叶天胡荽 *Hydrocotyle wilfordii*	草本
	大参属 *Macropanax*	短梗大参 *Macropanax rosthornii*	灌木或乔木
马兜铃科 Aristolochiaceae	细辛属 *Asarum*	长茎金耳环 *Asarum longerhizomatosum*	草本
菊科 Asteraceae	下田菊 *Adenostemma*	下田菊 *Adenostemma lavenia*	草本
	藿香蓟属 *Ageratum*	藿香蓟 *Ageratum conyzoides*	草本
	兔儿风属 *Ainsliaea*	杏香兔儿风 *Ainsliaea fragrans*	草本
		华南兔儿风 *Ainsliaea walkeri*	草本
	蒿属 *Artemisia*	黄花蒿 *Artemisia annua*	草本
		茵陈蒿 *Artemisia capillaris*	草本
		五月艾 *Artemisia indica*	草本
		白苞蒿 *Artemisia lactiflora*	草本
	紫菀属 *Aster*	三脉紫菀 *Aster ageratoides*	草本
	鬼针草属 *Bidens*	鬼针草 *Bidens pilosa*	草本
		白花鬼针草 *Bidens alba*	草本
	艾纳香属 *Blumea*	台北艾纳香 *Blumea formosana*	草本
		毛毡草 *Blumea hieraciifolia*	草本
	石胡荽属 *Centipeda*	石胡荽 *Centipeda minima*	草本
	蓟属 *Cirsium*	蓟 *Cirsium japonicum*	草本
	藤菊属 *Cissampelopsis*	藤菊 *Cissampelopsis volubilis*	草本
	野茼蒿属 *Crassocephalum*	野茼蒿 *Crassocephalum crepidioides*	草本

续表

科名	属名	种名	生活型
菊科 Asteraceae	鱼眼草属 *Dichrocephala*	鱼眼草 *Dichrocephala integrifolia*	草本
	羊耳菊属 *Duhaldea*	羊耳菊 *Duhaldea cappa*	草本
	鳢肠属 *Eclipta*	鳢肠 *Eclipta prostrata*	草本
	地胆草属 *Elephantopus*	地胆草 *Elephantopus scaber*	草本
		白花地胆草 *Elephantopus tomentosus*	草本
	一点红属 *Emilia*	小一点红 *Emilia prenanthoidea*	草本
		一点红 *Emilia sonchifolia*	草本
	飞蓬属 *Erigeron*	香丝草 *Erigeron bonariensis*	草本
		小蓬草 *Erigeron canadensis*	草本
	泽兰属 *Eupatorium*	佩兰 *Eupatorium fortunei*	草本
	田基黄属 *Grangea*	田基黄 *Grangea maderaspatana*	草本
	菊三七属 *Gynura*	白子菜 *Gynura divaricata*	草本
		菊三七 *Gynura japonica*	草本
	银胶菊属 *Parthenium*	银胶菊 *Parthenium hysterophorus*	草本
	鼠曲草属 *Pseudognaphalium*	鼠曲草 *Pseudognaphalium affine*	草本
		秋鼠曲草 *Pseudognaphalium hypoleucum*	草本
	千里光属 *Senecio*	千里光 *Senecio scandens*	草本
	裸柱菊属 *Soliva*	裸柱菊 *Soliva anthemifolia*	草本
	苦苣菜属 *Sonchus*	续断菊 *Sonchus asper*	草本
		苣荬菜 *Sonchus wightianus*	草本
	斑鸠菊属 *Strobocalyx*	茄叶斑鸠菊 *Strobocalyx solanifolia*	灌木或乔木
	金腰箭属 *Synedrella*	金腰箭 *Synedrella nodiflora*	草本
	合耳菊属 *Synotis*	锯叶合耳菊 *Synotis nagensium*	草本
	肿柄菊属 *Tithonia*	肿柄菊 *Tithonia diversifolia*	草本
	苍耳属 *Xanthium*	北美苍耳 *Xanthium chinense*	草本
	黄鹌菜 *Youngia*	黄鹌菜 *Youngia japonica*	草本
蛇菰科 Balanophoraceae	蛇菰属 *Balanophora*	印度蛇菰 *Balanophora indica*	草本
		疏花蛇菰 *Balanophora laxiflora*	草本
	盾片蛇菰属 *Rhopalocnemis*	盾片蛇菰 *Rhopalocnemis phalloide*	草本
凤仙花科 Balsaminaceae	凤仙花属 *Impatiens*	华凤仙 *Impatiens chinensis*	草本
		棒凤仙花 *Impatiens clavigera*	草本
		黄金凤 *Impatiens siculifer*	草本
秋海棠科 Begonia ceae	秋海棠属 *Begonia*	歪叶秋海棠 *Begonia augustinei*	草本
		花叶秋海棠 *Begonia cathayana*	草本
		食用秋海棠 *Begonia edulis*	草本
		粗喙秋海棠 *Begonia longifolia*	草本
		裂叶秋海棠 *Begonia palmata*	草本
		掌裂叶秋海棠 *Begonia pedatifida*	草本
小檗科 Berberidaceae	鬼臼属 *Dysosma*	六角莲 *Dysosma pleiantha*	草本
	十大功劳属 *Mahonia*	十大功劳 *Mahonia fortunei*	灌木
紫葳科 Bignoniaceae	梓属 *Catalpa*	灰楸 *Catalpa fargesii*	乔木
	木蝴蝶属 *Oroxylum*	木蝴蝶 *Oroxylum indicum*	乔木

续表

科名	属名	种名	生活型
紫草科 Boraginaceae	厚壳树属 *Ehretia*	厚壳树 *Ehretia acuminata*	乔木
		长花厚壳树 *Ehretia longiflora*	乔木
十字花科 Brassicaceae	碎米荠属 *Cardamine*	弯曲碎米荠 *Cardamine flexuosa*	草本
	蔊菜属 *Rorippa*	蔊菜 *Rorippa indica*	草本
橄榄科 Burseraceae	橄榄属 *Canarium*	橄榄 *Canarium album*	乔木
		乌榄 *Canarium pimela*	乔木
黄杨科 Buxaceae	黄杨属 *Buxus*	匙叶黄杨 *Buxus harlandii*	灌木
		大叶黄杨 *Buxus megistophylla*	灌木或乔木
红厚壳科 Calophyllaceae	红厚壳属 *Calophyllum*	薄叶红厚壳 *Calophyllum membranaceum*	灌木或乔木
桔梗科 Campanulaceae	党参属 *Codonopsis*	金钱豹 *Codonopsis javanica*	草质藤本
	半边莲属 *Lobelia*	铜锤玉带草 *Lobelia nummularia*	草本
		卵叶半边莲 *Lobelia zeylanica*	草本
大麻科 Cannabaceae	朴属 *Celtis*	朴树 *Celtis sinensis*	乔木
		假玉桂 *Celtis timorensis*	乔木
	白颜树属 *Gironniera*	白颜树 *Gironniera subaequalis*	乔木
	山黄麻属 *Trema*	狭叶山黄麻 *Trema angustifolia*	灌木或乔木
		山黄麻 *Trema tomentosa*	灌木或乔木
山柑科 Capparaceae	山柑属 *Capparis*	广州山柑 *Capparis cantoniensis*	攀缘灌木
		马槟榔 *Capparis masakai*	攀缘灌木
		小绿刺 *Capparis urophylla*	灌木或乔木
		屈头鸡 *Capparis versicolor*	攀缘灌木
忍冬科 Caprifoliaceae	忍冬属 *Lonicera*	华南忍冬 *Lonicera confusa*	木质藤本
		长花忍冬 *Lonicera longiflora*	木质藤本
	败酱属 *Patrinia*	白花败酱 *Patrinia villosa*	草本
石竹科 Caryophyllaceae	繁缕属 *Stellaria*	鹅肠菜 *Stellaria aquatica*	草本
		繁缕 *Stellaria media*	草本
卫矛科 Celastraceae	南蛇藤属 *Celastrus*	独子藤 *Celastrus monospermus*	木质藤本
	卫矛属 *Euonymus*	刺果卫矛 *Euonymus acanthocarpus*	攀缘灌木
		裂果卫矛 *Euonymus dielsianus*	灌木或乔木
		扶芳藤 *Euonymus fortunei*	攀缘灌木
		疏花卫矛 *Euonymus laxiflorus*	灌木或乔木
金粟兰科 Chloranthaceae	金粟兰属 *Chloranthus*	金粟兰 *Chloranthus spicatus*	亚灌木
	雪香兰属 *Hedyosmum*	雪香兰 *Hedyosmum orientale*	亚灌木
	草珊瑚属 *Sarcandra*	草珊瑚 *Sarcandra glabra*	亚灌木
藤黄科 Clusiaceae	藤黄属 *Garcinia*	木竹子 *Garcinia multiflora*	乔木
		岭南山竹子 *Garcinia oblongifolia*	乔木
牛栓藤科 Connaraceae	红叶藤属 *Rourea*	小叶红叶藤 *Rourea microphylla*	攀缘灌木
旋花科 Convolvulaceae	银背藤属 *Argyreia*	白鹤藤 *Argyreia acuta*	攀缘灌木
		头花银背藤 *Argyreia capitiformis*	攀缘灌木
	飞蛾藤属 *Dinetus*	飞蛾藤 *Dinetus racemosus*	攀缘灌木
	丁公藤属 *Erycibe*	毛叶丁公藤 *Erycibe hainanensis*	攀缘灌木
		丁公藤 *Erycibe obtusifolia*	木质藤本

续表

科名	属名	种名	生活型
旋花科 Convolvulaceae	番薯属 *Ipomoea*	毛牵牛 *Ipomoea biflora*	草本
		五爪金龙 *Ipomoea cairica*	草本
		七爪龙 *Ipomoea mauritiana*	草本
		牵牛 *Ipomoea nil*	草本
		圆叶牵牛 *Ipomoea purpurea*	草本
	鱼黄草属 *Merremia*	金钟藤 *Merremia boisiana*	草本或亚灌木
		山猪菜 *Merremia umbellata* subsp. *orientalis*	草本
	盒果藤属 *Operculina*	盒果藤 *Operculina turpethum*	草本
	地旋花属 *Xenostegia*	地旋花 *Xenostegia tridentata*	草本
山茱萸科 Cornaceae	八角枫属 *Alangium*	八角枫 *Alangium chinense*	灌木或乔木
		小花八角枫 *Alangium faberi*	灌木
		阔叶八角枫 *Alangium faberi* var. *platyphyllum*	灌木
		云山八角枫 *Alangium kurzii* var. *handelii*	灌木
	山茱萸属 *Cornus*	香港四照花 *Cornus hongkongensis*	灌木或乔木
景天科 Crassulaceae	落地生根属 *Bryophyllum*	落地生根 *Bryophyllum pinnatum*	草本
葫芦科 Cucurbitaceae	盒子草属 *Actinostemma*	盒子草 *Actinostemma tenerum*	草本
	绞股蓝属 *Gynostemma*	绞股蓝 *Gynostemma pentaphyllum*	草质藤本
	油渣果属 *Hodgsonia*	油渣果 *Hodgsonia heteroclita*	木质藤本
	苦瓜属 *Momordica*	木鳖子 *Momordica cochinchinensis*	草质藤本
	赤瓟属 *Thladiantha*	南赤瓟 *Thladiantha nudiflora*	草质藤本
	栝楼属 *Trichosanthes*	短序栝楼 *Trichosanthes baviensis*	草质藤本
		金瓜 *Trichosanthes costata*	草质藤本
		趾叶栝楼 *Trichosanthes pedata*	草质藤本
	马瓟儿属 *Zehneria*	纽子瓜 *Zehneria bodinieri*	草质藤本
虎皮楠科 Daphniphyllaceae	虎皮楠属 *Daphniphyllum*	牛耳枫 *Daphniphyllum calycinum*	灌木
		交让木 *Daphniphyllum macropodum*	灌木或乔木
		虎皮楠 *Daphniphyllum oldhamii*	乔木
毒鼠子科 Dichapetalaceae	毒鼠子属 *Dichapetalum*	海南毒鼠子 *Dichapetalum longipetalum*	攀缘灌木
五桠果科 Dilleniaceae	五桠果属 *Dillenia*	大花五桠果 *Dillenia turbinata*	乔木
	锡叶藤属 *Tetracera*	锡叶藤 *Tetracera sarmentosa*	木质藤本
柿科 Ebenaceae	柿属 *Diospyros*	乌材 *Diospyros eriantha*	乔木
		野柿 *Diospyros kaki* var. *silvestris*	乔木
		君迁子 *Diospyros lotus*	乔木
		罗浮柿 *Diospyros morrisiana*	乔木
胡颓子科 Elaeagnaceae	胡颓子属 *Elaeagnus*	蔓胡颓子 *Elaeagnus glabra*	攀缘灌木
		角花胡颓子 *Elaeagnus gonyanthes*	攀缘灌木
		宜昌胡颓子 *Elaeagnus henryi*	灌木
杜英科 Elaeocarpaceae	杜英属 *Elaeocarpus*	中华杜英 *Elaeocarpus chinensis*	乔木
		山杜英 *Elaeocarpus sylvestris*	乔木
		美脉杜英 *Elaeocarpus varunua*	乔木
	猴欢喜属 *Sloanea*	薄果猴欢喜 *Sloanea leptocarpa*	乔木
		猴欢喜 *Sloanea sinensis*	乔木

续表

科名	属名	种名	生活型
杜鹃花科 Ericaceae	金叶子属 *Craibiodendron*	广东金叶子 *Craibiodendron scleranthum* var. *kwangtungense*	乔木
	杜鹃花属 Rhododendron	多花杜鹃 *Rhododendron cavaleriei*	灌木或乔木
		杜鹃 *Rhododendron simsii*	灌木
	越橘属 *Vaccinium*	南烛 *Vaccinium bracteatum*	灌木
赤苍藤科 Erythropalaceae	赤苍藤属 *Erythropalum*	赤苍藤 *Erythropalum scandens*	木质藤本
古柯科 Erythroxylaceae	古柯属 *Erythroxylum*	东方古柯 *Erythroxylum sinense*	灌木或乔木
大戟科 Euphorbiaceae	铁苋菜属 *Acalypha*	铁苋菜 *Acalypha australis*	草本
	山麻秆属 *Alchornea*	山麻秆 *Alchornea davidii*	灌木
		红背山麻秆 *Alchornea trewioides*	灌木
	棒柄花属 *Cleidion*	棒柄花 *Cleidion brevipetiolatum*	乔木
	巴豆属 *Croton*	巴豆 *Croton tiglium*	灌木或乔木
	黄桐属 *Endospermum*	黄桐 *Endospermum chinense*	灌木或乔木
	大戟属 *Euphorbia*	飞扬草 *Euphorbia hirta*	草本
		通奶草 *Euphorbia hypericifolia*	草本
	海漆属 *Excoecaria*	绿背桂花 *Excoecaria cochinchinensis* var. *formosana*	灌木
	水柳属 *Homonoia*	水柳 *Homonoia riparia*	灌木
	血桐属 *Macaranga*	中平树 *Macaranga denticulata*	乔木
		尾叶血桐 *Macaranga kurzii*	灌木或乔木
	野桐属 *Mallotus*	白背叶 *Mallotus apelta*	灌木或乔木
		毛桐 *Mallotus barbatus*	乔木
		白楸 *Mallotus paniculatus*	乔木
		粗糠柴 *Mallotus philippensis*	灌木或乔木
	蓖麻属 *Ricinus*	蓖麻 *Ricinus communis*	草本
	乌桕属 *Triadica*	山乌桕 *Triadica cochinchinensis*	灌木或乔木
		乌桕 *Triadica sebifera*	乔木
	油桐属 *Vernicia*	油桐 *Vernicia fordii*	乔木
		木油桐 *Vernicia montana*	乔木
豆科 Fabaceae	相思子属 *Abrus*	相思子 *Abrus precatorius*	木质藤本
		毛相思子 *Abrus pulchellus* subsp. *mollis*	木质藤本
	合欢属 *Albizia*	楹树 *Albizia chinensis*	乔木
		天香藤 *Albizia corniculata*	攀缘灌木
		黄豆树 *Albizia procera*	乔木
	链荚豆属 *Alysicarpus*	链荚豆 *Alysicarpus vaginalis*	草本
	猴耳环属 *Archidendron*	猴耳环 *Archidendron clypearia*	乔木
		亮叶猴耳环 *Archidendron lucidum*	乔木
	云实属 *Biancaea*	小叶云实 *Biancaea millettii*	攀缘灌木
	藤槐属 *Bowringia*	藤槐 *Bowringia callicarpa*	攀缘灌木
	木豆属 *Cajanus*	蔓草虫豆 *Cajanus scarabaeoides*	草质藤本
	鸡血藤属 *Callerya*	香花鸡血藤 *Callerya dielsiana*	攀缘灌木
		喙果鸡血藤 *Callerya tsui*	木质藤本

续表

科名	属名	种名	生活型
豆科 Fabaceae	舞草属 *Codariocalyx*	圆叶舞草 *Codariocalyx gyroides*	灌木
	猪屎豆属 *Crotalaria*	大猪屎豆 *Crotalaria assamica*	草本
		假地蓝 *Crotalaria ferruginea*	草本
		猪屎豆 *Crotalaria pallida*	草本
	黄檀属 *Dalbergia*	两粤黄檀 *Dalbergia benthamii*	攀缘灌木
		藤黄檀 *Dalbergia hancei*	攀缘灌木
		象鼻藤 *Dalbergia mimosoides*	攀缘灌木
	假木豆属 *Dendrolobium*	假木豆 *Dendrolobium triangulare*	灌木
	鱼藤属 *Derris*	中南鱼藤 *Derris fordii*	攀缘灌木
	野扁豆属 *Dunbaria*	黄毛野扁豆 *Dunbaria fusca*	草质藤本
		长柄野扁豆 *Dunbaria podocarpa*	草质藤本
	千斤拔属 *Flemingia*	宽叶千斤拔 *Flemingia latifolia*	灌木
		大叶千斤拔 *Flemingia macrophylla*	灌木
		千斤拔 *Flemingia prostrata*	亚灌木
	假地豆属 *Grona*	糙毛假地豆 *Grona heterocarpos* var. *strigosa*	灌木
		广东金钱草 *Grona styracifolia*	草本
	鸡眼草属 *Kummerowia*	鸡眼草 *Kummerowia striata*	草本
	胡枝子属 *Lespedeza*	截叶铁扫帚 *Lespedeza cuneata*	灌木
	崖豆藤属 *Millettia*	海南崖豆藤 *Millettia pachyloba*	木质藤本
	含羞草属 *Mimosa*	含羞草 *Mimosa pudica*	草本
	油麻藤属 *Mucuna*	白花油麻藤 *Mucuna birdwoodiana*	木质藤本
		大果油麻藤 *Mucuna macrocarpa*	木质藤本
	草葛属 *Neustanthus*	草葛 *Neustanthus phaseoloides*	草质藤本
	小槐花属 *Ohwia*	小槐花 *Ohwia caudata*	亚灌木
	红豆属 *Ormosia*	肥荚红豆 *Ormosia fordiana*	乔木
		花榈木 *Ormosia henryi*	乔木
		木荚红豆 *Ormosia xylocarpa*	乔木
	火索藤属 *Phanera*	龙须藤 *Phanera championii*	攀缘灌木
	排钱树属 *Phyllodium*	毛排钱树 *Phyllodium elegans*	灌木
		长叶排钱树 *Phyllodium longipes*	灌木
		排钱树 *Phyllodium pulchellum*	灌木
	老虎刺属 *Pterolobium*	老虎刺 *Pterolobium punctatum*	攀缘灌木
	葛属 *Pueraria*	葛 *Pueraria montana* var. *lobata*	草质藤本
	鹿藿属 *Rhynchosia*	鹿藿 *Rhynchosia volubilis*	草质藤本
	无忧花属 *Saraca*	中国无忧花 *Saraca dives*	乔木
	决明属 *Senna*	望江南 *Senna occidentalis*	草本
		决明 *Senna tora*	草本
	密花豆属 *Spatholobus*	密花豆 *Spatholobus suberectus*	攀缘灌木
	葫芦茶属 *Tadehagi*	蔓茎葫芦茶 *Tadehagi pseudotriquetrum*	亚灌木
		葫芦茶 *Tadehagi triquetrum*	亚灌木
	狸尾豆属 *Uraria*	猫尾草 *Uraria crinita*	亚灌木

续表

科名	属名	种名	生活型
壳斗科 Fagaceae	锥属 *Castanopsis*	甜槠 *Castanopsis eyrei*	乔木
		栲 *Castanopsis fargesii*	乔木
		印度锥 *Castanopsis indica*	乔木
	柯属 *Lithocarpus*	厚斗柯 *Lithocarpus elizabethae*	乔木
	栎属 *Quercus*	小叶青冈 *Quercus myrsinifolia*	乔木
丝缨花科 Garryaceae	桃叶珊瑚属 *Aucuba*	倒心叶珊瑚 *Aucuba obcordata*	灌木或乔木
钩吻科 Gelsemiaceae	钩吻属 *Gelsemium*	钩吻 *Gelsemium elegans*	木质藤本
龙胆科 Gentianaceae	穿心草属 *Canscora*	罗星草 *Canscora andrographioides*	草本
	藻百年属 *Exacum*	藻百年 *Exacum tetragonum*	草本
	獐牙菜属 *Swertia*	獐牙菜 *Swertia bimaculata*	草本
	双蝴蝶属 *Tripterospermum*	香港双蝴蝶 *Tripterospermum nienkui*	草本
苦苣苔科 Gesneriaceae	芒毛苣苔属 *Aeschynanthus*	芒毛苣苔 *Aeschynanthus acuminatus*	灌木
	吊石苣苔属 *Lysionotus*	吊石苣苔 *Lysionotus pauciflorus*	灌木
	马铃苣苔属 *Oreocharis*	石上莲 *Oreocharis benthamii* var. *reticulata*	草本
	报春苣苔属 *Primulina*	密毛蚂蟥七 *Primulina fimbrisepala* var. *mollis*	草本
	漏斗苣苔属 *Raphiocarpus*	无毛漏斗苣苔 *Raphiocarpus sinicus*	灌木
小二仙草科 Haloragaceae	小二仙草属 *Gonocarpus*	黄花小二仙草 *Gonocarpus chinensis*	草本
金缕梅科 Hamamelidaceae	马蹄荷属 *Exbucklandia*	大果马蹄荷 *Exbucklandia tonkinensis*	乔木
莲叶桐科 Hernandiaceae	青藤属 *Illigera*	宽药青藤 *Illigera celebica*	木质藤本
		心叶青藤 *Illigera cordata*	木质藤本
		小花青藤 *Illigera parviflora*	木质藤本
		红花青藤 *Illigera rhodantha*	木质藤本
绣球科 Hydrangeaceae	常山属 *Dichroa*	常山 *Dichroa febrifuga*	灌木
	冠盖藤属 *Pileostegia*	冠盖藤 *Pileostegia viburnoides*	攀缘灌木
金丝桃科 Hypericaceae	黄牛木属 *Cratoxylum*	黄牛木 *Cratoxylum cochinchinense*	灌木或乔木
	金丝桃属 *Hypericum*	地耳草 *Hypericum japonicum*	草本
茶茱萸科 Icacinaceae	微花藤属 *Iodes*	大果微花藤 *Iodes balansae*	木质藤本
	定心藤属 *Mappianthus*	定心藤 *Mappianthus iodoides*	木质藤本
胡桃科 Juglandaceae	黄杞属 *Engelhardia*	黄杞 *Engelhardia roxburghiana*	乔木
	化香树属 *Platycarya*	化香树 *Platycarya strobilacea*	乔木
唇形科 Lamiaceae	广防风属 *Anisomeles*	广防风 *Anisomeles indica*	草本
	紫珠属 *Callicarpa*	紫珠 *Callicarpa bodinieri*	灌木
		华紫珠 *Callicarpa cathayana*	灌木
		白棠子树 *Callicarpa dichotoma*	灌木
	紫珠属 *Callicarpa*	尖尾枫 *Callicarpa dolichophylla*	灌木
		老鸦糊 *Callicarpa giraldii*	灌木
		全缘叶紫珠 *Callicarpa integerrima*	灌木
		杜虹花 *Callicarpa pedunculata*	灌木
		红紫珠 *Callicarpa rubella*	灌木
	大青属 *Clerodendrum*	臭牡丹 *Clerodendrum bungei*	灌木
		大青 *Clerodendrum cyrtophyllum*	灌木或乔木

续表

科名	属名	种名	生活型
唇形科 Lamiaceae	大青属 *Clerodendrum*	白花灯笼 *Clerodendrum fortunatum*	灌木
唇形科 Lamiaceae	大青属 *Clerodendrum*	赪桐 *Clerodendrum japonicum*	灌木
唇形科 Lamiaceae	风轮菜属 *Clinopodium*	风轮菜 *Clinopodium chinense*	草本
唇形科 Lamiaceae	锥花属 *Gomphostemma*	中华锥花 *Gomphostemma chinense*	亚灌木
唇形科 Lamiaceae	锥花属 *Gomphostemma*	细齿锥花 *Gomphostemma leptodon*	亚灌木
唇形科 Lamiaceae	香茶菜属 *Isodon*	牛尾草 *Isodon ternifolius*	草本
唇形科 Lamiaceae	香茶菜属 *Isodon*	长叶香茶菜 *Isodon walkeri*	草本
唇形科 Lamiaceae	益母草属 *Leonurus*	益母草 *Leonurus japonicus*	草本
唇形科 Lamiaceae	薄荷属 *Mentha*	薄荷 *Mentha canadensis*	草本
唇形科 Lamiaceae	石荠苎属 *Mosla*	小鱼仙草 *Mosla dianthera*	草本
唇形科 Lamiaceae	刺蕊草属 *Pogostemon*	水珍珠菜 *Pogostemon auricularius*	草本
唇形科 Lamiaceae	刺蕊草属 *Pogostemon*	齿叶水蜡烛 *Pogostemon sampsonii*	草本
唇形科 Lamiaceae	豆腐柴属 *Premna*	黄毛豆腐柴 *Premna fulva*	灌木或乔木
唇形科 Lamiaceae	黄芩属 *Scutellaria*	半枝莲 *Scutellaria barbata*	草本
唇形科 Lamiaceae	黄芩属 *Scutellaria*	三脉钝叶黄芩 *Scutellaria obtusifolia Hemsl.* var. *trinervata*	草本
唇形科 Lamiaceae	牡荆属 *Vitex*	假紫珠 *Vitex axillariflora*	灌木或乔木
唇形科 Lamiaceae	牡荆属 *Vitex*	牡荆 *Vitex negundo* var. *cannabifolia*	灌木或乔木
唇形科 Lamiaceae	牡荆属 *Vitex*	山牡荆 *Vitex quinata*	乔木
木通科 Lardizabalaceae	木通属 *Akebia*	三叶木通 *Akebia trifoliata*	木质藤本
木通科 Lardizabalaceae	大血藤属 *Sargentodoxa*	大血藤 *Sargentodoxa cuneata*	木质藤本
樟科 Lauraceae	黄肉楠属 *Actinodaphne*	毛黄肉楠 *Actinodaphne pilosa*	乔木
樟科 Lauraceae	琼楠属 *Beilschmiedia*	琼楠 *Beilschmiedia intermedia*	乔木
樟科 Lauraceae	樟属 *Camphora*	黄樟 *Camphora parthenoxylon*	乔木
樟科 Lauraceae	无根藤属 *Cassytha*	无根藤 *Cassytha filiformis*	草本
樟科 Lauraceae	桂属 *Cinnamomum*	华南桂 *Cinnamomum austrosinense*	乔木
樟科 Lauraceae	桂属 *Cinnamomum*	阴香 *Cinnamomum burmanni*	乔木
樟科 Lauraceae	桂属 *Cinnamomum*	香桂 *Cinnamomum subavenium*	乔木
樟科 Lauraceae	香面叶属 *Iteadaphne*	香面叶 *Iteadaphne caudata*	灌木或乔木
樟科 Lauraceae	山胡椒属 *Lindera*	乌药 *Lindera aggregata*	灌木或乔木
樟科 Lauraceae	山胡椒属 *Lindera*	小叶乌药 *Lindera aggregata* var. *playfairii*	灌木或乔木
樟科 Lauraceae	山胡椒属 *Lindera*	鼎湖钓樟 *Lindera chunii*	灌木或乔木
樟科 Lauraceae	山胡椒属 *Lindera*	香叶树 *Lindera communis*	灌木或乔木
樟科 Lauraceae	山胡椒属 *Lindera*	山胡椒 *Lindera glauca*	灌木或乔木
樟科 Lauraceae	山胡椒属 *Lindera*	假桂钓樟 *Lindera tonkinensis*	乔木
樟科 Lauraceae	木姜子属 *Litsea*	山鸡椒 *Litsea cubeba*	灌木或乔木
樟科 Lauraceae	木姜子属 *Litsea*	黄丹木姜子 *Litsea elongata*	乔木
樟科 Lauraceae	木姜子属 *Litsea*	潺槁木姜子 *Litsea glutinosa*	乔木
樟科 Lauraceae	木姜子属 *Litsea*	毛叶木姜子 *Litsea mollis*	灌木或乔木
樟科 Lauraceae	木姜子属 *Litsea*	假柿木姜子 *Litsea monopetala*	乔木
樟科 Lauraceae	木姜子属 *Litsea*	圆叶豺皮樟 *Litsea rotundifolia*	灌木或乔木
樟科 Lauraceae	木姜子属 *Litsea*	豺皮樟 *Litsea rotundifolia* var. *oblongifolia*	灌木或乔木
樟科 Lauraceae	木姜子属 *Litsea*	轮叶木姜子 *Litsea verticillata*	乔木

续表

科名	属名	种名	生活型
樟科 Lauraceae	润楠属 *Machilus*	黄绒润楠 *Machilus grijsii*	乔木
		建润楠 *Machilus oreophila*	乔木
		刨花润楠 *Machilus pauhoi*	乔木
		柳叶润楠 *Machilus salicina*	乔木
		红楠 *Machilus thunbergii*	乔木
		绒毛润楠 *Machilus velutina*	乔木
	新木姜子属 *Neolitsea*	鸭公树 *Neolitsea chui*	乔木
狸藻科 Lentibulariaceae	狸藻属 *Utricularia*	挖耳草 *Utricularia bifida*	草本
母草科 Linderniaceae	母草属 *Lindernia*	长蒴母草 *Lindernia anagallis*	草本
		母草 *Lindernia crustacea*	草本
		旱田草 *Lindernia ruellioides*	草本
马钱科 Loganiaceae	蓬莱葛属 *Gardneria*	蓬莱葛 *Gardneria multiflora*	木质藤本
	马钱属 *Strychnos*	牛眼马钱 *Strychnos angustiflora*	木质藤本
		华马钱 *Strychnos cathayensis*	木质藤本
桑寄生科 Loranthaceae	离瓣寄生属 *Helixanthera*	离瓣寄生 *Helixanthera parasitica*	灌木
	鞘花属 *Macrosolen*	双花鞘花 *Macrosolen bibracteolatus*	灌木
		鞘花 *Macrosolen cochinchinensis*	灌木
	梨果寄生属 *Scurrula*	卵叶梨果寄生 *Scurrula Chingii*	灌木
		红花寄生 *Scurrula parasitica*	灌木
		栗毛钝果寄生 *Taxillus balansae*	灌木
		广寄生 *Taxillus chinensis*	灌木
		桑寄生 *Taxillus sutchuenensis*	灌木
千屈菜科 Lythraceae	节节菜属 *Rotala*	圆叶节节菜 *Rotala rotundifolia*	草本
木兰科 Magnoliaceae	木莲属 *Manglietia*	桂南木莲 *Manglietia conifera*	乔木
		木莲 *Manglietia fordiana*	乔木
	含笑属 *Michelia*	金叶含笑 *Michelia foveolata*	乔木
		香子含笑 *Michelia gioii*	乔木
		醉香含笑 *Michelia macclurei*	乔木
		深山含笑 *Michelia maudiae*	乔木
		观光木 *Michelia odora*	乔木
锦葵科 Malvaceae	秋葵属 *Abelmoschus*	黄蜀葵 *Abelmoschus manihot*	草本
	昂天莲属 *Abroma*	昂天莲 *Abroma augustum*	灌木
	木棉属 *Bombax*	木棉 *Bombax ceiba*	乔木
	刺果藤属 *Byttneria*	刺果藤 *Byttneria grandifolia*	木质藤本
	黄麻属 *Corchorus*	甜麻 *Corchorus aestuans*	草本
	扁担杆属 *Grewia*	扁担杆 *Grewia biloba*	灌木或乔木
	山芝麻属 *Helicteres*	山芝麻 *Helicteres angustifolia*	灌木
		剑叶山芝麻 *Helicteres lanceolata*	灌木
	黄槿属 *Hibiscus*	黄槿 *Talipariti tiliaceum*	灌木或乔木
	赛葵属 *Malvastrum*	赛葵 *Malvastrum coromandelianum*	草本
	破布叶属 *Microcos*	破布叶 *Microcos paniculata*	灌木或乔木
	翅子树属 *Pterospermum*	翻白叶树 *Pterospermum heterophyllum*	乔木

续表

科名	属名	种名	生活型
锦葵科 Malvaceae	梭罗树属 *Reevesia*	梭罗树 *Reevesia pubescens*	乔木
	苹婆属 *Sterculia*	海南苹婆 *Sterculia hainanensis*	灌木或乔木
		假苹婆 *Sterculia lanceolata*	乔木
		苹婆 *Sterculia monosperma*	乔木
	刺蒴麻属 *Triumfetta*	毛刺蒴麻 *Triumfetta cana*	亚灌木
		长勾刺蒴麻 *Triumfetta pilosa*	亚灌木
		刺蒴麻 *Triumfetta rhomboidea*	亚灌木
	梵天花属 *Urena*	地桃花 *Urena lobata*	灌木
		梵天花 *Urena procumbens*	灌木
野牡丹科 Melastomataceae	棱果花属 *Barthea*	棱果花 *Barthea barthei*	灌木
	柏拉木属 *Blastus*	柏拉木 *Blastus cochinchinensis*	灌木
		少花柏拉木 *Blastus pauciflorus*	灌木
	野海棠属 *Bredia*	叶底红 *Bredia fordii*	草本
	野牡丹属 *Melastoma*	地稔 *Melastoma dodecandrum*	灌木
		印度野牡丹 *Melastoma malabathricum*	灌木
		毛稔 *Melastoma sanguineum*	灌木
	谷木属 *Memecylon*	谷木 *Memecylon ligustrifolium*	灌木或乔木
		细叶谷木 *Memecylon scutellatum*	灌木
	金锦香属 *Osbeckia*	金锦香 *Osbeckia chinensis*	灌木
		星毛金锦香 *Osbeckia stellata*	灌木
	锦香草属 *Phyllagathis*	锦香草 *Phyllagathis cavaleriei*	草本
	酸脚杆属 *Pseudodissochaeta*	北酸脚杆 *Pseudodissochaeta septentrionalis*	灌木或乔木
	蜂斗草属 *Sonerila*	蜂斗草 *Sonerila cantonensis*	草本
楝科 Meliaceae	米仔兰属 *Aglaia*	米仔兰 *Aglaia odorata*	乔木
	山楝属 *Aphanamixis*	山楝 *Aphanamixis polystachya*	乔木
	浆果楝属 *Cipadessa*	浆果楝 *Cipadessa baccifera*	乔木
	樫木属 *Dysoxylum*	红果樫木 *Dysoxylum gotadhora*	乔木
		香港樫木 *Dysoxylum hongkongense*	乔木
	鹧鸪花属 *Heynea*	鹧鸪花 *Heynea trijuga*	乔木
		茸果鹧鸪花 *Heynea velutina*	灌木
	楝属 *Melia*	楝 *Melia azedarach*	乔木
	香椿属 *Toona*	香椿 *Toona sinensis*	乔木
防己科 Menispermaceae	崖藤属 *Albertisia*	崖藤 *Albertisia laurifolia*	木质藤本
	木防己属 *Cocculus*	木防己 *Cocculus orbiculatus*	木质藤本
防己科 Menispermaceae	轮环藤属 *Cyclea*	粉叶轮环藤 *Cyclea hypoglauca*	木质藤本
	天仙藤属 *Fibraurea*	天仙藤 *Fibraurea recisa*	木质藤本
	细圆藤属 *Pericampylus*	细圆藤 *Pericampylus glaucus*	木质藤本
	千金藤属 *Stephania*	金线吊乌龟 *Stephania cephalantha*	草质藤本
		桐叶千金藤 *Stephania japonica* var. *discolor*	木质藤本
		粪箕笃 *Stephania longa*	草质藤本
粟米草科 Molluginaceae	粟米草属 *Trigastrotheca*	粟米草 *Trigastrotheca stricta*	草本

续表

科名	属名	种名	生活型
桑科 Moraceae	波罗蜜属 *Artocarpus*	二色波罗蜜 *Artocarpus styracifolius*	乔木
	构属 *Broussonetia*	藤构 *Broussonetia kaempferi*	灌木
		构树 *Broussonetia papyrifera*	灌木或乔木
	榕属 *Ficus*	高山榕 *Ficus altissima*	乔木
		大果榕 *Ficus auriculata*	乔木
		垂叶榕 *Ficus benjamina*	乔木
		尖叶榕 *Ficus henryi*	乔木
		天仙果 *Ficus erecta*	灌木或乔木
		黄毛榕 *Ficus esquiroliana*	灌木或乔木
		水同木 *Ficus fistulosa*	乔木
		台湾榕 *Ficus formosana*	灌木
		异叶榕 *Ficus heteromorpha*	灌木或乔木
		粗叶榕 *Ficus hirta*	灌木或乔木
		对叶榕 *Ficus hispida*	灌木或乔木
		榕树 *Ficus microcarpa*	乔木
		九丁榕 *Ficus nervosa*	乔木
		琴叶榕 *Ficus pandurata*	灌木
		褐叶榕 *Ficus pubigera*	攀缘灌木
		薜荔 *Ficus pumila*	攀缘灌木
		舶梨榕 *Ficus pyriformis*	灌木
		羊乳榕 *Ficus sagittata*	乔木
		珍珠莲 *Ficus sarmentosa* var. *henryi*	攀缘灌木
		爬藤榕 *Ficus sarmentosa* var. *impressa*	攀缘灌木
		竹叶榕 *Ficus stenophylla*	灌木
		地果 *Ficus tikoua*	木质藤本
		斜叶榕 *Ficus tinctoria* subsp. *gibbosa*	乔木
		杂色榕 *Ficus variegata*	乔木
		变叶榕 *Ficus variolosa*	灌木或乔木
		白肉榕 *Ficus vasculosa*	乔木
		黄葛树 *Ficus virens*	乔木
	葎草属 *Humulus*	葎草 *Humulus scandens*	草本
	橙桑属 *Maclura*	构棘 *Maclura cochinchinensis*	攀缘灌木
		柘 *Maclura tricuspidata*	灌木或乔木
	牛筋藤属 *Malaisia*	牛筋藤 *Malaisia scandens*	攀缘灌木
	假鹊肾树属 *Pseudostreblus*	假鹊肾树 *Pseudostreblus indicus*	乔木
	刺桑属 *Taxotrophis*	刺桑 *Taxotrophis ilicifolia*	灌木
杨梅科 Myricaceae	杨梅属 *Morella*	青杨梅 *Morella adenophora*	灌木
		毛杨梅 *Morella esculenta*	乔木
		杨梅 *Morella rubra*	乔木
肉豆蔻科 Myristicaceae	风吹楠属 *Horsfieldia*	风吹楠 *Horsfieldia amygdalina*	乔木
桃金娘科 Myrtaceae	岗松属 *Baeckea*	岗松 *Baeckea frutescens*	灌木或乔木
	子楝树属 *Decaspermum*	子楝树 *Decaspermum gracilentum*	灌木或乔木

续表

科名	属名	种名	生活型
桃金娘科 Myrtaceae	番石榴属 *Psidium*	番石榴 *Psidium guajava*	灌木或乔木
	桃金娘属 *Rhodomyrtus*	桃金娘 *Rhodomyrtus tomentosa*	灌木
	蒲桃属 *Syzygium*	线枝蒲桃 *Syzygium araiocladum*	灌木或乔木
		华南蒲桃 *Syzygium austrosinense*	灌木或乔木
		黑嘴蒲桃 *Syzygium bullockii*	灌木或乔木
		短药蒲桃 *Syzygium globiflorum*	灌木或乔木
		蒲桃 *Syzygium jambos*	乔木
蓝果树科 Nyssaceae	马蹄参属 *Diplopanax*	马蹄参 *Diplopanax stachyanthus*	乔木
	蓝果树属 *Nyssa*	蓝果树 *Nyssa sinensis*	乔木
木樨科 Oleaceae	流苏树属 *Chionanthus*	枝花李榄 *Chionanthus ramiflorus*	灌木或乔木
	素馨属 *Jasminum*	扭肚藤 *Jasminum elongatum*	攀缘灌木
		清香藤 *Jasminum lanceolaria*	攀缘灌木
		栀花素馨 *Jasminum lang*	攀缘灌木
		桂叶素馨 *Jasminum laurifolium*	草质藤本
		青藤仔 *Jasminum nervosum*	攀缘灌木
		厚叶素馨 *Jasminum pentaneurum*	攀缘灌木
	女贞属 *Ligustrum*	小蜡 *Ligustrum sinense*	灌木或乔木
柳叶菜科 Onagraceae	丁香蓼属 *Ludwigia*	草龙 *Ludwigia hyssopifolia*	草本
		毛草龙 *Ludwigia octovalvis*	草本
列当科 Orobanchaceae	来江藤属 *Brandisia*	岭南来江藤 *Brandisia swinglei*	灌木
	黑草属 *Buchnera*	黑草 *Buchnera cruciata*	草本
酢浆草科 Oxalidaceae	感应草属 *Biophytum*	感应草 *Biophytum sensitivum*	草本
	酢浆草属 *Oxalis*	酢浆草 *Oxalis corniculata*	草本
		红花酢浆草 *Oxalis corymbosa*	草本
西番莲科 Passifloraceae	蒴莲属 *Adenia*	异叶蒴莲 *Adenia heterophylla*	草质藤本
泡桐科 Paulowniaceae	泡桐属 *Paulownia*	白花泡桐 *Paulownia fortunei*	乔木
五列木科 Pentaphylacaceae	杨桐属 *Adinandra*	尖叶川杨桐 *Adinandra bockiana* var. *acutifolia*	灌木或乔木
		海南杨桐 *Adinandra hainanensis*	灌木或乔木
		杨桐 *Adinandra millettii*	灌木或乔木
		亮叶杨桐 *Adinandra nitida*	灌木或乔木
	茶梨属 *Anneslea*	茶梨 *Anneslea fragrans*	灌木或乔木
	红淡比属 *Cleyera*	红淡比 *Cleyera japonica*	灌木或乔木
	柃属 *Eurya*	尖萼毛柃 *Eurya acutisepala*	灌木或乔木
		翅柃 *Eurya alata*	灌木
		米碎花 *Eurya chinensis*	灌木
		二列叶柃 *Eurya distichophylla*	灌木或乔木
		岗柃 *Eurya groffii*	灌木或乔木
		微毛柃 *Eurya hebeclados*	灌木或乔木
		细枝柃 *Eurya loquaiana*	灌木或乔木
		黑柃 *Eurya macartneyi*	灌木或乔木
		细齿叶柃 *Eurya nitida*	灌木或乔木
		窄基红褐柃 *Eurya rubiginosa* var. *attenuata*	灌木

续表

科名	属名	种名	生活型
五列木科 Pentaphylacaceae	厚皮香属 *Ternstroemia*	厚皮香 *Ternstroemia gymnanthera*	灌木或乔木
		尖萼厚皮香 *Ternstroemia luteoflora*	灌木或乔木
叶下珠科 Phyllanthaceae	五月茶属 *Antidesma*	黄毛五月茶 *Antidesma fordii*	乔木
		方叶五月茶 *Antidesma ghaesembilla*	乔木
		山地五月茶 *Antidesma montanum*	乔木
	银柴属 *Aporosa*	银柴 *Aporosa dioica*	灌木或乔木
	木奶果属 *Baccaurea*	木奶果 *Baccaurea ramiflora*	乔木
	秋枫属 *Bischofia*	秋枫 *Bischofia javanica*	乔木
		重阳木 *Bischofia polycarpa*	乔木
	黑面神属 *Breynia*	黑面神 *Breynia fruticosa*	灌木
		喙果黑面神 *Breynia rostrata*	灌木或乔木
		小叶黑面神 *Breynia vitis-idaea*	灌木
	土蜜树属 *Bridelia*	禾串树 *Bridelia balansae*	乔木
		土蜜树 *Bridelia tomentosa*	灌木或乔木
	闭花木属 *Cleistanthus*	闭花木 *Cleistanthus sumatranus*	乔木
		馒头果 *Cleistanthus tonkinensis*	灌木或乔木
	白饭树属 *Flueggea*	白饭树 *Flueggea virosa*	灌木
	算盘子属 *Glochidion*	毛果算盘子 *Glochidion eriocarpum*	灌木
		厚叶算盘子 *Glochidion hirsutum*	灌木或乔木
		甜叶算盘子 *Glochidion philippicum*	乔木
		湖北算盘子 *Glochidion wilsonii*	灌木
		白背算盘子 *Glochidion wrightii*	灌木或乔木
		香港算盘子 *Glochidion zeylanicum*	灌木或乔木
	叶下珠属 *Phyllanthus*	越南叶下珠 *Phyllanthus cochinchinensis*	灌木
		余甘子 *Phyllanthus emblica*	乔木
		小果叶下珠 *Phyllanthus reticulatus*	灌木
		叶下珠 *Phyllanthus urinaria*	草本
商陆科 Phytolaccaceae	商陆属 *Phytolacca*	垂序商陆 *Phytolacca americana*	草本
胡椒科 Piperaceae	胡椒属 *Piper*	华南胡椒 *Piper austrosinense*	亚灌木
		苎叶蒟 *Piper boehmeriifolium*	木质藤本
		复毛胡椒 *Piper bonii*	木质藤本
		海南蒟 *Piper hainanense*	木质藤本
		山蒟 *Piper hancei*	木质藤本
		变叶胡椒 *Piper mutabile*	草本
		假蒟 *Piper sarmentosum*	木质藤本
		石南藤 *Piper wallichii*	攀缘灌木
海桐科 Pittosporaceae	海桐属 *Pittosporum*	聚花海桐 *Pittosporum balansae*	灌木
		窄叶聚花海桐 *Pittosporum balansae* var. *angustifolium*	灌木
		广西海桐 *Pittosporum kwangsiense*	灌木或乔木
		少花海桐 *Pittosporum pauciflorum*	灌木
		海桐 *Pittosporum tobira*	灌木或乔木

续表

科名	属名	种名	生活型
车前科 Plantaginaceae	毛麝香属 *Adenosma*	毛麝香 *Adenosma glutinosa*	草本
		球花毛麝香 *Adenosma indiana*	草本
	石龙尾属 *Limnophila*	大叶石龙尾 *Limnophila rugosa*	草本
	车前属 *Plantago*	车前 *Plantago asiatica*	草本
	野甘草属 *Scoparia*	野甘草 *Scoparia dulcis*	亚灌木
白花丹科 Plumbaginaceae	白花丹属 *Plumbago*	白花丹 *Plumbago zeylanica*	亚灌木
远志科 Polygalaceae	远志属 *Polygala*	黄花倒水莲 *Polygala fallax*	灌木或乔木
	齿果草属 *Salomonia*	齿果草 *Salomonia cantoniensis*	草本
	蝉翼藤属 *Securidaca*	蝉翼藤 *Securidaca inappendiculata*	灌木
蓼科 Polygonaceae	蓼属 *Persicaria*	火炭母 *Persicaria chinensis*	草本
		金线草 *Persicaria filiformis*	草本
		水蓼 *Persicaria hydropiper*	草本
		长鬃蓼 *Persicaria longiseta*	草本
		杠板归 *Persicaria perfoliata*	草本
		丛枝蓼 *Persicaria posumbu*	草本
		戟叶蓼 *Persicaria thunbergii*	草本
	何首乌属 *Pleuropterus*	何首乌 *Pleuropterus multiflorus*	草本
	萹蓄属 *Polygonum*	萹蓄 *Polygonum aviculare*	草本
	虎杖属 *Reynoutria*	虎杖 *Reynoutria japonica*	草本
马齿苋科 Portulacaceae	马齿苋属 *Portulaca*	马齿苋 *Portulaca oleracea*	草本
报春花科 Primulaceae	紫金牛属 *Ardisia*	南方紫金牛 *Ardisia thyrsiflora*	灌木或乔木
		小紫金牛 *Ardisia chinensis*	灌木
		剑叶紫金牛 *Ardisia ensifolia*	灌木
		狭叶紫金牛 *Ardisia filiformis*	灌木
		灰色紫金牛 *Ardisia fordii*	灌木
		走马胎 *Ardisia gigantifolia*	灌木
		大罗伞树 *Ardisia Hanceana*	灌木
		山血丹 *Ardisia lindleyana*	灌木
		虎舌红 *Ardisia mamillata*	灌木
		纽子果 *Ardisia polysticta*	灌木
		莲座紫金牛 *Ardisia primulifolia*	灌木
		块根紫金牛 *Ardisia pseudocrispa*	灌木
		罗伞树 *Ardisia quinquegona*	灌木或乔木
		雪下红 *Ardisia villosa*	灌木
		朱砂根 *Ardisia crenata*	灌木
	酸藤子属 *Embelia*	酸藤子 *Embelia laeta*	攀缘灌木
		瘤皮孔酸藤子 *Embelia scandens*	攀缘灌木
		密齿酸藤子 *Embelia vestita*	攀缘灌木
	杜茎山属 *Maesa*	湖北杜茎山 *Maesa hupehensis*	灌木
		杜茎山 *Maesa japonica*	灌木
		金珠柳 *Maesa montana*	灌木或乔木

续表

科名	属名	种名	生活型
报春花科 Primulaceae	杜茎山属 *Maesa*	鲫鱼胆 *Maesa perlarius*	灌木
		秤杆树 *Maesa ramentacea*	灌木或乔木
	铁仔属 *Myrsine*	密花树 *Myrsine seguinii*	灌木或乔木
	假婆婆纳属 *Stimpsonia*	假婆婆纳 *Stimpsonia chamaedryoides*	草本
山龙眼科 Proteaceae	山龙眼属 *Helicia*	小果山龙眼 *Helicia cochinchinensis*	灌木或乔木
		网脉山龙眼 *Helicia reticulata*	灌木或乔木
	假山龙眼属 *Heliciopsis*	调羹树 *Heliciopsis lobata*	乔木
		痄腮树 *Heliciopsis terminalis*	乔木
毛茛科 Ranunculaceae	铁线莲属 *Clematis*	小木通 *Clematis armandii*	木质藤本
		丝铁线莲 *Clematis loureiroana*	木质藤本
		沙叶铁线莲 *Clematis meyeniana* var. *granulata*	木质藤本
		毛柱铁线莲 *Clematis meyeniana*	木质藤本
		柱果铁线莲 *Clematis uncinata*	木质藤本
	锡兰莲 *Naravelia*	两广锡兰莲 *Naravelia pilulifera*	木质藤本
鼠李科 Rhamnaceae	勾儿茶属 *Berchemia*	多花勾儿茶 *Berchemia floribunda*	攀缘灌木
		铁包金 *Berchemia lineata*	攀缘灌木
	裸芽鼠李属 *Frangula*	长叶冻绿 *Frangula crenata*	灌木或乔木
		长柄鼠李 *Frangula longipes*	灌木或乔木
	枳椇属 *Hovenia*	枳椇 *Hovenia acerba*	乔木
	马甲子属 *Paliurus*	马甲子 *Paliurus ramosissimus*	灌木
	雀梅藤属 *Sageretia*	纤细雀梅藤 *Sageretia gracilis*	攀缘灌木
	翼核果属 *Ventilago*	翼核果 *Ventilago leiocarpa*	灌木
	枣属 *Ziziphus*	滇刺枣 *Ziziphus mauritiana*	乔木
红树科 Rhizophoraceae	竹节树属 *Carallia*	竹节树 *Carallia brachiata*	乔木
		锯叶竹节树 *Carallia diphopetala*	乔木
		旁杞木 *Carallia pectinifolia*	乔木
蔷薇科 Rosaceae	龙牙草属 *Agrimonia*	龙牙草 *Agrimonia pilosa*	草本
	蛇莓属 *Duchesnea*	蛇莓 *Duchesnea indica*	草本
	枇杷属 *Eriobotrya*	大花枇杷 *Eriobotrya cavaleriei*	乔木
		台湾枇杷 *Eriobotrya deflexa*	乔木
	石楠属 *Photinia*	桃叶石楠 *Photinia prunifolia*	乔木
	李属 *Prunus*	腺叶桂樱 *Prunus phaeosticta*	灌木或乔木
		刺叶桂樱 *Prunus spinulosa*	乔木
	梨属 *Pyrus*	豆梨 *Pyrus calleryana*	乔木
	石斑木属 *Rhaphiolepis*	石斑木 *Rhaphiolepis indica*	灌木或乔木
		细叶石斑木 *Rhaphiolepis lanceolata*	灌木
	蔷薇属 *Rosa*	小果蔷薇 *Rosa cymosa*	攀缘灌木
		金樱子 *Rosa laevigata*	攀缘灌木
	悬钩子属 *Rubus*	粗叶悬钩子 *Rubus alceifolius*	攀缘灌木
		白花悬钩子 *Rubus leucanthus*	攀缘灌木
		茅莓 *Rubus parvifolius*	攀缘灌木

续表

科名	属名	种名	生活型
蔷薇科 Rosaceae	悬钩子属 *Rubus*	深裂锈毛莓 *Rubus reflexus* var. *lanceolobus*	攀缘灌木
		空心藨 *Rubus rosifolius*	攀缘灌木
	花楸属 *Sorbus*	美脉花楸 *Sorbus caloneura*	灌木或乔木
茜草科 Rubiaceae	水团花属 *Adina*	水团花 *Adina pilulifera*	灌木或乔木
		细叶水团花 *Adina rubella*	灌木
	茜树属 *Aidia*	香楠 *Aidia canthioides*	灌木或乔木
		茜树 *Aidia cochinchinensis*	灌木或乔木
		尖萼茜树 *Aidia oxyodonta*	灌木或乔木
	穴果木属 *Caelospermum*	穴果木 *Caelospermum truncatum*	木质藤本
	猪肚木属 *Canthium*	猪肚木 *Canthium horridum*	灌木
	山石榴属 *Catunaregam*	山石榴 *Catunaregam spinosa*	灌木
	弯管花属 *Chassalia*	弯管花 *Chassalia curviflora*	灌木
	流苏子属 *Coptosapelta*	流苏子 *Coptosapelta diffusa*	攀缘灌木
	虎刺属 *Damnacanthus*	柳叶虎刺 *Damnacanthus labordei*	灌木
	狗骨柴属 *Diplospora*	狗骨柴 *Diplospora dubia*	灌木或乔木
	栀子属 *Gardenia*	海南栀子 *Gardenia hainanensis*	乔木
		栀子 *Gardenia jasminoides*	灌木
		狭叶栀子 *Gardenia stenophylla*	灌木
	耳草属 *Hedyotis*	耳草 *Hedyotis auricularia*	草本
		鼎湖耳草 *Hedyotis effusa*	草本
		牛白藤 *Hedyotis hedyotidea*	灌木
		阔托叶耳草 *Hedyotis platystipula*	草本
		长节耳草 *Hedyotis uncinella*	草本
	龙船花属 *Ixora*	龙船花 *Ixora chinensis*	灌木
		白花龙船花 *Ixora henryi*	灌木
		泡叶龙船花 *Ixora nienkui*	灌木
	粗叶木属 *Lasianthus*	斜基粗叶木 *Lasianthus attenuatus*	灌木
		粗叶木 *Lasianthus chinensis*	灌木
		西南粗叶木 *Lasianthus henryi*	灌木
		日本粗叶木 *Lasianthus japonicus*	灌木
		黄毛粗叶木 *Lasianthus rhinocerotis* subsp. *pedunculatus*	灌木
		锡金粗叶木 *Lasianthus sikkimensis*	灌木
	巴戟天属 *Morinda*	巴戟天 *Morinda officinalis*	木质藤本
		鸡眼藤 *Morinda parvifolia*	木质藤本
	玉叶金花属 *Mussaenda*	楠藤 *Mussaenda erosa*	攀缘灌木
		海南玉叶金花 *Mussaenda hainanensis*	攀缘灌木
		玉叶金花 *Mussaenda pubescens*	攀缘灌木
	腺萼木属 *Mycetia*	华腺萼木 *Mycetia sinensis*	亚灌木
	团花属 *Neolamarckia*	团花 *Neolamarckia cadamba*	乔木
	蛇根草属 *Ophiorrhiza*	广州蛇根草 *Ophiorrhiza cantonensis*	亚灌木
	鸡屎藤属 *Paederia*	鸡屎藤 *Paederia foetida*	木质藤本

续表

科名	属名	种名	生活型
茜草科 Rubiaceae	大沙叶属 *Pavetta*	香港大沙叶 *Pavetta hongkongensis*	灌木或乔木
	南山花属 *Prismatomeris*	南山花 *Prismatomeris tetrandra*	灌木或乔木
	九节属 *Psychotria*	九节 *Psychotria asiatica*	灌木或乔木
		蔓九节 *Psychotria serpens*	草质藤本
		黄脉九节 *Psychotria straminea*	灌木
		假九节 *Psychotria tutcheri*	灌木
	鱼骨木属 *Psydrax*	鱼骨木 *Psydrax dicocca*	灌木或乔木
	裂果金花属 *Schizomussaenda*	裂果金花 *Schizomussaenda henryi*	灌木
	蛇舌草属 *Scleromitrion*	粗叶耳草 *Scleromitrion verticillatum*	草本
	纽扣草属 *Spermacoce*	阔叶丰花草 *Spermacoce alata*	草本
	乌口树属 *Tarenna*	假桂乌口树 *Tarenna attenuata*	灌木或乔木
		白皮乌口树 *Tarenna depauperata*	灌木或乔木
		披针叶乌口树 *Tarenna lancilimba*	灌木或乔木
		白花苦灯笼 *Tarenna mollissima*	灌木或乔木
	钩藤属 *Uncaria*	北越钩藤 *Uncaria homomalla*	木质藤本
		大叶钩藤 *Uncaria macrophylla*	木质藤本
		侯钩藤 *Uncaria rhynchophylloides*	木质藤本
		攀茎钩藤 *Uncaria scandens*	木质藤本
		白钩藤 *Uncaria sessilifructus*	木质藤本
	尖叶木属 *Urophyllum*	尖叶木 *Urophyllum chinense*	灌木或乔木
	水锦树属 *Wendlandia*	短花水金京 *Wendlandia formosana* subsp. *breviflora*	灌木
		粗毛水锦树 *Wendlandia tinctoria* subsp. *barbata*	乔木
		水锦树 *Wendlandia uvariifolia*	灌木或乔木
芸香科 Rutaceae	山油柑属 *Acronychia*	山油柑 *Acronychia pedunculata*	乔木
	酒饼簕属 *Atalantia*	酒饼簕 *Atalantia buxifolia*	灌木
		广东酒饼簕 *Atalantia kwangtungensis*	灌木
	黄皮属 *Clausena*	假黄皮 *Clausena excavata*	灌木
	蜜茱萸属 *Melicope*	三桠苦 *Melicope pteleifolia*	乔木
	小芸木属 *Micromelum*	大管 *Micromelum falcatum*	灌木或乔木
		小芸木 *Micromelum integerrimum*	乔木
	九里香属 *Murraya*	九里香 *Murraya exotica*	乔木
	茵芋属 *Skimmia*	乔木茵芋 *Skimmia arborescens*	乔木
	吴茱萸属 *Tetradium*	华南吴萸 *Tetradium austrosinense*	乔木
		楝叶吴萸 *Tetradium glabrifolium*	乔木
		牛斜吴萸 *Tetradium trichotomum*	灌木
	飞龙掌血属 *Toddalia*	飞龙掌血 *Toddalia asiatica*	木质藤本
	花椒属 *Zanthoxylum*	簕欓花椒 *Zanthoxylum avicennae*	乔木
		拟蚬壳花椒 *Zanthoxylum laetum*	攀缘灌木
		大叶臭花椒 *Zanthoxylum myriacanthum*	乔木

续表

科名	属名	种名	生活型
芸香科 Rutaceae	花椒属 *Zanthoxylum*	两面针 *Zanthoxylum nitidum*	攀缘灌木
		花椒簕 *Zanthoxylum scandens*	攀缘灌木
清风藤科 Sabiaceae	泡花树属 *Meliosma*	腺毛泡花树 *Meliosma glandulosa*	乔木
		笔罗子 *Meliosma rigida*	乔木
	清风藤属 *Sabia*	柠檬清风藤 *Sabia limoniacea*	木质藤本
		尖叶清风藤 *Sabia swinhoei*	木质藤本
杨柳科 Salicaceae	山桂花属 *Bennettiodendron*	山桂花 *Bennettiodendron leprosipes*	乔木
	脚骨脆属 *Casearia*	球花脚骨脆 *Casearia glomerata*	灌木或乔木
	柞木属 *Xylosma*	南岭柞木 *Xylosma controversa*	乔木
檀香科 Santalaceae	寄生藤属 *Dendrotrophe*	寄生藤 *Dendrotrophe varians*	木质藤本
	槲寄生属 *Viscum*	瘤果槲寄生 *Viscum ovalifolium*	灌木
无患子科 Sapindaceae	槭属 *Acer*	青榨槭 *Acer davidii*	乔木
		罗浮槭 *Acer fabri*	乔木
		中华槭 *Acer sinense*	乔木
	异木患属 *Allophylus*	波叶异木患 *Allophylus caudatus*	乔木
	鳞花木属 *Lepisanthes*	赤才 *Lepisanthes rubiginosa*	灌木或乔木
	韶子属 *Nephelium*	韶子 *Nephelium chryseum*	乔木
	无患子属 *Sapindus*	无患子 *Sapindus saponaria*	乔木
山榄科 Sapotaceae	梭子果属 *Eberhardtia*	锈毛梭子果 *Eberhardtia aurata*	乔木
	紫荆木属 *Madhuca*	紫荆木 *Madhuca pasquieri*	乔木
三白草科 Saururaceae	蕺菜属 *Houttuynia*	蕺菜 *Houttuynia cordata*	草本
	三白草属 *Saururus*	三白草 *Saururus chinensis*	草本
虎耳草科 Saxifragaceae	鼠刺属 *Itea*	秀丽鼠刺 *Itea amoena*	灌木或乔木
		鼠刺 *Itea chinensis*	灌木或乔木
		厚叶鼠刺 *Itea coriacea*	灌木或乔木
五味子科 Schisandraceae	八角属 *Illicium*	红花八角 *Illicium dunnianum*	灌木
		短梗八角 *Illicium pachyphyllum*	乔木
	南五味子属 *Kadsura*	黑老虎 *Kadsura coccinea*	木质藤本
		南五味子 *Kadsura longipedunculata*	木质藤本
青皮木科 Schoepfiaceae	青皮木属 *Schoepfia*	青皮木 *Schoepfia jasminodora*	灌木或乔木
苦木科 Simaroubaceae	鸦胆子属 *Brucea*	鸦胆子 *Brucea javanica*	灌木
茄科 Solanaceae	茄属 *Solanum*	喀西茄 *Solanum aculeatissimum*	草本
		少花龙葵 *Solanum americanum*	草本
		假烟叶树 *Solanum erianthum*	灌木或乔木
		龙葵 *Solanum nigrum*	草本
		水茄 *Solanum torvum*	灌木
楔瓣花科 Sphenocleaceae	楔瓣花属 *Sphenoclea*	楔瓣花 *Sphenoclea zeylanica*	草本
省沽油科 Staphyleaceae	野鸦椿属 *Euscaphis*	野鸦椿 *Euscaphis japonica*	灌木或乔木
粗丝木科 Stemonuraceae	粗丝木属 *Gomphandra*	粗丝木 *Gomphandra tetrandra*	灌木或乔木
安息香科 Styracaceae	赤杨叶属 *Alniphyllum*	赤杨叶 *Alniphyllum fortunei*	乔木
	安息香属 *Styrax*	银叶安息香 *Styrax argentifolius*	乔木
		赛山梅 *Styrax confusus*	乔木

续表

科名	属名	种名	生活型
安息香科 Styracaceae	安息香属 *Styrax*	白花龙 *Styrax faberi*	灌木
		越南安息香 *Styrax tonkinensis*	乔木
山矾科 Symplocaceae	山矾属 *Symplocos*	薄叶山矾 *Symplocos anomala*	灌木或乔木
		越南山矾 *Symplocos cochinchinensis*	乔木
		密花山矾 *Symplocos congesta*	灌木或乔木
		长毛山矾 *Symplocos dolichotricha*	乔木
		羊舌树 *Symplocos glauca*	乔木
		光叶山矾 *Symplocos lancifolia*	乔木
		白檀 *Symplocos paniculata*	灌木
		山矾 *Symplocos sumuntia*	乔木
		黄牛奶树 *Symplocos theophrastifolia*	乔木
		微毛山矾 *Symplocos wikstroemiifolia*	灌木或乔木
土人参科 Talinaceae	土人参属 *Talinum*	土人参 *Talinum paniculatum*	草本
山茶科 Theaceae	山茶属 *Camellia*	长尾毛蕊茶 *Camellia caudata*	乔木
		尖连蕊茶 *Camellia cuspidata*	灌木
		显脉金花茶 *Camellia euphlebia*	灌木或乔木
		毛柄连蕊茶 *Camellia fraterna*	灌木或乔木
		金花茶 *Camellia nitidissima*	灌木或乔木
		油茶 *Camellia oleifera*	灌木
	大头茶属 *Polyspora*	大头茶 *Polyspora axillaris*	乔木
	木荷属 *Schima*	银木荷 *Schima argentea*	乔木
		木荷 *Schima superba*	乔木
		西南木荷 *Schima wallichii*	乔木
瑞香科 Thymelaeaceae	沉香属 *Aquilaria*	土沉香 *Aquilaria sinensis*	乔木
	荛花属 *Wikstroemia*	了哥王 *Wikstroemia indica*	灌木
		细轴荛花 *Wikstroemia nutans*	灌木
榆科 Ulmaceae	榉属 *Zelkova*	大果榉 *Zelkova sinica*	乔木
荨麻科 Urticaceae	苎麻属 *Boehmeria*	苎麻 *Boehmeria nivea*	亚灌木
		长叶苎麻 *Boehmeria penduliflora*	灌木
	水麻属 *Debregeasia*	长叶水麻 *Debregeasia longifolia*	灌木或乔木
	楼梯草属 *Elatostema*	狭叶楼梯草 *Elatostema lineolatum*	草本
	糯米团属 *Gonostegia*	糯米团 *Gonostegia hirta*	草本
	紫麻属 *Oreocnide*	紫麻 *Oreocnide frutescens*	灌木
		全缘叶紫麻 *Oreocnide integrifolia*	灌木
		倒卵叶紫麻 *Oreocnide obovata*	灌木
	赤车属 *Pellionia*	异被赤车 *Pellionia heteroloba*	草本
		蔓赤车 *Pellionia scabra*	草本
	冷水花属 *Pilea*	小叶冷水花 *Pilea microphylla*	草本
		冷水花 *Pilea notata*	草本
	雾水葛属 *Pouzolzia*	红雾水葛 *Pouzolzia sanguinea*	草本
		多枝雾水葛 *Pouzolzia zeylanica* var. *microphylla*	草本
	藤麻属 *Procris*	藤麻 *Procris crenata*	草本

续表

科名	属名	种名	生活型
马鞭草科 Verbenaceae	马缨丹属 *Lantana*	马缨丹 *Lantana camara*	灌木
	马鞭草属 *Verbena*	马鞭草 *Verbena officinalis*	草本
荚蒾科 Vibumaceae	接骨木属 *Sambucus*	接骨草 *Sambucus javanica*	草本或亚灌木
	荚蒾属 *Viburnum*	荚蒾 *Viburnum dilatatum*	灌木
		南方荚蒾 *Viburnum fordiae*	灌木或乔木
		海南荚蒾 *Viburnum hainanense*	灌木
		淡黄荚蒾 *Viburnum lutescens*	灌木
		珊瑚树 *Viburnum odoratissimum*	灌木或乔木
堇菜科 Violaceae	堇菜属 *Viola*	如意草 *Viola arcuata*	草本
		深圆齿堇菜 *Viola davidii*	草本
		七星莲 *Viola diffusa*	草本
葡萄科 Vitaceae	蛇葡萄属 *Ampelopsis*	蓝果蛇葡萄 *Ampelopsis bodinieri*	木质藤本
	乌蔹莓属 *Causonis*	乌蔹莓 *Causonis japonica*	草质藤本
		毛乌蔹莓 *Causonis mollis*	草质藤本
	白粉藤属 *Cissus*	白粉藤 *Cissus repens*	草质藤本
	崖爬藤属 *Tetrastigma*	三叶崖爬藤 *Tetrastigma hemsleyanum*	草质藤本
		海南崖爬藤 *Tetrastigma papillatum*	木质藤本
菖蒲科 Acoraceae	菖蒲属 *Acorus*	菖蒲 *Acorus calamus*	草本
		金钱蒲 *Acorus gramineus*	草本
石蒜科 Amaryllidaceae	文殊兰属 *Crinum*	文殊兰 *Crinum asiaticum* var. *sinicum*	草本
天南星科 Araceae	广东万年青属 *Aglaonema*	广东万年青 *Aglaonema modestum*	草本
	海芋属 *Alocasia*	尖尾芋 *Alocasia cucullata*	草本
		海芋 *Alocasia odora*	草本
	魔芋属 *Amorphophallus*	魔芋 *Amorphophallus konjac*	草本
	天南星属 *Arisaema*	一把伞南星 *Arisaema erubescens*	草本
	芋属 *Colocasia*	野芋 *Colocasia antiquorum*	草本
	麒麟叶属 *Epipremnum*	麒麟叶 *Epipremnum pinnatum*	草质藤本
	千年健属 *Homalomena*	千年健 *Homalomena occulta*	草本
	刺芋属 *Lasia*	刺芋 *Lasia spinosa*	草本
	浮萍属 *Lemna*	浮萍 *Lemna minor*	草本
	半夏属 *Pinellia*	半夏 *Pinellia ternata*	草本
	大薸属 *Pistia*	大薸 *Pistia stratiotes*	草本
	石柑属 *Pothos*	石柑子 *Pothos chinensis*	草质藤本
	崖角藤属 *Rhaphidophora*	狮子尾 *Rhaphidophora hongkongensis*	草质藤本
		毛过山龙 *Rhaphidophora hookeri*	草质藤本
	犁头尖属 *Typhonium*	马蹄犁头尖 *Typhonium trilobatum*	草本
棕榈科 Arecaceae	桄榔属 *Arenga*	桄榔 *Arenga westerhoutii*	棕榈类
	鱼尾葵属 *Caryota*	鱼尾葵 *Caryota maxima*	棕榈类
		单穗鱼尾葵 *Caryota monostachya*	棕榈类
	黄藤属 *Daemonorops*	黄藤 *Daemonorops jenkinsiana*	棕榈类
	棕竹属 *Rhapis*	棕竹 *Rhapis excelsa*	棕榈类

续表

科名	属名	种名	生活型
天门冬科 Asparagaceae	蜘蛛抱蛋属 *Aspidistra*	蜘蛛抱蛋 *Aspidistra elatior*	草本
		小花蜘蛛抱蛋 *Aspidistra minutiflora*	草本
	竹根七属 *Disporopsis*	长叶竹根七 *Disporopsis longifolia*	草本
	山麦冬属 *Liriope*	禾叶山麦冬 *Liriope graminifolia*	草本
		山麦冬 *Liriope spicata*	草本
	沿阶草属 *Ophiopogon*	沿阶草 *Ophiopogon bodinieri*	草本
		长茎沿阶草 *Ophiopogon Chingii*	草本
		褐鞘沿阶草 *Ophiopogon dracaenoides*	草本
		宽叶沿阶草 *Ophiopogon platyphyllus*	草本
	球子草属 *Peliosanthes*	大盖球子草 *Peliosanthes macrostegia*	草本
水玉簪科 Burmanniaceae	水玉簪属 *Burmannia*	水玉簪 *Burmannia disticha*	草本
鸭跖草科 Commelinaceae	穿鞘花属 *Amischotolype*	穿鞘花 *Amischotolype hispida*	草本
	鸭跖草属 *Commelina*	饭包草 *Commelina benghalensis*	草本
		鸭跖草 *Commelina communis*	草本
		大苞鸭跖草 *Commelina paludosa*	草本
	蓝耳草属 *Cyanotis*	四孔草 *Cyanotis cristata*	草本
	聚花草属 *Floscopa*	聚花草 *Floscopa scandens*	草本
	水竹叶属 *Murdannia*	大苞水竹叶 *Murdannia bracteata*	草本
		牛轭草 *Murdannia loriformis*	草本
		裸花水竹叶 *Murdannia nudiflora*	草本
	杜若属 *Pollia*	杜若 *Pollia japonica*	草本
		川杜若 *Pollia miranda*	草本
莎草科 Cyperaceae	薹草属 *Carex*	浆果薹草 *Carex baccans*	草本
		褐果薹草 *Carex brunnea*	草本
		十字薹草 *Carex cruciata*	草本
		条穗薹草 *Carex nemostachys*	草本
		镜子薹草 *Carex phacota*	草本
		花葶薹草 *Carex scaposa*	草本
	莎草属 *Cyperus*	畦畔莎草 *Cyperus haspan*	草本
		碎米莎草 *Cyperus iria*	草本
		香附子 *Cyperus rotundus*	草本
	荸荠属 *Eleocharis*	牛毛毡 *Eleocharis yokoscensis*	草本
	飘拂草属 *Fimbristylis*	夏飘拂草 *Fimbristylis aestivalis*	草本
		两歧飘拂草 *Fimbristylis dichotoma*	草本
		暗褐飘拂草 *Fimbristylis fusca*	草本
		水虱草 *Fimbristylis littoralis*	草本
	黑莎草属 *Gahnia*	黑莎草 *Gahnia tristis*	草本
	水蜈蚣属 *Kyllinga*	单穗水蜈蚣 *Kyllinga nemoralis*	草本
	刺子莞属 *Rhynchospora*	刺子莞 *Rhynchospora rubra*	草本
	珍珠茅属 *Scleria*	毛果珍珠茅 *Scleria levis Retz*	草本

续表

科名	属名	种名	生活型
薯蓣科 Dioscoreaceae	薯蓣属 *Dioscorea*	黄独 *Dioscorea bulbifera*	草质藤本
		薯莨 *Dioscorea cirrhosa*	草质藤本
		五叶薯蓣 *Dioscorea pentaphylla*	草质藤本
		褐苞薯蓣 *Dioscorea persimilis*	草质藤本
		薯蓣 *Dioscorea polystachya*	草质藤本
谷精草科 Eriocaulaceae	谷精草属 *Eriocaulon*	谷精草 *Eriocaulon buergerianum*	草本
		白药谷精草 *Eriocaulon cinereum*	草本
		华南谷精草 *Eriocaulon sexangulare*	草本
仙茅科 Hypoxidaceae	仙茅属 *Curculigo*	大叶仙茅 *Curculigo capitulata*	草本
		仙茅 *Curculigo orchioides*	草本
	小金梅草属 *Hypoxis*	小金梅草 *Hypoxis aurea*	草本
鸢尾科 Iridaceae	射干属 *Belamcanda*	射干 *Belamcanda chinensis*	草本
灯芯草科 Juncaceae	灯芯草属 *Juncus*	灯芯草 *Juncus effusus*	草本
		野灯芯草 *Juncus setchuensis*	草本
藜芦科 Melanthiaceae	重楼属 *Paris*	海南重楼 *Paris dunniana*	草本
兰科 Orchidaceae	金线兰属 *Anoectochilus*	金线兰 *Anoectochilus roxburghii*	草本
	牛齿兰属 *Appendicula*	牛齿兰 *Appendicula cornuta*	草本
	竹叶兰属 *Arundina*	竹叶兰 *Arundina graminifolia*	草本
	石豆兰属 *Bulbophyllum*	赤唇石豆兰 *Bulbophyllum affine*	草本
		密花石豆兰 *Bulbophyllum odoratissimum*	草本
		斑唇卷瓣兰 *Bulbophyllum pecten-veneris*	草本
	黄兰属 *Cephalantheropsis*	黄兰 *Cephalantheropsis obcordata*	草本
	隔距兰属 *Cleisostoma*	尖喙隔距兰 *Cleisostoma rostratum*	草本
		红花隔距兰 *Cleisostoma williamsonii*	草本
	贝母兰属 *Coelogyne*	流苏贝母兰 *Coelogyne fimbriata*	草本
	吻兰属 *Collabium*	吻兰 *Collabium chinense*	草本
	兰属 *Cymbidium*	纹瓣兰 *Cymbidium aloifolium*	草本
		建兰 *Cymbidium ensifolium*	草本
		寒兰 *Cymbidium kanran*	草本
	石斛属 *Dendrobium*	流苏石斛 *Dendrobium fimbriatum*	草本
		剑叶石斛 *Dendrobium spatella*	草本
	蛇舌兰属 *Diploprora*	蛇舌兰 *Diploprora championii*	草本
	厚唇兰属 *Epigeneium*	单叶厚唇兰 *Epigeneium fargesii*	草本
	毛兰属 *Eria*	半柱毛兰 *Eria corneri*	草本
	斑叶兰属 *Goodyera*	斑叶兰 *Goodyera schlechtendaliana*	草本
	玉凤花属 *Habenaria*	橙黄玉凤花 *Habenaria rhodocheila*	草本
	羊耳蒜属 *Liparis*	见血青 *Liparis nervosa*	草本
		扇唇羊耳蒜 *Liparis stricklandiana*	草本
		长茎羊耳蒜 *Liparis viridiflora*	草本
	石仙桃属 *Pholidota*	石仙桃 *Pholidota chinensis*	草本
露兜树科 Pandanaceae	露兜树属 *Pandanus*	露兜草 *Pandanus austrosinensis*	草本
		露兜树 *Pandanus tectorius*	灌木或乔木

续表

科名	属名	种名	生活型
田葱科 Philydraceae	田葱属 *Philydrum*	田葱 *Philydrum lanuginosum*	草本
禾本科 Poaceae	水蔗草属 *Apluda*	水蔗草 *Apluda mutica*	草本
	荩草属 *Arthraxon*	荩草 *Arthraxon hispidus*	草本
	芦竹属 *Arundo*	芦竹 *Arundo donax*	草本
	金须茅属 *Chrysopogon*	竹节草 *Chrysopogon aciculatus*	草本
	薏苡属 *Coix*	薏苡 *Coix lacryma-jobi*	草本
	狗牙根属 *Cynodon*	狗牙根 *Cynodon dactylon*	草本
	稗属 *Echinochloa*	光头稗 *Echinochloa colona*	草本
		稗 *Echinochloa crus-galli*	草本
	穇属 *Eleusine*	牛筋草 *Eleusine indica*	草本
	画眉草属 *Eragrostis*	大画眉草 *Eragrostis cilianensis*	草本
		知风草 *Eragrostis ferruginea*	草本
		画眉草 *Eragrostis pilosa*	草本
	蜈蚣草属 *Eremochloa*	假俭草 *Eremochloa ophiuroides*	草本
	黄金茅属 *Eulalia*	金茅 *Eulalia speciosa*	草本
	黄茅属 *Heteropogon*	黄茅 *Heteropogon contortus*	草本
	白茅属 *Imperata*	白茅 *Imperata cylindrica*	草本
	大节竹属 *Indosasa*	大节竹 *Indosasa crassiflora*	竹类
	柳叶箬属 *Isachne*	柳叶箬 *Isachne globosa*	草本
	假稻属 *Leersia*	李氏禾 *Leersia hexandra*	草本
	淡竹叶属 *Lophatherum*	淡竹叶 *Lophatherum gracile*	草本
	莠竹属 *Microstegium*	蔓生莠竹 *Microstegium fasciculatum*	草本
	芒属 *Miscanthus*	五节芒 *Miscanthus floridulus*	草本
		芒 *Miscanthus sinensis*	草本
	类芦属 *Neyraudia*	类芦 *Neyraudia reynaudiana*	草本
	求米草属 *Oplismenus*	求米草 *Oplismenus undulatifolius*	草本
	黍属 *Panicum*	心叶稷 *Panicum notatum*	草本
		铺地黍 *Panicum repens*	草本
	雀稗属 *Paspalum*	双穗雀稗 *Paspalum distichum*	草本
		圆果雀稗 *Paspalum scrobiculatum* var. *orbiculare*	草本
	狼尾草属 *Pennisetum*	狼尾草 *Pennisetum alopecuroides*	草本
	金发草属 *Pogonatherum*	金丝草 *Pogonatherum crinitum*	草本
		金发草 *Pogonatherum paniceum*	草本
	甘蔗属 *Saccharum*	斑茅 *Saccharum arundinaceum*	草本
		甜根子草 *Saccharum spontaneum*	草本
	囊颖草属 *Sacciolepis*	囊颖草 *Sacciolepis indica*	草本
	狗尾草属 *Setaria*	皱叶狗尾草 *Setaria plicata*	草本
		金色狗尾草 *Setaria pumila*	草本
	鼠尾粟属 *Sporobolus*	鼠尾粟 *Sporobolus fertilis*	草本
	粽叶芦属 *Thysanolaena*	粽叶芦 *Thysanolaena latifolia*	草本
雨久花科 Pontederiaceae	凤眼莲属 *Eichhornia*	凤眼莲 *Eichhornia crassipes*	草本

续表

科名	属名	种名	生活型
菝葜科 Smilacaceae	菝葜属 *Smilax*	弯梗菝葜 *Smilax aberrans*	攀缘灌木
		西南菝葜 *Smilax biumbellata*	攀缘灌木
		菝葜 *Smilax china*	攀缘灌木
		筐条菝葜 *Smilax corbularia*	攀缘灌木
		小果菝葜 *Smilax davidiana*	攀缘灌木
		四翅菝葜 *Smilax gagnepainii*	攀缘灌木
		合丝肖菝葜 *Smilax gaudichaudiana*	攀缘灌木
		土茯苓 *Smilax glabra*	攀缘灌木
		粉背菝葜 *Smilax hypoglauca*	攀缘灌木
		马甲菝葜 *Smilax lanceifolia*	攀缘灌木
		抱茎菝葜 *Smilax ocreata*	攀缘灌木
		牛尾菜 *Smilax riparia*	草质藤本
百部科 Stemonaceae	百部属 *Stemona*	大百部 *Stemona tuberosa*	草本
姜科 Zingiberaceae	山姜属 *Alpinia*	狭叶山姜 *Alpinia graminifolia*	草本
		海南山姜 *Alpinia hainanensis*	草本
		山姜 *Alpinia japonica*	草本
		长柄山姜 *Alpinia kwangsiensis*	草本
		假益智 *Alpinia maclurei*	草本
		华山姜 *Alpinia oblongifolia*	草本
	豆蔻属 *Amomum*	细砂仁 *Amomum microcarpum*	草本
	姜黄属 *Curcuma*	广西莪术 *Curcuma kwangsiensis*	草本
	姜花属 *Hedychium*	毛姜花 *Hedychium villosum*	草本

附表 13　广西防城金花茶国家级自然保护区被子植物农药种类

科名	属名	种名	生活型
蕈树科 Altingiaceae	枫香树属 *Liquidambar*	枫香树 *Liquidambar formosana*	乔木
苋科 Amaranthaceae	牛膝属 *Achyranthes*	土牛膝 *Achyranthes aspera*	草本
		牛膝 *Achyranthes bidentata*	草本
	莲子草属 *Alternanthera*	喜旱莲子草 *Alternanthera philoxeroides*	草本
	苋属 *Amaranthus*	刺苋 *Amaranthus spinosus*	草本
	腺毛藜属 *Dysphania*	土荆芥 *Dysphania ambrosioides*	草本
番荔枝科 Annonaceae	假鹰爪属 *Desmos*	假鹰爪 *Desmos chinensis*	攀缘灌木
夹竹桃科 Apocynaceae	羊角拗属 *Strophanthus*	羊角拗 *Strophanthus divaricatus*	攀缘灌木
五加科 Araliaceae	五加属 *Eleutherococcus*	白簕 *Eleutherococcus trifoliatus*	灌木
菊科 Asteraceae	藿香蓟属 *Ageratum*	藿香蓟 *Ageratum conyzoides*	草本
	蒿属 *Artemisia*	黄花蒿 *Artemisia annua*	草本
		茵陈蒿 *Artemisia capillaris*	草本
	鬼针草属 *Bidens*	鬼针草 *Bidens pilosa*	草本
	飞机草属 *Chromolaena*	飞机草 *Chromolaena odorata*	草本
	鳢肠属 *Eclipta*	鳢肠 *Eclipta prostrata*	草本
	苦荬菜属 *Ixeris*	苦荬菜 *Ixeris polycephala*	草本
	银胶菊属 *Parthenium*	银胶菊 *Parthenium hysterophorus*	草本
	千里光属 *Senecio*	千里光 *Senecio scandens*	草本
	苦苣菜属 *Sonchus*	苣荬菜 *Sonchus wightianus*	草本
	苍耳属 *Xanthium*	北美苍耳 *Xanthium chinense*	草本
旋花科 Convolvulaceae	番薯属 *Ipomoea*	牵牛 *Ipomoea nil*	草本
山茱萸科 Cornaceae	八角枫属 *Alangium*	八角枫 *Alangium chinense*	灌木或乔木
葫芦科 Cucurbitaceae	苦瓜属 *Momordica*	木鳖子 *Momordica cochinchinensis*	草质藤本
大戟科 Euphorbiaceae	巴豆属 *Croton*	巴豆 *Croton tiglium*	灌木或乔木
	大戟属 *Euphorbia*	飞扬草 *Euphorbia hirta*	草本
	蓖麻属 *Ricinus*	蓖麻 *Ricinus communis*	草本
	乌桕属 *Triadica*	乌桕 *Triadica sebifera*	乔木
	油桐属 *Vernicia*	油桐 *Vernicia fordii*	乔木
豆科 Fabaceae	相思子属 *Abrus*	相思子 *Abrus precatorius*	木质藤本
	鸡血藤属 *Callerya*	香花鸡血藤 *Callerya dielsiana*	攀缘灌木
		喙果鸡血藤 *Callerya tsui*	木质藤本
	猪屎豆属 *Crotalaria*	假地蓝 *Crotalaria ferruginea*	草本
	鱼藤属 *Derris*	锈毛鱼藤 *Derris ferruginea*	攀缘灌木
		中南鱼藤 *Derris fordii*	攀缘灌木
	崖豆藤属 *Millettia*	海南崖豆藤 *Millettia pachyloba*	木质藤本
	小槐花属 *Ohwia*	小槐花 *Ohwia caudata*	亚灌木
	葛属 *Pueraria*	葛 *Pueraria montana* var. *lobata*	草质藤本
	葫芦茶属 *Tadehagi*	葫芦茶 *Tadehagi triquetrum*	亚灌木
钩吻科 Gelsemiaceae	钩吻属 *Gelsemium*	钩吻 *Gelsemium elegans*	木质藤本
胡桃科 Juglandaceae	黄杞属 *Engelhardia*	黄杞 *Engelhardia roxburghiana*	乔木
	化香树属 *Platycarya*	化香树 *Platycarya strobilacea*	乔木
唇形科 Lamiaceae	大青属 *Clerodendrum*	臭牡丹 *Clerodendrum bungei*	灌木

续表

科名	属名	种名	生活型
唇形科 Lamiaceae	益母草属 *Leonurus*	益母草 *Leonurus japonicus*	草本
	薄荷属 *Mentha*	薄荷 *Mentha canadensis*	草本
	牡荆属 *Vitex*	牡荆 *Vitex negundo* var. *cannabifolia*	灌木或乔木
木通科 Lardizabalaceae	大血藤属 *Sargentodoxa*	大血藤 *Sargentodoxa cuneata*	木质藤本
樟科 Lauraceae	无根藤属 *Cassytha*	无根藤 *Cassytha filiformis*	草本
	山胡椒属 *Lindera*	乌药 *Lindera aggregata*	灌木或乔木
	木姜子属 *Litsea*	山鸡椒 *Litsea cubeba*	灌木或乔木
马钱科 Loganiaceae	马钱属 *Strychnos*	牛眼马钱 *Strychnos angustiflora*	木质藤本
楝科 Meliaceae	米仔兰属 *Aglaia*	米仔兰 *Aglaia odorata*	乔木
	鹧鸪花属 *Heynea*	茸果鹧鸪花 *Heynea velutina*	灌木
	楝属 *Melia*	楝 *Melia azedarach*	乔木
	香椿属 *Toona*	香椿 *Toona sinensis*	乔木
桑科 Moraceae	构属 *Broussonetia*	构树 *Broussonetia papyrifera*	灌木或乔木
	榕属 *Ficus*	薜荔 *Ficus pumila*	攀缘灌木
		黄葛树 *Ficus virens*	乔木
	葎草属 *Humulus*	葎草 *Humulus scandens*	草本
杨梅科 Myricaceae	杨梅属 *Morella*	杨梅 *Morella rubra*	乔木
桃金娘科 Myrtaceae	岗松属 *Baeckea*	岗松 *Baeckea frutescens*	灌木或乔木
酢浆草科 Oxalidaceae	酢浆草属 *Oxalis*	酢浆草 *Oxalis corniculata*	草本
叶下珠科 Phyllanthaceae	白饭树属 *Flueggea*	白饭树 *Flueggea virosa*	灌木
商陆科 Phytolaccaceae	商陆属 *Phytolacca*	垂序商陆 *Phytolacca americana*	草本
车前科 Plantaginaceae	车前属 *Plantago*	车前 *Plantago asiatica*	草本
白花丹科 Plumbaginaceae	白花丹属 *Plumbago*	白花丹 *Plumbago zeylanica*	亚灌木
蓼科 Polygonaceae	蓼属 *Persicaria*	水蓼 *Persicaria hydropiper*	草本
		长鬃蓼 *Persicaria longiseta*	草本
		杠板归 *Persicaria perfoliata*	草本
	何首乌属 *Pleuropterus*	何首乌 *Pleuropterus multiflorus*	草本
	虎杖属 *Reynoutria*	虎杖 *Reynoutria japonica*	草本
马齿苋科 Portulacaceae	马齿苋属 *Portulaca*	马齿苋 *Portulaca oleracea*	草本
鼠李科 Rhamnaceae	裸芽鼠李属 *Frangula*	长叶冻绿 *Frangula crenata*	灌木或乔木
蔷薇科 Rosaceae	龙牙草属 *Agrimonia*	龙牙草 *Agrimonia pilosa*	草本
	蛇莓属 *Duchesnea*	蛇莓 *Duchesnea indica*	草本
无患子科 Sapindaceae	无患子属 *Sapindus*	无患子 *Sapindus saponaria*	乔木
三白草科 Saururaceae	蕺菜属 *Houttuynia*	蕺菜 *Houttuynia cordata*	草本
玄参科 Scrophulariaceae	醉鱼草属 *Buddleja*	白背枫 *Buddleja asiatica*	灌木或乔木
苦木科 Simaroubaceae	鸦胆子属 *Brucea*	鸦胆子 *Brucea javanica*	灌木
茄科 Solanaceae	茄属 *Solanum*	龙葵 *Solanum nigrum*	草本
山茶科 Theaceae	山茶属 *Camellia*	油茶 *Camellia oleifera*	灌木
瑞香科 Thymelaeaceae	荛花属 *Wikstroemia*	了哥王 *Wikstroemia indica*	灌木
马鞭草科 Verbenaceae	马缨丹属 *Lantana*	马缨丹 *Lantana camara*	灌木
	马鞭草属 *Verbena*	马鞭草 *Verbena officinalis*	草本
葡萄科 Vitaceae	乌蔹莓属 *Causonis*	乌蔹莓 *Causonis japonica*	草质藤本

续表

科名	属名	种名	生活型
天南星科 Araceae	海芋属 *Alocasia*	海芋 *Alocasia odora*	草本
	半夏属 *Pinellia*	半夏 *Pinellia ternata*	草本
鸭跖草科 Commelinaceae	鸭跖草属 *Commelina*	鸭跖草 *Commelina communis*	草本
莎草科 Cyperaceae	莎草属 *Cyperus*	香附子 *Cyperus rotundus*	草本
薯蓣科 Dioscoreaceae	薯蓣属 *Dioscorea*	黄独 *Dioscorea bulbifera*	草质藤本
		薯蓣 *Dioscorea polystachya*	草质藤本
仙茅科 Hypoxidaceae	仙茅属 *Curculigo*	仙茅 *Curculigo orchioides*	草本
鸢尾科 Iridaceae	射干属 *Belamcanda*	射干 *Belamcanda chinensis*	草本
禾本科 Poaceae	薏苡属 *Coix*	薏苡 *Coix lacryma-jobi*	草本
雨久花科 Pontederiaceae	凤眼莲属 *Eichhornia*	凤眼莲 *Eichhornia crassipes*	草本
菝葜科 Smilacaceae	菝葜属 *Smilax*	菝葜 *Smilax china*	攀缘灌木
		牛尾菜 *Smilax riparia*	草质藤本
百部科 Stemonaceae	百部属 *Stemona*	大百部 *Stemona tuberosa*	草本

附表 14　广西防城金花茶国家级自然保护区被子植物有毒种类

科名	属名	种名	生活型
猕猴桃科 Actinidia ceae	猕猴桃属 *Actinidia*	阔叶猕猴桃 *Actinidia latifolia*	木质藤本
苋科 Amaranthaceae	牛膝属 *Achyranthes*	牛膝 *Achyranthes bidentata*	草本
	苋属 *Amaranthus*	刺苋 *Amaranthus spinosus*	草本
	腺毛藜属 *Dysphania*	土荆芥 *Dysphania ambrosioides*	草本
漆树科 Anacardiaceae	漆树属 *Toxicodendron*	野漆 *Toxicodendron succedaneum*	乔木
番荔枝科 Annonaceae	假鹰爪属 *Desmos*	假鹰爪 *Desmos chinensis*	攀缘灌木
伞形科 Apiaceae	胡萝卜属 *Daucus*	野胡萝卜 *Daucus carota*	草本
	水芹属 *Oenanthe*	水芹 *Oenanthe javanica*	草本
夹竹桃科 Apocynaceae	白叶藤属 *Cryptolepis*	白叶藤 *Cryptolepis sinensis*	草质藤本
	山橙属 *Melodinus*	尖山橙 *Melodinus fusiformis*	木质藤本
	马莲鞍属 *Streptocaulon*	马莲鞍 *Streptocaulon juventas*	攀缘灌木
	羊角拗属 *Strophanthus*	羊角拗 *Strophanthus divaricatus*	攀缘灌木
	络石属 *Trachelospermum*	络石 *Trachelospermum jasminoides*	木质藤本
	娃儿藤属 *Tylophora*	娃儿藤 *Tylophora ovata*	攀缘灌木
五加科 Araliaceae	楤木属 *Aralia*	野楤头 *Aralia armata*	灌木
	常春藤属 *Hedera*	常春藤 *Hedera nepalensis* var. *sinensis*	攀缘灌木
菊科 Asteraceae	蒿属 *Artemisia*	黄花蒿 *Artemisia annua*	草本
		茵陈蒿 *Artemisia capillaris*	草本
	蓟属 *Cirsium*	蓟 *Cirsium japonicum*	草本
	千里光属 *Senecio*	千里光 *Senecio scandens*	草本
	豨莶属 *Sigesbeckia*	豨莶 *Sigesbeckia orientalis*	草本
	苍耳属 *Xanthium*	北美苍耳 *Xanthium chinense*	草本
小檗科 Berberidaceae	鬼臼属 *Dysosma*	六角莲 *Dysosma pleiantha*	草本
	十大功劳属 *Mahonia*	十大功劳 *Mahonia fortunei*	灌木
黄杨科 Buxaceae	黄杨属 *Buxus*	匙叶黄杨 *Buxus harlandii*	灌木
忍冬科 Caprifoliaceae	败酱属 *Patrinia*	白花败酱 *Patrinia villosa*	草本
石竹科 Caryophyllaceae	繁缕属 *Stellaria*	繁缕 *Stellaria media*	草本
金粟兰科 Chloranthaceae	金粟兰属 *Chloranthus*	金粟兰 *Chloranthus spicatus*	亚灌木
	草珊瑚属 *Sarcandra*	草珊瑚 *Sarcandra glabra*	亚灌木
藤黄科 Clusiaceae	藤黄属 *Garcinia*	木竹子 *Garcinia multiflora*	乔木
		岭南山竹子 *Garcinia oblongifolia*	乔木
旋花科 Convolvulaceae	丁公藤属 *Erycibe*	丁公藤 *Erycibe obtusifolia*	木质藤本
	番薯属 *Ipomoea*	五爪金龙 *Ipomoea cairica*	草本
		七爪龙 *Ipomoea mauritiana*	草本
		牵牛 *Ipomoea nil*	草本
		圆叶牵牛 *Ipomoea purpurea*	草本
山茱萸科 Cornaceae	八角枫属 *Alangium*	八角枫 *Alangium chinense*	灌木或乔木
		小花八角枫 *Alangium faberi*	灌木
景天科 Crassulaceae	景天属 *Sedum*	凹叶景天 *Sedum emarginatum*	草本
葫芦科 Cucurbitaceae	苦瓜属 *Momordica*	木鳖子 *Momordica cochinchinensis*	草质藤本
虎皮楠科 Daphniphyllaceae	虎皮楠属 *Daphniphyllum*	牛耳枫 *Daphniphyllum calycinum*	灌木

续表

科名	属名	种名	生活型
虎皮楠科 Daphniphyllaceae	虎皮楠属 *Daphniphyllum*	交让木 *Daphniphyllum macropodum*	灌木或乔木
		虎皮楠 *Daphniphyllum oldhamii*	乔木
柿科 Ebenaceae	柿属 *Diospyros*	罗浮柿 *Diospyros morrisiana*	乔木
杜鹃花科 Ericaceae	金叶子属 *Craibiodendron*	广东金叶子 *Craibiodendron scleranthum* var. *kwangtungense*	乔木
	杜鹃花属 Rhododendron	杜鹃 *Rhododendron simsii*	灌木
	越橘属 *Vaccinium*	南烛 *Vaccinium bracteatum*	灌木
大戟科 Euphorbiaceae	山麻秆属 *Alchornea*	红背山麻秆 *Alchornea trewioides*	灌木
	巴豆属 *Croton*	巴豆 *Croton tiglium*	灌木或乔木
	大戟属 *Euphorbia*	飞扬草 *Euphorbia hirta*	草本
	野桐属 *Mallotus*	粗糠柴 *Mallotus philippensis*	灌木或乔木
	蓖麻属 *Ricinus*	蓖麻 *Ricinus communis*	草本
	乌桕属 *Triadica*	山乌桕 *Triadica cochinchinensis*	灌木或乔木
		乌桕 *Triadica sebifera*	乔木
	油桐属 *Vernicia*	油桐 *Vernicia fordii*	乔木
		木油桐 *Vernicia montana*	乔木
豆科 Fabaceae	相思子属 *Abrus*	相思子 *Abrus precatorius*	木质藤本
	海红豆属 *Adenanthera*	海红豆 *Adenanthera microsperma*	乔木
	合欢属 *Albizia*	楹树 *Albizia chinensis*	乔木
	猴耳环属 *Archidendron*	亮叶猴耳环 *Archidendron lucidum*	乔木
	鸡血藤属 *Callerya*	香花鸡血藤 *Callerya dielsiana*	攀缘灌木
	猪屎豆属 *Crotalaria*	大猪屎豆 *Crotalaria assamica*	草本
		猪屎豆 *Crotalaria pallida*	草本
	鱼藤属 *Derris*	锈毛鱼藤 *Derris ferruginea*	攀缘灌木
	榼藤属 *Entada*	榼藤 *Entada phaseoloides*	木质藤本
	格木属 *Erythrophleum*	格木 *Erythrophleum fordii*	乔木
	千斤拔属 *Flemingia*	大叶千斤拔 *Flemingia macrophylla*	灌木
	含羞草属 *Mimosa*	含羞草 *Mimosa pudica*	草本
	油麻藤属 *Mucuna*	白花油麻藤 *Mucuna birdwoodiana*	木质藤本
	小槐花属 *Ohwia*	小槐花 *Ohwia caudata*	亚灌木
	排钱树属 *Phyllodium*	排钱树 *Phyllodium pulchellum*	灌木
	决明属 *Senna*	望江南 *Senna occidentalis*	草本
		决明 *Senna tora*	草本
钩吻科 Gelsemiaceae	钩吻属 *Gelsemium*	钩吻 *Gelsemium elegans*	木质藤本
绣球科 Hydrangeaceae	常山属 *Dichroa*	常山 *Dichroa febrifuga*	灌木
胡桃科 Juglandaceae	黄杞属 *Engelhardia*	黄杞 *Engelhardia roxburghiana*	乔木
	化香树属 *Platycarya*	化香树 *Platycarya strobilacea*	乔木
唇形科 Lamiaceae	大青属 *Clerodendrum*	臭牡丹 *Clerodendrum bungei*	灌木
	益母草属 *Leonurus*	益母草 *Leonurus japonicus*	草本
	薄荷属 *Mentha*	薄荷 *Mentha canadensis*	草本
	石荠苎属 *Mosla*	石荠苎 *Mosla scabra*	草本
木通科 Lardizabalaceae	木通属 *Akebia*	三叶木通 *Akebia trifoliata*	木质藤本

续表

科名	属名	种名	生活型
樟科 Lauraceae	无根藤属 *Cassytha*	无根藤 *Cassytha filiformis*	草本
马钱科 Loganiaceae	马钱属 *Strychnos*	牛眼马钱 *Strychnos angustiflora*	木质藤本
桑寄生科 Loranthaceae	梨果寄生属 *Scurrula*	红花寄生 *Scurrula parasitica*	灌木
	钝果寄生属 *Taxillus*	广寄生 *Taxillus chinensis*	灌木
锦葵科 Malvaceae	黄麻属 *Corchorus*	甜麻 *Corchorus aestuans*	草本
	山芝麻属 *Helicteres*	山芝麻 *Helicteres angustifolia*	灌木
野牡丹科 Melastomataceae	柏拉木属 *Blastus*	柏拉木 *Blastus cochinchinensis*	灌木
楝科 Meliaceae	楝属 *Melia*	楝 *Melia azedarach*	乔木
防己科 Menispermaceae	轮环藤属 *Cyclea*	粉叶轮环藤 *Cyclea hypoglauca*	木质藤本
	千金藤属 *Stephania*	金线吊乌龟 *Stephania cephalantha*	草质藤本
		桐叶千金藤 *Stephania japonica* var. *discolor*	木质藤本
		粪箕笃 *Stephania longa*	草质藤本
桑科 Moraceae	榕属 *Ficus*	对叶榕 *Ficus hispida*	灌木或乔木
酢浆草科 Oxalidaceae	酢浆草属 *Oxalis*	酢浆草 *Oxalis corniculata*	草本
五列木科 Pentaphylacaceae	厚皮香属 *Ternstroemia*	厚皮香 *Ternstroemia gymnanthera*	灌木或乔木
叶下珠科 Phyllanthaceae	黑面神属 *Breynia*	黑面神 *Breynia fruticosa*	灌木
	叶下珠属 *Phyllanthus*	叶下珠 *Phyllanthus urinaria*	草本
商陆科 Phytolaccaceae	商陆属 *Phytolacca*	垂序商陆 *Phytolacca americana*	草本
车前科 Plantaginaceae	车前属 *Plantago*	车前 *Plantago asiatica*	草本
白花丹科 Plumbaginaceae	白花丹属 *Plumbago*	白花丹 *Plumbago zeylanica*	亚灌木
远志科 Polygalaceae	齿果草属 *Salomonia*	齿果草 *Salomonia cantoniensis*	草本
蓼科 Polygonaceae	蓼属 *Persicaria*	火炭母 *Persicaria chinensis*	草本
		水蓼 *Persicaria hydropiper*	草本
		杠板归 *Persicaria perfoliata*	草本
		丛枝蓼 *Persicaria posumbu*	草本
	何首乌属 *Pleuropterus*	何首乌 *Pleuropterus multiflorus*	草本
	虎杖属 *Reynoutria*	虎杖 *Reynoutria japonica*	草本
马齿苋科 Portulacaceae	马齿苋属 *Portulaca*	马齿苋 *Portulaca oleracea*	草本
报春花科 Primulaceae	紫金牛属 *Ardisia*	朱砂根 *Ardisia crenata*	灌木
	珍珠菜属 *Lysimachia*	三叶香草 *Lysimachia insignis*	草本
	铁仔属 *Myrsine*	密花树 *Myrsine seguinii*	灌木或乔木
山龙眼科 Proteaceae	山龙眼属 *Helicia*	小果山龙眼 *Helicia cochinchinensis*	灌木或乔木
	假山龙眼属 *Heliciopsis*	调羹树 *Heliciopsis lobata*	乔木
		痄腮树 *Heliciopsis terminalis*	乔木
鼠李科 Rhamnaceae	裸芽鼠李属 *Frangula*	长叶冻绿 *Frangula crenata*	灌木或乔木
	马甲子属 *Paliurus*	马甲子 *Paliurus ramosissimus*	灌木
蔷薇科 Rosaceae	龙牙草属 *Agrimonia*	龙牙草 *Agrimonia pilosa*	草本
	蛇莓属 *Duchesnea*	蛇莓 *Duchesnea indica*	草本
	蔷薇属 *Rosa*	金樱子 *Rosa laevigata*	攀缘灌木
茜草科 Rubiaceae	山石榴属 *Catunaregam*	山石榴 *Catunaregam spinosa*	灌木
	钩藤属 *Uncaria*	大叶钩藤 *Uncaria macrophylla*	木质藤本
芸香科 Rutaceae	黄皮属 *Clausena*	假黄皮 *Clausena excavata*	灌木

续表

科名	属名	种名	生活型
芸香科 Rutaceae	蜜茱萸属 *Melicope*	三桠苦 *Melicope pteleifolia*	乔木
	九里香属 *Murraya*	九里香 *Murraya exotica*	乔木
	茵芋属 *Skimmia*	乔木茵芋 *Skimmia arborescens*	乔木
	吴茱萸属 *Tetradium*	楝叶吴萸 *Tetradium glabrifolium*	乔木
	飞龙掌血属 *Toddalia*	飞龙掌血 *Toddalia asiatica*	木质藤本
	花椒属 *Zanthoxylum*	两面针 *Zanthoxylum nitidum*	攀缘灌木
无患子科 Sapindaceae	无患子属 *Sapindus*	无患子 *Sapindus saponaria*	乔木
三白草科 Saururaceae	蕺菜属 *Houttuynia*	蕺菜 *Houttuynia cordata*	草本
	三白草属 *Saururus*	三白草 *Saururus chinensis*	草本
玄参科 Scrophulariaceae	醉鱼草属 *Buddleja*	白背枫 *Buddleja asiatica*	灌木或乔木
苦木科 Simaroubaceae	鸦胆子属 *Brucea*	鸦胆子 *Brucea javanica*	灌木
茄科 Solanaceae	茄属 *Solanum*	喀西茄 *Solanum aculeatissimum*	草本
		少花龙葵 *Solanum americanum*	草本
		假烟叶树 *Solanum erianthum*	灌木或乔木
		龙葵 *Solanum nigrum*	草本
山茶科 Theaceae	山茶属 *Camellia*	油茶 *Camellia oleifera*	灌木
	木荷属 *Schima*	银木荷 *Schima argentea*	乔木
		木荷 *Schima superba*	乔木
		西南木荷 *Schima wallichii*	乔木
瑞香科 Thymelaeaceae	荛花属 *Wikstroemia*	了哥王 *Wikstroemia indica*	灌木
马鞭草科 Verbenaceae	马缨丹属 *Lantana*	马缨丹 *Lantana camara*	灌木
	马鞭草属 *Verbena*	马鞭草 *Verbena officinalis*	草本
荚蒾科 Viburnaceae	接骨木属 *Sambucus*	接骨草 *Sambucus javanica*	草本或亚灌木
菖蒲科 Acoraceae	菖蒲属 *Acorus*	金钱蒲 *Acorus gramineus*	草本
石蒜科 Amaryllidaceae	文殊兰属 *Crinum*	文殊兰 *Crinum asiaticum* var. *sinicum*	草本
天南星科 Araceae	广东万年青属 *Aglaonema*	广东万年青 *Aglaonema modestum*	草本
	海芋属 *Alocasia*	尖尾芋 *Alocasia cucullata*	草本
		海芋 *Alocasia odora*	草本
	天南星属 *Arisaema*	一把伞南星 *Arisaema erubescens*	草本
	半夏属 *Pinellia*	半夏 *Pinellia ternata*	草本
	石柑属 *Pothos*	石柑子 *Pothos chinensis*	草质藤本
	崖角藤属 *Rhaphidophora*	狮子尾 *Rhaphidophora hongkongensis*	草质藤本
	犁头尖属 *Typhonium*	马蹄犁头尖 *Typhonium trilobatum*	草本
棕榈科 Arecaceae	桄榔属 *Arenga*	桄榔 *Arenga westerhoutii*	棕榈类
	鱼尾葵属 *Caryota*	鱼尾葵 *Caryota maxima*	棕榈类
		单穗鱼尾葵 *Caryota monostachya*	棕榈类
鸭跖草科 Commelinaceae	鸭跖草属 *Commelina*	鸭跖草 *Commelina communis*	草本
闭鞘姜科 Costaceae	闭鞘姜属 *Costus*	闭鞘姜 *Costus speciosus*	草本
薯蓣科 Dioscoreaceae	薯蓣属 *Dioscorea*	黄独 *Dioscorea bulbifera*	草质藤本
		薯蓣 *Dioscorea polystachya*	草质藤本
	蒟蒻薯属 *Tacca*	箭根薯 *Tacca chantrieri*	草本
仙茅科 Hypoxidaceae	仙茅属 *Curculigo*	仙茅 *Curculigo orchioides*	草本
	小金梅草属 *Hypoxis*	小金梅草 *Hypoxis aurea*	草本

续表

科名	属名	种名	生活型
鸢尾科 Iridaceae	射干属 *Belamcanda*	射干 *Belamcanda chinensis*	草本
禾本科 Poaceae	狗牙根属 *Cynodon*	狗牙根 *Cynodon dactylon*	草本
	雀稗属 *Paspalum*	双穗雀稗 *Paspalum distichum*	草本
百部科 Stemonaceae	百部属 *Stemona*	大百部 *Stemona tuberosa*	草本

附表 15 广西防城金花茶国家级自然保护区被子植物纤维种类

科名	属名	种名	生活型
猕猴桃科 Actinidia ceae	猕猴桃属 *Actinidia*	条叶猕猴桃 *Actinidia fortunatii*	木质藤本
		中越猕猴桃 *Actinidia indochinensis*	木质藤本
		阔叶猕猴桃 *Actinidia latifolia*	木质藤本
漆树科 Anacardiaceae	南酸枣属 *Choerospondias*	南酸枣 *Choerospondias axillaris*	乔木
番荔枝科 Annonaceae	假鹰爪属 *Desmos*	假鹰爪 *Desmos chinensis*	攀缘灌木
	瓜馥木属 *Fissistigma*	阔叶瓜馥木 *Fissistigma chloroneurum*	攀缘灌木
		金果瓜馥木 *Fissistigma cupreonitens*	攀缘灌木
		白叶瓜馥木 *Fissistigma glaucescens*	攀缘灌木
		瓜馥木 *Fissistigma oldhamii*	攀缘灌木
		黑风藤 *Fissistigma polyanthum*	木质藤本
	紫玉盘属 *Uvaria*	紫玉盘 *Uvaria macrophylla*	攀缘灌木
夹竹桃科 Apocynaceae	白叶藤属 *Cryptolepis*	白叶藤 *Cryptolepis sinensis*	草质藤本
	腰骨藤属 *Ichnocarpus*	腰骨藤 *Ichnocarpus frutescens*	木质藤本
		小花藤 *Ichnocarpus polyanthus*	攀缘灌木
	络石属 *Trachelospermum*	络石 *Trachelospermum jasminoides*	木质藤本
	水壶藤属 *Urceola*	毛杜仲藤 *Urceola huaitingii*	攀缘灌木
	倒吊笔 *Wrightia*	倒吊笔 *Wrightia pubescens*	乔木
		个溥 *Wrightia sikkimensis*	乔木
冬青科 Aquifoliaceae	冬青属 *Ilex*	铁冬青 *Ilex rotunda*	灌木或乔木
		黔桂冬青 *Ilex stewardii*	灌木或乔木
五加科 Araliaceae	常春藤属 *Hedera*	常春藤 *Hedera nepalensis* var. *sinensis*	攀缘灌木
菊科 Asteraceae	蒿属 *Artemisia*	黄花蒿 *Artemisia annua*	草本
	羊耳菊属 *Duhaldea*	羊耳菊 *Duhaldea cappa*	草本
大麻科 Cannabaceae	朴属 *Celtis*	朴树 *Celtis sinensis*	乔木
	白颜树属 *Gironniera*	白颜树 *Gironniera subaequalis*	乔木
	山黄麻属 *Trema*	狭叶山黄麻 *Trema angustifolia*	灌木或乔木
		银毛叶山黄麻 *Trema nitida*	乔木
		异色山黄麻 *Trema orientalis*	乔木
		山黄麻 *Trema tomentosa*	灌木或乔木
山茱萸科 Cornaceae	八角枫属 *Alangium*	八角枫 *Alangium chinense*	灌木或乔木
五桠果科 Dilleniaceae	锡叶藤属 *Tetracera*	锡叶藤 *Tetracera sarmentosa*	木质藤本
胡颓子科 Elaeagnaceae	胡颓子属 *Elaeagnus*	蔓胡颓子 *Elaeagnus glabra*	攀缘灌木
		宜昌胡颓子 *Elaeagnus henryi*	灌木
杜英科 Elaeocarpaceae	杜英属 *Elaeocarpus*	山杜英 *Elaeocarpus sylvestris*	乔木
大戟科 Euphorbiaceae	山麻秆属 *Alchornea*	红背山麻秆 *Alchornea trewioides*	灌木
	蝴蝶果属 *Cleidiocarpon*	蝴蝶果 *Cleidiocarpon cavaleriei*	乔木
	黄桐属 *Endospermum*	黄桐 *Endospermum chinense*	灌木或乔木
	血桐属 *Macaranga*	中平树 *Macaranga denticulata*	乔木
		印度血桐 *Macaranga indica*	乔木
	野桐属 *Mallotus*	白背叶 *Mallotus apelta*	灌木或乔木
		毛桐 *Mallotus barbatus*	乔木
		白楸 *Mallotus paniculatus*	乔木

续表

科名	属名	种名	生活型
大戟科 Euphorbiaceae	野桐属 *Mallotus*	粗糠柴 *Mallotus philippensis*	灌木或乔木
	蓖麻属 *Ricinus*	蓖麻 *Ricinus communis*	草本
	乌桕属 *Triadica*	山乌桕 *Triadica cochinchinensis*	灌木或乔木
		乌桕 *Triadica sebifera*	乔木
豆科 Fabaceae	相思子属 *Abrus*	相思子 *Abrus precatorius*	木质藤本
	合欢属 *Albizia*	楹树 *Albizia chinensis*	乔木
		黄豆树 *Albizia procera*	乔木
	藤槐属 *Bowringia*	藤槐 *Bowringia callicarpa*	攀缘灌木
	鸡血藤属 *Callerya*	香花鸡血藤 *Callerya dielsiana*	攀缘灌木
		喙果鸡血藤 *Callerya tsui*	木质藤本
	猪屎豆属 *Crotalaria*	大猪屎豆 *Crotalaria assamica*	草本
		猪屎豆 *Crotalaria pallida*	草本
	黄檀属 *Dalbergia*	两粤黄檀 *Dalbergia benthamii*	攀缘灌木
		藤黄檀 *Dalbergia hancei*	攀缘灌木
	鱼藤属 *Derris*	中南鱼藤 *Derris fordii*	攀缘灌木
	榼藤属 *Entada*	榼藤 *Entada phaseoloides*	木质藤本
	胡枝子属 *Lespedeza*	截叶铁扫帚 *Lespedeza cuneata*	灌木
	崖豆藤属 *Millettia*	海南崖豆藤 *Millettia pachyloba*	木质藤本
	草葛属 *Neustanthus*	草葛 *Neustanthus phaseoloides*	草质藤本
	红豆属 *Ormosia*	软荚红豆 *Ormosia semicastrata*	乔木
	葛属 *Pueraria*	山葛 *Pueraria montana*	草质藤本
		葛 *Pueraria montana* var. *lobata*	草质藤本
	决明属 *Senna*	决明 *Senna tora*	草本
壳斗科 Fagaceae	锥属 *Castanopsis*	米槠 *Castanopsis carlesii*	乔木
		华南锥 *Castanopsis concinna*	乔木
		红锥 *Castanopsis hystrix*	乔木
胡桃科 Juglandaceae	黄杞属 *Engelhardia*	黄杞 *Engelhardia roxburghiana*	乔木
	化香树属 *Platycarya*	化香树 *Platycarya strobilacea*	乔木
唇形科 Lamiaceae	牡荆属 *Vitex*	牡荆 *Vitex negundo* var. *cannabifolia*	灌木或乔木
木通科 Lardizabalaceae	木通属 *Akebia*	三叶木通 *Akebia trifoliata*	木质藤本
	大血藤属 *Sargentodoxa*	大血藤 *Sargentodoxa cuneata*	木质藤本
樟科 Lauraceae	黄肉楠属 *Actinodaphne*	毛黄肉楠 *Actinodaphne pilosa*	乔木
	无根藤属 *Cassytha*	无根藤 *Cassytha filiformis*	草本
锦葵科 Malvaceae	秋葵属 *Abelmoschus*	黄蜀葵 *Abelmoschus manihot*	草本
	昂天莲属 *Abroma*	昂天莲 *Abroma augustum*	灌木
	木棉属 *Bombax*	木棉 *Bombax ceiba*	乔木
	刺果藤属 *Byttneria*	刺果藤 *Byttneria grandifolia*	木质藤本
	山麻树属 *Commersonia*	山麻树 *Commersonia bartramia*	乔木
	黄麻属 *Corchorus*	甜麻 *Corchorus aestuans*	草本
	梧桐属 *Firmiana*	广西火桐 *Firmiana kwangsiensis*	乔木
	扁担杆属 *Grewia*	扁担杆 *Grewia biloba*	灌木或乔木

续表

科名	属名	种名	生活型
锦葵科 Malvaceae	山芝麻属 *Helicteres*	山芝麻 *Helicteres angustifolia*	灌木
		剑叶山芝麻 *Helicteres lanceolata*	灌木
	黄槿属 *Hibiscus*	黄槿 *Talipariti tiliaceum*	灌木或乔木
	赛葵属 *Malvastrum*	赛葵 *Malvastrum coromandelianum*	草本
	破布叶属 *Microcos*	破布叶 *Microcos paniculata*	灌木或乔木
	翅子树属 *Pterospermum*	翻白叶树 *Pterospermum heterophyllum*	乔木
	梭罗树属 *Reevesia*	长柄梭罗树 *Reevesia longipetiolata*	乔木
		梭罗树 *Reevesia pubescens*	乔木
		粗齿梭罗树 *Reevesia rotundifolia*	乔木
		上思梭罗树 *Reevesia shangszeensis*	乔木
		两广梭罗树 *Reevesia thyrsoidea*	乔木
	黄花棯属 *Sida*	黄花棯 *Sida acuta*	亚灌木
		桤叶黄花棯 *Sida alnifolia*	亚灌木
	苹婆属 *Sterculia*	假苹婆 *Sterculia lanceolata*	乔木
		苹婆 *Sterculia monosperma*	乔木
	刺蒴麻属 *Triumfetta*	毛刺蒴麻 *Triumfetta cana*	亚灌木
		长勾刺蒴麻 *Triumfetta pilosa*	亚灌木
	梵天花属 *Urena*	地桃花 *Urena lobata*	灌木
		梵天花 *Urena procumbens*	灌木
防己科 Menispermaceae	天仙藤属 *Fibraurea*	天仙藤 *Fibraurea recisa*	木质藤本
	千金藤属 *Stephania*	粪箕笃 *Stephania longa*	草质藤本
桑科 Moraceae	构属 *Broussonetia*	藤构 *Broussonetia kaempferi*	灌木
		构树 *Broussonetia papyrifera*	灌木或乔木
	榕属 *Ficus*	天仙果 *Ficus erecta*	灌木或乔木
		台湾榕 *Ficus formosana*	灌木
		异叶榕 *Ficus heteromorpha*	灌木或乔木
		粗叶榕 *Ficus hirta*	灌木或乔木
		对叶榕 *Ficus hispida*	灌木或乔木
		青藤公 *Ficus langkokensis*	乔木
		榕树 *Ficus microcarpa*	乔木
		琴叶榕 *Ficus pandurata*	灌木
		薜荔 *Ficus pumila*	攀缘灌木
		珍珠莲 *Ficus sarmentosa* var. *henryi*	攀缘灌木
		爬藤榕 *Ficus sarmentosa* var. *impressa*	攀缘灌木
		斜叶榕 *Ficus tinctoria* subsp. *gibbosa*	乔木
		杂色榕 *Ficus variegata*	乔木
		变叶榕 *Ficus variolosa*	灌木或乔木
		黄葛树 *Ficus virens*	乔木
	葎草属 *Humulus*	葎草 *Humulus scandens*	草本
	橙桑属 *Maclura*	构棘 *Maclura cochinchinensis*	攀缘灌木
		柘 *Maclura tricuspidata*	灌木或乔木
	牛筋藤属 *Malaisia*	牛筋藤 *Malaisia scandens*	攀缘灌木

续表

科名	属名	种名	生活型
木樨科 Oleaceae	女贞属 *Ligustrum*	小蜡 *Ligustrum sinense*	灌木或乔木
泡桐科 Paulowniaceae	泡桐属 *Paulownia*	白花泡桐 *Paulownia fortunei*	乔木
叶下珠科 Phyllanthaceae	叶下珠属 *Phyllanthus*	叶下珠 *Phyllanthus urinaria*	草本
远志科 Polygalaceae	蝉翼藤属 *Securidaca*	蝉翼藤 *Securidaca inappendiculata*	灌木
		瑶山蝉翼藤 *Securidaca yaoshanensis*	灌木
毛茛科 Ranunculaceae	铁线莲属 *Clematis*	毛柱铁线莲 *Clematis meyeniana*	木质藤本
茜草科 Rubiaceae	水团花属 *Adina*	水团花 *Adina pilulifera*	灌木或乔木
		细叶水团花 *Adina rubella*	灌木
	玉叶金花属 *Mussaenda*	玉叶金花 *Mussaenda pubescens*	攀缘灌木
芸香科 Rutaceae	蜜茱萸属 *Melicope*	三桠苦 *Melicope pteleifolia*	乔木
	吴茱萸属 *Tetradium*	华南吴萸 *Tetradium austrosinense*	乔木
		楝叶吴萸 *Tetradium glabrifolium*	乔木
无患子科 Sapindaceae	槭属 *Acer*	青榨槭 *Acer davidii*	乔木
五味子科 Schisandraceae	南五味子属 *Kadsura*	南五味子 *Kadsura longipedunculata*	木质藤本
山茶科 Theaceae	木荷属 *Schima*	木荷 *Schima superba*	乔木
瑞香科 Thymelaeaceae	沉香属 *Aquilaria*	土沉香 *Aquilaria sinensis*	乔木
	荛花属 *Wikstroemia*	了哥王 *Wikstroemia indica*	灌木
		细轴荛花 *Wikstroemia nutans*	灌木
榆科 Ulmaceae	榉属 *Zelkova*	大果榉 *Zelkova sinica*	乔木
荨麻科 Urticaceae	舌柱麻属 *Archiboehmeria*	舌柱麻 *Archiboehmeria atrata*	亚灌木
	苎麻属 *Boehmeria*	苎麻 *Boehmeria nivea*	亚灌木
		青叶苎麻 *Boehmeria nivea* var. *tenacissima*	亚灌木
		长叶苎麻 *Boehmeria penduliflora*	灌木
	水麻属 *Debregeasia*	长叶水麻 *Debregeasia longifolia*	灌木或乔木
	糯米团属 *Gonostegia*	糯米团 *Gonostegia hirta*	草本
	紫麻属 *Oreocnide*	紫麻 *Oreocnide frutescens*	灌木
		倒卵叶紫麻 *Oreocnide obovata*	灌木
	雾水葛属 *Pouzolzia*	红雾水葛 *Pouzolzia sanguinea*	草本
葡萄科 Vitaceae	乌蔹莓属 *Causonis*	乌蔹莓 *Causonis japonica*	草质藤本
棕榈科 Arecaceae	桄榔属 *Arenga*	桄榔 *Arenga westerhoutii*	棕榈类
	省藤属 *Calamus*	桂南省藤 *Calamus austroguangxiensis*	棕榈类
		电白省藤 *Calamus dianbaiensis*	棕榈类
		单叶省藤 *Calamus simplicifolius*	棕榈类
	鱼尾葵属 *Caryota*	鱼尾葵 *Caryota maxima*	棕榈类
		单穗鱼尾葵 *Caryota monostachya*	棕榈类
	黄藤属 *Daemonorops*	黄藤 *Daemonorops jenkinsiana*	棕榈类
	轴榈属 *Licuala*	毛花轴榈 *Licuala dasyantha*	棕榈类
	山槟榔属 *Pinanga*	变色山槟榔 *Pinanga baviensis*	棕榈类
	棕竹属 *Rhapis*	棕竹 *Rhapis excelsa*	棕榈类
		细棕竹 *Rhapis gracilis*	棕榈类
莎草科 Cyperaceae	莎草属 *Cyperus*	碎米莎草 *Cyperus iria*	草本

续表

科名	属名	种名	生活型
莎草科 Cyperaceae	飘拂草属 *Fimbristylis*	水虱草 *Fimbristylis littoralis*	草本
	黑莎草属 *Gahnia*	黑莎草 *Gahnia tristis*	草本
鸢尾科 Iridaceae	射干属 *Belamcanda*	射干 *Belamcanda chinensis*	草本
灯芯草科 Juncaceae	灯芯草属 *Juncus*	灯芯草 *Juncus effusus*	草本
露兜树科 Pandanaceae	露兜树属 *Pandanus*	露兜草 *Pandanus austrosinensis*	草本
		露兜树 *Pandanus tectorius*	灌木或乔木
禾本科 Poaceae	荩草属 *Arthraxon*	荩草 *Arthraxon hispidus*	草本
	野古草属 *Arundinella*	刺芒野古草 *Arundinella setosa*	草本
	芦竹属 *Arundo*	芦竹 *Arundo donax*	草本
	簕竹属 *Bambusa*	大眼竹 *Bambusa eutuldoides*	竹类
	薏苡属 *Coix*	薏苡 *Coix lacryma-jobi*	草本
	稗属 *Echinochloa*	稗 *Echinochloa crus-galli*	草本
	䅟属 *Eleusine*	牛筋草 *Eleusine indica*	草本
	黄茅属 *Heteropogon*	黄茅 *Heteropogon contortus*	草本
	白茅属 *Imperata*	白茅 *Imperata cylindrica*	草本
	大节竹属 *Indosasa*	大节竹 *Indosasa crassiflora*	竹类
	莠竹属 *Microstegium*	蔓生莠竹 *Microstegium fasciculatum*	草本
	芒属 *Miscanthus*	五节芒 *Miscanthus floridulus*	草本
		芒 *Miscanthus sinensis*	草本
	类芦属 *Neyraudia*	类芦 *Neyraudia reynaudiana*	草本
	狼尾草属 *Pennisetum*	狼尾草 *Pennisetum alopecuroides*	草本
	甘蔗属 *Saccharum*	斑茅 *Saccharum arundinaceum*	草本
		甜根子草 *Saccharum spontaneum*	草本
	粽叶芦属 *Thysanolaena*	粽叶芦 *Thysanolaena latifolia*	草本
姜科 Zingiberaceae	山姜属 *Alpinia*	山姜 *Alpinia japonica*	草本
		华山姜 *Alpinia oblongifolia*	草本
		艳山姜 *Alpinia zerumbet*	草本

附表 16 广西防城金花茶国家级自然保护区被子植物鞣料种类

科名	属名	种名	生活型
蕈树科 Altingiaceae	枫香树属 *Liquidambar*	枫香树 *Liquidambar formosana*	乔木
漆树科 Anacardiaceae	南酸枣属 *Choerospondias*	南酸枣 *Choerospondias axillaris*	乔木
冬青科 Aquifoliaceae	冬青属 *Ilex*	冬青 *Ilex chinensis*	灌木或乔木
		小果冬青 *Ilex micrococca*	乔木
		铁冬青 *Ilex rotunda*	灌木或乔木
五加科 Araliaceae	常春藤属 *Hedera*	常春藤 *Hedera nepalensis* var. *sinensis*	攀缘灌木
菊科 Asteraceae	蒿属 *Artemisia*	黄花蒿 *Artemisia annua*	草本
	鳢肠属 *Eclipta*	鳢肠 *Eclipta prostrata*	草本
大麻科 Cannabaceae	山黄麻属 *Trema*	银毛叶山黄麻 *Trema nitida*	乔木
		异色山黄麻 *Trema orientalis*	乔木
		山黄麻 *Trema tomentosa*	灌木或乔木
藤黄科 Clusiaceae	藤黄属 *Garcinia*	木竹子 *Garcinia multiflora*	乔木
		岭南山竹子 *Garcinia oblongifolia*	乔木
山茱萸科 Cornaceae	八角枫属 *Alangium*	八角枫 *Alangium chinense*	灌木或乔木
杜英科 Elaeocarpaceae	杜英属 *Elaeocarpus*	中华杜英 *Elaeocarpus chinensis*	乔木
		山杜英 *Elaeocarpus sylvestris*	乔木
	猴欢喜属 *Sloanea*	猴欢喜 *Sloanea sinensis*	乔木
杜鹃花科 Ericaceae	杜鹃花属 *Rhododendron*	杜鹃 *Rhododendron simsii*	灌木
大戟科 Euphorbiaceae	野桐属 *Mallotus*	粗糠柴 *Mallotus philippensis*	灌木或乔木
	蓖麻属 *Ricinus*	蓖麻 *Ricinus communis*	草本
	乌桕属 *Triadica*	乌桕 *Triadica sebifera*	乔木
	油桐属 *Vernicia*	油桐 *Vernicia fordii*	乔木
		木油桐 *Vernicia montana*	乔木
豆科 Fabaceae	合欢属 *Albizia*	楹树 *Albizia chinensis*	乔木
		黄豆树 *Albizia procera*	乔木
	猴耳环属 *Archidendron*	猴耳环 *Archidendron clypearia*	乔木
	黄檀属 *Dalbergia*	藤黄檀 *Dalbergia hancei*	攀缘灌木
	火索藤属 *Phanera*	龙须藤 *Phanera championii*	攀缘灌木
	密花豆属 *Spatholobus*	密花豆 *Spatholobus suberectus*	攀缘灌木
壳斗科 Fagaceae	锥属 *Castanopsis*	米槠 *Castanopsis carlesii*	乔木
		甜槠 *Castanopsis eyrei*	乔木
		罗浮锥 *Castanopsis fabri*	乔木
		栲 *Castanopsis fargesii*	乔木
		黧蒴锥 *Castanopsis fissa*	乔木
		红锥 *Castanopsis hystrix*	乔木
		印度锥 *Castanopsis indica*	乔木
	柯属 *Lithocarpus*	木姜叶柯 *Lithocarpus litseifolius*	乔木
		犁耙柯 *Lithocarpus silvicolarum*	乔木
	栎属 *Quercus*	栎子青冈 *Quercus blakei*	乔木
黏木科 Ixonanthaceae	黏木属 *Ixonanthes*	黏木 *Ixonanthes reticulata*	乔木
胡桃科 Juglandaceae	黄杞属 *Engelhardia*	黄杞 *Engelhardia roxburghiana*	乔木
	化香树属 *Platycarya*	化香树 *Platycarya strobilacea*	乔木

续表

科名	属名	种名	生活型
唇形科 Lamiaceae	薄荷属 *Mentha*	薄荷 *Mentha canadensis*	草本
野牡丹科 Melastomataceae	柏拉木属 *Blastus*	柏拉木 *Blastus cochinchinensis*	灌木
楝科 Meliaceae	楝属 *Melia*	楝 *Melia azedarach*	乔木
	香椿属 *Toona*	香椿 *Toona sinensis*	乔木
桑科 Moraceae	构属 *Broussonetia*	构树 *Broussonetia papyrifera*	灌木或乔木
	榕属 *Ficus*	榕树 *Ficus microcarpa*	乔木
	葎草属 *Humulus*	葎草 *Humulus scandens*	草本
	橙桑属 *Maclura*	柘 *Maclura tricuspidata*	灌木或乔木
杨梅科 Myricaceae	杨梅属 *Morella*	毛杨梅 *Morella esculenta*	乔木
		杨梅 *Morella rubra*	乔木
桃金娘科 Myrtaceae	岗松属 *Baeckea*	岗松 *Baeckea frutescens*	灌木或乔木
	番石榴属 *Psidium*	番石榴 *Psidium guajava*	灌木或乔木
	桃金娘属 *Rhodomyrtus*	桃金娘 *Rhodomyrtus tomentosa*	灌木
	蒲桃属 *Syzygium*	密脉蒲桃 *Syzygium chunianum*	乔木
		红鳞蒲桃 *Syzygium hancei*	乔木
木樨科 Oleaceae	流苏树属 *Chionanthus*	枝花李榄 *Chionanthus ramiflorus*	灌木或乔木
五列木科 Pentaphylacaceae	厚皮香属 *Ternstroemia*	厚皮香 *Ternstroemia gymnanthera*	灌木或乔木
叶下珠科 Phyllanthaceae	黑面神属 *Breynia*	黑面神 *Breynia fruticosa*	灌木
	土蜜树属 *Bridelia*	禾串树 *Bridelia balansae*	乔木
		土蜜树 *Bridelia tomentosa*	灌木或乔木
	闭花木属 *Cleistanthus*	闭花木 *Cleistanthus sumatranus*	乔木
	算盘子属 *Glochidion*	毛果算盘子 *Glochidion eriocarpum*	灌木
		厚叶算盘子 *Glochidion hirsutum*	灌木或乔木
		甜叶算盘子 *Glochidion philippicum*	乔木
		湖北算盘子 *Glochidion wilsonii*	灌木
		白背算盘子 *Glochidion wrightii*	灌木或乔木
		香港算盘子 *Glochidion zeylanicum*	灌木或乔木
	叶下珠属 *Phyllanthus*	余甘子 *Phyllanthus emblica*	乔木
商陆科 Phytolaccaceae	商陆属 *Phytolacca*	垂序商陆 *Phytolacca americana*	草本
蓼科 Polygonaceae	蓼属 *Persicaria*	水蓼 *Persicaria hydropiper*	草本
	虎杖属 *Reynoutria*	虎杖 *Reynoutria japonica*	草本
报春花科 Primulaceae	铁仔属 *Myrsine*	密花树 *Myrsine seguinii*	灌木或乔木
蔷薇科 Rosaceae	龙牙草属 *Agrimonia*	龙牙草 *Agrimonia pilosa*	草本
	蔷薇属 *Rosa*	小果蔷薇 *Rosa cymosa*	攀缘灌木
		金樱子 *Rosa laevigata*	攀缘灌木
	悬钩子属 *Rubus*	茅莓 *Rubus parvifolius*	攀缘灌木
茜草科 Rubiaceae	水锦树属 *Wendlandia*	水锦树 *Wendlandia uvariifolia*	灌木或乔木
无患子科 Sapindaceae	槭属 *Acer*	青榨槭 *Acer davidii*	乔木
三白草科 Saururaceae	三白草属 *Saururus*	三白草 *Saururus chinensis*	草本
省沽油科 Staphyleaceae	野鸦椿属 *Euscaphis*	野鸦椿 *Euscaphis japonica*	灌木或乔木
山茶科 Theaceae	山茶属 *Camellia*	油茶 *Camellia oleifera*	灌木
	大头茶属 *Polyspora*	大头茶 *Polyspora axillaris*	乔木

续表

科名	属名	种名	生活型
山茶科 Theaceae	木荷属 *Schima*	银木荷 *Schima argentea*	乔木
荚蒾科 Viburnaceae	荚蒾属 *Viburnum*	荚蒾 *Viburnum dilatatum*	灌木
		海南荚蒾 *Viburnum hainanense*	灌木
菝葜科 Smilacaceae	菝葜属 *Smilax*	菝葜 *Smilax china*	攀缘灌木
		土茯苓 *Smilax glabra*	攀缘灌木
		牛尾菜 *Smilax riparia*	草质藤本

附表17 广西防城金花茶国家级自然保护区被子植物材用种类

科名	属名	种名	生活型
蕈树科 Altingiaceae	蕈树属 *Altingia*	蕈树 *Altingia chinensis*	乔木
	枫香树属 *Liquidambar*	枫香树 *Liquidambar formosana*	乔木
	半枫荷属 *Semiliquidambar*	半枫荷 *Semiliquidambar cathayensis*	乔木
漆树科 Anacardiaceae	南酸枣属 *Choerospondias*	南酸枣 *Choerospondias axillaris*	乔木
	辛果漆属 *Drimycarpus*	辛果漆 *Drimycarpus racemosus*	乔木
	漆树属 *Toxicodendron*	野漆 *Toxicodendron succedaneum*	乔木
番荔枝科 Annonaceae	野独活属 *Miliusa*	中华野独活 *Miliusa sinensis*	乔木
夹竹桃科 Apocynaceae	倒吊笔 *Wrightia*	蓝树 *Wrightia laevis*	乔木
		倒吊笔 *Wrightia pubescens*	乔木
		个溥 *Wrightia sikkimensis*	乔木
冬青科 Aquifoliaceae	冬青属 *Ilex*	黄杨冬青 *Ilex buxoides*	乔木
		沙坝冬青 *Ilex chapaensis*	乔木
		冬青 *Ilex chinensis*	乔木
		密花冬青 *Ilex confertiflora*	灌木或乔木
		厚叶冬青 *Ilex elmerrilliana*	灌木或乔木
		榕叶冬青 *Ilex ficoidea*	乔木
		台湾冬青 *Ilex formosana*	灌木或乔木
		团花冬青 *Ilex glomerata*	乔木
		海南冬青 *Ilex hainanensis*	乔木
		大果冬青 *Ilex macrocarpa*	乔木
		谷木叶冬青 *Ilex memecylifolia*	乔木
		小果冬青 *Ilex micrococca*	乔木
		多核冬青 *Ilex polypyrena*	乔木
		铁冬青 *Ilex rotunda*	灌木或乔木
		拟榕叶冬青 *Ilex subficoidea*	乔木
五加科 Araliaceae	树参属 *Dendropanax*	树参 *Dendropanax dentigerus*	灌木或乔木
	鹅掌柴属 *Heptapleurum*	鹅掌柴 *Heptapleurum heptaphyllum*	灌木或乔木
	幌伞枫属 *Heteropanax*	短梗幌伞枫 *Heteropanax brevipedicellatus*	灌木或乔木
紫葳科 Bignoniaceae	梓属 *Catalpa*	灰楸 *Catalpa fargesii*	乔木
	木蝴蝶属 *Oroxylum*	木蝴蝶 *Oroxylum indicum*	乔木
	厚壳树属 *Ehretia*	厚壳树 *Ehretia acuminata*	乔木
		长花厚壳树 *Ehretia longiflora*	乔木
橄榄科 Burseraceae	橄榄属 *Canarium*	橄榄 *Canarium album*	乔木
		乌榄 *Canarium pimela*	乔木
		毛叶榄 *Canarium subulatum*	乔木
黄杨科 Buxaceae	黄杨属 *Buxus*	大叶黄杨 *Buxus megistophylla*	灌木或乔木
大麻科 Cannabaceae	朴属 *Celtis*	朴树 *Celtis sinensis*	乔木
		假玉桂 *Celtis timorensis*	乔木
	白颜树属 *Gironniera*	白颜树 *Gironniera subaequalis*	乔木
	山黄麻属 *Trema*	狭叶山黄麻 *Trema angustifolia*	灌木或乔木
		银毛叶山黄麻 *Trema nitida*	乔木

续表

科名	属名	种名	生活型
大麻科 Cannabaceae	山黄麻属 *Trema*	异色山黄麻 *Trema orientalis*	乔木
		山黄麻 *Trema tomentosa*	灌木或乔木
卫矛科 Celastraceae	卫矛属 *Euonymus*	海桐卫矛 *Euonymus pittosporoides*	乔木
藤黄科 Clusiaceae	藤黄属 *Garcinia*	木竹子 *Garcinia multiflora*	乔木
		岭南山竹子 *Garcinia oblongifolia*	乔木
		尖叶藤黄 *Garcinia subfalcata*	乔木
山茱萸科 Cornaceae	八角枫属 *Alangium*	八角枫 *Alangium chinense*	灌木或乔木
	山茱萸属 *Cornus*	香港四照花 *Cornus hongkongensis*	灌木或乔木
虎皮楠科 Daphniphyllaceae	虎皮楠属 *Daphniphyllum*	交让木 *Daphniphyllum macropodum*	灌木或乔木
		虎皮楠 *Daphniphyllum oldhamii*	乔木
五桠果科 Dilleniaceae	五桠果属 *Dillenia*	大花五桠果 *Dillenia turbinata*	乔木
龙脑香科 Dipterocarpaceae	坡垒属 *Hopea*	狭叶坡垒 *Hopea chinensis*	乔木
柿科 Ebenaceae	柿属 *Diospyros*	乌材 *Diospyros eriantha*	乔木
		野柿 *Diospyros kaki* var. *silvestris*	乔木
		君迁子 *Diospyros lotus*	乔木
		罗浮柿 *Diospyros morrisiana*	乔木
		岭南柿 *Diospyros tutcheri*	乔木
杜英科 Elaeocarpaceae	杜英属 *Elaeocarpus*	中华杜英 *Elaeocarpus chinensis*	乔木
		显脉杜英 *Elaeocarpus dubius*	乔木
		秃瓣杜英 *Elaeocarpus glabripetalus*	乔木
		水石榕 *Elaeocarpus hainanensis*	乔木
		日本杜英 *Elaeocarpus japonicus*	乔木
		绢毛杜英 *Elaeocarpus nitentifolius*	乔木
		山杜英 *Elaeocarpus sylvestris*	乔木
		美脉杜英 *Elaeocarpus varunua*	乔木
	猴欢喜属 *Sloanea*	全叶猴欢喜 *Sloanea integrifolia*	乔木
		薄果猴欢喜 *Sloanea leptocarpa*	乔木
		猴欢喜 *Sloanea sinensis*	乔木
杜鹃花科 Ericaceae	金叶子属 *Craibiodendron*	广东金叶子 *Craibiodendron scleranthum* var. *kwangtungense*	乔木
	越橘属 *Vaccinium*	南烛 *Vaccinium bracteatum*	灌木
大戟科 Euphorbiaceae	蝴蝶果属 *Cleidiocarpon*	蝴蝶果 *Cleidiocarpon cavaleriei*	乔木
	棒柄花属 *Cleidion*	棒柄花 *Cleidion brevipetiolatum*	乔木
	黄桐属 *Endospermum*	黄桐 *Endospermum chinense*	灌木或乔木
	粗毛野桐属 *Hancea*	粗毛野桐 *Hancea hookeriana*	灌木或乔木
	血桐属 *Macaranga*	轮苞血桐 *Macaranga andamanica*	乔木
		中平树 *Macaranga denticulata*	乔木
		印度血桐 *Macaranga indica*	乔木
		刺果血桐 *Macaranga lowii*	乔木
	野桐属 *Mallotus*	白背叶 *Mallotus apelta*	灌木或乔木
		毛桐 *Mallotus barbatus*	乔木

续表

科名	属名	种名	生活型
大戟科 Euphorbiaceae	野桐属 *Mallotus*	褐毛野桐 *Mallotus metcalfianus*	乔木
		白楸 *Mallotus paniculatus*	乔木
		粗糠柴 *Mallotus philippensis*	灌木或乔木
		野桐 *Mallotus tenuifolius*	灌木或乔木
	乌桕属 *Triadica*	山乌桕 *Triadica cochinchinensis*	灌木或乔木
		乌桕 *Triadica sebifera*	乔木
	油桐属 *Vernicia*	油桐 *Vernicia fordii*	乔木
		木油桐 *Vernicia montana*	乔木
豆科 Fabaceae	海红豆属 *Adenanthera*	海红豆 *Adenanthera microsperma*	乔木
	合欢属 *Albizia*	楹树 *Albizia chinensis*	乔木
		黄豆树 *Albizia procera*	乔木
	猴耳环属 *Archidendron*	坛腺棋子豆 *Archidendron chevalieri*	乔木
		猴耳环 *Archidendron clypearia*	乔木
		碟腺棋子豆 *Archidendron kerrii*	乔木
		亮叶猴耳环 *Archidendron lucidum*	乔木
		棋子豆 *Archidendron robinsonii*	乔木
	格木属 *Erythrophleum*	格木 *Erythrophleum fordii*	乔木
	红豆属 *Ormosia*	肥荚红豆 *Ormosia fordiana*	乔木
		花榈木 *Ormosia henryi*	乔木
		小叶红豆 *Ormosia microphylla*	灌木或乔木
		南宁红豆 *Ormosia nanningensis*	乔木
		柔毛红豆 *Ormosia pubescens*	乔木
		软荚红豆 *Ormosia semicastrata*	乔木
		亮毛红豆 *Ormosia sericeolucida*	乔木
		木荚红豆 *Ormosia xylocarpa*	乔木
	无忧花属 *Saraca*	中国无忧花 *Saraca dives*	乔木
壳斗科 Fagaceae	锥属 *Castanopsis*	米槠 *Castanopsis carlesii*	乔木
		华南锥 *Castanopsis concinna*	乔木
		厚叶锥 *Castanopsis crassifolia*	乔木
		甜槠 *Castanopsis eyrei*	乔木
		罗浮锥 *Castanopsis fabri*	乔木
		栲 *Castanopsis fargesii*	乔木
		黧蒴锥 *Castanopsis fissa*	乔木
		红锥 *Castanopsis hystrix*	乔木
		印度锥 *Castanopsis indica*	乔木
		公孙锥 *Castanopsis tonkinensis*	乔木
	柯属 *Lithocarpus*	尖叶柯 *Lithocarpus attenuatus*	乔木
		炉灰柯 *Lithocarpus cinereus*	乔木
		烟斗柯 *Lithocarpus corneus*	乔木
		鱼蓝柯 *Lithocarpus cyrtocarpus*	乔木
		厚斗柯 *Lithocarpus elizabethae*	乔木
		硬壳柯 *Lithocarpus hancei*	乔木

续表

科名	属名	种名	生活型
壳斗科 Fagaceae	柯属 *Lithocarpus*	港柯 *Lithocarpus harlandii*	乔木
		木姜叶柯 *Lithocarpus litseifolius*	乔木
		黑柯 *Lithocarpus melanochromus*	乔木
		毛果柯 *Lithocarpus pseudovestitus*	乔木
		犁耙柯 *Lithocarpus silvicolarum*	乔木
		滑皮柯 *Lithocarpus skanianus*	乔木
	栎属 *Quercus*	栎子青冈 *Quercus blakei*	乔木
		上思青冈 *Quercus delicatula*	乔木
		碟斗青冈 *Quercus disciformis*	乔木
		华南青冈 *Quercus edithiae*	乔木
		饭甑青冈 *Quercus fleuryi*	乔木
		小叶青冈 *Quercus myrsinifolia*	乔木
		竹叶青冈 *Quercus neglecta*	乔木
金缕梅科 Hamamelidaceae	蜡瓣花属 *Corylopsis*	瑞木 *Corylopsis multiflora*	灌木或乔木
	秀柱花属 *Eustigma*	秀柱花 *Eustigma oblongifolium*	灌木或乔木
	马蹄荷属 *Exbucklandia*	马蹄荷 *Exbucklandia populnea*	乔木
		大果马蹄荷 *Exbucklandia tonkinensis*	乔木
	檵木属 *Loropetalum*	大果檵木 *Loropetalum*	乔木
	壳菜果属 *Mytilaria*	壳菜果 *Mytilaria laosensis*	乔木
金丝桃科 Hypericaceae	黄牛木属 *Cratoxylum*	黄牛木 *Cratoxylum cochinchinense*	灌木或乔木
黏木科 Ixonanthaceae	黏木属 *Ixonanthes*	黏木 *Ixonanthes reticulata*	乔木
胡桃科 Juglandaceae	黄杞属 *Engelhardia*	黄杞 *Engelhardia roxburghiana*	乔木
	化香树属 *Platycarya*	化香树 *Platycarya strobilacea*	乔木
唇形科 Lamiaceae	石梓属 *Gmelina*	苦梓 *Gmelina hainanensis*	乔木
	牡荆属 *Vitex*	牡荆 *Vitex negundo* var. *cannabifolia*	灌木或乔木
		山牡荆 *Vitex quinata*	乔木
		微毛布惊 *Vitex quinata* var. *puberula*	乔木
樟科 Lauraceae	黄肉楠属 *Actinodaphne*	毛黄肉楠 *Actinodaphne pilosa*	乔木
		马关黄肉楠 *Actinodaphne tsaii*	乔木
	琼楠属 *Beilschmiedia*	广东琼楠 *Beilschmiedia fordii*	乔木
		糠秕琼楠 *Beilschmiedia furfuracea*	乔木
		琼楠 *Beilschmiedia intermedia*	乔木
		贵州琼楠 *Beilschmiedia kweichowensis*	乔木
		纸叶琼楠 *Beilschmiedia pergamentacea*	乔木
		上思琼楠 *Beilschmiedia shangsiensis*	乔木
		网脉琼楠 *Beilschmiedia tsangii*	乔木
		滇琼楠 *Beilschmiedia yunnanensis*	乔木
	樟属 *Camphora*	八角樟 *Camphora illicioides*	乔木
		黄樟 *Camphora parthenoxylon*	乔木
	桂属 *Cinnamomum*	华南桂 *Cinnamomum austrosinense*	乔木
		阴香 *Cinnamomum burmanni*	乔木

续表

科名	属名	种名	生活型
樟科 Lauraceae	桂属 *Cinnamomum*	香桂 *Cinnamomum subavenium*	乔木
		粗脉桂 *Cinnamomum validinerve*	乔木
	厚壳桂属 *Cryptocarya*	岩生厚壳桂 *Cryptocarya calcicola*	乔木
		硬壳桂 *Cryptocarya Chingii*	乔木
		黄果厚壳桂 *Cryptocarya concinna*	乔木
		丛花厚壳桂 *Cryptocarya densiflora*	乔木
	山胡椒属 *Lindera*	香叶树 *Lindera communis*	灌木或乔木
		山胡椒 *Lindera glauca*	灌木或乔木
		广东山胡椒 *Lindera kwangtungensis*	乔木
		假桂钓樟 *Lindera tonkinensis*	乔木
	木姜子属 *Litsea*	尖脉木姜子 *Litsea acutivena*	乔木
		山鸡椒 *Litsea cubeba*	灌木或乔木
		黄丹木姜子 *Litsea elongata*	乔木
		近轮叶木姜子 *Litsea elongata* var. *subverticillata*	乔木
		潺槁木姜子 *Litsea glutinosa*	乔木
		红楠刨 *Litsea kwangsiensis*	乔木
		大果木姜子 *Litsea lancilimba*	乔木
		假柿木姜子 *Litsea monopetala*	乔木
		少脉木姜子 *Litsea oligophlebia*	乔木
		竹叶木姜子 *Litsea pseudoelongata*	乔木
		黑木姜子 *Litsea salicifolia*	乔木
		黄椿木姜子 *Litsea variabilis*	灌木或乔木
		轮叶木姜子 *Litsea verticillata*	乔木
	润楠属 *Machilus*	短序润楠 *Machilus breviflora*	乔木
		华润楠 *Machilus chinensis*	乔木
		琼桂润楠 *Machilus fooncheweii*	乔木
		黄心树 *Machilus gamblei*	乔木
		黄绒润楠 *Machilus grijsii*	乔木
		建润楠 *Machilus oreophila*	乔木
		刨花润楠 *Machilus pauhoi*	乔木
		扁果润楠 *Machilus platycarpa*	乔木
		狭叶润楠 *Machilus rehderi*	乔木
		柳叶润楠 *Machilus salicina*	乔木
		红楠 *Machilus thunbergii*	乔木
		绒毛润楠 *Machilus velutina*	乔木
		东兴润楠 *Machilus velutinoides*	灌木
	新木姜子属 *Neolitsea*	下龙新木姜子 *Neolitsea alongensis*	乔木
		长圆叶新木姜子 *Neolitsea oblongifolia*	乔木
		鸭公树 *Neolitsea chui*	乔木
		海南新木姜子 *Neolitsea hainanensis*	乔木
		显脉新木姜子 *Neolitsea phanerophlebia*	乔木
	油果樟属 *Syndiclis*	广西油果樟 *Syndiclis kwangsiensis*	乔木

续表

科名	属名	种名	生活型
木兰科 Magnoliaceae	长喙木兰属 *Lirianthe*	香港木兰 *Lirianthe championii*	乔木
		显脉木兰 *Lirianthe fistulosa*	乔木
	木莲属 *Manglietia*	桂南木莲 *Manglietia conifera*	乔木
		木莲 *Manglietia fordiana*	乔木
		广东木莲 *Manglietia kwangtungensis*	乔木
	含笑属 *Michelia*	苦梓含笑 *Michelia balansae*	乔木
		金叶含笑 *Michelia foveolata*	乔木
		香子含笑 *Michelia gioii*	乔木
		醉香含笑 *Michelia macclurei*	乔木
		深山含笑 *Michelia maudiae*	乔木
		观光木 *Michelia odora*	乔木
锦葵科 Malvaceae	木棉属 *Bombax*	木棉 *Bombax ceiba*	乔木
	山麻树属 *Commersonia*	山麻树 *Commersonia bartramia*	乔木
	梧桐属 *Firmiana*	广西火桐 *Firmiana kwangsiensis*	乔木
	扁担杆属 *Grewia*	扁担杆 *Grewia biloba*	灌木或乔木
	黄槿属 *Hibiscus*	黄槿 *Talipariti tiliaceum*	灌木或乔木
	破布叶属 *Microcos*	破布叶 *Microcos paniculata*	灌木或乔木
	翅子树属 *Pterospermum*	翻白叶树 *Pterospermum heterophyllum*	乔木
	梭罗树属 *Reevesia*	长柄梭罗树 *Reevesia longipetiolata*	乔木
		梭罗树 *Reevesia pubescens*	乔木
		粗齿梭罗树 *Reevesia rotundifolia*	乔木
		上思梭罗树 *Reevesia shangszeensis*	乔木
		两广梭罗树 *Reevesia thyrsoidea*	乔木
	苹婆属 *Sterculia*	假苹婆 *Sterculia lanceolata*	乔木
		苹婆 *Sterculia monosperma*	乔木
楝科 Meliaceae	米仔兰属 *Aglaia*	山椤 *Aglaia elaeagnoidea*	灌木或乔木
		米仔兰 *Aglaia odorata*	乔木
	山楝属 *Aphanamixis*	山楝 *Aphanamixis polystachya*	乔木
	浆果楝属 *Cipadessa*	浆果楝 *Cipadessa baccifera*	乔木
	樫木属 *Dysoxylum*	红果樫木 *Dysoxylum gotadhora*	乔木
		香港樫木 *Dysoxylum hongkongense*	乔木
	鹧鸪花属 *Heynea*	鹧鸪花 *Heynea trijuga*	乔木
	楝属 *Melia*	楝 *Melia azedarach*	乔木
	香椿属 *Toona*	香椿 *Toona sinensis*	乔木
水螅花科 Metteniusaceae	肖榄属 *Platea*	阔叶肖榄 *Platea latifolia*	乔木
桑科 Moraceae	波罗蜜属 *Artocarpus*	二色波罗蜜 *Artocarpus styracifolius*	乔木
		胭脂 *Artocarpus tonkinensis*	乔木
	构属 *Broussonetia*	构树 *Broussonetia papyrifera*	灌木或乔木
	榕属 *Ficus*	高山榕 *Ficus altissima*	乔木
		大果榕 *Ficus auriculata*	乔木
		垂叶榕 *Ficus benjamina*	乔木

续表

科名	属名	种名	生活型
桑科 Moraceae	榕属 *Ficus*	水同木 *Ficus fistulosa*	乔木
		大叶水榕 *Ficus glaberrima*	乔木
		青藤公 *Ficus langkokensis*	乔木
		榕树 *Ficus microcarpa*	乔木
		九丁榕 *Ficus nervosa*	乔木
		羊乳榕 *Ficus sagittata*	乔木
		鸡嗉子榕 *Ficus semicordata*	乔木
		笔管榕 *Ficus subpisocarpa*	乔木
		斜叶榕 *Ficus tinctoria* subsp. *gibbosa*	乔木
		杂色榕 *Ficus variegata*	乔木
		白肉榕 *Ficus vasculosa*	乔木
		黄葛树 *Ficus virens*	乔木
	橙桑属 *Maclura*	构棘 *Maclura cochinchinensis*	攀缘灌木
		柘 *Maclura tricuspidata*	灌木或乔木
	假鹊肾树属 *Pseudostreblus*	假鹊肾树 *Pseudostreblus indicus*	乔木
杨梅科 Myricaceae	杨梅属 *Morella*	毛杨梅 *Morella esculenta*	乔木
		杨梅 *Morella rubra*	乔木
肉豆蔻科 Myristicaceae	风吹楠属 *Horsfieldia*	风吹楠 *Horsfieldia amygdalina*	乔木
桃金娘科 Myrtaceae	子楝树属 *Decaspermum*	子楝树 *Decaspermum gracilentum*	灌木或乔木
	番石榴属 *Psidium*	番石榴 *Psidium guajava*	灌木或乔木
	桃金娘属 *Rhodomyrtus*	桃金娘 *Rhodomyrtus tomentosa*	灌木
	蒲桃属 *Syzygium*	肖蒲桃 *Syzygium acuminatissimum*	乔木
		线枝蒲桃 *Syzygium araiocladum*	灌木或乔木
		黑嘴蒲桃 *Syzygium bullockii*	灌木或乔木
		子凌蒲桃 *Syzygium championii*	灌木或乔木
		密脉蒲桃 *Syzygium chunianum*	乔木
		卫矛叶蒲桃 *Syzygium euonymifolium*	乔木
		短药蒲桃 *Syzygium globiflorum*	灌木或乔木
		红鳞蒲桃 *Syzygium hancei*	乔木
		桂南蒲桃 *Syzygium imitans*	乔木
		蒲桃 *Syzygium jambos*	乔木
		广东蒲桃 *Syzygium kwangtungense*	乔木
		山蒲桃 *Syzygium levinei*	乔木
		水翁蒲桃 *Syzygium nervosum*	乔木
		香蒲桃 *Syzygium odoratum*	乔木
		红枝蒲桃 *Syzygium rehderianum*	灌木或乔木
蓝果树科 Nyssaceae	马蹄参属 *Diplopanax*	马蹄参 *Diplopanax stachyanthus*	乔木
	蓝果树属 *Nyssa*	蓝果树 *Nyssa sinensis*	乔木
金莲木科 Ochnaceae	金莲木属 *Ochna*	金莲木 *Ochna integerrima*	乔木
木樨科 Oleaceae	流苏树属 *Chionanthus*	枝花李榄 *Chionanthus ramiflorus*	灌木或乔木
泡桐科 Paulowniaceae	泡桐属 *Paulownia*	白花泡桐 *Paulownia fortunei*	乔木

续表

科名	属名	种名	生活型
五列木科 Pentaphylacaceae	杨桐属 *Adinandra*	尖叶川杨桐 *Adinandra bockiana* var. *acutifolia*	灌木或乔木
		杨桐 *Adinandra millettii*	灌木或乔木
		亮叶杨桐 *Adinandra nitida*	灌木或乔木
	茶梨属 *Anneslea*	茶梨 *Anneslea fragrans*	灌木或乔木
	红淡比属 *Cleyera*	红淡比 *Cleyera japonica*	灌木或乔木
		倒卵叶红淡比 *Cleyera obovata*	灌木或乔木
		隐脉红淡比 *Cleyera obscurinervia*	乔木
	柃属 *Eurya*	披针叶柃 *Eurya lanciformis*	乔木
	五列木属 *Pentaphylax*	五列木 *Pentaphylax euryoides*	乔木
	厚皮香属 *Ternstroemia*	厚皮香 *Ternstroemia gymnanthera*	灌木或乔木
叶下珠科 Phyllanthaceae	五月茶属 *Antidesma*	黄毛五月茶 *Antidesma fordii*	乔木
		方叶五月茶 *Antidesma ghaesembilla*	乔木
		山地五月茶 *Antidesma montanum*	乔木
	银柴属 *Aporosa*	云南银柴 *Aporosa yunnanensis*	乔木
	木奶果属 *Baccaurea*	木奶果 *Baccaurea ramiflora*	乔木
	秋枫属 *Bischofia*	秋枫 *Bischofia javanica*	乔木
		重阳木 *Bischofia polycarpa*	乔木
	土蜜树属 *Bridelia*	禾串树 *Bridelia balansae*	乔木
		膜叶土蜜树 *Bridelia glauca*	乔木
	闭花木属 *Cleistanthus*	闭花木 *Cleistanthus sumatranus*	乔木
	算盘子属 *Glochidion*	厚叶算盘子 *Glochidion hirsutum*	灌木或乔木
		甜叶算盘子 *Glochidion philippicum*	乔木
	叶下珠属 *Phyllanthus*	余甘子 *Phyllanthus emblica*	乔木
海桐科 Pittosporaceae	海桐属 *Pittosporum*	海桐 *Pittosporum tobira*	灌木或乔木
远志科 Polygalaceae	黄叶树属 *Xanthophyllum*	黄叶树 *Xanthophyllum hainanense*	乔木
报春花科 Primulaceae	紫金牛属 *Ardisia*	罗伞树 *Ardisia quinquegona*	灌木或乔木
	铁仔属 *Myrsine*	密花树 *Myrsine seguinii*	灌木或乔木
山龙眼科 Proteaceae	山龙眼属 *Helicia*	小果山龙眼 *Helicia cochinchinensis*	灌木或乔木
		东兴山龙眼 *Helicia dongxingensis*	乔木
		山龙眼 *Helicia formosana*	乔木
		海南山龙眼 *Helicia hainanensis*	灌木或乔木
		长柄山龙眼 *Helicia longipetiolata*	乔木
		枇杷叶山龙眼 *Helicia obovatifolia* var. *mixta*	乔木
		网脉山龙眼 *Helicia reticulata*	灌木或乔木
	假山龙眼属 *Heliciopsis*	假山龙眼 *Heliciopsis henryi*	乔木
		调羹树 *Heliciopsis lobata*	乔木
		痄腮树 *Heliciopsis terminalis*	乔木
核果木科 Putranjivaceae	核果木属 *Drypetes*	拱网核果木 *Drypetes arcuatinervia*	灌木
		青枣核果木 *Drypetes cumingii*	乔木
		海南核果木 *Drypetes hainanensis*	乔木
鼠李科 Rhamnaceae	勾儿茶属 *Berchemia*	多花勾儿茶 *Berchemia floribunda*	攀缘灌木
	裸芽鼠李属 *Frangula*	长叶冻绿 *Frangula crenata*	灌木或乔木

续表

科名	属名	种名	生活型
鼠李科 Rhamnaceae	枳椇属 *Hovenia*	枳椇 *Hovenia acerba*	乔木
	马甲子属 *Paliurus*	马甲子 *Paliurus ramosissimus*	灌木
	枣属 *Ziziphus*	滇刺枣 *Ziziphus mauritiana*	乔木
红树科 Rhizophoraceae	竹节树属 *Carallia*	竹节树 *Carallia brachiata*	乔木
		锯叶竹节树 *Carallia diphopetala*	乔木
		旁杞木 *Carallia pectinifolia*	乔木
蔷薇科 Rosaceae	枇杷属 *Eriobotrya*	大花枇杷 *Eriobotrya cavaleriei*	乔木
		台湾枇杷 *Eriobotrya deflexa*	乔木
	石楠属 *Photinia*	贵州石楠 *Photinia bodinieri*	乔木
		桃叶石楠 *Photinia prunifolia*	乔木
	李属 *Prunus*	腺叶桂樱 *Prunus phaeosticta*	灌木或乔木
		刺叶桂樱 *Prunus spinulosa*	乔木
	臀果木属 *Pygeum*	疏花臀果木 *Pygeum laxiflorum*	乔木
		臀果木 *Pygeum topengii*	乔木
	梨属 *Pyrus*	豆梨 *Pyrus calleryana*	乔木
		楔叶豆梨 *Pyrus calleryana* var. *koehnei*	乔木
	石斑木属 *Rhaphiolepis*	石斑木 *Rhaphiolepis indica*	灌木或乔木
茜草科 Rubiaceae	水团花属 *Adina*	水团花 *Adina pilulifera*	灌木或乔木
	猪肚木属 *Canthium*	猪肚木 *Canthium horridum*	灌木
		大叶猪肚木 *Canthium simile*	灌木或乔木
	山石榴属 *Catunaregam*	山石榴 *Catunaregam spinosa*	灌木
	狗骨柴属 *Diplospora*	狗骨柴 *Diplospora dubia*	灌木或乔木
	栀子属 *Gardenia*	海南栀子 *Gardenia hainanensis*	乔木
	黄棉木属 *Metadina*	黄棉木 *Metadina trichotoma*	乔木
	团花属 *Neolamarckia*	团花 *Neolamarckia cadamba*	乔木
	鱼骨木属 *Psydrax*	鱼骨木 *Psydrax dicocca*	灌木或乔木
	裂果金花属 *Schizomussaenda*	裂果金花 *Schizomussaenda henryi*	灌木
	水锦树属 *Wendlandia*	水金京 *Wendlandia formosana*	灌木或乔木
		大叶木莲红 *Wendlandia pubigera*	乔木
		粗毛水锦树 *Wendlandia tinctoria* subsp. *barbata*	乔木
	岩黄树属 *Xanthophytum*	岩黄树 *Xanthophytum kwangtungense*	灌木
芸香科 Rutaceae	山油柑属 *Acronychia*	山油柑 *Acronychia pedunculata*	乔木
	酒饼簕属 *Atalantia*	酒饼簕 *Atalantia buxifolia*	灌木
	黄皮属 *Clausena*	云南黄皮 *Clausena yunnanensis*	乔木
	蜜茱萸属 *Melicope*	三桠苦 *Melicope pteleifolia*	乔木
	小芸木属 *Micromelum*	小芸木 *Micromelum integerrimum*	乔木
	九里香属 *Murraya*	九里香 *Murraya exotica*	乔木
	茵芋属 *Skimmia*	乔木茵芋 *Skimmia arborescens*	乔木
	吴茱萸属 *Tetradium*	华南吴萸 *Tetradium austrosinense*	乔木
		楝叶吴萸 *Tetradium glabrifolium*	乔木
	花椒属 *Zanthoxylum*	簕欓花椒 *Zanthoxylum avicennae*	乔木

续表

科名	属名	种名	生活型
芸香科 Rutaceae	花椒属 *Zanthoxylum*	大叶臭花椒 *Zanthoxylum myriacanthum*	乔木
清风藤科 Sabiaceae	泡花树属 *Meliosma*	狭叶泡花树 *Meliosma angustifolia*	乔木
		香皮树 *Meliosma fordii*	乔木
		腺毛泡花树 *Meliosma glandulosa*	乔木
		华南泡花树 *Meliosma laui*	乔木
		狭序泡花树 *Meliosma paupera*	乔木
		漆叶泡花树 *Meliosma rhoifolia*	乔木
		笔罗子 *Meliosma rigida*	乔木
		樟叶泡花树 *Meliosma squamulata*	乔木
杨柳科 Salicaceae	山桂花属 *Bennettiodendron*	山桂花 *Bennettiodendron leprosipes*	乔木
	脚骨脆属 *Casearia*	球花脚骨脆 *Casearia glomerata*	灌木或乔木
		膜叶脚骨脆 *Casearia membranacea*	灌木或乔木
		爪哇脚骨脆 *Casearia velutina*	灌木或乔木
	天料木属 *Homalium*	短穗天料木 *Homalium breviracemosum*	灌木
		狭叶天料木 *Homalium stenophyllum*	乔木
	箣柊属 *Scolopia*	箣柊 *Scolopia chinensis*	灌木或乔木
	柞木属 *Xylosma*	南岭柞木 *Xylosma controversa*	乔木
无患子科 Sapindaceae	槭属 *Acer*	青榨槭 *Acer davidii*	乔木
		罗浮槭 *Acer fabri*	乔木
		十蕊槭 *Acer laurinum*	乔木
		中华槭 *Acer sinense*	乔木
	异木患属 *Allophylus*	波叶异木患 *Allophylus caudatus*	乔木
	鳞花木属 *Lepisanthes*	茎花赤才 *Lepisanthes cauliflora*	灌木或乔木
		赤才 *Lepisanthes rubiginosa*	灌木或乔木
	柄果木属 *Mischocarpus*	褐叶柄果木 *Mischocarpus pentapetalus*	乔木
		柄果木 *Mischocarpus sundaicus*	乔木
	韶子属 *Nephelium*	韶子 *Nephelium chryseum*	乔木
	无患子属 *Sapindus*	无患子 *Sapindus saponaria*	乔木
山榄科 Sapotaceae	梭子果属 *Eberhardtia*	锈毛梭子果 *Eberhardtia aurata*	乔木
		梭子果 *Eberhardtia tonkinensis*	乔木
	紫荆木属 *Madhuca*	紫荆木 *Madhuca pasquieri*	乔木
	桃榄属 *Pouteria*	桃榄 *Pouteria annamensis*	乔木
	肉实树属 *Sarcosperma*	肉实树 *Sarcosperma laurinum*	乔木
	铁榄属 *Sinosideroxylon*	革叶铁榄 *Sinosideroxylon wightianum*	乔木
虎耳草科 Saxifragaceae	多香木属 *Polyosma*	多香木 *Polyosma cambodiana*	乔木
五味子科 Schisandraceae	八角属 *Illicium*	短梗八角 *Illicium pachyphyllum*	乔木
青皮木科 Schoepfiaceae	青皮木属 *Schoepfia*	华南青皮木 *Schoepfia chinensis*	乔木
		青皮木 *Schoepfia jasminodora*	灌木或乔木
省沽油科 Staphyleaceae	野鸦椿属 *Euscaphis*	野鸦椿 *Euscaphis japonica*	灌木或乔木
安息香科 Styracaceae	赤杨叶属 *Alniphyllum*	赤杨叶 *Alniphyllum fortunei*	乔木
	安息香属 *Styrax*	银叶安息香 *Styrax argentifolius*	乔木

续表

科名	属名	种名	生活型
安息香科 Styracaceae	安息香属 *Styrax*	赛山梅 *Styrax confusus*	乔木
		栓叶安息香 *Styrax suberifolius*	乔木
		越南安息香 *Styrax tonkinensis*	乔木
山矾科 Symplocaceae	革瓣山矾属 *Cordyloblaste*	南岭革瓣山矾 *Cordyloblaste confusa*	乔木
	山矾属 *Symplocos*	腺叶山矾 *Symplocos adenophylla*	乔木
		薄叶山矾 *Symplocos anomala*	灌木或乔木
		越南山矾 *Symplocos cochinchinensis*	乔木
		长毛山矾 *Symplocos dolichotricha*	乔木
		羊舌树 *Symplocos glauca*	乔木
		光叶山矾 *Symplocos lancifolia*	乔木
		光亮山矾 *Symplocos lucida*	乔木
		老鼠屎 *Symplocos stellaris*	乔木
		山矾 *Symplocos sumuntia*	乔木
		黄牛奶树 *Symplocos theophrastifolia*	乔木
		微毛山矾 *Symplocos wikstroemiifolia*	灌木或乔木
山茶科 Theaceae	山茶属 *Camellia*	长尾毛蕊茶 *Camellia caudata*	乔木
		尖连蕊茶 *Camellia cuspidata*	灌木
		防城茶 *Camellia fangchengensis*	乔木
		硬叶糙果茶 *Camellia gaudichaudii*	乔木
		金花茶 *Camellia nitidissima*	灌木
		油茶 *Camellia oleifera*	灌木
	大头茶属 *Polyspora*	大头茶 *Polyspora axillaris*	乔木
	核果茶属 *Pyrenaria*	小果核果茶 *Pyrenaria microcarpa*	乔木
	木荷属 *Schima*	银木荷 *Schima argentea*	乔木
		木荷 *Schima superba*	乔木
		西南木荷 *Schima wallichii*	乔木
	紫茎属 *Stewartia*	钝叶折柄茶 *Stewartia obovata*	乔木
		毛折柄茶 *Stewartia villosa*	乔木
		广东毛折柄茶 *Stewartia villosa* var. *kwangtungensis*	乔木
		齿叶毛折柄茶 *Stewartia villosa* var. *serrata*	乔木
瑞香科 Thymelaeaceae	沉香属 *Aquilaria*	土沉香 *Aquilaria sinensis*	乔木
榆科 Ulmaceae	榉属 *Zelkova*	大果榉 *Zelkova sinica*	乔木
荚蒾科 Viburnaceae	荚蒾属 *Viburnum*	珊瑚树 *Viburnum odoratissimum*	灌木或乔木
棕榈科 Arecaceae	省藤属 *Calamus*	桂南省藤 *Calamus austroguangxiensis*	棕榈类
		电白省藤 *Calamus dianbaiensis*	棕榈类
		单叶省藤 *Calamus simplicifolius*	棕榈类
		毛鳞省藤 *Calamus thysanolepis*	棕榈类
	黄藤属 *Daemonorops*	黄藤 *Daemonorops jenkinsiana*	棕榈类
	棕竹属 *Rhapis*	棕竹 *Rhapis excelsa*	棕榈类
		细棕竹 *Rhapis gracilis*	棕榈类
禾本科 Poaceae	簕竹属 *Bambusa*	大眼竹 *Bambusa eutuldoides*	竹类
	大节竹属 *Indosasa*	大节竹 *Indosasa crassiflora*	竹类

附表 18　广西防城金花茶国家级自然保护区被子植物观赏种类

科名	属名	种名	生活型
爵床科 Acanthaceae	十万错属 *Asystasia*	白接骨 *Asystasia neesiana*	草本
	观音草属 *Peristrophe*	观音草 *Peristrophe bivalvis*	草本
	叉柱花属 *Staurogyne*	大花叉柱花 *Staurogyne sesamoides*	草本
	马蓝属 *Strobilanthes*	曲枝假蓝 *Strobilanthes dalzielii*	亚灌木
		球花马蓝 *Strobilanthes dimorphotricha*	草本
猕猴桃科 Actinidia ceae	猕猴桃属 *Actinidia*	条叶猕猴桃 *Actinidia fortunatii*	木质藤本
		阔叶猕猴桃 *Actinidia latifolia*	木质藤本
	水东哥属 *Saurauia*	水东哥 *Saurauia tristyla*	灌木或乔木
蕈树科 Altingiaceae	枫香树属 *Liquidambar*	枫香树 *Liquidambar formosana*	乔木
漆树科 Anacardiaceae	南酸枣属 *Choerospondias*	南酸枣 *Choerospondias axillaris*	乔木
番荔枝科 Annonaceae	鹰爪花属 *Artabotrys*	鹰爪花 *Artabotrys hexapetalus*	攀缘灌木
	假鹰爪属 *Desmos*	假鹰爪 *Desmos chinensis*	攀缘灌木
	瓜馥木属 *Fissistigma*	阔叶瓜馥木 *Fissistigma chloroneurum*	攀缘灌木
夹竹桃科 Apocynaceae	眼树莲属 *Dischidia*	尖叶眼树莲 *Dischidia australis*	草质藤本
		眼树莲 *Dischidia chinensis*	草质藤本
		滴锡眼树莲 *Dischidia tonkinensis*	草质藤本
	球兰属 *Hoya*	球兰 *Hoya carnosa*	木质藤本
		黄花球兰 *Hoya fusca*	木质藤本
		荷秋藤 *Hoya griffithii*	木质藤本
		毛球兰 *Hoya villosa*	木质藤本
	山橙属 *Melodinus*	尖山橙 *Melodinus fusiformis*	木质藤本
	羊角拗属 *Strophanthus*	羊角拗 *Strophanthus divaricatus*	攀缘灌木
	络石属 *Trachelospermum*	络石 *Trachelospermum jasminoides*	木质藤本
	倒吊笔属 *Wrightia*	倒吊笔 *Wrightia pubescens*	乔木
冬青科 Aquifoliaceae	冬青属 *Ilex*	冬青 *Ilex chinensis*	灌木或乔木
		小果冬青 *Ilex micrococca*	乔木
		毛冬青 *Ilex pubescens*	灌木或乔木
		铁冬青 *Ilex rotunda*	灌木或乔木
五加科 Araliaceae	罗伞属 *Brassaiopsis*	罗伞 *Brassaiopsis glomerulata*	灌木或乔木
	常春藤属 *Hedera*	常春藤 *Hedera nepalensis* var. *sinensis*	攀缘灌木
	鹅掌柴属 *Heptapleurum*	鹅掌柴 *Heptapleurum heptaphyllum*	灌木或乔木
	幌伞枫属 *Heteropanax*	短梗幌伞枫 *Heteropanax brevipedicellatus*	灌木或乔木
菊科 Asteraceae	蟛蜞菊属 *Sphagneticola*	南美蟛蜞菊 *Sphagneticola trilobata*	草本
凤仙花科 Balsaminaceae	凤仙花属 *Impatiens*	黄金凤 *Impatiens siculifer*	草本
秋海棠科 Begonia ceae	秋海棠属 *Begonia*	食用秋海棠 *Begonia edulis*	草本
		掌裂叶秋海棠 *Begonia pedatifida*	草本
		蝎尾裂秋海棠 *Begonia scorpiuroloba*	草本
		中越秋海棠 *Begonia sinovietnamica*	草本
		观光秋海棠 *Begonia tsoongii*	草本
小檗科 Berberidaceae	十大功劳属 *Mahonia*	十大功劳 *Mahonia fortunei*	灌木
紫葳科 Bignoniaceae	梓属 *Catalpa*	灰楸 *Catalpa fargesii*	乔木
	木蝴蝶属 *Oroxylum*	木蝴蝶 *Oroxylum indicum*	乔木

续表

科名	属名	种名	生活型
橄榄科 Burseraceae	橄榄属 *Canarium*	橄榄 *Canarium album*	乔木
桔梗科 Campanulaceae	党参属 *Codonopsis*	金钱豹 *Codonopsis javanica*	草质藤本
	半边莲属 *Lobelia*	铜锤玉带草 *Lobelia nummularia*	草本
大麻科 Cannabaceae	山黄麻属 *Trema*	银毛叶山黄麻 *Trema nitida*	乔木
		山黄麻 *Trema tomentosa*	灌木或乔木
忍冬科 Caprifoliaceae	忍冬属 *Lonicera*	华南忍冬 *Lonicera confusa*	木质藤本
		长花忍冬 *Lonicera longiflora*	木质藤本
卫矛科 Celastraceae	卫矛属 *Euonymus*	扶芳藤 *Euonymus fortunei*	攀缘灌木
金粟兰科 Chloranthaceae	金粟兰属 *Chloranthus*	金粟兰 *Chloranthus spicatus*	亚灌木
	草珊瑚属 *Sarcandra*	草珊瑚 *Sarcandra glabra*	亚灌木
藤黄科 Clusiaceae	藤黄属 *Garcinia*	木竹子 *Garcinia multiflora*	乔木
		岭南山竹子 *Garcinia oblongifolia*	乔木
牛栓藤科 Connaraceae	红叶藤属 *Rourea*	小叶红叶藤 *Rourea microphylla*	攀缘灌木
旋花科 Convolvulaceae	银背藤属 *Argyreia*	白鹤藤 *Argyreia acuta*	攀缘灌木
	番薯属 *Ipomoea*	五爪金龙 *Ipomoea cairica*	草本
		七爪龙 *Ipomoea mauritiana*	草本
		牵牛 *Ipomoea nil*	草本
	鱼黄草属 *Merremia*	金钟藤 *Merremia boisiana*	草本或亚灌木
山茱萸科 Cornaceae	山茱萸属 *Cornus*	香港四照花 *Cornus hongkongensis*	灌木或乔木
景天科 Crassulaceae	落地生根属 *Bryophyllum*	落地生根 *Bryophyllum pinnatum*	草本
	景天属 *Sedum*	凹叶景天 *Sedum emarginatum*	草本
五桠果科 Dilleniaceae	五桠果属 *Dillenia*	大花五桠果 *Dillenia turbinata*	乔木
胡颓子科 Elaeagnaceae	胡颓子属 *Elaeagnus*	蔓胡颓子 *Elaeagnus glabra*	攀缘灌木
		宜昌胡颓子 *Elaeagnus henryi*	灌木
杜英科 Elaeocarpaceae	杜英属 *Elaeocarpus*	秃瓣杜英 *Elaeocarpus glabripetalus*	乔木
		山杜英 *Elaeocarpus sylvestris*	乔木
	猴欢喜属 *Sloanea*	猴欢喜 *Sloanea sinensis*	乔木
杜鹃花科 Ericaceae	吊钟花属 *Enkianthus*	吊钟花 *Enkianthus quinqueflorus*	灌木或乔木
	杜鹃花属 Rhododendron	多花杜鹃 *Rhododendron cavaleriei*	灌木或乔木
		杜鹃 *Rhododendron simsii*	灌木
大戟科 Euphorbiaceae	蝴蝶果属 *Cleidiocarpon*	蝴蝶果 *Cleidiocarpon cavaleriei*	乔木
	油桐属 *Vernicia*	油桐 *Vernicia fordii*	乔木
		木油桐 *Vernicia montana*	乔木
豆科 Fabaceae	海红豆属 *Adenanthera*	海红豆 *Adenanthera microsperma*	乔木
	小凤花属 *Caesalpinia*	南天藤 *Caesalpinia crista*	木质藤本
	鸡血藤属 *Callerya*	香花鸡血藤 *Callerya dielsiana*	攀缘灌木
	榼藤属 *Entada*	榼藤 *Entada phaseoloides*	木质藤本
	格木属 *Erythrophleum*	格木 *Erythrophleum fordii*	乔木
	含羞草属 *Mimosa*	含羞草 *Mimosa pudica*	草本
	油麻藤属 *Mucuna*	白花油麻藤 *Mucuna birdwoodiana*	木质藤本
		大果油麻藤 *Mucuna macrocarpa*	木质藤本

续表

科名	属名	种名	生活型
豆科 Fabaceae	红豆属 *Ormosia*	花榈木 *Ormosia henryi*	乔木
	火索藤属 *Phanera*	龙须藤 *Phanera championii*	攀缘灌木
	无忧花属 *Saraca*	中国无忧花 *Saraca dives*	乔木
壳斗科 Fagaceae	柯属 *Lithocarpus*	烟斗柯 *Lithocarpus corneus*	乔木
钩吻科 Gelsemiaceae	钩吻属 *Gelsemium*	钩吻 *Gelsemium elegans*	木质藤本
龙胆科 Gentianaceae	藻百年属 *Exacum*	藻百年 *Exacum tetragonum*	草本
	獐牙菜属 *Swertia*	獐牙菜 *Swertia bimaculata*	草本
苦苣苔科 Gesneriaceae	吊石苣苔属 *Lysionotus*	吊石苣苔 *Lysionotus pauciflorus*	灌木
	报春苣苔属 *Primulina*	密毛蚂蟥七 *Primulina fimbrisepala* var. *mollis*	草本
金缕梅科 Hamamelidaceae	蜡瓣花属 *Corylopsis*	瑞木 *Corylopsis multiflora*	灌木或乔木
	马蹄荷属 *Exbucklandia*	马蹄荷 *Exbucklandia populnea*	乔木
	壳菜果属 *Mytilaria*	壳菜果 *Mytilaria laosensis*	乔木
莲叶桐科 Hernandiaceae	青藤属 *Illigera*	小花青藤 *Illigera parviflora*	木质藤本
金丝桃科 Hypericaceae	黄牛木属 *Cratoxylum*	黄牛木 *Cratoxylum cochinchinense*	灌木或乔木
胡桃科 Juglandaceae	黄杞属 *Engelhardia*	黄杞 *Engelhardia roxburghiana*	乔木
	化香树属 *Platycarya*	化香树 *Platycarya strobilacea*	乔木
唇形科 Lamiaceae	紫珠属 *Callicarpa*	紫珠 *Callicarpa bodinieri*	灌木
		白棠子树 *Callicarpa dichotoma*	灌木
	大青属 *Clerodendrum*	臭牡丹 *Clerodendrum bungei*	灌木
		赪桐 *Clerodendrum japonicum*	灌木
	薄荷属 *Mentha*	薄荷 *Mentha canadensis*	草本
	刺蕊草属 *Pogostemon*	齿叶水蜡烛 *Pogostemon sampsonii*	草本
木通科 Lardizabalaceae	木通属 *Akebia*	三叶木通 *Akebia trifoliata*	木质藤本
	大血藤属 *Sargentodoxa*	大血藤 *Sargentodoxa cuneata*	木质藤本
樟科 Lauraceae	樟属 *Camphora*	黄樟 *Camphora parthenoxylon*	乔木
	桂属 *Cinnamomum*	阴香 *Cinnamomum burmanni*	乔木
	山胡椒属 *Lindera*	香叶树 *Lindera communis*	灌木或乔木
	木姜子属 *Litsea*	山鸡椒 *Litsea cubeba*	灌木或乔木
		黄丹木姜子 *Litsea elongata*	乔木
		潺槁木姜子 *Litsea glutinosa*	乔木
	润楠属 *Machilus*	红楠 *Machilus thunbergii*	乔木
母草科 Linderniaceae	母草属 *Lindernia*	长蒴母草 *Lindernia anagallis*	草本
	蝴蝶草属 *Torenia*	黄花蝴蝶草 *Torenia flava*	草本
		小花蝴蝶草 *Torenia parviflora*	草本
木兰科 Magnoliaceae	木莲属 *Manglietia*	桂南木莲 *Manglietia conifera*	乔木
		木莲 *Manglietia fordiana*	乔木
	含笑属 *Michelia*	苦梓含笑 *Michelia balansae*	乔木
		醉香含笑 *Michelia macclurei*	乔木
		观光木 *Michelia odora*	乔木
锦葵科 Malvaceae	秋葵属 *Abelmoschus*	黄蜀葵 *Abelmoschus manihot*	草本
	昂天莲属 *Abroma*	昂天莲 *Abroma augustum*	灌木

续表

科名	属名	种名	生活型
锦葵科 Malvaceae	木棉属 *Bombax*	木棉 *Bombax ceiba*	乔木
	梧桐属 *Firmiana*	广西火桐 *Firmiana kwangsiensis*	乔木
	黄槿属 *Hibiscus*	黄槿 *Talipariti tiliaceum*	灌木或乔木
	梭罗树属 *Reevesia*	粗齿梭罗树 *Reevesia rotundifolia*	乔木
	苹婆属 *Sterculia*	海南苹婆 *Sterculia hainanensis*	灌木或乔木
		假苹婆 *Sterculia lanceolata*	乔木
		苹婆 *Sterculia monosperma*	乔木
野牡丹科 Melastomataceae	野牡丹属 *Melastoma*	地棯 *Melastoma dodecandrum*	灌木
		印度野牡丹 *Melastoma malabathricum*	灌木
		毛棯 *Melastoma sanguineum*	灌木
	金锦香属 *Osbeckia*	星毛金锦香 *Osbeckia stellata*	灌木
楝科 Meliaceae	米仔兰属 *Aglaia*	米仔兰 *Aglaia odorata*	乔木
	楝属 *Melia*	楝 *Melia azedarach*	乔木
	香椿属 *Toona*	香椿 *Toona sinensis*	乔木
防己科 Menispermaceae	千金藤属 *Stephania*	金线吊乌龟 *Stephania cephalantha*	草质藤本
桑科 Moraceae	榕属 *Ficus*	大果榕 *Ficus auriculata*	乔木
		榕树 *Ficus microcarpa*	乔木
		琴叶榕 *Ficus pandurata*	灌木
		薜荔 *Ficus pumila*	攀缘灌木
		笔管榕 *Ficus subpisocarpa*	乔木
		地果 *Ficus tikoua*	木质藤本
		杂色榕 *Ficus variegata*	乔木
		黄葛树 *Ficus virens*	乔木
	橙桑属 *Maclura*	构棘 *Maclura cochinchinensis*	攀缘灌木
		柘 *Maclura tricuspidata*	灌木或乔木
杨梅科 Myricaceae	杨梅属 *Morella*	杨梅 *Morella rubra*	乔木
桃金娘科 Myrtaceae	子楝树属 *Decaspermum*	子楝树 *Decaspermum gracilentum*	灌木或乔木
	番石榴属 *Psidium*	番石榴 *Psidium guajava*	灌木或乔木
	桃金娘属 *Rhodomyrtus*	桃金娘 *Rhodomyrtus tomentosa*	灌木
	蒲桃属 *Syzygium*	华南蒲桃 *Syzygium austrosinense*	灌木或乔木
		水竹蒲桃 *Syzygium fluviatile*	灌木
金莲木科 Ochnaceae	金莲木属 *Ochna*	金莲木 *Ochna integerrima*	乔木
木樨科 Oleaceae	素馨属 *Jasminum*	扭肚藤 *Jasminum elongatum*	攀缘灌木
		清香藤 *Jasminum lanceolaria*	攀缘灌木
	女贞属 *Ligustrum*	小蜡 *Ligustrum sinense*	灌木或乔木
泡桐科 Paulowniaceae	泡桐属 *Paulownia*	白花泡桐 *Paulownia fortunei*	乔木
五列木科 Pentaphylacaceae	茶梨属 *Anneslea*	茶梨 *Anneslea fragrans*	灌木或乔木
	厚皮香属 *Ternstroemia*	厚皮香 *Ternstroemia gymnanthera*	灌木或乔木
叶下珠科 Phyllanthaceae	五月茶属 *Antidesma*	日本五月茶 *Antidesma japonicum*	灌木或乔木
	木奶果属 *Baccaurea*	木奶果 *Baccaurea ramiflora*	乔木
	秋枫属 *Bischofia*	秋枫 *Bischofia javanica*	乔木
		重阳木 *Bischofia polycarpa*	乔木

续表

科名	属名	种名	生活型
叶下珠科 Phyllanthaceae	叶下珠属 *Phyllanthus*	余甘子 *Phyllanthus emblica*	乔木
胡椒科 Piperaceae	胡椒属 *Piper*	山蒟 *Piper hancei*	木质藤本
		石南藤 *Piper wallichii*	攀缘灌木
远志科 Polygalaceae	远志属 *Polygala*	黄花倒水莲 *Polygala fallax*	灌木或乔木
蓼科 Polygonaceae	蓼属 *Persicaria*	金线草 *Persicaria filiformis*	草本
	何首乌属 *Pleuropterus*	何首乌 *Pleuropterus multiflorus*	草本
报春花科 Primulaceae	紫金牛属 *Ardisia*	大罗伞树 *Ardisia Hanceana*	灌木
		虎舌红 *Ardisia mamillata*	灌木
		罗伞树 *Ardisia quinquegona*	灌木或乔木
		雪下红 *Ardisia villosa*	灌木
		朱砂根 *Ardisiacrenata*	灌木
	珍珠菜属 *Lysimachia*	三叶香草 *Lysimachia insignis*	草本
	杜茎山属 *Maesa*	鲫鱼胆 *Maesa perlarius*	灌木
	铁仔属 *Myrsine*	密花树 *Myrsine seguinii*	灌木或乔木
山龙眼科 Proteaceae	山龙眼属 *Helicia*	网脉山龙眼 *Helicia reticulata*	灌木或乔木
毛茛科 Ranunculaceae	铁线莲属 *Clematis*	柱果铁线莲 *Clematis uncinata*	木质藤本
鼠李科 Rhamnaceae	马甲子属 *Paliurus*	马甲子 *Paliurus ramosissimus*	灌木
红树科 Rhizophoraceae	竹节树属 *Carallia*	竹节树 *Carallia brachiata*	乔木
蔷薇科 Rosaceae	梨属 *Pyrus*	豆梨 *Pyrus calleryana*	乔木
	石斑木属 *Rhaphiolepis*	石斑木 *Rhaphiolepis indica*	灌木或乔木
	蔷薇属 *Rosa*	金樱子 *Rosa laevigata*	攀缘灌木
	花楸属 *Sorbus*	美脉花楸 *Sorbus caloneura*	灌木或乔木
茜草科 Rubiaceae	栀子属 *Gardenia*	栀子 *Gardenia jasminoides*	灌木
	龙船花属 *Ixora*	龙船花 *Ixora chinensis*	灌木
		白花龙船花 *Ixora henryi*	灌木
	玉叶金花属 *Mussaenda*	玉叶金花 *Mussaenda pubescens*	攀缘灌木
	团花属 *Neolamarckia*	团花 *Neolamarckia cadamba*	乔木
	裂果金花属 *Schizomussaenda*	裂果金花 *Schizomussaenda henryi*	灌木
芸香科 Rutaceae	九里香属 *Murraya*	九里香 *Murraya exotica*	乔木
	吴茱萸属 *Tetradium*	楝叶吴萸 *Tetradium glabrifolium*	乔木
无患子科 Sapindaceae	槭属 *Acer*	青榨槭 *Acer davidii*	乔木
	无患子属 *Sapindus*	无患子 *Sapindus saponaria*	乔木
三白草科 Saururaceae	蕺菜属 *Houttuynia*	蕺菜 *Houttuynia cordata*	草本
	三白草属 *Saururus*	三白草 *Saururus chinensis*	草本
五味子科 Schisandraceae	南五味子属 *Kadsura*	黑老虎 *Kadsura coccinea*	木质藤本
		南五味子 *Kadsura longipedunculata*	木质藤本
省沽油科 Staphyleaceae	野鸦椿属 *Euscaphis*	野鸦椿 *Euscaphis japonica*	灌木或乔木
安息香科 Styracaceae	赤杨叶属 *Alniphyllum*	赤杨叶 *Alniphyllum fortunei*	乔木
	安息香属 *Styrax*	赛山梅 *Styrax confusus*	乔木
		白花龙 *Styrax faberi*	灌木
山矾科 Symplocaceae	山矾属 *Symplocos*	薄叶山矾 *Symplocos anomala*	灌木或乔木
		光叶山矾 *Symplocos lancifolia*	乔木

续表

科名	属名	种名	生活型
山茶科 Theaceae	山茶属 *Camellia*	长尾毛蕊茶 *Camellia caudata*	乔木
山茶科 Theaceae	山茶属 *Camellia*	尖连蕊茶 *Camellia cuspidata*	灌木
山茶科 Theaceae	山茶属 *Camellia*	越南油茶 *Camellia drupifera*	灌木或乔木
山茶科 Theaceae	山茶属 *Camellia*	显脉金花茶 *Camellia euphlebia*	灌木或乔木
山茶科 Theaceae	山茶属 *Camellia*	东兴金花茶 *Camellia indochinensis* var. *tunghinensis*	灌木
山茶科 Theaceae	山茶属 *Camellia*	金花茶 *Camellia nitidissima*	灌木或乔木
山茶科 Theaceae	山茶属 *Camellia*	油茶 *Camellia oleifera*	灌木
山茶科 Theaceae	大头茶属 *Polyspora*	大头茶 *Polyspora axillaris*	乔木
山茶科 Theaceae	木荷属 *Schima*	银木荷 *Schima argentea*	乔木
山茶科 Theaceae	木荷属 *Schima*	木荷 *Schima superba*	乔木
山茶科 Theaceae	木荷属 *Schima*	西南木荷 *Schima wallichii*	乔木
瑞香科 Thymelaeaceae	沉香属 *Aquilaria*	土沉香 *Aquilaria sinensis*	乔木
马鞭草科 Verbenaceae	马缨丹属 *Lantana*	马缨丹 *Lantana camara*	灌木
荚蒾科 Viburnaceae	荚蒾属 *Viburnum*	荚蒾 *Viburnum dilatatum*	灌木
荚蒾科 Viburnaceae	荚蒾属 *Viburnum*	南方荚蒾 *Viburnum fordiae*	灌木或乔木
荚蒾科 Viburnaceae	荚蒾属 *Viburnum*	珊瑚树 *Viburnum odoratissimum*	灌木或乔木
荚蒾科 Viburnaceae	荚蒾属 *Viburnum*	常绿荚蒾 *Viburnum sempervirens*	灌木
菖蒲科 Acoraceae	菖蒲属 *Acorus*	金钱蒲 *Acorus gramineus*	草本
石蒜科 Amaryllidaceae	文殊兰属 *Crinum*	文殊兰 *Crinum asiaticum* var. *sinicum*	草本
天南星科 Araceae	广东万年青属 *Aglaonema*	广东万年青 *Aglaonema modestum*	草本
天南星科 Araceae	海芋属 *Alocasia*	尖尾芋 *Alocasia cucullata*	草本
天南星科 Araceae	海芋属 *Alocasia*	海芋 *Alocasia odora*	草本
天南星科 Araceae	魔芋属 *Amorphophallus*	魔芋 *Amorphophallus konjac*	草本
天南星科 Araceae	天南星属 *Arisaema*	一把伞南星 *Arisaema erubescens*	草本
天南星科 Araceae	麒麟叶属 *Epipremnum*	麒麟叶 *Epipremnum pinnatum*	草质藤本
天南星科 Araceae	千年健属 *Homalomena*	千年健 *Homalomena occulta*	草本
天南星科 Araceae	刺芋属 *Lasia*	刺芋 *Lasia spinosa*	草本
天南星科 Araceae	大薸属 *Pistia*	大薸 *Pistia stratiotes*	草本
天南星科 Araceae	石柑属 *Pothos*	石柑子 *Pothos chinensis*	草质藤本
天南星科 Araceae	崖角藤属 *Rhaphidophora*	粗茎崖角藤 *Rhaphidophora crassicaulis*	草质藤本
天南星科 Araceae	崖角藤属 *Rhaphidophora*	狮子尾 *Rhaphidophora hongkongensis*	草质藤本
天南星科 Araceae	崖角藤属 *Rhaphidophora*	毛过山龙 *Rhaphidophora hookeri*	草质藤本
天南星科 Araceae	犁头尖属 *Typhonium*	马蹄犁头尖 *Typhonium trilobatum*	草本
棕榈科 Arecaceae	桄榔属 *Arenga*	桄榔 *Arenga westerhoutii*	棕榈类
棕榈科 Arecaceae	鱼尾葵属 *Caryota*	鱼尾葵 *Caryota maxima*	棕榈类
棕榈科 Arecaceae	鱼尾葵属 *Caryota*	单穗鱼尾葵 *Caryota monostachya*	棕榈类
棕榈科 Arecaceae	轴榈属 *Licuala*	毛花轴榈 *Licuala dasyantha*	棕榈类
棕榈科 Arecaceae	山槟榔属 *Pinanga*	变色山槟榔 *Pinanga baviensis*	棕榈类
棕榈科 Arecaceae	棕竹属 *Rhapis*	棕竹 *Rhapis excelsa*	棕榈类
棕榈科 Arecaceae	棕竹属 *Rhapis*	细棕竹 *Rhapis gracilis*	棕榈类
天门冬科 Asparagaceae	蜘蛛抱蛋属 *Aspidistra*	蜘蛛抱蛋 *Aspidistra elatior*	草本

续表

科名	属名	种名	生活型
天门冬科 Asparagaceae	蜘蛛抱蛋属 *Aspidistra*	小花蜘蛛抱蛋 *Aspidistra minutiflora*	草本
	竹根七属 *Disporopsis*	长叶竹根七 *Disporopsis longifolia*	草本
	龙血树属 *Dracaena*	长花龙血树 *Dracaena angustifolia*	灌木
		细枝龙血树 *Dracaena elliptica*	灌木
	山麦冬属 *Liriope*	山麦冬 *Liriope spicata*	草本
	沿阶草属 *Ophiopogon*	沿阶草 *Ophiopogon bodinieri*	草本
		长茎沿阶草 *Ophiopogon Chingii*	草本
水玉簪科 Burmanniaceae	水玉簪属 *Burmannia*	水玉簪 *Burmannia disticha*	草本
秋水仙科 Colchicaceae	万寿竹属 *Disporum*	长蕊万寿竹 *Disporum longistylum*	草本
闭鞘姜科 Costaceae	闭鞘姜属 *Costus*	闭鞘姜 *Costus speciosus*	草本
	地莴笋花属 *Parahellenia*	光叶闭鞘姜 *Parahellenia tonkinensis*	草本
薯蓣科 Dioscoreaceae	蒟蒻薯属 *Tacca*	箭根薯 *Tacca chantrieri*	草本
仙茅科 Hypoxidaceae	仙茅属 *Curculigo*	大叶仙茅 *Curculigo capitulata*	草本
		仙茅 *Curculigo orchioides*	草本
鸢尾科 Iridaceae	射干属 *Belamcanda*	射干 *Belamcanda chinensis*	草本
藜芦科 Melanthiaceae	重楼属 *Paris*	海南重楼 *Paris dunniana*	草本
芭蕉科 Musaceae	芭蕉属 *Musa*	小果野蕉 *Musa acuminata*	草本
兰科 Orchidaceae	金线兰属 *Anoectochilus*	金线兰 *Anoectochilus roxburghii*	草本
	竹叶兰属 *Arundina*	竹叶兰 *Arundina graminifolia*	草本
	石豆兰属 *Bulbophyllum*	密花石豆兰 *Bulbophyllum odoratissimum*	草本
		斑唇卷瓣兰 *Bulbophyllum pecten-veneris*	草本
	虾脊兰属 *Calanthe*	二列叶虾脊兰 *Calanthe speciosa*	草本
	黄兰属 *Cephalantheropsis*	黄兰 *Cephalantheropsis obcordata*	草本
	隔距兰属 *Cleisostoma*	尖喙隔距兰 *Cleisostoma rostratum*	草本
		红花隔距兰 *Cleisostoma williamsonii*	草本
	贝母兰属 *Coelogyne*	流苏贝母兰 *Coelogyne fimbriata*	草本
	吻兰属 *Collabium*	吻兰 *Collabium chinense*	草本
	蛤兰属 *Conchidium*	蛤兰 *Conchidium pusillum*	草本
	兰属 *Cymbidium*	纹瓣兰 *Cymbidium aloifolium*	草本
		建兰 *Cymbidium ensifolium*	草本
		寒兰 *Cymbidium kanran*	草本
		硬叶兰 *Cymbidium mannii*	草本
	石斛属 *Dendrobium*	流苏石斛 *Dendrobium fimbriatum*	草本
		剑叶石斛 *Dendrobium spatella*	草本
	蛇舌兰属 *Diploprora*	蛇舌兰 *Diploprora championii*	草本
	厚唇兰属 *Epigeneium*	单叶厚唇兰 *Epigeneium fargesii*	草本
	毛兰属 *Eria*	半柱毛兰 *Eria corneri*	草本
		香港毛兰 *Eria gagnepainii*	草本
	斑叶兰属 *Goodyera*	斑叶兰 *Goodyera schlechtendaliana*	草本
	玉凤花属 *Habenaria*	橙黄玉凤花 *Habenaria rhodocheila*	草本
	羊耳蒜属 *Liparis*	见血青 *Liparis nervosa*	草本
		凭祥羊耳蒜 *Liparis pingxiangensis*	草本

续表

科名	属名	种名	生活型
兰科 Orchidaceae	羊耳蒜属 *Liparis*	扇唇羊耳蒜 *Liparis stricklandiana*	草本
	石仙桃属 *Pholidota*	石仙桃 *Pholidota chinensis*	草本
	柄唇兰属 *Podochilus*	柄唇兰 *Podochilus khasianus*	草本
	带唇兰属 *Tainia*	带唇兰 *Tainia dunnii*	草本
		云叶兰 *Tainia tenuiflora*	草本
	竹茎兰属 *Tropidia*	短穗竹茎兰 *Tropidia curculigoides*	草本
	香荚兰属 *Vanilla*	南方香荚兰 *Vanilla annamica*	草本
露兜树科 Pandanaceae	露兜树属 *Pandanus*	露兜树 *Pandanus tectorius*	灌木或乔木
雨久花科 Pontederiaceae	凤眼莲属 *Eichhornia*	凤眼莲 *Eichhornia crassipes*	草本
菝葜科 Smilacaceae	菝葜属 *Smilax*	菝葜 *Smilax china*	攀缘灌木
		土茯苓 *Smilax glabra*	攀缘灌木
		抱茎菝葜 *Smilax ocreata*	攀缘灌木
百部科 Stemonaceae	百部属 *Stemona*	大百部 *Stemona tuberosa*	草本
姜科 Zingiberaceae	山姜属 *Alpinia*	毛红豆蔻 *Alpinia galanga* var. *pyramidata*	草本
		桂南山姜 *Alpinia guinanensis*	草本
		海南山姜 *Alpinia hainanensis*	草本
		山姜 *Alpinia japonica*	草本
		长柄山姜 *Alpinia kwangsiensis*	草本
		假益智 *Alpinia maclurei*	草本
		华山姜 *Alpinia oblongifolia*	草本
		艳山姜 *Alpinia zerumbet*	草本
	姜黄属 *Curcuma*	广西莪术 *Curcuma kwangsiensis*	草本
	姜花属 *Hedychium*	毛姜花 *Hedychium villosum*	草本

附表19 广西防城金花茶国家级自然保护区被子植物能源种类

科名	属名	种名	生活型	含油量%*
苋科 Amaranthaceae	牛膝属 *Achyranthes*	牛膝 *Achyranthes bidentata*	草本	21.5
	苋属 *Amaranthus*	刺苋 *Amaranthus spinosus*	草本	21.0
	青葙属 *Celosia*	青葙 *Celosia argentea*	草本	26.4
	腺毛藜属 *Dysphania*	土荆芥 *Dysphania ambrosioides*	草本	21.5
漆树科 Anacardiaceae	南酸枣属 *Choerospondias*	南酸枣 *Choerospondias axillaris*	乔木	14.0
	盐麸木属 *Rhus*	盐麸木 *Rhus chinensis*	灌木或乔木	24.7
	漆树属 *Toxicodendron*	野漆 *Toxicodendron succedaneum*	乔木	22.1
番荔枝科 Annonaceae	假鹰爪属 *Desmos*	假鹰爪 *Desmos chinensis*	攀缘灌木	25.1
	瓜馥木属 *Fissistigma*	瓜馥木 *Fissistigma oldhamii*	攀缘灌木	36.6
	野独活属 *Miliusa*	野独活 *Miliusa balansae*	灌木	32.5
伞形科 Apiaceae	胡萝卜属 *Daucus*	野胡萝卜 *Daucus carota*	草本	29.8
夹竹桃科 Apocynaceae	山橙属 *Melodinus*	尖山橙 *Melodinus fusiformis*	木质藤本	20.7
冬青科 Aquifoliaceae	冬青属 *Ilex*	冬青 *Ilex chinensis*	乔木	16.5
		厚叶冬青 *Ilex elmerrilliana*	灌木或乔木	19.4
		榕叶冬青 *Ilex ficoidea*	乔木	26.7
		大果冬青 *Ilex macrocarpa*	乔木	10.6
		毛冬青 *Ilex pubescens*	灌木或乔木	21.2
		铁冬青 *Ilex rotunda*	灌木或乔木	23.6
		三花冬青 *Ilex triflora*	灌木或乔木	21.9
		绿冬青 *Ilex viridis*	灌木或乔木	19.7
五加科 Araliaceae	罗伞属 *Brassaiopsis*	罗伞 *Brassaiopsis glomerulata*	灌木或乔木	20.6
	树参属 *Dendropanax*	树参 *Dendropanax dentigerus*	灌木或乔木	33.1
	常春藤属 *Hedera*	常春藤 *Hedera nepalensis* var. *sinensis*	攀缘灌木	20.5
菊科 Asteraceae	蒿属 *Artemisia*	黄花蒿 *Artemisia annua*	草本	19.6
	千里光属 *Senecio*	千里光 *Senecio scandens*	草本	19.1
	豨莶属 *Sigesbeckia*	豨莶 *Sigesbeckia orientalis*	草本	21.8
小檗科 Berberidaceae	十大功劳属 *Mahonia*	十大功劳 *Mahonia fortunei*	灌木	22.1
十字花科 Brassicaceae	蔊菜属 *Rorippa*	蔊菜 *Rorippa indica*	草本	28.0
橄榄科 Burseraceae	橄榄属 *Canarium*	乌榄 *Canarium pimela*	乔木	43.7
红厚壳科 Calophyllaceae	红厚壳属 *Calophyllum*	薄叶红厚壳 *Calophyllum membranaceum*	灌木或乔木	31.5
大麻科 Cannabaceae	朴属 *Celtis*	朴树 *Celtis sinensis*	乔木	26.5
	白颜树属 *Gironniera*	白颜树 *Gironniera subaequalis*	乔木	27.0
	山黄麻属 *Trema*	银毛叶山黄麻 *Trema nitida*	乔木	34.0
		山黄麻 *Trema tomentosa*	灌木或乔木	26.6
忍冬科 Caprifoliaceae	败酱属 *Patrinia*	白花败酱 *Patrinia villosa*	草本	19.4

续表

科名	属名	种名	生活型	含油量 %*
卫矛科 Celastraceae	卫矛属 *Euonymus*	刺果卫矛 *Euonymus acanthocarpus*	攀缘灌木	50.2
		扶芳藤 *Euonymus fortunei*	攀缘灌木	30.8
		疏花卫矛 *Euonymus laxiflorus*	灌木或乔木	49.8
金粟兰科 Chloranthaceae	草珊瑚属 *Sarcandra*	草珊瑚 *Sarcandra glabra*	亚灌木	29.6
藤黄科 Clusiaceae	藤黄属 *Garcinia*	木竹子 *Garcinia multiflora*	乔木	45.5
		岭南山竹子 *Garcinia oblongifolia*	乔木	31.8
旋花科 Convolvulaceae	飞蛾藤属 *Dinetus*	飞蛾藤 *Dinetus racemosus*	攀缘灌木	21.6
	番薯属 *Ipomoea*	牵牛 *Ipomoea nil*	草本	29.1
		圆叶牵牛 *Ipomoea purpurea*	草本	25.6
山茱萸科 Cornaceae	八角枫属 *Alangium*	八角枫 *Alangium chinense*	灌木或乔木	35.5
		小花八角枫 *Alangium faberi*	灌木	36.5
葫芦科 Cucurbitaceae	绞股蓝属 *Gynostemma*	绞股蓝 *Gynostemma pentaphyllum*	草质藤本	22.5
	苦瓜属 *Momordica*	木鳖子 *Momordica cochinchinensis*	草质藤本	30.4
	赤瓟属 *Thladiantha*	南赤瓟 *Thladiantha nudiflora*	草质藤本	35.0
	栝楼属 *Trichosanthes*	趾叶栝楼 *Trichosanthes pedata*	草质藤本	43.8
		中华栝楼 *Trichosanthes rosthornii*	草质藤本	47.1
虎皮楠科 Daphniphyllaceae	虎皮楠属 *Daphniphyllum*	牛耳枫 *Daphniphyllum calycinum*	灌木	27.7
		交让木 *Daphniphyllum macropodum*	灌木或乔木	31.2
		虎皮楠 *Daphniphyllum oldhamii*	乔木	30.2
五桠果科 Dilleniaceae	锡叶藤属 *Tetracera*	锡叶藤 *Tetracera sarmentosa*	木质藤本	20.5
柿科 Ebenaceae	柿属 *Diospyros*	君迁子 *Diospyros lotus*	乔木	34.3
		罗浮柿 *Diospyros morrisiana*	乔木	38.7
杜英科 Elaeocarpaceae	杜英属 *Elaeocarpus*	中华杜英 *Elaeocarpus chinensis*	乔木	26.7
		显脉杜英 *Elaeocarpus dubius*	乔木	30.2
		秃瓣杜英 *Elaeocarpus glabripetalus*	乔木	25.0
		水石榕 *Elaeocarpus hainanensis*	乔木	31.1
		日本杜英 *Elaeocarpus japonicus*	乔木	33.7
		山杜英 *Elaeocarpus sylvestris*	乔木	29.4
	猴欢喜属 *Sloanea*	猴欢喜 *Sloanea sinensis*	乔木	48.3
赤苍藤科 Erythropalaceae	赤苍藤属 *Erythropalum*	赤苍藤 *Erythropalum scandens*	木质藤本	34.9
大戟科 Euphorbiaceae	山麻秆属 *Alchornea*	山麻秆 *Alchornea davidii*	灌木	24.4
	蝴蝶果属 *Cleidiocarpon*	蝴蝶果 *Cleidiocarpon cavaleriei*	乔木	25.5
	巴豆属 *Croton*	巴豆 *Croton tiglium*	灌木或乔木	31.2
	血桐属 *Macaranga*	鼎湖血桐 *Macaranga sampsonii*	灌木或乔木	43.7
	野桐属 *Mallotus*	白背叶 *Mallotus apelta*	灌木或乔木	28.6

续表

科名	属名	种名	生活型	含油量 %*
大戟科 Euphorbiaceae	野桐属 *Mallotus*	毛桐 *Mallotus barbatus*	乔木	11.5
		白楸 *Mallotus paniculatus*	乔木	25.2
		粗糠柴 *Mallotus philippensis*	灌木或乔木	20.1
		野桐 *Mallotus tenuifolius*	灌木或乔木	27.5
	蓖麻属 *Ricinus*	蓖麻 *Ricinus communis*	草本	39.5
	乌桕属 *Triadica*	山乌桕 *Triadica cochinchinensis*	灌木或乔木	43.2
		乌桕 *Triadica sebifera*	乔木	31.5
	油桐属 *Vernicia*	油桐 *Vernicia fordii*	乔木	40.8
		木油桐 *Vernicia montana*	乔木	42.2
豆科 Fabaceae	相思子属 *Abrus*	相思子 *Abrus precatorius*	木质藤本	24.6
	海红豆属 *Adenanthera*	海红豆 *Adenanthera microsperma*	乔木	24.2
	猴耳环属 *Archidendron*	猴耳环 *Archidendron clypearia*	乔木	28.5
		碟腺棋子豆 *Archidendron kerrii*	乔木	28.2
		亮叶猴耳环 *Archidendron lucidum*	乔木	29.6
		棋子豆 *Archidendron robinsonii*	乔木	34.1
	藤槐属 *Bowringia*	藤槐 *Bowringia callicarpa*	攀缘灌木	28.1
	木豆属 *Cajanus*	蔓草虫豆 *Cajanus scarabaeoides*	草质藤本	27.5
	猪屎豆属 *Crotalaria*	猪屎豆 *Crotalaria pallida*	草本	21.3
	黄檀属 *Dalbergia*	藤黄檀 *Dalbergia hancei*	攀缘灌木	20.5
	榼藤属 *Entada*	榼藤 *Entada phaseoloides*	木质藤本	27.2
	千斤拔属 *Flemingia*	大叶千斤拔 *Flemingia macrophylla*	灌木	21.7
	假地豆属 *Grona*	糙毛假地豆 *Grona heterocarpos* var. *strigosa*	灌木	24.6
	木蓝属 *Indigofera*	尖叶木蓝 *Indigofera zollingeriana*	亚灌木	19.9
	胡枝子属 *Lespedeza*	截叶铁扫帚 *Lespedeza cuneata*	灌木	20.4
	崖豆藤属 *Millettia*	海南崖豆藤 *Millettia pachyloba*	木质藤本	29.0
	含羞草属 *Mimosa*	光荚含羞草 *Mimosa bimucronata*	灌木	33.1
		含羞草 *Mimosa pudica*	草本	30.6
	油麻藤属 *Mucuna*	大果油麻藤 *Mucuna macrocarpa*	木质藤本	36.1
	红豆属 *Ormosia*	肥荚红豆 *Ormosia fordiana*	乔木	31.7
		花榈木 *Ormosia henryi*	乔木	26.1
		软荚红豆 *Ormosia semicastrata*	乔木	28.7
		木荚红豆 *Ormosia xylocarpa*	乔木	23.1
	火索藤属 *Phanera*	龙须藤 *Phanera championii*	攀缘灌木	30.8
	老虎刺属 *Pterolobium*	老虎刺 *Pterolobium punctatum*	攀缘灌木	21.5
	葛属 *Pueraria*	葛 *Pueraria montana* var. *lobata*	草质藤本	27.5
	鹿藿属 *Rhynchosia*	鹿藿 *Rhynchosia volubilis*	草质藤本	32.2

续表

科名	属名	种名	生活型	含油量 %*
豆科 Fabaceae	决明属 *Senna*	望江南 *Senna occidentalis*	草本	28.5
		决明 *Senna tora*	草本	22.0
壳斗科 Fagaceae	锥属 *Castanopsis*	米槠 *Castanopsis carlesii*	乔木	25.4
		黧蒴锥 *Castanopsis fissa*	乔木	25.0
	柯属 *Lithocarpus*	烟斗柯 *Lithocarpus corneus*	乔木	24.7
	栎属 *Quercus*	碟斗青冈 *Quercus disciformis*	乔木	21.9
		饭甑青冈 *Quercus fleuryi*	乔木	29.8
		小叶青冈 *Quercus myrsinifolia*	乔木	21.5
金缕梅科 Hamamelidaceae	蜡瓣花属 *Corylopsis*	瑞木 *Corylopsis multiflora*	灌木或乔木	23.5
	马蹄荷属 *Exbucklandia*	大果马蹄荷 *Exbucklandia tonkinensis*	乔木	20.5
	壳菜果属 *Mytilaria*	壳菜果 *Mytilaria laosensis*	乔木	28.2
金丝桃科 Hypericaceae	黄牛木属 *Cratoxylum*	黄牛木 *Cratoxylum cochinchinense*	灌木或乔木	20.6
茶茱萸科 Icacinaceae	定心藤属 *Mappianthus*	定心藤 *Mappianthus iodoides*	木质藤本	39.6
胡桃科 Juglandaceae	黄杞属 *Engelhardia*	黄杞 *Engelhardia roxburghiana*	乔木	16.7
	化香树属 *Platycarya*	化香树 *Platycarya strobilacea*	乔木	29.3
唇形科 Lamiaceae	广防风属 *Anisomeles*	广防风 *Anisomeles indica*	草本	46.1
	紫珠属 *Callicarpa*	华紫珠 *Callicarpa cathayana*	灌木	30.9
		杜虹花 *Callicarpa pedunculata*	灌木	20.4
	大青属 *Clerodendrum*	臭牡丹 *Clerodendrum bungei*	灌木	25.5
		大青 *Clerodendrum cyrtophyllum*	灌木或乔木	28.8
	益母草属 *Leonurus*	益母草 *Leonurus japonicus*	草本	26.2
	薄荷属 *Mentha*	薄荷 *Mentha canadensis*	草本	20.3
	牡荆属 *Vitex*	牡荆 *Vitex negundo* var. *cannabifolia*	灌木或乔木	27.2
木通科 Lardizabalaceae	木通属 *Akebia*	三叶木通 *Akebia trifoliata*	木质藤本	34.5
樟科 Lauraceae	黄肉楠属 *Actinodaphne*	毛黄肉楠 *Actinodaphne pilosa*	乔木	27.1
	琼楠属 *Beilschmiedia*	广东琼楠 *Beilschmiedia fordii*	乔木	20.1
	樟属 *Camphora*	黄樟 *Camphora parthenoxylon*	乔木	38.8
	无根藤属 *Cassytha*	无根藤 *Cassytha filiformis*	草本	20.5
	桂属 *Cinnamomum*	阴香 *Cinnamomum burmanni*	乔木	38.2
	厚壳桂属 *Cryptocarya*	岩生厚壳桂 *Cryptocarya calcicola*	乔木	26.7
		硬壳桂 *Cryptocarya Chingii*	乔木	26.4
		黄果厚壳桂 *Cryptocarya concinna*	乔木	20.9
	山胡椒属 *Lindera*	乌药 *Lindera aggregata*	灌木或乔木	37.9
		小叶乌药 *Lindera aggregata* var. *playfairii*	灌木或乔木	29.7
		鼎湖钓樟 *Lindera chunii*	灌木或乔木	40.2

续表

科名	属名	种名	生活型	含油量 %*
樟科 Lauraceae	山胡椒属 *Lindera*	香叶树 *Lindera communis*	灌木或乔木	35.1
		山胡椒 *Lindera glauca*	灌木或乔木	32.9
	木姜子属 *Litsea*	山鸡椒 *Litsea cubeba*	灌木或乔木	21.2
		毛叶木姜子 *Litsea mollis*	灌木或乔木	38.8
		豺皮樟 *Litsea rotundifolia* var. *oblongifolia*	灌木或乔木	43.9
	润楠属 *Machilus*	赛短花润楠 *Machilus parabreviflora*	灌木	38.2
		柳叶润楠 *Machilus salicina*	乔木	31.6
	新木姜子属 *Neolitsea*	鸭公树 *Neolitsea chui*	乔木	43.6
		海南新木姜子 *Neolitsea hainanensis*	乔木	68.7
		显脉新木姜子 *Neolitsea phanerophlebia*	乔木	42.3
亚麻科 Linaceae	青篱柴属 *Tirpitzia*	青篱柴 *Tirpitzia sinensis*	灌木或乔木	36.5
马钱科 Loganiaceae	马钱属 *Strychnos*	牛眼马钱 *Strychnos angustiflora*	木质藤本	23.0
木兰科 Magnoliaceae	木莲属 *Manglietia*	木莲 *Manglietia fordiana*	乔木	29.7
	含笑属 *Michelia*	金叶含笑 *Michelia foveolata*	乔木	26.9
		香子含笑 *Michelia gioii*	乔木	31.6
		醉香含笑 *Michelia macclurei*	乔木	30.5
		深山含笑 *Michelia maudiae*	乔木	33.5
		观光木 *Michelia odora*	乔木	43.9
锦葵科 Malvaceae	刺果藤属 *Byttneria*	刺果藤 *Byttneria grandifolia*	木质藤本	31.4
	扁担杆属 *Grewia*	扁担杆 *Grewia biloba*	灌木或乔木	28.1
	山芝麻属 *Helicteres*	山芝麻 *Helicteres angustifolia*	灌木	23.2
	破布叶属 *Microcos*	破布叶 *Microcos paniculata*	灌木或乔木	24.8
	梭罗树属 *Reevesia*	两广梭罗树 *Reevesia thyrsoidea*	乔木	25.4
	苹婆属 *Sterculia*	海南苹婆 *Sterculia hainanensis*	灌木或乔木	22.8
		假苹婆 *Sterculia lanceolata*	乔木	22.0
		苹婆 *Sterculia monosperma*	乔木	27.1
	刺蒴麻属 *Triumfetta*	刺蒴麻 *Triumfetta rhomboidea*	亚灌木	52.5
野牡丹科 Melastomataceae	柏拉木属 *Blastus*	柏拉木 *Blastus cochinchinensis*	灌木	26.1
	谷木属 *Memecylon*	谷木 *Memecylon ligustrifolium*	灌木或乔木	23.5
		细叶谷木 *Memecylon scutellatum*	灌木	20.2
楝科 Meliaceae	米仔兰属 *Aglaia*	山椤 *Aglaia elaeagnoidea*	灌木或乔木	32.5
	山楝属 *Aphanamixis*	山楝 *Aphanamixis polystachya*	乔木	25.9
	鹧鸪花属 *Heynea*	鹧鸪花 *Heynea trijuga*	乔木	24.6
	楝属 *Melia*	楝 *Melia azedarach*	乔木	30.8
	香椿属 *Toona*	香椿 *Toona sinensis*	乔木	28.9
防己科 Menispermaceae	木防己属 *Cocculus*	木防己 *Cocculus orbiculatus*	木质藤本	20.5

续表

科名	属名	种名	生活型	含油量 %*
防已科 Menispermaceae	轮环藤属 *Cyclea*	粉叶轮环藤 *Cyclea hypoglauca*	木质藤本	26.4
	细圆藤属 *Pericampylus*	细圆藤 *Pericampylus glaucus*	木质藤本	20.2
桑科 Moraceae	构属 *Broussonetia*	构树 *Broussonetia papyrifera*	灌木或乔木	24.5
	榕属 *Ficus*	青藤公 *Ficus langkokensis*	乔木	30.1
	橙桑属 *Maclura*	构棘 *Maclura cochinchinensis*	攀缘灌木	28.9
	假鹊肾树属 *Pseudostreblus*	假鹊肾树 *Pseudostreblus indicus*	乔木	57.8
杨梅科 Myricaceae	杨梅属 *Morella*	毛杨梅 *Morella esculenta*	乔木	68.1
		杨梅 *Morella rubra*	乔木	50.2
桃金娘科 Myrtaceae	蒲桃属 *Syzygium*	黑嘴蒲桃 *Syzygium bullockii*	灌木或乔木	26.0
		子凌蒲桃 *Syzygium championii*	灌木或乔木	20.4
木樨科 Oleaceae	素馨属 *Jasminum*	清香藤 *Jasminum lanceolaria*	攀缘灌木	24.7
		青藤仔 *Jasminum nervosum*	攀缘灌木	20.6
	女贞属 *Ligustrum*	小蜡 *Ligustrum sinense*	灌木或乔木	26.6
五列木科 Pentaphylacaceae	杨桐属 *Adinandra*	两广杨桐 *Adinandra glischroloma*	灌木或乔木	27.6
		杨桐 *Adinandra millettii*	灌木或乔木	20.2
	柃属 *Eurya*	米碎花 *Eurya chinensis*	灌木	27.8
		微毛柃 *Eurya hebeclados*	灌木或乔木	22.2
		细枝柃 *Eurya loquaiana*	灌木或乔木	20.5
		黑柃 *Eurya macartneyi*	灌木或乔木	20.6
		细齿叶柃 *Eurya nitida*	灌木或乔木	22.6
	厚皮香属 *Ternstroemia*	厚皮香 *Ternstroemia gymnanthera*	灌木或乔木	38.6
		尖萼厚皮香 *Ternstroemia luteoflora*	灌木或乔木	28.2
		小叶厚皮香 *Ternstroemia microphylla*	灌木或乔木	26.9
叶下珠科 Phyllanthaceae	五月茶属 *Antidesma*	山地五月茶 *Antidesma montanum*	乔木	36.9
	银柴属 *Aporosa*	银柴 *Aporosa dioica*	灌木或乔木	20.8
	木奶果属 *Baccaurea*	木奶果 *Baccaurea ramiflora*	乔木	27.2
	秋枫属 *Bischofia*	秋枫 *Bischofia javanica*	乔木	27.7
		重阳木 *Bischofia polycarpa*	乔木	25.4
	土蜜树属 *Bridelia*	禾串树 *Bridelia balansae*	乔木	20.1
		土蜜树 *Bridelia tomentosa*	灌木或乔木	32.0
	算盘子属 *Glochidion*	里白算盘子 *Glochidion triandrum*	灌木或乔木	27.5
		湖北算盘子 *Glochidion wilsonii*	灌木	31.5
		白背算盘子 *Glochidion wrightii*	灌木或乔木	28.6
	叶下珠属 *Phyllanthus*	余甘子 *Phyllanthus emblica*	乔木	20.7
		叶下珠 *Phyllanthus urinaria*	草本	27.0
商陆科 Phytolaccaceae	商陆属 *Phytolacca*	垂序商陆 *Phytolacca americana*	草本	29.9

续表

科名	属名	种名	生活型	含油量 %*
海桐科 Pittosporaceae	海桐属 *Pittosporum*	海桐 *Pittosporum tobira*	灌木或乔木	21.0
蓼科 Polygonaceae	蓼属 *Persicaria*	长鬃蓼 *Persicaria longiseta*	草本	16.3
		杠板归 *Persicaria perfoliata*	草本	33.9
	何首乌属 *Pleuropterus*	何首乌 *Pleuropterus multiflorus*	草本	20.1
	虎杖属 *Reynoutria*	虎杖 *Reynoutria japonica*	草本	23.9
报春花科 Primulaceae	紫金牛属 *Ardisia*	大罗伞树 *Ardisia Hanceana*	灌木	28.2
		纽子果 *Ardisia polysticta*	灌木	20.4
		罗伞树 *Ardisia quinquegona*	灌木或乔木	30.4
		朱砂根 *Ardisia crenata*	灌木	29.4
	酸藤子属 *Embelia*	酸藤子 *Embelia laeta*	攀缘灌木	24.5
		白花酸藤果 *Embelia ribes*	攀缘灌木	23.5
	铁仔属 *Myrsine*	密花树 *Myrsine seguinii*	灌木或乔木	26.4
山龙眼科 Proteaceae	山龙眼属 *Helicia*	小果山龙眼 *Helicia cochinchinensis*	灌木或乔木	31.2
		山龙眼 *Helicia formosana*	乔木	25.4
		长柄山龙眼 *Helicia longipetiolata*	乔木	28.2
		网脉山龙眼 *Helicia reticulata*	灌木或乔木	25.9
鼠李科 Rhamnaceae	裸芽鼠李属 *Frangula*	长叶冻绿 *Frangula crenata*	灌木或乔木	23.1
	枳椇属 *Hovenia*	枳椇 *Hovenia acerba*	乔木	25.1
蔷薇科 Rosaceae	枇杷属 *Eriobotrya*	台湾枇杷 *Eriobotrya deflexa*	乔木	30.9
	石楠属 *Photinia*	桃叶石楠 *Photinia prunifolia*	乔木	26.1
	李属 *Prunus*	腺叶桂樱 *Prunus phaeosticta*	灌木或乔木	25.4
	梨属 *Pyrus*	豆梨 *Pyrus calleryana*	乔木	22.6
	石斑木属 *Rhaphiolepis*	石斑木 *Rhaphiolepis indica*	灌木或乔木	25.6
	蔷薇属 *Rosa*	金樱子 *Rosa laevigata*	攀缘灌木	22.9
茜草科 Rubiaceae	水团花属 *Adina*	水团花 *Adina pilulifera*	灌木或乔木	26.3
	茜树属 *Aidia*	香楠 *Aidia canthioides*	灌木或乔木	20.6
		茜树 *Aidia cochinchinensis*	灌木或乔木	20.8
	猪肚木属 *Canthium*	猪肚木 *Canthium horridum*	灌木	23.0
	山石榴属 *Catunaregam*	山石榴 *Catunaregam spinosa*	灌木	20.4
	狗骨柴属 *Diplospora*	狗骨柴 *Diplospora dubia*	灌木或乔木	22.5
	栀子属 *Gardenia*	栀子 *Gardenia jasminoides*	灌木	32.6
	巴戟天属 *Morinda*	南岭鸡眼藤 *Morinda nanlingensis*	木质藤本	30.9
		鸡眼藤 *Morinda parvifolia*	木质藤本	34.5
		羊角藤 *Morinda umbellata* subsp. *obovata*	木质藤本	22.0
	玉叶金花属 *Mussaenda*	楠藤 *Mussaenda erosa*	攀缘灌木	29.1
	九节属 *Psychotria*	九节 *Psychotria asiatica*	灌木或乔木	24.8
		黄脉九节 *Psychotria straminea*	灌木	30.2
	鱼骨木属 *Psydrax*	鱼骨木 *Psydrax dicocca*	灌木或乔木	30.9